2025 | 全国勘察设计注册工程师
执业资格考试用书

Zhuce Dianqi Gongchengshi (Fa-shu-biandian) Zhiye Zige Kaoshi
Zhuanye Kaoshi Linian Zhenti Xiangjie

注册电气工程师（发输变电）执业资格考试
专业考试历年真题详解

（2013～2024）

专业知识

蒋 徽 胡 健 / 主编

人民交通出版社
北京

内 容 提 要

本书共3册，内容涵盖2011～2024年专业知识试题、案例分析试题及试题答案。

本书配有在线数字资源（有效期一年），读者可刮开封面红色增值贴，微信扫描二维码，关注“注考大师”微信公众号领取。

本书可供参加注册电气工程师（发输变电）执业资格考试专业考试的考生复习使用，也可供供配电专业的考生参考练习。

图书在版编目（CIP）数据

2025注册电气工程师（发输变电）执业资格考试专业考试历年真题详解 / 蒋徵，胡健主编. — 北京：人民交通出版社股份有限公司，2025. 1. — ISBN 978-7-114-19919-6

Ⅰ. TM-44

中国国家版本馆CIP数据核字第2024S0F730号

书　　名：2025注册电气工程师（发输变电）执业资格考试专业考试历年真题详解
著 作 者： 蒋　徵　胡　健
责任编辑： 刘彩云
责任印制： 张　凯
出版发行： 人民交通出版社
地　　址：（100011）北京市朝阳区安定门外外馆斜街3号
网　　址： http://www.ccpcl.com.cn
销售电话：（010）85285857
总 经 销： 人民交通出版社发行部
经　　销： 各地新华书店
印　　刷： 北京科印技术咨询服务有限公司数码印刷分部
开　　本： 889×1194　1/16
印　　张： 54
字　　数： 1190千
版　　次： 2025年1月　第1版
印　　次： 2025年1月　第1次印刷
书　　号： ISBN 978-7-114-19919-6
定　　价： 178.00元（含3册）

目录

（专业知识·试题）

2013 年专业知识试题（上午卷）

一、单项选择题（共 40 题，每题 1 分，每题的备选项中只有 1 个最符合题意）

1. 对单母线分段与双母线接线，若进出线回路数一样，则下列哪项表述是错误的？（　　）

（A）由于正常运行时，双母线进出线回路均匀分配到两段母线，因此一段母线故障时，故障跳闸的回路数单母线分段与双母线一样

（B）双母线正常运行时，每回进出线均同时连接到两段母线运行

（C）由于双母线接线每回进出线可以连接两段母线，因此一段母线检修时，进出线可以不停电

（D）由于单母线接线每回进出线只连接一段母线，因此母线检修时，所有连接此段母线的进出线都要停电

2. 在校核断路器的断流能力时，选用的短路电流宜取：（　　）

（A）零秒短路电流　　（B）继电保护动作时间的短路电流

（C）断路器分闸时间的短路电流　　（D）断路器实际开断时间的短路电流

3. 对油量在 2500kg 及以上的户外油浸变压器之间的防火间距要求，下列表述中哪项是正确的？（　　）

（A）均不得小于 10m

（B）35kV 及以下 5m，66kV 6m，110kV 8m，220kV 及以上 10m

（C）66kV 及以下 7m，110kV 8m，220kV 及以上 10m

（D）110kV 及以下 8m，220kV 及以上 10m

4. 110kV、6kV 和 35kV 系统的最高工作电压分别为 126kV、7.2kV、40.5kV，其工频过电压水平一般不超过下列哪组数值？（　　）

（A）126kV、7.2kV、40.5kV　　（B）95kV、7.92kV、40.5kV

（C）164kV、7.92kV、40.5kV　　（D）95kV、4.6kV、23.38kV

5. 为了限制 330kV、550kV 电力空载线路的合闸过电压，采取下列哪些措施是最有效的？（　　）

（A）线路一端安装无间隙氧化锌避雷器

（B）断路器上安装合闸电阻

（C）线路末端安装并联电抗器

（D）安装中性点接地的星形接线的电容器组

6. 在中性点不接地的三相系统中，当一相发生接地时，未接地两相对地电压变化为相电压的多少倍？（　　）

（A）$\sqrt{3}$倍　　（B）1 倍　　（C）$1/\sqrt{3}$　　（D）1/3倍

7. 根据短路电流实用计算法中计算电抗X_{js}的意义，在基准容量相同的条件下，下列哪项推断是正确的？（　　）

（A）X_{js}越大，在某一时刻短路电流周期分量的标幺值越小
（B）X_{js}越大，电源的相对容量越大
（C）X_{js}越大，短路点至电源的电气距离越近
（D）X_{js}越大，短路电流周期分量随时间衰减的程度越大

8. 某电厂 50MW 发电机组，厂用工作电源由发电机出口引出，依次经隔离开关、断路器、电抗器供电给厂用负荷，请问该回路断路器宜按下列哪项条件校验？（　　）

（A）校验断路器开断水平时应按电抗器后短路条件校验
（B）校验开断短路能力应按 0s 短路电流校验
（C）校验热稳定时应计及电动机反馈电流
（D）校验用的开断短路电流应计及电动机反馈电流

9. 某 135MW 发电机组的机端电压为 15.75kV，其引出线宜选用下列哪种形状的硬导体？（　　）

（A）矩形　　（B）槽形　　（C）管形　　（D）圆形

10. 某容量为 180MVA 的升压变压器，其高压侧经 LGJ 型导线接入 220kV 屋外配电装置，按经济电流密度选择导线截面应为下列哪项数值？（经济电流密度$J = 1.18\text{A/mm}^2$）（　　）

（A）240mm^2　　（B）300mm^2
（C）400mm^2　　（D）500mm^2

11. 当地震烈度为 9 度时，电气设施的布置采用下列哪种方式是不正确的？（　　）

（A）电压为 110kV 及以上的配电装置形式不宜采用高型、半高型
（B）电压为 110kV 的管形母线配电装置的管形母线宜采用支持母管
（C）主要设备之间以及主要设备与其他设备及设施间的距离宜适当加大
（D）限流电抗器不宜采用三相垂直布置

12. 一台 100MW，A值（故障运行时的不平衡负载运行限值）等于 10s 的发电机，装设的定时限负序过负荷保护出口方式宜为下列哪项？（　　）

（A）停机　　（B）信号
（C）减出力　　（D）程序跳闸

13. 有一组 600Ah 阀控式密封铅酸蓄电池组，其出口电流应选用下列哪种测量范围的表计？（　　）

（A）400A　　（B）±400A

（C）600A　　（D）±600A

14. 装有电子装置的屏柜，应设有供公用零电位基准点逻辑接地的总接地板，即零电位母线，屏间零电位母线间的连接线应不小于：（　　）

（A）$100mm^2$　　（B）$35mm^2$

（C）$16mm^2$　　（D）$10mm^2$

15. 下列有关低压断路器额定短路分断能力校验条件中，符合规程规定的是哪一条？（　　）

（A）当利用断路器本身的瞬时过电流脱扣器作为短路保护时，应采用断路器安装点的稳态电流校验

（B）当利用断路器本身的延时过电流脱扣器作为短路保护时，应采用断路器的额定短路分断能力校验

（C）当安装点的短路功率因数低于断路器的额定短路功率因数时，额定短路分断能力宜留有适当裕度

（D）当另装继电保护时，则额定短路分断能力应按产品制造厂的规定

16. 某电厂建设规模为两台 300MW 机组，低压厂用备用电源的设置原则中，下列哪项是不符合规定的？（　　）

（A）两机组宜设一台低压厂用备用变压器

（B）宜按机组设置低压厂用备用变压器

（C）当低压厂用变压器成对设置时，两台变压器互为备用

（D）远离主厂房的负荷，宜采用邻近二台变压器互为备用的方式

17. 火灾自动报警系统设计时，火灾探测区域应按独立房（套）间划分，一个探测区域面积不宜超过下列哪项数值？（　　）

（A）$1000m^2$　　（B）$800m^2$

（C）$500m^2$　　（D）$300m^2$

18. 爆炸危险环境中，除本质安全系统的电路外，下列有关电压为 500V 时的钢管配线的最小截面积，哪项是不符合规范要求的？（　　）

（A）1 区，电力馈线采用 $2.5mm^2$ 铜芯电缆

（B）1 区，照明馈线采用 $2.5mm^2$ 铜芯电缆

（C）2 区，电力馈线采用 $2.5mm^2$ 铜芯电缆

（D）2 区，照明馈线采用 $2.5mm^2$ 铜芯电缆

19. 按电能质量标准要求，对于基准短路容量为 100MVA 的 10kV 系统，注入公共连接点的 7 次谐波电流最大允许值为：（　　）

（A）8.5A　　（B）12A

（C）15A　　（D）17.5A

20. 火力发电厂与变电所中，建（构）筑物中电缆引至电气柜、盘、成控制屏、台的开孔部位，电缆贯穿隔墙、楼板的空洞应采用电缆防火封堵材料进行封堵，其防火封堵组件的耐火极限不应低于被贯穿物的耐火极限，且不应低于下列哪项数值？　　（　　）

（A）1h　　（B）45min

（C）30min　　（D）15min

21. 下列关于太阳能光伏发电特点的表述中哪条是错误的？　　（　　）

（A）基本无噪声

（B）利用光照发电无需燃料费用

（C）光伏发电系统组件为静止部件，维护工作量小

（D）能量持续，能源随时可得

22. 频率为1MHz时，220kV的高压交流架空送电线无线电干扰限制（距边导线投影20m处）应为下列哪项？　　（　　）

（A）41dB（μV/m）　　（B）46dB（μV/m）

（C）48dB（μV/m）　　（D）53dB（μV/m）

23. 容量为2×300MW发电机组的火力发电厂，两台机组为一个集中控制室控制时，有关应急交流照明回路供电描述，下列哪项措施不满足规范要求？　　（　　）

（A）交流应急照明电源应由保安段供电

（B）重要辅助车间的应急交流照明宜由保安段供电

（C）当正常照明电源消失时，应自动切换至直流母线供电

（D）应由两台机组的交流应急照明电源分别向集中控制室应急照明供电

24. 工业、民用建筑中，消防控制设备对疏散通道上的防火卷帘，应按一定程序自动控制下降。当感烟探测器动作后，卷帘下降高度应为下列哪项数值？　　（　　）

（A）下降至距地（楼）面1.0m　　（B）下降至距地（楼）面1.8m

（C）下降至距地（楼）面2.5m　　（D）下降到底

25. 核电厂照明网络的接地类型宜采用下列哪种系统？　　（　　）

（A）宜采用TN-C-S系统　　（B）宜采用TN-C系统

（C）宜采用TN-S系统　　（D）宜采用TT系统

26. 电能计量装置所用S级电流互感器额定一次电流应保证其在正常运行中的实际负荷电流达到一定值，为了保证计量精度，至少应不小于：　　（　　）

（A）60%　　（B）35%

（C）30%　　（D）20%

27. 直流系统采用分层辐射形供电方式，电缆选择的要求中，下列哪种表述是错误的？（　　）

（A）从蓄电池组的两极到电源屏合用一根两芯铜截面的电缆

（B）蓄电池组与直流柜之间连接电缆长期允许载流量的计算电流应大于事故停电时间的蓄电池放电率电流

（C）直流分电柜与直流终端断路器之间的允许电压降宜取直流系统标称电压的 1%～1.5%

（D）事故放电末期保证恢复供电断路器可靠合闸

28. 发电机保护中零序电流型横差保护的主要对象是：（　　）

（A）发电机引出线短路　　（B）发电机励磁系统短路

（C）发电机转子短路　　（D）发电机定子匝间短路

29. 电气装置和设施的下列金属部分，可不接地的是：（　　）

（A）屋外配电装置的钢筋混凝土结构

（B）爆炸性气体环境中沥青地面的干燥房间内，交流标称电压 380V 的电气设备外壳

（C）箱式变电所的金属箱体

（D）安装在已接地的金属构架上的设备（已保证电气接触良好）

30. 火力发电厂主厂房内最远工作地点到外部出口或楼梯的距离不应超过：（　　）

（A）50m　　（B）55m

（C）60m　　（D）65m

31. 火力发电厂和变电站中防火墙上的电缆孔洞应采用电缆防火封堵材料进行封堵，并应采取防止火焰延燃的措施，其防火封堵组件的耐火极限应为：（　　）

（A）1h　　（B）1.5h　　（C）2h　　（D）3h

32. 火力发电厂和变电站有爆炸危险的场所，当管内敷设多组照明导线时，管内敷设的导线根数不应超过：（　　）

（A）4 根　　（B）5 根

（C）6 根　　（D）8 根

33. 在确定电气主接线方案时，下列哪种避雷器宜装设隔离开关？（　　）

（A）500kV 母线避雷器　　（B）200kV 母线避雷器

（C）变压器中性点避雷器　　（D）发电机引出线避雷器

34. 在选择 380V 低压设备时，下列哪项不能作为隔离电器？（　　）

（A）插头与插座　　（B）不需要拆除连接线的特殊端子
（C）熔断器　　（D）半导体电器

35. 有效接地系统变电所，其接地网的接地电阻公式为$R \leqslant 2000/I_g$，下列对R的表述中哪种是正确的？（　　）

（A）R是指采用季节变化的最大接地电阻
（B）R是指采用季节变化的最大冲击接地电阻
（C）R是指高电阻率地区变电所接地网的接地电阻
（D）R是指设计变电所接地网中，根据水平接地体总长度计算的接地电阻

36. 已知电气装置金属外壳的接地引线截面为480mm^2,其接地装置接地极不宜小于下列哪种规格？（　　）

（A）50 × 8mm　　（B）50 × 6mm
（C）40 × 8mm　　（D）40 × 6mm

37. 某电网建设一条 150km500kV 线路，下列哪种情况须装设线路并联高抗？（　　）

（A）经计算线路工频过电压水平为：线路断路器的变电所侧 1.2p.u.，线路断路器的线路侧 1.3p.u.
（B）需补偿 500kV 线路充电功率
（C）需限制变电所 500kV 母线短路电流
（D）经计算线路潜供电流不能满足单相自动重合闸的要求

38. 下列哪项措施不能提高电力系统的静态稳定水平？（　　）

（A）采用紧凑型输电线路　　（B）采用串联电容补偿装置
（C）将电网主网架由 220kV 升至 500kV　　（D）装设电力系统稳定器（PSS）

39. 海拔 200m 的 500kV 线路为满足操作及雷电过电压要求，悬垂绝缘子串应采用多少片绝缘子？（绝缘子高度 155mm）（　　）

（A）25 片　　（B）26 片
（C）27 片　　（D）28 片

40. 220kV 线路在最大计算弧垂情况下，导线与地面的最小距离应为下列哪项数值？（　　）

（A）居民区：7.5m　　（B）居民区：7.0m
（C）非居民区：7.5m　　（D）非居民区：7.0m

二、多项选择题（共 30 题，每题 2 分。每题的备选项中有 2 个或 2 个以上符合题意。错选、少选、多选均不得分）

41. 在进行导体和设备选择时，下列哪些情况除计算三相短路电流外，还应进行两相、两相接地、单相接地短路电流计算，并按最严重情况验算？（　　）

（A）发电机出口　　（B）中性点直接接地系统

（C）自耦变压器回路　　（D）不接地系统

42. 电力设备的抗震计算方法分动力设计法和静力设计法，采用静力法时需做下列哪些抗震计算？（　　）

（A）共振频率计算　　（B）根部及危险断面处的弯矩、应力计算

（C）抗震强度验算　　（D）地震作用计算

43. 下列哪些是快速接地开关的选择依据条件？（　　）

（A）关合短路电流　　（B）关合时间

（C）开断短路电流　　（D）切断感应电流能力

44. 关于离相封闭母线，以下哪几项表述是正确的？（　　）

（A）采用离相封闭母线是为了减少导体对邻近钢构的感应发热

（B）封闭母线的导体和外壳宜采用纯铝圆形结构

（C）封闭母线外壳必须与支持点间绝缘

（D）导体的固定可采用三个绝缘子或单个绝缘子支持方式

45. 变电所中电气设备与暂时过电压的绝缘配合原则是下列哪些？（　　）

（A）电气设备应符合相应现场污秽度等级下耐受持续运行电压的要求

（B）电气设备应能承受一定幅值的暂时过电压

（C）电气设备与工频过电压的绝缘配合系数取 1.15

（D）电气设备应能承受持续运行电压

46. 电网方案设计中，对形成的方案要做技术经济比较，还要进行常规的电气计算，主要的计算有下列哪些项？（　　）

（A）潮流及调相调压和稳定计算　　（B）短路电流计算

（C）低频振荡、次同步谐振计算　　（D）工频过电压及潜供电流计算

47. 验算导体和电器动稳定、热稳定以及电器开断电流所用的短路电流可按照下列哪几条原则确定？（　　）

（A）应按本工程的设计规划容量计算，并考虑电力系统远景发展规划

（B）应按可能发生最大短路电流的接线方式，包括在切换过程中可能并列运行的接线方式

（C）在电气连接网络中，考虑具有反馈作用的异步电动机的影响和电容补偿装置放电电流的影响

（D）一般按三相短路电流验算

48. 对于屋外管母线，下列哪几项消除微风振动的措施是无效的？（　　）

（A）采用隔振基础　　（B）在管内加装阻尼线
（C）改变母线间距　　（D）采用长托架

49. 在 220～500kV 变电所中，下列哪几种容量的单台变压器应设置水喷雾灭火系统？（　　）

（A）50MVA　　（B）63MVA
（C）125MVA　　（D）150MVA

50. 下列关于发电厂交流事故保安电源电气系统接线基本原则的表述中，哪些是正确的？（　　）

（A）交流事故保安电源的电压及中性点接地方式宜与低压厂用工作电源系统的电压及中性点接地方式取得一致
（B）交流事故保安母线段除由柴油发电机取得电源外，应由本机组厂用电取得正常工作电源
（C）一般 200MW 及以上的汽轮发电机组，每台配置一套柴油发电机组
（D）当确认本机组动力中心真正失电后应能切换到交流保安电源供电

51. 若发电厂 6kV 厂用母线的接地电容电流为 8.78A 时，其厂用系统中性点的接地方式宜采用下列哪几种接地方式？（　　）

（A）高电阻接地　　（B）低电阻接地
（C）直接接地　　（D）不接地

52. 下列物质中哪些属于导电性粉尘？（　　）

（A）砂糖　　（B）石墨　　（C）玉米　　（D）钛粉

53. 在 110kV 变电站中，下列哪些场所和设备应设置火灾自动报警装置？（　　）

（A）配电装置室　　（B）可燃介质电容器室
（C）采用水灭火系统的油浸主变压器　　（D）变电站的电缆夹层

54. 发电厂内的噪声应按国家规定的产品噪声标准从声源上进行控制，对于声源上无法根除的生产噪声，可采用有效的噪声控制措施，下列哪项措施是正确的？（　　）

（A）对外排气阀装设消声器　　（B）设备装设隔声罩
（C）管道增加保温材料　　（D）建筑物内敷吸声材料

55. 在 220kV 变电站屋外变压器的防火设计中，下列哪几条是正确的？（　　）

（A）主变压器挡油设施的容积按其油量的 20%设计，并应设置将油排入安全处的设施
（B）储油池应设有净距不大于 40mm 格栅
（C）储油设施内铺设卵石层，其厚度不应小于 250mm
（D）储油池大于变压器外廓每边各 0.5m

56. 发电厂、变电所中，正常照明网络的供电方式应符合下列哪些规定？（　　）

（A）单机容量为200MW以下机组，低压厂用电中性点为直接接地系统时，主厂房的正常照明由动力和照明网络共用的低压厂用变压器供电

（B）单机容量为200MW及以上机组，低压厂用电中性点为非直接接地系统时，主厂房的正常照明由高压厂用电系统引接的集中照明变压器供电

（C）辅助车间的正常照明宜采用与动力系统共用变压器供电

（D）变电站正常照明宜采用动力与照明分开的变压器供电

57. 110kV及以上的高压断路器操作机构一般为液压、气动及弹簧，下列对操作机构规定哪些是正确的？（　　）

（A）空气操作机构的断路器，当压力降低至规定值时，应闭锁重合闸、合闸及跳闸回路

（B）液压操作机构的断路器，当压力降低至规定值后，应自动断开断路器

（C）弹簧操作机构的断路器，应有弹簧未拉紧自动断开断路器的功能

（D）液压操作机构的断路器，当压力降低至规定值时，应闭锁重合闸、合闸及跳闸回路

58. 发电厂和变电站常规控制系统中，断路器控制回路的设计应满足接线简单可靠、使用电缆芯最少、有电源监视、并有监视跳合闸回路的完整性的要求外，还应满足下列哪些基本条件？（　　）

（A）合闸或跳闸完成后应使命令脉冲自动解除

（B）有防止断路器“跳跃”的电气闭锁装置

（C）应有同期功能

（D）应有重合闸功能

59. 下列关于电压互感器二次绕组接地的规定中，哪些是正确的？（　　）

（A）V-V接线的电压互感器宜采用B相一点接地

（B）开口三角绕组可以不接地

（C）同一变电所所有电压互感器的中性点均应在配电装置内一点接地

（D）同一变电所几组电压互感器二次绕组之间有电路联系的，或者接地电流会产生零序电压使得保护误动时，接地点应集中在控制室或继电器内一点接地

60. 安全自动装置主要功能是在电力系统出现大扰动后实施紧急控制，以改善系统状况，提高安全稳定水平，安全自动装置实施紧急控制可以在发电端、负荷端及网络中进行，在网络中的控制手段有下列哪些？（　　）

（A）串联和并联补偿的紧急控制　　（B）高压直流输电紧急调制

（C）电力系统解列　　（D）动态电阻制动

61. 在计算蓄电池容量时，需要进行直流负荷的统计，下列哪些统计原则是正确的？（　　）

（A）装设2组蓄电池组时，所有动力负荷按平均分配在两组蓄电池上统计

（B）装设2组蓄电池组时，控制负荷按全部负荷统计

（C）2组蓄电池组的直流系统之间有联络线时，应考虑因互联而增加负荷容量的统计

（D）事故后恢复供电的断路器合闸冲击负荷按随机负荷考虑

62. 火力发电厂的主厂房疏散楼梯间内部不应穿越下列哪些管道或设施？（　　）

（A）电缆桥架　　（B）可燃气体管道

（C）蒸汽管道　　（D）甲、乙、丙类液体管道

63. 在电力工程中低压配电装置的电击防护措施中，下列哪些间接接触防护措施是正确的？（　　）

（A）采用II类设备

（B）设置不接地的等电位联结

（C）TN 系统中供给 380V 移动式电气设备末端线路，间接接触防护电器切断故障回路最长时间不宜大于 0.4s

（D）TN 系统中配电线路采用过电流保护电器兼作间接接触防护电器时，当其动作特性不满足要求，应采用剩余电流动作保护电器

64. 某一工厂的配电室有消防和暖通要求，下列哪些设计原则是正确的？（　　）

（A）消防水、暖通管道不能通过配电室

（B）除配电室需要管道可以进入配电室，其他管道不应通过配电室

（C）配电室上、下方及电缆沟内可敷设本配电室所需的消防水、暖通管道

（D）暖通管道与散热器的连接应采用焊接，并应做等电位联结

65. 低压电气装置的接地装置施工中，接地导体（线）与接地极的连接应牢固，可采用下列哪几种方式？（　　）

（A）放热焊接　　（B）搪锡焊接

（C）压接器连接　　（D）夹具连接

66. 短路电流实用计算中，下列哪些情况需要对计算结果进行修正？（　　）

（A）励磁顶值倍数大于 2.0 倍时

（B）励磁时间常数小于或等于 0.06s 时

（C）当实际发电机的时间常数与标准参数差异较大时

（D）当三相短路电流非周期分量超过 20%时

67. 对于电网中性点接地方式，下列哪些做法是错误的？（　　）

（A）500kV 降压变压器（自耦变压器）中性点必须接地

（B）若电厂 220kV 升压站装有 4 台主变压器，主变压器中性点可不接地

（C）330kV 母线高抗中性点可经小电抗接地

（D）若 110kV 变电站装有 3 台主变压器，可考虑 1 台主变压器中性点接地

68. 下列关于绝缘子串配置原则中，哪些表述是正确的？（　　）

（A）高海拔地区悬垂绝缘子片数一般不需要进行修正
（B）相间爬电距离的复合绝缘子串的耐污闪能力一般比盘形绝缘子强
（C）耐张绝缘串的绝缘子片数应比悬垂绝缘子片数增加 3 片
（D）绝缘子片数选择时，综合考虑环境污秽变化因素

69. 220kV 输电线路与铁路交叉时，最小垂直距离应符合以下哪些要求？（　　）

（A）标准轨至轨顶 8.5m　　（B）窄轨至轨顶 7.5m
（C）电气轨至轨顶 12.5m　　（D）至承力索或接触线 3.5m

70. 对于海拔 1000m 及以下交流输电线路，距边相导线投影外 20m 处，湿导线条件下，可听噪声不得超过限制，下列哪些要求是正确的？（　　）

（A）110kV 线路，可听噪声限制为 53dB
（B）220kV 线路，可听噪声限制为 55dB
（C）500kV 线路，可听噪声限制为 55dB
（D）750kV 线路，可听噪声限制为 58dB

2013 年专业知识试题（下午卷）

一、单项选择题（共 40 题，每题 1 分，每题的备选项中只有 1 个最符合题意）

1. 对内桥与外桥接线（双回变压器进线与双回线路出线），下列表述哪项是错误的？（　　）

（A）采用桥形接线的优点是所需断路器少，四回进出线只需要三台断路器
（B）采用内桥接线时，变压器的投切较复杂
（C）当出线线路较长、故障率高时，宜采用外桥接线
（D）桥形接线为避免进或出线断路器检修时，变压器或线路较长时间停电，可以加装跨条

2. 某电厂 100MW 机组采用发电机—变压器单元接线接入 220kV 系统，发电机出口电压为 10.5kV，接地故障电容电流为 1.5A，由于系统薄弱，若要求发电机内部发生单相接地故障时不立即停机，发电机中性点应采用下列哪种接地方式？（　　）

（A）不接地　　（B）高电阻接地
（C）消弧线圈接地　　（D）低电阻接地

3. 在中性点不接地的三相系统中，当一相发生接地时，接地点通过的电流为电容性的，其大小为原来每相对地电容电流的多少倍？（　　）

（A）3 倍　　（B）$\sqrt{3}$倍　　（C）2 倍　　（D）1 倍

4. 发电机能承受的过载能力与过载时间有关，当发电机过载为 1.4 倍额定定子电流时，允许的过电流时间应为（取整数）:（　　）

（A）9s　　（B）19s　　（C）39s　　（D）28s

5. 安装在靠近电源处的断路器，当该处短路电流的非周期分量超过周期分量多少时，应要求制造厂提供断路器的开断性能？（　　）

（A）15%　　（B）20%　　（C）30%　　（D）40%

6. 对单机容量为 300MW 的燃煤发电厂，其厂用电电压宜采用下列哪项组合？（　　）

（A）3kV，380V　　（B）6kV，380V　　（C）6kV，660V　　（D）10kV，380V

7. 某变压器低压侧的线电压为 400V，若每相回路的总电阻为 15mΩ，总电抗 20mΩ，其三相短路电流周期分量的起始有效值为下列何值？（短路时可认为低压厂变高压侧电压不变，不考虑电动机反馈）（　　）

（A）16kA　　（B）11.32kA　　（C）9.24kA　　（D）5.33kA

8. 在燃煤发电厂高压厂用电母线设置中，下列哪种表述是不正确的？（　　）

（A）高压厂用电母线应采用单母线接线

（B）机炉不对应设置，当锅炉容量为 230t/h 时，每台锅炉可设一段高压母线

（C）单机容量为 600MW 的机组，每台机组的高压母线应为 2 段

（D）单机容量为 1000MW 的机组，每台机组的每一级高压母线应为段

9. 在变电所中，110kV 及以上户外配电装置，一般装设架构避雷针，但在下列哪种地区宜设独立避雷针？（　　）

（A）土壤电阻率小于 1000Ω · m 的地区

（B）土壤电阻率大于 350Ω · m 的地区

（C）土壤电阻率大于 500Ω · m 的地区

（D）土壤电阻率大于 1000Ω · m 的地区

10. 某变电所的 220kV 户外配电装置出线门形构架高为 14m，边相导线距架构柱中心 2.5m，出线门形构架旁有一独立避雷针，若独立避雷针的冲击电阻为 20Ω，则该独立避雷针距出线门形构架间的空气距离至少应大于下列何值？（　　）

（A）7.9m　（B）6m　（C）5.4m　（D）2.9m

11. 当发电厂内发生三相短路故障时，若高压断路器实际开断时间越短，则：（　　）

（A）开断电流中的非周期分量绝对值越低

（B）对电力系统的冲击就越严重

（C）短路电流的热效应就越弱

（D）被保护设备的短路冲击耐受水平可以越低

12. 某发电机通过一台分裂限流电抗器跨接于两段母线上，问该电抗器的分支额定电流一般按下列哪项选择？（　　）

（A）发电机额定电流的 50%

（B）发电机额定电流的 80%

（C）发电机额定电流的 70%

（D）发电机额定电流的 50%～80%

13. 设计最大风速超过下列哪项数值的地区，在变电所的户外配电装置中，宜采取降低电气设备安装高度、加强设备与基础的固定等措施？（　　）

（A）15m/s　（B）20m/s　（C）30m/s　（D）35m/s

14. 变电所中，配电装置的设计应满足正常运行、检修、短路和过电压时的安全要求，从下列哪级电压开始，配电装置内设备遮拦外的静电感应场强不宜超过 10kV/m？（离地 1.5 空间场强）？

（　　）

（A）110kV 及以上　（B）220kV 及以上

（C）330kV 及以上　　（D）500kV 及以上

15. 发电厂的屋外配电装置，为防止外人任意进入，其围栏高度宜至少为下列哪项数值？（　　）

（A）1.5m　　（B）1.7m　　（C）2.0m　　（D）2.3m

16. 下列对直流系统保护电器的配置要求中，哪项是不正确的？（　　）

（A）直流断路器和熔断器串级作为保护电器，直流断路器额定电流为 16A，上一级熔断器额定电流可取 32A

（B）直流断路器应具有电流速断和过电流保护

（C）直流馈线回路采用熔断器作为保护电器时，应装设隔离电器

（D）直流断路器和熔断器串级作为保护电器，熔断器额定电流为 2A，上一级直流断路器额定电流可取 6A

17. 某电厂厂用电源由发电机出口经电抗器引接，若电抗器的电抗（标幺值）为 0.3，失压成组自起动容量（标幺值）为 1，则其失压成组自起动时的厂用母线电压应为下列哪项数值？（　　）

（A）70%　　（B）81%　　（C）77%　　（D）85%

18. 当发电厂高压厂用电系统采用高电阻接地方式时，若采用由其供电的低压厂用变压器高压侧中性点来实现，则低压变压器应选用下列哪种接线组别？（　　）

（A）Yyn0　　（B）Dyn11　　（C）Dd　　（D）YNd1

19. 所用变压器高压侧选用熔断器作为保护电器时，下列哪些表述是正确的？（　　）

（A）熔断器熔管的电流应小于或等于熔体的额定电流

（B）限流熔断器可使用在工作电压低于其额定电压的电网中

（C）熔断器只需按额定电压和开断电流选择

（D）熔体的额定电流应按熔断器的保护熔断特性选择

20. 某 220kV 配电装置，雷电过电压要求的相对地最小安全距离为 2m，请问雷电过电压要求的相间最小安全距离应为下列哪项数值？（　　）

（A）1.8m　　（B）2.0m　　（C）2.2m　　（D）2.4m

21. 照明设计时，灯具端电压的偏移，不应高于额定电压的 105%，对视觉要求较高的主控室、单元控制室、集中控制室等，这种偏移也不宜低于额定电压的：（　　）

（A）97.5%　　（B）95%　　（C）90%　　（D）85%

22. 变电所照明设计中，下列关于开关、插座的选择要求哪项是错误的？（　　）

（A）潮湿、多灰尘场所及屋外装设的开关和插座，应选用防水防尘型

（B）办公室、控制室宜选三极式单相插座

（C）生产车间单相插座额定电压应为 250V，电流不得小于 10A

（D）在有爆炸、火灾危险的场所不宜装设开关和插座

23. 在电压互感器的配置方案中，下列哪种情况高压侧中性点是不允许接地的？（　　）

（A）三个单相三绕组电压互感器　　（B）一个三相三柱式电压互感器

（C）一个三相五柱式电压互感器　　（D）三个单相四绕组电压互感器

24. 在电气二次回路设计中，下列哪种继电器应表明极性？（　　）

（A）中间继电器　　（B）时间继电器

（C）信号继电器　　（D）防跳继电器

25. 200MW 及以上容量的发电机组，其厂用备用电源快速自动投入装置，应采用具备下列哪种同步鉴定功能？（　　）

（A）相位差　　（B）电压差

（C）相位差及电压差　　（D）相位差、电压差及频率差

26. 某回路测量用的电流互感器二次额定电流为 5A，其额定容量是 30VA，二次负载阻抗最大不超过下列何值时，才能保证电流互感器的准确等级？（　　）

（A）1Ω　　（B）1.1Ω　　（C）1.2Ω　　（D）1.3Ω

27. 在发电厂中，容量为 370MVA 的双绕组升压变压器，其 220kV 中性点经隔离刀闸及放电间隙接地，其零序保护应按下列哪项配置？（　　）

（A）装设带两段时限的零序电流保护

（B）装设带两段时限的零序电流保护、装设零序过电压保护

（C）装设带两段时限的零序电流保护、装设反映零序电压和间隙放电电流的零序电流电压保护

（D）装设带两段时限的零序电流保护、装设一套零序电流电压保护

28. 某变压器额定容量为 1250kVA、额定变比为 10/0.4kV，其对称过负荷保护的动作电流应整定为：（　　）

（A）89A　　（B）85A　　（C）76A　　（D）72A

29. 下列对直流系统接线的表述，哪一条是不正确的？（　　）

（A）2 组蓄电池的直流系统，应采用二段单母线接线，设联络电器，正常运行时，两段直流母线应分别独立运行

（B）2 组蓄电池的直流系统应满足在正常运行中两段母线切换时不中断供电的要求，在切换过程中允许短时并联运行

（C）2 组蓄电池的直流系统，采用高频开关电源模块型充电装置时，可配置 3 套充电装置

（D）2 组蓄电池配置 3 套充电装置时，每组蓄电池及其充电装置应分别接入相应母线段，第 3

套充电装置应经切换电气对其中 1 组蓄电池进行充电

30. 在 380V 低压配电设计中，下列哪种表述是错误的？（　　）

（A）选择导体截面时，应满足线路保护的要求
（B）绝缘导体固定在绝缘子上，当绝缘子支持点的间距小于或等于 2m 时，铝导体最小截面为 $10mm^2$
（C）装置外可导电部分可作为保护接地中性导体的一部分
（D）线路电压损失应满足用电设备正常工作及起动时端电压的要求

31. 某一工厂设有高、低压配电室，下列布置原则中，哪条不符合设计规程规范的要求？（　　）

（A）成排布置的高、低压配电屏（柜），其长度超过 6m 时，屏（柜）后的通道应设 2 个出口
（B）布置有成排配电屏的低压配电室，当两个出口之间的距离超过 15m 时，其间尚应增加出口
（C）布置有成排配电柜的高压配电室，当两个出口之间的距离超过 15m 时，其间尚应增加出口
（D）双排低压配电屏之间有母线桥，母线桥护网或外壳的底部距地面的高度不应低于 2.2m

32. 向低压电气装置供电的配电变压器高压侧工作于低电阻接地系统时，若低压系统电源中性点与该变压器保护接地共用接地装置，请问下列哪一个条件是错误的？（　　）

（A）变压器的保护接地装置的接地电阻应符合$R \leqslant 120/I_g$
（B）建筑物内低压电气装置采用 TN-C 系统
（C）建筑物内低压电气装置采用 TN-C-S 系统
（D）低压电气装置采用（含建筑物钢筋的）保护总等电位联结系统

33. 220kV 电缆线路在系统发生单相接地故障对临近弱电线路有干扰时，应沿电缆线路平行敷设一根回流线，其回流线的选择与设置应符合下列哪项规定？（　　）

（A）当线路较长时，可采用电缆金属护套回流线
（B）回流线的截面应按系统最大故障电流校验
（C）回流线的排列方式，应使电缆正常工作时在回流线上产生的损耗最小
（D）电缆正常工作时，在回流线上产生的感应电压不得超过 150V

34. 某变电所中装有几组 35kV 电容器，每相由 4 个串联段组成，单台电容器的额定电压有 5.5kV 和 6kV 两种，安装在绝缘平台上，绝缘平台分两层，单台电容器的绝缘水平最低不应低于：（　　）

（A）6.3kV 级　　（B）10kV 级　　（C）20kV 级　　（D）35kV 级

35. 某 500kV 变电所中，设有一组单星形接线串联了电抗率为 12%电抗器的 35kV 电容器组，电容器组每组单联段数为 4，此电容器组中的电容器额定电压应选为：（　　）

（A）4kV　　（B）5kV　　（C）6kV　　（D）6.6kV

36. 电缆与直流电气化铁路交叉时，电缆与铁路路轨间的距离应满足下列哪项数值？（　　）

（A）1.5m　　（B）5.0m　　（C）2.0m　　（D）1.0m

37. 下列关于电缆通道防火分隔的做法中，哪项是不正确的？（　　）

（A）在竖井中，宜每隔7m设置阻火隔层

（B）不得使用对电缆有腐蚀和损害的阻火封堵材料

（C）阻火墙、阻火隔层和阻火封堵应满足耐火极限不应低于0.5h的耐火完整性、隔热性要求

（D）防火封堵材料或防火封堵组件用于电力电缆时，宜使对载流量影响较小

38. 输电线路跨越三级弱电线路（不包括光缆和埋地电缆）时，输电线路与弱电线路的交叉角应符合下列哪项要求？（　　）

（A）⩾45°　　（B）⩾30°　　（C）⩾15°　　（D）不限制

39. 某工程导线采用符合《圆线同心绞架空导线》（GB 1179—1999）规定的钢芯铝绞线，其计算拉断力为123400N，当导线的最大使用张力为下列哪个数值时，设计安全系数为2.5？（　　）

（A）46892N　　（B）49360N　　（C）30850N　　（D）29308N

40. 导线在某工况时的水平风比载为$30\times10^{-3}\mathrm{N/(m\cdot mm^2)}$，综合比载为$50\times10^{-3}\mathrm{N/(m\cdot mm^2)}$，水平应力为$80\mathrm{N/mm^2}$，若某档档距为400m，高差为40m，导体最低点到较高悬挂点间的水平距离为下列哪项数值？（按平抛物线考虑）（　　）

（A）360m　　（B）400m　　（C）467m　　（D）500m

二、多项选择题（共30题，每题2分。每题的备选项中有2个或2个以上符合题意。错选、少选、多选均不得分）

41. 在额定功率因数情况下，汽轮发电机的额定连续输出功率，与电压和频率的变化有关，在下列哪几种情况下，发电机在规定温升下可以连续输出额定功率？（　　）

（A）电压+5%，频率+2%　　（B）电压−5%，频率+2%

（C）电压+5%，频率−2%　　（D）电压−5%，频率−2%

42. 高压屋外配电装置带电距离校验时，下列表述哪些是正确的？（　　）

（A）耦合电容器（或电容式电压互感器）的引线与旁路母线边相之间距离不得小于B_1值

（B）两组母线隔离开关之间或出线隔离开关与旁路隔离开关之间的距离，要考虑其中任何一组在检修状态时对另一组带电的隔离开关之间的距离满足B_1值

（C）当运输道路设在电流互感器与断路器之间时，被运输设备与两侧带电体之间的距离（考虑晃动时）按B_1值校验

（D）网状遮拦至带电部分按B_1值校验

43. 为防止铁磁谐振过电压的产生，某500kV电力线路上接有并联电抗器及中性点接地电抗器，此接地电抗器的选择需考虑下列哪些因素？（　　）

（A）该 500kV 电力线路的充电功率

（B）该 500kV 电力线路的相间电容

（C）限制潜供电流的要求

（D）并联电抗器中性点绝缘水平

44. 某电厂单元机组，发电机采用双绕组变压器组接入 220kV 母线，厂用分支从主变低压侧引接至高压工作厂变，高压起动/备用变从 220kV 母线引接，高压厂用电为 6kV 中性点不接地系统，若主变为 YNd11 接法，则高压工作厂变和高压起备变的绕组连接方法可以为下列哪几项？（　　）

（A）高压工作厂变 Dd0，高压起备变 YNd11

（B）高压工作厂变 Dy1，高压起备变 YNy0d11（d11 系稳定绕组）

（C）高压工作厂变 Yd11，高压起备变 YNd11

（D）高压工作厂变 Yd1，高压起备变 DNd0

45. 某企业用 110kV 变电所，有两回 110kV 电源供电，设有两台 110/10kV 双卷主变压器，110kV 主接线采用外桥接线，10kV 为单母线分段接线，下列哪些措施可限制 10kV 母线的三相短路电流？

（　　）

（A）选用 10kV 母线分段电抗器

（B）两台主变分列运行

（C）选用高阻抗变压器

（D）装设 10kV 线路电抗器

46. 下列哪些情况下，低压电器和导体可不校验热稳定？（　　）

（A）用限流熔断器保护的低压电器和导体

（B）当引接电缆的载流量不大于熔件额定电流的 2.5 倍

（C）用限流断路器保护的低压电器和导体

（D）当采用保护式磁力起动器或放在单独动力箱内的接触器时

47. 在设计共箱封闭母线时，下列哪些地方应装设伸缩节？（　　）

（A）共箱封闭母线超过 20m 长的直线段

（B）共箱封闭母线不同基础的连接段

（C）共箱封闭母线与设备连接处

（D）共箱封闭母线长度超过 30m 时

48. 在 110kV 配电装置设计和导体、电器选择时，其设计最大风速不应采用下列哪些项？（　　）

（A）离地 10m 高，30 年一遇 10min 平均最大风速

（B）离地 10m 高，20 年一遇 10min 平均最大风速

（C）离地 15m 高，10 年一遇 10min 平均最大风速

（D）离地 10m 高，30 年一遇 20min 平均最大风速

49. 在高土壤电阻率地区，水电站和变电站可采取下列哪些降低接地电阻的措施？（　　）

（A）当地下较深处的土壤电阻率较低时，可采用井式、深钻式接地极或采用爆破式接地技术
（B）当接地网埋深在 1m 左右时，可增加接地网的埋设深度
（C）在水电站和变电站 2000m 以内有较低电阻率的土壤时，敷设引外接地极
（D）具备条件时可敷设水下接地网

50. 330～750kV 变电所中，所用电源的引接可采用下列哪几种方式？（　　）

（A）两台以上主变压器时，可装设两台容量相同可互为备用的所用变压器，两台所用变压器可分别接自主变压器低压侧
（B）初期只有一台变压器且所用电作为交流控制电源时，应由所外可靠电源引接
（C）两台以上主变压器时，由变压器低压侧分别引接两台容量相同的所用变压器，并应从所外可靠电源引接一台专用备用变压器
（D）当有一台变压器时，除由所内引接一台工作变压器外，应再设置一台由所外可靠电源引接的所用工作变压器

51. 330～750kV 变电所中，屋外变电所所用电接线方式应满足多种要求，下列哪些要求是正确的？（　　）

（A）所用电低压系统采用三相四线制，系统的中性点直接接地，系统额定电压采用 380/220V，动力和照明合用供电
（B）所用电低压系统采用三相三线制，系统中性点经高电阻接地，系统额定电压采用 380V 供动力负荷，设 380/220V 照明变压器
（C）所用电母线采用按工作变压器划分的单母线，相邻两段工作母线间不设分段断路器
（D）当工作变压器退出时，备用变压器应能自动切换至失电的工作母线段继续供电

52. 330kV 系统中的工频过电压一般由线路空载、接地故障和甩负荷等引起，严重时会损坏设备绝缘，下列哪些措施不能限制工频过电压？（　　）

（A）在线路上装设氧化锌避雷器
（B）在线路上装设高压并联电抗器
（C）在线路上装设串联电容器
（D）在线路上装设避雷线

53. 在开断高压感应电动机时，因真空断路器的截留、三相同时开断和高频重复重击穿等会产生过电压，工程中一般采取下列哪些措施来限制过电压？（　　）

（A）采用不击穿断路器
（B）在断路器与电动机之间加装金属氧化物避雷器
（C）限制操作方式
（D）在断路器与电动机之间加装 R-C 阻容吸收装置

54. 发电厂、变电所照明设计中，下列哪些场所宜用逐点计算法校验其照度值？（　　）

（A）主控制室、网络控制室和计算机室控制屏
（B）主厂房
（C）反射条件较差的场所，如运煤系统
（D）办公室

55. 变电所中，照明设计选择照明光源时，下列哪些场所可选用白炽灯？（　　）

（A）需要事故照明的场所　　（B）需防止电磁波干扰的场所
（C）其他光源无法满足的特殊场所　　（D）照度高、照明时间长的场所

56. 在二次回路设计中，对隔离开关、接地刀闸的操作回路，宜遵守下列哪些规定？（　　）

（A）220～500kV 隔离开关、接地刀闸和母线接地器宜能远方和就地操作
（B）110kV 及以下隔离开关、接地刀闸和母线接地器宜就地操作
（C）检修用的隔离开关、接地刀闸和母线接地器宜就地操作
（D）隔离开关、接地刀闸和母线接地器必须有操作闭锁措施

57. 发电厂、变电所中二次回路的抗干扰措施有多种，下列哪些是正确的？（　　）

（A）电缆通道的走向应尽可能与高压母线平行
（B）控制回路及直流配电网络的电缆宜采用辐射状敷设，应避免构成环路
（C）控制室、二次设备间、电子装置应有可靠屏蔽措施
（D）电缆的屏蔽层应可靠接地

58. 在电力系统内出现失步时，在满足一定的条件下，对于局部系统，可采用再同步控制，使失步的系统恢复同步运行，对于功率不足的电力系统可选择下列哪些控制手段实现再同步？（　　）

（A）切除发电机　　（B）切除负荷
（C）原动机减功率　　（D）某些系统解列

59. 某 1600kVA 变压器高压侧电压为 10kV，绕组为星形—星形连接，低压侧中性点直接接地，对低压侧单相接地短路可采用下列哪些保护？（　　）

（A）接在低压侧中性线上的零序电流保护
（B）利用高压侧的三相过电流保护
（C）接在高压侧中性线上的零序电流保护
（D）利用低压侧的三相电流保护

60. 直流系统设计中，对隔离电器和保护电器有多项要求，下列哪些要求是正确的？（　　）

（A）蓄电池组应经隔离电器和保护电器接入直流系统
（B）充电装置应经隔离电器和保护电器接入直流系统
（C）试验放电设备应经隔离电器和保护电器接入直流主母线

（D）直流分电柜应有 2 回直流电源进线，电源进线应经隔离电器及保护电器接入直流母线

61. 下列关于架空线路地线的表述哪些是正确的？（　　）

（A）500kV 及以上线路应架设双地线
（B）220kV 线路不可架设单地线
（C）重覆冰线路地线保护角可适当加大
（D）雷电活动轻微地区的 110kV 线路可不架设地线

62. 某电厂装有 2 × 600MW 机组，经主变压器升压至 330kV，330kV 出线 4 回，主接线有如下设计内容，请判断哪些设计是满足设计规范要求的？（　　）

（A）330kV 配电装置采用 3/2 断路器接线
（B）进、出线回路均未装设隔离开关
（C）主变压器高压侧中性点经小电抗器接地
（D）线路并联电抗器回路装有断路器

63. 在 380V 低压配电线路中，下列哪些情况中性导体截面可以小于相导体截面？（　　）

（A）中性导体已进行了过电流保护
（B）在正常工作时，含谐波电流在内的中性导体预期最大电流等于中性导体的允许载流量
（C）铜相导体截面小于或等于 $16mm^2$ 的三相四线制线路
（D）单相两线制线路

64. 在 35～110kV 变电站站址选择和站区布置时，需要考虑下列哪些因素的影响？（　　）

（A）变电站应避开火灾、爆炸及其他敏感设施，与爆炸危险气体区域邻近的变电站站址选择及其设计应符合现行国家标准《爆炸和火灾危险环境电力装置设计规范》（GB 50058—1992）的有关规定
（B）变电站应根据所在区域特点，选择适合的配电装置形式，抗震设计应符合现行国家标准《建筑抗震设计规范》（GB 50011—2010）的有关规定
（C）城市中心变电站宜选用小型化紧凑型电气设备
（D）变电站主变压器布置除应运输方便外，并应布置在运行噪声对周边影响较小的位置

65. 某单机容量为 300MW 发电厂的部分厂用负荷有：引风机、引风机油泵、热力系统阀门、汽动给水泵盘车、主厂房直流系统充电器、锅炉房电梯、主变压器冷却器、汽机房电动卷帘门，下列对负荷分类的表述中，哪些是不符合规范的？（　　）

（A）应由保安电源供电的负荷有：引风机油泵、热力系统阀门、汽动给水泵盘车、主厂房直流系统充电器、锅炉房电梯、主变压器冷却器
（B）属于Ⅰ类负荷的有：引风机、引风机油泵、主变压器冷却器
（C）应由保安电源供电的负荷有：引风机油泵、热力系统阀门、汽动给水泵盘车、主厂房直流系统充电器、锅炉房电梯、汽机房电动卷帘门

（D）属于I类负荷的有：引风机、主变压器冷却器、汽机房电动卷帘门

66. 在有效接地系统中，当接地网的接地电阻不满足要求时，在符合下列哪些规定时，接地网地电位升高可提高至5kV？（　　）

（A）接触电位差和跨步电位差满足要求

（B）应采用扁钢与二次电缆屏蔽层并联敷设，扁钢应至少在两端就近与接地网连接

（C）保护接地至厂用变的低压侧应采用TT系统

（D）应采取防治转移电位引起危害的隔离措施

67. 变电所中，用于并联电容器组的串联电抗的过负荷能力最小应能：（　　）

（A）在1.1倍额定电流下连续运行（谐波含量与制造厂协商）

（B）在1.3倍额定电流下连续运行（谐波含量与制造厂协商）

（C）在1.3倍额定电压下连续运行

（D）在1.1倍额定电压下连续运行

68. 下列关于发电厂接入系统的安全稳定表述中，哪些是正确的？（　　）

（A）电厂送出线路有两回及以上时，任一回线路事故停运后，若事故后静态稳定能力小于正常输电容量，应按事故后静态能力输电。否则，应按正常输电容量输电

（B）对于火电厂的交流送出线路三相故障，发电厂的直流送出线路单极故障，应不需要采取措施保持稳定运行和电厂正常送出

（C）对于利用小时数较低的水电站、风电场等电厂送出，应尽量减少出线回路数，确定出线回路数时可不考虑送出线路的“N-1”方式

（D）对核电厂送出线路出口，应满足发生三相短路不重合时保持稳定运行和电厂正常送出

69. 蓄电池充电装置额定电流的选择应满足下列哪些要求？（　　）

（A）满足初充电要求　　（B）满足均衡充电要求

（C）满足核对性充电要求　　（D）满足浮充电要求

70. 对于110～750kV架空输电线路的导、地线选择，下列哪些表述是不正确的？（　　）

（A）导线的设计安全系数不应小于2.5

（B）地线的设计安全系数不应小于2.5

（C）地线的设计安全系数不应小于导线的安全系数

（D）稀有风和稀有冰气象条件时，最大张力不应超过其导、地线拉断力的70%

2014 年专业知识试题（上午卷）

一、单项选择题（共 40 题，每题 1 分，每题的备选项中只有 1 个最符合题意）

1. 在电力工程中，为了防止对人身的电气伤害，低压电网的零线设计原则，下列哪项是正确的？（　　）

（A）用大地作零线
（B）接零保护的零线上装设熔断器
（C）接零保护的零线上装设断路器
（D）接零保护的零线上装设与相线联动的断路器

2. 变电站内，不停电电源的容量应保证火灾自动报警系统和消防联动控制器在火灾状态同时工作负荷条件下的连续工作时间为下列哪项数值？（　　）

（A）1.0h　　（B）2.0h
（C）2.5h　　（D）3.0h

3. 某配电所内当高压及低压配电设备设在同一室内时，且两者有一侧柜顶有裸母线，两者之间的净距最小不应小于？（　　）

（A）1.5m　　（B）2m
（C）2.5m　　（D）3m

4. 火力发电厂与变电站中，防火墙上的电缆孔洞应采用防火封堵材料进行封堵，防火封堵组件的耐火极限应为：（　　）

（A）1h　　（B）2h
（C）3h　　（D）4h

5. 发电厂的环境保护设计方案，应以下列哪项文件为依据？（　　）

（A）初步可行性研究报告　　（B）批准的环境影响报告
（C）初步设计审查会议纪要　　（D）项目的核准文件

6. 发电厂的噪声应首先从声源上进行控制，要求设备供应商提供：（　　）

（A）低噪声设备　　（B）采取隔声或降噪措施的设备
（C）将产生噪声部分隔离的设备　　（D）符合国家噪声标准要求的设备

7. 220kV 变电所中，下列哪一场所的照明功率密度不符合照明节能评价指标？（　　）

（A）主控制和计算机房 $14W/m^2$　　（B）电子设备间 $8W/m^2$
（C）蓄电池室 $3W/m^2$　　（D）所用配电屏室 $9W/m^2$

8. 对于可燃物质比空气重的爆炸性气体环境，位于爆炸危险区附加 2 区的变电所、配电室和控制室的电气和仪表的设备层地面，应高于室外地面：（　　）

（A）0.3m　　（B）0.5m

（C）0.6m　　（D）1.0m

9. 变电所中，屋内、外电气设备的单台最小总油量分别超过下列哪组数值时应设置储油或挡油设施？（　　）

（A）80kg，800kg　　（B）100kg，1000kg

（C）300kg，1500kg　　（D）1000kg，2500kg

10. 某 220kV 变电所内的消防水泵房与一油浸式电容器室相邻，两建筑物为砖混结构，屋檐为非燃烧材料，相邻面两墙体上均未开小窗，这两建筑物之间的最小距离不得小于下列哪项数值？（　　）

（A）5m　　（B）7.5m

（C）10m　　（D）12m

11. 220kV 变电所中，火灾自动报警系统的供电原则，以下哪一条是错误的？（　　）

（A）主电源采用消防电源

（B）主电源的保护开关采用漏电保护开关

（C）直流备用电源采用所内蓄电池

（D）消防通信设备，显示器等由 UPS 装置供电

12. 有一独立光伏电站容量为 3MW，需配置储能装置，若当地连续阴雨天气为 15d，平均用电负荷为 2000kW，储能电池放电深度为 0.8，电站交流系统损耗率为 0.7，则储能电池容量为：（　　）

（A）56.25MWh　　（B）90MWh

（C）1350MWh　　（D）2.025MWh

13. 设备选择与校核中，下列哪项参数与断路器开断时间没有关系？（　　）

（A）电动机馈线电缆的热稳定截面　　（B）断路器需承受的短路冲击电流

（C）断路器需开断电流的直流分量　　（D）断路器需开断电流的周期分量

14. 电力工程中选择绝缘套管时，若计算地震作用和其他荷载产生的总弯矩为 1000N · m，则所选绝缘套管的破坏弯矩至少应为：（　　）

（A）1000N · m　　（B）1500N · m

（C）2000N · m　　（D）2500N · m

15. 电力系统中，220kV 自耦变压器需“有载调压”时，宜采用：（　　）

（A）高压侧线端调压　　（B）中压侧线端调压

（C）低压侧线端调压　　（D）高、中压中性点调压

16. 使用在中性点直接接地电力系统中的高压断路器，其首相开断系数应取下列哪项数值？（　　）

（A）首相开断系数应取 1.2
（B）首相开断系数应取 1.3
（C）首相开断系数应取 1.4
（D）首相开断系数应取 1.5

17. 电力工程中，气体绝缘金属封闭开关设备（GIS）的外壳应接地，在短路情况下，外壳的感应电压不应超过：（　　）

（A）12V
（B）24V
（C）36V
（D）50V

18. 变电站中可以兼作并联电容器组泄能设备的是下列哪一项？（　　）

（A）电容式电压互感器
（B）电磁式电压互感器
（C）主变压器
（D）电流互感器

19. 发电厂、变电所中，选择导体的环境温度，下列哪种说法是正确的？（　　）

（A）对屋外导体为最热月平均最高温度
（B）对屋内导体为年最低温度
（C）对屋内导体为该处通风设计温度加 5℃
（D）对屋内导体为最高温度加 5℃

20. 在变电所设计中，导体接触面的电流密度应限制在一定的范围内，当导体工作电流为 2500A 时，下列无镀层铜-铜、铝-铝接触面的电流密度值应分别选择哪一组？（　　）

（A）$0.31A/mm^2$，$0.242A/mm^2$
（B）$1.2A/mm^2$，$0.936A/mm^2$
（C）$0.12A/mm^2$，$0.0936A/mm^2$
（D）$0.12A/mm^2$，$0.12A/mm^2$

21. 电力工程中，用于下列哪一场所的低压电力电缆可采用铝芯：（　　）

（A）发电机励磁回路的电源电缆
（B）紧靠高温设备布置的电力电缆
（C）辅助厂房轴流风机回路的电源电缆
（D）移动式电气设备的电源电缆

22. 在 7 度地震区，下列哪一种电气设施不进行抗震设计：（　　）

（A）35kV 屋内配电装置二层电气设施
（B）220kV 的电气设施
（C）330kV 的电气设施
（D）500kV 的电气设施

23. 在严寒地区电力工程中，高压配电装置构架距机力通风塔零米外壁的距离应不小于：（　　）

（A）25m
（B）30m
（C）40m
（D）60m

24. 有避雷线的 110kV、220kV 单回架空线路，在变电所进站段的反击耐雷水平应分别不低于下列哪组数值？（　　）

（A）96kA、151kA　　（B）87kA、120kA
（C）56kA、87kA　　（D）68kA、96kA

25. 在发电厂接地装置进行热稳定校验时，下列关于接地导体的允许温度的说法不正确的是：（　　）

（A）在有效接地系统，钢材的最大允许温度可取 400℃
（B）在低电阻接地系统，铜材采用放热焊接方式时的最大允许温度应根据土壤腐蚀的严重程度经验算分别取 900℃、800℃、700℃
（C）在高电阻接地系统中，敷设在地上的接地导体长时间温度不应高于 300℃
（D）在不接地系统，敷设在地下的接地导体长时间温度不应高于 100℃

26. 在装有 3 台 100MW 火电机组的发电厂中，以下哪种断路器不需进行同步操作？（　　）

（A）发变组的三绕组升压变压器各侧断路器
（B）110kV 升压站母线联络断路器
（C）110kV 系统联络线断路器
（D）高压厂用变压器高压侧断路器

27. 发电厂及变电所中，为减缓高频电磁干扰的耦合，装设静态保护和控制装置的屏柜地面下应设置等电位接地网，构成等电位接地网母线的接地铜排的截面积应不小于下列哪项数值？（　　）

（A）$50mm^2$　　（B）$80mm^2$
（C）$100mm^2$　　（D）$120mm^2$

28. 在电力系统中，继电保护和安全自动装置的通道一般不宜采用下列哪种传输媒介：（　　）

（A）自承式光缆　　（B）微波
（C）电力线载波　　（D）导引线电缆

29. 火力发电厂内，下列对 800kVA 油浸变压器保护设置原则中，哪条是错误的？（　　）

（A）当故障产生轻微瓦斯瞬时动作于信号
（B）当变压器绕组温度升高达到限值时瞬时动作于信号
（C）当变压器油面下降时瞬时动作于信号
（D）当故障产生大量瓦斯时，应动作于各侧断路器跳闸

30. 变电所中，下列针对高压电缆电力电容器组故障的保护设置原则中，哪项是错误的？（　　）

（A）单星形接线电容器组，可装设开口三角电压保护
（B）单星形接线电容器组，可装设中性点不平衡电流保护
（C）双星形接线电容器组，可装设中性线不平衡电流保护

（D）单星形接线电容器组，可装设电压差动保护

31. 电力工程中，下列哪种蓄电池组应装设降压装置？（　　）

（A）带端电池的铅酸蓄电池组
（B）阀控式密封铅酸电池组
（C）带端电池的中倍率镉镍碱性蓄电池组
（D）高倍率镉镍碱性蓄电池组

32. 变电所工程中，下列所用变压器的选择原则中，不正确的是：（　　）

（A）选低损耗节能产品
（B）宜采用 Dyn11 连接组
（C）所用变压器高压侧的额定电压，宜取接入点相应主变压器额定电压
（D）当高压电源电压波动较大，经常使所用电母线电压偏差超过±5%时，应采用无励磁调压所用变压器

33. 火力发电厂和变电所的照明设计中，下列哪种是不正确的？（　　）

（A）距离较远的 24V 及以下的低压照明线路，宜采用单相二线制
（B）当采用I类灯具时，照明分支线路宜采用三线制
（C）距离较长的道路照明可采用三相四线制
（D）当给照明器数量较多的场所供电时，可采用三相五线制

34. 在考虑电力系统的电力电量平衡时，系统的总备用容量不得低于系统最大发电负荷的：（　　）

（A）10%　　（B）15%
（C）18%　　（D）20%

35. 在轻冰区的 2 分裂导线架空线路，对于耐张段长度，下列哪种说法是正确的？（　　）

（A）对于 220kV 线路，耐张段长度不大于 10km
（B）对于 2 分裂导线线路，耐张段长度不大于 10km
（C）对于 220kV 线路，耐张段长度不宜大于 3km
（D）对于 2 分裂导线线路，耐张段长度不宜大于 10km

36. 对于架空输电线路耐张段长度，下列哪种说法是正确的？（　　）

（A）架空送电线路的耐张段长度由线路的输送功率确定
（B）架空送电线路的耐张长度由导线张力大小确定
（C）架空送电线路的耐张段长度由设计、运行、施工条件和施工方法确定
（D）架空送电线路的耐张段长度由导、地线制造长度确定

37. 架空输电线路，对海拔不超过 1000m 的地区，采用现行钢芯铝绞线国标时，给出了可不验算电

晕的导线最小直径，下列哪种说法是不正确的？（　　）

（A）220kV，21.6mm

（B）330kV，33.6mm、2 × 21.6mm

（C）500kV，2 × 33.6mm、3 × 26.82mm

（D）500kV，2 × 36.24mm、3 × 26.82mm、4 × 21.6mm

38. 对验算一般架空输电线路导线允许载流量时导线的允许温度进行了规定，下面哪种说法是不确定的？（　　）

（A）钢芯铝绞线宜采用+70℃

（B）钢芯铝合金绞线可采用+90℃

（C）钢芯铝包钢绞线可采用+80℃

（D）镀锌钢绞线可采用+125℃

39. 架空输电线路设计中，对于验算地线热稳定时地线的允许温度，下列哪种说法是正确的？（　　）

（A）钢芯铝绞线和钢芯铝合金绞线可采用+200℃

（B）钢芯铝绞线和钢芯铝包钢绞线可采用+200℃

（C）钢芯铝绞线和铝包钢绞线可采用+300℃

（D）镀锌铝绞线和铝包钢绞线可采用+400℃

40. 某单回采用猫头塔的 220kV 送电线路，若导线间水平投影距离 4m，垂直投影距离 5m，其等效水平线距为多少米？（　　）

（A）4.0m　　（B）5.0m

（C）7.8m　　（D）9.0m

二、多项选择题（共 30 题，每题 2 分。每题的备选项中有 2 个或 2 个以上符合题意。错选、少选、多选均不得分）

41. 火力发电厂中，对消防供电的要求，下列哪几条是正确的？（　　）

（A）单机容量 150MW 机组，自动灭火系统按I类负荷供电

（B）单机容量 200MW 机组，自动灭火系统按I类负荷供电

（C）单机容量 30MW 机组，消防水泵按I类负荷供电

（D）单机容量 30MW 机组，消防水泵按II类负荷供电

42. 某变电所中的两台 110kV 主变压器是屋外油浸变压器，主变之间净距为 6m，下列防火设计原则哪些是不正确的？（　　）

（A）主变之间不设防火墙

（B）设置高于主变油箱顶端 0.3m 的防火墙

（C）设置高于主变油枕顶端的防火墙
（D）设置长于储油坑两侧各 1m 的防火墙

43. 110kV 变电所中，对户内配电装置室的通风要求，下列哪些是正确的？（　　）

（A）通风机应与火灾探测系统连锁
（B）按通风散热要求，装设事故通风装置
（C）每天通风换气次数不应低于 6 次
（D）事故排风每小时通风换气次数不应低于 10 次

44. 变电所的照明设计中，下列哪几条属于节能措施？（　　）

（A）室内顶棚、墙面和地面宜采用浅颜色的装饰
（B）气体放电灯应装设补偿电容器，补偿电容器后功率因数不应低于 0.9
（C）户外照明和道路照明应采用高压钠灯
（D）户外照明宜采用分区、分组集中手动控制

45. 电压是电能质量的重要指标，以下对电力系统电压和无功描述正确的是哪几项？（　　）

（A）当发电厂、变电所的母线电压超出允许偏差范围时，首先应调整相应有载调压变压器的分接头位置，使电压恢复到合格值
（B）为掌握电力系统的电压状况，在电网内设置电压监测点，电压监测应使用具有连续监测和统计功能的仪器或仪表，其测量精度应不低于 1 级
（C）电力系统应有事故无功电力备用，以保证在正常运行方式下，突然失去一回线路或一台最大容量无功补偿设备时，保持电压稳定和正常供电
（D）380V 用户受电端的电压允许偏差值，为系统额定电压的±7%

46. 在发电厂中，下列哪些变压器应设置在单独房间内？（　　）

（A）S_9-50/10，油重 80kg　　（B）S_9-200/10，油重 300kg
（C）S_9-630/10，油重 800kg　　（D）S_9-1000/10，油重 1200kg

47. 在爆炸危险环境中，有关绝缘导线和电缆截面的选择，除了满足一定的机械强度要求外，下列说法正确的是：（　　）

（A）导体载流量不应小于熔断器熔体额定电流的 1.25 倍
（B）导体载流量不应小于断路器长延时过电流脱扣器整定电流的 1.25 倍
（C）同步电动机供电导体的长期允许载流量不应小于电动机额定电流的 1.5 倍
（D）感应电动机供电导体的长期允许载流量不应小于电动机额定电流的 1.25 倍

48. 下列变电所的电缆防火的设计原则，哪些是正确的？（　　）

（A）在同一通道中，不宜把非阻燃电缆与阻燃电缆并列配置
（B）在长距离的电缆沟中，每相距 500m 处宜设阻火墙

（C）靠近含油量少于 10kg 设备的电缆沟区段的沟盖板应采用活盖板，方便开启

（D）电缆从电缆构筑物中引至电气柜、盘或控制屏、台等开孔部位均应实施阻火封堵

49. 在变电所设计中，下列哪些场所应采用火灾自动报警系统？（　　）

（A）220kV 户外 GIS 设备区　　（B）10kV 配电装置室

（C）油介质电容器室　　（D）继电器室

50. 较小容量变电所的电气主接线若采用内桥接线，应符合下列哪些条件？（　　）

（A）主变压器不经常切换　　（B）供电线路较长

（C）线路有穿越功率　　（D）线路故障率高

51. 在短路电流计算序网合成时，下列哪些电力机械元件，其参数的正序阻抗与负序阻抗是相同的？（　　）

（A）发电机　　（B）变压器

（C）架空线路　　（D）电缆线路

52. 电力工程设计中选择支持绝缘子和穿墙套管时，两者都必须进行校验的是以下哪几项？（　　）

（A）电压　　（B）电流

（C）动稳定　　（D）热稳定电流及持续时间

53. 变电所中并联电容器总容量确定后，通常将电容器分成若干组安装，分组容量的确定应符合下列哪些规定？（　　）

（A）为了减少投资，减少分组容量，增加组数

（B）分组电容器按各种容量组合运行时，应避开谐振容量

（C）电容器分组投切时，母线电压波动满足要求

（D）电容器分组投切时，满足系统无功功率和电压调整要求

54. 电力工程中，电缆在空气中固定敷设时，其护层的选择应符合下列哪些规定？（　　）

（A）小截面挤塑绝缘电缆在电缆桥架敷设时，宜具有钢带铠装

（B）电缆位于高落差的受力条件时，多芯电缆应具有钢丝铠装

（C）敷设在桥架等支撑较密集的电缆，可不含铠装

（D）明确需要与环境保护相协调时，不得采用聚氯乙烯外护套

55. 110kV 及以上的架空线在海拔不超过 1000m 的地区，采用下列哪些规格的导线时可不进行电晕校验？（　　）

（A）220kV 架空导线采用 LGJ-400

（B）330kV 架空导线采用 LGJ-630

（C）330kV 架空导线采用 2 × LGJ-300

（D）500kV 架空导线采用 2 × LGJ-400

56. 发电厂、变电所中，高压配电装置的设计应满足安全净距的要求，下面哪几条是符合规定的？（　　）

（A）屋外电气设备外绝缘体最低部位距地小于 2.5m 时，应装设固定遮拦

（B）屋内电气设备外绝缘体最低部位距地小于 2.3m 时，应装设固定遮拦

（C）配电装置中相邻带电部分之间的额定电压不同时，应按较高的额定电压确定其安全净距

（D）屋外配电装置带电部分的上面或下面，在满足 B1 值时，照明、通信线路可架空跨越或穿过

57. 在 35kV 屋内高压配电装置（手车式）室内，下列通道的最小宽度的说法哪些是正确的？（　　）

（A）设备单列布置时，维护通道最小宽度为：700mm

（B）设备双列布置时，维护通道最小宽度为：1000mm

（C）设备单列布置时，操作通道最小宽度为：单车长 + 1200mm

（D）设备双列布置时，操作通道最小宽度为：双车长 + 900mm

58. 电力系统中，当需在单相接地故障条件下运行时，下列哪些情况应采用消弧线圈接地（中性点、谐振接地）？（　　）

（A）6kV 钢筋混凝土杆塔的架空线路构成的系统，单相接地故障电容电流 10A 时

（B）10kV 钢筋混凝土杆塔的架空线路构成的系统，单相接地故障电容电流 12A 时

（C）35kV 架空线路，单相接地故障电容电流 10A 时

（D）6kV 电缆线路，单相接地故障电容电流 35A 且需在故障状态下运行时

59. 雷电流通过接地装置向大地扩散时不起作用的是以下哪些？（　　）

（A）直流接地电阻　　（B）工频接地电阻

（C）冲击接地电阻　　（D）高频接地电阻

60. 发电厂、变电所中，下列哪些断路器宜选用三相联动的断路器？（　　）

（A）变电所中的 220kV 主变压器高压侧断路器

（B）220kV 母线断路器

（C）具有综合重合闸的 220kV 系统联络线断路器

（D）发电机变组的变压器 220kV 侧断路器

61. 在发电厂、变电所中，继电保护装置具有的“在线自动检测”功能，应包括下列哪几项？（　　）

（A）软件损坏

（B）硬件损坏

（C）功能失效
（D）二次回路异常运行状态

62. 变电所中，下列蓄电池的选择原则，哪些是正确的？（　　）

（A）35～220kV 变电所均可采用镉镍碱性蓄电池
（B）核电厂常规岛宜采用固定型排气式铅酸蓄电池
（C）220～750kV 变电所应装设 2 组蓄电池
（D）110kV 变电所宜装设 1 组蓄电池，重要的 110kV 变电所应装设 2 组蓄电池

63. 对发电厂中设置的交流保安电源柴油发电机，以下描述正确的是哪几项？（　　）

（A）柴油发电机应采用快速自起动的应急型
（B）柴油发电机应具有最多连续自起动三次成功投入的性能
（C）柴油发电机旁不应设置紧急停机按钮
（D）柴油发电机应装设自动起动和手动起动装置

64. 当不采取防止触电的安全措施时，电力电缆隧道内照明电源，不宜采用的电压是哪几种？
（　　）

（A）220V　　（B）110V
（C）48V　　（D）24V

65. 在下列描述中，哪些属于电力系统设计的内容？（　　）

（A）分析并核算电力负荷和电量水平、分布、组成及其特性
（B）进行无功平衡和电气计算，提出保证电压质量、系统安全稳定的技术措施
（C）论证网络建设方案
（D）对变电所的所用电系统负荷进行计算，并确定所用变压器的容量

66. 设计一条 110kV 单导线架空线路，对于耐张段长度，下列哪些说法是正确的？（　　）

（A）在轻冰区耐张段长度不应大于 5km
（B）在轻冰区耐张段长度不宜大于 5km
（C）在重冰区运行条件较差地段，耐张段长度应适当缩短
（D）如施工条件许可，在重冰区，耐张段长度应适当延长

67. 110～750kV 架空输电线路设计，下列哪些说法是不正确的？（　　）

（A）有大跨越的送电线路，其路径方案应结合大跨越的情况，通过综合技术经济比较确定
（B）有大跨越的送电线路，其路径方案应按线路最短的原则确定
（C）有大跨越的送电线路，其路径方案应按跨越点离航空直线最近的原则确定
（D）有大跨越的送电线路，其路径方案应按大跨越跨距最小的原则确定

68. 110～750kV 架空输电线路设计，下列哪些说法是不正确的？（　　）

（A）导线悬挂点的设计安全系数不应小于 2.25

（B）导线悬挂点的应力不应超过弧垂最低点的 1.1 倍

（C）地线悬挂点的应力应大于导线悬挂点的应力

（D）地线悬挂点的应力宜大于导线悬挂点的应力

69. 110～750kV 架空输电线路设计，下列哪些说法是正确的？（　　）

（A）导、地线的设计安全系数不应小于 2.5

（B）地线的设计安全系数应大于导线的设计安全系数

（C）覆冰和最大风速时，弧垂最低点的最大张力，不应超过拉断力的 70%

（D）稀有风速或稀有覆冰气象条件时，弧垂最低点的最大张力，不应超过拉断力的 70%

70. 架空送电线路设计中，下面哪些说法是正确的？（　　）

（A）若某档距导线应力为 40%的破坏应力，悬点应力刚好达到破坏应力的 44%，则此档距称为极大档距

（B）若某档距导线放松后悬点应力为破坏应力的 44%，则此档距称为放松系数μ下的允许档距

（C）每种导线有一个固定的极大档距

（D）导线越放松，允许档距越大

2014 年专业知识试题（下午卷）

一、单项选择题（共 40 题，每题 1 分，每题的备选项中只有 1 个最符合题意）

1. 对于消弧线圈接地的电力系统，下列哪种说法是错误的？（　　）

（A）在正常运行情况下，中性点的长时间电压位移不应超过系统标称电压的 15%
（B）故障点的残余电流不宜超过 10A
（C）消弧线圈不宜采用过补偿运行方式
（D）不宜将多台消弧线圈集中安装在系统中的一处

2. 短路计算中，发电机的励磁顶值倍数为下列哪个值时，要考虑短路电流计算结果的修正？（　　）

（A）1.6　　（B）1.8
（C）2.0　　（D）2.2

3. 当采用短路电流实用计算时，电力系统中的假设条件，下列哪一条是错误的？（　　）

（A）所有电源的电动势相位角相同
（B）同步电机都具有自动调整励磁装置
（C）计入输电线路的电容
（D）系统中的同步和异步电机均为理想电机，不考虑电机磁饱和、磁滞、涡流及导体集肤效应等

4. 变电所中，220kV 变压器中性点设棒形保护间隙时，间隙距离一般取：（　　）

（A）90～110mm　　（B）150～200mm
（C）250～350mm　　（D）400～500mm

5. 发电厂、变电所中，当断路器安装地点短路电流的直流分量不超过断路器额定短路开断电流的 20%时，断路器额定短路开断电流宜按下列哪项选取？（　　）

（A）断路器额定短路开断电流由交流分量来表征，但必须校验断路器的直流分断能力
（B）断路器额定短路开断电流仅由交流分量来表征，不必校验断路器的直流分断能力
（C）应与制造厂协商，并在技术协议书中明确所要求的直流分量百分数
（D）断路器额定短路开断电流可由直流分量来表征

6. 某变电所中的 500kV 配电装置采用一台半断路器接线，其中一串的两回出线各输送 1000MVA 功率，试问该串串中断路器和母线断路器的额定电流最小分别不得小于下列哪项数值？（　　）

（A）1250A，1250A　　（B）1250A，2500A
（C）2500A，1250A　　（D）2500A，2500A

7. 某变电所中的一台 500/220/35kV，容量为 750/750/250MVA 的三相自耦变压器，连接方式为

YNad11，变压器采用了零序差动保护，用于零序差动保护的高、中压及中性点电流互感器的变比应分别选下列哪一组？（　　）

（A）1000/1A，2000/1A，1500/1A　　（B）1000/1A，2000/1A，4000/1A

（C）2000/1A，2000/1A，2000/1A　　（D）2500/1A，2500/1A，1500/1A

8. 电力工程中，电缆采用单根保护管时，下列哪项规定不正确？（　　）

（A）地下埋管每根电缆保护管的弯头不宜超过 3 个，直角弯不宜超过 2 个

（B）地下埋管与铁路交叉处距路基不宜小于 1m

（C）地下埋管距地面深度不宜小于 0.3m

（D）地下埋管并列管相互间空隙不宜小于 20mm

9. 某变电所中的高压母线选用铝镁合金管形母线，导体的工作温度是 90℃，短路电流为 18kA，短路的等效持续时间 0.5s，铝镁合金热稳定系数 79，请校验热稳定的最小截面接近下列哪项数值？（　　）

（A）161mm^2　　（B）79mm^2

（C）114mm^2　　（D）228mm^2

10. 电力工程中，屋外配电装置架构设计的荷载条件，下列哪一条要求是错误的？（　　）

（A）架构设计考虑一相断线

（B）计算用的气象条件应按当地的气象资料确定

（C）独立架构应按终端架构设计

（D）连续架构根据实际受力条件分别按终端或中间架构设计

11. 某变电所的 500kV 配电装置内，设备间连接线采用双分裂软导线，其双分裂软导线至接地部分之间最小安全距离可取下列何值？（　　）

（A）3500mm　　（B）3800mm

（C）4550mm　　（D）5800mm

12. 某变电所中的 220kV 户外配电装置的出线门形架构旁，有一冲击电阻为 20Ω 的独立避雷针，独立避雷针的接地装置与变电所接地网的地中距离最小应大于或等于：（　　）

（A）3m　　（B）5m

（C）6m　　（D）7m

13. 电力工程中，当幅值为 50kA 的雷电流雷击架空线路时，产生的直击雷过电压最大值为多少？（　　）

（A）500kV　　（B）1000kV

（C）1500kV　　（D）5000kV

14. 在 10kV 不接地系统中，当 A 相接地时，B 相及 C 相电压升高$\sqrt{3}$倍，此种电压升高属于下列哪种情况？（　　）

（A）最高运行工频电压
（B）工频过电压
（C）谐振过电压
（D）操作过电压

15. 某 35kV 变电所内装设消弧线圈，所区内的土壤电阻率为 $200\Omega\times m$，如发生单相接地故障后不迅速切除故障，此变电所接地装置接触电位差、跨步电位差的允许值分别为：（不考虑表层衰减系数）（　　）

（A）208V，314V
（B）314V，208V
（C）90V，60V
（D）60V，90V

16. 发电厂、变电所中，GIS 的接地线及其连接，下列叙述中哪一条不符合要求？（　　）

（A）三相共箱式或分相式的 GIS，其基座上的每一接地母线，应按照制造厂要求与该区域专用接地网连接
（B）校验接地线截面的热稳定时，对只有 4 条接地线，其截面热稳定的校验电流应按单相接地故障时最大不对称电流有效值的 30%取值
（C）当 GIS 露天布置时，设备区域专用接地网宜采用铜导体
（D）室内布置的 GIS 应敷设环形接地母线，室内环形接地母线还应与 GIS 设备区域专用接地网相连接

17. 发电厂、变电所电气装置中电气设备接地的连接应符合下列哪项要求？（　　）

（A）当接地线采用搭接焊接时，其搭接长度应为圆钢直径的 4 倍
（B）当接地线采用搭接焊接时，其搭接长度应为扁钢宽度的 2 倍
（C）电气设备每个接地部分应相互串接后再与接地母线相连接
（D）当利用穿线的钢管作接地线时，引向电气设备的钢管与电气设备之间不应有电气连接

18. 当发电厂单元机组电气系统采用 DCS 控制时，以下哪项装置应是专门的独立装置？（　　）

（A）柴油发电机组程控起动
（B）消防水泵程控起动
（C）高压启备变有载调压分接头控制
（D）高压厂用电源自动切换

19. 关于火力发电厂中升压站电气设备的防误操作闭锁，下列哪项要求是错误的？（　　）

（A）远方、就地操作均应具备防误操作闭锁功能
（B）采用硬接线防误操作回路的电源应采用断路器或开关的操作电源
（C）断路器或开关闭锁回路不宜用重动继电器，宜直接用断路器或隔离开关的辅助触点
（D）电气设备的防误操作闭锁可以采用网络计算机监控系统、专用的微机五防装置或就地电气硬接线之一实现

20. 发电机变压器组中的 200MW 发电机定子绕组接地保护的保护区不应小于：（　　）

（A）85%　　（B）90%

（C）95%　　（D）100%

21. 电力系统中，下列哪一条不属于省级及以上调度自动化系统应实现的总体功能？（　　）

（A）配网保护装置定值自动整定　　（B）计算机通信

（C）状态估计　　（D）负荷预测

22. 为电力系统安全稳定计算，选用的单相重合闸时间，对 1 回长度为 200km 的 220kV 线路不应小于：（　　）

（A）0.2s　　（B）0.5s

（C）0.6s　　（D）1.0s

23. 在电力工程直流系统中，保护电气采用直流断路器和熔断器，下列哪项选择是不正确的？（　　）

（A）熔断器装设在直流断路器上一级时，熔断器额定电流应为直流断路器额定电流的 2 倍及以上

（B）各级直流馈线断路器宜选用具有瞬时保护和反时限过电流保护的直流断路器

（C）采用分层辐射形供电时，直流柜至分电柜的馈线断路器宜选用具有短路短延时特性的直流断路器

（D）直流断路器装设熔断器在上一级时，直流断路器额定电流应为熔断器额定电流的 4 倍及以上

24. 某 220kV 变电所的直流系统标称电压为 220V，采用控制负荷和动力负荷合并供电的方式，拟采用 GFD 防酸式铅酸蓄电池，单体浮充电电压为 2.2V，均衡充电电压为 2.31V，下列数据是蓄电池个数和蓄电池放电终止电压的计算结果，请问哪一组数据是正确的？（　　）

（A）蓄电池 100 只，放电终止电压 1.87V

（B）蓄电池 100 只，放电终止电压 1.925V

（C）蓄电池 105 只，放电终止电压 1.78V

（D）蓄电池 105 只，放电终止电压 1.833V

25. 某变电所的直流系统中有一组 200A · h 阀控式铅酸蓄电池，此蓄电池出口回路隔离开关的额定电流应大于（事故停电时间按 1 小时考虑）：（　　）

（A）100A　　（B）150A

（C）200A　　（D）300A

26. 在大型火力发电厂中，电动机的外壳防护等级和冷却方式应与周围环境条件相适应，在下列哪个场所电动机不需采用 IP54 防护等级？（　　）

（A）煤仓间运煤皮带电动机　　（B）烟囱附近送引风机电动机

（C）蓄电池室排风风机电动机　　（D）卸船机起吊电动机

27. 发电厂、变电所中，厂（所）用变压器室门的宽度，应按变压器的宽度至少再加：（　　）

（A）100mm　　（B）200mm

（C）300mm　　（D）400mm

28. 在火力发电厂中，下列哪种低压设备不是操作电器：（　　）

（A）接触器　　（B）插头

（C）磁力起动器　　（D）组合电器

29. 在火力发电厂厂用限流电抗器的电抗百分数选择和校验中，下列哪个条件是不正确的？（　　）

（A）将短路电流限制到要求值

（B）正常工作时，电抗器的电压损失不得大于母线电压的 5%

（C）当出线电抗器未装设无时限继电保护装置时，应按电抗器后发生短路，母线剩余电压不低于额定值的（50～70）%校验

（D）带几回出线的电抗器及其他具有无时限继电保护装置的出线电抗器不必校验短路时的母线剩余电压

30. 变电所中，照明设备的安装位置，下列哪项是正确的？（　　）

（A）屋内开关柜的上方　　（B）屋内主要通道上方

（C）GIS 设备上方　　（D）防爆型灯具安装在蓄电池上方

31. 变电所中，主要通道疏散照明的照度，最低不应低于下列哪个数值？（　　）

（A）0.5lx　　（B）1.0lx

（C）1.5lx　　（D）2.0lx

32. 在进行某区域电网的电力系统规划设计时，对无功电力平衡和补偿问题有以下考虑，请问哪一条是错误的？（　　）

（A）对 330～500kV 电网，高、低压并联电抗器的总容量按照不低于线路充电功率的 90%

（B）对 330～500kV 电网的受端系统，所安装的无功补偿容量，按照输入有功容量的 30%考虑

（C）对 220kV 及以下电网所安装的无功补偿总容量，按照最大自然无功负荷的 1.15 倍计算

（D）对 220kV 及以下电压等级的变电所的无功补偿容量，按照主变压器容量的 10%～30%考虑

33. 某单回 500kV 送电线路的正序电抗为 0.262Ω/km，正序电纳为 4.4×10^{-6}S/km，该线路的自然输送功率应为下列哪项数值？（　　）

（A）975MW　　（B）980MW

（C）1025MW　　　　（D）1300MW

34. 某单回路 220kV 架空送电线路，相导体按水平排列，某塔使用的悬垂绝缘子串（I串）长度为3m，相导线水平线间距离 8m，某耐张段位于平原，弧垂K值为 8.0×10^{-5}，连续使用该塔的最大档距为多少米？（提示：$K = P/8T$）　（　　）

（A）958m　　　　（B）918m

（C）875m　　　　（D）825m

35. 架空送电线路跨越弱电线路时，与弱电线路的交叉角要符合有关规定，下列哪条是不正确的？　（　　）

（A）送电线路与一级弱电线路的交叉角应 ≥ 45°

（B）送电线路与一级弱电线路的交叉角应 > 45°

（C）送电线路与二级弱电线路的交叉角应 ≥ 30°

（D）送电线路与三级弱电线路的交叉角不限制

36. 某架空送电线路在覆冰时导线的自重比载为 $30 \times 10^{-3}N/(m \cdot mm^2)$，冰重力比载为 $25 \times 10^{-3}N/(m \cdot mm^2)$，覆冰时风荷比载为 $20 \times 10^{-3}N/(m \cdot mm^2)$，此时，其综合比载为：　（　　）

（A）$55 \times 10^{-3}N/(m \cdot mm^2)$　　　　（B）$58.5 \times 10^{-3}N/(m \cdot mm^2)$

（C）$75 \times 10^{-3}N/(m \cdot mm^2)$　　　　（D）$90 \times 10^{-3}N/(m \cdot mm^2)$

37. 某架空送电线路在某耐张段的档距为 400m、500m、550m、450m，该段的代表档距约为多少米？（不考虑悬点高差）　（　　）

（A）385m　　　　（B）400m

（C）485m　　　　（D）560m

38. 某架空送电线路上，若风向与电线垂直时的风荷载为 15N/m，当风向与电线垂线间的夹角为 30° 时，垂直于电线方向的风荷载约为多少？　（　　）

（A）12.99N/m　　　　（B）11.25N/m

（C）7.5N/m　　　　（D）3.75N/m

39. 某架空送电线路上，若线路导线的自重比载为 $32.33 \times 10^{-3}N/(m \cdot mm^2)$，风荷比载为 $26.52 \times 10^{-3}N/(m \cdot mm^2)$，综合比载为 $41.82 \times 10^{-3}N/(m \cdot mm^2)$，导线的风偏角为多少？　（　　）

（A）20.23°　　　　（B）32.38°

（C）35.72°　　　　（D）39.36°

40. 架空送电线路上，下面关于电线的平均运行张力和防振措施的说法，哪种是正确的？（T_p为电线的拉断力）　（　　）

（A）档距不超过 500m 的开阔地区，不采取防振措施时，镀锌钢绞线的平均运行张力上限为

16%T_p

（B）档距不超过 500m 的开阔地区，不采取防振措施时，钢芯铝绞线的平均运行张力上限为 18%T_p

（C）档距不超过 500m 的非开阔地区，不采取防振措施时，镀锌钢绞线的平均运行张力上限为 18%T_p

（D）钢芯铝绞线的平均运行张力为 25%T_p时，均需用防振锤（阻尼线）或另加护线条防振

二、多项选择题（共 30 题，每题 2 分。每题的备选项中有 2 个或 2 个以上符合题意。错选、少选、多选均不得分）

41. 发电厂、变电站中，在母线故障或检修时，下列哪几种电气主接线形式，可持续供电（包括倒闸操作后）？（　　）

（A）单母线　　（B）双母线

（C）双母线带旁路　　（D）一台半断路器接线

42. 在用短路电流实用计算法，计算无穷大电源提供的短路电流计算时，下列哪几项表述是正确的？（　　）

（A）不考虑短路电流周期分量的衰减

（B）不考虑短路电流非周期分量的衰减

（C）不考虑短路点的电弧阻抗

（D）不考虑输电线路电容

43. 发电厂、变电所中，某台 330kV 断路器两端为互不联系的电源时，设计中应按下列哪些要求校验此断路器？（　　）

（A）断路器断口间的绝缘水平应满足另一侧出现工频反相电压的要求

（B）在失步下操作时的开断电流不超过断路器的额定反相开断性能

（C）断路器同极断口间的公称爬电比距与对地公称爬电比距之比一般不低于 1.3

（D）断路器同极断口间的公称爬电比距与对地公称爬电比距之比一般取 1.15～1.3

44. 某电厂 6kV 母线上装有单相接地监视装置，其反应的电压量取自母线电压互感器，则母线电压互感器宜选用下列哪几种类型？（　　）

（A）两个单相互感器组成的 V-V 接线

（B）一个三相三柱式电压互感器

（C）一个三相五柱式电压互感器

（D）三个单相式三线圈电压互感器

45. 电力工程中，下列哪些场所宜选用自耦变压器？（　　）

（A）发电厂中，两种升高电压级之间的联络变压器

（B）220kV 及以上变电所的主变压器

（C）110kV、35kV、10kV三个电压等级的降压变电所

（D）在发电厂中，单机容量在125MW及以下，且两级升高电压均为直接接地系统，向高压和中压送电

46. 在选择电力变压器时，下列哪些电压等级的变压器，应按超高压变压器油标准选用？（　　）

（A）220kV　　（B）330kV

（C）500kV　　（D）750kV

47. 电缆工程中，电缆直埋敷设于非冻土地区时，其埋置深度应符合下列哪些规定？（　　）

（A）电缆外皮至地下构筑物基础，不得小于0.3m

（B）电缆外皮至地面深度，不得小于0.7m，当位于车行道或耕地下时，应适当加深，且不宜小于1.0m

（C）电缆外皮至地下构筑物基础，不得小于0.7m

（D）电缆外皮至地面深度，不得小于0.7m，当位于车行道或耕地下时，应适当加深，且不宜小于0.7m

48. 发电厂、变电所中，对屋外配电装置的安全净距，下列哪几项应按B1值？（　　）

（A）设备运输时，其设备外廓至无遮拦带电部分之间

（B）不同相的带电部分之间

（C）交叉的不同时停电检修的无遮拦带电部分之间

（D）断路器和隔离开关断口两侧引线带电部分之间

49. 变电所中，对敞开式配电装置设计的基本规定，下列正确的是？（　　）

（A）确定配电装置中各回路相序排列顺序时，一般面对出线

（B）配电装置中母线的排列顺序，一般靠变压器侧布置的母线为I母，靠线路侧布置的母线为II母

（C）110kV及以上的户外配电装置最小安全净距，一般要考虑带电检修

（D）配电装置的布置，应使场内道路和低压电力、控制电缆的长度最短

50. 电力工程中，按规程规定，下列哪些场所高压配电装置宜采用气体绝缘金属封闭开关设备（GIS）？（　　）

（A）IV级污秽地区的110kV配电装置

（B）地震烈度为9度地区的110kV配电装置

（C）海拔高度为2500m地区的220kV配电装置

（D）地震烈度为9度地区的220kV配电装置

51. 某照明灯塔上装有避雷针，其照明灯电源线的电缆金属外皮直接埋入地下，下列哪几种埋地长度，允许电缆金属外皮与35kV电压配电装置的接地网及低压配电装置相联？（　　）

（A）15m　　（B）12m

（C）10m　　（D）8m

52. 某发电厂中，500kV 电气设备的额定雷电冲击（内、外绝缘）耐压电压（峰值）为 1550kV，额定操作冲击耐受电压（峰值）为 1050kV，下列对其保护的氧化锌避雷器参数中，哪些是满足要求的？（　　）

（A）额定雷电冲击波残压（峰值）1100kV
（B）额定雷电冲击波残压（峰值）11250kV
（C）额定操作冲击波残压（峰值）910kV
（D）额定操作冲击波残压（峰值）925kV

53. 发电厂的易燃油、可燃油、天然气和氢气等储罐、管道的接地应符合下列哪些要求？（　　）

（A）净距小于 100mm 的平行管道，应每隔 30m 用金属线跨接
（B）不能保持良好电气接触的阀门、法兰、弯头等管道连接处也应跨接
（C）易燃油、可燃油和天然气浮动式储罐顶，应用可挠的跨接线与罐体相连，且不应少于两处
（D）浮动式电气测量的铠装电缆应埋入地中，长度不宜小于 15m

54. 下列接地装置设计原则中，哪几条是正确的？（　　）

（A）配电装置构架上的避雷针（含挂避雷针的构架）的集中接地装置应与主接地网连接，由连接点至主变压器接地点的长度不应小于 15m
（B）变电所的接地装置应与线路的避雷线相连，当不允许直接连接时，避雷线设独立接地装置，该独立接地装置与电气装置接地点的地中距离不小于 15m
（C）独立避雷针（线）宜设独立接地装置，当有困难时，该接地装置可与主接地网连接，但避雷针与主接地网的地下连接点至 35kV 及以下设备与主接地网的地下连接点之间，沿接地体的长度不得小于 15m
（D）变电所的接地装置与线路的避雷线相连，当不允许直接连接时，避雷线接地装置在地下与变电所的接地装置相连，连接线埋在地中的长度不应小于 15m

55. 在发电厂、变电所设计中，下列哪些回路应监测直流系统的绝缘？（　　）

（A）同步发电机的励磁回路
（B）直流分电屏的母线和回路
（C）UPS 逆变器输出回路
（D）高频开关电源充电装置输出回路

56. 发电厂、变电所中的计算机系统应有稳定、可靠的接地，下列哪些接地措施是正确的？（　　）

（A）变电所的计算机宜利用电力保护接地网，与电力保护接地网一点相连，不设独立接地网
（B）计算机系统应设有截面不小于 $4mm^2$ 零电位接地铜排，以构成零电位母线
（C）变电所的主机和外设机柜应与基础绝缘

（D）继电器、操作台等与基础不绝缘的机柜，不得接到总接地铜排，可就近接地

57. 变电所中，关于 500kV 线路后备保护的配电原则，下列哪些说法是正确的？　（　　）

（A）采用远后备方式
（B）对于中长线路，在保护配置中宜有专门反映近端故障的辅助保护功能
（C）在接地电阻不大于 350Ω 时，有尽可能强的选相能力，并能正确动作跳闸
（D）当线路双重化的每套主保护装置具有完善的后备保护时，可不再另设后备保护

58. 发电厂、变电所中，对断路器失灵保护的描述，以下正确的是哪几项？　（　　）

（A）断路器失灵保护判别元件的动作时间和返回时间均不应大于 50ms
（B）对 220kV 分相操作的断路器，断路器失灵保护可仅考虑断路器单相拒动的情况
（C）断路器失灵保护动作应闭锁重合闸
（D）一个半断路器接线和双母线接线的断路器失灵保护均装设闭锁元件

59. 电力工程直流系统中，当采用集中辐射形供电方式时，按允许压降选择电缆截面时，下列哪些要求是符合规程的？　（　　）

（A）蓄电池组与直流柜之间的连接电缆允许电压降不宜小于系统标称电压的 0.5%～1%
（B）蓄电池组与直流柜之间连接电缆长期允许载流量的计算电流应按蓄电池 1h 放电率电流确定
（C）电缆允许电压降应按蓄电池组出口端最低计算电压值和负荷本身允许最低运行电压值之差选取
（D）电缆允许电压降应取直流电源系统标称电压的 3%～6.5%

60. 电力工程直流中，充电装置的配置下列哪些是不合适的？　（　　）

（A）1 组蓄电池配 1 套相控式充电装置
（B）1 组蓄电池配 1 套高频开关电源模块充电装置
（C）2 组蓄电池配 2 套相控式充电装置
（D）2 组蓄电池配 2 套高频开关电源模块充电装置

61. 下列 220kV 及以上变电所所用电接线方式中，哪些要求是不正确的？　（　　）

（A）所用电低压系统采用三相四线制，系统的中性点直接接地，系统额定电压采用 380/220V，动力和照明合用供电
（B）所用电低压系统采用三相三线制，系统的中性点经高阻接地，系统额定电压采用 380V 供动力负荷，设 380/220V 照明变压器
（C）所用电母线采用按工作变压器划分的单母线，相邻两段工作母线间不设分段断路器
（D）当工作变压器退出时，备用变压器应能自动切换至失电的工作母线段继续供电

62. 在发电厂低压厂用电系统中，下列哪些说法是正确的？　（　　）

（A）用限流断路器保护的电器和导体可不校验热稳定

（B）用限流熔断器保护的电器和导体可不校验热稳定

（C）当采用保护式磁力起动器时，可不校验动、热稳定

（D）用额定电流为 60A 以下的熔断器保护的电器可不校验动稳定

63. 发电厂中选择和校验高压厂用电设备计算短路电流时，下列哪些做法是正确的？（　　）

（A）对于厂用电源供给的短路电流，其周期分量在整个短路过程中可认为不衰减

（B）对于异步电动机的反馈电流，其周期分量和非周期分量应按不同的衰减时间常数计算

（C）高压厂用电系统短路电流计算应计及电动机的反馈电流

（D）100MW 机组应计及电动机的反馈电流对断路器开断电流的影响

64. 在电力工程中，关于照明线路负荷计算，下列哪些说法是正确的？（　　）

（A）计算照明主干线路负荷与照明装置的同时系数有关

（B）计算照明主干线路负荷与照明装置的同时系数无关

（C）计算照明分支线路负荷与照明装置的同时系数有关

（D）计算照明分支线路负荷与照明装置的同时系数无关

65. 在下列叙述中，哪些不符合电网分层分区的概念和要求？（　　）

（A）合理分区是指以送端系统为核心，将外部电源连接到受端系统，形成一个供需基本平衡的区域，并经过联络变压器与相邻区域相连

（B）合理分层是指不同规模的发电厂和负荷接到相适应的电压网络上

（C）为了有效限制短路电流和简化继电保护的配置，分区电网应尽可能简化

（D）随着高一级电压电网的建设，下级电压电网应逐步实现分层运行

66. 架空送电线路上，对于 10mm 覆冰地区，上下层相邻导线间或地线与相邻导线间的水平偏移，如无运行经验，不宜小于规定数值，下面的哪些是不正确的？（　　）

（A）220kV、1.0m，500kV、1.5m　　（B）220kV、1.0m，500kV、1.75m

（C）110kV、0.5m，330kV、1.5m　　（D）110kV、1.0m，330kV、1.5m

67. 架空送电线路钢芯铝绞线的初伸长补充通常用降温放线方法，下面哪些符合规程规定？（　　）

（A）铝钢截面比 4.29～4.38 时，降 10～15℃

（B）铝钢截面比 4.29～4.38 时，降 15℃

（C）铝钢截面比 5.05～6.16 时，降 15～20℃

（D）铝钢截面比 5.05～6.16 时，将 20～25℃

68. 某 500kV 架空送电线路中，一直线塔的前侧档距为 400m，后侧档距为 500m，相邻两塔的导线悬点均高于该塔，下面的哪些说法是正确的？（　　）

（A）该塔的水平档距为 450m

（B）该塔的水平档距为 900m

（C）该塔的垂直档距不会小于水平档距

（D）该塔的垂直档距不会大于水平档距

69. 下面哪些说法是正确的？（　　）

（A）基本风速$v \geqslant 31.5$，计算杆塔荷载时，风压不均匀系数取 0.7

（B）基本风速$v < 20$，计算 500kV 杆塔荷载时，风荷载调整系数取 1.0

（C）基本风速$v \geqslant 20$，校验杆塔间隙时，风压不均匀系数取 0.61

（D）基本风速 $27 \leqslant v < 31.5$，计算 500kV 杆塔荷载时，风荷载调整系数取 1.2

70. 架空输电线路设计时，对于安装工况时需考虑的附加荷载的数值，下列哪些是正确的？（　　）

（A）110kV，直线杆塔，导线的附加荷载：1500N

（B）110kV，直线杆塔，地线的附加荷载：1000N

（C）220kV，附件转角塔，导线的附加荷载：3500N

（D）220kV，附件转角塔，地线的附加荷载：1500N

2016 年专业知识试题（上午卷）

一、单项选择题（共 40 题，每题 1 分，每题的备选项中只有 1 个最符合题意）

1. 在进行电力系统短路电流计算时，发电机和变压器的中性点若经过阻抗接地，须将阻抗增加多少倍后方能并入零序网络？（　　）

（A）$\sqrt{3}$倍　　（B）3 倍

（C）2 倍　　（D）$\frac{\sqrt{3}}{2}$倍

2. 对某 220kV 变电站的接地装置（钢制）作热稳定校验时，若 220kV 系统切除接地故障的继电保护装置由 2 套速动主保护，动作时间 0.01s，近接地后备保护动作时间 0.3s，断路器失灵保护动作时间 0.8s，断路器动作时间 0.06s，流过接地线的短路电流稳定值为 10kA，则按热稳定要求钢质接地线的最小截面不应小于下列哪项数值？（　　）

（A）88mm²　　（B）118mm²

（C）134mm²　　（D）155mm²

3. 以下对单机容量为 300MW 的发电机组所配直流系统的布置的要求中，下列哪项表述是不正确的？（　　）

（A）机组蓄电池应设专用的蓄电池室，应按机组分别设置

（B）机组直流配电柜宜布置在专用直流配电间内，直流配电间宜按单元机组设置

（C）蓄电池与大地之间应有绝缘措施

（D）全厂公用的 2 组蓄电池宜布置在一个房间内

4. 变电站中，标称电压 110V 的直流系统，从直流屏至用电侧末端允许的最大压降为：（　　）

（A）1.65V　　（B）3.3V

（C）5.5V　　（D）7.15V

5. 某变电站选用了 400kVA，35/0.4kV 无载调压所用变压器，其低压侧进线回路持续工作电流应为：（　　）

（A）606A　　（B）577A

（C）6.93A　　（D）6.6A

6. 水电厂设计中，关于低压厂用电系统短路电流计算的表述，下列哪一条是错误的？（　　）

（A）应计及电阻

（B）采用一级电压供电的低压厂用电变压器的高压侧系统阻抗可忽略不计

（C）在计算主配电屏及重要分配电屏母线短路电流时，应在第一周期内计及异步电动机的反馈电流

（D）计算 0.4kV 系统三相短路电流时，回路电压按 400V，计算单相短路电流时，回路电压按 220V

7. 在发电厂、变电站中，厂（站）低压用电回路在发生短路故障时，重要供电回路中的各级保护电器应有选择性地动作，当低压保护电器采用熔断器且短路电流（周期分量有效值）为 4kA 时，下列熔件的上下级配合哪组是错误的？（ ）

（A）RT_0-30/100A 与 RT_0-80/100A
（B）RT_0-40/100A 与 RT_0-100/100A
（C）RT_0-60/100A 与 RT_0-150/200A
（D）RT_0-120/200A 与 RT_0-200/200A

8. 火力发电厂和变电站照明网络的接地宜采用下列哪种系统类型？（ ）

（A）TN-C-S 系统　　（B）TN-C 系统
（C）TN-S 系统　　（D）TT 系统

9. 电力系统在下列哪个条件下才能保证运行的稳定性，维持电网频率、电压的正常水平？（ ）

（A）应有足够的静态稳定储备和有功、无功备用容量、应有合理的电网结构
（B）应有足够的动态稳定储备和无功补偿容量，电网结构应合理
（C）应有足够的储备容量，主网线路应装设两套全线快速保护
（D）电网结构应可靠，潮流分布应合理

10. 照明设计中使用电感镇流器的高强气体放电灯应装设补偿电容器，补偿后的功率因数不应低于下列哪项？（ ）

（A）0.75　　（B）0.8
（C）0.85　　（D）0.9

11. 某 220kV 变电站内的消防水泵房与油浸式电容器相邻，两建筑物为砖混结构，屋檐为非燃烧材料，相邻面两墙体上均为开小窗，则这两建筑物之间的最小距离不得小于下列哪个数值？（ ）

（A）5m　　（B）7.5m
（C）10m　　（D）12m

12. 在中性点有效接地方式的系统中，采用自耦变压器时，其中性点应如何接地？（ ）

（A）不接地　　（B）直接接地
（C）经避雷器接地　　（D）经放电间隙接地

13. 一般情况下，装设在超高压线路上的并联电抗器，其作用是下列哪一条？（ ）

（A）限制雷电冲击过电压　　（B）限制操作过电压
（C）节省投资　　（D）限制母线的短路电流

14. 下列哪项措施对限制三相对称短路电流是无效的？（　　）

（A）将并列运行的变压器改为分列运行
（B）提高变压器的短路阻抗
（C）在变压器中性点加小阻抗
（D）在母线分段外加装电抗器

15. 使用在中性点直接接地系统中的高压断路器其首相开断系数应取下列哪项数值？（　　）

（A）1.2　　（B）1.3
（C）1.4　　（D）1.5

16. 在变电站设计中，校验导体（不包括电缆）的热稳定一般宜采用下列哪个时间？（　　）

（A）主保护动作时间
（B）主保护动作时间加相应断路器的开断时间
（C）后备保护动作时间
（D）后备保护动作时间加相应断路器的开断时间

17. 在电力电缆工程设计中，10kV 电缆在以下哪一种情况下可采用直埋敷设？（　　）

（A）地下单根电缆与市政公路交叉且不允许经常破路的地段
（B）地下电缆与铁路交叉地段
（C）同一通路少于 6 根电缆，且不经常开挖的地段
（D）有杂散电流腐蚀的土壤地段

18. 水电厂开关站主母线采用管形母线设计时，为消除由于温度变化引起的危险应力，当采用滑动支持式铝管母线，一般每隔多少米安装一个伸缩接头？（　　）

（A）20～30m　　（B）30～40m
（C）40～50m　　（D）50～60m

19. 某 110kV 配电装置，其母线和母线隔离开关为高位布置，断路器，互感器等设备布置在母线下方，断路器单列布置，这种布置为下列哪种形式？（　　）

（A）半高型　　（B）普通中型
（C）分相中型　　（D）高型

20. 下列变电站室内配电装置的建筑要求，哪一项不符合设计技术规程？（　　）

（A）配电装置室的门应为向外开防火门，相邻配电室之间如有门时，应能向两个方向开启
（B）配电装置室可开固定窗采光，但应采取防止雨、雪、小动物、风沙等进入的措施

（C）配电装置室有楼层时，其楼层应有防渗水措施

（D）配电装置室的顶棚和内墙应作耐火处理，耐火等级不应低于三级

21. 屋外配电装置架构设计时，对于导线跨中有引下线的构架，从下列哪个电压等级及以上，应考虑导线上人，并分别验算单相作业和三相作业的受力状态？（　　）

（A）66kV　　（B）110kV

（C）220kV　　（D）330kV

22. 某 10kV 变电站，10kV 母线上接有一台变压器，3 回架空出线，出线侧均装设有避雷器，请问母线上是否需要装设避雷器，若需要装设，避雷器与变压器的距离不宜大于多少？（　　）

（A）需要装设避雷器，且避雷器距变压器的电气距离不宜大于 20m

（B）需要装设避雷器，且避雷器距变压器的电气距离不宜大于 25m

（C）需要装设避雷器，且避雷器距变压器的电气距离不宜大于 30m

（D）不需装设避雷器，出线侧的避雷器可以保护母线设备及变压器

23. 电力系统中的工频过电压一般由线路空载、接地故障和甩负荷等引起，在 330kV 及以上系统中采取下列哪一措施可限制工频过电压？（　　）

（A）在线路上装设避雷器以限制工频过电压

（B）在线路架构上设置避雷针以限制工频过电压

（C）在线路上装设并联电抗器以限制工频过电压

（D）在线路并联电抗器的中性点与大地之间串接一接地电抗器以限制工频过电压

24. 发电厂人工接地装置的导体，应符合热稳定与均压的要求外，下面列出的按机械强度要求的导体的最小尺寸中，哪项是不符合要求的？（　　）

（A）地下埋设的圆钢直径 8mm

（B）地下埋设的扁钢界面 $48mm^2$

（C）地下埋设的角钢厚度 4mm

（D）地下埋设的钢管管壁厚度 3.5mm

25. 下列关于高压线路重合闸的表述中，哪项是正确的？（　　）

（A）自动重合闸装置动作跳闸，自动重合闸就应动作

（B）只要线路保护动作跳闸，自动重合闸就应动作

（C）母线保护动作线路断路器跳闸，自动重合闸应动作

（D）重合闸动作与否，与断路器的状态无关

26. 变电站、发电厂中的电压互感器二次侧自动开关的选择，下列哪项原则是正确的？（　　）

（A）瞬时脱扣器的动作电流按电压互感器回路的最大短路电流选择

（B）瞬时脱扣器的动作电流大于电压互感器回路的最大负荷电流选择

（C）当电压互感器运行电压为 95%额定电压时应瞬时动作自动开关应瞬时动作

（D）瞬时脱扣器断开短路电流的时间不大于 30min

27. 某发电厂 300MW 机组的电能计量装置，其电压互感器的二次回路允许电压降百分数不大于下列哪项数值？（　　）

（A）1%～3%　　（B）0.2%

（C）0.45%　　（D）0.5%

28. 若发电厂 600MW 机组发电机励磁电压为 500V，下列哪种设计方案是合适的？（　　）

（A）将励磁电压测量的变送器放在辅助继电器柜上

（B）将励磁回路绝缘监测装置放在就地仪表盘上

（C）将转子一点接地保护装置放在就地励磁系统灭磁柜上

（D）将转子一点接地保护装置放在发变组保护柜上

29. 在 110kV 电力系统中，对于容量小于 63MVA 的变压器，由外部相间短路引起的变压器过流，应装设相应的保护装置，保护装置动作后，应带时限动作于跳闸，且应符合相关规定，以下哪条不符合规范要求？（　　）

（A）过电流保护宜用于降压变压器

（B）复合电压起动的过电流保护宜用于升压变压器、系统联络变压器和过电流不符合灵敏性要求的降压变压器

（C）低电压闭锁的过电流保护宜用于升压变压器、系统联络变压器和过电流不符合灵敏性要求的降压变压器

（D）过电流保护宜用于升压变压器、系统联络变压器

30. 对于电力设备和线路短路故障的保护应有主保护和后备保护，必要时可增设辅助保护，请问下列描述中哪条是指后备保护的远后备方式？（　　）

（A）当主保护或断路器拒动时，由相邻电力设备或线路的保护实现后备

（B）当主保护拒动时，由该电力设备或线路的另一套保护实现后备的保护

（C）当电力设备或线路断路器拒动时，由断路器失灵保护来实现的后备保护

（D）补充主保护和后备保护的性能或当主保护和后备保护退出运行而增设的简单保护

31. 照明线路的导线截面应按计算电流进行选择，某一单相照明回路有 2 只 200W 的卤钨灯和 2 只 150W 的高强气体放电灯，下列哪个计算电流值是正确的？（　　）

（A）3.45A　　（B）3.82A

（C）4.24A　　（D）3.29A

32. 电力系统在进行安全稳定计算分析时，下列哪种情况可不作长过程的动态稳定分析？（　　）

（A）系统中有大容量水轮发电机和汽轮发电机经弱联系并列运行

（B）大型火电厂某一条 500kV 送电线路出口发生三相短路，线路保护动作于断路器跳闸

（C）有大功率周期性冲击负荷

（D）电网经弱联系线路并列运行

33. 以下对于爆炸性粉尘环境中粉尘分级的表述正确的是：（　　）

（A）焦炭粉尘为可燃性导电粉尘，粉尘分类为ⅢC 级

（B）煤粉尘为可燃性非导电粉尘，粉尘分类为ⅢB 级

（C）硫磺粉尘为可燃性非导电粉尘，粉尘分类为ⅢA 级

（D）人造纤维为可燃性飞絮，粉尘分类为ⅢB 级

34. 在电力设施抗震设计地震作用计算时，下列哪一项是可不计算的？（　　）

（A）体系总重力

（B）地震作用与短路电动力的组合

（C）端子拉力

（D）0.25 倍设计风载

35. 电力系统调峰应优先安排下列哪一类站点？（　　）

（A）火力发电厂　　（B）抽水蓄能电站

（C）风力发电场　　（D）光伏发电站

36. 对于大、中型地面光伏发电站的发电系统不宜采用下列哪项设计？（　　）

（A）多级汇流　　（B）就地升压

（C）集中逆变　　（D）集中并网系统

37. 某线路铁塔采用两串单联玻璃绝缘子串，绝缘子和金具最小机械破坏强度均为 70kN，该塔在最大使用荷载工况下最大允许的荷载为：（不计绝缘子串的风压和重量）（　　）

（A）56.0kN　　（B）75.2kN

（C）91.3kN　　（D）51.9kN

38. 某 500kV 输电线路，设计基本风速 27m/s、覆冰 10mm，导线采用 4 × JL/G1A-500/45，导线直径 30mm，单位重量 16.53N/m，覆冰重量 11.09N/m，导线最大使用张力 48378N、平均运行张力 30236N，计算档距为 500m 时导线悬挂点间的最大允许高差是多少？（提示：代表档距大于 300m 导线最大使用张力为覆冰工况控制。）（　　）

（A）121.6m　　（B）153.2m

（C）165.6m　　（D）195.8m

39. 某 500kV 线路导线采用 4 分裂 630/45 钢芯铝绞线，其单位重量为 2.06kg/m，在设计杆塔时，计算得出大风工况（$t = 5$℃，$v = 27$m/s，$b = 0$mm）下导线的风偏角为 38°，请问，跳线的风偏角为多少度？（　　）

（A）38°　　（B）43°　　（C）52°　　（D）58°

40. 关于高压送电线路的无线电干扰，下列哪项表述是错误的？　（　　）

（A）无线电干扰（RI）随着海拔的增加而增加
（B）无线电干扰（RI）随着远离线路而衰减
（C）雨天 RI 较晴天的增加量随着频率的增加有增大的趋势
（D）随着距边导线横向距离的增加，RI 比可听噪声衰减快

二、多项选择题（共 30 题，每题 2 分。每题的备选项中有 2 个或 2 个以上符合题意。错选、少选、多选均不得分）

41. 某地区电网计划新建一座 220kV 变电站，安装 3 台 180MVA、220/110/10kV 主变压器，变压器高、中、低压侧的容量分别为额定容量的 100%、100%、30%。下列哪些措施可限制变电站 10kV 母线侧短路电流？　（　　）

（A）将主变压器低压侧容量改为 50%
（B）提高变压器的阻抗值
（C）变压器 220、110 侧中性点不接地
（D）10kV 母线分段运行

42. 变电站设计中，在选择站用变压器容量作负荷统计时，应计算的负荷是：　（　　）

（A）连续运行设备的负荷
（B）经常短时运行设备的负荷
（C）不经常短时运行设备的负荷
（D）不经常断续运行设备的负荷

43. 电缆夹层中的灭火介质应采用下列哪几种？　（　　）

（A）水喷雾　　（B）细水雾
（C）气体　　（D）泡沫

44. 某变电站中，主变压器的 220kV 套管侧的引线采用 LGJ-300 钢芯铝绞线，布置在户内，该引线必须对下列哪几项条件进行校验？　（　　）

（A）环境温度　　（B）污秽
（C）电晕　　（D）动稳定

45. 下列关于电压互感器开口三角形绕组引出端的接地方式中，哪几项是不正确的？　（　　）

（A）引出端之一一点接地
（B）两个引出端分别接地
（C）接地引线经空气开关接地
（D）两个引出端经熔断器接地

46. 在变电站中，下列哪些措施属于电气节能措施？（　　）

（A）站内变压器采用单位损耗低的铁芯材料
（B）110kV 主变压器采用强迫冷循环风冷冷却方式
（C）高压并联电抗器取消冷却油泵
（D）220kV 主变压器采用自冷冷却方式

47. 下列低压配电系统接地表述中，哪些是正确的？（　　）

（A）对用电设备采用单独的 PE 和 N 的多电源 TN-C-S 系统，应在变压器中性点或发电机星形点直接接地
（B）TT 系统中，装置的外露可导电部分应与电源系统中性点接至统一接地线上
（C）IT 系统可经足够高的阻抗接地
（D）建筑物处的低压系统电源中性点，电气装置外露可导电部分的保护接地，保护等电位联结的接地极等，可与建筑物的雷电保护接地共用同一接地装置

48. 线路设计中，下列关于盘形绝缘子机械强度的安全系数表述，哪些是不正确的？（　　）

（A）在断线时盘形绝缘子机械强度的安全系数不应小于 1.5
（B）在断线时盘形绝缘子机械强度的安全系数不应小于 1.8
（C）在断联时盘形绝缘子机械强度的安全系数不应小于 1.5
（D）在断联时盘形绝缘子机械强度的安全系数不应小于 1.8

49. 某变电站的接地网均压带采用等间距布置，接地网的外缘各角闭合，并做成圆弧形，如均压带间距为 20m，圆弧半径可为下列哪些数值？（　　）

（A）20m　　（B）15m　　（C）10m　　（D）8m

50. 下列关于水电厂厂用变压器的形式选择表述中，哪几条是正确的？（　　）

（A）当厂用变压器与离相封闭母线分支连接时，宜采用单相干式变压器
（B）当厂用变压器布置在户外时，宜采用油浸式变压器
（C）选择厂用变压器的接线组别时，厂用电电源间相位宜一致
（D）低压厂用变压器宜选用 Yyn0 连接组别的三相变压器

51. 某 330kV 变电站具有三种电压，在下列哪些条件下，宜采用有三个电压等级的三绕组变压器或自耦变压器？（　　）

（A）通过主变压器各侧绕组的功率达到该变压器额定容量的 18%
（B）系统有穿越功率
（C）第三绕组需要装设无功补偿设备
（D）需要中压侧线端调压

52. 在变电站敞开式配电装置的设计中，下列哪些原则是正确的？（　　）

（A）110～220kV 配电装置母线避雷器和电压互感器宜合用一组隔离开关

（B）330kV 及以上进出线装设的避雷器不装设隔离开关

（C）330kV 及以上进出线装设的电压互感器不装设隔离开关

（D）330kV 及以上母线电压互感器应装设隔离开关

53. 对 300MW 及以上的汽轮发电机宜采用程序跳闸方式的保护是下列哪几种？（　　）

（A）发电机励磁回路一点接地保护

（B）发电机高频率保护

（C）发电机逆功率保护

（D）发电机过电压保护

54. 下列关于消防联动控制的表述中，哪几项是正确的？（　　）

（A）消防联动控制器应能按规定的控制逻辑向各相关的受控设备发出联动控制信号，并接受相关设备的联动反馈信号

（B）消防水泵、防烟和排烟风机的控制设备，除应采用联动控制方式外，还应在消防控制室设置手动直接控制装置

（C）启动电流较大的消防设备宜分时启动

（D）需要火灾自动报警系统联动控制的消防设备，其联动触发信号应采用两个独立的报警触发装置报警信号的“或”逻辑组合

55. 对于变电站高压配电装置的雷电侵入波过电压保护，下列哪些表述是正确的？（　　）

（A）多雷区 66～220kV 敞开式变电站，线路断路器的线路侧宜安装一组 MOA

（B）多雷区电压范围Ⅱ变电站的 66～220kV 侧，线路断路器的线路侧宜安装一组 MOA

（C）全线架设地线的 66～220kV 变电站，当进线的断路器经常断路运行时，同时线路侧又带电，宜在靠近断路器处安装一组 MOA

（D）未沿全线架设地线的 35～110kV 线路，在雷季，变电站 35～110kV 进线的断路器经常断路运行，同时线路侧又带电，宜在靠近断路器处安装一组 MOA

56. 铝钢截面比不小于 4.29 的钢芯铝绞线，在下列哪些条件下需要采取防振措施？（　　）

（A）档距不超过 500m 的开阔地区，平均运行张力的上限小于拉断力的 16%

（B）档距不超过 600m 的开阔地区，平均运行张力的上限小于拉断力的 16%

（C）档距不超过 500m 的非开阔地区，平均运行张力的上限小于拉断力的 18%

（D）档距不超过 600m 的非开阔地区，平均运行张力的上限小于拉断力的 18%

57. 发电厂、变电站中，在均衡充电运行情况下，直流母线电压应满足下列哪些要求？（　　）

（A）对专供动力负荷的直流系统，应不高于直流系统标称电压的 112.5%

（B）对专供控制负荷的直流系统，应不高于直流系统标称电压的 110%

（C）对控制和动力合用的直流系统，应不高于直流系统标称电压的 110%

（D）对控制和动力合用的直流系统，应不高于直流系统标称电压的 112.5%

58. 在火力发电厂中，当动力中心（PC）和电动机控制中心（MCC）采用暗备用供电方式时，应符合下列哪些规定？（　　）

（A）低压厂用变压器、动力中心和电动机控制中心宜成对设置，建立双路电源通道

（B）2 台低压厂用变压器间互为备用时，宜采用自动切换

（C）成对的电动机控制中心，由对应的动力中心单电源供电

（D）成对的电动机分别由对应的动力中心和电动机控制中心供电

59. 电力工程中，按冷却方式划分变压器的类型，下列哪几种是正确的？（　　）

（A）自冷变压器、强迫油循环自冷变压器

（B）风冷变压器、强迫油循环风冷变压器

（C）水冷变压器、强迫油循环水冷变压器

（D）强迫导向油循环风冷变压器、强迫导向油循环水冷变压器

60. 在变电站的 750kV 户外配电装置中，最小安全净距D值是指：（　　）

（A）不同时停电检修的两平行回路之间的水平距离

（B）带电导体至围墙顶部

（C）无遮拦裸导体至建筑物、构筑物顶部之间

（D）带电导体至建筑物边缘

61. 在 220kV 无人值班变电站的照明种类一般可分为下列哪几类？（　　）

（A）正常照明　　（B）应急照明

（C）警卫照明　　（D）障碍照明

62. 对于大、中型光伏发电站的逆变器应具备下列哪些功能？（　　）

（A）有功功率连续可调　　（B）无功功率连续可调

（C）频率连续可调　　（D）低电压穿越

63. 在电网频率发生异常时，下列哪些条件满足光伏电站运行要求？（　　）

（A）30MW 光伏电站，当 $48\text{Hz} \leqslant f < 49.5\text{Hz}$ 时，可以连续运行 11min

（B）50MW 光伏电站，当 $48\text{Hz} \leqslant f < 49.5\text{Hz}$ 时，可以连续运行 9min

（C）20MW 光伏电站，当$f \geqslant 50.5\text{Hz}$ 时，0.2s 内停止向电网送电，且不允许停运状态的光伏发电站并网

（D）5MW 光伏电站，当 $49.5\text{Hz} \leqslant f \leqslant 50.2\text{Hz}$ 时，可根据光伏电站逆变器运行允许的频率而定

64. 发电厂、变电站中，220V 和 110V 直流电源系统不应采用下列哪几种接地方式？（　　）

（A）直接接地　　（B）不接地

（C）经小电阻接地　　（D）经高阻接地

65. 发电厂、变电站中，正常照明网络的供电方式应符合下列哪些规定？（　　）

（A）单机容量为 200MW 以下机组，低压厂用电中性点为直接接地系统时，主厂房的正常照明由动力和照明网络共用的低压厂用变压器供电

（B）单机容量为 200MW 及以上机组，低压厂用电中性点为非直接接地系统时，主厂房的正常照明由高压系统引接的集中照明变压器供电

（C）辅助车间的正常照明宜采用与动力系统共用变压器供电

（D）变电站正常照明宜采用动力与照明分开的变压器供电

66. 电力工程中，当 500kV 导体选用管形导体时，为了消除管形导体的端部效应，可采用下列哪些措施？（　　）

（A）适当延长导体端部　　（B）管形导体内部加装阻尼线

（C）端部加装消振器　　（D）端部加装屏蔽电极

67. 在高土壤电阻率地区，发电厂、变电站可采取下列哪些降低接地电阻的措施？（　　）

（A）当在发电厂、变电站 3km 以内有较低电阻率的土壤时，可敷设引外接地极

（B）当地下较深处的土壤电阻率较低时，可采用井式或深钻式接地极

（C）填充电阻率较低的物质或降阻剂

（D）敷设水下接地网

68. 对于爆炸性危险环境的电气设计，以下做法正确的是：（　　）

（A）在爆炸性环境中，低压电力电缆中性线的额定电压应与相线电压相等

（B）在 1 区内的电力电缆可采用截面 1.5mm^2 的铜芯电缆

（C）在 1 区内的控制电缆可采用截面 2.5mm^2 的铜芯电缆

（D）在爆炸性环境内，引向 380V 鼠笼形感应电动机支线的长期允许载流量不应小于断路器长延时过电流脱扣器整定电流的 1.25 倍

69. 在发电厂、变电站设计中，下列过电压限制措施表述哪些是正确的？（　　）

（A）工频过电压可通过加装线路并联电抗器限制

（B）谐振过电压应采用氧化锌避雷器限制

（C）合闸过电压主要采用装设断路器合闸电阻和氧化锌避雷器限制

（D）切除空载变压器产生的过电压可采用氧化锌避雷器限制

70. 在海拔不超过 1000m 地区，500kV 线路的导线分裂数及导线型号为以下哪些项时可不验算电晕？（　　）

（A）2 × JL/G1A-630/45　　（B）3 × JL/G1A-400/50

（C）4 × JL/G1A-300/40　　（D）1 × JL/G1A-630/45

2016 年专业知识试题（下午卷）

一、单项选择题（共 40 题，每题 1 分，每题的备选项中只有 1 个最符合题意）

1. 某 500kV 变电站高压侧配电装置采用一个半断路器接线，安装主变压器 4 台，以下表述正确的是：（　　）

（A）所有变压器必须进串
（B）1 台变压器进串即可
（C）其中 2 台进串，其他变压器可不进串，直接经断路器接母线
（D）其中 3 台进串，另 1 台变压器不进串，直接经断路器接母线

2. 某地区规划建设一座容量为 100MW 的风电场，拟以 110kV 电压等级进入电网，关于电气主接线以下哪个方案最为合理经济？（　　）

（A）采用 2 台 50MVA 升压主变，110kV 采用单母线接线，以一回 110kV 线路并网
（B）采用 1 台 100MVA 主变，110kV 采用单母线接线，以二回 110kV 线路并网
（C）采用 2 台 50MVA 升压主变，110kV 采用桥形接线，以二回 110kV 线路并网
（D）采用 1 台 100MVA 主变，110kV 采用线路变压器组接线，以一回 110kV 线路并网

3. 某变电站有两台 180MVA、220/110/10 主变压器，为限制 10kV 出线的短路电流，下列采取的措施中不正确的是：（　　）

（A）变压器并列运行
（B）在变压器 10kV 回路装设电抗器
（C）采用分裂变压器
（D）在 10kV 出线上装设电抗器

4. 对 TP 类电流互感器，下列哪一级电流互感器对剩磁可以忽略不计？（　　）

（A）TPS 级　　（B）TPX 级
（C）TPY 级　　（D）TPZ 级

5. 在变电站设计中，高压熔断器可以不校验以下哪个项目？（　　）

（A）环境温度　　（B）相对湿度
（C）海拔高度　　（D）地震烈度

6. 某 750kV 变电站，根据电力系统调度安全运行、监控需要装设调度自动化设备，以下不属于调度自动化设备的是：（　　）

（A）远动通信设备　　（B）同步相量测量装置
（C）电能量计量装置　　（D）安全自动控制装置

7. 电力工程中，330kV 配电装置的软导体宜选用下列哪种？（　　）

（A）钢芯铝绞线　（B）空心扩径导线
（C）双分裂导线　（D）多分裂导线

8. 在发电厂或变电站的二次设计中，下列哪种回路应合用一根控制电缆？（　　）

（A）交流断路器分相操作的各相弱电控制回路
（B）每组电压互感器二次绕组的相线和中线
（C）双重化保护的两套电流回路
（D）低电平信号与高电平信号回路

9. 某变电站的 500kV 户外配电装置中选用了 2×LGJQT-1400 双分裂软导线，其中一间隔的架空双分裂软导线跨距长 63m，临界接触区次档距长 16m，此跨距中架空导线的间隔棒间距不可选：（　　）

（A）16m　（B）20m
（C）25m　（D）30m

10. 布置在海拔高度 2000m 的 220kV 配电装置，其带电部分至接地部分之间最小安全距离可取下列何值？（　　）

（A）1800mm　（B）1900mm
（C）2000mm　（D）2550mm

11. 对于一台 1000kVA 室内油浸变压器的布置，若考虑就地检修，设计采用的最小允许尺寸中，下列哪一项数值是不正确的？（　　）

（A）变压器与后壁间 600mm
（B）变压器与侧壁间 1400mm
（C）变压器与门间 1600mm
（D）室内高度按吊芯所需的最小高度加 700mm

12. 某 750kV 变电站中，一组户外布置的 750kV 油浸式主变压器与一组 35kV 集合式电容器之间无防火墙，其防火净距不应小于：（　　）

（A）5m　（B）8m
（C）10m　（D）12m

13. 对于光伏发电站的光伏组件采用点聚焦跟踪系统时，其跟踪精度不应低于：（　　）

（A）±5°　（B）±2°
（C）±1°　（D）±0.5°

14. 流经某电厂 220kV 配电装置区接地装置的入地最大接地故障不对称短路电流为 10kA，避雷线

工频分流系数 0.5，则要求该接地装置的保护接地电阻不大于下列哪项数值？（　　）

（A）0.1Ω　　（B）0.2Ω

（C）0.4Ω　　（D）0.5Ω

15. 某 220kV 变电站中，阀控式铅酸蓄电池组的 10h 放电率电流为 50A，直流系统经常负荷 30A，按照每组蓄电池配置一组高频开关电源模块的方式，请问最少应选用额定电流 10A 的单个模块数为下列哪项？（　　）

（A）8　　（B）9

（C）10　　（D）13

16. 发电厂中，厂用电负荷按生产过程中的重要性可分为三类，请判断下列哪种情况的负荷为Ⅱ类负荷？（　　）

（A）对允许短时停电，但停电时间过长，有可能影响设备正常使用寿命或影响正常生产的负荷

（B）对短时停电可能影响人身安全，使生产停顿的负荷

（C）对长时间停电不会直接影响生产的负荷

（D）对短时停电可能影响设备安全，使发电量大量下降的负荷

17. 以下对发电厂直流系统的描述正确的是？（　　）

（A）容量为 500Ah 的固定型排气式铅酸蓄电池应采用单体 2V 的蓄电池

（B）容量为 200Ah 组柜安装的阀控式密封铅酸蓄电池应采用单体 2V 的蓄电池

（C）单机容量为 300MW 及以上的机组应设置 3 组电池，其中 2 组对控制负荷供电，1 组对动力负荷供电

（D）配置两组蓄电池的直流电源系统在正常运行中两段母线切换时不允许短时并联运行

18. 接地装置的防腐设计中，下列规定哪一条不符合要求？（　　）

（A）计及腐蚀影响后，接地装置的设计使用年限，应与地面工程的设计使用年限相当

（B）接地装置的防腐蚀设计，宜按当地的腐蚀数据进行

（C）在腐蚀严重地区，腐蚀在电缆沟中的接地线不应采用热镀锌

（D）在腐蚀严重地区，接地线与接地极之间的焊接点，应涂防腐材料

19. 发电厂、变电站 220kVGIS 装置设 4 条钢接地线，未考虑腐蚀时，满足热稳定条件的最小接地线截面是下列哪项数值？（单相接地短路电流 36kA，两相接地短路电流 16kA，三相短路电流 40kA，短路的等效持续时间 0.7s）（　　）

（A）$167.33mm^2$　　（B）$430.28mm^2$

（C）$191.24mm^2$　　（D）$150.6mm^2$

20. 电力工程设计中，下列哪项缩写的解释是错误的？（　　）

（A）AVR——自动励磁装置　　（B）ASS——自动同步系统

（C）DEH——数字式电液调节器　　（D）SOE——事件顺序

21. 220kV 线路装设全线速动保护作为主保护，对于近端故障，其主保护的整组动作时间不大于下列哪项数值？（　　）

（A）10ms　　（B）20ms

（C）30ms　　（D）40ms

22. 一回 35kV 线路长度为 15km，装设有带方向电流保护，该保护的电流元件的最小灵敏系数不小于下列哪项数值？（　　）

（A）1.3　　（B）1.4

（C）1.5　　（D）2

23. 省级电力系统调度中心调度自动化系统调度端的技术要求中，遥测综合误差不大于额定值的：（　　）

（A）±0.5%　　（B）±1%

（C）±2%　　（D）±5%

24. 某 220kV 变电站的直流系统选用了两组 300Ah 阀控式密封铅酸蓄电池，有关蓄电池室的设计原则，以下哪一条是错误的？（　　）

（A）设专用蓄电池室，布置在 0m 层

（B）蓄电池室内设有运行通道和检修通道，通道宽度不小于 1000mm

（C）蓄电池室的门采用了非燃烧体的实体门，并向外开启

（D）蓄电池室内温度宜为 5～35℃

25. 以下对直流系统的网络设计描述正确的是？（　　）

（A）发电厂系统保护应采用集中辐射供电方式

（B）热工总电源柜宜采用分层辐射供电方式

（C）对于要求双电源供电的负荷应设置两段母线，两段母线宜分别由不同蓄电池组供电，每段母线宜由来自同一蓄电池组的二回直流电源供电，母线之间不宜设联络电器

（D）公用系统直流分电柜每段母线应由不同蓄电池组的二回直流电源供电，并采用并联切换方式

26. 以下对发电厂直流系统的描述不正确的是：（　　）

（A）正常运行时，所配两组蓄电池的直流网络可短时并联运行

（B）正常运行时，直流母线电压应为直流电源系统标称电压的 105%

（C）在事故放电末期蓄电池组出口端电压不应低于直流电源系统标称电压的 87.5%

（D）核电厂核岛宜采用固定型排气式铅酸蓄电池，常规岛宜采用阀控式密封铅酸蓄电池

27. 某 220kV 变电站选用两台所用变压器，经统计，全所不经常短时的设备负荷为 110kW，动力负

荷 300kW，电热负荷 100kW，照明负荷 60kW，请问每台站用变压器的容量计算值及容量选择宜选择下列哪组数据？（　　）

（A）计算值 207.5kVA，选 315kVA
（B）计算值 391kVA，选 400kVA
（C）计算值 415kVA，选 500kVA
（D）计算值 525kVA，选 630kVA

28. 高压厂用变压器的电源侧应装设精度为下列哪项的有功电能表？（　　）

（A）0.5 级　（B）1.0 级
（C）1.5 级　（D）2.0 级

29. 某大型电场采用四回 500kV 线路并网，其中两回线路长度为 80km，另外两回线路长度为 100km，均采用 4 × LGJ-400 导线（充电功率 1.1Mvar/km），如在电厂母线安装高压并联电抗器对线路充电功率进行补偿，则高抗的容量宜选择为：（　　）

（A）356Mvar　（B）396Mvar
（C）200Mvar　（D）180Mvar

30. 某 35kV 系统接地电容电流为 20A，采用消弧线圈接地方式，则所要求的变电站接地电阻不应大于：（　　）

（A）4.0Ω　（B）3.8Ω
（C）3.55Ω　（D）3.0Ω

31. 某 220kV 变电站地表层土壤电阻率为 100Ω · m，计算其跨步电位差允许值为：（取接地电流故障持续时间 0.5s，表层衰减系数 0.96）（　　）

（A）341V　（B）482V
（C）300V　（D）390V

32. 某风电场 110kV 升压站，其 35kV 系统为中性点谐振接地方式，谐振接地采用具有自动跟踪补偿功能的消弧装置，已知接地电容电流为 60A，试求该装置消弧部分的容量为下列哪项数值？（　　）

（A）1636.8kVA　（B）5144.3kVA
（C）1894kVA　（D）1333.7kVA

33. 特快速瞬态过电压 VFTO 在下列哪种情况可能发生？（　　）

（A）220kV 的 HGIS 变电站当操作线路侧的断路器时
（B）500kV 的 GIS 变电站当操作隔离开关开合管线时
（C）220kV 的 HGIS 变电站当发生不对称短路时
（D）500kV 的 GIS 变电站当发生线路断线时

34. 当变压器门形架构上安装避雷针时，下列哪一条件不符合规程的相关要求？（　　）

（A）当土壤电阻率不大于 350Ω · m，经过经济方案必选及采取防止反击措施后

（B）装在变压器门形架构上的避雷针应与接地网连接，并应沿不同方向引出 3～4 根放射形水平接地体，在每根水平接地体上离避雷针架构 3～5m 处应装设 1 根垂直接地体

（C）6～35kV 变压器应在所有绕组出线上装设 MOA

（D）高压侧电压 35kV 变电站，在变压器门形架构上装设避雷针时，变电站接地电阻不应超过 10Ω

35. 对于 2 × 600MW 火力发电厂厂内通信的设置，下列哪条设置原则是不正确的？（　　）

（A）生产管理程控交换机容量为 480 线

（B）生产调度程控交换机容量为 96 线

（C）输煤扩音/呼叫系统设 30～50 话站

（D）总配线架装设的保安单元为 400 个

36. 有一光伏电站，由 30 个 1MW 发电单元，经过逆变、升压、汇集线路后经 1 台主变升压至 110kV，通过一回 110kV 线路接入电网，光伏电站逆变器的功率因数在超前 0.95 和滞后 0.95 内连续可调，请问升压站主变容量应为下列哪项数值？（　　）

（A）28.5MVA　　（B）30MVA

（C）32MVA　　（D）40MVA

37. 下列哪项是特高压输电线路地线截面增大的主要因素？（　　）

（A）为了控制地线的表面电场强度

（B）地线热稳定方面的要求

（C）导地线机械强度配合的要求

（D）防雷保护的要求

38. 中性点直接接地系统的三条架空送电线路，经计算，对邻近某条电信线路的噪声计电动势分别是：5.0mV、4.0mV、3.0mV，则该电信线路的综合噪音计电动势为：（　　）

（A）5.0mV　　（B）4.0mV

（C）7.1mV　　（D）12.0mV

39. 某 500kV 线路在确定塔头尺寸时，基本风速为 27m/s 时导线的自重比载为 40×10^{-3}N/(m · mm^2)，风荷比载为 30×10^{-3}N/(m · mm^2)，计算杆塔荷载时的综合比载应为多少？（　　）

（A）30×10^{-3}N/(m · mm^2)　　（B）40×10^{-3}N/(m · mm^2)

（C）50×10^{-3}N/(m · mm^2)　　（D）60×10^{-3}N/(m · mm^2)

40. 某 500kV 输电线路直线塔，规划设计条件：水平档距 500m、垂直档距 650m，$K_v = 0.85$；设计基本风速 27m/s、覆冰 10mm；导线采用 4 × JL/G1A-630/45，导线直径 33.8mm、单位重量 20.39N/m，

该塔定位结果为水平档距480m、最大弧垂时垂直档距369m，所在耐张段代表档距450m，导线覆冰张力55960N，平均运行张力35730N，大风张力45950N、最高气温张力32590N，下列哪种处理方法是合适的？（　　）

（A）可直接采用　　（B）不得采用

（C）采取相应措施后采用　　（D）更换为耐张塔

二、多项选择题（共30题，每题2分。每题的备选项中有2个或2个以上符合题意。错选、少选、多选均不得分）

41. 根据抗震的重要性和特点，下列哪些电力设施属于重要电力设施？（　　）

（A）220kV枢纽变电站

（B）单机容量为200MW及以上的火力发电厂

（C）330kV及以上换流站

（D）不得中断的电力系统的通信设施

42. 下列爆炸性粉尘环境危险区域划分原则哪些是正确的？（　　）

（A）装有良好除尘效果的除尘装置，当该除尘装置停车时，工艺机组能连锁停车的爆炸性粉尘环境可划分为非爆炸危险区域

（B）爆炸性粉尘环境危险区域的划分是按照爆炸性粉尘的量、爆炸极限和通风条件确定

（C）当空气中的可燃性粉尘频繁地出现于爆炸性环境中的区域属于20区

（D）为爆炸性粉尘环境服务的排风机室的危险区域比被排风区域的爆炸危险区域等级低一级

43. 关于光伏电站的设计原则，下列哪几条是错误的？（　　）

（A）为提高光伏组件的效率，光伏方阵中，同一光伏组件串中各光伏组件的电性能参数可以不同

（B）一台就地升压变压器连接两台不自带隔离变压器的逆变器时，宜采用分裂变压器

（C）独立光伏电站的安装容量，应根据站址安装条件和当地日照条件来确定

（D）光伏发电系统中逆变器允许的最大直流输入功率应小于其对应的光伏方阵的实际最大直流输出功率

44. 在短路电流实用计算中，采用了下列哪几项计算条件？（　　）

（A）考虑短路发生在短路电流最大值的瞬间

（B）所有计算均忽略元件电阻

（C）所有计算均不考虑磁路的饱和

（D）不考虑自动调整励磁装置的作用

45. 切合35kV电容器组，其开关设备宜选用哪种类型？（　　）

（A）SF6断路器　　（B）少油断路器

（C）真空断路器　　（D）负荷开关

46. 在电力工程设计中选择 220kV 导体和电器设备时，下列哪几项必须校验动、热稳定？（　　）

（A）敞开式隔离开关
（B）断路器与隔离开关之间的软导线
（C）用熔断器保护的电压互感器回路
（D）电流互感器

47. 某 750kV 变电站中，750kV 采用 3/2 接线，对于线路串、线路主保护动作时间 20ms，后备保护动作时间 1.3s，断路器开断时间 80ms，下列表述正确的是：（　　）

（A）断路器短路电流热效应计算时间可取为 1.38s
（B）断路器短路电流热效应计算时间可取为 0.1s
（C）回路导体短路电流热效应计算时间可取为 1.38s
（D）回路导体短路电流热效应计算时间可取为 0.1s

48. 电力工程中，交流系统 220kV 单芯电缆金属层单点直接接地时，下列哪些情况下，应沿电缆邻近设置平行回流线？（　　）

（A）线路较长
（B）未设置护层电压限制器
（C）要抑制电缆邻近弱电线路的电气干扰强度
（D）系统短路时电缆金属护层产生的工频感应电压超过电缆护层绝缘耐受强度

49. 750kV 变电站中，主变三侧电压等级为 750kV、330kV、66kV，下列表述正确的是：（　　）

（A）750kV 配电装置宜采用屋外敞开式中型布置配电装置
（B）大气严重污染时，66kV 配电装置可采用屋内式
（C）抗震设防烈度 8 度时，750kV 配电装置可采用气体绝缘金属封闭组合电器
（D）抗震设防烈度 8 度时，66kV 配电装置可采用敞开支持式管形母线配电

50. 光伏发电系统中，同一个逆变器接入的光伏组件串宜一致的是下列哪几项？（　　）

（A）电流　　（B）电压
（C）方阵朝向　　（D）安装倾角

51. 变电所中，并联电容器装置应装设抑制操作过电压的避雷器，避雷器的连接方式应符合下列哪几项规定？（按《并联电容器装置设计规范》有效版本）（　　）

（A）避雷器的连接应采用相对接地方式
（B）避雷器接入位置应紧靠电容器组的电源侧
（C）不得采用三台避雷器星形连接后经第四台避雷器接地的接线方式
（D）避雷器并接在电容器两侧

52. 设计变电站的接地装置时，计算正方形接地网的最大跨步电位差系数需要考虑下列哪几项

因素：（　　）

（A）接地极埋设深度
（B）入地电流大小
（C）接地网平行导体间距
（D）接地装置的接地电阻

53. 对发电厂、变电站的接地装置的规定，下列哪几条是符合要求的？（　　）

（A）水平接地网应利用直接埋入地中或水中的自然接地极，发电厂、变电所的接地网除应利用自然接地极外，还应敷设人工接地极
（B）对于 10kV 变电站、配电所，当采用建筑物基础作接地极且接地电阻满足规定值时，还应另设人工接地
（C）校验不接地系统中电气装置连接导体在单相接地故障时的热稳定，敷设在地下的接地导体长时间温度不应高于 150℃
（D）接地网均压带可采用等间距或不等间距布置

54. 下列是变电站中接地设计的几条原则，哪几条表述是正确的？（　　）

（A）配电装置架构上的避雷针（含挂避雷线的构架）的集中接地装置应与主接地网连接，由连接点至主变压器接地点沿接地体的长度不应小于 15m
（B）变电站的接地装置应与 110kV 及以上线路的避雷线相连，且有便于分开的连接点，当不允许避雷线直接和配电装置构架相连时，避雷线接地装置应在地下与变电站的接地装置相连，连接线埋在地中的长度不应小于 15m
（C）独立避雷针（线）宜设独立接地装置，当有困难时，该接地装置可与主接地网连接，但避雷针与主接地网的地下连接点至 35kV 及以下设备与主接地网的地下连接点之间，沿接地体的长度不得小于 10m
（D）当照明灯塔上装有避雷针时，照明灯电源线必须采用直接埋入地下带金属外皮的电缆或穿入金属管的导线，电缆外皮或金属管埋地长度在 10m 以上，才允许与 35kV 电压配电装置的接地网及低压配电装置相联

55. 在发电厂、变电站设计中，下列哪些设备宜采用就地控制方式？（　　）

（A）交流事故保安电源
（B）主厂房内低压厂用变压器
（C）交流不停电电源
（D）直流电源

56. 在发电厂、变电站设计中，电流互感器的配置和设计原则，下述哪些是正确的？（　　）

（A）对于中性点直接接地系统，按三相配置
（B）用于自动调整励磁装置时，应布置在发电机定子绕组的出线侧
（C）当测量仪表与保护装置共用电流互感器同一个二次绕组时，仪表应接在保护装置之前

（D）电流互感器的二次回路应有且只能有一个接地点，宜在配电装置处经端子排接地

57. 在发电厂、变电站设计中，电压互感器的配置和设计原则，下列哪些是正确的？（　　）

（A）对于中性点直接接地系统，电压互感器剩余绕组额定电压应为 100/3V

（B）暂态特性和铁磁谐振特性应满足继电保护要求

（C）对于中性点直接接地系统，电压互感器星形接线的二次绕组应采用中性点一点接地方式，且中性点接地线中不应串接有可能断开的设备

（D）电压互感器开口三角绕组引出端之一应一点接地，接地引出线上不应串接有可能断开的设备

58. 某地区计划建设一座发电厂，安装 2 台 600MW 燃煤机组，采用四回 220kV 线路并入同一电网，220kV 电气主接线为双母线接线，2 台机组以发电机变压器组的形式接入 220kV 配电装置，2 台主变压器高压侧中性点通过隔离开关可以选择性接地。以下对于该电厂各电气设备继电保护及自动装置配置正确的是：（　　）

（A）2 台发电机组均装设定时限过励磁保护，其高定值部分动作于解列灭磁或程序跳闸

（B）220kV 母线保护配置 2 套独立的、快速的差动保护

（C）220kV 线路装设无电压检定的三相自动重合闸

（D）2 台主变压器不装设零序过电流保护

59. 火力发电厂 600MW 发变组接于 500kV 配电装置，对发电机定子绕组、变压器过电压，应装设下列的哪几种保护？（　　）

（A）发电机过电压保护

（B）发电机过励磁保护

（C）变压器过电压保护

（D）变压器过励磁保护

60. 下列哪几种故障属于电力系统安全稳定计算的II类故障类型？（　　）

（A）发电厂的送出线路发生三相短路故障

（B）单回线路发生单相永久接地故障重合闸不成功

（C）单回线路无故障三相断开不重合

（D）任一台发电机组跳闸

61. 电力工程直流电源系统设计中需要考虑交流电源的事故停电时间，下列哪些工程的事故停电时间应为 2h？（　　）

（A）与电力系统连接的发电厂

（B）1000kV 变电站

（C）直流输电换流站

（D）有人值班变电所

62. 某 500kV 变电所中有三组 500/220/35kV 主变压器，对该变电所中所用电源的设置原则，下列哪些是错误的？（　　）

（A）设置两台站用变压器，接于任两组主变压器的低压侧，正常运行时一台运行一台备用
（B）设置两台站用变压器，一台接于主变压器的低压侧，另一台作为专用备用变压器接于所外可靠电源
（C）设置三台站用变压器，分别接于三组主变压器的低压侧，其中一台所用变压器作为专用备用变压器
（D）设置三台站用变压器，其中两台接于两组主变压器的低压侧，另一个作为专用备用变压器接于所外可靠电源

63. 高压厂用电系统短路电流计算时，考虑以下哪几项条件？（　　）

（A）应按可能发生最大短路电流的正常接线方式
（B）应考虑在切换过程中短时并列的运行方式
（C）应计及电动机的反馈电流
（D）应考虑高压厂用变压器短路阻抗在制造上的负误差

64. 变电站中，照明设计选择照明光源时，下列哪些场所可选白炽灯？（　　）

（A）需要直流应急照明的场所
（B）需防止电磁波干扰的场所
（C）其他光源无法满足的特殊场所
（D）照度高、照明时间长的场所

65. 在火力发电厂主厂房的楼梯上安装的疏散照明，可选择下列哪几种照明光源：（　　）

（A）发光二极管　　（B）荧光灯
（C）金属卤化物灯　　（D）高压汞灯

66. 在火力发电厂工程中，下列哪些厂内通信直流电源的设置原则是正确的？（　　）

（A）应由通信专用直流电源系统提供，其额定电压为 DC48V
（B）通信专用直流电源系统为不接地系统
（C）应设置两套独立的直流电源系统，每套均由一套高频开关电源、一组（或两组）蓄电池组成
（D）单组蓄电池的放电时间 4～6h

67. 现有 330kV 和 750kV 输电线路工程，导线采用现行国家标准 GB/T 1179 中的钢芯铝绞线，下列哪些导线方案不需要验算电晕？（　　）

（A）330kV，2×20.40mm
（B）330kV，3×17.10mm
（C）750kV，4×38.40mm
（D）750kV，6×26.80mm

68. 导线架设后的塑性伸长，应按制造厂提供的数据或通过试验确定，塑性伸长对弧垂的影响宜采用降温法补偿，当无资料时，下列哪几组数值是正确的？（ ）

（A）铝钢截面比 4.29～4.38，降温值为 10℃
（B）铝钢截面比 4.29～4.38，降温值为 10～15℃
（C）铝钢截面比 5.05～6.16，降温值为 15～20℃
（D）铝钢截面比 7.71～7.91，降温值为 20～25℃

69. 设计规范对导线的线间距离作出了规定，下面哪些表述是正确的？（ ）

（A）国内外使用的水平线间距离公式大都为经验公式
（B）我国采用的水平线间距离公式与国外公式比较，计算值偏小
（C）垂直线间距离主要是确定于覆冰脱落时的跳跃，与弧垂及冰厚有关
（D）上下导线间最小垂直线间距离是根据绝缘子串长度和工频电压的要求确定

70. 当电网中发生下述哪些故障时，采取相应措施后，应满足电力系统第二级安全稳定标准？（ ）

（A）向城区供电的 500kV 变电所中一台 750MVA 主变故障退出运行
（B）220kV 变电站中 110kV 母线三相短路故障
（C）某区域电网中一座± 500kV 换流站双极闭锁
（D）某地区一座 4 × 300MW 电厂，采用 6 回 220kV 线路并网，当其中一回线路出口处发生三相短路故障时，继电保护装置拒动

2017 年专业知识试题（上午卷）

一、单项选择题（共 40 题，每题 1 分，每题的备选项中只有 1 个最符合题意）

1. 在水电工程设计中，下列哪项表述是不正确的？（　　）

（A）中央控制室应考虑事故状态下紧急停机操作

（B）机械排水系统的水泵管道出水口低于下游校核洪水位时，必须在排水管道上安装止回阀

（C）高压单芯电力电缆的金属护层和气体绝体金属封闭开关设备（GIS），最大感应电压不宜大于 100V，否则应采取防护措施

（D）卫星接收站的工作接地，保护接地和防雷接地宜合用一个接地系统，工作接地，当保护接地和防雷接地分开时，应分设接地装置。两种接地装置的直线距离不宜小于 10m，工作接地、保护接地的电阻值不宜大于 4Ω，并有两点与站房接地网连接

2. 关于爆炸性环境的电力装置设计，下列哪项表述是不正确的？（　　）

（A）位于正常运行时可能出现爆炸性气体混合物的环境里，本质安全型的电力设备的防爆形式为“ic”

（B）爆炸性环境的电动机除按国家现行有关标准的要求装设必要的保护之外，均应装设断相保护

（C）除本质安全系统的电路外，位于含有一级释放源的粉尘处理设备的内部的爆炸性环境内，控制用铜芯电缆在电压为 1000V 以下的钢管配线时，最小截面积 $2.5mm^2$ 及以上

（D）爆炸性环境中的 TN 系统应采用 TN-S 型

3. 为避免电信线路遭受强电线路危险影响，架空电力线路的纵电势和对地电压不得超过规定的容许值，如果超过要采取经济有效的防护措施，下列措施中哪一项是无效的？（　　）

（A）改变路径　　（B）增加屏蔽

（C）加强绝缘　　（D）限值短路电流

4. 按电能质量标准要求对于基准短路容量为 100MVA 的 10kV 系统，注入公共连接点的 7 次谐波电流最大允许值为：（　　）

（A）8.5A　　（B）12A

（C）15A　　（D）17.5A

5. 火力发电厂与变电所中，建（构）筑物中电缆引至电气柜、盘或控制屏、台的开孔部位，电缆贯穿隔墙、楼板的空洞应采用电缆防火材料进行封堵，其防火封堵组件的耐火极限不应低于被贯穿物的耐火极限，且不应低于下列哪项数值？（　　）

（A）1h　　（B）45min

（C）30min　　（D）15min

6. 发电厂运煤系统内的火灾探测器及相关连接件应为下列哪种类型？（　　）

（A）防水型　　（B）防爆型
（C）金属层结构型　　（D）防尘型

7. 关于 500kV 变电站一个半断路器接线的设计规定，下列哪项表述是不正确的？（　　）

（A）采用一个半断路器接线时，当变压器超过两台时，其中一台进串，其他变压器可不进串，直接经断路器接母线
（B）一个半断路器接线中，一般在主变压器和每组母线上，应根据继电保护、计量和自动装置的要求，在一相或三相上装设电压互感器
（C）一个半断路器接线中，初期线路和变压器组成两个完整串时，各元件出口处宜装设隔离开关
（D）一个半断路器接线中母线避雷器和电压互感器不应装设隔离开关

8. 某城市新建一座 110kV 变电所，安装 2 台 63MVA 主变 2 回 110kV 进线，110kV 线路有穿越功率，送变电所高压侧最经济合理的主接线为：（　　）

（A）线路变压器组接线　　（B）外桥接线
（C）单母线接线　　（D）内桥接线

9. 在估算两相短路电流时，当由无限大电源供电或短路点电气距离很远时，通常可按三相短路电流周期分量有效值乘以系数来确定，此系数值应是：（　　）

（A）$\frac{\sqrt{3}}{2}$　　（B）$\frac{1}{\sqrt{3}}$　　（C）$\frac{1}{3}$　　（D）1

10. 某光伏发电站安装容量 60MWp，每 2 个 1MWp 光伏方阵，逆变器单元接 1 台就地升压变压器，逆变器输出电压为 270V，则就地升压变压器技术参数宜选择下列哪组数据？（　　）

（A）分裂绕组变压器，2000/1000-1000kVA，$38.5 \pm 2 \times 2.5\%/0.27\text{-}0.27$kV
（B）双绕组变压器，2000kVA，$38.5 \pm 8 \times 1.25\%/0.27$kV
（C）分裂绕组变压器，2000/1000-1000kVA，$11 \pm 2 \times 2.5\%/0.27\text{-}0.27$kV
（D）双绕组变压器，2000kVA，$11 \pm 8 \times 1.25\%/0.27$kV

11. 某 220kV 双绕组主变压器，其 220kV 中性点经过间隙和隔离开关接地，则主变中性点放电间隙零序电流互感器准确级及额定一次电流宜选：（　　）

（A）选准确级 TPY 级互感器，额定一次电流宜选 220kV 侧额定电流的 50%～100%
（B）选准确级 P 级互感器，额定一次电流选 100A
（C）选准确级 P 级互感器，额定一次电流选 220kV 侧额定电流的 50%～100%
（D）选准确级 TPY 级互感器，额定一次电流选 100A

12. 在周围空气温度为 40℃不变时，下列哪种电器，其回路持续工作电流允许大于额定电流？
（　　）

（A）断路器　　（B）隔离开关
（C）负荷开关　　（D）变压器

13. 在三相交流中性点不接地系统中，若要求单相接地后持续运行八小时以上，则该系统采用的电力电缆的相对地额定电压宜为：（　　）

（A）100%工作相电压　　（B）100%工作线电压

（C）133%工作相电压　　（D）173%工作相电压

14. 某工程63000kVA变压器，变比为27±2×2.5%/6.3kV，低压侧拟采用硬导体引出，则该导体宜选用：（　　）

（A）矩形导体

（B）槽形导体

（C）单根大直径圆管形导体

（D）多根小直径圆管形导体组成的分裂结构

15. 下列所述是对电缆直埋敷设方式的一些要求，请判断哪一要求不符合规程规范？（　　）

（A）电缆应敷设在壕沟里，沿电缆全长的上、下紧邻侧铺以厚度为100mm的软土

（B）沿电缆全长覆盖宽度伸出电缆两侧不小于50mm的保护板

（C）非冻土地区电缆外皮至地下构筑物基础，不得小于300mm

（D）非冻土地区电缆外皮至地面深度，不得小于500mm

16. 某光伏电站安装容量132MWp，电站以2回220kV架空线路接入系统，升压站设2台150MVA主变压器和1套无功补偿装置，220kV配电装置和无功补偿装置均采用屋外布置，则主变压器和无功补偿装置的间距不宜小于：（　　）

（A）5m　　（B）10m

（C）15m　　（D）20m

17. 变电站中，配电装置的设计应满足正常运行、检修，短路和过电压时的安全要求。从下列哪级电压开始，配电装置内设备遮拦外的静电感应场强不宜超过10kV/m（离地1.5m空间场强）？（　　）

（A）110kV及以上　　（B）220kV及以上

（C）330kV及以上　　（D）500kV及以上

18. 配电装置的布置应结合接线方式、设备形式和电厂总体布置综合考虑，下述哪一条不符合规程的采用中型布置的要求？（　　）

（A）35～110kV电压，双母线，软母线配双柱式隔离开关，屋外敞开式配电装置

（B）110kV电压，双母线，管形母线配双柱式隔离开关，屋外敞开式配电装置

（C）35～110kV电压，单母线，软母线配双柱式隔离开关，屋外敞开式配电装置

（D）220kV电压，双母线，软母线配双柱式隔离开关，屋外敞开式配电装置

19. 某电厂2×600MW机组通过3台单相主变压器组直接升压至1000kV配电装置，2台机组以1

回 1000kV 交流特高压线路接入系统，电厂海拔为 1600m，则主变压器在进行外绝缘耐受电压试验时，实际施加到主变压器外绝缘的雷电冲击耐受电压和操作冲击耐受电压应为下列哪组数据？（　　）

（A）2250kV，1800kV　　（B）2421kV，1867kV
（C）2400kV，1800kV　　（D）2582kV，1867kV

20. 某 220kV 系统的操作过电压为 3.0p.u.，该电压值应为：（　　）

（A）756kV　　（B）436kV
（C）617kV　　（D）539kV

21. 选择高压直流输电大地返回运行系统的接地极址时，至少应对多大范围内的地形地貌、地质结构、水文气象等自然条件进行调查？（　　）

（A）3km　　（B）5km
（C）10km　　（D）50km

22. 变电所中电气装置设施的某些可导电部分应接地，请指出消弧线圈的接地属于下列哪种接地方式？（　　）

（A）系统接地　　（B）保护接地
（C）雷电保护接地　　（D）防静电接地

23. 某电厂 500kV 升压站为一个半断路器接线，有两回出线，一回并联电抗器，发电机装有发电机断路器，起动/备用变压器电源由 500kV 升压站引线，下列在 NCS 监控或监测的设备范围符合规程的是：（　　）

（A）在 NCS 监控的设备包括 500kV 母线设备、500kV 线路、起动/备用变压器高压断路器等；在 NCS 监测的设备包括发电机变压器组高压侧断路器等
（B）在 NCS 监控的设备包括 500kV 母线设备、500kV 线路、500kV 旁路等；在 NCS 监测的设备包括起动/备用变压器高压断路器等
（C）在 NCS 监控的设备包括 500kV 母线设备、500kV 线路、500kV 并联电抗器等；在 NCS 监测的设备包括发电机变压器组高压侧断路器、起动/备用变压器高压断路器等
（D）在 NCS 监控的设备包括 500kV 母线设备、500kV 线路、500kV 并联电抗器，发电机变压器组高压侧断路器等；在 NCS 监测的设备包括起动/备用变压器高压断路器等

24. 对于 220kV 无人值班变电站设计原则，下列哪项表述是错误的？（　　）

（A）监控系统网络交换机宜具备网络管理功能，支持端口和 MAC 地址的绑定
（B）继电保护和自动装置宜具备远方控制功能，且必须保留必要的现场控制功能，远方控制优先级高于现场控制
（C）变电站内有同期功能需求时，应由计算机监控系统完成
（D）各种自动装置可在远方监控中心远方投、退

25. 对于 750kV 变电站，不需要和站内时钟同步系统进行对时的设备是：（ ）

（A）750kV 线路远方跳闸装置
（B）主变压器瓦斯继电器
（C）电能量计量装置
（D）同步相量测量装置

26. 变电所的保护配置中，保护变压器的纵联差动保护一般加装差动速断元件，以防变压器内区故障时短路电流过大，引起电流互感器饱和、差动继电器拒动，对一台 110/10.5kV，6300kVA 变压器的差动保护速断元件的动作电流，一般取：（ ）

（A）33A
（B）66A
（C）99A
（D）264A

27. 某火力发电厂为 2 × 300MW 机组，其直流负荷分类正确的是：（ ）

（A）高压断路器电磁操动合闸机构，交流不间断电源装置属于控制负荷
（B）长明灯、直流应急照明属于事故照明
（C）直流电机属于事故负荷
（D）直流电动机启动、高压断路器跳闸属于冲击负荷

28. 某 220kV 变电所的直流系统标称电压为 220V，采用控制负荷和动力负荷合并供电的方式，拟选用 GFD 防酸式铅酸式蓄电池，单体浮充电电压为 2.2V，均衡充电电压为 2.31V，下列数据是蓄电池个数和蓄电池放电终止电压的计算结果，请问哪一组数据是正确的？（ ）

（A）蓄电池 100 只，放电终止电压 1.87V
（B）蓄电池 100 只，放电终止电压 1.925V
（C）蓄电池 105 只，放电终止电压 1.78V
（D）蓄电池 105 只，放电终止电压 1.833V

29. 2 × 1000MW 火电机组的某车间采用 PC-MCC 暗备用接线，通过两台 1600kVA 的干式变压器供电，变压器接线组别 Dyn11，额定变比 10.5/0，4kV，$U_d = 8\%$，变压器低压侧中性点通过 2 根 40 × 4mm 扁铁与地网相连，有一台电动机由 MCC 供电，电缆选用VLV_{22}-3- × -50mm²，长度为 60m，该 MCC 通过一根长度为 150m 的VLV_{22}-3- × -150mm² 电缆由 PC 供电，则在该电动机出线端子处发生单相金属性短路时其短路电流为：（不计开关柜母线阻抗，计算时将 3 × 150mm² 电缆折算到 3 × 50mm² 电缆）（ ）

（A）608.8A
（B）619.7A
（C）1238.2A
（D）1249.1A

30. 2 × 1000MW 火电机组每台机设一台高厂变，接线组别 D，yn1，yn1，额定变比 27/10.5-10.5kV，高厂变低压绕组中性点经电阻接地，若 10kV 系统单相接地电流按 200A 设计，则高厂变中性点接地电阻阻值应为：（ ）

（A）28.87Ω
（B）30.31Ω
（C）50Ω
（D）52.5Ω

31. 某 2×300MW 直接空冷燃煤火电机组，每台机组空冷器配 36 台风机，在夏季时全部运行，每台机组设两台专用空冷工作变、一台空冷明备用变、36 台风机平均分配到两台空冷工作变供电。已知风机电动机的额定功率为 90kW，额定电压为 380V，采用变频装置一对一供电，变频装置集中布置，则专用空冷工作变额定容量应为：（ ）

（A）1250kVA （B）1600kVA

（C）2000kVA （D）2500kVA

32. 某单相照明线路上有 5 只 220V 200W 的金属卤化物灯和 3 只 220V 100W 的 LED 灯，则该线路的计算电流为：（ ）

（A）7.22A （B）5.35A

（C）5.91A （D）6.86A

33. 某火电发电厂烟囱高 155m，烟囱未刷标志漆，其障碍照明设置下列哪条是最合理的？（ ）

（A）在 145m 高处装设高光强 A 型障碍灯，在 90m 处装设中光强 B 型障碍灯，在 45m 处装设高光强 A 型障碍灯

（B）在 150m 高处装设高光强 A 型障碍灯，在 100m 处装设中光强 B 型障碍灯，在 50m 处装设高光强 A 型障碍灯

（C）在 145m、90m、45m 处均装设高光强 A 型障碍灯

（D）在 150m、100m、50m 处均装设中光强 B 型障碍灯

34. 双联及以上的多联绝缘子串应验算断一联后的机械强度，其断联情况下的安全系数不应小于以下哪项值？（ ）

（A）1.5 （B）2.0 （C）1.8 （D）2.7

35. 架空线路耐张塔直引跳线最小弧垂计算是为了校验以下哪个选项？（ ）

（A）跳线与接地侧第一片绝缘子铁帽间距

（B）跳线与塔身间距

（C）跳线与拉线间距

（D）跳线与下横担间距

36. 某 220kV 架空输电线路，输送容量 150MW，请计算当功率因数为 0.95，标称电压时正序电流值为下列哪项？（ ）

（A）414A （B）360A

（C）396A （D）458A

37. 某线路采用常规酒杯塔，设边相导线-地回路的自电抗为 $j0.696\Omega/\text{km}$，中相导线-地回路的自电抗为 $j0.696\Omega/\text{km}$，导线间的互感电抗为 $j0.298\Omega/\text{km}$（$Z_{ab}=Z_{bc}$）和 $j0.256\Omega/\text{km}$（Z_{ac}），问该线路的正序

电抗为下列哪项值？（　　）

（A）$j0.302\Omega/km$　　（B）$j0.411\Omega/km$

（C）$j0.695\Omega/km$　　（D）$j0.835\Omega/km$

38. 在架空输电线路设计中，当 500kV 线路在最大计算弧垂情况下，非居民区导线与地面的最小距离由下列哪个因素确定？（　　）

（A）由地面场强 7kV/m 确定　　（B）由地面场强 10kV/m 确定

（C）由操作间隙 2.7m 加裕度确定　　（D）由雷电间隙 3.3m 加裕度确定

39. 某企业电网，系统最大发电负荷为 2580MW，最大发电机组为 300MW，则该系统总备用容量和事故备用容量分别应为：（　　）

（A）516MW，258MW　　（B）516MW，300MW

（C）387MW，258MW　　（D）387MW，129MW

40. 某地区一座 100MW 地面光伏电站，通过 1 回 110kV 线路并入电网，当并网点电压在 $127kV < U_T < 138kV$（U_r为 115kV），电站应持续运行时间和无功电压控制系统响应时间分别为：（　　）

（A）$\leqslant 10s$，$\geqslant 10s$　　（B）10s，5s

（C）5s，10s　　（D）$\geqslant 10s$，$\leqslant 10s$

二、多项选择题（共 30 题，每题 2 分。每题的备选项中有 2 个或 2 个以上符合题意。错选、少选、多选均不得分）

41. 按规程规定，火力发电厂应设置交流保安电源的发电机组单机容量为：（　　）

（A）100MW　　（B）150MW

（C）200MW　　（D）300MW

42. 下面是关于变电站节能要求的叙述，哪些是错误的？（　　）

（A）高压并联电抗器冷却方式宜采用自然油循环风冷或自冷

（B）电气设备宜选用损耗低的节能设备

（C）变电站建筑每个朝向的窗墙的面积比均不应大于 0.7，空调房间应尽量避免在北朝向大面积采用外窗

（D）严寒地区的变电站，宜采用空气调节系统进行冬季采暖

43. 对于火灾自动报警系统，宜选择点形感烟探测器的场所是：（　　）

（A）通信机房

（B）楼道、走道、高度在 12m 以上的办公楼厅堂

（C）楼梯、电梯机房、车库、电缆夹层

（D）计算机房、档案库、办公室、列车载客车厢

44. 在变电站的设计中，下列哪些表述是不正确的？（　　）

（A）变电站的电气主接线应根据变电站在电力系统中的地位、规划容量、负荷性质、系统潮流和短路水平、地区污秽等级、线路和变压器连接元件总数等因素确定

（B）330～750kV 变电站中的 220kV 或 110kV 配电装置，可采用双母线接线，当为了限制 220kV 母线短路电流或满足系统解列运行的要求，可根据需要将母线分段

（C）220kV 变电站中的 220kV 配电装置，当在系统中居重要地位、线路、变压器等连接元件总数为 4 回及以上时，宜采用双母线接线

（D）安装在 500kV 出线上的电压互感器应装设隔离开关

45. 电力系统中，短路电流中非周期分量的比例，会影响下列哪几种电器的选择？（　　）

（A）变压器　　（B）断路器

（C）隔离开关　　（D）电流互感器

46. 某企业用 110kV 变电所的电气主接线配置如下：两回 110kV 电源进线，设有两台 110kV/10kV 主变压器，主变压器为双卷变，110kV 侧外桥接线，10kV 侧为单母线分段接线，对限制 10kV 母线三相短路电流，下列哪些措施是正确的？（　　）

（A）选用 10kV 母线分段电抗器　　（B）两台主变分列运行

（C）选用高阻抗变压器　　（D）装设 10kV 线路电抗器

47. 下列保护用电流互感器宜采用 TPY 级的为？（　　）

（A）600MW 级发电机变压器组差动保护用电流互感器

（B）750kV 系统母线保护用电流互感器

（C）断路器失灵保护用电流互感器

（D）330kV 系统线路保护用电流互感器

48. 750kV 变电所设计中，下列高低压并联无功补偿装置的选择原则哪些是正确的？（　　）

（A）750kV 并联电抗器的容量和台数，应首先满足无功平衡的需要，并结合限制工频过电压，限制潜供电流、防止自励磁、同期并列等方面的要求，进行技术经济论证

（B）750kV 并联电抗器可在站内设置一台备用相，也可在一个地区设置一台进行区域备用

（C）站内低压无功补偿装置的配置应根据无功分层分区平衡的需要，经经济技术综合论证确定

（D）当系统有无功快速调整要求时，可配置静止补偿装置

49. 某光伏发电站安装容量为 30MW，发电母线电压为 10kV，发电母线采用单母线接线方式，通过 1 台主变压器接入 110kV 配电装置，电站以 1 回 110kV 线路接入系统，下列电站站用电系统设计原则正确的是：（　　）

（A）站用电系统的电压采用 380V，采用直接接地方式

（B）站用电工作电源由 10kV 发电母线引接

（C）电站装置单独的照明检修低压变压器，照明网络由照明检修变压器供电

（D）站用电备用电源由就近变电站 10kV 配电装置引接

50. 选择控制电缆时，下列哪些回路相互间不应合用同一根控制电缆？（　　）

（A）弱电信号、控制回路与强电信号、控制回路
（B）低电平信号与高电平信号回路
（C）交流断路器分相操作的各相弱电控制回路
（D）弱电回路的每一对往返导线

51. 在光伏发电站设计中，下列布置设计原则正确的是：（　　）

（A）大、中型地面光伏发电站的光伏方阵宜采用单元模块化的布置方式
（B）大、中型地面光伏发电站的逆变升压室宜结合光伏方阵单元模块化布置，逆变升压室宜布置在光伏方阵单元模块的中部，且靠近主要通道处
（C）光伏方阵场地内应设置接地网，接地电阻应小于 10Ω
（D）设置带油电气设备的建（构）筑物与靠近该建筑物的其他建（构）筑物之间必须设置防火墙

52. 对屋内 GIS 配电装置设计，其 GIS 配电装置室内应配备下列哪些装置？（　　）

（A）应配备 SF6 气体净化回收装置
（B）在低位区应配置 SF6 气体泄漏报警装置
（C）应配备事故排风装置
（D）只需配备 SF6 气体净化回收装置和事故排风装置

53. 在开断高压感应电动机时，因真空断路器的截流，三相同时开断和高频重复重击穿等会产生过电压，工程中一般采取下列哪些措施来限制过电压？（　　）

（A）采用不击穿断路器
（B）在断路器与电动机之间加装金属氧化物避雷器
（C）限制操作方式
（D）在断路器与电动机之间加装 R-C 阻容吸收装置

54. 在过电压保护设计中，对于非强雷区发电厂，下列哪些设施应装设直击雷防护？（　　）

（A）露天布置良好接地的 GIS 外壳
（B）火力发电厂汽机房
（C）发电厂输煤系统地面上转运站
（D）户外敞开式布置的 220kV 配电装置

55. 某电厂 220kV 升压站为双母线接线，在升压站 NCS 的系统配置设计中，下列哪些要求是符合规程的？（　　）

（A）NCS 系统包括站控层、网络设备、间隔层设备、电源设备
（B）NCS 站控层设备配置两台主机，一台操作员站，一台工程师站，一台防误操作工作站，远

动通信设备主机配置双套

（C）NCS 站控层设备配置两台主机与操作员站合用，一台工程师站，一台防误操作工作站，远动通信设备主机配置双套

（D）NCS 站控层设备配置两台主机、两台操作员站、一台工程师站、防误操作工作站与操作员工作站共用，远动通信设备主机配置双套

56. 在 220kV 无人值班变电站设计中，下列哪几项要求是符合规程的？（　　）

（A）继电保护和自动装置宜具备远方控制功能

（B）二次设备室空调可在远方监控中心进行控制

（C）通信设备应布置在独立的通信机房内

（D）高频收发信机可在远方监控中心启动

57. 电力工程的继电保护和安全自动装置应满足可靠性、选择性、灵敏性和速动性要求，下列表述哪几条是正确的？（　　）

（A）可靠性是指保护装置该动作时应动作，不该动作时不动作

（B）选择性是指首先由故障设备或线路本身的保护切除故障，当故障设备或线路本身的保护或断路器拒动时，才允许由相邻设备、线路的保护或断路器失灵保护切除故障

（C）灵敏性是指在设备或线路的被保护范围内或范围外发生金属性短路时，保护装置具有必要的灵敏系数

（D）速动性是指保护装置应尽快地切除短路故障，提高系统稳定性、减轻故障设备和线路的损坏程度

58. 电力系统扰动可分为大扰动和小扰动，下列情况属于大扰动的是：（　　）

（A）任何线路单相瞬时接地故障并重合闸成功

（B）任一台发电机跳闸或失磁

（C）变压器有载调压分接头调整

（D）直流输电线路双极故障

59. 某电厂发电机组为 2 × 660MW 机组，500kV 升压站为一个半断路器接线，该厂内直流系统的充电装置均选用高频开关电源模块型，对于充电装置数量和接线方式，下列哪项要求符合设计规程？（　　）

（A）每台机组动力负荷蓄电池组共配置 1 套充电装置，采用单母线接线，每台机组控制负荷蓄电池组共配置 2 套充电装置，采用两段单母线接线

（B）升压站蓄电池组宜配置 2 套充电装置，采用两段单母线接线

（C）每台机组动力负荷蓄电池组共配置 1 套充电装置，采用单母线接线，每台机组控制负荷蓄电池组共配置 3 套充电装置，采用两段单母线接线，升压站蓄电池组配置 2 套充电装置，采用单母线接线

（D）每台机组动力负荷蓄电池组配置 1 套充电装置，采用单母线接线，每台机组控制负荷蓄电

池组配置 2 套充电装置，采用两段单母线接线，升压站蓄电池组配置 3 套充电装置，采用单母线接线

60. 某 220kV 变电所直流系统标称电压为 220V，控制负荷和动力负荷合并供电，问下列哪些要求是符合设计规程的？（　　）

（A）在均衡充电时，直流母线电压应不高于 247.5V
（B）在均衡充电时，直流母线电压应不高于 242V
（C）在事故放电时，蓄电池组出口端电压应不低于 187V
（D）在事故放电时，蓄电池组出口端电压应不低于 192.5V

61. 对于 2×600MW 的燃煤火电机组，正常运行工况下，其厂用电系统电能质量不符合要求的是：（　　）

（A）交流母线的电压波动范围宜在母线运行电压的 95%～105%之内
（B）当由厂内交流电源供电时，交流母线的频率波动范围不宜超过 49.5Hz～50.5Hz
（C）交流母线的各次谐波电压含有率不宜大于 5%
（D）6kV 厂用电系统电压总谐波畸变率不宜大于 4%

62. 对于火力发电厂，下列哪些电气设备应装设纵联差动保护？（　　）

（A）对 1000kW 及以上的柴油发电机
（B）6.3MVA 及以上的高压厂用备用变
（C）2000kW 及以上的电动机
（D）6.3MVA 及以上的高压厂用工作变

63. 在水力发电厂用电设计中，关于柴油发电机的设置，下列表述哪些是正确的？（　　）

（A）柴油发电机组应采用快速启动应急型，启动到安全供电时间不宜大于 30s
（B）柴油发电机组应配置手动启动和快速自动启动装置
（C）柴油机宜采用高速及废气涡轮增压型，按允许加负荷的程序分批投入负荷，冷却方式宜采用封闭式循环水冷却
（D）由柴油发电机供电时，最大一台电动机启动时的总电流不宜超过柴油发电机额定电流的 1.5 倍，宜应满足柴油发电机允许的冲击负荷要求

64. 关于发电厂照明设计要求，下列表述错误的是：（　　）

（A）锅炉本体检修用携带式作业灯的电压应为 12V
（B）应急照明网络中可装设插座
（C）照明线路 N 线可装设熔丝保护
（D）安全特低电压供电的隔离变压器二次侧应做保护接地

65. 关于发电厂的厂内通信系统的设计，下列要求哪几项是正确的？（　　）

（A）发电厂厂内通信系统的直流电源应由专用通信直流电源系统提供且双重化配置

（B）通信专用直流电源额定电压为 48V，输出电压可调范围为 43V～58V

（C）通信专用直流系统为不接地系统，直流馈电线应屏蔽，屏蔽层两端应接地

（D）通信专用直流系统容量应按其设计年限内所有通信设备的总负荷电流，蓄电池组放电时间确定

66. 220kV 输电线路导线采用 2JL/GIA-500/45，最大设计张力 47300N，导线自重 16.50N/m，覆冰冰负载 11.10N/m，基准风风荷载 11.3N/m；某直线塔定位水平档距 400m，垂直档距 550m（不考虑计算工况对垂直档距的影响），风压高度变化系数 1.25，下列大风工况下导线产生的荷载哪些是正确的？（　　）

（A）垂直荷载 18150N　　（B）垂直荷载 30360N

（C）水平荷载 11300N　　（D）水平荷载 9040N

67. 对于金具强度的安全系数，下列表述哪些是正确的？（　　）

（A）在断线时金具强度的安全系数不应小于 1.5

（B）在断线时金具强度的安全系数不应小于 1.8

（C）在断联时金具强度的安全系数不应小于 1.5

（D）在断联时金具强度的安全系数不应小于 1.8

68. 在架空输电线路设计中，330kV 及以上线路的绝缘子串应考虑一下哪些措施？（　　）

（A）均压措施　　（B）防电晕措施

（C）防振措施　　（D）防舞措施

69. 某光伏电站由 30 个 1MW 发电单元，经过逆变、升压、汇集线路后经 1 台主变升压至 35kV，通过一回 35kV 线路接入电网，当电网发生短路时，下列光伏电站的运行方式中，哪几种满足规程要求？（　　）

（A）并网点电压降至 10.5kV 时，光伏电站运行 0.7s 后可从电网中脱出

（B）并网点电压降至 14kV 时，光伏电站至少运行 1s

（C）并网点电压降至 0 时，光伏电站可脱网

（D）并网点电压降至 $0.9U_N$ 时，光伏电站至少运行 2s 可以切除

70. 在变电所设计中，下列哪些电气设施的金属部分应接地？（　　）

（A）变压器底座和外壳

（B）保护屏的金属屏体

（C）端子箱内的闸刀开关底座

（D）户外配电装置的钢筋混凝土架构

2017 年专业知识试题（下午卷）

一、单项选择题（共 40 题，每题 1 分，每题的备选项中只有 1 个最符合题意）

1. 在高压电器装置保护接地设计中，下列哪个装置和设施的金属部分可不接地？（　）

（A）互感器的二次绕组　　（B）电缆的外皮

（C）标称电压 110V 的蓄电池室内的支架　　（D）穿线的钢管

2. 变电所内，用于 110kV 有效接地系统的母线型无间隙金属氧化物避雷器的持续运行电压和额定电压应不低于下列哪组数值？（　）

（A）57.6kV、71.8kV　　（B）69.6kV、90.8kV

（C）72.7kV、94.5kV　　（D）63.5kV、82.5kV

3. 某电厂 50MW 发电机，厂用工作电源由发电机出口引出，依次经隔离开关、断路器、电抗器供电给厂用负荷，请问该回路断路器宜按下列哪一条件校验？（　）

（A）校验断路器开断水平时应按电抗器后短路条件校验

（B）校验开断短路能力应按 0 秒短路电流校验

（C）校验热稳定时应计及电动机反馈电流

（D）校验用的开断短路电流应计及电动机反馈电流

4. 某 500kV 配电装置采用一台半断路器接线，其中 1 串的两回出线各输送 1000MVA 功率，试问该串串内中间断路器和母线断路器的额定电流最小分别不得小于下列何值？（　）

（A）1250A，1250A　　（B）1250A，2500A

（C）2500A，1250A　　（D）2500A，2500A

5. 对双母线接线中型布置的 220kV 屋外配电装置，当母线与出线垂直交叉时，其母线与出线间的安全距离应按下列哪种情况校验？（　）

（A）应按不同相的带电部分之间距离（A1 值）校验

（B）应按无遮拦裸导体至构筑物顶部之间距离（C 值）校验

（C）应按交叉的不同时停电检修的无遮拦带电部分之间距离（B1 值）校验

（D）应按平行的不同时停电检修的无遮拦带电部分之间距离（D 值）校验

6. 遥测功角δ或发电机端电压是为了下列哪一种目的？（　）

（A）提高输电线路的送电能力

（B）监视系统的稳定

（C）减少发电机定子的温升

（D）防止发电机定子电流增加，造成过负荷

7. 关于自动灭火系统的设置，以下表述哪个是正确的？（　　）

（A）单台容量在 20MVA 及以上的厂矿企业油浸电力变压器应设置自动灭火系统，且宜采用水喷雾灭火系统

（B）单台容量在 40MVA 及以上的电厂油浸电力变压器或设置自动灭火系统，且宜采用水喷雾灭火系统

（C）单台容量在 100MVA 及以上的独立变电站油浸电力变压器应设置自动灭火系统，且宜采用水喷雾灭火系统

（D）充可燃油并设置在高层民用建筑内的高压电容器应设置自动灭火系统，且宜采用水喷雾灭火系统

8. 火力发电厂二次接线中有关电气设备的监控，下列哪条不符合规程要求？（　　）

（A）当发电厂电气设备采用单元制 DCS 监控时，电力网络部分电气设备采用 NCS 监控

（B）当主接线为发电机-变压器-线路组等简单接线时，电力网络部分电气设备可采用 DCS 监控

（C）当发电厂采用非单元制监控时，电气设备采用 ECMS 监控，电力网络部分电气设备采用 NCS 监控

（D）除简单接线方式外，发变组回路在高压配电装置的隔离开关宜在 NCS 远方监控

9. 对于火力发电厂 220kV 升压站的直流系统设计，其蓄电池的配置和各种工况运行电压的要求，下列表述正确的是？（　　）

（A）应装设 1 组蓄电池，正常运行情况下，直流母线电压为直流标称电压的 105%，均衡充电运行情况下，直流母线电压不应高于直流系统标称电压的 112.5%，事故放电末期，蓄电池出口端电压不应低于直流系统标称电压的 87.5%

（B）应装设 2 组蓄电池，正常运行情况下，直流母线电压为直流系统标称电压的 105%，均衡充电运行情况下，直流母线电压不应高于直流系统标称电压的 112.5%，事故放电末期，蓄电池出口端电压不应低于直流系统标称电压的 87.5%

（C）应装设 1 组蓄电池，正常运行情况下，直流母线电压为直流系统标称电压的 105%，均衡充电运行情况下，直流母线电压不应高于直流系统标称电压的 110%，事故放电末期，蓄电池出口端电压不应低于直流系统标称电压 85%

（D）应装设 2 组蓄电池，正常运行情况下，直流母线电流为直流系统标称电压的 105%，均衡充电运行情况下，直流母线电压不应高于直流系统标称电压的 110%，事故放电末期，蓄电池出口端电压不应低于直流系统标称电压的 87.5%

10. 发电厂露天煤场照明灯具应选择？（　　）

（A）配照灯　（B）投光灯　（C）板块灯　（D）三防灯

11. 某变电所的 220kVGIS 配电装置的接地短路电流为 20kA，每根 GIS 基座有 4 条接地线与主接地网连接，对此 GIS 的接地线截面做热稳定校验电流应取下列何值？（不考虑敷设的影响）

（　　）

（A）20kA　　（B）14kA

（C）7kA　　（D）5kA

12. 某 220kV 配电装置，雷电过电压要求的相对地最小安全距离为 2m，雷电过电压要求的相间最小安全距离为下列何值？（　　）

（A）1.8m　　（B）2.0m

（C）2.2m　　（D）2.4m

13. 某升压变压器容量为 180MVA，高压侧采用 LGJ 型导线接入 220kV 屋外配电装置，请按经济电流密度选择导线截面（经济电流密度$J = 1.18\text{A/mm}^2$）？（　　）

（A）240mm^2　　（B）300mm^2

（C）400mm^2　　（D）500mm^2

14. 在农村电网中，通常通过 220kV 变电所或 110kV 相 35kV 负荷供电，以下系统中的哪组主变 35kV 系统不能并列运行？（　　）

（A）220/110/35kV150MVA 主变 Yyd 与 220/110/35kV180MVA 主变 Yyd

（B）220/110/35kV150MVA 主变 Yyd 与 110/35kV63MVA 主变 Yd

（C）220/110/35kV150MVA 主变 Yyd 与 220/35/10kV63MVA 主变 Yyd

（D）220/35kV150MVA 主变 Yd 与 220/110/35kV180MVA 主变 Yyd

15. 当环境温度高于+40℃时，开关柜内的电器应降容使用，母线在+40℃时的允许电流为 3000A 时，当环境温度身高到+50℃时，此时母线的允许电流为：（　　）

（A）2665A　　（B）2683A

（C）2702A　　（D）2725A

16. 专供动力负荷的直流系统，在均衡充电运行和事故放电情况下，直流系统标称电压的波动范围应为：（　　）

（A）85%～110%　　（B）85%～112.5%

（C）87.5%～110%　　（D）87.5%～112.5%

17. 保护用电压互感器二次回路允许压降在互感器负荷最大时不应大于额定电压的：（　　）

（A）2.5%　　（B）3%

（C）5%　　（D）10%

18. 某水力发电厂电力网的电压为 220kV、110kV 两级，下列哪项断路器的操作机构选择是不正确的？（　　）

（A）当配电装置为敞开式，220kV 线路断路器选用分相操作机构

（B）当配电装置为 GIS，发变组接入 220kV 断路器选用三相联动操作机构

（C）当配电装置为敞开式，110kV 线路断路器选用分相操作机构

（D）当配电装置为 GIS，联络变 110kV 侧断路器选用三相联动操作机构

19. 关于水电厂消防供电设计，下列表述哪项不正确？（　　）

（A）消防用电设备应按I类负荷供电设计

（B）消防用电设备应采用专用的供电回路，当发生火灾时仍应保证消防用电

（C）消防用电设备应采用双电源供电，电源自动切换装置装设于配电装置主盘

（D）应急照明可采用直流系统或应急灯自带蓄电池作电源，其连续供电时间不应少于 30min

20. 光伏电站无功电压控制系统设计原则，以下哪条不符合规范要求？（　　）

（A）控制模式应包括恒电压控制、恒功率因数控制、恒无功功率控制等

（B）无功功率控制偏差的绝对值不超过给定值的 5%

（C）能够监控电站所有部件的运行状态，统一协调控制并网逆变器、无功补偿装置以及主变分接头

（D）无功电压控制响应时间不应超过 10s

21. 某变电所的 220kVGIS 配电装置的接地短路电流为 20kA，流经此 GIS 配电装置的某一接地线上的接地电流为 10kA，此 GIS 的接地线满足热稳定的最大截面不得小于下列何值？（C 值 70，短路的等效时间取 2s）（　　）

（A）404mm²　　（B）282.8mm²

（C）202mm²　　（D）141.4mm²

22. 电力系统中，下列哪种自耦变压器的传输容量不能得到充分利用？（　　）

（A）自耦变为升压变，送电方向主要是低压侧和中压侧向高压侧送电

（B）自耦变为联络变，高压、中压系统交换功率较大，低压侧不供任何负荷

（C）自耦变为降压变，送电方向主要是高压侧送中压侧，低压侧接厂用电系统自动备用电源

（D）自耦变为升压变，送电方向主要是低压侧向高压侧、中压侧送电

23. 某工程 35kV 手车式开关柜，手车长度为 1200，当其单列布置和双列面对面布置时，其正面操作通道最小宽度分别应为：（单位：mm）（　　）

（A）2000，3000　　（B）2400，3300

（C）2500，3000　　（D）3000，3500

24. 某中性点经低电阻接地的 6kV 配电系统中，当接地保护动作不超过 1min 切除故障时，电缆缆芯与金属护套之间额定电压应为下列哪项值？（　　）

（A）3kV　　（B）3.6kV

（C）6kV　　（D）10kV

25. 有一台 50/25-25MVA 的无励磁调压高压厂用变压器，低压侧电压为 6kV、变压器半穿越电抗

$U_K\% = 16.5\%$，有一台 6500kW 电动机正常起动，此时 6kV 母线已带负荷 0.7（标幺值），请计算母线电压是下列哪项值？（设$K_d = 6$，$\eta_d = 0.95$，$\cos\varphi_d = 0.8$）（　　）

（A）0.79%　　（B）0.82%
（C）0.84%　　（D）0.85%

26. 某电力工程 220kV 直流系统，其蓄电池至直流主屏的允许压降为：（　　）

（A）4.4V　　（B）3.3V
（C）2.5V　　（D）1.1V

27. 某 220kV 变电站中设置有 2 台站用变压器，选用容量 315kVA 的干式变压器，共同布置于站用变压器室内，其防火净距不应小于：（　　）

（A）5m　　（B）8m
（C）10m　　（D）不考虑防火间距

28. 在火力发电厂的 220kV 升压站二次接线设计中，下列哪条原则是不对的？（　　）

（A）220kV 三相联动断路器是指有条件许可时首先采用机械联动
（B）当 220kV 三相联动断路器操作机构的机械联动有困难时采用电气联动
（C）220kV 断路器分相操作结构应有非全相自动跳闸回路
（D）220kV 断路器液压操作机构宜设置压力降低至规定值时自动跳闸回路

29. 2 × 1000MW 火电机组的某车间采用 PC-MCC 暗备用接线，通过两台 630kVA 的无载调压干式变压器供电，变压器接线组别 Dyn11，额定变比 10.5/0.4kV，$U_d = 4\%$，在 PCA 上接有一台 185kW 的电动机，已知电动机的起动电流倍数为 7，额定效率为 0.96，额定功率因数为 0.85，则该变压器空载电动机起动时的母线电压是：（　　）

（A）342V　　（B）359V
（C）368V　　（D）378V

30. 直埋单芯电缆设置回流线时，需要考虑回流线的布置位置，尽可能使回流线距离三根电缆等距，这主要是考虑以下哪项因素？（　　）

（A）满足热稳定要求
（B）降低线路阻抗
（C）减小运行损耗
（D）施工方便

31. 对变电站故障录波的设计要求，下列哪项表述不正确？（　　）

（A）可控高抗可配置专用的故障录波装置
（B）故障录波装置的电流输入回路应接入电流互感器的保护级线圈，可与保护合用一个二次绕组，接在保护装置之前

（C）故障录波装置应有模拟启动、开关量启动及手动启动方式

（D）故障录波装置的时间同步准确度应达到 1ms

32. 在中性点不接地的三相交流系统中，当一相发生接地时，未接地两相对地电压变化为相电压的 （　　）

（A）$\sqrt{3}$　　（B）1

（C）$1/\sqrt{3}$　　（D）1/3

33. 中性点不接地的高压厂用电系统，单相接地电流达到下列哪项值时，高压厂用电动机回路的单相接地保护应动作于跳闸？ （　　）

（A）5A　　（B）7A

（C）10A　　（D）15A

34. 在 220kV 变电所的水平闭合接地网总面积$S=(100\times100)\mathrm{m}^2$，所区土壤电阻率 $100\Omega\cdot\mathrm{m}$（按简易法复合式人工接地网计算），其水平接地网的接地电阻近似为下列哪项值？（不考虑季节因素） （　　）

（A）30Ω　　（B）3Ω

（C）0.5Ω　　（D）0.28Ω

35. 在下列低压厂用电系统短路电流计算的规定中，哪一条是正确的？ （　　）

（A）可不计及电阻

（B）在 380V 动力中心母线发生短路时，可不计及异步电动机的反馈电流

（C）在 380V 动力中心馈线发生短路时，可不计及异步电动机的反馈电流

（D）变压器低压侧线电压取 380V

36. 对于火力发电厂防火设计，以下哪条不符合规程要求？ （　　）

（A）变压器贮油设施应铺设卵石层，其厚度不应小于 250mm，卵石直径宜为 50～80mm

（B）氢管道应有防静电的接地措施

（C）两台油量均为 2500kg 的 110kV 屋外油浸变压器之间的距离为 7m 时，可不设防火墙

（D）电缆采用架空敷设时，每间隔 100m 应设置阻火措施

37. 某变电站 220kV 配电装置 3 回进线，全线有地线，220kV 设备的雷电冲击耐受电压为 850kV，则母线避雷器至变压器的最大电气距离为： （　　）

（A）170m　　（B）235m

（C）205m　　（D）195m

38. 在火力发电厂的二次线设计中，对于电压互感器，下列哪条设计原则是不正确的？ （　　）

（A）对中性点直接接地系统中，电压互感器星形接线的二次绕组应采用中性点接地方式

（B）对中性点非直接接地系统，电压互感器星形接线的二次绕组宜采用中性点不接地方式

（C）电压互感器开口三角绕组的引出端之一应一点接地

（D）关口计量表计专用电压互感器二次回路不应装设隔离开关辅助接点

39. 直流换流站中，自带蓄电池的应急灯放电时间应不低于：（　　）

（A）30min　　（B）60min

（C）120min　　（D）180min

40. 220kV 输电线路基准设计风速 29m/s 的丘陵地区，导线采用 2 × JL/GIA-400/50，导线力学特性计算时覆冰 10mm 的风荷载为 0.40kg/m，直线塔水平档距为 500m，10mm 覆冰时垂直档距为 450m，计算覆冰工况下平均高度 15m 时导线产生的水平荷载是：（不计及间隔棒和防振锤，重力加速度 $g = 9.8m/s^2$）（　　）

（A）4469N　　（B）4704N

（C）5363N　　（D）5657N

二、多项选择题（共 30 题，每题 2 分。每题的备选项中有 2 个或 2 个以上符合题意。错选、少选、多选均不得分）

41. 当不要求采用专门敷设的接地线接地时，电气设备的接地线可以利用其他设施，但不得使用下列哪些设施作接地线？（　　）

（A）普通钢筋混凝土构件的钢筋

（B）煤气管道

（C）保温管的金属网

（D）电缆的铝外皮

42. 为消除 220kV 及以上配电装置中管形导体的端部效应，可采用下列哪几项措施？（　　）

（A）端部绝缘子加大爬距

（B）适当延长导体端部

（C）在端部加装屏蔽电极

（D）将母线避雷器布置在靠近端部

43. 一般情况下变电所中的 220～500kV 线路，需对下列哪些故障设远方跳闸保护？（　　）

（A）一个半断路器接线的断路器失灵保护动作

（B）高压侧装设断路器的线路并联电抗器保护动作

（C）线路过电压保护动作

（D）线路变压器母线组的变压器保护动作

44. 关于水电厂厂用变压器的形式选择，下列哪几条是正确的？（　　）

（A）当厂用变压器与离相封闭母线分支连接时，宜采用单相干式变压器

（B）当厂用变压器的安装地点在厂房内时，应采用干式变压器

（C）选择厂用变压器的接线组别时，厂用电电源间相位宜一致

（D）低压厂用变压器宜选用 Yyn0 连接组别的三相变压器

45. 对于 220kV 无人值班变电站，下列设计原则正确的是：（　　）

（A）终端变电站的 220kV 配电装置，当继电保护满足要求时，可采用线路分支接线

（B）变电站的 66kV 配电装置，当出线回路数为 6 回以上时，宜采用双母线接线

（C）接在变压器中性点上的避雷器，不应装设隔离开关

（D）若采用自耦变压器，变压器第三绕组接有无功补偿装置时，应根据无功功率潮流校核公用绕组的容量

46. 关于绝缘配合，以下表述正确的是：（　　）

（A）110kV 系统操作过电压要求的空气间隙的绝缘强度，宜以最大操作过电压为基础，将绝缘强度作为随机变量加以确定

（B）500kV 变电站操作过电压要求的空气间隙的绝缘强度，宜以避雷器操作冲击保护水平为基础，将绝缘强度作为随机变量加以确定

（C）110kV 电气设备的内、外绝缘操作冲击绝缘水平，宜以最大操作过电压为基础，采用确定性法确定

（D）500kV 电气设备的内、外绝缘操作冲击绝缘水平，宜以避雷器操作冲击保护水平为基础，采用确定法确定

47. 关于点光源在水平面照度计算结果描述正确的是：（　　）

（A）被照面的法线与入射光线夹角越大，照度越高

（B）被照面的法线与入射光线夹角越小，照度越高

（C）照度与点光源至被照面计算点距离的平方成反比

（D）照度与点光源至被照面计算点距离成反比

48. 在计算高压交流输电线路耐雷水平时，不采用下列哪些电阻值？（　　）

（A）直流接地电阻值　　（B）工频接地电阻值

（C）冲击接地电阻值　　（D）高频接地电阻值

49. 若送电线路导线采用钢芯铝绞线，下列哪些情况不需要采取防振措施？（　　）

（A）4 分裂导线，档距 400m，开阔地区，平均运行张力不大于拉断力的 16%

（B）4 分裂导线，档距 500m，非开阔地区，平均运行张力不大于拉断力的 18%

（C）2 分裂导线，档距 350m，平均运行张力不小于拉断力的 22%

（D）2 分裂导线，档距 100m，平均运行张力不大于拉断力的 18%

50. 在设计共箱封闭母线时，下列哪些部分应装设伸缩节？（　　）

（A）共箱封闭母线超过 20m 长的直线段应装设伸缩节

（B）共箱封闭母线不同基础的连接段应装设伸缩节

（C）共箱封闭母线与设备连接处应装设伸缩节

（D）共箱封闭母线长度超过 30m 时应装设伸缩节

51. 在发电厂变电所的导体和电器选择时，若采用“短路电流实用计算法”，可以忽略的电气参数是：（　　）

（A）发电机的负序电抗

（B）输电线路的电容

（C）所有元件的电阻（不考虑短路电流的衰减时间常数）

（D）短路点的电弧电阻和变压器的励磁电流

52. 某降压变电所 330kV 配电装置采用一个半断路器接线，关于该接线方式下列哪些表述是正确的？（　　）

（A）主变回路宜与负荷回路配成串

（B）同名回路配置在不同串内

（C）初期为完整两串时，同名回路宜分别就接入不同侧的母线，且进出线不宜装设隔离开关

（D）第三台主变可不进串，直接经断路器接母线

53. 对于测量或计量用的电流互感器准确级采用 0.1 级、0.2 级、0.5 级、1 级和 S 类的电流互感器，下列哪些描述是准确的？（　　）

（A）S 类电流互感器在二次负荷为额定负荷值的 20%～100%之间，电流在额定电流 25%～100%之间电流的比值差满足准确级的要求

（B）S 类电流互感器在二次负荷为额定负荷值的 25%～100%之间，电流在额定电流 20%～120%之间电流的比值差满足准确级的要求

（C）0.1 级、0.2 级、0.5 级、1 级在二次负荷为额定负荷值的 20%～100%之间，电流在额定电流 25%～120%之间电流的比值差满足准确级的要求

（D）0.1 级、0.2 级、0.5 级、1 级电流互感器在二次负荷为额定负荷值的 25%～100%之间，电流在额定电流 100%～120%之间电流的比值差满足准确级的要求

54. 在火力发电厂的二次线设计中，下列哪几条设计原则是正确的？（　　）

（A）控制柜进线电源的电压等级不应超过 250V

（B）电压 250V 以上的回路不宜进入控制和保护屏

（C）静态励磁系统的额定励磁电压大于 250V 时，转子一点接地保护装置不应设在继电保护室的保护柜

（D）当进入控制柜的交流三相电源系统中性点为高阻接地时，正常运行每相对地电压不超过 250V，可以不采取防护措施

55. 固定式悬垂线夹除必须具有一定的曲率半径外，还必须有足够的悬垂角，其作用是：（　　）

（A）能有效地防止导线或地线在线夹内移动

（B）能防止导线或地线的微风震动

（C）避免发生导线或地线局部机械损伤引起断股或断线

（D）保证导线或地线在线夹出口附近不受大的弯曲应力

56. 架空线耐张塔直引跳线最大弧垂计算是为了校验以下哪些间距？（　　）

（A）跳线与第一片绝缘子铁帽间距

（B）跳线与塔身间距

（C）跳线与拉线间距

（D）跳线与下横担间距

57. 某 500kV 电力线路上接有并联电抗器及中性点接地电抗器，以防止铁磁谐振过电压的产生，此接地电抗器的选择需考虑下列哪些因素？（　　）

（A）该 500kV 电力线路的充电功率

（B）该 500kV 电力线路的相间电容

（C）限制潜供电流的要求

（D）并联电抗器中性点绝缘水平

58. 对裸导体和电器进行验算时，在采用下列哪些设备作为保护元件的情况下，其被保护的裸导体和电器应验算其动稳定？（　　）

（A）有限流作用的框架断路器

（B）塑壳断路器

（C）有限流作用的熔断器

（D）有限流作用的塑壳断路器

59. 110kV 配电装置中管形母线采用支持式安装时，下列哪些措施是正确的？（　　）

（A）应采取防止端部效应的措施

（B）应采取防止微风震动的措施

（C）应采取防止母线热胀冷缩的措施

（D）应采取防止母线发热的措施

60. 发电厂高压电动机的控制接线应满足下列哪些要求？（　　）

（A）应有电源监视，并宜监视跳、合闸绕组回路的完整性

（B）应能指示断路器合闸于跳闸的位置状态，其断路器的跳、合闸线圈可用并联电阻来满足跳、合闸指示灯亮度的要求

（C）有防止断路器“跳跃”的电气闭锁装置，宜使用断路器机构内的防跳回路

（D）接线应简单可靠，使用电缆芯最少

61. 对于 220kV 无人值班变电站设计，下列描述正确的是：（　　）

（A）若 220kV 侧采用双母线接线，其线路侧隔离开关宜采用电动操作机构
（B）220kV 线路采用综合重合闸方式，相应断路器应选用分相操作的断路器
（C）母线避雷器和电压互感器回路的隔离开关应采用手动操作机构
（D）主变压器应选用自耦变压器

62. 高压直流输电采用电缆时，具有以下哪些优点？（ ）

（A）输送有功功率不受距离限制
（B）无金属套电阻损耗
（C）直流电阻比交流电阻小
（D）不需要考虑空间电荷积聚

63. 在大型火力发电厂发电机采用静止励磁系统，下列哪些设计原则是正确的？（ ）

（A）励磁系统的励磁变压器高压侧接于发电机出线端不设断路器或熔断器
（B）当励磁变压器高压侧接于高压厂用电源母线上时应设置起励电源
（C）励磁变压器的阻抗在满足强励的条件下尽可能小
（D）当励磁变压器接线组别为 Y，d 接线时，一次、二次侧绕组都不允许接地

64. 在电网方案设计中，对形成的方案要进行技术经济比较，还要进行常规的电气计算，主要的计算有下列哪几项？（ ）

（A）潮流、调相调压和稳定计算
（B）短路电流计算
（C）低频振荡、次同步谐振计算
（D）工频过电压及潜供电流计算

65. 屋外配电装置架构的荷载条件，应符合下列哪些要求？（ ）

（A）计算用气象条件应按当地的气象资料确定
（B）架构可根据实际受力条件分别按终端或中间架构设计
（C）架构荷载应考虑运行、安装、检修、覆冰情况时的各种组合
（D）架构荷载应考虑正常运行、安装、检修情况时的各种组合

66. 发电厂、变电所中，除电子负荷需要外，直流系统不应采用的接地方式是下列哪几种？（ ）

（A）直接接地 （B）不接地
（C）经小电阻接地 （D）经高阻接地

67. 在水电工程设计中，下列哪些表述是正确的？（ ）

（A）防静电接地装置的接地电阻不应大于 10Ω
（B）抽水蓄能厂房应设置水淹厂房的专用厂房水位监测报警系统，可以手动或在认为有必要时

转为自动，能紧急关闭所有可能向厂房进水的闸（阀）门设施

（C）在中性点直接接地的低压电力网中，零线应在电源处接地

（D）如果干式变压器没有设置在独立的房间内，其四周应设置防护围栏或防护等级不低于 IP1X 的防护外罩，并应考虑通风防潮措施答案：

68. 对于 750kV 变电站设计，其站区规划及总平面布置原则，下列哪些原则是不正确的？（　　）

（A）配电装置选型应采用占地少的配电装置形式

（B）配电装置的布置位置应使各级电压配电装置与主变压器之间的连接长度最短

（C）配电装置的布置位置应使通向变电站的架空线路在入口处的交叉和转角的数量最少

（D）高压配电装置的设计，应根据工程特点、规模和发展规划，做到远近结合，以规划为主

69. 对于火力发电厂直流系统保护电器的配置要求，下列哪些表述是正确的？（　　）

（A）蓄电池出口回路配置熔断器，蓄电池试验放电回路选用直流断路器，馈线回路选用直流断路器

（B）充电装置直流侧出口按直流馈线选用直流断路器

（C）蓄电池出口回路配置直流断路器，充电装置和蓄电池试验放电回路选用熔断器

（D）直流柜至分电柜馈线断路器选用具有短路短延时特性的直流塑壳断路器

70. 海拔高度为 700～1000m 的某 750kV 线路，校验带电部分与杆塔构件最小间隙时，下列哪些选项不正确？（　　）

（A）工频电压工况下最小间隙为 1.9m

（B）边相I串的操作过电压工况下最小间隙 3.8m

（C）中相V串的操作过电压工况下最小间隙 4.6m

（D）雷电过电压工况下最小间隙可根据绝缘子串放电电压的 0.8 配合

2018 年专业知识试题（上午卷）

一、单项选择题（共 40 题，每题 1 分，每题的备选项中只有 1 个最符合题意）

1. 在高压配电装置的布置设计中，下列哪种情况应设置防止误入带电间隔的闭锁装置？（ ）

（A）屋内充油电气设备间隔
（B）屋外敞开式配电装置接地刀闸间隔
（C）屋内敞开式配电装置母线分段处
（D）屋内配电装置设备低式布置时

2. 下面是对风力发电场机组和变电站电气接线的阐述，其中哪一项是错误的？（ ）

（A）风力发电机组与机组变电单元宜采用一台风力发电机组对应一组机组变电单元的单元接线方式
（B）风电场变电站主变压器低压侧母线短路容量超市设备允许值时，应采取限制短路电流的措施
（C）风电场机组变电单元的低压电气元件应能保护风力发电机组出口断路器到机组变电单元之间的短路故障
（D）规模较大的风力发电厂变电站与电网联结超过两回线路时应采用单母线接线形式

3. 中性点直接接地的交流系统中，当接地保护动作不超过 1min 切断故障时，电力电缆导体与绝缘屏蔽层之间的额定电压选择，下列哪项符合规范要求？（ ）

（A）应不低于 100%的使用回路工作相电压选择
（B）应不低于 133%的使用回路工作相电压选择
（C）应不低于 150%的使用回路工作相电压选择
（D）应不低于 173%的使用回路工作相电压选择

4. 某额定容量 63MVA，额定电压比 110/15kV 升压变压器，其低压侧导体宜选用下列哪种截面形式？（ ）

（A）钢芯铝绞线　　（B）圆管形铝导体
（C）矩形铜导体　　（D）槽形铝导体

5. 某电厂 500kV 屋外配电装置设置相间运输检修道路，则该电路宽度不宜小于下列哪项数值？（ ）

（A）1000mm　　（B）3000mm
（C）4000mm　　（D）6000mm

6. 某 35kV 不接地系统，发生单相接地后不迅速切除故障时，其跨步点位允许值为（表层土壤电阻率取 2000Ω · m，表层衰减系数取 0.83）：（ ）

（A）50V　　（B）133V

（C）269V　　（D）382V

7. 在选择电流互感器时，对不同电压等级的短路持续时间，下列哪条不满足规程要求？（　　）

（A）550kV 为 2s　　（B）252kV 为 2s

（C）126kV 为 3s　　（D）72.5kV 为 4s

8. 当火力发电厂的厂用电交流母线由厂内交流电源供电时，交流母线的频率波动范围不宜超过：（　　）

（A）±1%　　（B）±1.5%

（C）±2%　　（D）±2.5%

9. 下列哪种光源不宜作为火力发电厂应急照明光源？（　　）

（A）荧光灯　　（B）发光二极管

（C）金属卤化物灯　　（D）无极荧光灯

10. 某架空送电线路采用单悬垂线夹 XGU-5A，破坏荷重为 70kN，其最大使用荷载不应超过下列哪项数值？（　　）

（A）26kN　　（B）28kN

（C）30kN　　（D）25kN

11. 在下列变电站设计措施中，减少及防治对环境影响的是哪一项？（　　）

（A）六氟化硫高压开关室设置机械排风设施

（B）生活污水应处理达标后复用或排放

（C）微波防护设计满足 GB 10436 标准

（D）站内总事故油池应布置在远离居民侧

12. 下面是对光伏发电站电气接线及设备配置原则的叙述，其中哪一项是错误的？（　　）

（A）光伏发电站安装容量大于 30MWp，宜采用单母线或单母线分段接线

（B）光伏发电站一台就地升压变压器连接两台不自带隔离变压器的逆变器时，宜选用分裂变压器

（C）光伏发电站 35kV 母线上的电压互感器和避雷器不宜装设隔离开关

（D）光伏发电站内各单元发电模块与光伏发电母线的连接方式可采用辐射连接方式或“T”接式连接方式

13. 变压器回路熔断器的选择应符合：变压器突然投入时的励磁涌流通过熔断器产生的热效应可按变压器满载电流的倍数及持续时间计算，下列哪组数值是正确的？（　　）

（A）10～20，0.1s　　（B）10～20，0.01s

（C）20～25，0.1s　　（D）20～25，0.01s

14. 下列是关于敞开式配电装置各回路相许排列顺序的要求，其中不正确的是： （　　）

（A）一般按面对出线，从左到右的顺序，相序为 A、B、C
（B）一般按面对出线，从近到远的顺序，相序为 A、B、C
（C）一般按面对出线，从上到下的顺序，相序为 A、B、C
（D）对于扩建工程应与原有配电装置相序一致

15. 对于发电厂、变电站避雷针的设置，下列哪项设计是正确的？ （　　）

（A）土壤电阻率为 400Ω · m 地区的火力发电厂变压器门形架构上装设避雷针
（B）土壤电阻率为 400Ω · m 地区的 110kV 配电装置架构上装设避雷针
（C）土壤电阻率为 600Ω · m 地区的 66kV 配电装置出线架构连接线路避雷器
（D）变压器门形架构上的避雷针不应与接地网连接

16. 某热电厂 50MW 级供热式机组，其集中控制的厂用电动机应根据其控制地点、操作设备、重要程度以及全厂总体控制规划和要求采用不同的控制方式，以下哪种方式是不符合规范要求的？ （　　）

（A）分散控制系统（DCS）
（B）可编程控制器（PLC）
（C）现场总线控制系统（FCS）
（D）硬手操一对一控制

17. 在厂用电电源快切装置整定计算中，下列哪条内容是不合适的？ （　　）

（A）并联切换时，并联跳闸延时定值可取 0.1～1.0s
（B）同时切换合备用延时定值可取 20～50ms
（C）快切频差定值的整定计算中Δf可取 1Hz
（D）快切相差定值的整定计算中实际频差Δf_{xx}可取 1Hz

18. 对于火力发电厂的高压厂用变压器调压方式的选择，以下哪项描述是正确的？ （　　）

（A）采用单元接线且不装设发电机出口断路器时，厂用分支上连接的高厂变不应采用有载调压
（B）当装设发电机出口断路器时，厂用分支上连接的高厂变应采用有载调压
（C）当电力系统对发电机有进相运行要求时，厂用分支上连接的高厂变应采用有载调压
（D）采用单元接线且不装设发电机出口断路器时，厂用分支上连接的高厂变是否采用有载调压应计算确定

19. 在发电厂照明系统设置插座时，下列要求不正确的是： （　　）

（A）有酸、碱、盐腐蚀的场所不应装设插座
（B）应急照明回路中不应装设插座
（C）当照明配电箱插座回路采用空气断路器供电时应采用双投断路器
（D）由专门支路供电的插座回路，插座数量不宜超过 20 个

20. 已知空气间隙的雷电放电电压海拔修正系数为 1.45，海拔高度与以下哪个选项最接近？（　　）

（A）2860m　（B）3028m

（C）4120m　（D）4350m

21. 在发电厂与变电所的屋外油浸变压器布置设计中，单台油量超过下列哪项数值时应设置储油或档油设施？（　　）

（A）800kg　（B）1000kg

（C）1500kg　（D）2500kg

22. 在电力系统中，计算三相短路电流周期分量时，当供给电源为无穷大，下列哪一条规定是适用的？（　　）

（A）不考虑短路电流的非周期分量

（B）不考虑短路电流的衰减

（C）不考虑电动机反馈电流

（D）不考虑短路电流周期分量的衰减

23. 一般电力设施中的电气设施，耐受设计基本地震加速度为 0.20g 时，此值对应的抗震设防烈度为：（　　）

（A）6 度　（B）7 度

（C）8 度　（D）9 度

24. 选择 500kV 屋外配电装置的导体和电气设备时的最大风速，宜采用：（　　）

（A）离地 10m 高，10 年一遇 10min 平均最大风速

（B）离地 10m 高，20 年一遇 10min 平均最大风速

（C）离地 10m 高，30 年一遇 10min 平均最大风速

（D）离地 10m 高，50 年一遇 10min 平均最大风速

25. 下列关于 VFTO 的防护措施最有效的是：（　　）

（A）合理装设避雷针

（B）采用选相合闸断路器

（C）在隔离开关加装合闸电阻

（D）装设线路并联电抗器

26. 火力发电厂有关高压电动机的控制接线，下列哪条不符合规程的要求？（　　）

（A）对断路器的控制回路应有电源监视

（B）有防止断路器“跳跃”的电气闭锁装置，宜使用断路器机构内的防跳回路

（C）接线应简单可靠，使用电缆芯最少

（D）仅监视跳闸绕组回路的完整性

27. 某有人值班变电站采用 220V 直流系统，以下符合规程要求的选项是：（　　）

（A）蓄电池组选用一根$2 \times 185mm^2$电缆为引出线
（B）蓄电池组至直流柜的连接电缆按蓄电池 1h 放电率电流进行选取长期允许电流载流量
（C）蓄电池组至直流柜的连接电缆允许电压降的计算电流只按事故初期 1min 放电电流选取
（D）直流柜与直流分电柜之间的电缆电压降按标准电压 1.5%

28. 下列负荷中属于变电站站用I类负荷的是：（　　）

（A）直流充电装置　　（B）备品备件库行车
（C）继电保护试验电源屏　　（D）强油风冷变压器的冷却负荷

29. 下列并联电容器组设置的保护及投切装置中设置错误的是：（　　）

（A）内熔丝保护　　（B）过电流保护
（C）过电压保护　　（D）自动重合闸

30. 某工程导线采用钢芯铝绞线，其计算拉断力为 105000N，导线的最大使用张力为 33250N，导线悬挂点的张力最大不能超过以下哪个数值？（　　）

（A）46666.67N　　（B）44333.33N
（C）33250.00N　　（D）29925.00N

31. 变电站内两座相邻建筑物，当较高一面的外墙为防火墙时，则两座建筑物门窗之间的净距不应小于下列哪项数值？（　　）

（A）3m　　（B）4m
（C）5m　　（D）6m

32. 短路电流使用计算法采用了假设条件和原则，以下哪条是错误的？（　　）

（A）短路发生在短路电流最大值的瞬间
（B）电力系统中所有电源都在额定负荷下运行，其中 60%负荷接在高压母线上
（C）用概率统计法制定短路电流运算曲线
（D）元件的计算参数均取额定值，不考虑参数的误差和调整范围

33. 某 10kV 开关柜的额定短路开断电流为 50kA，沿此开关柜整个长度延伸方向装设专用接地导体所承受的热稳定电流不得小于下列哪项数值？（　　）

（A）25kA　　（B）35kA
（C）43.3kA　　（D）50kA

34. 发电厂的屋外配电装置周围围栏高度不低于下列哪个数值？（　　）

（A）1200mm （B）1500mm

（C）1700mm （D）1900mm

35. 关于雷电保护接地和防静电接地，下列表述正确的是： （ ）

（A）无独立避雷针保护的露天储氢罐应设置闭合环形接地装置，接地电阻不大于 30Ω

（B）两根净距为 80mm 的平行布置的易燃油管道，应每隔 20m 用金属线跨接

（C）易燃油管道在始端、末端、分支处及每隔 100m 处设置防静电接地

（D）不能保持良好电气接触的易燃油管道法兰处的跨接线可采用直径为 6mm 的圆钢

36. 发电厂电气二次接线设计中，下列哪条不符合规程的要求？ （ ）

（A）各安装单位主要保护的正电源应经过端子排

（B）保护负电源应在屋内设备之间接成环形，环的两段应分别接至端子排

（C）端子排连接的导线不应超过 $8mm^2$

（D）设计中将一个端子排的任一端接两根导线

37. 某火力发电厂选用阀控式密封铅酸蓄电池，容量为 500Ah，符合规程要求的选项是：（ ）

（A）蓄电池采用柜安装，布置于继电器室内

（B）设置蓄电池室，室内的窗玻璃采用毛玻璃，阳光不应直射室内

（C）蓄电池室内的照明灯具应为防爆型，布置在蓄电池架的上方，室内不应装设开关和插座

（D）蓄电池室的门应向内开启，蓄电池室有良好的通风设施，进风电动机采用防爆式

38. 变电站站用电电能计量表配置正确的是： （ ）

（A）站用工作变压器高压侧有功电能表精度为 1.0s 级

（B）站用工作变压器低压侧有功电能表精度为 1.0s 级

（C）站用外引备用变压器高压侧有功电能表精度为 1.0s 级

（D）站用外引备用变压器低压侧有功电能表精度为 0.2s 级

39. 在光伏发电站的设计和运行中，下列陈述哪一项是错误的？ （ ）

（A）光伏发电站的安装容量单位峰瓦（Wp），是指光伏组件为光伏方阵在标准测试条件下，最大功率点的输出功率的单位

（B）在正常运行情况下，光伏发电站有功功率变化速率应不超过 10%装机容量/min，允许出现因太阳能辐射照度降低而引起的光伏发电站有功功率变化速率超出限值的情况

（C）光伏发电系统直流侧的设计电压应高于光伏组件串在当地昼间极端气温下的最大开路电压，系统中所采用的设备和材料的最高允许电压应不低于该设计电压

（D）光伏发电站并网点电压跌至 0%标称电压时，光伏发电站应能不脱网连续运行 0.625s

40. 某 220kV 线路采用2×JL/G1A-630/45 钢芯铝绞线，导线计算拉断力为 150500N，单位重量 20.39N/m，设计气象条件为基本风速 27m/s，覆冰厚度 10mm，计算应用于山地的悬垂直线塔断导线时的纵向不平衡张力为： （ ）

（A）30108N　　（B）34314N

（C）85785N　　（D）90300N

二、多项选择题（共30题，每题2分。每题的备选项中有2个或2个以上符合题意。错选、少选、多选均不得分）

41. 下列对电气设备的安装设计中，哪些是符合抗震设防烈度为8度的要求的？（　　）

（A）油浸变压器应固定在基础上　　（B）电容器引线宜采用软导线

（C）车间照明宜采用软线吊灯　　（D）蓄电池安装应装设抗震架

42. 电缆持续允许载流量的环境温度，应按使用地区的气象温度多年平均值确定，但选取的环境温度为最热月的日最高温度平均值，下列哪些场所不合适？（　　）

（A）户外空气中

（B）户内电缆沟，无机械通风

（C）一般性厂房、室内，无机械通风

（D）隧道，无机械通风

43. 下列对屋外高压配电装置与冷却塔的距离要求叙述正确的是：（　　）

（A）配电装置架构边距机力通风冷却塔零米外壁的距离，非严寒地区应不小于40m

（B）配电装置架构边距机力通风冷却塔零米外壁的距离，严寒地区应不小于50m

（C）配电装置布置在自然通风冷却塔冬季盛行风向的上风侧时，配电装置架构边距自然通风冷却塔零米外壁的距离应不小于25m

（D）配电装置布置在自然通风冷却塔冬季盛行风向的下风侧时，配电装置架构边距自然通风冷却塔零米外壁的距离应不小于40m

44. 某电厂330kV配电装置单相接地时其地电位升为3kV，则其接地网及有关电气装置应符合：（　　）

（A）保护接地接至厂区接地网的站用变压器的低压侧，应采用TN系统且低压电气装置采用保护等电位联结接地系统

（B）应采用扁钢（或铜绞线）与二次电缆屏蔽层并联敷设

（C）向厂外供电的厂用变压器400V绕组短时交流耐受电压为3.5kV

（D）对外的非光纤通信设备加隔离变压器

45. 电力工程直流电源系统的设计中，对于直流断路器的选取，下列哪些要求是符合规程的？（　　）

（A）直流断路器额定电压应大于或等于回路的最高工作电压

（B）直流断路器额定短路分断电流及短时耐受电流，应大于本系统的最大短路电流

（C）直流电动机回路直流断路器额定电流可按电动机的额定电流选择

（D）直流电源系统应急联络断路器额定电流应大于蓄电池出口熔断器额定电流的50%

46. 在设计发电厂和变电站照明时，下列要求正确的有： （ ）

（A）照明主干线路上连接的照明配电箱数量不宜超过 6 个
（B）照明网络的接地电路不应大于 10Ω
（C）由专门支路供电的插座回路，插座数量不宜超过 15 个
（D）对应急照明，照明灯具端电压的偏移不应高于额定电压的 105%，且不宜低于其额定电压的 90%

47. 对于架空线路的防雷设计，以下哪几项要求是正确的？ （ ）

（A）750kV 线路应全线架设双地线
（B）500kV 双回路线路地区保护角应取 10°
（C）750kV 单回路电路地线保护角不宜大于 10°
（D）500kV 单回路线路易选用单地线

48. 对于同一走廊内的两条 500kV 架空输电线路，最小水平距离应满足下列哪项规定？ （ ）

（A）在开阔地区，最小水平距离应不小于最高塔高
（B）在开阔地区，最小水平距离应不小于最高塔高加 3m
（C）在路径受限制地区，最小水平距离应不小于 13m
（D）在路径受限制地区，两线路铁塔交错排列时导线在最大风偏角情况下应不小于 7m

49. 在发电厂厂用电系统设计中，下列哪几项措施能改善电气设备的谐波环境？ （ ）

（A）空冷岛设专用变压器 （B）采用低功耗变压器
（C）采用低阻抗变压器 （D）母线上加装滤波器

50. 关于电气设施的抗震设计，以下哪些表述不正确？ （ ）

（A）单机容量为 135MW 的火力发电厂中的电气设施，当地震烈度为 8 度时，应进行抗震设计
（B）电气设备应根据地震烈度提高 1 度设计
（C）对位于高烈度区且不能满足抗震要求的电气设施，可采用隔振措施
（D）对于基频高于 33Hz 的刚性电气设施，可采用静力法进行抗震设计，设计内容至少应包括地震作用计算和抗震强度验算

51. 下列限制电磁式电压互感器铁磁谐振措施正确的是： （ ）

（A）选用励磁特性饱和点较高的电磁式电压互感器
（B）电压互感器高压绕组中性点接入单相电压互感器
（C）电压互感器开口三角绕组装设电阻
（D）采用氧化锌避雷器限制

52. 发电厂电气二次接线设计中，下列哪些原则符合规程的要求？ （ ）

（A）发电机的励磁回路正常工作时应为不接地系统

（B）UPS 配电系统若采用单相供电，应采用接地系统

（C）电流互感器的二次回路宜有一个接地点

（D）电压互感器开口三角绕组的引出线之一应一点接地

53. 110kV 变电站，选取一组 220V 蓄电池组，充电装置和直流系统的接线可以采用如下哪几种方式？（　　）

（A）如采用相控式充电装置时，宜配置 2 套充电装置，采用单母线分段接线

（B）如采用高频开关电源模块型充电装置时，宜配置 1 套充电装置，采用单母线接线

（C）如采用相控式充电装置时，应配置 1 套充电装置，采用单母线接线

（D）如采用高频开关电源模块型充电装置时，可配置 2 套充电装置，采用单母线分段接线

54. 下列哪几组数据，是满足光伏发电站低电压穿越要求的？（　　）

（A）并网点电压跌至 0.1p.u.，光伏发电站能够不脱网连续运行 0.2s

（B）并网点电压跌至 0.2p.u.，光伏发电站能够不脱网连续运行 0.6s

（C）并网点电压跌至 0.5p.u.，光伏发电站能够不脱网连续运行 1.0s

（D）并网点电压跌至 0.9p.u.，光伏发电站能够不脱网连续运行

55. 关于架空线路的地线支架高度，下列哪些表述是正确的？（　　）

（A）满足雷击档距中央地线时的反击耐雷水平要求

（B）满足地线对边导线保护角的要求

（C）满足档距中央导、地线间距离的要求

（D）满足地线上拔对支架高度的要求

56. 架空输电线路导线发生舞动的原因是：（　　）

（A）不对称覆冰　　（B）大截面导线

（C）风速大于 27m/s　　（D）风向与导线的夹角

57. 在光伏发电站的设计原则中，下列哪些论述是错误的？（　　）

（A）光伏发电站安装总容量小于 30MWp 时，母线电压宜采用 0.4kV 电压等级

（B）光伏发电站安装总容量小于或等于 30MWp 时，宜采用单母线接线

（C）经汇集形成光伏发电站群的大中、中型光伏发电站，其站内汇集系统宜采用高电阻接地方式

（D）光伏发电站的 110kV 并网线路的电压互感器与耦合电容器应合用一组隔离开关

58. 导体与导体之间、导体与电器之间装设伸缩接头，其主要目的是为了：（　　）

（A）铜铝材质过渡　　（B）防止接头温升

（C）防振　　（D）防止不均匀沉降

59. 500kV 线路控制合闸、单相重合闸过电压的主要限制措施有：（　　）

（A）装设断路器合闸电阻
（B）采用选相合闸断路器
（C）利用线路保护装置中的过电压保护功能跳闸
（D）采用截流数值低的断路器

60. 发电厂电气二次接线设计中，下列哪些要求是负荷规程的？（　　）

（A）控制用屏蔽电缆的屏蔽层应在开关场和控制室内两端接地
（B）计算机监控系统的模拟量信号回路，对于双层屏蔽电缆、内屏蔽应一端接地，外屏蔽应两端接地
（C）传送数字信号的保护与通信设备间的距离大于100m时，应采用光缆
（D）传送音频信号应采用屏蔽双绞线，其屏蔽层应在两端接地

61. 关于火力发电厂厂用电负荷的分类，以下哪些描述不正确？（　　）

（A）按其对人身安全和设备安全的重要性，可分为0类负荷和非0类负荷
（B）在机组运行、停机过程及停机后需连续供电的负荷为1类负荷
（C）短时停电可能影响人身和设备安全，使生产停顿或发电量大量下降的负荷为1类负荷
（D）停电将直接影响到重大设备安全的厂用电负荷称为0类负荷

62. 高压电缆在电缆隧道（或其他构筑物）内敷设时，有关通道宽度的规定，以下哪些表述是错误的？（　　）

（A）电缆沟深度为1.6m，两侧设置支架，通道宽度需大于600mm
（B）电缆沟深度为0.8m，单侧设置支架，通道需大于450mm
（C）电缆隧道两侧设置支架，通道需大于700mm
（D）无论何种电缆通道，通道宽度不能小于300mm

63. 对于送电电路设计，以下哪些是影响振动强度的因素？（　　）

（A）风输入给电线的功率　　（B）电线的振动自阻尼
（C）地形和地物　　（D）电线的疲劳极限

64. 验算导体和电器动稳定、热稳定以及电器开断电流所用的短路电流，可按照下列哪几条原则确定？（　　）

（A）应按本工程的设计规划容量计算，并考虑电力系统的远景发展规划
（B）应按可能发生最大短路电流的接线方式，包括在切换过程中可能并列运行的接线方式
（C）在电气连接网络中应考虑具有反馈作用的异步电动机的影响和电容补偿装置放电电流的影响
（D）一般按三相短路电流验算

65. 对于移动式电气设备的电缆形式选择，下列哪几项正确？（　　）

（A）钢丝铠装　　（B）橡皮外护层

（C）屏蔽　　　　　　　　　　　　（D）铜芯

66. 发电厂下列哪些装置或设备应接地？（　　）

（A）电力电缆镀锌钢管埋管
（B）屋内配电装置的金属构架
（C）电缆沟内的角钢支架
（D）110V 蓄电池室内的支架

67. 在 30MW 的发电机保护配置中的匝间保护、定子绕组星形接线，下列哪几项继电保护配置是符合规程的？（　　）

（A）每相有并联分支且中性点有分支引出端应装设匝间保护可选用零序电流型横差保护
（B）每相有并联分支且中性点有分支引出端应装设匝间保护可选用裂相横差保护
（C）中性点仅有三个引出端子可装设专用匝间短路保护
（D）每相有并联分支且中性点有分支引出端应装设匝间保护可选用不完全纵差保护

68. 对于变电站用交流不停电电源，下列表述哪些是符合设计规程要求的？（　　）

（A）由整流器、逆变器、自带直流蓄电池等组成个一种电源装置
（B）750kV 变电站分散设计于各就地继电器小室内的交流不停电电源可与小室内的直流电源配合，以提供符合要求的不间断交流电源
（C）变电站内交流不停电电源正常时采用交流输入电源，交流失电时快速切换至自带直流蓄电池供电
（D）220kV 全户内变电站可按全部负载集中设置交流不停电电源装置

69. 送电线路耐张塔设计时，需确定跳线最小弧垂的允许弧垂以下哪些选项是正确的？（　　）

（A）满足导线各种工况下对横担的间隙要求
（B）满足导线各种工况下对绝缘子串横担侧铁帽的间隙要求
（C）选取两侧（或一侧）绝缘子串倾斜角较小者
（D）不需要考虑跳线风偏影响

70. 设计规范对导线的线间距离作出了规定，下列哪些描述是正确的？（　　）

（A）国内外使用的水平线间距离公式大都为经验公式
（B）我国采用的水平线间距离公式与国外公式比较，计算值偏小
（C）垂直线间距离主要是确定于覆冰脱落时的跳跃，与弧垂即冰厚有关
（D）上下导线间最小垂直线间距离是根据绝缘子串长度和工频电压的要求确定

2018 年专业知识试题（下午卷）

一、单项选择题（共 40 题，每题 1 分，每题的备选项中只有 1 个最符合题意）

1. 各种爆炸性气体混合物的最小点燃电力比是其最小点燃电流值与下列哪种气体的最小点燃电流值之比？（　　）

（A）氢气　　（B）氧气
（C）甲烷　　（D）瓦斯

2. 下列关于变电站 6kV 配电装置雷电侵入波保护要求正确的是：（　　）

（A）6kV 架空进线均装设电站型避雷器
（B）监控进线全部在站区内，且受到其他建筑物屏蔽时，可只在母线上装设 MOA
（C）有电缆段的架空进线，MOA 接地端不应与电缆金属外皮连接
（D）雷季经常运行的进线回路数为 2 回且进线均无电缆段时，MOA 至 6kV 主变压器距离可采用 25m

3. 以下有关 220～750kV 电网继电保护装置运行整定的描述，哪项是错误的？（　　）

（A）当线路保护装置拒动时，一般情况只允许相邻上一级的线路保护越级动作，排除故障
（B）330kV、500kV、750kV 线路采用三相重合闸方式
（C）不宜在大型电厂向电网送电的主干线上接入分支线或支线变压器
（D）相间距离I段的定值，按可靠躲过本线路末端相间故障整定，一般为本线路阻抗的 0.8～0.85

4. 某单回输电线路，耐张绝缘子串采用 4 联绝缘子串，如单联绝缘子操作过电压闪络概率为 0.002，则该塔耐张绝缘子串操作过电压闪络概率与以下哪个选项最接近？（　　）

（A）0.0897　　（B）0.0469
（C）0.0237　　（D）0.0158

5. 在计算风力发电或光伏发电上网电量时，下列各因素中哪一项是与发电量无关的？（　　）

（A）集电线路损耗　　（B）水平面太阳能总辐照量
（C）切入风速　　（D）标准空气密度

6. 某 220/33kV 变电站的 220kV 侧为中性点有效接地系统，则变压器高压侧配置的交流无间隙氧化锌避雷器持续运行电压、额定电压为下列哪项数值？（　　）

（A）116kV，146.2kV　　（B）116kV，189kV
（C）145.5kV，189kV　　（D）202kV，252kV

7. 检修电源的供电半径不宜大于：（　　）

（A）30m　　（B）50m

（C）100m　　（D）150m

8. 500kV 架空输电线路地线采用 JLH20A-150，防振锤防振，档距为 600m 时，该档地线需要安装多个防振锤？（　　）

（A）2　　（B）4

（C）6　　（D）8

9. 缆式线性感温火灾探测器的探测区域的长度，最长不宜超过下列哪项数值？（　　）

（A）20m　　（B）60m

（C）100m　　（D）150m

10. 配电变压器设置在建筑物外其低压采用 TN 系统时，低压线路在引入建筑物处 PE 或 PEN 应重复接地，其接地电阻不宜超过：（　　）

（A）0.5Ω　　（B）4Ω

（C）10Ω　　（D）30Ω

11. 并联电容器组额定容量 60000kvar，额定电压 24kV，采用单星形双桥差接线，每臂 6 并 4 串，单台电容器至母线的连接线长期允许电流不宜小于：（　　）

（A）120.3A　　（B）156.4A

（C）180.4A　　（D）240.6A

12. 在风力发电厂的设计中，下面的描述中哪一条是错误的？（　　）

（A）风力发电机组变电单元的高压电气元件应具有保护机组变电单元内部短路故障的功能

（B）风力发电场主变压器低压侧母线电压宜采用 35kV 电压等级

（C）当风力发电场变电站装有两台及以上主变压器时，主变压器低压侧母线宜采用单母线分段接线，每台主变压器对应一段母线

（D）风力发电场变电站主变压器低压侧系统，当不需要再单相接地故障条件下运行时，应采用消弧线圈接地方式，迅速切除故障

13. 定子绕组中性点不接地的发电机，当发电机出口侧 A 相接地时发电机中性点的电压为：（　　）

（A）线电压　　（B）相电压

（C）1/3 相电压　　（D）$1/\sqrt{3}$相电压

14. 某电厂照明检修电源采用 TN-S 系统，某检修用三相电源进线采用交联聚乙烯绝缘铜导线电缆，电缆的相线 $10mm^2$，则下列电缆选择哪种是正确的？（　　）

（A）YJV-5 × $10mm^2$　　（B）YJV-3 × 10 + 2 × $6mm^2$

（C）YJV-3×10+6mm^2　　（D）YJV-5×10mm^2

15. 在导线力学计算时，对年平均运力应力的限制主要是：（　　）

（A）导线防振的要求　　（B）避免覆冰时导体

（C）避免高温时导线损坏　　（D）减小导线弧垂

16. 若 220/35kV 变电站地处海拔 3800m，b 级污秽（可按Ⅰ级考虑）地区，其主变 220kV 门形架耐张绝缘子串 XP-6 绝缘子片数应为下列哪项数值？（　　）

（A）15 片　　（B）16 片

（C）17 片　　（D）18 片

17. 以下对二次回路端子排的设计要求正确的是：（　　）

（A）正、负电源之间的端子排应排列在一起

（B）电流互感器的二次侧可连接成星形或三角形，并不经过试验端子

（C）强电与弱电回路端子应分开布置，强、弱电端子之间应有明显的标志，应设隔离措施

（D）屏内与屏外二次回路的连接，应经过端子排

18. 已知某悬垂直线塔的设计水平档距为 480m，垂直档距为 600m，条件允许时可作 1°转角使用，若大风时的导体水平风荷载为 16N · m，导线水平张力为 49140N，从杆塔荷载方面考虑，线路转角为 1°时该塔的允许水平档距为多少米？（不计地线的影响）（　　）

（A）426m　　（B）480m

（C）546m　　（D）600m

19. 在验算支持绝缘子的地震弯矩时，如绝缘子的破坏弯矩 2500N · m，则绝缘子允许的最大地震弯矩应小于下列哪个数值？（　　）

（A）625N · m　　（B）1000N · m

（C）1250N · m　　（D）1447N · m

20. 某电厂以自然通风水泵房内，设计应采用下列哪种环境温度条件来确定其电缆持续允许载流量？（　　）

（A）最热月的日最高水温平均值

（B）最热月的日最高温度平均值

（C）最热月的日最高温度平均值另加 5℃

（D）自然通风设计温度

21. 某电厂 500kV 电气主接线为一个半断路器接线，其中一串为线路变压器串，依据规程这一串安装单位的应划分为几个安装单位，分别是什么？（　　）

（A）共 4 个安装单位，分别是母线、变压器、出线、断路器共 4 个安装单位

（B）共4个安装单位，分别是母线、变压器、出线、电压互感器共4个安装单位

（C）共5个安装单位，分别是断路器、变压器、出线、电压互感器、电流互感器共5个安装单位

（D）共5个安装单位，分别是变压器、出线、本串的3个断路器共5个安装单位

22. 双联及以上的多联绝缘子串应验算断一联后的机械强度，其断联情况下的安全系数不应小于以下哪个数值？（　）

（A）1.5　　（B）2.0

（C）1.8　　（D）2.7

23. 某电厂高压厂用工作变压器为16MVA、13.8/6.3kV、$U_d = 10.5\%$，若其低压侧单芯电缆敷设采用扎带规定，其固定电缆用的扎带的机械强度不应小于下列哪项？（忽略系统电抗及电动机反馈，电缆直径3cm，扎带间隔25cm）（　）

（A）1513N　　（B）2589N

（C）3026N　　（D）3372N

24. 下列有关安全稳定控制系统的描述，哪项是错误的？（　）

（A）安全稳定控制系统是保证电网安全稳定运行的第二道防线

（B）地区或局部电网与主网解列后的频率问题由各自电网解决

（C）优先采用解列措施，其次是切机和切负荷措施

（D）220kV及以上电网的操控系统宜采取双重化配置

25. 220kV线路在最大计算弧垂情况下，下列导线对地面的最小距离哪项正确？（　）

（A）居民区，7.5m　　（B）居民区，7.0m

（C）非居民区，7.5m　　（D）非居民区，7.0m

26. 对配电装置最小安全净距的要求，下列表述不正确的是：（　）

（A）单柱垂直开启式隔离开关在分闸状态下，动静触头间的最小电气距离不应小于配电装置的最小安全净距A_2值

（B）屋外配电装置电气设备外绝缘体最低部分距离小于2500mm时，应装设固定遮拦

（C）屋内配电装置电气设备外绝缘体最低部位距离小于2300mm时，应装设固定遮拦

（D）500kV的A_1值，分裂软导线至接地部分之间可取3500mm

27. 某工程采用强电控制，下列控制电缆的选择哪一项是正确的？（　）

（A）双重化保护的电流回路、电压回路、直流电气回路可以合用一根多芯电缆

（B）少量弱电信号和强电信号宜共用一根电缆

（C）7芯及以上的芯线截面小于$4mm^2$控制电缆必须

（D）控制电缆芯线截面为$2.5mm^2$，电缆芯数不宜超过24芯

28. 某双分裂导线架空线路的一悬垂直线塔，导线悬点较前后端均低28m，前后侧的档距分别为

426m 和 488m，在大风工况下子导线的单位水平荷载为 13.64N · m，单位综合荷载为 21.10N · m，水平张力为 36515N，则此时该塔的导线垂直荷载为：（　　）

（A）7856N　　（B）3928N

（C）5725N　　（D）2863N

29. 海拔 1000m 以下 750kV 室外配电装置中，下图中的L_1不应小于下列哪项数值？（　　）

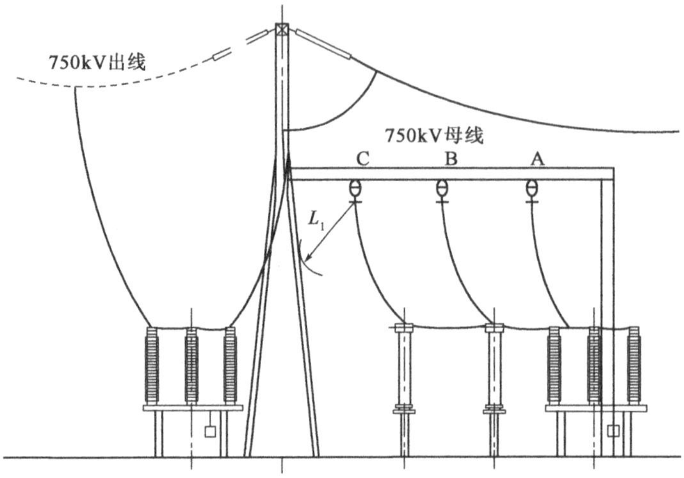

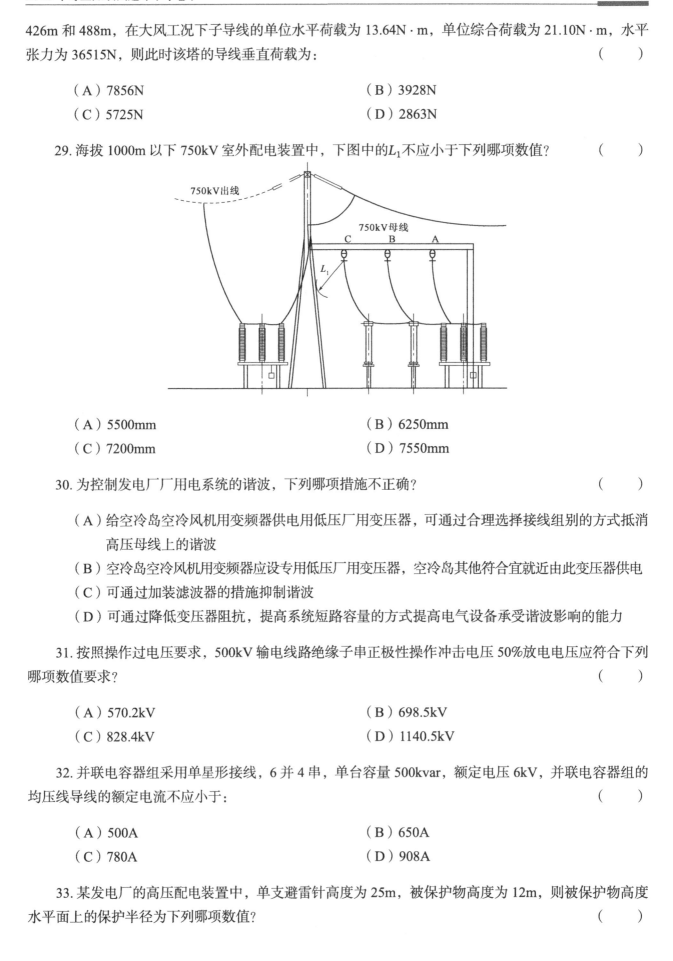

（A）5500mm　　（B）6250mm

（C）7200mm　　（D）7550mm

30. 为控制发电厂厂用电系统的谐波，下列哪项措施不正确？（　　）

（A）给空冷岛空冷风机用变频器供电用低压厂用变压器，可通过合理选择接线组别的方式抵消高压母线上的谐波

（B）空冷岛空冷风机用变频器应设专用低压厂用变压器，空冷岛其他符合宜就近由此变压器供电

（C）可通过加装滤波器的措施抑制谐波

（D）可通过降低变压器阻抗，提高系统短路容量的方式提高电气设备承受谐波影响的能力

31. 按照操作过电压要求，500kV 输电线路绝缘子串正极性操作冲击电压 50%放电电压应符合下列哪项数值要求？（　　）

（A）570.2kV　　（B）698.5kV

（C）828.4kV　　（D）1140.5kV

32. 并联电容器组采用单星形接线，6 并 4 串，单台容量 500kvar，额定电压 6kV，并联电容器组的均压线导线的额定电流不应小于：（　　）

（A）500A　　（B）650A

（C）780A　　（D）908A

33. 某发电厂的高压配电装置中，单支避雷针高度为 25m，被保护物高度为 12m，则被保护物高度水平面上的保护半径为下列哪项数值？（　　）

（A）6m　　（B）13m

（C）13.5m　　（D）37.5m

34. 某电厂主变至 252kV GIS 采用 220kV 单芯交联聚乙烯绝缘电缆（无中间接头），220kV 电缆金属护套和屏蔽层在 GIS 端直接接地，在正常满负载情况下，未采取防止人员任意接触金属护套或屏蔽层的安全措施时，220kV 电缆主变端的金属护套或屏蔽层上的正常感应电压，不应超过下列哪项数值？（　　）

（A）24V　　（B）36V

（C）50V　　（D）100V

35. 某电厂 220kV 配电装置最大接地故障电流为 35kA，252kV 断路器 3s 短时耐受电流为 50kA，断路器开断时间为 60ms，220kV 接地故障的等效持续时间为 0.5s 断路器底座采用 2 根相同截面镀锌钢接地，则每根接地扁钢规格不应小于下列哪种？（　　）

（A）$(50 \times 6)mm^2$　　（B）$(60 \times 6)mm^2$

（C）$(50 \times 8)mm^2$　　（D）$(60 \times 8)mm^2$

36. 电力工程设计中，直流系统蓄电池组数的确定，下列哪项原则符合规程的要求？（　　）

（A）单机容量为 300MW 级机组的火力发电厂，每台机组应装设 3 组蓄电池，其中 2 组对控制负荷供电，1 组对动力负荷供电

（B）发电厂升压站设电力网络计算机监控系统时，110kV 及以上的配电装置应独立设置 2 组控制负荷和动力负荷合并供电的蓄电池组

（C）220～750kV 变电站应装设 2 组蓄电池

（D）1000kV 变电站宜安直流负荷相对集中配置 1 组直流电源系统，每组直流电源系统装设 2 组蓄电池

37. 并网运行的风电场，每次频率低于 49.5Hz 时，要求风电场至少具有运行多长时间的能力？（　　）

（A）5min　　（B）10min

（C）30min　　（D）40min

38. 自带蓄电池的应急灯放电时间，下列要求不正确的是：（　　）

（A）风电场应按不低于 90min 计算

（B）火力发电厂应按不低于 60min 计算

（C）220kV 有人值守变电站应按不低于 60min 计算

（D）无人值守变电站应按不低于 120min 计算

39. 安装了并联电抗器/电容器组成调压式无功补偿装置的光伏发电站，在电网故障或异常情况下，引起光伏发电站并网点电压高于 1.2 倍标称电压时，无功补偿装置容性部分应退出运行的时限和感性部分应能至少持续运行的时间是下列哪一组数据？（　　）

（A）容性 0.1s、感性 3min （B）容性 0.15s、感性 4min

（C）容性 0.2s、感性 5min （D）容性 0.5s、感性 10min

40. 一架空线路某耐张段内的档距分别为 315m、386m、432m、346m、444m、365m、435m、520m 和 428m，则该耐张段的代表档距为多少米？（ ）

（A）535m （B）520m

（C）420m （D）315m

二、多项选择题（共 30 题，每题 2 分。每题的备选项中有 2 个或 2 个以上符合题意。错选、少选、多选均不得分）

41. 下列对专用蓄电池室要求的表述不正确的是：（ ）

（A）蓄电池室内的照明灯具及通风电动机应为防爆型

（B）包含蓄电池的直流电源成套装置柜布置在继电器室时，不宜设置通风装置

（C）蓄电池室内不应设置采暖设施

（D）蓄电池的地面照度标准值为 50lx

42. 在屋外高压配电装置中，下列哪几种带电安全距离采用B_1值进行校验？（ ）

（A）设备运输时，设备外廓至无遮拦带电部分之间距离

（B）交叉的不同时停电检修的无遮拦带电部分之间距离

（C）平行的不同时停电检修的无遮拦带电部分之间距离

（D）栅状遮拦至绝缘体和带电部分之间距离

43. 下列对 220kV 线路保护的描述，哪几项正确？（ ）

（A）对于 220kV 线路保护，宜采用近后备保护方式

（B）220kV 线路能够有选择性地切除线路故障的带实现的线路I段保护是线路的主保护

（C）220kV 线路能够快速有选择性地切除线路故障的全线速度保护是线路的主保护

（D）采用远后备保护方式时，上一级线路或变压器的后备保护整定值，应保证当下一级线路末端故障或变压器对侧母线故障时有足够灵敏度

44. 下列对 2 台机组之间的 220V 直流电源系统应急联络回路设计，描述正确的是：（ ）

（A）应急联络回路断路器额定电流不应大于蓄电池出口熔断器额定电流的 50%

（B）互联电缆电压降不宜大于 11V

（C）互联电缆长期允许载流量的计算电流可按负荷统计表中的 1.0h 放电电流的 50%选取

（D）应急联络断路器应与直流系统母线进线断路器之间闭锁，不允许两个系统并列运行

45. 采用串联间隙金属氧化物避雷器进行雷电过电压保护时，下列哪几项表述错误？（ ）

（A）66kV 低电阻接地系统，其额定电压不低于 $0.75U_m$

（B）110kV 及 220kV 有效接地系统，其额定电压不低于 $0.8U_m$

（C）330～750kV 有效接地系统，其额定电压不低于 1.38U_m

（D）35kV 不接地系统，其额定电压不低于 1.38U_m

46. 某 500kV 变电站规划建设 4 台主变，一期建设 1 台主变，其附近有一间隔 4 回路架空线路，上面 2 回 220kV 线路，下面 2 回 35kV 线路，靠近站区的道路一侧建设有 1 回 400V 线路供附近村庄用电，一期在主变低压侧引接 1 回工作电源，以下对该站站用电源的设置原则哪些是错误的？（　　）

（A）从 400V 线路 T 接 1 回电源作为本站站用电源的备用电源

（B）从一回 35kV 线路 T 接 1 回电源作为本站站用电源的备用电源

（C）从一回 35kV 线路以专线形式改接至本站，作为本站站用电源

（D）在站内设置柴油发电机组，作为本站站用电源的应急电源

47. 在电缆敷设路径中，下列哪些部位需要采取阻火措施？（　　）

（A）电缆沟通向建筑物的入口处

（B）电缆桥架每间距 100m 处

（C）电缆中间接头附近

（D）电缆隧道的人孔处

48. 发电厂和变电站电气装置中，以下哪些部分应采用专门敷设的接地导体（线）接地？（　　）

（A）发电机机座或外壳

（B）110kV 及以上钢筋混凝土构件支座上电气装置的金属外壳

（C）非可燃液体的测量和信号用低压电气装置

（D）直接接地的变压器中性点

49. 变电站中设置了 5%、12%两种电抗率的电容器组，以下对投切顺序及后果的描述错误的是：（　　）

（A）5%电抗率的电容器组先投后切会造成谐波放大

（B）12%电抗率的电容器组先投后切会造成谐波放大

（C）哪种电抗率的电容器组先投后切均会造成谐波放大

（D）哪种电抗率的电容器组先投后切均不会造成谐波放大

50. 在光伏发电站的设计中，下列哪些论述是正确的？（　　）

（A）光伏发电站安装总容量小于或等于 1MWp 时，母线电压宜采用 0.4～10kV 电压等级

（B）光伏发电站主变压器中性点避雷器不应装设隔离开关

（C）当光伏发电站内 10kV 或 35kV 系统中性点采用消弧线圈接地时，不应装设隔离开关

（D）光伏发电站母线分段电抗器的额定电流应按其中一段母线上所连接的最大容量的电流值选择

51. 某 500kV 变电站用于主变压器的电流互感器，其接线及要求，下列哪几项正确？（　　）

（A）保护用电流互感器的二次回路在配电装置端子箱和保护屏处分别接地

（B）保护用电流互感器的接线顺序先接变压器保护，再接故障录波

（C）测量仪表与保护共用同一个电流互感器二次绕组时，可以先接保护，再接指示仪表、最后接计算机监控系统

（D）500kV 电流互感器额定二次电流宜选用 1A，变压器差动保护的各侧电流互感器铁芯形式宜相同

52. 对于线路绕击率计算，与下列哪项因素有关？（　　）

（A）地形　　（B）保护角

（C）地线高度　　（D）杆塔接地电阻

53. 为校验电器的开断电流，在下列哪些情况除进行三相短路电流计算外，还应进行两相、两相接地、单相接地短路电流计算，并按最严重情况验算？（　　）

（A）发电机出口　　（B）中性点直接接地系统

（C）自耦变压器回路　　（D）不接地系统

54. 关于发电厂的主厂房、主控制室，变电站控制室和配电装置室的直击雷过电压保护，下列哪几项要求是正确的？（　　）

（A）发电厂的主厂房、主控制室可不装设直击雷保护装置

（B）强雷区的主厂房、主控制室、变电站控制室和配电装置宜有直击雷保护

（C）在主控制室、配电装置室和 35kV 及以下变电站的屋顶上装设直击雷保护，应将屋顶金属部分接地

（D）已在相邻建筑物保护范围内的主控制室、变电站控制室需加装直击雷保护装置

55. 在设计发电厂制氢站照明时，下列要求正确的是：（　　）

（A）使用的灯具应符合《爆炸危险环境电力装置设计规范》（GB 50058—2014）中有关规定

（B）照明配电箱不应装在制氢间等有爆炸危险的场所而应装设在临近正常环境的场所，该照明配电箱的出线回路应装设双极开关

（C）制氢间的照明线路应采用钢芯绝缘导线串热镀锌钢管敷设

（D）制氢间内不宜装设照明开关和插座

56. 当在屋内使用时，绝缘子及高压套管应按下列哪几项使用环境条件校验？（　　）

（A）环境温度　　（B）海拔高度

（C）相对湿度　　（D）最大风速

57. 采用断路器作为保护和操作电器的异步电动机，下列保护配置哪几条是正确的？（　　）

（A）2000kW 及以上的电动机，应装设纵联差动保护

（B）装设磁通平衡相差动保护的电动机，若引线电缆不在保护范围内应加电流速动保护

（C）装设了纵联差动保护的电动机宜增设过电流保护作为纵联差动保护的后备

（D）装设磁通平衡相差动保护的电动机，对引线电缆已装设速断保护，仍宜增设过电流保护

58. 轻冰区一般输电线路设计时，导线间的水平、垂直距离需满足规程要求，下列哪些表述是正确的？（　　）

（A）水平线间距离计算公式中的系数是考虑各地经验提出的

（B）按推荐的水平线间距离公式控制，在一般情况下是安全的

（C）垂直线间距离主要是考虑满足舞动的要求

（D）垂直线间距离主要是考虑脱冰跳跃

59. 对于变电站开关柜的防护等级选择，要能防止物体接近带电部分，如只需阻挡手指，可不必选：（　　）

（A）IP2X　　（B）IP3X

（C）IP4X　　（D）IP5X

60. 以下有关电力系统安全稳定的描述，有哪几项正确？（　　）

（A）静态稳定是指电力系统受到小干扰后，不发生非周期性失步，自动恢复到初始运行状态的能力

（B）静态稳定的判据为$\mathrm{d}P/\mathrm{d}\delta<0$或$\mathrm{d}Q/\mathrm{d}U<0$

（C）动态稳定是指电力系统受到小的或大的干扰后，在自动调节和控制装置的作用下，保持长过程的运行稳定性的能力

（D）稳定控制分为静态稳定控制、暂态稳定控制、过负荷控制

61. 对电气设施抗震设计，下列表述正确的是：（　　）

（A）对单机容量为 300MW 的火力发电厂的电气设施，当抗震设防烈度为 6 度及以上时，应进行抗震设计

（B）当抗震设防泪滴为 8 度及以上时，220kV 管形母线配电装置的管形母线宜采用悬挂式结构

（C）当抗震设防烈度为 8 度及以上时，干式空心电抗器不宜采用三相垂直布置

（D）当抗震设防烈度为 7 度及以上时，蓄电池安装应装设抗震架

62. 下列光伏发电站的运行原则哪些是错误的？（　　）

（A）夜晚不发电时，站内的无功补偿装置可不参与电网调节

（B）并网点电压高于 1.2 倍标称电压时，站内安装的并联电抗器应在 0.2s 内退出运行

（C）站内无功补偿装置应配合站内其他无功电源按照低电压穿越无功支持的要求发出无功功率

（D）站内安装的 SVO 装置响应时间应不大于 30ms

63. 关于油浸变压器防火措施，下列表述正确的是：（　　）

（A）当油浸变压器设置总事故储油池时，则总事故储油池的容量宜按最大一个油箱容量的 100%

确定

（B）220kV 屋外油浸变压器之间的最小防火间距为 10m

（C）油浸变压器之间防火墙的高度应高于变压器油枕，长度应大于变压器储油池两侧各 1000mm

（D）油浸变压器之间防火墙的耐火极限不宜小于 0.9h

64. 送电线路的防雷设计需要开展耐雷水平计算，下列表述正确的是：（　　）

（A）线路的耐雷水平是雷击线路绝缘不发生闪络的最大雷电流幅值

（B）雷击塔顶的耐雷水平与绝缘的 50%雷电冲击放电电压有关

（C）雷击线路附近大地时，地线会使线路感应过电压降低

（D）计算雷击塔顶的耐雷水平不需要考虑塔头间隙影响

65. 关于发电厂和变电所雷电保护的接地要求，下列哪几项正确？（　　）

（A）高压配电装置构架上避雷针的接地引下线应与接地网连接，并应在连接处加装集中接地装置

（B）避雷器的接地导体（线）应与接地网连接，并应在连接处加装集中接地装置

（C）无独立避雷针或避雷线保护的露天贮藏罐周围应设置环形接地装置，接地电阻不应超过 30Ω，油罐接地点不应少于 2 处

（D）主厂房装设避雷针时，应采取加强分流，设备的接地点远离避雷针接地引下线的入地点，避雷针引下线远离电气装置等防雷反击的措施

66. 关于电线的微风振动，下列表述哪些是正确的？（　　）

（A）电线微风振动的波形有驻波、拍频波、行波等

（B）一有微风存在，电线就发生振动

（C）电线的单位重量越大，振动频率越低

（D）电线的张力越大，振动频率越低

67. 下列发电厂电力网络计算机监控系统配置符合规程的是：（　　）

（A）电力网络计算机监控系统应该采用直流电源或 UPS 电源，间隔层设备采用双回 UPS 供电

（B）NCS 主机采用 NTP 对时，间隔层智能测控单元宜采用 IRIG-B 对时

（C）NCS 不设置计算机系统专用接地网

（D）NCS 交、直流电源的输出端配置电涌保护器

68. 对于火力发电厂备用电源的设置原则，以下哪几项是正确的？（　　）

（A）停电直接影响到重要设备安全的负荷，应设置备用电源

（B）停电将使发电量大量下降的负荷，应设置备用电源

（C）对于接有I类负荷的低压动力中心的厂用母线，宜设置备用电源

（D）对于接有I类负荷的高压厂用母线，应设置备用电源

69. 在风电场的设计和运行中，下列表述哪些是错误的？（　　）

（A）风电场有功功率在总额定出力的 20%以上时，场内所有运行机组应能够实现有功功率的连续平滑调节，并能够参与系统有功功率控制

（B）风电场安装的风电机组应满足功率因数在超前 0.98 到之后 0.98 的范围内连续可调

（C）风力发电机组应具备顺桨保护、逆桨保护、消防保护、锁定保护、外挂保护

（D）220kV 及以上风力发电场送出线路宜配置一套全线速动保护和一套独立的后备保护

70. 对于 110～750kV 架空输电线路的导、地线选择要求，下列哪些表述不正确？（　　）

（A）导线的设计安全系数不应小于 2.5

（B）地线的设计安全系数不应小于 2.5

（C）地线的设计安全系数不影响小于导线的安全系数

（D）稀有风或稀有冰气象条件时，最大张力不应超过其导、地线拉断力的 70%

2019 年专业知识试题（上午卷）

一、单项选择题（共 40 题，每题 1 分，每题的备选项中只有 1 个最符合题意）

1. 在未采取场压措施或对地面进行特殊处理的道路或出入口，其与独立避雷针及其接地装置的距离不宜小于下列哪项数值？（　　）

（A）1.5m　　（B）2.0m

（C）3.0m　　（D）4.0m

2. 机组容量为 135MW 的火力发电厂，所配三绕组主变压器变比为 242/121/13.5kV，额定容量为 159MVA，请问该变压器每个绕组的通过功率至少应为下列哪项数值？（　　）

（A）24MVA　　（B）48MVA

（C）53MVA　　（D）79.5MVA

3. 某中性点采用消弧线圈接地的 10kV 三相系统中，当一相发生接地时，未接地两相对地电压变化值为下列哪项数值？（　　）

（A）10kV　　（B）5774V

（C）3334V　　（D）1925V

4. 低压并联电抗器中性点绝缘水平应按下列哪项设计？（　　）

（A）线端全绝缘水平

（B）线端半绝缘水平

（C）线端半绝缘并提高一级绝缘电压水平

（D）线端全绝缘并降低一级绝缘电压水平

5. 抗震设防烈度为几度及以上时，海上升压变电站还应计算竖向地震作用？（　　）

（A）6 度　　（B）7 度

（C）8 度　　（D）9 度

6. 某 10kV 配电装置采用低电阻接地方式，10kV 配电系统单相接地电流为 1000A，则其保护接地的接地电阻不应大于下列哪项数值？（　　）

（A）2Ω　　（B）42Ω

（C）5.8Ω　　（D）30Ω

7. 下列关于电流互感器的形式选择，哪项不符合规程要求？（　　）

（A）330～1000kV 系统线路保护用电流互感器宜采用 TPY 级互感器

（B）断路器失灵保护用电流互感器宜采用 P 级互感器

（C）高压电抗器保护用电流互感器宜采用TPY级互感器

（D）500～1000kV系统母线保护宜采用TPY级电流互感器

8. 关于火电厂和变电站的柴油发电机组选择，下列叙述哪项不符合规范？（　　）

（A）柴油机的启动方式宜采用电启动

（B）柴油机的冷却方式应采用封闭式循环水冷却

（C）发电机宜采用快速反应的励磁系统

（D）发电机宜采用三角形接线

9. 干式空心低压并联电抗器的噪声水平不应超过下列哪项数值？（　　）

（A）60dB　　（B）62dB

（C）65dB　　（D）75dB

10. 输电线路跨越三级弱电线路（不包括光缆和埋地电缆）时，输电线路与弱电线路的交叉角应符合下列哪项？（　　）

（A）≥45°　　（B）≥30°

（C）≥15°　　（D）不限制

11. 对于10kV公共电网系统，若其最小短路容量为300MVA，则用户注入其与公共电网连接处的5次谐波电流最大允许值为下列哪项数值？（　　）

（A）20A　　（B）34A

（C）43A　　（D）60A

12. 电压互感器二次回路的设计，以下叙述哪项是不正确的？（　　）

（A）电压互感器的一次侧隔离开关断开后，其二次回路应有防止电压反馈的措施

（B）电压互感器二次侧互为备用的切换应设切换开关控制

（C）中性点非直接接地系统的母线电压互感器应设有抗铁磁谐振措施

（D）中性点直接接地系统的母线电压互感器应设有绝缘监察信号装置

13. 在500kV变电站中，下列短路情况中哪项需考虑并联电容器组对短路电流的助增作用？（　　）

（A）短路点在出线电抗器的线路侧

（B）短路点在主变压器高压侧

（C）短路点在站用变压器高压侧

（D）母线两相短路

14. 关于气体绝缘金属封闭开关设备（GIS）配电装置，下列哪个位置不宜设置独立的隔离开关？（　　）

（A）母线避雷器　　（B）电压互感器和电缆进出线间

（C）线路避雷器　　（D）线路电压互感器

15. 330kV 系统的相对地统计操作过电压不宜大于下列哪项数值？（　　）

（A）296.35kV　　（B）461.08kV

（C）651.97kV　　（D）1026.6kV

16. 某电厂燃油架空管道每 20m 接地一次，每个接地点设置集中接地装置，则该接地装置的接地电阻值不应超过下列哪项数值？（　　）

（A）4Ω　　（B）10Ω

（C）30Ω　　（D）40Ω

17. 关于电压互感器二次绕组的接地，下列叙述哪项是不正确的？（　　）

（A）对中性点直接接地系统，电压互电器星形接线的二次绕组宜采用中性点经自动开关一点接地方式

（B）对中性点非直接接地系统，电压互感器星形接线的二次绕组宜采用中性点一点接地方式

（C）几组电压互感器二次绕组之间无电路联系时，每组电压互感器的二次绕组可在不同的继电器或配电装置内分别接地

（D）已在控制室或继电器室一点接地的电压互感器二次绕组，宜在配电装置内将二次绕组中性点经放电间隙或氧化锌阀片接地

18. 对海上风电场的 220kV 海上升压变电站，其应急电源对应急照明供电的持续时间不应小于下列哪项数值？（　　）

（A）1h　　（B）2h

（C）18h　　（D）24h

19. 某架空送电线路采用单联悬垂瓷绝缘子串，绝缘子型号为 XWP2-160，其最大使用荷载不应超过下列哪项数值？（　　）

（A）80kN　　（B）64kN

（C）59.3kN　　（D）50kN

20. 若钢芯铝绞线的铝钢比为 10，其单一的弹性系数分别为 181000N/mm^2（钢）和 65000N/mm^2（铝），假定铝和钢的伸长相同，不考虑扭绞等其他因素的影响，这种绞线的弹性系数E的计算值为下列哪项数值？（　　）

（A）181000N/mm^2　　（B）170455N/mm^2

（C）75545N/mm^2　　（D）65000N/mm^2

21. 在发电厂与变电所中，总油量超过下列哪项数值的屋内油浸变压器应设置单独的变压器室？

（　　）

（A）80kg　　（B）100kg

（C）150kg　　（D）200kg

22. 水电厂的装机容量不小于以下哪项数值时，应对电气主接线进行可靠性评估？　　（　　）

（A）500MW　　（B）750MW

（C）1000MW　　（D）1250MW

23. 发电机断路器三相不同期分闸、合闸时间应分别不大于下列哪组数值？　　（　　）

（A）5ms，5ms　　（B）5ms，10ms

（C）10ms，5ms　　（D）10ms，10ms

24. 某发电厂的环境条件如下：极端最高温度39.7℃，年最高温度38.5℃，最热月平均最高温度30℃，年平均温度11.9℃，最热月平均温度26℃。则在选择电厂220kV屋外敞开式布置配电装置中的SF6断路器和架空导线时，其最高环境温度分别不低于下列哪组数值？　　（　　）

（A）39.7℃，38.5℃　　（B）38.5℃，38.5℃

（C）38.5℃，30℃　　（D）30℃，26℃

25. 发电厂独立避雷针与 5000m^2 以上氢气贮罐呼吸阀的水平距离不应小于下列哪项数值？　　（　　）

（A）3m　　（B）5m

（C）6m　　（D）8m

26. 下列哪种材料不适合用于腐蚀较重地区水平敷设的人工接地极？　　（　　）

（A）ϕ8的铜棒

（B）截面面积为40×5mm^{2}的铜覆扁钢

（C）截面面积为25×4mm^{2}的铜排

（D）截面面积为100mm^2、单股直径为1.5mm的铜绞线

27. 已知某电厂主厂房10kV母线接有断路器20台。在计算机组220V直流系统负荷统计事故初期（1min）负荷时，下列原则哪项是不正确的？　　（　　）

（A）备用电源开关自投有2台，负荷系数为1

（B）低频减载保护跳闸4台，负荷系数为1

（C）直流润滑油泵1台，负荷系数为1

（D）热控DCS交流电源18A，负荷系数为0.6

28. 下列哪项不属于电力平衡中的备用容量？　　（　　）

（A）负荷备用容量　　（B）受阻备用容量

（C）检修备用容量　　（D）事故备用容量

29. 高压电缆确定绝缘厚度时，导体与金属屏蔽间的额定电压是一个重要参数。220kV 电缆选型时，该额定电压不应低于下列哪项数值？（　　）

（A）127kV　　（B）169kV

（C）220kV　　（D）231kV

30. 若高山区某直线塔的前后侧档距均为 400m，悬点高差分别为 40m 和−50m（计算塔高时为正，反之为负），所在耐张段的导线应力和垂直比载分别为 $48N/mm^2$ 和 $30.3\times10^{-3}N/(m\cdot mm^2)$，该塔的垂直档距为下列哪项数值？（　　）

（A）360m　　（B）400m

（C）450m　　（D）760m

31. 校验跌落式高压熔断器开端能力和灵敏性时，不对称短路分断电流计算时间应取下列哪项数值？（　　）

（A）0.5s　　（B）0.3s

（C）0.1s　　（D）0.01s

32. 计算分裂导线次档距长度和软导线短路摇摆时，应选取下列哪项短路点？（　　）

（A）弧垂最低点

（B）导线断点

（C）计算导线通过最大短路电流的短路点

（D）最大受力点

33. 下列直流负荷中，哪项属于事故负荷？（　　）

（A）正常及事故状态皆运行的直流电动机

（B）高压断路器事故跳闸

（C）只在事故运行时的汽轮发电机直流润滑泵

（D）DC/DC 变换装置

34. 500kV 屋外配电装置的安全净距C值，由下列哪种因素确定？（　　）

（A）由$(A_1+2300+200)$mm 确定

（B）由地面静电感应场强水平确定

（C）由导体电晕确定

（D）由无线电干扰水平确定

35. 某 35kV 系统采用中性点谐振接地方式，对于其配置的自动跟踪补偿消弧装置，下列描述哪项是正确的？（　　）

（A）应确保正常运行时中性点的长时间电压位移不超过 2kV

（B）系统接地故障残余电流不应大于 7A

（C）当消弧部分接于 YN，yn 接地变压器（零序磁通经铁芯闭路）中性点时，容量不应超过变压器三相总容量的 20%

（D）消弧部分可接在 ZN，yn 接线变压器中性点上

36. 有关电测量装置及电流、电压互感器的准确度最低要求，下列描述哪项是正确的？（ ）

（A）电测量装置的准确度为 1.0，电流互感器准确度为 1.0 级

（B）电测量装置的准确度为 1.0，需经中间互感器接线，中间互感器准确度为 0.5 级

（C）电测量装置的准确度为 0.5，电流互感器准确度为 0.5 级

（D）采用综合保护的测量部分准确度为 1.0

37. 在正常工作情况下，下列关于火力发电厂厂用电电能质量的要求哪项是不正确的？（ ）

（A）10kV 交流母线的电压波动范围在母线标称电压的 95%～105%

（B）当由厂内交流电源供电时，10kV 交流母线的频率波动范围宜为 49.5～50.5Hz

（C）10kV 交流母线的各次谐波电压含有率不宜大于 3%

（D）10kV 厂用电系统电压总谐波畸变率不宜大于 4%

38. 有关电力系统调峰原则，下列描述哪项是错误的？（ ）

（A）火电厂调峰应优先安排经济性好、有调节能力的机组调峰

（B）对远距离的水电站，应论证其担任系统调峰容量的经济性

（C）系统调峰应针对不同的系统调峰方案进行论证

（D）系统调峰容量应满足设计年不同季节系统调峰的需要

39. 500kV 线路海拔不超过 1000m 时，工频要求的悬垂绝缘子片数为 28 片。请计算海拔 3000m 处，需选用多少片？（特征系数取 0.65）（ ）

（A）25 片　　（B）29 片

（C）30 片　　（D）33 片

40. 直流架空输电线路的导线选择要满足载流量及机械强度等方面的要求，还要对电晕特性参数等方面进行校验，下列描述哪项是正确的？（ ）

（A）非居民区地面最大合成场强不应超过 40kV/m

（B）负极性导线的可听噪声大于正极性导线的可听噪声

（C）下雨时的无线电干扰大于晴天时的无线电干扰

（D）下雨时的可听噪声小于晴天时的可听噪声

二、多项选择题（共 30 题，每题 2 分。每题的备选项中有 2 个或 2 个以上符合题意，错选、少选、多选均不得分）

41. 爆炸性粉尘环境的电力设施应符合下列哪些规定？（ ）

（A）宜将正常运行时发生火花的电气设备，布置在爆炸危险性较小或没有爆炸危险的环境内

（B）在满足工艺生产及安全的前提下，不限制防爆电气设备的数量

（C）应尽量减少插座的数量

（D）不宜采用携带式电气设备

42. 机组容量为 600MW 的火力发电厂，其发电机应具备一定的非正常运行及特殊运行能力，包含下列哪几种？（　　）

（A）进相和调峰

（B）短暂失步和失磁异步

（C）次同步谐振和非周期并列

（D）不平衡负荷和单相重合闸

43. 某火力发电厂，电缆通道受空间限制，下列关于电缆敷设的要求哪些项是正确的？（　　）

（A）同一层支架上电缆排列控制和信号电缆可紧靠或多层叠置

（B）同一通道同一侧的多层支架，支架层数受通道空间限制时，35kV 及以下的相邻电压级电力电缆也不应排列于同一层支架

（C）明敷电力电缆与热力管道交叉，并且之间无隔板防护时的允许最小净距为 500mm

（D）在电缆沟中可以布置有保温层的热力管道

44. 在电力工程设计中，下列哪些部位要求必须接地？（　　）

（A）封闭母线的外壳

（B）电容器组金属围栏

（C）蓄电池室内 220V 蓄电池支架

（D）380V 厂用电进线屏上的电流表金属外壳

45. 高压配电装置 3/2 断路器接线系统中，当线路检修相应出线闸刀拉开，开关合上后需投入短引线保护，以下描述哪些是正确的？（　　）

（A）短引线保护动作电流躲正常运行时的负荷电流，可靠系数不小于 2

（B）短引线保护动作电流躲正常运行时的不平衡电流，可靠系数不小于 2

（C）金属性短路按灵敏度不小于 2 考虑

（D）金属性短路按灵敏度不小于 3 考虑

46. 对于一般线路金具强度的安全系数，下列表述哪些是正确的？（　　）

（A）在断线时金具强度的安全系数不应小于 1.5

（B）在断线时金具强度的安全系数不应小于 1.8

（C）在断联时金具强度的安全系数不应小于 1.5

（D）在断联时金具强度的安全系数不应小于 1.8

47. 下列关于架空线路地线的表述哪些是正确的？（　　）

（A）500kV 及以上线路应架设双地线

（B）220kV 线路不应架设单地线

（C）重覆冰线路地线保护角可适当加大

（D）雷电活动轻微地区的 110kV 线路可不架设地线

48. 在覆冰区段的输电线路，采用镀锌钢绞线时与导线配合的地线最小标称截面大于无冰区段的地线，主要是考虑了下列哪些因素？（　　）

（A）因覆冰地线的弧垂增大，档距中央导、地线配合的要求

（B）加大地线截面及加强地线支架强度可以提高线路的抗冰能力

（C）从导、地线的过载能力方面考虑

（D）从地线的热稳定方面考虑

49. 发电厂内的噪声应首先按国家规定的产品噪声标准从声源上进行控制，对于声源上无法根治的生产噪声可采用有效的噪声控制措施，下列措施哪些是正确的？（　　）

（A）对外排气阀装设消声器　　（B）设备装设隔声罩

（C）管道增加保温材料　　（D）建筑物内敷吸声材料

50. 在水力发电厂电气主接线设计时，以下哪些回路在发电机出口必须装设断路器？（　　）

（A）扩大单元回路

（B）发变单元回路

（C）三绕组变压器或自耦变压器回路

（D）抽水蓄能电厂采用发电机电压侧同期与换相或接有启动变压器的回路

51. 在 500kV 屋外敞开式高压配电装置设计中，关于隔离开关的设置原则下列表述哪些是正确的？（　　）

（A）母线避雷器和电压互感器宜合用一组隔离开关

（B）母线电压互感器不宜装设隔离开关

（C）出线电压互感器不应装设隔离开关

（D）母线避雷器不应装设隔离开关

52. 火力发电厂电力网络计算机监控系统（NCS），下列关于 NCS 系统的对时要求哪些是错误的？（　　）

（A）NSC 主机可采用串行口对时或 NTP、SNTP 对时

（B）NSC 间隔层智能测控单元宜采用 IRIG-B 对时

（C）主时钟应按主备方式配置，两台主时钟中至少有一台无限授时基准信号取自 GPS 卫星导航系统

（D）采用从时钟扩展时，从时钟设置一路有线授时基准信号，一路无线授时基准信号

53. 发电厂一房间长 15m，宽 9m，灯具安装高度为 4.5m，工作面高度为 1m，则下列灯具的间距值

哪些是符合要求的？（　　）

（A）4m　　（B）5m

（C）6m　　（D）7m

54. 110kV 电缆在隧道或电缆沟敷设时常采用支架支持，支架的允许跨距宜符合下列哪些规定？（　　）

（A）水平敷设时，1500mm　　（B）水平敷设时，3000mm

（C）垂直敷设时，1500mm　　（D）垂直敷设时，3000mm

55.《110～750kV 架空输电线路设计规范》（GB 50545—2010）中给出了选用《圆线同心绞架空导线》（GB/T 1179—2017）中的钢芯铝绞线时，可不验算电晕的导线最小外径（海拔不超过 1000m），其值的确定主要取决于以下哪些条件？（　　）

（A）输电线路边相导线投影外 20m 处，离地 2m 高度处，频率 0.5MHz 时的无线电干扰（海拔不超过 1000m）不超过允许值

（B）输电线路边相导线的投影外 20m 处，湿导线条件下的可听噪声（海拔不超过 1000m）不超过 55dB（A）

（C）导线表面电场强度E不宜大于全面电晕电场强度的 80%～85%

（D）年平均电晕损失不宜大于线路电阻有功损失的 20%

56. 电线微风振动发生的事故较多，危害也很大，因此，对电线的微风振动动弯应变有一定限制（许用动弯应变），下列说法哪些是错误的？（　　）

（A）许用动弯应变与电线的材质有关

（B）许用动弯应变与电线的振动幅值有关

（C）许用动弯应变与采用的防振方案有关

（D）电线的动弯应变与电线的直径无关

57. 下列哪些场所宜选用 C 类阻燃电缆？（　　）

（A）地下变电所电缆夹层　　（B）燃机电厂的天然气调压站

（C）125MW 燃煤电厂的主厂房　　（D）300MW 燃煤电厂的运煤系统

58. 发电厂机组采用单元接线时，厂用分支的短路电流通常比较大，要限制厂用分支或高压厂用母线的短路电流，下列措施哪些是正确的？（　　）

（A）采用厂用分支电抗器　　（B）工作厂变采用分裂变压器

（C）发电机出口采用 GCB　　（D）厂用负荷采用F + C回路

59. 对于额定功率 300MW 的发电机，其发电机内部发生单相接地故障时的电容电流为 2A，要求此故障状况时不瞬时切机，应采用下列哪几种接地方式？（　　）

（A）发电机中性点采用不接地　　（B）厂用变压器中性点采用谐振接地

（C）发电机中性点采用谐振接地　　　　（D）发电机中性点采用电阻接地

60. 关于电测量用电压互感器二次回路允许电压降，下列表述哪些是错误的？　　（　　）

（A）I类电能计量装置二次专用测量回路电压降不应大于二次额定电压的 0.1%
（B）频率显示仪表二次测量回路的电压降不应大于二次额定电压的 1.0%
（C）电压显示仪表二次测量回路的电压降不应大于二次额定电压的 3.0%
（D）综合测控装置二次测量回路的电压降不应大于二次额定电压的 3.0%

61. 干式低压并联电抗器的布置安装设计中，下列表述哪些是正确的？　　（　　）

（A）低式布置时，其围栏可选用玻璃钢围栏
（B）干式并联电抗器的基础内钢筋在满足防磁空间距离要求后可接成闭合环形
（C）其各组件的零部件宜采用非导磁的不锈钢螺栓连接
（D）其板形引接线宜立放布置

62. 架空线路绝缘子串在雷电冲击闪络后，建弧率与下列哪些选项有关？　　（　　）

（A）额定电压　　　　（B）绝缘子串闪络距离
（C）绝缘子串爬电距离　　　　（D）架空线对地高度

63. 架空输电线路控制导线允许载流量的最高允许温度是由下列哪些条件确定的？　　（　　）

（A）导线经长期运行后的强度损失
（B）连接金具的发热
（C）导线热稳定
（D）对地距离和交叉跨越距离

64. 对于特高压直流换流站交流滤波器的接线，下列描述哪些是正确的？　　（　　）

（A）交流滤波器宜采用大组的方式接入换流器单元所连接的交流母线
（B）交流滤波器的高压电容器前应设接地开关
（C）交流滤波器接线主要应满足直流系统对交流滤波器投切的要求
（D）交流滤波器应与无功补偿并联电容器统一设计

65. 在选择保护电压互感器的熔断器时，应考虑下列哪些条件？　　（　　）

（A）额定电压　　　　（B）开断电流
（C）动稳定　　　　（D）热稳定

66. 关于电流互感器的二次回路的接地设计要求，下列表述哪些是正确的？　　（　　）

（A）电流互感器的二次回路应在高压配电装置处和继电器室分别接地
（B）500kV 配电装置采用 3/2 断路器接地，当有电路直接联系的回路时，其电流互感器二次回路应在和电流处一点接地

（C）高压厂用电开关柜中，各馈线回路的电流互感器二次回路宜在高压开关柜中经端子排接地

（D）当有电路直接联系的回路时，350MW 机组的主变压器差动保护的电流互感器二次回路宜在继电器室接地

67. 在 300MW 机组的大型火力发电厂中，下列关于厂用电的自动装置设计原则的描述哪些是正确的？（　　）

（A）对高压厂用电正常切换宜采用同步检定的电源快速切换装置

（B）对低压厂用电源正常切换宜采用手动并联切换

（C）对低压厂用电源设有专用备用变压器的事故切换时应采用备用电源自投装置

（D）对低压厂用电源为两电源“手拉手”方式，事故切换宜采用带厂用母线等保护闭锁的电源切换装置

68. 输电线路设计用年平均气温应按下列哪些规定取值？（　　）

（A）当地区年平均气温在 3～17℃之间，宜取年平均气温实际值

（B）当地区年平均气温在 3～17℃之间，宜取与年平均气温值相邻的 5 的倍数值

（C）当地区年平均气温小于 3℃或大于 17℃时，分别按年平均气温减少 3℃和 5℃后取值

（D）当地区年平均气温小于 3℃或大于 17℃时，分别按年平均气温减少 3℃和 5℃后，取与此数相邻的 5 的倍数值

69. 送电线路设计在校验塔头间隙时，下列原则哪些是错误的？（　　）

（A）带电作业工况时，安全间隙由雷电过电压确定

（B）操作过电压工况时，最小间隙可不考虑海拔影响

（C）雷电过电压工况，最小间隙应计入海拔影响

（D）带电作业工况，风速按 15m/s 考虑

70. 下列哪些设计要求属于现行的防舞动措施？（　　）

（A）提高导线使用张力，以减小舞动概率

（B）避开易于形成舞动的覆冰区域与线路走向

（C）提高线路系统抵抗舞功的能力

（D）采取各种防舞动装置与措施，抑制舞动的发生

2019 年专业知识试题（下午卷）

一、单项选择题（共 40 题，每题 1 分，每题的备选项中只有 1 个最符合题意）

1. 关于 3/2 断路器接线的特点，下列表述哪项是错误的？（ ）

（A）继电保护及二次回路较为复杂，接线至少应有三个串，才能形成多环形，当只有两个串时，属于单环形，类同桥型接线

（B）同名回路应布置在不同串上，如有一串配两条线路时，应将电源线路和负荷线路配成一串

（C）正常时两组母线和全部断路器都投入工作，从而形成多环形供电，运行调度灵活

（D）每一回路由两台断路器供电，发生母线故障时，只跳开与此母线相连的所有断路器，任何回路不停电

2. 在校核发电机断路器开断能力时，应分别校核系统源和发电源在主弧触头的短路电流值，但不包括下列哪项？（ ）

（A）非对称短路电流的直流分量值　（B）厂用高压电动机的反馈电流

（C）对称短路电流值　（D）非对称短路电流值

3. 220kV 系统主变压器，当油量为 2500kg 及以上的屋外油浸变压器之间的距离为 8m 时，下列哪项说法是不正确的？（ ）

（A）防火墙的耐火极限不宜小于 3h

（B）防火墙的高度应高于变压器油枕 0.5m

（C）防火墙长度应大于变压器储油池两侧各 1m

（D）变压器之间应设置防火墙

4. 各风力发电机组之间，风力发电机组塔顶与地面之间，风力发电机组与控制室语音，在风力发电场通信距离小于下列哪项数值时，可选用对讲机或车载台进行通信？（ ）

（A）1km　（B）3km　（C）5km　（D）10km

5. 发电机额定电压为 6.3kV，额定容量为 25MW，当发电机内部发生单相接地故障不要求瞬时切机且采用中性点不接地方式时，发电机单相接地故障电容电流最高允许值为多少？大于该值时，应采用哪种接地方式？（ ）

（A）最高允许值为 4A，大于该值时，应采用中性点谐振接地方式

（B）最高允许值为 4A，大于该值时，应采用中性点直接接地方式

（C）最高允许值为 3A，大于该值时，应采用中性点谐振接地方式

（D）最高允许值为 3A，大于该值时，应采用中性点直接接地方式

6. 有关电力网中性点接地方式，下列表述哪项是正确的？（ ）

（A）中性点不接地方式，单相接地时允许带故障运行 2h，宜用于 110kV 及以上电网

（B）中性点直接接地方式的单相短路电流大，一般适用于 6～63kV 电网

（C）中性点经高电阻接地方式改变接地电流相位，加速泄放回路中的残余电荷，促使接地电弧自熄，提高弧光间隙接地过电压

（D）电力网中性点接地方式与电压等级、单相接地短路电流、过电压水平、保护配置等有关

7. 大型光伏发电系统按安装容量可分为小、中、大型，关于安装容量的表述下列哪项是正确的？（　　）

（A）小型光伏发电系统，安装容量小于或等于 1MWp

（B）小型光伏发电系统，安装容量小于或等于 5MWp

（C）中型光伏发电系统，安装容量大于 1MWp 和小于或等于 25MWp

（D）大型光伏发电系统，安装容量大于 25MWp

8. 厂用电电动机供电回路中，一般会装有隔离电器、保护电器及操作电器，也可采用保护和操作合一的电气，则下列有关低压电气组合的表述哪项是不正确的？（　　）

（A）用熔断器和接触器组成电动机供电回路，应装设带断相保护的热继电器

（B）用熔断器和接触器组成电动机供电回路，应装设带触点的熔断器作为断相保护

（C）当隔离开关和组合电气需要切断负荷电流时，应校验其切断能力，并按短路电流峰值校验其关合能力

（D）对起吊设备的电源回路，宜增设接地安装的隔离电器

9. 30MW 小型发电机端电压为 10.5kV，采用共箱封闭母线出线，共相式封闭母线各制造段间导体连接处可采用焊接或螺栓连接，则下列有关导体及与设备连接的说法哪项是正确的？（　　）

（A）导体接触面应镀银　　（B）可采用普通碳素钢紧固件

（C）应采用非磁性材料紧固件　　（D）与设备的连接应采用焊接

10. 某 220kV 变电站内设 2×150MVA 的主变压器，规格为 150/150/75MVA，分别用架空线和电缆接入 110kV 和 35kV 的屋外配电装置，预计 35kV 侧运行第一年的负载率为 60%，第二年负载率升高至 80%，按经济电流密度选择 35kV 电缆导线标称截面面积应为下列哪项数值？（经济电流密度 $J=1.56\text{A/mm}^2$）（　　）

（A）$2\times240\text{mm}^2$　　（B）$2\times300\text{mm}^2$

（C）$2\times400\text{mm}^2$　　（D）$3\times240\text{mm}^2$

11. 对于基频为 100Hz 的刚性电气设施，其抗震设计宜采用下列哪种方式？（　　）

（A）时程分析法　　（B）底部剪力法

（C）振型分解反应谱法　　（D）静力法

12. 空气中敷设的 1kV 电缆在环境温度为 40℃时载流量为 100A，其在 25℃时的载流量为下列哪项数值？（电缆导体最高温度为 90℃，基准环境温度为 40℃）（　　）

（A）100A　　（B）109A　　（C）113A　　（D）114A

13. 某组阀控式密封铅酸蓄电池组采用单母线分段接线，母线联络采用刀开关，I段母线的经常负荷电流为 196A，初期持续放电电流为 275A，II段母线经常负荷电流为 201A，初期持续放电电流为 291A，请问刀开关额定电流应选择下列哪项数值？（　　）

（A）160A　　（B）250A　　（C）400A　　（D）630A

14. 下列有关发电厂采用控制方式的说法哪项是不正确的？（　　）

（A）单机容量为 125MW 以下的机组可采用非单元制控制方式
（B）单机容量为 125MW 的机组宜采用单元制控制方式
（C）单机容量为 125MW 的机组应采用非单元制控制方式
（D）单机容量为 200MW 及以上的机组应采用单元制控制方式

15. 主厂房内低压电动机采用电动机控制中心（MCC）供电方式，总进线回路工作电流为 620A，MCC 供电的最大电动机为 55kW，则进线断路器整定电流宜为下列哪项数值？（起动电流倍数为 6.5，功率因数为 0.8）（　　）

（A）1000A　　（B）1250A　　（C）1600A　　（D）2000A

16. 某电厂建设规模为两台 300MW 机组，高压厂用备用电源的设置原则中，下列哪项是符合规定的？（　　）

（A）两机组可设一台高压厂用备用变压器
（B）宜按机组设置高压厂用备用变压器，且两台变压器彼此独立
（C）宜按机组设置高压厂用备用变压器，且两台变压器互为备用
（D）远离主厂房的负荷，宜采用邻近两台变压器互为备用的方式供电

17. 火灾自动报警系统设计时，总线系统上应设置总线短路隔离器，每只总线短路隔离器保护的消防设备总数不应超过下列哪项数值？（　　）

（A）16 个　　（B）32 个　　（C）48 个　　（D）64 个

18. 关于爆炸性气体环境中，非爆炸危险区域的划分，下列哪项是错误的？（　　）

（A）没有释放源且不可能有可燃物侵入的区域
（B）可燃物质可能出线的最高浓度不超过爆炸下限值的 15 倍
（C）在生产过程中使用明火的设备附近，或炽热部件的表面温度超过区域内可燃物质引燃温度的设备附近
（D）在生产装置区外，露天或敞开设置的输送可燃物质的架空管道地带（但其阀门处按具体情况确定）

19. 下列有关 110kV 的供电电压正、负偏差符合规范要求的是哪项？（　　）

（A）+10%，−10%　　（B）+7%，−10%

（C）+7%，−7%　　（D）+6%，−4%

20. 某单机容量为 125MW 的小型火力发电厂，下列有关电缆敷设的表述哪项是正确的？（　　）

（A）主厂房到网络控制楼的每条电缆隧道容纳不应超过 1 台机组的电缆

（B）主厂房到主控制楼的每条电缆隧道容纳不宜超过 1 台机组的电缆

（C）主厂房到网络控制楼的每条电缆隧道容纳不应超过 2 台机组的电缆

（D）主厂房到主控制楼的每条电缆隧道容纳不宜超过 2 台机组的电缆

21. 位于海滨的 100MW 光伏发电站设置防洪堤时，防洪标准除需满足不小于 50 年一遇的高水位外，还需满足下列哪项要求？（　　）

（A）重现期为 50 年、波列累计频率为 1%的浪爬高加上 0.5m

（B）重现期为 50 年、波列累计频率为 1%的浪爬高加上 1.0m

（C）重现期为 100 年、波列累计频率为 1%的浪爬高加上 1.0m

（D）重现期为 100 年、波列累计频率为 1%的浪爬高加上 0.5m

22. 330kV 室外配电装置，设备遮拦外的静电感应场强水平（离地 1.5m 空间场强）、配电装置外侧（非出线方向，围墙外为居民区）的静电感应场强水平（离地 1.5m 空间场强）分别不宜超过下列哪组数值？（　　）

（A）10kV/m，15kV/m　　（B）10kV/m，10kV/m

（C）10kV/m，4kV/m　　（D）5kV/m，10kV/m

23. 关于主厂房集中交流应急照明变压器的表述，下列哪项是正确的？（　　）

（A）主厂房集中交流应急照明变压器的容量，可按单台正常集中照明变压器容量的 25%核算

（B）重要的辅助车间采用分散交流应急照明变压器时，单台容量宜为 5～10kVA

（C）主厂房采用分散交流应急照明变压器时，单台容量可以为 10kVA

（D）200MW 及以上机组每台机组设一台交流应急照明变压器，同时需设置备用变压器（照明用）

24. 根据规范要求，每个报警区域内均应设置火灾警报器，其声压级不应小于 60dB，若当环境噪声为 75dB 时，火灾警报器应大于下列哪项数值时，才能满足规范要求？（　　）

（A）75dB　　（B）80dB　　（C）85dB　　（D）90dB

25. 下列有关发电厂和变电站照明节能的要求，哪项是错误的？（　　）

（A）气体放电灯应装设补偿电容器，补偿电容器的功率因数不应低于 0.95

（B）优先采用开敞式灯具，少采用装有格栅、保护罩等附件的灯具

（C）生产车间、宿舍和住宅的照明用电应设置单独计量

（D）生产厂房的一般照明，宜按生产工艺的要求或自然采光情况，分区分组在照明配电箱内集中控制

26. 共用电网谐波检测可采用连续检测，在谐波监测点，宜装设谐波电压和谐波电流测量仪表，按规范要求，下列哪项不宜设置谐波检测点？（　　）

（A）系统指定谐波监测点（母线）
（B）一条供电线路上接有两个及以上不同部门的谐波源用户时，谐波源用户的受电端
（C）向谐波源用户供电的线路送电端
（D）10kV 无功补偿装置所连接母线的谐波电压

27. 下列直流负荷中，哪项不属于控制负荷？（　　）

（A）控制继电器
（B）用于通信设备的 220V/48V 变换装置
（C）继电保护装置
（D）功率测量仪表

28. 220kV 及以上的变电站中，宜优先选择自耦变压器，一般地，为了增加自耦变压器切除单相接地短路的可靠性，应在变压器中性点回路增加下列哪项？（　　）

（A）零序过电流保护　　（B）小电抗器
（C）负序过电流保护　　（D）零序过电压保护

29. 经计算，某有效接地系统的发电厂接地网在发生故障后，地电位升高达到 2147V，为了不将接地网的高电位引向厂外，采取下列哪项措施是不正确的？（　　）

（A）通向厂外的管道采用绝缘段
（B）对外的非光纤通信设备加隔离变压器
（C）向厂外供电的低压高压线路，其电源中性点不在厂内接地，改在场外适当地点接地
（D）铁路轨道分别在两处加绝缘鱼尾板

30. 单机容量为 300MW 发电厂中，主厂房、运煤、燃气及其他易燃易爆场所宜选用下列哪项电缆？（　　）

（A）矿物绝缘电缆
（B）交联聚乙烯耐火电缆
（C）交联聚乙烯低烟无卤阻燃 A 级电缆
（D）交联聚乙烯低烟无卤阻燃 C 级电缆

31. 火力发电厂主厂房到网络控制楼的每条电缆隧道中的电缆回路情况，下列哪项应采取防火分隔措施？（　　）

（A）单机容量为 300MW，电缆隧道中仅敷设该机组的电缆
（B）单机容量为 200MW，电缆隧道中敷设 2 台机组的电缆
（C）单机容量为 125MW，电缆隧道中敷设 2 台机组的电缆
（D）单机容量为 50MW，电缆隧道中敷设 3 台机组的电缆

32. 下列哪项为照明光源对物体色表的影响，该影响是由于观察者有意识或无意识地将其与参比光源下的色表相比较而产生的？（　　）

（A）显色性　　（B）相关色温度

（C）色温度　　（D）一般显色指数

33. 有关火力发电厂高压厂用母线的电气主接线方案，下列表述哪项是正确的？（　　）

（A）独立供电的主厂房照明母线应采用单母线接线，每个单元机组可设置 1 台照明变压器

（B）单机容量 100MW 的机组，每台机组可由 2 段高压厂用母线供电

（C）锅炉容量 300t/h，机炉不对应设置时，每台锅炉可由 1 段高压厂用母线供电

（D）锅炉容量 300t/h 时，机炉对应设置时，每台锅炉可由 2 段低压厂用母线供电

34. 在选择 380V 低压配电设备时，下列哪项不能作为功能性开关电器？（　　）

（A）接触器　　（B）插头与插座

（C）隔离器　　（D）熔断器

35. 作为总等电位连接的保护连接导体，其各种材质的截面面积最小值下列哪项是不正确的？（　　）

（A）铜，$6mm^2$　　（B）镀铜钢，$25mm^2$

（C）铝，$16mm^2$　　（D）钢，$35mm^2$

36. 对波动负荷供电时，需要降低波动负荷引起的电网电压波动和电压闪变时，采取下列哪项措施是不正确的？（　　）

（A）采用动态无功补偿装置或动态电压调节装置

（B）与其他负荷共用配电线路时，提高配电线路阻抗

（C）由短路容量较大的电网供电

（D）采用专线供电

37. 某 300MW 发电机组带空载 220kV 架空线路，线路充电功率 80Mvar，发电机等值同步电抗标幺值为 2.78，则下列关于发电机的哪项说法是正确的？（　　）

（A）发生自励磁过电压　　（B）不发生自励磁过电压

（C）发生自励磁过电流　　（D）不发生自励磁过电流

38. 电力系统出现大扰动时，应采用紧急控制改变系统状态，以提高安全稳定水平，下列哪项紧急控制方式不属于发电端控制手段？（　　）

（A）动态电阻制动　　（B）励磁控制

（C）无功补偿控制　　（D）切除发电机

39. 海拔 500m 的 500kV 架空线路有一 90m 杆塔，为满足操作及雷电过电压要求，耐张绝缘子串应

采用多少片绝缘子？（绝缘子高度 155mm）（ ）

（A）25 片　（B）28 片

（C）30 片　（D）32 片

40. 有关架空线路设计安全系数的说法，下列哪项是不正确的？（ ）

（A）导线在弧垂最低点：不小于 2.5

（B）地线在弧垂最低点：不小于 2.5

（C）导、地线悬挂点：不小于 2.25

（D）地线设计安全系数不宜小于导线设计安全系数

二、多项选择题（共 30 题，每题 2 分。每题的备选项中有 2 个或 2 个以上符合题意，错选、少选、多选均不得分）

41. 在进行导体和设备选择时，下列哪些情况除计算三相短路电流外，还应进行两相、两相接地、单相接地短路电流计算，并按最严重情况验算？（ ）

（A）发电机出口　（B）中性点直接接地系统

（C）自耦变压器回路　（D）不接地系统

42. 电力设备的抗震计算有多种方法，下列哪些项是正确的？（ ）

（A）静力设计法　（B）动力设计法

（C）底部剪力法　（D）时程分析法

43. 校核发电机断路器开断能力时，应分别校核系统源和发电源在主弧触头分离时哪些短路电流值？（ ）

（A）高压电动机反馈电流值　（B）对称短路电流值

（C）非对称短路电流值　（D）非对称短路电流的直流分量值

44. 光伏电站的设计中，应了解需接入电网处的电力系统现状，其中电力负荷现状应包括下列哪些项？（ ）

（A）最小负荷　（B）全社会用电量

（C）最大负荷　（D）负荷特性

45. 某 500kV 单回路架空线路全程架设双地线，采用酒杯塔，杆塔高度 37m，若为了使平原地区线路的绕击率不大于 0.04%，则双地线对边相导线的保护角度可为下列哪些数值？（ ）

（A）10°　（B）8°

（C）7°　（D）6°

46. 电网方案设计中，水电比重大于 80%的电力系统中，电力电量平衡计算及编制应有下列哪些项？（ ）

（A）用丰水年和特枯水年校核电力电量平衡
（B）电量平衡按丰水年编制
（C）电力平衡按枯水年编制
（D）用平水年和枯水年进行电力电量平衡

47. 输电线路分裂导线间隔棒的主要用途是限制子导线之间的相对运动及在正常运行情况下保持分裂导线的几何形状，则间隔棒的安装距离与下列哪些因素有关？（　　）

（A）在分裂导线发生短路的瞬时产生的短路张力
（B）按最大可能出现的短路电流值确定
（C）短路时次导线允许的接触状态
（D）导线绝缘子金具受力的限制

48. 关于气体绝缘金属封闭开关设备的元件中，对电缆终端与引线套管的要求，应考虑下列哪些因素？（　　）

（A）套管的管径　　（B）动稳定电流
（C）安装时的允许倾角　　（D）热稳定电流

49. 对屋外配电装置，为保证电气设备和母线的检修安全，每段母线上应装设接地开关或接地器，接地开关和接地器的安装数量应根据下列哪些内容确定？（　　）

（A）母线的电压等级　　（B）平行母线的间隔距离
（C）母线的电磁感应电压　　（D）平行母线的长度

50. 下列关于发电厂低压厂用电系统短路电流计算，下列哪些表述是正确的？（　　）

（A）低压厂用变压器高压侧电压在短路时按额定值的 0.9 考虑
（B）计及电阻
（C）在动力中心的馈线回路短路时，应计及馈线回路的阻抗
（D）计及异步电动机的反馈电流

51. 下列有关厂用电装设断路器的说法，哪些是正确的？（　　）

（A）厂用分支线采用分相封闭母线时，则在该分支线上应装设
（B）高压厂用电抗器装设在断路器之后，断路器的分段能力和动热稳定可按电抗器后短路条件进行验算
（C）单机 100MW 火电机组在厂用分支线上装设能满足动稳定要求的断路器
（D）单机 100MW 火电机组在厂用分支线上装设能满足动稳定要求的隔离开关和连接片

52. 下列有关风电场无功容量补偿装置的说法哪些是正确的？（　　）

（A）无功电源包括风电机组及风电场无功补偿装置
（B）满足功率因数在超前 0.9 到滞后 0.9 的范围内连续可调

（C）无功容量不能满足系统电压调节需要时，应集中加装适当容量的无功补偿装置

（D）风电场不可加装动态无功补偿装置

53. 在 110kV 变电站内建筑物，应同时具备下列哪些条件，可不设消防给水设施？（ ）

（A）消防用水总量不大于 10L/s　　（B）耐火等级不低于二级

（C）体积不超过 3000m3　　（D）火灾危险性为戊类

54. 光伏发电站设计中应先进行太阳能资源分析，下列哪些项宜在分析范围内？（ ）

（A）总辐射最大辐照度

（B）最近三年内连续 12 个月各月辐射量日变化及各月典型日辐射量小时变化

（C）5 年以上的年总辐射量平均值和月总辐射量平均值

（D）长时间序列的年总辐射量变化和各月总辐射量年际变化

55. 对电缆可能着火蔓延导致严重事故的回路、易受外部影响波及火灾的电缆密集场所，应设置适当的防火分隔，下列有关防火分隔方式选择为防火墙或阻火段的描述，哪些是符合规范要求的？（ ）

（A）多段配电装置对应的电缆沟、隧道分段处

（B）隧道通风区段处，厂、站外相隔约 200m 处

（C）架空桥架至控制室或配电装置的入口处

（D）架空桥架相隔约 200m 处

56. 发电厂、变电所中，下列哪些情况正常照明的灯具应选用 24V 及以下的特低电压供电？（ ）

（A）安装高度为 1.8m 的高温场所

（B）具有防止触电措施和专用接地线的电缆隧道

（C）供检修用便携式作业灯

（D）安装高度为 1.8m 且具有铁粉尘的场所

57. 高压直流输电大地返回运行系统中，有关接地极址的选择下列说法哪些是正确的？（ ）

（A）有条件的地方宜优先考虑采用海岸接地极

（B）有条件的地方宜优先考虑采用海洋接地极

（C）没有洪水冲刷和淹没的地区

（D）远离城市和人口稠密的乡镇，交通不便的地区

58. 规范要求单机容量为 200MW 及以上的机组应采用单元制控制方式，下列有关发电厂单元控制的表述哪些是正确的？（ ）

（A）柴油发电机交流事故保安电源、高压厂用电源线、发电机及励磁系统为单元控制系统控制的设备

（B）交流事故保安电源的起动及电源自动切换功能应由计算机监控系统控制
（C）单元制机组应采用炉、机、电集中控制方式，且应采用一机一控制方式
（D）交流事故保安柴油发电机、交流不间断电源、直流系统宜采用就地控制方式

59. 下列关于电压互感器二次绕组自动开关选择的规定中，哪些是正确的？（　　）

（A）自动开关应附有常闭辅助触点用于空气开关跳闸时发出报警信号
（B）自动开关瞬时脱扣器断开短路电流的时间不应大于 10ms
（C）自动开关瞬时脱扣器的动作电流，应按大于电压互感器二次回路的最大负荷电流整定
（D）加于继电器线圈上的电压低于 70%额定电压时，自动开关应自动闭锁，并返回低电压报警信号

60. 电力系统静态稳定是指电力系统受到小干扰后，不发生非周期性失步，自动恢复到起始运行状态的能力，下列有关电力系统静态稳定计算分析的目的描述哪些是正确的？（　　）

（A）对继电保护和自动装置以及各种应急措施提出相应的要求
（B）确定电力系统的稳定性
（C）输电线路的输送功率极限
（D）检验在给定方式下的稳定储备

61. 某发电机定子绕组为星形接线，每相有并联分支且中性点侧有分支引出端，该发电机定子匝间短路应设置下列哪些保护？（　　）

（A）不完全纵差保护
（B）零序电流型横差保护
（C）温度保护
（D）裂相横差保护

62. 风力发电场正常运行时，向电力系统调度机构提供的信号包括下列哪些？（　　）

（A）风电场低压侧出线的有功功率、无功功率、电流
（B）高压断路器和隔离开关的位置
（C）风电场测风塔的实时风速和风向
（D）风电场并网点电压

63. 对发电机中性点接地方式，下列表述哪些是正确的？（　　）

（A）一般地，发电机中性点采取经消弧线圈或高电阻接地的方式，以避免单相接地故障时损坏发电机
（B）采用消弧线圈接地方式时，对单元接线的发电机，宜采用欠补偿方式
（C）采用消弧线圈接地方式时，经补充后的单相接地电流一般小于 3A，一般仅作用于信号
（D）采用高电阻接地方式时，总的故障电流不小于 3A，以保证接地保护可速断跳闸停机

64. 下列有关剩余电流动作保护电器的选择，哪些是正确的？（　　）

（A）在 TN-S 系统中，剩余电流动作保护电器可选用 3P 型

（B）在 TN-S 系统中，剩余电流动作保护电器可选用3P＋1N型
（C）在 TN-C 系统中，剩余电流动作保护电器可选用 3P 型
（D）在 TN-C 系统中，剩余电流动作保护电器可选用3P＋1N型

65. 接地装置应充分利用自然接地极接地，接地按功能分，下列哪些是正确的？（　　）

（A）防静电接地　　（B）保护接地
（C）系统接地　　（D）等电位接地

66. 电力变压器的选型中，下列哪些情况需要在工程设计采取相应防护措施或与制造厂协商？（　　）

（A）安装环境含易爆粉尘或气体混合物
（B）安装环境含易燃物质
（C）带冲击性负载
（D）三相交流电压波形中的谐波总含量大于 1%

67. 下列关于电压互感器的配置原则中，哪些表述是正确的？（　　）

（A）发电机配有双套自动电压调整装置，且采用零序电压式匝间保护时，发电机出口应装设 3 组电压互感器
（B）兼作为并联电容器组泄能的电磁式电压互感器，其与电容器组之间应设保护电器
（C）凡装有断路器的回路均应装设电压互感器，其数量应满足测量、保护和自动装置的要求
（D）220kV 双母线接线，宜在每回出线和每组母线的三相上装设电压互感器

68. 输电线路跨越 500kV 线路、铁路、高速公路、一级公路等时，悬垂绝缘子串宜采用下列哪些形式？（　　）

（A）双联串双挂点　　（B）双联串单挂点
（C）两个单联串　　（D）三个单联串

69. 耐张杆塔安装时，除应按 10m/s 风速、无冰、相应气温的气象条件外，还应满足下列哪些条件？（　　）

（A）紧线塔临时拉线对地夹角不应大于 45°，其方向与导、地线方向一致
（B）临时拉线一般可平衡导、地线张力的 33%
（C）500kV 杆塔，4 分裂导线的临时拉线按平衡导线张力标准值 30kN 考虑
（D）500kV 杆塔，6 分裂导线的临时拉线按平衡导线张力标准值 40kN 考虑

70. 杆塔荷载一般分为永久荷载与可变荷载，下列哪些属于永久荷载？（　　）

（A）导、地线的张力荷载　　（B）导、地线的重力荷载
（C）拉线的初始张力荷载　　（D）各种振动动力荷载

2020 年专业知识试题（上午卷）

一、单项选择题（共 40 题，每题 1 分，每题的备选项中只有 1 个最符合题意）

1. 电气防护设计中，下列哪项措施不符合规程要求？（　　）

（A）独立避雷针距道路宜大于 3m
（B）不同电压的电气设备应使用不同的接地装置
（C）隔离刀闸闭锁回路不能用重动继电器
（D）防静电接地的接地电阻不超过 30Ω

2. 规划建设一项±800kV 特高压直流输电工程，额定输送容量为 8000MW。按照设计规范要求，该直流输电系统允许的最小直流电流不宜大于下列哪项数值？（　　）

（A）250A　　（B）500A
（C）800A　　（D）1000A

3. 某一装机容量为 1200MW 的风电场，通过 220kV 线路与电力系统连接。当电力系统发生三相短路故障引起电压跌落时，风电场并网点电压处于下列哪个区间内时，风电场应能注入无功电流支撑电压恢复？（　　）

（A）22～209kV　　（B）33～209kV
（C）44～198kV　　（D）66～209kV

4. 某火电厂 220kV 配电装置采用气体绝缘金属封闭开关设备，下列哪一项不符合规程要求？（　　）

（A）气体绝缘金属封闭开关设备所配置电压互感器宜采用电容式电压互感器
（B）在出线端安装的避雷器宜选用敞开式避雷器
（C）如分期建设时，宜在将来的扩建接口处装设隔离开关和隔离气室，以便将来不停电扩建
（D）长母线应分成几个隔室，以便于维修和气体管理

5. 当系统最高电压有效值为U_m时，相对地的工频过电压和操作过电压的基准电压（1.0p.u.）分别为多少？（　　）

（A）$U_m/\sqrt{3}$和$U_m/\sqrt{3}$　　（B）$U_m/\sqrt{3}$和U_m
（C）$U_m/\sqrt{3}$和$\sqrt{2}U_m/\sqrt{3}$　　（D）U_m和$\sqrt{2}U_m$

6. 在中性点经消弧线圈接地的系统中，校核沿屋外安装避雷器支架下引的设备接地线在单相接地故障时的热稳定，该接地线长时间温度不应高于多少？（　　）

（A）70℃　　（B）80℃
（C）100℃　　（D）150℃

7. 某火力发电厂 10kV 厂用电系统三相短路电流为 39kA，中速磨电动机额定电流为 70A，保护最大动作一次电流为 735A，电流互感器选用 100/1A。下列哪组电流互感器准确限值是合适的？（　　）

（A）10P40　　（B）10P30

（C）10P20　　（D）10P10

8. 如果 500kV 变电站高压侧电源电压波动，当经常引起的站用电母线电压偏差超过下列哪项数值时应采用有载调压站用变压器？（　　）

（A）±5%　　（B）±7%

（C）±10%　　（D）±15%

9. 电力系统电源方案设计时需进行电力电量平衡，下列描述中不正确的是哪项？（　　）

（A）调节性能好和靠近负荷中心的水电站，可担负较大的事故备用容量

（B）系统总备用容量可按系统最大发电负荷的 15%～20%考虑，低值适用于小系统，高值适用于大系统

（C）事故备用为 8%～10%，但不小于系统一台最大的单机容量

（D）水电比重较大的系统一般应选择平水年、枯水年两种水文年进行平衡；电力平衡按枯水年编制，电量平衡按平水年编制

10. 500kV 线路在海拔不超过 1000m 地区，导线分裂数及导线型号为下列哪项时，可不验算电晕？（　　）

（A）2 × JL/G1A-500/45　　（B）3 × JL/G1A-300/40

（C）4 × JL/G1A-300/40　　（D）1 × JL/G1A-500/45

11. 对于燃机厂用电系统，因接有变频启动装置而需要抑制谐波，下列哪项措施无效？（　　）

（A）在变频器电源侧母线上装设滤波装置

（B）在变频器电源侧串接隔离变

（C）降低高压厂变的阻抗

（D）装设发电机出口断路器

12. 对于±800kV 特高压换流站（额定容量为 8000MW）的直流开关场接线，下列哪项不满足要求？（　　）

（A）故障极或换流器单元的切除和检修不应影响健全极或换流器单元的功率输送

（B）应满足双极、单极大地返回、单极金属回路等基本运行方式

（C）当双极中的任一极运行时，大地返回方式与金属回线方式的转换不应中断直流功率输送，且保持直流输送功率为 8000MW

（D）当换流站内任一极或任一换流器单元检修时应能对其进行隔离和接地

13. 采用短路电流实用计算法计算，在电源容量相同时，下列关于计算电抗X_{js}的描述正确的是哪项？（　　）

（A）X_{js}越大，短路电流周期分量随时间的衰减程度越大
（B）X_{js}越大，短路点至电源的距离越近
（C）X_{js}越小，短路电流周期分量的标幺值在某一时刻的值越大
（D）X_{js}越小，电源的相对容量越大

14. 某 220kV 变电站控制电缆的选择，下列哪项符合规程要求？（　　）

（A）控制、信号电缆选用多芯电缆，芯线截面积为 $4mm^2$ 时电缆芯数不宜超过 14 芯
（B）控制电缆的额定电压不得低于所接回路的工作电压，宜选用 450/750V
（C）交流电流和交流电压回路电缆可以合用同一根控制电缆
（D）强电控制回路截面积不应小于 $2.5mm^2$

15. 在 110kV 系统中，工频过电压不应大于下列哪项数值？（　　）

（A）1.1p.u.　　（B）1.3p.u.
（C）1.4p.u.　　（D）$\sqrt{3}$p.u.

16. 若发电厂采用单元控制方式，对于应在单元控制系统控制的电子设备和元件，下列描述中哪项是不正确的？（　　）

（A）发电机及励磁系统
（B）发电机变压器组
（C）高压厂用工作变压器、高压厂用电源线
（D）220kV 双母线接线的出线线路设备

17. 有关电力系统解列的描述，下列哪项是不正确的？（　　）

（A）超高压电网失步后应尽快解列
（B）对 220kV 电网解列时刻宜选 1～3 个震荡周期
（C）为协调配合，低一级电压等级电网可比高一级电压等级电网减少 1 个振荡周期
（D）同一联络线的解列装置的双重化配置既可将两套装置装设在该线路的同一侧，又可在线路两侧各装一套

18. 关于 500kV 变电站内低压电器的组合方式，下列哪项说法是正确的？（　　）

（A）供电回路应装设具有短路保护和过负荷保护功能的电器，对不经常操作的回路，保护电器应兼作操作电器
（B）用熔断器和接触器组成的三相电动机回路，不应装设带有断相保护的热继电器或采用带触点的熔断器作为断相保护
（C）用于站内消防的重要回路，宜适当增大导体面积，且应配置短路保护和过负荷保护，动作于回路跳闸

（D）远方控制的电动机应有就地控制和解除远方控制的措施

19. 对于高压直流输电工程，下列描述哪项是错误的？（ ）

（A）高压滤波器在滤波的同时也提供工频无功电力

（B）换流站的电容分组容量的约束条件之一是投切最大分组时，静态电压波动不超过±2.5%

（C）在不额外增加无功补偿容量的前提下，直流输电系统任一极都应具备降低直流运行电压的能力，降压运行的电压值宜为额定电压的 70%～80%

（D）直流输电系统的过负荷能力应包括连续过负荷能力、短时过负荷能力、暂态过负荷能力

20. 某 220kV 交联聚乙烯绝缘铜芯电缆短路时，电缆导体的最高允许温度为下列哪项数值？（ ）

（A）70℃　　（B）90℃

（C）160℃　　（D）250℃

21. 屋外油浸变压器之间的防火墙，其耐火极限不宜小于下列哪项数值？（ ）

（A）2h　　（B）2.5h

（C）3h　　（D）3.5h

22. 某 220kV 变电站中，110kV 配电装置有 8 回出线回路，则 110kV 配电装置的电气主接线宜采用下列哪种接线方式？（ ）

（A）单母线接线　　（B）单母线分段接线

（C）双母线接线　　（D）一个半断路器接线

23. 某主变进线回路采用耐热铝合金钢芯绞线，当其工作温度为 120℃时，其热稳定系数为多少？（ ）

（A）57.87　　（B）66.33

（C）75.24　　（D）83.15

24. 水力发电厂 600kW 柴油发电机组发电机端与墙面净距不宜小于下列哪项数值？（ ）

（A）2000mm　　（B）1800mm

（C）1500mm　　（D）700mm

25. 对于变电接地系统的设计，下列哪项描述不正确？（ ）

（A）220kV 架空出线的地线应与变电站的接地网直接相连

（B）对于 10kV 变电站，当采用建筑的基础作接地极，且接地电阻满足规定值时，可不另设人工接地

（C）在永冻土地区，可通过将接地网敷设在房屋溶化盘内降低接地电阻

（D）若变电站处于高土壤电阻率地区，在其 3000m 以内有较低电阻率土壤时，可通过敷设外引

接地极降低电厂接地网的接地电阻

26. 某 220kV 变电站，下列对于电站监控系统的同期功能描述哪项是正确的？（ ）

（A）计算机监控系统宜具有同期功能

（B）同期功能宜在间隔层完成

（C）不同断路器的同期指令间可相互闭锁，一次也可允许多个断路器同期合闸

（D）同期功能宜能进行状态自检和设定，同期成功与失效均应有信息输出

27. 某 50MW 级火电厂机组具备黑启动能力，在 220V 直流系统负荷计算时，事故放电计算时间持续为 1.5h 的负荷统计应计入下列哪项负荷？（ ）

（A）汽机控制系统（DEH） （B）发电机空侧密封油泵

（C）直流润滑油泵 （D）高压断路器自投

28. 使用电感镇流器的气体放电灯应在灯具内设置电容补偿，荧光灯功率因数不应低于多少？（ ）

（A）0.8 （B）0.85

（C）0.9 （D）0.95

29. 若无功补偿装置所在的母线存在 3 次及 5 次谐波，当需要投入一组无功补偿设备以使母线电压升高时，应投入下列哪个设备？（ ）

（A）1 组低压并联电抗器 （B）1 组 1%电抗率的电容器

（C）1 组 6%电抗率的电容器 （D）1 组 12%电抗率的电容器

30. 某线路全线共有 21 个绝缘，绝缘水平相等，在操作冲击电压波下闪络概率为 0.1，则全线闪络概率为下列哪项数值？（ ）

（A）0.12 （B）0.53

（C）0.89 （D）0.99

31. 若在发电厂装设电气火灾探测器，下列设置中不正确的是哪项？（ ）

（A）在 110kV 电缆头上装设光栅光纤测温探测器

（B）在发电机出线小室装设红外测温探测器

（C）在 PC 的馈线端装设剩余电流探测器

（D）在低压厂变的电源侧装设剩余电流探测器

32. 电力系统故障期间没有脱网的光伏发电站，其有功功率在故障清除后应快速恢复，自故障清除时刻开始，电站恢复至正常发电状态的功率变化率应不低于多少？（ ）

（A）额定功率的 25%/s （B）额定功率的 30%/s

（C）额定功率的 35%/s （D）额定功率的 40%/s

33. 某 220kV 屋外配电装置采用支撑式管形母线，支柱绝缘子高 2300mm，母线为ϕ200/184mm 铝镁管形母线，母线中心线高出支柱绝缘子顶部 210mm。当母线发现三相短路时，单位长度母线短路电动力为 68N/m，则校验支柱绝缘子机械强度时其单位长度短路电动力为下列哪项数值？（　　）

（A）62.3N/m　　（B）68N/m

（C）74.2N/m　　（D）77.2N/m

34. 户外油浸式变压器之间设置防火墙时，按照《电力设备典型消防规程》（DL 5027—2015）的规定，防火墙与变压器散热器外轮廓的距离不应小于下列哪项数值？（　　）

（A）0.5m　　（B）0.8m

（C）1.0m　　（D）1.5m

35. 对于变电站电气装置接地导体的连接，下列叙述错误的是哪项？（　　）

（A）采用铜覆钢材接地导体可采用搭接焊接，其搭接长度不小于直径的 6 倍

（B）采用铜覆钢材接地导体应采用放热焊接

（C）铜接地导体与电气装置的连接可采用螺栓连接

（D）铜接地导体与电气装置的连接可采用焊接

36. 在电流互感器中，没有一次绕组但有一次绝缘的是哪项？（　　）

（A）套管式电流互感器　　（B）母线式电流互感器

（C）电缆式电流互感器　　（D）分裂铁芯电流互感器

37. 某发电厂一组 220V 阀控铅酸蓄电池，容量为 1200Ah，其相应的直流柜内元件的短路水平至少应为下列哪项数值？（　　）

（A）10kA　　（B）20kA

（C）25kA　　（D）30kA

38. 某厂区道路照明采用 LED 光源，其中一回采用 10mm^2 铜芯电缆供电且灯具等间距布置，采用单相 220V 供电，假设该线路负荷的功率因数为 1，当该线路末端照明灯具端电压为 210V 时，其总负荷力矩为下列哪项数值？（　　）

（A）531.8kW · m　　（B）480.6kW · m

（C）410.5kW · m　　（D）316.4kW · m

39. 某地区一座 100MW 风发电场，升压站拟采用一台 110kV/35kV 主变压器（Y/△），以一回 110kV 线路接入公共电网 220kV 变电站的 110kV 母线，对于中性点接地方式下列哪条不满足技术要求？（　　）

（A）主变高压侧中性点采用直接接地方式

（B）35kV 系统可采用低电阻接地方式，迅速切除故障

（C）主变低电压侧接地电阻可接在低压绕组的中性点上

（D）在主变低压侧装设专用接地变压器

40. 对于钢芯铝绞线，假定铝和钢的伸长相同，不考虑扭绞等其他因素对应力大小的影响时，绞线的综合弹性系数E与下列哪项无关？（　　）

（A）铝、钢单丝的弹性系数　　（B）铝、钢截面的比值
（C）电线的扭绞角度　　（D）铝、钢单丝的膨胀系数

二、多项选择题（共 30 题，每题 2 分。每题的备选项中有 2 个或 2 个以上符合题意。错选、少选、多选均不得分）

41. 在风力发电场设计中，为了保护环境，下列哪几项措施是正确的？（　　）

（A）风力发电场的选址应避开生态保护区
（B）场内升压站布置宜远离居民侧
（C）风力发电场的废水不应排放
（D）风力发电场的布置应考虑降低噪声影响

42. 采用等效电压源法进行短路电流计算时，应以下面哪些条件为基础？（　　）

（A）不考虑故障点电弧的电阻
（B）不考虑变压器的励磁电流
（C）变压器的阻抗取自分接开关处于主分接头位置时的阻抗
（D）电网结构不随短路持续时间变化

43. 某电厂 110kV 屋外配电装置采用双母线接线，通过 2 回架空线路接入系统，架空线路采用同塔双回路铁塔，架空线路长度 20km，全线有地线。关于电厂 110kV 系统中，金属氧化物避雷器（以下简称 MOA）至电气设备间的最大电气距离，下列哪些项是正确的？（　　）

（A）MOA 至主变压器间的最大电器距离为 125m
（B）MOA 至主变压器间的最大电气距离为 170m
（C）MOA 至断路器间的最大电气距离为 168m
（D）MOA 至电压互感器间的最大电气距离为 230m

44. 下列哪些设施可作为接地网的自然接地极？（　　）

（A）基坑支护用长 10m 的锚杆
（B）屋外高压滤波器组的金属围栏
（C）发电厂内地下绿化管网的钢管
（D）埋设于地下的电缆金属护管

45. 3/2 断路器接线系统，当线路或变压器检修相应出线开关拉开，开关合环运行时投入过电流原理的短引线保护。下列描述不正确的是哪几项？（　　）

（A）短引线保护动作电流躲正常运行时的负荷电流，可靠系数不小于 2

（B）短引线保护动作电流躲正常运行时的不平衡电流，可靠系数不小于 2

（C）保护灵敏系数按母线最小故障类型校验，灵敏系数不小于 1.5

（D）保护灵敏系数按母线最小故障类型校验，灵敏系数不小于 2

46. 某发电厂设有柴油发电机组作为交流保安电源，主厂房应急照明电源从保安段引接，则主厂房应急照明宜采用下列哪些光源？（　　）

（A）金属卤化物灯　　（B）发光二极管

（C）高压钠灯　　（D）无极荧光灯

47. 在架空输电线路设计中，安装工况风速应采用 10m/s，覆冰厚度应采用无冰，同时气温应按下列哪些规定取值？（　　）

（A）最低气温为−40℃的地区，宜采用−15℃

（B）最低气温为−20℃的地区，宜采用−12℃

（C）最低气温为−10℃的地区，宜采用−6℃

（D）最低气温为−5℃的地区，宜采用 0℃

48. 架空线护线条的作用有哪些？（　　）

（A）提高线夹出口附近的导线刚度

（B）分担导线张力

（C）改善导线在悬垂线夹中的应力集中现象

（D）可完全替代防振锤防振

49. 对于容量为 8000MW 的±800kV 直流换流站电气主接线，下列哪些叙述是正确的？（　　）

（A）换流站每极宜采用两个 12 脉动换流器单元串联的接线方式

（B）无功补偿设备宜分成若干个小组，且分组中至少有一小组是备用

（C）平波电抗器可串接在每级直流母线上或分置串接在每极直流极母线和中性线母线上

（D）当双极中的任一极运行时，大地返回方式与金属回线方式之间的转换不应中断直流功率输送，且输送功率宜保持在 4000MW

50. 当海上风电场设置 220kV 海上升压变电站时，下列哪些要求正确？（　　）

（A）海上升压变电站的工作接地，保护接地、防雷接地应共用一个接地装置

（B）应急负荷、重要负荷的设备应采用双回路供电

（C）应急配电装置可与站用电低压工作段布置在一个舱室内

（D）海上升压站的控制室、继保室和通信机房宜合并设置

51. 下列关于变压器侵入波防护的叙述，哪些项是正确的？（　　）

（A）自耦变压器高压侧侵入雷电波时，若中压侧避雷器先于高压侧避雷器动作，则中压侧避雷器额定电压应低于高压侧换算到中压侧的电压值

（B）与架空线路相连的三绕组变压器的第三开路绕组应装设避雷器

（C）高压侧无架空线的发电厂高压厂用工作变分裂绕组不需装设感应过电压防护避雷器

（D）自耦变压器的两个自耦合绕组出线上可不装设避雷器

52. 某台 300MW 火力发电机组，发电机采用自并励励磁方式，以发电机—变压器组单元接线接入 220kV 升压站。220kV 配电装置为双母线接线，下列哪些回路应测量交流电流？（　　）

（A）发电机的定子回路电流

（B）主变压器高压侧电流

（C）220kV 母线联络断路器回路电流

（D）发电机转子回路电流

53. 在直流系统设计中，对于充电装置的选择和设置要求，下列哪几项是正确的？（　　）

（A）充电装置电源输入宜为三相 50Hz

（B）充电装置额定输出电流应满足浮充电和均衡充电要求

（C）蓄电池试验放电回路宜采用熔断器保护

（D）充电装置屏的背面间距不得小于 800mm

54. 下列有关光伏电站接入电力系统的相关描述，正确的有哪几项？（　　）

（A）对于有升压站的光伏发电站，并网点是升压站高压侧母线或节点

（B）对于接入 200kV 及以上电压等级的光伏发电站应配置相角测量系统

（C）光伏发电站并网点电压跌至 0 时，光伏发电站应能不脱网连续运行 150ms

（D）当公共电网电压处于正常范围时，通过 110（66）kV 接入电网的光伏发电站应能控制并网点电压在标称电压的 100%～110%范围内

55. 固定型悬垂线夹除必须具有一定的曲率半径外，还必须有足够的悬垂角，其作用是什么？（　　）

（A）能阻止导线或地线在线夹内移动

（B）能防止导线或地线的微风振动

（C）避免发生导线或地线局部机械损伤，引起断股或断线

（D）保证导线或地线在线夹出口附近不受较大的弯曲应力

56. 110kV 架空输电线路与特殊管道平行、交叉时，下列哪些规定是正确的？（　　）

（A）邻档断线情况下应进行检验

（B）交叉点不应选在管道的检查井（孔）处

（C）导线或地线在跨越档内允许有接头

（D）管道应接地

57. 在 330kV 屋外敞开式高压配电装置中关于隔离开关的设置，下列哪些叙述是正确的？（　　）

（A）出线电压互感器不应装设隔离开关

（B）母线电压互感器不宜装设隔离开关

（C）母线并联电抗器回路不应装设断路器和隔离开关

（D）母线避雷器不应装设隔离开关

58. 下列对高压隔离开关的选择，哪几项是符合规程要求的？（　　）

（A）隔离开关的选择应考虑分合小电流、旁路电流和母线环流

（B）110kV 及以下隔离开关的操作机构宜选用手动操作机构

（C）隔离开关的接地开关，应根据其安装处的短路电流进行动、热稳定校验

（D）隔离开关未规定承受持续过电流的能力，当回路中有可能出现经常性断续过电流的情况时，应与制造厂协商

59. 下列关于电网中性点接地情况与电网X_0/X_1值关系的叙述，哪些是正确的？（　　）

（A）X_0/X_1值在$-\infty$以内附近时，电网为消弧线圈接地、欠补偿

（B）X_0/X_1值在$-\infty$以内附近时，电网为消弧线圈接地、过补偿

（C）X_0/X_1值在 3.5～$+\infty$时，中性点直接接地的变压器占电网总容量的 1/3 以下

（D）X_0/X_1值在 2.5～3.5 时，中性点直接接地的变压器占电网总容量 1/2～1/3，且接地的变压器有三角绕组

60. 假定电测量变送器额定二次负荷为 2.5VA，编号①②③④⑤的五只仪表负荷分别为 0.05VA、0.1VA、0.5VA、1.2VA、1.8VA，如不考虑连接导线及接触电阻的影响，则下列哪几项仪表组合可串联接入该变送器输出回路？（　　）

（A）②③④　　　　（B）①②

（C）②④　　　　（D）③⑤

61. 关于水力发电厂低压厂用电系统电缆选型的要求，下列哪几项是正确的？（　　）

（A）电力电缆宜采用铜芯交联聚乙烯绝缘阻燃型电缆

（B）对接有产生高次谐波负荷的电源回路，应采用中性线和相导体相同截面积的电力电缆

（C）对装设剩余电流动作保护器的三相回路应采用三相四芯电力电缆

（D）厂外敷设的低压电力电缆宜采用钢带（丝）内铠装

62. 电容器回路选用的负荷开关应满足下列哪些性能？（　　）

（A）开合容性电流的能力应满足国标中 C2 级断路器要求

（B）应能开合电容器组的关合涌流和工频短路电流，以及高频涌流的联合作用

（C）合、分时触头弹跳不应大于限定值

（D）应具备频繁操作的性能

63. 某架空输电线路，最高气温为 40℃，导线采用钢芯铝绞线并按经济电流密度选择导线截面，导线的允许温度按 70℃设计，若将允许温度提高到 80℃，在校验对地安全距离时，下列哪些取值是不合

适的？（　　）

（A）导线运行温度取 80℃

（B）导线运行温度取 70℃

（C）导线运行温度取 50℃

（D）导线运行温度取 40℃

64. 在电力系统事故或紧急情况下，下列关于光伏发电站运行的规定中哪些描述是正确的？（　　）

（A）电力系统事故或特殊运行方式下，按照电网调度机构的要求增加光伏发电站有功功率

（B）当电力系统频率高于 50.2Hz 时，按照电网调度机构指令降低光伏发电站有功功率，严重情况下切除整个光伏发电站

（C）若光伏发电站的运行危及电力系统安全稳定，电网调度机构按相关规定暂时将光伏发电站切除

（D）事故处理完毕，电力系统恢复正常运行状态后，光伏发电站可随时并网运行

65. 屋外配电装置采用软导线时，带电部分至接地部分之间以及不同相带电部分之间的最小电气距离，应按下列哪几种条件校验？（　　）

（A）外部过电压和风偏

（B）内部过电压和风偏

（C）外部过电压、短路摇摆

（D）最大工作电压、短路摇摆和风偏

66. 接地系统按功能可分为哪些类型？（　　）

（A）系统接地　　（B）谐振接地

（C）雷电保护接地　　（D）防静电接地

67. 对于发电厂 3～10kV 高压厂用电系统，当中性点为低电阻接地方式，接地电流为 200A 时，对于零序电流互感器选择和安装正确的是哪些项？（　　）

（A）中性点零序电流互感器一次电流为 80A

（B）中性点零序电流互感器一次电流为 100A

（C）中性点零序电流互感器布置在电阻器和地面之间

（D）中性点零序电流互感器布置在中性点和电阻器之间

68. 在发电厂厂用电系统中，对下列哪几项的电动机需进行正常启动时的电压水平校验？（　　）

（A）电动机的功率为电源容量的 15%

（B）电动机的功率为电源容量的 30%

（C）2000kW 的 6/10kV 电动机

（D）2500kW 的 6/10kV 电动机

69. 某地区规划建设一座 100MW 光伏电站，拟通过一回 110kV 线路接入电网，下列关于光伏电站设备配置的描述中哪些不满足技术要求？（　　）

（A）配置的光伏发电功率预测系统具有 0h～36h 的短期光伏发电功率预测以及 15min～2h 的超短期光伏发电功率预测功能

（B）配置的感性无功容量能够补偿光伏电站自身的容性充电无功功率及光伏电站送出线路的全部充电无功功率之和

（C）当公共电网电压处于正常范围内时，光伏电站能够控制其并网点电压在标称电压的 97%～107%范围内

（D）光伏电站主变压器可选择无励磁调压变压器

70. 4 分裂导线产生次档距振荡主要有下列哪些原因？（　　）

（A）分裂间距太小

（B）导线直径太大

（C）分裂间距与导线直径的比值太小

（D）次档距太大

2020 年专业知识试题（下午卷）

一、单项选择题（共 40 题，每题 1 分，每题的备选项中只有 1 个最符合题意）

1. 配电装置室内任一点到房间疏散门的直线距离不应大于多少米？（　　）

（A）7m　　（B）10m
（C）15m　　（D）20m

2. 傍晚在户外 GIS 地面照度降低至下列哪项数值时，必须开灯？（　　）

（A）25lx　　（B）20lx
（C）15lx　　（D）10lx

3. 某建筑面积为 $160m^2$ 的专用锂电池室，下列哪项消防措施是符合规程要求的？（　　）

（A）设置消火栓　　（B）设置水喷雾装置
（C）设置干粉灭火器和消防沙箱　　（D）设置气体灭火系统

4. 对于特高压直流换流站平波电抗器的设置，下列哪项叙述是错误的？（　　）

（A）需考虑设备的制造能力、运输条件
（B）需考虑换流站的过电压水平
（C）必须串接在每极直流母线上
（D）分置串接在每极直流母线上和中性母线上

5. 某海上风电场装机容量 400MW（功率因数为 1），其海上升压站主变压器数量和容量为下列哪组数值较合适？（　　）

（A）1 台，400MVA　　（B）2 台，200MVA
（C）2 台，240MVA　　（D）3 台，200MVA

6. 某热电厂设置 2 套 6F 级燃气联合循环机组，每套联合循环机组的燃机发电机额定功率 80MW，汽轮发电机额定功率 40MW，每套联合循环机组的两台发电机与 1 台三绕组主变压器做扩大单元连接。关于发电机断路器（以下简称 GCB）设置，下列哪项叙述是正确的？（　　）

（A）燃机发电机和汽轮发电机出口均不设 GCB
（B）燃机发电机出口设 GCB，汽轮发电机出口不设 GCB
（C）燃机发电机出口不设 GCB，汽轮发电机出口设 GCB
（D）燃机发电机和汽轮发电机出口均设 GCB

7. 当短路点电气距离很远时，可按三相短路电流乘以系数来估算两相短路电流，这个系数是下列哪项数值？（　　）

（A）3　　（B）$\frac{\sqrt{3}}{2}$

（C）$\frac{1}{3}$　　（D）$\frac{1}{2}$

8. 采取下列哪项措施不利于限制电力系统的短路电流？（　　）

（A）采用直流输电

（B）提高系统的电压等级

（C）采用带第三绕组三角形接线的变压器

（D）增大系统的零序阻抗

9. 当共箱封闭母线额定电流大于下列哪项数值时宜采用铝外壳？（　　）

（A）2000A　　（B）2500A

（C）3000A　　（D）3150A

10. 对于限流电抗器的选择，下列哪项符合规程要求？（　　）

（A）变电站母线回路的限流电抗器的额定电流应满足用户的一级负荷和二级负荷的要求

（B）限流电抗器的额定电流按主变压器或馈线回路的额定工作电流选取

（C）发电厂母线分段回路的限流电抗器，应根据母线上事故切断最大一台发电机时，可能通过电抗器的电流选择，一般取该台发电机额定电流的 40%～80%

（D）限流电抗器的电抗百分值的选取应将短路电流限制到要求值

11. 配电装置中电气设备的网状遮拦高度不应小于下列哪项数值？（　　）

（A）1200mm　　（B）1500mm

（C）1700mm　　（D）2500mm

12. 1000kV 出线 B、C 相避雷器均压环间最小安全净距为下列哪项数值？（　　）

（A）7500mm　　（B）9200mm

（C）10100mm　　（D）11300mm

13. 当抗震设防烈度为几度及以上时，安装在屋外高架平台上的电气设施应进行抗震设计？（　　）

（A）6 度　　（B）7 度

（C）8 度　　（D）9 度

14. 水电工程中，500kV 架空出线跨越门机运行区段时，门机上层通道的静电感应场强不应超过下列哪项数值？（　　）

（A）10kV/m　　（B）15kV/m

（C）20kV/m　　（D）25kV/m

15. 两支避雷针高度分别为 30m 和 45m，间距为 60m，计算两支避雷针间 12m 高水平面上保护范围的一侧最小宽度为下列哪项数值？（　　）

（A）12.1m　　（B）14.4m
（C）16.2m　　（D）33m

16. 110kV 线路防止反击要求的大跨越档导线与地线间的距离不得小于下列哪项数值？（　　）

（A）6.0m　　（B）7.0m
（C）7.5m　　（D）8.5m

17. 两根平行避雷线高 20m，水平间距 14m，两线中间保护范围最低点的高度为下列哪项数值？（　　）

（A）10m　　（B）14m
（C）16.5m　　（D）20m

18. 容量为 40000kW 的旋转电机，其进线段上的 MOA 的接地端，应与电缆金属外皮和地线连在一起接地，接地电阻不应大于下列哪项数值？（　　）

（A）1Ω　　（B）3Ω
（C）4Ω　　（D）10Ω

19. 对于不接地系统中电气装置接地导体的设计，下列哪项叙述是正确的？（　　）

（A）可不校验其热稳定最小截面
（B）敷设在地上的接地导体长时间温度不应高于 100℃
（C）敷设在地上的接地导体长时间温度不应高于 150℃
（D）敷设在地上的接地导体长时间温度不应高于 250℃

20. 当利用埋于地下的排水钢管作为自然接地极时，与水平接地网的连接下列哪项叙述是符合规范要求的？（　　）

（A）应采用不少于 2 根导线在不同地点与水平接地网连接
（B）应采用不少于 4 根导线在不同地点与水平接地网连接
（C）应采用不少于 2 根导线在水区中心地带一点与水平接地网可靠焊接
（D）应采用不少于 4 根导线在水区中心地带一点与水平接地网可靠焊接

21. 某 330kV 变电站所在区域方圆 5km 均为高土壤电阻率地区，站区地下 80～200m 范围内土壤电阻率为 60～100Ω · m，下列哪项降低接地电阻的措施不宜采用？（　　）

（A）敷设引外接地极　　（B）井式接地极
（C）深钻式接地极　　（D）爆破式接地技术

22. 有关发电机、变压器、电动机纵差保护应满足的灵敏系数，下列哪项是正确的？（　　）

（A）1.3～1.5　　（B）1.5

（C）2.0　　（D）2.5

23. 对于发电厂（站）有功功率测量的叙述，下列哪项是不恰当的？（　　）

（A）内桥断路器和外桥断路器回路，应测量有功功率

（B）双绕组变压器的一侧和自耦变压器的三侧，应测量有功功率

（C）双绕组厂（站）用变压器的高压侧或三绕组厂（站）用变压器的三侧，应测量有功功率

（D）抽水蓄能机组和具有调相运行工况的水轮发电机，应测量双方向有功功率

24. 假设某同步发电机额定励磁电流为 990A，其励磁系统在 2 倍额定励磁电流条件下可持续运行时间不小于 10s，当装设在发电机励磁屏上的转子电流表采用指针式直流仪表时，其量程上限宜取下列何值？（　　）

（A）1000A　　（B）1200A

（C）1500A　　（D）2000A

25. 对于发电厂 3～10kV 高压厂用电系统，当中性点为低电阻接地方式，接地电流为 200A 时，对于馈线的零序电流互感器的变比选择，下列哪项数值按规程规定基本满足要求？（　　）

（A）50/1A　　（B）75/1A

（C）100/1A　　（D）150/1A

26. 某调度自动化系统主站系统兼控制中心系统功能，厂站端无须向主站端传送的信息是下列哪项？（　　）

（A）测控装置切换至就地位置

（B）智能变电站户内柜的温度及湿度

（C）通信网关机告警

（D）换流站直流功率的调整速率

27. 下列哪类保护在继电保护整定计算时，可靠系数取值大于 1？（　　）

（A）线路相间距离保护

（B）发电机全阻抗特性整定的误上电保护中的过电流元件整定

（C）发电机的逆功率保护动作功率整定

（D）发电机纵向零序过电压保护

28. 关于直流电源系统中熔断器和断路器的设置，下列哪项原则是不正确的？（　　）

（A）应保证具有可靠性、选择性、灵敏性、速动性

（B）熔断器和断路器配合时，断路器额定电流至少是熔断器的 2 倍

（C）当上下级断路器电气距离较近而难以配合时，上级断路器应选用短路短延时脱扣器

（D）直流电动机回路断路器额定电流应不小于电动机额定电流

29. 某大型火电厂配置 1 台 1200kW 柴油发电机组，下列关于柴油发电机装设保护的要求，哪项是错误的？（　　）

（A）应设置电流速断保护作为主保护，保护动作于发电机出口断路器跳闸
（B）应设置过电流保护作为后备保护
（C）过电流保护装置宜装设在发电机中性点的分相引出线上
（D）当发电机供电给 2 个分段时，每个分支回路应分别装设过电流保护

30. 在厂用电交流负荷分类中，防止危及人身安全的负荷应为下列哪类负荷？（　　）

（A）0 I类　　（B）0 II类
（C）0 III类　　（D）I类

31. 关于厂用电电能质量和谐波抑制，下列哪项叙述是不正确的？（　　）

（A）正常工作情况下交流母线的各次谐波电压含有率不宜大于 3%
（B）正常工作情况下 380V 厂用电系统电压总谐波畸变率不宜大于 5%
（C）在空冷岛接有集中变频器的低压厂用变压器宜合理选择接线组别，以有效抵消低压厂用母线上奇次电流谐波
（D）集中设置的低压变频器由专用低压厂用变压器供电，且只接变频器负荷；非变频器类负荷由其他低压厂用变压器供电

32. 采用 F-C 作为保护及操作电器的低压变压器的保护，下列哪项叙述是不正确的？（　　）

（A）630kVA 油浸变压器的电流速断保护，由熔断器按熔断特性曲线实现
（B）630kVA 油浸变压器的重瓦斯保护，由熔断器按熔断特性曲线实现
（C）630kVA 干式变压器的电流速断保护，由熔断器按熔断特性曲线实现
（D）630kVA 干式变压器的温度保护，跳闸由高压侧真空接触器和低压侧断路器实现

33. 一办公室长 6m，宽 3.6m，高 3.6m，在房间顶部安装嵌入式荧光灯。在办公室有一办公桌，桌面高 0.8m，当计算办公桌面的照度时，其室形指数为下列哪项数值？（　　）

（A）0.625　　（B）0.672
（C）0.727　　（D）0.804

34. 某单回 500kV 架空输电线路，相导线采用 4 分裂钢芯铝绞线，三相导线水平布置，线间距离为 12m 时其正序阻抗为 0.273Ω/km，若相导线不变、线间距离值不变，将该线路的三相导线改为垂直布置，此时正序阻抗为下列哪项数值？（　　）

（A）0.258Ω/km　　（B）0.273Ω/km
（C）0.285Ω/km　　（D）0.296Ω/km

35. 某单回 500kV 架空输电线路，相导线采用 4 分裂钢芯铝绞线，三相导线水平布置，线间距离为 12m 时其正序电纳为4.080×10^{-6}S/km，若相导线不变、线间距离值不变，将该线路的三相导线改为垂

直布置，此时正序电纳为下列哪项数值？（　　）

（A）3.127×10^{-6}S/km　　（B）3.506×10^{-6}S/km
（C）4.080×10^{-6}S/km　　（D）4.313×10^{-6}S/km

36. 规划设计 220kV 同塔双回路悬垂直线塔时，假定悬垂 I 串长度为 3.0m，要求最大档距为 800m，对应的导线最大弧垂为 49m。计算不同回路不同相导线间最小水平线距离是下列哪项数值？（　　）

（A）5.75m　　（B）6.55m
（C）7.75m　　（D）8.25m

37. 500kV 线路在最大计算弧垂情况下，非居民区导线与地面的最小距离由下列哪个因素确定？（　　）

（A）由最大场强 7kV/m 确定
（B）由最大场强 10kV/m 确定
（C）由操作间隙 2.7m 加裕度确定
（D）由雷电间隙 3.3m 加裕度确定

38. 下列有关电力系统设计的描述哪项是错误的？（　　）

（A）主干电网在事故后经调整的运行方式下应有规定的静态储备，并满足再次发生单一元件故障后的暂态稳定和其他元件不超过规定事故过负荷能力的要求
（B）系统间有多回联络线时，交流一回线或直流单极故障，应保持稳定运行并不损失负荷
（C）相邻分区之间下级电压电网联络线应解列运行，并保持互为备用
（D）电网输电容量必须满足各种正常和事故运行方式的输电需要，水电站因水文变化引起的出力变化属于非正常运行方式

39. 大容量电容器组选用具有内熔丝单台容量为 500kvar 的电容器，下列哪项不宜作为该电容器回路的配套设备？（　　）

（A）断路器、隔离开关及接地开关
（B）操作过电压保护用避雷器
（C）放电线圈
（D）单台电容器保护用额定电流 60A 的外熔断器

40. 某地区电网现有一座 50MW 光伏电站，通过一回 35kV 线路并入某个 220kV 变电站 35kV 母线，对于该光伏电站无功补偿装置，下列哪项叙述不满足规程要求？（　　）

（A）光伏电站动态无功响应时间不应大于 30ms
（B）光伏电站功率因数应能在超前 0.95 和滞后 0.95 范围内连续可调
（C）光伏电站配置的无功电压控制系统响应时间不应超过 10s
（D）该光伏电站的无功电源包括并网逆变器和无功补偿装置（SVG）

二、多项选择题（共 30 题，每题 2 分。每题的备选项中有 2 个或 2 个以上符合题意。错选、少选、多选均不得分）

41. 下列关于爆炸性危险环境的电气设计的说法哪些符合规定？（　　）

（A）电动机均应装设断相保护
（B）当控制室为正压室时，可布置在爆炸性环境 21 区内
（C）在爆炸性环境 1 区内应采用铜芯电缆
（D）架空电力线路不得跨越爆炸性气体环境

42. 关于电缆敷设，下列哪些防火措施符合标准要求？（　　）

（A）严禁油管路穿越电缆隧道
（B）穿防火墙的电缆孔洞封堵材料的耐火极限不应低于 1.0h
（C）200MW 燃煤电厂的主厂房应采用 C 类阻燃电缆
（D）靠近带油设备的电缆沟盖板应密封

43. 特高压直流换流站中交流滤波器的配置应根据下列哪些因素确定？（　　）

（A）直流线路等效干扰电流　　（B）换流站产生的谐波
（C）交流系统的背景谐波　　（D）交流谐波干扰指标

44. 某电厂建设 2 台 660MV 燃煤机组，采用发电机—变压器组单元接线接至厂内 500kV 配电装置，500kV 配电装置采用 500kV GIS，电厂通过 2 回 500kV 架空线路接入附近变电站，线路长度 10km，电网对电厂主接线没有特殊要求，500kV 配电装置不再扩建，电厂宜简化接线形式，关于电厂 500kV 配电装置的电气主接线，可采用下列哪些接线形式？（　　）

（A）发电机—变压器—线路组接线　　（B）桥形接线
（C）一个半断路器接线　　（D）四角形接线

45. 风力发电场运行适应性应符合下列哪些规定？（　　）

（A）风力发电场并网点电压在标称电压的 0.9 倍～1.1 倍额定电压范围（含边界值）内时，风力发电机组应能正常运行
（B）风力发电场并网点电压在标称电压的 0.8 倍～0.9 倍额定电压范围（含 0.8 倍）内时，风力发电机组应能不脱网运行 30min
（C）电力系统频率在 49.5～50.2Hz 范围内时（含边界值），风加发电机组应能正常运行
（D）电力系统频率在 48～49.5Hz 范围内时（含 48Hz），风力发电机组应能不脱网运行 60min

46. 下列叙述哪些是正确的？（　　）

（A）当离相封闭母线通过短路电流时，其外壳的感应电压应不超过 50V
（B）对 35kV 及以上并联电容器装置，宜选用 SF6 断路器或负荷开关
（C）发电机断路器三相不同期合闸时间应不大于 10ms，不同期分闸时间应不大于 5ms

（D）校验支柱绝缘子机械强度时，应将作用在母线截面重心上的母线短路电动力换算到绝缘子重心上

47. 对于交流单芯电力电缆金属套接地的方式，下列描述哪几项是符合标准要求的？（ ）

（A）交流单芯电力电缆金属套上应至少在一端直接接地

（B）线路不长，且能满足标准中的要求时，应采取中央部位单点直接接地

（C）线路较长，单点直接接地方式无法满足标准的要求时，水下电缆、35kV及以下电缆或输送容量较小的35kV以上电缆，可采取在线路两端直接接地

（D）110kV及以下单芯电力电缆金属套单点直接接地，且有增强护层绝缘保护需要时，可在线路未接地的终端设置护层电压限制器

48. 下列关于变压器布置的叙述，哪些是正确的？（ ）

（A）66kV及以下屋外油浸变压器最小间距为5m

（B）室内布置的无外壳干式变压器的距离不小于800mm

（C）总油量超过100kg的室内油浸变压器应布置在单独的变压器间内

（D）总事故储油池容量宜按接入的油量最大一台设备的全部油量确定

49. 当抗震设防烈度为8度及以上时，下列电气设施的布置要求哪些是正确的？（ ）

（A）220kV配电装置宜采用半高型布置

（B）干式空心电抗器采用三相水平布置

（C）110kV管形母线采用悬挂式结构

（D）110kV电容器平台采用悬挂式结构

50. 对于500kV 3/2断路器接线的屋外敞开式配电装置，断路器宜采用下列哪几种布置方式？（ ）

（A）单列式布置　　（B）双列式布置

（C）三列式布置　　（D）品字形布置

51. 关于发电厂直击雷保护设置，下列哪几项是正确的？（ ）

（A）屋外配电装置应设直击雷保护

（B）火力发电厂的烟囱、冷却塔应设直击雷保护

（C）屋外GIS的外壳应设直击雷保护

（D）输煤系统的地面转运站、输煤栈桥等应设直击雷保护

52. 对于发电厂接地系统的设计，下列叙述哪些是错误的？（ ）

（A）发电厂的接地网除应利用自然接地极外，还应敷设人工接地极；敷设的人工接地极需校验其热稳定截面，当利用自然接地极时，可不进行热稳定校验

（B）当接触电位差和跨步电位差满足要求时，可不再对接地网接地电阻值提具体要求

（C）集拉楼内安装的 220V 动力蓄电池组的支架可不接地

（D）屋内外配电装置的钢筋混凝土架构应接地

53. 现需设计一新建 220kV 变电站，在开始设计接地网时，设计人员应掌握下列哪些内容？（　　）

（A）工程地点的地形地貌

（B）工程地点的气候特点

（C）实测或搜集站址土壤电阻率分布资料、土壤的种类和分层状况、站址处较大范围土壤的不均匀程度

（D）土壤的腐蚀性能数据

54. 根据规程要求，下列关于高压断路器控制回路的要求，哪些是正确的？（　　）

（A）应有电源监视，并宜监视跳、合闸绕组回路的完整性

（B）合闸或跳间完成后应使命令脉冲自动解除。应能指示断路器合闸与跳闸的位置状态；自动合闸或跳闸时应能发出报警信号

（C）有防上断路器“跳跃”的电气闭锁装置，宜使用操作箱内的防跳回路

（D）分相操作的断路器机构有非全相自动跳闸回路，并能够发出断路器非全相信号

55. 在下列哪些发电设施的主控制室（或中央控制室），监视并记录的电气参数应至少包括主要母线的频率及电压、全厂总和有功功率、全厂总和无功功率？（　　）

（A）在总装机容量为 300MW 火力发电厂的主控制室

（B）在总装机容量为 50MW 水力发电厂的主控制室

（C）在大型风力发电站的主控制室

（D）在大型光伏发电站的主控制室

56. 对于发电厂 3～10kV 高压厂用电系统，馈线回路零序电流互感器采用与小电流接地故障检测装置配套使用的互感器时，适用于下列哪些厂用电系统中性点接地方式？（　　）

（A）经消弧线圈接地方式

（B）经低电阻接地方式

（C）不接地方式

（D）经高电阻接地方式

57. 下列有关继电保护整定的描述哪些是错误的？（　　）

（A）220～750kV 线路重合闸整定时间是指从装置感知断路器断开（无流）到断路器主断口重新合上的时间

（B）配合是指在两维平面上（横坐标保护范围，纵坐标保护时间），整定定值曲线与配合定值曲线不相交，其间的空隙是配合系数

（C）对于 220～750kV 电网的母线，母线差动保护是其主保护；由于采用近后备保护方式，无

须再设其他后备保护

（D）继电保护整定时短路电流计算值可不计暂态电流中非周期分量

58. 关于直流电缆的技术要求，下列哪几条是符合设计规程要求的？（　　）

（A）不得采用多芯电缆

（B）直流电动机正常运行时其回路电缆压降不宜大于标称电压的 3%

（C）供 DCS 系统的直流回路应选用屏蔽电缆

（D）直流电源系统明敷电缆应选用铜芯电缆

59. 对于 500kV 变电站，当站用电电气装置的电击防护采用安装剩余电流动作保护电器时，下列哪几项描述是正确的？（　　）

（A）保护单相回路和设备，应选用二极保护电器

（B）保护三相三线回路和设备，应选用三极保护电器

（C）保护三相四线制回路时，应选用三极保护电器，严禁将保护接地中性导体接入开关电器

（D）三相五线制系组回路中，应选用三极保护电器

60. 下列哪些措施可以抑制谐波？（　　）

（A）对高压变频器选用高—高型

（B）加大低压厂用变压器容量，降低变压器阻抗，提高系统短路容量

（C）在空冷岛接有集中变频路的低压厂用变压器合理选择接线组别

（D）对变频器设备的电缆敷设路径、屏蔽措施、接地设计采取措施降低高次谐波带来的空间电磁干扰

61. 对发电厂照明，下列哪些要求是正确的？（　　）

（A）照明变压器宜采用 Dy11 接线

（B）制氢站电解间照明线路采用铜芯绝缘导线穿阻燃塑料管敷设

（C）为爆炸危险场所提供照明电源的照明配电箱出线回路应采用双极开关

（D）厂区道路照明的每个照明灯具应单独安装就地短路保护

62. 下列有关电力系统电压和无功电力的相关描述，正确的有哪几项？（　　）

（A）对进、出线以电缆为主的 220kV 变电站，可根据电缆长度配置相应的感性无功补偿设备

（B）10kV 及以下配电线路上可配置高压并联电容器，当线路最小负荷时，不应向变电站倒送无功

（C）新装调相机应具有长期吸收 80%～90%额定容量无功电力的能力

（D）当运行电压低于 90%系统标称电压时，应闭锁有载调压变压器的分接开关调整

63. 下列哪些情况宜选用一体化集合式电容器装置？（　　）

（A）电容器单组容量较大的 500kV 及以上电压等级变电站

（B）特大城市中心城区的变电站

（C）8 度地震烈度的变电站

（D）拉萨城区的变电站

64. 某地区规划建设风电基地，风电装机容量 2000MW，拟通过一回 500kV 线路并入电网（并网点标称电压为 525kV），当电网发生故障时，该风电场群低电压穿越能力下列哪几项不满足技术要求？（　　）

（A）当电网发生两相短路故障，风电场 500kV 并网点电压跌至 105kV 时，风电机组应能保证不脱网连续运行 625ms

（B）当电网发生单相短路故障，风电场 500kV 并网点电压跌至 210kV 时，风电机组应能保证不脱网连续运行 1s

（C）当电网发生三相短路故障，风电场 500kV 并网点电压跌至 315kV 时，风电机组应能保证不脱网连续运行 1.2s

（D）当电网发生故障时，风电场 500kV 并网点电压跌落后 2S 内恢复至 490kV，风电机组应保证不脱网连续运行

65. 在架空输电线路设计中，330kV 及以上线路的导线绝缘子串应考虑下列哪些措施？（　　）

（A）均压措施

（B）防电晕措施

（C）防振措施

（D）防舞措施

66. 高压电缆考虑设置回流线时，下列哪些说法正确？（　　）

（A）回流线可用于抑制短路时电缆金属护套工频感应电压

（B）回流线可用于抑制电缆对邻近弱电线路电气干扰

（C）回流线截面选择时满足电缆最大稳态电流时的热稳定要求

（D）回流线截面选择时满足电缆最大暂态电流时的热稳定要求

67. 计算高压单芯电缆载流量时，下列哪些说法正确？（　　）

（A）交叉互联接地单芯电缆三段不等长时，需考虑金属护套损耗影响

（B）有通风设计的电缆隧道，环境温度应按通风设计温度另加 5℃

（C）无需考虑防火涂料、包带对载流量的影响

（D）排管中不同孔位的电缆需计入互热因素的影响

68. 一般架空输电线路验算导线允许载流量时，关于导线允许温度的取值，下列哪些选项是错误的？（　　）

（A）钢芯铝绞线宜采用 70℃，必要时采用 80℃

（B）钢芯铝合金绞线宜采用 80℃

（C）钢芯铝包钢绞线可采用 80℃

（D）铝包钢绞线可采用 90℃

69. 某架空送电线路，地线型号为 GJ-80，选用悬垂线夹时，下列哪些要求是错误的？（　　）

（A）最大使用荷载情况时安全系数不应小于 2.5

（B）最大使用荷载情况时安全系数不应小于 2.7

（C）线夹握力不应小于地线计算拉断力的 18%

（D）线夹握力不应小于地线计算拉断力的 24%

70. 关于架空线路绝缘子污闪电压的结论，下列哪些叙述是正确的？（ ）

（A）绝缘子污闪电压提高倍数低于泄漏比距提高倍数

（B）绝缘子污闪电压提高倍数高于泄漏比距提高倍数

（C）绝缘子形状对污闪电压没有影响

（D）相同爬电距离、相同结构高度情况下，复合绝缘子污闪电压高于瓷绝缘子

2021 年专业知识试题（下午卷）[①]

一、单项选择题（共 40 题，每题 1 分，每题的备选项中只有 1 个最符合题意）

1. 若建筑物内电气转置采用保护总等电位连接系统，则金属送风管与总接地母线之间连接的导体称为下列哪一项？（　　）

（A）接地导体　　（B）保护导体

（C）辅助连接导体　　（D）保护连接导体

2. 某垃圾电厂设置 1 台 35MW 汽轮发电机组，采用发电机变压器单元接线，接入 35kV 系统，设置发电机断路器（以下简称 GCB），厂用电源由 GCB 和主变低压侧之间引接，则发电机的额定电压宜采用下列哪项数值？（　　）

（A）3.15kV　　（B）6.3kV

（C）10.5kV　　（D）13.8kV

3. 对于安装在环境空气温度 50℃的 35kV 开关，其外绝缘在干燥状态下的相对地额定短时工频试验电压应取下列哪项数值？（　　）

（A）95kV　　（B）98kV

（C）118kV　　（D）185kV

4. 1000kV 屋外配电装置电气设备最大风速宜选择：（　　）

（A）离地面 10m 高、30 年一遇 10min 平均最大风速

（B）离地面 10m 高、50 年一遇 10min 平均最大风速

（C）离地面 10m 高、100 年一遇 10min 平均最大风速

（D）离地面 10m 高、100 年一遇 15min 平均最大风速

5. 进行绝缘配合时，下列哪项描述是正确的？（　　）

（A）对 220kV 系统，相间操作过电压最小应为相对地过电压的 2 倍

（B）雷电冲击电压的波形应取波前时间 1.2μs，波尾时间 50μs

（C）操作冲击电压的波形应取波前时间 200μs，波尾时间 2500μs

（D）电气设备内、外绝缘雷电冲击绝缘水平，宜以最大操作过电压为基础，用确定法确定

6. 假设某 220kV 枢纽变电站的土壤具有较重腐蚀性，则下列关于接地网防腐蚀设计的说法，哪项不正确？（　　）

（A）计及腐蚀影响后，接地装置的设计使用年限应与地面工程的设计使用年限一致

（B）接地网不应采用热镀锌钢材

[①] 2021 年专业知识试题（上午卷）缺。

（C）接地装置的防腐蚀设计宜按当地的腐蚀数据进行

（D）通过技术经济比较后，可采用铜材、覆铜钢材

7. 某2×300MW 火力发电机组，每台机组配置一台厂用高压变压器，两台机组配置一台启动备用变压器。每台发电机经主变压器升压到 220kV，通过 2 回 220kV 线路接入系统，220kV 升压站为双母线接线。启动备用变压器电源由 220kV 升压站引接。下列该电厂向调度传送的遥测量中，哪一项不符合标准要求？（　　）

（A）发电机有功功率、无功功率

（B）启动备用变压器有功功率、无功功率

（C）厂用高压变压器有功功率、无功功率

（D）220kV 线路电压

8. 某 220V 阀控铅酸蓄电池组，其容量为 1600Ah，蓄电池内阻和其连接条电阻总和为 11.3mΩ。其相应的直流柜内元件应至少能达到的短路水平为下列哪项数值？（　　）

（A）10kA　　（B）20kA

（C）25kA　　（D）30kA

9. 当作业面照度为 500lx 时，则该作业面邻近周围照度值不宜低于下列哪项数值？（　　）

（A）200lx　　（B）300lx

（C）400lx　　（D）500lx

10. 在架空送电线路设计中，操作过电压工况的气温可采用年平均气温，风速和覆冰按照以下哪种方案取值？（　　）

（A）风速宜取基本风速折算到导线平均高度处的 50%，但不宜低于 15m/s，且应无冰

（B）风速宜取基本风速折算到导线平均高度处的数值，且应无冰

（C）风速宜取基本风速折算到导线平均高度处的 50%，但不宜低于 10m/s，且应无冰

（D）取基本风速的 50%，但不宜低于 10m/s，且应无冰

11. 下列对电机形式的选择，哪项不属于节能措施？（　　）

（A）燃机启动采用变频电动机　　（B）汽机润滑油泵采用直流电动机

（C）锅炉引风机采用双速电动机　　（D）输煤皮带机采用绕线式电动机

12. 某 380V 动力中心由一台低压变供电，变压器参数为：$S_e = 1000\text{kVA}$，6.3/0.4kV，$U_d = 6\%$。若该动力中心计及反馈的异步电动机总功率为 750kW，则该动力中心三相短路电流周期分量的起始值为下列哪项数值？（　　）

（A）26.44kA　　（B）27.78kA

（C）32.34kA　　（D）33.68kA

13. 以下哪个容量的阀控式密封铅酸蓄电池应设专用蓄电池室？（　　）

（A）100Ah （B）200Ah

（C）250Ah （D）300Ah

14. 以下对于接地装置的设计要求中，哪项叙述不符合规范要求？（ ）

（A）当接触电位差和跨步电位差满足要求时，可不再校验接地电阻值

（B）雷电保护接地的接地电阻，可只采用在雷季中的最大值

（C）标称电压 220V 及以下的蓄电池室内的支架可不接地

（D）安装在配电装置上的电测量仪表的外壳可不接地

15. 以下有关变电站防火设计标准，哪一条是不正确的？（ ）

（A）油量为 2500kg 及以上的屋外油浸变压器或高压电抗器与油量为 600kg 以上的带油电气设备之间的防火间距不应小于 5m

（B）总油量超过 100kg 的屋内油浸变压器，应设置单独的变压器室

（C）消防用电设备采用双电源或双回路供电时，应在最末一级配电箱处自动切换

（D）变电站的消防水泵、自动灭火系统、与消防有关的电动阀门及交流控制负荷，均按 I 类负荷供电

16. 在空冷岛采用大量低压变频电动机时，以下哪条不是降低谐波危害的措施？（ ）

（A）低压变频器应由专用的低压厂用变压器供电，非变频器类负荷宜由其他低压厂用变压器供电

（B）给低压变频器供电的配电装置采用电磁屏蔽隔离，远离其他常规供电的配电装置

（C）加大专用低压厂用变压器的容量，降低变压器阻抗，提高系统的短路容量

（D）多台专用低压厂用变压器宜合理选用不同的接线组别，以有效抵消高压厂用母线上的奇次电流谐波

17. 电容器组额定电压 38kV，单星形接线，每相电容器单元 7 并 4 串，请计算单只电容器应能承受的长期工频过电压最接近下列哪项数值？（ ）

（A）5.5kV （B）6kV

（C）24kV （D）42kV

18. 假定风向与导线垂直时的导线风荷载为 16000N，计算风向与导线方向夹角为 60°时垂直于导线方向的风荷载为下列哪项数值？（ ）

（A）8000N （B）9000N

（C）10000N （D）12000N

19. 有火灾危险环境中的明敷低压配电导线，应选择下列哪种型号？（ ）

（A）BX （B）BVV

（C）BBX （D）BXF

20. 某支路三相短路电流周期分量的起始有效值为 20kA，该支路$R_\Sigma/X_\Sigma = 0.04$，则 100ms 时该支路

三相短路电流的非周期分量值（$f = 50\text{Hz}$）为下列哪项数值？（　　）

（A）−5.69kA （B）−6.45kA
（C）−7.36kA （D）−8.05kA

21. 下列关于屋外裸导体选择选用的环境温度哪一项是正确的？（　　）

（A）最热月平均最高温度（最热月每日最高温度的月平均值，取最高年数值）
（B）年最高温度（多年的最高温度值）
（C）最热月平均最高温度（最热月每日最高温度的月平均值，取多年平均值）
（D）年最高温度（多年最高温度平均值）

22. 对线路操作过电压绝缘设计起控制作用的空载线路合闸及单相重合闸过电压设计时，500kV 系统的空载线路合闸及单相重合闸产生的相对地统计过电压不宜大于下列哪项数值？（　　）

（A）1.8p.u. （B）2.0p.u.
（C）2.2p.u. （D）3.0p.u.

23. 关于发电厂同步系统的闭锁措施，下列哪项不正确？（　　）

（A）进行手动调压时，应切除自动准同步装置的调压回路
（B）各同步装置之间应闭锁，最多仅允许两套同步装置进入工作
（C）自动准同步装置仅当同步时才投入使用
（D）自动准同步装置应有投入、退出及试验功能

24. 关于 500kV 变电站用电供电方式，下列哪项不符合规范要求？（　　）

（A）站用电负荷宜由站用配电屏直配供电
（B）对于重要负荷应采用分别接在两段母线上的双回路供电方式
（C）当站用变压器容量大于 400kV 时，小于 80kVA 的负荷宜集中供电就地分供
（D）检修电源网络宜采用按功能区域划分的单回路分支供电方式

25. 某直线塔采用单线夹，线夹为中心回转式，允许悬垂角$\theta_d = 23°$，该塔前侧导线的悬垂角$\theta_1 = 25.5°$，后侧导线的悬垂角$\theta_2 = 19.5°$，下列判断哪项正确？（　　）

（A）$\theta_1 = 25.5° > 23°$，超过线夹的允许悬垂角，不满足要求
（B）$\theta_2 = 19.5° < 23°$，未超过线夹的允许悬垂角，满足要求
（C）无法判断
（D）$(\theta_1 + \theta_2)/2 = 22.5° < 23°$，未超过线夹的允许悬垂角，满足要求

26. 某光伏发电站安装容量为 50MWp，该光伏发电站发电母线电压及电气主接线宜为下列哪组？
（　　）

（A）6kV，单母线接线 （B）10kV，单母线分段
（C）35kV，单母线分段 （D）220kV，双母线接线

27. 中性点非有效接地系统电压互感器剩余电压绕组的额定二次电压应选择下列哪项数值？（　　）

（A）100V　　（B）$100/\sqrt{3}$V　　（C）100/3V　　（D）50V

28. 发电厂控制室的电气报警信号分为事故信号和预告信号，下列哪项表述是正确的？（　　）

（A）油浸变压器的轻瓦斯保护动作信号是事故信号
（B）发电机定时限过负荷保护动作信号是事故信号
（C）在高压厂用电中性点不接地系统中，单相接地故障信号是预告信号
（D）变压器有载调压开关的重瓦斯保护动作信号是预告信号

29. 有关发电接入系统，以下描述中不正确的是哪项？（　　）

（A）发电厂接入系统的电压不宜超过两种
（B）对于大型输电通道，送端电厂之间及同一方向输电的几组输电回路之间连接与否应进行论证，在技术经济指标相差不大的情况下，应优先推荐连接的方案
（C）对于利用小时数较低的水电站、风电场等电厂送出，应尽量减少出线回路数，确定出线回路数时可不考虑送出线的“N-1”方式
（D）对核电厂送出线路出口应满足发生三相短路不重合时保持稳定运行和电厂正常送出

30. 某 220kV 山区架空输电线路工程，地线平均高度为 32m，地线挂点高度为 40m，保护角为 10°，按经验法估算绕击率为下列哪项数值？（　　）

（A）0.2%　　（B）0.24%　　（C）0.28%　　（D）0.45%

31. 海上升压变电站内设置 2 台及以上主变压器时，当一台主变压器故障退出运行时，剩余的主变压器至少可送出风电场多少容量？（　　）

（A）55%　　（B）60%　　（C）65%　　（D）70%

32. 在海拔 1000m 的高度对安装在海拔高度为 1600m 的 220kV 变压器做雷电全波冲击耐压试验，其中性点采用直接接地比采用不接地方式时变压器中性点的雷电全波冲击耐压可降低多少？（　　）

（A）115kV　　（B）140kV　　（C）215kV　　（D）231kV

33. 对本单元机组直流分电柜接线，下列哪项说法符合设计规程要求？（　　）

（A）应设置两段母线
（B）每段母线宜由来自同一蓄电池组的两回直流电源供电
（C）每段母线宜由来自不同蓄电池组的两回直流电源供电
（D）母线之间可采用手动断电切换方式

34. 当配电装置室的屋顶采用避雷带保护时，以下哪项避雷带及接地引下线的设计满足规范要求？（　　）

（A）该避雷带的网格为 5m，每隔 8m 设接地引下线

（B）该避雷带的网格为 10m，每隔 12m 设接地引下线

（C）该避雷带的网格为 20m，每隔 18m 设接地引下线

（D）该避雷带的网格为 20m，每隔 25m 设接地引下线

35. 架空线路的输电能力与电力系统运行经济性稳定性有很大关系，以下描述不正确的是哪项？（　　）

（A）线路的自然输送容量与线路额定电压的平方成正比，与线路波阻抗成反比

（B）当线路传输自然功率时，为无功功率损耗传输特征

（C）当输送功率大于自然功率时，线路电压从始端往末端提高

（D）远距离输电线路的传输能力主要取决于发电机并列运行的稳定性，以及为提高稳定性所采取的措施

36. 对于输电线路的无线电干扰，下列哪项叙述是正确的？（　　）

（A）交流输电线路晴天的无线电干扰水平比雨天时大

（B）直流输电线路晴天的无线电干扰水平比雨天时大

（C）对于双极直流线路，夏季是一年中无线电干扰水平最低的季节

（D）负极性下的无线电干扰水平比正极性下的高

37. 当断路器的两端为互不联系的电源时，断路器同极断口间的公称爬电比距与对地公称爬电比距之比为下列哪项数值？（　　）

（A）1.05　　（B）1.10

（C）1.20　　（D）1.35

38. 风电场海上升压变电站中，开关柜设备的柜后通道宽度不宜小于多少？（　　）

（A）400mm　　（B）500mm

（C）600mm　　（D）800mm

39. 硬接线手动控制方式屏（台）的布置，下列哪项不符合设计规程的要求？（　　）

（A）测量仪表宜与模拟接线相对应，A、B、C 相按纵向排列

（B）当光字牌设在控制屏的中间，要求上部取齐

（C）屏上仪表最低位置不宜小于 1.5m

（D）采用灯光监视时，红、绿灯分别布置在控制开关的右上侧及左上侧

40. 某 500kV 变电站配置了一组 500kV 并联电抗器。对于该并联电抗器的配置，下列哪项描述是正确的？（　　）

（A）可装设过电流保护　　（B）保护应双重化配置

（C）可不装设过负荷保护　　（D）应装设匝间短路保护

二、多项选择题（共 30 题，每题 2 分。每题的备选项中有 2 个或 2 个以上符合题意。错选、少选、多选均不得分）

41. 在光伏发电站设计中，下列哪几项是符合规范要求的？（　　）

（A）光伏发电站的选址不应破坏原有水系
（B）站内逆变器的噪声可采用隔声、消声、吸声等控制措施
（C）光伏发电站的污水不应排放
（D）可以在风力发电场内建设光伏发电站

42. 在大型火力发电厂的高压配电装置中，关于高压并联电抗器回路的断路器设置，下列哪些叙述是正确的？（　　）

（A）500kV 线路并联电抗器回路应装设断路器
（B）500kV 母线并联电抗器回路应装设断路器
（C）750kV 线路并联电抗器回路不宜装设断路器
（D）750kV 母线并联电抗器回路不宜装设断路器

43. 下列关于高压断路器分、合闸时间选择的叙述哪些是正确的？（　　）

（A）对于 220kV 系统，当电力系统稳定要求快速切除故障时应选用分闸时间不大于 0.04s 的断路器
（B）对于 220kV 系统，当电力系统稳定要求快速切除故障时应选用分闸时间不大于 0.08s 的断路器
（C）系统故障切除前短时给发电机接入加载电阻的断路器合闸时间不大于 0.04～0.06s
（D）系统故障切除前短时给发电机接入加载电阻的断路器合闸时间不大于 0.08s

44. 对于风电场海上升压变电站主要电气设备，下列布置要求正确的有哪些？（　　）

（A）主要电气设备宜采用户内布置，主变压器、无功补偿的散热部件应采用户外布置
（B）主变压器事故集油装置应设置在主变下层区域
（C）开关柜设备的柜前通道不宜小于 400mm
（D）应急配电装置应设置在单独的舱室内

45. 关于独立避雷针的接地装置，下列哪些说法是符合规范要求的？（　　）

（A）独立避雷针应设独立的接地装置
（B）在非高土壤电阻率地区，接地装置的接地电阻不宜超过 10Ω
（C）该接地装置可与主接地网连接，避雷针与主接地网的地下连接点至 35kV 及以下设备与主接地网的地下连接点之间，沿接地极的长度不得小于 15m
（D）当不采取措施时，避雷针及其接地装置与道路或出入口的距离不宜小于 3m

46. 下列关于低压电气装置保护导体的叙述，哪些是正确的？（　　）

（A）PE对机械伤害、化学或电化学损伤、电动力和热动力等，应具有适当的防护性能

（B）金属水管、柔性金属部件可作为PE或保护连接导体

（C）PEN应按可能遭受的最高电压加以绝缘

（D）从装置的任一点起，当N和PE分别采用单独的导体时，不允许该N再连接到装置的任何其他的接地部分

47. 对于下列电力装置，哪些回路应计量无功电能？（　　）

（A）自耦变压器的三侧

（B）10kV线路

（C）高压厂用工作变压器高压侧

（D）直流换流站的换流变压器交流侧

48. 某调度自动化系统主站系统不兼具控制中心系统功能，厂站端无须向主站端传送的信息有哪些？（　　）

（A）直流系统接地

（B）变压器油温

（C）通信网关告警

（D）智能变电站户外柜的温度

49. 单机容量为50～125MW级的机组，其高压厂用工作电源的设置应遵循以下哪几项原则？（　　）

（A）每台机组宜采用1台双绕组变压器

（B）当发电机与高压厂用电电压一致时，可不设高压厂用工作变压器，或设限流电抗器限制高压厂用母线的短路电流

（C）在厂用分支上装设断路器时，可采用能够满足动稳定要求的断路器，再采取大电流闭锁措施保证其允许在开断短路电流范围内切除短路故障

（D）在厂用分支上装设限流电抗器后，断路器宜装设在电抗器前，应按电抗器后短路条件验算分断能力和动稳定性

50. 经断路器接入35kV母线的电容器装置应装设下列哪些配套设备？（　　）

（A）负荷开关

（B）串联电抗器

（C）操作过电压保护用避雷器

（D）接地开关

51. 关于提高电力系统稳定的二次系统措施，下列哪几项符合规范要求？（　　）

（A）架空线路自动重合闸

（B）快速减火电机组原动机出力

（C）水轮发电机快速励磁

（D）切除发电机组

52. 当某股钢芯铝绞线温度处于拐点温度以上时，计算导线应力应考虑以下哪些选项？（　　）

（A）股钢芯的弹性系数

（B）铝线的弹性系数

（C）铝线截面积

（D）股钢芯的膨胀系数

53. 在架空送电线路设计中，下列哪些情况下需要校验电线的不平衡张力？（　　）

（A）设计冰厚较大
（B）设计风速较大
（C）档距、高差变化不大
（D）电线悬挂点的高差相差悬殊、相邻档距大小悬殊

54. 海上升压变电站的主要电气设备选择应遵循下列哪些原则？（　　）

（A）能够在无人值守条件下可靠运行
（B）能够适应海上升压变电站的运行环境
（C）能够满足海上升压变电站的水下运行要求
（D）能够适应海上升压变电站在运输、安装及运行期的倾斜、摇晃及振动

55. 在计算短路电流时，下列哪些元件正序与负序阻抗是相同的？（　　）

（A）发电机　（B）变压器
（C）电抗器　（D）架空线路

56. 对于发电机离相封闭母线的设计，下列哪些描述是正确的？（　　）

（A）当母线通过短路电流时，外壳的感应电压应不超过 24V
（B）当母线通过短路电流时，外壳的感应电压应不超过 36V
（C）在日环境温度变化比较大的场所宜采用微正压充气
（D）在湿度较大的场所宜采用微正压充气

57. 1kV 及以下电源中性点直接接地时，下列单相回路的电缆芯数选择哪些是正确的？（　　）

（A）保护导体与受电设备的外露可导电部位连接接地时，TN-C 系统应选用 3 芯电缆
（B）TT 系统，受电设备外露可导电部位的保护接地与电源系统中性点接地各自独立时，应选用 2 芯电缆
（C）TN 系统，受电设备外露可导电部位可靠连接至分布在全厂、站公用接地网时，固定安装的电气设备宜选用 2 芯电缆
（D）TN-S 系统，保护导体与中性导体各自独立时，当采用单根电缆时，宜选用 3 芯电缆

58. 海拔 1000m 处的屋外配电装置最小安全净距，下列哪几项可取 2550mm？（　　）

（A）220kV 配电装置的交叉不同时停电检修的无遮拦带电部分之间
（B）330kV 配电装置的交叉不同时停电检修的无遮拦带电部分之间
（C）220kV 配电装置的栅状遮拦至绝缘体和带电部分之间
（D）330kV 配电装置的网状遮拦至带电部分之间

59. 发电厂采取雷电过电压保护措施时，下列做法正确的有哪些？（　　）

（A）若独立避雷针与主接地网的地下连接点至 35kV 及以下设备与主接地网的地下连接点之间

沿接地极的长度大于 15m，则独立避雷针接地装置可与主接地网连接

（B）对 220kV 屋外配电装置，当土壤电阻率不大于 1000Ω · m时可将避雷针装在配电装置的架构上

（C）当土壤电阻率大于 350Ω · m时，在采取相应的防止反击措施后，可在变压器门形架构上装设避雷针、避雷线

（D）35kV 和 66kV 配电装置，当土壤电阻率大于 500Ω · m时，可将线路的避雷线引接到出线门形架构上，并装设集中接地装置

60. 为了防止将接地网的高电位引向厂外，应采取以下哪些措施？（　　）

（A）采用扁铜与二次电缆的屏蔽层并联敷设

（B）向厂外供电采用架空线，其电源中性点在厂内外均需接地

（C）向厂外供电的低压厂用变 400V 绕组的短时（1min）交流耐受电压比厂内接地网地电位高 40%

（D）通向厂外的管道采用绝缘段

61. 对于电气控制、继电器屏的端子排，下列哪几项符合规程要求？（　　）

（A）端子排应由阻燃材料构成

（B）每个安装单位的端子排各回路的排列顺序（自上而下），控制回路排在开关量信号前

（C）同一屏上的各安装单位之间的转接回路可不经过端子排

（D）安装在屏上每侧的端子距地不宜小于 350mm

62. 下列哪些因素影响架空输电线路导线电晕损失？（　　）

（A）空气密度　　（B）相对湿度

（C）环境温度　　（D）降雨、降雪

63. 根据规程要求，下列关于自动重合闸的叙述哪些是正确的？（　　）

（A）3kV 及以上的架空线路及电缆线路，在具有断路器的条件下，如用电设备允许且无备用电源自动投入时，应装设自动重合闸装置

（B）自动重合闸装置动作后，应能经整定的时间后自动复归

（C）自动重合闸装置应具有接收外来闭锁信号的功能

（D）在任何情况下，自动重合闸装置的动作次数应符合预先的规定

64. 在直流系统设计中，对于充电装置的选择和设置要求，下列哪几项是正确的？（　　）

（A）充电装置的高频开关电源线路的功率因数不应小于 0.9

（B）充电装置额定输出电流应满足浮充电和均衡充电要求

（C）充电装置的直流回路宜采用熔断器保护

（D）充电装置屏的背面间距不得小于 1000mm

65. 某 220kV 架空同塔双回线，降低该线路雷击引起的双回同时跳闸率的有效措施有以下哪些

选项？（　　）

（A）增加一回路绝缘水平　　（B）避雷线对杆塔绝缘
（C）在一回路上增加绝缘子并联间隙　　（D）适当增大杆塔高度

66. 关于火力发电厂低压厂用电配电装置布置，下列哪几项满足规范要求？（　　）

（A）厂用配电装置的长度大于 6m 时，其柜（屏）后应设置 2 个通向本室或其他房间的出口
（B）单排抽屉式配电屏屏前通道宽度不小于 1600mm
（C）厂用电屏的排列应具有规律性和对应性，并减少电缆交叉
（D）跨越屏前通道裸导电部分的高度不应低于 2.5m，当低于 2.5m 时应加遮护，遮护后的护网高度不应低于 2m

67. 输电线路的基本风速、设计冰厚重现期应符合下列哪些规定？（　　）

（A）750kV、500kV 输电线路重现期应取 50 年
（B）110～330kV 输电线路重现期应取 30 年
（C）110～750kV 输电线路大跨越重现期应取 50 年
（D）110～750kV 输电线路大跨越重现期应取 30 年

68. 直管形荧光灯应配用下列哪些种类镇流器？（　　）

（A）电子镇流器　　（B）传统电感镇流器
（C）节能型电感镇流器　　（D）恒功率镇流器

69. 有关电力系统第一级安全稳定标准，以下哪几项描述是正确的？（　　）

（A）第一级安全稳定标准：保证稳定运行和电网的正常供电
（B）第一级安全稳定标准是指正常运行方式下的电力系统受到单一故障扰动后，保护、开关及重合闸正确动作，不采取稳定控制措施，应能保持电力系统稳定运行和电网的正常供电；其他元件不超过规定的事故过负荷能力，不发生连锁跳闸
（C）任一段母线故障属于第一级安全稳定标准对应故障类型
（D）单回线故障或无故障三相断开属于第一级安全稳定标准对应故障类型

70. 选择电缆绝缘类型时，以下不正确的有哪些选项？（　　）

（A）应符合防火场所的要求
（B）直流输电系统不可选用交联聚乙烯型电缆
（C）有较高柔软性要求的回路不得选用橡皮绝缘电缆
（D）高温场所宜选用普通聚氯乙烯绝缘电缆

2022 年专业知识试题（上午卷）

一、单项选择题（共 40 题，每题 1 分，每题的备选项中只有 1 个最符合题意）

1. 在电气设计标准中，下列为强制性条文的是：（　　）

（A）防静电接地的接地电阻应在 30Ω 以下

（B）停电将直接影响到重要设备安全的负荷，必须设置自动投入的备用电源

（C）100MW 级及以上的机组应设置交流保安电源

（D）主厂房内照明/检修系统的中性点应采用直接接地方式

2. 关于大型水电机组，下列说法不符合规程要求的是：（　　）

（A）发电机/发电电动机中性点接地方式宜采用高电阻接地方式

（B）抽水蓄能电厂采用发电机电压侧同期与换相或接有启动变压器的回路时，发电机出口处必须装设断路器

（C）联合单元回路在发电机出口处必须装设断路器

（D）开、停机频繁的调峰水电站，当采用发电机-变压器单元接线时，发电机出口处宜装设断路器

3. 某支路三相短路电流周期分量的起始有效值为 45kA，$X_\Sigma/R_\Sigma=40$，$f=60$，不计周期分量衰减时，则该支路三相短路电流的冲击电流为：（　　）

（A）114.6kA　　（B）117.7kA

（C）121.6kA　　（D）122.5kA

4. 关于电器的正常使用环境条件规定，下列正确的选项是：（　　）

（A）最热月平均温度不超过 40℃，海拔不超过 1000m

（B）月平均温度不超过 40℃，海拔不超过 1000m

（C）月平均温度不超过 40℃，海拔不超过 2000m

（D）周围空气温度不高于 40℃，海拔不超过 1000m

5. 在进行屋内裸导体选择计算时，如该处无通风设计温度资料，则环境温度采取下列的方式是：（　　）

（A）最热月平均最高温度　　（B）最热月平均最高温度加 5℃

（C）年最高温度　　（D）年最高温度加 5℃

6. 为防止变电站内接地网的高电位引向站外造成危害，下列采取的措施错误的是：（　　）

（A）站用变压器向站外低压电气装置供电时，其 0.4kV 绕组的短时（1min）交流耐受电压应比站接地网地电位升高 30%

（B）向站外供电用低压架空线路，其电源中性点不在站内接地，在站外适当地方接地

（C）对外的非光纤通信设备加隔离变压器

（D）通向站外的管道采用绝缘段

7. 下列关于电力系统安全稳定的描述错误的是：（　　）

（A）电力稳定可分为功角稳定、频率稳定、电压稳定 3 大类

（B）小扰动功角稳定又可分为静态功角稳定、小扰动动态功角稳定

（C）大扰动功角稳定又可分为暂态功角稳定及第一、第二摆稳定

（D）N-1 原则是指正常方式下的电气系统任一元件（如发电机、交流线路、变压器、直流单极线路、直流换流器等）无故障或因故障断开，电力系统应能保持电力系统稳定运行和电网的正常供电，其他元件不过负荷，电压、频率均为允许范围内

8. 发电厂内多灰尘与潮湿场所，照明配电箱的外壳防护等级应为：（　　）

（A）IP40　　（B）IP42

（C）IP54　　（D）IP5X

9. 关于光伏发电系统汇流箱的选择，下列说法错误的是：（　　）

（A）直流汇流箱的输入回路应配置直流熔断器或直流断路器

（B）直流汇流箱的输出回路宜配置直流断路器

（C）交流汇流箱的输入回路应设置交流熔断器

（D）交流汇流箱的输出回路宜设置交流断路器或负荷开关

10. 某 220kV 架空输电工程，按当地污秽条件计算，采用爬电比距法得到该线路悬垂单串绝缘子数量为 13.8 片，如其他条件不变，采用同样绝缘子时 500kV 架空线悬垂单串绝缘子数量至少为：（　　）

（A）26 片　　（B）32 片

（C）28 片　　（D）34 片

11. 火力发电厂厂用电系统正常工作情况下，6kV 厂用工作电源母线频率范围不宜大于：（　　）

（A）90%～110%　　（B）95%～105%

（C）49～51Hz　　（D）49.5～50.5Hz

12. 600MW 级发电机中性点应采用的接地方式是：（　　）

（A）不接地方式　　（B）经小电阻接地方式

（C）经高电阻或消弧线圈接地方式　　（D）直接接地方式

13. 额定功率 1000MW 的同步发电机，额定励磁电压为 510V，励磁绕组额定交流工频耐压试验值（有效值）应为：（　　）

（A）1500V　　（B）2020V

（C）5020V　　（D）5100V

14. 关于 500kV 交流海底电缆线路选用电缆类型，下列选项正确的是：（　）

（A）宜选用交联聚乙烯或聚氯乙烯挤塑绝缘类型
（B）可选用不滴流浸渍纸绝缘
（C）选用橡皮绝缘等电缆
（D）可选用自容式充油电缆或交联聚乙烯绝缘电缆

15. 在山地设有 2 支 25m 高的等高独立避雷针，两针距离为 50m，则两针间保护范围上部边缘最低点高度为：（　）

（A）17.9m　　（B）15m
（C）11.25m　　（D）12.5m

16. 关于风力发电机组和机组变电单元的过电压保护及接地，下列说法正确的是：（　）

（A）风力发电机组接地网的工频接地电阻不应大于 10Ω，当接地电阻不满足要求时，应采取降低接地电阻的措施
（B）风机塔筒与环形人工接地网应至少有 3 条接地干线相连
（C）机组变电单元与按地网的连接点距离风力发电机组塔筒与接地网的连接点，沿接地体的长度不应小于 15m
（D）机组变电单元的避雷器可装设在变压器的高压侧或低压侧

17. 对于直流电源系统的电压，下列描述正确的是：（　）

（A）直流母线的运行电压范围为系统标称电压的 110%～87.5%
（B）专供动力负荷的直流电源系统，其电压上限不应高于标称电压的 112.5%
（C）蓄电池回路允许电压降应小于系统标称电压的 0.5%
（D）在浮充电运行时，蓄电池组出口端电压电压应为系统标称电压的 110%

18. 在供电系统设计中，下列说法不符合规程要求的是：（　）

（A）正常电源与应急电源之间，应采取防止并列运行的措施
（B）同时供电的 2 回及以上供配电线路中，当有一回路中断供电时，其余线路应能满足全部负荷
（C）备用电源的负荷严禁接入应急供电系统
（D）在用户内部邻近的变电所之间，宜设置低压联络线

19. 220kV 架空送电线路转角塔采用双联盘型绝缘子耐张串，导线采用双分裂线，导线最大使用张力为 35000N，断联工况时导线张力为 28000N，假定耐张串悬挂点处张力增加 10%，则绝缘子机械强度不应小于：（　）

（A）52500N　　（B）92400N
（C）103950N　　（D）120000N

20. 某工程导线的最大使用张力为 39900N，导线在弧垂最低点的设计安全系数为 2.5，导线悬挂点的张力最大不能超过：（　　）

（A）46667N　　（B）44333N

（C）30850N　　（D）29925N

21. 下列关于发电厂电气消防安全的要求，不符合规程的是：（　　）

（A）电缆隧道出入口的防火门耐火极限不宜低于 72min

（B）铅酸蓄电池室应使用防爆型排风机

（C）高层建筑内的电力变压器，宜设置在高层建筑内的专用房间内

（D）干式变压器可不设置固定自动灭火系统

22. 风电场应配置风电功率预测系统，系统需具有 0～72h 短期风电功率预测以及超短期风电功率预测功能的时间为：（　　）

（A）1min～15min　　（B）1min～1h

（C）15min～2h　　（D）15min～4h

23. 220kV 断路器的首相开断系数应取：（　　）

（A）1.2　　（B）1.3

（C）1.5　　（D）1.7

24. 屋内配电装置室内任一点到房间疏散门的直线距离不应大于：（　　）

（A）7m　　（B）10m

（C）15m　　（D）30m

25. 峡谷地区的发电厂和变电站防直击雷保护宜采用：（　　）

（A）建构筑物上的避雷针　　（B）独立避雷针

（C）避雷线　　（D）避雷针和避雷线

26. 发电机容量为 600MW 机组的高压厂用电源事故切换，当断路器具有快速合闸功能时，下列描述正确的是：（　　）

（A）宜采用快速串联断电切换方式

（B）不宜采用慢速切换方式

（C）采用备用电源投入故障母线时应采用加速保护动作跳闸方式

（D）当高压厂用母线有两个备用电源时可合用一套备用电源自动投入装置

27. 某 600MW 汽轮发电机组，其 EH 抗燃油泵的供电类别正确的是：（　　）

（A）0I类　　（B）0III类

（C）I类　　（D）II类

28. 在电力系统设计中，下列说法不符合规程要求的是：（　　）

（A）风电场送出可不考虑送出线路的“N-1”方式

（B）大型输电通道设计时，尽量避免电源或送端系统之间的直接联络和输电回路落点过于集中

（C）若大型电厂处于电网结构比较紧密的负荷中心，出两级电压时，应装设构成电磁环网的联络变压器

（D）系统间的交流联络线不宜构成弱联系的大环网

29. 计算绝缘子的机械强度时，断联工况对应的气象条件是：（　　）

（A）无风、无冰、−5℃　　（B）无风、有冰、5℃

（C）有风、有冰、−5℃　　（D）无风、无冰、10℃

30. 某陆地 500kV 架空输电线路，设计基本风速为 29m/s，导线平均高度取 20m，该线路的操作过电压风速是：（　　）

（A）10.0m/s　　（B）14.5m/s

（C）15.0m/s　　（D）16.2m/s

31. 某光伏电站集电线路采用 35kV 电缆敷设，升压后以 220kV 电压等级接入系统，周边 35kV 为不接地系统，升压主变压器低压侧中性点接地方式正确的是：（　　）

（A）经小电抗接地　　（B）经电阻接地

（C）不接地　　（D）经消弧线圈接地

32. 某装机容量为4×300MW 的抽水蓄能电站，在选择发电电动机的启动方式时，下列方式正确的是：（　　）

（A）宜选用全压异步启动方式

（B）宜选用降压异步启动方式

（C）宜选用变频启动方式，全厂装设 1 套变频启动装置

（D）宜选用变频启动方式，每台机组应各装设 1 套变频启动装置，全厂共装设 4 套

33. 三相高压并联电抗器宜选择的型式是：（　　）

（A）三相三柱式　　（B）三相四柱式

（C）三相五柱式　　（D）三相六柱式

34. 在故障条件下，GIS 配电装置外壳和支架上的感应电压不应大于：（　　）

（A）24V　　（B）36V

（C）100V　　（D）150V

35. 在 500kV 系统中，线路断路器的线路侧工频过电压不宜超过：（　　）

（A）500kV　　（B）444kV

（C）420kV　　（D）412kV

36. 某高压计量用户属Ⅲ类电能计量装置，其电度表的电压回路采用截面积为 $4mm^2$ 电缆。该用户扩容后升为Ⅰ类计量装置，假设电度表电压回路的电缆型式、材质及敷设条件均不变，仅电长度减少了10%，若二次回路仅考虑电缆压降，则电缆截面积应选用：（　　）

（A）$4mm^2$　　（B）$6mm^2$

（C）$8mm^2$　　（D）$10mm^2$

37. 下列关于并网型光伏发电场站用工作电源和备用电源引接的说法，错误的是：（　　）

（A）当光伏发电站有发电母线时，工作电源宜从发电母线引接供给自用负荷

（B）当光伏发电站只有一段发电母线时，备用电源宜由外部电网引接电源

（C）光伏发电站工作电源与备用电源间宜设置备用电源自动切换装置

（D）光伏发电站站用电工作电源容量应大于计算负荷

38. 电容器组的额定电压为40kV，单星形接线，每相电容器单元7并4串，单台电容器500kVA。则单台电容器至母线的连接线宜采用：（　　）

（A）载流量不小于113A的铜排

（B）载流量不小于113A的带绝缘护套的铜绞线

（C）载流量不小于130A的铜排

（D）载流量不小于130A的带绝缘护套的铜绞线

39. 高压电缆在隧道、电缆层等处敷设时，需考虑固定措施，下列说法正确的是：（　　）

（A）交流单芯电力电缆可采用经防腐处理的扁钢制夹具进行固定

（B）交流单芯电力电缆固定部件的机械强度应考虑运行条件荷载要求，不需考虑短路条件

（C）110kV电缆垂直敷设时，在上下端均应考虑设置固定

（D）三芯电缆可考虑采用铁丝固定

40. 1500kV输电线路导线采用4分裂500/45钢芯铝纹线，其单位重量为1.688kg/m，年平均气温（15℃）时的导线水平张力为30000N，单侧垂直档距为400m。当该侧耐张绝缘子串的质量为800kg时，其倾斜角为：（重力加速度$g = 9.80665m/s^2$）（　　）

（A）12.44°　　（B）14.22°

（C）15.96°　　（D）18.18°

二、多项选择题（共30题，每题2分。每题的备选项中有2个或2个以上符合题意。错选、少选、多选均不得分）

41. 电气设备的布置应满足带电设备的安全防护距离要求，并应采取的措施有：（　　）

（A）限制通行　　（B）防止雷击

（C）隔离防护和防止误操作　　（D）安全接地

42. 采用实用计算法计算厂用电系统的短路电流时，下列说法正确的有：（　　）

（A）高压厂用变压器的短路阻抗可以采用其试验实测数据

（B）计算高压厂用电系统短路冲击电流时，对分裂绕组变压器其峰值系数取值为 1.8

（C）对专用的照明变，三相短路电流周期分量起始值可只考虑I''_B

（D）在计算 380V 动力中心三相短路电流周期分量起始值I''_B时，U应取 380V

43. 抗震设防烈度为 8 度及以上地区的 220kV 配电装置，可选用的布置型式有：（　　）

（A）屋外软母线单框架高型

（B）屋外支持型管母分相中型

（C）屋外悬吊型管母分相中型

（D）屋外 GIS 配电装置

44. 对于低压系统的接地型式，以下描述正确的有：（　　）

（A）TN 系统在电源处应有一点直接接地

（B）IT 系统在电源处应有一点直接接地

（C）TT 系统在电源处应与地隔离，或某一点通过阻抗接地

（D）TN-S 系统中装置的外露可导电部分应经 PE 线接到电源接地点

45. 根据规程要求，3～10kV 中性点非有效接地电力网的线路，对相间短路保护正确的有：（　　）

（A）保护应采用近后备方式

（B）保护应采用远后备方式

（C）如线路短路使发电厂厂用母线或重要用户母线电压低于额定电压 60%以及线路导体截面积过小，不允许带时限切除短路时，应快速切除故障

（D）保护应双重化配置

46. 发电厂和变电站照明应满足的要求有：（　　）

（A）照明主干线路上连接的照明配电箱数量不宜超过 5 个

（B）每一照明单相分支回路的电流不宜超过 25A，所接光源数或发光二极管灯具数不宜超过 25 个

（C）应急照明网络中不宜装设插座

（D）正常照明主干线宜采用 TN 系统

47. 架空送电线路需要使用多种金具，下列属于保护金具的选项有：（　　）

（A）重锤

（B）间隔棒

（C）耐张线夹

（D）护线条

48. 进行轻冰区一般输电线路设计时，导线间的水平、垂直距离需满足规程要求，下列说法正确的有：（　　）

（A）水平线间距离与绝缘子串长有关

（B）水平线间距离与电压等级、导线弧垂有关

（C）垂直线间距离与导线覆冰厚度无关

（D）垂直线间距离主要是考虑脱冰跳跃

49. 关于海上风电场，下列说法不符合规程要求的有：（　　）

（A）海上升压站中压系统的接地方式宜采用接地变压器加电阻接地

（B）海上升压站主变高压侧宜采用线路变压器组接线或单母线接线

（C）海上升压站内设置 2 台及以上主变时，任 1 台主变故障退出运行时，剩余的主变可送出风电场 70%及以上的容量

（D）海上风电场的无功补偿装置宜设置在陆上

50. 下列关于同步调相机额定工况的描述，正确的有：（　　）

（A）额定视在功率是当电机过励时，在额定电压下的最大无功输出

（B）额定视在功率是当电机过励时，在额定电压下的最大无功输出，及电网溃入到调相机的少量有功功率

（C）额定功率因数为零，主要反映电网补偿的最大无功功率

（D）额定功率因数接近于零，主要反映电网补偿的最大元功功率和损耗

51. 关于大型水轮发电机组的发电机风洞进人门，下列要求正确的有：（　　）

（A）发电机风洞应设进人门

（B）为保证机组运行安全，发电机风洞进人门不得超过 1 个

（C）风洞进人门应向风洞外开，并应采取密闭防火及防噪声的措施

（D）风洞进人门应为双向开启，并应采取密闭防火及防噪声的措施

52. 关于发电厂和变电站接地网的防腐设计，下列说法正确的有：（　　）

（A）接地网在变电站的设计使用年限内要做到免维护

（B）接地网可采用热镀锌钢材，接地导体与接地极或接地极之间的焊接点，应涂防腐材料

（C）对腐蚀较严重地区的 500kV 枢纽变电站接地网须采用铜材或铜覆钢材

（D）接地装置的防腐蚀设计，宜按当地的腐蚀数据进行

53. 某地区电网调度自动化系统主站系统安全防护功能，下列描述错误的有：（　　）

（A）调度端生产控制大区和管理信息大区应分别部署网络安全审计系统

（B）严禁调度自动化系统与其他系统跨区互联，在同安全区内纵向互联时，宜通过防火墙进行逻辑隔离

（C）调度端生产控制大区和管理信息大区应分别部署运维安全审计系统

（D）对于具备调度数据网双接入网条件的厂站端系统每个接入网的横向安全防护设备可单套部署

54. 关于电力系统，下列说法正确的有：（　　）

（A）同步转矩不足导致周期性失稳

（B）阻尼转矩不足导致振荡失稳
（C）330kV 及以上电压等级的变电站均为枢纽变电站
（D）短路比是表征直流输电所连接的交流系统强弱的指标

55. 选择架空送电线路耐张绝缘子串用耐张线夹时，下列选项错误的有：（ ）

（A）螺栓型耐张线夹的握力应不小于导线（或地线）计算拉断力的 95%
（B）压缩型耐张线夹压接后接续处的载流量应不小于导体的 100%
（C）螺栓型线夹应用于导线时除承受导线拉力外还是导电体
（D）架空导线可选用压缩型、螺栓型耐张线夹

56. 架空输电线路的防舞动装置有：（ ）

（A）集中防振锤 （B）双摆防舞器
（C）失谐摆 （D）预绞丝护线条

57. 关于风力发电场变电站电气主接线的设计规定，下列描述正确的有：（ ）

（A）电气主接线宜采用单母线接线或线路-变压器组接线
（B）规模较大的风力发电场变电站与电网连接超过两回线路时，应采用双母线接线
（C）风力发电场变电站装有两台及以上主变压器时，主变压器低压侧母线应采用单母线接线，每台主变压器对应一段母线
（D）风力发电场主变压器低压侧母线电压宜采用 35kV 电压等级

58. 变电站自耦变压器有载调压方式主要有：（ ）

（A）公共绕组中性点侧调压 （B）串联绕组末端调压
（C）中压侧线端调压 （D）高压侧线端调压

59. 发电厂采取雷电过电压保护措施时，下列说法错误的有：（ ）

（A）若独立避雷针与主接地网的地下连接点至 35kV 及以下设备与主接地网的地下连接点之间沿接地极的长度大于 15m，则独立避雷针接地装置可与主接地网连接
（B）对 220kV 屋外配电装置，当土壤电阻率不大于 1000Ω · m时可将避雷针装在配电装置的架构上
（C）在采取相应的的防止反击措施后，可在变压器门形构架上装设避雷针、避雷线
（D）对于 35kV 和 66kV 配电装置，可将线路的避雷线引接到出线门形构架上，并装设集中接地装置

60. 对发电厂 200MW 及以上机组交流不间断电源（UPS）的接线和配置，下列符合规程要求的有：（ ）

（A）交流不间断电源装置宜由一路交流主电源、一路交流旁路电源和一路直流电源供电
（B）交流主电源由厂用工作母线段引接

（C）当 DCS 需要 2 路电源时，也可配置 2 台交流不间断电源装置

（D）交流不间断电源装置旁路开关的切换时间不应大于 5ms，交流不间断电源满负荷供电时间不应小于 0.5h

61. 在直流系统设计中，关于充电装置的选择和设置要求，下列正确的选项有：（ ）

（A）高频开关电源充电装置的纹波系数不应大于 0.5%

（B）当 1 组蓄电池配置两套充电装置时，高频开关电源不宜设备用模块

（C）充电装置直流输出电流调节范围 90%～120%额定值

（D）充电装置屏的背面间距不得小于 1000mm

62. 经断路器接入 500kV 变电站，35kV 母线的电容器组额定相电压为 24kV，电容器组中配置的放电线圈，应能使电容器组的剩余电压满足下列要求的有：（ ）

（A）手动投切电容器组时，应在 10min 内自电容器组额定电压峰值降至 50V 以下

（B）手动投切电容器组时，应在 5s 内自电容器组额定电压峰值降至 50V 以下

（C）采用 AVC 电压无功自动投切时，应在 5s 内自电容器组额定电压峰值降至 50V 以下

（D）采用 AVC 电压无功自动投切时，应在 5s 内自电容器组额定电压峰值降至 2.4kV 及以下

63. 某电缆隧道中敷设电缆，下列关于电缆支架间距的规定正确的有：（ ）

（A）35kV 三芯电缆支架层间距应大于 250mm

（B）220kV 电缆敷设槽盒中，电缆支架层间距应大于 300mm

（C）110kV 电缆支架层间距应不小于 300mm

（D）500kV 电缆最下层支架距离地面垂直距离不宜小于 100mm

64. 根据规程要求，水力发电厂允许全厂只采用一组扩大单元接线应满足的条件有：（ ）

（A）水库有足够库容，能避免大量弃水

（B）具有放水设施，不影响下游正常用水（包括下游梯级水电厂用水）

（C）有外来的厂用电备用电源

（D）全厂仅由 1 回出线接入电力系统

65. 水下敷设时，电缆护层的选择应符合的规定有：（ ）

（A）电缆应具有挤塑外护层

（B）在沟渠、不通航小河等不需铠装层承受拉力的电缆可选用钢带铠装

（C）在江河、湖海中敷设的电缆，选用的钢丝铠装形式应满足受力条件；当敷设条件有机械损伤等防护要求时，可选用符合防护、耐蚀性增强要求的外护层

（D）海底电缆宜采用耐腐蚀性好的镀锌钢丝、不锈钢丝或铜铠装，不宜采用铝铠装

66. 在电力系统中，下列出现于设备绝缘上的暂时过电压的有：（ ）

（A）工频过电压　　（B）操作过电压

（C）雷电过电压　　（D）谐振过电压

67. 当水力发电厂的发电机、变压器采用下列哪些组合方式时，其主变高压侧应测量有功功率、无功功率和频率：（　　）

（A）扩大单元机组　　（B）发电机—变压器—线路组

（C）发电机—双绕组变压器组　　（D）发电机—三绕组变压器组

68. 下列关于 10kV/6kV 熔断器及真空接触器应用的说法，正确的有：（　　）

（A）熔断器宜兼作保护电器与隔离电器

（B）真空接触器应能承受和关合限流熔断器的切断电流

（C）当单只熔断器不能满足分断容量要求时，推荐采用多只限流熔断器并联使用

（D）10kV 熔断器不宜在 6kV 系统中使用

69. 光伏发电系统中，同一个逆变器接入的光伏组件串需保持一致的参数有：（　　）

（A）电压　　（B）朝向

（C）安装倾角　　（D）安装高度

70. 关于发电机出口电压互感器的熔断器选择，下列不符合设计规定的有：（　　）

（A）熔断器应能承受允许过负荷及励磁涌流的影响

（B）熔断器在电压互感器频繁投入时不应损伤熔断器

（C）保护电压互感器的熔断器，只需按额定电压和开断电流选择；电压互感器高压侧熔断器的额定电流还应与发电机定子接地保护相配合，以免电压互感器二次侧故障引起发电机定子接地保护误动作

（D）熔断器的断流容量应分别按上、下限值校验，开断电流应以短路全电流校验

2022 年专业知识试题（下午卷）

一、单项选择题（共 40 题，每题 1 分，每题的备选项中只有 1 个最符合题意）

1. 下列关于危险环境电气设计的要求，不符合规范要求的是：（　　）

（A）在爆炸危险区域不同方向，接地干线应不少于两处与接地体连接
（B）在爆炸性环境内，安装在已接地的金属结构上的电气设备仍应进行接地
（C）在爆炸性环境内，设备的接地装置与防雷电感应的接地装置应分开设置
（D）在爆炸性环境中的低压电源，TN 系统应采用 TN-S 型

2. 水轮发电机的额定电压为 20kV 时，对采用埋置检温计法测量的定子铁心最高允许温升限值应按下列哪项数值进行修正？（　　）

（A）降低 20K　　（B）降低 8K
（C）上升 8K　　（D）上升 20K

3. 中性点非直接接地的 110kV 系统中，断路器首相开断系数应选的数值为：（　　）

（A）1.1　　（B）1.3
（C）1.5　　（D）1.8

4. 220kV 系统工频过电压幅值不应大于：（　　）

（A）189.14kV　　（B）203.69kV
（C）252kV　　（D）277.2kV

5. 发电厂和变电站接地网除应利用自然接地极外，应敷设以水平接地报为主的人工地网，下列描述错误的是：（　　）

（A）接地网均压带可采用等间距布置或不等间距布置
（B）35kV 及以上变电站接地网边缘经常有人出入的走道处，应铺设沥青路面或在地下装设 2 条与接地网相连的均压带
（C）接地网的埋设深度不宜小于 0.8m
（D）水平接地极采用扁钢时，最小截面积应大于 $50mm^2$

6. 某 220kV 变电站二次电缆，下列描述正确的是：（　　）

（A）双重屏蔽电缆内，屏蔽宜一点接地
（B）计算机监控系统开关量信号电缆可选用对绞线芯总屏蔽
（C）微机型继电保护的直流电源电缆可不含金属屏蔽
（D）必要时，可使用电缆内的备用芯代替屏蔽层接地

7. 变电站最大负荷为 440MW，日用电量为 8448MWh，日负荷率γ为 0.8，日最小负荷率β为 0.58，

则下列腰荷负荷值正确的是：（　　）

（A）92.4MW　　（B）96.8MW
（C）347.6MW　　（D）352MW

8. 海拔 200m 的 500kV 线路采用结构高度为 155mm 的瓷绝缘子片，为满足操作及雷电过电压要求的悬垂绝缘子串片数不少于：（　　）

（A）25 片　　（B）26 片
（C）27 片　　（D）28 片

9. 下列发电厂或变电站照明设计方案中，属于节能措施的是：（　　）

（A）应急灯蓄电池放电时间按不低于 1h 计算
（B）在露天油罐区设置投光灯照明
（C）户外天然光照度降至 60%场地标准时光控开关自动开灯
（D）照明配电分支线其铜导体截面积不应小于 $2.5mm^2$

10. 中性点直接接地 380V 厂用电系统经电缆线路发生短路，当电缆长度（m）与截面积（mm^2）的比值满足下列哪种条件时，其非周期分量可略去不计？（　　）

（A）< 0.4　　（B）> 0.4
（C）< 0.5　　（D）> 0.5

11. 关于选择导体和电器时所用的最大风速，下列正确的是：（　　）

（A）可取离地面 10m 高、50 年一遇的 10min 平均最大风速
（B）500kV 电器应采用离地面 10m、50 年一遇 10min 平均最大风速
（C）最大风速超过 30m/s 的地区，可在屋外配电装置的布置中采取措施
（D）可取离地面 10m 高、30 年一遇的 10min 平均最大风速

12. 110kV 系统、35kV 系统（中性点低电阻接地）和 10kV 系统（中性点不接地）的最高工作电压分别为 126kV、40.5kV、12kV，其工频过电压水平分别不应超过：（　　）

（A）164kV、40.5kV、13.2kV　　（B）126kV、40.5kV、12kV
（C）95kV、40.5kV、13.2kV　　（D）95kV、23.38kV、7.62kV

13. 下列在发电厂和变电站应装设专用故障录波装置的地方，描述不正确的是：（　　）

（A）容量 100MW 及以上的发电厂机组
（B）发电厂 35kV 及以上升压站
（C）110kV 重要变电站
（D）单机容量 100MW 及以上发电厂的启/备电源

14. 某 220V 阀控铅酸蓄电池组，其容量为 2000Ah，蓄电池内阻和其连接条电阻总和为 7.8mΩ，其

相应的直流柜内元件的短路水平不应低于：（　　）

（A）10kA　（B）20kA　（C）30kA　（D）40kA

15. 下列哪种情况的 220kV 变电站 35kV 并联电容器装置宜采用户外布置形式？（　　）

（A）污秽等级 C 级的偏远农村地区的 220kV 变电站
（B）位于内蒙古最低温度−43℃的草场区域的 220kV 变电站
（C）距离海边 2km 湿热地区的 220kV 变电站
（D）位于风沙严重地区的 220kV 变电站

16. 220kV 输电线路导线直径为 27.63mm，单位质量为 1.511kg/m，位于最高温度 40℃、基准风速 30.0m/s 的地区，若高温时的张力为 26000N，大风时的张力为 40000N，定位后某塔的水平档距为 400m，高温时垂直档距为 450m，该塔在大风工况时的垂直档距是：（　　）

（A）508m　（B）477m
（C）450m　（D）400m

17. 在火灾自动报警系统设计中，下列布线设计错误的是：（　　）

（A）系统中的传输导线、控制线、供电线均应采用铜芯绝缘导线或铜芯电缆
（B）供电线路和传输线路设置在室外时，应有明显标识
（C）矿物绝缘类不燃性电缆可直接明敷
（D）同一线槽内允许穿不同电压等级的线缆，但应有隔板分隔

18. 220kV 断路器的额定短路开断电流为 50kA，额定短时耐受电流及持续时间分别为 50kA、3s，断路器开断时间为 50ms，其主保护动作时间为 40ms，后备保护动作时间为 1.2s，则校验 220kV 设备热稳定的计算时间为：（　　）

（A）0.09s　（B）1.25s
（C）2s　（D）3s

19. 配电装置中电气设备的网状遮拦高度不应小于：（　　）

（A）1200mm　（B）1500mm
（C）1700mm　（D）2500mm

20. 在 500kV 系统进行空载线路合闸和重合闸操作的过程中产生操作过电压，其相对地操作过电压不宜超过：（　　）

（A）1175kV　（B）1050kV
（C）898kV　（D）500kV

21. 当电压互感器二次侧选用自动开关时，自动开关瞬时脱扣器断开短路电流的时间不应大于：
（　　）

（A）20ms　　（B）30ms

（C）40ms　　（D）50ms

22. 柴油发电机过电流保护电流检测宜设置的位置是：（　　）

（A）发电机出口三相引出线处　　（B）发电机中性点分相引出线处

（C）发电机绕组内　　（D）保安 PC 发电机进线柜内

23. 下列并联电容器保护中，需考虑电容器投入过渡过程的影响，动作时限应大于电容器组充电涌流时间的保护为：（　　）

（A）限时电流速断保护　　（B）过电流保护

（C）中性点电流不平衡保护　　（D）桥式差电流保护

24. 某 220kV 山地直线塔位于 10mm 冰区，采用双分裂导线，覆冰时导线应力为 82.37N/mm^2，设计最大使用应力为 84.82N/mm^2，导线截面积为 674mm^2，每相导线断线张力的数值是：（　　）

（A）27759N　　（B）28584N

（C）33310N　　（D）34301N

25. 关于地下变电站，下列不符合规程要求的是：（　　）

（A）在满足电网规划、可靠性等要求下，宜降低电压等级

（B）当 220kV 出线回路数为 4 回时，可采用单母线分段接线

（C）对于 110kV 地下站，当 110kV 进出线路 6 回及以上时，宜采用双母线或单母线单元接线

（D）220kV 地下站的 10kV 配电装置应采用单母线分段环形接线

26. 对于隐极同步发电机，当发电机转子承受的过电流倍数为 1.4 倍时，其允许的耐受时间为：（　　）

（A）27s　　（B）30s

（C）35s　　（D）60s

27. 某火力发电厂 600MW 发电机组设有两台高压厂用油浸式变压器，屋外并列布置。因两台变压器之间的防火间距不满足最小间距要求，故须设置防火墙，防火墙的高度应高于下列的选项是：（　　）

（A）变压器本体　　（B）变压器油枕

（C）变压器带油部分　　（D）变压器高压侧出线套管

28. 当中性点不接地的 10kV 配电装置向 380V 电气负荷供电时，单相接地故障电流为 6.5A，其保护接地的接地电阻应小于：（　　）

（A）2Ω　　（B）4Ω

（C）7.7Ω　　（D）18.5Ω

29. 下列关于调度自动化系统的安全防护内容，正确的选项是：（　　）

（A）调度自动化系统应按照“安全分区、网络专用、横向隔离、纵向认证”的总体要求，并结合系统的实际情况，重点强化边界防护，同时加强内部的物理、网络、主机、应用和数据安全，加强安全管理制度、机构、人员安全、系统建设、系统运维的管理，建立系统纵深防御体系，提高系统整体安全防护能力

（B）生产控制大区划分为控制区（安全区I）和非控制区（安全区III）

（C）在生产控制大区与管理信息大区之间必须设置经国家指定部门检测认证的电力专用纵向加密装置

（D）生产控制大区和管理信息大区主机操作系统应当进行安全加固

30. 某 500kV 枢纽变电站，下列关于站用电供电方式和接线的说法错误的是：（　　）

（A）站用电源宜选用一级降压方式

（B）三相四线系统（TN-C）中严禁在 PEN 线中接入开关电器

（C）站用电源应从不同主变压器低压侧分别引接 2 回容量相同，可互为备用的工作电源，不需要从站外引接备用电源

（D）站用电母线采用按工作变压器划分的单母线接线，相邻两段工作母线同供电分到运行，两段母线间不应装设自动投入装置

31. 某偏远地区移动通信基站由于无法从电网取得电源，配置了一套光伏发电系统为基站设备供电。该基站所在地的逐月太阳辐射数据见下表，光伏方阵采用固定式布置，在选择光伏方阵最佳倾角时，下列符合要求的选项是：（　　）

项目所在地区逐月总辐射气候值

月份	1	2	3	4	5	6	7	8	9	10	11	12	全年
太阳总辐射值（MJ/m^2）	465	512	595	654	687	634	646	663	572	508	444	429	6809

（A）使光伏方阵的倾斜面上受到的全年辐照量最大

（B）使光伏方阵在冬季倾斜面上受到较大的辐照量

（C）使光伏方阵在夏季倾斜面上受到较大的辐照量

（D）使光伏方阵在 12 月份倾斜面上受到较大的辐照量

32. 若某 500kV 线路位于 27m/s（基准高度为 10m）风区，导线的自重比载为$32.33\times10^{-3}N/(m\cdot mm^2)$，设计杆塔时风偏计算用风荷载为$26.52\times10^{-3}N/(m\cdot mm^2)$，计算耐张塔跳线的风偏角数值是：（不考虑跳线串及跳线与导线平均高度的差别）（　　）

（A）20.23°　　（B）32.38°

（C）39.36°　　（D）53.37°

33. 某 220kV 变电站中，220kV 配电装置有 8 回出线回路和 4 回变压器回路，则 220kV 配电装置的电气主接线宜采用的接线方式是：（　　）

（A）双母线接线　　（B）双母线单分段接线

（C）双母线双分段接线　　（D）一个半断路器接线

34. 110kV有效接地系统中，中性点不接地的变压器中性点避雷器的标称放电电流宜选择的等级是：（　　）

（A）1kA　　（B）1.5kA

（C）2.5kA　　（D）5kA

35. 关于就地检修的室内油浸变压器，确定室内高度应考虑的因素是：（　　）

（A）变压器外廓高度

（B）变压器吊芯所需的最小高度

（C）变压器外廓高度再加800mm

（D）变压器吊芯所需的最小高度再加700mm

36. 关于变电站配电装置架构上的避雷针的接地，下列说法正确的是：（　　）

（A）引下线应与主接地网连接，并应在连接处加装集中接地装置

（B）引下线不应与主接地网连接

（C）与主地网连接处可加装集中接地装置

（D）引下线与接地网连接点以及变压器接地导体与接地网连接点之间沿接地极的长度均不应小于10m

37. 下列关于发电机变压器组主保护配置，描述正确的是：（　　）

（A）对50MW及以上发电机变压器组，应装设双重主保护

（B）对100MW及以上发电机变压器组，宜分别装设主保护、后备保护

（C）对300MW及以上发电机变压器组，宜装设双重主保护

（D）对100MW及以上发电机变压器组，应装设双重主保护，每一套主保护宜具有发电机纵联差动保护和变压器纵联差动保护功能

38. 发电厂照明线路穿管敷设时，包括绝缘层的导线截面积总和不应超过管内截面积的百分比是：（　　）

（A）30%　　（B）40%

（C）50%　　（D）60%

39. 某架空送电线路采用单联悬垂盘形瓷绝缘子串，绝缘子型号为XWP2-120，其最大使用荷载不应超过：（　　）

（A）60.0kN　　（B）48.0kN

（C）44.4kN　　（D）30.0kN

40. 当送电线路对通信线路的感应影响超过允许标准时，应根据不同性质的影响和不同种类的通信

线路采取相应的防护措施。在送电线路方面可采取的措施为：（　　）

（A）装设大容量放电管　　（B）限制单相接地短路电流值
（C）装设防护滤波器　　（D）增设增音站

二、多项选择题（共 30 题，每题 2 分。每题的备选项中有 2 个或 2 个以上符合题意。错选、少选、多选均不得分）

41. 在风力发电场设计中，下列符合规范要求的有：（　　）

（A）总平面布置设计应尽量降低风力发电场的噪声
（B）变电站内变压器的调油和油污水不得随意排放
（C）风力发电场的废水、污水不应排放
（D）可以在风力发电场内建设光伏发电站

42. 采用实用计算法计算2×600MW 汽轮发电机组三相短路电流非周期分量时，对于不同短路点的等效时间常数的推荐值，下列正确的有：（　　）

（A）发电机端：80　　（B）高压侧母线：40
（C）远离发电厂的短路点：15　　（D）主变低压侧：40

43. 水力发电厂中布置在坝体内的主变压器室，应符合的规定有：（　　）

（A）应为一级耐火等级，并应设有独立的事故通风系统
（B）应按防爆要求设计
（C）防火隔墙应封闭到顶，门采用甲级防火门或防火卷帘
（D）主变压器室门不应直接开向主厂房

44. 下列发电厂和变电站的直流网络宜采用分层辐射供电方式的有：（　　）

（A）110kV 变电站　　（B）220kV 及以上变电站
（C）300MW 及以上发电厂　　（D）600MW 发电厂

45. 关于厂用电系统单相接地保护的说法正确的有：（　　）

（A）10kV 不接地系统馈线需配置接地故障检测装置，动作于信号
（B）10kV 低电阻接地系统单相接地保护第一时限动作于信号，第二时限动作于跳闸
（C）中性点直接接地的低压厂用电系统，单相接地应采用母线电压互感器的开口取得零序电压实现
（D）当零序电流互感器接入开关柜内微机保护装置时，同一回路两只电流互感器二次电阻采用并联方式

46. 在电网正常运行方式下，并网光伏发电站参与电网电压调节的方式有：（　　）

（A）调节光伏发电站并网逆变器的无功功率

（B）调节无功补偿装置的无功功率

（C）调节光伏发电站升压变压器的变比

（D）调节光伏发电站的有功功率

47. 在变电站设计中，下列防火措施符合标准要求的有：（　　）

（A）任一防火分区的火灾危险性类别应按该分区内火灾危险性较大的部分确定

（B）油量为 2500kg 及以上的屋外油浸变压器之间应设置防火墙

（C）油浸换流变压器的电压等级应按直流侧的电压确定

（D）建筑面积超过 250m² 的电缆夹层，其疏散门数量不宜少于 2 个

48. 离相封闭母线与设备连接时应符合的条件有：（　　）

（A）当导体额定电流不大于 3000A 时，可采用普通碳素钢紧固件

（B）离相封闭母线外壳和设备外壳之间应隔振

（C）离相封闭母线外壳和设备外壳之间不应绝缘

（D）应在各段母线最低处设置排水阀

49. 在绝缘配合时，下列描述正确的有：（　　）

（A）电气设备内绝缘相对地操作冲击耐压要求值大于其外绝缘相对地操作冲击耐压要求值

（B）电气设备内绝缘雷电冲击耐压要求值不大于其外绝缘雷电冲击耐压要求值

（C）电气设备内绝缘短时工频耐受电压有效值与其外绝缘短时工频耐受电压有效值相同

（D）断路器同极断口间内绝缘相对地操作冲击耐压要求值与其外绝缘相对地操作冲击耐压要求值相同

50. 安装容量为 35MWp 的地面光伏发电站直接接入 35kV 电压等级的公共电网时，下列说法不符合规范要求的有：（　　）

（A）光伏发电站的功率因数应在超前 0.98 到滞后 0.98 范围内连续可调

（B）光伏发电站接入电网后，其引起的电网连接点处谐波电压（相电压）总畸变率不应超过电网标称电压的 4%

（C）光伏发电站并网运行时，向电网馈送的直流分量不应超过其交流额定值的 0.5%

（D）当电网频率 f 在 49.5～50.5Hz 范围内时，光伏发电站应连续运行

51. 关于某 220kV 变电站站用低压电器选择，下列描述正确的有：（　　）

（A）站内消防水泵回路供电，宜适当增大导体截面积，并配置短路保护和过负荷保护切断线路

（B）站用变压器低压总断路器宜带延时动作，以保证馈线断路器先动作

（C）当采用抽屉式配电屏进行低压配电时，应设有电气和机械连锁

（D）保护电器的动作电流应躲过回路的最大工作电流保护动作灵敏度应按末端最小短路电流校验

52. 电缆支架设计时应考虑电缆支架的强度，下列选项正确的有：（　　）

（A）电缆支架荷载应考虑电缆及附件的重力
（B）考虑机械化施工时，电缆支架应计入纵向拉力、横向推力和滑轮重量等影响
（C）支架考虑短暂上人时，需考虑 800N 附加集中荷载
（D）户外敷设电缆时，应计入可能出现的覆冰附加荷载

53. 对于系统中性点接地方式，下列说法不符合规程要求的有：（　　）

（A）对于有效接地系统，要求系统的零序电抗应小于 3 倍的正序电抗
（B）220kV 系统中变压器的中性点可采用直接接地或采用不接地方式
（C）35kV 系统当单相接地故障容性电流大于 10A，应采用中性点谐振接地方式
（D）自动跟踪补偿消弧装置消弧部分的容量应根据变电站本期的出线规模确定

54. 下列关于消弧线圈的说法，正确的有：（　　）

（A）具有直配线的发电机中性点的消弧线圈应采用欠补偿方式
（B）采用单元连接的发电机中性点的消弧线圈宜采用欠补偿方式
（C）未设专用接地变压器的系统，消弧线圈可接于零序磁通经铁心闭路的 YNyn 接线变压器的中性点上
（D）无中性点引出的变压器，消弧线圈应接入专用的接地变压器

55. 在开断高压感应电动机时，因真空断路器的截流、三相同时开断和高频重复重击穿等会产生过电压，工程中限制过电压的措施有：（　　）

（A）采用不击穿断路器
（B）在断路器与电动机之间装设金属氧化物避雷器
（C）限制操作方式
（D）在断路器与电动机之间装设能耗极低的 R-C 阻容吸收装置

56. 关于 220～500kV 母线保护的配置，下列描述正确的有：（　　）

（A）对于一个半断路器接线，每组母线应装设两套母线保护
（B）对双母线、双母线分段等接线，为防止母线保护因检修退出失去保护，母线发生故障会危及系统稳定和使事故扩大时，宜装设两套母线保护
（C）对双母线、双母线分段等接线，可装设两套母线保护
（D）重要发电厂或 220kV 以上重要变电所，需要快速切除母线上故障时，应装设专用的母线保护

57. 火电厂应急照明光源宜采用：（　　）

（A）荧光灯　　（B）无极荧光灯
（C）金属卤化物灯　　（D）发光二极管

58. 下列一般不作为线路确定档距中央导线水平相间距的控制条件的有：（　　）

（A）工频电压工况　　（B）安装工况

（C）带电作业工况　　　　　　　　　　（D）断线工况

59. 关于发电机出口设置发电机断路器（GCB），下列叙述正确的有：（　　）

（A）若两台发电机与 1 台分裂绕组变压器（主变压器）作扩大单元连接，应在发电机与主变压器之间装设发电机断路器或负荷开关

（B）若两台发电机与 1 台双绕组变压器（主变压器）作扩大单元连接，不宜在发电机与主变压器之间装设发电机断路器

（C）燃煤电厂 300MW 级的发电机与双绕组交压器（主变压器）为单元连接时，发电机与主变压器之间不宜装设发电机断路器

（D）1000MW 级燃煤发电机组，发电机与主变压器之间应装设发电机断路器

60. 关于 3～35kV 三相供电回路电缆芯数的选择，下列正确的有：（　　）

（A）应选单芯电缆

（B）工作电流较大的回路或电缆敷设于水下时，可选用单芯电缆

（C）应选用 4 芯电缆

（D）除满足条件选用单芯电缆外，应选用 3 芯电缆，3 芯电缆可选用普通统包型，也可选用 3 根单芯电缆绞合构造型

61. 下列关于高压交流电力电缆金属护套的接地描述，正确的有：（　　）

（A）三芯电缆应在线路两终端直接接地

（B）长距离水下单芯电缆可在线路两端直接接地

（C）在正常满负荷情况下，单芯电缆任一非接地处金属护套的正常感应电压不大于 100V 时，可不采取防止人员任意接触的安全措施

（D）三芯电缆线路有中间接头时，接头处也应直接接地

62. 某些继电保护整定计算值应可靠躲过区外故障不平衡电流，需满足上述要求的选项有：（　　）

（A）分相电流保护差动保护的零序电流启动元件

（B）母线差动电流保护差电流起动元件

（C）主变微机保护最小动作电流

（D）主变微机保护比率制动原理差动保护动作电流

63. 关于母线电压允许偏差值，下列描述符合规程要求的有：（　　）

（A）330kV 及以上母线正常运行方式时，电压允许偏差为系统标称电压的 0～10%

（B）220V 变电站的 35～110kV 母线正常运行方式时，电压允许偏差为系统标称电压的−3%～+7%

（C）当公共电网电压处于正常范围内时，通过 110（66）kV 及以上电压等级接入公共电网的风电场应能控制并网点电压在标称电压的 97%～107%范围内

（D）发电厂 220kV 母线非正常运行方式时，电压允许偏差为系统标称电压的−5%～+10%

64. 关于架空线路的耐张段长度，下列描述错误的有： （　　）

（A）10mm 冰区的 500kV 线路，耐张段长度不宜大于 5km

（B）10mm 冰区的 110kV 线路，耐张段长度不宜大于 10km

（C）耐张段长度较长时应采用耐张塔作为防串倒措施

（D）运行条件较差的地段，应适当缩短耐张段长度

65. 对于通过 220kV 光伏发电汇集系统升压至 500kV 电压等级接入电网的光伏发电站，无功容量配置宜满足的要求中，下列正确的选项有： （　　）

（A）容性无功容量能够补偿光伏发电站满发时汇集线路、主变压器的感性无功及光伏发电站送出线路的一半感性无功之和

（B）容性无功容量能够补偿光伏发电站满发时汇集线路、主变压器的感性无功及光伏发电站送出线路的全部感性无功之和

（C）感性无功容量能够补偿光伏发电站自身的容性充电无功功率及光伏发电站送出线路的一半充电无功功率之和

（D）感性无功容量能够补偿光伏发电站自身的容性充电无功功率及光伏发电站送出线路的全部充电无功功率之和

66. 变电所 110kV 及以上电压等级配电装置中，关于隔离开关的装设规定，下列描述错误的有： （　　）

（A）220kV 敞开式配电装置的出线避雷器回路不应装设隔离开关

（B）330kV 敞开式配电装置的母线电压互感器回路不宜装设隔离开关

（C）500kV 敞开式配电装置的母线并联电抗器回路不宜装设隔离开关

（D）500kV GIS 配电装置的母线避雷器回路不应装设隔离开关

67. 关于水力发电厂降低接地电阻的措施，下列描述错误的有： （　　）

（A）水下接地网宜敷设在水库蓄水及引水系统最低水位以下区域

（B）为有效降低接地电阻，水下接地网宜布置在水流湍急处

（C）接地装置应充分利用大坝迎水面钢筋网、各种闸门的金属结构等接地体

（D）如采用深井接地，宜延伸至地下水位以下或地层中电阻率较低处，深井的水平间距不宜大于埋设深度

68. 关于直流电缆的技术要求，下列符合设计规程要求的有： （　　）

（A）蓄电池组与直流柜之间连接电缆压降的计算电流应取事故放电初期（1min）放电电流

（B）两台机组之间直流应急联络电缆电压降计算所采用的计算电流按负荷统计表中一小时放电电流选取

（C）供 ECMS 系统的直流回路应选用屏蔽电缆

（D）供 UPS 系统的直流回路电缆的导体材质应选用铜

69. 35kV 户外油浸式并联电容器装置安全围栏内的地面可以采取的处理方式有：（　　）

（A）混凝土基础

（B）广场砖地面，高于周围地坪 100mm

（C）100mm 厚碎石层，并不高于周围地坪

（D）150mm 厚鹅卵石层，不高于周围地坪

70. 输电线路档距中央导线和地线间的最小距离，应按雷击档距中央地线时不致使两者间的间隙击穿来确定。其最小安全距离与下列因素有关的有：（　　）

（A）雷电流陡度

（B）档距长度

（C）相导线绝缘子串长度

（D）导线和地线间的耦合系数

2023 年专业知识试题（上午卷）

一、单项选择题（共 40 题，每题 1 分，每题的备选项中只有 1 个最符合题意）

1. 在 220kV 及以下屋内高压配电装置的布置设计中，下列哪种情况应设置防止误入带电间隔的闭锁装置？（　　）

（A）充油电气设备间隔
（B）敞开式配电装置接地刀闸间隔
（C）配电装置设备低式布置时
（D）敞开式配电装置的母线分段处

2. 在正常工作情况下，火力发电厂交流母线的各次谐波电压含有率不宜大于下列哪项数值？（　　）

（A）1.5%　　（B）3%
（C）4%　　（D）5%

3. 选用导体的长期允许电流不应小于该回路的以下哪项电流？（　　）

（A）额定电流　　（B）持续工作电流
（C）最大工作电流　　（D）平均工作电流

4. 作为抗干扰措施，在装设继电保护和自动装置的屏柜下部，应设截面积不小于下列哪项数值的接地铜排？（　　）

（A）$4mm^2$　　（B）$50mm^2$
（C）$100mm^2$　　（D）$200mm^2$

5. 直流系统直流断路器的选择，下列描述哪项是错误的？（　　）

（A）额定电压应大于或等于回路的最高工作电压
（B）额定电流应大于回路的最大工作电流
（C）断流能力应满足直流电源系统蓄电池出口最大预期短路电流的要求
（D）当采用短路短延时保护时，直流断路器额定短时耐受电流应大于装设地点最大短路电流

6. 当公共电网电压处于正常范围内时，对于接入 220kV 系统的风电场并网点的电压应控制在标称电压的哪项数值范围内？（　　）

（A）95%～105%　　（B）97%～103%
（C）97%～107%　　（D）100%～110%

7. 对于架空线路耐张线夹的要求，下列描述哪项是正确的？（　　）

（A）耐张线夹破坏荷载应不小于导线计算拉力值的 90%

（B）压缩型耐张线夹握力应不小于导线计算拉力值的 95%

（C）导线耐张线夹接续处电阻应不大于同样长度导线电阻的 95%

（D）导线耐张线夹接续处载流量应不小于导线的 95%

8. 某 750kV 线路工程铁塔，雷季中无雨水时所测得的电阻率为 1500Ω · m，若接地采用水平接地极，埋深 0.8m，则计算雷电保护接地装置所采用的土壤电阻率可取下列哪项数值？（　　）

（A）1500Ω · m　　（B）1600Ω · m

（C）1800Ω · m　　（D）2100Ω · m

9. 在下列城市变电站设计措施中，哪项是可减少对环境影响的？（　　）

（A）六氟化硫高压开关室设置机械排风设施

（B）生活污水处理达标后排入城市污水系统

（C）微波防护设计满足 GB 10436 标准

（D）站内总事故油池应布置在远离居民侧

10. 采用单母线或双母线接线的配电装置，当采用气体绝缘金属封闭开关设备时对旁路设施设置，下列描述哪项是正确的？（　　）

（A）可设置旁路设施

（B）可不设置旁路设施

（C）不宜设置旁路设施

（D）不应设置旁路设施

11. 某变电站 110kV 配电装置采用支持式管形导体，母线直径为 100mm，该母线在无冰无风状态下的挠度不宜大于下列哪项数值？（　　）

（A）2.5～5.0cm　　（B）5.0～10.0cm

（C）10.0～20.0cm　　（D）30.0cm

12. 以下关于电测量仪表用电压互感器二次回路电缆截面选择，下列描述哪项是错误的？（　　）

（A）I类电能计量装置二次回路电压降不应大于额定二次电压的 0.2%

（B）II类电能计量装置二次回路电压降不应大于额定二次电压的 0.25%

（C）频率表测量回路电缆的电压降不应大于额定二次电压的 3.0%

（D）电压表测量回路电缆的电压降不应大于额定二次电压的 3.0%

13. 500kV 变电站中工作站用变采用有载调压变，额定容量 800kVA，低压侧额定电压 0.38kV，有载分接开关调压范围±(4 × 2.5%)。调压范围内站用变容量不变。请计算站用变压器低压侧回路工作电流为下列哪项数值？（　　）

（A）1105.0A　　（B）1276.2A

（C）1350.5A　　（D）1418.1A

14. 某 220kV 变电站中 10kV 采用消弧线圈接地。10kV 母线上的一组并联电容器 A 相发生一点接地，关于保护动作的叙述，下列描述哪项是正确的？（　）

（A）应发出信号

（B）限时速度保护动作切除故障电容器组

（C）过电流保护动作切除故障电容器组

（D）零序电流保护动作带时限切除故障电容器组

15. 架空线路计算架线弧垂时，一般可采用降温补偿法，其原因下列哪项是正确的？（　）

（A）补偿放线后导地线各股绞合更紧密的影响

（B）气温变化预留裕度

（C）减小紧线的施工难度

（D）补偿导地线塑性伸长的影响

16. 某 220kV 线路采用 LGJ-400/35 钢芯铝绞线，导线直径为 26.82mm，若导线表面系数为 0.82，大气压为 101.325kPa，环境温度为 20℃时，导线临界电场强度最大值是下列哪项数值？（　）

（A）2.94MV/m　　（B）3.13MV/m

（C）3.45MV/m　　（D）4.52MV/m

17. 若在发电厂装设电气火灾探测器，下列各项设置中哪项是错误的？（　）

（A）在 110kV 电缆头上装设光栅光纤测温探测器

（B）在发电机出线小室装设红外测温探测器

（C）在低压厂变的负荷侧装设接触式测温探测器

（D）在低压厂变的电源侧装设剩余电流探测器

18. 当多支路向短路点供给短路电流时，关于短路电流热效应计算，下列哪项描述是正确的？（　）

（A）先计算各支路的短路电流周期分量热效应和非周期分量热效应，采用叠加法则，计算总的热效应

（B）采用各支路的短路电流周期分量之和计算周期分量热效应，采用各支路电流非周期分量分别计算热效应，采用叠加法则，计算总的热效应

（C）分别计算各支路的短路电流周期分量之和、非周期分量之和，然后采用和电流分别计算短路电流周期分量热效应和非周期分量热效应，计算总的热效应

（D）采用各支路的短路电流非周期分量之和计算非周期分量热效应，采用各支路电流周期分量分别计算热效应，采用叠加法则，计算总的热效应

19. 发电厂低压厂用变压器采用室内布置，其搬运门的尺寸至少为下列哪项？（　）

（A）高度为变压器的高度加 300mm，宽度为变压器的宽度加 300mm

（B）宽度为变压器的宽度加 300mm，高度为变压器的高度加 400mm

（C）高度为变压器的高度加 300mm，宽度为变压器的宽度加 400mm

（D）高度为变压器的高度加 400mm，宽度为变压器的宽度加 400mm

20. 某 220kV 变电站设置了监控系统，下列描述哪项是错误的？（　　）

（A）变电站操作与控制可分为四级：设备就地控制、间隔层控制、站控层控制、调控中心控制

（B）设备的操作与控制应优先采用站内主控或调控中心控制方式，间隔层控制和设备就地控制作为后备操作或检修操作手段

（C）各种控制级别间应相互闭锁，同一时刻只允许一级控制

（D）在母联、分段断路器间隔设置独立的同期装置

21. 关于低压变频器的供电，下列哪项设计要求是不合理的？（　　）

（A）选择集中接有变频器的低压厂用变压器容量时，变频器的计算负荷统计采用的换算系数应取 1.25

（B）集中设置的低压变频器应由专用的低压厂用变压器供电，非变频器类负荷宜由其他低压厂用变压器供电

（C）可以合理选择专用低压厂用变压器的接线组别，以有效抵消高压厂用母线上的奇次电流谐波

（D）加大低压变压器容量，降低变压器阻抗，提高系统的短路容量，降低谐波分量所占比

22. 光伏发电站接入电力系统无功及电压的有关描述，下列描述哪项是错误的？（　　）

（A）光伏发电站的无功电源包括光伏并网逆变器及光伏发电站无功补偿装置

（B）对于通过 110（66）kV 及以上电压等级并网的光伏发电站，其配置的感性无功容量能够补偿光伏发电站站内全部充电无功功率及光伏发电送出线路的一半充电无功功率之和

（C）汇集升压至 500kV（或 750kV）电压等级接入电网的光伏发电群中的光伏发电站，其配置的感性无功容量能够补偿光伏发电站自身的容性充电无功功率及光伏发电站送出线路的一半充电无功功率之和

（D）当公共电网电压处于正常范围内时，通过 110（66）kV 及以上电压等级接入公共电网的风电场和光伏发电站应能控制并网点电压在标称电压的 97%～107%范围内

23. 关于架空线路金具的规定，下列描述哪项是错误的？（　　）

（A）地线绝缘时宜使用双联绝缘子串

（B）220～1000kV 交流线路的绝缘子串和金具应考虑均压和防电晕措施

（C）V 型串采用复合绝缘子时端部可采用环—环连接的方式

（D）与横担连接的第一个金具强度应高于串内其他金具强度

24. 已知位于平原、丘陵地区的 500kV 架空输电线路导线平均高度为 20m、铁塔水平档距为 500m 时的档距相关性积分因子δ_L为 0.36，求在铁塔荷载计算中导线风荷载的档距折减系数α_L是下列哪项数值？（　　）

（A）0.715　　（B）0.725

（C）0.735　　（D）0.745

25. 某 500kV 变电站规划安装 4 台主变，500kV 规划出线 8 回，一期安装 2 台主变，2 回 500kV 出线。下列哪种主接线方案最为经济合理？（　　）

（A）500kV 主接线远景采用双母线双分段接线，一期 2 变 2 线采用双母线接线

（B）500kV 主接线采用 3/2 接线，远景 2 变 8 线组成 5 个完整串，另有 2 台主变直接经断路器接母线；一期 2 变 2 线组成 2 个完整串，线路侧不加装隔离开关

（C）500kV 主接线采用 3/2 接线，远景 2 变 8 线组成 5 个完整串，另有 2 台主变直接经断路器接母线；一期 2 变 2 线组成 2 个完整串，线路侧加装隔离开关

（D）500kV 主接线采用 3/2 接线，远景 4 变 8 线组成 6 个完整串，一期 2 变 2 线组成 2 个完整串

26. 在选择高压断路器时，下列描述哪项是正确的？（　　）

（A）首相开断系数应取 1.5

（B）当短路电流的直流分量不超过断路器额定短路开断电流幅值的 30%时，额定开断电流仅由交流分量来表征

（C）550kV 断路器的额定短时耐受电流持续时间为 1.5s

（D）地震烈度高或高寒地区可选用罐式断路器

27. 下列哪项措施可降低开断高压电动机过电压的陡度？（　　）

（A）装设避雷器

（B）避雷器旁并联电容器

（C）避雷器旁串联电容器

（D）避雷器旁并联电抗器

28. 电力系统安全自动装置在满足控制要求的前提下，选择的切机顺序为下列哪项？（　　）

（A）风电机组、水电机组、火电机组

（B）水电机组、风电机组、火电机组

（C）光伏电站、风电机组、水电机组

（D）火电机组、水电机组、风电机组

29. 燃煤火力发电厂的主控制室、集中控制室主环内的应急照明照度为正常照明照度值的比例是下列哪项数值？（　　）

（A）10%～15%　　（B）30%

（C）100%　　（D）50%

30. 某海上风电场安装 60 台 6.75MW 风力发电机组，关于海上升压变电站主变压器的描述，不列描述哪项是错误的？（　　）

（A）海上升压变电站设置 2 台主变压器
（B）海上升压变电站主变压器额定容量为 200MVA
（C）主变压器本体宜与散热器分离布置，变压器本体户内布置，散热器户外布置
（D）主变压器宜采用空气自然冷却方式

31. 确定电缆线路的设计分段长度时，下列哪项不属于应考虑的因素？（　　）

（A）电缆制造能力
（B）线路电压降
（C）电缆护层感应电压允许值
（D）施工及运输条件

32. 山区线路在选择路径和定位时，下列哪项应注意事项是不符合规程要求的？（　　）

（A）应注意控制使用档距
（B）应注意控制相应的高差
（C）避免出现杆塔两侧大小悬殊的档距
（D）耐张段长度应尽量增长

33. 某热电厂建设 2×350MW 燃煤供热机组，采用发电机与双绕组变压器单元接线方式接入厂内 220kV 配电装置，关于发电机出口装设开关设备的描述，下列哪项是满足规程要求的？（　　）

（A）在发电机与变压器之间可装设发电机断路器
（B）在发电机与变压器之间宜装设隔离开关
（C）在发电机与变压器之间不宜装设发电机断路器或负荷开关
（D）在发电机与变压器之间宜装设负荷开关

34. 气体绝缘母线外壳要求高度密封性，整套装置的年泄漏率应不大于下列哪项数值？（　　）

（A）0.1%　　（B）0.2%
（C）0.5%　　（D）1.0%

35. 某水平接地极采用镀锌圆钢，埋设在均匀土壤中，圆钢直径为 12mm，总长度为 200m，埋设深度为 0.8m，土壤电阻率为 3002Ω·m，水平接地极形状为“人”，试计算该水平接地极的接地电阻为下列哪项数值？（　　）

（A）3.09Ω　　（B）3.64Ω
（C）3.81Ω　　（D）4.81Ω

36. 600MW 火力发电厂机组，220V 动力专用直流电源系统，采用阀控式密封铅酸蓄电池组，下列描述哪项是不符合规程要求的？（　　）

（A）应设有专用的蓄电池室
（B）蓄电池组宜放置在主厂房BC框架的 7m 层

（C）蓄电池可根据电解液的形式采用卧式或立式安装

（D）当采用多层叠装且安装在楼板上时，楼板强度应满足荷重要求

37. 对于陆上风电场的功率预测系统，下列描述哪项是错误的？（　　）

（A）应具备 0～240h 中期风电功率预测功能

（B）应具备 0～72h 短期风电功率预测功能

（C）应具备 15min～4h 超短期风电功率预测功能

（D）预测时间分辨率应不低于 10～20min

38. 某风电场 220kV 海上升压站内设置 2 台主变压器，每台主变压器的容量可按风电场容量的多少选择？（　　）

（A）50%及以上　　（B）60%及以上

（C）80%及以上　　（D）100%

39. 关于输电线路绝缘配合，下列哪项描述是错误的？（　　）

（A）220kV 系统计算用相对地最大操作过电压标幺值为 3.0p.u.

（B）输电线路操作冲击绝缘水平，宜以避雷器操作冲击保护水平为基础，采用确定法确定

（C）对于 500kV 系统，操作过电压的波前时间宜按工程条件预测的结果选取

（D）输电线路的空气间隙应能承受一定幅值和时间的暂时过电压

40. 直流输电线路在海拔高度不超过 1000m 时，距正极性导线对地投影外 20m 处，晴天时由电晕产生的可听噪声（L50）限值应符合下列哪项规定？（　　）

（A）不应超过 40dB（A）

（B）不应超过 45dB（A）

（C）不应超过 50dB（A）

（D）不应超过 55dB（A）

二、多项选择题（共 30 题，每题 2 分。每题的备选项中有 2 个或 2 个以上符合题意。错选、少选、多选均不得分）

41. 下列爆炸性危险环境的电气设计哪些符合规程要求？（　　）

（A）电动机均应装设断相保护

（B）所有电气设备均应装设过载保护

（C）在爆炸性环境 1 区内应采用铜芯电缆在爆炸性环境 1 区内应采用铜芯电缆

（D）架空电力线路不得跨越爆炸性气体环境

42. 在常用相间距离、按雨天考虑且海拔不超过 1000m，对于 500kV 裸导体采用以下哪些数值不需要验算电晕的最小外径？（　　）

（A）2×27.46mm　　（B）2×43.32mm

（C）3×31.18mm　　（D）4×37.84mm

43. 某 35kV 配电装置，系统采用装设自动跟踪补偿消弧装置的中性点谐振接地方式，其自动跟踪补偿消弧装置的装设地点应符合哪些要求？（　　）

（A）系统在任何运行方式下，断开一、二回线路时，应保证不失去补偿

（B）系统在任何运行方式下，断开任意多的线路时，应保证不失去补偿

（C）多套自动跟踪补偿消弧装置应集中安装在系统中的同一位置

（D）多套自动跟踪补偿消弧装置不宜集中安装在系统中的同一位

44. 电力系统安全稳定计算中有关故障切除时间，下列描述哪些是错误的？（　　）

（A）500kV 线路故障，故障切除时间：近故障端 0.09s，远故障端 0.1s

（B）220kV 线路故障，故障切除时间：近故障端 0.11s，远故障端 0.12s

（C）500/220/66kV 主变故障，高压侧故障切除时间 0.10s

（D）220/66kV 主变故障，高压侧故障切除时间 0.12s

45. 并联电容器组中串联电抗器的电抗值允许偏差，下列要求哪些是错误的？（　　）

（A）在额定电流下电抗值的允许偏差为额定值的±2%

（B）铁心电抗器在 1.3 倍额定电流下的电抗值应不低于额定值

（C）铁心电抗器在 1.8 倍额定电流下的电抗值应不低于额定值的 95%

（D）电抗器每相电抗值的偏差应不超过三相平均值的 0～+5.0%

46. 海底电缆导体截面选择应考虑下列哪些因素？（　　）

（A）额定载流量下的导体温度

（B）线路电压降

（C）敷设施工、运行、维修过程中导体的电气负荷

（D）满足电场强度要求的最小导体截面

47. 某建筑面积为 160m^2 的专用锂电池室，下列措施哪些不符合消防规程的规定？（　　）

（A）设置消火栓

（B）设置水喷雾装置

（C）设置干粉灭火器和消防砂箱

（D）设置气体灭火系统

48. 户外高压配电装置的导体和电器选择所用的最大风速，下列描述哪些是不符合规程要求的？（　　）

（A）220kV 的高压断路器，采用离地 10m 高，30 年一遇的 10min 平均最大风速

（B）330kV 的高压隔离开关，采用离地 10m 高，50 年一遇的 10min 平均最大风速

（C）500kV 的架空导线，采用离地 10m 高，50 年一遇的 10min 平均最大风速

（D）750kV 的电流互感器，采用离地 10m 高，100 年一遇的 10min 平均最大风速

49. 下列哪些需计及直流分量的数值及其衰减特性的影响？（　　）

（A）接地故障对称电流有效值
（B）接地故障不对称电流有效值
（C）接地网最大入地电流
（D）接地网入地对称电流

50. 对于直流电源系统的网络设计，下列描述哪些是正确的？（　　）

（A）大机组厂用电 10kV 高压开关柜的直流控制电源，由配电装置的直流分电柜分层辐射供电
（B）热控总电源柜由直流柜集中辐射供电
（C）发电厂机组保护柜、测控柜、快切柜、同步柜等采用由直流柜集中辐射供电
（D）直流电动机由直流分电柜供电

51. 某风力发电场变电站主变压器电压比 330/35kV，关于中性点接地方式，下列描述哪些是符合规程的？（　　）

（A）主变压器低压侧系统中性点采用不接地方式
（B）主变压器低压侧系统中性点采用低电阻接地方式
（C）主变压器高压侧中性点采用直接接地
（D）主变压器高压侧中性点采用经小电抗接地

52. 确定绝缘地线放电间隙的形式和间隙距离，应考虑下列哪些因素？（　　）

（A）线路正常运行时地线上的感应电压
（B）地线的截面与形式
（C）间隙动作后续流熄弧
（D）继电保护的动作条件

53. 试问下列哪几种降压变压器应选用有载调压方式？（　　）

（A）220/110/35kV
（B）220/110/10kV
（C）110/35kV
（D）35/10kV

54. 发电电动机电压回路与启动回路的导体和设备选择计算时，若短路电流太大，导致设备选择困难，则可采取下列哪些措施？（　　）

（A）在发电电动机电压主回路设置限流电抗器
（B）在发电电动机启动回路设置限流电抗器
（C）增加发电电动机直轴超瞬态电抗值

（D）采用“无拖动并网”方式

55. 对发电厂的计算机监控系统，下列哪些采样属于交流采样？（　　）

（A）电流互感器二次侧输出的 1A 或 5A
（B）电压互感器二次侧输出的 100V
（C）直流回路分流器输出的 0～75mA
（D）变送器输出的 4～20mA 和 0～5V

56. 火力发电厂低压厂用电系统采用明备用动力中心和电动机控制中心供电方式时，下列哪些负荷供电方式是正确的？（　　）

（A）空气预热器工作电源从动力中心引接
（B）无粉仓的给煤机从电动机控制中心供电
（C）45kW 污水泵从动力中心供电
（D）高厂变的冷却风机从电动机控制中心供电

57. 下列有关聚光光伏系统的描述，哪些符合规程要求？（　　）

（A）线聚焦聚光宜采用单轴跟踪系统，点聚焦聚光宜采用双轴跟踪系统
（B）采用水平单轴跟踪系统的线聚焦聚光光伏系统宜安装在低纬度且直射光分量较大的地区
（C）采用倾斜单轴跟踪系统的线聚焦聚光光伏系统宜安装在中、高纬度且直射光分量较大的地区
（D）点聚焦聚光光伏系统宜安装在直射光分量较小的地区

58. 关于架空输电线路的电磁环境限值规定，下列说法哪些是正确的？

（A）交流线路距边相导线水平投影外 20m 处，雨天条件下的可听噪声不应超过 45dB（A）
（B）直流线路距正极性导线水平投影外 20m 处，晴天时由电晕产生的可听噪声（L50）不应超过 45dB（A），线路海拔高度大于 1000m 且经过人烟稀少地区时，由电晕产生的可听噪声（L50）应控制在 50dB（A）以下
（C）一般非居民区直流线路晴天时地面合成场强限值为 30kV/m
（D）一般非居民区直流线路晴天时离子流密度限值为 $80nA/m^2$

59. 发电机中性点可采用的接地方式包括下列哪些方式？（　　）

（A）不接地
（B）经消弧线圈接地
（C）低电阻接地
（D）高电阻接地

60. 地处东南地区海拔高度 750m 处的某山区风电场 10kV 集电线路采用电缆进行直埋敷设时，应符合下列哪些规定？（　　）

（A）电缆应敷设在壕沟内

（B）电缆外皮至地面深度不得小于 0.5m

（C）电缆距平行的道路边不得小于 1m（特殊情况除外）

（D）在电缆有机械损伤危险时，电缆护层应具有钢丝铠装

61. 电测量装置的准确度要求，下列描述哪些符合规程要求？（　　）

（A）计算机监控系统交流采样，准确度 0.5 级，频率测量误差不大于 0.1Hz

（B）常用电测量仪表数字式仪表，准确度 0.5 级

（C）综合保护测控装置中的测量部分，准确度 1.0 级

（D）常用电测量仪表记录型仪表，应满足测量对象的准确度要求

62. 下列哪些场所应急照明蓄电池放电时间不小于 2h？（　　）

（A）1000kV 有人值班变电站

（B）500kV 无人值班变电站

（C）换流站

（D）火力发电厂

63. 交流架空线路在海拔不超过 1000m 地区，下列哪些导线分裂根数与外径选项是正确的？（　　）

（A）220kV 单导线，导线外径 21.6mm

（B）330kV 双分裂导线，导线外径 21.6mm

（C）500kV 双分裂导线，导线外径 33.8mm

（D）750kV 六分裂导线，导线外径 25.5mm

64. 防串倒的加强型悬垂型杆塔，应按下列哪些工况计算杆塔荷载？（　　）

（A）基本风速、无冰、未断线

（B）设计覆冰、相应风速及气温、未断线

（C）对单回路杆塔，同一档内，单导线断任意两相导线、地线未断

（D）所有导、地线同时同侧有断线张力（分裂导线纵向不平衡张力）

65. 抽水蓄能电站机组启动方式的选择，下列描述哪些是正确的？（　　）

（A）电站装机台数为 8 台时，应选用两套变频启动装置（SFC）互为备用，并以背靠背同步启动作为第二备用启动方式

（B）电站装机台数为 5 台时，应选用两套变频启动装置（SFC）互为备用

（C）电站装机台数为 4 台时，宜选用一套变频启动装置（SFC），并以背靠背同步启动作为备用启动方式

（D）当单机容量较小，在电网允许的情况下，可以选择异步启动方式

66. 关于污秽地区高压配电装置及其电气设备的布置和选型，下列描述哪些是错误的？（　　）

（A）配电装置的位置在潮湿季节应处于污染源的上风向

（B）位于 c 级污秽地区的 110kV 配电装置应采用屋内配电装置或 GIS 配电装置

（C）位于 d 级污秽地区的屋内配电装置中电气设备外绝缘应符合现行国家标准 GB/T 26218.1、GB/T 26218.2 以及 GB/T 26218.3 的规定

（D）位于 e 级污秽地区的 330kV 配电装置宜采用 GIS 配电装置

67. 关于发电机组保护出口，下列描述哪些是错误的？（　　）

（A）停机——断开发电机断路器、灭磁，对汽轮发电机还要关闭主汽门，对水轮发电机还要关闭导水翼

（B）解列灭磁——断开发电机断路器、灭磁

（C）解列——断开发电机断路器，汽轮机甩负荷

（D）程序跳闸——对汽轮发电机首先关闭主汽门，联跳发电机断路器并灭磁；对水轮发电机，首先将导水翼关到空载位置，再跳开发电机断路器并灭磁

68. 关于电力系统电压调整及无功电源事故备用容量，下列描述哪些不符合规程要求？（　　）

（A）220kV 及以下电网电压的调整，宜实行逆调压方式

（B）当发电厂、变电站的母线电压超出允许偏差范围时，应首先调整有载调压变压器的分接开关位置

（C）当运行电压低于 90%系统标称电压时，应闭锁有载调压变压器的分接开关调整

（D）电力系统无功电源的事故备用容量，应主要储备于运行的发电机、调相机和无功补偿设备中

69. 架空线路绝缘子串与铁塔横担连接的第一个金具应满足下列哪些选项的要求？（　　）

（A）应转动灵活

（B）应采用挂板

（C）应受力合理

（D）强度可与其他金具相同

70. 在海拔不超过 1000m 的地区，500kV 交流架空输电线路经过集中林区时，应符合下列哪些规定？（　　）

（A）导线与树木之间的最小垂直距离为 7.0m

（B）在最大计算风偏情况下，导线与树木之间的最小净空距离为 7.0m

（C）按照树木自然生长高度的 3 倍砍伐

（D）考虑导线静止时，按照雷电过电压间隙 3.3m 校核树木倾倒过程对导线的距离

2023 年专业知识试题（下午卷）

一、单项选择题（共 40 题，每题 1 分，每题的备选项中只有 1 个最符合题意）

1. 供一般检修用携带式作业灯的灯头供电电压，不宜低于下列哪项数值？（　　）

（A）10.8V　　（B）11.4V

（C）21.6V　　（D）22.8V

2. 校验导体和电器动稳定、热稳定以及电器开断电流所用的短路电流，应按哪种情况下可能流经被校验导体和电器的最大短路电流？（　　）

（A）系统正常运行方式下

（B）系统最小运行方式下

（C）系统最大运行方式下

（D）系统切换过程中

3. 某发电厂主厂房 A 列外变压器区域布置有 1 台主变压器（油量 42t）、1 台高厂变（油量 12t）和 1 台高压启备变（油量 18t），该变压器区域设置一个总事故储油池，其容量宜按下列哪项的油量确定？（　　）

（A）33.6t　　（B）42t

（C）57.6t　　（D）72t

4. 对用于测量的电压互感器的二次回路，下列描述哪项是错误的？（　　）

（A）计算机监控系统中的测量部分，二次回路电压降不应大于额定电压的 3%

（B）I、II类电能计量装置的二次回路电压降不应大于额定电压的 0.2%

（C）二次回路电缆截面计量回路不应小于 $4mm^2$，其他测量回路不应小于 $2.5mm^2$

（D）贸易结算用电能计量装置的电压互感器二次回路可装设快速自动空气开关

5. 缺

6. 系统互联有利于资源优化配置，试问下列描述哪项不符合规程要求？（　　）

（A）互联的电力系统在任一侧失去大电源时，联络线不应超过事故过负荷能力

（B）采用直流输电联网时，并联交流通道应能承担直流闭锁后的转移功率

（C）在联络线因故障断开后，应保持各自系统的安全稳定运行

（D）电力系统互联应采用直流联网方式

7. 直流接地极馈电元件材料选择，下列描述哪项不符合规程要求？（　　）

（A）对海岸电极，馈电元件宜采用高硅铬铁

（B）在腐蚀寿命大于 40×10^6Ah 或土壤的 pH 值小于 3 的情况下，馈电元件材料宜采用高硅铁

或石墨

（C）阳极运行寿命大于 40×10^6Ah 的接地极，馈电元件不宜采用碳钢材料

（D）当选用高硅铬铁作馈电元件时，其成品应带有引流电缆

8. 大跨越塔位处的土壤电阻率为 900Ω · m，在雷季干燥时，则其不连地线的工频接地电阻不应超过下列哪项数值？（　　）

（A）25Ω　　（B）20Ω

（C）15Ω　　（D）10Ω

9. 傍晚，在露天油库地面照度降低至下列哪项数值时必须开灯？（　　）

（A）25lx　　（B）20lx

（C）15lx　　（D）10lx

10. 变压器的分接头宜按下列哪项原则设置？（　　）

（A）在网络电压变化最小的绕组上

（B）在星形联结绕组上，而不是三角形联结的绕组上

（C）在低压绕组上，而不是在高压绕组、中压绕组或中性点绕组上

（D）在负荷变化最小的绕组上

11. 220kV 屋内配电装置出线回路避雷器的外绝缘体最低部位距地小于下列哪项数值时应装设固定遮拦？（　　）

（A）1500mm　　（B）1700mm

（C）2300mm　　（D）2500mm

12. 下列哪些设备不布置在发电厂网络继电器室里？（　　）

（A）计算机监控测控柜

（B）继电保护屏、安全自动装置屏

（C）计算机操作员站

（D）故障录波屏、运动屏、电能量计费屏

13. 采用分层辐射供电方式时，直流电源系统电缆截面的选择，下列描述哪项是错误的？（　　）

（A）根据直流柜与直流分电柜之间的距离确定电缆允许的电压降，宜取直流电源系统标称电压的 3%～5%，其回路计算电流应按分电柜最大负荷电流选择

（B）当直流分电柜布置在负荷中心时，与直流终端断路器之间的允许电压降宜取直流电源系统标称电压的 1%～1.5%

（C）根据直流分电柜布置地点，可适当调整直流分电柜与直流柜、直流终端断路器之间的允许电压降，但应保证直流柜与直流终端断路器之间允许总电压降不大于标称电压的 6.5%

（D）直流柜与直流负荷之间的电缆允许电压降应按蓄电池组出口端最低计算电压值和负荷本身

允许最低运行电压值之差选取，宜取直流电源系统标称电压的 3%～6.5%

14. 下列电容器保护中哪种保护仅适用于油浸集合式并联电容器保护，且可作用于回路跳闸？（ ）

（A）限时速断保护

（B）过电流保护

（C）压力释放保护

（D）油温保护

15. 某常规架空送电线路采用单联悬垂复合绝缘子串，最大使用荷载约 48kN，按最大使用荷载选择绝缘子强度时应选下列哪项数值？（ ）

（A）70kN （B）100kN

（C）120kN （D）160kN

16. 某线路工程位于 10mm 冰区，下列关于导线与地线的配合，哪项是错误的？（ ）

（A）220kV 导线采用 1 × LGJ-300/40，地线采用镀锌钢绞线最小标称截面 $70mm^2$

（B）220kV 导线采用 2 × LGJ-400/35，地线采用镀锌钢绞线最小标称截面 $80mm^2$

（C）500kV 导线采用 4 × LGJ-400/35，地线采用镀锌钢绞线最小标称截面 $100mm^2$

（D）500kV 导线采用 6 × LGJ-240/30，地线采用镀锌钢绞线最小标称截面 $100mm^2$

17. 在发电厂与变电所的屋外油浸变压器布置设计中，单台油量及相应的挡油设施容积下列哪项是符合规程要求的？（ ）

（A）1250kg 15% （B）1500kg 20%

（C）2000kg 25% （D）2500kg 30%

18. 关于高转速大容量的抽水蓄能机组，其临界转速与飞逸转速的关系，下列描述哪项是正确的？（ ）

（A）机组转动部分的第一阶临界转速不宜小于最大飞逸转速的 120%

（B）机组转动部分的第一阶临界转速不宜小于最大飞逸转速的 125%

（C）机组转动部分的最大飞逸转速不宜小于第一阶临界转速的 120%

（D）机组转动部分的最大飞逸转速不宜小于第一阶临界转速的 125%

19. 某风电场工程 220kV 海上升压变电站，主变压器、气体绝缘金属封闭开关设备的主要维护通道不宜小于下列哪项数值？（ ）

（A）1000mm （C）2500mm

（B）2000mm （D）3000mm

20. 下列对发电机失步保护的描述哪项是错误的？（ ）

（A）在短路故障情况下，保护不应误动作

（B）系统同步振荡情况下，保护不应误动作

（C）电压回路断线情况下，保护不应误动作

（D）保护动作于信号，同时还动作于解列，保证断路器断开时的电流不超过断路器允许开断电流

21. 下列哪种设备不宜用作保护电器？（　　）

（A）塑壳断路器　　（B）熔断器

（C）空气断路器　　（D）PC 级 ATS

22. 某变电站并联电容器组串接串联电抗器，下列描述哪项是正确的？（　　）

（A）用于抑制谐波时，当接入电网处背景谐波为 5 次及以上时，串联电抗器电抗率宜取 12%

（B）用于抑制谐波时，当接入电网处背景谐波为 3 次及以上时，串联电抗器电抗率宜取 5%

（C）变电站中有两种电抗率 5%和 12%的并联电容器装置时，其中 12%的装置应具有先投后切的功能

（D）串联电抗器的过负荷能力应满足 1.1 倍额定电流下连续运行

23. 某一般架空线路采用双联双挂点悬垂瓷绝缘子串，其单联连接金具的强度为 210kN，则该金具串断联时的荷载不应超过下列哪项数值？（　　）

（A）84kN　　（B）117kN

（C）140kN　　（D）210kN

24. 某 220kV 平丘直线塔，位于 10mm 冰区，采用四分裂导线，设计安全系数 2.5，覆冰时应力为 82.37N/mm^2，最大使用应力为 84.82N/mm^2，导线截面积 674mm^2，在杆荷栽计算时，每相导线产生的纵向不平衡张力是下列哪项数值？（　　）

（A）37759N　　（B）44414N

（C）45735N　　（D）57169N

25. 对大中型燃煤发电机组，下列描述哪项是错误的？（　　）

（A）当两台发电机与一台双绕组变压器作扩大单元连接时，在发电机与主变压器之间应装设发电机断路器或负荷开关

（B）当 135MW 发电机与三绕组变压器为单元连接时，在发电机与变压器之间宜装设发电机断路器或负荷开关

（C）当 350MW 发电机与双绕组变压器为单元连接时，在发电机与变压器之间不宜装设发电机断路器或负荷开关

（D）当 600MW 发电机与双绕组变压器为单元连接时，在发电机与变压器之间不应装设发电机断路器或负荷开关

26. 380V 中性点直接接地系统中，配电干线采用单芯铜电缆作保护接地中性导体，导体截面不应小

于下列哪项数值？（ ）

（A）$2.5mm^2$　　（B）$4mm^2$

（C）$10mm^2$　　（D）$16mm^2$

27. 独立避雷针不应设在人经常通行的地方，避雷针及其接地装置与道路或出入口的距离不宜小于下列哪项数值？（ ）

（A）1m　　（B）3m

（C）5m　　（D）8m

28. 有关电力系统承受大扰动能力的安全稳定标准，下列描述哪项是错误的？（ ）

（A）为保证电力系统安全性，电力系统承受大扰动能力的安全稳定标准分为三级

（B）第一级标准：不采取稳定控制措施，保持系统稳定运行和电网的正常供电

（C）第二级标准：保持稳定运行，但允许损失部分负荷

（D）第三级安全稳定标准涉及的情况难以全部枚举，且故障设防的代价大，对各个故障应逐一采取稳定控制措施

29. 采用熔断器串真空接触器作为保护及操作电器的高压厂用异步电动机，下列哪种保护应通过熔断器来动作？（ ）

（A）电流速断保护　　（B）过电流保护

（C）断相保护　　（D）低电压保护

30. 光伏发电站方阵内就地升压变压器形式宜选用下列哪项？（ ）

（A）自冷、低损耗、有载调压、双绕组变压器

（B）风冷、低损耗、有载调压、分裂变压器

（C）自冷、低损耗、无载调压、双绕组或分裂变压器

（D）强迫风冷、低损耗、无载调压、双绕组或分裂变压器

31. 关于电缆敷设，下列描述哪项是正确的？（ ）

（A）电缆采用保护管敷设时，保护管顶部土壤覆盖深度不宜小于 1.0m

（B）电缆采用电缆沟敷设时，电缆沟均应设置支架和施工通道

（C）66kV 及以上的单芯电缆在隧道内敷设，应作蛇形敷设设计

（D）电缆采用电缆隧道敷设时，电缆隧道纵向坡度不应超过 10°

32. 某输电线路相导线采用 4 分裂钢芯铝绞线，导线直径为 32mm，假定导线表面系数为 0.90，计算在气压 $p = 101.235 \times 10^3$Pa、环境温度 $t = 20$°C时导线的电晕临界场强最大值是下列哪项数值？（ ）

（A）30.7kV/cm　　（B）31.8kV/cm

（C）33.7kV/cm　　（D）34.8kV/cm

33. 计算对称短路视在功率初始值所采用的电压为下列哪项？（　　）

（A）最大电压　　（B）平均电压
（C）标称电压　　（D）额定电压

34. 主厂房上装设避雷针时应采取的措施，下列描述哪项是错误的？（　　）

（A）设备的接地点远离避雷针接地引下线的入地点
（B）避雷针接地引下线远离电气装置
（C）避雷针接地引下线远离主接地网，并在入地处加装集中接地装置
（D）加强分流

35. 主厂房上装设避雷针时应采取的措施，下列描述哪项是错误的？（　　）

（A）设备的接地点远离避雷针接地引下线的入地点
（B）避雷针接地引下线远离电气装置
（C）避雷针接地引下线远离主接地网，并在入地处加装集中接地装置
（D）加强分流

36. 下列哪项可不具备电力系统自动电压控制（AVC）功能？（　　）

（A）单机容量 200MW 及以上的火电机组、燃气机组、核电机组
（B）单机容量 50MW 及以上的水电机组
（C）通过 110kV 及以上电压等级线路与电力系统相连的风电场
（D）通过 35kV 及以上电压等级线路与电力系统相连的光伏电

37. 2 × 600MW 机组的生产管理程控交换机的容量，下列哪项是符合规程 1 要求的？（　　）

（A）320 线　　（B）400 线
（C）600 线　　（D）1000 线

38. 某装机容量 1200kW 的独立光伏电站为小岛居民供电，已知小岛最大负荷 300kW，年用电量 1.314 × 10kWh，最长无日照时间为 3 天。如若储能交流回路的损耗率为 0.8，放电深度为 0.8，储能电池放电效率的修正值为 1.05，为满足向小岛持续稳定供电，需配置的储能容量为下列哪项数值（保留整数）？（　　）

（A）738kWh　　（B）1477kWh
（C）17719kWh　　（D）35478kWh

39. 关于架空输电线路绝缘配合，下列描述哪项是正确的？（　　）

（A）确定操作过电压要求的线路绝缘子串正极性操作冲击电压 50%放电电压时，操作过电压统计配合系数取 1.27
（B）500kV 线路风偏后导线对杆塔空气间隙的正极性雷电冲击电压 50%放电电压可选为现场污秽度等级 a 级下绝缘子串相应电压的 0.8 倍

（C）操作过电压下风偏计算用风速可取基本风速的 0.5 倍，但不宜低于 15m/s

（D）500kV 线路操作过电压闪络率不宜高于 0.03 次/a

40. 某 500kV 单回路线路相导线采用 4 分裂钢芯铝绞线，假定在湿导线条件下，距边相导线投影外 20m 处，三相导线产生的声压$p = 0.0068$Pa，计算可听噪声预计值为下列哪项数值？（　　）

（A）50.6dB（A）　　（B）52.3dB（A）

（C）53.7dB（A）　　（D）55.0dB（A）

二、多项选择题（共 30 题，每题 2 分。每题的备选项中有 2 个或 2 个以上符合题意。错选、少选、多选均不得分）

41. 在风力发电场设计中，为了保护环境，下列措施哪些是正确的？（　　）

（A）风力发电场的选址宜避开生态保护区

（B）场内升压站主变压器及高压配电装置宜布置在远离居民侧

（C）风力发电场的废水不应排放

（D）风力发电场的布置宜考虑对候鸟的影响

42. 为了消除屋外管形导体的微风振动，当计算风速小于 6m/s 时，可采取下列哪些措施？（　　）

（A）采用长托架　　（B）延长导体长度

（C）加装动力消振器　　（D）在管内加装阻尼线

43. 某电厂发电机中性点采用自动跟踪补偿消弧线圈接地装置，发电机无直配线，下列描述哪些是正确的？（　　）

（A）消弧线圈应采用过补偿方式

（B）消弧线圈脱谐度不宜超过±10%

（C）发电机回路的电容电流应计及发电机、变压器和连接导体的电容电流，当回路装有发电机断路器或电容器时，应计及这部分电容电流

（D）消弧线圈容量宜接近计算值

44. 直流系统中，蓄电池组高频开关电源的模块配置和数量，下列描述哪些是错误的？（　　）

（A）每组蓄电池配置一组高频开关电源时，备用（附加）模块的数量为 2

（B）一组蓄电池配置两组高频开关电源或两组蓄电池配置三组高频开关电源时，备用（附加）模块的数量为 1

（C）每组蓄电池配置一组高频开关电源时，备用（附加）模块的数量为 1 或 2

（D）一组蓄电池配置两组高频开关电源或两组蓄电池配置三组高频开关电源时，备用（附加）模块的数量为 2

45. 有关无功补偿与电压控制，下列描述哪些是正确的？（　　）

（A）对于新能源场站并网点的无功功率和电压调节能力不能满足相关标准要求的，应加装动态无功补偿装置

（B）500kV（330kV）及以上电压等级，如在正常及检修（送变电单一元件）运行方式下发生故障或任一处无故障三相跳闸时，需采取措施限制母线侧及线路侧的工频过电压在最高运行电压的 1.3 倍及 1.4 倍额定值以下，应装设低压并联电抗器

（C）500kV 电压等级输电线路的充电功率应按就地补偿的原则采用低压并联电抗器予以补偿

（D）330～750kV 线路并联电抗器回路不宜装设断路器，可根据线路并联电抗器的运行方式确定是否装设隔离开关

46. 关于接地极架空线路，下列描述哪些是正确的？（　　）

（A）靠近接地极约 5km 以内的杆塔，基础对地、杆塔对基础应绝缘

（B）接地极架空线路绝缘子串两端应加装招弧角

（C）接地极架空线路带电部分与杆塔构件的间隙，在大风条件下不应小于 0.1m

（D）接地极架空线路具有电压高、电流小的技术特点

47. 在 500kV 屋外敞开式高压配电装置中，关于隔离开关设置，下列描述哪些是正确的？（　　）

（A）出线电压互感器不应装设隔离开关

（B）母线电压互感器不宜装设隔离开关

（C）母线并联电抗器回路不应装设断路器和隔离开关

（D）母线避雷器不应装设隔离开关

48. 交流单芯电力电缆金属护层的接地要求，下列描述哪些是正确的？（　　）

（A）金属套上应至少在一端直接接地，在任一非直接接地端未采取能有效防止人员任意接触金属套的安全措施时，金属护套上任一点非直接接地端的正常感应电势不得大于 50V

（B）线路不长，金属护层上任一点非接地的正常感应电压满足要求时，应采取在线路一端或两端直接接地

（C）交流 220kV 单芯电缆金属套单点接地时，在需要抑制电缆对邻近弱电线路的电气干扰强度时，应沿电缆附近设置平行回流线

（D）220kV 线路较长，单点直接接地不能满足感应电压要求时，应采取线路两端直接接地

49. 关于发电厂和变电站雷电保护的接地，下列描述哪些是正确的？（　　）

（A）发电厂配电装置构架上避雷针的接地引下线应与接地网连接，并应在其附近加装集中接地装置

（B）变电站避雷针的接地引下线与接地网的连接点至变压器接地导体与接地网连接点之间沿接地极的长度，不应小于 25m

（C）发电厂内架空管道每隔 20～25m 应接地 1 次，接地电阻不应超过 30Ω

（D）发电厂内无独立避雷针保护的露天贮罐的接地电阻不应超过 30Ω

50. 下列哪些情况可以只设置 2 回站用电源？（　　）

（A）220kV 变电站初期只有一台主变压器时

（B）330kV 变电站初期只有一台主变压器时

（C）1000kV 变电站初期只有一台主变压器时

（D）1000kV 开关站

51. 并网光伏电站在电网电压异常时的响应，下列描述哪些是正确的？（　　）

（A）并网点电压跌至 0 时，光伏电站应能不脱网连续运行 0.15s

（B）并网点电压跌至 0.2 倍电网标称电压时，中型光伏电站应能不脱网连续运行 0.625s

（C）并网点电压跌至 0.3 倍电网标称电压时，大型光伏电站在不脱网连续运行 1s 后可以从电网切出

（D）并网点电压升高至 1.32 倍电网标称电压时，光伏电站的运行状态由光伏电站性能确定

52. 线路工程塔头设计时，下列描述哪些是正确的？（　　）

（A）大跨越线路设计，导线和地线不均匀脱冰时，导线间和导线与地线间的电气间隙校验应按静态接近距离不小于操作过电压的间隙值

（B）大跨越线路设计，导线和地线不均匀脱冰时，导线间和导线与地线间动态接近距离不小于工频（工作）电压的间隙值

（C）线路经过易舞动区时，导线间的电气间隙校验应按静态接近距离不小于工频（工作）电压的间隙值

（D）线路经过易舞动区时，导线与地线间的电气间隙校验应按动态接近距离不小于工频（工作）电压的间隙值

53. 1000MW 火力发电机组与主变压器之间装设发电机断路器，下列方案哪些是正确的？（　　）

（A）主变压器和高压厂用工作变压器宜采用无载调压方式

（B）主变压器和高压厂用工作变压器宜采用有载调压方式

（C）主变压器或高压厂用工作变压器宜采用有载调压方式

（D）当机组接入系统的母线电压波动范围经计算机组正常运行和启停高压厂用母线电压水平满足要求时，主变压器或高压厂用工作变压器也可采用无励磁调压方式

54. 在校验除电缆以外的导体热稳定时，短路电流热效应计算时间可能采用下列哪些项？（　　）

（A）主保护动作时间

（B）主保护动作时间加断路器开断时间

（C）后备保护动作时间

（D）后备保护动作时间加断路器开断时间

55. 关于电流互感器和电压互感器交流回路电缆选择的要求，下列描述哪些是正确的？（　　）

（A）电流互感器二次回路电缆芯线截面选择应根据额定二次负载计算确定，且对计量回路电缆芯线截面不应小于 $4mm^2$

（B）电压互感器二次回路电缆芯线截面选择应根据二次回路允许电压降计算确定，且对计量回路电缆芯线截面不应小于 2.5mm²

（C）电子式电流互感器采用数字量输出时应采用屏蔽电缆

（D）电子式电压互感器采用模拟量输出时应采用屏蔽电缆

56. 低压厂用电系统的短路电流计算应考虑下列哪些因素？（　　）

（A）计及电阻

（B）低压厂用变压器高压侧的电压在短路时可以认为不变

（C）在动力中心的馈线回路短路时应计及异步电动机的反馈电流

（D）当电缆线路发生短路时的短路电流非周期分量［电缆长度（m）与截面积（mm²）的比值小于 0.5 时］

57. 架空线路计算导线载流量时，关于环境参数取值，下列描述哪些是错误的？（　　）

（A）环境温度可采用年平均气温

（B）环境温度可采用最热月平均气温

（C）大跨越线路风速取 0.5m/s

（D）太阳辐射功率密度采用 1000W/m²

58. 关于 500kV 架空输电线路地面场强的说法，下列描述哪些是正确的？（　　）

（A）导线对地距离增加，地面最大电场强度降低

（B）地线对地面电场强度影响可忽略不计

（C）水平相间距离增大，地面电场强度增大

（D）相导线分裂根数增多，地面电场强度减小

59. 抽水蓄能电站机组的同步点和换相装置的设置位置选择，下列描述哪些是错误的？（　　）

（A）发电电动机出口装设断路器时，机组的同步点和换相装置均宜设置在发电电动机电压侧

（B）发电电动机出口装设断路器时，机组的同步点宜设置在发电电动机电压侧，换相装置宜设置在升高电压侧

（C）发电电动机出口不设断路器，升高电压侧电压等级为 220kV 且高压配电装置采用 GIS 时，同步点和换相装置可设置在升高电压侧

（D）发电电动机出口不设断路器，升高电压侧电压等级为 500kV 且高压配电装置采用 GIS 时，同步点和换相装置可设置在升高电压侧

60. 对高压配电装置各回路相序排列，下列描述哪些是正确的？（　　）

（A）面对出线从左到右，相序为 A、B、C

（B）面对出线从远到近，相序为 A、B、C

（C）面对出线从上到下，相序为 A、B、C

（D）面对出线从近到远，相序为 A、B、C

61. 电力装置的电测量，下列描述哪些是错误的？ （　　）

（A）电测量装置可采用直接式仪表测量、一次仪表测量或二次仪表测量
（B）光伏电站光伏方阵应测量逆变器直流侧的电压、电流、有功功率
（C）当不同类型的电测量仪表共用电流互感器的一个二次绕组时，宜先接计算机监控系统，再接指示和积算式仪表
（D）500kV 变电站每台站用变压器宜安装满足 0.5S 级精度要求的有功电能表，站外电源应配置满足 0.2S 级电能计量精度要求的有功电能表

62. 对于发电厂照明变压器的备用方式，下列方案哪些是正确的？ （　　）

（A）采用两台正常照明变压器互为备用方式
（B）采用检修变压器兼作照明备用变压器
（C）采用低压厂用工作变压器兼作照明备用变压器
（D）采用低压厂用备用变压器兼作照明备用变压器

63. 交流紧凑型线路导线选型时，每相子导线分裂根数最小值，下列描述哪些是正确的？（　　）

（A）220kV 紧凑型线路最少采用 2 分裂导线
（B）330kV 紧凑型线路最少采用 4 分裂导线
（C）500kV 紧凑型线路最少采用 4 分裂导线
（D）500kV 紧凑型线路最少采用 6 分裂导线

64. 导线风荷载与下列哪些因素有关？ （　　）

（A）环境温度
（B）基本风速
（C）导线离地面高度
（D）风向

65. 等效电压源法计算中，关于计算短路电流的基础假设条件，下列描述哪些是符合标准和规程要求的？ （　　）

（A）所有电源的电动势相位角相同
（B）短路类型不会随短路的持续时间而变化
（C）电网结构不随短路持续时间变化
（D）除了零序系统外，忽略所有线路电容、并联导纳、非旋转型负载

66. 下列哪些方式可限制线路故障清除过电压？ （　　）

（A）线路终端装设避雷器
（B）线路中部装设避雷器
（C）线路终端装设并联电抗器
（D）断路器装设分闸电阻

67. 调度自动化系统调度端部分的系统功能，有关自动发电控制 AGC 的描述，下列哪些是正确的？（　　）

（A）宜选择容量较大、水库调节性能好的水电站，单机容量在 200MW 及以上、热工自动化水平高、调节性能好的火电机组和 20MW 及以上风电场参加调节，燃气机组、抽水蓄能机组均应参加调节，单机容量在 100MW 以下的火电机组视条件和系统需要亦可参加调节

（B）AGC 应支持多区域多目标控制，支持水、火电机组单机控制方式、全厂控制方式以及多个电厂集中控制方式，支持梯级水电厂多厂控制方式，支持以风电场、光伏电站等新能源场站为控制对象

（C）参与 AGC 调整的电厂（或机组）应具备的条件为：火电机组可调容量宜为额定容量的 50%以上，每分钟增减负荷在额定容量的 3%以上；水电机组宜为额定容量的 80%以上，每分钟增减负荷在额定容量的 60%以上

（D）AGC 的主要控制目标按控制方式不同可分为：维持系统频率与额定值的偏差在允许范围内，维持区域联络线净交换功率及交换电能量与计划值的偏差在允许范围内

68. 对于电力系统有功功率备用容量，下列描述哪些是正确的？（　　）

（A）备用容量包括负荷备用、事故备用、检修备用

（B）负荷备用容量为最大发电负荷的 3%～5%

（C）事故备用容量为最大发电负荷的 10%左右，但不小于系统一台最大机组或馈入最大容量直流的单极容量

（D）风电、太阳能发电等新能源装机较多的地区，需额外设置一定的负荷备用容量

69. 关于线路的雷电过电压保护，下列描述哪些是正确的？（　　）

（A）220～500kV 线路应沿全线架设双地线

（B）110kV 线路在少雷区可不沿全线架设地线

（C）重覆冰线路应采用负保护角

（D）500kV 同塔双回线路保护角不宜大于 0°

70. 在短路电流实用计算中，下列哪些计算不能忽略元件的电阻值？（　　）

（A）高压电网提供的短路电流周期分量起始有效值

（B）发电机提供的 ts 短路电流非周期分量（t不等于 0）

（C）发电机提供的 ts 短路电流周期分量有效值（t不等于 0）

（D）低压网络的短路电流周期分量起始有效值

2024 年专业知识试题（上午卷）

一、单项选择题（共 40 题，每题 1 分，每题的备选项中只有 1 个最符合题意）

1. 氢气站爆炸危险环境中，可燃性气体爆炸性混合物的级别和引燃温度组别为下列哪个选项？（　　）

（A）ⅡB　T1　　（B）ⅡB　T2

（C）ⅡC　T1　　（D）ⅡC　T2

2. 抽水蓄能电站厂用电工作电源的引接应设置在下列哪个部位？（　　）

（A）发电电动机与发电机断路器之间

（B）发电机断路器与换相隔离开关之间

（C）换相隔离开关与主变压器低压侧之间

（D）主变压器高压侧

3. 若导体工作电流为 3000A，关于该铜导体无镀层接头接触面的电流密度，下列描述哪项是正确的？（　　）

（A）不应小于 $0.24A/mm^2$　　（B）不应小于 $0.12A/mm^2$

（C）不应超过 $0.12A/mm^2$　　（D）不应超过 $0.07A/mm^2$

4. 某 500kV 变电站水平接地网需采用引外接接地装置，该接地装置与水平接地网的连接应满足下列哪种做法？（　　）

（A）应采用不少于 4 根导线在同一地点与水平接地网相连接

（B）应采用不少于 4 根导线在不同地点与水平接地网相连接

（C）应采用不少于 2 根导线在同一地点与水平接地网相连接

（D）应采用不少于 2 根导线在不同地点与水平接地网相连接

5. 直流系统设计要求中，下列哪项不是规程、规范推荐的做法？（　　）

（A）110V 直流电源系统采用不接地方式

（B）2 组蓄电池配 2 套相控式充电装置

（C）配置铅酸蓄电池组，直流系统中未设置降压装置

（D）蓄电池出口回路采用熔断器作为保护电器

6. 220kV 及以下电网的无功电源安装总容量，应大于电网最大自然无功负荷，一般可按最大自然无功负荷的多少倍计算？（　　）

（A）1.05　　（B）1.1

（C）1.15　　（D）1.2

7. 某 220kV 架空线路与直流工程接地极距离（小于 5km），下列描述哪项是正确的？（　　）

（A）线路重新选线
（B）核算地线载流量，必要时加大地线截面
（C）增加绝缘子片数
（D）采用地线绝缘方式

8. 某 750kV 线路工程，雷季中无雨水时所测得的电阻率为 1000Ω · m，若接地采用 2.5m 垂直接地极，埋深 0.8m，则计算雷电保护接地装置所采用的土壤电阻率应取下列哪个选项？（　　）

（A）1000Ω · m
（B）1300Ω · m
（C）1500Ω · m
（D）1600Ω · m

9. 住宅小区配电变压器低压侧奇次谐波电压含有率限值为下列哪项数值？（　　）

（A）2.0%
（B）3.2%
（C）4.0%
（D）5.0%

10. 对导体和电器进行动热稳定校验时，下列描述哪项是错误的？（　　）

（A）用熔断器保护的电压互感器回路，可不验算动热稳定
（B）仅用熔断器保护的导体和电器可不验算动热稳定
（C）使用具有限流作用熔断器保护的电器可不验算动热稳定
（D）使用具有限流作用熔断器保护的导体可不验算动热稳定

11. 某 750kV 变电站，设备间连接导体采用铝镁硅系（6063）ϕ150/136 管形母线，请问该管形母线终端球的最小半径为下列哪项数值？（　　）

（A）150mm
（B）216mm
（C）115mm
（D）230mm

12. 某 220kV 变电站二次电缆，下列描述哪项是正确的？（　　）

（A）双重屏蔽电缆，内屏蔽宜一点接地
（B）计算机监控系统开关量信号电缆 Y1 选用对绞线芯总屏蔽
（C）微机型继电保护的直流电源电缆可不含金属屏蔽
（D）必要时，可使用电缆内的备用芯代替屏蔽层接地

13. 某新建热电厂建设规模为 3 台燃煤锅炉（单台容量 500t/h）和 2 套汽轮发电机组（单台发电机容量 60MW），高压厂用电系统采用 6kV 一级电压，其高压厂用母线的设置数量不应少于下列哪个选项？（　　）

（A）2 段
（B）3 段
（C）4 段
（D）6 段

14. 某 220kV 变电站 35kV 母线上配置了三组 20Mvar 的并联电容器组，母线三相短路容量是 1500MVA，两组电容器组同时投入后，母线的电压升高值最接近下列哪项数值？（　　）

（A）0.47kV　（B）0.93kV

（C）1.40kV　（D）1.87kV

15. 核算电缆载流量时，需要考虑电缆敷设位置的环境温度，下列描述哪项是正确的？（　　）

（A）无通风隧道敷设时，选取隧道埋深处当地的最热月的平均地温

（B）水下敷设时，选取最热月的日最高水温值

（C）有通风隧道敷设时，选取通风设计温度加 5℃

（D）保护管敷设时，选取埋深处当地的最热月的平均地温

16. 某 110kV 单回路无地线线路，导线采用单根 JL/G1A-300/40 钢芯铝绞线，直径为 23.9mm，三相导线呈正三角形排列，线间距 6.5m，则本线路的正序电纳B_1应为下列哪项数值？（　　）

（A）2.68×10^{-6}S/km　（B）2.77×10^{-6}S/km

（C）3.11×10^{-6}S/km　（D）4.37×10^{-6}S/km

17. 配电装置室房间内任一点到房间疏散门的直线距离不应大于多少？（　　）

（A）7m　（B）10m

（C）15m　（D）30m

18. 某变电站 10kV 侧短路电流计算结果见下表，在选择并校验 10kV 电器时应选用下列哪种短路形式？（　　）

短路形式	三相短路	两相短路	两相接地短路	单相接地短路
I''（kA）	21.38	21.03	21.69	20.98

（A）三相短路　（B）两相短路

（C）两相接地短路　（D）单相接地短路

19. 某 330kV 变电站有三种电压分别为 330kV、110kV、35kV，330kV 跨线与 35kV 母线交叉时，其带电体之间的最小电气距离应按下列哪项条件确定？（　　）

（A）按 330kV 的A_2值确定　（B）按 35kV 的A_2值确定

（C）按 330kV 的B_1值确定　（D）按 35kV 的D值确定

20. 关于电压互感器二次绕组接地方式的说法，下列描述哪项是错误的？（　　）

（A）对中性点有效接地系统，星形接线电压互感器的二次绕组应采用中性点一点接地

（B）V 形接线电压互感器的二次绕组采用 B 相一点接地

（C）已在控制室或继电器室一点接地的电压互感器二次绕组，宜在开关场或配电装置内将二次绕组中性点经自动开关或熔断器接地

（D）几组电压互感器二次绕组之间有电路联系时，其二次绕组集中在继电器室内一点接地

21. 高压厂用电系统中，当主保护动作时间与断路器固有分闸时间之和大于多少时，可不考虑短路

电流非周期分量对断路器分断能力的影响？（　　）

（A）0.11s　（B）0.12s

（C）0.14s　（D）0.15s

22. 某户外 35kV 并联电容器组，针对电容器外壳直接接地宜配置哪种保护？（　　）

（A）过负荷保护　（B）限时速断保护

（C）过电流保护　（D）接地保护

23. 某 110kV 单芯电缆外径为 125mm，三相电缆采用品字形布置于同一电缆支架，每层支架布置一回电缆，电缆支架层间最小净距应为下列哪项数值？（　　）

（A）115mm　（B）165mm

（C）300mm　（D）395mm

24. 输电线路对邻近电信线路可能产生危险影响，不需要考虑的故障状态为下列哪个选项？（　　）

（A）三相对称中性点直接接地系统的输电线路一相接地短路

（B）三相对称中性点不直接接地系统的输电线路两相在不同地点同时接地短路

（C）三相对称中性点不直接接地系统的输电线路一相接地短路

（D）三相对称中性点直接接地系统的输电线路两相在不同地点同时接地短路

25. 某电厂现有 2 台 12MW 供热机组，以机端电压 10kV 向周边负荷供电，并以 35kV 电压等级接入系统，10kV 主接线采用单母线分段接线。为满足供热增长需求，电厂扩建第 3 台 12MW 机组，10kV 主接线完善为单母线三分段接线。根据计算，扩建后电厂 10kV 母线短路电流超过现有开断设备允许值。试问为控制 10kV 短路电流，电厂应优先采用下列哪种措施？（　　）

（A）在母线分段回路中安装电抗器

（B）在第 3 台发电机回路中安装电抗器

（C）在主变压器回路安装电抗器

（D）在直配线上安装电抗器

26. 500kV 电器设备的户外晴天无线电干扰电压不宜大于下列哪项数值？（　　）

（A）100μV　（B）200μV

（C）500μV　（D）1000μV

27. 关于高压架空线路的雷电过电压保护，一般不宜全线架设避雷线的线路是下列哪项？（　　）

（A）35kV 线路　（B）110kV 线路

（C）220kV 线路　（D）500kV 线路

28. 关于电力系统安全自动装置的主要控制措施，下列描述哪项是正确的？（　　）

（A）在满足控制要求的前提下，切机应按火电机组、风电机组、水电机组的顺序选择控制对象

（B）核电机组原则上不作为控制对象，但在切除其他机组无法满足系统稳定要求且保证核反应堆安全的前提下，可切除核电机组

（C）切负荷装置可切除变电站低压供电线路实现切负荷。在选择被切除的负荷时，应综合考虑被切负荷的重要程度和完整性

（D）切除并联电抗器或投入并联电容器，用以限制电压过高；投入并联电抗器或切除并联电容器，用以防止电压降低

29. 某水力发电厂的主厂房灯具安装高度为 20m，选用下列哪种灯具较为适宜？（　　）

（A）广照配光灯具　　（B）余弦配光灯具

（C）直射配光灯具　　（D）深照配光灯具

30. 关于风电场工程机组单元回路设置，下列描述哪项与规程、规范是一致的？（　　）

（A）机组变电单元采用预装箱式变电站，应采用干式变压器

（B）机组变电单元变压器高压侧应采用断路器

（C）机组变电单元变压器低压侧应采用断路器

（D）机组变电单元变压器低压侧采用负荷开关熔断器设备组合

31. 已知某 750kV 交流线路系统最高电压有效值为 800kV，相对地统计操作过电压为 1.8p.u.，则操作过电压要求的绝缘子串正极性操作冲击电压 50%放电电压应为下列哪项数值？（　　）

（A）1056kV　　（B）1293kV

（C）1493kV　　（D）2586kV

32. 直流输电线路的地线表面最大场强不宜大于下列哪项数值？（　　）

（A）14kV/cm　　（B）16kV/cm

（C）18kV/cm　　（D）20kV/cm

33. 某热电厂发电机组额定出力为 60MW，额定电压为 10.5kV，设置一台高压厂用变压器支接于发电机出口。当发电机内部发生单相接地故障不要求瞬时切机时，该发电机电压系统的中性点接地方式不能采用下列哪种方式？（　　）

（A）发电机中性点不接地

（B）发电机中性点经高电阻接地

（C）发电机中性点经消弧线圈接地

（D）高压厂用变压器中性点经消弧线圈接地

34. 下列关于变电站站用柴油发电机机组选型的描述哪项是错误的？（　　）

（A）柴油发电机组应采用快速自启动的应急型，失电后第一次自启动恢复供电的时间可取 15～20s

（B）机组应具有时刻准备自启动投入工作并能最多连续自启动三次的性能

（C）柴油机的冷却方式应采用闭式循环水冷却

（D）发电机的接线可采用三角形连接

35. 750kV 空载线路合闸和重合闸产生的相对地统计操作过电压，不宜超过下列哪项数值？（　　）

（A）1.5p.u.　　（B）1.8p.u.

（C）2.0p.u.　　（D）2.2p.u.

36. 关于断路器失灵保护，下列描述哪项是错误的？（　　）

（A）500kV 输电线路后备保护采用近后备方式，装设一套断路器失灵保护

（B）一个半断路器接线的失灵保护应装设闭锁元件

（C）变压器断路器失灵保护判别元件采用零序电流元件或负序电流元件

（D）对变压器断路器失灵保护，为防止闭锁元件灵敏度不足应采取相应措施

37. 下列哪项不是电力系统中的主要谐波源？（　　）

（A）电力变压器　　（B）光伏逆变器

（C）白炽灯　　（D）电力机车

38. 关于海上风电场无功补偿的设置原则，下列描述哪项是错误的？（　　）

（A）海上风电场的无功补偿装置宜设置在陆上

（B）海上风电场无功平衡应首先利用风电机组自身的无功调节能力

（C）根据送出线路的电压等级与长度，结合风电场无功补偿及工频过电压需要，宜安装高压并联电抗器组和动态无功补偿装置

（D）动态无功补偿装置的响应时间应不大于 30ms

39. ±660kV 直流线路档距为 500m 时，档距中央导线与地线之间的距离在 15℃、无风、无冰工况下不应小于下列哪项数值？（　　）

（A）7.0m　　（B）7.5m

（C）8.5m　　（D）10.8m

40. 500kV 及以上的交流架空输电线路邻近民房时，房屋所在位置离地面 15m 处的未畸变电场不得超过下列哪项数值？（　　）

（A）4kV/m　　（B）7kV/m

（C）10kV/m　　（D）12kV/m

二、多项选择题（共 30 题，每题 2 分。每题的备选项中有 2 个或 2 个以上符合题意。错选、少选、多选均不得分）

41. 关于电气二次接线设计，下列哪些做法是正确的？（ ）

（A）隔离开关防误操作闭锁回路采用断路器辅助触点

（B）配电装置防误操作电源与短引线保护装置共用一回控制电源

（C）两套短引线保护共用一回控制电源

（D）分相操作的断路器机构设非全相自动跳闸回路

42. 下列关于变压器并联运行条件的描述哪些是正确的？（ ）

（A）联结组标号不一致不允许并联运行

（B）电压和电压比要相同，允许偏差也要相同（尽量满足电压比在允许偏差范围内），调压范围与每级电压也要相同

（C）频率相同

（D）容量比在 0.5～2 之间

43. 关于 220kV 配电装置导体设计，下列描述哪些是正确的？（ ）

（A）普通导体的正常工作温度不宜超过 70℃

（B）当普通导体接触面处有镀锡的可靠覆盖层时，正常最高工作温度可提高到 80℃

（C）在计及大阳辐照度影响时，钢芯铝线及管形导体正常最高工作温度可按不超过 85℃考虑

（D）验算短路热稳定时，硬铝及铝锰合金导体的最高允许温度可取 200℃

44. 关于专用蓄电池室的要求，下列描述哪些是不符合规程、规范的？（ ）

（A）蓄电池室内应采用非燃型建筑材料，吊天棚

（B）蓄电池内的照明灯采用防爆型

（C）蓄电池室的门尺寸采用 700mm × 1960mm

（D）蓄电池室的窗玻璃采用磨砂玻璃

45. 下列哪些情况应开展次同步振荡或超同步振荡计算分析？（ ）

（A）汽轮发电机组送出工程及近区存在串联补偿装置或直流整流站

（B）新能源场站集中接入短路比较高的电力系统

（C）新能源场站近区存在串联补偿装置或直流整流站

（D）其他存在次同步振荡或超同步振荡风险的情况

46. 某新能源电站采用 330kV 架空线路送出，输送容量为 550MW、功率因数为 0.95，拟选导线的参数和允许载流量见下表，则满足要求的导线方案是下列哪些选项？（ ）

导线型号	导线截面积（mm^2）	导线直径（mm）	允许载流量（A）
JL/G1A-300/40	339	23.9	560
JL/G1A-400/50	452	27.6	666

续上表

导线型号	导线截面积（mm^2）	导线直径（mm）	允许载流量（A）
JNRLHI/G1A-400/50	452	27.6	1408
JL/G1A-630/45	673	33.8	870

（A）2 × JL/G1A-300/40　　（B）2 × JL/G1A-400/50

（C）1 × JNRLHI/G1A-400/50　　（D）1 × JL/G1A-630/45

47. 户外油浸式变压器之间设置防火墙时应符合下列哪些要求？（　　）

（A）防火墙的高度应高于变压器储油柜

（B）防火墙的长度不应小于变压器外廓尺寸 1m

（C）防火墙与变压器散热器外廓距离不应小于 1m

（D）防火墙应达到一级耐火等级

48. 某电厂建设 2 台 350MW 级燃煤供热机组，发电机最大连续输出功率为 374MW、功率因数为 0.85（滞后），采用发电机-主变压器单元接线，电厂以 2 回 220kV 线路接入系统，2 台机组设 1 台与高压厂用变压器同容量的启动/备用变压器。关于主变压器的技术要求，下列描述哪些满足规程、规范的要求？（　　）

（A）主变压器采用双绕组三相变压器　　（B）主变压器额定容量为 420MVA

（C）主变压器选用无励磁调压方式　　（D）主变压器接线组别为 YNd11

49. 变电站的雷电过电压和它的发生概率取决于下列哪些选项？（　　）

（A）与变电站相连的架空线路的雷电性能

（B）变电站布置、尺寸，特别是进出线数

（C）变电站接地网的材质

（D）雷击瞬间运行电压的瞬时值

50. 某电厂新建 2 台 350MW 燃煤发电机组，经主变升压后以 220kV 接入电网。若每台机组设置 2 组控制和动力负荷合并供电的蓄电池，下列关于直流负荷统计的描述哪些是正确的？（　　）

（A）对于机组直流应急照明负荷，每组可按全部负荷统计

（B）事故停电时间内，恢复供电的高压断路器合闸电流应按断路器合闸电流最大的一台统计，且计入事故初期（1min）的冲击负荷

（C）厂用交流电源事故停电时间应按 1h 计算

（D）发电机氢密封直流油泵的事故放电时间应按 3h 计算

51. 下列描述哪些符合规程、规范的要求？（　　）

（A）抗震设防烈度为 6 度，10kV 电容补偿装置的电容器平台不宜采用悬挂式结构

（B）抗震设防烈度为 7 度，35kV 电容补偿装置的电容器平台不宜采用悬挂式结构

（C）抗震设防烈度为 8 度，66kV 电容补偿装置的电容器平台宜采用悬挂式结构

（D）抗震设防烈度为 9 度，110kV 电容补偿装置的电容器平台宜采用悬挂式结构

52. 关于输电线路防舞动的规定，下列描述哪些是正确的？（　　）

（A）易舞动地区的输电线路，舞动情况下，相地电气间隙值不应小于工频电压下要求的空气间隙值

（B）易舞动地区的输电线路，舞动校验工况为风速 10ms，冰厚 5mm，气温−5℃

（C）易舞动地区的输电线路宜增大档距、降低杆塔高度

（D）防舞装置可选择线夹回转式间隔棒、双摆防舞器、偏心重锤等

53. 下列哪些情况应选用有载调压变压器？（　　）

（A）直接向 10kV 配电网供电的降压变压器

（B）燃煤电站 500kV 升压变压器

（C）500/220kV 联络变压器

（D）电能质量要求高于标准的用户受电变压器

54. 软导线的分裂间距可按下列哪些选项设置？（　　）

（A）220kV 的双分裂导线间距可取 100～200mm

（B）330kV 的双分裂导线间距可取 200～400mm

（C）500kV 的双分裂导线间距可取 400～500mm

（D）1000kV 的双分裂导线间距宜取 600mm

55. 关于 220kV 海上升压站接地设计，下列描述哪些是正确的？（　　）

（A）应按照大电流接地系统方式进行接地设计

（B）工作接地、保护接地和防雷接地应分开设置接地装置

（C）二次系统设备接地应采用等电位多点接地方式

（D）接地环线和设备接地线宜采用铜排或铜绞线，并应与设备和钢结构可靠连接

56. 某电厂新建 2 台 660MW 燃煤发电机组，关于其厂用负荷的连接及供电方式，下列描述哪些是错误的？（　　）

（A）暗备用的两台低压厂用变压器之间，应采用手动切换

（B）若每台机组设置 3 台电动给水泵，其中 2 台分接在机组高压工作 A 段和 B 段母线，第 3 台可接在机组高压工作 A 段或 B 段母线

（C）机炉热工配电盘可由两路分别引自不同动力中心的电源供电

（D）给粉电动机的调速控制器电源应接于相应的给粉配电柜母线上

57. 架空线路采用悬垂 V 形串设计时，下列描述哪些是正确的？（　　）

（A）采用V形串一般是为了减小走廊宽度

（B）两肢夹角的一半可比最大风偏角小 5°～10°

（C）采用复合绝缘子时顺线路方向应采用固定措施

（D）采用复合绝缘子时端部应采用防脱落设计

58. 关于架空输电线路杆塔设计时的导地线水平偏移，下列描述哪些是正确的？（　　）

（A）导地线水平偏移的主要目的是方便施工
（B）杆塔设计时均应考虑导地线水平偏移
（C）设计冰厚 10mm 的 220kV 交流线路上下层相邻导线间水平偏移可取 1m
（D）设计冰厚 10mm 的 ±500kV 直流线路地线与相邻导线间水平偏移可取 2m

59. 某燃煤电厂建设 2 台 660MW 机组，电厂以 500kV 电压等级接入电网，两台发电机均采用发电机-变压器-线路组接入附近变电站。对于该发电厂的主接线，下列哪些做法不符合规程、规范的要求？（　　）

（A）发电机出口不装设新路器，高压厂用工作变压器接入发电机出口，采用有载调压变压器
（B）发电机出口装设断路器，高压厂用工作变压器接入主变低压侧，采用有载调压变压器
（C）主变高压侧串接两台断路器，高压厂用工作变压器由其间支接，采用有载调压变压器
（D）发电机中性点采用不接地方式

60. 关于交流单芯电力电缆金属护层的接地要求，下列描述哪些是错误的？（　　）

（A）未采取能有效防止人员任意接触金属套的安全措施时，金属护套上任一点非直接接地端的正常感应电势不得大于 300V
（B）线路不长，金属护层上任一点非接地的正常感应电压满足要求时，应采取在线路两端直接接地
（C）交流 110kV 单芯电缆，在需要抑制电缆对邻近弱电线路的电气干扰强度时，应沿电缆邻近设置平行回流线
（D）交流 220kV 单芯电缆，在系统短路时电缆金属套产生的工频感应电压超过电缆护层绝缘耐受强度或护层电压限制器的工频耐压时，应沿电缆邻近设置平行回流线

61. 某火力发电厂的厂用电二次接线回路，下列描述哪些是正确的？（　　）

（A）厂用高压变压器采用自然油循环风冷却方式，通风控制回路宜由交流电源供电
（B）高压厂用工作电源与启动/备用电源之间宜设带同步闭锁的手动切换装置
（C）发电机容量为 100MW 厂用备用电源应采用同步鉴定的快速自动投入方式
（D）当用母线速动保护动作或工作分支断路器限时速断或过电流保护动作跳开工作电源断路器时，宜启动备用电源自动投入装置

62. 发电厂和变电站照明灯具的布置，下列描述哪些是正确的？（　　）

（A）室内照明灯具布置应限制直接眩光和反射眩光
（B）屋外配电装置的照明不宜采用集中与分散相结合的布置方式
（C）厂前区入厂干道照明灯具可采用双列布置
（D）布置照明灯杆时，灯杆到路边的距离宜为 1.5～2m

63. 单芯电缆采用金属层一端直接接地方式时，下列哪些情况应沿电缆设置回流线？（　　）

（A）电缆截面不满足最大暂态电流作用下的热稳定要求

（B）电缆线路与架空线路相连

（C）系统短路时电缆金属层产生的工频感应电压超过电缆护层绝缘耐受强度

（D）需抑制电缆对邻近弱电线路的电气干扰强度

64. 架空输电线路导地线采用降温法补偿塑性伸长对弧垂的影响，下列描述哪些是正确的？（　　）

（A）钢芯铝绞线铝钢截面比为 7.8 时，降温值取 20～25℃

（B）钢芯铝绞线铝钢截面比为 5.5 时，降温值取 15～20℃

（C）钢芯铝绞线铝钢截面比为 4.3 时，降温值取 10℃

（D）采用镀锌钢绞线时，降温值取 15℃

65. 在短路电流实用计算中，采用的假设条件和原则包括下列哪些选项？（　　）

（A）所有电源的电动势相位角相同

（B）所有同步和异步电动机均为理想电动机

（C）所有电气元件的磁路均处于饱和

（D）所有元件的电阻均忽略不计

66. 关于配电装置形式选择的做法，下列描述哪些是正确的？（　　）

（A）抗震设防烈度为 6 度地区的 1000kV 配电装置宜采用 GIS

（B）抗震设防烈度为 8 度地区的 110kV 配电装置不宜采用悬吊式母线

（C）抗震设防烈度为 8 度地区的 220kV 配电装置宜采用 GIS

（D）海拔 4000m 的 330kV 配电装置可采用 GIS

67. 某 220kV 主变压器装设数字式保护，下列描述哪些不符合规程、规范的要求？（　　）

（A）主变压器电量保护采用双重化保护配置

（B）主变压器配置一套非电量保护，并与主变压器电量保护合用跳闸出口回路

（C）主变压器双重化的两套保护装置分别动作于主变压器高压侧断路器的两组跳闸线圈

（D）主变压器重瓦斯保护启动失灵保护

68. 发电厂宜装设局部照明的工作场所有哪些？（　　）

（A）煤取样点　　（B）除氧器压力表

（C）汽轮发电机本体罩内　　（D）高压成套配电柜内

69. 关于输电线路的雷电过电压保护，下列描述哪些是正确的？（　　）

（A）0kV 线路可沿全线架设地线

（B）0kV 同塔双回线路保护角取 5°

（C）0kV 单回线路保护角取 15°

（D）变电站进线段杆塔工频接地电阻不高于 10Ω

70. 500kV 交流架空输电线路换位宜符合下列哪些规定？　　（　　）

（A）长度超过 100km 的输电线路宜换位

（B）采用单回路紧凑型架设时应考虑换位

（C）换位循环长度不宜大于 200km

（D）对于π接线路应校核不平衡度，必要时设置换位

2024 年专业知识试题（下午卷）

一、单项选择题（共 40 题，每题 1 分，每题的备选项中只有 1 个最符合题意）

1. 关于爆炸危险区域 22 区的明敷电缆最小允许截面，下列描述哪项是正确的？（　　）

（A）电力电缆截面积 2.5mm^2 铜芯
（B）电力电缆截面积 4mm^2 铜芯
（C）电力电缆截面积 16mm^2 铝芯
（D）控制电缆截面积 2.5mm^2 铜芯

2. 在估算两相短路电流时，当由无限大电源供电或短路点电气距离很远时，通常可按三相短路电流周期分量的有效值乘以系数来确定，此系数是下列哪项数值？（　　）

（A）$\frac{\sqrt{3}}{2}$
（B）$\frac{1}{\sqrt{3}}$
（C）$\frac{1}{3}$
（D）1

3. 关于配电装置通道布置的说法，下列描述哪项满足规程、规范的要求？（　　）

（A）屋外配电装置主要环形通道应满足消防要求，道路净宽度不宜小于 4.5m
（B）500kV 配电装置设置相间运输道路时，其道路宽度不应小于 3m
（C）35kV 户内开关柜，柜后通道不宜小于 1m
（C）室内无外壳干式变压器，其外廓至墙壁净距不宜小于 650mm

4. 计算接地网地电位升高时应按下列哪种电流进行设计？（　　）

（A）经接地网入地最大接地故障对称电流有效值
（B）经接地网入地最大接地故障不对称电流有效值
（C）接地网最小入地电流
（D）接地网最大入地对称电流

5. 某电厂 1 号机组专供控制负荷的 110V 直流电源系统设有 2 组阀控式铅酸蓄电池，蓄电池组出口熔断器额定电流为 500A。若该系统两段直流母线之间装设应急联络断路器，其额定电流不应大于下列哪项数值？（　　）

（A）500A
（B）400A
（C）300A
（D）250A

6. 对 330kV 及以上电压等级变电站容性无功补偿容量的要求，下列描述哪项是正确的？（　　）

（A）可按照主变压器容量的 5%～10%配置
（B）可按照主变压器容量的 10%～20%配置
（C）可按照主变压器容量的 15%～25%配置
（D）可按照主变压器容量的 20%～30%配置

7. 无冰区架空输电线路断线工况气象条件选择时，下列描述哪项是正确的？（　　）

（A）有风、无冰、−5℃　　（B）无风、无冰、5℃
（D）无风、无冰、0℃　　（C）有风、无冰、5℃

8. 某 750kV 架空输电线路所在地区土壤电阻率为 3000Ω·m，关于接地装置，下列描述哪项是错误的？（　　）

（A）放射形接地极每根的最大长度为 100m
（B）工频接地电阻最大值为 50Ω
（C）放射形接地极可采用长短结合的方式
（D）接地极埋设深度不宜小于 0.3m

9. 汽轮发电机组带厂用电小岛运行时，交流厂用母线的频率波动宜在下列哪项范围？（　　）

（A）49～51Hz　　（B）49.7～50.3Hz
（C）49.5～50.5Hz　　（D）49.8～50.2Hz

10. 选择电器用到的最大风速，下列描述哪项是正确的？（　　）

（A）220kV 电器宜用离地面 10m 高、30 年一遇 10min 平均最大风速
（B）330kV 电器宜用离地面 15m 高、50 年一遇 10min 平均最大风速
（C）500kV 电器宜用离地面 10m 高、70 年一遇 10min 平均最大风速
（D）1000kV 电器宜用离地面 15m 高、100 年一遇 10min 平均最大风速

11. 某变电站安装 2 台 100MVA 的主变压器，每台变压器的油重为 44.5t，油的密度为 890kg/m^3，每台主变压器挡油设施和总事故油池的容积最小分别为下列哪项数值？（　　）

（A）10m^3，50m^3　　（B）10m^3，100m^3
（C）20m^3，50m^3　　（D）20m^3，100m^3

12. 有人值班的变电站主控制室和继电器室分开布置，关于主控制室内布置二次设备的说法，下列描述哪项是错误的？（　　）

（A）布置计算机监控系统操作员站　　（B）布置微机五防工作站
（C）布置图像监视系统监视器　　（D）布置电气保护屏

13. 某电厂 380/220V 保安段母线所接的最大一台电动机为给水泵润滑油泵，额定功率为 37kW。若保安段母线由柴油发电机供电，给水泵润滑油泵启动时的母线电压以保持不低于下列哪项数值为宜？（　　）

（A）额定电压的 80%　　（B）额定电压的 75%
（C）额定电压的 70%　　（D）额定电压的 60%

14. 某工程用并联电容器组单台电容器额定电流为 10A，其保护用外熔断器熔丝的额定电流可以取

下列哪项数值？（　　）

（A）11A　　（B）13A

（C）14A　　（D）16A

15. 某架空送电线路，地线采用铝包钢绞线 JLB20A-150，关于地线悬垂线夹握力，下列描述哪项是正确的？（　　）

（A）线夹握力不应小于地线计算拉断力的 14%

（B）线夹握力不应小于地线计算拉断力的 24%

（C）线夹握力不应小于地线计算拉断力的 25%

（D）线夹握力不应小于地线计算拉断力的 28%

16. 架空输电线路的地线选择中，下列描述哪项是错误的？（　　）

（A）地线应按照电晕起晕条件进行校验

（B）光纤复合架空地线结构选型应考虑耐雷击性能

（C）地线应满足电气和机械使用条件要求，应选用镀锌钢绞线

（D）大跨越地线宜采用铝包钢绞线

17. 燃煤电厂防火墙上的电缆孔洞应采用耐火极限为多少小时的电缆防火封堵材料或防火封堵组件进行封堵？（　　）

（A）1h　　（B）2h

（C）3h　　（D）5h

18. 某工程建设 2 台 1000MW 级燃煤超临界机组，其发电机出口装设发电机断路器（GCB），选择发电机断路器（GCB）时，关于短时耐受电流及其持续时间，下列描述哪项满足规程、规范的要求？（　　）

（A）发电机断路器额定短时耐受电流等于短路开断电流交流分量的有效值，其持续时间额定值为 4s

（B）发电机断路器额定短时耐受电流等于短路电流全电流最大有效值，其持续时间额定值为 3s

（C）发电机断路器额定短时耐受电流等于额定短路开断电流交流分量的有效值，其持续时间额定值为 2s

（D）发电机断路器额定短时耐受电流等于短路电流全电流最大有效值，持续时间额定值为 1s

19. 某 20kV 不接地系统，为保护电气设备在母线上配置了 MOA 避雷器，避雷器的额定电压宜选择下列哪项数值？（　　）

（A）24kV　　（B）26.4kV

（C）30kV　　（D）34kV

20. 关于电力系统安全自动装置稳定计算中的故障切除时间的说法，下列描述哪项满足规程、规范

的要求？（　　）

（A）500kV 线路故障，近故障端 0.09s、远故障端 0.1s
（B）220kV 线路故障，近故障端和远故障端均为 0.1s
（C）500kV 母线故障，宜采用相同电压等级线路远端故障切除时间
（D）220kV 母线故障，宜采用相同电压等级线路远端故障切除时间

21. 发电厂某辅助车间投光灯的轴线光强为 6000cd，满足规程、规范要求的最低安装高度是下列哪项数值？（　　）

（A）3.5m　（B）4m
（C）4.5m　（D）5m

22. 建设有 3 台主变压器的变电站内低压侧装设的无功补偿装置，下列描述哪项是正确的？（　　）

（A）2 台 110kV 主变压器的无功补偿装置之间宜装设备自投装置实现相互切换
（B）3 台 220kV 主变压器的无功补偿装置之间不宜装设相互切换的设施
（C）3 台 330kV 主变压器的无功补偿装置之间宜并联运行以相互支援无功
（D）3 台 750kV 主变压器的无功补偿装置之间在短路电流允许的条件下可并联运行

23. 220kV 电缆外护套雷电冲击耐受电压应不低于下列哪项数值？（　　）

（A）1550kV　（B）1050kV
（C）47.5kV　（D）37.5kV

24. 交流架空输电线路经过易舞动区，导线与地线间的动态接近距离应不小于下列哪项值？（　　）

（A）工频电压相间间隙值　（B）工频电压间隙值
（C）操作过电压间隙值　（D）雷电过电压间隙值

25. 某电厂规划安装 4 台 1000MW 机组，一期 2 台，500kV 出线 2 回。电厂一期电气主接线采用下列哪种方式满足规程、规范要求且最为经济？（　　）

（A）发电机-变压器-线路组接线　（B）3/2 接线
（C）四角接线　（D）双母线接线

26. 关于电力电缆绝缘和护层类型的选择，下列描述哪项是正确的？（　　）

（A）放射线作用场所应按绝缘类型要求，选用交联聚乙烯或乙丙橡皮绝缘等耐射线辐照强度的电缆
（B）年最低温度在−15℃以下应按低温条件和绝缘类型要求，选用聚氯乙烯、氯丁橡皮绝缘电缆
（C）在人员密集场所，应选用交联聚乙烯、聚氯乙烯绝缘或乙丙橡皮等低烟外护层电缆

（D）海底电缆宜采用耐腐蚀性好的镀锌钢丝、不锈钢丝或铝护层作为径向防水措施

27. 某 220kV 变电站采用有效接地系统，下列关于接地和均压的描述哪项满足规程、规范的要求？（　　）

（A）架空线路的地线不得直接和变电站配电装置构架相连

（B）变电站接地网应在地下与架空线路地线的接地装置相连接，连接线埋在地中的长度不应小于 20m

（C）当 220kV 配电装置采用气体绝缘金属封闭开关设备时，开关设备区域专用接地网与变电站总接地网的连接线，不应少于 4 根

（D）接地网地电位升高不得超过 2000V

28. 发电机保护中裂相横差保护主要反映的是下列哪种故障类型？（　　）

（A）发电机定子接地短路　　（B）发电机转子一点短路

（C）发电机定子匝间短路　　（D）发电机励磁系统故障

29. 某火力发电厂的烟囱顶端高度为 210m，则其顶部的障碍灯安装高度不宜取下列哪项数值？（　　）

（A）202m　　（B）204m

（C）206m　　（D）208m

30. 某风电场升压变电站设置 2 台主变压器，以 1 回 220kV 出线接入系统，关于其 220kV 配电装置电气主接线，下列描述哪项满足规程、规范的要求？（　　）

（A）桥形接线　　（B）单母线接线

（C）双母线接线　　（D）三角形接线

31. 已知某 500kV 线路最高运行电压为 550kV，位于 d 级污区，统一爬电比距要求不小于 50.4mm/kV，悬垂串采用 210kN 绦子，单片爬电距离为 550mm，爬电距离的有效系数为 0.9。使用爬电比距法计算工频电压下的最少绝缘子片数应为下列哪项数值？（　　）

（A）34 片　　（B）33 片

（C）32 片　　（D）31 片

32. 位于丘陵地形的 500kV 交流架空输电线路，基本风速为 27m/s，导线耐张绝缘子串采用水平布置的三联串，挂点高度为 30m，假定单联绝缘子串的承受风压面积计算值为 $1.25m^2$，计算导线耐张绝缘子串最大风速时风荷载的标准值为下列哪项数值？（　　）

（A）1022N　　（B）1187N

（C）1386N　　（D）1583N

33. 某热电厂建设 3 台 50MW 燃煤机组，电厂以 220kV 电压等级接入电网，220kV 系统中性点直接接地，220kV 升压站采用屋外敞开式配电装置。该发电厂下列哪个部位应装设隔离开关？（　　）

（A）220kV 出线的电压互感器　　（B）220kV 出线的避雷器

（C）主变压器高压侧中性点避雷器　　（D）主变压器高压侧中性点

34. 在下列哪种电压等级条件下，配电装置可选用固体绝缘母线？（　　）

（A）66kV　　（B）110kV

（C）35kV　　（D）220kV

35. 某 500kV 架空线路铁塔基础土壤电阻率为 1500Ω · m，该铁塔的工频接地电阻和人工接地极埋设深度分别宜满足下列哪组数据？（　　）

（A）不宜超过 15Ω，不宜小于 0.5m　　（B）不宜超过 20Ω，不宜小于 0.6m

（B）不宜超过 25Ω，不宜小于 0.5m　　（D）不宜超过 25Ω，不宜小于 0.6m

36. 阀控式密封铅酸蓄电池采用钢架组合结构安装，多层叠放，其整体高度不宜超过下列哪项数值？（　　）

（A）1200mm　　（B）1500mm

（C）1700mm　　（D）2200mm

37. 下列关于电力系统功角稳定的说法，下列描述哪项是正确的？（　　）

（A）静态功角稳定是指电力系统受到小扰动后，不发生功角非周期性失步，自动恢复到起始运行状态的能力

（B）暂态功角稳定是指电力系统受到大扰动后，各同步发电机保持同步运行并恢复到原来稳态运行方式的能力

（C）小扰动动态功角稳定是指电力系统受到小扰动后，不发生发散振荡或持续振荡，保持功角稳定的能力

（D）大扰动动态功角稳定是指电力系统受到大扰动后，保持长过程功角稳定的能力

38. 对于两个换流站共用的接地极，设计接地极的入地电流应考虑事故情况下的复合电流。分析该共用接地极对周边电力系统的影响时，入地电流的计算取值应满足下列哪项要求？（　　）

（A）两个换流站的额定电流之和的最大值

（B）两个换流站的额定电流中的大值

（C）单个换流站的长期最大过负荷电流

（D）一个换流站最大额定电流和另一个换流站不平衡电流之和

39. 关于一般输电线路地线对导线的保护角，下列哪个选项满足规程规范的要求？（　　）

（A）220kV 山区单回线路杆塔上地线对导线的保护角不宜大于 10°

（B）1000kV 平丘单回线路杆塔上地线对导线的保护角不宜大于 8°

（C）±800kV 山区单回线路杆塔上地线对导线的保护角不宜大于−10°

（D）±1100kV 山区单回线路杆塔上地线对导线的保护角不宜大于−12°

40. 220kV 架空输电线路跨越公路时，下列哪项规定满足规程、规范的要求？（　　）

（A）导线至路面的最小垂直距离为 8.0m
（B）邻档断线情况下导线至路面的最小垂直距离为 6.0m
（C）杆塔外缘至路基边缘的距离为 5.0m
（D）杆塔外缘至路基边缘的距离，开阔地区为最高（杆）塔高

二、多项选择题（共 30 题，每题 2 分。每题的备选项中有 2 个或 2 个以上符合题意。错选、少选、多选均不得分）

41. 风电场电能质量指标包含下列哪些选项？（　　）

（A）电压闪变　　（B）低电压穿越能力
（C）电压不平衡度　　（D）故障时动态无功支撑电流

42. 某电厂建设 2 套 9F 级燃气-蒸汽联合循环发电机组，发电机通过主变压器升压，接入厂内 252kV SF6 气体绝缘金属封闭开关设备（以下简称 GIS），252kV GIS 短路电流水平为 50kA，关于 252kV GIS 技术规范，下列描述哪些是正确的？（　　）

（A）出线回路的线路侧接地开关应采用快速接地开关
（B）电压互感器宜选用电磁式
（C）外壳的厚度应耐受短路电流不小于 50kA、0.1s
（D）电压互感器和母线避雷器不应装设隔离开关

43. 依据规程要求，通过技术经济比较后，下列哪类变电站的接地网可采用铜（覆钢）材或其他防腐蚀措施？（　　）

（A）腐蚀较重地区的 330kV 变电站　　（B）腐蚀较重地区的 110kV 变电站
（C）腐蚀较重地区的 66kV 城市变电站　　（D）腐蚀严重地区的 66kV 紧凑型变电站

44. 关于发电厂和变电站直流电源系统中保护电器的选择，下列描述哪些是正确的？（　　）

（A）蓄电池出口回路宜选用熔断器，且熔断器应带有报警触点
（B）分电柜直流馈线断路器宜选用具有瞬时保护和反时限过电流保护的直流微型断路器
（C）直流断路器上一级装设熔断器时，熔断器额定电流应不小于直流断路器额定电流的 2 倍
（D）直流断路器应带有报警触点

45. 并联电容器组和低压并联电抗器组的分组容量，应满足下列哪些要求？（　　）

（A）分组装置在不同组合方式下投切时，不得引起高次谐波谐振和有危害的谐波放大
（B）投切一组电容器引起所在母线的电压变动值，不宜超过其额定电压的 1.5%
（C）投切一组电抗器引起所在母线的电压变动值，不宜超过其额定电压的 2.5%
（D）应与断路器投切电容器组的能力相适应

46. 关于输电线路绝缘配合，下列描述哪些是正确的？（ ）

（A）绝缘子片数选择应首先校核绝缘子串是否满足操作过电压及雷电过电压的要求

（B）计算工频（工作）电压下的绝缘子片数，可采用爬电比距法，也可采用污耐压法

（C）使用复合绝缘子时，复合绝缘子有效绝缘长度需满足雷电过电压和操作过电压的要求

（D）用于 110kV 及以上输电线路复合绝缘子两端都应加均压环

47. 关于大中型水力发电厂的电气主接线设计，下列描述哪些是正确的？（ ）

（A）装机容量 500MW 及以上的水力发电厂应对电气主接线进行可靠性评估计算

（B）发电机与主变压器最大组合容量不应大于所在系统的事故备用容量

（C）全厂不宜采用只设一台主变压器的扩大单元接线

（D）发电电动机出口处应装设断路器

48. 关于导体的正常最高工作温度，下列描述哪些是正确的？（ ）

（A）普通导体不宜超过 70℃

（B）计及太阳辐照度影响，钢芯铝绞线可按不超过 80℃考虑

（C）计及太阳辐照度影响，管形导体可按不超过 85℃考虑

（D）当普通导体接触面处有镀锡的可靠覆盖层时，可按不超过 90℃考虑

49. 某 110kV 变电站，直流电源系统标称电压为 DC110V，关于断路器控制回路，下列描述哪些是正确的？（ ）

（A）断路器控制回路应满足分相操动机构的需求

（B）断路器控制回路应具有跳、合闸出口自保持功能

（C）若跳闸线圈额定电流为 2A，则跳闸继电器电流自保持线圈的额定电流不宜大于 1.4A

（D）合闸继电器电流自保持线圈的电压降不应大于 5.5V

50. 关于厂用电系统单相接地保护说法正确的有：（ ）

（A）高压厂用电源回路的单相接地保护，宜由接于高压厂变低压绕组中性点的电阻取得零序电流来实现

（B）低压厂用母线上的馈线回路，可用相间短路保护兼作单相接地保护

（C）当 1 台高压厂变供电给 6kV A 段和 B 段母线时，应在各分支上分别装设过电流保护，保护带时限动作于本分支断路器跳闸

（D）采用熔断器串真空接触器回路供电的低压厂变回路，过电流保护带时限动作于本回路真空接触器分断

51. 某变电站的低压侧装设 35kV 并联电容器、35kV 并联电抗器，无功补偿总回路装设总断路器以开断短路及负荷电流。下列对无功补偿装置的接线描述哪些是正确的？（ ）

（A）分支回路装设断路器开断短路及负荷电流

（B）分支回路装设负荷开关开断短路及负荷电流

（C）分支回路装设断路器开断负荷电流

（D）分支回路装设负荷开关开断短路电流

52. 架空输电线路选择路径时，下列描述哪些是正确的？（　　）

（A）路径选择应避开重冰区、易舞动区及影响安全运行的其他地区

（B）在走廊拥挤地段宜采用同杆塔架设

（C）输电线路与铁路、高速公路交叉时，应采用独立耐张段

（D）耐张段较长的轻冰区每隔 7～8 基设置一基纵向强度较大的加强型直线塔

53. 下列哪些情况可不考虑并联电容器组对短路电流的影响？（　　）

（A）短路点在出线电抗器后　　（B）短路点在并联电容器前

（C）短路点在主变压器的高压侧　　（D）短路点在出线电抗器前

54. 下列关于电气设施抗震设计，下列描述哪些是正确的？（　　）

（A）一般电力设施中的电气设施，当抗震设防烈度为 7 度及以上时，应进行抗震设计

（B）安装在室内二层及以上的电气设施，当抗震设防烈度为 7 度及以上时，应进行抗震设计

（C）当抗震设防烈度为 8 度及以上时，220kV 配电装置不宜采用高型、半高型和双层屋内配电装置

（D）当抗震设防烈度为 8 度及以上时，220kV 电容补偿装置的电容器平台宜采用支撑式结构

55. 关于变电站电压互感器二次回路保护配置的说法，下列描述哪些是正确的？（　　）

（A）用于电能计量装置的电压互感器二次回路不应装设专用自动开关

（B）电压互感器二次侧中性点引出线不应装设保护设备

（C）互感器二次侧自动开关瞬时脱扣器断开短路电流的时间不应大于 20ms

（D）互感器二次侧自动开关瞬时脱扣器的动作电流，应按大于二次回路最大负荷电流来整定

56. 关于火力发电厂厂用电动机的选择，下列描述哪些是正确的？（　　）

（A）厂用交流电动机宜采用鼠笼式

（B）当工艺系统对辅机要求变频调速时，应选用变频调速电动机

（C）在高原、热带、户外等特殊环境中，应选用专用电机

（D）电动机额定电压的确定应综合考虑高厂变容量、阻抗、短路水平等，在电压分界点的电动机，宜与高厂变低压侧电压选择一致

57. 关于光伏发电站的火灾自动报警系统设置，下列描述哪些是正确的？（　　）

（A）大型或无人值守光伏发电站应设置火灾自动报警系统

（B）大、中型光伏发电工程宜设置火灾自动报警系统

（C）逆变器室、控制室、配电装置室、二次盘室、无功补偿设备室宜设置火灾自动报警系统探测器

（D）蓄电池室、电缆竖井、主变压器等处应设置火灾自动报警系统探测器

58. 影响架空输电线路直线杆塔垂直档距的主要因素为下列哪些选项？（　　）

（A）高差　　（B）电线张力

（C）电线分裂数　　（D）档距

59. 高压开关柜应具备的五防措施包括下列哪些选项？（　　）

（A）防止带负荷误分、误合断路器　　（B）防止带负荷误分、误合隔离开关

（C）防止带电合接地开关　　（D）防止误入带电间隔

60. 关于绝缘配合的说法，下列描述哪些是正确的？（　　）

（A）对于 110～220kV 系统，相间操作过电压可取相对地过电压的 1.3～1.4 倍

（B）66kV 变电站操作过电压要求的空气间隙的绝缘强度，宜以避雷器操作冲击保护水平为基础，将绝缘强度作为随机变量加以确定

（C）电气设备内、外绝缘操作冲击绝缘水平，宜以避雷器操作冲击保护水平为基础，采用统计法确定

（D）电气设备内、外绝缘雷电冲击绝缘水平，宜以避雷器雷电冲击保护水平为基础，采用确定性法确定

61. 对 3～110kV 继电保护允许适当牺牲部分选择性的说法，下列描述哪些是正确的？（　　）

（A）对串联供电线路，如果按逐级配合的原则导致电源侧保护的动作时间过长时，可将容量较大的某些中间变电站按 T 接变电站或不配合点处理，以减少配合的级数，缩短动作时间

（B）双回线内部保护的配合，可按双回线主保护（例如纵联保护）动作或双回线中一回线故障时两侧零序电流（或相电流速断）保护纵续动作的条件考虑，确有困难时，允许双回线中一回线故障时，两回线的主保护间有不配合的情况

（C）构成环网运行的线路中，允许设置预定的不配合点

（D）接入供电变压器的终端线路，无论是一台或多台变压器并列运行（包括多处 T 接供电变压器成供电线路），都允许线路侧的速动段保护按躲开变压器其他侧母线故障整定。需要时，线路速动段保护可经一短时限动作

62. 关于发电厂和变电站照明，下列描述哪些是正确的？（　　）

（A）电缆隧道照明电压宜采用 24V，当电缆隧道照明电压采用 220V 电压时，应有防止触电的安全措施，并应敷设专用接地线

（B）照明开关的安装高度应为 1.3m

（C）照明主干线路上连接的照明配电箱数量不宜超过 6 个

（D）插座回路宜与照明回路分开，每回路额定电流不宜小于 16A，且应设置剩余电流保护装置

63. 架空线路工程选择地线悬垂线夹时，下列描述哪些是正确的？（　　）

（A）当地线产生不平衡张力时，允许地线在悬垂线夹内滑动

（B）当悬垂线夹两侧悬垂角不等时，线夹允许在一定范围内转动

（C）选择悬垂线夹型号时，主要考虑线夹在各种工况下的最大垂直荷载

（D）选择悬垂线夹型号时，需要考虑地线及外部包缠物厚度或护线条

64. 山区架空输电线路，关于导线悬挂点应力，下列描述哪些是正确的？（　　）

（A）悬挂点允许应力一定，档距越大，允许导线两侧悬挂点高差越大

（B）悬挂点允许应力一定，导线两侧悬挂点高差越大，允许档距越小

（C）其他条件不变时，导线两侧悬挂点高差增加，高侧悬挂点应力增加

（D）其他条件不变时，导线张力降低，高侧悬挂点应力降低

65. 下列关于 500kV 敞开布置变电站中隔离开关的设置，下列描述哪些是正确的？（　　）

（A）双母线或单母线接线中母线避雷器和电压互感器，应合用一组隔离开关

（B）一个半断路器接线中母线避雷器和电压互感器，宜合用一组隔离开关

（C）安装在变压器中性点上的避雷器，不应装设隔离开关

（D）在一个半断路器接线中，初期线路和变压器组成两个完整串时，各元件出口处宜装设隔离开关

66. 独立避雷针的接地装置应符合下列哪些要求？（　　）

（A）独立避雷针宜设独立的接地装置

（B）在非高土壤电阻率地区，接地电阻不宜超过 5Ω

（C）该接地装置可与主接地网连接，避雷针与主接地网的地下连接点至 35V 及以下设备与主接地网的地下连接点之间，沿接地极的长度不得小于 10m

（D）独立避雷针不应设在人经常通行的地方，避雷针及其接地装置与道路或出入口的距离不宜小于 3m，否则应采取均压措施或铺设砾石或沥青地面

67. 下列哪些选项属于电力系统承受大扰动能力第二级安全稳定标准的事故扰动类型？（　　）

（A）故障时继电保护误动　　（B）直流双极线路短路故障

（C）任一发电机跳闸或失磁　　（D）任一段母线故障

68. 关于电力需求预测的说法，下列描述哪些是正确的？（　　）

（A）电力需求预测应以国民经济和社会发展规划为基础

（B）电力需求预测应采用多种方法进行预测，并相互校核

（C）电力需求现状不影响电力需求预测结果

（D）电力需求预测是预测未来的需电量和电力负荷

69. 关于隧道中敷设电缆线路，下列描述哪些是正确的？（　　）

（A）电缆支架两侧布置的非开挖式电缆隧道，通道净空不小于 0.8m

（B）采用垂直蛇形敷设的电缆，应在每个蛇形半节距部位用夹具把电缆固定于支架上

（C）电缆中间接头两侧应用固定夹具进行刚性固定

（D）220kV 单芯电缆应按电缆的热伸缩量进行蛇形敷设

70. 关于一般线路的基本风速最小值，下列哪些规定是正确的？（　　）

（A）220kV 架空输电线路为 22.0m/s　　（B）330kV 架空输电线路为 23.5m/s

（C）500kV 架空输电线路为 25.0m/s　　（D）750kV 架空输电线路为 27.0m/s

附录一 考 试 大 纲

1 法律法规与工程管理

1.1 熟悉我国工程勘察设计中必须执行的法律、法规的基本要求；

1.2 熟悉工程勘察设计中必须执行的建设标准强制性条文的概念；

1.3 了解我国工程项目管理的基本概念和项目建设法人、项目经理、项目招标与投标、项目承包与分包等基本要素；

1.4 了解我国工程项目勘察设计的设计依据、内容深度、标准设计、设计修改、设计组织、审批程序等的基本要求；

1.5 熟悉我国工程项目投资估算、概算、预算的基本概念；

1.6 掌握我国工程项目建设造价的主要构成、造价控制的要求和在工程勘察设计中控制造价的要点；

1.7 熟悉我国工程项目勘察设计过程质量管理的基本规定；

1.8 掌握我国工程勘察设计过程质量管理和保证体系的基本概念；

1.9 了解计算机辅助程序在工程项目管理中的应用；

1.10 了解我国注册电气工程师的权利和义务；

1.11 熟悉我国工程勘察设计行业的职业道德基本要求。

2 环境保护

2.1 熟悉我国对工程项目的主要环保要求和污染治理的基本措施；

2.2 掌握我国工程建设中电气设备对环境影响的主要内容；

2.3 熟悉我国工程项目环境评价的基本概念和环境评价审批的基本要求；

2.4 了解我国清洁能源的基本概念。

3 安全

3.1 熟悉我国工程勘察设计中必须执行的有关人身安全的法律、法规、建设标准中的强制性条文；

3.2 了解我国工程勘察设计中电气安全的概念和要求；

3.3 掌握我国工程勘察设计中电气安全保护的主要方法和措施；

3.4 掌握我国危险环境电力装置的设计要求；

3.5 熟悉电气设备消防安全的措施；

3.6 了解安全电压的概念。

4　电气主接线

4.1　熟悉电气主接线设计的基本要求（含接入系统设计要求）；

4.2　掌握各级电压配电装置的基本接线设计；

4.3　了解各种电气主接线形式设计；

4.4　掌握主接线设计中的设备配置；

4.5　了解发电机及变压器中性点的接地方式。

5　短路电流计算

5.1　掌握短路电流计算方法；

5.2　了解短路电流计算结果的应用；

5.3　熟悉限制短路电流的设计措施。

6　设备选择

6.1　熟悉主设备选择的技术条件和环境条件；

6.2　熟悉发电机、变压器、电抗器、电容器的选择；

6.3　掌握开关电器和保护电器的选择；

6.4　了解电流互感器、电压互感器的选择；

6.5　了解成套电器的选择；

6.6　了解高压电瓷及金具的选择；

6.7　了解中性点设备的选择。

7　导体及电缆的设计选择

7.1　掌握导体设计选择的原则；

7.2　熟悉电缆设计选择的原则；

7.3　了解硬导体的设计选择；

7.4　了解封闭母线和共箱母线的设计选择；

7.5　了解软导线的设计选择；

7.6　掌握电缆敷设设计。

8　电气设备布置

8.1　熟悉各级配电装置设计的基本要求；

8.2　掌握各级电压配电装置的布置设计；

8.3　了解特殊地区的配电装置设计；

8.4　掌握配电装置带电距离的确定及校验方法。

9 过电压保护和绝缘配合

9.1 熟悉电力系统过电压种类和过电压水平；

9.2 掌握雷电过电压的特点及相应的限制和保护设计；

9.3 掌握暂时过电压的特点及相应的限制和保护设计；

9.4 掌握操作过电压的特点及相应的限制和保护设计；

9.5 了解防直击雷保护设计；

9.6 了解输电线路、配电装置及电气设备的绝缘配合方法及绝缘水平的确定。

10 接地

10.1 熟悉A类电气装置接地的一般规定；

10.2 了解A类电气装置接地电阻的要求；

10.3 了解A类电气装置的接地装置设计；

10.4 了解低压系统的接地形式设计和对B类电气装置接地电阻的要求；

10.5 掌握B类电气装置的接地装置设计以及保护线的选择；

10.6 掌握接触电压、跨步电压的计算方法。

11 仪表和控制

11.1 熟悉控制方式的设计选择；

11.2 了解控制室的布置设计；

11.3 掌握二次回路设计的基本要求；

11.4 了解二次回路的设备选择及配置；

11.5 掌握五防闭锁功能的要求及相应的装置；

11.6 熟悉电气系统采用计算机监控的设计方法；

11.7 了解设备及控制电缆需要抗御干扰的要求；

11.8 了解电能测量及计量的设置要求。

12 继电保护、安全自动装置及调度自动化

12.1 掌握线路、母线和断路器继电保护的原理、配置及整定计算；

12.2 熟悉主设备继电保护的配置、整定计算及设备选择；

12.3 了解安全自动装置的原理及配置；

12.4 了解电力系统调度自动化的功能及配置；

12.5 了解远动、电量计费的功能及配置。

13 操作电源

13.1 熟悉直流系统的设计要求；

13.2 掌握蓄电池的选择及容量计算；

13.3 了解充电器的选择及容量计算；

13.4 了解直流设备的选择和布置设计；

13.5 了解直流系统绝缘监测装置的选择及配置要求；

13.6 掌握 UPS 的选择。

14 发电厂和变电所的自用电

14.1 熟悉自用电负荷的分类和自用电电压的选择；

14.2 掌握自用电接线要求、备用方式和配置原则；

14.3 掌握自用电系统的设备选择；

14.4 了解自用电设备布置设计的一般要求；

14.5 熟悉保安电源的设计；

14.6 了解自用电系统保护设计；

14.7 了解自用电系统的测量、控制和自动装置。

15 输电线路

15.1 熟悉输电线路路径的选择；

15.2 掌握输电线路导、地线的选择；

15.3 掌握输电线路电气参数的计算方法；

15.4 了解杆塔塔头设计及导、地线配合；

15.5 了解输电线路对电信线路的影响及防护；

15.6 掌握电线比载、弧垂应力的计算；

15.7 熟悉各种杆塔荷载的一般规定及计算；

15.8 了解杆塔的定位校验；

15.9 了解电线的防振。

16 电力系统规划设计

16.1 熟悉电力系统规划设计的任务、内容和方法；

16.2 熟悉电力需求预测及电力供需平衡；

16.3 掌握电力系统安全稳定运行的基本要求及安全稳定标准以及保障系统安全稳定运行的措施；

16.4 了解电源规划设计；

16.5 了解电网规划设计；

16.6 了解无功补偿形式选择及容量配置；

16.7 掌握潮流、稳定及工频过电压计算。

附录二 注册电气工程师新旧专业名称对照表

<table>
<tr><th>专业划分</th><th>新专业名称</th><th>旧专业名称</th></tr>
<tr><td>本专业</td><td>电气工程及其自动化</td><td>电力系统及其自动化
高电压与绝缘技术
电气技术（部分）
电机电器及其控制
电气工程及其自动化</td></tr>
<tr><td>相近专业</td><td>自动化
电子信息工程
通信工程
计算机科学与技术</td><td>工业自动化
自动化
自动控制
液体传动及控制（部分）
飞行器制导与控制（部分）
电子工程
信息工程
应用电子技术
电磁场与微波技术
广播电视工程
无线电技术与信息系统
电子与信息技术
通信工程
计算机通信
计算机及应用</td></tr>
<tr><td>其他工科专业</td><td colspan="2">除本专业和相近专业外的工科专业</td></tr>
</table>

注：表中“新专业名称”指中华人民共和国教育部高等教育司 1998 年颁布的《普通高等学校本科专业目录和专业介绍》中规定的专业名称；“旧专业名称”指 1998 年《普通高等学校本科专业目录和专业介绍》颁布前各院校所采用的专业名称。

附录三　考试报名条件

考试分为基础考试和专业考试。参加基础考试合格并按规定完成职业实践年限者，方能报名参加专业考试。

凡中华人民共和国公民，遵守国家法律、法规，恪守职业道德，并具备相应专业教育和职业实践条件者，只要符合下列条件，均可报考注册土木工程师（水利水电工程）、注册公用设备工程师、注册电气工程师、注册化工工程师或注册环保工程师考试。

1. 具备以下条件之一者，可申请参加基础考试：

（1）取得本专业或相近专业大学本科及以上学历或学位。

（2）取得本专业或相近专业大学专科学历，累计从事相应专业设计工作满 1 年。

（3）取得其他工科专业大学本科及以上学历或学位，累计从事相应专业设计工作满 1 年。

2. 基础考试合格，并具备以下条件之一者，可申请参加专业考试：

（1）取得本专业博士学位后，累计从事相应专业设计工作满 2 年；或取得相近专业博士学位后，累计从事相应专业设计工作满 3 年。

（2）取得本专业硕士学位后，累计从事相应专业设计工作满 3 年；或取得相近专业硕士学位后，累计从事相应专业设计工作满 4 年。

（3）取得含本专业在内的双学士学位或本专业研究生班毕业后，累计从事相应专业设计工作满 4 年；或取得含相近专业在内双学士学位或研究生班毕业后，累计从事相应专业设计工作满 5 年。

（4）取得通过本专业教育评估的大学本科学历或学位后，累计从事相应专业设计工作满 4 年；或取得未通过本专业教育评估的大学本科学历或学位后，累计从事相应专业设计工作满 5 年；或取得相近专业大学本科学历或学位后，累计从事相应专业设计工作满 6 年。

（5）取得本专业大学专科学历后，累计从事相应专业设计工作满 6 年；或取得相近专业大学专科学历后，累计从事相应专业设计工作满 7 年。

（6）取得其他工科专业大学本科及以上学历或学位后，累计从事相应专业设计工作满 8 年。

3. 截止到 2002 年 12 月 31 日前，符合以下条件之一者，可免基础考试，只需参加专业考试：

（1）取得本专业博士学位后，累计从事相应专业设计工作满 5 年；或取得相近专业博士学位后，累计从事相应专业设计工作满 6 年。

（2）取得本专业硕士学位后，累计从事相应专业设计工作满 6 年；或取得相近专业硕士学位后，累计从事相应专业设计工作满 7 年。

（3）取得含本专业在内的双学士学位或本专业研究生班毕业后，累计从事相应专业设计工作满 7 年；

或取得含相近专业在内双学士学位或研究生班毕业后，累计从事相应专业设计工作满 8 年。

（4）取得本专业大学本科学历或学位后，累计从事相应专业设计工作满 8 年；或取得相近专业大学本科学历或学位后，累计从事相应专业设计工作满 9 年。

（5）取得本专业大学专科学历后，累计从事相应专业设计工作满 9 年；或取得相近专业大学专科学历后，累计从事相应专业设计工作满 10 年。

（6）取得其他工科专业大学本科及以上学历或学位后，累计从事相应专业设计工作满 12 年。

（7）取得其他工科专业大学专科学历后，累计从事相应专业设计工作满 15 年。

（8）取得本专业中专学历后，累计从事相应专业设计工作满 25 年；或取得相近专业中专学历后，累计从事相应专业设计工作满 30 年。

2025 | 全国勘察设计注册工程师
执业资格考试用书

Zhuce Dianqi Gongchengshi (Fa-shu-biandian) Zhiye Zige Kaoshi
Zhuanye Kaoshi Linian Zhenti Xiangjie

注册电气工程师（发输变电）执业资格考试
专业考试历年真题详解
（2013～2024）

案例分析

蒋 徽 胡 健 / 主编

人民交通出版社
北京

内 容 提 要

本书共 3 册，内容涵盖 2011～2024 年专业知识试题、案例分析试题及试题答案。

本书配有在线数字资源（有效期一年），读者可刮开封面红色增值贴，微信扫描二维码，关注“注考大师”微信公众号领取。

本书可供参加注册电气工程师（发输变电）执业资格考试专业考试的考生复习使用，也可供供配电专业的考生参考练习。

图书在版编目（CIP）数据

2025 注册电气工程师（发输变电）执业资格考试专业考试历年真题详解 / 蒋徵，胡健主编. — 北京：人民交通出版社股份有限公司，2025. 1. — ISBN 978-7-114-19919-6

Ⅰ. TM-44

中国国家版本馆 CIP 数据核字第 2024S0F730 号

书　　名：2025 注册电气工程师（发输变电）执业资格考试专业考试历年真题详解
著 作 者： 蒋　徵　胡　健
责任编辑： 刘彩云
责任印制： 张　凯
出版发行： 人民交通出版社
地　　址：（100011）北京市朝阳区安定门外外馆斜街 3 号
网　　址： http://www.ccpcl.com.cn
销售电话：（010）85285857
总 经 销： 人民交通出版社发行部
经　　销： 各地新华书店
印　　刷： 北京科印技术咨询服务有限公司数码印刷分部
开　　本： 889 × 1194　1/16
印　　张： 54
字　　数： 1190 千
版　　次： 2025 年 1 月　第 1 版
印　　次： 2025 年 1 月　第 1 次印刷
书　　号： ISBN 978-7-114-19919-6
定　　价： 178.00 元（含 3 册）

目录

（案例分析·试题）

2013 年案例分析试题（上午卷）

［案例题是 4 选 1 的方式，各小题前后之间没有联系，共 25 道小题，每题分值为 2 分，上午卷 50 分，下午卷 50 分，试卷满分 100 分。案例题一定要有分析（步骤和过程）、计算（要列出相应的公式）、依据（主要是规程、规范、手册），如果是论述题要列出论点。］

题 1～3：某工厂拟建一座 110kV 终端变电站，电压等级 110/10kV，由两路独立的 110kV 电源供电。预计一级负荷 10MW，二级负荷 35MW，三级负荷 10MW。站内设两台主变压器，接线组别为 YNd11。110kV 采用 SF6 断路器，110kV 母线正常运行方式为分列运行。10kV 侧采用单母线分段接线，每段母线上电缆出线 8 回，平常长度 4km。未补偿前工厂内负荷功率因数为 86%，当地电力部门要求功率因数达到 96%。请回答下列问题。

1. 说明该变电站主变压器容量的选择原则和依据，并通过计算确定主变压器的计算容量和选择的变压器容量最小值应为下列哪组数值？（　　）

（A）计算值 34MVA，选 40MVA　　（B）计算值 45MVA，选 50MVA

（C）计算值 47MVA，选 50MVA　　（D）计算值 53MVA，选 63MVA

解答过程：

2. 假如主变压器容量为 63MVA，$U_d\% = 16$，空载电流为 1%。请计算确定全站在 10kV 侧需要补偿的最大容性无功容量应为下列哪项数值？（　　）

（A）8966kvar　　（B）16500kvar　　（C）34432kvar　　（D）37800kvar

解答过程：

3. 若该电站 10kV 系统中性点采用消弧线圈接地方式，试分析计算其安装位置和补偿容量计算值应为下列哪一选项？（请考虑出线和变电站两项因素）（　　）

（A）在主变压器 10kV 中性点接入消弧线圈，其计算容量为 249kVA

（B）在主变压器 10kV 中性点接入消弧线圈，其计算容量为 289kVA

（C）在 10kV 母线上接入接地变压器和消弧线圈，其计算容量为 249kVA

（D）在 10kV 母线上接入接地变压器和消弧线圈，其计算容量为 289kVA

解答过程：

题 4～6：某室外 220kV 变电站，地处海拔 1000m 以下，其高压配电装置的变压器进线间隔断面图如下（尺寸单位：mm）。

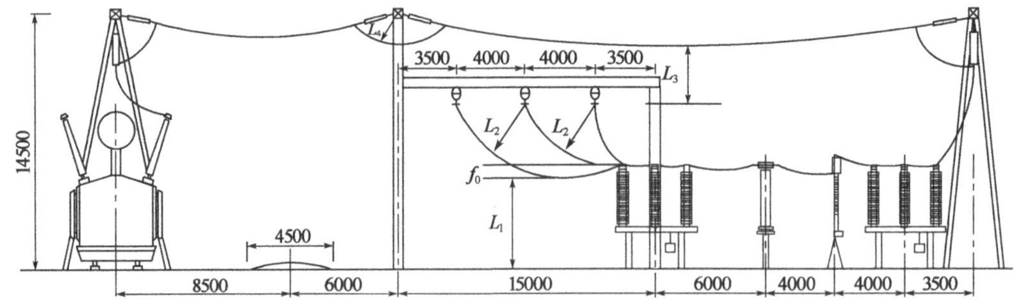

4. 上图为变电站高压配电装置断面，请判断下列对安全距离的表述中，哪项不满足规程要求？并说明判断依据的有关条文。（　　）

（A）母线至隔离开关引下线对地面的净距$L_1 \geqslant 4300$mm

（B）母线至隔离开关引下线对邻相母线的净距$L_2 \geqslant 2000$mm

（C）进线跨带电作业时，上跨导线对主母线的垂直距离$L_3 \geqslant 2550$mm

（D）跳线弧垂$L_4 \geqslant 1700$mm

解答过程：

5. 该变电站母线高度 10.5m，母线隔离开关支架高度 2.5m，母线隔离开关本体（接线端子距支架顶）高度 2.8m，要满足在不同气象条件的各种状态下，母线引下线与邻相母线之间的净距均不小于A_2值，试计算确定母线隔离开关端子以下的引下线弧垂f_0（上图中所示）不应大于下列哪一数值？（　　）

（A）1.8m　　（B）1.5m　　（C）1.2m　　（D）1.0m

解答过程：

6. 假设该变电站有一回 35kV 电缆负荷回路，采用交流单芯电力电缆，金属层接地方式按一端接地设计，电缆导体额定电流$I_e = 300$A，电缆计算长度 1km，三根单芯电缆直埋敷设且水平排列，相间距离 20cm，电缆金属层半径 3.2cm。试计算这段电缆线路中间相（B 相）正常感应电压是多少？（　　）

（A）47.58V　　（B）42.6V　　（C）34.5V　　（D）13.05V

解答过程：

题 7～10：某新建电厂一期安装两台 300MW 机组，采用发电机-变压器单元接线接入厂内 220kV 屋外中型配电装置，配电装置采用双母线接线。在配电装置架构上装有避雷针进行直击雷保护，其海拔高度不大于 1000m。主变中性点可直接接地或不接地运行，配电装置设计了以水平接地极为主的接地网，接地电阻为 0.65Ω，配电装置（人脚站立）处的土壤电阻率为 100Ω·m。

7. 在主变压器高压侧和高压侧中性点装有无间隙金属氧化锌避雷器，请计算确定避雷器的额定电压值，并从下列数值中选择正确的一组？（　　）

（A）189kV，146.2kV　　（B）189kV，137.9kV

（C）181.5kV，143.6kV　　（D）181.5kV，137.9kV

解答过程：

8. 若主变压器高压侧至配电装置间采用架空线连接，架构上装有两个等高避雷针，如图所示（尺寸单位：mm），若被保护物的高度为 15m，请计算确定满足直击雷保护要求时，避雷针的总高度最短应选择下列哪项数值？（　　）

（A）25m

（B）30m

（C）35m

（D）40m

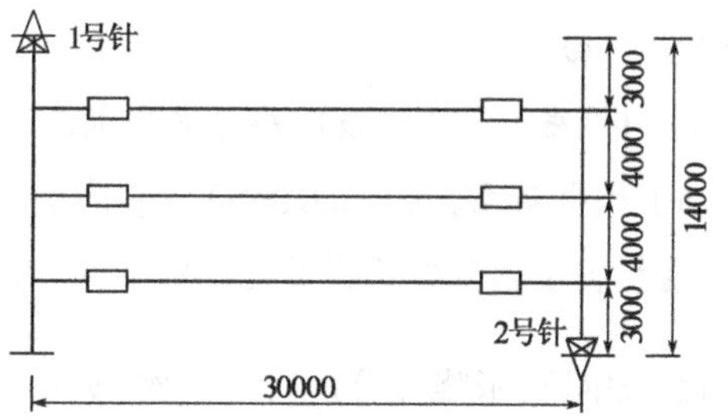

解答过程：

9. 当 220kV 配电装置发生单相短路时，计算入地电流不大于且最接近下列哪个值时，接地装置可同时满足允许的最大接触电位差和最大跨步电位差的要求？（接地电路故障电流的持续时间取 0.06s，表层衰减系数$C_s = 1$，接地电位差影响系数$K_m = 0.75$，跨步电位差影响系数$K_s = 0.6$）（　　）

（A）1000A　　（B）1500A　　（C）2000A　　（D）2500A

解答过程：

10. 若 220kV 配电装置的接地引下线和水平接地体采用扁钢，当流过接地引下线的单相短路接地电流为 10kA 时，按满足热稳定条件选择，计算确定接地装置水平接地体的最小截面应为下列哪项数值？（设主保护的动作时间 10ms；断路器失灵保护动作时间 1s，断路器开断时间 90ms，第一级后备保护的动作时间 0.6s；接地体发热按 400℃。）（　　）

（A）90mm²　　（B）112.4mm²　　（C）118.7mm²　　（D）149.8mm²

解答过程：

题 11～15：某发电厂直流系统接线如图所示。

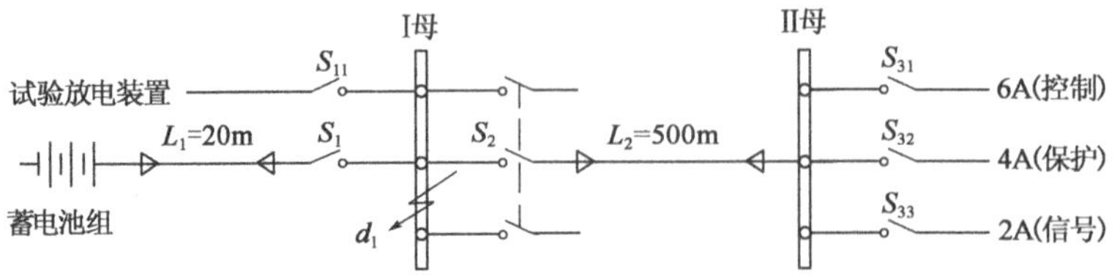

已知条件如下：

1）铅酸免维护蓄电池组：1500Ah、220V、104个蓄电池（含连接条的总内阻为9.67mΩ，单个蓄电池开路电压为2.22V）；

2）直流系统事故初期（1min）冲击放电电流$I_{cho}=950A$；

3）直流断路器系列为4A、6A、10A、16A、20A、25A、32A、40A、50A、63A、80A、100A、125A、160A、180A、200A、225A、250A、315A、350A、400A、500A、600A、700A、800A、900A、1000A、1250A、1400A；

4）I母线上最大馈线断路器额定电流为200A，II母线上馈线断路器额定电流见图；

5）铜电阻系数$\rho=0.0184\Omega\cdot mm^2/m$；$S_1$内阻忽略不计。

请根据上述条件计算下列各题（保留两位小数）。

11. 按回路压降计算选择L_1电缆截面应为下列哪项数值？（　　）

（A）138.00mm²　　（B）158.91mm²

（C）276.00mm²　　（D）317.82mm²

解答过程：

12. 计算并选择S_2断路器的额定电流应为下列哪项数值？（　　）

（A）16A　　（B）25A　　（C）32A　　（D）40A

解答过程：

13. 若L_1的电缆规格为YJV-2×（1×500mm²），计算d_1点的短路电流应为下列哪项数值？

（　　）

（A）23.88kA　　（B）22.18kA　　（C）21.13kA　　（D）19.73kA

解答过程：

14. 计算并选择S_1断路器的额定电流应为下列哪项数值？（　　）

（A）150A　　（B）400A　　（C）900A　　（D）1000A

解答过程：

15. 计算并选择S_{11}断路器的额定电流应为下列哪项数值？（　　）

（A）150A　　（B）180A　　（C）825A　　（D）950A

解答过程：

题 16～20：某新建 110/10kV 变电站设有 2 台主变，单侧电源供电，110kV 采用单母分段接线，两段母线分列运行。2 路电源进线分别为L_1和L_2，两路负荷出线分别为L_3和L_4。L_1和L_3接在 1 号母线上，110kV 电源来自某 220kV 变电站 110kV 母线，其 110kV 母线最大运行方式下三相短路电流 20kA，最小运行方式下三相短路电流为 18kA。本站 10kV 母线最大运行方式下三相短路电流为 23kA，线路L_1阻抗为 1.8Ω，线路L_3阻抗为 0.9Ω。

16. 请计算 1 号母线最大短路电流是下列哪项数值？（　　）

（A）10.91kA　　（B）11.95kA　　（C）12.87kA　　（D）20kA

解答过程：

17. 请计算在最大运行方式下，线路L_3末端三相短路时，流过线路L_1的短路电流是下列哪项数值？（　　）

（A）10.24kA　　（B）10.91kA　　（C）12.87kA　　（D）15.69kA

解答过程：

18. 若采用电流保护作为线路L_1的相间故障后备保护，请问校验该后备保护灵敏度采用的短路电流为下列哪项数值？请列出计算过程。 （ ）

（A）8.87kA （B）10.24kA （C）10.91kA （D）11.95kA

解答过程：

19. 已知主变高压侧 CT 变比为 300/1，线路 CT 变比为 1200/1。如果主变压器配置差动保护和过流保护，请计算主变高压侧电流互感器的一次电流倍数最接近下列哪项数值？（可靠系数取 1.3） （ ）

（A）9.06 （B）21.66 （C）24.91 （D）78

解答过程：

20. 若安装在线路L_1电源侧电流保护作为L_1线路的主保护，当线路L_1发生单相接地故障后，请解释说明下列关于线路重合闸表述哪项是正确的？ （ ）

（A）线路L_1本站侧断路器跳三相重合三相，重合到故障上跳三相

（B）线路L_1电源侧断路器跳三相重合三相，重合到故障上跳三相

（C）线路L_1本站侧断路器跳单相重合单相，重合到故障上跳三相

（D）线路L_1电源侧断路器跳单相重合单相，重合到故障上跳三相

解答过程：

题 21～25：500kV 架空送电线路，导线采用 4×LGJ-400/35，子导线直径 26.8mm，重量 1.348kg/m，位于土壤电阻率 100Ω · m 地区。

21. 某基铁塔全高 60m，位于海拔 79m、0 级污秽区，悬垂单串绝缘子型号为 XP-16（爬电距离 290mm，有效系数 1.0，结构高度 155mm），用爬电比距法计算确定绝缘子片数时，下列哪项是正确的？ （ ）

（A）27 片 （B）28 片 （C）29 片 （D）30 片

解答过程：

22. 某基铁塔需加人工接地来降低其接地电阻，若接地体采用$\phi 10$ 圆钢，按十字形水平敷设，人工接地体的埋设深度为 0.6m，四条射线的长度均为 10m，请计算这基杆塔的工频接地电阻应为下列哪项数值？（不考虑钢筋混凝土基础的自然接地效果、形状系数取 0.89）（　　）

（A）2.57Ω　　（B）3.68Ω　　（C）5.33Ω　　（D）5.63Ω

解答过程：

23. 若绝缘子串$U_{50}\%$雷电冲击放电电压为 1280kV，相导线电抗$X_1 = 0.423\Omega/\text{km}$，电纳$B_1 = 2.68 \times 10^{-6}(\Omega^{-1}/\text{km})$，在雷击导线时，计算其耐雷水平应为下列哪项数值？（　　）

（A）70.48kA　　（B）50.12kA　　（C）15.26kA　　（D）12.89kA

解答过程：

24. 海拔不超过 1000m 时，雷电和操作要求的绝缘子片数为 25 片，请计算海拔 3000m 处、悬垂绝缘子结构高度为 170mm 时，需选用多少片？（特征系数取 0.65）（　　）

（A）25 片　　（B）27 片　　（C）29 片　　（D）30 片

解答过程：

25. 若基本风速折算到导线平均高度处的风速为 28m/s，操作过电压下风速应取下列哪项数值？（　　）

（A）10m/s　　（B）14m/s　　（C）15m/s　　（D）28m/s

解答过程：

2013 年案例分析试题（下午卷）

[案例题是 4 选 1 的方式，各小题前后之间没有联系，共 40 道小题，选作 25 道，每题分值为 2 分，上午卷 50 分，下午卷 50 分，试卷满分 100 分。案例题一定要有分析（步骤和过程）、计算（要列出相应的公式）、依据（主要是规程、规范、手册），如果是论述题要列出论点。]

题 1～5：某企业电网先期装有 4 台发电机（2×30MW + 2×42MW），后期扩建 2 台 300MW 机组，通过 2 回 35kV 线路与主网相联，主设备参数如表所列，该企业电网的电气主接线如图所示。

设备名称	参　数		备　注
1 号、2 号发电机	42MW　$\cos\varphi=0.8$　机端电压 10.5kV		余热利用机组
3 号、4 号发电机	30MW　$\cos\varphi=0.8$　机端电压 10.5kV		燃气利用机组
5 号、6 号发电机	300MW　$X''_{\mathrm{d}}=16.7\%$　$\cos\varphi=0.85$		燃煤机组
1 号、2 号、3 号主变	额定容量 80/80/24MVA	额定电压 110/35/10kV	
4 号、5 号、6 号主变	额定容量 240/240/72MVA	额定电压 345/121/35kV	

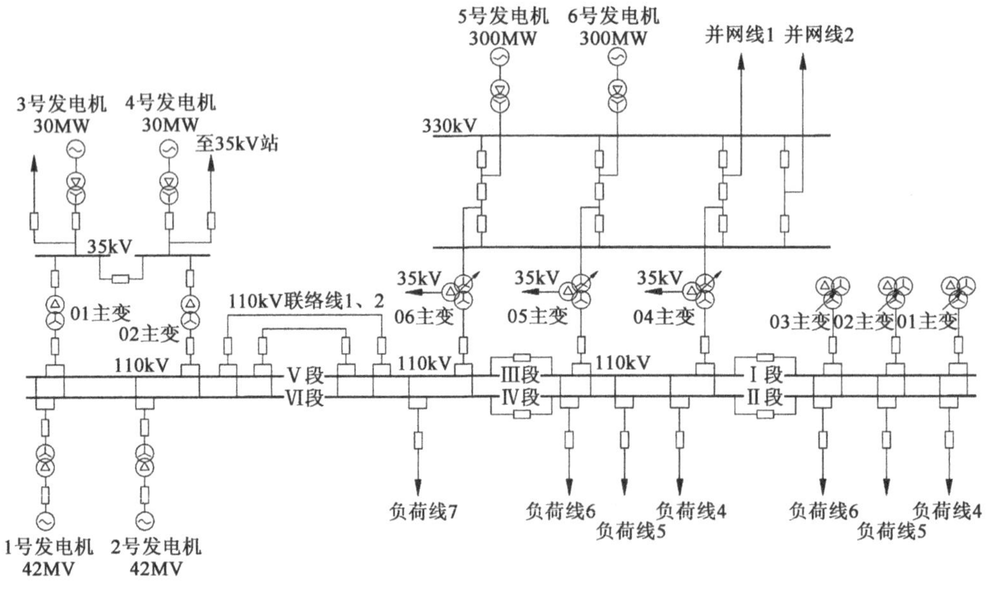

1. 5 号、6 号发电机采用发电机变压器组接入 330kV 配电装置，主变压器参数为 360MVA，330/20kV，$U_{\mathrm{d}}=16\%$。当 330kV 母线发生三相短路时，计算由一台 300MW 机组提供的短路电流周期分量起始值最接近下列哪项数值？（　　）

（A）1.67kA　　（B）1.82kA

（C）2.00kA　　（D）3.54kA

解答过程：

2. 若该企业 110kV 电网全部并列运行，将导致 110kV 系统三相短路电流（41kA）超出现有电气设备的额定开断能力，请确定为限制短路电流，下列哪种方式最为安全合理经济？并说明理由。（　　）

（A）断开I回与 330kV 主系统的联网线

（B）断开 110kV 母线I、II段与III、IV段分段断路器

（C）断开 110kV 母线III、IV段与V、VI段分段断路器

（D）更换 110kV 系统相关电气设备

解答过程：

3. 如果 330kV 并网线路长度为 80km，采用 $2\times400mm^2$ 导线，同塔双回路架设，充电功率为 0.41Mvar/km，根据无功平衡要求，330kV 三绕组变压器的 35kV 侧需配置电抗器。若考虑充电功率由本站全部补偿，请计算电抗器的容量为下列哪项数值？（　　）

（A）1×30Mvar　　（B）2×30Mvar

（C）3×30Mvar　　（D）2×60Mvar

解答过程：

4. 若正常运行方式下，110kV 的短路电流为 29.8kA，10kV 母线短路电流为 18kA，若 10kV 母线装设无功补偿电容器组，请计算电容器的分组容量应取下列哪项数值？（　　）

（A）13.5Mvar　　（B）10Mvar

（C）8Mvar　　（D）4.5Mvar

解答过程：

5. 本企业电网 110kV 母线接有轧钢类钢铁负荷，负序电流为 68A，若 110kV 母线三相短路容量为 1282MVA，请计算该母线负序电压不平衡度为下列哪项数值？（　　）

（A）0.61%　　（B）1.06%

（C）2%　　（D）6.10%

解答过程：

题 6～8：某火力发电厂工程建设 4×600MW 机组，每台机组设一台分裂变压器作为高压厂用工作变压器，主厂房内设 2 段 10kV 高压厂用工作母线，全厂设 2 段 10kV 公用母线，为 4 台机组的公用负荷供电。公用段的电源引自主厂房 10kV 工作段配电装置。公用段的负荷计算见表，各机组顺序建成。

序号	设备名称	额定容量（kW）	装设/工作台数	计算系数	计算负荷（kVA）	10kV 公用 A 段			10kV 公用 B 段			重复负荷
						装设台数	工作台数	计算负荷（kVA）	装设台数	工作台数	计算负荷（kVA）	
1	螺杆空压机	400	9/9	0.85	340	5	5	1700	4	4	1360	
2	消防泵	400	2/1	0	0	1	1	0	1	1	0	
3	高压离心风机	220	2/2	0.85	187	1	1	187	1	1	187	
4	碎煤机	630	2/2	0.85	535.5	1	1	535.5	1	1	535.5	
5	C01AB 带式输送机	315	2/2	0.85	267.75	1	1	267.75	1	1	267.75	
6	C03A 带式输送机	355	2/2	0.85	301.75	2	2	603.5				
7	C04A 带式输送机	355	2/2	0.85	301.75				2	2	603.5	
8	C01AB 带式输送机	280	2/2	0.85	238	1	1	238	1	1	238	
9	斗轮堆取料机	380	2/2	0.85	323	1	1	323	1	1	323	
合计 S_1（kVA）						3854.75			3514.75			0
1	化水变	1250	2/1		1085	1	1	1085	1	1	1085	1085
2	煤灰变	2000	2/1		1727.74	1	1	1727.74	1	1	1727.74	1727.74
3	起动锅炉变	800	1/1		800				1	1	0	
4	脱硫备变	1600	2/2		1250	1	1	1250	1	1	1250	
5	煤场变	1600	2/1		1057.54	1	1	1057.54	1	1	1057.54	1057.54
6	翻车机变	2000	2/1		1800	1	1	1800	1	1	1800	1800
合计 S_2（kVA）						6920.28			6920.28			
合计 $S = S_1 + S_2$（kVA）												

6. 当公用段两段之间设母联，采用互为备用接线方式时，每段电源的计算负荷为下列哪项数值？（　　）

（A）21210.06kVA　　　　（B）15539.78kVA

（C）10775.03kVA　　　　（D）10435.03kVA

解答过程：

7. 当公用段两段不设母线，采用专用备用接线方式时，经过调整，公用 A 段计算负荷为 10775.03kVA，公用 B 段计算负荷为 11000.28kVA，分别由主厂房 4 台机组 10kV 段各提供一路电源，下表为主厂房各段计算负荷。此时下列哪组高压厂用工作变压器容量是合适的？请计算说明。（　　）

设备名称	10kV 1A 段计算负荷	10kV 1B 段计算负荷	重复负荷	10kV 2A 段计算负荷	10kV 2B 段计算负荷	重复负荷
电动机	20937.75	14142.75	8917.75	20937.75	14142.75	8917.75
低厂变	9647.56	7630.81	7324.32	9709.72	7692.97	7381.48
公用段馈线						
设备名称	10kV 3A 段计算负荷	10kV 3B 段计算负荷	重复负荷	10kV 4A 段计算负荷	10kV 4B 段计算负荷	重复负荷
电动机	20555.25	13930.25	8917.75	20555.25	13930.25	9342.75
低厂变	9647.56	7630.81	7324.32	9709.72	7692.97	7381.48
公用段馈线						

（A）64/33-33MVA　　（B）64/42-42MVA

（C）47/33-33MVA　　（D）48/33-33MVA

解答过程：

8. 若 10kV 公用段两段之间不设母联，采用专用备用方式时，请确定下列表述中哪项是正确的？并给出理由和依据。（　　）

（A）公用段采用备用电源自动投入装置，正常时可采用经同期闭锁的手动并列切换，故障时宜采用快速串联断电切换

（B）公用段采用备用电源手动切换，正常时可采用经同期闭锁的手动并列切换，故障时宜采用慢速串联切换

（C）公用段采用备用电源自动投入装置，正常时可采用经同期闭锁的手动并列切换，故障时也可采用快速并列切换，另加电源自投后加速保护

（D）公用段采用备用电源手动切换，正常时可采用经同期闭锁的并列切换，故障时采用慢速串联切换，另加母线残压闭锁

解答过程：

题 9～13：某 300MW 发电厂低压厂用变压器系统接线见图。已知条件如下：

1250kVA 低压厂用变压器：$U_d\% = 6$；额定电压比为 6.3/0.4kV；额定电流比为 114.6/1804A；变压器励磁涌流不大于 5 倍额定电流；6.3kV 母线最大运行方式下系统阻抗$X_s = 0.444$（以 100MVA 为基准的标幺值）；最小运行方式下系统阻抗$X_s = 0.87$（以 100MVA 为基准的标幺值）。ZK 为智能断路器（带延时过流保护，电流速断保护）$I_n = 2500$A。

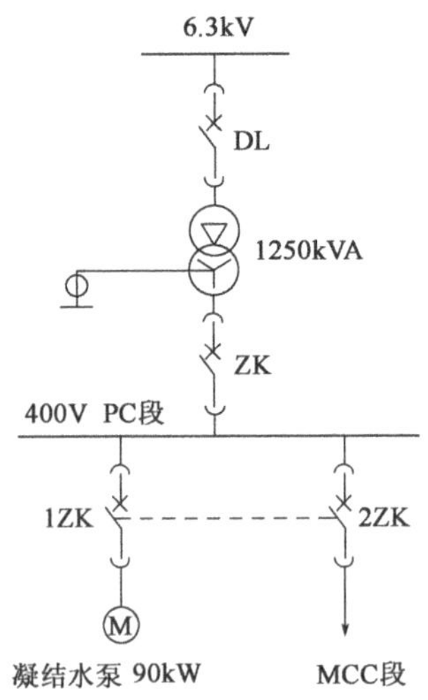

400V PC 段最大电动机为凝结水泵，其额定功率为 90kW，额定电流 $I_{C1} = 180$A；起动电流倍数 10 倍，1ZK 为智能断路器（带延时过流保护，电流速断保护）$I_n = 400$A。

400V PC 段需要自起动的电动机最大起动电流之和为 8000A，400V PC 段总负荷电流为 980A，可靠系数取 1.2。

请根据上述条件计算下列各题。（保留两位小数，计算中采用“短路电流实用计算”法，忽略引接线及元件的电阻对短路电流的影响。）

9. 计算 400V 母线三相短路时流过 DL 的最大短路电流值应为下列哪项数值？（　　）

（A）1.91kA　（B）1.75kA　（C）1.53kA　（D）1.42kA

解答过程：

10. 计算确定 DL 的电流速断保护整定值和灵敏度应为下列那组数值？（　　）

（A）1.7kA，5.36　（B）1.75kA，5.21
（C）1.94kA，9.21　（D）2.1kA，4.34

解答过程：

11. 计算确定 1ZK 的电流速断保护整定值和灵敏度应为下列哪组数值？（短路电流中不考虑电动机反馈电流）（　　）

（A）1800A，12.25　（B）1800A，15.31
（C）2160A，10.21　（D）2160A，12.67

解答过程：

12. 计算确定 DL 过电流保护整定值应为下列哪项数值？（　　）

（A）507.94A　（B）573A　（C）609.52A　（D）9600A

解答过程：

13. 计算确定 ZK 过电流保护整定值应为下列哪项数值？（　　）

（A）3240A　　（B）3552A　　（C）8000A　　（D）9600A

解答过程：

题 14～18：某 220kV 变电站位于Ⅲ级污秽区，海拔高度 600m，220kV 2 回电源进线，2 回负荷出线，每回出线各带负荷 120MVA，采用单母线分段接线，2 台电压等级为 220/110/10kV，容量为 240MVA 主变，负载率为 65%，母线采用管形铝镁合金，户外布置。220kV 电源进线配置了变比为 2000/5A 电流互感器，其主保护动作时间为 0.1s，后备保护动作时间为 2s，断路器全分闸时间为 40ms，最大运行方式时，220kV 母线三相短路电流为 30kA，站用变压器容量为 2 台 400kVA。请回答下列问题。

14. 在环境温度+35℃，导体最高允许温度+80℃的条件下，计算按照持续工作电流选择 220kV 管形母线的最小规格应为下列哪项数值？（　　）

铝锰合金管形导体长期允许载流量（环境温度+25℃）

导体尺寸 D_1/D_2（mm）	导体截面（mm^2）	导体最高允许温度为下值时的载流量（A）	
		+70℃	+80℃
ϕ50/45	273	970	850
ϕ60/54	539	1240	1072
ϕ70/64	631	1413	1211
ϕ80/72	954	1900	1545
ϕ100/90	1491	2350	2054
ϕ110/100	1649	2569	2217
ϕ120/110	1806	2782	2377

（A）ϕ60/54mm　　（B）ϕ80/72mm

（C）ϕ100/90mm　　（D）ϕ110/100mm

解答过程：

15. 假设该站 220kV 管母线截面系数为 41.4cm^3，自重产生的垂直弯矩为 550N · m，集中荷载产生的最大弯矩为 360N · m，短路电动力产生的弯矩为 1400N · m，内过电压风速产生的水平弯矩为 200N · m，

请计算 220kV 母线短路时，管母线所承受的应力应为下列哪项数值？（ ）

（A）1841N/cm^2 （B）4447N/cm^2 （C）4621N/cm^2 （D）5447N/cm^2

解答过程：

16. 请核算 220kV 电源进线电流互感器 5s 热稳定电流倍数应为下列哪项数值？（ ）

（A）2.5 （B）9.4 （C）9.58 （D）23.5

解答过程：

17. 若该变电站低压侧出线采用 10kV 三芯交联聚乙烯铠装电缆（铜芯），出线回路额定电流为 260A，电缆敷设在户内梯架上，每层 8 根电缆无间隙 2 层叠放，电缆导体最高工作温度为 90℃，户外环境温度为 35℃，请计算选择电缆的最小截面应为下列哪项数值？（ ）

电缆在空气中为环境温度 40℃、直埋为 25℃时的载流量数值

10kV 三芯电力电缆允许载流量（铝芯）（A）							
绝缘类型		不滴流纸		交联聚乙烯			
钢铠护层				无		有	
电缆导体最高工作温度（℃）		65		90			
敷设方式		空气中	直埋	空气中	直埋	空气中	直埋
电缆导体截面（mm^2）	70	118	138	178	152	173	152
	95	143	169	219	182	214	182
	120	168	196	241	205	246	205
	150	189	220	283	223	278	219
	185	218	246	324	252	320	247
	240	261	290	378	292	373	292
	300	295	325	433	332	428	328

（A）95mm^2 （B）150mm^2 （C）185mm^2 （D）300mm^2

解答过程：

18. 请计算该站用于站用变压器保护的高压熔断器熔体的额定电流，判断下列哪项是正确的，并说明理由。（系数取 1.3）（ ）

（A）熔管 25A，熔体 30A （B）熔管 50A，熔体 30A

（C）熔管 30A，熔体 32A　　　　（D）熔管 50A，熔体 32A

解答过程：

题 19～22：某 600MW 汽轮发电机组，其电气接线如图所示。

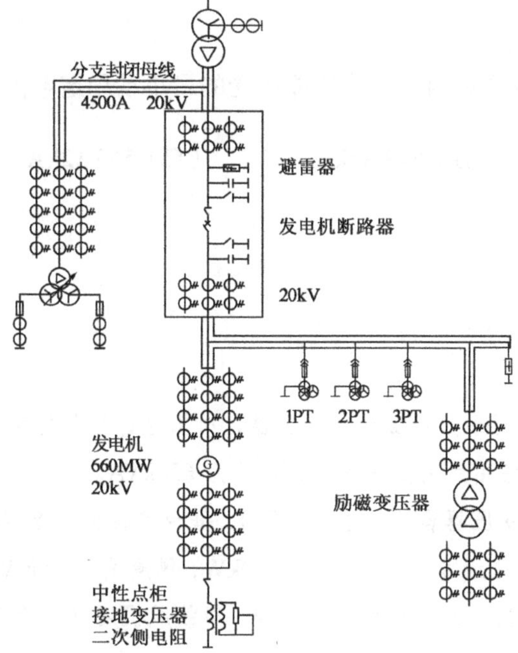

发电机额定电压为$U_N = 20kV$，最高运行电压$1.05U_N$，已知当发电机出口发生短路时，发电机至短路点的最大故障电流为 114kA，系统至短路点的最大故障电流为 102kA，发电机系统单相对地电容电流为 6A，采用发电机中性点经单相变压器二次侧电阻接地的方式，其二次侧电压为 220V，根据上述已知条件，回答下列问题。

19. 根据上述已知条件，选择发电机中性点变压器二次侧接地电阻，其阻值应为下列何值？（　　）

（A）0.635Ω　　（B）0.698Ω　　（C）1.10Ω　　（D）3.81Ω

解答过程：

20. 假设发电机中性点接地电阻为 0.55Ω，接地变压器的过负荷系数为 1.1，选择发电机中性点接地变压器，计算其变压器容量应为下列何值？（　　）

（A）80kVA　　（B）76.52kVA

（C）50kVA　　（D）40kVA

解答过程：

21. 电气接线图中发电机出口断路器的系统侧装设有一组避雷器，计算确定这组避雷器的额定电压和持续运行电压应取下列哪项数值？（假定主变低压侧系统最高电压不超过发电机最高运行电压）（　　）

（A）21kV，16.8kV　　（B）26.25kV，21kV

（C）28.98kV，23.1kV　　（D）28.98kV，21kV

解答过程：

22. 计算上图中厂用变分支离相封闭母线应能承受的最小动稳定电流为下列何值？（　　）

（A）410.40kA　　（B）549.85kA　　（C）565.12kA　　（D）580.39kA

解答过程：

题 23～26：某 500kV 变电站，设有 2 台主变压器，所用电计算负荷为 520kVA，由两台 10kV 工作所用变压器供电，共用一台专用备用所用变压器，容量均为 630kVA。若变电站扩建改造，扩建一组主变压器（三台单相，与现运行的主变压器容量、型号相同），每台单相主变冷却塔配置为：共四组冷却器（主变满负荷运行时需投运三组），每组冷却器油泵一台 10kW，风扇两台，5kW/台（电动机起动系数均为 3）。增加消防泵及水喷雾用电负荷 30kW，站内给水泵 6kW，事故风机用电负荷 20kW，不停电电源负荷 10kW，照明负荷 10kW。

23. 请计算该变电站增容改造部分所用电负荷计算负荷值是多少？（　　）

（A）91.6kVA　　（B）176.6kVA　　（C）193.6kVA　　（D）219.1kVA

解答过程：

24. 请问增容改造后，所用变压器计算容量至少应为下列哪项数值？（　　）

（A）560.6kVA　　（B）670.6kVA　　（C）713.6kVA　　（D）747.1kVA

解答过程：

25. 设主变冷却器油泵、风扇的功率因数为 0.8，请计算主变冷却器供电回路工作电流应为下列哪项数值？（假定电动机的效率$\eta = 1$）（　　）

（A）324.76A　　　（B）341.85A　　　（C）433.01A　　　（D）455.80A

解答过程：

26. 已知所用变每相回路电阻 3mΩ，电抗 10mΩ；冷却器供电电缆每相回路电阻 2mΩ，电抗为 1mΩ。请计算所用电给新扩建主变冷却器供电回路末端短路电流和断路器过电流脱扣器的整定值为下列哪组数值？（假设主变冷却器油泵、风扇电动机的功率因数均为 0.85、效率$\eta = 1$，可靠系数取 1.35）（　　）

（A）19.11kA，1.303kA　　　（B）19.11kA，1.737kA

（C）2.212kA，1.303kA　　　（D）2.212kA，0.434kA

解答过程：

题 27～30：某 220kV 变电站由 180MVA，220/110/35kV 主变压器两台，其 35kV 配电装置有 8 回出线、单母线分段接线，35kV 母线上接有若干组电容器，其电抗率为 5%，35kV 母线并列运行时三相短路容量为 1672.2MVA。请回答下列问题。

27. 如该变电站的每台主变压器 35kV 侧装有三组电容器、4 回出线，其 35kV 侧接线不可采用下列哪种接线方式？并说明理由。（　　）

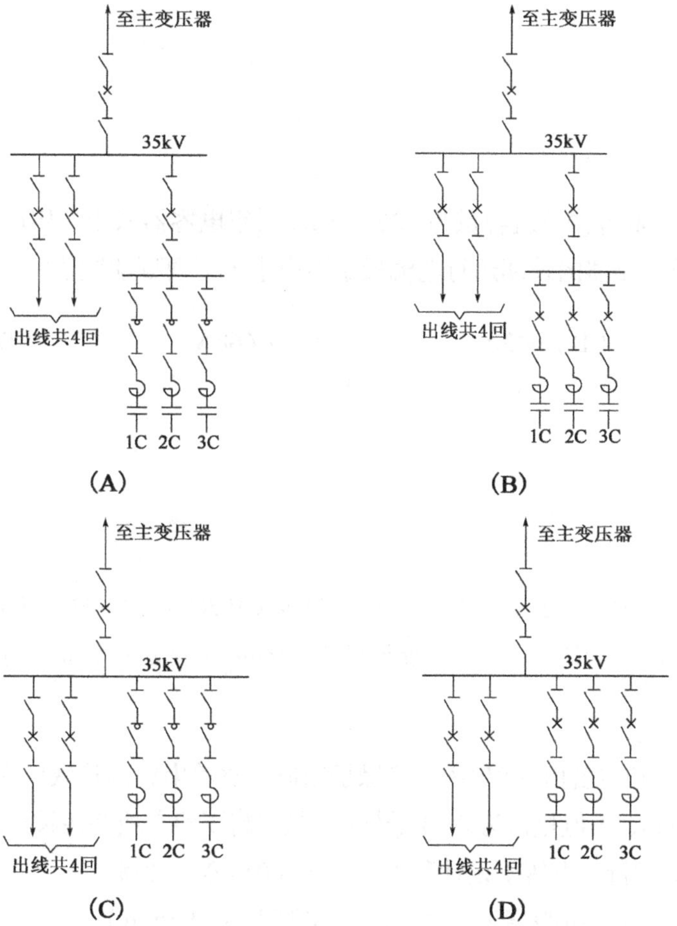

解答过程：

28. 如该变电站两段 35kV 母线安装的并联电容器组总容量为 60Mvar，请验证 35kV 母线并联时是否会发生 3 次、5 次谐波谐振？并说明理由。（　　）

（A）会发生 3 次、5 次谐波谐振
（B）会发生 3 次谐波谐振，不会发生 5 次谐波谐振
（C）会发生 5 次谐波谐振，不会发生 3 次谐波谐振
（D）不会发生 3 次、5 次谐波谐振

解答过程：

29. 如该变电站安装的电容器组为构架装配式电容器，单星形接线，由单台容量 417kvar 电容器串并联组成，电容器外壳能承受的爆裂能量为 14kJ，试求每相串联段的最大并联台数为下列哪项？（　　）

（A）7 台　　（B）8 台　　（C）9 台　　（D）10 台

解答过程：

30. 若该变电站中，35kV 电容器单组容量为 10000kvar，三组电容器采用专用母线方式接入 35kV 主母线，请计算其专用母线总断路器的长期运行电流最小不应小于下列哪项数值？（　　）

（A）495A　　（B）643A　　（C）668A　　（D）1000A

解答过程：

题 31～35：某 500kV 架空输电线路工程，导线采用 4×JL/GIA-630/45，子导线直接 33.8mm，导线自重荷载为 20.39N/m，基本风速 33m/s，设计覆冰 10mm。（提示：最高运行电压是额定电压的 1.1 倍）

31. 根据以下情况，计算确定若由 XWP-300 绝缘子组成悬垂单串，其片数应为下列哪项数值。

1）所经地区海拔为 500m，等值盐密为 0.10mg/cm^2，按“高压架空线路污秽分级标准”和运行经验确定污秽等级为 C 级，最高运行相电压下设计爬电比距按 4.0cm/kV 考虑。

2）XWP-300 绝缘子（公称爬电距离为 550mm，结构高度为 195mm），在等值盐密 0.1mg/cm^2，测

得的爬电距离有效系数为 0.90。（　　）

（A）24 片　（B）25 片　（C）26 片　（D）45 片

解答过程：

32. 如线路所经地区海拔为 3000m，污秽等级为 C 级，最高运行相电压下设计爬电比距按 4.0cm/kV 考虑，XSP-300 绝缘子（公称爬电距离为 635mm，结构高度为 195mm），假定爬电距离有效系数为 0.90，特征指数m_1为 0.31，计算确定若由 XSP-300 绝缘子组成悬垂单串，其片数应为下列哪项数值？（　　）

（A）24 片　（B）25 片　（C）27 片　（D）30 片

解答过程：

33. 在海拔为 500m 的 D 级污秽区，最高运行相电压下盘形绝缘子（假定爬电距离有效系数为 0.90），设计爬电比距按不小于 5.0cm/kV 考虑，计算复合绝缘子所要求的最小爬电距离应为下列哪项数值？（　　）

（A）1191cm　（B）1203cm　（C）1400cm　（D）1764cm

解答过程：

34. 某基塔全高 100m，位于海拔 500m、污秽等级为 C 级、最高运行相电压下设计爬电比距按 4.0cm/kV 考虑，悬垂单串的绝缘子型号为 XWP-210 绝缘子（公称爬电距离为 550mm，结构高度为 170mm），爬电距离有效系数为 0.90，请计算确定绝缘子片数应为下列哪项数值？（　　）

（A）25 片　（B）26 片
（C）28 片　（D）31 片

解答过程：

35. 计算确定位于海拔 2000m，全高为 90m 铁塔的雷电过电压最小空气间隙应为下列哪项数值？

提示：绝缘子串雷电冲击放电电压：$U_{50\%} = 530L + 35$

空气间隙雷电冲击放电电压：$U_{50\%} = 552S$（　　）

（A）3.30m　　（B）3.63m

（C）3.85m　　（D）4.35m

解答过程：

题 36～40：某单回路 500kV 架空送电线路，位于海拔 500m 以下的平原地区，大地电阻率平均为 200Ω·m，线路全长 155km，三相导线 a、b、c 为倒正三角排列，线间距离为 7m，导线采用 6 分裂 LGJ-500/35 钢芯铝绞线，各子导线按正六边形布置，子导线直径为 30mm，分裂间距为 400mm，子导线的铝截面为 497.01mm²，综合截面为 531.37mm²。

36. 计算该线路相导线的有效半径R_e应为下列哪项数值？（　　）

（A）0.312m　　（B）0.400m

（C）0.336m　　（D）0.301m

解答过程：

37. 设相分裂导线半径为 0.4m，有效半径为 0.3m，子导线交流电阻$R = 0.06\Omega/km$，计算该线路“导线—地”回路的自阻抗Z_m应为下列哪项数值？（　　）

（A）$0.11 + j1.217$（Ω/km）　　（B）$0.06 + j0.652$（Ω/km）

（C）$0.06 + j0.529$（Ω/km）　　（D）$0.06 + j0.511$（Ω/km）

解答过程：

38. 设相分裂导线半径为 0.4m，有效半径为 0.3m，计算本线路的正序电抗X_1应为下列哪项数值？（　　）

（A）0.198（Ω/km）　　（B）0.213（Ω/km）

（C）0.180（Ω/km）　　（D）0.356（Ω/km）

解答过程：

39. 设相分裂导线的等价半径为 0.35m，有效半径为 0.3m，计算线路的正序电纳B_1应为下列哪项数值？（　　）

（A）5.826×10^{-6}（S/km）　　（B）5.409×10^{-6}（S/km）

（C）5.541×10^{-6}（S/km）　　（D）5.034×10^{-6}（S/km）

解答过程：

40. 假设线路的正序电抗为0.5Ω/km，正序电纳为5.0×10^{-6}S/km，计算线路的自然功率P_n应为下列哪项数值？（　　）

（A）956.7MW　　（B）790.6MW

（C）1321.3MW　　（D）1045.8MW

解答过程：

2014 年案例分析试题（上午卷）

[案例题是 4 选 1 的方式，各小题前后之间没有联系，共 25 道小题，每题分值为 2 分，上午卷 50 分，下午卷 50 分，试卷满分 100 分。案例题一定要有分析（步骤和过程）、计算（要列出相应的公式）、依据（主要是规程、规范、手册），如果是论述题要列出论点。]

题 1～5：一座远离发电厂与无穷大电源连接的变电站，其电气主接线如下图所示：

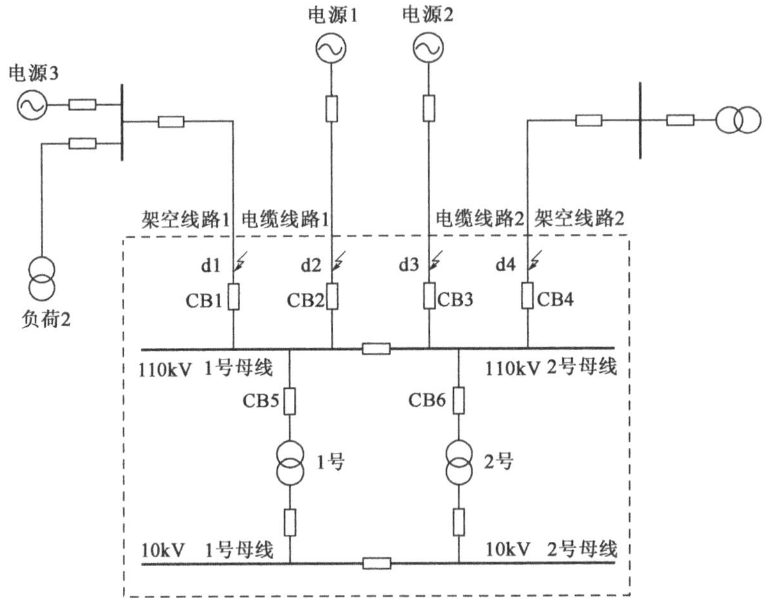

变电站位于海拔 2000m 处，变电站设有两台 31500kVA（有 1.3 倍过负荷能力），110/10kV 主变压器，正常运行时电源 3 与电源 1 在 110kV 1 号母线并网运行，110kV、10kV 母线分裂运行。当一段母线失去电源时，分段断路器投入运行，电源 3 向 d1 点提供的最大三相短路电流为 4kA，电源 1 向 d2 点提供的最大三相短路电流为 3kA，电源 2 向 d3 点提供的最大三相短路电流为 5kA。

110kV 电源线路主保护均为光纤纵差保护，保护动作时间为 0s，架空线路 1 和电缆线路 1 两侧的后备保护均为方向过电流保护，方向指向线路的动作时间为 2s，方向指向 110kV 母线的动作时间为 2.5s，主变配置的差动保护动作时间为 0.1s，110kV 侧过流保护动作时间为 1.5s。110kV 断路器全分闸时间为 50ms。

1. 计算断路器 CB1 和 CB2 回路短路电流热效应值为下列哪组？（　　）

（A）$18kA^2s$，$18kA^2s$　　（B）$22.95kA^2s$，$32kA^2s$

（C）$40.8kA^2s$，$32.8kA^2s$　　（D）$40.8kA^2s$，$22.95kA^2s$

解答过程：

2. 如 2 号主变 110kV 断路器与 110kV 侧套管间采用独立 CT，110kV 侧套管与独立 CT 之间为软导线连接，该导线的短路电流热效应计算值应为下列哪项数值？（　　）

（A）$7.35kA^2s$　　（B）$9.6kA^2s$

（C）$37.5kA^2s$　　（D）$73.5kA^2s$

解答过程：

3. 若采用主变 10kV 侧串联电抗器的方式，将该变电所的 10kV 母线最大三相短路电流从 30kA 降到 20kA，请计算电抗器的额定电流和电抗百分数应为下列哪组数值？（　　）

（A）1732.1A，3.07%　　（B）1818.7A，3.18%

（C）2251.7A，3.95%　　（D）2364.3A，4.14%

解答过程：

4. 该变电站的 10kV 配电装置采用户内开关柜，请计算确定 10kV 开关柜内部不同相导体之间净距应为下列哪项数值？（　　）

（A）125mm　　（B）126.25mm

（C）137.5mm　　（D）300mm

解答过程：

5. 假如该变电站 10kV 出线均为电缆，10kV 系统中性点采用低电阻接地方式，若单相接地电流为 600A 考虑，请计算接地电阻的额定电压和电阻应为下列哪组数值？（　　）

（A）5.77kV，9.62Ω　　（B）5.77kV，16.67Ω

（C）6.06kV，9.62Ω　　（D）6.06kV，16.67Ω

解答过程：

题 6～10：某电力工程中的 220kV 配电装置有 3 回架空出线，其中两回同塔架设，采用无间隙金属氧化物避雷器作为雷电过电压保护，其雷电冲击全波耐受电压为 850kV。土壤电阻率为 50Ω·m。为防直击雷装设了独立避雷针，避雷针的工频冲击接地电阻为 10Ω，请根据上述条件回答下列各题（计算保留两位小数）。

6. 配电装置中装有两支独立避雷针，高度分别为 20m 和 30m，两针之间距离为 30m，请计算两针之间的保护范围上部边缘最低点高度应为下列哪项数值？（　　）

（A）15m　　（B）15.71m　　（C）17.14m　　（D）25.71m

解答过程：

7. 若独立避雷针接地装置的水平接地极形状为□形，总长度 8m，埋设深度 0.8m，采用 50mm × 5mm 扁钢，计算其接地电阻应为下列哪项数值？（　　）

（A）6.05Ω　　（B）6.74Ω　　（C）8.34Ω　　（D）9.03Ω

解答过程：

8. 请计算独立避雷针在 10m 高度处与配电装置带电部分之间，允许的最小空气中距离为下列哪项数值？（　　）

（A）1m　　（B）2m　　（C）3m　　（D）4m

解答过程：

9. 如该配电装置中 220kV 母线接有电抗器，请计算确定电抗器与金属氧化物避雷器的最大电气距离应为下列哪项数值？并说明理由。（　　）

（A）189m　　（B）195m　　（C）229.5m　　（D）235m

解答过程：

10. 计算配电装置的 220kV 系统工频过电压一般不应超过下列哪项数值？并说明理由。（　　）

（A）189.14kV　　（B）203.69kV

（C）267.49kV　　（D）288.06kV

解答过程：

题 11～15：某风电场地处海拔 1000m 以下，升压站的 220kV 主接线采用单母线接线，两台主变压器容量均为 80MVA，主变压器短路阻抗 13%，220kV 配电装置采用屋外敞开式布置，其电气主接线简图如下：

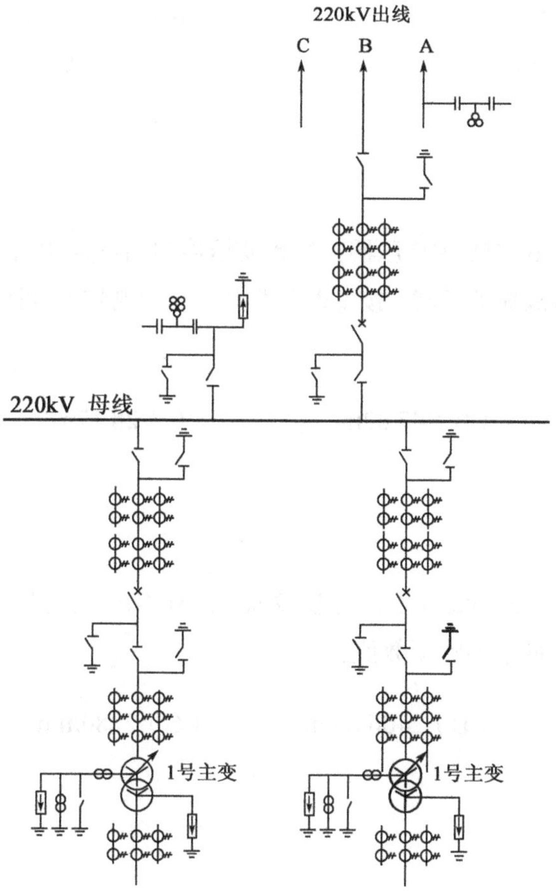

11. 主变压器选用双绕组有载调压变压器，变比为 230 ± 8 × 1.25%/35kV，变压器铁芯为三相三柱式，由于 35kV 中性点采用低电阻接地方式，因此变压器绕组连接采用全星形连接，接线组别为 YNyn0，220kV 母线间隔的金属氧化物避雷器至主变压器间的最大电气距离为 80m，请问接线图中有几处设计错误（同样的错误按 1 处计），并分别说明原因。（　　）

（A）1 处　　（B）2 处　　（C）3 处　　（D）4 处

解答过程：

12. 图中 220kV 架空线路的导线为 LGJ-400/30，每公里电抗 0.417Ω，线路长度 40km，线路对侧变电站 220kV 系统短路容量为 5000MVA，计算当风电场 35kV 侧发生三相短路时，由系统提供的短路电流（有效值）最接近下列哪项数值？（　　）

（A）7.29kA　　（B）1.173kA　　（C）5.7kA　　（D）8.04kA

解答过程：

13. 若风电场的 220kV 配电装置改用 GIS，其出现套管与架空线路的连接处，设置一组金属氧化物避雷器，计算该组避雷器的持续运行电压和额定电压应为下列哪项数值？（　　）

（A）145.5kV，189kV　　（B）127kV，165kV

（C）139.7kV，181.5kV　　（D）113.4kV，143.6kV

解答过程：

14. 若风电场设置两台 80MVA 主变压器，每台变压器的油量为 40t，变压器油密度为 0.84t/m³，在设计有油水分离措施的总事故储油池时，按《火力发电厂与变电站设计防火规范》（GB 50229）的要求，其容量应选下列哪项数值？（　　）

（A）95.24m³　　（B）47.62m³　　（C）28.57m³　　（D）9.52m³

解答过程：

15. 假设该风电场迁至海拔 3600m 处，改用 220kV 户外 GIS，三相套管在同一高程，请校核 GIS 出线套管之间最小水平净距应取下列哪项数值？（　　）

（A）2206.8mm　　（B）2406.8mm　　（C）2280mm　　（D）2534mm

解答过程：

题 16～20：某 2×300MW 火力发电厂，以发电机变压器组接入 220kV 配电装置，220kV 采用双母线接线。每台机组装设 3 组蓄电池组，其中 2 组 110V 电池对控制负荷供电，另 1 组 220V 电池对动力负荷供电。两台机组的 220V 直流系统间设有联络线，蓄电池选用阀控式密封铅酸蓄电池（贫液、单体 2V），现已知每台机组的直流负荷如下：

UPS	2×60kVA
电气控制、保护电源	15kW
热控控制经常负荷	15kW
热控控制事故初期冲击负荷	5kW
直流长明灯	8kW
汽机直流事故润滑油泵（起动电流倍数为 2）	22kW
6kV 厂用低电压跳闸	35kW
400V 低电压跳闸	20kW
厂用电源恢复时高压厂用断路器合闸	3kW
励磁控制	1kW
变压器冷却器控制电源	1kW

发电机灭磁断路器为电磁操动机构，合闸电流为 25A，合闸时间 200ms。

请根据上述条件计算下列各题（保留两位小数）。

16. 若每台机组的 2 组 110V 蓄电池各设一段单母线，请计算二段母线之间联络开关的电流应选取下列哪项数值？（　　）

（A）104.73A　　（B）145.45A

（C）174.55A　　（D）290.91A

解答过程：

17. 计算汽机直流事故润滑油泵回路直流断路器的额定电流至少为下列哪项数值？（　　）

（A）200A　　（B）120A

（C）100A　　（D）57.74A

解答过程：

18. 计算并选择发电机灭磁断路器合闸回路直流断路器的额定电流和过载脱扣时间应为下列哪组数值？并说明理由。（　　）

（A）额定电流 6A，过载脱扣时间 250ms

（B）额定电流 10A，过载脱扣时间 250ms

（C）额定电流 16A，过载脱扣时间 150ms

（D）额定电流 32A，过载脱扣时间 150ms

解答过程：

19. 110V 主母线某馈线回路采用了限流直流断路器，其额定电流为 20A，限流系数为 0.75，110V 母线段短路电流为 5kA，当下一级的断路器短路瞬时保护（脱扣器）动作电流取 50A 时，请计算该馈线回路断路器的短路瞬时保护脱扣器的整定电流应选下列哪项数值？（　　）

（A）66.67A　　（B）150A

（C）200A　　（D）266.67A

解答过程：

20. 假定本电厂 220V 蓄电池组容量为 1200Ah，蓄电池均衡充电时要求不脱离母线，请计算充电装

置的额定电流应为下列哪组数值？（　　）

（A）180A　　（B）120A

（C）37.56A　　（D）36.36A

解答过程：

题 21～25：某单回路单导线 220kV 架空送电线路，频率f为 50Hz，导线采用 LGJ-400/50，导线直径为 27.63mm，导线截面为 451.55mm^2，导线的铝截面为 399.79mm^2，三相导体 a、b、c 为水平排列，线间距离为$D_{ab} = D_{bc} = 7$m，$D_{ac} = 14$m。

21. 计算本线路的正序电抗X_1应为下列哪项数值？有效半径（也称几何半径）$r_e = 0.81r$。（　　）

（A）0.376Ω/km　　（B）0.413Ω/km

（C）0.488Ω/km　　（D）0.420Ω/km

解答过程：

22. 计算本线路的正序电纳B_1应为下列哪项数值？（计算时不计地线影响）（　　）

（A）2.70×10^{-6}S/km　　（B）3.03×10^{-6}S/km

（C）2.65×10^{-6}S/km　　（D）2.55×10^{-6}S/km

解答过程：

23. 请计算该导线标准气象条件下的电晕临界电场强度E应为下列哪项数值？导线表面系数取 0.82。（　　）

（A）88.3kV/cm　　（B）31.2kV/cm

（C）30.1kV/cm　　（D）27.2kV/cm

解答过程：

24. 假设线路正序电抗为 0.4Ω/km，正序电纳为 2.7×10^{-6}S/km，计算线路的波阻抗Z_c应为下列哪项数值？（　　）

（A）395.1Ω　　（B）384.9Ω

（C）377.8Ω　　（D）259.8Ω

解答过程：

25. 假设导体经济电流密度为$J = 0.9\text{A/mm}^2$，功率因数为$\cos\varphi = 0.95$，计算经济输送功率P应为下列哪项数值？（　　）

（A）137.09MW　　（B）144.70MW

（C）130.25MW　　（D）147.11MW

解答过程：

2014 年案例分析试题（下午卷）

[案例题是 4 选 1 的方式，各小题前后之间没有联系，共 40 道小题，选作 25 道，每题分值为 2 分，上午卷 50 分，下午卷 50 分，试卷满分 100 分。案例题一定要有分析（步骤和过程）、计算（要列出相应的公式）、依据（主要是规程、规范、手册），如果是论述题要列出论点。]

题 1～4：某地区计算建设一座 40MW，并网型光伏电站，分成 40 个 1MW 发电单元，经过逆变、升压、汇流后，由 4 条汇集线路接至 35kV 配电装置，再经 1 台主变压器升压至 110kV，通过一回 110kV 线路接入电网。接线示意图见下图。

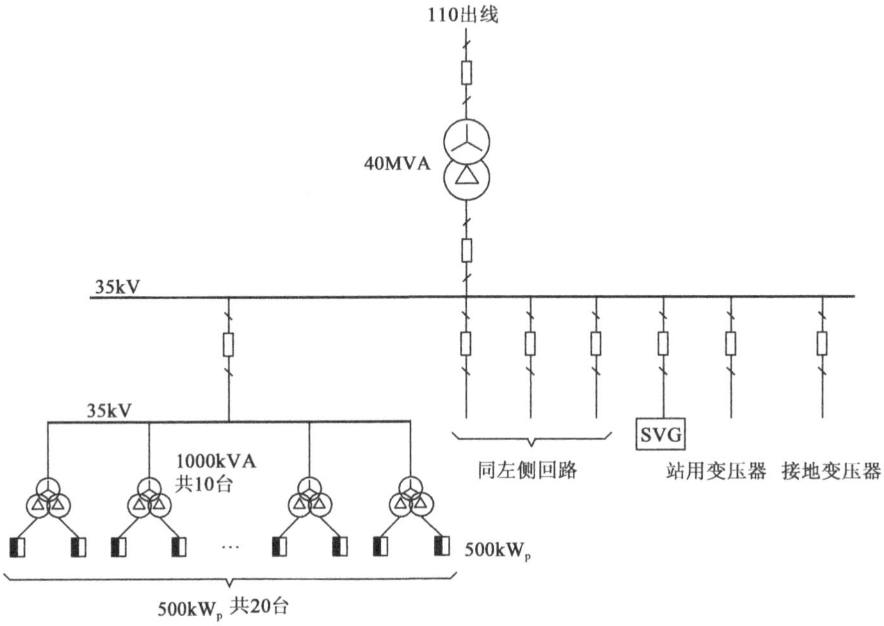

1. 电池组件安装角度 32°时，光伏组件效率为 87.64%，低压汇流及逆变器效率为 96%，接受的水平太阳能总辐射量为 1584Wh/m²，综合效率系数为 0.7，计算该电站年发电量应为下列哪项数值？（　　）

（A）55529MWh　　（B）44352MWh　　（C）60826MWh　　（D）37315MWh

解答过程：

2. 本工程光伏电池组件选用 250p 多晶硅电池板，开路电压 35.9V，最大功率时电压 30.10V，开路电压的温度系数−0.32%/℃，环境温度范围：−35～85℃，电池片设计温度为 25℃，逆变器最大直流输入电压 900V，计算光伏方阵中光伏组件串的电池串联数应为下列哪项数值？（　　）

（A）31　　（B）25　　（C）21　　（D）37

解答过程：

3. 若该光伏电站 1000kVA 分裂升压变短路阻抗为 6.5%，40MVA（110/35kV）主变短路阻抗为 10.5%，110kV 并网线路长度为 13km，采用 300mm^2 架空线，电抗按 0.3Ω/km 考虑。在不考虑汇集线路及逆变器的无功调节能力，不计变压器空载电流条件下，该站需要安装的动态容性无功补偿容量应为下列哪项数值？（　　）

（A）7.1Mvar　　　　（B）4.5Mvar

（C）5.8Mvar　　　　（D）7.3Mvar

解答过程：

4. 若该光伏电站并网点母线平均电压为 115kV，下列说法中哪种不满足规范要求？为什么？（　　）

（A）当电网发生故障快速切断后，不脱网连接运行的光伏电站自故障清除时刻开始，以至少 30% 额定功率/秒的功率变化率恢复到正常发电状态

（B）并网点母线电压为 127～137kV 之间，光伏电站应至少连续运行 10s

（C）电网频率升至 50.6Hz 时，光伏电站应立即终止向电网线路送电

（D）并网点母线电压突降至 87kV 时，光伏电站应至少保持不脱网连续运行 1.1s

解答过程：

题 5～9：某地区拟建一座 500kV 变电站，海拔高度不超过 100m，环境年最高温度+40℃，年最低温度−25℃，其 500kV 侧、220kV 侧各自与系统相连。该站远景规模为：4×750MVA 主变压器，6 回 500kV 出线，14 回 220kV 出线，35kV 侧安装有无功补偿装置。本期建设规模为：2 台 750MVA 主变压器，4 回 500kV 出线，8 回 220kV 出线，35kV 侧安装若干无功补偿装置。其电气主接线简图及系统短路电抗图（S_j = 100MVA）如下：

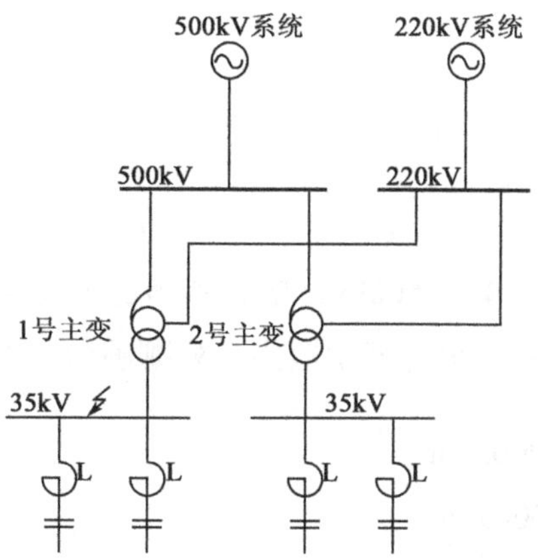

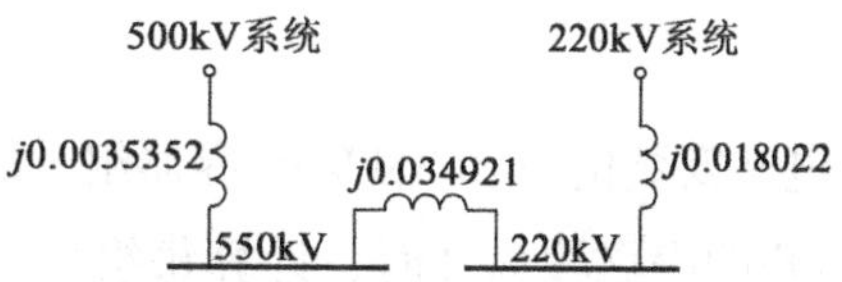

该变电站的主变压器采用单相无励磁调压自耦变压器组，其电气参数如下：

电压比：$525/\sqrt{3}/230/\sqrt{3}\pm 2\times 2.5\%/5\text{kV}$

容量比：250MVA/250MVA/66.7MVA

接线组别：YNad11

阻抗（以 250MVA 为基准）：$U_{\text{d1-2}}\%=11.8$，$U_{\text{d1-3}}\%=49.47$，$U_{\text{d2-3}}\%=34.52$

5. 该站 2 台 750MVA 主变压器的 550kV 和 220kV 侧均并列运行，35kV 侧分列运行，各自安装 2 × 30Mvar 串联有 5%电抗的电容器组，请计算 35kV 母线的三相短路容量和短路电流应为下列哪组数值？（按电气工程电气设计手册计算） （ ）

（A）4560.37MVA，28.465kA （B）1824.14MVA，30.09kA

（C）1824.14MVA，28.465kA （D）4560.37MVA，30.09kA

解答过程：

6. 若该站 2 台 750MVA 主变压器的 550kV 和 220kV 侧均并列运行，35kV 侧分列运行，各自安装 2 × 60MVA 串联有 12%电抗的电容器组，且 35kV 母线短路时由主变压器提供的三相短路容量为 1700MVA，请计算短路后 0.1s 时，35kV 母线三相短路电流周期分量应为下列哪项数值？（按《电气工程电气设计手册》计算，假定$T_c=0.1\text{s}$） （ ）

（A）26.52kA （B）28.04kA （C）28.60kA （D）29.72kA

解答过程：

7. 请计算该变电站中主变压器高压、中压、低压侧的额定电流应为下列哪组数值？ （ ）

（A）866A，1883A，5717A （B）275A，628A，1906A

（C）825A，1883A，3301A （D）825A，1883A，1100A

解答过程：

8. 如该变电站安装的三相 35kV 电容器组，每相由单台 500kvar 电容器串、并联组合而成，且采用双星形接线，每相的串联段为 2 时，计算每组允许的最大组合容量应为下列哪项数值？ （ ）

（A）每串联段由 6 台并联，最大组合容量 36000kvar

（B）每串联段由 7 台并联，最大组合容量 42000kvar

（C）每串联段由 8 台并联，最大组合容量 38000kvar

（D）每串联段由 9 台并联，最大组合容量 54000kvar

解答过程：

9. 如该变电站中，35kV 电容器单组容量为 60000kvar，计算其回路断路器的长期允许电流最小不应小于下列哪项数值？（　　）

（A）989.8A　　（B）1337A　　（C）2000A　　（D）2500A

解答过程：

题 10～13：某发电厂的发电机经主变压器接入屋外 220kV 升压站，主变压器布置在主厂房外，海拔高度 3000m，220kV 配电装置为双母线分相中型布置，母线采用支持式管形，间隔纵向跨线采用 LGJ-800 架空软导线，220kV 母线最大三相短路电流 38kA，最大单相短路电流 36kA。

10. 220kV 配电装置中，计算确定下列经高海拔修正的安全净距值中哪项是正确的？（　　）

（A）A_1：为 2180mm　　（B）A_2：为 2380mm

（C）B_1：为 3088mm　　（D）C：为 5208mm

解答过程：

11. 220kV 配电装置中，二组母线相邻的边相之间单位长度的平均互感抗为$1.8\times10^{-4}\Omega/m$，为检修安全（检修时另一组母线发生单相接地故障），在每条母线上安装了两组接地刀闸，请计算两组接地刀闸之间的允许最大间距应为下列哪项数值？（切除母线单相接地短路时间 0.5s）（　　）

（A）53.59m　　（B）59.85m

（C）63.27m　　（D）87m

解答过程：

12. 220kV 配电装置采用在架构上安装避雷针作为直击雷保护，避雷针高 35m，被保护物高 15m，其中有两支避雷针之间直线距离 60m，请计算避雷针对被保护物高度的保护半径r_a和两支避雷针对被保护物高度的联合保护范围的最小宽度b_x应为下列哪组数值？（　　）

（A）$r_a=20.93m$，$b_x=14.88m$　　（B）$r_a=20.93m$，$b_x=16.8m$

（C）$r_a=22.5m$，$b_x=14.88m$　　（D）$r_a=22.5m$，$b_x=16.8m$

解答过程：

13. 220kV 配电装置间隔的纵向跨线采用 LGJ-800 架空软导线（自重 2.69kgf/m，直径 38mm），为计算纵向跨线的拉力，需计算导线各种状态下的单位荷重，如覆冰时设计风速为 10m/s，覆冰厚度 5mm。请计算导线覆冰时自重、冰重与风压的合成荷重应为下列哪项数值？（　　）

（A）3.035kgf/m　　（B）3.044kgf/m

（C）3.318kgf/m　　（D）3.658kgf/m

解答过程：

题 14～19：某调峰电厂安装有 2 台单机容量为 300MW 机组，以 220kV 电压接入电力系统，3 回 220kV 架空出线的送出能力满足$n-1$要求，220kV 升压站为双母线接线，管母中型布置。单元机组接线如下图所示：

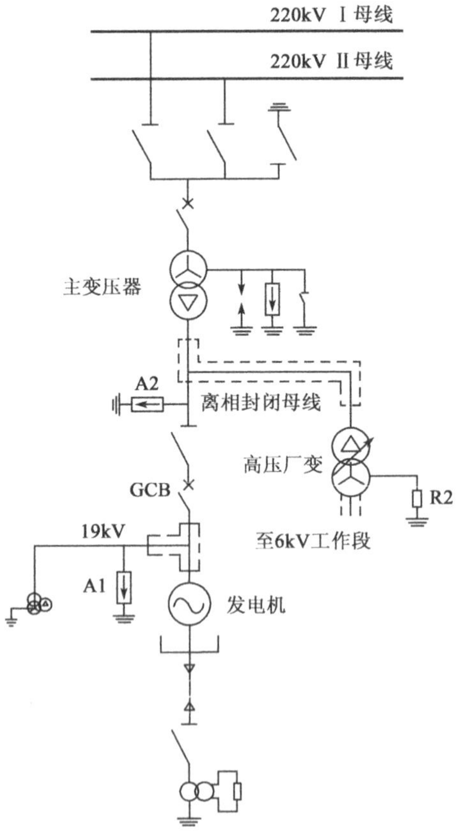

发电机额定电压为 19kV，发电机与变压器之间装设发电机出口断路器 GCB，发电机中性点为高阻接地，高压厂用工作变压器接于主变压器低压侧与发电机出口断路器之间，高压厂用电额定电压为 6kV，6kV 系统中性点为高阻接地。

14. 若发电机的最高运行电压为其额定电压的 1.05 倍，高压厂变高压侧最高电压为 20kV，请计算无间隙金属氧化物避雷器 A1、A2 的额定电压最接近下列哪组数值？（　　）

（A）14.36kV，16kV

（B）19.95kV，20kV

（C）19.95kV，22kV

（D）24.94kV，27.60kV

解答过程：

15. 为防止谐振及间歇性电弧接地过电压，高压厂变 6kV 侧中性点采用高阻接地方式，接入电阻器 R2，若 6kV 系统最大运行方式下每组对地电容值为 1.46μF，请计算电阻器 R2 的阻值不宜大于下列哪项数值？（　　）

（A）2181Ω　　（B）1260Ω

（C）662Ω　　（D）0.727Ω

解答过程：

16. 220kV 升压站电气平面布置图如下，若从I母线避雷器到 0 号高压备变的电气距离为 175m，试计算并说明，在送出线路$n-1$运行工况下，下列哪种说法是正确的？（均采用氧化锌避雷器，忽略各设备垂直方向引线长度）（　　）

（A）3 台变压器高压侧均可不装设避雷器

（B）3 台变压器高压侧都必须装设避雷器

（C）仅 1 号主变高压侧需要装设避雷器

（D）仅 0 号备变高压侧需要装设避雷器

解答过程：

17. 主变与 220kV 配电装置之间设有一支 35m 高的独立避雷针 P（其位置间平面布置图，尺寸单位：mm），用于保护 2 号主变，由于受地下设施限制，避雷器布置位置只能在横向直线L上移动，L距主变中心点O点的距离为 18m，当O点的保护高度达 15m 时，即可满足保护要求。若避雷针的冲击接地电阻为 15Ω，2 号主变 220kV 架空引线的相间距为 4m 时，请计算确定避雷针与主变 220kV 引线边相间的距离S应为下列哪项数值？（忽略避雷针水平尺寸及导线的弧垂和风偏，主变 220kV 引线高度取 14m。）（　　）

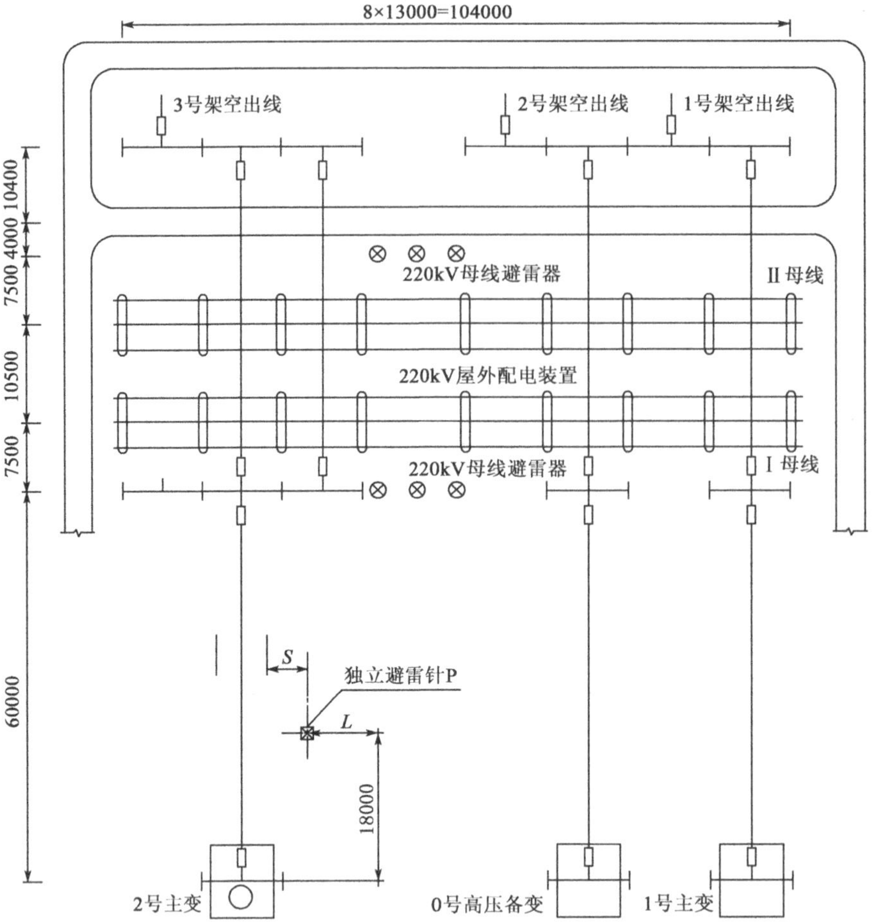

（A）3m ⩽ S ⩽ 5m　　（B）4.4m ⩽ S ⩽ 6.62m

（C）3.8m ⩽ S ⩽ 18.6m　　（D）5m ⩽ S ⩽ 20.9m

解答过程：

18. 若平面布置图中避雷针 P 的独立接地装置由 2 根长 12m、截面 100 × 10mm 的镀锌扁铁交叉焊接成十字形水平接地极构成，埋深 2m，该处土壤电阻率为 150Ω · m。请计算该独立接地装置接地电阻值最接近下列哪项数值？（　　）

（A）9.5Ω　　（B）4.0Ω

（C）2.6Ω　　（D）16Ω

解答过程：

19. 若该调峰电厂的 6kV 配电装置室内地表面土壤电阻率$\rho = 1000\Omega \cdot \text{m}$，表层衰减系数$C_s = 0.95$，其接地装置的接触电位差最大不应超过下列哪项数值？（　　）

（A）240V　　（B）97.5V

（C）335.5V　　（D）474V

解答过程：

题 20～25：布置在海拔 1500m 地区的某电厂 330kV 升压站，采用双母线接线，其主变进线断面如图所示。已知升压站内采用标称放电电流 10kA，操作冲击残压峰值为 618kV、雷电冲击残压峰值为 727kV 的避雷器做绝缘配合，其海拔空气修正系数为 1.13。

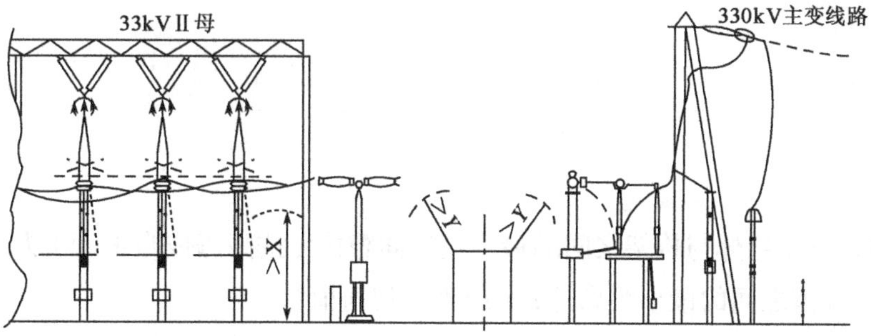

20. 若在标准气象条件下，要求导体对接地构架的空气间隙d（m）和 50%正极性操作冲击电压波放电电压$\bar{u}_{s.s.s}$（kV）之间满足$\bar{u}_{s.s.s} = 317d$配电装置中，在无风偏时正极性操作冲击电压波要求的导体与架构之间的最小空气间隙应为下列哪项数值？　（　　）

（A）2.5m　　（B）2.6m　　（C）2.8m　　（D）2.9m

解答过程：

21. 若在标准气象条件下，要求导体之间的空气间隙d（m）和相间 50%操作冲击电压波放电电压$\bar{u}_{s.p.s}$（kV）之间满足$\bar{u}_{s.p.s} = 442d$的关系，计算该 330kV 配电装置中，相间操作冲击电压波要求的最小空气间隙应为下列何值？　（　　）

（A）2.8m　　（B）2.9m　　（C）3.0m　　（D）3.2m

解答过程：

22. 假设 330kV 配电装置中，雷电冲击电压波要求的导体对接地构架的最小空气间隙为 2.55m，计算雷电冲击电压波要求的相间最小空气间隙应为下列哪项数值？　（　　）

（A）2.8m　　（B）2.7m

（C）2.6m　　（D）2.5m

解答过程：

23. 假设配电装置中导体与架构之间的最小空气间隙值（按高海拔修正后）为 2.7m，图中导体与地面之间的最小距离（X）应为下列哪项数值？（　　）

（A）5.2m　　（B）5.0m

（C）4.5m　　（D）4.3m

解答过程：

24. 假设配电装置中导体与构架之间的最小空气间隙值（按高海拔修正后）为 2.7m，图中设备搬运时，其设备外廓至导体之间的最小距离（Y）应为下列何值？（　　）

（A）2.60m　　（B）3.25m

（C）3.45m　　（D）4.50m

解答过程：

25. 假设图中主变 330kV 侧架空导线采用铝绞线，按经济电流密度选择，进线侧导体应为下列哪种规格？（升压主变压器容量为 360MVA，最大负荷利用小时数$T = 5000$）（　　）

（A）$2 \times 400\text{mm}^2$　　（B）$2 \times 500\text{mm}^2$

（C）$2 \times 630\text{mm}^2$　　（D）$2 \times 800\text{mm}^2$

解答过程：

题 26～30：某大型火电发电厂分别建设，一期为 4 × 135MW，二期为 2 × 300MW 机组。高压厂用电电压为 6kV，低压厂用电电压为 380/220V。一期工程高压厂用电系统采用中性点不接地方式，二期工程高压厂用电系统采用中性点低电阻接地方式。一、二期工程低压厂用电系统采用中性点直接接地方式，电厂 380/220V 煤灰 A、B 段的计算负荷为：A 段 969.45kVA、B 段 822.45kVA，两段重复负荷 674.46kVA。

26. 若电厂 380/220V 煤灰 A、B 段采用互为备用接线，其低压厂用工作变压器的计算负荷应为下列

哪项数值？（　　）

（A）895.95kVA　　（B）1241.60kVA

（C）1117.44kVA　　（D）1791.90kVA

解答过程：

27. 若电厂 380/220V 煤灰 A、B 两段采用明备用接线，低压厂用备用变压器的额定容量应选下列哪项数值？（　　）

（A）1000kVA　　（B）1250kVA

（C）1600kVA　　（D）2000kVA

解答过程：

28. 该电厂内某段 380/220V 母线上接有一台 55kW 的电动机，电动机额定电流为 110A，电动机的起动电流倍数为 7 倍，电动机回路的电力电缆长 150m，查曲线得出 100m 的同规格电缆的电动机回路单相短路电流为 2300A，断路器过电流脱扣器整定电流的可靠系数为 1.35，请计算这台电动机单相短路时的保护灵敏系数为下列哪项数值？（　　）

（A）2.213　　（B）1.991

（C）1.475　　（D）0.678

解答过程：

29. 该电厂中，135MW 机组 6kV 厂用电系统 4s 短路电流热效应为 2401kA^{2}s，请计算并选择在下列制造厂提供的电流互感器额定短时热稳定电流及持续时间参数中，哪组数值最符合该电厂 6kV 厂用电要求？（　　）

（A）80kA，1s　　（B）63kA，1s

（C）45kA，1s　　（D）31.5kA，2s

解答过程：

30. 该电厂的部分电气接线示意图如下，若化水 380/220V 段两台低压化水变 A、B 分别由一、二期供电，为了保证互为备用正常切换的需要（并联切换）。对于低压化水变 B，采用下列哪一种连接组是合适的？并说明理由。（　　）

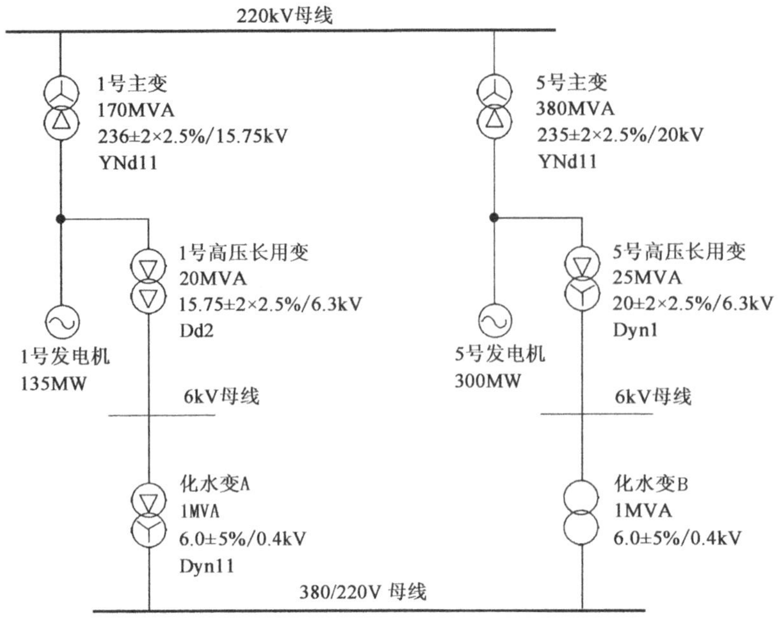

（A）Dd0　　　　（B）Dyn1

（C）Yyn0　　　　（D）Dyn11

解答过程：

题 31～35：某单回路 220kV 架空送电路，其导线参数如下表：

导线型号	每米质量P（kg/m）	外径d（mm）	截面S（mm²）	破坏强度T_p（N）	弹性模量E（N/mm²）	线膨胀系数（1/℃）
LGJ-400/50	1.511	27.63	451.55	117230	69000	19.3×10^{-6}
GJ-60	0.4751	10	59.69	68226	185000	11.5×10^{-6}

本工程的气象条件如下表：

序号	条件	风速（m/s）	覆冰厚度（mm）	气温（℃）
1	低温	0	0	−40
2	平均	0	0	−5
3	大风	30	0	−5
4	覆冰	10	10	−5
5	高温	0	0	40

本线路需跨越同行河流，两岸是陡崖。两岸塔位A和B分别高出最高航行水位 110.8m 和 25.1m，档距为 800m。桅杆高出水面 35.2m，安全距离为 3.0m，绝缘子串长为 2.5m。导线最高气温时，最低点张力为 26.87kN。两岸跨越直线塔的呼称高度相同。（提示：$g = 9.81$）

31. 计算最高气温时，导线最低点O到B的水平距离L_{OB}应为下列哪项数值？（　　）

（A）379m （B）606m （C）140m （D）206m

解答过程：

32. 计算导线最高气温时距A点距离为 500m 处的弧垂f_x应为下列哪项数值？（用平抛物线公式）（　　）

（A）44.13m （B）41.37m
（C）30.02m （D）38.29m

解答过程：

33. 若最高气温时弧垂最低点距A点的水平距离为 600m，该点弧垂为 33m，为满足跨河的安全距离要求，A和B处直线塔的呼称高度至少为下列哪项数值？（　　）

（A）17.1m （B）27.2m
（C）24.2m （D）24.7m

解答过程：

34. 若最高气温时弧垂最低点距A点水平距离为 600m。A点处直线塔在跨河侧导线的悬垂角约为下列哪项数值？（　　）

（A）18.3° （B）16.1°
（C）23.8° （D）13.7°

解答过程：

35. 假设跨河档A、B两塔的导线悬点高度均高出水面 80m，导线的最大弧垂为 48m，计算导线平均高度为下列哪项数值？（　　）

（A）60m （B）32m
（C）48m （D）43m

解答过程：

题 36～40：某 220kV 架空送电线路 MT（猫头）直线塔，采用双分裂 LGJ-400/35 导线，导线截面积 425.24mm²，导线直径为 26.82mm，单位重量 1307.50kg/km，最高气温条件下导线水平应力为 50N/mm²，$L_1 = 300\text{m}$，$d_{h1} = 30\text{m}$，$L_2 = 250\text{m}$，$d_{h2} = 10\text{m}$，图中表示高度均为导线挂线高度。（提示$g = 9.8$，采用抛物线公式计算）

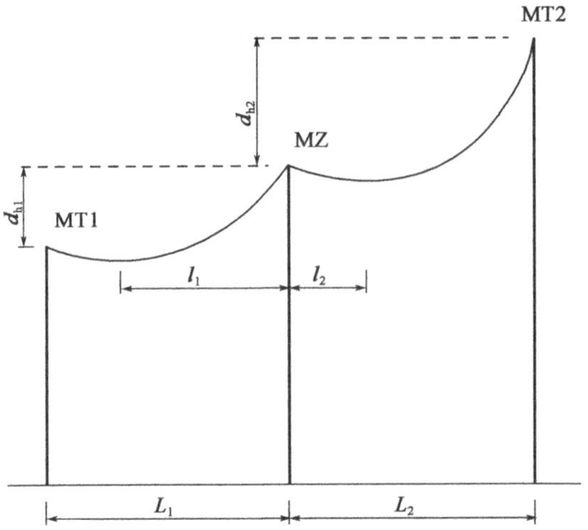

36. 导线覆冰时（冰厚 10mm，相对密度为 0.9），导线覆冰垂直比载应为下列哪项数值？（　　）

（A）0.0301N/(m · mm²)　　（B）0.0401N/(m · mm²)

（C）0.0541N/(m · mm²)　　（D）0.024N/(m · mm²)

解答过程：

37. 请计算在最高气温时 MT 两侧弧垂最低点到悬挂点的水平距离l_1、l_2应为下列哪项数值？（　　）

（A）313.3m，125.2m　　（B）316.1m，58.6m

（C）316.1m，191.4m　　（D）313.3m，191.4m

解答过程：

38. 假设 MZ 塔导线悬垂串重量为 54kg，MZ 塔的垂直档距为 400m，计算 MZ 塔无冰工况下的垂直荷载应为下列哪项数值？（　　）

（A）10780N　　（B）1100N

（C）5654N　　（D）11309N

解答过程：

39. 在线路垂直档距较大的地方，导线在悬垂线夹的悬垂角有可能超过悬垂线夹的允许值，需要进行校验。请计算 MZ 塔导线在最高气温条件下悬垂线夹的悬垂角应为下列哪项数值？（　　）

（A）2.02°　　（B）6.40°

（C）10.78°　　（D）12.8°

解答过程：

40. 在最高气温工况下，MZ-MT1 塔间 MZ 挂线点至弧垂最低点的垂直距离应为下列哪项数值？（　　）

（A）0.08m　　（B）6.77m

（C）12.5m　　（D）30.1m

解答过程：

2016 年案例分析试题（上午卷）

［案例题是 4 选 1 的方式，各小题前后之间没有联系，共 25 道小题，每题分值为 2 分，上午卷 50 分，下午卷 50 分，试卷满分 100 分。案例题一定要有分析（步骤和过程）、计算（要列出相应的公式）、依据（主要是规程、规范、手册），如果是论述题要列出论点。］

题 1～6：某 500kV 户外敞开式变电站，海拔高度 400m，年最高温度+40℃、年最低温度−25℃。1 号主变压器容量为 1000MVA，采用 3×334MVA 单相自耦变压器：容量比：334/334/100MVA，额定电压：$\frac{525}{\sqrt{3}}/\frac{230}{\sqrt{3}}\pm 8\times 1.25\%/36$kV，接线组别 Iaoio，主变压器 35kV 侧采用三角形接线。

本变电站 35kV 为中性点不接地系统。主变 35kV 侧采用单母线单元制接线，无出线，仅安装无功补偿设备，不设总断路器。请根据上述条件计算、分析解答下列各题。

1. 若每相主变 35kV 连接用导体采用铝镁硅系（6063）管形母线，导体最高允许温度+70℃，按回路持续工作电流计算，该管形母线不宜小于下列哪项数值？（　　）

（A）ϕ110/100　　（B）ϕ130/116　　（C）ϕ170/154　　（D）ϕ200/184

解答过程：

2. 该主变压器 35kV 侧规划安装 2×60Mvar 并联电抗器和 3×60Mvar 并联电容器，根据电力系统需要，其中 1 组 60Mvar 并联电抗器也可调整为 60Mvar 并联电容器，请计算 35kV 母线长期工作电流为下列哪项数值？（　　）

（A）2177.4A　　（B）3860A　　（C）5146.7A　　（D）7324.1A

解答过程：

3. 若主变压器 35kV 侧规划安装无功补偿设备：并联电抗器 2×60Mvar、并联电容器 3×60Mvar。35kV 母线三相短路容量 2500MVA，请计算并联无功补偿设备投入运行后，各种运行工况下 35kV 母线稳态电压的变化范围，以百分数表示应为下列哪项？（　　）

（A）−4.8%～0　　（B）−4.8%～+2.4%

（C）0～+7.2%　　（D）−4.8%～+7.2%

解答过程：

4. 如该变电站安装的电容器组为框架装配式电容器，中性点不接地的单星形接线，桥式差电流保护。由单台容量 500kvar 电容器串并联组成，每桥臂 2 串（2 并 + 3 并），如下图所示。电容器的最高运行电压为$U_C = 43/\sqrt{3}$kV，请选择下图中的金属台架 1 与金属台架 2 之间的支柱绝缘子电压为下列哪项？并说明理由。（　　）

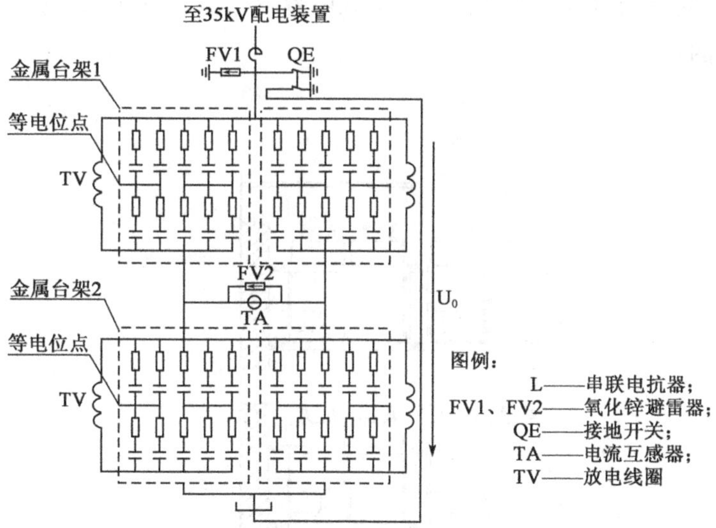

电容器组主接线图

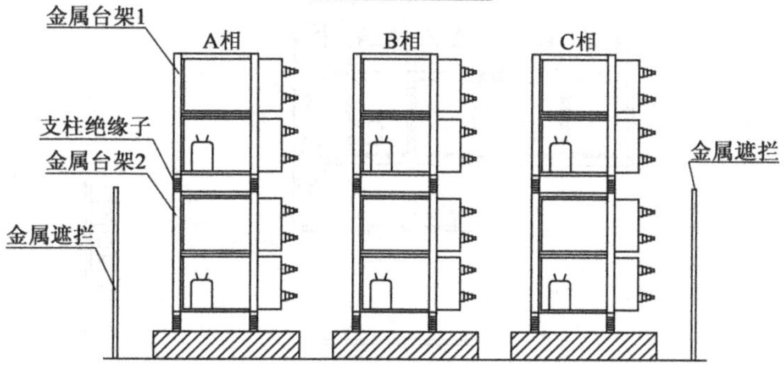

电容器组断面图

（A）3kV 级　　（B）6kV 级

（C）10kV 级　　（D）20kV 级

解答过程：

5. 若该变电所中，整组 35kV 电容器户内安装于 1 间电容器室内，单台电容器容量为 500kvar，电容器组每相电容器 10 并 4 串，介质损耗角正切值（$\tan\delta$）为 0.05%，串联电抗器额定端电压 1300V，额定电流 850A，损耗为 0.03kW/kvar，与暖通专业进行通风量配合时，计算电容器室一组电容器的发热量应为下列哪项数值？（　　）

（A）30kW　　（B）69.45kW

（C）99.45kW　　（D）129.45kW

解答过程：

6. 若变电站户内安装的电容器组为框架装配式电容器，请分析并说明右图中的L_1、L_2、L_3三个尺寸哪一组数据是合理的？（　　）

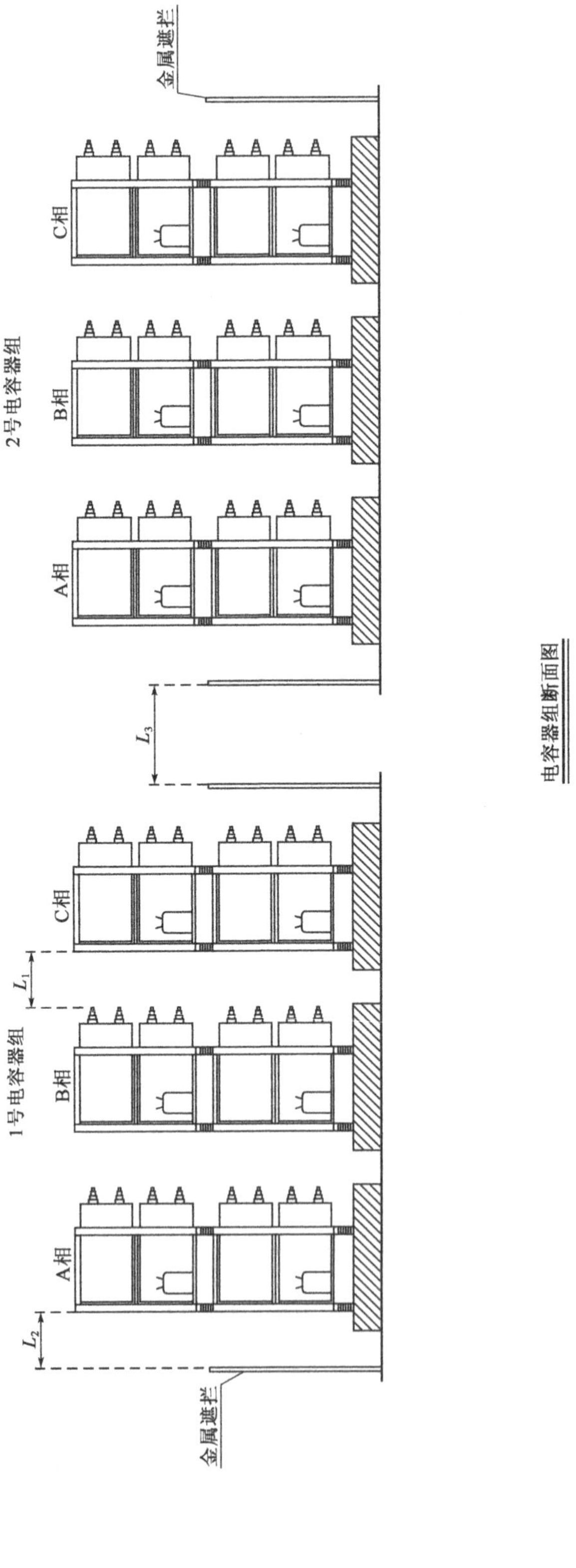

（A）1.0m、0.4m、1.3m （B）0.4m、1.1m、1.3m

（C）0.4m、1.3m、1.1m （D）1.3m、0.4m、1.1m

解答过程：

题 7～10：某 2×300MW 新建发电厂，出线电压等级为 500kV、二回出线、双母线接线，发电机与主变压器经单元接线接入 500kV 配电装置，500kV 母线短路电流周期分量起始有效值$I''=40kA$，启动/备用电源引自附近 220kV 变电站，电场内 220kV 母线短路电流周期分量起始有效值$I''=40kA$，启动/备用变压器高压侧中性点经隔离开关接地，同时紧靠变压器中性点并联一台无间隙金属氧化物避雷器（MOA）。

发电机额定功率为 300MW，最大连续输出功率（TMCR）为 330MW，汽轮机阀门全开（VWO）工况下发电机出力为 345MW，额定电压为 18kV，功率因数为 0.85。

发电机回路总的电容电流为 1.5A，高压厂用电电压为 6.3kV，高压厂用电计算负荷为 36690kVA，高压厂用变压器容量为 40/25-25MVA，启动/备用变压器容量为 40/25-25MVA。

请根据上述条件计算并分析下列各题（保留两位小数）。

7. 计算并选择最经济合理的主变压器容量应为下列哪项数值？（ ）

（A）345MVA （B）360MVA （C）390MVA （D）420MVA

解答过程：

8. 若发电机中性点采用消弧线圈接地，并要求作过补偿时，则消弧线圈的计算容量应为下列哪项数值？（ ）

（A）15.59kVA （B）17.18kVA （C）21.04kVA （D）36.45kVA

解答过程：

9. 若启动/备用变压器高压侧中性点雷电冲击全波耐受电压为 400kV，其中性点 MOA 标称放电电流下的最大残压取下列哪项数值最合理？并说明理由。（ ）

（A）280kV （B）300kV （C）240kV （D）380kV

解答过程：

10. 若发电厂内220kV母线采用铝母线，正常工作温度为60℃、短路时导体最高允许温度200℃，若假定短路电流不衰减，短路持续时间为2s，请计算并选择满足热稳定截面要求的最小规格为下列哪项数值？（　　）

（A）$400mm^2$　　（B）$600mm^2$

（C）$650mm^2$　　（D）$680mm^2$

解答过程：

题11～16：某地区新建两台1000MW级火力发电机组，发电机额定功率为1070MW，额定电压为27kV，额定功率因数为0.9。通过容量为1230MVA的主变压器送至500kV升压站，主变阻抗为18%，主变高压侧中性点直接接地。发电机长期允许的负序电流大于0.06倍发电机额定电流，故障时承受负序能力$A=6$，发电机出口电流互感器变比为30000/5A。请分析计算并解答下列各小题。

11. 对于该发电机在运行过程中由于不对称负荷、非全相运行或外部不对称短路所引起的负序过电流，应配置下列哪种保护？并计算该保护的定时限部分整定值。（可靠系数取1.2，返回系数取0.9）（　　）

（A）定子绕组过负荷保护，0.339A

（B）定子绕组过负荷保护，0.282A

（C）励磁绕组过负荷保护，0.282A

（D）发电机转子表层过负荷保护，0.339A

解答过程：

12. 该汽轮发电机配置了逆功率保护，发电机效率为98.7%，汽轮机在逆功率运行时的最小损耗为2%发电机额定功率P_{gn}，请问该保护主要保护哪个设备，其反向功率整定值取下列哪项是合适的（可靠系数取0.5）？请说明。（　　）

（A）发电机，$1.56\%P_{gn}$　　（B）汽轮机，$1.60\%P_{gn}$

（C）发电机，$3.30\%P_{gn}$　　（D）汽轮机，$3.30\%P_{gn}$

解答过程：

13. 若该发电机中性点采用经高阻接地方式，定子绕组接地故障采用基波零序电压保护作为90%定子接地保护，零序电压取自发电机中性点，500kV系统侧发生接地短路时产生的基波零序电动势为0.6

倍系统额定相电压，主变压器高、低压绕组间的相耦合电容C_{12}为 8nf，发电机及机端外接元件每相对地总电容C_g为 0.7μf，基波零序过电压保护定值整定时需躲过高压侧接地短路时通过主变压器高、低压绕组间的相耦合电容传递到发电机侧的零序电压值，正常运行时实测中性点不平衡基波零序电压为 300V，请计算基波零序过电压保护整定值应设为下列哪项数值？（为简化计算，计算中不考虑中性点接地电阻的影响，主变高压侧中性点按不接地考虑） （　　）

（A）300V　　（B）500V

（C）700V　　（D）250V

解答过程：

14. 若机组高压厂用电压为 10kV，接于 10kV 母线的凝结水泵电机额定功率 1800kW，效率为 96%，额定功率因数为 0.83，堵转电流倍数为 6.5，该回路所配电流互感器变比为 200/1A，电动机机端三相短路电流为 31kA，当该电机绕组内及引出线上发生相间短路故障时，应配置何种保护作为其主保护最为合理，其保护装置整定值宜为下列哪项数值？（可靠系数取 2） （　　）

（A）电流速断保护，6.76A　　（B）差动保护，0.3A

（C）电流速断保护，8.48A　　（D）差动保护，0.5A

解答过程：

15. 该机组某回路测量用电流互感器变比为 100/5A，二次侧所接表计线圈的内阻为 0.12Ω，连接导线的电阻为 0.2Ω，该电流互感器的接线方式为三角形接线，该电流互感器的二次额定负载应为以下哪项数值最为合适？（接触电阻忽略不计） （　　）

（A）150VA　　（B）15VA

（C）75VA　　（D）10VA

解答过程：

16. 本机组采用发电机变压器组接线方式，发电机的直轴瞬变电抗为 0.257，直轴超瞬变电抗为 0.177，请计算当主变高压侧发生短路时由发电机侧提供的最大短路电流的周期分量起始有效值最接近下列哪项数值？（发电机的正序与负序阻抗相同，采用运算曲线计算） （　　）

（A）3.09kA　　（B）3.61kA

（C）2.92kA　　（D）3.86kA

解答过程：

题 17～20：某一接入电力系统的小型火力发电厂直流系统标称电压 220V，动力和控制共用。全厂设两组贫液吸附式的阀控式密封铅酸蓄电池，容量为 1600Ah，每组蓄电池 103 只，蓄电池内阻为 0.016Ω。每组蓄电池负荷计算：事故放电初期（1min）冲击放电电流为 747.41A、经常负荷电流为 86.6A、1～30min 放电电流为 425.05A、30～60min 放电电流 190.95A、60～90min 放电电流 49.77A。两组蓄电池设三套充电装置，蓄电池放电终止电压为 1.87V。请根据上述条件分析计算并解答下列各小题。

17. 蓄电池至直流屏的距离为 50m，采用铜芯动力电缆，请计算该电缆允许的最小截面最接近下列哪项数值？（假定缆芯温度为 20℃）（　　）

（A）133.82mm²　　（B）625.11mm²

（C）736mm²　　（D）1240mm²

解答过程：

18. 每组蓄电池及其充电装置分别接入不同母线段，第三套充电装置在蓄电池核对性放电后专门为蓄电池补充充电用，该充电装置经切换电器可直接对两组蓄电池进行充电。请计算并选择第三套充电装置的额定电流至少为下列哪项数值？（　　）

（A）88.2A　　（B）200A

（C）286.6A　　（D）300A

解答过程：

19. 本工程润滑油泵直流电动机为 10kW，额定电流为 55.3A。在起动电流为 6 倍条件下，起动时间才能满足润滑油压的要求，直流电动机铜芯电缆长 150m，截面为 70mm²，给直流电动机供电的直流断路器的脱扣器有 B 型（4～7ln）、C 型（7～15ln），额定极限短路分断能力 *M* 值为 10kA，*H* 值为 20kA。在满足电动机起动和电动机侧短路时的灵敏度情况下（不考虑断路器触头和蓄电池间连接导线的电阻，蓄电池组开路电压为直流系统标称电压），请计算下列哪组断路器选择是正确和合适的？并说明理由。（　　）

（A）63A（B 型），额定极限短路分断能力 *M*

（B）63A（B 型），额定极限短路分断能力 *H*

（C）63A（C 型），额定极限短路分断能力 *M*

（D）63A（C 型），额定极限短路分断能力 *H*

解答过程：

20. 该工程主厂房外有两个辅控中心 a、b，直流电源以环网供电。各辅控中心距直流电源的距离如下图，断路器电磁操作机构合闸电流 3A，断路器合闸最低允许电压为 85%标称电压，请问断路器合闸电流回路铜芯电缆的最小截面计算值宜选用下列哪项数值？（假定缆芯温度为 20℃）（　　）

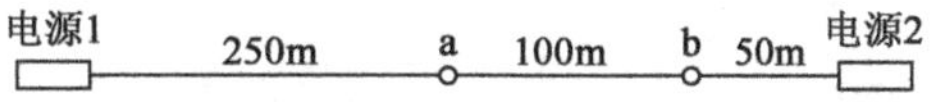

（A）$4.92mm^2$　　（B）$1.16mm^2$

（C）$6.89mm^2$　　（D）$7.87mm^2$

解答过程：

题 21～25：220kV 架空输电线路工程，导线采用 2×400/35，导线自重荷载为 13.21N/m，风偏校核时最大风风荷载为 11.25N/m，安全系数为 2.5 时最大设计张力为 39.4kN，导线采用I型悬垂绝缘子串，串长 2.7m，地线串长 0.5m。

21. 规划双回路垂直排列直线塔水平档距 500m、垂直档距 800m、最大档距 900m，最大弧垂时导线张力为 20.3kN，双回路杆塔不同回路的不同相导线间的水平距离最小值为多少？（　　）

（A）8.36m　　（B）8.86m

（C）9.50m　　（D）10.00m

解答过程：

22. 直线塔所在耐张段在最高气温下导线最低点张力为 20.3kN，假设中心回转式悬垂线夹允许悬垂角为 23°，当一侧垂直档距为$l_{1V}=600$m，计算另一侧垂直档距l_{2V}大于多少时，超过悬垂线夹允许悬垂角？（用平抛物线公式计算）（　　）

（A）45m　　（B）321m

（C）706m　　（D）975m

解答过程：

23. 假定采用 V 型串，V 串的夹角为 100°，当水平档距为 500m 时，在最大风情况下要使子串不受

压，计算最大风时最小垂直档距限为多少？（不计绝缘子串影响，不计风压高度系数影响）（　　）

（A）357m　　（B）492m

（C）588m　　（D）603m

解答过程：

24. 架设覆冰、无风工况下，该耐张段内导线的水平应力为 $92.6N/mm^2$，比载为 $55.7\times10^{-3}N/(m\cdot mm)^2$，某档的档距为400m，导线悬点高差为115m，问在该工况下，该档较高塔处导线的悬点应力为多少？（平抛物线公式计算）（　　）

（A）$90.4N/mm^2$　　（B）$95.3N/mm^2$

（C）$100.3N/mm^2$　　（D）$104.5N/mm^2$

解答过程：

25. 假设直线塔大风允许摇摆角为55°，水平档距为300m，垂直档距400m，最大风时导线张力为30kN，仅从塔头间隙考虑，该直线塔允许兼多少度转角？（不计绝缘子串影响，不计风压高度系数影响）（　　）

（A）8°　　（B）6°

（C）5°　　（D）4°

解答过程：

2016 年案例分析试题（下午卷）

［案例题是 4 选 1 的方式，各小题前后之间没有联系，共 40 道小题，选作 25 道，每题分值为 2 分，上午卷 50 分，下午卷 50 分，试卷满分 100 分。案例题一定要有分析（步骤和过程）、计算（要列出相应的公式）、依据（主要是规程、规范、手册），如果是论述题要列出论点。］

题 1～4：某大用户拟建一座 220kV 变电站，电压等级为 220/110/10kV，220kV 电源进线 2 回，负荷出现 4 回，双母线接线，正常运行方式为并列运行，主接线及间隔排列示意图如下图所示，110kV、10kV 均为单母线分段接线，正常运行方式为分列运行。主变容量为 2 × 150MVA，150/150/75MVA，$U_{k12}=14\%$，$U_{k13}=23\%$，$U_{k23}=7\%$，空载电流$I_0=0.3\%$，两台主变压器正常运行时的负载率为 65%，220kV 出线所带最大负荷分别是L_1 =150MVA，$L_2=150$MVA，$L_3=100$MVA，$L_4=150$MVA，220kV 母线的最大三相短路电流为 30kA，最小三相短路电流 18kA。请回答下列问题。

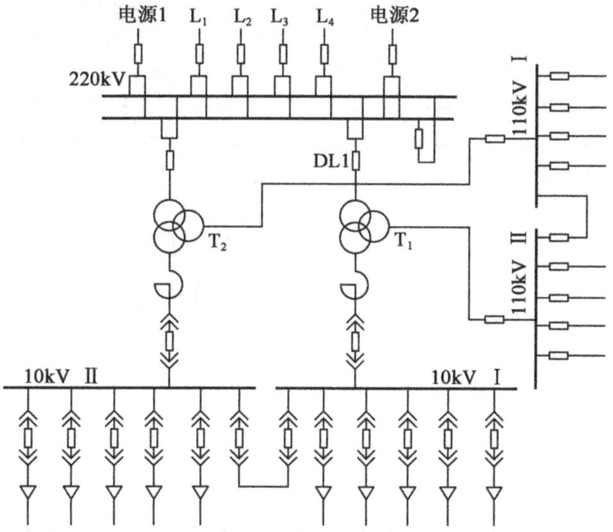

1. 在满足电力系统n-1故障原则下，该变电站 220kV 母线通流计算值最大应为下列哪项数值？（　　）

（A）978A　　（B）1562A

（C）1955A　　（D）2231A

解答过程：

2. 若主变 10kV 侧最大负荷电流为 2500A，母线上最大三相短路电流为 32kA，为了将其限制到 15kA 以下，拟在主变 10kV 侧接入串联电抗器，下列电抗器参数中，哪组最为经济合理？（　　）

（A）$I_e=2000$A，$X_k\%=8$　　（B）$I_e=2500$A，$X_k\%=5$

（C）$I_e = 2500\text{A}$，$X_k\% = 10$　　（D）$I_e = 3500\text{A}$，$X_k\% = 14$

解答过程：

3. 该站220kV为户外敞开式布置，请查找下图220kV主接线中的设备配置和接线有几处错误，并说明理由。（注：同一类的错误算一处，如：所有出线没有配电流互感器，算一处错误）（　　）

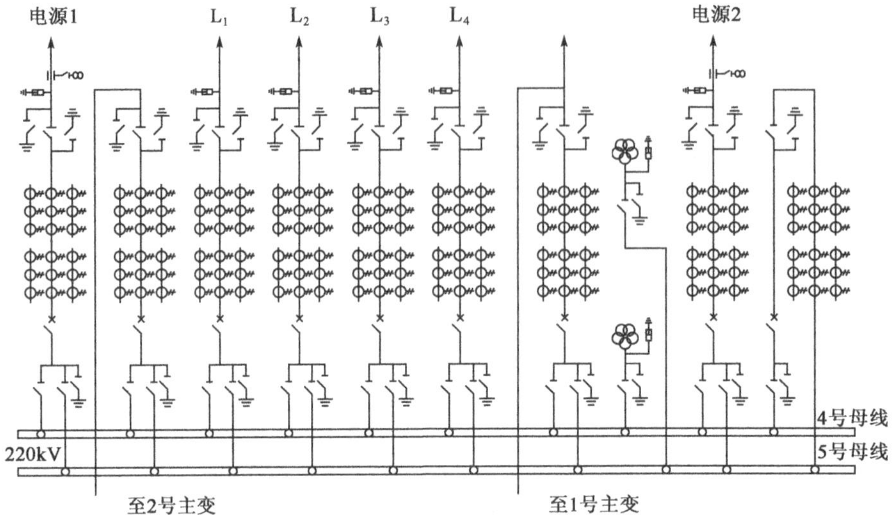

（A）1处　　（B）2处

（C）3处　　（D）4处

解答过程：

4. 该变电站的220kV母线配置有母线完全差动电流保护装置，请计算起动元件动作电流定值的灵敏系数。（可靠系数均取1.5，不设中间继电器）（　　）

（A）3.46　　（B）4.0

（C）5.77　　（D）26.4

解答过程：

题5～9：某沿海区域电网内现有一座燃煤电厂，安装有四台300MW机组，另外规划建设100MW风电场合40MW光伏电站，分别通过一回110kV和一回35kV线路接入电网，系统接线如下图。燃煤机组220kV母线采用双母线接线，母线短路参数：$I' = 28.7\text{kA}$，$I_\infty = 25.2\text{kA}$；k_1处发生三相短路时，线路L_1侧提供的短路电流周期分量初始值$I_k = 5.2\text{kA}$。

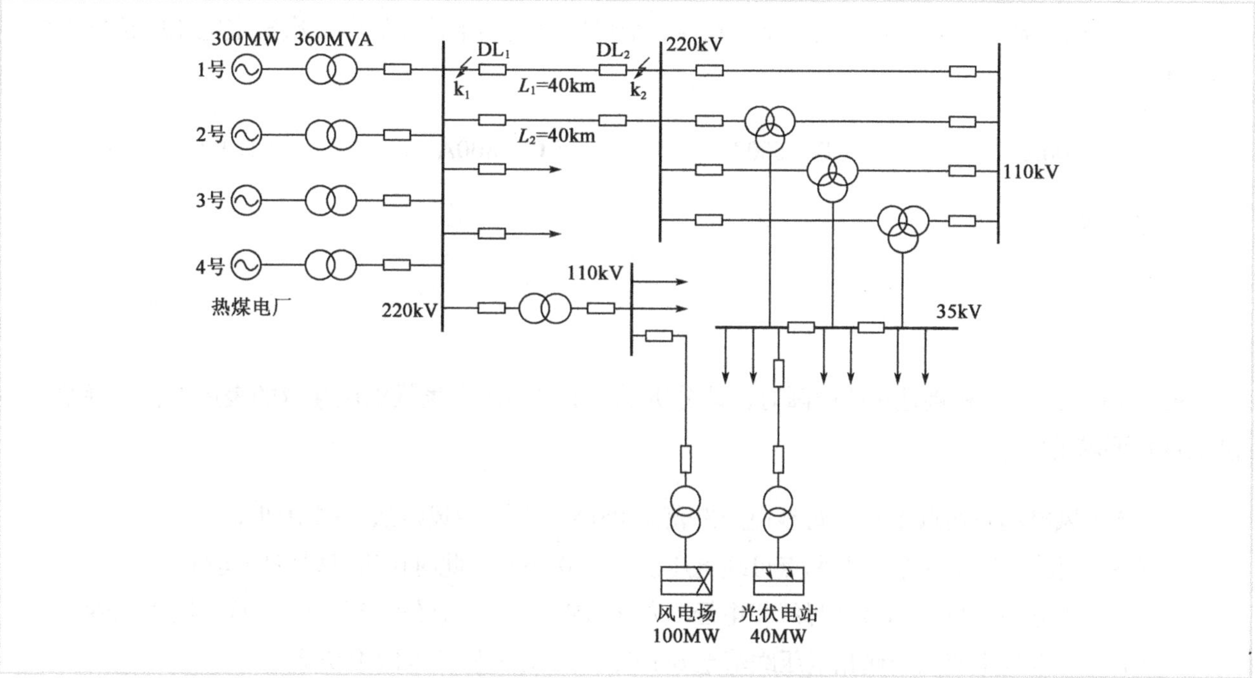

5. 当 k_1 发生三相短路时，请计算短路冲击电流应为下列哪项数值？（　　）

（A）75.08kA　　（B）77.1kA

（C）60.7kA　　（D）69.3kA

解答过程：

6. 若 220kV 线路 L_1、L_2 均采用 $2\times$LGJQ-400 导线，导线的电抗值为 0.3Ω/km（$S_j = 100$MVA，$U_j = 230$kV），当 k_2 发生三相短路时，不计及线路电阻，计算通过断路器 DL_2 的短路电流周期分量的起始有效值应为下列哪项数值？（假定忽略风电场机组，燃煤电厂 220kV 母线短路参数不变）（　　）

（A）4.98kA　　（B）5.2kA

（C）7.45KA　　（D）9.92kA

解答过程：

7. 当 k_1 处发生三相短路且故障清除后，风电场功率应快速恢复，请确定风电场功率恢复变化率，至少不小于下列哪项数值时才能满足规程要求？（　　）

（A）15MW/s　　（B）12MW/s

（C）10MW/s　　（D）8MW/s

解答过程：

8. 在光伏电站主变高压侧装设电流互感器，请确定测量用电流互感器一次额定电流应选择下列哪项数值？（　　）

（A）400A　　（B）600A　　（C）800A　　（D）1200A

解答过程：

9. 当电网发生单相接地短路故障时，请分析说明下列对风电场低电压穿越的表述中，哪种情况是满足规程要求的？（　　）

（A）风电场并网点 110kV 母线电压跌落至 85kV，1.5s 后风机从电网中切除

（B）短路故障 1.8s 后，并网点母线电压恢复至 0.9p.u.，此时风机可以脱网运行

（C）风电场并网点 110kV 母线相电压跌落至 35kV，风机连续运行 1.6s 后从电网中切除

（D）风电场主变高压侧相电压跌落至 65kV，1.8s 后风机从电网中切除

解答过程：

题 10～15：某风电场 220kV 升压站地处海拔 1000m 以下，设置一台主变压器，以变压器-线路组接线一回出线至 220kV 系统，主变压器为双绕组有载调压电力变压器，容量为 125MVA，站内架空导线采用 LGJ-300/25，其计算截面积为 333.31mm^2，220kV 配电装置为中型布置，采用普通敞开式设备，其变压器及 220kV 配电装置区平面布置图如下（尺寸单位：mm）。主变压器进线跨（变压器门构至进线门构）长度 16.5m，变压器及配电装置区土壤电阻率$\rho=400\Omega\cdot m$，35kV 配电室主变侧外墙为无门窗的实体防火墙。

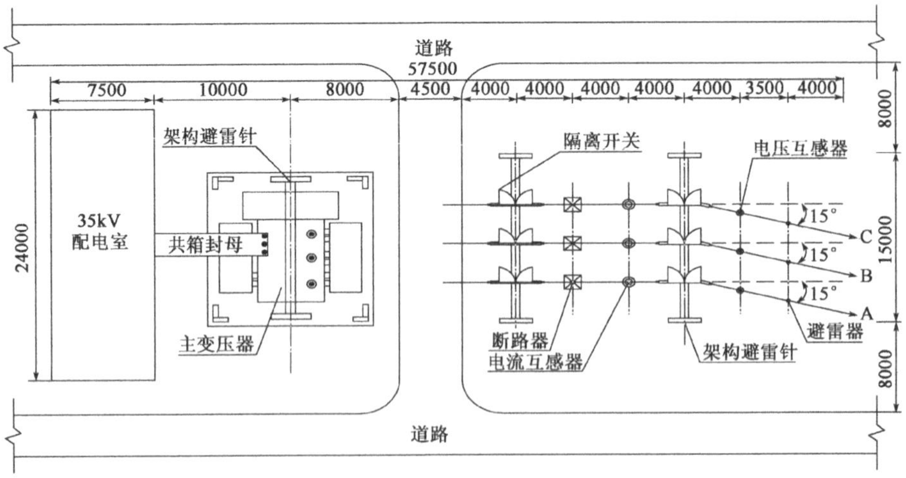

10. 请在配电装置布置图中找出有几处设计错误？并说明理由。（　　）

（A）1 处　　（B）2 处　　（C）3 处　　（D）4 处

解答过程：

11. 该升压站主变压器的油重 50t，设备外廓长度 9m，设备外廓宽度 5m，卵石层的间隙率为 0.25，油的平均密度 $0.9t/m^3$，贮油池中设备的基础面积为 $17m^2$，问贮油池的最小深度应为下列哪项数值？（　　）

（A）0.58m　　（B）0.74m　　（C）0.99m　　（D）1.03m

解答过程：

12. 若主变压器进线跨耐张绝缘子串采用 14 片 X-4.5，假如该跨正常状态最大弧垂发生在最大荷载时，其弧垂为 2m，计算力矩为 6075.6N · m，导线应力为 $9.114N/mm^2$，给定的参数如下：

最高温度下，其计算力矩为 3572N · m，状态方程式中A为$-1426.8N/mm^2$，C_m为 $42844N^3/mm^6$，求其最高温度下（$\theta_m = 70℃$）的弧垂最接近下列哪项数值？（　　）

（A）1.96m　　（B）2.176m　　（C）3.33m　　（D）3.7m

解答过程：

13. 主变压器进线跨导线拉力计算时，导线的计算拉断力为 83410N，若该跨导线计算的应力（在弧垂最低点）见下表，求荷载长期作用时导线的安全系数为下列哪项数值？（　　）

状态	最低温度	最大荷载（有风有冰）	最大风速	带电检修
温度（℃）	−30	−5	−5	+30
应力（N/mm^2）	5.784	9.114	8.329	14.57

（A）27.45　　（B）30.5　　（C）17.1　　（D）43.3

解答过程：

14. 主变压器进线跨导线拉力计算时，导线计算的应力（在弧垂最低点）见下表，试计算荷载短期作用时悬式绝缘子 X-4.5 的安全系数为下列哪项数值？（悬式绝缘子 X-4.5 的 1h 机电试验载荷 45000N，悬式绝缘子 X-4.5 的破坏负荷 60000N）（　　）

状态	最低温度	最大荷载（有风有冰）	最大风速	带电检修
温度（℃）	−30	−5	−5	+30
应力（N/mm^2）	5.784	9.114	8.329	14.57

（A）9.27　　（B）23.34　　（C）16.21　　（D）14.81

解答过程：

15. 若该变电站地处海拔 2800m，b 级污秽（可按I级考虑）地区，其主变门形架耐张绝缘子串 X-4.5 绝缘子片数应为下列哪项数值？（　　）

（A）15 片　　（B）16 片　　（C）17 片　　（D）18 片

解答过程：

题 16～21：某 600MW 级燃煤发电机组，高压厂用电系统电压为 6kV，中性点不接地，其简化的厂用接线如下图所示，高压厂变 B_1 无载调压，容量为 31.5MVA，阻抗值为 10.5%，高压备变 B_2 有载调压，容量为 31.5MVA，阻抗值为 18%。正常运行工况下，6.3kV 工作段母线由 B_1 供电，B_2 为热备用。D_3、D_4 为电动机，D_3 额定参数为：$P_3=5000\text{kW}$，$\cos\varphi_3=0.85$，$\eta_3=0.93$，起动电流倍数$K_3=6$ 倍；D_4 额定参数为 $P_4=8000\text{kW}$，$\cos\varphi_4=0.88$，$\eta_4=0.96$，起动电流倍数$K_4=5$ 倍。假定母线上的其他负荷不含高压电动机并简化为一条馈线 L_1，容量为 S_1；L_2 为备用馈线，充电运行。LH 为工作电源进线回路电流互感器，LH_0～LH_4 为零序电流互感器。请分析计算并解答下列各题。

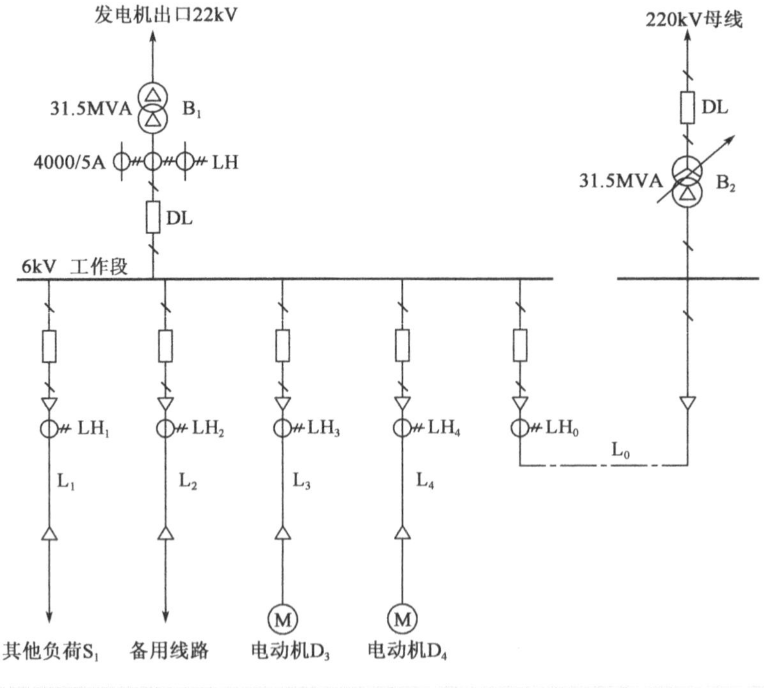

16. 若 6kV 均为三芯电缆，L_0～L_4 的总用缆量为 10km，其中 L_0 为 3 根并联，每根长度为 0.5km；L_3 为单根，长度 1km，当 B_1 检修，6.3kV 工作段由 B_2 供电时，电缆 L_3 的正中间，即离电动机接线端子 500m 处电缆发生单相接地短路故障，请计算流过零序电流互感器 LH_0、LH_3 一次侧电流，以及故障点

的电容电流应为下列哪组数值？（已知 6kV 电缆每组对地电容值为 0.4μF/km，除电缆以外的电容忽略）（　　）

（A）2.056A，12.33A，13.02A　　（B）11.64A，13.02A，13.70A

（C）2.056A，12.33A，13.70A　　（D）13.70A，1.370A，1.370A

解答过程：

17. 已知零序电流互感器 LH_0～LH_4 的极性已经调整为一致，在正常运行工况下，当电缆 L_3 的正中间发生单相接地故障时，请分析并确定下列零序电流互感器的电流方向表述中哪组是正确的？（　　）

（A）LH_1、LH_3、LH_4 方向一致，LH_0 方向相反

（B）LH_1、LH_2、LH_3、LH_4 方向一致

（C）LH_1、LH_4 方向一致，LH_3 方向相反

（D）LH_1、LH_4 方向一致，LH_0、LH_3 方向相反

解答过程：

18. 已知变压器 B_2 的有载分接开关电压分接头为 $216 \pm 8 \times 1.25\%/6.3$kV，额定铜耗为 180kW，最大计算负荷为 27500kVA，负荷功率因数为 0.83，请计算 220kV 母线电压允许波动范围为下列哪组数值？（　　）

（A）192～236kV　　（B）195～238kV　　（C）198～240kV　　（D）202～242kV

解答过程：

19. 已知在正常运行工况下，6.3kV 母线已带负荷 21MVA，请计算 D4 起动时 6.3kV 工作段的母线电压百分数最接近下列哪项数值？（　　）

（A）76%　　（B）84%　　（C）88%　　（D）93%

解答过程：

20. 在正常运行工况下，已知 $S_g = P_g + jQ_g = (12 + j9)$MVA，D3 在额定参数下运行，若备用回路 L_2

接有一组 2Mvar 的电容器组，在起动 D_4 的同时投入，请详细计算 D_4 起动时 6.3kV 工作段的母线电压最接近下列哪项值？（　　）

（A）83%　　（B）85%　　（C）86%　　（D）88%

解答过程：

21. 已知最小运行方式下 6kV 工作段母线三相短路电流为 28kA，2MW 及以上的电动机回路均已装设完整的差动保护，低压厂用变压器最大单台容量为 2MVA，其低压电动机自启动引起的过电流倍数为 2.5，请计算高压厂变 B_1 低压侧工作分支断路器的过流保护的电流整定值和灵敏系数最接近下列哪组数值？（可靠系数取 1.2）（　　）

（A）4.91A，3.52　　（B）8.60A，3.52

（C）8.23A，4.25　　（D）4.91A，6.17

解答过程：

题 22～27：一台 660MW 发电机以发变组单元接入 500kV 系统，发电机额定电压 20kV，额定功率因数 0.9，中性点经高阻接地，主变压器 500kV 侧中性点直接接地。厂址海拔 0m，500kV 配电装置采用屋外敞开式布置，10min 设计风速为 15m/s，500kV 避雷器雷电冲击残压为 1050kV，操作冲击残压为 850kV，接地网接地电阻 0.2Ω，请根据题意回答下列问题：

22. 若厂内 500kV 升压站最大接地故障短路电流为 39kA，折算至 500kV 母线的厂内零序阻抗 0.03（标幺值），系统侧零序阻抗 0.02（标幺值），发生单相接地故障时故障切除时间为 1s，500kV 的等效时间常数 X/R 为 40，厂内、厂外发生接地故障时接地网的工频分流系数分别为 0.4 和 0.9，计算厂内单相接地时地电位升应为下列哪项数值？（　　）

（A）2.81kV　　（B）2.98kV　　（C）3.98kV　　（D）4.97kV

解答过程：

23. 计算 500kV 软导线对构架操作过电压所需最小相对地空气间隙应为下列哪项数值？（取$u_{50\%} = 785d^{0.34}$）（　　）

（A）2.55m　　（B）1.67m　　（C）3.40m　　（D）1.97m

解答过程：

24. 该发电机不平衡负载连续运行限值I_2/I_N应不小于下列哪项数值？（　　）

（A）0.08　　（B）0.10　　（C）0.079　　（D）0.067

解答过程：

25. 若主变高压侧单相接地时低压侧传递过电压为 700V，主变高压侧单相接地保护动作时间为 10s，发电机单相接地保护电压定值为 500V，则发电机出口避雷器的额定电压最小计算值应为下列哪项数值？（　　）

（A）15.1kV　　（B）21kV　　（C）26kV　　（D）26.25kV

解答过程：

26. 发电机及主变过励磁能力分别见表 1 及表 2，发电机与变压器共用一套过励磁保护装置，请分析判断下列各曲线关系图中哪项是正确的？（图中曲线 G 代表发电机过励磁能力，T 代表变压器过励磁能力，L 代表励磁调节器 U/f 限制设定曲线，P 代表过励磁保护整定曲线）（　　）

发电机过励磁允许能力　　表 1

时间（s）	连续	180	150	120	60	30	10
励磁电压（%）	105	108	110	112	125	146	208

变压器工频电压升高时的过励磁运行持续时间　　表 2

工频电压升高倍数	相-地	1.05	1.1	1.25	1.5	1.8
持续时间		连续	< 20min	< 20s	< 1s	< 0.1s

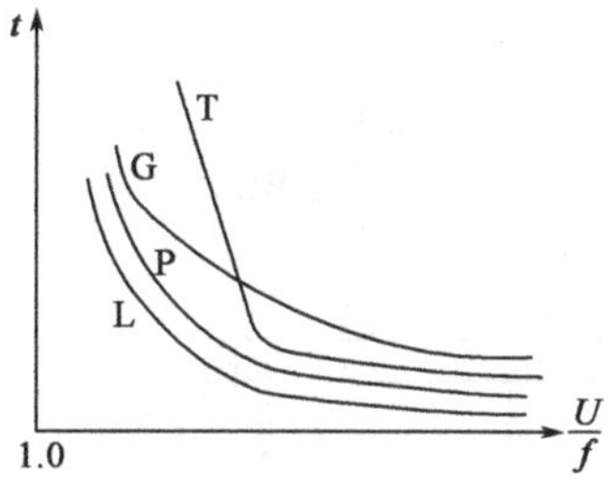

(A)

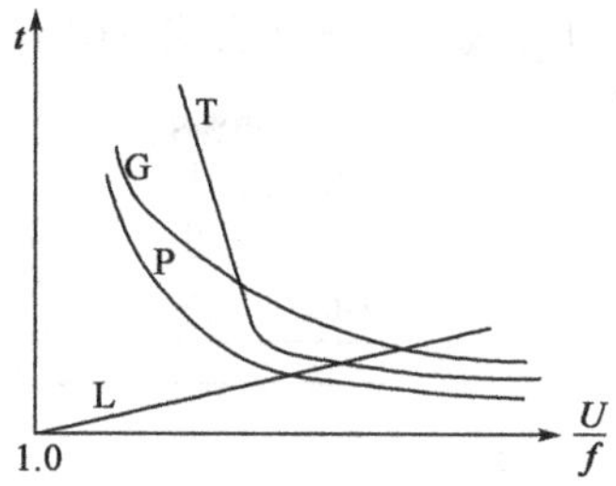

(B)

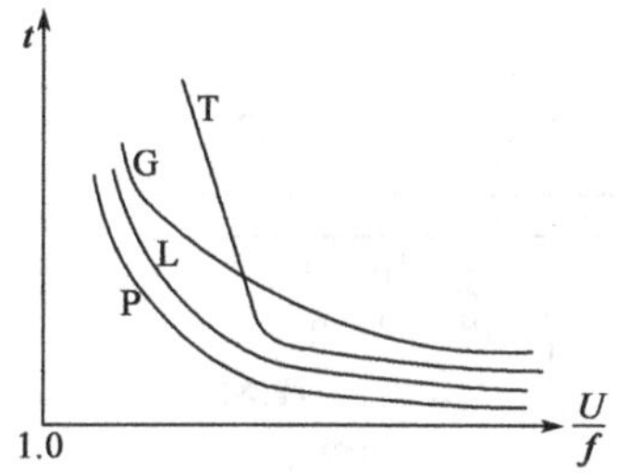

(C)

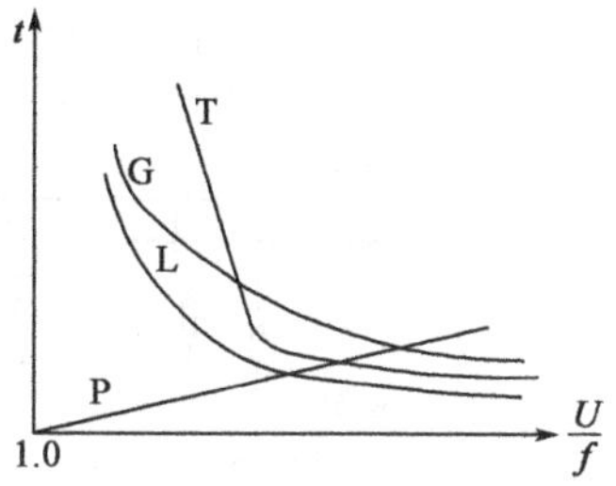

(D)

解答过程：

27. 若该工程建于海拔 1800m 处，电气设备外绝缘雷电冲击耐压（全波）1500kV，则避雷器选型正确的是：（按 GB 50064 选择）（　　）

（A）Y20W-400/1000　　（B）Y20W-420/1000

（C）Y10W-420/850　　（D）Y20W-420/850

解答过程：

题 28～30：某 220kV 变电站，主接线示意图见下图，安装 220/110/10kV，180MVA（100%/100%/50%）主变两台，阻抗电压高-中 13%，高-低 23%，中低 8%；220kV 侧为双母线接线，线路 6 回，其中线路 L_{21}、L_{22} 分别连接 220kV 电源 S_{21}、S_{22}，另 4 回为负荷出线（每回带最大负荷 180MVA），每台主变的负载率为 65%。

110kV 侧为双母线接线，线路 10 回，其中 2 回线路 L_{11}、L_{12} 分别连接 110kV 系统电源 S_{11}、S_{12}，正常情况下为负荷出线，每回带最大负荷 20MVA、其他出线均只作为负荷出线，每回带最大负荷 20MVA，当 220kV 侧失电时，110kV 电源 S_{11}、S_{12} 通过线路 L_{11}、L_{12} 向 110kV 母线供电，此时，限制 110kV 负荷不大于除了 L_{11}、L_{12} 线路外其他各负荷线路最大总负荷的 40%，且线路 L_{11}、L_{12} 均具备带上述总负荷的 40%的能力。

10kV 为单母线接线，不带负荷出线。

已知系统基准容量 $S_j = 100\text{MVA}$，220kV 电源 S_{21} 最大运行方式下系统阻抗标幺值为 0.006，最小运行方式下系统阻抗标幺值为 0.0065；220kV 电源 S_{22} 最大运行方式下系统阻抗标幺值为 0.007，最小运行方式下系统阻抗标幺值为 0.0075；L_{21} 线路阻抗标幺值为 0.01，L_{22} 线路阻抗标幺值 0.011。

已知 110kV 电源 S_{11} 最大运行方式下系统阻抗标幺值为 0.03，最小运行方式下系统阻抗标幺值为 0.035，110kV 电源 S_{12} 最大运行方式下系统阻抗标幺值为 0.02，最小运行方式下系统阻抗标幺值为 0.025，L_{11} 线路阻抗标幺值为 0.011，L_{12} 线路阻抗标幺值 0.017。

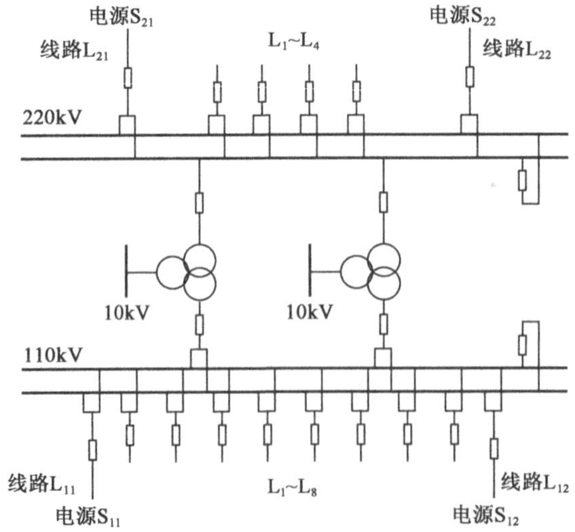

28. 已知 220kV 断路器失灵保护作为 220kV 电力设备和 220kV 线路的近后备保护，请计算 220kV 线路 L_{21} 失灵保护电流判别元件的电流定值和灵敏系数最接近下列哪组数值？（可靠系数取 1.1，返回

系数取 0.9）（ ）

（A）0.75kA，10.16　（B）1.15kA，6.42

（C）11.45kA，1.3　（D）3.06kA，2.49

解答过程：

29. 已知主变 110kV 侧电流互感器变比为 1200/1，请计算主变 110kV 侧用于主变压器差动保护的电流互感器的一次电流计算倍数最接近下列哪项数值？（可靠系数取 1.3）（ ）

（A）6.18　（B）6.04

（C）6.76　（D）27.96

解答过程：

30. 已知 110kV 负荷出线后备保护为过流保护，保护动作时间为 1.5，断路器全分闸时间取 0.08s，请计算并选择 110kV 负荷出线断路器的最大短路电流热效应计算值为：（ ）

（A）$999.23kA^2s$　（B）$58.41kA^2s$

（C）$1622.97kA^2s$　（D）$1052.53kA^2s$

解答过程：

题 31～35：750kV 架空送电线路，位于海拔 1000m 以下的山区，年平均雷暴日数为 40，线路全长 100km，导线采用六分裂 JL/GIA-500/45 钢芯铝绞线，子导线直径为 30mm，分裂间距为 400mm，线路的最高电压为 800kV，假定操作过电压倍数为 1.80p.u.。（按国标规范计算）

31. 假设线路的正序电抗为 0.36Ω/km，正序电纳为 6.0×10^{-6}S/km，计算线路的自然功率P_n应为下列哪项数值？（ ）

（A）2188.6MW　（B）2296.4MW

（C）2612.8MW　（D）2778.6MW

解答过程：

32. 双回路段鼓形悬垂直线塔，设计极限档距为 900m，导线最大弧垂为 64m，导线悬垂绝缘子串长

度为 8.8m（I串），塔头尺寸设计时导线横担之间的最小垂直距离宜取下列哪项数值？（　　）

（A）11.66m　　（B）12.50m

（C）13.00m　　（D）15.54m

解答过程：

33. 假如在强雷区地段，需安装线路防雷用避雷器降低线路雷击跳闸率，下列在杆塔上安装线路避雷器的方式哪种是正确的？（　　）

（A）单回线路宜在 3 相绝缘子串旁安装

（B）单回线路可在两个相绝缘子串旁安装

（C）同塔双回线路宜在两回路线路绝缘子串旁安装

（D）同塔双回线路可在两回路线路的下相绝缘子串旁安装

解答过程：

34. 假定导线波阻抗为 250Ω，闪电通道波阻为 250Ω，绝缘子串负极性 50%闪络电压绝对值为 3600kV，雷电为负极性时，最小绕击耐雷水平值I_{min}应为下列哪项数值？（　　）

（A）37.1kA　　（B）38.3kA

（C）39.7kA　　（D）43.2kA

解答过程：

35. 单回路段悬垂直线塔采用水平排列的酒杯塔，假定绝缘子串的闪络距离为 7.2m，计算绕击建弧率应为下列哪项数值？（　　）

（A）0.628　　（B）0.832

（C）0.966　　（D）1.120

解答过程：

题 36～40：某 220kV 架空送电线路 MT（猫头）直线塔，采用双分裂 LGJ-400/35 导线，悬垂串长度为 3.2m，导线截面积 425.24mm²，导线直径为 26.82mm，单位重量 1307.50kg/km，导线平均高度处大风风速为 32m/s，大风时温度为 15℃，应力为 70N/mm^2，最高气温（40℃）条件下导线最低点应力为 50N/mm^2，L_1 邻档断线工况应力为 35N/mm^2。图中 $h_1 = 18$，$L_1 = 300$m，d$h_1 = 30$m，$L_2 = 250$m，d$h_2 = 10$m，l_1、l_2为最高气温下的弧垂最低点至 MT 的距离，$l_1 = 180$m，$l_2 = 50$m。（提示$g = 9.8$，采用抛物线公式计算）

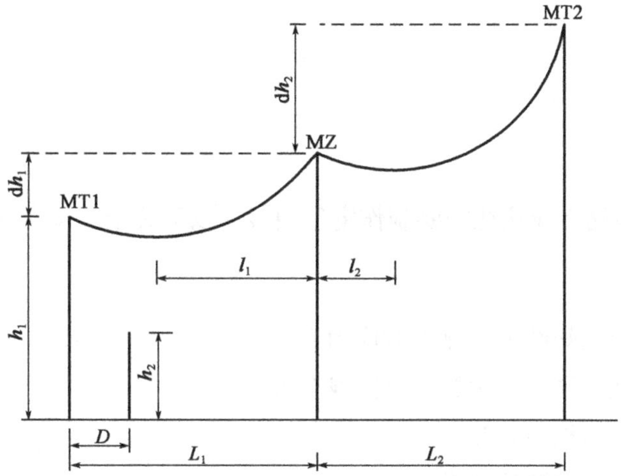

36. 计算该导线在大风工况下综合比载应为下列哪项数值？（　　）

（A）0.0301N/(m · mm^2)　　（B）0.0222N/(m · mm^2)

（C）0.0449N/(m · mm^2)　　（D）0.0333N/(m · mm^2)

解答过程：

37. 为了确定 MT 塔头空气间隙，需要计算 MT 塔在大风工况下的摇摆角，问摇摆角应为下列哪项数值？（不考虑绝缘子串影响）（　　）

（A）52.90°　　（B）57.99°

（C）48.67°　　（D）56.35°

解答过程：

38. 假定该线路最大弧垂为 14m，该线路铁塔线间垂直距离至少为以下哪项数值？（　　）

（A）5.71m　　（B）5.5m

（C）4.28m　　（D）4.58m

解答过程：

39. 距离 MT1 塔 50m 处有一高 10m 的 10kV 线路（$D=50\text{m}$，$h_2=10\text{m}$），则邻档断线工况下，MT1-MT 档导线与被跨的 10kV 线路间的垂直距离应为下列哪项数值？（　　）

（A）7.625m　　（B）9.24m

（C）6.23m　　（D）8.43m

解答过程：

40. 为了现场定位，线路专业往往需要制作定位模板，以下关于定位模板的表述哪项是不正确的？请说明理由。（　　）

（A）定位模板形状与导线最大弧垂时应力有关

（B）定位模板形状与导线最大弧垂时比载有关

（C）定位模板形状与档距有关

（D）定位模板可用于检测线路纵断面图

解答过程：

2017 年案例分析试题（上午卷）

［案例题是 4 选 1 的方式，各小题前后之间没有联系，共 25 道小题，每题分值为 2 分，上午卷 50 分，下午卷 50 分，试卷满分 100 分。案例题一定要有分析（步骤和过程）、计算（要列出相应的公式）、依据（主要是规程、规范、手册），如果是论述题要列出论点。］

题 1～5：某省规划建设新能源基地，包括四座风电场和两座地面太阳能光伏电站，其中风电场总发电容量 1000MW，均装设 2.5MW 风机；光伏电站总发电容量 350MW，风电场和光伏电站均接入 220kV 汇集站，由汇集站通过 2 回 220kV 线路接入就近 500kV 变电站的 220kV 母线，各电源发电同时率为 0.8。具体接线如下图所示。

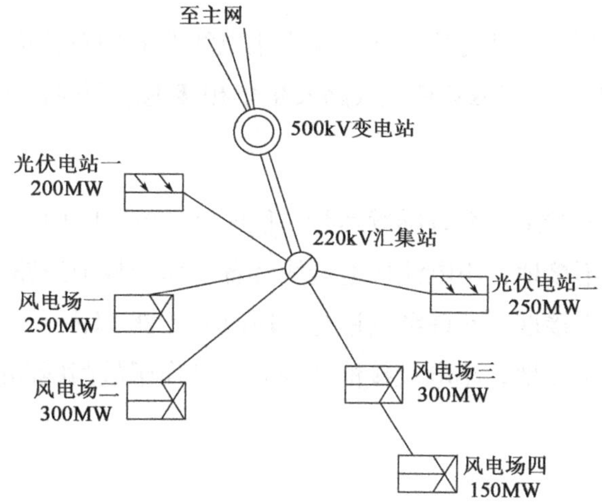

1. 风电场二采用一机一变单元制接线，各机组经箱式变升压，均匀接至 12 回 35kV 集电线路，经 2 台主升压接至本风电场 220kV 升压站，风电场等效满负荷小时数为 2045h，风机功率因数−0.95～0.95 可调，集电线路若采用钢芯铝绞线，计算确定下列哪种规格是经济合理的？（经济电流密度参考《电力系统设计手册》中的数值）（　　）

（A）150mm²　　（B）185mm²

（C）240mm²　　（D）300mm²

解答过程：

2. 220kV 汇集站主接线采用双母线接线，汇集站并网线路需装设电流互感器，该电流互感器一次额定电流应选择下列哪项数值？（　　）

（A）2000A　　（B）2500A

（C）3000A　　（D）5000A

解答过程：

3. 当电网某 220kV 线路发生三相短路故障时，风电场一注入系统的动态无功电流，至少应为以下哪个数值才能满足规程要求？（　　）

（A）0A　　（B）90A

（C）395A　　（D）689A

解答过程：

4. 风电场四 35kV 侧采用单母线分段接线，架空集电线路 6 回总长度 76km，请计算 35kV 单相接地电容电流值，并确定当其中一回 35kV 集电线路发生单相接地故障时，下列方式哪种是正确的？（　　）

（A）7.18A，中性点不接地，允许继续运行一段时间（2h 以内）

（B）7.18A，中性点不接地，小电流接地选线装置动作于故障线路断路器跳闸

（C）8.78A，中性点不接地，允许继续运行一段时间（2h 以内）

（D）8.78A，中性点不接地，小电流接地选线装置动作于故障线路断路器跳闸

解答过程：

5. 光伏电站二主接线如下图所示，升压站主变短路电抗为 16%，35kV 集电线路单回长度 11km，电抗为 0.4Ω/km，220kV 线路长度约 8km、电抗 0.3Ω/km，则该光伏电站需要配置的容性无功补偿容量为：（　　）

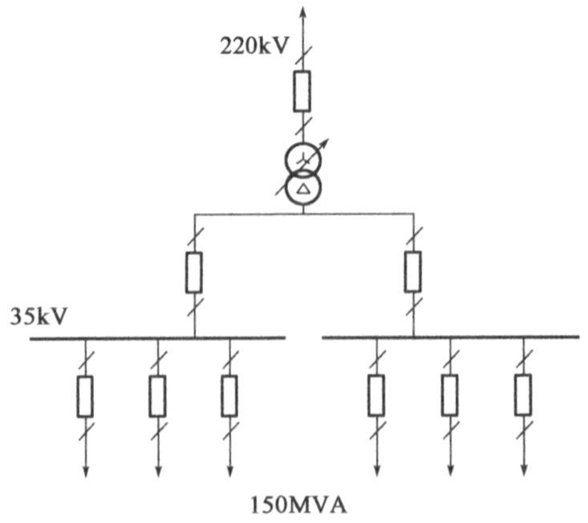

光伏电站二升压站电气主接线图

（A）38.59Mvar （B）38.08Mvar

（C）31.85Mvar （D）31.34Mvar

解答过程：

题 6～10：某垃圾电厂建设 2 台 50MW 级发电机组，采用发电机-变压器组单元接线接入 110kV 配电装置，为了简化短路电流计算，110kV 配电装置三相短路电流水平取 40kA，高压厂用电系统电压为 6kV，每台机组设 2 段 6kV 通过 1 台限流电抗器接至发电机机端，2 台机组设 1 台高压备用变压器，其简化的电气主接线如下图所示。

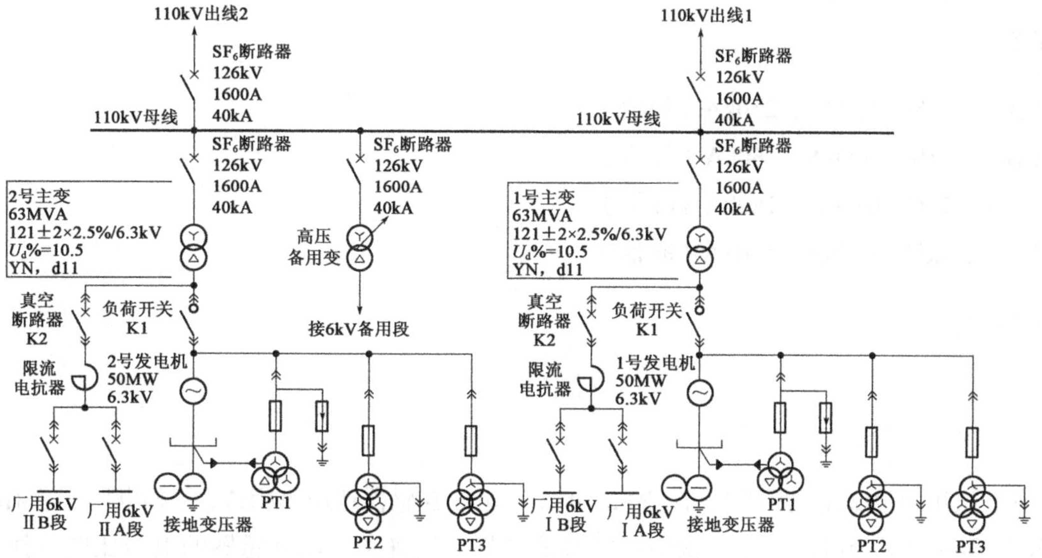

发电机主要参数：额定功率$P_e = 50MW$，额定功率因数$\cos\varphi_e = 0.8$，额定电压$U_e = 56.3kV$，次暂态电抗$X''_d = 17.33\%$，定子绕组每相对地电容$C_g = 0.22\mu F$；主变压器主要参数：额定容量$S_e = 63MVA$，电压比 121 ± 2 × 2.5%/6.3kV，短路电抗$U_d = 10.5\%$，接线组别 YNd11，主变低压绕组每相对地电容$C_{T2} = 4300pF$；高压厂用电系统最大计算负荷为 13960kVA，厂用负荷功率因数$\cos\varphi = 0.8$，高压厂用电系统三相总的对地电容$C = 3.15\mu F$。请分析计算并解答下列各小题。

6. 每台机组运行厂用电率为 16.2%，若为了限制 6kV 高压厂用电系统短路电流水平为$I''_z = 31.5kA$，其中电动机反馈电流$I''_D = 6.2kA$，则限流电抗器的额定电压、额定电流和电抗百分值为下列哪项？（　　）

（A）6.3kV、1500A、5% （B）6.3kV、1500A、4%

（C）6.3kV、1000A、3% （D）6.0kV、1000A、3%

解答过程：

7. 若发电机中性点通过干式单相接地变压器接地，接地变压器二次侧接电阻，接地保护动作跳闸时间不大于 5min，忽略限流电抗器和发电机出线电容，则接地变压器额定电压比和额定容量为下列哪组数值？（　　）

（A）$\frac{6.3}{\sqrt{3}}$/0.22kV，3.15kVA　　（B）6.3/0.22kV，4kVA

（C）$\frac{6.3}{\sqrt{3}}$/0.22kV，12.5kVA　　（D）6.3/0.22kV，20kVA

解答过程：

8. 若发电机出口设置负荷开关 K1，请确定负荷开关的额定电压、额定电流、峰值耐受电流为下列哪组数值？（　　）

（A）7.2kV、5000A、250kA（峰值）

（B）6.3kV、5000A、160kA（峰值）

（C）7.2kV、6300A、160kA（峰值）

（D）6.3kV、6300A、100kA（峰值）

解答过程：

9. 发电机出口设 2 组电压互感器（PT2、PT3），电压互感器选用单相式，每相电压互感器均有 2 个主二次绕组和一个剩余绕组，主二次绕组连接成星形，请确定电压互感器的电压比应选择下列哪项数值？（　　）

（A）$\frac{6.3}{\sqrt{3}}/\frac{0.1}{\sqrt{3}}/\frac{0.1}{\sqrt{3}}/\frac{0.1}{\sqrt{3}}$kV　　（B）$\frac{6.3}{\sqrt{3}}/\frac{0.1}{\sqrt{3}}/\frac{0.1}{\sqrt{3}}/\frac{0.1}{3}$kV

（C）$\frac{6.3}{\sqrt{3}}/\frac{0.1}{\sqrt{3}}/\frac{0.1}{\sqrt{3}}$kV　　（D）$\frac{7.2}{\sqrt{3}}/\frac{0.1}{\sqrt{3}}/\frac{0.1}{\sqrt{3}}/\frac{0.1}{\sqrt{3}}$kV

解答过程：

10. 若发电机采用零序电压式匝间保护，发电机出口设置 1 组该保护专用电压互感器（PT1）一次绕组中性点与发电机中性点采用电缆直接连接，请确定下列电缆规格中哪项能满足此要求？（　　）

（A）YJV-6，$1\times35\text{mm}^2$　　（B）VV-1，$1\times35\text{mm}^2$

（C）YJV-3，$1\times120\text{mm}^2$　　（D）VV-1，$1\times120\text{mm}^2$

解答过程：

题 11～15：某电厂位于海拔 2000m 处，计算建设 2 台额定功率为 350MW 的汽轮发电机机组，汽轮机配置 30%的起动旁路，发电机采用机端自并励励磁系统，发电机经过主变压器升压接入 220kV 配电装置。主变额定变比为 242/20kV，主变压器中性点设隔离开关，可以采用接地或不接地方式运行。发电机设出口断路器，设一台 40 MVA 的高压厂用变压器，机组启动由主变压器通过厂高变侧倒送电源，两台机组相互为停机电源。不设启动/备用变压器。出线线路侧设电能计费关口表。主变压器高压侧、发电机出口、高压厂用变压器高压侧设电能考核计量表。

11. 若机组最大连续出力为 350MW，额定功率因数 0.85，若最大连续出力工况的设计厂用电率为 6.6%，则主变容量应不小于下列哪项数值？（ ）

（A）372MVA （B）383MVA

（C）385MVA （D）389MVA

解答过程：

12. 主变压器中性点在不接地运行的工况时，中性点采用避雷器并联间隙保护，主变高压侧接地故障清除时间为 2s，假设该 220kV 系统，$X_0/X_1 < 2.5$，则考虑系统失地与不考虑系统失地避雷器的额定电压最低值应为下列哪组数值？（ ）

（A）201.6kV，84.7kV （B）145.5kV，84.7kV

（C）201.6kV，88.9kV （D）145.5kV，80.8kV

解答过程：

13. 若在主变压器高压侧附近安装一组 Y10W-200/500 避雷器，根据避雷器保护水平确定的变压器外绝缘雷电冲击耐受试验电压，在海拔 0m 处最低应为下列哪项数值？（ ）

（A）1086.4kV （B）894.7kV

（C）850kV （D）700kV

解答过程：

14. 若厂内 220kV 配电装置最大接地故障短路电流为 30kA，折算至 220kV 母线的厂内零序阻抗 0.04，系统侧零序阻抗 0.02，发生单相接地故障时故障切除时间为 200ms，220kV 的等效时间常数X/R为 30，若采用扁钢作为接地极，计算确定扁钢接地极（不考虑引下线）的热稳定截面最小不宜小于下列哪项数值？（ ）

（A）143.7mm^2　　（B）154.9mm^2

（C）174.3mm^2　　（D）232.4mm^2

解答过程：

15. 请说明下列对于本工程电气设计有关问题的表述哪项是正确的？（　　）

（A）除了发电机机端 PT 外，主变低压侧还应设 PT，该 PT 仅用于发电机同期

（B）发电机出口断路器和磁场断路器跳闸后，励磁电流衰减与水轮发电机相比较慢

（C）发电机保护出口应设程序跳闸、解列、解列灭磁、全停

（D）主变或厂高变之一必须采用有载调压

解答过程：

题 16～20：某 220kV 变电站，直流系统标称电压为 220V，直流控制与动力负荷合并供电，直流系统设 2 组蓄电池，蓄电池选用阀控式密封铅酸蓄电池（贫液，单体 2V），不设端电池，请回答下列问题（计算结果保留 2 位小数）。已知直流负荷统计如下：

智能装置、智能组件装置容量	3kW
控制保护装置容量	3kW
高压断路器跳闸	13.2kW（仅在事故放电初期计及）
交流不间断电源装置容量	2×10kW（负荷平均分配在 2 组蓄电池上）
直流应急照明装置容量	2kW

16. 若蓄电池组容量为 300Ah，充电装置满足蓄电池均衡充电且同时对直流负荷供电，请计算充电装置的额定电流计算值应为下列哪项数值？（　　）

（A）37.50A　　（B）56.59A　　（C）64.77A　　（D）73.86A

解答过程：

17. 若蓄电池的放电终止电压为 1.87V，采用简化计算法，按事故放电初期（1min）冲击条件选择，其蓄电池 10h 放电率计算容量应为下列哪项数值？（　　）

（A）108.51Ah　　（B）136.21Ah　　（C）168.26Ah　　（D）222.19Ah

解答过程：

18. 直流系统采用分层辐射形供电，分电柜馈线选用直流断路器，断路器安装出口处短路电流为 1.47kA，回路末端短路电流为 450A，其下级断路器选用额定电流为 6A 的标准 B 型脱扣器微型断路器（其瞬时保护动作电流按脱扣器瞬时脱扣范围最大值考虑），该断路器安装处出口短路电流 230A，按下一级断路器出口短路，断路器脱扣器瞬时保护可靠不动作计算分电柜馈线断路器短路瞬时保护脱扣器的整定电流，上下级断路器电流比系数取 10，请计算该分电柜馈线断路器的短路瞬时保护脱扣器的整定电流及灵敏系数为以下哪组数值？（　　）

（A）240A，1.88　　（B）240A，6.13

（C）420A，1.07　　（D）420A，3.50

解答过程：

19. 蓄电池与直流柜之间采用铜导体 PVC 绝缘电缆连接，电缆截面为 70mm^2，蓄电池回路采用直流断路器保护，直流断路器出口处短路电流为 4600A，直流断路器短延时保护时间为 60ms，断路器全分闸时间为 50ms，则蓄电池与直流柜间电缆达到极限温度的允许时间为下列哪项数值？（　　）

（A）0.11s　　（B）2.17s

（C）3.06s　　（D）4.75s

解答过程：

20. 请说明下列对本变电站直流系统的描述哪项是正确的？（　　）

（A）事故放电末期，蓄电池出口端电压不应小于 187V，采用相控式充电装置时，宜配置 2 套充电装置

（B）事故放电末期，蓄电池出口端电压不应小于 187V，高压断路器合闸回路电缆截面的选择应满足蓄电池充电运行时，保证最远一台断路器可靠合闸，其允许压降不大于 33V

（C）采用相控式充电装置时，宜配置 2 套充电装置，高压断路器合闸回路电缆截面的选择应满足蓄电池浮充电运行时，保证最远一台断路器可靠合闸，其允许压降不大于 33V

（D）高压断路器合闸回路电缆截面的选择应满足蓄电池浮充电运行时，保证最远一台断路器可靠合闸，其允许压降不大于 33V。当蓄电池出口保护电器选用断路器时，应选择仅有过载保护和短延时保护脱扣器的断路器。

解答过程：

题 21～25：某 500kV 架空送电线路，相导线采用 4×400/35 钢芯铝绞线，设计安全系数取 2.5，平均运行工况安全系数大于 4，相导线均采用阻尼间隔棒且不等距，不对称布置。导线的单位重量为 1.348kg/m，直径为 26.8mm。假定线路引起振动风速的上下限值为 5m/s 和 0.5m/s，一相导线的最高和最低气温张力分别为 82650N 和 112480N。

21. 请计算导体的最小振动波长为下列哪项数值？（　　）

（A）1.66m　（B）2.57m　（C）3.32m　（D）4.45m

解答过程：

22. 请计算第一只防振锤的安装位置距线夹出口的距离应为下列哪项数值？（　　）

（A）0.77m　（B）1.53m　（C）1.75m　（D）2.01m

解答过程：

23. 若电线振动的半波长为 5m，单峰最大振幅为 15mm，请计算此时的最大振动角应为下列哪项数值？（　　）

（A）22′　（B）24′　（C）32′　（D）65′

解答过程：

24. 若地线为 GJ-100（直径：13mm）镀锌钢绞线，年平均应力为其破坏力的 23%，且其中某档档距为 480m，则该档每根导、地线所需的防振锤数一般分别为多少个？（　　）

（A）6 个、4 个　（B）4 个、2 个　（C）2 个、2 个　（D）0 个、4 个

解答过程：

25. 在轻冰区的某档档距为 480m，该档一相导线安装阻尼间隔棒的数量取下列哪项数值合适？（　　）

（A）8 个　（B）6 个　（C）3 个　（D）0 个

解答过程：

2017 年案例分析试题（下午卷）

[案例题是 4 选 1 的方式，各小题前后之间没有联系，共 40 道小题，选作 25 道，每题分值为 2 分，上午卷 50 分，下午卷 50 分，试卷满分 100 分。案例题一定要有分析（步骤和过程）、计算（要列出相应的公式）、依据（主要是规程、规范、手册），如果是论述题要列出论点。]

题 1～4：某电厂装有两台 660MW 火力发电机组，以发电机变压器组方式接入厂内 500kV 升压站，厂内 500kV 配电装置采用一个半断路器接线。发电机出口设发电机断路器，每台机组设一台高压厂用分裂变压器，其电源引自发电机断路器与主变低压侧之间，不设专用的高压厂用备用变压器，两台机组的高厂变低压侧母线和联络，互为事故停机电源，请分析计算并解答下列各小题。

1. 若高压厂用分裂变压器的变比为 20/6.3-6.3kV，每侧分裂绕组的最大单相对地电容为 2.2μF，若规定 6kV 系统中性点采用电阻接地方式，单相接地保护动作于信号，请问中性点接地电阻值应选择下列哪项数值？（　　）

（A）420Ω　　（B）850Ω　　（C）900Ω　　（D）955Ω

解答过程：

2. 当发电机出口发生短路时，由系统侧提供的短路电流周期分量的起始有效值为 135kA，系统侧提供的短路电流值大于发电机侧提供的短路电流值，主保护动作时间为 10ms，发电机断路器的固有分闸时间为 50ms，全分闸时间为 75ms，系统侧的时间常数X/R为 50，发电机出口断路器的额定开断电流为 160kA，请计算发电机出口断路器选择时的直流分断能力不应小于下列哪项数值？（　　）

（A）50%　　（B）58%　　（C）69%　　（D）82%

解答过程：

3. 电厂的环境温度为 40°C，海拔高度 800m，主变压器至 500kV 升压站进线采用双分裂的扩径导线，请计算进线跨导线按实际计算的载流量且不需进行电晕校验允许的最小规格应为下列哪项数值？（升压主变压器容量为 780MVA，双分裂导线的临近效应系数取 1.02）（　　）

（A）2 × LGJK-300　　（B）2 × LGKK-600

（C）2 × LGKK-900　　（D）2 × LGKK-1400

解答过程：

4. 该电厂以两回 500kV 线路与系统相连，其中一回线路设置了高压并联电抗器，采用三个单相电抗器，中性点采用小电抗器接地。该并联电抗器的正序电抗值为 2.52kΩ，线路的相间容抗值为 15.5kΩ，为了加速潜供电流的熄灭，从补偿相间电容的角度出发，请计算中性点小电抗的电抗值为下列哪项最为合适？（　　）

（A）800Ω　　（B）900Ω

（C）1000Ω　　（D）1100Ω

解答过程：

题 5～8：某风电场 220kV 配电装置地处海拔 1000m 以下，采用双母线接线，配电装置为屋外中型布置的敞开式设备，接地开关布置在 220kV 母线的两端，两组 220kV 主母线的断面布置情况如图所示，母线相间距 $d=4\text{m}$，两组母线平行布置，其间距 $D=5\text{m}$。

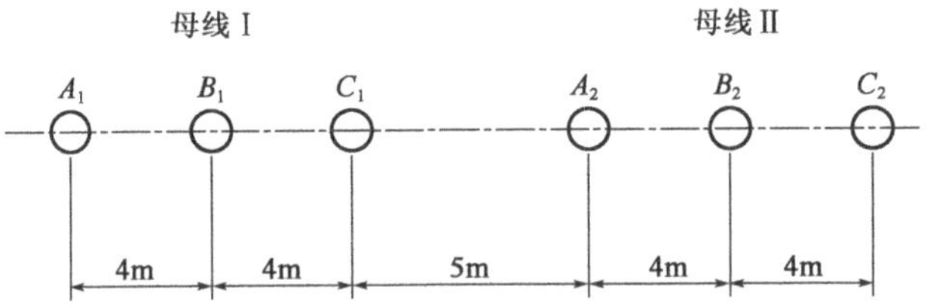

5. 假设母线II的 A2 相相对于母线I各相单位长度平均互感抗分别是$X_{A2C1}=2\times10^{-4}\Omega\cdot\text{m}$，$X_{A2B1}=1.6\times10^{-4}\Omega\cdot\text{m}$，$X_{A2A1}=1.4\times10^{-4}\Omega\cdot\text{m}$，当母线I正常运行时，其三相工作电流为 1500A，求在母线II的 A2 相的单位长度上感应的电压应为下列哪项数值？（　　）

（A）0.3V/m　　（B）0.195V/m

（C）0.18V/m　　（D）0.075V/m

解答过程：

6. 配电装置母线I运行，母线II停电检修，此时母线I的 C_1 相发生单相接地故障时，假设母线II的A_2相瞬时感应的电压为 4V/m，试计算此故障情况下两接地开关的间距应为下列哪项数值？升压站内继电保护时间参数如下：主保护动作时间 30ms，断路器失灵保护动作时间 150ms，断路器开断时间 55ms。（　　）

（A）309m　　（B）248m

（C）160m　　（D）149m

解答过程：

7. 主变进线跨两端是等高吊点，跨度 33m，导线采用 LGJ-300/70，在外过电压和风偏（$v = 10m/s$）条件下校验架构导线相间距时，主变压器进线跨绝缘子的弧垂应为下列哪项数值？计算条件为：无冰有风时导线单位荷载（$v = 10m/s$），$q_6 = 1.415kgf/m$，耐张绝缘子串采用 16 ×（XWP2-7），耐张绝缘子串水平投影长度为 2.75m，该跨计算用弧垂 $f = 2m$，无冰有风时绝缘子串单位荷重（$v = 10m/s$），$Q_6 = 31.3kgf/m$。（　　）

（A）0.534m　　（B）1.04m　　（C）1.124m　　（D）1.656m

解答过程：

8. 假设配电装置绝缘子串某状态的弧垂 $f_1''' = 1m$，绝缘子串的风偏摇摆角为 30°，导线的弧垂 $f_2''' = 1m$，导线的风偏摇摆角为 50°，导线采用 LGJ-300/70，导线的计算直径 25.2mm。试计算在最大工作电压和风偏（$v = 30m/s$）条件下，主变压器进线跨的最小相间距离？（　　）

（A）2191mm　　（B）3157mm　　（C）3432mm　　（D）3457mm

解答过程：

题 9～13：某 2 × 350MW 火力发电厂，高压厂用电采用 6kV 一级电压，每台机组设一台分裂高厂变，两台机组设一台同容量的高压启动/备用变，每台机组设两段 6kV 工作母线，不设公用段。低压厂用电电压等级为 400/230V，采用中性点直接接地系统。

9. 高厂变额定容量 50/30-30MVA，额定电压 20/6.3-6.3kV，半穿越阻抗 17.5%，变压器阻抗制造误差±5%，两台机组四段 6kV 母线计及反馈的电动机额定功率之和分别为 19460kW、21780kW、18025kW、18980kW。归算到高厂变变压器的系统阻抗（含厂内所有发电机组）标幺值为 0.035，基准容量 $S_j = 100MVA$。若高压启动/备用变带厂用电运行时，6kV 短路电流水平低于高厂变带厂用电运行时的水平，$K_{q \cdot D}$ 取 5.75，$\eta_D \cos\varphi_D$ 取 0.8，则设计用厂用电源短路电流周期分量的起始有效值和电动机反馈电流周期分量的起始有效值分别为下列哪组数值？（　　）

（A）25.55kA，14.35kA　　（B）24.94kA，15.06kA

（C）23.80kA，15.06kA　　（D）23.80kA，14.35kA

解答过程：

10. 假设该工程 6kV 母线三相短路时，厂用电源短路电流周期分量的起始有效值为：$I''_B = 24kA$，电动机反馈电流周期分量的起始有效值为：$I''_D = 15kA$，则 6kV 真空断路器的额定短路开断电流和动稳定

电流选用下列哪组数值最为经济合理？（　　）

（A）25kA，63kA　（B）40kA，100kA　（C）40kA，105kA　（D）50kA，125kA

解答过程：

11. 假设该工程 6kV 母线三相短路时，厂用电源短路电流周期分量的起始有效值为：$I''_B = 24$kA，电动机反馈电流周期分量的起始有效值为：$I''_D = 15$kA，6kV 断路器采用中速真空断路器，6kV 电缆全部采用交联聚乙烯铜芯电缆，若电缆的额定负荷电流与电缆的实际最大工作电流相同，则 6kV 电动机回路按短路热稳定条件计算所允许的三芯电缆最小截面应为下列哪项数值？（　　）

（A）95mm²　（B）120mm²　（C）150mm²　（D）185mm²

解答过程：

12. 请说明对于发电厂厂用电系统设计，下列哪项描述是正确的？（　　）

（A）对于 F-C 回路，由于高压熔断器具有限流作用，因此高压熔断器的额定开断电流不大于回路中最大预期短路电流周期分量有效值

（B）2000kW 及以上的电动机应装设纵联差动保护，纵联差动保护的灵敏系数不宜低于 1.3

（C）灰场设一台额定容量为 160kVA 的低压变，电源由厂内 6kV 工作段通过架空线引接为节省投资应优先采用 F-C 回路供电

（D）厂内设一台电动消防泵，电动机额定功率为 200kW，可根据工程的具体情况选用 6kV 或 380V 电动机

解答过程：

13. 某车间采用 PC-MCC 供电方式暗备用接线，变压器为干式，额定容量为 2000kVA，阻抗电压为 6%，变压器中性点通过 2 根 40mm × 4mm 扁钢接入地网，在 PC 上接有一台 45kW 的电动机，额定电压 380V，额定电流 90A，起动电流 520A，该回路采用塑壳断路器供电，选用 $YJLV_{22}$-1，3 × 70mm² 电缆，该回路不单独设立接地短路保护，拟由相间保护兼作接地短路保护，若保护可靠系数取 2，则该回路允许的电缆最大长度是：（　　）

（A）96m　（B）104m　（C）156m　（D）208m

解答过程：

题 14～17：某一与电力系统相连的小型火力发电厂直流系统标称电压 220V，动力和控制负荷合并供电，设一组贫液吸附式的阀控式密封铅酸蓄电池，每组蓄电池 103 只，蓄电池放电终止电压为 1.87V，负荷统计经常负荷电流 49.77A，随机负荷电流 10A，蓄电池负荷计算：事故放电初期（1min）冲击放电电流为 511.04A、1～30min 放电电流为 361.21A，30～60min 放电电流 118.79A，直流系统接线见下图。

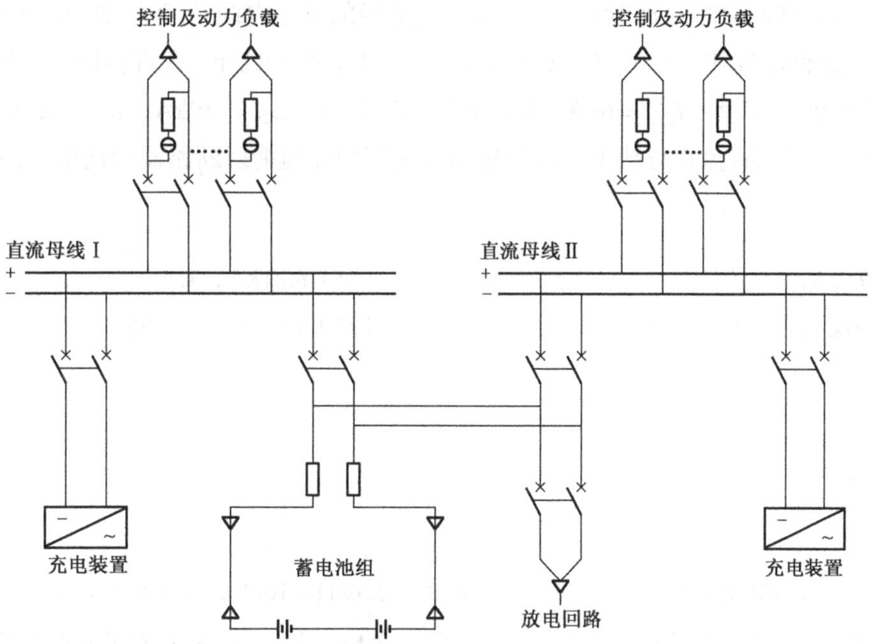

14. 按阶梯法计算蓄电池容量最接近下列哪项数值？（　　）

（A）673.07Ah　　（B）680.94Ah

（C）692.26Ah　　（D）712.22Ah

解答过程：

15. 若该工程蓄电池容量为 800Ah，采用 20A 的高频开关电源模块，计算充电装置额定电流计算值及高频开关电源模块数量应为下列哪组数值？（　　）

（A）50.57A，4 个　　（B）100A，6 个

（C）129.77A，9 个　　（D）149.77A，8 个

解答过程：

16. 若该工程蓄电池容量为 800Ah，蓄电池至直流柜的铜芯电缆长度为 20m，允许电压降为 1%。假定电缆的载流量都满足要求，则蓄电池至直流柜电缆规格和截面应选择下列哪项？（　　）

（A）YJV-1，2 × 150　　（B）YJV-1，2 × 185

（C）2×（YJV-1，1×150）　　（D）2×（YJV-1，1×185）

解答过程：

17. 若该工程量电池容量为 800Ah，蓄电池至直流柜的铜芯电缆长度为 20m，单只蓄电池的内阻 0.195mΩ，蓄电池之间的连接条 0.0191mΩ，电缆芯的内阻 0.080mΩ/m，在直流柜上控制负荷馈线 2P 断路器可选规格有几种，M 型：$I_{CS}=6\text{kA}$，$I_{CU}=20\text{kA}$；L 型：$I_{CS}=10\text{kA}$，$I_{CU}=10\text{kA}$；H 型：$I_{CS}=15\text{kA}$，$I_{CU}=20\text{kA}$。下列直流柜母线上的计算短路电流值和控制馈线断路器的选型中，哪组是正确的？（　　）

（A）5.91kA，M 型　　（B）8.71kA，L 型

（C）9.30kA，L 型　　（D）11.49kA，H 型

解答过程：

题 18～21：某 220kV 变电站，远离发电厂，安装两台 220/110/10kV，180MVA（容量百分比：100/100/50）主变压器，220kV 侧为双母线接线，线路 4 回，其中线路 L_{21}、L_{22} 分别连接 220kV 电源 S_{21}、S_{22}，另 2 回为负荷出线，110kV 侧为双母线接线，线路 8 回，均为负荷出线。10kV 侧为单母线分段接线，线路 10 回，均为负荷出线，220kV 及 110kV 电源 S_{21} 最大运行方式下系统阻抗标幺值为 0.006、最小运行方式下系统阻抗标幺值为 0.0065，220kV 电源 S22 最大运行方式下系统阻抗标幺值为 0.007，最小运行方式下系统阻抗标幺值为 0.0075；L_{21} 线路阻抗标幺值为 0.011，L_{22} 线路阻抗标幺值为 0.012。（系统准备容量$S_j=100\text{MVA}$，不计周期分量的衰减）

请解答以下问题（计算结果精确到小数点后 2 位）。

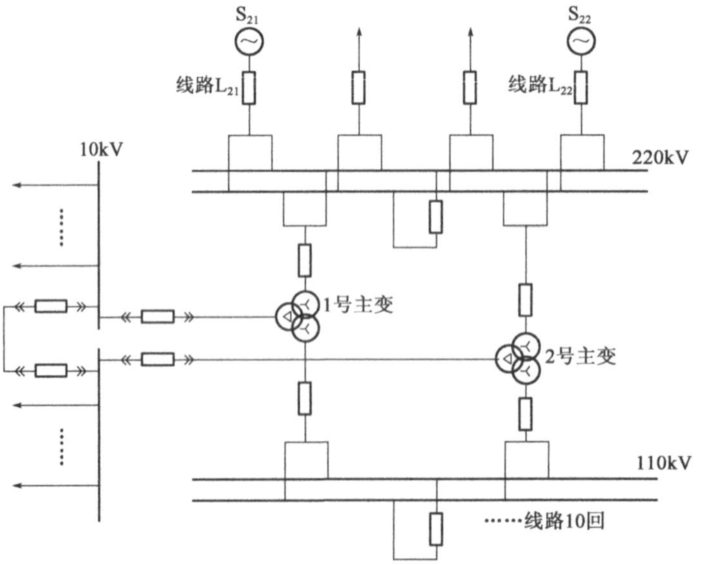

18. 220kV 配电装置主变进线回路选用一次侧变比可选电流互感器，变比为 2 × 600/5，计算一次绕组在串联方式时，该电流互感器动稳定电流倍数不应小于下列哪项数值？（　　）

（A）41.96　　（B）44.29

（C）46.75　　（D）83.93

解答过程：

19. 变电站 220kV 配置有两套速动主保护、近接地后备保护、断路器失灵保护、主保护动作时间为 0.06s，接地距离II段保护整定时间 0.5s，断路器失灵保护动作时间 0.52s，220kV 断路器开断时间 0.06s，220kV 配电装置区表层土壤电阻率为 100Ω · m，表层衰减系数 0.95，计算其接地装置的跨步电位差不应超过下列哪项数值？（　　）

（A）237.69V　　（B）300.63V

（C）305.00V　　（D）321.38V

解答过程：

20. 本变电站中有一回 110kV 出线，向一台终端变压器供电，出线间隔电流互感器变比 600/5，电压互感器变比 110/0.1，线路长度 15km，$X_j = 0.31$/km，终端变压器额定电压比 110/10.5kV，容量 31.5MVA，$U_d\% = 13$。此出线配置距离保护，保护相间距离I段按躲 110kV 终端变压器低压侧母线故障整定，计算此线路保护相间距离I段二次阻抗整定值应为下列哪项数值？（可靠系数 K 取 0.85）（　　）

（A）3.95Ω　　（B）4.29Ω

（C）4.52Ω　　（D）41.4Ω

解答过程：

21. 请确定下列有关本站保护相关描述中，哪项是不正确的？并说明理由。（　　）

（A）220kV 断路器采用分相操作机构，应尽量将三相不一致保护配置在保护装置中

（B）110kV 线路的后备保护宜采用远后备方式

（C）220kV 线路能够快速有选择性地切除线路故障的全线速动保护是线路的主保护

（D）220kV 线路配置两套对全线路内发生的各种类型故障均有完整保护功能的全线速动保护，可以互为近后备保护

解答过程：

题22～26：某500kV变电站2号主变及其35kV侧电气主接线如下图所示，其中的虚线部分表示远期工程。请回答下列问题。

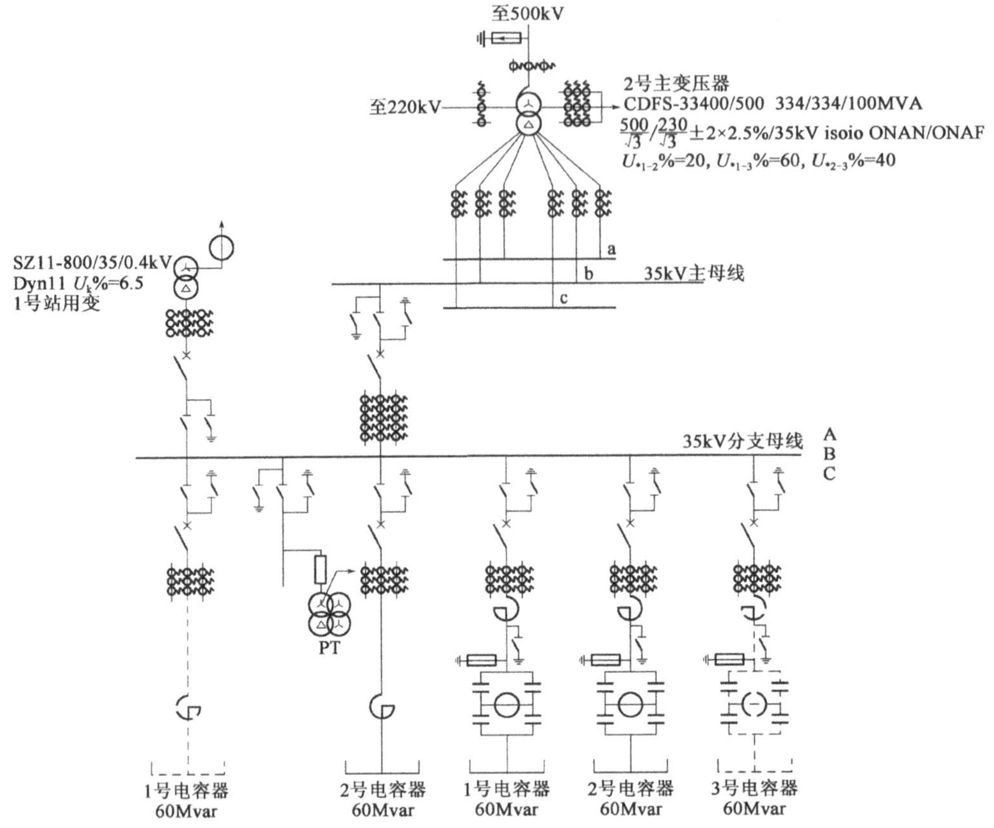

22. 变电站的电容器组接线如下图所示，图中单只电容器容量为500kvar，请判断图中有几处错误，并说明错误原因。（　　）

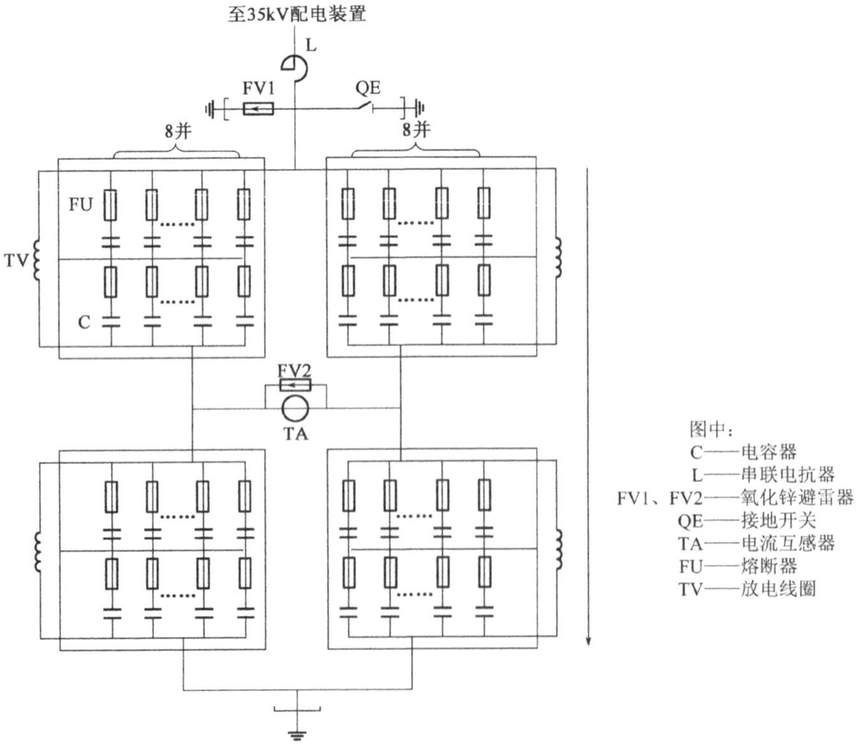

（A）1　　（B）2　　（C）3　　（D）4

解答过程：

23. 请确定电气主接线图中 35kV 总断路器回路持续工作电流应为以下哪项数值？（　　）

（A）2191.3A　　（B）3860A　　（C）3873.9A　　（D）6051.3A

解答过程：

24. 若该变电站 35kV 电容器组采用单星形桥差接线，每桥臂 7 并 4 串，单台电容器容量 334kvar，电容器组额定相电压 24kV，电容器装置电抗率 12%，求串联电抗器的每相额定感抗和串联电抗器的三相额定容量应为下列哪组数值？（　　）

（A）7.4Ω，4494.1kVA　　（B）7.4Ω，13482.2kVA

（C）3.7Ω，2247.0kVA　　（D）3.7Ω，6741.1kVA

解答过程：

25. 若电容器的额定线电压为 38.1kV，采用单星形接线，系统每相等值感抗$\omega L_0 = 0.05\Omega$，在任一组电容器组投入电网时（投入前母线上无电容器组接入），满足合闸涌流限制在允许范围内，计算回路串联电抗器的电抗率最小值应为下列哪项数值？（　　）

（A）0.1%　　（B）0.4%　　（C）1%　　（D）5%

解答过程：

26. 若主接线图中电容器回路的电流互感器变比，$n_1 = 1500/1A$，在任意一组电容器引出线处发生三相短路时，最小运行方式下的短路电流为 20kA，则下列主保护二次动作值哪项是正确的？（　　）

（A）5.8A　　（B）6.7A　　（C）1.2A　　（D）1801A

解答过程：

题 27～30：某国外水电站安装的水轮发电机组，单机额定容量为 120MW，发电机额定电压为 13.8kV，$\cos\varphi = 0.85$，发电机、主变压器采用发变组单元接线，未装设发电机断路器，主变高压侧三相短路时流过发电机的最大断路电流为 19.6A，发电机中性点接线及 CT 配置如图所示。

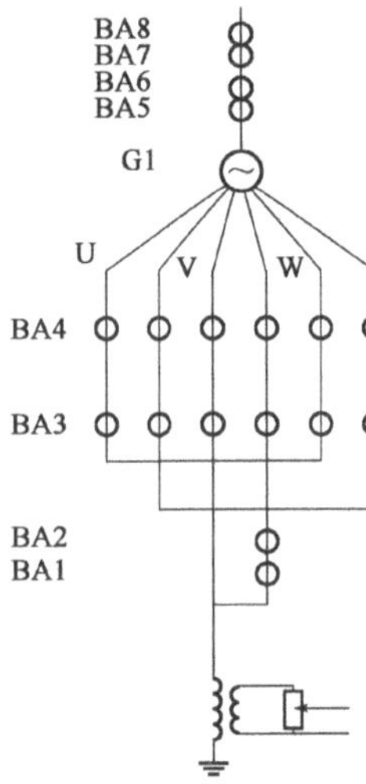

27. 如发电机出口 CT BA8 采用 5P 级 CT，给定暂态系数$K = 10$，互感器实际二次负荷不大于额定二次负荷，试计算确定发电机出口、中性点 CT BA8、BA3 的变比及发电机出口 CT 的准确限值系数最小值应为下列哪组数值？（　　）

（A）BA8 和 BA3 变比分别为 8000/1A、8000/1A，BA8 的准确限值系数为 20
（B）BA8 和 BA3 变比分别为 8000/1A、4000/1A，BA8 的准确限值系数为 20
（C）BA8 和 BA3 变比分别为 8000/1A、8000/1A，BA8 的准确限值系数为 30
（D）BA8 和 BA3 变比分别为 8000/1A、4000/1A，BA8 的准确限值系数为 30

解答过程：

28. 假定该电站并网电压为 220kV，220kV 线路保护用电流互感器选用 5P30 级，变比为 500/1A，额定二次容量 20VA，二次绕组电阻 6Ω，给定暂态系数$K = 2$，线路距离保护第一段末端短路电流 15kA，保护装置安装处短路电流 25kA，计算该电流互感器允许接入的实际最大二次负载应为下列哪项数值？（　　）

（A）4.8Ω　　（B）7.0Ω
（C）9.6Ω　　（D）20Ω

解答过程：

29. 如发电机出口选用 5P 级电流互感器，三相星形连接，假定数字继电器线圈电阻为 1Ω，选择导

线截面为 $2.5mm^2$，铜导体，导线长度为 200m，接触电阻为 0.1Ω，假设不计及继电器线圈电抗和导体电感的影响，计算单相接地时电流互感器实际二次负荷应为下列哪项数值？（　　）

（A）1.4Ω　　（B）2.5Ω

（C）3.9Ω　　（D）4.9Ω

解答过程：

30. 假设该水轮发电机额定励磁电压为 437V，则发电机总装后交接试验时的转子绕组试验电压应为下列哪些数值？（　　）

（A）3496V　　（B）3899V

（C）4370V　　（D）4874V

解答过程：

题 31～35：某 500kV 架空输电线路工程，导线采用 4×JL/G1A-630/45，子导线直径 33.8mm，自导线截面 $674.0mm^2$，导线自重荷载为 20.39N/m，基本风速 36m/s，设计敷冰 10mm（同时温度−5℃，风速 10m/s）。覆冰时导线冰荷载为 12.14N/m，风荷载 4.035N/m，基本风速时导线风荷载为 26.23N/m，导线最大设计张力为 56500N，计算时风压高度变化系数均取 1.25。（不考虑绝缘子串重量等附加荷载）

31. 某直线塔的水平档距 $l_S = 600m$，最大弧垂时垂直档距 $l_V = 500m$，所在耐张段的导线张力，覆冰工况为 56193N，大风工况为 47973N，年平均气温工况为 35732N，高温工况为 33077N，安装工况为 38068N，计算该塔大风工况时的垂直档距应为下列哪项数值？（　　）

（A）455m　　（B）494m

（C）500m　　（D）550m

解答过程：

32. 某直线塔的水平档距 $l_S = 500m$，覆冰工况垂直档距 $l_V = 600m$，所在耐张段的导线张力，覆冰工况为 55961N，大风工况为 48021N，平均工况为 35732N，安装工况为 43482N，杆塔计算时一相导线作用在该塔上的最大垂直荷载应为下列哪项数值？（　　）

（A）48936N　　（B）78072N

（C）111966N　　（D）151226N

解答过程：

33. 某直线塔的水平档距$l_S = 600m$，覆冰工况垂直档距$l_V = 600m$，所在耐张段的导线张力，覆冰工况为 56000N，大风工况为 47800N，满足设计规范要求的单联绝缘子串连接金具强度等级应选择下列哪项数值？（　　）

（A）300kN　　（B）210kN

（C）160kN　　（D）120kN

解答过程：

34. 导线水平张力无风、无冰、−5°C时为 46000N，年平均气温条件下为 36000N，导线耐张串采用双挂点双联形式，请问满足设计规范要求的连接金具强度等级应为下列哪项数值？（　　）

（A）420kN　　（B）300kN

（C）250kN　　（D）210kN

解答过程：

35. 某塔定位结果是后侧档距 550m、前侧档距 350m、垂直档距 310m，在校验电压该塔电气间隙时，风压不均匀系数α应取下列哪项数值？（　　）

（A）0.61　　（B）0.63

（C）0.65　　（D）0.75

解答过程：

题 36～40：某 500kV 同塔双回架空输电线路工程，位于海拔高度 500～1000m 地区，基本风速为 27m/s，覆冰厚度为 10mm，杆塔拟采用塔身为方形截面的自力式鼓形塔（塔头示意图如下图所示），相导线均采用 4×LGJ-400/50，自重荷载为 59.2N/m，直线塔上两回线路用悬垂绝缘子串分别悬挂于杆塔两侧。已知某悬垂直线塔（SZ2 塔）规划的水平档距为 600m，垂直档距为 900m，且要求根据使用条件采用单联 160kN 或双联 160kN 单线夹绝缘子串（参数见下表），地线绝缘子串长度为 500mm。（计算时不考虑导线的分裂间距，不计绝缘子串风压）

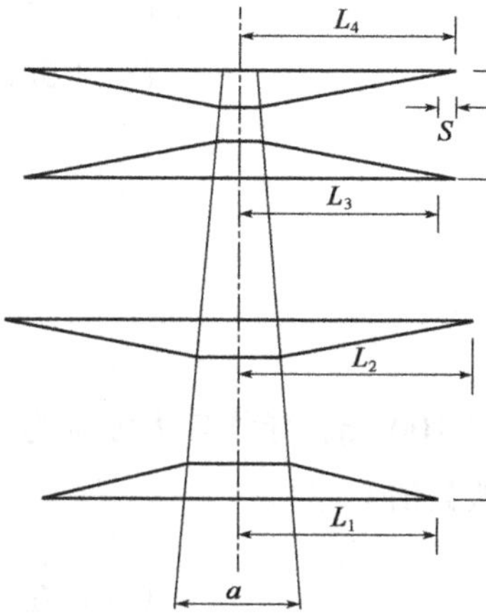

塔头示意图

绝缘子串参数表

绝缘子串形式	绝缘子串长度（mm）	绝缘子串重量（N）
单联 160kN	5500	1000
双联 160kN	6000	1800

36. 设大风风偏时下相导线的风荷载为 45N/m，该工况时 SZ2 塔的垂直档距系数取 0.7，若风偏后导线高度处计及准线、脚钉和裕度等因素后的塔身宽度a取 6000mm，计算工作电压下要求的下相横担长度L_1应为下列哪项数值？（不考虑导线小弧垂及交叉跨越等特殊情况）（　　）

（A）8.3m　　（B）8.6m

（C）8.9m　　（D）9.2m

解答过程：

37. 设大气过电压条件（无风、无冰、15℃）下的相导线张力为 116800N，若要求的最小空气间隙（含裕度等）为 4300mm，此时 SZ_2 塔的允许的单侧最大垂直档距 800m，且中相导线横担为方形横担，横担长度为L_2，宽度为 4000mm，该条件下要求 SZ_2 塔的上、中导线横担层间距H_2应为下列哪项数值？（　　）

（A）11.9m　　（B）11.1m

（C）10.6m　　（D）10.0m

解答过程：

38. 设线路地线采用铝包钢绞线，某塔的档距使用范围为 300～1200m，为满足档距中央导、地线之间距离$S \geqslant 0.12L + 1\text{m}$ 的要求，若控制档距l_C为 1000m，该塔的地线支架高度H_3应取下列哪项数值？（导地线水平偏移取 0m，导线绝缘子串长度取 5500mm）（　　）

（A）7.0m　　（B）2.5m

（C）2.0m　　（D）1.5m

解答过程：

39. 设 SZ_2 塔的最大使用档距不超过 1000m，导线最大弧垂为 81m，按导线不同步摆动的条件要求的上相导线的横担长度 L_3 应为下列哪项数值？（　　）

（A）6.4m　　（B）6.7m

（C）12.8m　　（D）13.3m

解答过程：

40. 该工程某耐张转角塔 SJ4 的允许转角为 40°～60°，建设时按角分线放置，且已知：在不计导地线水平偏移情况下，地线支架高度满足档距中央导地线间距离的要求，该塔导、地线绝缘子串挂点间的水平距离 S 应取下列哪项数值？（计算时不计横担宽度）（　　）

（A）1.50m　　（B）1.86m

（C）2.02m　　（D）3.50m

解答过程：

2018 年案例分析试题（上午卷）

［案例题是 4 选 1 的方式，各小题前后之间没有联系，共 25 道小题，每题分值为 2 分，上午卷 50 分，下午卷 50 分，试卷满分 100 分。案例题一定要有分析（步骤和过程）、计算（要列出相应的公式）、依据（主要是规程、规范、手册），如果是论述题要列出论点。］

题 1～5：某城市电网拟建一座 220kV 无人值班重要变电站（远离发电厂），电压等级为 220/110/35kV，主变压器为 2×240MVA，220kV 电缆出线 4 回，110kV 电缆出线 10 回，35kV 电缆出线 16 回。请分析计算并解答以下各小题。

1. 该无人值班变电站各侧的主接线方式，采用下列哪一组接线是符合规程要求的？并简述选择的理由。（　　）

（A）220kV 侧双母线接线，110kV 侧双母线接线，35kV 侧双母线分段接线
（B）220kV 侧单母线分段接线，110kV 侧双母线接线，35kV 侧单母线分段接线
（C）220kV 侧扩大桥接线，110kV 侧双母线分段接线，35kV 侧单母线接线
（D）220kV 侧双母线接线，110kV 侧双母线接线，35kV 侧单母线分段接线

解答过程：

2. 由该站 220kV 出线转供的另一个变电站，设两台主变压器，若一级负荷 100MW，二级负荷 110MW，无三级负荷。请计算选择主变电站单台主变压器容量为系列下列哪项数值比较经济合理？（主变过负荷能力按 30%考虑）（　　）

（A）120MVA　　（B）150MVA
（C）180MVA　　（D）240MVA

解答过程：

3. 若主变压器 35kV 侧保护用电流互感器变比为 4000/1A，35kV 母线最大三相短路电流周期分量有效值为 26kA，请校验该电流互感器动稳定电流倍数应大于等于下列哪项数值？（　　）

（A）6.5　　（B）11.7
（C）12.4　　（D）16.5

解答过程：

4. 经评估该变电站投运后，该区域 35kV 供电网的单向接地电流为 600A，本站 35kV 中性点拟采用低电阻接地方式，考虑到电网发展和指正地下管线的统一布置规划，拟选用单相接地电流为 1200A 的电阻器，请计算电阻器的计算值是多少？（　　）

（A）16.8Ω　　（B）29.2Ω

（C）33.7Ω　　（D）50.5Ω

解答过程：

5. 该变电站 35kV 电容器组，采用单台容量为 500kvar 的电容器，双星形接线，每相由 1 个串联段组成，每台主变压器装设下列哪组容量的电容组不满足规程要求？（　　）

（A）2 × 24000kvar　　（B）3 × 18000var

（C）4 × 12000kvar　　（D）4 × 9000kvar

解答过程：

题 6～9：某电厂装有2 × 300MW 发电机组，经主变压器升压至 220kV 接入系统，发电机额定功率为 300MW，额定电压为 20kV，额定功率因数 0.85，次暂态电抗为 18%，暂态电抗为 20%。发电机中性点经高电阻接地，接地保护动作于跳闸时间为 2s，该电厂建于海拔 3000m 处。请分析计算并解答下列各小题。

6. 计算确定装设于发电机出口的金属氧化锌避雷器的额定电压和持续运行电压不应低于下列哪项数值？并说明理由。（　　）

（A）20kV，11.6kV　　（B）21kV，16.8kV

（C）25kV，11.6kV　　（D）26kV，20.8kV

解答过程：

7. 该厂主变压器额定容量 370MVA，变比 230/20kV，$U_d = 14\%$，由系统提供的短路电抗（标幺值）为 0.00767（正序）（基准容量$S_j = 100$MVA），请计算 220kV 母线处发生三相短路时的冲击电流值最接近下列哪项数值？（　　）

（A）85.6kA　　（B）93.6kA

（C）101.6kA　　（D）104.3kA

解答过程：

8. 220kV 配电装置采用户外敞开式管形母线布置，远景目前最大功率为 1000MVA，若环境空气温度为 35℃，选择以下哪种规格铝镁系（LDRE）管能满足要求？（　　）

（A）ϕ110/100　　（B）ϕ120/110　　（C）ϕ130/116　　（D）ϕ150/136

解答过程：

9. 该电厂绝缘配合要求的变压器外绝缘的雷电耐受电压为 950kV，工频耐受电压为 395kV，计算其出厂试验电压应选择下列哪组数值？（按指数公式修正）（　　）

（A）雷电冲击耐受电压 950kV，工频耐受电压 395kV

（B）雷电冲击耐受电压 1050kV，工频耐受电压 460kV

（C）雷电冲击耐受电压 1214kV，工频耐受电压 505kV

（D）雷电冲击耐受电压 1372kV，工频耐受电压 571kV

解答过程：

题 10～13：某电厂的 750kV 配电装置采用屋外敞开式布置，750kV 设备的短路电流水平 63A（3s），800kV 断路器 2s 短时耐受电流为 63kA，断路器开断时间为 60ms。750kV 配电装置最大接地故障（单相接地故障）电流为 50kA，其中电厂发电机组提供的接地故障电流为 15kA，系统提供的接地故障电流为 35kA。

假定 750kV 配电装置区域接地网敷设在均匀土壤中，土壤电阻率为 150Ω · m，750kV 配电装置区域地面铺 0.15m 厚的砾石，砾石土壤电阻率为 5000Ω · m，请分析计算并解答下列各小题。

10. 750kV 配电装置区域接地网是以水平接地极为主边缘闭合的复合接地网，接地网总面积为 54000m^2，请简易计算 750kV 配电装置区域接地网的接地电阻为下列哪项数值？（　　）

（A）4Ω　　（B）0.5Ω　　（C）0.32Ω　　（D）0.04Ω

解答过程：

11. 假定 750kV 配电装置的接地故障电流持续时间为 1s，则 750kV 配电装置内的接触电位差和跨步电位差允许值（可考虑误差在 5%以内）应为下列哪组数值？（　　）

（A）199.5V，279V　　（B）245V，830V

（C）837V，2904V　　（D）1024V，3674V

解答过程：

12. 假定电厂 750kV 架空送电线路，厂内接地故障避雷线的分流系数K_{f1}为 0.65，外接地故障避雷线的分流系数K_{f2}为 0.54，不计故障电流的直流分量的影响，则经 750kV 配电装置接地网的入地电流为下列哪项数值？（　　）

（A）6.9kA　　（B）12.25kA　　（C）2.05kA　　（D）63kA

解答过程：

13. 若 750kV 最大接地故障短路电流为 50kA，电厂接地网导体采用镀锌扁钢，两套速动主保护动作时间为 100ms，后备保护动作时间为 1s，断路器失灵保护动作时间为 0.3s，则 750kV 配电装置主接地网不考虑腐蚀的导体截面不宜小于下列哪项数值？（　　）

（A）363mm^2　　（B）484mm^2　　（C）551mm^2　　（D）757mm^2

解答过程：

题 14～18：某火力发电厂机组直流系统，蓄电池拟选用阀控式密封铅酸蓄电池（贫液、单体 2V），浮充电压为 2.23V。本工程直流动力负荷见下表。

序号	名称	数量	容量（kW）
1	直流常明灯	1	1
2	直流应急照明	1	1.5
3	汽机直流事故润滑油泵	1	30
4	发电机空侧密封直流油泵	1	15
5	主厂房不停电电源（静态）	1	80（$\eta=1$）
6	小机直流事故润滑油泵	2	11

直流电动机启动电流按 2 倍电动机额定电流计算。

14. 该电厂设专用动力直流电源，请计算蓄电池的个数，事故末期终止放电电压应为下列哪组数值？（　　）

（A）51 只，1.83V　　（B）52 只，1.85V

（C）104 只，1.80V　　（D）104 只，1.85V

解答过程：

15. 请计算该电厂直流动力负荷事故放电初期 1min 的放电电流是下列哪项数值？（　　）

（A）497.73A　　（B）615.91A

（C）802.27A　　（D）838.64A

解答过程：

16. 假设动力用蓄电池组选用 1200Ah，每组蓄电池直流充电器选用一套高频开关电源，蓄电池均衡充电时考虑供正常负荷，并且均衡充电系数均选最大值，充电模块选用 20A，请计算充电装置所选模块数量及该回路电流表的测量范围，应为下列哪组数值？（　　）

（A）7 个，0～150A　　（B）9 个，0～200A

（C）10 个，0～200A　　（D）10 个，0～300A

解答过程：

17. 本工程动力用蓄电池组选用 1200Ah，直流事故停电时间按 1h 考虑，如果直流馈电屏中汽机直流事故润滑油泵、主厂房不停电电源、发电机空侧密封直流油泵回路的直流开关额定电流分别选 125A、300A、63A，请计算蓄电池组出口回路熔断器的额定电流及两台机组动力直流系统之间应急联络断路器的额定电流，下列哪组数值是合适的？（其中应急联络断路器的额定电流按与蓄电池出口熔断器配合进行选择）（　　）

（A）630A，300A　　（B）630A，350A

（C）800A，400A　　（D）800A，500A

解答过程：

18. 汽机直流事故润滑油泵距离直流屏电缆长度为 150m，并通过电缆桥架敷设。汽机直流事故润滑油泵额定电流按 136A 考虑。（已知：铜电阻系数：$\rho = 0.0184\Omega \cdot mm^2/m$，铝电阻系数：$\rho = 0.031\Omega \cdot mm^2/m$），则下列汽机直流事故润滑油泵电缆选择哪一项是正确的？（　　）

（A）NH-YJV-0.6/1.0　$2 \times 150mm^2$　　（B）YJV-0.6/1.0　$2 \times 150mm^2$

（C）YJLV-0.6/1.0　$2 \times 240mm^2$　　（D）NH-YJV-0.6/1.0　$2 \times 120mm^2$

解答过程：

题 19～20：某电网拟建一座 220kV 变电站，主变容量2×240MVA，电压等级为 220/110/10kV，10kV 母线三相短路电流为 20kA，在 10kV 母线上安装数组单星形接线的电容器组，电抗率选 5%和 12%两种。请回答以下问题：

19. 假设该变电站某组 10kV 电容器单租容量为 8Mvar，拟抑制 3 次及以上谐波，请计算串联电抗器的单相额定容量和电抗率应选择下列哪项数值？（　　）

（A）133kvar，5%　（B）400kvar，5%　（C）320kvar，12%　（D）960kvar，12%

解答过程：

20. 请计算当电网背景谐波为 3 次谐波时，能发生谐振的电容组容量和电抗率是下列哪组数值？（　　）

（A）−3.2Mvar，12%　（B）1.2Mvar，5%　（C）12.8Mvar，5%　（D）22.2Mvar，5%

解答过程：

题 21～25：某单回路 220kV 架空送电线路，采用 2 分裂 LGJ-400/35 导线，导线的基本参数见下表：

导线型号	拉断力（N）	外径（mm）	截面（mm^2）	单重（kg/m）	弹性系数（N/mm^2）	线膨胀系数（1/℃）
LGJ-400/35	98707.5	26.82	425.24	1.349	65000	20.5×10^{-6}

注：拉断力为试验保证拉断力。

该线路的主要气象条件为最高温度 40℃，最低温度−20℃，年平均气温 15℃，基本风速 27m/s（同时气温−5℃），最大覆冰厚度 10mm（同时气温−5℃，同时风速 10m/s），重力加速度取 $10m/s^2$。

21. 若该线路导线的最大使用张力为 39483N，请计算导线的最大悬点张力大于下列哪项数值时，需要放松导线？（　　）

（A）39283N　（B）43431N　（C）43870N　（D）69095N

解答过程：

22. 在塔头设计时，经常要考虑导线Δf（导线在塔头处的弧垂）及其风偏角，如果在计算导线对杆塔的荷载时，得出大风（27m/s）条件下的水平比载$\gamma_4 = 26.45 \times 10^{-3}N/(m \cdot mm^2)$，那么大风条件下导线的风偏角应为下列哪项数值？（　　）

（A）34.14°　（B）36.88°　（C）39.82°　（D）42.00°

解答过程：

23. 施工图设计中，某基直线塔水平档距 600m，导线悬挂点高差系数为−0.1，悬垂绝缘子串重 1500N，操作过电压工况的导线张力为 24600N，风压为 4N/m，绝缘子串风压 200N，计算操作过电压工况下导线悬垂绝缘子串风偏角最接近下列哪项数值？（　　）

（A）12.64°　　（B）20.51°　　（C）22.18°　　（D）25.44°

解答过程：

24. 设年平均气温条件下的比载为31.7×10^{-3}N/(m·mm²)，水平应力为 50N/mm²，且某档的档距为 500m，悬点高差为 50m，问该档的导线长度为下列哪项数值？（按平抛公式计算）（　　）

（A）502.09m　　（B）504.60m　　（C）507.13m　　（D）512.52m

解答过程：

25. 某线路两耐张转角塔 Ga、Gb 档距为 300m，处于平地，Ga 呼称高为 24m，Gb 呼称高为 24m，计算风偏时导线最大风荷载 11.25N/m，此时导线张力为 3100N，距 Ga 塔 70m 处有一建筑物（见下图），请计算导线在最大风偏情况下距建筑物的净空距离为下列哪项数值？（采用平抛物线公式）（　　）

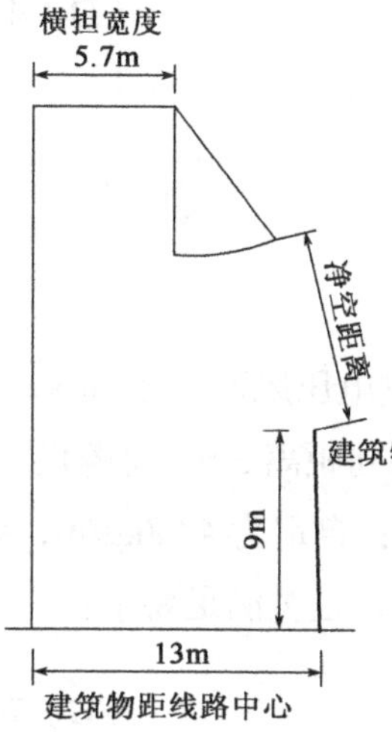

（A）8.76m　　（B）10.56m　　（C）12.31m　　（D）14.89m

解答过程：

2018 年案例分析试题（下午卷）

[案例题是 4 选 1 的方式，各小题前后之间没有联系，共 40 道小题，选作 25 道，每题分值为 2 分，上午卷 50 分，下午卷 50 分，试卷满分 100 分。案例题一定要有分析（步骤和过程）、计算（要列出相应的公式）、依据（主要是规程、规范、手册），如果是论述题要列出论点。]

题 1～3：某城区电网 220kV 变电站现有 3 台主变，220kV 户外母线采用ϕ100/90 铝锰合金管形母线。根据电网发展和周边负荷增长情况，该站将进行增容改造。具体规模详见下表，请分析计算并解答下列各小题。

主要设备	现状	增容改造后
主变容量	3×120MVA	3×180MVA
220kV 侧	4 回出线、双母线接线	6 回出线、双母线接线
110kV 侧	8 回出线、双母线接线	10 回出线、双母线接线
35kV 侧	9 回出线、单母线分段接线	12 回出线、单母线分段接线

1. 该变电站原有四回 220kV 出线 L1～L4，其中 L1 出线为放射型负荷线路，L2、L3、L4 出线为联络线路，其断路器开断能力均为 40kA。增容改造后，该站 220kV 母线三相短路容量为 16530MVA，L2、L3、L4 出线系统侧短路容量分别为 2190MVA、1360MVA、395MVA。请核算改造需要更换几台断路器（$U_B = 230\text{kV}$）？（　　）

（A）1 台　　（B）2 台

（C）3 台　　（D）4 台

解答过程：

2. 站址区域最大风速为 25m/s，内过电压风速为 15m/s，三相短路电流峰值为 58.5kA，母线结构尺寸：跨距为 12m，支持金具长 0.5m，相间距离 3m，每跨设一个伸缩接头。隔离开关静触头加金具重 17kg，装于母线跨距中央。导体技术特性：自重为 4.08kg/m，导体截面系数为 33.8cm^2。请计算发生短路时该母线承受的最大应力并复核现有母线是否满足要求？（　　）

（A）3639N/cm^2，母线满足要求　　（B）7067.5N/cm^2，母线满足要求

（C）7224.85N/cm^2，母线满足要求　　（D）9706.7N/cm^2，母线满足要求

解答过程：

3. 增容改造后，该站 110kV 母线接有两台 50MW 分布式燃机，均采用发电机变压器线路组接入，线路长度均为 5km，发电机$X''_d = 14.5\%$，$\cos\varphi = 0.8$，主变采用 65MVA、110/10.5kV 变压器，$U_K = 14\%$，并网线路电抗值为 0.4Ω/km，当 110kV 母线发生三相短路时，由燃气电厂提供的零秒三相短路电流周期分量有效值最接近下列哪项数值？（　　）

（A）1.08kA　　（B）2.16kA

（C）3.90kA　　（D）23.7kA

解答过程：

题 4～7：某电厂的海拔为 1300m，厂内 220kV 配电装置的电气主接线为双母线接线，220kV 配电装置采用屋外敞开式布置，220kV 设备的短路电流水平为 50kA，其主变进线部分截面见下图。厂内 220kV 配电装置的最小安全净距：A_1值为 1850mm，A_2值为 2060mm，分析计算并解答下列各小题。

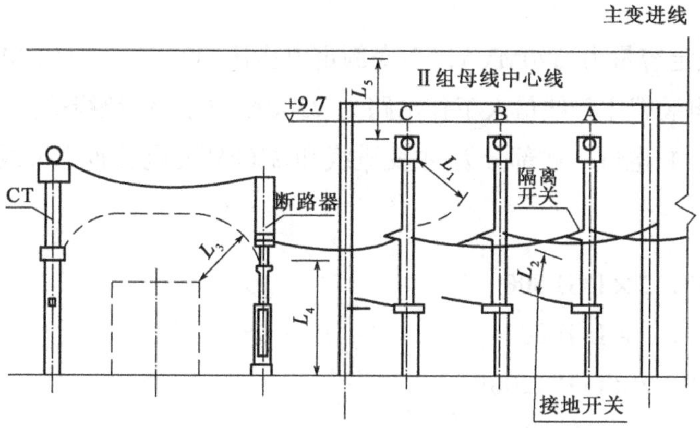

4. 判断下列关于上图中最小安全距离的表述中哪项是错误的？并说明理由。（　　）

（A）带电导体至接地开关之间的最小安全净距L_2应不小于 1850mm

（B）设备运输时，其外廓至断路器带电部分之间的最小安全距离L_3应不小于 2600mm

（C）断路器与隔离开关连接导线至地面之间的最小安全距离L_4应不小于 4300mm

（D）主变进线与Ⅱ组母线之间的最小安全距离L_5应不小于 2600mm

解答过程：

5. 220kV 配电装置共 7 个间隔，每个间隔宽度 15m，假定 220kV 母线最大三相短路电流为 45kA，短路电流持续时间为 0.5s，母线最大工作电流为 2500A，Ⅱ母线三相对Ⅰ母线 C 相单位长度的平均互感抗为1.07×10^{-4}Ω/m，请计算母线接地开关至母线端部距离不应大于下列哪项数值？（　　）

（A）35m　　（B）42.6m

（C）44.9m　　　　（D）46.7m

解答过程：

6. 假定 220kV 配电装置最大短路电流周期分量有效值为 50kA，短路电流持续时间为 0.5s，发生短路前导体的工作温度为 80°C，不考虑周期分量的衰减，请以周期分量引起的热效应计算配电装置中铝绞线的热稳定截面应为下列哪项数值？（　　）

（A）383mm^2　　　　（B）406mm^2

（C）426mm^2　　　　（D）1043mm^2

解答过程：

7. 电厂主变压器额定容量为 370MVA，主变额定电压比$242 \pm 2 \times 2.5\%/20$kV，机组最大运行小时数为 5000h，220kV 配电装置主母线最大工作电路为 2500A，电厂铝绞线载流量修正系数取 0.9。按照《电力工程电气设计手册 1 电气一次部分》，主变进线和 220kV 配电装置主母线宜选择下列哪组导线？（　　）

（A）2 × LGJ-240，2 × LGJ-800

（B）2 × LGJ-400，2 × LGJ-800

（C）2 × LGJ-240，2 × LGJ-1200

（D）LGJK-800，2 × LGJK-800

解答过程：

题 8～10：某电厂装有2 × 1000MW 纯凝火力发电机组，以发电机变压器组方式接至厂内 500kV 升压站，每台机组设一台高压厂用无励磁调压分裂变压器，容量 80/47-47MVA，变比 27/10.5-10.5kV，半穿越阻抗设计值为 18%，其电流引自发电机出口与主变低压侧之间，设 10kV A、B 两段厂用母线。请分析计算并解答下列各小题。

8. 若该电厂建设地点海拔高度 2000m，环境最高温度 30°C，厂内所用电动机的额定温升 90K，则电动机的实际使用容量P_s与其额定功率P_e的关系为：（　　）

（A）$P_s = 0.8P_e$　　　　（B）$P_s = 0.9P_e$

（C）$P_s = P_e$　　　　（D）$P_s = 1.1P_e$

解答过程：

9. 高压厂用分裂变压器的单侧短路损耗为 350kW，10kV A 段最大计算负荷为 43625kVA，最小计算负荷为 25877kVA，功率因数均按 0.8 考虑，请问 10kV A 段母线正常运行时的电压波动范围是多少？（高厂变引接处的电压波动范围为±2.5%，变压器处于 0 分接位置）（　　）

（A）90.4%～98.3%　　（B）91.1%～98.7%

（C）95.3%～103.8%　　（D）95.9%～104.2%

解答过程：

10. 发电机厂用高压变分支引线的短路容量为 12705MVA，10kV A 和 B 段母线计及反馈的电动机额定功率分别为 35540kW 和 27940kW，电动机平均的反馈电流倍数为 6，请计算当 10kV 母线发生三相短路时，最大的短路电流周期分量的起始有效值接近下列哪项数值？（　　）

（A）36.9kA　　（B）37.57kA

（C）39kA　　（D）40.86kA

解答过程：

题 11～14：某燃煤发电厂，机组电气主接线采用单元制接线，发电机出线经主变压器升压接入 110kV 及 220kV 系统，单元机组厂用高压变支接于主变低压侧与发电机出口断路器之间。发电机中性点经消弧线圈接地。发电机参数为 $P_e = 125\text{MW}$，$U_e = 13.8\text{kV}$，$I_e = 6153\text{A}$，$\cos\varphi_e = 0.85$。主变为三绕组油浸式有载调压变压器，额定容量为 150MVA，YNynd 接线。厂用高压变额定容量为 16MVA，额定电压为 13.8/6.3kV，计算负荷为 12MVA。高压厂用启动/备用变压器接于 110kV 母线，其额定容量及低压侧额定电压与厂高变相同。

11. 现对热力系统进行了通流改造，汽机额定出力由原来的 125MW 提高到 135MW。若发电机、电气设备及厂用负荷不变，问当汽机达到改造后的额定出力时，主变压器运行的连续输出容量最大能接近下列哪项数值？（不考虑机械系统负载能力）（　　）

（A）135MVA　　（B）138MVA

（C）147MVA　　（D）159MVA

解答过程：

12. 若对电气系统设备更新，将原国产发电机出口少油断路器更换为进口 SF_6 断路器，由于 SF_6 断路器的两侧增加了对地电容器，故需要对消弧线圈进行核算。已知：SF_6 断路器两侧的电容器分别为

120nF 和 80nF；原有消弧线圈补偿容量为 35kVA，其补偿系数为 0.8。若忽略断路器本体的对地电容且脱谐度降低 5%（绝对值），请计算并确定消弧线圈容量应变更为下列哪项数值？（　　）

（A）44.57kVA　　（B）47.35kVA

（C）51.15kVA　　（D）51.58kVA

解答过程：

13. 厂用高压变 13.8kV 侧采用安装于母线桥内的矩形铜母线引接，三相导体水平布置于同一平面，绝缘子间跨距 800mm，相间距 600mm。若厂用分支三相短路电流起始有效值为 80kA，则三相短路的电动力为（假定振动系数 = 1）（　　）

（A）1472N　　（B）5974N

（C）10072N　　（D）10621N

解答过程：

14. 高压厂用启动/备用变压器布置于 110kV 配电装置。其 6.3kV 侧采用交联聚乙烯铜芯电缆数根并联引出，通过 A 排外综合管架无间距并排敷设于一独立的无盖板梯架上。请计算确定下列电缆的界面和根数组合中，选择哪组合适？（环境温度为+40℃）（　　）

（A）8 根$(3\times120)\mathrm{mm}^2$　　（B）6 根$(3\times150)\mathrm{mm}^2$

（C）5 根$(3\times185)\mathrm{mm}^2$　　（D）4 根$(3\times240)\mathrm{mm}^2$

解答过程：

题 15～19：一台 300MW 水氢氢冷却汽轮发电机经过发电机断路器、主变压器接入 330kV 系统，发电机额定电压 20kV，发电机额定功率因数 0.85，发电机中性点经高阻接地，主变参数为 370MVA，345/20kV，$U_\mathrm{d}=14\%$（负误差不考虑），主变压器 330kV 侧中性点直接接地。请根据题意回答下列问题。

15. 若主变压器参数为$I_0=0.1\%$，$P_0=213\mathrm{kW}$，$P_\mathrm{k}=1010\mathrm{kW}$，当发电机以额定功率、额定功率因数（滞后）运行时，包含了厂高变自身损耗的厂用负荷为 23900kVA，功率因数 0.87，计算主变高压侧测量的功率因数应为下列哪项数值？（不考虑电压变化，忽略发电机出线及厂用分支等回路导体损耗）（　　）

（A）0.850　　（B）0.900

（C）0.903　　（D）0.916

解答过程：

16. 若 330kV 系统单相接地时经接地网入地的故障对称电流为 12kA，330kV 的等效时间常数X/R为 30，主保护动作时间为 100ms，后备保护动作时间为 0.95s，断路器开断时间为 50ms，失灵保护动作时间为 0.6s，计算扁钢接地体的最小截面计算值应为下列哪项数值？（　　）

（A）148.46mm^2　　（B）157.6mm^2

（C）171.43mm^2　　（D）179.43mm^2

解答过程：

17. 若该工程建于海拔 1900m 处，电气设备外绝缘雷电冲击耐压（全波）1000kV，计算确定避雷器参数应选择下列哪种型号？（按 GB 50064 选择）（　　）

（A）Y20W-260/600　　（B）Y10W-280/714

（C）Y20W-280/560　　（D）Y10W-280/560

解答过程：

18. 发电机装设了转子负序过负荷保护，保护装置反回系数 0.95，计算其定时限过负荷保护的一次电流定值应为下列哪项数值？（　　）

（A）875.17A　　（B）1029.6A

（C）1093.96A　　（D）1287.01A

解答过程：

19. 若 330kV 母线短路电流为 40kA（不含本机组提供的短路电流）、系统时间常数按 45ms 考虑，主变压器时间常数为 120ms，故障发生至发电机断路器断开的时间按 60ms 考虑，计算发电机断路器开断的主变侧短路电流其非周期分量应为下列哪项数值？（　　）

（A）25.6kA　　（B）54.2kA

（C）58.91kA　　（D）65.41kA

解答过程：

题 20～23：某火力发电厂 350MW 发电机组为采用发变组单元接线，励磁变额定容量为 3500kVA，励磁变变比 20/0.82kV；接线组别 Yd11，励磁变短路阻抗为 7.45%；励磁变高压侧 CT 变比为 200/5A；低压侧 CT 变比为 3000/5A。发电机的部分参数见下表，主接线图见下图。请解答下列问题。

发电机参数表

名称	单位	数值	备注
额定容量	MVA	412	
额定功率	MW	350	
功率因数		0.85	
额定电压	kV	20	定子电压
CT 变比	—	15000/5A	
X''_d	%	17.51	
负序电抗饱和值X_2	%	21.37	

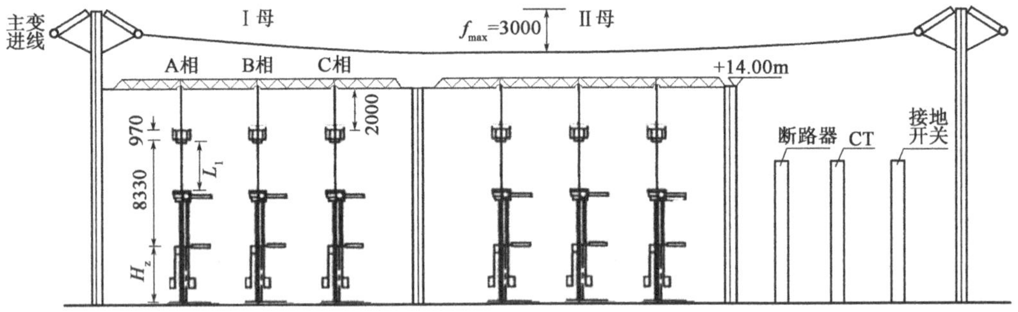

厂内330kV配电装置主变进线间隔断面示意图(尺寸单位：mm)

20. 发电机测量信号通过变送器接入 DCS，发电机测量 CT 为三相星形接线，每相电流互感器接 5 只变送器，安装在变送器屏上，每只变送器交流电流回路负载 1VA，发电机 CT 至变送器屏的长度为 150m，电缆采用 4mm² 铜芯电缆，铜电阻系数$\rho = 0.0184\Omega \cdot mm^2/m$，总接触电阻按 0.1Ω 考虑。请分析计算测量 CT 的实际负载值，保证测量精度条件下测量 CT 的最大允许额定二次负载值。（　　）

（A）0.99Ω，3.96VA　　（B）0.99Ω，99VA

（C）1.68Ω，168VA　　（D）5.79Ω，23.16VA

解答过程：

21. 高压厂用工作变压器采用分裂变压器，容量为 40/25-25MVA，该变压器高压侧电源由发电机母线 T 接，发电机出口及该变压器高压侧均不配置断路器，低压侧经过分支断路器为两段厂用负荷供电，变压器采用数字式保护装置，请判断下列关于高压厂用工作变压器的保护配置与动作出口的描述中哪项是正确的？并说明依据和理由。（　　）

（A）除非电量保护外，保护双重化配置，配置速断保护动作于发电机变压器组总出口继电器及高压侧过电流保护带时间动作于发电机变压器组总出口继电器。厂用高压变压器 6kV 侧断路器配置过电流保护及过电流限时速断均动作于跳本分支断路器

（B）除非电量保护外，保护双重化配置，配置纵联差动保护于发电机变压器组总出口继电器，配置高压侧过电流保护带时限动作于发电机变压器组总出口继电器，厂用高压变压器 6kV 侧断路器配置过电流保护及过电流限时速断均动作于跳本侧分支断路器

（C）主保护和后备保护分别配置，配置高压侧过电流保护带时限动作于发电机变压器组总出口继电器，厂用高压变压器 6kV 侧断路器配置过电流保护动作于跳本分支断路器

（D）主保护和后备保护分别配置，配置纵联差动保护动作于发电机变压器组总出口继电器，配置高压侧过电流保护带时限动作于发电机变压器组总出口继电器。厂用高压变压器 6kV 侧断路器配置过电流保护及过电流限时速断动作于发电机变压器组总出口继电器

解答过程：

22. 判断下列关于高压厂用工作变压器高低压侧电测量量的配置中，哪项最合适？并说明依据和理由。（符号说明如下：I为单相电流，I_A、I_B、I_C分别为 A、B、C 相电流，P为单向三相有功功率，Q为单向三相无功功率，W为单向三相有功电能，W_Q为单向三相无功电能，U为线电压）（　　）

（A）高压侧：计算机控制系统配置I及P、W；低压侧：计算机控制系统及开关柜均配置I

（B）高压侧：计算机控制系统配置I_A、I_B、I_C及P、W；低压侧：计算机控制系统配置I

（C）高压侧：计算机控制系统配置I_A、I_B、I_C及P、Q、W、W_Q；低压侧：计算机控制系统及开关柜均配置I

（D）高压侧：计算机控制系统配置I及P、W、W_Q；低压侧：计算机控制系统及开关柜均配置I

解答过程：

23. 已知最大运行方式下励磁变高压侧短路电流为 120.28kA，请计算励磁变压器速断保护的二次整定值应为下列哪项数值？（整定计算可靠系数$K_{rel} = 1.3$）（　　）

（A）2.90A　　（B）2.94A

（C）43.58A　　（D）44.08A

解答过程：

题 24～27：某 500kV 变电站一期建设一台主变，主变及其 35kV 侧电气主接线如图所示，其中的虚线部分表示远期工程，请回答下列问题。

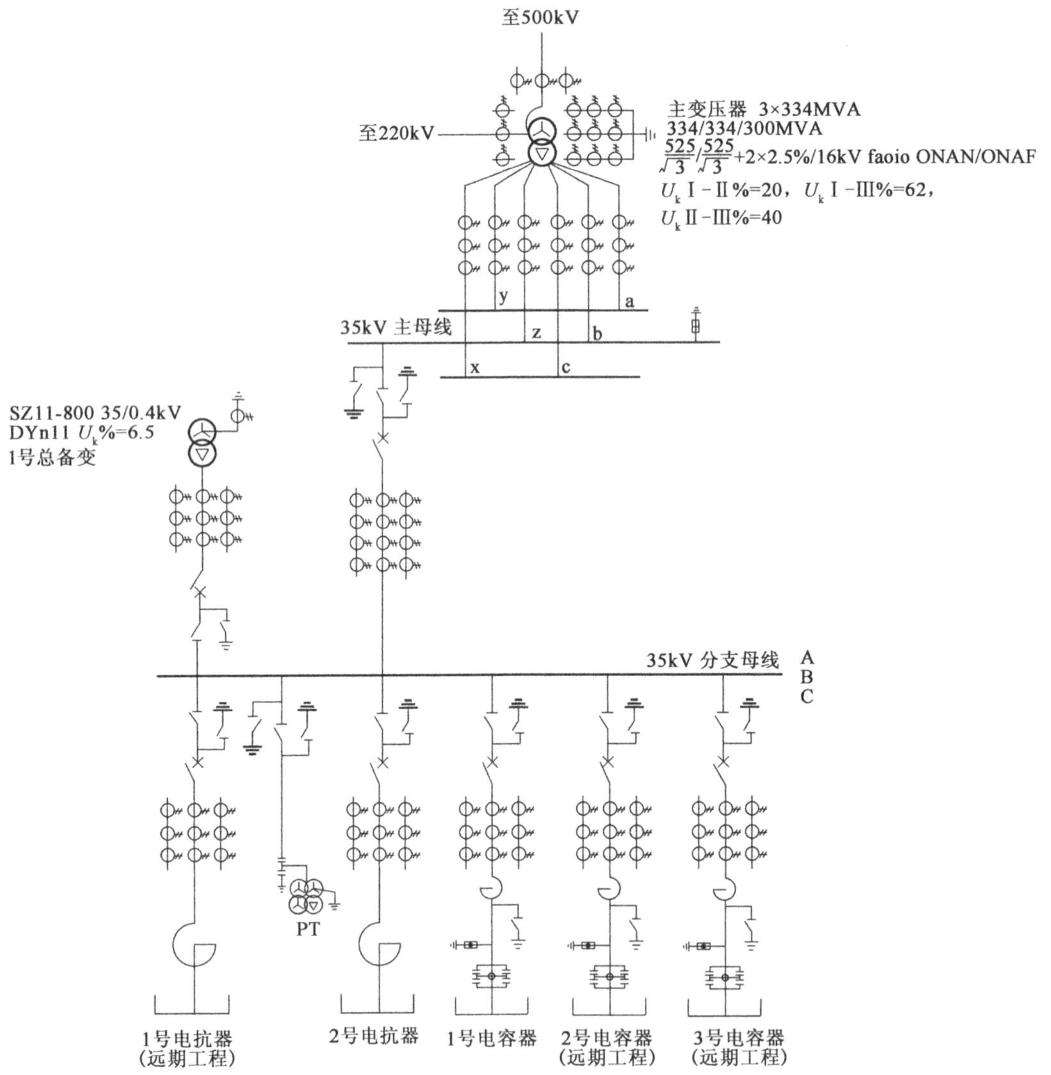

24. 请判断本变电站 35kV 并联电容器装置设计下列哪几项是正确的、哪几项是错误的？并说明理由。（　　）

①站内电容器安装容量，应根据所在电网无功规划和国家现行标准中有关规定经计算后确定。

②并联电容器的分组容量按各种容量组合运行时，必须避开谐振容量。

③站内一期工程电容器安装容量取为$334 \times 20\% = 66.8$MVA。

④并联电容器装置安装在主要负荷侧。

（A）①正确，②③④错误　　（B）①②正确，③④错误

（C）①②③正确，④错误　　（D）①②③④正确

解答过程：

25. 若该变电站 35kV 母线正常运行时电压波动范围为$-3\%\sim+7\%$，电容器组采用单星形双桥差接线，每桥臂 5 并 4 串，电容器装置电抗率 12%，并联电容器额定电压的计算值和正常运行时电容器输出容量的变化范围应为下列哪项数值？（以额定容量的百分比表示） （　　）

（A）6.03kV，94.15%～110.3%　　（B）6.03kV，94.10%～114.5%

（C）6.14kV，94.10%～114.5%　　（D）6.31kV，94.10%～121.0%

解答过程：

26. 若该变电站 35kV 电容器采用单星形双桥差接线，每桥臂 5 并 4 串，单台电容器容量 500kvar，电容器组额定相电压 22kV，电容器装置电抗率 5%，则串联电抗器的额定电流及其允许过电流应为下列哪一组数值？ （　　）

（A）956.9A，1435.4A　　（B）956.9A，1244.0A

（C）909.1A，1363.7A　　（D）909.1kA，1181.8A

解答过程：

27. 若该变电站 35kV 电容器组采用单星形单桥差接线，内熔丝保护，每桥臂 7 并 4 串，单台电容器容量 500kvar，额定电压 5.5kV。电容器回路电流互感器变比$N_1=5/1$A，电容器击穿元件百分数β对应的过电压见下表，请计算桥式差电流保护二次保护动作值应为下列哪项数值？（灵敏系数取 1.5） （　　）

电容器击穿元件百分数β	10%	20%	25%	30%	40%	50%
健全电容器电压升高	$1.05U_{ce}$	$1.07U_{ce}$	$1.1U_{ce}$	$1.15U_{ce}$	$1.2U_{ce}$	$1.3U_{ce}$

（A）5.06A　　（B）6.65A

（C）8.41A　　（D）33.27A

解答过程：

题 28～30：某2×350MW 火力发电厂，每台机组各设一台照明变，为本机组汽机房、锅炉房和属于本机组的主厂房公用部分提供正常照明电源，电压为 380/220V。两台机组设一台检修变兼做照明备用变压器。请根据题意回答下列问题。

28. 其中一台机组照明变压器的供电范围包括：

（1）汽机房：48 套 400W 的金属卤化物灯，160 套 175W 的金属卤化物灯，150 套2×36W 的荧光灯，30 套 32W 的荧光灯。

（2）锅炉房及锅炉本体：360 套 175W 的金属卤化物灯，20 套 32W 的荧光灯。

（3）集控楼：150 套2×36W 的荧光灯，40 套4×18W 的荧光灯。

（4）煤仓间：36 套 250W 的金属卤化物灯。

（5）主厂房 A 列外变压器区：8 套 400W 的金属卤化物灯。

（6）插座负荷：40kW。

其中锅炉本体、煤仓间照明负荷同时系数按锅炉房取值，集控楼照负荷同时系数取值同主控制楼，A 列外变压器区照明负荷同时系数按汽机房取值。假设所有灯具的功率中未包含镇流器及其他附件损耗，插座回路只考虑功率因数取 0.85，计算确定该机组照明变压器容量选择下列哪项最合理？（　　）

（A）160kVA　　（B）200kVA

（C）250kVA　　（D）315kVA

解答过程：

29. 该电厂汽机房运转层长 130.6m，跨度 28m，运转层标高为 12.6m，正常照明采用单灯功率为 400W 的金属卤化物灯，吸顶安装在汽机房运转层屋架下，灯具安装高度为 27m，照明灯具按照每年擦洗 2 次考虑，在计入照明维护系统的前提下，如汽机房运转层地面照度要达到 200lx（不考虑应急照明），根据照明功率密度值现行值的要求，计算装设灯具数量至少应为下列哪项数值？（　　）

（A）53 盏　　（B）64 盏

（C）75 盏　　（D）92 盏

解答过程：

30. 厂内有一电缆隧道，照明电源采用 AC24V，其中一个回路共安装 6 只 60W 的灯具，照明导线采用 BV-0.5 型 10mm^2 单芯电缆，假设该回路的功率因素为 1，且负荷均匀分布，这在允许的压降范围内，该回路的最大长度应为下列哪项数值？（　　）

（A）11.53m　　（B）19.44m

（C）23.06m　　（D）38.88m

解答过程：

题 31～35：某 500kV 架空输电线路工程，最高运行电压 550kV，导线采用4×JL/GIA-500/45，子导线直径 30mm，导线自重荷载为 16.529N/m，基本风速 27m/s，设计覆冰厚 10mm。请回答下列问题。

31. 根据以下情况，计算确定导线悬垂串片数为下列哪项数值？（　　）

（1）所经地区海拔为 1000m，等值盐密为 0.10mg/cm^2，统一爬电比距（最高运行相电压）要求按 4.0cm/kV 设计。

（2）假定绝缘子的公称爬电距离为 450mm，结构高度为 146mm，在等值盐密为 0.10mg/cm^2 时的爬电距离有效系数取 0.95。

（A）25 片　　（B）27 片　　（C）29 片　　（D）30 片

解答过程：

32. 根据以下情况，计算确定导线悬垂串片数应为下列哪项数值？（　　）

（1）所经地区海拔为 3000m，污秽等级为 C 级，统一爬电比距（最高运行相电压）要求按 4.5cm/kV 设计。

（2）假定绝缘子的公称爬电距离为 550mm，爬电距离有效系数为 0.9，特征指数m_1取 0.40。

（A）28 片　　（B）30 片

（C）32 片　　（D）34 片

解答过程：

33. 根据以下情况，计算确定导线悬重串采用复合绝缘子所需求的最小爬电距离为？（　　）

（1）所经地区海拔高度为 500m。

（2）D 级污秽区，统一爬电比距（最高运行相电压）要求按 5.0cm/kV 设计。

（3）假定盘形绝缘子的爬电距离有效系数为 1.0。

（A）1083cm　　（B）1191cm

（C）1280cm　　（D）1400cm

解答过程：

34. 根据以下情况，计算确定导线悬垂绝缘子片数应为下列哪项数值？（　　）

（1）某跨越塔全高 100m，海拔高度 600m。

（2）统一爬电比距（最高运行相电压）要求按 4.0cm/kV 设计。

（3）假定绝缘子的公称爬电距离为 480mm，结构高度 170mm，爬电距离有效系数为 1.0，特征指数 m_1取 0.40。

（A）25 片　　（B）26 片

（C）27 片　　（D）28 片

解答过程：

35. 位于 3000m 海拔高度时输电线路带电部分与杆塔构件工频电压最小空气间隙应为下列哪项数值？（提示：工频间隙放电电压$U_{50\%}=kd$，d为间隙）（　　）

（A）1.3m　　（B）1.66m　　（C）1.78m　　（D）1.9m

解答过程：

题 36～40：500kV 架空输线路工程，导线采用4 × JL/GIA-500/35，导线自重荷载为 16.18N/m，基本风速 27m/s，设计覆冰 10mm（同时温度−5℃，风速 10m/s）。10mm 覆冰时，导线冰荷载为 11.12N/m，风荷载 3.76N/m；导线最大设计张力为 45300N，大风工况导线张力为 36000N，最高气温工况导线张力为 25900N，某耐张段定位结果见下表，请解答下列问题。（提示：以下计算均按平抛物线考虑，且不考虑绝缘子串的影响）

36. 计算确定 2 号 ZM2 塔最高气温工况下的垂直档距应为下列哪项数值？（　　）

塔号	塔形	档距	挂点高度
1	JG1		
		500	20
2	ZM2		
		600	50
3	ZM4		
		1000	150
4	JG2		

（A）481m　　（B）550m

（C）664m　　（D）747m

解答过程：

37. 计算 2 号 ZM2 塔覆冰工况下导线产生的垂直荷载应为下列哪项数值？（　　）

（A）45508N　　（B）52208N

（C）60060N　　　　（D）82408N

解答过程：

38. 假定该耐张段导线耐张绝缘子串采用同一串型，且按双联点形式设计，计算导线耐张串重挂点金具的强度等级应为下列哪项数值？（　　）

（A）300kN　　　　（B）240kN

（C）210kN　　　　（D）160kN

解答过程：

39. 假定 3 号 ZM4 塔导线采用单联悬垂玻璃绝缘子串，计算悬垂串重连接金具的强度等级应为下列哪项数值？（　　）

（A）420kN　　　　（B）300kN

（C）210kN　　　　（D）160kN

解答过程：

40. 已知导线的最大风荷载为 13.72N/m，计算 2 号 ZM2 塔导线悬垂I串最大风偏角应为下列哪项数值？（　　）

（A）29.5°　　　　（B）35.6°

（C）45.8°　　　　（D）53.9°

解答过程：

2019 年案例分析试题（上午卷）

[案例题是 4 选 1 的方式，各小题前后之间没有联系，共 25 道小题，每题分值为 2 分，上午卷 50 分，下午卷 50 分，试卷满分 100 分。案例题一定要有分析（步骤和过程）、计算（要列出相应的公式）、依据（主要是规程、规范、手册），如果是论述题要列出论点。]

题 1～6：某垃圾焚烧电厂汽轮发电机组，发电机额定容量$P_{eg} = 20000$kW，额定电压$U_{eg} = 6.3$kV，额定功率因数$\cos\varphi_e = 0.8$，超瞬变电抗$X''_d = 18\%$。电气主接线为发电机变压器组单元接线，发电机端装设出口断路器 GCB，发电机中性点经消弧线圈接地。高压厂用电源从主变低压侧引接，经限流电抗器接入 6.3kV 厂用母线。主变压器额定容量$S_n = 25000$kVA，短路电抗$U_k = 12.5\%$，主变高压侧接入 110kV 配电装置，统一用 10km 长的 110kV 线路连接至附近变电站，电气主变接线见下图，试分析并计算解答下列各小题。

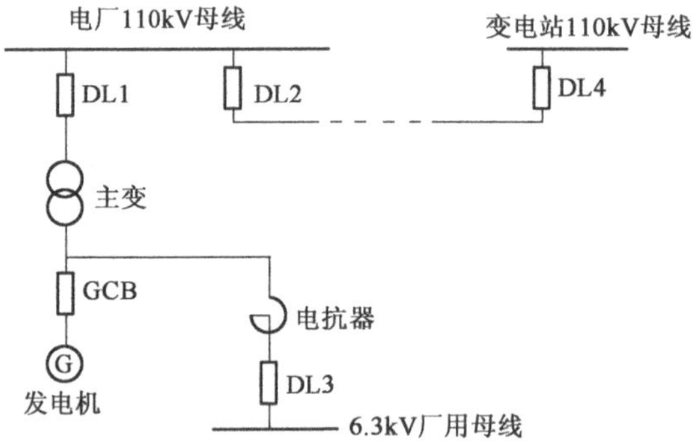

1. 若高压厂用电源由备用电源供电，即 DL3 断开时，发电机在额定工况下运行，请计算此时主变压器的无功消耗占发电机发出的无功功率的百分比为下列哪项数值？（请忽略电阻和激磁电抗）（　　）

（A）12.5%　　（B）18%　　（C）20.8%　　（D）60%

解答过程：

2. 已知 110kV 线路电抗为 0.4Ω/km，发电机变压器组在额定工况下运行。求机组通过 110kV 线路提供给变电站 110kV 母线的短路电流周期分量起始有效值最接近下列哪项数值？（按短路电流实用计算法计算）（　　）

（A）0.43kA　　（B）0.86kA　　（C）1.63kA　　（D）3.61kA

解答过程：

3. 已知发变组未接入时，电厂 110kV 母线短路电流周期分量的有效值为 16kA，且不随时间衰减，当发变组接入后，求电厂厂用分支（限流电抗器的主变侧）三相短路后$t = 100$ms 时刻的短路电流周期分量有效值最接近下列哪项数值？（按短路电流实用计算法计算，忽略厂用电动机反馈电流）（　　）

（A）1.62kA　　（B）13.3kA

（C）28.02kA　　（D）30.5kA

解答过程：

4. 已知发电机回路衰减时间常数$T_a = 100(X/R)$，若需要满足主变低压侧三相金属性短路 60ms 时刻，发电机侧短路电流能被 GCB 开断，问 GCB 应具备的短路电流非周期分量开断能力至少为下列哪项数值？（　　）

（A）11.0kA　　（B）16.09kA

（C）18.8kA　　（D）25.2kA

解答过程：

5. 为了抑制 6kV 厂用系统的谐波，6.3kV 母线的短路容量应大于 200MVA，假定限流电抗器的主变侧短路电流周期分量起始有效值为 80kA，若电抗器额定电流为 800A，厂用分支断路器的额定开断电流为 31.5kA，请计算确定满足上述要求的电抗器的电抗百分值应为下列哪项数值？（忽略电动机反馈电流）（　　）

（A）1.5%　　（B）3%

（C）4.5%　　（D）6%

解答过程：

6. 已知 GCB 两端并联的对地电容器之和为每相 150nf，假定消弧线圈的电感为 1.5H，以过补偿方式，用于发电电机中性点接地。若过补偿系数为 1.2，问本单元机组 6kV 系统，除 GCB 并联电容提供的单相接地电容电流以外，其余部分的单相接地电容电流为下列哪项数值？（　　）

（A）0.5A　　（B）2.5A

（C）5.9A　　（D）6.4A

解答过程：

题 7～11：某电厂的海拔为 1350m，厂内 330kV 配电装置的电气主接线为双母线接线，330kV 配电装置采用屋外敞开式中型布置，主母线和主变进线均采用双分裂铝钢扩径空芯导线（导线分裂间距 400mm），330kV 设备的短路电流水平为 50kA（2s）。

厂内 330kV 配电装置的最小安全净距：A_1值为 2650mm，A_2值为 2950mm。

请分析并计算下列各小题（厂内 330kV 配电装置间隔断面示意图见下图）。

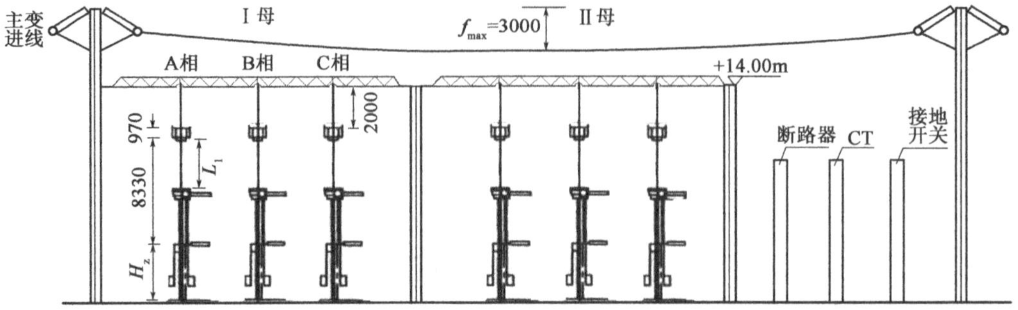

厂内330kV配电装置主变进线间隔断面示意图(尺寸单位：mm)

7. 请判断图中所示的安全距离L_1不得小于下列哪项数值？并说明理由。（　　）

（A）2650mm　（B）2950mm　（C）3250mm　（D）3400mm

解答过程：

8. 母线隔离开关启用 GW22B-363/2500 型垂直伸缩式隔离开关，其底座下沿与静触头（静触头可调范围为 500～1500mm）中心线的距离为 8330mm。A 相静触头中心线与 A 相母线中心线的距离确定为 970mm。主母线挂线点高度为 14m，A 相母线最大弧垂为 2000mm，若不计导线半径，则隔离开关支架高度为下列哪项数值？（　　）

（A）2500mm　（B）2700mm　（C）3170mm　（D）3670mm

解答过程：

9. 330kV 配电装置的主变间隔中，主变进线跨过主母线，主变进线最大弧垂为 3000mm，主母线挂线点高度为 14m，若假定主母线弧垂为 1800mm，不计导线半径，不考虑带电检修，请计算主变进线架构高度不应小于下列哪项数值？（　　）

（A）15.6m　（B）18.6m　（C）19.6m　（D）20.4m

解答过程：

10. 根据电厂的环境气象条件，计算主变进线（包括绝缘子串）在不同风速条件下的风偏为：雷电过电压时风偏 600mm，内过电压时风偏 900mm，最高工作电时风偏 1450mm。假定主变进线无偏角，跳线风偏相同，不计导线半径和风偏角对导线分裂间距的影响，且不考虑海拔修正时，请计算主变线门形架构的宽度宜为下列哪项数值？（架构柱直径为 500mm） （　　）

（A）10.6m　　（B）11.2m　　（C）17.2m　　（D）17.7m

解答过程：

11. 330kV 配电装置出线回路的 330kV 母线隔离开关额定电流为 2500A，该母线隔离开关应切断母线环流的能力是，当开合电压 300V，开合次数 100 次，其开断母线环流的电流应至少为下列哪项数值？（按规程规定计算） （　　）

（A）0.5A　　（B）2A　　（C）2000A　　（D）2500A

解答过程：

题 12～15：某发电厂采用 220kV 接入系统，其汽机房 A 列防雷布置图如下图所示，1 号、2 号避雷针的高度为 40m，3 号、4 号、5 号避雷针的高度为 30m，被保护物高度为 15m，请分析并解答下列各小题。（避雷针的位置坐标如下图所示）

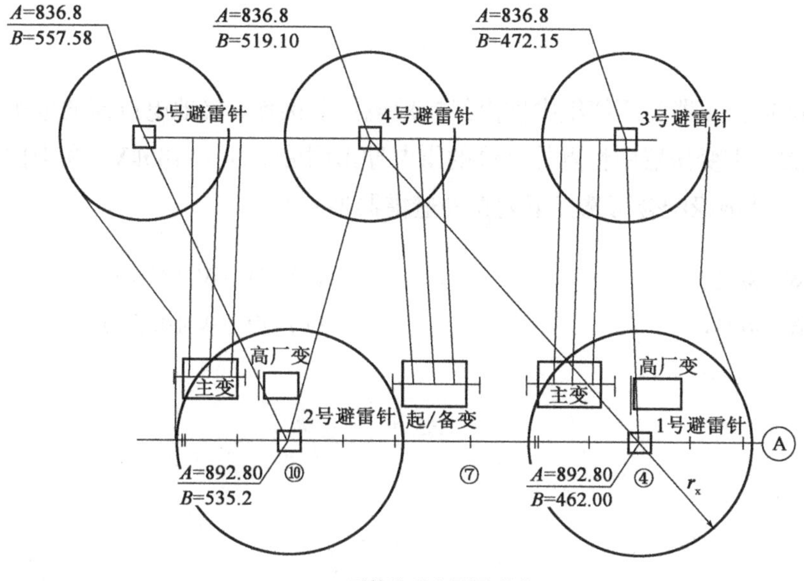

A列外防雷布置图(单位：m)

12. 请计算 1 号避雷针在被保护物高度水平面上的保护半径r_x为下列哪项数值？ （　　）

（A）21.75m　　（B）26.1m

（C）30m　　（D）52.2m

解答过程：

13. 请计算 2 号、5 号避雷针两针间的保护最低点高度h_0为下列哪项数值？（　　）

（A）8.47m　　（B）4.4m

（C）21.53m　　（D）30m

解答过程：

14. 该电厂的 220kV 出线回路在开断空载架空长线路时，宜采用哪种措施限制其操作过电压，其过电压不宜大于下列哪项数值？（　　）

（A）采用重击穿概率极低的断路器，617kV

（B）采用重击穿概率极低的断路器，436kV

（C）采用截流数值较低的断路器，617kV

（D）采用截流数值较低的断路器，436kV

解答过程：

15. 该电厂 220kV 变压器高压绕组中性点经接地电抗器接地，接地电抗器的电抗值与主变压器的零序电抗值之比为 0.25，主变压器中性点外绝缘的雷电冲击耐受电压为 185kV，在中性点处装设无间隙氧化锌避雷器保护，按外绝缘配合可选择下列哪种避雷器型号？（　　）

（A）Y1.5W-38/132　　（B）Y1.5W-38/148

（C）Y1.5W-89/286　　（D）Y1.5W-146/320

解答过程：

题 16～20：某 220kV 无人值班变电站设置一套直流系统，标准电压为 220V，控制与动力负荷合并供电。直流系统设 2 组蓄电池，蓄电池选用阀控式密封铅酸（贫液，单体 2V），每组蓄电池容量为 400Ah。充电装置满足蓄电池均衡充电且同时对直流系统供电，均衡充电电流取最大值，已知经常负荷、事故负荷统计见下表。

序号	名　称	容量（kW）	备注
1	智能装置、智能组件	3.5	
2	控制、保护、继电器	3.0	
3	交流不间断电流	2×15	负荷平均分配在 2 组蓄电池上，$\eta=1$
4	直流应急照明	2.1	
5	DC/DC 变换装置	2.2	$\eta=1$

16. 请计算充电装置的额定电流计算值应为下列哪项数值？（计算结果保留 2 位小数）（　　）

（A）50.00A　　（B）70.91A

（C）78.91A　　（D）88.46A

解答过程：

17. 若变电站利用高频开关电源型充电装置，采用一组电池配置一套充电装置方案，单个模块额定电流为 10A。若经常负荷电流$I_{jc}=20A$，计算全站充电模块数量应为下列哪项数值？（　　）

（A）9 块　　（B）14 块

（C）16 块　　（D）18 块

解答过程：

18. 若变电站 220kV 侧为双母线接线，出线间隔 6 回，主变压器间隔 2 回，220kV 配电装置已达终极规模。220kV 断路器均采用分相机构，每台每相跳闸电流为 2A，事故初期高压断路器跳闸按保护动作跳开 220kV 母线上所有断路器考虑，不考虑高压断路器自投。取蓄电池的放电终止电压为 1.85V，采用简化计算法，求满足事故放电初期（1min）冲击放电电流的蓄电池 10h 放电率计算容量应为下列哪项数值？（计算结果保留 2 位小数）（　　）

（A）100.44Ah　　（B）101.80Ah

（C）126.18Ah　　（D）146.63Ah

解答过程：

19. 若直流馈线网络采用集中辐射型供电方式，上级直流断路器采用标准型 C 型脱扣器，安装出口处短路电流为 2500A，回路末端短路电流为 1270A；其下级直断路器采用额定电流为 6A 的标准型 B 型脱扣器。上级断路器要求下级断路器回路压降$\Delta U_{p2}=4\%U_n$。请查表选择此上级断路器额定电流并计算

其灵敏系数。（脱扣电流按瞬时脱扣范围最大值选取，计算结果保留 2 位小数）（　　）

（A）40A，2.12　　（B）40A，4.17

（C）63A，1.34　　（D）63A，2.65

解答过程：

20. 若直流馈线网络采用分层辐射形式供电方式，变电站设直流分电柜。经计算直流分电柜至终端回路的电压降为 4.4V，直流柜至直流分电柜电缆长度为 90m，允许电压降计算电流为 80A，回路长期工作电流为 40A。按回路压降计算，至直流分电柜的电缆线截面面积选择下列哪项最为经济？（采用铜芯电缆）（　　）

（A）$16mm^2$　　（B）$25mm^2$

（C）$35mm^2$　　（D）$50mm^2$

解答过程：

题 21～25：某 220kV 架空输电线路工程导线采用2×JL/G1A-630/45，子导线直径为 33.8mm，自重荷载为 20.39N/m，安全系数为 2.5 时最大设计张力为 57kN，基本风速 33m/s，设计覆冰厚度 10mm（同时温度−5℃，风速 10m/s）。10mm 厚覆冰时，子导线冰荷载为 12.14N/m，风荷载 4.04N/m，子导线最大风时风荷载为 22.11N/m。

21. 导线悬重绝缘子串中固定式悬重线夹的握力应不小于下列哪项数值？（　　）

（A）34.2kN　　（B）36.0kN

（C）57.0kN　　（D）60.0kN

解答过程：

22. 某基塔定位后的水平档距为 500m，垂直档距为 400m，导线悬垂线夹的机械强度应不小于下列哪项数值？（不考虑气象条件变化对垂直档距以及风压高度比系数的影响）（　　）

（A）32.92kN　　（B）34.35kN

（C）68.69kN　　（D）137.38kN

解答过程：

23. 导线双联耐张绝缘子金具串中压缩型耐张线夹的握力应不小于下列哪项数值？（　　）

（A）142.5kN　　（B）135.4kN

（C）71.25kN　　（D）67.7kN

解答过程：

24. 某悬垂直线塔使用于山区，该塔设计时导线的纵向不平衡张力应取下列哪项数值？（　　）

（A）22.8kN　　（B）28.5kN

（C）34.2kN　　（D）79.8kN

解答过程：

25. 假设某档的档距为 700m（一般档距），两端直线塔的悬垂绝缘子串（I串）长度均为 2.5m，地线串长度为 0.5m，地线串挂点比导线串挂点高 2.5m，地线与边导线间的水平偏移为 1.0m。若导线为水平排列，在 15℃无风时档距中央导线的弧垂为 35m，请计算该档距满足档距中央导地线距离要求时的地线弧垂不应大于下列哪项数值？（　　）

（A）28.15m　　（B）30.15m

（C）30.65m　　（D）32.65m

解答过程：

2019 年案例分析试题（下午卷）

[案例题是 4 选 1 的方式，各小题前后之间没有联系，共 40 道小题，选作 25 道，每题分值为 2 分，上午卷 50 分，下午卷 50 分，试卷满分 100 分。案例题一定要有分析（步骤和过程）、计算（要列出相应的公式）、依据（主要是规程、规范、手册），如果是论述题要列出论点。]

题 1～3：某 600MW 汽轮发电机组，发电机额定电压为 20kV，额定功率因数 0.9，主变压器为 720MVA、550-2×2.5%/20kV、Y/d-11 接线三相变压器，高压厂用变压器电源从主变低压侧母线支接；发电机回路单相对地电容电流为 5A，发电机中性点经单相变压器二次侧电阻接地，单相变压器二次侧电压为 220V。

1. 根据上述已知条件，发电机中性点变压器二次侧接地阻值为下列哪项数值？［按《导体和电气设备选择规定》（DL/T 5222—2005）计算］（　　）

（A）0.44Ω　　（B）0.762Ω

（C）0.838Ω　　（D）1.32Ω

解答过程：

2. 若发电机回路发生 b、c 两相短路，短路点在主变低压侧和厂高变电源支接点之间的主变低压侧封闭母线上，主变侧提供的短路电流周期分量为 100kA，则主变高压侧 A、B、C 三相绕组中的短路电流周期分量分别为下列哪组数值？（　　）

（A）0kA，3.64kA，3.64kA　　（B）0kA，2.1kA，2.1kA

（C）2.1kA，2.1kA，4.2kA　　（D）3.64kA，2.1kA，3.64kA

解答过程：

3. 当 500kV 线路发生三相短路时，发变组侧提供的短路电流为 3kA，500kV 系统侧提供的短路电流为 36kA，保护动作时间为 40ms，断路器分断时间为 50ms。发电机出口保护用电流互感器采用 TPY 级，依据该工况计算电流互感器额定暂态面积系数及暂态误差分别为下列哪组数值？（电流互感器一次时间常数取 0.2s，二次时间常数取 2s）（　　）

（A）19.2，3.06%　　（B）23.2，3.69%

（C）25.1，3.99%　　（D）25.1，3.53%

解答过程：

题 4～6：某西部山区有一座水力发电厂，安装有 3 台 320MW 的水轮发电机组，发电机—变压器接线组合为单元接线，主变压器为三相双绕组无载调压变压器，容量为 360MVA。变比为550 − 2 × 2.5%/18kV，短路阻抗U_k为 14%，接线组别为 Ynd11，总损耗为 820kW（75℃）。因水库调度优化，电厂出力将增加，需要对该电厂进行增容改造，改造后需要的变压器容量为 420MVA，其调压方式、短路阻抗、导线电流密度和铁心磁密保持不变。请分析计算并解答下列各题。

4. 若增容改造后的变压器形式为单相双绕组变压器，即每台（组）主变压器为三台单相变压器组，选用额定冷却容量为 150kW 的冷却器，每台冷却器主要负荷为 2 台同时运行的 1.6kW 油泵，则每台（组）主变压器冷却器计算负荷约为下列哪项数值？（参照《电力变压器选用导则》《水电站机电设计手册》及相关标准计算）（　　）

（A）38.4kW　　（B）28.8kW

（C）23.2kW　　（D）12.8kW

解答过程：

5. 增容改造后电厂需要引接一回 220kV 出线与地区电网连接，采用的变压器形式为三相自耦变压器，变比为550/230 ± 8 × 1.25%/18kV，采用中性点调压方式。当高压侧为 530kV 时，要求中压侧仍维持 230kV，则调压后中压侧实际电压最接近 230kV 的分接头位置为下列哪项？（　　）

（A）230 + 5 × 1.25%

（B）230 + 6 × 1.25%

（C）230 − 5 × 1.25%

（D）230 − 6 × 1.25%

解答过程：

6. 增容改造后电厂需要引接一回 220kV 出线与地区电网连接，采用的变压器型式三相自耦变压器，假定变比为 525kV/230 ± 4 × 1.25%/18kV，采用中性点调压方式。若自耦变中性点接地遭到损坏断开，中压侧出线发生单相短路时，考虑所有分接情况时自耦变压器中性点对地电压升高最高值约可达到下列哪项数值？（忽略线路阻抗，正常运行时保持中压侧电压约为 230kV）（　　）

（A）231kV　　（B）236kV

（C）242kV　　（D）247kV

解答过程：

题 7～9：某小型热电厂建设两机三炉，其中一台 35MW 的发电机经 45MVA 主变接 110kV 母线，发电机出口设发电机断路器。此机组设 6kVA 段、B 段向其中两台炉的厂用负荷供电，两 6kV 段经一台电抗器接至主变低压侧，6kV 厂用 A 段计算容量为 10512kVA，B 段计算容量为 5570kVA。发电机、变压器、电抗器均装设差动保护，主变差动和电抗器差动保护电流互感器装设在电抗器电源侧断路器的电抗器侧。已知发电机主保护动作时间为 30ms，主变主保护动作时间 35ms，电抗器主保护动作时间为 35ms，电抗器后备保护动作时间为 1.2s，电抗器主保护若经发电机、变压器保护出口需增加动作时间 10ms，断路器全分断时间 50ms。本机组的电气接线示意图、短路电流计算结果如下。［按《三相交流系统短路电流计算 第 1 部分：电流计算》（GB/T 15544.1—2013）计算］

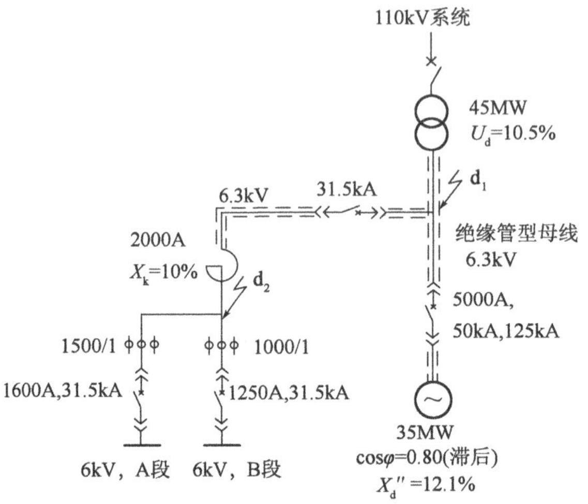

电气接线示意图

短路点编号	基准电压（kV）	基准电流（kA）	短路类型	分支线名称	短路电流值（kA）		
					I''_k	I_b（0.07）	I_b（0.1）
1	6.3	9.165	三相短路	系统	38.961	38.961	38.961
				电抗器	6.899	5.856	5.200
				汽轮发电机	37.281	26.370	24.465
2	6.3	9.165	三相短路	系统	17.728	17.686	17.683
				电动机反馈电流	9.838	7.157	5828

注：I''_k为对称短路电流初始值，I_b为对称开断电流。

7. 根据给出的短路电流计算结果表，发电机出口断路器的额定短路开断电流交流分量应选取下列哪项数值？（短路电流简化计算可用算术和方式）（　　）

（A）30.293kA　　（B）37.28kA

（C）44.162kA　　（D）44.819kA

解答过程：

8. 为校验 6kV 电抗器电源侧断路器与主变低压侧厂用电分支回路连接的管形母线的动、热稳定，计算此处短路电流峰值和热效应分别为下列哪组数值？［短路电流峰值计算系数k取 1.9，非周期分量的热效应系数m取 0.83，交流分量的热效应系数n取 0.97，按《三相交流系统短路电流计算 第 1 部分：电流计算》（GB/T 15544.1—2013）计算］（　　）

（A）204.86kA，889.36$(kA)^2s$　　（B）204.86kA，994.0$(kA)^2s$

（C）223.40kA，1057.69$(kA)^2s$　　（D）223.40kA，14932.08$(kA)^2s$

解答过程：

9. 已知 6kV 厂用 A 段上最大一台电动机额定功率为 1800kV，额定电流为 200A，堵转电流倍数为 6.5，计算电抗器负荷侧分支限时速断保护与此电动机启动配合的保护整定值和灵敏系数分别是下列哪组数值？（假设主题干中短路电流值为最小运行方式下的数值，可靠系数取 1.2）（　　）

（A）保护整定值为 1.04A，灵敏系数为 9.84

（B）保护整定值为 1.65A，灵敏系数为 6.20

（C）保护整定值为 2.48A，灵敏系数为 6.41

（D）保护整定值为 2.48A，灵敏系数为 7.41

解答过程：

题 10～13：某燃煤电厂 2 台 350MW 机组分别经双卷变接入厂内 220kV 屋外配电装置，220kV 配电装置采用双母线接线，普通中型布置，主母线采用支撑式管母水平布置，主母线和进出线相间距为 4m，出线 2 回。

10. 若电厂海拔高度为 1500m，大气压为 85000Pa，母线采用单根ϕ150/136 铝镁硅系（6036）管形母线，则雨天该母线的电晕临界电压是下列哪项数值？（　　）

（A）834.2kV　　（B）847.3kV

（C）943.9kV　　（D）996.8kV

解答过程：

11. 若 220kV 母线采用单根ϕ150/136 铝镁硅系（6036）管形母线，母线支柱绝缘子间距 15m，支撑托架长 3m。当 220kV 母线三相短路电流周期分量起始有效值为 40.7kA，β取 0.58 时，校验母线支柱绝缘子动稳定的短路电动力为下列哪项数值？（　　）

（A）994.28N　　（B）1242.85N

（C）3402.91N　　（D）4253.64N

解答过程：

12. 该电厂 220kV 母线发生三相短路时的短路电流周期分量起始有效值为 40.7kA，其中系统提供的电流为 33kA，每台机组提供的电流为 3.85kA。其中一台机组通过 220kV 铜芯交联电缆接入厂内 220kV 配电装置，若该回路主保护动作时间为 20ms，后备保护动作时间为 2s，断路器开断时间为 50ms，电缆导体的交流电阻与直流电阻之比为 1.01，不考虑短路电流非周期分量的影响以及周期分量的衰减，则该回路电缆的最小热稳定截面面积是下列哪项数值？（　　）

（A）69.08mm^2　　（B）76.30mm^2

（C）373.85mm^2　　（D）412.91mm^2

解答过程：

13. 若一台机组采用 220V 电缆经电缆沟敷设接入厂内 220kV 母线，电缆型号为 YJLW$_{03}$-1×1200mm^2，三相电缆水平等间距敷设，相邻电缆之间的净距为 35cm，电缆外径为 115.6mm，电缆金属套的外径为 100mm，电缆长度为 200m，电缆采用一端互联接地，一端经护层接地保护器接地。当电缆中流过电流为 1000A 时，电缆金属套的正常感应电势是下列哪项？（　　）

（A）A、C 相 28.02V，B 相 22.63V　　（B）A、C 相 29.78V，B 相 24.45V

（C）A、C 相 31.49V，B 相 26.22V　　（D）A、C 相 33.26V，B 相 28.04V

解答过程：

题 14～16：某 660MW 汽轮发电机组，发电机额定电压 20kV，采用发电机—变压器—线路组接线，经主变压器升压后以 1 回 220kV 线路送出；主变中性点经隔离开关接地，中性点设并联的避雷器和放电间隙。请解答下列各题。

14. 该机组接入的 220kV 系统为有效接地系统，其零序电抗与正序电抗之比为 2.5。220kV 送出线路相间电容与相对地电容之比为 1.2，当变压器中性点隔离开关打开运行时 220kV 线路发生单相接地，此时变压器高压侧中性点的稳态与暂态过电压分别是下列哪组数值？（变压器绕组的振荡系数取 1.5）（　　）

（A）77.37kV，146.01kV　　（B）77.37kV，292.02kV

（C）80.83kV，152.04kV　　（D）80.83kV，304.08kV

解答过程：

15. 若该电站位于海拔 1800m 处，其使用的 220kV 断路器是在位于海拔 500m 处制造厂通过的雷电冲击试验，假定其试验电压为 1000kV。则依据该试验电压，确定站址处 220kV 避雷器与断路器的电气距离不大于下列哪项数值？（　　）

（A）121.5m　　（B）125m　　（C）168.75m　　（D）195m

解答过程：

16. 若电站位于海拔 1500m 处，避雷器操作冲击保护水平为 420kV，预期相对地 2%统计操作过电压为 2.5p.u.。依据规范《绝缘配合 第 1 部分：定义、原则和规则》（GB 311.2—2012）采用确定性法计算，若电气设备在海拔 0m 处，其相对地外绝缘缓波前过电压的要求耐受电压应为下列哪项数值？（　　）

（A）478.5kV　　（B）429.2kV　　（C）563.7kV　　（D）598.9kV

解答过程：

题 17～20：某2×660MW 燃煤电厂的水源地分别由两台机组的 6kV 高压厂用电系统 A 段（以下简称“厂用 6kV”）双电源供电。水源地设置一段 6kV 配电装置（以下简称“水源地 6kV 段”），水源地 6kV 段向水源地的 6kV 电动机（设置变频器）和低压配电变压器供电。厂用 6kV 段至水源地 6kV 段的每回电源均采用电缆 YJV-6.0kV-3×185供电，每回电缆长度为 2km。机组 6kV 开关柜的短时耐受电流选择为 40kA，耐受时间为 4s。

高压厂用变压器二次绕组中性点通过低电阻接地，高压厂用变压器参数如下：

（1）额定容量：50/25-25MVA。

（2）电压比：22±2×2.5%/6.3-6.3kV。

（3）半穿越阻抗：17%。

（4）中性点接地电阻：18.18Ω。

水源地设置独立的接地网，水源地主接地网是围绕取水泵房外敷设一个矩形20m×60m的水平接地极的环形接地网，水平接地极埋深 0.8m，水源地土壤电阻率为 150Ω·m。

请分析计算并解答下列各小题。

17. 假定水源地主接地网的水平接地极采用50×6mm 镀锌扁钢，计算水源地接地网的接地电阻为下列哪项数值？（　　）

（A）4Ω　　（B）2.25Ω　　（C）0.5Ω　　（D）0.041Ω

解答过程：

18. 按《交流电气装置的接地设计规范》（GB/T 50065—2011），若不考虑电源电缆阻抗的影响，则水源地接地网的接地电阻不应大于下列哪项数值？（　　）

（A）10Ω　（B）4Ω　（C）0.6Ω　（D）0.5Ω

解答过程：

19. 假定 6kV 配电装置的接地故障电流持续时间为 1s，当水源地不采取地面处理措施时，则其接触电位差和跨步电位差允许值（可考虑误差在 5%以内）分别为下列哪组数值？（　　）

（A）199.5V，279V　（B）99.8V，139.5V　（C）57.5V，80V　（D）50V，50V

解答过程：

20. 水源地主接地网导体采用镀锌扁钢，镀锌扁钢腐蚀速率取 0.05mm/年，接地网设计寿命为 30 年。若不考虑电缆电阻对短路电流的影响，也不计电动机反馈电流，取 6kV 厂用电系统的两相接地短路故障时间为 1s，则水源地主接地网的导体截面面积按 6kV 系统两相接地短路电流选择时，不宜小于下列哪项数值？（若扁钢厚度取 6mm）（　　）

（A）$168.5mm^2$　（B）$194.3mm^2$　（C）$270.6mm^2$　（D）$334.4mm^2$

解答过程：

题 21～23：某工程 2 台 660MW 汽轮发电机组，电厂启动/备用电源由厂外 110kV 变电站引接，电气接线如图所示，启动/备用变压器采用分裂绕组变压器，变压器变比为 $110 \pm 8 \times 1.25\%/10.5\text{-}10.5kV$，容量为 60/37.5-37.5MVA；变压器低压绕组中性点采用低电阻接地；高压侧保护用电流互感器参数为 400/1A，5P20，低压侧分支保护用电流互感器参数为 3000A/1A，5P20。请根据上述已知条件，解答下列问题。

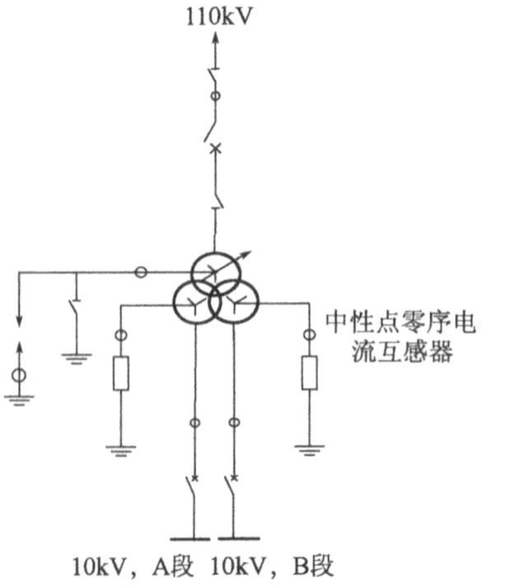

21. 已知 10kV 母线最大运行方式下三相短路电流为 36.02kA，最小运行方式下三相短路电流为 33.95kA。其中电动机反馈电流为 10.72kA。若启动/备用变压器高压侧复合电压闭锁过电流保护的二次整定值为 2A，请计算该电流元件对应的灵敏系数是下列哪项数值？（　　）

（A）2.4　　（B）2.61

（C）2.77　　（D）3.5

解答过程：

22. 已知启动/备用电压器低压侧中性点电流互感器变比为 100/5A，电流互感器至保护屏电缆长度为 100m，采用 $4mm^2$ 截面铜芯电缆，铜电导系数取 $57m/(\Omega \cdot mm^2)$。其中接触电阻取 0.1Ω，保护装置交流电流负载为 1VA，请计算电流互感器的实际二次负荷是下列哪项数值？（　　）

（A）14.48VA　　（B）22.95VA

（C）25.45VA　　（D）49.45VA

解答过程：

23. 发电厂通过计算机监控系统对电气设备进行监控，并且启动/备用变压器高压侧为关口计量点。对于启动/备用变压器，下列测量表计的配置哪项是符合规程要求的？（　　）

（A）计算机监控系统：①高压侧：三相电流，有功功率，无功功率；②低压侧，备用分支 B 相电流
高压测电能计量表：单表
10kV 开关柜：各备用分支上配 B 相电流表

（B）计算机监控系统：①高压侧：B 相电流，有功功率，无功功率；②低压侧：备用分支 B 相电流
高压侧电能计量表：配主、副电能表
10kV 开关柜：各备用分支配 B 相电流表

（C）计算机监控系统：①高压侧：三相电流，有功功率；②低压侧：备用分支 B 相电流
高压侧电能计量表：单表
10kV 开关柜：各备用分支配 B 相电流表

（D）计算机监控系统：①高压侧：B 相电流，有功功率；②低压侧：备用分支 B 相电流
高压侧电能计量表：配主、副电能表
10kV 开关柜：各备用分支配 B 相电流表

解答过程：

题 24～27：某 220kV 变电站，电压等级为 220/110/10kV，每台主变配置数组 10kV 并联电容器组，各分组采用单星接线，经断路器直接接入 10kV 母线；每相串联段数为 1 段，并联台数 8 台。拟毗邻建设一座 500kV 变电站，电压等级为 500/220/35kV，每台主变配置数组 35kV 并联电容器组及 35kV 并联电抗器，各回路经断路器直接接入母线，35kV 母线短路容量为 1964MVA。请回答以下问题。

24. 已知 220kV 变电站某电容器组，其串联电抗器电抗率为 12%，请计算单台电容器的额定电压计算值最接近以下哪项数值？（　　）

（A）6.06kV　　（B）6.38kV

（C）6.89kV　　（D）7.23kV

解答过程：

25. 若 220kV 变电站电容器内部故障采用开口三角电压保护，单台电容器内部小元件先并联后串联且无熔丝，电容器设专用熔断器，电容器组的额定相电压为 6.35kV，抽取二次电压的放电线圈一二次电压比 6.35/0.1kV，灵敏系数$K_{lm}=1.5$，$K=2$。依据以上条件计算开口三角电压二次整定值为下列哪项数值？（　　）

（A）1.73V　　（B）18.18V

（C）27.27V　　（D）31.49V

解答过程：

26. 已知 500kV 变电站安装 35kV 电容器 4 组，每组电容器组采用双星形接线，每臂电容器采用先并后串接线方式，由 2 个串联段串联组成，每个串联段由若干台单台电容器并联（不采用切断均压线的分隔措施）。若单台电容器的容量为 417kvar，请计算每组电容器的最大容量计算值为下列哪项数值？（　　）

（A）22.52Mvar　　（B）25.02Mvar

（C）40.00Mvar　　（D）45.04Mvar

解答过程：

27. 若 500kV 变电站安装 35kV 电容器 4 组，各组容量为 40Mvar，均串 12%电抗器。串联电抗器及连接线每相电感$L=16.5\text{mH}$。请计算最后一组电容器投入时的合闸涌流最接近下列哪项数值？［电源产生的涌流忽略不计，采用《330～500kV 变电所无功补偿装置设计技术规定》（DL/T 5014—2010）公式

计算］（ ）

（A）1.70kA （B）2.27kA

（C）2.94kA （D）5.38kA

解答过程：

题 28～30：某燃煤电厂设有正常照明和应急照明，照明网络电压均为 380/220V，请解答下列问题。

28. 有一锅炉检修用携带式作业灯，功率为 60W，功率因数为 1，采用单根双芯铜电缆供电，若电缆长度为 65m，则电缆允许最小截面面积应选择下列哪项数值？（ ）

（A）$4mm^2$ （B）$6mm^2$

（C）$16mm^2$ （D）$25mm^2$

解答过程：

29. 该电厂有一配电室，长 15m，宽 6m，在配电室内 3m 高度均布了 3 排2×36W 荧光灯为其提供照明，每排装设 6 套灯具，其中 5 套为正常照明，1 套为应急照明。正常照明由专用照明变供电，应急照明由保安段供电，应急照明平常点亮。已知每套荧光灯的光通量为 3250lm，利用系数为 0.7，照度均匀度U_0为 0.6，则所有灯具正常工作时配电室地面的最小照度为下列哪项数值？（ ）

（A）182lx （B）218.4lx

（C）303.33lx （D）364lx

解答过程：

30. 每台机组设一台干式照明变，照明变参数为：$S_e = 400$kVA，$6.3\pm2\times2.5\%/0.4$kV，$U_d = 4\%$，Dynll，变压器额定负载短路损耗$P_d = 3.39$kW，当在该变压器低压侧出口发生三相短路时，其三相短路电流周期分量的起始值是下列哪项数值？（ ）

（A）14.00kA （B）14.43kA

（C）14.74kA （D）15.19kA

解答过程：

题 31～35：某 220kV 架空输电线路工程，采用2×JL/G1A-500/45 导线，导线外径为 30mm，自重荷载为 16.53N/m，子导线最大设计张力为 45300N。（提示：覆冰密度为 0.9g/cm³，$g = 9.80m/s^2$）

31. 假定单联悬垂玻璃绝缘子串连接金具及绝缘子破坏强度为 100kN，悬垂线夹破坏强度为 45kN，无冰区。某直线塔排位水平档距为 550m，大风工况的风荷载 25.0N/m。计算在最大使用荷载控制时，采用该悬垂绝缘子串的大风工况允许垂直档距为下列哪项数值？（　　）

（A）703m　　（B）750m

（C）802m　　（D）879m

解答过程：

32. 假定某直线塔采用悬垂 I 型绝缘子串时的最大风偏角为 60°，计算采用悬垂 V 形串时两肢绝缘子串之间的夹角不宜小于下列哪项数值？（　　）

（A）60°　　（B）80°

（C）90°　　（D）100°

解答过程：

33. 假定某基直线塔前后侧档距分别为 450m 和 550m，且与相邻塔导线挂点高程相同，计算覆冰厚度为 10mm 时导线垂直荷载为下列哪项数值？（　　）

（A）27.61kN　　（B）30.37kN

（C）33.13kN　　（D）36.44kN

解答过程：

34. 某直线塔位于 30m/s，5mm 厚覆冰地区，水平档距为 850m，假定 30m/s 大风时垂直档距为 650m，风荷载为 21.5N/m。5mm 厚覆冰时垂直档距为 630m，覆冰时冰荷载为 4.85N/m，风荷载为 3.85N/m。导线采用单联悬垂玻璃绝缘子串，则垂悬串中连接金具的强度等级应选择以下哪项数值？（　　）

（A）20kN　　（B）100kN

（C）120kN　　（D）160kN

解答过程：

35. 已知某档档距为 600m，高差为 200m，假定最高气温时导线最低点的张力为 28000N，计算该档最高气温时最大弧垂为下列哪项数值？（提示：采用斜抛物线公式计算）（　　）

（A）23.70m　　（B）25.25m

（C）26.57m　　（D）28.00m

解答过程：

题 36～40：某 500kV 架空输电线路工程，导线采用4 × LGJ-500/45 钢芯铝绞线，按导线长期允许最高温度 70°C设计，给出的主要气象条件及导线参数见下表。（提示：计算时采用平抛物线公式）

主要气象条件及导线参数

外径d（mm）			30.0
截面S（mm^2）			531.37
自重力比载g_1［$\times 10^{-3}N/(m \cdot mm^2)$］			30.28
计算拉断力（N）			119500
年平均气温	$T = 150°C$ $v = 0m/s$ $b = 0mm$	导线应力（N/mm^2）	50.98
最低气温	$T = -200°C$ $v = 0m/s$ $b = 0mm$	导线应力（N/mm^2）	56.18
最高气温	$T = 150°C$ $v = 0m/s$ $b = 0mm$	导线应力（N/mm^2）	47.98
设计覆冰厚度	$T = -50°C$ $v = 10m/s$ $b = 10mm$	冰重力比载［$\times 10^{-3}N/(m \cdot mm^2)$］	20.86
		覆冰风荷比载［$\times 10^{-3}N/(m \cdot mm^2)$］	6.92
		导线应力（N/mm^2）	85.40
基本风速（风偏）	$T = -50°C$ $v = 30m/s$ $b = 0mm$	无冰风荷比载［$\times 10^{-3}N/(m \cdot mm^2)$］	20.88
		导线应力（N/mm^2）	63.82

36. 设计覆冰时综合比载为下列哪项数值？（　　）

（A）$51.61 \times 10^{-3}N/(m \cdot mm^2)$　　（B）$51.14 \times 10^{-3}N/(m \cdot mm^2)$

（C）$45.37 \times 10^{-3}N/(m \cdot mm^2)$　　（D）$31.16 \times 10^{-3}N/(m \cdot mm^2)$

解答过程：

37. 年平均气温条件下，计算得知某直线塔塔前后两侧的导线悬点应力分别为 $56N/m^2$ 和 $54N/m^2$，则该塔上每根子导线的垂直荷重为下列哪项数值？（　　）

（A）58451N　　（B）45872N

（C）32765N　　（D）21786N

解答过程：

38. 若某直线塔的水平档距为 420m，最大弧垂时的垂直档距为 273m，采用合成绝缘子串，在基本风速（风偏）时，该塔的绝缘子串摇摆角为下列哪项数值？（绝缘子串重量取 500N，风荷载取 300N）（　　）

（A）46.5°　　（B）48.3°

（C）52.0°　　（D）56.3°

解答过程：

39. 基本风速（风偏）条件下，导线的风偏角为下列哪项数值？（　　）

（A）22.2°　　（B）34.6°

（C）40.5°　　（D）43.2°

解答过程：

40. 档距大于 500m 时，拟采用防振锤进行导线防振。若导线采用固定型单悬垂线夹且导线在悬垂线夹内的接触长度为 300mm，当振动的最小半波长和最大半波长分别为 1.558m 和 20.226m 时，悬垂直线塔处第一个防振锤距线夹中心的安装距离为下列哪项数值？（　　）

（A）1.45m　　（B）1.60m

（C）1.75m　　（D）1.98m

解答过程：

2020 年案例分析试题（上午卷）

［案例题是 4 选 1 的方式，各小题前后之间没有联系，共 25 道小题，每题分值为 2 分，上午卷 50 分，下午卷 50 分，试卷满分 100 分。案例题一定要有分析（步骤和过程）、计算（要列出相应的公式）、依据（主要是规程、规范、手册），如果是论述题要列出论点。］

题 1～4：某电厂建设2×350MW 燃煤汽轮机发电机组，每台机组采用发电机—变压器（以下称主变）组单元接线，通过主变升压接至厂内 220kV 配电装置，220kV 配电装置的电气主接线为双母线接线，220kV 配电装置采用屋外敞开式中型布置，电厂通过两回 220kV 架空线路接至附近某一变电站。发电机额定功率$P_e=350$MW，额定电压$U_n=20$kV。请分析计算并解答下列各小题。

1. 发电机中性点采用高电阻接地，接地故障清除时间大于 10s，发电机出口设置金属氧化物避雷器（以下简称 MOA），根据相关规程，计算确定该避雷器的持续运行电压和额定电压宜取下列哪组数值？（　　）

（A）20kV，25kV　　（B）20.8kV，26kV

（C）24kV，26kV　　（D）24kV，30kV

解答过程：

2. 若电厂海拔高度为 0m，发电机定子绕组冲击试验电压值（峰值）取交流工频试验电压峰值，发电机采用高电阻接地，发电机出口 MOA 靠近发电机端子布置，根据相关规程，发电机与避雷器绝缘配合采用确定性法，计算确定该避雷器的标称放电电流和残压宜取下列哪组数值？（　　）

（A）2.5kA，41.4kV　　（B）2.5kA，46kV

（C）5kA，41.4kV　　（D）5kA，46.4kV

解答过程：

3. 电厂 220kV 配电装置的两组母线均设置标准特性的 MOA，主变额定总量 420MVA，额定电压 242kV，主变采用标准绝缘水平，主变至 220kV 配电装置均采用架空导线，电厂每回 220kV 线路均能送出 2 台机组的输出功率，当主变至 MOA 间的电气距离最大不大于下列哪项数值时，主变高压端可不装设 MOA？并说明理由。（　　）

（A）90m　　（B）125m

（C）140m　　（D）195m

解答过程：

4. 若电厂海拔高度为2500m，主变高压侧装设MOA，其残压为520kV，请计算确定主变标准额定雷电冲击耐受电压宜选择下列哪项数值？（　　）

（A）750kV　　（B）850kV

（C）950kV　　（D）1050kV

解答过程：

题5～7：某水电站直流电源系统电压为220V，直流控制负荷与动力负荷合并供电。直流系统负荷由2组阀控式密封铅酸蓄电池（胶体）、3套高频开关电源模块充电装置供电，不设端电池。单体蓄电池的额定电压为2V，事故末期放电终止电压为1.87V，电站设有柴油发电机组作为保安电源，交流不停电电源UPS从直流系统取电。请分析计算并解答下列各小题。

5. 假设直流负荷统计见下表，事故持续放电时间为2h，请按阶梯计算法计算每组蓄电池容量应为下列哪项数值？（　　）

序号	负荷名称	负荷容量（kW）	备注
1	控制和保护负荷	12.5	
2	监控系统负荷	2	
3	励磁控制负荷	1	
4	高压断路器跳闸	14.3	
5	高压断路器自投	0.55	电磁操动合闸机构
6	直流应急照明	15	
7	直流应急照明（UPS）	2×10	从直流系统取电

（A）600Ah　　（B）700Ah

（C）800Ah　　（D）900Ah

解答过程：

6. 假设每组蓄电池容量为900Ah，直流经常负荷为90A，充电装置选用额定电流为25A的高频开关充电模块，请计算充电模块的数量应取下列哪项数值？（　　）

（A）7　　（B）8

（C）9　　（D）10

解答过程：

7. 假设直流负荷采用辐射形供电，直流柜至直流分电柜电缆长度为 80m，计算电流为 160A；直流分电柜至直流终端负荷断路器 A 的电缆长度为 32m，计算电流为 10A，已选电缆截面积为 $4mm^2$；直流分电柜至直流终端负荷断路器 B 电缆长度为 28m，计算电流为 10A，已选电缆截面积为 $2.5mm^2$，请计算直流至直流分电柜电缆最小计算截面积最接近下列哪项数值？（所用电缆均为铜芯，取铜电阻率$\rho = 0.0175\Omega \cdot mm^2/m$）（　　）

（A）$38.9mm^2$　　（B）$40.7mm^2$

（C）$43.1mm^2$　　（D）$67.9mm^2$

解答过程：

题 8～10：某电厂采用 220kV 出线，220kV 配电装置设置以水平接地极为主的接地网，土壤电阻率为 $100\Omega \cdot m$。请分析计算并解答下列各小题。

8. 该电厂 6kV 系统采用中性点不接地方式，6kV 配电装置室内地表层的土壤电阻率为 $1500\Omega \cdot m$，表层衰减系数为 0.9，接地故障电流持续时间为 0.2s，计算由 6kV 系统决定的接地装置跨步电位差最大允许值不超过下列哪项数值？（　　）

（A）117.5V　　（B）320V

（C）902V　　（D）2502V

解答过程：

9. 厂内 220kV 系统最大运行方式下发生单相接地短路故障时的对称电流有效值为 35kA，流经厂内变压器中性点的电流为 8kA，厂内发生接地故障时的分流系数S_{f1}为 0.4，厂外发生接地故障时的分流系数S_{f2}为 0.8，接地故障电流持续时间为 0.5s，假定X/R值为 40，计算该厂接地网的接地电阻应不大于以下哪项数值，才能满足地电位升不超过 2kV？（　　）

（A）0.17Ω　　（B）0.25Ω

（C）0.28Ω　　（D）0.31Ω

解答过程：

10. 若接地网为方形等间距布置，水平接地网导体的总长度为 10000m，接地网的周边长度为 1000m，只在接地网中少数分散布置了部分垂直地极，垂直接地极的总长度为 50m，如果发生接地故障时的入地电流为 15kA，请计算该接地网的接触电位差应为下列哪项数值？（按规程计算，校正系数$K_m = 1.2$，$K_i = 1$）（　　）

（A）163V　　（B）179V

（C）229V　　（D）239V

解答过程：

题 11～13：某火力发电厂设有两台 600MW 汽轮发电机组，均采用发电机—变压器组接入厂内 220kV 配电装置。厂用电源由发电机出口引接，高压厂变采用分裂变压器，厂内设高压启动备用变，其电源由厂内 220kV 母线引接。

发电机的额定功率为 600MW，额定电压为 20kV，额定功率因数为 0.9，次暂态电抗X''_d为 20%，负序电抗X_2为 21.8%，主变压器容量为 670MVA，阻抗电压为 14%。

220kV 系统为无限大电源，若取基准容量为 100MVA，最大运行方式下系统正序阻抗标幺值$X_{1\Sigma} = 0.0063$，最小运行方式下系统正序阻抗标幺值$X_{1\Sigma} = 0.007$，系统负序阻抗标幺值$X_{2\Sigma} = 0.0063$，系统零序阻抗标幺值$X_{0\Sigma} = 0.0056$。请分析计算并解答下列各小题。（短路电流计算采用实用计算法）

11. 请分别计算 220kV 母线在下列各种短路故障时由系统侧提供的短路电流，确定下列哪种短路故障时由系统侧提供的短路电流最大？（　　）

（A）三相短路　　（B）两相短路

（C）单相接地　　（D）两相接地短路

解答过程：

12. 若高压厂用分裂变压器的容量为 50/28-28MVA，变比 20/6.3-6.3kV，半穿越阻抗电压为 16%、穿越电抗为 12%（以高压绕组容量为基准，制造误差±5%）。假定发电机出口短路时系统侧提供的三相交流短路容量为 3681MVA，发电机提供的三相交流短路容量为 3621MVA，接于每段 6kV 母线的电负荷额定总功率为 30000kW，每段参加反馈的 6kV 电动机的额定功率为 25000kW，电动机平均反馈电流倍数为 6，请计算 6V 母线三相短路电流的周期分量起始有效值应为下列哪项数值？（　　）

（A）37.85kA　　（B）46.87kA

（C）48.17kA　　（D）50.48kA

解答过程：

13. 若 220kV 起备变出线所配保护的动作时间为 0.5s，断路器操作机构的固有动作时间为 0.04s，全分闸时间为 0.07s。请问 220kV 起备变回路所配断路器的最大三相短路电流热效应计算值最接近以下哪项数值？（不考虑发电机提供短路电流交流分量的衰减）（　　）

（A）$904kA^2 \cdot s$　　（B）$1303kA^2 \cdot s$

（C）$1446kA^2 \cdot s$　　（D）$1704kA^2 \cdot s$

解答过程：

题 14～16：国内某燃煤电厂安装一台 135MW 汽轮发电机组，机组额定参数$P = 135MW$，$U = 13.8kV$，$\cos\varphi = 0.85$，发电机中性点采用不接地方式。该机组通过一台 220kV 双卷主变压器接入厂内 220kV 母线，厂用电源自发电机至主变低压侧母线支接，当该发电机出口厂用分支回路发生三相短路时（基准电压为 13.8kV），短路电流周期分量起始有效值为 97.24kA，其中本机组提供的为 51.28kA，请分析计算并解答下列各小题。

14. 发电机出口至主变低压侧采用槽形铝母线连接，发电机出口短路主保护动作时间为 60ms，后备保护动作时间为 1.2s，断路器开断时间为 50ms。若主保护不存在死区且不考虑三相短路电流周期分量的衰减，当槽形母线工作温度按照 80°C考虑时，该槽形母线需要的最小热稳定截面积为下列哪项数值？（精确到小数点后一位）（　　）

（A）$204.9mm^2$　　（B）$344.0mm^2$

（C）$388.6mm^2$　　（D）$652.3mm^2$

解答过程：

15. 发电机至主变低压侧出线采用双槽形铝母线，母线规格为$2 \times 200 \times 90 \times 12$，三相母线水平布置且位于同一平面，相间距为 90cm。若导体按［ ］［ ］［ ］布置，每相导体每隔 40cm 设间隔垫（视为实连），间隔垫采用螺栓固定，固定槽形母线的支柱绝缘子间距为 120cm，绝缘子安装位置位于两个间隔垫的中间。不考虑振动影响，当在槽形母线上发生三相对称短路时，计算该槽形母线所承受的相间应力应为下列哪项数值？（　　）

（A）$106.93N/cm^2$　　（B）$384.49N/cm^2$

（C）$563.39N/cm^2$　　（D）$2025.83N/cm^2$

解答过程：

16. 发电机至主变低压侧出线采用双槽形铝母线，母线规格为$2\times200\times90\times12$，三相母线、绝缘子水平布置且位于同一平面，相间距为 90cm。若固定槽形母线的支柱绝缘子选用 ZD-20F，采用等间距布置，支柱绝缘子的抗弯破坏负荷$P_{xu}=20000\text{N}$，当在发电机出口发生三相短路时，该支柱绝缘子的最大允许跨距应为下列哪项数值？（　　）

（A）149.8cm　　（B）222.9cm
（C）323.2cm　　（D）371.5cm

解答过程：

题 17～20：某海上风电场安装 75 台单机容量为 4MW 的风力发电机组，总装机容量 300MW。风电场配套建设 35kV 场内集电线路、220kV 海上升压站和 220kV 送出海缆，220kV 电缆选用交联聚乙烯绝缘电缆，从 220kV 海上升压站经过海底、滩涂、海陆缆转接井转为陆缆，请分析计算并解答下列各小题。

17. 若选用截面为$3\times400+2\times36\text{C}$的 220kV 海底电缆，在进入 GIS 进线套管前进行分相，海底电缆外径为 240mm，其无绕包三相分体外径为 100mm，则满足要求的 J 形管最小内径应为下列哪项数值？（　　）

（A）180mm　　（B）200mm
（C）360mm　　（D）480mm

解答过程：

18. 220kV 海缆直埋段设计路径为 46600m（含海床及滩涂段，滩涂段直埋视同海床段）。海缆从海上升压站 J 形管入口引上至升压站内长度为 80m，海缆登陆点至陆缆连接点长度为 20m，弯曲限制器长度为 20m，忽略终端及中间接头制作长度，则单根海缆供货长度最小应为下列哪项数值？（　　）

（A）46720m　　（B）47632m
（C）47998m　　（D）48122m

解答过程：

19. 在风电场升压变压器选型时，按风电场全场可能同时满发考虑，风电场海上升压站最经济的变压器台数和容量应为下列哪项？（　　）

（A）1 台 320MVA　　（B）2 台 200MVA
（C）3 台 90MVA　　（D）3 台 120MVA

解答过程：

20. 220kV 海上升压站设计使用年限为 50 年，升压站海域平均海平面高程为 0.26m，50 年一遇高潮位高程为 3.42m，100 年一遇高潮为高程为 5.56m，底层甲板结构高度为 2.0m，50 年一遇最大波高位 0.45m，100 年一遇最大波高为 0.6m，则海上升压站底层甲板上表面高程最低为下列哪项数值？（　　）

（A）7.22m　　（B）7.48m

（C）9.46m　　（D）9.72m

解答过程：

题 21～25：某单回路 220kV 架空送电线路，海拔高度 120m，采用单导线 JL/G1A-400/50。该线路的气象条件见表 1（$g = 9.81\text{m/s}^2$），导线参数见表 2。

线路气象条件　　表 1

工况	气温（℃）	风速（m/s）	冰厚（mm）
最高气温	40	0	0
最低气温	−20	0	0
年平气温	15	0	0
覆冰工况	−5	10	10
基本风速	−5	27	0

导线参数　　表 2

型号	每米质量（kg/m）	直径 d（mm）	截面积 S（mm^2）	额定拉断力 T_k（N）	线性膨胀系数 α（1/℃）	弹性模量 E（N/mm^2）
JL/G1A-400/50	1.511	27.63	451.55	123000	19.3×10^{-6}	69000

21. 有一π形等径独立水泥杆，横担水平布置，导线挂点距水泥杆净距离为 2.5m（已考虑爬梯、金具等的裕度），假定悬垂单串长度为 2.80m，请计算确定悬垂串最大摇摆角应为下列哪项数值？（　　）

（A）63.23°　　（B）45.86°

（C）44.14°　　（D）38.50°

解答过程：

22. 已知最低气温和最大覆冰是两个有效控制条件，存在有效临界档距，请计算该临界档距应为下列哪项数值？［设最大覆冰时比载为 $0.056\text{N/(m}\cdot\text{mm}^2)$］　　（　　）

（A）190.2m （B）200.2m

（C）118.9m （D）126.5m

解答过程：

23. 若导线在最大风速时应力为 $85N/mm^2$，最高气温时应力为 $55N/mm^2$，某直线塔的水平档距为430m，最高气温时的垂直档距为320m，计算最大风速时的垂直档距应为下列哪项数值？（ ）

（A）600m （B）260m

（C）359m （D）380m

解答过程：

24. 某塔定位结果是后侧档距500m，前侧档距300m，垂直档距310m，在校验该塔电气间隙时，风压不均匀系数α取值应为下列哪项？（ ）

（A）0.61 （B）0.63

（C）0.65 （D）0.75

解答过程：

25. 假设有一档的档距$l = 1050$m，导线悬点高差$h = 155$m，最高气温时导线最低点应力$\sigma = 55N/mm^2$，请采用平抛物线公式计算档内高塔侧导线最高气温时悬垂角应为下列哪项数值？（ ）

（A）8.40° （B）9.41°

（C）17.40° （D）24.75°

解答过程：

2020 年案例分析试题（下午卷）

［案例题是 4 选 1 的方式，各小题前后之间没有联系，共 40 道小题，选作 25 道，每题分值为 2 分，上午卷 50 分，下午卷 50 分，试卷满分 100 分。案例题一定要有分析（步骤和过程）、计算（要列出相应的公式）、依据（主要是规程、规范、手册），如果是论述题要列出论点。］

题 1～4：某受端区域电网有一座 500kV 变电站，其现有规模及远景规划见下表，主变采用带第三绕组的自耦变压器，第三绕组的电压为 35kV，除主变回路外 220kV 侧无其他电源接入，站内已配置并联电抗器补偿线路充电功率。投运后，为在事故情况下给近区特高压直流换流站提供动态无功/电压支撑，拟加装 2 台调相机，采用调相机变压器单元接至站内 500kV 母线，加装调相机后该站 500kV 母线起始三相短路电流周期分量有效值为 43kA，调相机短路电流不考虑非周期分量和励磁因素，请解答以下问题。

项　目	远景规划	现状	本期建设规模
主变压器	4 × 1000MVA（自耦变）	2 × 1000MVA（自耦变）	
500kV 出线	8 回	4 回	
220kV 出线	16 回	10 回	
500kV 主接线	3/2 接线	3/2 接线	
220kV 主接线	双母线双分段接线	双母线接线	
调相机			2 × 300Mvar，$X''_d = 9.73\%$，$U_N = 20kV$
调相机变压器			2 × 360MVA，$U_k = 14\%$

1. 若 500kV 变电站调相机年运行时间为 8300h/台，请按电力系统设计手册估算全站调相机年空载损耗至少不小于下列哪项数值？（　　）

（A）24900MWh　　（B）19920MWh

（C）9960MWh　　（D）7470MWh

解答过程：

2. 当变电站 500kV 母线发生三相短路时，请计算电网侧提供的起始三相短路电流周期分量有效值应为下列哪项数值？（　　）

（A）41.46kA　　（B）39.9kA

（C）36.22kA　　（D）43kA

解答过程：

3. 该变电站 220kV 出线均采用2 × LGJ-400 导线，单回线路最大输送功率为 600MVA，220kV 母线最大穿越功率为 1500MVA，则 220kV 母联断路器额定电流宜取下列哪项数值？（　　）

（A）1500A　　（B）2500A

（C）3150A　　（D）4000A

解答过程：

4. 该变电站 500kV 线路均采用4 × LGJ-630 导线（充电功率 1.18Mvar/km），现有 4 回线路总长度为 390km，500kV 母线装设了 120Mvar 并联电抗器，为补偿充电功率，则站内的 35kV 侧需配置电抗器容量应为下列哪项数值？（　　）

（A）8 × 60Mvar　　（B）4 × 60Mvar

（C）2 × 60Mvar　　（D）1 × 60Mvar

解答过程：

题 5～8：某热电厂安装有 3 台 50MW 级汽轮发电机组，配 4 台燃煤锅炉，3 台发电机组均通过双绕组变压器（简称“主变”）升压至 110kV，采用发电机—变压器组单元接线，发电机设 SF6 出口断路器。厂内设 110kV 配电装置，电厂以 2 回 110kV 线路接入电网。其中 1 号、2 号厂用电源接于 1 号机组的主变低压侧与发电机断路器之间，3 号、4 号厂用电源分别接于 2 号、3 号机组的主变低压侧与发电机断路器之间，每台炉的厂用分支回路设置 1 台限流电抗器（以下称“厂用电抗器”）。全厂设置 1 台高压备用变压器（以下简称“高备变”），高备变的额定容量为 12.5MVA，由厂内 110kV 配电装置引接。

发电机主要技术参数如下：发电机额定功率 50MW，额定电压 6.3kV，额定功率因数 0.8（滞后），频率 50Hz，直轴超瞬态电抗（饱和值）$X''_d = 12\%$，电枢短路时间常数$T_a = 0.31s$，每相定子绕组对地电容 0.14μF。（短路电流计算按实用计算法）

5. 根据技术协议，汽轮发电机组的额定功率为 46.5MW，最大连续功率为 50.3MW，发电机的最大连续功率与汽轮发电机组的最大连续出力匹配；假定每台厂用电抗器的计算负荷均为 10.5MVA，按有关标准要求，计算确定主变的计算容量和额定容量应取下列哪组数值？（　　）

（A）41.8MVA，50MVA　　（B）46.6MVA，50MVA

（C）58.1MVA，63MVA　　（D）62.8MVA，63MVA

解答过程：

6. 按照短路电流实用计算法，假定主变高压侧为无限大电流，当发电机出口短路时，系统及其他机组通过主变提供的三相对称短路电流为 54.9kA，主变回路$X/R=65$；一台电抗器所带厂用电系统电动机初始反馈电流 3.2kA，若发电机断路器分闸时反馈交流电流衰减为初始值的 0.8 倍，厂用分支回路$X/R=15$。发电机断路器最小分闸时间为 50ms，主保护动作时间取 10ms，则发电机断路器开断时系统源、发电机源对应的最大对称短路开断电流计算值、最大直流分量百分数计算值应为下列哪组数值？（　　）

（A）41.2kA，103%　　（B）57.46kA，72.6%

（C）60.02kA，70.6%　　（D）60.02kA，103%

解答过程：

7. 若发电机中性点采用消弧线圈接地，每相 SF6 发电机断路器的主变侧和发电机侧均安装 50nF 电容，发电机与主变电之间采用离相封闭母线连接，离相封闭母线的每相的电容为 10nF，不计主变电容，每台电抗器连接的 6.3kV 厂用电系统的每相电容值为 0.75μF，请计算 2 号机组发电机中性点的消弧线圈的补偿容量宜选用下列哪项数值？（　　）

（A）1.5kVA　　（B）2.5kVA

（C）15.2kVA　　（D）16.8kVA

解答过程：

8. 当发电机出口短路时，系统及其他机组通过主变提供的三相对称短路电流为 54.9kA；厂用电抗器额定电压U_{eK}为 6kV，额定电流I_{eK}为 1500A；正常时，单台厂用电抗器的最大工作电负荷为 10.5MVA，厂用电抗器供电的所有电动机和参加成组自起动的电动机额定功率总和均为 8210kW，其中最大 1 台电动机额定功率为 2800kW。为了将 6kV 厂用电系统的短路电流水平限制到 31.5kA，且电动机成组自起动时，6kV 母线电压不低于 70%，则 2 号机组所接厂用电抗器的电抗应选下列哪项数值？（　　）

（A）3.17%　　（B）5%

（C）13%　　（D）18.85%

解答过程：

题 9～12：某发电场建设于海拔 1700m 处，以 220kV 电压等级接入电网，其 220kV 采用双母线接线，升压站II母线局部断面及主变进线间隔面如下图所示，请分析计算并解答下列各小题。

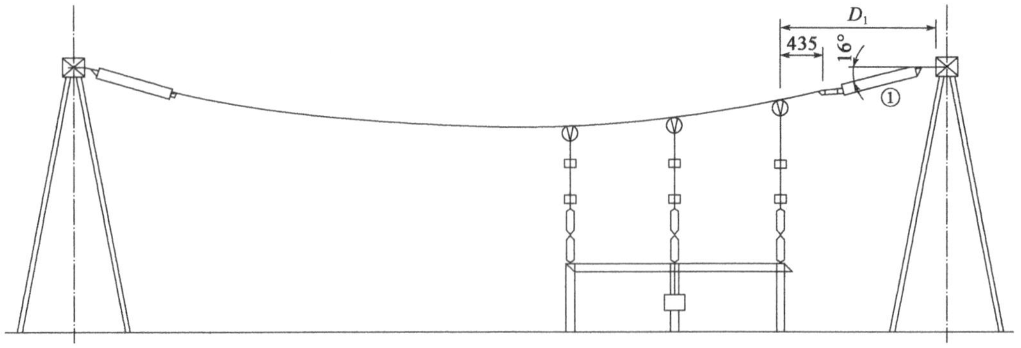

图 1　II母线局部断面图（尺寸单位：mm）

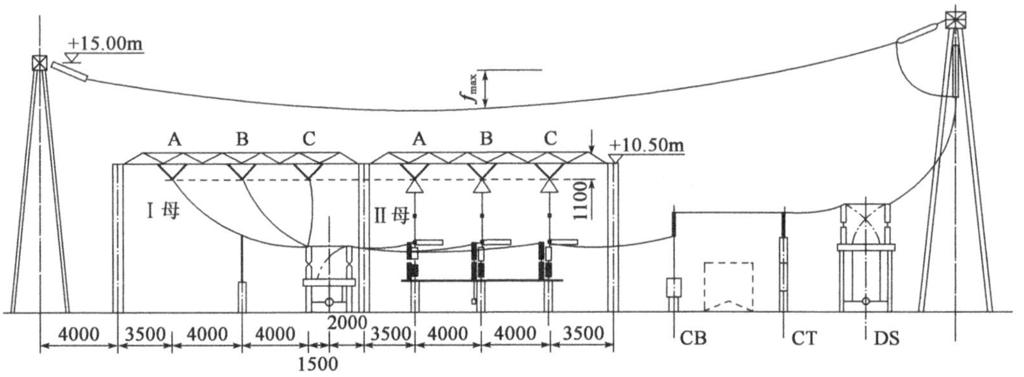

图 2　主变进线断面图（尺寸单位：mm）

9. 图 1 中若污秽等级III级，绝缘子串①采用 XWP-100 绝缘子组成，单片绝缘子公称高度 160mm、公称爬电距离 450mm，绝缘子数量按爬电比距选择后即可满足大气过电压及操作过电压耐压，绝缘子串两端连接金具包括挂环、挂板等总长度按 460mm 考虑，则图 1 中隔离开关静触头中心线与框架边缘的距离D_1的最小值为下列哪项数值？（　　）

（A）3185mm　　（B）3382mm　　（C）3492mm　　（D）3615mm

解答过程：

10. 若进线构架高度由母线及进线不同时停电检修工况确定，母线及进线导线均按 LGJ-500/35 考虑，进线构架边相导线下方母线弧垂为 900mm，则图 2 中弧垂计算最大允许值f_{max}应为下列哪项数值？（　　）

（A）1750mm　　（B）2000mm　　（C）2680mm　　（D）2790mm

解答过程：

11. 若 220kV 母线长度 170m，母线三相短路电流为 38kA、单相短路电流为 35kA，母线保护动作时间为 80ms，断路器全分闸时间为 40ms，计算Ⅱ母两组母线接地开关的最大距离应为下列哪项数值？（　　）

（A）121m　　（B）132m　　（C）161m　　（D）577m

解答过程：

12. 发电机参数为 350MW、20kV、$\cos\varphi = 0.85$、$X_d'' = 15\%$、$X_d' = 15\%$，主变压器参数为 420MVA、$230 \pm 2 \times 2.5\%/20$kV、$X_T = 14\%$，若变压器高压侧装设了阻抗保护，正方向指向变压器，计算正向阻抗和反向阻抗的整定值为下列哪组数值？（　　）

（A）12.34Ω，0.49Ω　　（B）25.83Ω，1.03Ω

（C）34.83Ω，1.74Ω　　（D）51.84Ω，2.07Ω

解答过程：

题 13～15：某水力发电厂地处山区峡谷地带，海拔高度 300m，装设两台 18MW 水轮发电机组，升压站为 110kV 户外敞开式布置，升压站内设有 1 号、2 号独立避雷针和 3 号框架避雷针，其布置如下图所示（尺寸单位为 mm）。110kV 配电装置母线采用管母，管母型号为 LF-21Y-70/64。请回答下列问题。

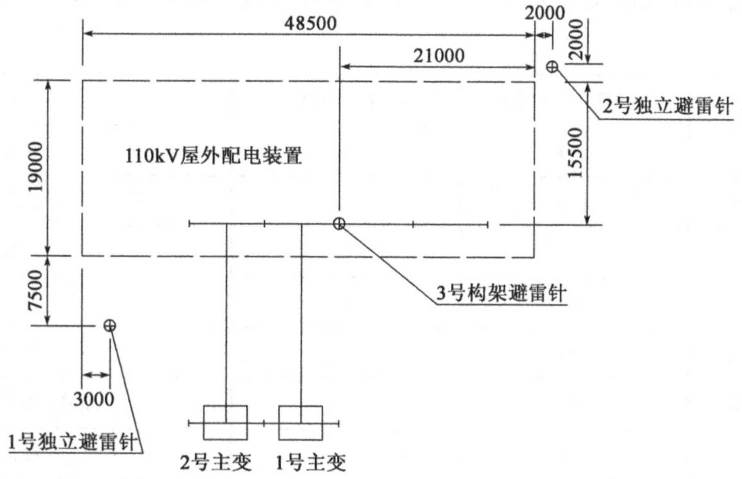

13. 若不计 3 号框架避雷针的影响，1 号、2 号独立避雷针高度均为 36m，则 1 号避雷针和 2 号避雷针在$h_x = 11$m水平面上的最小保护宽度b_x为下列哪项数值？（　　）

（A）15.8m　　（B）16.9m　　（C）21.1m　　（D）22.5m

解答过程：

14. 若不计 1 号独立避雷针影响，升压站内 2 号独立避雷针高度为 36m，3 号框架避雷针高度为 25m，则 2 号避雷针和 3 号框避雷针联合保护范围上部边缘最低点圆弧弓高为下列哪项数值？（　　）

（A）2.69m　　（B）2.93m　　（C）3.76m　　（D）4.10m

解答过程：

15. 110kV 管母短路时电网提供的短路电流为 5kA，电厂侧提供的短路电流为 1.5kA，冲击系数取 1.85，管形母线自重$q_1 = 1.732\text{kg/m}$，连续跨度为 2，跨距$l = 8.0\text{m}$，支持金具长 0.5m，相间距为 1.5m，母线弹性模数$E = 7.1 \times 10^5\text{kg/cm}^2$，惯性矩$J = 35.51\text{cm}^4$；$\beta$值按管形母线二阶自振频率为 3Hz 计算，则短路时单位长度母线所受电动力应为下列哪项数值？（　　）

（A）9.21N/m　　（B）15.62N/m　　（C）16.27N/m　　（D）19.3N/m

解答过程：

题 16～19：某供热电站安装 2 台 50MW 机组，低压公用厂用电系统采用中性点直接接电式，设 1 台容量为 1250kVA 的低压公用干式变压器为低压公用段 380V 母线供电，变压器变比为$10.5 \pm 2 \times 2.5\%/0.4\text{kV}$，阻抗电压为 6%，采用明备用方式。

16. 假设低压公用段母线所接负荷见下表，采用换算系数法计算公式变压器计算负荷为下列哪项数值？（　　）

序号	负荷类别	电动机或馈线容量	台数或回路数	运行方式
1	低压电动机	200	1	经常、连续
2	低压电动机	150	2	经常、连续（同时运行）
3	低压电动机	150	1	经常、短时
4	低压电动机	30	1	不经常、连续（机组运行时）
5	低压电动机	150	1	不经常、短时
6	低压电动机	50	2	经常、连续（同时运行）
7	低压电动机	150	1	经常、断续
8	电子设备	80	2	经常、连续（互为备用）
9	加热器	60	1	经常、连续

（A）636kVA　　（B）756kVA　　（C）856kVA　　（D）1070kVA

解答过程：

17. 假设低压公用段母线上参与反馈的电动机容量为变压器容量的 60%，变压器高压侧按无穷大系统考虑，不考虑变压器阻抗负误差，且不考虑每相电阻的影响，则该母线三相短路电流周期分量起始值最接近下列哪项数值？（　　）

（A）6.67kA　　（B）28.57kA

（C）35.24kA　　（D）36.74kA

解答过程：

18. 假设低压公用段母线上接有一台容量为 250kW 的电动机，其启动电流为电动机额定电流的 7 倍，假设电动机额定效率和额定功率因数的乘积为 0.8。如电动机启动时该母线上已带 700kVA 负荷，试计算电动机启动时该母线电压标幺值最接近下列哪项数值？（　　）

（A）0.8　　（B）0.91

（C）0.93　　（D）0.95

解答过程：

19. 当发电机出口厂用分支发生三相短路时，发电机侧提供的短路电流周期分量起始有效值为 21kA，系统及其他机组提供的短路电流周期分量起始有效值为 31kA，若短路电流持续时间为 0.5s，且不考虑短路电流周期分量的衰减。选择厂用分支电流互感器额定短时热稳定电流及持续时间参数时，下列哪组参数最合理？（　　）

（A）31.5kA，1s　　（B）40kA，1s

（C）50kA，1s　　（D）63kA，1s

解答过程：

题 20～22：某 660MW 级火力发电厂 10kV 厂用电系统中性点为低电阻接地系统，在 10kV 厂用配电装置 F-C 回路接有中速磨煤机。电动机参数为：功率 750kW，功率因数 0.78，效率 93.6%，额定电流 59.6A，启动时间为 8s。其 F-C 回路参数为：熔断器熔件额定电流为 200A，真空接触器额定电流 400A，额定分断能力 4kA，电流互感器 75/1A。请解答以下问题。

20. 关于磨煤机电动机的电流速断保护低定值，下列哪项数值是正确的？（　　）

（A）5.165A　　（B）6.198A

（C）7.152A　　（D）8.344A

解答过程：

21. 若电压互感器二次侧额定电压为 100V，关于磨煤机电动机的低电压保护整定计算和动作时间，下列哪组数值是正确的？（　　）

（A）45V，0.5s　　（B）48V，9s

（C）68V，0.5s　　（D）70V，9s

解答过程：

22. 当磨煤机采用 F-C 回路供电，保护装置电流速断动作于跳接触器，则保护装置用于接触器的大电流闭锁定值应取下列哪项数值？（　　）

（A）26.67A　　（B）38.01A

（C）44.44A　　（D）53.33A

解答过程：

题 23～27：某 220kV 变电站，安装两台 180MVA 主变，连接组别为 YN/yn0/d11，主变压器变比为 $230 \pm 8 \times 1.25\%/121/10.5$kV。220kV 侧及 110kV 侧均为双母线接线，10kV 侧为单母线分段接线，线路 10 回。站内采用铜芯电缆，γ取 $57\text{m}/(\Omega \cdot \text{mm}^2)$。请解答以下问题（计算结果精确到小数点后两位）。

23. 主变电流互感器采用 5P 级，变比分别为 600/1A（高压侧）、1250/1A（中压侧）、6000/1A（低压侧），二次均侧为 Y 接线。主变主保护采用带比率制动特性的纵差保护，采用《大型发电机变压器继电保护整定计算导则》（DL/T 684—2012）第一种整定法按有名值方式进行整定（有名值以高压侧为准），可靠系数取 1.5，则主变纵差保护最小动作电流整定值应为下列哪项数值？（　　）

（A）0.19A　　（B）0.24A

（C）0.30A　　（D）0.33A

解答过程：

24. 本变电站中有一回 110kV 出线间隔，电流互感器变比 600/1A，电压互感器变比 110/0.1kV。线路长度 18km，$X_1 = 0.4\Omega/\text{km}$。终端变压器变比为 110/10.5kV，容量 50MVA，$U_d = 17\%$。此出线配置有距离保护，相间距离II段按 110kV 终端变压器低压侧母线故障整定（K_{KT}取 0.7，K_K取 0.8，助增系数

K_Z取 1）。请计算此线路保护相间距离II段阻抗保护二次整定值应为下列哪项数值？（　　）

（A）3.14Ω　　（B）18.85Ω

（C）29.12Ω　　（D）34.56Ω

解答过程：

25. 某 10kV 出线设有结算用计量点，电压互感器二次绕组为三相星形接线，电压互感器变比为$\frac{10}{\sqrt{3}}/\frac{0.1}{\sqrt{3}}$，每相负荷 40VA，电压互感器到电能表电缆长度为 100m。请计算该电缆最小截面积应为下列哪项数值？（　　）

（A）$0.70mm^2$　　（B）$4.21mm^2$

（C）$10.53mm^2$　　（D）$18.24mm^2$

解答过程：

26. 110kV 出线设置电能计量装置，其三台电流互感器二次绕组与电能表间采用六线连接。电缆长度 200m，截面积 $4mm^2$，采用铜芯电缆，表计负荷 0.4Ω/相，接触电阻取 0.1Ω。则电流互感器二次负荷计算值应为下列哪项数值？（　　）

（A）1.28Ω　　（B）1.78Ω

（C）2.25Ω　　（D）2.65Ω

解答过程：

27. 若变电站 220kV 某出线间隔电流互感器采用备品，电流互感器的保护绕组为 P 级，参数如下：变比 1250/1，$K_{alf} = 35$，$R_{ct} = 7Ω$，$R_b = 20Ω$。线路配置双套微机距离保护，距离保护第一段末端短路电流为 37.5kA，互感器实际二次负荷$R_b' = 8Ω$，给定暂态系数$K = 2$。按距离保护第一段末端短路校验，电流互感器实际需要的等效极限电动势应为下列哪项数值？（　　）

（A）900V　　（B）945V

（C）1620V　　（D）1890V

解答过程：

题 28～30：某发电站 110kV 变电站，安装 2 台 50MVA、110/10kV 主变，$U_d = 17\%$，空载电流$I_0 = 0.4\%$。110kV 侧单母线分段接线，两回电缆进线；10kV 侧为单母线分段接线，线路 20 回，均为负荷出线。无功补偿装置设在主变低压侧。请计算并回答以下问题。

28. 在正常运行方式下，装设补偿装置后的主变低压侧最大负荷电流为 0.8 倍低压侧额定电流，计算每台主变压器所需补偿的最大容性无功量应为下列哪项数值？（　　）

（A）5.44Mvar　　（B）5.64Mvar

（C）8.70Mvar　　（D）8.90Mvar

解答过程：

29. 若主变低压侧设置一组 6012kvar 电容器组，单台电容器额定相电压 $11/\sqrt{3}$。断路器与电容器组之间采用电缆连接，在空气中敷设，环境温度 40℃，并行敷设系数为 1。计算该电缆截面选择下列哪种最为经济合理？（　　）

（A）ZR-YJV-3 × 120mm²　　（B）ZR-YJV-3 × 150mm²

（C）ZR-YJV-3 × 185mm²　　（D）ZR-YJV-3 × 240mm²

解答过程：

30. 变电站 10kV 侧设有一组 6Mvar 补偿电容器组，额定相电压为 $11/\sqrt{3}$kV。内部故障采用开口三角电压保护，放电线圈额定电压比 6.35/0.1kV。单台电容器容量 200kvar，额定电压 6.35kV，单台电容器容量内部小元件先并联后串联且无熔丝，电容器设专用熔断器。灵敏系数取 1.5，允许过电压系数取 1.15，计算开口三角电压二次整定值应为下列哪项数值？（　　）

（A）29.31V　　（B）30.77V

（C）46.15V　　（D）53.29V

解答过程：

题 31～35：500kV 输电线路，地形为山地，设计基本风速 30m/s，覆冰厚度 10mm，采用4 × LGJ-400/50 导线，导线直径 27.63mm，截面积 451.55mm²，最大设计张力 46892N，导线悬垂绝缘子串长度为 5.0m，某耐张段定位结果见下表。请解答以下问题。（提示：按平抛物线计算，不考虑导线分裂间距影响；高差以前进方向高为正）

杆塔号	塔形	呼称高（m）	塔位高程（m）	档距（m）	导线线点高差（m）
1	JG1	25	200		
				450	12
2	ZB1	27	215		
				500	27
3	ZB2	29	240		
				600	21
4	ZB2	30	260		
				450	30
5	ZB3	30	290		
				800	60
6	JG2	25	350		

已知条件

设计工况	最低气温	平均气温	最大风速	覆冰工况	最高气温	断联
比载［$N/(m \cdot mm^2)$］	0.03282	0.03282	0.04834	0.05648	0.03282	0.03282
应力（N/mm^2）	65.2154	61.8647	90.7319	103.8486	58.9459	64.5067

31. 假定导线平均高度为 20m，计算 3 号塔 ZB2 的一相导线产生的最大水平荷载应为下列哪项数值？（　　）

（A）33850N　　（B）38466N　　（C）42313N　　（D）45234N

解答过程：

32. 计算 4 号塔 ZB2 的定位时垂直档距应为下列哪项数值？（　　）

（A）468m　　（B）525m　　（C）610m　　（D）708m

解答过程：

33. 6 号塔 JG2 导线采用双联耐张绝缘子串，选择联中连接金具的强度等级应为下列哪项数值？（　　）

（A）160kN　　（B）210kN　　（C）240kN　　（D）300kN

解答过程：

34. 假定按照该耐张段定位结果设计 ZB2 型直线塔，计算导线的最小水平线距离应为下列哪项数值？（　　）

（A）9.17m　　（B）9.80m

（C）10.56m　　（D）11.50m

解答过程：

35. 500kV 线路在距离 5 号塔大号侧方向 120m 处跨越一条 220kV 线路，跨越点处 220kV 线路地线高程为 290m，计算跨越点处 500kV 线路导线距 220kV 线路地线的最小垂直距离应为下列哪项数值？（　　）

（A）6.50m　　（B）8.50m

（C）11.30m　　（D）13.80m

解答过程：

题 36～40：某 500kV 架空输电线路，最高运行电压 550kV，线路所经地区海拔高度小于 1000m。基本风速 30m/s，设计覆冰 0mm，年平均气温为 15℃，年平均雷暴日数为 40d。相导线采用 4×JL/GIA-500/45，子导线直径 30.0mm，导线自重荷载为 16.529N/m。导线悬垂串采用I型绝缘子串。请解答以下问题。

36. 按以下给定情况，计算确定直线塔导线悬垂串绝缘子片数应选下列哪项数值？（　　）

（1）SPS（现场污秽度）按 C 级、统一爬电比距（最高运行相电压）按 34.7mm/kV 设计。

（2）假定绝缘子的公称爬电距离为 455mm，结构高度为 170mm，爬电距离有效系数取 0.94。

（3）直线塔全高按 85m 考虑。

（A）25 片　　（B）26 片

（C）27 片　　（D）28 片

解答过程：

37. 某段线路位于重污秽区，按以下假定情况，计算确定直线塔导线垂直盘式绝缘子串片数应选下列哪项数值？（　　）

（1）按现行设计规范，采用复合绝缘子时，其爬电距离需要 14700mm。

（2）盘式绝缘子的公称爬电距离为 620mm，结构高度为 155mm，爬电距离有效系数取 0.935。

（A）25 片　　（B）26 片

（C）32 片　　　　（D）34 片

解答过程：

38. 假设线路位于内陆田野、丛林等一般农业耕作区，采用酒杯形直线杆塔，导线平均高度为 20m，按操作过电压情况校验间隙时，相应的风速应取下列哪项数值？（　　）

（A）10m/s　　　　（B）15m/s

（C）17m/s　　　　（D）19m/s

解答过程：

39. 按以下给定情况计算，当负极性雷电绕击耐雷水平I_{min}为 18.4kA（最大值）时，导线绝缘子串需采用多少片绝缘子（结构高度为 155mm）？（　　）

（1）绝缘子串负极性雷电冲击 50%闪络电压绝对值$U_{-50\%}=531L$。

（2）导线波阻抗取 400Ω，闪电通道波阻抗取 600Ω，计算范围内波阻抗不发生变化。

（3）雷电闪络路径均为沿绝缘子串闪络（即线路的耐雷水平由绝缘子串长度确定）。

（A）25 片　　　　（B）28 片

（C）30 片　　　　（D）38 片

解答过程：

40. 某单回线路直塔导线采用悬垂盘式绝缘子串，若每串采用 28 片绝缘子（绝缘子结构高度为 155mm）时，线路的绕击跳闸率计算值为 0.1200 次/(100km · a)，则根据以下的假设条件，若每串采用 32 片绝缘子（绝缘子结构高度为 155mm）、其他条件不变时，计算线路的绕击跳闸率应为下列哪项数值？［提示：$N=N_L\eta(gP_1+P_{sf})$］（　　）

（1）计算范围内，雷击时的闪络路径均为沿绝缘子串闪络（绝缘子串决定线路的绕击闪络率）。

（2）绝缘子串的放电路径取绝缘子的结构高度之和。

（3）在计算范围内，每增加 1 片绝缘子（结构高度 155mm），绕击闪络率减少 28 片绝缘子时闪络率的 1/28。

（A）0.0732 次/(100km · a)　　　　（B）0.0915 次/(100km · a)

（C）0.1029 次/(100km · a)　　　　（D）0.1278 次/(100km · a)

解答过程：

2021 年案例分析试题（上午卷）

[案例题是 4 选 1 的方式，各小题前后之间没有联系，共 25 道小题，每题分值为 2 分，上午卷 50 分，下午卷 50 分，试卷满分 100 分。案例题一定要有分析（步骤和过程）、计算（要列出相应的公式）、依据（主要是规程、规范、手册），如果是论述题要列出论点。]

题 1～3：某发电厂建设6×350MW 燃煤发电机组，以 3 回 500kV 长距离线路接入他省电网。6 台发电机组连续建设，均通过双绕组变压器（简称“主变”）升压至 500kV，采用发电机—变压器组单元接线，发电机出口设 SF6 发电机断路器，厂内设 500kV 配电装置，不设启动/备用变压器，全厂设 1 台高压停机变压器（简称“停机变”），停机变电源由当地 220kV 变电站引接。

发电机主要技术参数为：（1）发电机额定功率：350MW；（2）发电机组最大连续输出功率：374MW；（3）额定电压：20kV；（4）额定功率因数：0.85（滞后）；（5）相数：3；（6）直轴超瞬态电抗（饱和值）X''_d：17.5%；（7）定子绕组每相对地电容：0.24μF。

SF6 发电机断路器主要技术参数为：（1）额定电压：20kV；（2）额定电流：13300A；（3）每相发电机断路器的主变侧和发电机侧分别设置 100nF 和 50nF 电容。

1. 电厂 500kV 配电装置的电气主接线宜采用下列哪种接线方式？并说明依据。（　　）

（A）单母线分段接线　　（B）双母线接线

（C）双母线带旁路接线　　（D）4/3 断路器接线

解答过程：

2. 发电机中性点经单相接地变压器（二次侧接电阻）接地，假定离相封闭母线、主变和高厂变的每相对地电容之和为 140nF，接地变压器的过负荷系数取 1.6，接地变压器二次侧电压U_2取 220V，采用《电力工程电气设计手册 1 电气一次部分》的方法，则接地变压器的额定一次电压、额定容量和二次侧电阻的电阻值分别为下列哪项数值？（　　）

（A）11.5kV，24.3kVA，0.72Ω　　（B）20kV，42kVA，0.24Ω

（C）11.5kV，45.8kVA，0.66Ω　　（D）20kV，19.1kVA，0.92Ω

解答过程：

3. 由于 500kV 线路较长，中间设开关站，电厂至开关站的 500kV 架空线路距离为 280km，500kV 线路充电功率取 1.18Mvar/km。为了限制工频过电压，每回 500kV 线路的电厂侧与开关站侧均设 1 组中性点不设电抗器的高压并联电抗器，若按补偿度不低于 70%考虑，电厂选用单相电抗器，则该单相电抗器的额定容量宜为下列哪项数值？（　　）

A.40Mvar　　（B）50Mvar　　（C）80Mvar　　（D）120Mvar

解答过程：

题 4～7：某 300MW 级火电厂，主厂房采用控制负荷和动力负荷合并供电的直流电源系统，每台机组装设两组 220VGFM2 免维护铅酸蓄电池，两组高频开关电源充电装置，直流系统接线方式采用单母线接线，直流负荷统计见下表。

直流负荷统计表

负荷名称	装置容量（kW）	负荷名称	装置容量（kW）
直流长明灯	1.5	电气控制保护	15
应急照明	5	小机事故直流油泵	11
汽机直流事故润滑油泵	45	汽机控制系统（DEH）	5
发电机空侧密封油泵	10	高压配电装置跳闸	4
发电机氢侧密封油泵	4	厂用低电压跳闸	15
主厂房不停电电源（静态）	80	厂用电源恢复时高压厂用断路器合闸	3

4. 请计算经常负荷电流最接近下列哪项数值？（　　）

（A）54.54A　　（B）61.36A

（C）70.45A　　（D）75.00A

解答过程：

5. 若蓄电池组出口短路电流为 22kA，直流母线上的短路电流为 18kA，蓄电池组端子到直流母线连接电缆的长度为 50m。请计算该铜芯电缆的计算截面面积最接近下列哪项数值？（假定缆芯温度为 20℃，此温度下铜的电阻系数为 0.01724Ω · mm²/m）（　　）

（A）70.5mm²　　（B）141mm²

（C）388mm²　　（D）776mm²

解答过程：

6. 已知汽机直流事故润滑油泵电动机至直流屏的聚氯乙烯无铠装绝缘铜芯电缆长度为 80m，请计算并选择该电缆截面宜为下列哪种规格？（假定直流马达启动电流倍数为 2 倍，铜的电阻系数为 $0.0184\Omega \cdot mm^2/m$，采用空气中敷设，电缆敷设系数为 1）（　　）

（A）$50mm^2$　（B）$70mm^2$　（C）$95mm^2$　（D）$120mm^2$

解答过程：

7. 若系统为集中辐射型，自直流屏引出一路馈线至保护屏，作为电气保护电源使用。保护屏负荷总额定容量为 8kW，单回路最大负荷为 1.2kW。直流屏上馈线开关的额定电流是保护屏上馈线开关的额定电流的 6 倍，问直流屏上馈线开关的额定电流至少为下列哪项数值？（　　）

（A）20A　（B）40A　（C）60A　（D）80A

解答过程：

题 8～10：某 220kV 户外敞开式变电站，220kV 配电装置采用双母线接线，设两台主变压器，连接于站内 220/110/10kV 母线，容量为 240/240/72MVA，变比为 220/115/10.5kV，阻抗电压（以高压绕组容量为基准）为$U_{1\text{-}2}\% = 14$，$U_{1\text{-}3}\% = 35$，$U_{2\text{-}3}\% = 20$，连接组别 YNyn0d11。220kV 出线 2 回，母线的最大穿越功率为 900MVA。110kV 母线出线为负荷线。220kV 系统为无穷大系统，取$S_j = 100MVA$，$U_j = 230kV$，最大运行方式下的系统正序阻抗标幺值$X_1^* = 0.0065$，负序阻抗标幺值$X_2^* = 0.0065$，零序阻抗标幺值$X_0^* = 0.0058$，请分析计算并解答下列各小题。

8. 试计算主变压器高、中、低压侧绕组等值标幺值为下列哪组数值？（　　）

（A）0.145，−0.005，0.205　（B）0.145，0.005，−0.205

（C）0.0604，0.0854，−0.00208　（D）0.0604，−0.00208，0.0854

解答过程：

9. 请问应依据以下哪组数值选择 220kV 母联断路器的额定电流及馈线断路器的短路开断电流？（　　）

（A）661A，40.1kA　（B）2362A，40.1kA

（C）2362A，38.6kA　（D）661A，38.6kA

解答过程：

10. 该变电站通过一回 15km 的 110kV 架空线路为某企业供电，如线路电抗为 0.4Ω/km，请问该企业 110kV 侧断路器的动稳定电流应依据下列哪项数值选择？（仅考虑三相短路） （　　）

（A）6.22kA　　（B）11.64kA

（C）15.84kA　　（D）27.39kA

解答过程：

题 11～13：某 220kV 户内变电站，安装两台主变，220kV 侧为双母线接线，4 回出线；110kV 侧为双母线接线，线路 8 回，均为负荷出线；10kV 侧为单母线分段接线，线路 10 回，均为负荷出线。

主变压器变比为 $230 \pm 8 \times 1.25\%/115/10.5$kV，容量为 180/180/180MVA，连接组别为 YN/yn0/d11。站内采用铜芯电缆，γ取 57m/(Ω · mm²)。请解答以下问题。（计算结果精确到小数点后 2 位）

11. 主变三侧电流互感器采用 5P 级，变比分别为 600/1A（高压侧）、1250/1A（中压侧）、10000/1A（低压侧），二次侧均为 Y 接线。以主变高压侧作为基准侧，请计算主变差动保护低压侧平衡系数。 （　　）

（A）0.44　　（B）0.76

（C）1.04　　（D）1.32

解答过程：

12. 本变电站中有一回 110kV 出线间隔，电流互感器变比 600/1A，电压互感器变比 110/0.1kV。线路长度 18km，$X_1 = 0.4$Ω/km。终端变压器变比为 110/10.5kV，容量为 50MVA，$U_d = 17\%$。此出线配置距离保护，相间距离Ⅱ段按躲 110kV 终端变压器低压侧母线故障整定（K_{KT}取 0.7，K_K取 0.8，助增系数取 1）。请计算此线路保护相间距离Ⅱ段阻抗保护二次整定值（计算结果取小数点后两位）。 （　　）

（A）3.14Ω　　（B）18.85Ω

（C）29.12Ω　　（D）34.56Ω

解答过程：

13. 110kV 出线配置相间及接地距离保护。电流互感器采用三相星形接线，二次每相允许负荷 2Ω，保护配置采样元件取三相相线电流，保护配置每相负荷 0.5Ω，电流互感器至保护装置之间的电缆长度 210m，采用铜芯电缆，忽略接触电阻。此电流回路电缆最小截面面积的计算值为下列哪项数值？ （　　）

（A）2.46mm²　　（B）3.25mm²

（C）4.91mm²　　（D）7.37mm²

解答过程：

题 14～16：国内某电厂安装有两台热电联产汽轮发电机组，接线示意图如下图所示，两台机组参数相同，主变高低压侧单相对地电容分别为 3000pF、8000pF。110kV 系统侧（不含本电厂机组）的正序阻抗为 0.0412，零序阻抗为 0.0698，$S_j = 100\text{MVA}$。主变及备变均为三相四柱式。

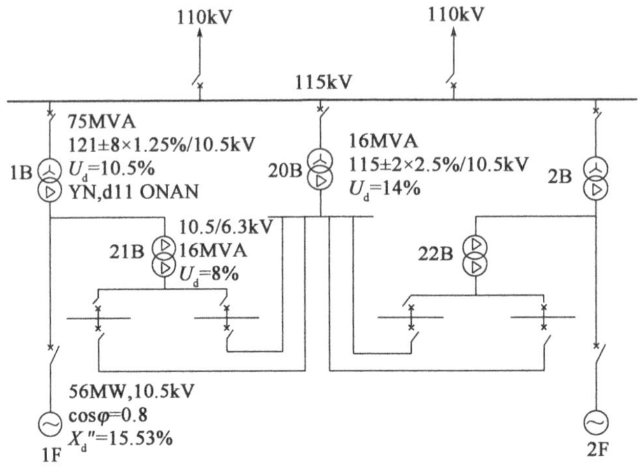

14. 若高厂变高低压侧单相对地电容分别为 7500pF、18000pF，发电机出口连接导体的单相对地电容为 900pF，则当发电机出口单相接地故障时的接地电容电流为下列哪项数值？（　　）

（A）1.57A　　（B）1.94A　　（C）2.00A　　（D）2.06A

解答过程：

15. 若发电机回路的单相对地电容电流为 10A，两台发电机中性点均采用经消弧线圈接地，当采用欠补偿方式、脱谐度为 30%、阻尼率为 4%时，消弧线圈的补偿容量以及发电机中性点位移电压分别为下列哪项数值？（　　）

（A）42.44kVA，0.16kV　　（B）42.44kVA，0.28kV

（C）73.50kVA，0.16kV　　（D）81.84kVA，0.28kV

解答过程：

16. 若高备变（20B）和一台主变高压侧中性点直接接地运行，另一台主变高压侧中性点不接地运

行，当110kV系统发生单相接地故障时，主变高压侧中性点的稳态电压为下列哪项数值？（　　）

（A）$0.33U_{xg}$　　（B）$0.37U_{xg}$　　（C）$0.40U_{xg}$　　（D）$0.46U_{xg}$

解答过程：

题17～20：某400MW海上风电场装设60台6.7MW风力发电机组（简称风电机组），风电机组通过机组单元变压器（简称单元变）升压至35kV，然后通过16回35kV海底电缆集电线路接入220kV海上升压站，海上升压站设置2台低压分裂绕组主变压器（简称主变），海上升压站通过2回均为25km的220kV三芯海底电缆接入陆上集控中心，再通过2回20km的220kV架空线路并入电网。风电机组功率因数（单元变输入功率因数）范围满足0.95（超前）～0.95（滞后）。

正常运行时，每台主变压器分别连接30台风电机组，根据厂家资料，主变主要技术参数为：

（1）额定容量：240/120-120MVA。

（2）额定电压比：230±8×1.25%/35-35kV。

（3）短路阻抗：全穿越14%，半穿越26%。

（4）空载电流：0.3%。

（5）接线组别：YN，d11-d11。

请分析计算并解答下列各小题。

17.假设不计单元变和35kV海底电缆集电线路的无功损耗，请计算海上风电场满负荷时主变的最大感性无功损耗为下列哪项数值？（　　）

（A）52.2Mvar　　（B）53.6Mvar　　（C）68.4Mvar　　（D）98.4Mvar

解答过程：

18.35kV集电线路采用了3×400mm²、3×240mm²、3×120mm²和3×70mm²四种规格的35kV海底电缆，35kV电缆的主要技术参数见下表。

电缆截面面积（mm²）	空气中载流量（A）	单相对地电容（μF/km）	长度（km）
3×400	488	0.217	65
3×240	397	0.181	20
3×120	281	0.146	24
3×70	211	0.124	58

220kV海底电缆主要技术参数为：

（1）形式：3芯铜导体交联聚乙烯绝缘海底光电复合电缆。

（2）额定电压比：127/220kV。

（3）导体截面面积：500mm²。

（4）单相对地电容：0.124μF/km。

220kV 架空线路充电功率取 0.19Mvar/km。假定不考虑风电机组功率因数的调节影响，当海上风电场配置感性无功补偿装置时，感性无功补偿装置的容量为下列哪项数值？（　　）

（A）94.2Mvar　　（B）98.0Mvar

（C）105.1Mvar　　（D）108.9Mvar

解答过程：

19. 假定包括接入电网的 220kV 架空线路所需补偿无功功率，风电场全部充电功率为 125Mvar，满载时全部感性无功损耗为 100Mvar，空载时全部感性无功损耗为 5Mvar，集控中心 2 回 220kV 线路均设置 1 套容量 35Mvar 高压并联电抗器（简称高抗）和 2 套 35kV 动态无功补偿装置（SVG），2 套 SVG 通过 1 台变压器接至集控中心 220kV 母线，不计该变压器无功损耗，不考虑风电机组功率因数的调节影响，则每套 SVG 的容量宜取下列哪项数值？（　　）

（A）±25Mvar　　（B）±35Mvar

（C）±50Mvar　　（D）±62.5Mvar

解答过程：

20. 若风电场陆上集控中心设置了 35kV、20Mvar 的固定电容器及动态无功补偿装置，若 35kV 电缆热稳定最小截面面积为 120mm²，敷设系数取 1，则固定电容器回路用于连接分相布置电抗器的 35kV 电缆宜选用下列哪个规格？（　　）

35kV 交联聚乙烯电缆空气中敷设载流量

电缆规格（mm²）	3×95	3×120	3×150	3×185	3×240	3×300
载流量（A）	262	295	328	366	416	460
电缆规格（mm²）	1×95	1×120	1×150	1×185	1×240	1×300
载流量（A）	288	324	360	402	457	506

（A）YJV-35-3×120　　（B）3×(YJV-35-1-×-150)

（C）YJV-35-3×300　　（D）3×(YJV-35-1-×-240)

解答过程：

题 21～25：某变电工程选用 220kV 单芯电缆，单相敷设长度为 3km，采用隧道方式敷设。电缆选用交联聚乙烯铜芯电缆，其金属护套采用交叉互联接地方式，正常工作最大电流为 450A，电缆所在区域系统单相短路电流周期分量为 40kA，短路持续时间 1s，短路前电缆导体温度按 70℃考虑。电缆采用水平布置，间距 300mm，布置方式见下图。电缆外径为 115mm，导体交直流电阻比按 1.02 计，金属护套平均外径为 100mm。

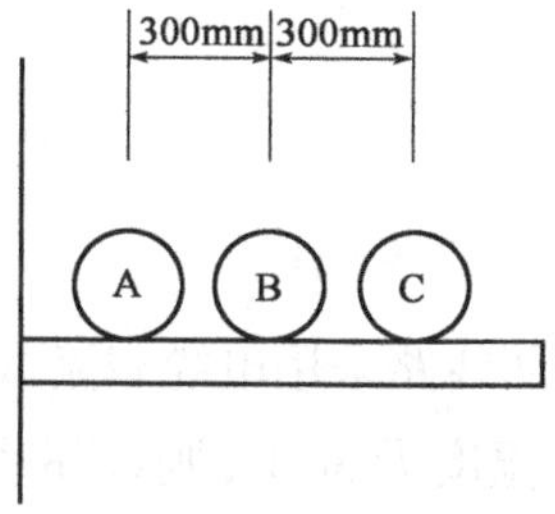

21. 该工程电缆选择了蛇形敷设方式，主要考虑以下哪个选项？（　　）

（A）减小电缆轴向热应力　（B）减小施工难度
（C）增大电缆载流量　（D）降低对周边弱电线电磁的影响

解答过程：

22. 该电缆在隧道中采用支架支撑，电缆在支架上用夹具固定，夹具抗张强度不超过 30000N，按单相短路电流计算，电缆支架间距最大应为下列哪项数值？（安全系数按 3.0 考虑）（　　）

（A）1.06m　（B）1.41m
（C）4.22m　（D）4.85m

解答过程：

23. 在本工程条件下，按短路条件计算得到电缆导体截面面积应不小于 $280mm^2$，如因系统条件发生变化，该线路单相短路电流周期分量有效值为 50kA，短路电流持续时间 1.5s，按此条件计算电缆导体截面面积应不小于下列哪项数值？（忽略短路电流衰减且不计非周期分量）（　　）

（A）$350mm^2$　（B）$402mm^2$
（C）$429mm^2$　（D）$489mm^2$

解答过程：

24. 该工程基段电缆长 650m，该段电缆金属护套一端直接接地，另一端非直接接地，该电缆 A 相

金属护套正常工况下最大感应电势值为下列哪项数值？（提示：工作频率为 50Hz，仅考虑单回路情况）（　　）

（A）28.74V　　（B）32.9V

（C）38.3V　　（D）40.8V

解答过程：

25. 根据厂家提供样本，本项目中某回线路采用电缆载流量为 534A（环境温度为 40℃），该线路独立敷设于一个电缆隧道内，隧道实际环境温度为 30℃，则该环境温度下载流量可估算为下列哪项数值？（提示：忽略绝缘介质及金属护套损耗影响）（　　）

（A）445A　　（B）487A

（C）585A　　（D）640A

解答过程：

2021 年案例分析试题（下午卷）

［案例题是 4 选 1 的方式，各小题前后之间没有联系，共 40 道小题，选作 25 道，每题分值为 2 分，上午卷 50 分，下午卷 50 分，试卷满分 100 分。案例题一定要有分析（步骤和过程）、计算（要列出相应的公式）、依据（主要是规程、规范、手册），如果是论述题要列出论点。］

题 1～3：某地区计划建设一座抽水蓄能电站，拟装设 6 台 300MW 的可逆式水泵水轮机—发电电动机组，主接线采用发电电动机—主变单元接线。全站设 2 套静止变频启动装置（SFC）用于电动机工况下起动机组，每套静止变频启动装置（SFC）支接于两台主变低压侧。

发电电动机的参数为：发电工况额定功率 300MW，额定功率因数 0.9；电动工况额定功率 325MW，额定功率因数 0.98；额定电压为 18kV。

静止变频启动装置的启动输入变压器额定容量 28MVA，启动输出变压器额定容量 25MVA。

为了更好地利用清洁能源，该抽水蓄能电站在建设期结合当地公共电网建设一座交流侧容量为 5MVA 的光伏电站作为施工用电。

请分析计算并解答下列各小题。

1. 若抽水蓄能电站每台机组的励磁变压器均采用单相变压器，每组容量为 3×1000kVA；在每台发电机出口各引接 1 台三相高压厂用电变压器，高压厂用电变压器容量为 6300kVA，并另设外来电源作为厂用备用电源。不考虑主变短时过载，且 6 台主变容量取一致，则主变压器额定容量至少应为下列哪项数值？（　　）

（A）331MVA　　（B）369MVA

（C）371MVA　　（D）394MVA

解答过程：

2. 该抽水蓄能电站采用 2 回 500kV 架空线路送出，导线采用四分裂导线，线路长度分别为 80km 和 120km，在该电站 500kV 母线安装高压并联电抗器，补偿度为 60%，则高压并联电抗器容量为下列哪项数值？（　　）

（A）84.96MVA　　（B）123.6MVA

（C）141.6MVA　　（D）236MVA

解答过程：

3. 5MVA 的光伏电站以 10kV 电压全容量与公共电网变电站连接，变电站有 1 台 50MVA 的主变，变比为 35kV/10kV，10kV 母线短路容量为 120MVA，允许光伏电站注入接入变电站 10kV 母线的五次谐波电流限制为下列哪项数值？（　　）

（A）2.94A　（B）3.52A　（C）20A　（D）24A

解答过程：

题 4～6：某发电厂两台机组均以发电机—变压器组单元接线接入厂内 220kV 屋外敞开式配电装置，220kV 采用双母线接线，设两回出线，厂址海拔高度 1800m，周围为山区。请分析计算并解答下列各小题。

4. 发电机变压器出线局部断面见下图，带电安全净距校验标注时，a和b允许的最小值应为下列哪项数值？（　　）

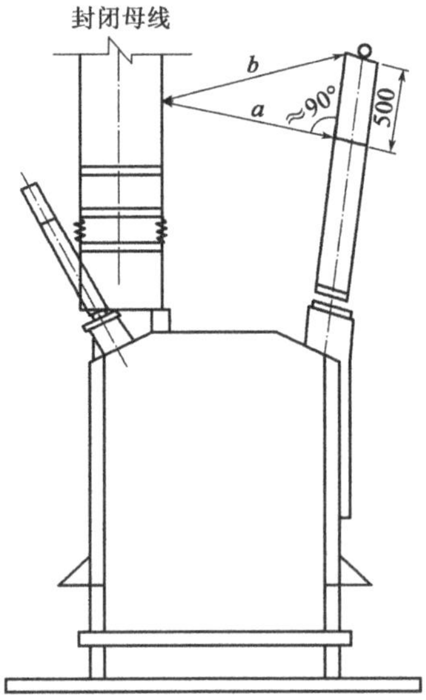

（A）1729mm，1800mm　（B）1895mm，1960mm

（C）1960mm，1960mm　（D）2107mm，2166mm

解答过程：

5. 若 220kV 配电装置发电机进线间隔采用快速断路器，两相短路的暂态正序短路电流有效值为 15kA，钢芯铝绞线相间距为 4m，最大弧垂为 1.75m，单位质量为 2.06kg/m，用综合速断短路法确定的进线间隔短路时的钢芯铝绞线摇摆角为下列哪项数值？（提示：求电动力与重量比值时不再进行单位换算）（　　）

（A）9.5°　（B）20.5°　（C）28.0°　（D）30.0°

解答过程：

6. 若 220kV 母线三相短路电流为 36kA，其中单台发电机提供的短路电流为 5kA，发电机进线间隔导体长度为 100m，两台发电机进线间隔相邻布置，导体布置断面见下图（尺寸单位：mm），则当一台机组进线间隔三相短路时，作用在另一台停电检修机组进线导体的最大电磁感应电压为下列哪项数值？（　　）

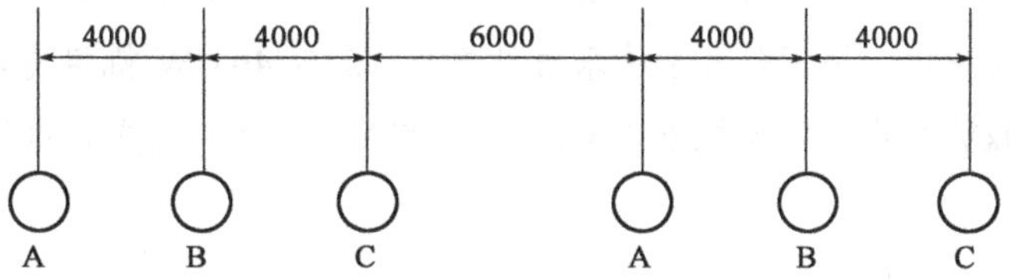

（A）1.11V/m　　（B）1.38V/m　　（C）1.60V/m　　（D）4.87V/m

解答过程：

题 7～9：某水力发电厂主变压器 110kV 侧门架与开关站进线门架挂线点等高，门架中心间距为 12m，采用单根 LGJ-400/35 导线连接，耐张绝缘子串型号为单串$8 \times$XP-7（串中包含 QP-7、Z-10、Ws-7）。水电站气象条件为：最高温度+40℃，最低温度−20℃，最大覆冰厚度 15mm，最大风速 35m/s，安装检修时风速 10m/s，覆冰时风速 10m/s。

导线参数为：导线计算直径 26.82mm，计算截面面积 425.24mm²，导线自重 1.349kgf/m，温度线膨胀系数$\alpha_x = 20.5 \times 10^{-6}(1/℃)$，弹性模量$E = 65000\text{N/mm}^2$。

请分析计算并解答下列各小题。

7. 单串绝缘子串连接金具总长按 190mm 计，忽略导线弧度，该导线在覆冰状态下所承受的风压力为下列哪项数值？（　　）

（A）19.28N　　（B）38.77N　　（C）44.44N　　（D）474.97N

解答过程：

8. 计算导线在覆冰时，有冰有风状态下的合成单位荷重为下列哪项数值？（　　）

（A）13.87N/m　　（B）23.69N/m　　（C）30.9N/m　　（D）32.03N/m

解答过程：

9. 计算绝缘子串在覆冰时，有冰有风状态下组合绝缘子串的合成荷重为下列哪项数值？（　　）

（A）48.96N　　（B）88.32N　　（C）446.98N　　（D）479.43N

解答过程：

题 10～12：有一座燃煤热电厂，装机为 4 台 440t/h 超高压煤粉锅炉和 3 台 40MW 汽轮发电机组，4 台锅炉正常 3 台运行 1 台备用，全厂热力系统采用母管制。3 台 40MW 机组均采用发电机—变压器单元接线的方式接入厂内 110kV 母线。发电机出口电压为 10.5kV，高压厂用工作电源采用限流电抗器从主变低压侧引接。

请分析计算并解答下列各小题。

10. 该热电厂高压厂用电系统设置厂用电抗器的数量最合理的是下列哪项？请分析并说明理由。（　　）

（A）2 台　　（B）3 台　　（C）4 台　　（D）8 台

解答过程：

11. 本工程最大一台高压厂用电动机为电动给水泵电动机，额定功率为 3800kW，采用直接启动方式，电动机额定效率为 97%，额定功率因数为 0.89，启动电流倍数为 6.5，假设电抗器额定电流为 1000A，所带的厂用电母线段计算负荷为 12800kVA，请计算满足该电动机正常启动的要求选择电抗器的百分电抗值X_k，其上限最接近下列哪项数值？（　　）

（A）10%　　（B）11%　　（C）12%　　（D）15%

解答过程：

12. 本工程设置互为备用的两台水工变压器，采用干式变压器，容量为 1250kVA，短路阻抗U_d = 6%。水工 PC 为附近的生活污水处理站 MCC 供电，供电回路电缆规格为YJLV-1-3-×-70-+-1-×-35mm^2，长度 56m。MCC 为附近一排水泵电动机供电，供电回路电缆规格为YJV-1-3-×-10mm^2，长度 20m。请计算电动机接线端子处三相短路电流最接近下列哪项数值？（　　）

（A）1800A　　（B）2200A　　（C）3000A　　（D）5300A

解答过程：

题 13～15：新建一台 600MW 火力发电机组，发电机额定功率为 600MW，出口额定电压为 20kV，额定功率因数为 0.9，两台机组均采用发电机—变压器线路组的方式接入 500kV 系统，主变压器的容量为 670MVA，短路阻抗为 14%，送出 500kV 线路长度为 290km，线路的充电功率为 1.18Mvar/km。发电机的直轴同步电抗为 215%，直轴瞬变电抗为 26.5%，直轴超瞬变电抗为 20.5%。主变压器高压侧采用金属封闭气体绝缘开关设备（GIS）。

请分析计算并解答下列各小题。

13. 请判断当机组带空载线路运行时，通过计算，判断是否会产生发电机自励磁？如产生自励磁，当采用高压并联电抗器限制自励磁产生的过电压时，其容量应选择以下哪项？（　　）

（A）否　　（B）是，120MVA
（C）是，70MVA　　（D）是，50MVA

解答过程：

14. GIS 与架空线连接处设置避雷器保护，该避雷器的雷电冲击电流残压为 1006kV，操作冲击电流残压为 858kV，陡波冲击电流残压为 1157kV。若该 GIS 考虑与 VFTO 的绝缘配合，请问其对地绝缘的耐压水平及断路器同极断口间内绝缘的相对地雷电冲击耐受电压最小值应大于下列哪组数值？（　　）

（A）1330kV，(1257 + 315)kV　　（B）987kV，(1257 + 315)kV
（C）1330kV，1257kV　　（D）987kV，1257kV

解答过程：

15. 500kV GIS 设区域专用接地网，表层混凝土的电阻率近似为 250Ω · m，厚度为 300mm，下层土壤电阻率为 50Ω · m。主保护动作时间为 20ms，断路器失灵保护动作时间为 250ms，断路器开断时间为 60ms，请问该接地网设计时的最大接触电位差应为下列哪项数值？（假定 GIS 设备到金属因感应产生的最大电压差为 20V，接触电位差允许值的计算误差控制在 5%以内）（　　）

（A）624.7V　　（B）376.5V
（C）368.5V　　（D）306.0V

解答过程：

题 16～18：某发电厂的 500kV 户外敞开式开关站采用水平接地极为主边缘闭合的复合接地网。接地网采用等间距矩形布置，尺寸为 $300m \times 200m$，网孔间距为 5m，敷设在 0.8m 深的均匀土壤中，土壤电阻率为 $200\Omega \cdot m$。假设不考虑站区场地高差，试回答以下问题。

16. 假设接地网最大入地电流为 25kA，如不计垂直接地极的长度，则该接地网的最大跨步电位差最接近以下哪项数值？（　　）

（A）600V　　（B）700V

（C）800V　　（D）900V

解答过程：

17. 假定高压配电装置采用两支独立避雷针进行直击雷防护，避雷针高分别为 47m、40m，为保证两针间保护范围上部边缘最低点的高度不小于 24m，则两针间的距离不应大于以下哪项数值？（　　）

（A）75m　　（B）103m

（C）113m　　（D）131m

解答过程：

18. 假定开关站内发生接地故障时的最大接地故障电流为 45kA，双套速动保护动作时间为 90ms，后备保护动作时间为 800ms，断路器失灵保护动作时间为 500ms，断路器开断时间为 50ms。接地导体采用镀锌钢材，则开关站主接地网接地导体的最小截面面积计算值最接近下列哪项数值？（不考虑腐蚀余量）（　　）

（A）$225mm^2$　　（B）$386mm^2$

（C）$468mm^2$　　（D）$514mm^2$

解答过程：

题 19～21：某变电站直流电源系统标称电压为 110V，事故持续放电时间为 2h，直流控制负荷与动力负荷合并供电。直流系统设 2 组阀控式密封铅酸蓄电池（胶体），每组蓄电池配置一组高频开关电源模块型充电装置，不设端电池。单体蓄电池浮充电压为 2.24V，均充电压为 2.33V，事故末期放电终止电压为 1.83V。

19. 每组蓄电池个数为下列哪项数值？（　　）

（A）50 个　　（B）51 个

（C）52 个　　（D）53 个

解答过程：

20. 直流负荷统计表见下表。

直流负荷统计表

序号	负荷名称	负荷容量（kW）	备注
1	控制和保护负荷	10	
2	监控系统负荷	3	
3	高压断路器跳闸	9	
4	高压断路器自投	0.5	电磁操动合闸机构
5	直流应急照明	5	
6	交流不间断电源（UPS）	2×7.5	从直流系统取电

请按阶梯计算法计算并确定每组蓄电池容量宜选下列哪项数值？（　　）

（A）500Ah　　（B）600Ah

（C）700Ah　　（D）800Ah

解答过程：

21. 假设蓄电池容量为 500Ah，直流负荷采用分层辐射形供电，终端控制负荷计算电流为 6.5A，保护负荷计算电流为 4A，信号负荷计算电流为 2A。若终端断路器选用标准型断路器，且最大分支额定电流为 4A，并假定分电柜出线断路器至终端负荷间连接电缆的总电阻为 0.16Ω，则分电柜出线断路器宜选用下列哪项？（　　）

（A）额定电流为 25A 的直流断路器

（B）额定电流为 32A 的直流断路器

（C）额定电流为 40A 的直流断路器，带三段式保护

（D）额定电流为 50A 的直流断路器，带三段式保护

解答过程：

题 22～24：某 220kV 变电站，远离发电厂，安装 220/110/10kV、180MVA 主变两台。220kV 侧为双母

线接线，线路 L_1、L_2 为电源进线，另 2 回为负荷出线。110kV、10kV 侧为单母线分段接线，出线若干回，均为负荷出线。正常运行方式下，L_1、L_2 分别运行不同母线，220kV 侧并列运行，110kV、10kV 侧分列运行。220kV 及 110kV 系统为有效接地系统。

电源 S_1 最大运行方式下系统阻抗标幺值为 0.002，最小运行方式下系统阻抗标幺值为 0.006；电源 S_2 最大运行方式下系统阻抗标幺值为 0.003，最小运行方式下系统阻抗标幺值为 0.008；L_1、L_2 线路阻抗标幺值为 0.01（系统基准容量 $S_j = 100$MVA，不计周期分量的衰减，简图如下）。

请分析计算并解答以下问题。

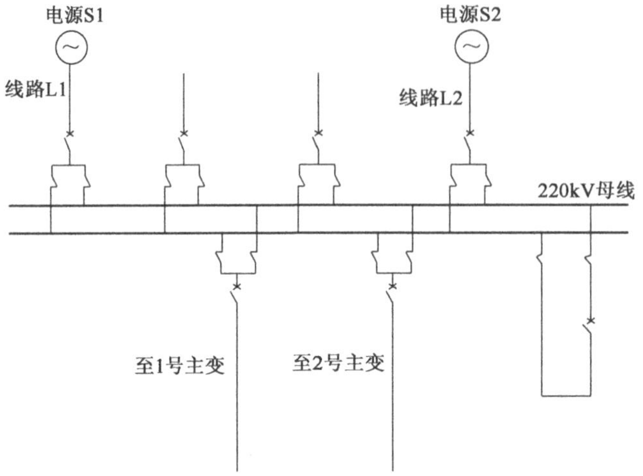

22. 若 220kV 母线差动保护，其差电流启动元件的整定值（一次值）为 3.5kA，计算此启动元件的灵敏系数应为下列哪项数值？（　　）

（A）7.33　　（B）3.98

（C）3.45　　（D）2.0

解答过程：

23. 该站某 110kV 出线设贸易结算用计量点，电压互感器二次绕组为三相星形接线，电压互感器二次额定线电压为 100V，每相负荷 40VA。电压互感器到电能表电缆的长度为 100m。铜导体取 $\gamma = 57\text{m}/(\Omega \cdot \text{mm}^2)$，请计算该电缆最小截面面积计算值。（　　）

（A）0.70mm^2　　（B）4.21mm^2

（C）10.53mm^2　　（D）18.24mm^2

解答过程：

24. 10kV 直馈线经较长电缆带低压变压器运行。此 10kV 电缆首端、电缆第一中间接头处、电缆末端的三相短路电流分别为 16kA、15.8kA、14.6kA。10kV 速断保护动作时间为 0.04s，10kV 过流保护动

作时间为 0.5s，断路器开断时间为 0.1s。请计算电缆的短路电流热效应Q值。（不计非周期分量）（　　）

（A）153.60kA²s　　（B）149.78kA²s

（C）127.90kA²s　　（D）34.95kA²s

解答过程：

题 25～27：某 300MW 火力发电机组，已知 10kV 系统短路电流 40kA，采用低电阻接地。汽机低压厂用变接线如下图所示，变压器额定容量 2000kVA，变比 10.5/0.4kV，短路阻抗 10%，变压器励磁涌流为 12 倍额定电流。

请分析计算并解答下列各小题。

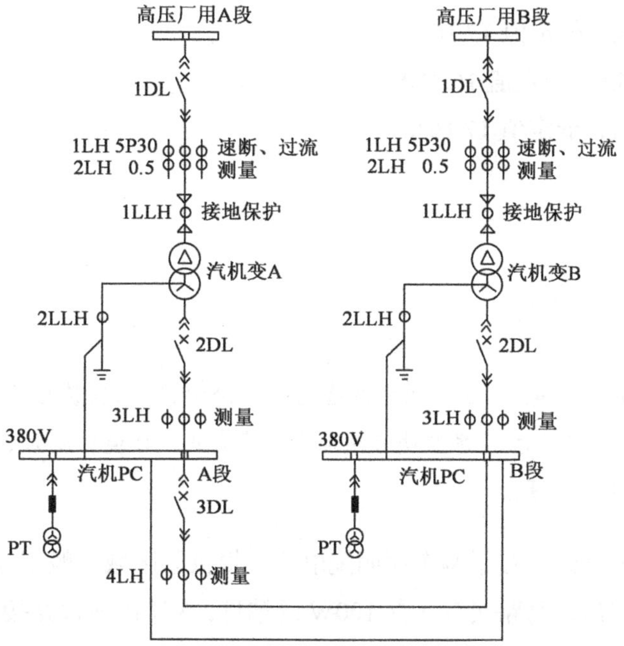

25. 变压器高压侧保护采用电流速断及过电流保护，高压侧电流互感器变比 200/1A。请计算变压器电流速断保护的二次整定值。（　　）

（A）5.35A　　（B）6.96A

（C）1392.04A　　（D）1429.67A

解答过程：

26. 变压器保护装置安装在 10kV 开关柜内，变压器本体距离 10kV 开关柜的电缆长度为 200m，选用铜芯电缆，γ取57m/(Ω · mm²)，电缆截面面积选用 4mm²，保护装置电流回路额定负载为 1Ω，接触电阻取 0.05Ω。当变压器低压侧中性点零序电流互感器二次额定电流选 1A 及 5A 时，请问实际二次负载为下列哪组数值？（　　）

（A）1.927VA，24.18VA　　（B）2.754VA，44.85VA

（C）2.8VA，46.1VA　　（D）2.8VA，70VA

解答过程：

27. 已知本厂 10kV 段接有额定功率为 630kW 电动机，额定功率因数为 0.87，额定效率为 95%，电动机额定电压为 10kV，启动电流倍数为 7，电动机保护用电流互感器变比为 100/5A。电动机电流速断保护具有高低定值判据，求电动机电流速断保护的高定值和低定值二次整定值为下列哪组数值？（　　）

（A）高定值 19.8A，低定值 14.3A

（B）高定值 19.8A，低定值 17.16A

（C）高定值 21.95A，低定值 16.31A

（D）高定值 23.1A，低定值 17.16A

解答过程：

题 28～30：某 300MW 级火电厂，正常照明网络电压为 380/220V，交流应急照明网络电压为 380/220V，直流应急照明网络电压为 220V。主厂房照明采用混合照明方式，环境温度为 35℃。

请分析计算并解答下列各小题。

28. 主厂房有一回照明干线连接了两个照明配电箱，提供某区域一般正常照明及插座供电。A 照明箱共 16 路出线，其中 6 路出线每路接有 6 盏 100W 的钠灯；3 路出线每路接有 24 盏 28W 的荧光灯；3 路出线为单相插座回路；还有 3 路备用。B 照明箱共 12 路出线，其中 6 路出线每路接有 6 盏 80W 的无极灯；3 路出线每路接有 24 盏 28W 的荧光灯；2 路出线为单相插座回路；还有 1 路备用。请计算该照明干线的计算负荷最接近下列哪项数值？（插座回路按每路 1kW 计算）（　　）

（A）11.35kW　　（B）14.46kW

（C）16.35kW　　（D）17.61kW

解答过程：

29. 已知某处装有高压钠灯 24 盏，每盏 100W；无极灯 36 盏，每盏 80W。由一回三相四线照明分支线路供电，请计算该照明线路的计算电流最接近下列哪项数值？（　　）

（A）9.142A　　（B）10.01A　　（C）10.97A　　（D）18.95A

解答过程：

30. 若材料库尺寸为12m × 25m，安装有 10 只壁灯提供工作照明。当平均照度为 200lx 时，请计算光源的光通量最接近下列哪项数值？（利用系数取 0.5）（　　）

（A）15400lm　　（B）17100lm　　（C）20000lm　　（D）21400lm

解答过程：

题 31～35：某 500kV 架空输电线路，最高运行电压 550kV，线路所经地区海拔高度小于 1000m。基本风速 30m/s，设计覆冰 10mm，年平均气温为 15℃，年平均雷暴日数为 40d。相导线采用4 × JL/GIA-500/45，子导线直径 30.0mm，导线悬垂串采用I型绝缘子串。

请分析计算并解答下列各小题。

31. 给定以下条件：

（1）SPS（现场污秽度）按 e 级、统一爬电比距（最高运行相电压）按 37.2mm/kV 设计。

（2）假定绝缘子的公称爬电距离为 480mm，结构高度为 170mm，爬电距离有效系数取 0.95。

（3）直线塔全高按 100m 考虑。

按以上给定条件，计算确定某直线跨越塔导线悬垂串应采用绝缘子的片数为下列哪项数值？（　　）

（A）25 片　　（B）26 片　　（C）27 片　　（D）28 片

解答过程：

32. 假定线路位于华东平原地区，线路落雷次数为 1.25 次/(km · a)，要求雷击铁塔时耐雷水平为 175kA。请按线路设计手册计算，满足反击跳闸率小于 0.20 次/(100km · a)的绝缘子串的闪络距离为下列哪项数值？（　　）

（A）3.9m　　（B）4.2m　　（C）4.62m　　（D）5.2m

解答过程：

33. 某段线路位于重污秽区，假定如下条件：

（1）按现行设计规范，当采用复合绝缘子时，其爬电距离最小需要 15000mm。

（2）已知盘式绝缘子的公称爬电距离为 635mm，结构高度为 155mm，爬电距离有效系数取 0.90。按以上假定情况计算，直线塔导线悬垂串采用盘式绝缘子的片数应为下列哪项数值？（　　）

（A）25 片　　（B）27 片

（C）32 片　　（D）35 片

解答过程：

34. 某直线塔在最大风偏时，导线悬垂绝缘子串的带电部分与铁塔构架之间的最小距离为 1.95m，若考虑 0.3m 的设计裕度，计算此条件下该直线塔适用的最高海拔为下列哪项数值？（注：超高压工频电压放电电压与空气间隙呈线性关系，按海拔 1000m 时 500kV 线路带电部分与杆塔构件的最小空气间隙进行计算）（　　）

（A）1800m　　（B）2900m　　（C）3600m　　（D）4600m

解答过程：

35. 该线路按同塔双回线路设计，已知在海拔 1000m 以下地区，直线塔导线悬垂绝缘子串按平衡高绝缘配置，采用结构高度为 4820mm、最小电弧距离为 4480mm 的复合绝缘子，试确定雷电过电压要求的最小空气间隙为下列哪项数值？（提示：绝缘子串雷电冲击放电电压$U_{50\%} = 530 \times L + 35$，空气间隙雷电冲击放电电压$U_{50\%} = 552 \times S$）（　　）

（A）3.3m　　（B）3.71m　　（C）3.99m　　（D）4.36m

解答过程：

题 36～40：500kV 架空输电线路工程，导线采用$4 \times$JL/G1A-400/35 钢芯铝绞线，导线长期允许最高温度取 70℃，地线采用 GJ-100 镀锌钢绞线，给出的主要气象条件及导线参数见下表。

项目	单位	导线	地线
外径d	mm	26.82	13.0
截面面积S	mm^2	425.24	100.88
自重力比载γ_1	$\times 10^{-3}N/(m \cdot mm^2)$	31.1	78.0
计算拉断力	N	103900	118530

续上表

项　目			单位	导线	地线
年平均气温	$T=15℃$ $v=0$ $b=0$	导线应力	N/mm^2	53.5	182.5
最低气温	$T=-20℃$ $v=0$ $b=0$	导线应力	N/mm^2	60.5	202.7
最高气温	$T=40℃$ $v=0$ $b=0$	导线应力	N/mm^2	49.7	170.6
设计覆冰	$T=-5℃$ $v=10m/s$ $b=10mm$	冰重力比载	$\times10^{-3}N/(m\cdot mm^2)$	24.0	
		覆冰风荷比载	$\times10^{-3}N/(m\cdot mm^2)$	8.1	
		导线应力	N/mm^2	92.8	
基本风速（风偏）	$T=-5℃$ $v=10m/s$ $b=10mm$	无冰风荷比载	$\times10^{-3}N/(m\cdot mm^2)$	23.3	
		导线应力	N/mm^2	69.1	

请分析计算并解答下列各小题。（提示：计算时采用平抛物线公式）

36. 按给定条件计算，基本风速（风偏）时综合比载为下列哪项数值？（　　）

（A）$35.6\times10^{-3}N/(m\cdot mm^2)$　　（B）$38.9\times10^{-3}N/(m\cdot mm^2)$

（C）$45.3\times10^{-3}N/(m\cdot mm^2)$　　（D）$54.4\times10^{-3}N/(m\cdot mm^2)$

解答过程：

37. 耐张段内某直线档（两端为直线塔）的档距为650m，导线悬挂点高差为70m，在最高气温条件下，该档导线的弧垂最低点至最大弧垂点间的水平距离为下列哪项数值？（　　）

（A）497m　　（B）478m

（C）172m　　（D）153m

解答过程：

38. 在年平均气温条件下，若两直线塔间的距离为500m，且该档的导线长度为505.0m，并假设：

（1）该档前后两侧杆塔的塔形相同。

（2）两杆塔的导线悬垂绝缘子串和地线金具串分别相同，且不考虑绝缘子串、金具的偏斜。

按以上假定条件计算，该档的地线长度为下列哪项数值？（　　）

（A）506.1m　　（B）505.0m

（C）504.2m　　（D）503.5m

解答过程：

39. 在最高气温条件下，计算得知某直线塔前后两侧的导线悬点应力分别为 $56N/mm^2$ 和 $54N/mm^2$，该塔上导线的悬垂角分别为下列哪项数值？（　　）

（A）25.3°，21.5°　　（B）27.4°，23.0°

（C）42.0°，38.6°　　（D）48.4°，47.3°

解答过程：

40. 假定计算杆塔为直线塔，水平档距为 800m，子导线的垂直荷重为 15000N；前后两侧杆塔与计算杆塔的塔形相同；前后两侧杆塔与计算杆塔的导线绝缘子串和地线金具分别相同，且不考虑绝缘子、金具的偏斜。按以上假定条件，请计算在最低气温条件下，杆塔的单根地线的垂直荷重为下列哪项数值？（　　）

（A）7211N　　（B）8045N

（C）8923N　　（D）9808N

解答过程：

2022 年案例分析试题（上午卷）

［案例题是 4 选 1 的方式，各小题前后之间没有联系，共 25 道小题，每题分值为 2 分，上午卷 50 分，下午卷 50 分，试卷满分 100 分。案例题一定要有分析（步骤和过程）、计算（要列出相应的公式）、依据（主要是规程、规范、手册），如果是论述题要列出论点。］

题 1～4：某发电厂两台 300MW 机组分别经升压变与 220kV 系统相连，220kV 配电装置有 2 回进线和 2 回出线，采用外桥接线。发电机额定功率为 330MW，额定功率因数为 0.85；最大连续输出功率为 340MW，功率因数为 0.85。发电机出口电压为 20kV，采用离相封闭母线与主变相连，高压厂用变压器由发电机出口引接。每台机组设一台分裂高厂变，两台机组设一台同容量的高压启备变。请根据以上已知条件，解答下列各小题。

1. 若定子绕组的单相对地电容为 0.18μF，离相封闭母线、主变压器低压线圈及高厂变高压线圈单相接地电容电流为 0.07A，发电机中性点采用消弧线圈接地方式，计算消弧线圈的补偿容量为下列哪项数值？（过补偿系数取 1.35，欠补偿系数取 0.8）（　　）

（A）18.75kVA　（B）23.44kVA　（C）31.65kVA　（D）32.48kVA

解答过程：

2. 若升压站 220kV 两回出线分别连接系统两个不同的变电站，系统穿越功率为 200MVA，高厂变容量为 40MVA，请计算桥回路持续工作电流为下列哪项数值？（母线运行电压为 220kV）（　　）

（A）945A　（B）1050A　（C）1451A　（D）1575A

解答过程：

3. 220kV 主变压器中性点通过隔离开关直接接地，隔离开关打开时通过间隙并联避雷器接地，该避雷器的持续运行电压和额定电压应为下列哪组数值？（　　）

（A）67kV，84kV　（B）101kV，128kV　（C）116kV，146kV　（D）145kV，189kV

解答过程：

4. 若主变额定容量为 390MVA，阻抗电压为 14%，空载励磁电流为 0.8%。厂用电及高厂变自身在发电机额定工况运行时消耗的总无功为 13Mvar，消耗的总有功为 20MW。请问发电机额定工况运行时，主变高压侧送出的无功容量为下列哪项数值？（　　）

（A）133Mvar　　（B）140Mvar　　（C）153Mvar　　（D）266Mvar

解答过程：

题 5～7：有一地面集中并网光伏发电站，选用的光伏组件技术参数见下表，选用的组串式逆变器最大直流输入电压为 1500V，MPPT 电压范围为 500～1500V。请分析计算并解答下列各小题。

单晶硅双面太阳电池组件技术参数表

技术参数	单位	数值
峰值功率	W_p	540
开路电压（V_{oc}）	V	49.50
短路电流（I_{sc}）	A	13.85
工作电压（V_{pm}）	V	41.65
工作电流（I_{pm}）	A	12.97
工作电压温度系数	%/K	−0.350
开路电压温度系数	%/K	−0.284
短路电流温度系数	%/K	0.050
功率误差范围	W	0～+5
组件效率	%	21.1
功率衰减率	%	首年 2.0%，之后每年 0.45%
尺寸	mm	2256 × 1133 × 35
质量	kg	32.3

5. 若本光伏发电站所在场址的极端最高温度为 40℃，极端最低温度为−5℃，光伏组件工作条件下的极限高温为 65℃，工作条件下的极端低温为 0℃，光伏组件串的光伏组件串联数取下列哪项数值最为合适？（　　）

（A）14　　（B）27　　（C）28　　（D）33

解答过程：

6. 若本光伏发电站安装光伏组件总数量为 37440 块，发电站通过一回 35kV 线路接入附近电网变电站。关于光伏发电站，下列哪项说法是错误的？（　　）

（A）光伏逆变器应具有低电压穿越功能

（B）光伏电站电能质量数据不远传，就地储存一年以上数据供电网企业必要时调用

（C）计算机监控系统采用网络方式与电网对时

（D）光伏发电站不设置防孤岛保护

解答过程：

7. 若本光伏发电站安装光伏逆变器总额定功率为 100MW，通过一回 110kV 线路接入电网。发电站及送出线路的无功功率统计见下表。请计算本光伏发电站配置的集中无功补偿装置容量调节范围至少为下列哪项数值？（　　）

发电站及送出线路的无功功率统计表

项目	容量（Mvar）
满发时汇集线路感性无功功率	30
满发时主变压器感性无功功率	10
满发时 110kV 送出线路感性无功功率	30
光伏发电站内充电无功功率	40
110kV 送出线路充电无功功率	24

（A）容性无功功率 22Mvar，感性无功功率 18Mvar

（B）容性无功功率 39Mvar，感性无功功率 33Mvar

（C）容性无功功率 55Mvar，感性无功功率 52Mvar

（D）容性无功功率 70Mvar，感性无功功率 64Mvar

解答过程：

题 8～11：某发电厂位于海拔 1000m 以下，安装一台 35MW 汽轮发电机组，电气接线如下图所示。图中发电机出口电压为 10.5kV，发电机经主变压器升压至 35kV 接入电网，采用线路变压器组接线。发电机额定功率为 35MW，额定功率因数为 0.85，机组最大连续输出功率为 38.5MW。

请分析计算并回答下列各小题。

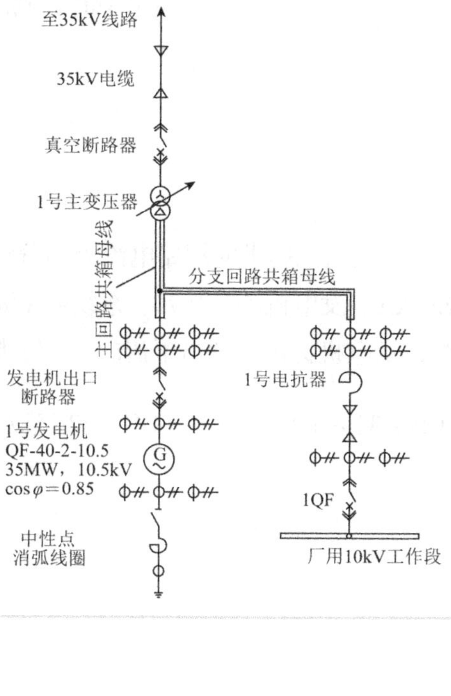

8. 若35kV主变高压侧短路时系统侧所供的三相短路电流周期分量为20kA，主变容量为44MVA，接线组别 YNd11，主变电抗$U_d = 10.5\%$，计算发电机出口三相短路时系统侧提供的短路电流周期分量为下列哪项数值？（　　）

（A）4.92kA　　（B）17.35kA　　（C）23.10kA　　（D）30.05kA

解答过程：

9. 假设图中发电机通过封闭母线接入主变压器，按照《导体和电器选择设计技术规定》（DL/T 5222—2005）中关于经济电流密度选择的规定，不考虑扣除厂用电负荷，封闭母线发电机回路导体截面积最接近下列哪项数值？（最大负荷利用小时数$T = 5500h$）（　　）

（A）2200mm²　　（B）2400mm²

（C）2700mm²　　（D）3000mm²

解答过程：

10. 若发电厂厂用电抗器前短路电流周期分量起始值为 50kA，接入电抗器后高压厂用段母线总短路电流周期分量起始值为30kA，高压厂用段母线短路时电动机反馈电流为5kA。电抗器至高压厂用段采用电缆连接，主保护动作时间为50ms，后备保护动作时间为2s。断路器开断时间为100ms，假定不考虑周期分量有效的衰减且不计非周期分量，电缆热稳定系数取$C = 150$，计算并选择满足热稳定的电缆截面积为下列哪项数值？（　　）

（A）241.52mm²　　（B）282.84mm²

（C）289.82mm²　　（D）471.40mm²

解答过程：

11. 已知发电机出口三相短路时，发电机提供的短路电流周期分量起始有效值为 11.84kA，系统提供的短路电流起始周期分量为12.43kA。发电机X/R为70，系统侧X/R为25。不计周期分量衰减，根据以上X/R计算发电机出线端短路时，发电机提供的冲击电流i_c为下列哪项数值？（　　）

（A）30.14kA　　（B）31.81kA　　（C）32.75kA　　（D）33.08kA

解答过程：

题 12～16：某安装2×1000MW 机组的大型发电厂，直流动力负荷采用 220V、控制负荷采用 110V 供电。每台机组设 1 组 220V 蓄电池、2 组 110V 蓄电池，500kV 升压站设 2 组 110V 蓄电池。110V 直流系统为两电三充单母线接线，220V 直流系统为两电两充单母线接线。蓄电池均采用阀控式密封铅酸蓄电池。

请分析计算并解答下列各小题。

12. 本工程 500kV 升压站为双母线接线的 GIS，GIS 含有 2 回出线、3 回进线、1 回母联和 2 回母线设备。各类直流负荷：500kV 断路器每组合闸线圈电流为 12A，每组跳闸线圈电流为 15A，两套 UPS 装置冗余配置每套 10kW，GIS 每个间隔控制、保护负荷为 20A（按 8 回考虑）。网络继电器室屏柜 60 面每面负荷为 2A。对应直流负荷统计中经常、事故放电 1min 及随机负荷电流，下列哪组负荷统计数值是正确的？（　　）

（A）144A，243.45A，0A　　（B）168A，312.9A，12A

（C）168A，321.45A，12A　　（D）224A，321.45A，0A

解答过程：

13. 若 500kV 升压站的直流系统两组蓄电池出口回路熔断器额定电流为 630A，每组蓄电池所连接的负荷电流为 400A。选择连接两组母线的联络开关设备的参数，下列哪项数值是合适的？（　　）

（A）隔离开关额定电流 200A　　（B）断路器额定电流 250A

（C）熔断器额定电流 400A　　（D）断路器额定电流 400A

解答过程：

14. 若 500kV 升压站每组蓄电池容量为 600Ah，经常电流为 150A，充电模块为 30A，为了简化计算，三个充电装置规格参数选择一致。直流系统每套充电装置的高频开关电源模块数至少选几个？

（　　）

（A）5　　（B）7　　（C）9　　（D）10

解答过程：

15. 在本工程的主厂房部分的直流系统，若机组 220V 蓄电池为 3000Ah，蓄电池至直流屏距离为 30m，按事故停电时间的蓄电池放电率电流选择的电缆截面积计算值设为 700mm²，按事故初期（1min）冲击放电电流 2200A 选择的电缆截面积计算值设为 1480mm²。汽轮机直流润滑油泵电动机功率为 36kW，效率为 0.86，计算用启动电流倍数取 4.6 倍，直流屏至电动机总长度为 200m。请按事故初期从

蓄电池组至电动机的电缆电压降不大于 6%条件，计算从直流屏至电动机的电缆最小截面积最接近下列哪项数值？（　　）

（A）254.25mm²　　（B）362.88mm²　　（C）556.41mm²　　（D）584.79mm²

解答过程：

16. 若本工程的直流密封油泵电动机为 17kW，额定电流为 90A，启动电流倍数为 7 倍，启动时间为 5s。假设电动机回路断路器短路分断能力和保护灵敏度都符合要求，且启动电流在启动过程中不变，根据下列脱扣器动作特性曲线选取断路器规格，最小可选择下列哪项数值？（　　）

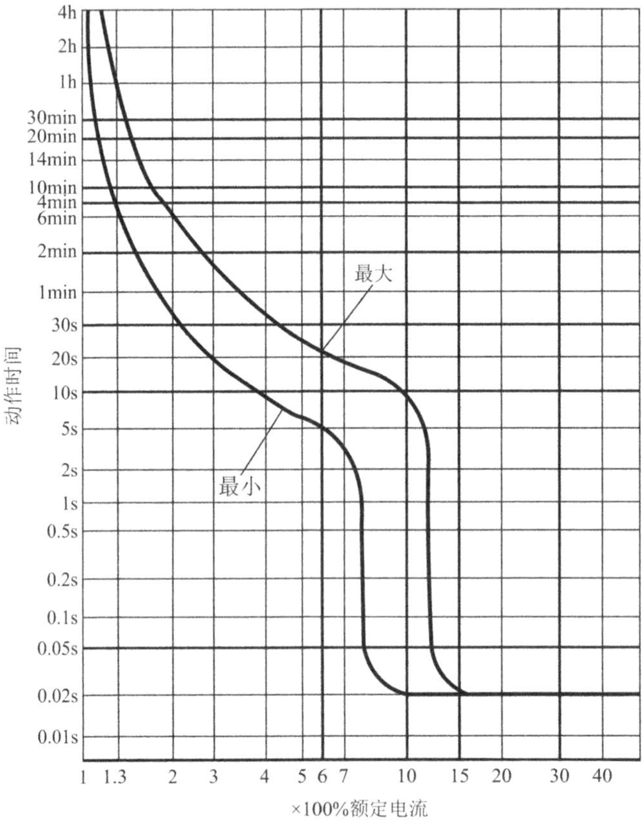

（A）80A　　（B）100A　　（C）125A　　（D）160A

解答过程：

题 17～20：某 220kV 变电站与无限大电源系统连接并远离发电厂，电气主接线图如下图所示。S_1 等值电抗标幺值$X_1 = 0.01$，S_2等值电抗标幺值$X_2 = 0.015$。基准容量$S_j = 100$MVA，$U_j = 230$kV，63kV。

变电站安装两台 220/63kV、180MVA 主变。主变短路电压百分值为$U_k(\%) = 14$，220kV 为双母线接线，进线 1 与出线 1 固定运行于一段母线，进线 2 与出线 2 固定运行于另一段母线；母线并列运行为大方式，分列运行为小方式。63kV 侧为单母线分段接线，母线分列运行。主变高压侧保护用电流互感器变比为 600～1250/1A，电流互感器满匝接线为（S_1～S_3）。站内采用铜芯电缆，γ取 57m/(Ω · mm²)。请分析计算并解答以下各小题（计算结果精确到小数点后两位）。

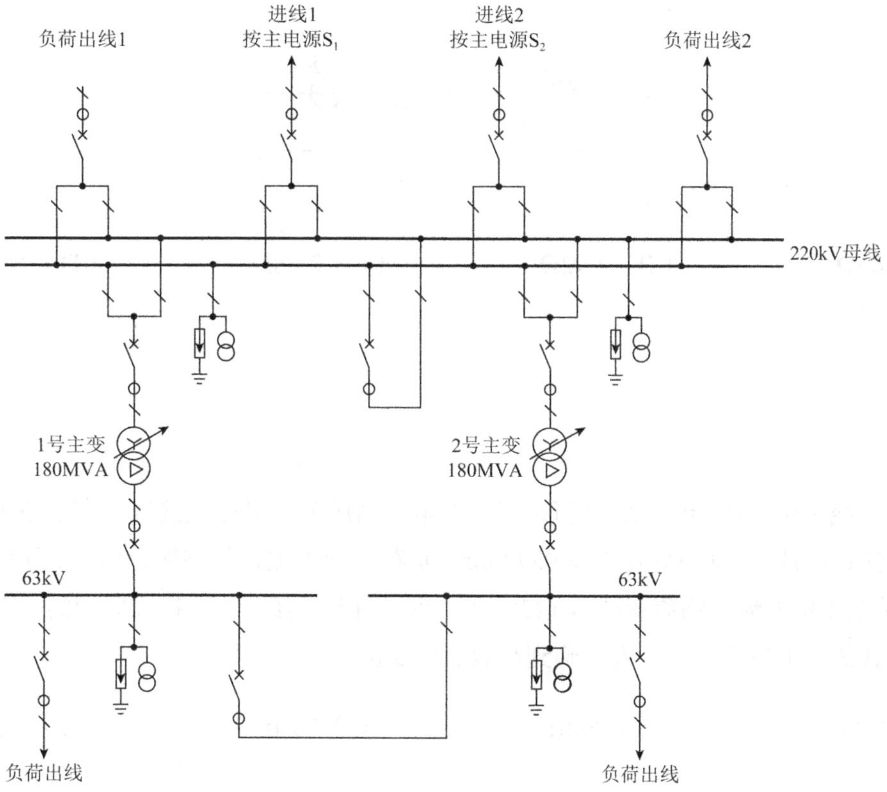

17. 主变高压侧后备保护为复合电压闭锁的过电流保护，可靠系数取上限值，返回系数取 0.85，电流继电器动作电流整定二次值为下列哪项数值？（　　）

（A）0.49A　　（B）0.58A　　（C）1.00A　　（D）1.2A

解答过程：

18. 若主变高压侧复合电压闭锁的过电流保护电流定值对应一次值为 1.1kA，按小方式主变低压侧短路校核电流元件灵敏度，该灵敏系数为下列哪项数值？（　　）

（A）2.13　　（B）2.25　　（C）2.46　　（D）4.65

解答过程：

19. 若 63kV 出线测量电流二次回路图如下图所示，W1a、W1c、W2a、W2c 装置负荷均为 0.5Ω/相，电流互感器至测量装置之间的铜芯电缆长度为 150m，截面积为 2.5mm²，接触电阻取 0.1Ω。电流互感

器二次负荷不小于下列哪项数值？（　　）

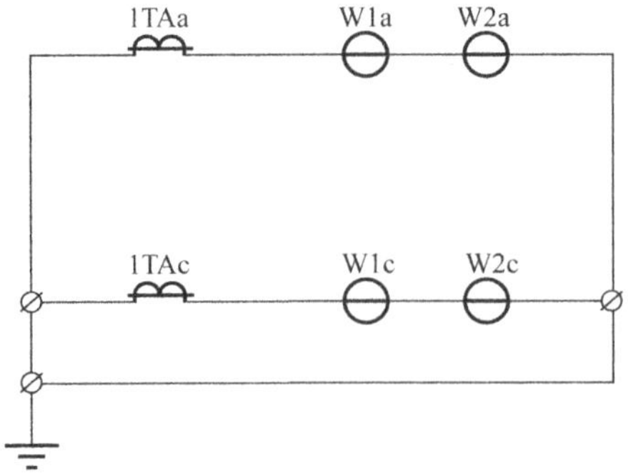

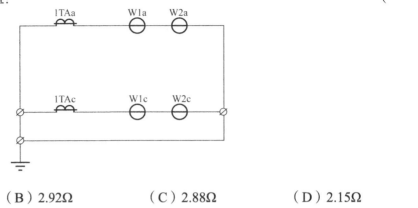

（A）3.66Ω　　（B）2.92Ω　　（C）2.88Ω　　（D）2.15Ω

解答过程：

20. 220kV 出线 1 带一终端变电站运行，终端变电站高压侧为单母线接线，变电站中低压侧均无电源接入。两站之间线路长度为 18km，$X = 0.4\Omega/\text{km}$，负荷出线 1 配置线路纵差保护，保护装置不带速饱和变流器。本站线路用电流互感器变比为 1250/1A，此间隔电流互感器保护校验用的一次电流计算倍数 m_{js}是下列哪项数值？（阻抗计算过程精确到小数点后 5 位）（　　）

（A）33.46　　（B）26.01　　（C）20.48　　（D）15.36

解答过程：

题 21～25：某 500kV 交流单回输电线路悬垂直线杆塔如下图所示，导线采用 4 分裂钢芯铝绞线，地线采用铝包钢绞线。导线与地线参数见表 1，各工况导线应力见表 2。该杆塔规划设计条件为：代表档距 400m，水平档距 400m。导线悬垂绝缘子串采用双联I型 210kN 复合绝缘子，导线悬垂绝缘子串长为 5.7m，绝缘子串总质量为 200kg，绝缘子串风压为 2kN，地线绝缘子串长为 0.7m，地线支架高度$M = 5.5\text{m}$，最大弧垂工况为最高气温条件。请分析计算并解答下列各小题。

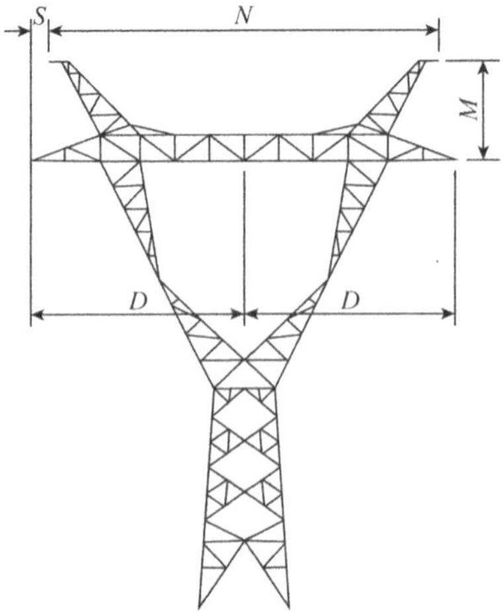

导线与地线参数　　表 1

类别	截面积（mm^2）	外径（mm）	质量（kg/km）
导线	672.81	33.9	2078.44
地线	148.07	15.75	773.2

导线应力表（代表档距为 400m）　　表 2

工况	气温（℃）	风速（m/s）	冰厚（mm）	应力（N/mm^2）
最低气温	−20	0	0	62.01
设计大风	−5	27	0	74.37
年平均气温	15	0	0	53.02
设计覆冰	−5	10	10	84.07
最高气温	40	0	0	48.31

21. 按照线路最高运行电压 550kV，导线水平线间距离$D = 10$m，导线平均对地高度$H = 14$m，采用图解法求边相、中相导线表面最大电场强度分别约为多少？（　　）

（A）1.36MV/m，1.48MV/m　　（B）1.48MV/m，1.36MV/m

（C）1.59MV/m，1.72MV/m　　（D）2.02MV/m，2.16MV/m

解答过程：

22. 已知相邻两悬垂直线塔之间档距为 800m，求相导线水平线间距离D至少为下列哪项数值？（　　）

（A）10.0m　　（B）9.1m

（C）11.4m　　（D）14.8m

解答过程：

23. 已知相导线水平距离$D = 11$m，若要满足防雷要求，两根地线之间的水平距离N至少应为下列哪项数值？（不考虑导线分裂间距）（　　）

（A）22.0m　　（B）20.1m

（C）18.3m　　（D）16.4m

解答过程：

24. 已知杆塔上导地线水平偏移$S = 2$m，档距为 1000m，若按导地线间的距离满足防雷要求，求地

线在相应条件下的最小应力为下列哪项数值？（ ）

（A）53.0N/mm^2　（B）92.7N/mm^2

（C）99.9N/mm^2　（D）109.6N/mm^2

解答过程：

25. 已知最大弧垂情况下垂直档距和水平档距比值为 0.75，导线平均高为 20m。求设计杆塔时大风条件下绝缘子串风偏角是下列哪项数值？（ ）

（A）51.50°　（B）49.20°

（C）45.90°　（D）40.50°

解答过程：

2022 年案例分析试题（下午卷）

[案例题是 4 选 1 的方式，各小题前后之间没有联系，共 40 道小题，选作 25 道，每题分值为 2 分，上午卷 50 分，下午卷 50 分，试卷满分 100 分。案例题一定要有分析（步骤和过程）、计算（要列出相应的公式）、依据（主要是规程、规范、手册），如果是论述题要列出论点。]

题 1～3：某 220kV 变电站与无限大电源系统连接并远离发电厂，计算简图如下图所示。变电站安装两台电压比 220/110/10kV、额定容量 180MVA 的三绕组主变。220kV 侧及 110kV 侧均为双母线接线，母线并列运行；10kV 侧为单母线分段接线，分列运行，110kV 及 10kV 出线均为负荷线路。请分析计算并解答下列各小题（计算结果精确到小数点后 2 位）。

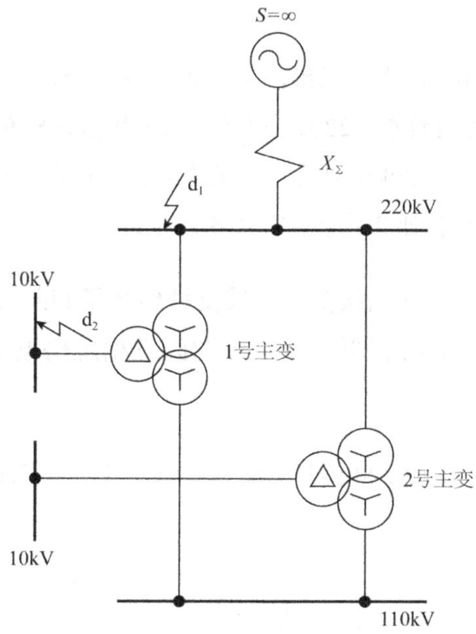

1. 若取基准容量$S_j = 100$MVA，正序等值电抗标幺值$X_1 = 0.0051$，等值电抗标幺值$X_0 = 0.0098$，正序等值电抗与负序等值电抗相等，计算 d_1 点短路单相接地短路电流周期分量有名值应为下列哪项数值？（　　）

（A）49.22kA　　（B）37.65kA　　（C）21.74kA　　（D）12.55kA

解答过程：

2. 若取基准容量$S_j = 100$MVA，220kV 系统正序等值电抗标幺值$X_{s1} = 0.0051$，主变压器短路电压百分值高-中为$U_{k1\text{-}2}(\%) = 14$，中-低为$U_{k2\text{-}3}(\%) = 38$，高-低为$U_{k1\text{-}3}(\%) = 54$。计算 d_2 点三相短路电流周期分量有效值应为下列哪项数值？（　　）

（A）14.36kA　　（B）18.02kA　　（C）21.12kA　　（D）24.80kA

解答过程：

3. 若主变低压侧三相短路电流为 25kA，拟在主变低压侧与 10kV 母线之间增设限流电抗器，将短路电流限制在 16kA 以下。正常通过的工作电流为 2900A，优先选择电抗器电压损失小的设备，满足上述要求的电抗器百分值及额定电流应为下列哪组数值？（　　）

（A）6%，3000A　　（B）8%，2500A　　（C）8%，3000A　　（D）10%，4000A

解答过程：

题 4～6：某电厂现有 2 台 350MW 燃煤机组，以发电机-变压器组接入厂内 220kV 母线。220kV 配电装置采用屋外敞开式布置，为双母线接线，220kV 母线采用单根铝镁硅系 6063-ϕ170/154 管型导体支持式固定。该电厂考虑远景发展规划后，220kV 母线三相短路电流周期分量起始值为 47kA，单相接地短路电流周期分量起始值为 48.5kA。请分析计算并解答下列各小题。

4. 若 220kV 母线每两跨设一个伸缩接头，母线支柱绝缘子间距 13m，支撑托架长 1.2m，相间距 3m。当管形母线振动系数β取 0.58 时，母线所承受的因三相短路电动力产生的水平弯矩为下列哪项数值？（　　）

（A）8775.84N · m　　（B）9344.94N · m　　（C）10651.51N · m　　（D）11342.25N · m

解答过程：

5. 若该电厂 220kV 母线短路主保护动作时间为 40ms，后备保护动作时间为 1.5s，相应断路器全分闸时间为 60ms。若主保护不存在死区且不考虑短路电流周期分量的衰减，则 220kV 配电装置母线所需要的最小热稳定截面积为下列哪项数值？（　　）

（A）748.32mm^2　　（B）261.32mm^2　　（C）247.91mm^2　　（D）240.25mm^2

解答过程：

6. 220kV 配电装置采用支持式管母，双母线水平等高布置，母线支撑跨距为 13m，跨中不可再增设支撑点及设备安装点，母线总长度为 160m（含备用间隔，母线两端伸出母线支柱绝缘子长度相同），相间距 3m，两母线 B 相间距 10.2m。若 220kV 母线正常工作电流为 3200A，切除短路故障时间为 0.125s，考虑接地刀闸的安装条件，按单相接地短路校验，每组 220kV 母线至少要安装接地刀闸的组数为下列

哪项数值？（　　）

（A）1　　（B）2　　（C）3　　（D）4

解答过程：

题 7～10：某山区大型水力发电厂，共装设 9 台额定功率为 700MW 的水轮发电机组。发电机额定功率因数为 0.9，额定电压为 20kV，额定转速为 107.1r/min，定子、转子的冷却方式均为空气冷却。发电机-变压器组合采用一机一变单元接线，电厂通过 4 回 500kV 线路接入电力系统。水电厂进厂交通公路及沿线桥涵按公路I级，汽-40 设计，挂-250 校核。请分析计算并解答下列各小题。

7. 根据系统要求，发电机需在功率因数为 1 时连续发出额定容量的出力。同时为满足水轮机的稳定运行要求，水轮发电机组按 10%设置了最大容量。发电机主升压变压器选择下列哪组是最合理的？（500kV 级 300MVA 单相变压器的参考总质量为 200t，900MVA 三相变压器的参考总质量为 500t）（　　）

（A）单相变压器组3 × 260MVA　　（B）单相变压器组3 × 286MVA

（C）整体三相变压器 778MVA　　（D）整体三相变压器 856MVA

解答过程：

8. 前期在进行厂房布置设计时，需初步估算水轮发电机组的尺寸。发电机的定子铁心内径作为水轮发电机的基础尺寸将被首先估算。请按《水电站机电设计手册　电气一次》计算该水力发电厂装设的水轮发电机的定子铁心内径为下列哪项数值？（其中极距计算系数K_1取 8.5，计算公式中功率单位“MVA”应为“kVA”）（　　）

（A）952.6cm　　（B）978.0cm　　（C）1602.1cm　　（D）1644.9cm

解答过程：

9. 该水轮发电机中性点经单相变压器接地，变压器一、二次之间的变比为 105。发电机定子绕组每相对地电容值C_f为 1.76μF，发电机引出线回路（含主变低压侧）每相对地电容值按发电机定子绕组每相对地电容值的 20%估算，请计算接地电阻阻值为下列哪项数值？（　　）

（A）0.0415Ω　　（B）0.0718Ω　　（C）0.1244Ω　　（D）457.1Ω

解答过程：

10. 该水电厂厂用电采用机组自用电和公用电分别供电方式，单台水轮发电机组自用电的最大同时负荷额定总功率为$P_z = 784.77$kW；全厂内、外（含厂房及坝区）除机组自用电外的最大同时负荷额定总功率为$P_g = 14674.05$kW，其中检修排水泵负荷为$P_{jx} = 2400$kW，主厂房桥式起重机（以下简称“桥机”）负荷为$P_{gj} = 112$kW。当全部机组运行时，主厂房桥机、机组检修水泵不启动；当八台机组运行、一台机组检修时，主厂房桥机及机组检修水泵工作。请按这两种工况计算全厂厂用电最大负荷为下列哪项数值？（　　）

（A）9961.20kVA　　（B）14732.61kVA

（C）16070.42kVA　　（D）16666.85kVA

解答过程：

题 11～14：有一小型热电厂，装机为一台 7.5MW 的发电机，额定电压为 10.5kV，设发电机电压母线，经一台 10MVA、38.5/10.5kV 的变压器与电力系统相连。接线图如下图所示。请分析计算并解答下列各小题。

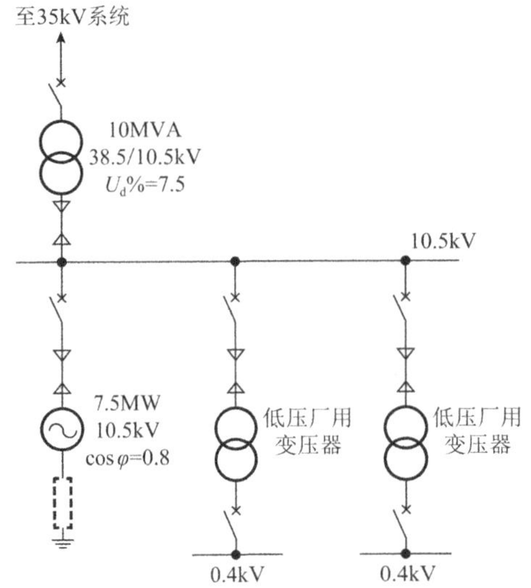

11. 本发电厂在发电机停运时，锅炉还需继续工作，此工况下厂用电最大运行负荷为 5736kVA，功率因数为 0.8。主变高压侧的电压波动范围为 34.23～37.69kV，分接开关的级电压为 2.5%，主变压器的U_d%为 7.5，铜损为 140kW。在 35kV 系统电压最低的不利情况下保证厂用电正常运行，主变压器分接头的位置应放在哪一档？（　　）

（A）−3　　（B）−2　　（C）−1　　（D）0

解答过程：

12. 根据电气主接线图，已知厂用电系统 10kV 电缆为$3 \times 70\text{mm}^2$、长度 0.7km，发电机、主变回路各采用 4 根$3\times150mm^2$电缆并联，发电机回路单根电缆长度为 0.1km，主变回路单根电缆长度为 0.2km。10kV 电缆每相对地电容值为：$3\times70mm^2$电缆为 0.22μF/km，$3\times150mm^2$电缆为 0.28μF/km。发电机定子绕组接地电容电流为 0.46A，主变低压绕组接地电容电流为 0.20A，低压 400V 厂用电系统接地电容电流为 1.05A。求 10kV 系统的单相接地电容电流为下列哪项数值？（　　）

（A）1.95A　　（B）2.48A　　（C）3.53A　　（D）4.58A

解答过程：

13. 若本工程发电机有电缆直配线，发电机电压系统的总单相接地电容电流为 8.4A，为满足发生单相接地故障时继续运行的要求，拟在发电机中性点装设消弧线圈接地。当脱谐度为±10%的电缆阻尼率为 4%，下列哪组消弧线圈的补偿容量计算值和中性点位移电压U_0参数是合适的？（　　）

（A）53.47kVA，0.16kV　　（B）53.47kVA，0.45kV

（C）68.75kVA，0.16kV　　（D）68.75kVA，0.45kV

解答过程：

14. 本工程的断路器保护采用本体脱扣器，本体没有防跳回路，需用继电器构成断路器的防跳回路，采用电流启动电压保持的原理。控制回路电压为直流 220V，断路器的合闸线圈功率为 120W，跳闸线圈功率为 250W。防跳继电器的规格有额定电压 12V、24V、48V、110V、220V，额定电流 0.25A、0.5A、1A、2A、3A、4A。经过计算，下列哪个防跳继电器的规格是合适的？（　　）

（A）110V，0.5A　　（B）110V，1A　　（C）220V，0.25A　　（D）220V，0.5A

解答过程：

题 15～18：某 500kV 变电站规划建设 4 台主变，一期建设 2 台主变，主变压器容量为 1000MVA，采用3×334MVA 单相自耦变压器，额定容量为 334/334/100MVA，额定电压为$\frac{525}{\sqrt{3}}/\frac{230}{\sqrt{3}}\pm8\times1.25\%/35$kV，接线组别为 YNa0d11。

35kV 侧无出线，仅带无功设备运行。运行方式为：500kV 侧、220kV 侧并列运行，35kV 侧分列运行。请分析计算并解答下列各小题。

15. 本工程每组主变拟配置 180Mvar 带有 6%或 12%串抗的并联电容器。35kV 母线本期短路电流为 27.5kA，远景短路电流为 34kA。请计算并判断是否需考虑电容器对短路电流的助增作用？（　　）

（A）电容器配置 6%或 12%串抗率时，均不需考虑助增

（B）电容器配置 6%串抗率时需考虑助增，配置 12%串抗率时不需考虑助增

（C）电容器配置 6%串抗率时不需考虑助增，配置 12%串抗率时需考虑助增

（D）电容器配置 6%或 12%串抗率时，均需考虑助增

解答过程：

16. 假设本工程每组主变 35kV 侧需配置 180Mvar 并联电抗器，主变 35kV 侧母线系统短路阻抗标幺值为 0.05（$S_j = 100MVA$），采用等容量分组方式，请根据《330kV～750kV 变电站无功补偿装置设计技术规定》（DL/T 5014—2010），在尽量减少分组数的前提下，计算确定最合理的分组方式（不考虑谐波放大），假设电抗器投入前的母线电压为额定电压。（　　）

（A）2 × 90Mvar　　（B）3 × 60Mvar　　（C）4 × 45Mvar　　（D）6 × 30Mvar

解答过程：

17. 本工程每组主变 35kV 侧配置 3 组 60Mvar 并联电容器（调谐度$A = 6\%$），主变 35kV 侧母线短路容量为 2400MVA。假设存在 3 次背景谐波且为谐波电压源，请计算校验是否有发生基波及 3 次谐波串联谐振的可能性。（　　）

（A）无发生基波及 3 次谐波串联谐振的可能性

（B）有发生基波串联谐振的可能性，无发生 3 次谐波串联谐振的可能性

（C）无发生基波串联谐振的可能性，有发生 3 次谐波串联谐振的可能性

（D）有发生基波及 3 次谐波串联谐振的可能性

解答过程：

18. 本工程 35kV 侧额定电压为 35kV，电压互感器变比为$\frac{35}{\sqrt{3}}/\frac{0.1}{\sqrt{3}}$kV。1 号主变运行时投入了 2 组 35kV 并联电容器装置。由于系统上的某种原因导致 1 号主变突然失电，5min 后又恢复供电。请解释说明电容器装置是否动作跳闸，此时保护二次定值一般整定为多少？（按相电压计算）（　　）

（A）2 组电容器均不跳闸，随主变一起恢复送电

（B）仅 1 组电容器跳闸，另一组电容器随主变一起恢复送电，定值为 46.2V

（C）2 组电容器均跳闸，定值为 34.6V

（D）2 组电容器均跳闸，定值为 28.9V

解答过程：

题19～22：某电厂发电机组通过主变接入220kV系统，其220kV配电装置采用双母线接线，且采用屋外敞开式中型布置，主母线和主变进线均采用双分裂导线，220kV设备的短路电流水平为50kA（2s）。请分析计算并解答下列各小题。

19. 该电厂的海拔为1850m，220kV配电装置的主变进线间隔的断面图如下图所示，请判断下图中安全距离L_1和L_2应分别不得小于多少，并说明理由。（　　）

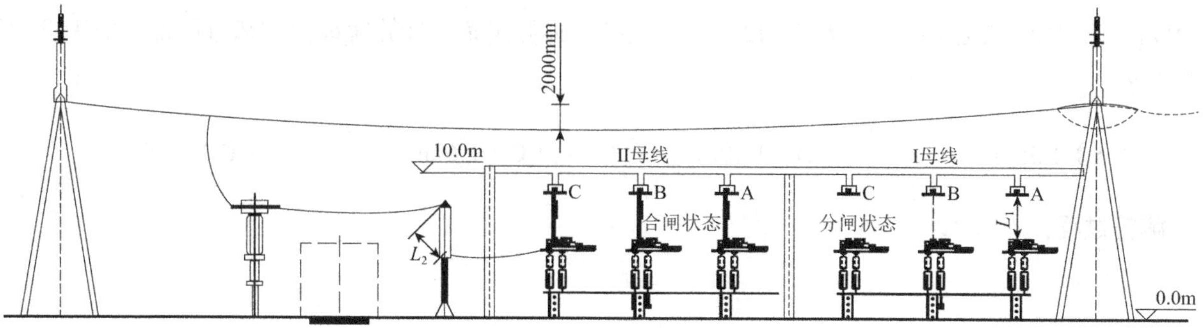

（A）1980mm，2200mm　　（B）2200mm，1800mm

（C）2550mm，1800mm　　（D）2730mm，2200mm

解答过程：

20. 该电厂的海拔为1850m，220kV配电装置母线高度为10.5m，母线隔离开关支架高度为2.5m，母线隔离开关本体（接线端子距支架顶）高度为2.8m，要满足在不同气象条件下的各种状态下，母线引下线与邻相母线之间的净距均不小于A_2值，试计算确定母线隔离开关端子以下的引下线弧垂f_0（如下图所示，尺寸单位：mm）不应大于下列哪项数值？（　　）

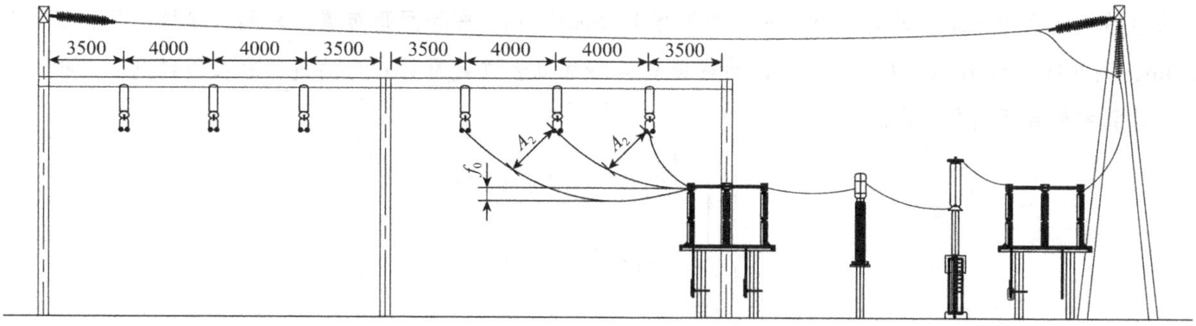

（A）600mm　　（B）820mm　　（C）1000mm　　（D）2000mm

解答过程：

21. 若该电厂海拔为1000m以下，设备绝缘为标准绝缘，220kV配电装置的主变间隔有一跨跳线，详见下图。

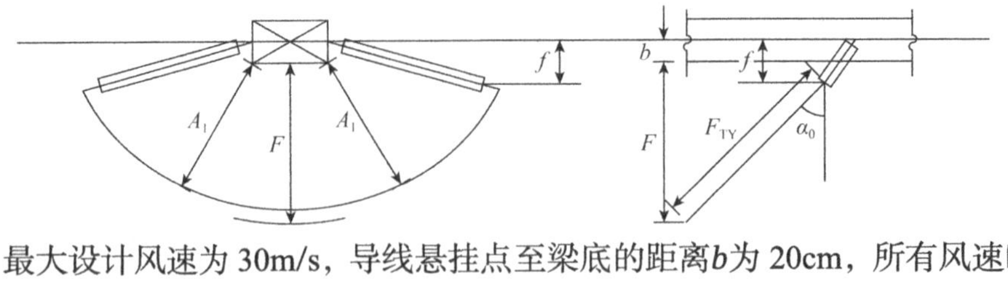

假定条件：最大设计风速为30m/s，导线悬挂点至梁底的距离b为20cm，所有风速时绝缘子串悬挂点至绝缘子串端部耐张线夹的垂直距离f均为 65cm，最大设计风速时跳线单位长度所受的风压力为2.906kgf/m，跳线单位长度自重为 3.712kg/m。请按上述假定条件计算跳线摇摆弧垂的推荐值为下列哪项数值？（　　）

（A）1.35m　　（B）1.49m　　（C）1.62m　　（D）1.80m

解答过程：

22. 220kV 配电装置主母线采用 2 × LGJ-800 架空双分裂导线，LGJ-800 导线自重为 2.69kgf/m，直径为 38.4mm。为计算主母线的拉力，需计算导线各种状态下的单位荷重。如覆冰时设计风速为 10m/s，覆冰厚度为 5mm，若不计分裂导线间隔棒，请计算导线覆冰时自重、冰重与风压的合成荷重应为下列哪项数值？（　　）

（A）6.65N/m　　（B）32.63N/m　　（C）65.15N/m　　（D）71.87N/m

解答过程：

题 23～26：某 220kV 半户内变电站，220kV、110kV 采用有效接地系统，10kV 采用不接地系统，接地故障持续时间为 0.4s。均匀土壤，土壤电阻率为 500Ω · m。按等间距布置接地网，接地网长、宽均为 100m，网孔间距为 10m。如下图所示，站内设有 4 根等高独立避雷针对全站进行直击雷过电压保护。请分析计算并解答下列各小题。

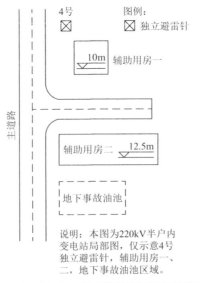

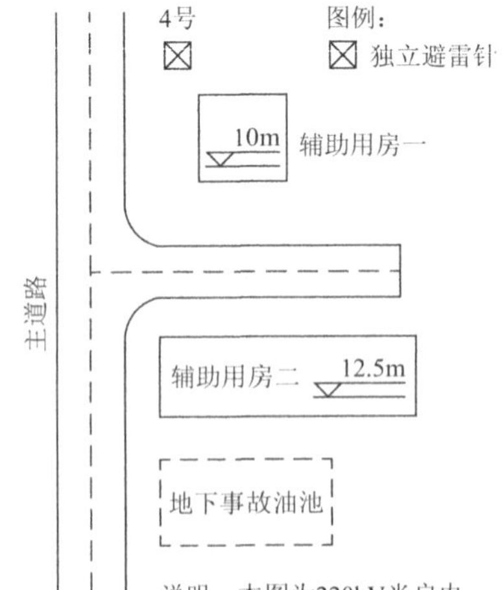

说明：本图为220kV半户内变电站局部图，仅示意4号独立避雷针，辅助用房一、二，地下事故油池区域。

23. 若该变电站 4 号独立避雷针高度为 25m，距离辅助用房一（被保护高度 10m）最远点 10m，距离辅助用房二（被保护高度 12.5m）最远点 15m，请计算 4 号独立避雷针的保护范围，并判定对两辅助用房实现直击雷过电压保护的下列哪项叙述正确？（　　）

（A）对辅助用房一、二均不能实现直击雷保护
（B）对辅助用房一不能实现直击雷保护，对辅助用房二能实现直击雷保护
（C）对辅助用房二不能实现直击雷保护，对辅助用房一能实现直击雷保护
（D）对辅助用房一、二均能实现直击雷保护

解答过程：

24. 假设本站初始设计时，网孔电压几何校正系数$K_m = 1.2$，接地体有效埋设长度为 3000m。经接地网入地电流见下表。请估计接地网不规则校正系数k_i，计算接地网初始设计时的网孔电压为下列哪项数值？（　　）

系统最大运行方式下经接地网入地电流

短路方式	对称电流（kA）	不对称电流（kA）
两相接地短路	10	12
单相短路	9	11

（A）5448V　　（B）4994V　　（C）4540V　　（D）4086V

解答过程：

25. 假设本站初始设计时，2.5m 长垂直接地极共 200 根。跨步电位差几何校正系数$K_s = 0.22$，接地网不规则校正系数$K_i = 3.2$，计算用经接地网入地最大接地电流为 10kA。请计算初始设计时的接地网有效埋设长度和最大跨步电位差分别为下列哪项数值？（　　）

（A）1500m，2346.7V　　（B）1650m，2133.3V
（C）1925m，1828.6V　　（D）2075m，1696.4V

解答过程：

26. 若本站 220kV 配电装置内发生接地故障时的最大接地故障对称电流有效值为 40kA，流经主变中性点的电流为 20kA，站内、外发生接地故障时的分流系数分别为 0.5、0.4。典型衰减系数D_f取值采用$X/R = 30$时的值，本站接地网的工频接地电阻为 0.5Ω。请计算在系统接地故障电流入地时，变电站接地网的最大接地电位升高值为下列哪项数值？（　　）

（A）4kV　　（B）4.45kV　　（C）5kV　　（D）5.57kV

解答过程：

题 27～30：某 100MW 光伏发电工程，通过线变组接线接入 110kV 系统。主变压器容量为 100MVA，额定变比为$115 \pm 8 \times 1.25\%/35\text{kV}$，$U_d = 10.5\%$，35kV 每条集电线路容量为 25MW。35kV 母线最大三相短路电流为 23kA。请分析计算并解答下列各小题。

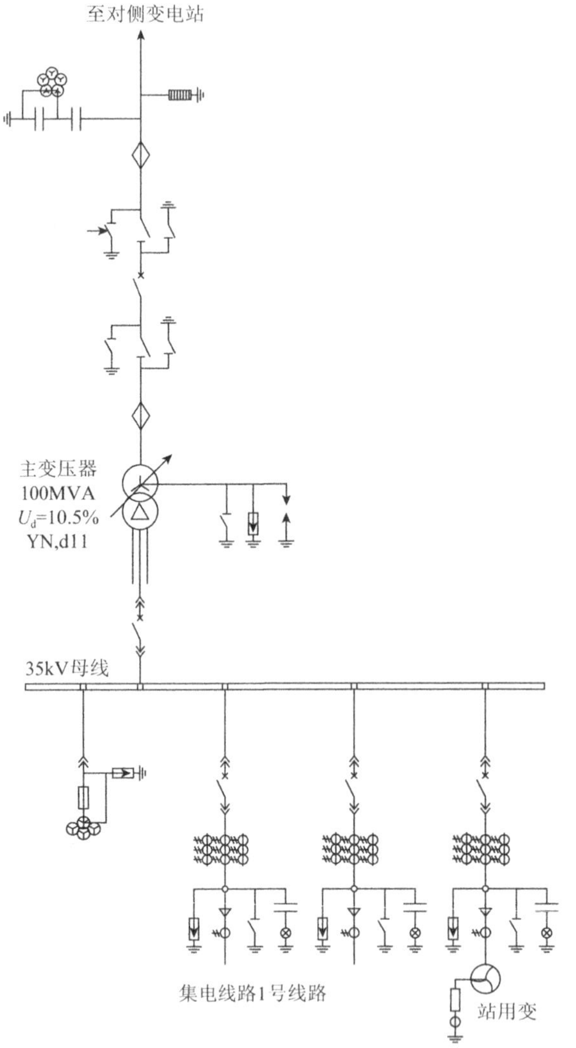

27. 已知 35kV 系统通过接地变压器采用低电阻接地，接地电阻值为 101Ω，接地电流为 200A。35kV 系统接地时电容电流为 70A，最长一条集电线路电容电流为 20A，接地电容电流最小的一个回路电容电流为 10A。线路金属性接地时接地电流按 200A 考虑，经过渡电阻接地时接地电流按 155A 考虑，零序电流互感器变比为 200/1A，不考虑与下级零序电流保护配合。计算最长一条线路的零序电流II段保护定值和灵敏系数分别为下列哪项数值？（　　）

（A）0.15A，5.17　　（B）0.375A，2.07

（C）0.45A，2.22　　（D）0.525A，1.90

解答过程：

28. 已知 35kV 集电线路电流互感器采用三相星形接线，变比为 600/5A。集电线路保护采用综合保护装置，安装在开关柜上，保护用电流互感器接综合保护装置后再接故障录波装置。电流互感器至故障录波装置屏电缆长度为 100m，电缆采用截面积为 $4mm^2$ 的铜芯电缆，铜电导系数取 $57m/(\Omega \cdot mm^2)$。其中接触电阻共计 0.1Ω，保护装置及故障录波装置交流电流负载均为 1VA，请计算三相短路时电流互感器的实际二次负荷为下列哪项数值？（　　）

（A）12.98VA　　（B）14.48VA　　（C）15.48VA　　（D）63.48VA

解答过程：

29. 35kV 母线电压互感器采用三相星形接线，二次侧线电压为 100V，其中所接计量电能表每相负载为 2VA。由母线电压互感器柜到计量电能表屏和测量表计屏电缆长度为 250m，控制电缆采用铜芯电缆，铜电导系数取 $57m/(\Omega \cdot mm^2)$，请问电能表电压回路所选电缆截面积的计算值及所选电缆截面积分别为下列哪项数值？（　　）

（A）计算值为 $0.76mm^2$，选截面积 $2.5mm^2$ 的电缆

（B）计算值为 $0.76mm^2$，选截面积 $4mm^2$ 的电缆

（C）计算值为 $1.01mm^2$，选截面积 $2.5mm^2$ 的电缆

（D）计算值为 $1.01mm^2$，选截面积 $4mm^2$ 的电缆

解答过程：

30. 本工程 35kV 系统为低电阻接地系统，接地变压器通过断路器接在 35kV 母线上，请分析下列哪项关于保护的描述是正确的，并说明理由。（　　）

（A）低电阻接地系统必须且只能有一个中性点接地，当接地变压器或中性点电阻失去时，供电变压器可短时间运行

（B）接地变压器中性点上装设零序电流保护，作为接地变压器和母线单相接地故障的主保护和系统各元件的总后备保护。

（C）接地变压器零序电流保护的跳闸方式，零序电流保护动作跳接地变压器断路器。

（D）接地变压器电源侧装设三相式的电流速断、过电流保护、过电压保护、单相接地保护

解答过程：

题 31～35：500kV 架空输电线路位于平原地区，设计基本风速为 30m/s，覆冰厚度为 10mm，导线采用 4×JL1/G1A-500/45，最高运行电压为 550kV，年平均雷暴日数为 40d，导线悬垂绝缘子串长度为 5.0m。请分析计算并解答下列各小题。

31. 求运行电压下风偏后线路导线对杆塔空气间隙的工频 50%放电电压的要求值为下列哪项数值？（　　）

（A）461.3kV　　（B）500.0kV

（C）507.5kV　　（D）550.0kV

解答过程：

32. 已知某悬垂直线塔全高为 40m，地线在塔上的悬挂点高度为 39m，假定雷击次数为 75 次/(100km · a)，悬垂绝缘子串的放电距离为 4.5m，绕击耐雷水平为 24kA。若按此塔估算的雷电绕击跳闸率为 0.015 次/(100km · a)，求地线的保护角为下列哪项数值？（　　）

（A）5.28°　　（B）7.28°

（C）10.00°　　（D）12.25°

解答过程：

33. 在 d 级污秽区，悬垂绝缘子串采用复合绝缘子，假定其特征指数取 0.42，当公称爬电距离较海拔高度 1000m 时的取值增加了 8%，计算该复合绝缘子适用的海拔为下列哪项数值？（　　）

（A）1400m　　（B）1800m

（C）2500m　　（D）3000m

解答过程：

34. 已知某耐张转角塔全高为 70m，位于海拔高度小于 1000m 的 d 级污秽区，导线耐张绝缘子串采用盘形绝缘子，盘形绝缘子的公称爬电距离为 550mm、结构高度为 155mm，爬电距离的有效系数为 0.90，绝缘配置要求统一按爬电比距不小于 40mm/kV 考虑，求导线耐张绝缘子串每联所需要的片数为下列哪项数值？（　　）

（A）25 片　　（B）26 片

（C）27 片　　（D）28 片

解答过程：

35. 已知导线悬垂绝缘子串负极性 50%闪络电压绝对值为 2400kV，闪电通道波阻抗为 400Ω，导线波阻抗为 250Ω。求在雷电为负极性时的绕击耐雷水平为下列哪项数值？（　　）

（A）21.6kA　　（B）23.8kA

（C）25.2kA　　（D）28.8kA

解答过程：

题 36～40：某 500kV 架空输电线路工程位于山地，导线采用 4 分裂钢芯铝绞线，直径为 33.8mm，截面积为 674mm²，单重为 2.0792kg/m，设计安全系数为 2.5。直线塔悬垂串采用单联I串，串长 6.0m。不同工况下弧垂最低点的导线应力见下表，重力加速度取 9.80665m/s²。请分析计算并解答下列各小题。

气象条件	平均气温	最高气温	覆冰	基本风速
温度（℃）	10	40	−5	−5
风速（m/s）	0	0	10	30
覆冰（mm）	0	0	10	0
应力（N/mm²）	53.01	47.57	82.37	68.37

注：代表档距为 400m。

36. 假设导线平均高度取 20m，设计杆塔计算大风工况风偏时，求导线单位风荷载是下列哪项数值？（　　）

（A）12.76N/m　　（B）15.31N/m

（C）15.93N/m　　（D）19.58N/m

解答过程：

37. 某直线塔起吊导线时采用双倍起吊方式，假设悬垂绝缘子串重 60kg，安装工况下的垂直档距为 600m，则该塔作用在滑车悬挂点的安装垂直荷载应为下列哪项数值？（不考虑防振锤、间隔棒重量）（　　）

（A）58477N　　（B）85715N

（C）108954N　　（D）112954N

解答过程：

38. 某耐张塔两侧代表档距均为 400m，转角度数为 60°，导线与横担垂线之间的夹角分别为 20°和 40°，求大风工况下每相导线的不平衡张力是下列哪项数值？（ ）

（A）0kN （B）8kN

（C）32kN （D）35kN

解答过程：

39. 已知导线覆冰时的自重力加冰重力荷载g_3为 32.53N/m，覆冰时的综合荷载g_7为 32.78N/m，大风工况时的综合荷载g_6为 28.27N/m，若两基直线塔之间的档距为 500m，挂线点高差为 180m，求高塔侧导线的最大悬点应力是下列哪项数值？（采用斜抛物线公式）（ ）

（A）92.72N/mm^2 （B）91.82N/mm^2

（C）91.43N/mm^2 （D）90.61N/mm^2

解答过程：

40. 假定单回路段采用酒杯塔，边相导线与中相导线水平距离为 13m，两基直线塔之间的档距为 550m，呼高均为 45m。该档内有一独立电线杆，高度为 20m，偏离 500kV 线路中心线 30m。若大风工况下，电线杆处的 500kV 线路导线弧垂为 16m，导线及悬垂串的风偏角均为 38°，求大风工况下边相导线对电线杆顶的净空距离为下列哪项数值？（忽略导线分裂间距）（ ）

（A）7.66m （B）8.41m

（C）9.59m （D）14.31m

解答过程：

2022 年补考案例分析试题（上午卷）

[案例题是 4 选 1 的方式，各小题前后之间没有联系，共 25 道小题，每题分值为 2 分，上午卷 50 分，下午卷 50 分，试卷满分 100 分。案例题一定要有分析（步骤和过程）、计算（要列出相应的公式）、依据（主要是规程、规范、手册），如果是论述题要列出论点。]

题 1～4：已知某发电厂 2 台 300MW 机组经两台升压变压器与 220kV 系统相连，220kV 配电装置为双母线接线，有 2 回主变进线，2 回 220kV 出线，1 回启/备变进线，每台机组设有一台高压厂用工作变压器，两台机组设一台高压厂用启动/备用变压器，主接线如下图所示，请分析计算并解答下列问题。

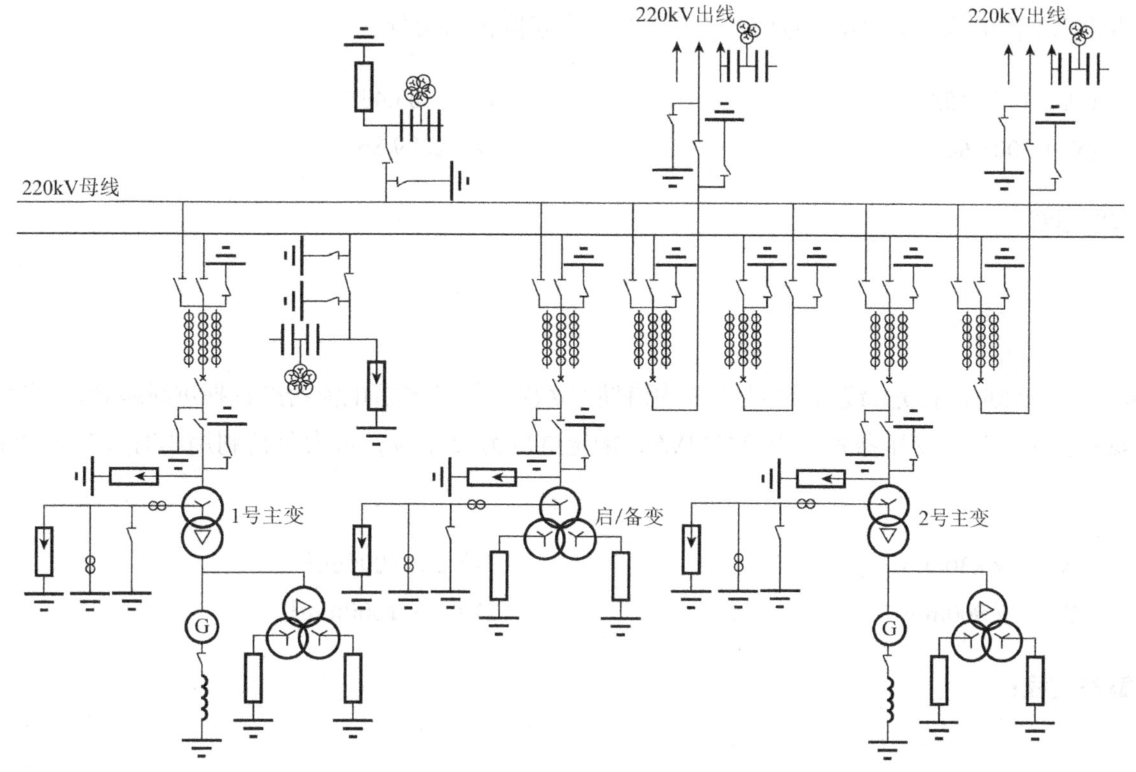

1. 图中 300MW 汽轮发电机回路额定电压为 20kV，发电机中性点经消弧线圈接地，已知发电机回路每相对地电容为 0.5μF，图中消弧线圈的补偿容量应选用下列哪项数值？（过补偿系数取 1.35，欠补偿系数取 0.7）（　　）

（A）43.97kVA　　（B）50.57kVA

（C）84.80kVA　　（D）97.52kVA

解答过程：

2. 图中当 220kV 母线发生三相短路时，短路电流周期分量起始有效值为 35kA，短路持续时间为 2s，220kV 选用 SF6 断路器，其 3s 热稳定电流为 40kA，此时，在不考虑周期分量衰减的情况下，该断路器需承受的热效应应为下列哪项数值？（　　）

（A）1470kA²s　　（B）2572.5kA²s

（C）3675kA²s　　（D）3920kA²s

解答过程：

3. 已知升压站 220kV 两回出线分别接至系统两个不同的变电站，其系统的穿越功率为 250MVA，假设主变压器容量选用 340MVA，额定电压为 242kV，系统最大运行方式时，当一回线路故障，另一回线路的计算工作电流为下列哪项数值？（不考虑发电机降出力运行）（　　）

（A）1448.15A　　（B）1703.42A

（C）2001.64A　　（D）2299.86A

解答过程：

4. 图中 220kV 主变进线跨架空导线采用钢芯铝绞线，请按经济电流密度选择进线跨导线应为下列哪种规格？（升压主变压器容量为 340MVA，额定电压为 236kV，最大负荷利用小时数$T = 5000h$）（　　）

（A）$2 \times 630mm^2$　　（B）$2 \times 800mm^2$

（C）$2 \times 900mm^2$　　（D）$2 \times 1000mm^2$

解答过程：

题 5～8：某区域火电厂，海拔高度为 200m，原有 2 台 300MW 纯凝机组，以 220kV 电压接入电力系统。现为了满足供热要求，需扩建 2 台背压机组，机组有停机不停炉运行方式。其发电机额定容量为 57MW，机端额定电压为 10.5kV，额定功率因数为 0.8，超瞬变电抗为 13%。扩建机组拟接入电厂原有 220kV 配电装置。请分析计算并解答下列问题。

5. 在下列接线方案中，哪种接线技术经济合理、较为适合扩建的供热机组？请分析并说明依据。（　　）

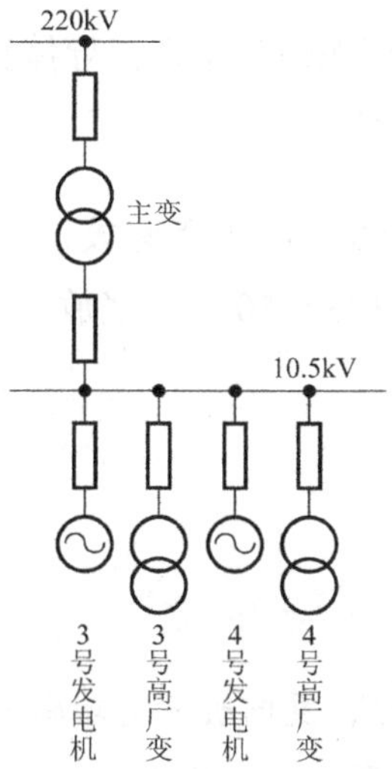

（A）

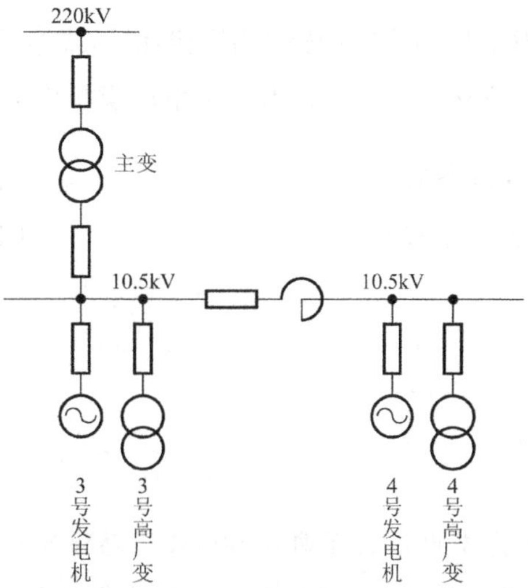

（B）

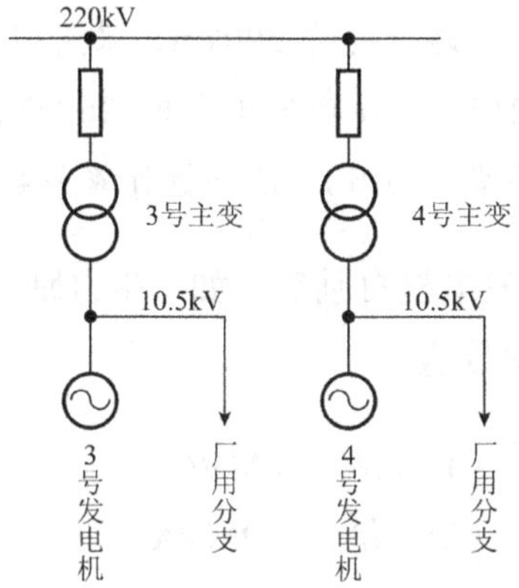

（C）

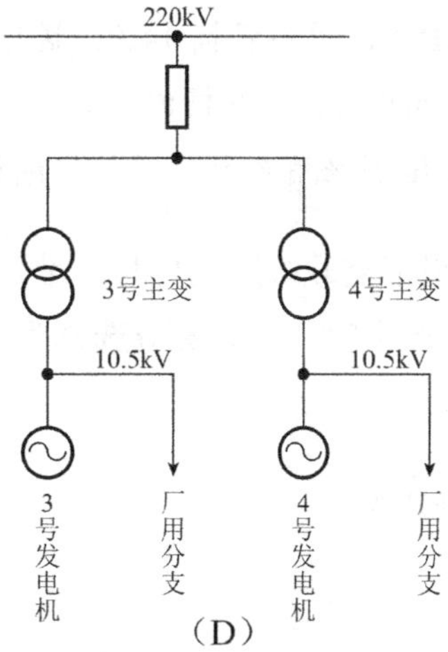

（D）

6. 请计算本期扩建发电机机端发生三相金属性短路 60ms 时，发电机提供的三相短路电流的周期分量有效值为下列哪项数值？（　　）

（A）21.5kA　　（B）26.6kA

（C）30.1kA　　（D）37.4kA

解答过程：

7. 若非周期分量衰减时间常数为 70，请计算本期扩建发电机机端发生三相金属性短路后 60ms 时，发电机提供的三相短路电流的非周期分量的绝对值为下列哪项数值？（　　）

（A）24.8kA　　（B）32.2kA

（C）35.1kA　　（D）49.4kA

解答过程：

8. 若本期扩建发电机引出线回路采用矩形铝母线连接，请按载流量选择导体宜为下列哪组规格？请计算并说明。（导体规格单位 mm，出线小室环境温度为 35℃）（　　）

（A）100 × 6.3 四条竖放　　（B）80 × 10 四条竖放

（C）125 × 6.3 四条竖放　　（D）125 × 10 三条竖放

解答过程：

题 9～12：某火力发电厂新建两台 600MW 燃煤发电机组，发电机额定功率 600MW，出口额定电压 20kV，额定功率因数 0.9，两台机组均采用发电机-变压器线路组的方式接入 500kV 系统，主变压器额定容量 670MVA，短路阻抗 14%，送出 500kV 线路长度为 290km，采用四分裂导线，线路的充电功率为 1.18Mvar/km。发电机的直轴同步电抗 215%，直轴瞬变电抗 26.5%，直轴超瞬变电抗 20.5%。主变压器高压侧采用金属封闭气体绝缘开关设备（GIS）。请分析计算并解答下列问题。

9. 请判断当机组带空载线路运行时，是否会产生发电机自励磁？如产生自励磁，当应采用高压并联电抗器限制自励磁产生时，其容量应选择为下列哪项数值？（　　）

（A）否　　（B）是，50MVA

（C）是，70MVA　　（D）是，120MVA

解答过程：

10. 该汽轮发电机组配置了定子绕组接地保护，故障时的保护动作时间为 5s，请问发电机出口避雷器的额定电压及持续运行电压宜为下列哪项数值？（　　）

（A）14kV，10kV　　（B）22kV，18kV

（C）26kV，12kV　　（D）26kV，21kV

解答过程：

11. GIS 与架空线连接处设置避雷器保护，该避雷器的雷电冲击电流残压为 1006kV，操作冲击电流残压为 858kV，陡波冲击电流残压为 1157kV。请问该 GIS 雷电冲击耐压要求值（相对地绝缘与 VFTO 的绝缘配合）和断路器同极断口间内绝缘的相对地雷电冲击耐压分别应大于以下哪项数值？（　　）

（A）987kV，1257kV

（B）987kV，(1257 + 315)kV

（C）1330kV，1257kV

（D）1330kV，(1257＋315)kV

解答过程：

12. 500kV GIS设区域专用接地网，表层混凝土的电阻率近似为250Ω·m，厚度为300mm，下层土壤电阻率为50Ω·m。主保护动作时间为20ms，断路器失灵保护动作时间为250ms，断路器开断时间为60ms，请问该接地网设计时的最大接触电网差应为下列哪项值？（假定GIS设备到金属因感应产生的最大电压差为20V，接触电位差允许值的计算误差控制在5%以内）（　　）

（A）368V　　（B）377V

（C）406V　　（D）643V

解答过程：

题13～17：某2×300MW火电厂，每台机组装设3组蓄电池，蓄电池选用阀控式密封铅酸蓄电池（贫液2V）。单体蓄电池浮充电压选取浮充电压范围内的最小值。其中2组110V蓄电池为控制负荷供电，1组220V蓄电池为动力负荷供电，电缆均采用铜芯电缆，铜电阻系数$p = 0.0184\Omega \cdot mm^2/m$。每台机组直流负荷如下：

负荷名称	容量（kW）
发变组断路器控制、保护	2
厂用6kV断路器控制、保护	10
厂用380V断路器控制、保护	6
电气ECMS监控系统	5
UPS	60（$\eta = 91\%$）
热控控制负荷	11
热控动力总电源	66
直流长明灯	1
直流应急照明	3
汽机直流事故润滑油泵（启动电流倍数按2倍）	30
6kV厂用低电压跳闸	7
400V厂用低电压跳闸	3
厂用电源恢复对高压厂用断路器合闸	1
变压器冷却器控制电源（由继电器分立元件组成）	2

请分析计算并解答下列问题。

13. 请计算控制用蓄电池组电池个数及事故放电末期蓄电池单体终止电压为下列哪组数值？（终止

电压计算保留 2 位小数）（　　）

（A）51 个，1.87V

（B）52 个，1.85V

（C）103 个，1.87V

（D）104 个，1.85V

解答过程：

14. 请按阶梯计算法计算 110V 蓄电池组第一阶段和第二阶段计算容量为下列哪组数值？（蓄电池放电终止电压取 1.85V）（　　）

（A）283.29Ah，354.89Ah

（B）293.55Ah，371.20Ah

（C）293.55Ah，387.13Ah

（D）303.81Ah，371.62Ah

解答过程：

15. 220V 直流主配电柜至 UPS 主机柜连接电缆的长度为 30m，按最小允许压降校核该电缆的截面，应至少大于下列哪项数值？（　　）

（A）$21.06mm^2$　　（B）$23.14mm^2$

（C）$45.62mm^2$　　（D）$50.13mm^2$

解答过程：

16. 如动力蓄电池组容量为 1000Ah。蓄电池个数选 103，单只电池内阻为 0.17mΩ，电池间连接条电阻忽略不计。蓄电池至直流屏电缆长度为 30m，每极均选用$3\times(1\times150mm^2)$电缆。求直流主屏母线上短路电流为下列哪项数值？（　　）

（A）5.51kA　　（B）8.85kA

（C）11.02kA　　（D）11.74kA

解答过程：

17. 如动力蓄电池组容量为 1000Ah，其中 UPS 回路断路器开关额定电流为 350A，热控动力总电源回路断路器额定电流为 315A。请计算并选择蓄电池出口断路器额定电流及蓄电池组电流测量范围。（　　）

（A）630A，±600A

（B）630A，±800A

（C）800A，±600A

（D）800A，±800A

解答过程：

题 18～20：某风电场 220kV 升压站位于海拔 1800m 高原，风电场安装了 50 台风力发电机组，每台发电机组最大瞬时功率 2200kW，额定功率 2000kW。功率因数范围容性 0.95～感性 0.95。升压站配置一台主变压器，主变低压侧电压为 35kV，连接 6 回集电线路。请分析计算并解答下列问题。

18. 请计算该风电场机组变电单元变压器的配置容量。（　　）

（A）2.15MVA　　（B）2.35MVA

（C）100MVA　　（D）105MVA

解答过程：

19. 主变压器在安装地点的耐压需满足较高额定耐受电压。风电场升压站主变压器制造厂位于海拔 1000m 以下，主变压器出厂前进行电气外缘试验时，实际施加到主变高压套管相间的雷电冲击试验电压应为下列哪项数值？（　　）

（A）850kV　　（B）950kV

（C）1045kV　　（D）1155kV

解答过程：

20. 假设该风电场的集电线路都是架空线路（均设避雷线），其中单回路和同杆双回路各为 30km，试计算全部集电线路的最大电容电流应为下列哪项数值？（按《电力工程电气设计手册 1 电气一次部分》第六章的相关公式计算）（　　）

（A）9A　　（B）7.97A

（C）7.37A　　（D）6.93A

解答过程：

题 21～25：某 500kV 单回架空输电线路位于我国的一般雷电地区，采用常规酒杯形直线杆塔。设杆塔呼高为 36m，地线串挂点高为 43m，三相导线采用 IVI 型绝缘子串。已知用污耐压法需选用 28 片 160kN 盘式绝缘子（结构高度 155mm、有效爬距 450mm），串长为 5.5m，地线绝缘子金具串长为 0.5m；两边相导线间的水平距离为 23m，中相导线较边相导线高约为 2m；相导线采用 4 分裂、直径为 30mm 的钢芯铝绞线，分裂间距为 500mm，正方形布置。双地线采用直径为 12mm 的镀锌钢绞线，边相导线的平均高度为 20m，地线的平均高度为 30m。请分析计算并解答下列问题。

21. 相分裂导线半径取 354mm，每相的平均电抗值X_1为下列哪项数值？（不计导线间的垂直高度差别）（　　）

（A）0.265Ω/km　　（B）0.234Ω/km

（C）0.225Ω/km　　（D）0.216Ω/km

解答过程：

22. 若该塔地线间距为 19.5m，计算杆塔上地线对边导线的保护角为下列哪项数值？（不计相导线分裂间距）（　　）

（A）7.97°　　（B）8.30°

（C）8.82°　　（D）9.36°

解答过程：

23. 若求得某悬垂直线塔的控制档距（不考虑导地线水平偏移）为 1300m，并按此确定了地线应力，在满足档距中央导、地线之间的距离的条件下，请问该塔的地线支架高度为下列哪项数值？（　　）

（A）4.3m　　（B）3.8m

（C）3.3m　　（D）3.0m

解答过程：

24. 该工程某段线路由于地形因素，使得档距很大，在 1000m 左右，该段线路的耐雷水平为 125kA，请计算该段线路分别按 900m、1100m 档距考虑时，在 15°C、无风条件下，档距中央导线、地线间的最

小距离应分别取下列哪项数值？（ ）

（A）11.8m，12.5m

（B）18m，14.2m

（C）12.5m，12.5m

（D）12.5m，14.2m

解答过程：

25. 若某处采用悬垂直线塔形，全高为 60m，应采用多少片 300kN（结构高度 195mm、有效爬距 550mm）的绝缘子？（ ）

（A）27 片　　（B）24 片

（C）23 片　　（D）22 片

解答过程：

2022 年补考案例分析试题（下午卷）

［案例题是 4 选 1 的方式，各小题前后之间没有联系，共 40 道小题，选作 25 道，每题分值为 2 分，上午卷 50 分，下午卷 50 分，试卷满分 100 分。案例题一定要有分析（步骤和过程）、计算（要列出相应的公式）、依据（主要是规程、规范、手册），如果是论述题要列出论点。］

题 1～5：某风电场安装了 100 台风力发电机组，每台发电机组额定功率 2000kW，发电机可在功率因数容性 0.95～感性 0.95 范围内可靠运行。该风电场升压站地处海拔 3200m 地区，一回 220kV 架空线路将风机所发电能送入 40km 外的电力系统，220kV 侧为单母线接线，配置了两台主变压器，主变压器低压侧各自连接 60 回集电线路（即各自连接 50 台风机）。请分析计算并解答下列各题。

1. 220kV 配电装置采用 GIS，该设备布置在室外，三相套管在同一高度，套管端接板宽 100mm，请校核 GIS 出线套管之间（套管中心线）最小净距（水平净距）为下列哪项数值？（　　）

（A）2200mm　　（B）2299.6mm

（C）2400mm　　（D）2544mm

解答过程：

2. 220kV 配电装置出线间隔的电流互感器，至少要使用几个次级绕组才能满足二次设计要求，并说明各绕组的用途。（设计条件：①220kV 全线保护按双套考虑；②专用故障记录装置需要单独的电流互感器二次绕组；③220kV 出线侧为电量关口计量点）（　　）

（A）5 绕组　　（B）6 绕组

（C）7 绕组　　（D）8 绕组

解答过程：

3. 该升压站 220kV 两台主变压器高压侧并列运行，低压侧分列运行，主变压器采用双绕组有载调压自冷式，短路阻抗 14%，空载电流 0.5%，假设主变额定容量是 110MVA，在不考虑电压变化的情况下，取电压$U = U_e$，试求该风电场满容额定出力时（$\cos p = 1.0$），该升压站的主变压器所消耗的无功功率为下列哪项数值？（　　）

（A）30.8Mvar　　（B）26.55Mvar

（C）15.95Mvar　　（D）8.8Mvar

解答过程：

4. 假设升压站 220kV 侧单相接地故障对称电流为 6kA，流经中性点电流为 1kA，站内、外分流系数分别为 0.5 和 0.9，接地故障持续时间 0.1s，衰减系数 1.3，请计算接地网接地电阻允许值为下列哪项数值？（　　）

（A）2Ω　　（B）1.7Ω

（C）0.8Ω　　（D）0.615Ω

解答过程：

5. 假设该升压站公共连接点的最小短路容量是 3340MVA，公共连接点的供电设备容量是 2000MVA，该风电场的协议容量是 200MVA，试求该风电场升压站注入公共连接点的 7 次谐波电流允许值为下列哪项数值？（　　）

（A）1.136A　　（B）2.19A

（C）6.8A　　（D）11.356A

解答过程：

题 6～10：某 2×300MW 火力发电厂，以 220kV 电压等级接入电力系统，高压厂用电系统采用 6kV 供电，电气接线示意图如下图所示。高压厂用工作变压器从升压变低压侧引接，选用分裂变压器，额定容量 40/25-25MVA，电压比 20/6.3-6.3kV，半穿越电抗 16.8%，分裂系数 $K_r = 3.5$。全厂设起备变压器 1 台，额定容量同高压厂用工作变压器。请分析计算并解答下列问题。

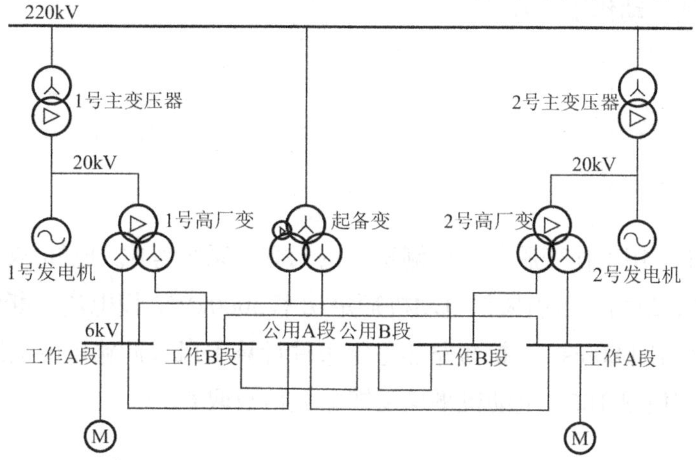

6. 已知 6kV 厂用工作段母线最大一台引风机电动机额定功率 3000kW，引风机起动前厂用母线已

带负荷S_i为 12000kVA。请计算引风机起动时的母线电压标幺值为下列哪项数值？（所有电动机起动电流倍数为 6，额定效率为 0.96，功率因数为 0.86）（ ）

（A）0.865　（B）0.908
（C）0.913　（D）0.951

解答过程：

7. 已知高压厂用工作变压器高压侧系统按无穷大系统考虑，6kV 厂用工作 A 段母线上最大一台高压电动机额定功率 3000kW，额定功率因数为 0.83，额定效率为 96%，电动机额定电压为 6kV，启动电流倍数为 8。请计算高压电动机电流速断保护一次动作电流和灵敏系数分别为下列哪项数值？（可靠系数K取 1.6）（ ）

（A）动作电流 3.82kA，灵敏系数 3.25
（B）动作电流 4.64kA，灵敏系数 4.07
（C）动作电流 3.82kA，灵敏系数 4.07
（D）动作电流 4.64kA，灵敏系数 3.25

解答过程：

8. 已知每台机组 6kV 高压厂用电系统电缆电容 2μF。请计算确定 6kV 厂用电中性点接地方式及动作方式宜为下列哪项？（ ）

（A）不接地，动作于跳闸
（B）高电阻接地，动作于信号
（C）低电阻接地，动作于跳闸
（D）低电阻接地，动作于信号

解答过程：

9. 假设该工程高压厂用工作变压器高压侧系统按无穷大系统考虑，已知 6kV 厂用工作段母线所带电动机总功率 18000kW，最大一台引风机电动机额定功率 3000kW，设电流速断保护，主保护动作时间为 70ms，断路器全分闸时间 80ms。请按短路热稳定条件计算引风机回路供电电缆最小截面应为下列哪项数值？（电缆热稳定C值取 106，电动机平均反馈电流倍数取 6.0）（ ）

（A）113mm^2　（B）128.7mm^2
（C）142.3mm^2　（D）152.3mm^2

解答过程：

10. 缺

题 11～15：某水电站接地网由坝区接地网、引水发电系统接地网、地面 500kV 开关站接地网组成。500kV 配电装置的维电保护配置有 2 套速动主保护，主保护动作时间 30ms，断路器失灵保护动作时间 0.32s，断路器开断时间 50ms，第一级后备保护动作时间 0.95s。请分析计算并解答下列各题。

11. 坝区水域面积约为 12500m^2，水深约为 20m，河水电阻率为 46Ω·m，河床电阻率为 460Ω·m，敷设水下接地网面积约为 7500m^2，请计算坝区水下接地网电阻为下列哪项数值？（　　）

（A）0.266Ω　　（B）0.403Ω

（C）0.460Ω　　（D）2.656Ω

解答过程：

12. 进水口处设置独立避雷针保护露天的启闭机设备，独立避雷针接地装置由水平接地体连接 3 根垂直接地极组成，垂直接地极之间的距离为 6m，水平接地体工频接地电阻为 15Ω，每根垂直接地极（长度为 3m）的工频接地电阻为 40Ω，单根接地体的冲击系数均取 0.4，请计算接地装置的冲击接地电阻为下列哪项数值？（　　）

（A）2.824Ω　　（B）3.529Ω

（C）4.034Ω　　（D）10.084Ω

解答过程：

13. 500kV 开关站区域在接地网的四周设置直径为 25mm 的铸铜棒接地极，垂直接地极的剖面图如下图（尺寸单位：mm），开关站区域土壤电阻率为 300Ω·m，填入的降阻剂电阻率为 5Ω·m，请估算单个垂直接地坑的接地电阻为下列哪项数值？（　　）

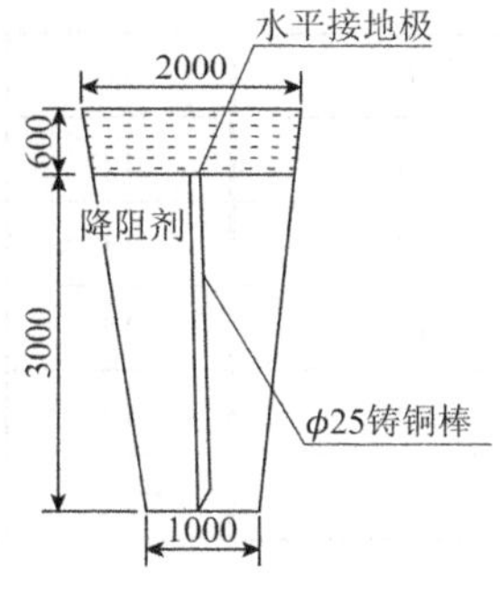

（A）1.638Ω　　（B）29.679Ω

（C）40.548Ω　　（D）98.259Ω

解答过程：

14. 若 500kV 开关站区域最大接地故障对称短路电流有效值为 30.5kA，X/R 为 30，主接地网采用镀锌扁钢，镀锌扁钢两侧总腐蚀速率取 0.04mm/年，接地网设计寿命 50 年，则接地网的接地极（镀锌扁钢厚度取 6mm）截面最小应为下列哪项数值？（　　）

（A）322.014mm²　　（B）357.054mm²

（C）472.074mm²　　（D）525.066mm²

解答过程：

15. 若发电机励磁系统采用自并励三相全控桥整流，额定励磁电流 1676A，强励倍数 2 倍：发电机励磁绕组过负荷保护设在励磁变高压侧，励磁变变比为 15.75/0.75kV，励磁变高压侧电流互感器变比为 200/5A。试计算发电机励磁绕组交流侧定时限过负荷保护动作电流值与下列哪一数值最接近？（返回系数$K_r = 0.95$）（　　）

（A）1.8A　　（B）2.2A

（C）4.7A　　（D）5.8A

解答过程：

题 16～20：某 220kV 变电站拟选用两台同容量的站用变压器，已知站用负荷分布见下表，请分析计算并解答下列问题。

序号	负荷名称	额定容量（kW）	序号	负荷名称	额定容量（kW）
1	变压器强油风冷装置	30	9	监控系统	40
2	变压器有载调压装置	5	10	变压器水喷雾装置	100
3	配电装置动力电源	80	11	雨水泵	30
4	检修电源	50	12	配电装置加热	40
5	充电装置	50	13	空调	40
6	UPS 电源	15	14	户外照明	30
7	通风机、事故通风机	20	15	户内照明	30
8	通信电源	30			

16. 请通过计算选择站用变容量，负荷统计及变压器容量为下列哪个数值？（　　）

（A）349kVA，选 400kVA　　（B）370kVA，选 400kVA

（C）480kVA，选 500kVA　　（D）522kVA，选 630kVA

解答过程：

17. 假如该变电站选用的站用变压器型号为 SCB10-500/35，额定变比 35 ± 2 × 2.5%/0.4kV。已知折算到 400V 低压侧每相回路的总电阻为 8mΩ，每相回路的总电抗为 24mΩ，请计算 380V 低压母线上的三相短路冲击电流值为下列哪项数值？（　　）

（A）9.13kA　　（B）12.4kA

（C）17.5kA　　（D）30.4kA

解答过程：

18. 该变电站从站用电低压屏到继电器室设有一条专用照明电缆，继电器室屋顶灯带共 13 排，AB 两相 220V 电源各供 4 排灯带用电，C 相供 5 排灯带，每排灯带由 15 只 40W 的荧光灯（带有电感镇流元件和补偿电容）组成。请计算该照明回路的持续工作电流为下列哪项数值？（　　）

（A）15.8A　　（B）18.2A

（C）32.8A　　（D）47.4A

解答过程：

19. 该变电站单台雨水泵回路采用 RTO 型熔断器，雨水泵额定电流为 6A，自启动电流倍数为 5。请计算该回路熔断器熔件的额定电流最小值为下列哪项数值？（　　）

（A）2.4A　　（B）10A

（C）12A　　（D）30A

解答过程：

20. 该变电站低压配电屏室的平、断面图（尺寸单位：mm），下列哪一张图示尺寸是符合要求的？（配电屏采用抽屉式）并请说明理由。（　　）

（A）

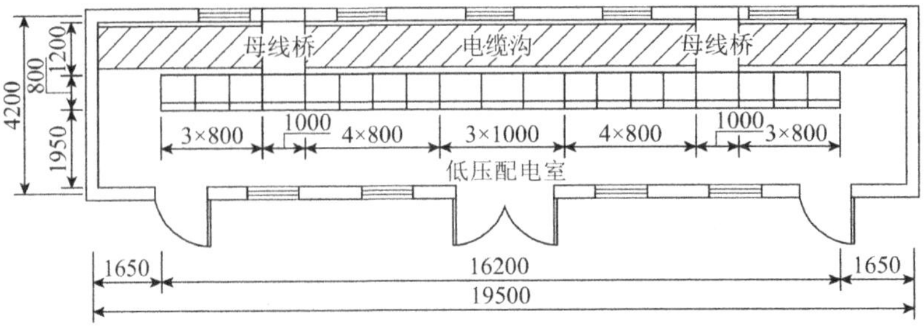
母线桥
电缆沟
母线桥
4200
1200
800
1950
3×800
1000
4×800
3×1000
4×800
1000
3×800
低压配电室
1650
16200
1650
19500

（B）

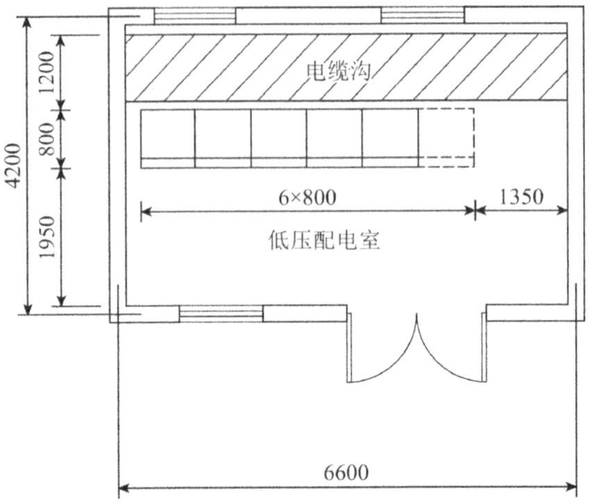
电缆沟
4200
1200
800
1950
6×800
1350
低压配电室
6600

（C）

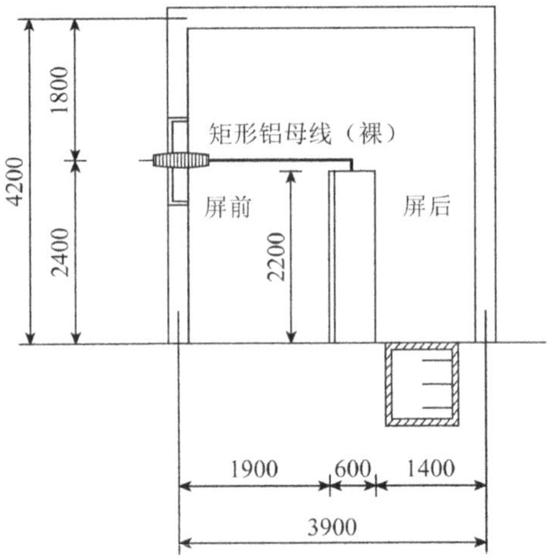
4200
1800
2400
矩形铝母线（裸）
屏前
屏后
2200
1900
600
1400
3900

（D）

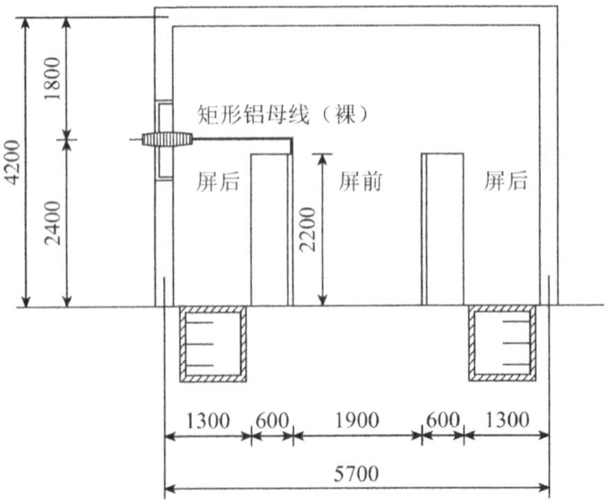
4200
1800
2400
矩形铝母线（裸）
屏后
屏前
屏后
2200
1300
600
1900
600
1300
5700

题21～25：在某110kV系统中接有一座110kV变电站，接线示意图如下。已知四台变压器均为负荷变，正常运行时110kV分段断路器分闸运行，当任一主电源失电时110kV分段断路器自动投入运行。线路L_3转供负荷为80000kVA，最大运行方式下主电源S_1侧三相短路电流为23kA、S_2侧为18kA；最小运行方式下主电源S_1侧三相短路电流为21kA、S_2侧为16kA。基准容量取100MVA，线路L_1阻抗标幺值为0.04，线路L_2阻抗标幺值为0.018，线路L_3阻抗标幺值为0.014。请分析计算并解答下列问题。

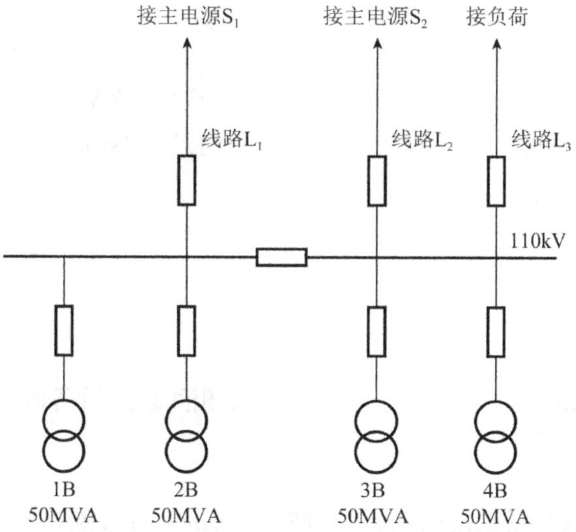

21. 线路L_2为早期建设，装设了高频纵联相差保护作为主保护，保护对称起动元件按躲过本线路最大负荷电流整定，请计算对称起动元件高定值一次电流值。（低定值可靠系数取1.2，高定值计算可靠系数取2.5，返回系数取0.85）（　　）

（A）1482A　　（B）3334.5A

（C）3705A　　（D）5187A

解答过程：

22. 假设线路L_2纵联保护跳闸元件一次电流定值为4000A，请计算跳闸元件的灵敏系数。（　　）

（A）1.73　　（B）2.2

（C）3.46　　（D）4.5

解答过程：

23. 已知线路L_1采用电流保护作为线路相间故障后备保护，请问校验该后备保护灵敏度采用的短路电流应采用下列哪项数值？请给出计算过程。（　　）

（A）5.58kA　　（B）5.72kA

（C）6.44kA　　　　（D）6.79kA

解答过程：

24. 若线路 L_3 的主保护为电流速断保护，请计算该保护动作值（一次电流值）应不大于下列哪个数值。（灵敏系数取 1.5）（　　）

（A）3.72kA　　　　（B）4.3kA

（C）4.6kA　　　　（D）5.58kA

解答过程：

25. 假设 4 号主变低压侧接入一小电源，关于该主变相间短路后备保护配置及动作方式，下列哪种说法是正确的，为什么？（　　）

（A）装于高压侧，保护带二段时限，分别断开 110kV 分段断路器和主变各侧断路器

（B）装于两侧，低压侧保护作用于断开 10kV 母线分段断路器，高压侧保护作用于断开主变两侧断路器

（C）两侧均装设带方向的保护和不带方向的保护，方向指向各侧母线，不带方向的保护断开主变两侧断路器

（D）装于高压侧，高压侧设方向保护，方向指向变压器并断开主变两侧断路器

解答过程：

题 26～30：某电网计划新建一座 500kV 变电站，本期及远景建设规模如下表，请分析计算并解答下列问题。

	远景建设规模	本期建设规模
主变压器	4×1000MVA	2×1000MVA
500kV 出线	8 回	4 回
	线路长度：∑480km	线路长度：∑270km
220kV 出线	16 回	10 回
500kV 主接线	3/2 接线	3/2 接线
220kV 主接线	双母线双分段接线	双母线接线

26. 若新建 500kV 线路均采用 4×LGJ-630 导线（充电功率 1.18Mvar/km），该变电站远景及本期工

程的 35kV 电抗器无功补偿容量下列哪个选项更合理？（　　）

（A）566Mvar，319Mvar　　（B）5 × 60Mvar，2 × 60Mvar

（C）283Mvar，159Mvar　　（D）4 × 60Mvar，2 × 60Mvar

解答过程：

27. 该变电站 35kV 母线三相短路电流为 18.5kA，当母线电压为 37.5kV 时，投入一组 60Mvar 电抗器，可引起的母线电压降低值为下列哪个值？（　　）

（A）1.748kV　　（B）1.898kV

（C）2.28kV　　（D）3.29kV

解答过程：

28. 若该变电站按每台主变配置 3 组电容器、2 组电抗器（均为 60Mvar），35kV 侧设总断路器，请问该断路器额定电流不应小于下列哪个值？（　　）

（A）2500A　　（B）3000A

（C）4000A　　（D）6300A

解答过程：

29. 该变电站 220kV 出线均采用 2 × LGJ-630 导线，一回线路最大输送功率为 800MVA，220kV 母线最大穿越功率为 1500MVA，则 220kV 母联断路器额定电流应不小于下列哪个值？（　　）

（A）2500A　　（B）3000A

（C）4000A　　（D）6300A

解答过程：

30. 若 35kV 侧仅配置并联电容器组，电容器组采用框架式电容器，中性点不接地的单星形接线，由单台容量 500kvar 电容器串并联组成，每桥臂 2 串，桥式差电流保护。若电容器组串联电抗器的电抗率为 12%，请计算单台电容器的额定电压为下列哪个数值？（　　）

（A）10.61kV　　（B）12.06kV

（C）22.23kV　　　　（D）35kV

解答过程：

题 31～35：某 500kV 架空输电线路工程，最高运行电压 550kV。导线采用 4×JL/GIA-500/45，子导线直径 30.0mm，导线自重荷载为 16.53N/m。基本风速 33m/s，设计覆冰 5mm。请分析计算并解答下列问题。

31. 根据以下情况，计算确定应采用多少片下述 210kN 绝缘子组成悬垂单串？（　　）

（1）所经地区海拔为 500m、等值盐密为 0.06mg/cm^2，统一爬电比距按 3.46cm/kV 考虑。

（2）假定采用的 210kN 绝缘子的公称爬电距离为 550mm、结构高度为 170mm，在等值盐密为 0.06mg/cm^2 时的爬电距离有效系数取 0.8。

（A）40 片　　　　（B）28 片

（C）25 片　　　　（D）23 片

解答过程：

32. 如线路所经地区海拔为 3000m，统一爬电比距按 3.80cm/kV，考虑采用某种 210kN 绝缘子，其公称爬电距离为 550mm、结构高度为 170mm，假设爬电距离有效系数为 0.85、特征指数m为 0.38，应该采用多少片 210kN 绝缘子组成悬垂单串？（　　）

（A）25 片　　　　（B）28 片

（C）29 片　　　　（D）30 片

解答过程：

33. 在海拔为 500m 的 D 级污秽区，若采用盘形绝缘子，要求标称电压下的爬电比距不小于 3.2cm/kV，计算采用复合绝缘子时所要求的最小爬电距离是多少？（　　）

（A）1200cm　　　　（B）1400cm

（C）1500cm　　　　（D）1600cm

解答过程：

34. 若线路位于海拔为 500m 的轻污秽地区，要求标称电压下的爬电比距不小于 2.0cm/kV，计划采用 300kN 的盘形绝缘子，设其公称爬电距离为 560mm、结构高度为 195mm，爬电距离有效系数为 0.95。计算每联应采用多少片绝缘子组成导线耐张串？（　　）

（A）21 片　　（B）22 片

（C）23 片　　（D）25 片

解答过程：

35. 某 500kV 输电线路，1000m 海拔时操作过电压间隙采用 3.0m，若该线路在 3000m 海拔时，试确定带电部分与杆塔构件操作过电压要求的最小空气间隙。[假定：长度为 D m 间隙的操作冲击 50%放电电压符合 $U_{50\%}=4400/(1+8/D)$，计算中海拔修正因子取 0.7]（　　）

（A）3.88m　　（B）3.83m

（C）3.72m　　（D）3.56m

解答过程：

题 36～40：某单回路 500kV 架空送电线路，采用 4 分裂 JL/G1A-400/35 导线。导线的基本参数如下表。

导线型号	计算拉断力（N）	外径（mm）	截面（mm^2）	单重（kg/m）	弹性系数（N/mm^2）	线膨胀系数（1/℃）
JL/GIA-400/35	105264	26.82	425.24	1.349	65000	20.5×10^{-6}

注：拉断力为试验保证拉断力。

该线路的主要气象条件为：最高温度 40℃，最低温度−20℃，年平均气温 15℃，基本风速 27m/s（同时气温−5℃），设计覆冰厚度 10mm（同时气温−5℃，同时风速 10m/s）。导线最大使用张力 40000N，该线路需要设计一个转角度数为 30°的耐张转角塔。请分析计算并解答下列问题。

36. 计算耐张转角塔在事故断线工况下的一相导线产生的纵向荷载是多少？（　　）

（A）28000N　　（B）108184N

（C）112000N　　（D）154548N

解答过程：

37. 计算耐张转角塔在设计覆冰时单侧一相导线张力产生的水平荷载是多少？（代表档距为 400m）

（　　）

（A）154548N （B）56765N

（C）41411N （D）10352N

解答过程：

38. 计算耐张转角塔在不均匀覆冰工况下一相导线产生的纵向荷载是多少？（ ）

（A）46364N （B）48000N

（C）108184N （D）112000N

解答过程：

39. 请计算垂直档距为 500m 时，不均匀覆冰时导线的垂直荷重是多少？（$g = 9.8m/s^2$）（ ）

（A）41740N （B）46840N

（C）49267N （D）52300N

解答过程：

40. 该线路有一悬垂塔位于丘陵地区，水平档距为 400m，导线平均线高 33m，请计算该直线塔在最大风时的水平风荷载是多少？（ ）

（A）23636N （B）25968N

（C）28362N （D）30941N

解答过程：

2023 年案例分析试题（上午卷）

[案例题是 4 选 1 的方式，各小题前后之间没有联系，共 25 道小题，每题分值为 2 分，上午卷 50 分，下午卷 50 分，试卷满分 100 分。案例题一定要有分析（步骤和过程）、计算（要列出相应的公式）、依据（主要是规程、规范、手册），如果是论述题要列出论点。]

题 1～5：某光伏发电站规划安装容量 250MWp 级，通过 1 回 110kV 线路接入系统，升压站 110kV 侧系统提供的三相短路容量 5000MVA。本期建设光伏发电安装容量 125MWp 级，选择 540Wp 单晶硅光伏组件和 500kW 逆变器，容配比 1.3，单晶硅光伏组件和逆变器相关主要技术参数分别见表 1 和表 2。请分析计算并解答下列各小题。

单晶硅光伏组件主要技术参数表 表 1

技术参数	单位	参数	技术参数	单位	参数
峰值功率	Wp	540	工作电压温度系数	%/K	−0.35
开路电压（V_{oc}）	V	49.6	开路电压温度系数	%/K	−0.275
短路电流（I_{sc}）	A	13.86	短路电流温度系数	%/K	0.045
工作电压（V_{pm}）	V	41.64	工作条件下的极限低温	℃	5
工作电流（I_{pm}）	A	12.97	工作条件下的极限高温	℃	65

逆变器主要技术参数表 表 2

技术参数	单位	参数	技术参数	单位	参数
额定功率	kW	500	最小输入电压	V	520
最大输出功率	kW	550	MPPT 电压范围	V	520V～850V
最大输入直流电压	V	1000	交流额定输出电压	V	400
最低启动电压	V	540	交流输出频率	Hz	50

1. 该光伏电站场址年平均气温、极端最低气温和极端最高气温分别为 16℃、−15℃和 40℃，若每个光伏组件串安装于一个固定可调式支架上，呈 2 行 *n* 列排布，则每个光伏支架组件安装容量宜为下列哪项数值？（　　）

（A）8.1kWp　　（B）8.64kWp

（C）9.72kWp　　（D）10.26kWp

2. 该光伏电站的海拔为 3000m，每个光伏组件串的安装数量选择为 19，按每个逆变器划分为 1 个光伏方阵，根据技术协议，海拔高于 1000m，每升高 100m 逆变器功率下降 0.36%，则 1 个光伏方阵安装容量为下列哪项数值？（　　）

（A）461.7kWp　　（B）595.08kWp

（C）618.2kWp　　　　（D）650kWp

3. 若光伏电站的海拔为 1000m 以下，每个光伏发电单元包括 1 台就地升压变压器和 4 台逆变器，逆变器已采取限制并联环流措施，从经济性角度考虑，请分析计算就地升压变压器的形式和额定容量宜为下列哪项数值？（　　）

（A）双绕组变压器、2000kVA
（B）双绕组变压器、2200kVA
（C）双分裂变压器、2000/1000-1000kVA
（D）双分裂变压器、2500/1250-1250kVA

4. 若光伏电站的海拔为 1000m 以下，本期安装 239400 个光伏组件、12600 个并联组串及 200 个逆变器，构成 50 个光伏发电单元，就地升压变压器变比为 37/0.4kV，通过 35kV 集电线路接入升压站 35kV 配电装置，35kV 配电装置采用常规真空断路器开关柜，接入系统审查意见要求主变压器采用双绕组变压器，主变压器变比为 121/35kV，结合光伏发电站规划安装容量连续扩建，假定逆变器交流侧短路电流与直流侧光伏短路电流数值一致，忽略光伏发电母线其他回路对短路电流的影响，请分析计算本期升压站主变压器容量和阻抗宜分别为下列哪组数值更经济合理？（　　）

（A）100MVA、10.5%
（B）125MVA、10.5%
（C）200MVA，12%
（D）250MVA、12%

5. 本期光伏发电站设置 20 台就地升压变，每台就地升压变压器连接 10 台逆变器，光伏发电母线电压采用 35kV，接入系统 110kV 架空线路长度 20km，110kV 线路电感 0.4mH/km，电容 0.016μF/km；就地升压变压器额定容量 5000kVA，短路阻抗 7%、空载电流 0.6%；35kV 电缆集电线路总感性无功损耗 0.65Mvar、总容性充电功率 1.24Mvar；主变压器感性无功损耗 15Mvar。光伏发电站满负荷输出功率按逆变器额定容量考虑，请计算光伏发电站无功补偿装置的容量范围为下列哪项数值？（　　）

（A）−13.98～+0Mvar
（B）−16.05～+0.608Mvar
（C）−24.29～+1.848Mvar
（D）−25.33～+2.456Mvar

题 6～9：压缩空气储能电站的运行模式是储能工况下从电网受电驱动空气压缩机运行，发电工况下空气透平驱动发电机发电送至电网，储能工况和发电工况不同时运行。某压缩空气储能电站配置三台同步电动机驱动的空气压缩机和一台空气透平同步发电机，该储能电站电气主接线简图如下图所示：

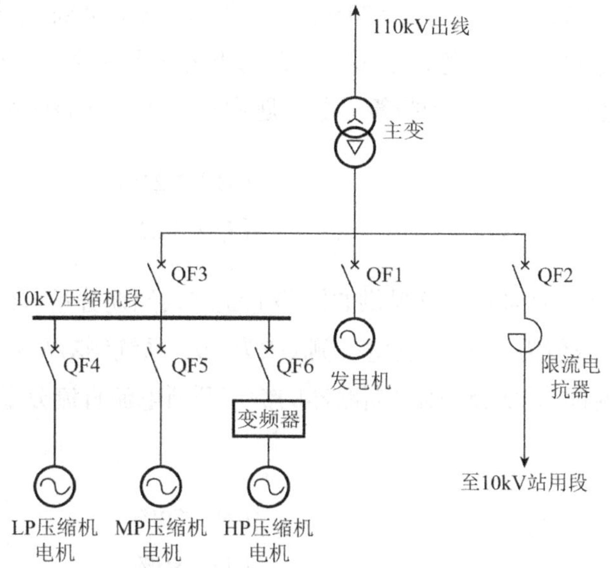

主要设备参数如下表：

设备名称	参数
发电机	60MW，$\cos\varphi=0.8$，10.5kV，$X_d''=16\%$
LP 压缩机电机	30MW，$\cos\varphi=0.9$，10kV，$X_d''=25\%$
MP 压缩机电机	30MW，$\cos\varphi=0.9$，10kV，$X_d''=25\%$
HP 压缩机电机	10MW，$\cos\varphi=0.9$，10kV，$X_d''=20\%$
主变	80MVA，$115\pm8\times1.25\%/10.5$kV，$U_d=18\%$

短路电流计算采用实用计算方法，计算时空气透平发电机和同步电动机的短路电流特性均视同为汽轮发电机，不考虑变频器驱动的电动机提供短路电流和 10kV 站用段提供电动机反馈电流。

请分析计算并解答下列各小题。

6. 假设主变低压侧短路时系统侧提供三相短路电流周期分量有效值为 24kA，且不随时间衰减，取断路器实际开断时间为 0.1s，则断路器 QF5 的额定短路开断电流的交流分量有效值不应小于下列哪项数值？（　　）

（A）25kA　　（B）31.5kA

（C）40kA　　（D）50kA

7. 假设主变低压侧短路时系统提供的短路电流为 25kA，10kV 压缩机段提供的短路电流为 20kA，发电机提供的短路电流为 30kA，电抗器的参数为$I_{ek}=1000$A，$X_k=4\%$。在选择断路器 QF2 的分断能力时，最小按下列哪项短路电流值进行验算？（　　）

（A）17.7kA　　（B）39.3kA

（C）54.9kA　　（D）55kA

8. 假设主变低压侧短路电流为 50kA，10kV 站用电源由主变低压侧通过站用电抗器引接，将 10kV 站用段短路电流限制在 30kA，站用电抗器通过 LMY-125×10 的铝母线从主变低压侧母线引接，引接处至隔离开关前隔板的水平段分支母线采用三相同平面单根平放安装，相间中心距为 0.8m，绝缘子等间距布置。若支柱绝缘子选用 ZL-10/8，高度 170mm，抗弯破坏负荷为 8kN，母线固定金具厚度 12mm。请计算按支柱绝缘子的机械强度确定的绝缘子最大间距为下列哪项数值？（按照《电力工程电气设计手册 1 电气一次部分》的方法，绝缘子受力折算系数取题中给定条件下的计算值）（　　）

（A）1.10m　　（B）1.21m

（C）1.83m　　（D）3.22m

9. 假设发电机出口三相短路时发电机提供的短路电流起始周期分量有效值为 30kA，系统侧提供的短路电流起始周期分量有效值为 25kA。发电机侧X/R为 80，系统侧X/R为 25，若断路器 QF1 额定短路开断电流为 50kA，开断时间为 0.07s，则该断路器的额定开断电流直流分量百分数至少应选择下列哪项数值？（　　）

（A）30%　　（B）50%

（C）70%　　（D）80%

题 10～12：某西南地区火力发电厂 220kV 升压站，海拔高度 1400m，设有 2 回主变压器进线、1 回高压启备变进线以及 3 回 220kV 线路出线，双母线接线，设母联断路器。

220kV 升压站采用户外分相中型布置，主母线采用支持式管形母线，管母相间距离 3m，架空进出线间隔宽度 14m，不预留备用间隔，其中主变压器进线间隔断面图见下图 1。请分析计算并解答下列各小题。

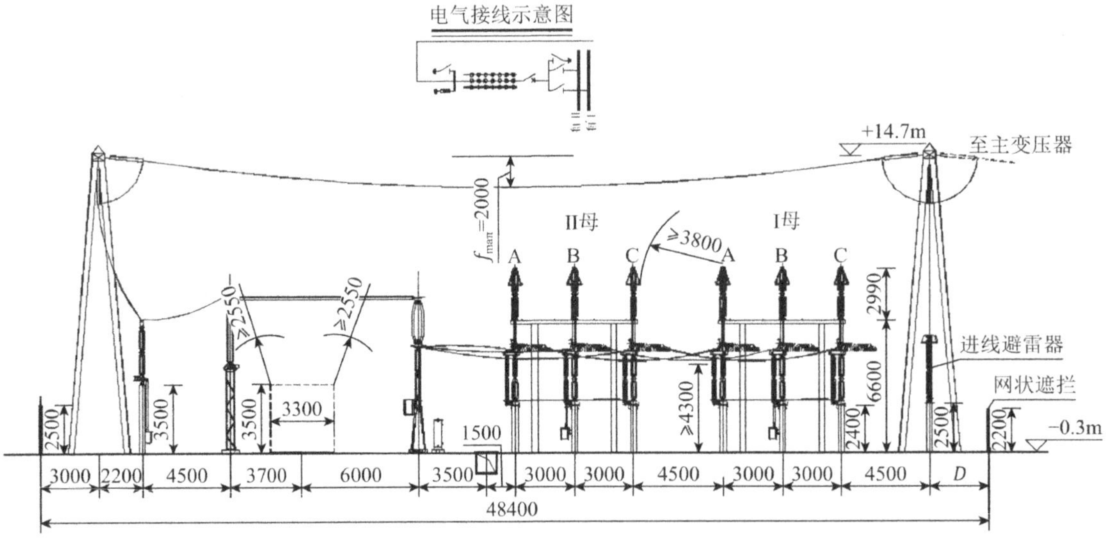

图 1　220kV 升压站主变压器进线间隔断面图

10. 图 1 中主变进线回路导线采用单根 LGJQT-1400（单位质量$q = 4.962$kg/m），相间距离为 4250mm，最大弧垂为 2000mm，若此处发生三相短路时短路电流有效值为 40kA，速断保护等值时间t为 0.157，请通过综合速断短路法计算导线摇摆的最大位移b值最接近下列哪项数值？（　　）

（A）0.32m　　（B）0.43m

（C）0.64m　　（D）0.86m

11. 图 1 主变压器进线间隔断面图中，若进线避雷器的外径为 320mm。网状遮拦厚度为 100mm，靠近主变侧的网状遮拦中心线与进线避雷器中心线之间的水平距离D（见图 1 尺寸标注中“D”）的最小值宜为下列哪项数值？（　　）

（A）1900mm （B）1980mm

（C）2190mm （D）2400mm

12. 该电厂 220kV 升压站某时段运行状态如下：①仅 1 回主变进线和 1 回 220kV 线路出线回路投运，且上述回路分别布置于升压站的最左端间隔和最右侧间隔；②220kV 升压站主母线I母投运，II母处于停电检修状态；③主变 220kV 侧工作电流 1100A。在以上运行状态下，该时段主母线II母上产生的长期工作电磁感应电压最大值最接近下列哪项数值？（　　）

（A）0.0243V/m （B）0.0319V/m

（C）0.0469V/m （D）0.1916V/m

题 13～16：某风力发电场场址海拔高度 1000m，安装 6.25MW 风力发电机组 100 台，设两个 220kV 汇集升压站，每个升压站各接入 50 台风机，220kV 升压站出线接入 500kV 总变电站的 220kV 侧，500kV 变电站设 450MVA、525/230kV 自耦变两组。220kV 汇集升压站设 35kV 母线，风力发电机组以 35kV 集电线路接入 35kV 母线。请分析计算并解答下列各小题。[除特别说明外，均按《交流电气装置的过电压保护和绝缘配合设计规范》（GB/T 50064—2014）及设计手册解答]

13. 假定变电站 500kV 避雷器 0.5kA 操作冲击残压为 700kV、3kA 操作冲击残压为 780kV，在 0.5～3kA 间伏安特性满足线性关系；若在站址距避雷器 60km 处的操作过电压为 2.3p.u.，不考虑其他避雷器分流，长时放电电流视持续时间取 2ms，则据此校验的避雷器方波长时通流容量幅值最小可取下列哪项数值？（线路波阻抗取 260Ω）（　　）

（A）250A （B）350A

（C）400A （D）600A

14. 若自耦变围栏内 500kV 及 220kV 侧均设有避雷器，变压器 220kV 侧雷电冲击耐受电压为 850kV，500kV 避雷器型号为 Y20W-444/1066，据此条件选择自耦变 220kV 侧避雷器，符合要求且与计算值最接近的是下列哪项数值？（　　）

（A）Y10W-190/606

（B）Y10W-195/606

（C）Y10W-190/680

（D）Y10W-195/680

15. 若厂内有一独立避雷针，在其同一方向分别有两个被保护物，其水平距离及高度关系如下图，则避雷针相对于其所在地平面高度最低可取下列哪项数值？（　　）

（A）10m （B）10.4m

（C）13m （D）13.4m

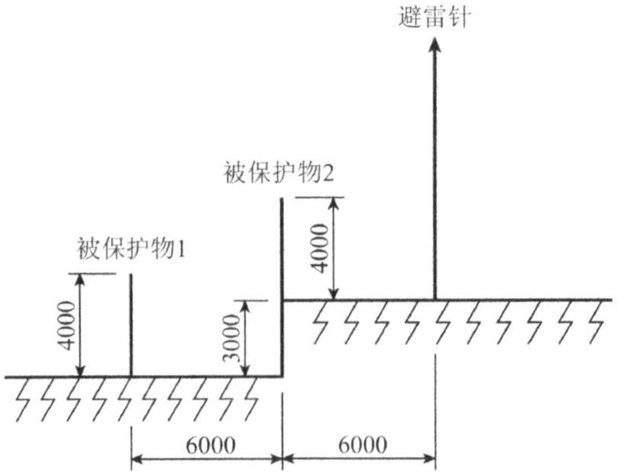

16. 若电站安装在海拔 2000m 处，220kV 避雷器操作冲击水平为 454kV，预期相对地 2%统计操作过电压为 2.7p.u.，依据 GB 311 采用确定性法计算电气设备海拔 1000m 处相对地外绝缘缓波过电压的要求耐受电压为下列哪项数值？（　　）

（A）5126kV　　（B）536.3kV

（C）573.8kV　　（D）618.9kV

题 17～20：某 220kV 变电站与无限大电源系统连接并远离发电厂，电气接线简图如下图所示。S1 系统归算到 220kV 母线的等值电抗标幺值$X_{\mathrm{I}}=0.01$，S2 系统归算到 220kV 母线的等值电抗标幺值$X_{\mathrm{II}}=0.014$。（基准容量$S=100$MVA，基准电压$U_{\mathrm{j}}=230$kV）

变电站安装两台 220/110/10kV、180MVA 主变。正常运行时高、中压侧并列运行，低压侧分列运行。中低压侧线路均为负荷出线。220kV 侧配置母线差动保护，差电流启动元件定值按可靠躲过区外故障最大不平衡电流整定，接入母差保护的电流互感器变比均为 2500/1A。二次电缆采用铜芯电缆，y取 57m/Ω · mm²。请分析计算并解答下列各小题。

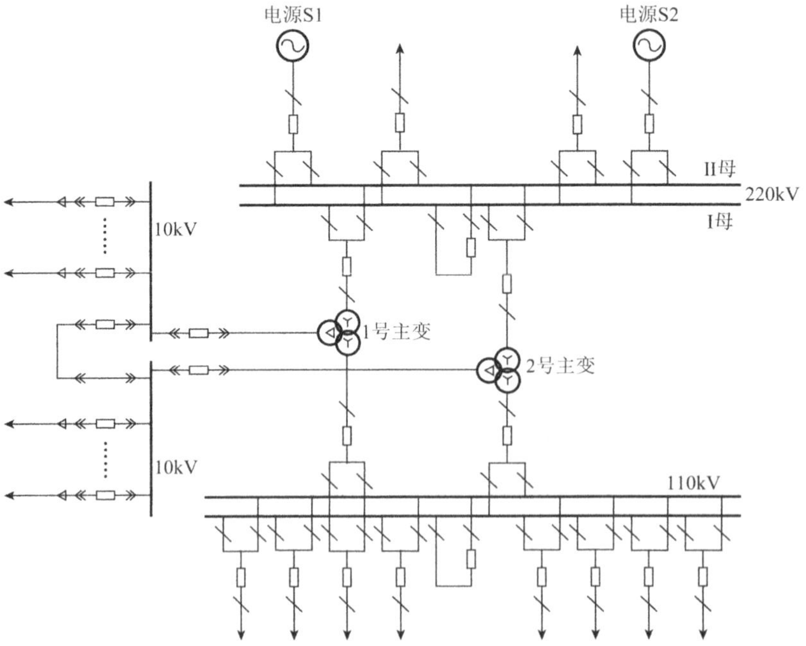

17. 请计算 220kV 母差保护差电流启动元件定值是下列哪项数值？（可靠系数取 1.5）（　　）

（A）1.51A　　（B）2.26A

（C）3.87A　　（D）5.65A

18. 若 220kV 母差保护差电流启动元件定值为 3.15A（二次值），该元件灵敏系数计算值是下列哪项数值？（　　）

（A）1.5　　（B）1.97

（C）2.76　　（D）4.73

19. 主变间隙零序电流保护用电流互感器准确级 5P30，电流互感器至保护装置之间的电缆长度 180m，截面积 2.5mm²。保护装置电流线圈电阻 0.5Ω，接触电阻共取 0.1Ω。该间隙电流互感器二次实际负荷计算值是下列哪项数值？（　　）

（A）1.86Ω　　（B）2.53Ω

（C）3.13Ω　　（D）3.63Ω

20. 110kV 线路保护用电流互感器变比为 1200/1A，电压互感器变比为$\frac{110}{\sqrt{3}}/\frac{0.1}{\sqrt{3}}$kV。本线路长度 16km，$X_1=0.31\Omega/\text{km}$。线路间隔配置距离保护，相间距离Ⅱ段阻抗值按本线路末端故障有足够灵敏系数整定，请问该保护定值二次值是下列哪项数值？（　　）

（A）3.97Ω　　（B）6.45Ω

（C）7.04Ω　　（D）8.12Ω

题 21～25：某 500kV 双回架空输电线路，位于丘陵地区，最高运行线电压为 550kV，设计基本风速为 30m/s，覆冰厚度为 10mm。导线采用 4×JL/G1A-630/45 钢芯铝绞线，直径为 33.8mm、截面积为 674mm²、单重为 2.0792kg/m。请分析计算并解答下列各小题。

21. 某直线塔水平档距为 400m，下相导线平均高度取 20m，档距相关性积分因子取 0.4，风向与导线方向夹角为 90°，用于杆塔结构设计时，下相导线大风工况的风荷载是下列哪项数值？［依据《架空输电线路荷载规范》（DL/T 5551—2018）计算］（　　）

（A）10.1kN　　（B）24.3kN

（C）25.6kN　　（D）40.5kN

22. 已知某耐张转角塔全高为 90m，位于海拔高度 2000m 的 e 级污秽区，导线耐张绝缘子串采用盘形绝缘子，盘形绝缘子的公称爬电距离为 600mm、结构高度为 195mm、爬电距离的有效系数为 0.94，绝缘配置要求统一爬电比距不小于 55mm/kV。若绝缘子的特征指数为 0.38，求导线耐张绝缘子串每联所需要的片数是下列哪项数值？（　　）

（A）24 片　　（B）27 片

（C）31 片　　（D）33 片

23. 若该线路位于海拔高度小于 1000m 的 e 级污秽区，采用盘形绝缘子时绝缘配置要求统一爬电比距不小于 55mm/kV。若采用相间复合绝缘间隔棒进行防舞，求相间复合绝缘间隔棒的爬电距离是下列哪项数值？［依据《架空输电线路电气设计规程》（DL/T 5582—2020）计算］（　　）

（A）14000mm　　（B）14290mm

（C）22688mm　　（D）24750mm

24. 若该线路海拔高度 2000m，悬垂直线塔采用 V 型绝缘子串，操作过电压倍数取 2.0p.u.，求导线对杆塔空气间隙的正极性操作冲击 50%放电电压的要求值是多少？（海拔修正因子$m = 0.6$）（　　）

（A）1141kV　　（B）1145kV

（C）1228kV　　（D）1322kV

25. 某直线塔全高 100m，海拔高度 1000m 以下，导线悬垂串采用 155mm 结构高度盘形绝缘子，绝缘子串片数由雷电过电压控制，求雷电过电压要求的最小空气间隙是下列哪项数值？（提示：绝缘子串雷电冲击放电电压$U_{50\%} = 530 \times L + 35$；空气间隙雷电冲击放电电压$U_{50\%} = 552 \times S$）（　　）

（A）3.30m　　（B）3.63m

（C）3.98m　　（D）4.68m

2023 年案例分析试题（下午卷）

［案例题是 4 选 1 的方式，各小题前后之间没有联系，共 40 道小题，选作 25 道，每题分值为 2 分，上午卷 50 分，下午卷 50 分，试卷满分 100 分。案例题一定要有分析（步骤和过程）、计算（要列出相应的公式）、依据（主要是规程、规范、手册），如果是论述题要列出论点。］

题 1～3：系统 A 通过 2 回 220kV 线路向某园区电网供电，年送电量 12.5 亿 kW·h，线路受端正常最大送电电力 250MW、功率因数 0.95。园区最大负荷 450MW，负荷功率因数 0.93，最大负荷利用小时数 6000h。园区内有 2 台 125MW 燃煤机组，额定功率因数 0.85，220kV 变电站 1 座，3 台 180MVA 变压器，电压等级 220/110/10kV。请分析计算并解答下列各小题。

1. 如若园区线路全部采用架空出线，假定忽略架空线路的充电功率，电网最大自然无功负荷系数按 1.15 考虑，试问园区电网需要的无功设备补偿度W_B近似为下列哪项数值？（　　）

（A）−0.07　　（B）0.62

（C）0.79　　（D）0.81

2. 已知园区日最小负荷率β为 0.7，发电机最小技术出力为额定容量的 0.4，系统 A 按园区负荷曲线送电。假若新能源全天向园区供电电力保持不变，试问在园区最大负荷日、两台机组运行时，为保证全天不出现新能源弃电现象，向园区提供的新能源电力最大值为下列哪项数值？（　　）

（A）40MW　　（B）50MW

（C）150MW　　（D）215MW

3. 为降低煤炭消费，园区电网拟接入 100MW 风电机组，已知风电机组年利用小时数 2300h，试问在系统 A 送电量不变的情况下，风电接入后燃煤机组的年发电利用小时数为下列哪项数值？（　　）

（A）3100h　　（B）3700h

（C）4880h　　（D）5080h

题 4～6：某 220kV 电站现有 2 台 150MVA 变压器，阻抗电压 12%，电压比 220/35kV，接线组别 YN, d11；220kV 主接线采用双母线接线，并列运行；35kV 主接线采用单母线分段接线，分段运行；35kV 出线均为辐射型负荷线路，35kV 每段母线最大三相短路电流 18kA，最小三相短路电流 10kA。基准容量取 100MVA。

请分析计算并解答下列各小题。

4. 已知变电站 220kV 母线系统零序等值电抗是正序电抗的 2.8 倍，试问变电站 220kV 母线最大方式下两相接地短路电流是下列哪项数值？（　　）

（A）4.8kA　　（B）32.4kA

（C）33.6kA　　（D）37.3kA

5. 某热电厂 2 台机组分别经双绕组变压器以发电机变压器单元接线接至厂内 35kV 配电装置，35kV 主接线采用单母线分段接线，合环运行，并通过 2 回 35kV 电缆线路接至该 220kV 变电站 35kV 两段母线。已知每组发电机变压器单元提供到电厂 35kV 母线的三相短路电流为 1.33kA，单回并网线路电抗标幺值为 0.05，试问电厂接入后变电站 35kV 母线最大三相短路电流为下列哪项数值？（　　）

（A）19.28kA　　（B）20.45kA

（C）26.55kA　　（D）27.69kA

6. 规划中可按照输电线路的极限传输角作为稳定性判据，近似估算线路的输电能力。现有 2 台 80MW 水电机组拟通过 1 回波阻抗为 380Ω、长度 280km 的 220kV 线路接入该 220kV 变电站。如若线路相位常数取 6°/100km、极限传输角按 25°考虑，下列哪项数值近似为该线路的输电能力？（　　）

（A）186MW　　（B）229MW

（C）234MW　　（D）513MW

题 7～9：某火力发电厂拟建 2 × 350MW 燃煤供热机组，采用发电机-变压器组单元接线，接入厂内 220kV 升压站。每台机组设一台 45/27-27MVA 的无载调压分裂高厂变，由发电机出口引接，高压厂用电采用 6kV 一级电压，每台机组 2 段 6kV 母线，两台机设一台有载调压高压启动/备用变，采用与高厂变同容量分裂变，电源由厂内 220kV 配电装置母线引接，正常运行时启动/备用变不带负荷。

高厂变额定电压为 20 ± 2 × 2.5%/6.3−6.3kV，阻抗电压 16.5%（以高压侧容量为基准的半穿越阻抗），接线组别：D, yn1-yn1。高压启动/备用变额定电压为 230 ± 8 × 1.25%/6.3−6.3kV，阻抗电压 21%（以高压侧容量为基准的半穿越阻抗），接线组别：YN, yn0-yn0, (+d)，请分析计算并解答下列各小题。

7. 若发电机出口电压较稳定，高厂变铜耗$P = 175\text{kW}$。6kV 四段母线的计算负荷分别为：$S_{\text{IA}} = 26362\text{kVA}$，$S_{\text{IB}} = 26581\text{kVA}$，$S_{\text{IIA}} = 26586\text{kVA}$，$S_{\text{IIB}} = 26721\text{kVA}$，四段母线最小负荷均按照 60% 考虑。计算高厂变在 −1 分接头带厂用电运行时，四段 6kV 厂用母线的最低电压和最高电压标幺值分别为下列哪项数值？（　　）

（A）0.9297，1.0097

（B）0.9285，1.0084

（C）0.9534，1.0346

（D）0.9797，1.0622

8. 若 6kV-IA 段母线计算负荷$S_{\text{tA}} = 26800\text{kVA}$（采用换算系数法）。该段母线所接最大一台电动机额定功率 3600kW，启动电流倍数为 6 倍，额定效率为 0.95，额定功率因数为 0.87，换算系数为 0.85。当高厂变带 6kV-IA 段母线运行时，最大一台电动机正常起动时母线电压的标幺值为下列哪项数值？（　　）

（A）0.8653　　（B）0.8742

（C）0.8757　　（D）0.9158

9. 假设该机组采用湿法脱硫、中速磨直吹系统，6kV-IB段母线上所接I类电动机的额定功率之和为16230kW。1号高厂变带6kV-IA、IB段厂用电运行，某阶段其中IB段母线上除所接的1台凝结水泵（额定功率1400kW）、1台磨煤机（额定功率500kW）、1台脱硫吸收塔浆液循环泵（额定功率800kW）、输煤系统高压电动机（额定功率之和为970kW）停运外，其他高压电动机均正常运行，当#1高厂变失电成功快速切换到高压启动/备用变时，6kVB段母线只考虑1类负荷自启动时电动机成组自启动电压标幺值为下列哪项数值？（ ）

（A）0.8728　　（B）0.8970

（C）0.9038　　（D）0.9155

题10～12：某电厂规划建设4×660MW燃煤汽轮发电机组，先期建设两台。每台机组均通过发电机-变压器组接入厂内500kV屋外配电装置。500kV配电装置采用3/2断路器接线方式，2回出线送出，主变进线采用2×LGKK-900导线，分裂间距400mm。请分析计算并解答下列各小题。

10. 若发电厂海拔高度为2000m，环境温度为40℃，则主变进线导线长期允许载流量为下列哪项数值？（ ）

（A）2312A　　（B）2359A

（C）2419A　　（D）2429A

11. 若主变进线挂线点高度为28m，相间距为8m，忽略其他间隔导线影响，则B相导线的最大表面场强（取平均场强的1.05倍）计算值为下列哪项数值？（ ）

（A）7.70kV/cm　　（B）8.47kV/cm

（C）14.24kV/cm　　（D）15.67kV/cm

12. 若主变进线次档距为10m，当发生三相短路次导线处于临界接触状态时，每根次导线因变形所产生的附加张力为下列哪项数值？（ ）

（A）36101N　　（B）48767N

（C）72202N　　（D）97534N

题13～16：某新能源汇集站设置500kV配电装置、主变压器、220kV配电装置和无功补偿装置，本期建设1台主变压器（以下简称1号主变）。

1号主变采用3台单相自耦变压器组，单相变压器额定容量为334/334/100MVA，额定电压为$\frac{525}{\sqrt{3}}/\frac{230}{\sqrt{3}}\pm8\times1.25\%/35$kV，接线组别为Ia0i0。主变35kV侧装设3组60Mvar并联电容组，35kV侧三相短路电流$I''=30.5$kA，冲击电流$i_{ch}=78.5$kA。汇集站环境条件：海拔高度600m、年平均气温15℃、最热月平均最高气温+30℃、年最高气温+40℃、年最低气温−25℃，最大风速30m/s。请分析计算并解答下列各小题。

13. 若汇集站220kV配电装置采用屋外敞开式布置，现场污秽度（SPS）按d级，确定参考统一爬电比距（RUSCD）为43.3mm/kV。选择绝缘子的公称爬电距离480mm、结构高度170mm、爬电距离有效系数0.95。假定按操作过电压和雷电过电压选择的绝缘子片数量较按工频电压的少，试计算220kV主

母线耐张绝缘子串的悬式绝缘子片数量应为下列哪项数值？（　　）

（A）14　　（B）15

（C）16　　（D）24

14. 若主变 35kV 侧采用单母线接线，包括 1 个主变 35kV 进线和 3 个电容器组馈线，共 4 个进、出线间隔，35kV 断路器开断时间为 60ms，主保护动作时间取 20ms，汇流主母线采用铝镁硅系（6063）管形母线，导体最高允许温度+80℃。仅考虑电容器组负载，该管形母线不宜小于下列哪个规格？

（　　）

（A）ϕ100/90　　（B）ϕ130/116

（C）ϕ150/136　　（D）ϕ200/184

15. 若 35kV 管形母线采用支持绝缘子安装，母线相间距为 1.5m，母线最大跨距为 11.5m，支持金具长 0.9m，集中荷重 10kgf，安装于母线跨距中央。假定题干中短路冲击电流值已包含电容器组的助增作用。假定管母特性参数：温度线性膨胀系数 23.8×10^{-6} 1/℃、弹性模数$E = 7 \times 10^4 \text{N/mm}^2$、惯性矩$I = 1339\text{cm}^4$、截面系数$W = 158\text{cm}^2$、导体截面$S = 4072\text{mm}^2$、导体自重$q_1 = 106.94\text{N/m}^2$、管母外径$D = 170\text{mm}$，最大允许应力 17000N/cm²。请计算短路状态下管形母线所受的最大弯矩和应力分别为下列哪项数值？（　　）

（A）5772N · m，3653N/cm²

（B）6394N · m，4047N/cm²

（C）7537N · m，4770N/cm²

（D）16139N · m，10214N/cm²

16. 假定题干中短路电流值仅为系统提供值，电容器组中串联电抗率为 5%，电容器组衰减时间常数$T_c = 0.05\text{s}$，站用变由主变 35kV 系统供电，请计算选择电容器组回路中 35kV 隔离开关的额定电流、峰值耐受电流分别不宜小于下列哪个数值？（　　）

（A）1000A，80kA　　（B）1000A，100kA

（C）1600A，80kA　　（D）1600A，100kA

题 17～19：某水电站接地网由坝区接地网、引水发电系统接地网、地面 500kV 开关站接地网等组成。请分析计算并解答下列各小题。

17. 坝区水域面积约为 12500m²，水深约为 10m，河水电阻率为 38Ω · m，河床电阻率为 1900Ω · m。敷设由 50 × 5 镀锌接地扁钢构成的水下接地网面积约为 40000m²，接地网网孔大小约为 20m × 20m。计算坝区水下接地网电阻为下列哪项数值？（　　）

（A）0.11Ω　　（B）0.86Ω

（C）1.14Ω　　（D）5.46Ω

18. 为有效降低接地电阻，经对土壤电阻率的实际测量，发现在电站进水口附近的山体中，覆盖层的土壤电阻率为 5000Ω · m，5m 厚的覆盖层以下的岩石经水长期浸渍，土壤电阻率为 100Ω · m，故在此位置附近设置单个总深度为 80m 的接地深井，深井采用ϕ80mm 厚壁钢管。两层土壤深埋接地体的影响系数取 1，接地体与钻孔间采用土壤电阻率约为 100Ω · m 的回填土致密回填。共设置接地深井 3 个，间距约为 100m，接地深井导体互联，接地深井相互影响系数按 0.85 考虑，接地电阻计算时忽略水平连接导体。请计算这 3 个接地深井的总接地电阻为下列哪项数值？（　　）

（A）0.558Ω　　（B）0.624Ω

（C）0.657Ω　　（D）0.773Ω

19. 500kV 开关站的接地网面积为 200m × 50m，均压带不等间距布置，接地网采用 TJ-185 铜绞线（外径 15.5mm），网孔数为 20 × 5 个（长方向 × 宽方向），埋深为 0.8m，开关站的地电位升为 5000V。请计算接地网的最大接触电位差为下列哪项数值？（　　）

（A）186V　　（B）191.5V

（C）377.73V　　（D）450V

题 20～23：某水电站采用控制负荷和动力负荷合并供电的直流电源系统，事故停电时间 1h。直流系统标称电压 220V，采用 2 组阀控式密封铅酸蓄电池，配置 3 套高频开关电源充电装置，直流母线为 2 段单母线接线。每组蓄电池容量 1000Ah，蓄电池个数 103 只，选用单体 2V，终止电压 1.87V 的贫液电池，直流负荷统计计算结果为：经常负荷电流 50.9A，随机负荷电流 12A，事故放电初期（1min）冲击放电电流 756.4A，1～30min 放电电流 458.2A，30～60min 放电电流 271.6A。请分析计算并解答下列各小题。

20. 如蓄电池均衡充电输出电流计算系数采用最大值，则以下关于充电装置高频开关电源模块配置的说法，哪项符合规程要求？（　　）

（A）配置额定电流 20A 的电源模块 10 个

（B）配置额定电流 25A 的电源模块 9 个

（C）配置额定电流 30A 的电源模块 6 个

（D）配置额定电流 50A 的电源模块 5 个

21. 蓄电池随机负荷计算容量和事故放电初期冲击负荷计算容量最接近下列哪项数值？（　　）

（A）8.96Ah，854Ah

（B）9.45Ah，897.42Ah

（C）12.54Ah，854Ah

（D）13.23Ah，897.42Ah

22. 假设计算选择的蓄电池计算容量由阶梯计算法第三阶段确定，则蓄电池计算容量为：（　　）

（A）906.87Ah　　（B）928.63Ah

（C）938.08Ah　　（D）941.86Ah

23. 假设每只蓄电池电阻（含连接条）为 0.15mΩ，蓄电池组到直流柜距离 20m，采用 3 根 1×150mm² 电缆并联连接，直流柜向分电柜供电回路的断路器选用额定电流 250A 的塑壳断路器。直流柜到分电柜距离 50m，采用 1 根 1×150mm² 电缆连接，150mm² 电缆电阻每米为 0.124mΩ，由分电柜供电的某回路采用额定电流 16A 的微型断路器，计算分电柜内该微型断路器出口短路电流值最接近下列哪项数值？（　　）

（A）5.18kA　　（B）6.11kA

（C）7.38kA　　（D）9.66kA

题 24～26：某抽水蓄能电站装机 4 台，发电电动机与主变压器的组合方式采用联合单元接线。发电机额定容量 300MW，额定电压 18kV，额定功率因数 0.9，纵轴次暂态电抗 $X_d'' = 0.18/0.21$（饱和值/非饱和值）；发电机工况与电动机工况视在功率相等，即 $S_{GN} = S_{MN}$。主变额定容量 360MVA，额定电压 525±2×25%/18kV（无励磁调压），接线组别：YN，d11，短路阻抗 14%。发电电动机电压侧保护用 TA 比为 15000/1、PT 比为 $\frac{18}{\sqrt{3}}/\frac{0.1}{\sqrt{3}}$。请分析计算并解答以下问题。

24. 假设发电电动机定子绕组对称过负荷的反时限过电流保护动作特性与定子绕组允许过电流曲线相同。制造厂给出的发电电动机热容量常数 $K_{tc} = 145s$，散热系数 $K_{sr} = 1.02$。计算定子过负荷保护按反时限保护特性动作时的最小延时 t_{min} 与下列哪项数值最接近？（　　）

（A）0.42s　　（B）1.26s

（C）4.86s　　（D）6.71s

25. 假设最小运行方式下以发电机容量为基准的系统联系电抗标幺值 $X_{s,max} = 0.16$，发电机误上电保护装在机端。计算误上电保护过流元件动作值和全阻抗元件电阻动作值（按全阻抗特性整定）与下列哪项数值最接近？（　　）

（A）0.71A，0.184Ω　　（B）0.71A，0.216Ω

（C）0.76A，0.184Ω　　（D）0.76A，0.216Ω

26. 假设主变压器采用通过软件实现电流相位和幅值补偿的微机型保护装置。高、低压侧保护用 TA 比分别为 1500/1A，15000/1A，TA 二次侧均采用 Y 形接线。计算主变高、低压侧平衡系数最接近下列哪组数值？（　　）

（A）$K_h = 1$，$K_l = 0.594$

（B）$K_h = 1$，$K_l = 0.37$

（C）$K_h = 1$，$K_l = 0.343$

（D）$K_h = 1$，$K_l = 0.326$

题 27～30：某地区新建一座 500kV 变电站，主变 500kV、220kV 侧与系统相连，35kV 侧装设无功补偿装置。远期规模为 500kV 出线 4 回，220kV 出线 14 回、主变 4 台 750MVA；主变采用单相自耦高阻抗无励磁调压变压器，额定容量 250/250/66.7MVA，电压比 525/230±2×2.5%/35kV，联结接线组别 Yna0d11。其中 35kV 采用单元制单母线接线。请分析计算并解答下列各小题。

27. 本期500kV出线2回、220kV出线7回，建设2台750MVA主变，高中绕组短路阻抗$U_{d\,\text{I-II}}\%=14$，正常运行时每台主变的无功损耗为53Mvar，为了补偿本期500kV线路充电功率，本站需配置感性无功补偿容量为380Mvar，为限制工频过电压和潜供电流，远期500kV母线拟安装2组150Mvar高压电抗器，本期安装1组150Mvar高压电抗器，兼顾远期需要和控制本期投资，本期35kV侧配置的电抗器数量和容量宜为下列哪组合适？（　　）

（A）2组30Mvar　　（B）4组60Mvar

（C）5组30Mvar　　（D）6组60Mvar

28. 35kV母线三相短路容量为1700MVA，为不接地系统。每组母线各接有4组60Mvar电容器组，电容器组投入前的母线电压为35kV，请计算1组电容器投入运行后母线升高电压为下列哪项数值？（　　）

（A）1.24kV　　（B）1.31kV

（C）4.94kV　　（D）5.22kV

29. 35kV母线为不接地系统，若最大三相短路容量为2000MVA，每组母线各接有4组60Mvar电容器组，为避免产生3次及以上谐波谐振，4组电容器组的串联电抗器的电抗率宜为下列哪组数值？（　　）

（A）3组5%，1组12%

（B）4组5%

（C）3组12%，1组5%

（D）2组12%，2组5%

30. 若成套电容器组采用串并联接方式，先并后串，串联段数为2，电抗率分别为12%和5%时，请计算选择单个电容器的额定电压为下列哪项数值？

（电容器可供选择的部分额定电压：$6.3/\sqrt{3}$kV、$6.6/\sqrt{3}$kV、$7.2/\sqrt{3}$kV、$10.5/\sqrt{3}$kV、$11/\sqrt{3}$kV、$12/\sqrt{3}$kV、5.5kV、6kV、10.5kV、11kV、12kV、22kV、24kV）（　　）

（A）12kV，11kV

（B）12.06kV，11.17kV

（C）24kV，22kV

（D）24.12kV，22.34kV

题31～35：某500kV交流单回输电线路悬垂酒杯形直线杆塔，导线采用4分裂钢芯铝绞线，分裂间距450mm。地线采用铝包钢绞线。导地线参数见表1。请分析计算并解答下列各小题。

导地线参数　　表1

类别	截面积（mm^2）	外径（mm）	单位长度重量（kg/km）
导线	531.68	30	1688
地线	148.07	15.75	773.2

31. 已知最高气温 40℃，最热月平均最高气温为 35℃，导线允许温度为 80℃，垂直于导线的风速取 0.5m/s，太阳辐射功率密度取 $0.1W/cm^2$，导线表面的辐射散热系数取 0.9，导线表面的吸热系数取 0.9。交流电阻为 0.07405Ω/km。计算时不计及温度对电阻的影响，请计算导线允许载流量是下列哪项数值？（　　）

（A）919A　　（B）861A

（C）670A　　（D）848A

32. 已知正序电纳为 4.1×10^{-6}S/km，线电压取 525kV。请计算分裂导线圆周表面最大电场强度有效值为下列哪项数值？（　　）

（A）0.78MV/m　　（B）1.19MV/m

（C）1.35MV/m　　（D）1.92MV/m

33. 已知导线水平线间距离为 12m，导线对地高度为 12m，边相、中相导线表面最大电场强度分别为 1.32MV/m、1.45MV/m，求距离边导线投影外 20m 地面处，频率为 0.5MHz 的无线电干扰值为下列哪项数值？（　　）

（A）28.5dB（μV/m）

（B）30.8dB（μV/m）

（C）32.0dB（μV/m）

（D）33.0dB（μV/m）

34. 已知电晕损失计算用气候条件如下表所示：

大气条件	好天	雪天	雨天	雾凇天	降雨量
各种天气的数量	（年小时数）				（mm）
	7350	60	1250	100	1350

平均电流密度为 $0.9A/mm^2$，雾凇天修正系数为 0.12，请计算考虑导线的工作电流发热影响后的好天气计算小时数为下列哪项数值？（　　）

（A）7719h　　（B）7786h

（C）8001h　　（D）8331h

35. 已知大地电阻率为 1500Ω·m，导线交流电阻为 0.0609Ω/km，不考虑电阻温度系数，请计算导线-地回路的自阻抗为下列哪项数值？（　　）

（A）$0.11+j0.71$Ω/km

（B）$0.06+j0.79$Ω/km

（C）$0.11+j0.75$Ω/km

（D）$0.11+j0.79$Ω/km

题 36～40：某 500kV 架空输电线路，设计基本风速 27m/s、覆冰厚度 10mm，采用 4×JL/G1A-630/45 导线，导线参数见表 1，地形为山地。重力加速度$g = 9.80665m/s^2$。

导线参数 表 1

导线型号	JL/G1A-630/45	
计算截面	666.55	mm^2
外径	33.6	mm
单位长度重量	2.06	kg/m

设计工况	最低气温	平均气温	最大风速	覆冰工况	最高气温
综合（$N/m \cdot mm^2$）	0.03031	0.03031	0.03957	0.04870	0.03031
应力（N/mm^2）	74.14	62.59	80.62	95.14	56.24

注：要求按斜抛物线公式进行电线力学特性计算

请分析计算并解答下列各小题。

36. 假定某悬垂直线塔定位后的水平档距为 500m，最大风速工况的垂直档距为 400m、导线平均高度为 30m。已知水平档距为 500m 时的档距相关性积分因子$\delta_l = 0.36$，不计导线悬垂绝缘子串的影响，请计算该塔导线悬垂绝缘子串的最大风偏角为下列哪项数值？［注：要求按《架空输电线路电气设计规程》（DL/T 5582—2020）计算］ （　　）

（A）32.8°　　（B）37.6°

（C）41.80°　　（D）44.5°

37. 已知两个悬垂直线塔之间定位时的档距为 600m，导线悬挂点间的高差为 60m。请计算定位时弧垂最低点至导线低悬挂点的水平距离为下列哪项数值？ （　　）

（A）115.4m　　（B）225.6m

（C）300.0m　　（D）484.6m

38. 已知两个悬垂直线塔之间定位后的档距为 1000m，导线悬挂点间的高差为 0m。请计算导线悬挂点的最大应力为下列哪项数值？ （　　）

（A）$58.2N/mm^2$　　（B）$75.7N/mm^2$

（C）$98.2N/mm^2$　　（D）$104.7N/mm^2$

39. 已知两个悬垂直线塔之间定位后的档距为 500m，导线悬挂点间的高差为 200m。请计算该档导线悬挂点的最大悬垂角为下列哪项数值？ （　　）

（A）27.0°　　（B）27.6°

（C）28.3°　　（D）28.6°

40. 已知A、B两个悬垂直线塔之间定位后的档距为350m，A塔导线悬挂点比B塔导线悬挂点低50m。在距离A塔200m处跨越一条单地线35kV线路，跨越点处35kV线路地线最高气温工况的高程比A塔导线悬挂点高10m，跨越交叉角为90°。请计算跨越点处500kV线路导线距35kV线路地线的最小垂直距离为下列哪项数值？（计算中不考虑相间距离和分裂间距的影响）（　　）

（A）6.0m　　（B）8.5m

（C）9.6m　　（D）10.4m

2024 年案例分析试题（上午卷）

［案例题是 4 选 1 的方式，各小题前后之间没有联系，共 25 道小题，每题分值为 2 分，上午卷 50 分，下午卷 50 分，试卷满分 100 分。案例题一定要有分析（步骤和过程）、计算（要列出相应的公式）、依据（主要是规程、规范、手册），如果是论述题要列出论点。］

题 1～5：某工业园区热电厂安装 4 台燃煤发电机组，发电机额定功率为 50MW，额定电压为 6.3kV，额定功率因数为 0.8，最大连续出力为 55MW（运行在额定功率因数）。电厂通过两回 220kV 线路接入电力系统，220kV 升压站采用双母线接线。电厂设置备用变压器，电源引接自 220kV 升压站母线。请分析计算并解答下列各小题。

1. 在技术合理的前提下，该热电厂发电机部分电气主接线选择下列哪个方案较为经济？并说明理由。（　　）

（A）
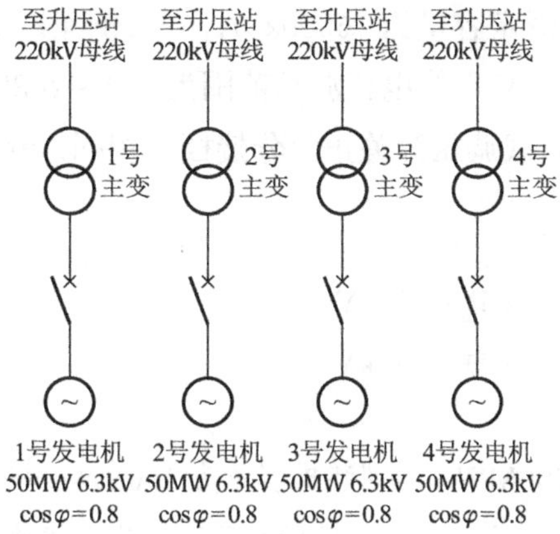

（B）
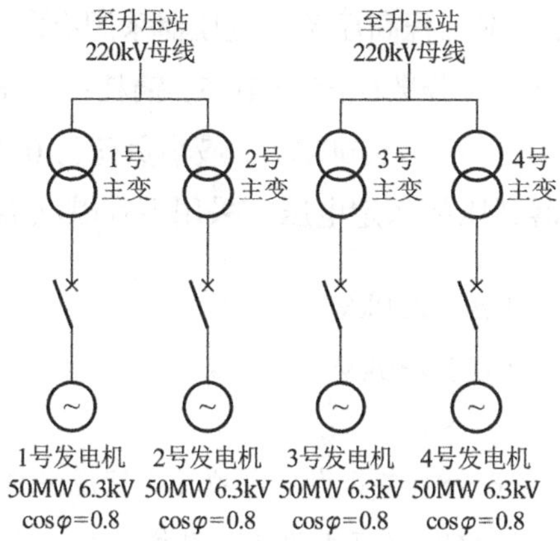

（C）
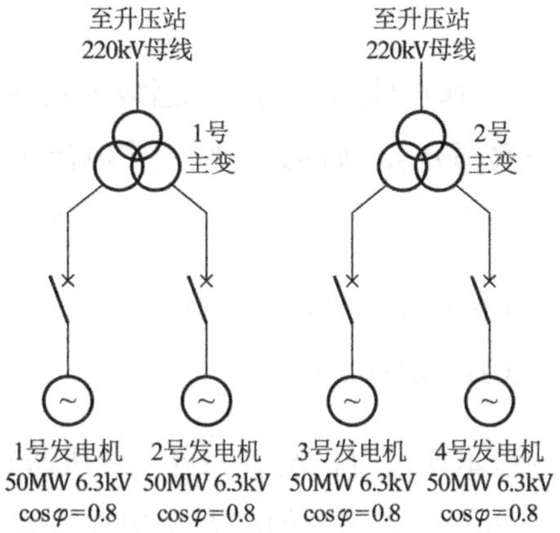

（D）
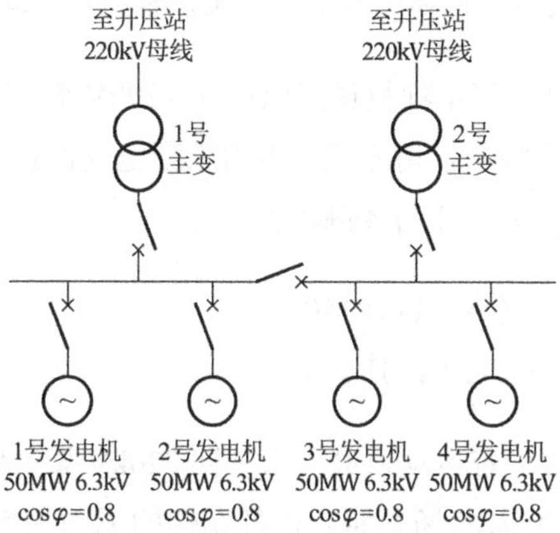

2. 若发电机组采用发电机-变压器单元接线，发电机出口装设断路器，每台机组设一台高压厂用工作电抗器从主变低压侧引接电源，全场四台机组设置一台高压备用变压器。每台机组的高压厂用计算负荷是 9MVA，请问主变压器容量应不小于下列哪项数值？（　　）

（A）55MVA　　　　（B）57.5MVA

（C）63MVA　　（D）68.75MVA

3. 假设发电机定子绕组每相对地电容为 0.25μF，主变压器低压绕组每相对地电容为 13.5nF，发电机出口绝缘管形母线的每相对地电容为 850pF/m，母线单相长度为 20m，高压厂用工作电源采用厂用电抗器从主变低压侧引接，高压厂用电系统（含厂用电抗器）总的单相接地故障电容电流为 2.5A。当发电机内部发生单相接地故障不要求瞬时切机，请计算确定发电机中性点接地方式宜选择下列哪种方案？（　　）

（A）中性点不接地　　（B）中性点经高电阻接地
（C）中性点经低电阻接地　　（D）中性点经消弧线圈接地

4. 若本工程发电机电压系统的单相接地故障电容电流为 7.6A，为满足发生单相接地故障时继续运行的要求，拟在发电机中性点装设自动跟踪补偿装置。当脱谐度为 20%时，自动跟踪补偿装置的消弧线圈的补偿容量宜选用下列哪项数值？（　　）

（A）22.11kVA　　（B）27.64kVA
（C）33.17kVA　　（D）37.31kVA

5. 本工程高压备用变压器采用有载调压变压器，额定容量为 16000kVA，二次侧额定电压为 6.3kV，阻抗电压百分数$U_d\%=10.5$，铜耗$P_{cu}=66$kW。若 220kV 母线电压波动范围为 206～248kV，变压器所带最大负荷为 15500kVA，最小负荷为 0kVA，选用的有载调压开关正负分接档数相同，请计算高压备用变压器高压侧额定电压宜采用下列哪项数值？（　　）

（A）220kV　　（B）227kV
（C）230kV　　（D）236kV

题 6～8：某风力发电项目终期规模总装机容量为 300MW，本期装机容量为 150MW，安装 30 台单机容量为 5MW 的风电机组，风机与配套箱变按一机一变配置。该风电场所处区域平均海拔约为 300m，户外设备运行环境温度为 35℃。请分析计算并解答下列各小题。

6. 若本项目最终以一回 220kV 架空线接入电力系统，送出线路平均功率因数为 0.95，风电场站用电率为 4%。请根据《电力工程电气设计手册 1 电气一次部分》，按回路持续工作电流选择合适的架空导线截面应为下列哪项数值？（　　）

（A）LGJ-150　　（B）LGJ-300
（C）LGJ-500　　（D）LGJ-630

7. 若本项目最终以一回 220kV 架空线接入电力系统。本期风电机组经一台主变压器升压至 220kV。表中为风电场本期工程各元件的无功功率参数，请选择本期配套建设的动态无功补偿装置容量至少为下列哪项数值？（　　）

项目	充电无功功率（kvar）	变压器空载感性无功功率损耗（kvar）	本期满发感性无功损耗（kvar）
220kV 送出线路	2186	—	1802（不含充电）
场内 35kV 集电线路	7229	—	1430.9（不含充电）

续上表

项目	充电无功功率（kvar）	变压器空载感性无功功率损耗（kvar）	本期满发感性无功损耗（kvar）
220kV 升压变（单台）	—	630	21630
35kV 箱变（单台）	—	24.75	409.75

（A）±14Mvar　　（B）±17Mvar
（C）±28Mvar　　（D）±38Mvar

8. 根据系统要求，风电场单相接地故障应快速切除，升压站35kV侧母线采用经Z形接线接地变接低电阻接地方式。场内35kV集电线路采用电缆直埋方式，直埋电缆总长度约为150km，箱变及其他设备的电容电流按电缆线路的13%考虑。请计算该接地变的容量应取多大合理？（变压器过负荷系数按10.5）（　　）

（A）800kVA　　（B）1600kVA
（C）2400KVA　　（D）16000kVA

题9～12：某水电站直流系统标称电压为220V，直流控制与动力负荷合并供电，直流系统设2组蓄电池，每组103只，配置3组高频开关充电装置。蓄电池选用阀控式密封铅酸蓄电（胶体），蓄电池容量为1200Ah，电站经常性负荷电流为101.13A，1min事故负荷电流为410.22A，1～60min事故负荷电流为369.31A，随机负荷电流为55A。请分析计算并解答下列各小题。

9. 充电时，充电装置脱开直流母线对一组蓄电池进行均衡充电，该充电装置的额定电流宜选择下列哪项数值？（计算结果保留两位小数）（　　）

（A）102.33A　　（B）150.00A
（C）221.13A　　（D）251.13A

10. 若充电装置电流为145A，单个充电模块的额定电流为30A，该直流系统每套充电装置配置的充电模块数量宜为下列哪项数值？（　　）

（A）4　　（B）5
（C）6　　（D）7

11. 蓄电池拟配置一套试验放电装置，该装置额定电流选择下列哪项数值更经济合理？（　　）

（A）100A　　（B）150A
（C）300A　　（D）420A

12. 如果蓄电池容量采用简化计算，下列哪项数值满足事故放电初期（1min）冲击放电电流计算容量？（　　）

（A）487Ah　　（B）550Ah
（C）574Ah　　（D）611Ah

题 13～16：某水电站发电机变压器采用单元接线，发电机出口装设断路器。发电机额定容量为 320MW，额定电压为 18kV，额定功率因数为 0.9，假定纵轴次暂态及暂态同步电抗饱和值$X''_d = X'_d = 0.165$；主变压器额定容量为 360MVA，额定电压为 $525 \pm 2.5\%/18kV$（无励磁调压），接线组别为$Y_N d11$，短路阻抗为 14%。发电机侧电流互感器变比为 15000/1A，主变高压侧电流互感器变比为 600/1A。请分析计算并解答下列各小题。

13. 发电机侧电气测量用电流互感器采用三相星形接线方式，电流互感器端子箱到电气测量仪表盘柜采用截面积 $4mm^2$ 铜芯电缆连接，长度为 160m，电气测量仪表的单相负荷为 0.5VA，回路接触电阻为 0.1Ω。则电流互感器二次负荷计算值最接近以下哪项数值？［铜电导系数$\gamma = 57m/(\Omega \cdot mm^2)$］（　　）

（A）0.82Ω　　（B）1.3Ω

（C）2.0Ω　　（D）3.9Ω

14. 如发电机装设复合电压过电流保护，则其过电流元件灵敏系数计算值与下列哪项数值最接近？（可靠系数$K_{rel} = 1.3$，返回系数$K_r = 0.95$）（　　）

（A）1.3　　（B）2.1

（C）2.7　　（D）3.8

15. 假设发电机采用比率制动式完全纵差保护，其制动特性斜率S按区外短路故障最大穿越性短路电流作用下可靠不误动条件整定，如发电机差动保护选用 TPY 型电流互感器，则差动回路最大不平衡电流计算值与下列哪项数值最接近？（按相关规程计算）（　　）

（A）0.23A　　（B）0.29A

（C）0.32A　　（D）0.55A

16. 假设主变采用带比率制动特性的纵差保护，主变高、低压侧差动保护用电流互感器均为 TPY 型。初设时按《大型发电机变压器继电保护整定计算导则》（DL/T 684—2012）中第一种整定方法进行整定计算，则以高压侧二次电流为基准的纵差保护最小动作电流有名值计算结果，与下列哪项数值最接近？（可靠系数取 1.5，计算结果取小数点后两位）（　　）

（A）0.08A　　（B）0.12A

（C）0.16A　　（D）0.18A

题 17～20：某 500kV 变电站远离发电厂建设，前期已经装设 2 组主变，单相变压器额定容量为 250/250/80MVA，额定电压比为$\frac{525}{\sqrt{3}}/\frac{230}{\sqrt{3}} \pm 2 \times 2.5\%/36kV$，接线组别为 Iaoio。现拟对前期已经装设的 2 组主变实施增容改造，并在 1 号主变低压侧扩建 1 套直流融冰装置。更换主变单相额定容量 334/334/100MVA，额定电压比和阻抗电压百分数均与前期变压器保持一致。变电站环境条件：海拔高度 700m，年平均气温 20℃，最热月平均最高气温 +35℃，年最高气温 +40℃，年最低气温 −15℃，最大风速 34m/s。请分析计算并解答下列各小题。

17. 主变增容后，该变电站 220kV 单回线路最大输送功率为 800MVA，220kV 最大送出功率为 1500MVA，220kV 母线短路水平为 46.5kA，母联回路电流互感器的额定一次电流和动稳定倍数的计算值为下列哪项数值？（　　）

（A）2500A，33.49　　（B）3000A，27.91

（C）3000A，29.46　　（D）4000A，20.93

18. 本工程在 1 号主变的 35kV 侧扩建 2 个融冰变间隔，分别通过铜芯电缆与 2 台融冰换流变压器连接。若融冰换流变压器回路主保护动作时间为 20ms，后备保护动作时间 300ms，断路器开断相间为 50ms，铜芯电缆热稳定常数$C=141$，35kV 母线短路水平为 40kA，请计算电缆回路的最小热稳定截面积为下列哪项数值？（　　）

（A）63.4mm^2　　（B）75.1mm^2

（C）167.8mm^2　　（D）172.5mm^2

19. 本站 220kV 母线采用支撑式管形母线，母线相间距离为 3.5m、支柱绝缘子间跨距为 13m、管形母线外径 200mm、支柱绝缘子高度 2300mm，管形母线支撑金具高度为 260mm（金具底部至管形母线中心的距离）。若 220kV 母线短路冲击电流取 125kA，请计算短路状态下绝缘子所承受的最大短路电动力为下列哪项数值？（　　）

（A）5216N　　（B）5806N

（C）6462N　　（D）6715N

20. 本工程融冰装置设有 2 台 65/65MVA、35 ± 2 × 2.5%/9.5kV 融冰换流变压器，融冰系统具有 1.2 倍连续过负荷能力。每台融冰换流变压器每相均通过 2 根聚乙烯单芯铜电缆接入 35kV 配电装置，每台融冰换流变压器的两回电缆采用水平等距同相序直线敷设，敷设电缆中心间距为电缆外径，电缆外径为 72mm，电缆金属套外径为 60mm，电缆长度 180m。当电缆采用一端接地时，在最大持续工作条件下，B 相电缆金属套的感应电压为下列哪项数值？（　　）

（A）7.56V　　（B）8.89V

（C）12.74V　　（D）17.78V

题 21～25：某 500kV 交流单回输电线路位于丘陵地区，最高工作电压为 550kV，设计基本风速为 27m/s，设计覆冰厚度为 10mm。直线塔采用悬垂酒杯形杆塔，耐张塔采用干字形杆塔，导线采用 4 分裂钢芯铝绞线，分裂间距 450mm。地线采用铝包钢绞线。导地线参数见表 1，某代表档距下导线应力见表 2。

导地线参数　　表 1

类别	截面积（mm^2）	外径（mm）	质量（kg/km）
导线	672.81	33.8	2078.4
地线	148.07	15.75	773.2

导线应力表　　表 2

工况	应力（N/mm²）
最低气温	47.09
最大风速	54.57
年平均气温	43.54
最大覆冰	84.82
最高气温	40.64

请分析计算并解答下列各小题。

21. 已知该直线塔采用单联 300kN 绝缘子串，绝缘子串雷电冲击放电电压为 3106kV。雷电为负极性，闪电通道波阻抗为 1000Ω，导线波阻抗为 400Ω，则该杆塔绕击耐雷水平为下列哪项数值？（　　）

（A）16.4kA　　（B）18.6kA

（C）20.9kA　　（D）21.5kA

22. 已知某基杆塔土壤电阻率为 1000Ω · m，接地装置采用ϕ12mm 镀锌圆钢方框加水平接地射线的形式，如下图所示。该杆塔接地装置的工频接地电阻应为下列哪项数值？（　　）

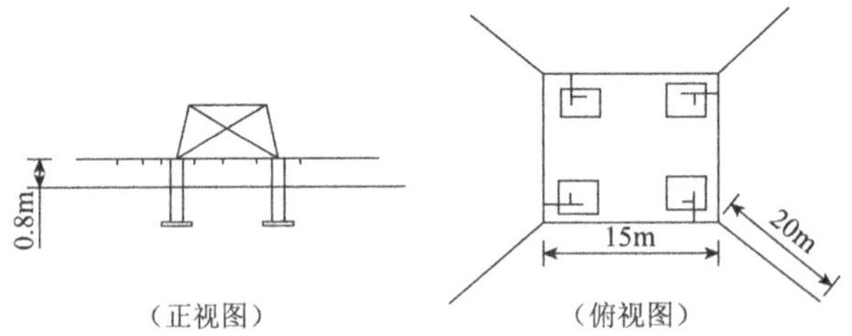

（正视图）　（俯视图）

（A）16.5Ω　　（B）18.5Ω

（C）17.3Ω　　（D）9.3Ω

23. 已知导线平均高度为 30m，水平档距为 500m，导地线阵风系数β_c取 0.963，档距折减系数α_L取 0.723，设计大风工况下垂直档距与水平档距比值为 0.65，绝缘子串风压为 2kN，绝缘子串重量为 250kg。设计某直线塔头时，大风工况下绝缘子串风偏角应为下列哪项数值？（提示：重力加速度g取 9.80665m/s^2）（　　）

（A）39.0°　　（B）45.8°

（C）48.0°　　（D）60.9°

24. 已知耐张绝缘子串总质量为 650kg，某耐张塔年平均气温工况下单侧垂直档距为−100m，请问年平均气温工况下耐张绝缘子串倾斜角应为下列哪项数值？（　　）

（A）−2.4°　　（B）2.3°

（C）5.5°　　（D）10.1°

25. 已知导线水平线间距为 11m，导线对地高度为 13m，边相、中相导线表面电位梯度分别为 1.21MV/m、1.32MV/m，求距边相导线对地投影外 20m、对地 2m 高度处的可听噪声为下列哪项数值？（ ）

（A）43.3dB(A)　　（B）42.6dB(A)

（C）36.7dB(A)　　（D）36.3dB(A)

2024 年案例分析试题（下午卷）

[案例题是 4 选 1 的方式，各小题前后之间没有联系，共 40 道小题，选作 25 道，每题分值为 2 分，上午卷 50 分，下午卷 50 分，试卷满分 100 分。案例题一定要有分析（步骤和过程）、计算（要列出相应的公式）、依据（主要是规程、规范、手册），如果是论述题要列出论点。]

题 1～4：某风电场装机容量为 250MW，风机年等效满负荷小时数为 2900h，功率因数在−0.95～+0.95 动态可调。风机就地升压至 35kV 后经汇集线路汇集至风电场升压站，经 1 回 50km 的 220kV 架空线路接入变电站，线路电抗标幺值为 0.0007751/km。$S_j = 100\text{MVA}$，$U_j = U_N = 230\text{kV}$。请分析计算并解答下列各小题。

1. 若风电场 220kV 并网点三相短路电流为 2.5kA，请问风电场的短路比为下列哪项数值？（　　）

（A）3.78　　（B）3.98

（C）4.19　　（D）6.49

2. 若风电场 220kV 并网点短路时，风电场提供的三相短路电流为 2.5kA，220kV 系统等值正序电抗标幺值为 0.0502，请问风电场送出线路中间点发生三相短路时的短路电流为下列哪项数值？（　　）

（A）5.7kA　　（B）8.1kA

（C）10.2kA　　（D）40.8kA

3. 若风电场 220kV 母线系统提供的三相短路电流为 10kA，单相短路电流 6.2kA，请问风电场 220kV 侧系统零序等值电抗标幺值为下列哪项数值？（　　）

（A）0.010　　（B）0.025

（C）0.071　　（D）0.075

4. 若风电场弃电率为 20%，将 1 台 100MW 抽水蓄能机组接入风电场后，可将风电场弃电量降为 0。已知抽水蓄能机组循环效率为 0.75，其抽水电量全部为风电场充电量。忽略风电场损耗及风电场与抽水蓄能电站间的线路损耗，请问风电场并网点年送出电量值为下列哪项数值？（　　）

（A）543750MWh　　（B）688750MWh

（C）725000MWh　　（D）833750MWh

题 5～8：某新建的 330kV 变电站，海拔为 3000m，变电站的 330kV 配电装置的电气主接线为一个半断路器接线，330kV 母线采用 ϕ250/230mm 悬吊型管型母线。请分析计算并解答下列各小题。

5. 请分析计算本变电站 330kV 配电装置的安全净距值中，下列哪项是错误的？（　　）

（A）A_1为 3450mm　　（B）A_2为 3750mm

（C）D为 5450mm　　（D）C为 5950mm

6. 若 330kV 进出线构架及最上层构架导线均带电，考虑进出线构架上人检修耐张线夹时工况，间隔断面图如下图所示，进出线构架高度H_m为 24m，上人检修耐张线夹时的弧垂f_{m2}取 1m，最上层构架的导线弧垂f_{c2}取 1.4m，上层导线外径为 50mm，最上层构架高度H_c不应小于下列哪项数值？（　　）

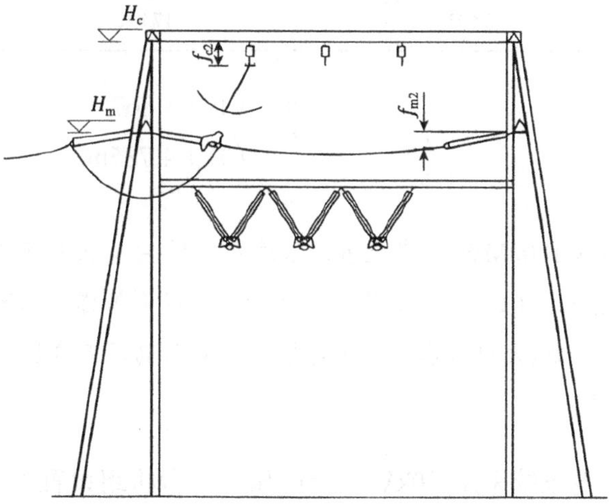

（A）25400mm　　（B）25800mm

（C）27925mm　　（D）29625mm

7. 330kV 进出线架构高度由母线不同时停电检修工况确定，间隔断面图如下图所示。进出线导线外径为 50mm，其中进出线构架高度H_m为 24m，母线构架对地高度H为 20m，悬吊管母线均压环在跨线正下方，且均压环外沿对母线构架底部垂直距离为 3.4m，管母线中心对地距离为 16.1m，则间隔断面图示意图中进出线跨线弧垂计算最大允许f_{max}应为下列哪项？（　　）

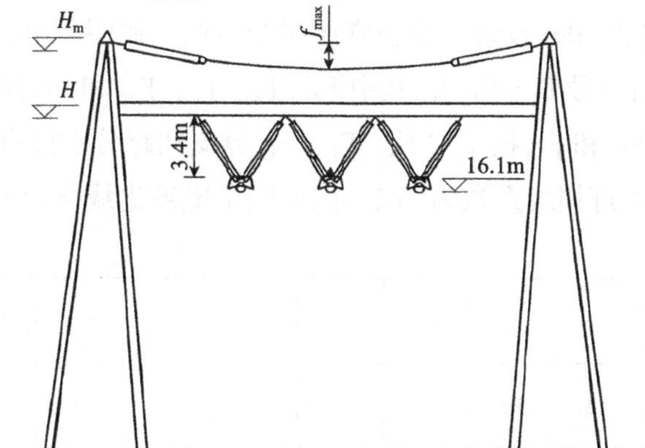

（A）3175mm　　（B）3550mm

（C）3675mm　　（D）4150mm

8. 330kV 配电装置出线构架高度H_m为 24m，绝缘子串在不同条件下的弧垂和风偏摇摆角，出线导线在不同条件下的弧垂和风偏摇摆角见下表，导线的计算直径取 38.4mm，导线分裂间距d取 0.4m，A_2值在不同条件下的海拔修正系数均取 1.2，请计算出线的最小相间距离宜为下列哪项数值？（　　）

项目	外过电压	内过电压	最大工作电压
绝缘子串弧垂（m）	0.723	0.718	0.679
绝缘子串风偏摇摆角（°）	4.369	6.279	16.994
导线弧垂（m）	0.477	0.482	0.521
导线摇摆角（°）	12.603	17.846	41.806

（A）3.468m　　（B）3.867m
（C）4.232m　　（D）4.785m

题 9～11：某工程建设 2×1000MW 燃煤机组，采用发电机-主变压器组单元接线接入 500kV 配电装置，发电机出口设置发电机断路器（GCB），高压厂用变压器（以下简称高厂变）由主变压器与 GCB 之间引接，并设置 1 台事故停机变压器。发电机出口额定电压为 27kV，高厂变高压侧三相短路容量 12230MVA。请分析计算并解答下列各小题。

9. 假定该工程高压厂用电系统采用 10kV 一级电压，每台机组设置 1 台低压分裂绕组高厂变，高厂变额定容量为 85/50-50MVA，电压比为 27±2×2.5%/10.5-10.5kV，以高压侧容量为基准的半穿越阻抗为 19%，10kV 高压厂用母线 A 段、B 段直接供电的电动机额定功率之和分别为 33200kW、30600kW，电动机平均的反馈电流倍数为 6。不计高厂变短路阻抗误差和分裂绕组间的影响，则高压开关柜峰值耐受电流应不小于下列哪项数值？（　　）

（A）75.2kA　　（B）95.3kA
（C）100kA　　（D）125kA

10. 本工程 1 号机组汽机房 0m 设置一个正常照明配电箱，照明配电箱电源进线为三相五线，并共有 15 个单相分支回路（回路编号 F_1～F_{15}），其中 F_1、F_4、F_7、F_{10} 和 F_{13} 接于 A 相，F_2、F_5、F_8、F_{11} 和 F_{14} 接于 B 相，F_3、F_6、F_9、F_{12} 和 F_{15} 接于 C 相。F_1～F_{15} 分支回路分别接有 LED 灯，数量见下表，LED 灯装置功率均为 50W，LED 灯损耗系数为 0.2，则照明配电箱进线电源的工作电流为下列哪项数值？（　　）

单相分支回路编号	F_1	F_2	F_3	F_4	F_5	F_6	F_7	F_8	F_9	F_{10}	F_{11}	F_{12}	F_{13}	F_{14}	F_{15}
LED 灯数量	9	15	25	22	16	12	13	14	15	9	8	10	8	16	18

（A）17.7A　　（B）19.1A
（C）21.9A　　（D）63.6A

11. 本工程汽机房运转层标高为 17.0m，汽机房 AB 列跨度为 32.0m，两台机组汽机房总长度为 195.5m，汽机房屋顶标高为 38.0m，运转层照明灯具安装在屋顶桁架上，灯具安装标高 35.2m，灯具采用 LED，LED 安装功率为 250W，每个灯具光通量为 23750lm，灯具按每年擦洗 2 次考虑，灯具利用系数为 0.55，根据照明功率密度值现行值的要求，请计算汽机房运转层装设灯具数量宜不小于下列哪项数值？（不考虑功率密度的照度修正）（　　）

（A）76　　（B）136
（C）144　　（D）175

题 12～15：某 500kV 变电站位于海拔 1000m 处，有 2 台自耦变压器，额定电压 500/220/35kV。主变压器 500kV、220kV 侧均为架空出线，220kV 采用双母线接线，220kV 共 4 回架空出线，其中有两回同塔架设。请分析计算并解答下列各小题。（计算保留两位小数）

12. 500kV 主变中性点经小电抗接地，小电抗与主变的零序电抗之比为 0.2，主变高压侧和高压侧中性点装有无间隙金属氧化物避雷器，请计算确定避雷器的额定电压值为下列哪组数值？（　　）

（A）317.5kV、55kV　　（B）317.5kV、72.2kV
（C）412.5kV、72.2kV　　（D）412.5kV、192.5kV

13. 变电站主变压器 220kV 侧雷电冲击全波耐受电压为 850kV，确定站址处 220kV 避雷器与断路器的电气距离不大于下列哪项数值？（　　）

（A）170m　　（B）190m
（C）229.5m　　（D）256.5m

14. 500kV 出线侧连接处设置避雷器保护，该避雷器的雷电冲击电流残压为 1050kV，操作冲击电流残压为 907kV，陡坡冲击电流残压为 1238kV。断路器同极断口耐受电压折扣系数取 1，隔离开关同极断口耐受电压折扣系数取 0.7，请问 500kV 断路器同极断口间内绝缘的操作冲击耐受电压及出线侧隔离开关同极断口间外绝缘的雷电冲击耐受电压最小值应为下列哪组数值？（　　）

（A）1043kV、1470kV　　（B）1050kV + 450kV、1550kV + 450kV
（C）1043kV + 450kV、1470kV + 315kV　　（D）1043kV + 450kV、1550kV + 315kV

15. 若该变电站地处山地，站内装有两支构架避雷针并处于同一水平面，高度分别为 28m 和 50m，两针之间距离为 50m。请计算两针之间的保护范围上部边缘最低点高度应为下列哪项数值？（　　）

（A）18m　　（B）19.55m
（C）21.42m　　（D）23.3m

题 16～19：某 220kV 变电站，220kV、110kV 采用有效接地系统，接地故障持续时间 0.3s。10kV 采用消弧线圈接地系统。请分析计算并解答下列各小题。

16. 本站某户外 SF6 封闭组合电器（GIS）配电装置附近设置 20m 高避雷针。GIS 本体最高点高度 10.5m。GIS 出线套管经钢芯铝绞线与避雷器连接，GIS 出线套管与避雷器顶部高度均为 8m，请问计算该配电装置的直击雷保护范围时，避雷针的保护半径为下列哪项数值？（　　）

（A）14m　　（B）12m
（C）9.5m　　（D）9m

17. 若该变电站 10kV 配电装置室内表层土壤电阻率为 5000Ω · m，表层厚度 0.5m，下层土壤电阻率为 250Ω · m。请计算 10kV 配电装置室接触电位差和跨步电位差允许值为以下哪组数值？（误差在 5% 以内）（　　）

（A）1746V，6197V　　（B）390V，612V

（C）280V，970V　　（D）11.5V，96V

18. 本变电站采用 220kV 三相共箱式 SF6 全封闭组合电器（GIS）。若系统最大运行方式下 220kV 三相同一地点接地短路交流电流 38kA，单相短路交流电流 32kA。站内发生接地故障时流经变压器中性点的电流 20kA，站内外分流系数均为 0.5。衰减系数D_f取 1.15。请分析并计算确定校验 220kV GIS 设备接地引下线用热稳定电流及计算地电位升用接地故障电流的值最接近以下哪组数值？（　　）

（A）38kA、11.5kA　　（B）43.7kA、36.8kA

（C）36.8kA、11.5kA　　（D）36.8kA、36.8kA

19. 假设本站初始设计时，采用复合式接地网，接地网长、宽均为 110m。均匀土壤电阻率 120Ω · m。经变电站接地网入地的最大接地故障对称电流有效值 7kA。系统的$X/R = 40$。请计算系统接地故障时变电站接地网的地电位升高是下列哪项数值？并判断是否需做措施。（　　）

（A）3.85kV，不需采取扁铜（或铜绞线）与二次电缆屏蔽层并联敷设、通向站外的管道采用绝缘段等均压、等电位、隔离等的措施

（B）3.85kV，需验算接触电位差和跨步电位差是否满足要求，需采取扁铜（或铜绞线）与二次电缆屏蔽层并联敷设、通向站外的管道采用绝缘段等均压、等电位、隔离等的措施

（C）4.59kV，需验算接触电位差和跨步电位差是否满足要求，不需采取扁铜（或铜绞线）与二次电缆屏蔽层并联敷设、通向站外的管道采用绝缘段等均压、等电位、隔离等的措施

（D）4.59kV，需验算接触电位差和跨步电位差是否满足要求，需采取扁铜（或铜绞线）与二次电缆屏蔽层并联敷设、通向站外的管道采用绝缘段等均压、等电位、隔离等的措施

题 20～23：某火力发电厂装机一台 50MW 发电机组，以 110kV 接入系统，直流电源系统标称电压 220V，配置 1 组动力和控制负荷合用的阀控密封铅酸蓄电池组，直流事故放电时间为 1h。直流电缆均选用铜芯电缆，铜导体电阻系数$\rho = 0.0184\Omega \cdot mm^2/m$。请分析计算并解答下列各小题。

20. 已知直流负荷见下表：

序号	负荷名称	负荷功率（kW）
1	热工控制负荷	7
2	热工动力负荷	8
3	发变组控制、保护	5
4	厂用开关柜保护、控制	6
5	110kV 断路器跳闸	3
6	恢复供电 110kV 断路器合闸	0.5

续上表

序号	负荷名称	负荷功率（kW）
7	计算机监控控制系统	4
8	UPS	80
9	直流应急照明灯	0.5
10	直流长明灯	1
11	直流润滑油泵	10

计算经常负荷电流，下列哪项数值是正确的？（　　）

（A）64.55A　　（B）68.18A

（C）90.00A　　（D）109.09A

21. 假设蓄电池组容量为 1200Ah，蓄电池出口配置断路器，已知直流母线馈线直流断路器额定电流分别是 20A、32A、63A、80A、100A、250A 规格。假设经常负荷电流为 93A，配合系数取大值，蓄电池出口的断路器额定电流选择最合理是下列哪项数值？（　　）

（A）100A　　（B）315A

（C）700A　　（D）800A

22. 假设蓄电池组容量为 1200Ah，配 1 组高频开关电源充电装置，选用(4 + 1)× 40A 充电模块。下列关于蓄电池电流测量范围及充电装置电流测量范围的描述哪项是正确的？（　　）

（A）蓄电池电流测量范围为±660A、充电装置电流测量范围为 0～200A

（B）蓄电池电流测量范围为±660A、充电装置电流测量范围为 0～300A

（C）蓄电池电流测量范围为±800A、充电装置电流测量范围为 0～200A

（D）蓄电池电流测量范围为±800A、充电装置电流测量范围为 0～300A

23. 假设直流润滑油泵容量为 20kW。直流屏到油泵启动柜电缆长度为 50m，油泵启动柜到直流润滑油泵电缆长度为 15m。电缆载流量见下表，不考虑电缆的敷设系数及启动柜设备的电压降。计算并选取电缆允许截面积，下列哪项选择合理？（　　）

铜芯电缆截面积（mm^2）	电缆载流量（A）	铜芯电缆截面积（mm^2）	电缆载流量（A）
16	90	120	314
25	118	150	360
35	150	185	410
50	182	240	483
70	228	300	552
95	273	—	—

（A）选截面积 $25mm^2$ 电缆　　（B）选截面积 $35mm^2$ 电缆
（C）选截面积 $50mm^2$ 电缆　　（D）选截面积 $240mm^2$ 电缆

题 24～26：某 500kV 变电站，经 4 回 500kV 架空线路（单回长度 40km）及 2 回 500kV 电缆线路（单回长度 10km）接入系统。每台主变配置数组 35kV 并联电容器组及数组 35kV 并联电抗器，各回路经断路器直接接入 35kV 母线。220kV 母线短路容量为 2000MVA，35kV 短路容量为 1800MVA。并联电容器组均采用单星形接线，串联电抗器电抗率为 5%或 12%。请分析计算并解答下列各小题。

24. 500kV 架空线路的单位充电功率为 1.18Mvar/km，500kV 电缆线路的单位充电功率为 18.2Mvar/km，补偿系数取 0.95。计算本变电站补偿高压侧线路充电功率所需电抗器容量是下列哪项数值？（　　）

（A）229.2Mvar　　（B）262.6Mvar
（C）276.4Mvar　　（D）552.8Mvar

25. 并联电容器组由单台电容器串并联组成，每相 6 并 4 串，串接电抗器的电抗率为 12%。设备选择时，单台电容器的额定电压计算值是下列哪项数值？（　　）

（A）4.02kV　　（B）6.03kV
（C）7.2kV　　（D）10.44kV

26. 经计算变电站需补偿容性无功 180Mvar，感性无功 120Mvar。电网背景谐波为 3 次及以上谐波。有关变电站无功补偿装置，通过分析或计算下列描述哪项是正确的？（　　）

（A）可补偿 3 组并联电容器，每组容量 60Mvar，1 组串 5%电抗器，3 组串 12%电抗器
（B）可补偿 4 组并联电容器，每组容量 45Mvar，均串 5%电抗器
（C）可补偿 4 组并联电容器，每组容量 45Mvar，3 组串 5%电抗器，1 组串 12%电抗器
（D）可补偿 2 组并联电抗器，每组容量 60Mvar

题 27～30：某 220kV 变电站建设有 2 台 180MVA 主变压器，三侧电压 220/110/10kV。220kV 电气主接线采用双母线接线，固定方式运行。10kV 采用单母线分段接线，每段母线分别接有不同的一、二、三级负荷和 3 组并联电容器，10kV 配电装置采用金属封闭开关柜。每组电容器采用单星形接线，框架组合式安装，单台电容器额定容量 334kvar，额定电压（$\frac{5.5}{\sqrt{3}}$）kV。每相 4 并 2 串。10kV 侧无电源辐射状供电。请分析计算并解答下列各小题。

27. 依据设计规范，请计算选择单台电容器与母线之间连接线、并联电容器成套装置的汇流母线截面的长期允许电流最接近下列哪组数值？（　　）

（A）106A、421A　　（B）145A、547A
（C）158A、547A　　（D）158A、640A

28. 本变电站的 10kV 并联电容器组户内布置，回路中的串联电抗器采用干式铁心电抗器，电抗率 1%。串联电抗器可接于本回路断路器和电容器之间（简称中接法），也可接于电容器中性点侧（简称后

接法）。10kV 开关柜短时耐受电流 25kA/4s，峰值耐受电流 63kA。请计算中接法、后接法串抗的峰值耐受电流分别为下列哪组数值？（　　）

（A）25kA、547A　　（B）25kA、4.2kA

（C）63kA、8.4kA　　（D）63kA、63kA

29. 若 10kV 电容器组回路串联有 6%电抗器。10kV 母线电压互感器变比$\frac{10}{\sqrt{3}}/\frac{0.1}{\sqrt{3}}$kV，请问 10kV 母线电压达到 11.2kV 时，并联电容器过电压保护是否动作，并请计算过电压保护二次整定值是下列哪项数值？（按继电保护装置运行整定规程计算）（　　）

（A）动作，定值为 65.7V　　（B）动作，定值为 110V

（C）不动作，定值为 114V　　（D）不动作，定值为 121V

30. 若本变电站 10kV 侧母线短路电流 24kA，电容器组经电缆（阻抗忽略不计）接入 10kV 开关柜。在引接电缆末端与电容器组连接处发生 A、B 相间金属性短路。假定可靠系数取下限，请判断此时为哪一种保护动作，并计算保护一次定值为下列哪项数值？（　　）

（A）限时电流速断保护，定值为 1641A

（B）限时电流速断保护，定值为 1262.2A

（C）过电流保护，定值为 820.4A

（D）过电流保护，定值为 631.1A

题 31～35：某 500kV 单回交流架空输电线路，最高运行电压为 550kV。导线采用 4×JL/G1A-500/45 钢芯铝绞线，每根子导线质量为 16.554N/m，总截面积为 532mm²，其中铝截面积为 489mm²，钢截面积为 43mm²。线路悬垂串采用 U160BP/155D 盘形绝缘子，其结构高度 155mm，爬电距离 450mm，有效系数K_e为 0.95，特征指数为 0.38。请分析计算并解答下列各小题。

31. 假设线路的正序电抗为 0.2552Ω/km，正序电纳为 4.36×10^{-6}S/km，功率因数为 0.95，则线路输送自然功率时的电流密度应为下列哪项数值？（　　）

（A）0.59A/mm²　　（B）0.61A/mm²

（C）0.64A/mm²　　（D）0.71A /mm²

32. 已知统一爬电比距为 36mm/kV，当线路所经地区海拔为 3000m 时，计算 U160BP/155D 盘形绝缘子悬垂串的最少片数应为下列哪项数值？（　　）

（A）27 片　　（B）28 片

（C）30 片　　（D）31 片

33. 由于环境变化，该线路所在污区由 C 级调整为 D 级，新配置的 U160BP/155D 盘形绝缘子片数不少于 37 片。若该线路采用复合绝缘子，假设其爬电距离有效系数为 1，则其爬电距离最小值应为下列哪项数值？（　　）

（A）11863mm　　（B）12488mm

（C）14289mm　　（D）15818mm

34. 某铁塔所在位置海拔为 2000m，铁塔全高 80m，处于多雷区。为了满足线路的防雷性能要求，该塔配置的绝缘子串绝缘长度为 4.96m，则该塔雷电过电压要求的最小间隙应为下列哪项数值？（提示：绝缘子串雷电冲击放电电压$U_{50\%}=530\times L+35$；出强空气间隙雷电冲击放电电压$U'_{50\%}=552\times S$）（　　）

（A）3.73m　　（B）3.85m

（C）4.08m　　（D）4.80m

35. 某直线塔采用双联 U160BP/155D 绝缘子I型串，覆冰工况下子导线冰荷载为 11.091N/m，风荷载为 3.75N/m，不考虑绝缘子串自身的荷载，当水平档距为 900m 时，计算该绝缘子串覆冰工况允许的最大垂直档距为下列哪项数值？（　　）

（A）713m　　（B）957m

（C）1065m　　（D）2654m

题 36～40：某 220kV 单回架空线路工程，设计基本风速为 27m/s，覆冰厚度为 10mm，导线采用 2×JL/G1A-630/45 钢芯铝绞线，直径为 33.8mm，截面积为 674mm²，单重为 0792kg/m。直线塔型 ZB2，采用单联 1 串，丘陵地区，水平档距为 400m，垂直档距为 550m。导线平均高度为 15m。请分析计算并解答下列各小题。（重力加速度取 9.80655m/s²）

36. 计算大风工况张力时的导线风荷载折减系数γ_c为下列哪项数值？（　　）

（A）0.52　　（B）0.67

（C）0.71　　（D）0.90

37. 已知 T_1、T_2 两基直线塔之间的档距为 400m，挂线点等高，平均气温时，档距中央导线弧垂为 10m，若此时将 T1 塔悬垂线夹松开后导线向档内滑移 0.5m，求档距中央弧垂为下列哪项数值？（采用平抛物线公式，不考虑悬垂串偏移）（　　）

（A）8.66m　　（B）10.50m

（C）12.25m　　（D）13.25m

38. 已知 T_3、T_4 两基直线塔之间的档距为 400m，T_3 塔挂线点较 T_4 塔高 120m，已知最高温工况下导线应力为 48N/mm²，假设 T_3 塔塔身宽度为 5m，求导线在 T_3 塔塔身出口处与导线悬挂点的垂直距离为下列哪项数值？（采用斜抛物线公式）（　　）

（A）0.33m　　（B）0.42m

（C）1.08m　　（D）2.15m

39. 某工程定位完成后 T_5、T_6、T_7 之间的档距均为 400m，T_6 塔导线悬垂串摇摆角已达临界值。已知大风工况下导线使用应力为 72N/mm²，单片重锤质量为 15kg，若 T_7 塔因故需加高 3m，为保证 T_6 塔摇摆角不超过使用条件，至少需加装的重锤片数为下列哪项数值？（计算中不计及导线风压高度系数的

变化，不计及重锤的风压，采用平抛物线计算公式）（　　）

（A）3　　（B）5

（C）8　　（D）10

40. 若导线阵风系数及档距折减系数取 1，求雷电过电压工况下导线风偏时的每相单位风荷载为下列哪项数值？（　　）

（A）4.23N/m　　（B）4.77N/m

（C）9.51N/m　　（D）10.74N/m

2025 | 全国勘察设计注册工程师
执业资格考试用书

Zhuce Dianqi Gongchengshi (Fa-shu-biandian) Zhiye Zige Kaoshi Zhuanye Kaoshi Linian Zhenti Xiangjie

注册电气工程师（发输变电）执业资格考试

专业考试历年真题详解

（2013～2024）

试题答案

蒋 徽 胡 健 / 主编

人 民 交 通 出 版 社
北京

内 容 提 要

本书共 3 册，内容涵盖 2011～2024 年专业知识试题、案例分析试题及试题答案。

本书配有在线数字资源（有效期一年），读者可刮开封面红色增值贴，微信扫描二维码，关注“注考大师”微信公众号领取。

本书可供参加注册电气工程师（发输变电）执业资格考试专业考试的考生复习使用，也可供供配电专业的考生参考练习。

图书在版编目(CIP)数据

2025 注册电气工程师（发输变电）执业资格考试专业考试历年真题详解 / 蒋徵，胡健主编. — 北京：人民交通出版社股份有限公司，2025. 1. — ISBN 978-7-114-19919-6

Ⅰ. TM-44

中国国家版本馆 CIP 数据核字第 2024S0F730 号

书　　名：2025 注册电气工程师（发输变电）执业资格考试专业考试历年真题详解
著 作 者： 蒋　徵　胡　健
责任编辑： 刘彩云
责任印制： 张　凯
出版发行： 人民交通出版社
地　　址：（100011）北京市朝阳区安定门外外馆斜街 3 号
网　　址： http://www.ccpcl.com.cn
销售电话：（010）85285857
总 经 销： 人民交通出版社发行部
经　　销： 各地新华书店
印　　刷： 北京科印技术咨询服务有限公司数码印刷分部
开　　本： 889 × 1194　1/16
印　　张： 54
字　　数： 1190 千
版　　次： 2025 年 1 月　第 1 版
印　　次： 2025 年 1 月　第 1 次印刷
书　　号： ISBN 978-7-114-19919-6
定　　价： 178.00 元（含 3 册）

目录

（试题答案）

2013 年专业知识试题答案（上午卷）

1. **答案：** B

依据：《电力工程电气设计手册 1 电气一次部分》P47、P48 单母线接线与双母线接线特点的内容。

注：选项 A 表述不严谨，但题干中有前置条件：进出线回路数一样，在此条件下是正确的。

2. **答案：** D

依据：《导体和电器选择设计规程》（DL/T 5222—2021）第 3.0.13 条。在校验开关设备开断能力时，短路开断电流计算时间宜采用开关设备的实际开断时间。

3. **答案：** B

依据：《高压配电装置设计技术规程》（DL/T 5352—2018）第 5.5.6 条。

4. **答案：** B

依据：《交流电气装置的过电压保护和绝缘配合设计规范》（GB/T 50064—2014）第 3.2.2-1 条、第 3.2.3 条、第 4.1.1 条。

第 3.2.3 条：本规范中系统最高电压的范围分为下列两类：

5. 范围Ⅰ，$7.2\text{kV} \leqslant U_\text{m} \leqslant 252\text{kV}$

6. 范围Ⅱ，$252\text{kV} < U_\text{m} \leqslant 800\text{kV}$

第 3.2.2-1 条：当系统最高电压有效值为U_m时，工频过电压的基准电压（1.0p.u.）应为$U_\text{m}/\sqrt{3}$。

由第 4.1.1 条，对工频过电压幅值的规定，则：

110kV 工频过电压：$1.3\text{p.u.} = 1.3 \times \dfrac{U_\text{m}}{\sqrt{3}} = 1.3 \times \dfrac{126}{\sqrt{3}} = 94.57\text{kV}$

6kV 工频过电压：$1.1\sqrt{3}\text{p.u.} = 1.1 \times \sqrt{3} \times \dfrac{U_\text{m}}{\sqrt{3}} = 1.1 \times 7.2 = 7.92\text{kV}$

35kV 工频过电压：$\sqrt{3}\text{p.u.} = \sqrt{3} \times \dfrac{U_\text{m}}{\sqrt{3}} = U_\text{m} = 40.5\text{kV}$

注：《标准电压》（GB/T 156—2007）第 4.3～4.5 条确定最高电压U_m。也可参考《交流电气装置的过电压保护和绝缘配合》（DL/T 620—1997）第 3.2.2-a）条和第 4.1.1-b）条。

5. **答案：** B

依据：《交流电气装置的过电压保护和绝缘配合设计规范》（GB/T 50064—2014）第 4.2.1-5 条。

注：也可参考《交流电气装置的过电压保护和绝缘配合》（DL/T 620—1997）第 4.2.1-c）条。

6. **答案：** A

依据：《电力工程电气设计手册 1 电气一次部分》P69 中性点非直接接地相关内容。

注：无对应文字，但此为常识性问题。

7. **答案：** A

依据：《电力工程电气设计手册 1 电气一次部分》P121、122 式（4-10）和表 4-2 等相关内容。

注：也可参考《导体和电器选择设计规程》（DL/T 5222—2021）附录 F 第 F.2 条“三相短路电流周期分量计算”的相关内容。

8. **答案：** A

依据：《火力发电厂厂用电设计技术规定》（DL/T 5153—2014）第 3.6.5 条。

9. **答案：** B

依据：《隐极同步发电机技术要求》（GB/T 7064—2017）第 4.4 条，可知功率因数为 0.85。

额定电流：$I_{\mathrm{n}}=\dfrac{P}{\sqrt{3}U_{\mathrm{n}}\cos\varphi}=\dfrac{135}{\sqrt{3}\times 15.75\times 0.85}=5.822\mathrm{kA}=5822\mathrm{A}$

《导体和电器选择设计规程》（DL/T 5222—2021）第 5.3.2 条，可知应选择槽形导体。

注：《高压配电装置设计技术规程》（DL/T 5352—2018）第 4.2.3 条，注意其中 20kV 及以下电压等级的要求。

10. **答案：** C

依据：《电力工程电气设计手册 1 电气一次部分》P232 表 6-3 及 P336 式（8-2）。

回路持续工作电流：$I=\dfrac{1.05\times S}{\sqrt{3}U_{\mathrm{n}}}=\dfrac{1.05\times 180}{\sqrt{3}\times 220}=0.496\mathrm{kA}=496\mathrm{A}$。

导体经济截面：$S_{\mathrm{j}}=\dfrac{I_{\mathrm{g}}}{J}=\dfrac{496}{1.18}=420\mathrm{mm}^2$，因此，选择标称截面 $400\mathrm{mm}^2$。

注：《导体和电器选择设计规程》（DL/T 5222—2021）第 5.1.6 条：当无合适规格导体时，导体面积可按经济电流密度计算截面的相邻下一档选取。

11. **答案：** B

依据：《高压配电装置设计技术规程》（DL/T 5352—2018）第 5.3.9 条或《电力设施抗震设计规范》（GB 50260—2013）第 6.5.2 条、第 6.5.4 条。

注：原题考查旧规范《电力设施抗震设计规范》（GB 50260—1996）第 5.5.2 条、第 5.5.4 条，新规条文有所变化，选项 C 在新规范中已修改了表述方式。

12. **答案：** B

依据：《继电保护和安全自动装置技术规程》（GB/T 14285—2006）第 4.2.9.1 条。

注：规范原文为“大于 10s”，题干表述略不严谨。第 4.2.9.2 条是关于转子表层过负荷保护的相关内容。

13. **答案：** B

依据：《电力工程直流系统设计技术规程》（DL/T 5044—2014）附录 F 表 F.1。

14. **答案：** C

依据：《火力发电厂、变电站二次接线设计技术规程》（DL/T 5136—2012）第 16.2.7 条。

15. **答案：** C

依据：《火力发电厂厂用电设计技术规定》（DL/T 5153—2014）第 6.4.1-2 条、第 7.4.1-4 条。

16. **答案：** A

依据：《火力发电厂厂用电设计技术规定》（DL/T 5153—2014）第 3.7.10 条。

注：容量为 300MW 及以上的机组，每台机组宜设 1 台低压厂用备用变压器。也可参考《大中型火力发电厂设计规范》（GB 50660—2011）第 16.3.15 条。

17. **答案：** C

依据：《火灾自动报警系统设计规范》（GB 50116—2013）第3.3.2-1条。

注：该规范为供配电专业考试重点规范，发输变电专业考查较少。

18. **答案**：D

依据：《爆炸危险环境电力装置设计规范》（GB 50058—2014）第5.4.1-5条。

19. **答案**：C

依据：《电能质量　公用电网谐波》（GB/T 14549—1993）第5.1条及表2。

注：当基准容量与表2中不一致时，谐波电流允许值需按附录B式（B1）进行折算。

20. **答案**：A

依据：《火力发电厂与变电站设计防火规范》（GB 50229—2019）第6.8.2条。

21. **答案**：D

依据：可通过常识判断，暂未找到对应规范内容。太阳能资源与当地的地理条件和气候特征有密切关系。

注：可参考《光伏发电站设计规范》（GB 50797—2012）第5.1条相关内容。

22. **答案**：C

依据：《架空输电线路电气设计规程》（DL/T5582—2020）P118表7小注：1MHz时限值较0.5MHz减少5dB（μV/m），查表知220kV频率为0.5MHz时无线电干扰限值为53dB，53−5=48dB。

23. **答案**：C

依据：《发电厂和变电站照明设计技术规定》（DL/T 5390—2014）第8.3.2条。

24. **答案**：B

依据：《火灾自动报警系统设计规范》（GB 50116—2013）第4.6.3条。

25. **答案**：C

依据：《发电厂和变电站照明设计技术规定》（DL/T 5390—2014）第8.9.2条。

26. **答案**：D

依据：《电力装置电测量仪表装置设计规范》（GB/T 50063—2017）第7.1.5条。

27. **答案**：A

依据：《电力工程直流系统设计技术规程》（DL/T 5044—2014）第6.3.2条、第6.3.4条、第6.3.6条。

28. **答案**：D

依据：《继电保护和安全自动装置技术规程》（GB/T 14285—2006）第4.2.5.1条。

29. **答案**：D

依据：《交流电气装置的接地设计规范》（GB/T 50065—2011）第3.2.2-3条。

30. **答案**：A

依据：《火力发电厂与变电站设计防火标准》（GB 50229—2019）第5.1.2条。

31. **答案：** D

依据：《火力发电厂与变电站设计防火规范》（GB 50229—2019）第 6.8.4 条。

32. **答案：** A

依据：《发电厂和变电站照明设计技术规定》（DL/T 5390—2014）第 8.7.4 条。

33. **答案：** B

依据：《高压配电装置设计技术规程》（DL/T 5352—2018）第 2.1.5 条。

注：也可参考《电力工程电气设计手册 1 电气一次部分》P71“隔离开关的配置”的相关内容。

34. **答案：** D

依据：《低压配电设计规范》（GB 50054—2011）第 3.1.7 条。

注：该规范已移出考纲。

35. **答案：** A

依据：《交流电气装置的接地设计规范》（GB/T 50065—2011）第 4.2.1-1 条。

36. **答案：** A

依据：《交流电气装置的接地设计规范》（GB/T 50065—2011）第 4.3.5-3 条。

注：计算结果应为 360mm^2，但无对应答案，只能选邻近较大值。

37. **答案：** B

依据：《电力系统电压和无功电力技术导则》（SD 325—1989）第 5.1 条。

注：潜供电流的相关内容可参考《电力系统设计技术规程》（DL/T 5429—2009）第 9.2.3 条。

38. **答案：** D

依据：《电力系统设计手册》P366、367 中“提高静态稳定的措施”。

39. **答案：** A

依据：《架空输电线路电气设计规程》（DL/T 5582—2020）第 6.2.2 条、表 6.2.2。500kV 悬垂绝缘子串的最少绝缘子片数为 25 片。

40. **答案：** A

依据：《架空输电线路电气设计规程》（DL/T 5582—2020）表 10.2.1-1。查表知，220kV 线路在最大计算弧垂情况下，导线与地面的最小距离应为：居民区 7.5m，非居民区 6.5m，其中交通困难区 5.5m。

…………………………………………………………………………………………

41. **答案：** ABC

依据：《3～110kV 高压配电装置设计规范》（GB 50060—2008）第 4.1.3 条的条文说明。

注：《导体和电器选择设计规程》（DL/T 5222—2021)第 3.0.11 条及条文说明：一般情况下可按三相短路电流校验。但在发电机出口的两相短路，或在中性点直接接地系统，自耦变压器等回路中的单相、两相接地短路可能较三相短路严重，此时应按严重情况校验。

42. **答案：** BCD

依据：《电力设施抗震设计规范》（GB 50260—2013）第 6.3 条。

43. **答案：** ABD

依据：《导体和电器选择设计规程》（DL/T 5222—2021）第 11.0.4-2 条：接地开关和快速开关元件；关合短路电流；关合时间；关合短路电流次数；切断感应电流能力；操作机构形式，操作气压，操作电压，相数。

44. **答案：** ABD

依据：《电力工程电气设计手册 1 电气一次部分》P358～360 相关内容。

为了防止导体附近的钢构发热，大电流导体应采用全连型离相封闭母线，故选项 A 正确。

依据《导体和电器选择设计规程》（DL/T 5222—2021）第 5.4.3 条，离相封闭母线的导体和外壳宜采用纯铝圆形结构，故选项 B 正确。依据第 5.4.4 条，封闭母线外壳依据安装条件选用一点或多点接地方式，故选项 C 错误。依据第 5.4.3 条文说明，封闭母线可采用三个绝缘子或单个绝缘子支撑方式，故选项 D 正确。

45. **答案：** ABD

依据：《交流电气装置的过电压保护和绝缘配合设计规范》（GB/T 50064—2014）第 6.4.1 条。

46. **答案：** ABD

依据：《电力系统设计技术规程》（DL/T 5429—2009）目次第 7～9 条。

47. **答案：** ACD

依据：《电力工程电气设计手册 1 电气一次部分》P119“一般规定”相关内容。

48. **答案：** AC

依据：《导体和电器选择设计规程》（DL/T 5222—2021）第 5.3.6 条：B 和 D 都是消除微风振动的有效方法。

49. **答案：** CD

依据：《高压配电装置设计技术规程》（DL/T 5352—2018）第 5.5.5 条。

50. **答案：** ABD

依据：《火力发电厂厂用电设计技术规定》（DL/T 5153—2014）第 3.8.4～3.8.5 条，《大中型火力发电厂设计规范》（GB 50660—2011）第 16.3.17～16.3.19 条。

51. **答案：** BD

依据：《火力发电厂厂用电设计技术规定》（DL/T 5153—2014）第 3.4.1 条。

52. **答案：** BD

依据：《爆炸危险环境电力装置设计规范》（GB 50058—2014）第 4.1.2 条及条文说明。

53. **答案：** AB

依据：《火力发电厂与变电站设计防火规范》（GB 50229—2019）第 11.5.25 条。

54. **答案：** ABD

依据：《大中型火力发电厂设计规范》（GB 50660—2011）第 21.5 条。

55. **答案：** AC

依据：《高压配电装置设计技术规程》（DL/T 5352—2018）第 5.5.3 条。

56. **答案：** AC

依据：《发电厂和变电站照明设计技术规定》（DL/T 5390—2014）第 8.2.1 条。

57. **答案：** AD

依据：《火力发电厂、变电站二次接线设计技术规程》（DL/T 5136—2012）第 5.1.10 条及条文说明。

58. **答案：** AB

依据：《火力发电厂、变电站二次接线设计技术规程》（DL/T 5136—2012）第 5.1.2 条。

59. **答案：** AD

依据：《火力发电厂、变电站二次接线设计技术规程》（DL/T 5136—2012）第 5.4.18 条。

60. **答案：** ABC

依据：《电力系统安全稳定控制技术导则》（DL/T 723—2000）第 6.2.3 条。

注：新规《电力系统安全稳定控制技术导则》（GB/T 26399—2011）无相关规定。

61. **答案：** ABD

依据：《电力工程直流系统设计技术规程》（DL/T 5044—2014）第 4.2.1 条。

62. **答案：** BCD

依据：《火力发电厂与变电站设计防火规范》（GB 50229—2019）第 5.3.7 条。

63. **答案：** ABD

依据：《低压配电设计规范》（GB 50054—2011）第 5.2.1 条、第 5.2.9-2 条、第 5.2.13 条。

注：已移出考纲。

64. **答案：** BD

依据：《低压配电设计规范》（GB 50054—2011）第 4.1.3 条。

注：已移出考纲。

65. **答案：** ACD

依据：《交流电气装置的接地设计规范》（GB/T 50065—2011）第 8.1.3-2 条。

66. **答案：** AC

依据：《导体和电器选择设计规程》（DL/T 5222—2021）附录 A，A.2.5，A.2.6，制定运算曲线时，强励顶值倍数取 1.8 倍，励磁回路时间常数，汽轮发电机取 0.25s，水轮发电机取 0.02s，能够代表当前电力系统机组的状况，一般情况下，不必进行修正。励磁回路的时间常数在 0.02-0.56s 之间时，可不必进行修正。当机组励磁方式特殊，其励磁顶值倍数大于 2.0 倍时，可进行校正。当实际发电机的时间常数与标准参数差异较大时，应对短路时间 t 进行修正换算。故选项 A 和 C 正确。

67. **答案：** BD

依据：《电力工程电气设计手册 1 电气一次部分》P70 参考“主变压器的 110～550kV 侧采用中性点

直接接地方式”的相关内容。选项 A 做法正确，选项 B 做法错误较容易判断。选项 C、选项 D 答案建议参考如下：

参考《330kV～750kV 变电站无功补偿装置设计技术规定》（DL/T 5014—2010）第 6.3.4 条可知，选项 C 做法正确。

选择接地点时，应保证任何故障形式都不应是电网解列成为中性点不接地的系统[《电力工程电气设计手册 1 电气一次部分》P70]，判断选项 D 做法错误。

注：本题有争议，可讨论。

68. **答案**：BD

依据：《架空输电线路电气设计规程》（DL/T 5582—2020）第 6.1.2 条、6.1.5 条、6.2.4 条。

69. **答案**：AB

依据：《架空输电线路电气设计规程》（DL/T 5582—2020）P48 表 10.2.5-1，A、B、C 均符合规范要求，D 应为 4.0m。

70. **答案**：BC

依据：《架空输电线路电气设计规程》（DL/T 5582—2020）第 5.1.5-1 条，交流线路可听噪声限值均为 55dB。

2013 年专业知识试题答案（下午卷）

1. **答案：**C

依据：《电力工程电气设计手册 1 电气一次部分》P51 参考“内桥和外桥”的相关内容。

2. **答案：**A

依据：《电力工程电气设计手册 1 电气一次部分》P70 参考“发电机中性点接地方式”的相关内容。

3. **答案：**A

依据：《电力工程电气设计手册 1 电气一次部分》P145 表 4-20。

4. **答案：**C

依据：《隐极同步发电机技术要求》（GB/T 7064—2017）第 4.14.1 条。

由$(I^2-1)t=37.5$，得$(1.4^2-1)t=37.5$，则$t=39.0625\text{s}$。

5. **答案：**B

依据：《导体和电器选择设计规程》（DL/T 5222—2021)第 7.2.4 条：当短路电流的直流分量不超过断路器额定短路开断电流幅值的 20%时，额定开断电流仅由交流分量来表征。如果短路电流的直流分量超过 20%时，应与制造厂协商，并在技术协议中明确所要求的直流分量百分数。

注：非周期分量可理解为直流分量。

6. **答案：**B

依据：《火力发电厂厂用电设计技术规定》（DL/T 5153—2014）第 3.2.4-2 条、第 3.2.5 条。

7. **答案：**C

依据：《火力发电厂厂用电设计技术规定》（DL/T 5153—2014）附录 M 式（M.0.1-2）。

$$I''_{\text{B}}=\frac{U}{\sqrt{3}\times\sqrt{R^2+R^2}}=\frac{400}{\sqrt{3}\times\sqrt{15^2+20^2}}\times10^3=9.238\text{kA}$$

8. **答案：**D

依据：《火力发电厂厂用电设计技术规定》（DL/T 5153—2014）第 3.5.1 条。

9. **答案：**D

依据：《交流电气装置的过电压保护和绝缘配合设计规范》（GB/T 50064—2014）第 5.4.7-1 条。

注：也可参考《交流电气装置的过电压保护和绝缘配合》（DL/T 620—1997）第 7.1.7 条。

10. **答案：**C

依据：《交流电气装置的过电压保护和绝缘配合设计规范》（GB/T 50064—2014）第 5.4.11-1 条

$$S_{\text{a}}\geqslant0.2R_{\text{i}}+0.1\text{h}=0.2\times20+0.1\times14=5.4\text{m}$$

注：第 5.4.11-5 条：除上述要求外，S_{a}不宜小于 5m。也可参考《交流电气装置的过电压保护和绝缘配合》（DL/T 620—1997）第 7.1.11-a）条。

11. **答案：**C

依据：无明确条文，但简单分析短路热效应公式即可得到答案。

12. **答案**：C

依据：《导体和电器选择设计规程》(DL/T 5222—2021)第 13.4.4-1 条。当用于发电厂的发电机或主变压器回路时，一般按发电机或主变压器额定电流 70%。

13. **答案**：D

依据：《高压配电装置设计技术规程》（DL/T 5352—2018）第 3.0.6 条或《导体和电器选择设计规程》（DL/T 5222—2021）第 6.0.4 条。

注：《电力工程电气设计手册 1 电气一次部分》P234 有关"风速"内容与题目最为贴切，也可参考。

14. **答案**：C

依据：《高压配电装置设计技术规程》（DL/T 5352—2018）第 3.0.11 条。

15. **答案**：A

依据：《高压配电装置设计技术规程》（DL/T 5352—2018）第 5.4.7 条。

16. **答案**：D

依据：《电力工程直流系统设计技术规程》（DL/T 5044—2014）第 5.1.2-3 条、第 5.1.3-1 条、第 6.5.1 条、第 6.6.1 条。

17. **答案**：C

依据：《火力发电厂厂用电设计技术规定》（DL/T 5153—2014）附录 J 式（J.0.1-1）。

$$U_m = \frac{U_0}{1+SX} = \frac{1}{1+1\times 0.3} = 76.9\%$$

18. **答案**：D

依据：《火力发电厂厂用电设计技术规定》（DL/T 5153—2014）附录 C。

注：电阻接地方式，电阻器直接接入系统的中性点，对电阻器要求耐压高、阻值大但电流小。因此高电阻接地方式其低压厂用工作变压器高压侧的中性点应引出，答案中仅 D 符合要求。若为中性点无法引出的方式，通过三相接地变压器的方式，通过公式可知其接地电阻（一般接地变压器变比n均远大于 3）小于电阻直接接地方式，因此不符合题意。

19. **答案**：D

依据：《导体和电器选择设计规程》（DL/T 5222—2021）第 17.0.1 条、第 17.0.4 条、第 17.0.5条。

20. **答案**：C

依据：《交流电气装置的过电压保护和绝缘配合设计规范》（GB/T 50064—2014）第 6.3.3-3 条。

注：也可参考《交流电气装置的过电压保护和绝缘配合》（DL/T 620—1997）第 10.3.3-c）条。

21. **答案**：B

依据：《发电厂和变电站照明设计技术规定》（DL/T 5390—2014）第 8.1.2 条及条文说明。

22. **答案**：B

依据：《发电厂和变电站照明设计技术规定》（DL/T 5390—2014）第 5.6.2 条。

23. **答案：** B

依据：《电力工程电气设计手册电气一次部分》P251 续表 6-35。一个三相三柱式电压互感器不允许将电压互感器高压高压侧中性点接地。也可依据《电流互感器和电压互感器选择及计算规程》（DL/T 866—2015）第 11.2.3-4 条。

24. **答案：** D

依据：《火力发电厂、变电站二次接线设计技术规程》（DL/T 5136—2012）第 5.1.12 条。

25. **答案：** C

依据：《火力发电厂、变电站二次接线设计技术规程》（DL/T 5136—2012）第 6.6.3-5 条。

26. **答案：** C

依据：《电力工程电气设计手册 2 电气二次部分》P66 式（20-4）。

$$Z_2 = \frac{VA}{I_2^2} = \frac{30}{5^2} = 1.2\Omega$$

27. **答案：** C

依据：《继电保护和安全自动装置技术规程》（GB/T 14285—2006）第 4.3.8.2 条。

28. **答案：** A

依据：《电力工程电气设计手册 2 电气二次部分》P639 式（29-130）。

$$I_{dz} = \frac{K_k}{K_f} I_e = \frac{1.05}{0.85} \times \frac{1250}{10 \times \sqrt{3}} = 89.15\text{A}$$

29. **答案：** B

依据：《电力工程直流系统设计技术规程》（DL/T 5044—2014）第 3.4.3 条、第 3.5.2 条。

30. **答案：** C

依据：《低压配电设计规范》（GB 50054—2011）第 3.2.2-2 条、第 3.2.2-4 条及表 3.2.2 条，选项 ABD 均正确；依据第 3.2.13 条，装置外可导电部分严禁作为保护接地中性导体的一部分，故选项 C 错误。

注：该规范已移出考纲。

31. **答案：** C

依据：《低压配电设计规范》（GB 50054—2011）第 4.2.4 条、第 4.2.6 条。

注：该规范已移出考纲。

32. **答案：** A

依据：《交流电气装置的接地设计规范》（GB/T 50065—2011）第 7.2.6 条、第 4.2.1-1 条。

33. **答案：** C

依据：《电力工程电缆设计规范》（GB 50217—2018）第 4.1.17-2 条。

34. **答案：** B

依据：《并联电容器装置设计规范》（GB 50227—2017）第 5.2.3 条及条文说明。

35. **答案：** C

依据：《并联电容器装置设计规范》（GB 50227—2017）第 5.2.2 条及条文说明。

$$U_{\rm CN}=\frac{1.05U_{\rm SN}}{\sqrt{3}S(1-K)}=\frac{1.05\times 35}{\sqrt{3}\times 4\times(1-0.12)}>6.03\text{kV}，\text{取 }6\text{kV}$$

36. **答案：** D

依据：《电力工程电缆设计规范》（GB 50217—2018）第 5.3.5 条及表 5.3.5。

37. **答案：** C

依据：《电力工程电缆设计规范》（GB 50217—2018）第 7.0.2-5 条、第 7.0.3-1 条、第 7.0.3-4 条。

38. **答案：** D

依据：《架空输电线路电气设计规程》（DL/T 5582—2020）表 10.1.4。输电线路跨越三级弱电线路（不包括光缆和埋地电缆）时，输电线路与弱点线路的交叉角不限制。

39. **答案：** A

依据：《架空输电线路电气设计规程》（DL/T 5582—2020）第 5.1.15 条。

弧垂最低点最大张力：

$$T\leqslant\frac{T_{\rm P}}{K_{\rm C}}=\frac{0.95\times 123400}{2.5}=46892\text{N}$$

注：《电力工程高压送电线路设计手册》（第二版）P177 规定：对于 GB 1179—1983 中钢芯铝绞线，由于导线上有接续管、耐张管、补修管使导线拉断力降低，故设计使用导线保证计算拉断力为计算拉断力的 95%。

40. **答案：** A

依据：《电力工程高压送电线路设计手册》（第二版）P180 表 3-3-1。

$$l_{\rm OB}=\frac{l}{2}+\frac{\sigma_0}{\gamma}\tan\beta=\frac{400}{2}+\frac{80}{50\times 10^{-3}}\times\frac{40}{400}=360\text{m}$$

……………………………………………………………………………………

41. **答案：** AD

依据：《隐极同步发电机技术要求》（GB/T 7064—2017）第 4.6 条及图 1。发电机在额定功率因数下，电压 ±5%，频率 ±2%下应该能连续输出额定功率。

42. **答案：** ABC

依据：《电力工程电气设计手册 1 电气一次部分》P707 附图 10-14：耦合电容器与旁路母线间的校验距离为B_1，选项 A 正确。P606～607 相关内容说明两组母线隔离开关之间或出现隔离开关之间的距离为交叉不同时停电检修无遮拦带电部分之间的距离，选项 B 正确。P707 附图 10-15 或《高压配电装置设计技术规程》（DL/T 5352—2018）第 5.1.2 条，选项 C 正确。《高压配电装置设计技术规程》（DL/T 5352—2018）第 5.1.2 条，网状遮拦至带电部分之间最小距离为B_2，选项 D 错误。

43. **答案：** BCD

依据：《交流电气装置的过电压保护和绝缘配合设计规范》（GB/T 50064—2014）第 4.1.7-1 条（最后一段）。

注：也可参考《交流电气装置的过电压保护和绝缘配合》（DL/T 620—1997）第 4.1.3 条（最后一段）。

44. **答案**：ABD

依据：《火电发电厂厂用电设计技术规定》（DL/T 5153—2014）第 3.7.14 条。

注：变压器时序组别定义：高压侧大写长针在前，低压侧小写短针在后，数字n为低压侧相对高压侧顺时针旋转$n \times 30°$。

45. **答案**：BC

依据：《35kV～110kV 变电站设计规范》（GB 50059—2011）第 3.2.6 条。

注：答案 A 为发电厂电压母线短路电流限制措施，不是针对变电所。

46. **答案**：ACD

依据：《火电发电厂厂用电设计技术规定》（DL/T 5153—2014）第 6.5.6 条。

47. **答案**：ABC

依据：《导体和电器选择设计规定》（DL/T 5222—2021)第 5.5.10 条。共箱封闭母线超过 20m 长的直线段、不同基础连接段及设备连接处等部位，应设置热胀冷缩或基础沉降的补偿装置。

48. **答案**：BCD

依据：《3～110kV 高压配电装置设计规范》（GB 50060—2008）第 3.0.5 条。

注：该规范已移出考纲。

49. **答案**：ACD

依据：《交流电气装置的接地设计规范》（GB/T 50065—2011）第 4.3.1-4 条。

注：爆破式接地技术是通过爆破制裂，再用压力机将低电阻率材料压入爆破裂隙，从而起到改善接地位置土壤导电性能的一种方式，此方式一般适用于杆塔接地。本题也可参考《电力工程电气设计手册 1 电气一次部分》P914 第 16-3 节“高土壤电阻率地区的接地装置”，但应注意与新规范内容的区别。

50. **答案**：CD

依据：《200kV～1000kV 变电站站用电设计技术规程》（DL/T 5155—2016）第 3.1.2 条。

51. **答案**：AD

依据：《200kV～1000kV 变电站站用电设计技术规程》（DL/T 5155—2016）第 3.4.2 条、第 3.5.2 条。

52. **答案**：ACD

依据：《交流电气装置的过电压保护和绝缘配合设计规范》（GB/T 50064—2014）第 4.1.3-3 条。

注：可参考《交流电气装置的过电压保护和绝缘配合》（DL/T 620—1997）第 4.1.1 条第四段。

53. **答案**：BD

依据：《交流电气装置的过电压保护和绝缘配合设计规范》（GB/T 50064—2014）第 4.2.9 条。

注：可参考《交流电气装置的过电压保护和绝缘配合》（DL/T 620—1997）第 4.2.7 条。

54. **答案**：ABC

依据：《发电厂和变电站照明设计技术规定》（DL/T 5390—2014）第 7.0.2 条。

55. **答案**：BC

依据：《发电厂和变电站照明设计技术规定》（DL/T 5390—2014）第 6.0.3 条。

56. **答案**：BCD

依据：《火力发电厂、变电站二次接线设计技术规程》（DL/T 5136—2012）第 5.1.8 条。

57. **答案**：BCD

依据：《火力发电厂、变电站二次接线设计技术规程》（DL/T 5136—2012）。

第 16.4.3 条之条文说明：（1）电缆通道的走向尽可能不与高压母线平行接近。（A 错误）

第 16.4.1 条之条文说明：（1）控制回路及直流配电网络的电缆宜采用辐射状敷设，应避免构成环路。（B 正确）

第 16.4.6 条：电缆的屏蔽层应可靠接地。（D 正确）

答案 C 为旧规范 《火力发电厂、变电所二次接线设计技术规程》（DL/T 5136—2001）第 13.4.5 条，新规范中条文已修改。

注：也可参考《电力工程电气设计手册 2 电气二次部分》P185 内容。

58. **答案**：BD

依据：《电力系统安全稳定控制技术导则》GB 26399—2011 第 7.1.4.2-b）条。

59. **答案**：AB

依据：《继电保护和安全自动装置技术规程》（GB/T 14285—2006）第 4.3.10 条。

60. **答案**：AB

依据：《电力工程直流系统设计技术规程》（DL/T 5044—2014）第 3.5.3 条、第 3.5.5 条、第 3.6.5-1条。

61. **答案**：ACD

依据：《架空输电线路电气设计规程》（DL/T 5582—2020）第 7.2.1 条、第 7.2.2 条。

注：《交流电气装置的过电压保护和绝缘配合》（DL/T 620—1997）第 6.1.2 条内容与之类似，但有细微区别，考虑其为 1997 年的行业标准，不建议作为本题依据。

62. **答案**：ABC

依据：《大中型火力发电厂设计规范》（GB 50660—2011）第 16.2.9 条、第 16.2.11-1 条、第 16.2.15 条、第 16.2.16 条。

第 16.2.11-1 条：当进出线回路数为 6 回及以上时，配电装置在系统中具有重要地位时，宜采用 3/2 断路器接线。（A 正确）

第 16.2.15 条：330kV 及以上电压等级的进、出线和母线上装设的避雷器及进、出线电压互感器不应装设隔离开关。（B 正确）

第 16.2.9 条：发电机（升压）主变压器中性点接地方式应根据所处电网的中性点接地方式及系统继电保护的要求确定。330kV～750kV 系统中主变压器可采用直接接地或经小电抗接地方式。（C 正确）

第 16.2.16 条：330kV 及以上电压等级的线路并联电抗器回路不宜装设断路器。（D 错误）

注：A 答案进出线回路数，因题干中为 2×600MW 机组，经主变压器升压至 330kV，显然进线为 2 回，则出线回路总和为 6 回。

63. **答案**：AB

依据：《低压配电设计规范》（GB 50054—2011）第 3.2.8 条、第 3.2.7 条。

注：该规范已移出考纲。

64. **答案：** ACD

依据：《35kV～110kV 变电站设计规范》（GB 50059—2011）第 2.0.1-6 条、第 2.0.2 条、第 2.0.3 条、第 2.0.4 条。

65. **答案：** ABD

依据：《火力发电厂厂用电设计技术规定》（DL/T 5153—2014）第 3.1.2 条及附录 B。

注：本题题干冗长，实质上只是问变压器冷却器和汽机房电动卷帘门哪个是保安负荷；引风机油泵和汽机房电动卷帘门哪个是I类负荷。主变压器冷却器为电气及公共部分负荷，非保安负荷，且为 0II 类负荷。

66. **答案：** ABD

依据：《交流电气装置的接地设计规范》（GB/T 50065—2011）第 4.2.1-2）条及第 4.3.3 条。

67. **答案：** BD

依据：《并联电容器装置设计规范》（GB 50227—2017）第 5.5.5 条、《电力工程电气设计手册 1 电气一次部分》P505“断路器额定电流不应小于装置长期允许电流的 1.35 倍”。

注：原题考查旧规《并联电容器装置设计规范》（GB 50227—2008）第 5.1.3 条及条文说明，新规已删除 1.3 倍过电流倍数的要求。

68. **答案：** ACD

依据：《电力系统设计技术规程》（DL/T 5429—2009）第 6.3.3 条。

69. **答案：** BD

依据：《电力工程直流系统设计技术规程》（DL/T 5044—2014）第 6.2.2 条。

70. **答案：** ABD

依据：《架空输电线路电气设计规程》（DL/T 5582—2020）第 5.1.15 条、第 5.1.17 条。

注：与规范原文对比，缺少“弧垂最低点”的要求。

2013 年案例分析试题答案（上午卷）

题 1～3 答案：**CCD**

1.《35kV～110kV 变电站设计规范》（GB 50059—2011）第 3.1.3 条：装有两台及以上变压器的变电站，当断开一台主变压器时，其余主变压器的容量（包括过负荷能力）应满足全部一、二级负荷用电的要求。

一、二级负荷功率合计：$P_j = P_1 + P_2 = 10 + 35 = 45\text{MW}$

主变压器计算容量：$S_j = \dfrac{P_j}{\cos\varphi} = \dfrac{45}{0.96} = 46.878\text{MW} \approx 47\text{MW} < 50\text{MW}$，选择容量为 50MVA。

2.《电力工程电气设计手册 1 电气一次部分》P476 式（9-1）、式（9-2）及表 9-8。

对于直接供电的末端变电所，最大容性无功量应等于装置所在母线上的负荷按提高功率因数所需补偿的最大容性无功量与主变压器所需补偿的最大容性无功量之和。

a. 母线上的负荷所需补偿的最大无功量：$Q_{cf.m} = P_{fm}Q_{cfo} = 55 \times 0.3 = 16.5\text{Mvar} = 16500\text{kvar}$

b. 主变压器所需补偿的最大无功量：$I = \dfrac{S}{\sqrt{3}U} = \dfrac{P}{\sqrt{3}U\cos\varphi}$

则：$I_e = \dfrac{S}{\sqrt{3}U} = \dfrac{63}{\sqrt{3} \times 10} = 3.637\text{kA}$

$$I_m = \frac{P}{\sqrt{3}U\cos\varphi} = \frac{55}{\sqrt{3} \times 10 \times 0.96} = 3.308\text{kA}$$

$$Q_{cB\cdot m} = \left(\frac{U_d\% I_m^2}{100 I_e^2} + \frac{I_0\%}{100}\right)S_e = \left(\frac{16 \times 3.308^2}{100 \times 3.637^2} + \frac{1}{100}\right) \times 63 \times 2$$
$$= 17.937\text{Mvar} = 17937\text{kvar}$$

c. 全站最大无功补偿容量：$Q_m = Q_{cf.m} + Q_{cB.m} = 16500 + 17937 = 34437\text{Mvar}$

注：手册中列出了四种电容补偿装置的计算，应全部掌握，此点已多次考查。

3.《电力工程电气设计手册 1 电气一次部分》P261～262 式（6-32）、式（6-34），表 6-46。

电缆线路的电容电流：$I_{c1} = 0.1U_eL = 0.1 \times 10 \times (4 \times 8) = 32\text{A}$

变电所增加的电容电流：$I_{c2} = I_{c1} \times 16\% = 32 \times 16\% = 5.12\text{A}$

单相接地短路时总电容电流：$I_c = I_{c1} + I_{c2} = 32 + 5.12 = 37.12\text{A}$

消弧线圈的补偿容量：$Q = KI_c\dfrac{U_e}{\sqrt{3}} = 1.35 \times 37.12 \times \dfrac{10}{\sqrt{3}} = 289.32\text{kvar}$

由于主变压器的接线组别为 YNd11，10kV 侧无中性点，因此需采用专用接地变压器。

题 4～6 答案：**DDC**

4.《高压配电装置设计技术规程》（DL/T 5352—2018）第 5.1.2 条及表 5.1.2-1。

L_1：无遮拦裸导体至地面之间，取C值，为 4300mm。

L_2：不同相的带电部分之间，取A_2值，为 2000mm。

《电力工程电气设计手册 1 电气一次部分》P700 倒数第 10 行，附图 10-3 及 P704 附图 10-6。

L_3：母线及进出线构架导线均带电，人跨越母线上方，此时，人的脚对母线的净距不得小于B_1值，为 2550mm。

L_4：跳线在无风时的弧垂应不小于最小电气距离A_1值，为1800mm。

明显的，选项D不满足要求。

5.《电力工程电气设计手册 1 电气一次部分》P703式（附10-46）。

由$H_z + H_g - f_0 \geqslant C$，得$f_0 \leqslant H_z + H_g - C$，则$f_0 \leqslant 2.5 + 2.8 - 4.3 = 1.0$m。

6.《电力工程电缆设计规范》（GB 50217—2018）附录F“交流系统单芯电缆金属层正常感应电势算式”。

$$E_s = LE_{so} = LI\left(2\omega\ln\frac{S}{r}\right) \times 10^{-4} = 1 \times 300 \times \left(2 \times 2\pi \times 50 \times \ln\frac{20}{3.2}\right) \times 10^{-4} = 34.5\text{V}$$

题7～10答案：**ABBB**

7.《交流电气装置的过电压保护和绝缘配合设计规范》（GB/T 50064—2014）第4.4.3条。

主变压器高压侧（相地）：$0.75U_m = 0.75 \times 252 = 189$kV

主变压器高压侧（中性点）：$0.58U_m = 0.58 \times 252 = 146.16$kV，取中性点直接接地或不接地额定电压之大者。

注：也可参考《交流电气装置的过电压保护和绝缘配合》（DL/T 620—1997）第5.3.4条。U_m为最高电压，可参考《标准电压》（GB/T 156—2007）第4.3～4.5条。

8.《交流电气装置的过电压保护和绝缘配合设计规范》（GB/T 50064—2014）第5.2.2条相关公式。

如图所示：采用相似三角形原理，计算出15m高度，O点（两避雷针中心点）需要保护的距离为：

$$b_y = \frac{33.1}{30} \times 4 = 4.41\text{m}$$

（1）设避雷针高度为30m，则$P = 1$，$h_a = 30 - 15 = 15$m；两避雷针之间的距离：$D = \sqrt{30^2 + 14^2} = 33.1$m。

①O点为假想避雷针的顶点，高度为：$h_O = h - \frac{D}{7P} = 30 - \frac{33.1}{7\times1} = 25.28\text{m} > 15\text{m}$，满足要求。

②$h_x = 0.5h$，$r_x = h_aP = 15 \times 1 = 15\text{m} > 14\text{m}$，满足要求。

③中间参数：$\frac{D}{h_aP} = \frac{33.1}{15\times1} = 2.2 < 7$，则选用图a进行计算，查图a可知$\frac{b_x}{h_aP} = 0.9$，则$b_x = 13.5\text{m} < r_x$，且$b_x > b_y$，可保护全部范围。

（2）设避雷针高度为25m，则$P = 1$，$h_a = 25 - 15 = 10$m。

两避雷针之间的距离：$D = \sqrt{30^2 + 14^2} = 33.1$m

①O点为假想避雷针的顶点，高度为：$h_O = h - \frac{D}{7P} = 25 - \frac{33.1}{7\times1} = 20.27\text{m} > 15\text{m}$，满足要求。

②$h_x = 0.5h$，$r_x = h_aP = 10 \times 1 = 10\text{m} < 14\text{m}$，不能满足要求。

③中间参数：$\frac{D}{h_aP} = \frac{33.1}{10\times1} = 3.31 < 7$，则选用图a进行计算，查图a可知$\frac{b_x}{h_aP} = 0.75$，则$b_x = 7.5\text{m} > b_y$，满足要求。

注：本题直接计算较为复杂，涉及的变量较多，建议采用试算法。此题仍有不严谨的地方，当$r_x = 15\text{m} > 14\text{m}$时，不能直接判断$W$点一定在保护范围内，需要进行进一步计算，但若再进一步分析，计算过于复杂，演化成为解几何问题应不是出题老师的初衷。

解题示意图：（图中虚线及点画线均为辅助线，无实际意义）

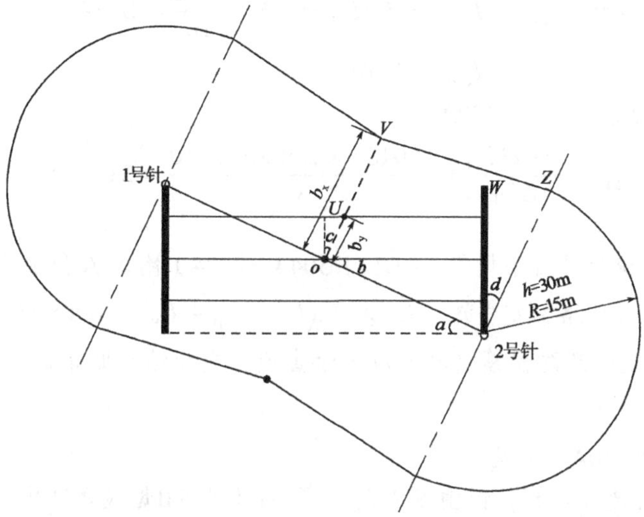

9.《交流电气装置的接地设计规范》（GB/T 50065—2011）第 4.2.2 条及附录 D。

接触电位差允许值：$U_t = \dfrac{174 + 0.17\rho_s C_s}{\sqrt{t_s}} = \dfrac{174 + 0.17 \times 100 \times 1}{\sqrt{0.06}} = 779.75\text{V}$

跨步电位差允许值：$U_s = \dfrac{174 + 0.7\rho_s C_s}{\sqrt{t_s}} = \dfrac{174 + 0.7 \times 100 \times 1}{\sqrt{0.06}} = 996.13\text{V}$

入地电流允许值 1：$U_t = K_m U = K_m I_1 R$

$$I_1 = \frac{U_t}{K_m R} = \frac{779.75}{0.75 \times 0.65} = 1599.5\text{A}$$

入地电流允许值 2：$U_s = K_s U = K_s I_2 R$

$$I_2 = \frac{U_s}{K_s R} = \frac{996.13}{0.6 \times 0.65} = 2554.2\text{A}$$

入地电流允许值取小者，因此$I_g \leqslant 1599.5\text{A}$，取 1500A。

10.《继电保护和安全自动装置技术规程》（GB/T 14285—2006）第 4.8.1-6 条：对双母线、双母线分段等接线，为防止母线保护因检修退出失去保护，母线发生故障会危及系统稳定和使事故扩大时，宜装设两套母线保护。

《交流电气装置的接地设计规范》（GB/T 50065—2011）第 4.3.5-3 条、附录 E 第 E.0.1 条、第 E.0.3-1条。

热稳定校验用时间：$t_e \geqslant t_m + t_f + t_o = 0.01 + 1 + 0.09 = 1.1\text{s}$

第 4.3.5-3 条：接地装置接地极的截面，不宜小于连接至该接地装置的接地导体（线）截面的 75%。

连接接地导体最小截面：$S_g \geqslant \dfrac{I_g}{C}\sqrt{t_e} = \dfrac{10 \times 10^3}{70} \times \sqrt{1.1} = 149.8\text{mm}^2$

水平接地装置（接地极）最小截面：$S_e \geqslant 0.75 \times 149.8 = 112.35\text{mm}^2$

注：参见 GB/T 50065—2011 第 2.0.6 条：接地极即埋入土壤或特定的导电介质（如混凝土或焦炭）中与大地有电接触的可导电部分。因此，水平接地装置实为接地极的一种。

题 11～15 答案：**DDDCB**

11.《电力工程直流系统设计技术规程》（DL/T 5044—2014）附录 A 第 A.3.6 条和附录 E 表 E.2-1、表 E.2-2。

蓄电池出口回路计算电流：$I_{ca1} = I_{d.1h} = 5.5I_{10} = 5.5 \times \dfrac{1500}{10} = 825A$

$$I_{ca2} = I_{cho} = 950A$$

计算电流取其大者：$I_{ca} = I_{ca2} = 950A$

按回路允许电压降：$S_{cac} = \dfrac{\rho \cdot 2LI_{ca}}{\Delta U_P} = \dfrac{0.0184 \times 2 \times 20 \times 950}{1\% \times 220} = 317.82mm^2$

12.《电力工程直流系统设计技术规程》（DL/T 5044—2004）附录 A 第 A.3.5 条及表 A.5-1。

（1）控制、保护、信号回路额定电流：$I_{n1} \geqslant K_c(I_{cc} + I_{cp} + I_{cs}) = 0.8 \times (6 + 4 + 2) = 9.6A$

（2）上一级支流母线馈线断路器额定电流应大于直流分电柜馈线断路器的额定电流，电流级差宜符合选择性规定。

根据表 A.5-1，可知取 40A，对应答案 D。

注：题干中未明确直流分电柜，但由题中简图可知Ⅰ母线与Ⅱ母线之间由 500m 的电缆连接，明显地，Ⅱ母线为一直流分电柜，此为题目隐含条件。

13.《电力工程直流系统设计技术规程》（DL/T 5044—2014）附录 A 表 A.6-2 和附录 G。

查表 A.6-2，500mm² 单芯电缆内阻为 0.037mΩ/m，总电阻为：$r_j = 0.037 \times 20 \times 2 = 1.48\Omega$

直流母线上短路电流：$I_k = \dfrac{U_n}{n(r_b + r_1) + r_j} = \dfrac{220}{9.67 + 1.48} = 19.73kA$

注：蓄电池短路系指蓄电池内部或外部正负极（群）相连。可参考《电力工程电气设计手册 2 电气二次部分》P314 相关内容。

14.《电力工程直流系统设计技术规程》（DL/T 5044—2014）附录 A 第 A.3.6 条：蓄电池出口回路。

断路器额定电流：$I_{n1} \geqslant I_{1h} = 5.5 \times I_{10} = 5.5 \times \dfrac{1500}{10} = 825A$

$$I_{n2} \geqslant K_{c4}I_{nmax} = 3.0 \times 200 = 600A$$

取以上两种情况中电流量较大者，则$I_n \geqslant 825A$，断路器规格为 900A。

15.《电力工程直流系统设计技术规程》（DL/T 5044—2014）第 6.4.1-1 条。

试验放电装置额定电流：$I_n = 1.1I_{10} \sim 1.3I_{10} = (1.1 \sim 1.3) \times \dfrac{1500}{10}$

$$= 165 \sim 195A$$

则断路器规格取 180A。

题 16～20 答案：**CBAAB**

16.《电力工程电气设计手册 1 电气一次部分》P120 表 4-1 和表 4-2、式（4-10）及 P129 式（4-20）。

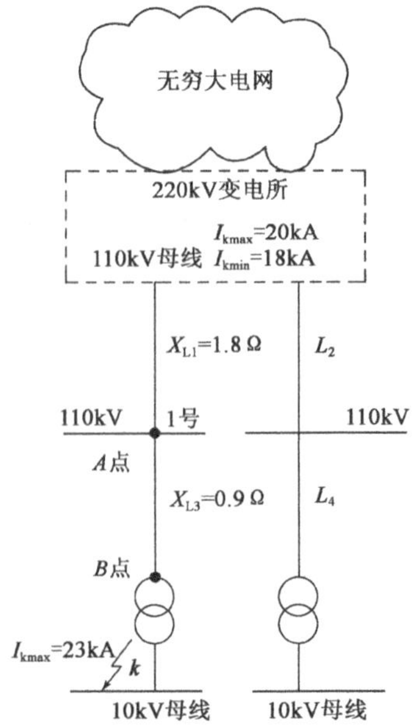

A点短路：设$S_j = 100MVA$，$U_j = 115kV$，则$I_j = 0.502kA$

系统电抗标幺值：$X_{*s} = \dfrac{I_j}{I_d} = \dfrac{0.502}{20} = 0.0251$

L_1线路电抗标幺值：$X_{*L1} = X_{L1}\dfrac{S_j}{U_j^2} = 1.8 \times \dfrac{100}{115^2} = 0.0136$

三相短路电流标幺值：$I_{*k} = \dfrac{1}{X_{*\Sigma}} = \dfrac{1}{0.0251 + 0.0136} = 25.83$

110kV 的 1 号母线最大三相短路电流有名值：$I_k = I_{*k}I_j = 25.83 \times 0.502 = 12.97\text{kA}$

接线示意图如下：

17.《电力工程电气设计手册 1 电气一次部分》P120 表 4-1 和表 4-2、式（4-10）及 P129 式（4-20）。

B 点短路：设$S_j = 100\text{MVA}$，$U_j = 115\text{kV}$，则$I_j = 0.502\text{kA}$

L_3线路电抗标幺值：$X_{*L3} = X_{L3}\dfrac{S_j}{U_j^2} = 0.9 \times \dfrac{100}{115^2} = 0.0068$

三相短路电流标幺值：$I_{*k} = \dfrac{1}{X_{*\Sigma}} = \dfrac{1}{0.0251 + 0.0136 + 0.0068} = 21.975$

L_3末端短路时，三相短路电流有名值：$I_k = I_{*k}I_j = 21.975 \times 0.502 = 11.03\text{kA}$

注：L_3末端不是 10kV 母线，而应是变压器高压侧接线端。

18.《电力工程电气设计手册 1 电气一次部分》P120 表 4-1 和表 4-2、式（4-10）及 P129 式（4-20）。

校验保护灵敏系数允许按常见不利运行方式下的不利故障类型进行校验。一般的，采用最小运行方式末端两相短路的稳态电流，即B点两相短路。

设$S_j = 100\text{MVA}$，$U_j = 115\text{kV}$，则$I_j = 0.502\text{kA}$

系统电抗标幺值：$X_{*s} = \dfrac{I_j}{I_d} = \dfrac{0.502}{18} = 0.028$

L_1线路电抗标幺值：$X_{*L1} = X_{L1}\dfrac{S_j}{U_j^2} = 1.8 \times \dfrac{100}{115^2} = 0.014$

L_3线路电抗标幺值：$X_{*L3} = X_{L3}\dfrac{S_j}{U_j^2} = 0.9 \times \dfrac{100}{115^2} = 0.007$

三相短路电流标幺值：$I_{*k} = \dfrac{1}{X_{*\Sigma}} = \dfrac{1}{0.028 + 0.014 + 0.007} = 20.41$

最小两相短路电流有名值：$I_k = 0.866I_{*k}I_j = 0.866 \times 20.41 \times 0.502 = 8.87\text{kA}$

注：L_1线路的相间故障保护，近后备保护本段线路末端，远后备保护L_3线路末端。校验近后备，应用L_1末端两相短路电流，但计算结果约为 10.5kA，无对应答案，校验远后备，应该用L_3末端两相短路电流，即 8.87kA。

19.《电力工程电气设计手册 2 电气二次部分》P69 式（20-9）。

$$m_{js} = \frac{K_k I''_{d\cdot max}}{I_e} = \frac{1.3 \times 23 \times \frac{10}{110}}{300} = 9.06$$

注：$I_{d\cdot max}$为变压器外部短路时流过电流互感器的最大电流，按题意应取 10kV 侧短路电流 23kA，折合至一次侧进行计算。“外部”为针对变压器差动保护，“外部”应理解为差动保护两 CT 之间以外的设备及线路。

20.《继电保护和安全自动装置技术规程》（GB/T 14285—2006）第 5.2.4.1 条。

110kV 及以下单侧电源线路的自动重合闸装置采用三相一次方式。

注：本大题的难点在于没有给出接线示意图，考场上需要自己绘制，示意图绘制的准确性决定本题的成败。

题 21～25 答案：**BCDBC**

21.《架空输电线路电气设计规程》（DL/T 5582—2020）附录 J 式（6.1.3-2）。

0 级污秽区，统一爬电比距$\lambda = 22 \sim 25.2$mm/kV，按工频过电压要求：

$$n_1 \geqslant \frac{\lambda U_{Ph-e}}{K_e L_{o1}} = \frac{25.2 \times 500/\sqrt{3}}{1 \times 290} = 27.6，取 28 片$$

22.《交流电气装置的接地设计规范》（GB/T 50065—2011）附录 A 第 A.0.2 条。

水平接地极的接地电阻：$R_h = \frac{\rho}{2\pi L}\left(\ln\frac{L^2}{hd} + A\right) = \frac{100}{2\pi \times 4 \times 10}\left(\ln\frac{40^2}{0.6 \times 10 \times 10^{-3}} + 0.89\right) = 5.328\Omega$

23.《电力工程高压送电线路设计手册》（第二版）P24 式（2-1-41）和 P129 式（2-7-39）。

线路波阻抗：$Z_n = \sqrt{\frac{X_1}{B_1}} = \sqrt{\frac{0.423}{2.68 \times 10^{-6}}} = 397.3\Omega$

雷击导线时的耐雷水平：$I_2 = \frac{4U_{50\%}}{Z_n} = \frac{4 \times 1280}{397.3} = 12.89$kA

注：可对照 2011 年案例分析试题（下午卷）第 32 题计算。

24.《架空输电线路电气设计规程》（DL/T 5582—2020）第 6.1.5、6.2.2 条。

折算至绝缘子结构高度为 170mm，即$n = 25 \times \frac{155}{170} = 22.8$，取 23 片。

高海拔悬垂绝缘子片数:$n_H = ne^{0.1215m_1(H-1000)/1000} = 25 \times e^{0.1215 \times 0.65(3000-1000)/1000} = 26.9$,取 27 片。

注：按题意，特征系数 0.65 对应绝缘子高度为 170mm，建议先折算再进行海拔修正。

25.《架空输电线路电气设计规程》（DL/T 5582—2020）第 4.0.18 条。

操作过电压风速：0.5 × 基本风速折算至导线平均高度处的风速（不低于 15m/s）。

即：$v = 0.5 \times 28 = 14\text{m/s} < 15\text{m/s}$，取风速 15m/s。

2013 年案例分析试题答案（下午卷）

题 1～5 答案：**CCBCB**

1.《电力工程电气设计手册 1 电气一次部分》P120 表 4-1 和表 4-2 和 P131 式（4-21）及表 4-7。

设$S_j = 100\text{MVA}$，$U_j = 345\text{kV}$，则$I_j = 0.167\text{kA}$

发电机次暂态电抗标幺值：$X_{d*} = \dfrac{X_d\%}{100} \times \dfrac{S_j}{\dfrac{P_e}{\cos\varphi}} = \dfrac{16.7}{100} \times \dfrac{100}{\dfrac{300}{0.85}} = 0.0473$

变压器电抗标幺值：$X_{*d} = \dfrac{U_d\%}{100} \times \dfrac{S_j}{S_e} = \dfrac{16}{100} \times \dfrac{100}{360} = 0.0444$

电源点到短路点的等值电抗，归算至电源容量为基准的计算电抗：

$$X_{js} = X_{\Sigma} \times \frac{S_{Gj}}{S_j} = (0.0473 + 0.0444) \times \frac{\frac{300}{0.85}}{100} = 0.3236$$

查表 4-7，短路电流标幺值$I_* = 3.368$。

短路电流有名值：$I'' = I_* I_e = 3.368 \times \dfrac{300}{\sqrt{3} \times 345 \times 0.85} = 1.99\text{kA}$

注：周期分量起始值查表取$t = 0$时的数值；另最后一步的基准电流I_e应由等值发电机额定容量与相应的平均额定电压求得，此点非常重要，可参考《工业与民用配电设计手册》（第三版）P137 最后一段内容。

2.《电力工程电气设计手册 1 电气一次部分》P191 限流措施中发电厂与变电站可采用（2）变压器分裂运行。

根据本题接线图和答案选项，断开Ⅲ、Ⅳ和Ⅴ、Ⅵ可将 5 和 6 号发电机（300MW）分裂运行，可有效限制 110kV 侧短路电流。而断开Ⅲ、Ⅳ和Ⅰ、Ⅱ将使得Ⅰ、Ⅱ母线段无电源接入，导致负荷 4～6 解列，不可行，而其他选项与限制短路电流无关。

3.《330kV～750kV 变电站无功补偿装置设计技术规定》（DL/T 5014—2010）第 5.0.7 条的条文说明。

按就地平衡原则，变电站装设电抗器的最大补偿容量，一般为其所接线路充电功率的 1/2。（图中 2 条并网线路）

按题意，考虑充电功率由本站全部补偿，电抗器的容量应为$30 \times 2 = 60\text{Mvar}$。

电抗器最大补偿容量：$Q_L = 0.5 \times 80 \times 0.41 \times 2 = 32.8\text{Mvar}$，因此选择 30Mvar。

注：也可参考《电力工程电气设计手册 1 电气一次部分》P533 式（9-50）或《电力系统设计手册》P234 式（8-3）进行计算。

4.《电力系统设计手册》P244 式（8-4）。

10kV 母线三相短路容量：$S_d = \sqrt{3} U_j I''_d = \sqrt{3} \times 10.5 \times 18 = 327.36\text{MVA}$

按电压波动$\Delta U < \pm 2.5\%$，选择分组容量：$Q_{fz} = 2.5\% S_d = 2.5\% \times 327.36 = 8.18\text{kvar}$

注：原书中公式写的不严谨，实际上仅取 2.5%即可，有异议的考友可参考书中 P245 的算式，即

可明白。

5.《电能质量　三相电压不平衡》（GB/T 15543—2008）附录A式（A-3）。

负序电压的不平衡度：$\varepsilon_{u2}=\frac{\sqrt{3}I_2U_L}{S_k}\times100\%=\frac{\sqrt{3}\times68\times110}{1282\times10^3}\times100\%=1.01\%$

注：第一道大题中，接线图的信息用在题中很少，但考场上容易被题中大量的干扰信息所迷惑，此方式（题干大信息量）在近两年的考试中经常采用，考生应提前适应。

题6～8答案：**BCA**

6.《火力发电厂厂用电设计技术规定》（DL/T 5153—2014）第4.1.1-5条。

10kV公用A段计算负荷：$S_A=3854.75+6920.28=10775.03\text{kVA}$

10kV公用B段计算负荷：$S_B=3514.75+6920.28=10435.03\text{kVA}$

10kV公用A段与B段共有负荷：$S_C=1085+1727.74+1057.54+1800=5670.28\text{kVA}$

规范要求，由同一厂用电源供电的互为备用的设备只计算运行部分，则该段电源计算负荷为：

$$S_{js}=10775.03+10435.03-5670.28=15539.78\text{kVA}$$

7.《火力发电厂厂用电设计技术规定》（DL/T 5153—2014）附录F。

公用A段与公用B段接入各机组计算容量较小的工作B段，计算如下：

1号、2号机组工作B段为公用A段供电：

$$S_{1B}=14142.75+7630.81+10775.03=32548.59\text{kVA}$$

$$S_{2B}=14142.75+7692.97+10775.03=32610.75\text{kVA}$$

3号、4号机组工作B段为公用A段供电：

$$S_{3B}=13930.25+7630.81+11000.28=32561.34\text{kVA}$$

$$S_{4B}=13930.25+7692.97+11000.28=32623.5\text{kVA}$$

各分裂绕组容量均小于33MVA。

1号变压器计算容量：$S_1=20937.75+9647.56+32548.59-8917.75-7324.32=46891.83\text{kVA}$

2号变压器计算容量：$S_2=20937.75+9709.72+32610.75-8917.75-7381.48=46958.99\text{kVA}$

3号变压器计算容量：$S_3=20555.25+9647.56+32561.34-8917.75-7324.32=46522.08\text{kVA}$

4号变压器计算容量：$S_4=20555.25+9709.72+32623.5-9342.75-7381.48=46164.24\text{kVA}$

各变压器容量均小于47MVA，因此分裂变压器规格可选用47/33-33MVA。

注：此题计算量较大，若非对厂用电设计极为熟悉的考生，在考场上建议直接放弃。

8.《火力发电厂厂用电设计技术规定》（DL/T 5153—2014）第9.3.1条。

第9.3.1-1-3）条：1 正常切换：为保证切换的安全性，200MW级以上机组的高压厂用电源切换操作的合闸回路宜经同期继电器闭锁。

第9.3.1-2-3）条：2 事故切换：单机容量为200MW级及以上机组，当断路器具有快速合闸性能时，宜采用快速串联断电切换方式。

题9～13答案：**BDCCD**

9.《火力发电厂厂用电设计技术规定》（DL/T 5153—2014）附录 L。

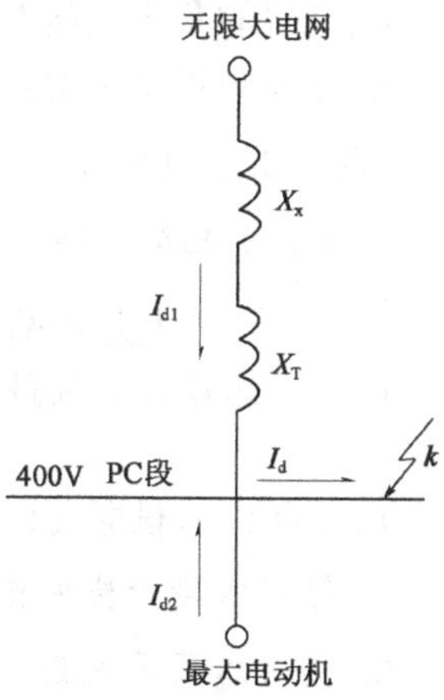

由右图所示，短路电流由两部分组成，分别是系统短路电流周期分量和电动机反馈电流周期分量，但题干中要求为流过 DL 断路器的短路电流值，即为图中I_{d1}。

设$S_j = 100$MVA，$U_j = 6.3$kV，则$I_j = 9.16$kA

变压器阻抗标幺值：

$$X_{*d} = \frac{U_d\%}{100} \times \frac{S_j}{S_e} = \frac{6}{100} \times \frac{100}{1.25} = 4.8$$

厂用电源短路电流周期分量起始值：

$$I''_B = \frac{I_j}{X_X + X_T} = \frac{9.16}{0.444 + 4.8} = 1.747\text{kA}$$

注：低压母线上确实存在电动机反馈电流，但本题不必考虑。

另根据《火力发电厂厂用电设计技术规定》（DL/T 5153—2014）第 6.1.4 条：高压厂用电系统的短路电流应考虑短路阻抗在制造上的负误差（系数 0.9），但低压厂用电未对此做要求，因此本题未考虑负误差，也可参考该条文的条文说明内容。

10.《电力工程电气设计手册 2 电气二次部分》P693 式（29-185）。

按上题计算结果，最大运行方式下变压器低压侧母线三相短路时，流过高压侧的电流为 1.75kA。

电流速断保护整定值：$I_{dz} = K_k I^{(3)}_{d\cdot max} = 1.2 \times 1.75 = 2.1$kA

变压器的励磁涌流：$5I_{TN} = 5 \times \dfrac{1250}{\sqrt{3} \times 6.3} = 572.77$A，满足要求。

最小运行方式下保护安装处三相短路电流：$I''_B = \dfrac{I_j}{X_X + X_T} = \dfrac{9.16}{0.87} = 10.53$kA

灵敏度系数：$K_{lm} = \dfrac{I^{(2)}_{d\cdot min}}{I_{dz}} = \dfrac{0.866 \times 10.53}{2.1} = 4.34$

注：两个参数的定义完全不同，即$I^{(3)}_{d\cdot max}$和$I^{(2)}_{d\cdot min}$，其对应短路电流的计算亦完全不同。另由于本题为厂用电计算，不建议依据书中 P618 的相关公式。

11.《电力工程电气设计手册 2 电气二次部分》P215 式（23-2）和式（23-4）。

电流速断保护整定值：$I_{dz} = K_k I_{qd} = 1.2 \times 10 \times 180 = 2160$A

最小运行方式下，电动机出口三相短路的短路电流（0.4kV）：

$$I^{(3)}_{d\cdot min} = \frac{I_j}{X_X + X_T} \times \frac{N_1}{N_2} = \frac{9.16}{0.87 + 4.8} \times \frac{6.3}{0.4} = 25.44\text{kA}$$

灵敏度系数：$K_{lm} = \dfrac{I^{(2)}_{d\cdot min}}{I_{dz}} = \dfrac{0.866 \times 25.44}{2.16} = 10.20$

12.《电力工程电气设计手册 2 电气二次部分》P693 式（29-187）以及 P696 式（29-214）、式（29-215）。

低压厂用变压器高压侧过电流保护，按下列三个条件整定：

a. 躲过变压器所带负荷中需要自起动的电动机最大起动电流之和：$I_{dz1} = 1.2 \times 8000 \times 0.4/6.3 = 609.52$A

b. 躲过低压侧一个分支负荷自起动电流和其他分支正常负荷总电流：

$I_{dz2} = K_k(I'_q + \sum I_{fh}) = 1.2 \times (1800 + 980 - 180) \times 0.4 \div 6.3 = 198.10A$

c. 按与低压侧分支过电流保护配合整定：

《电力工程电气设计手册 2 电气二次部分》P215“过电流保护一次动作电流”与式（23-3）（即电流速断保护）相同，即

$$I_{dz3} = K_k(I'_{dz} + \sum I_{fh}) = 1.2 \times (2160 + 980 - 180) \times 0.4 \div 6.3 = 225.52A$$

依据上述结果，取最大者$I_{dz} = 609.52A$。

13.《电力工程电气设计手册 2 电气二次部分》P696“变压器低压侧分支过电流保护”。

a. 躲过本段母线所接电动机最大起动电流之和：$I_{dz1} = 1.2 \times 8000 = 9600A$

b. 按与本段母线最大电动机速断保护配合整定：

《电力工程电气设计手册 2 电气二次部分》P215“过电流保护一次动作电流”与式（23-3）（即电流速断保护）相同，即

$$I_{dz3} = K_k(I'_{dz} + \sum I_{fh}) = 1.2 \times (2160 + 980 - 180) = 3552A$$

依据上述结果，取最大者$I_{dz} = 9600A$。

注：厂用电过电流保护计算较为复杂，但本题考查的较为简单，大部分数据已直接提供，可直接使用。

题 14～18 答案：**CBCCD**

14.《电力工程电气设计手册 1 电气一次部分》P232 表 6-3。

主接线及功率流动方向如图：

持续工作电流为：$I'_g = \frac{\sum S}{\sqrt{3}U_N} = \frac{120 + 120 + 2 \times 240 \times 65\%}{\sqrt{3} \times 220} = 1.48kA$

《导体和电器选择设计规程》（DL/T 5222—2021）表 5.1.5 可知，综合校正系数为 0.87。

计算电流为$I_g = I'_g/0.87 = 1.70kA < 2054A$，选择管形母线规格为$\phi100/90$。

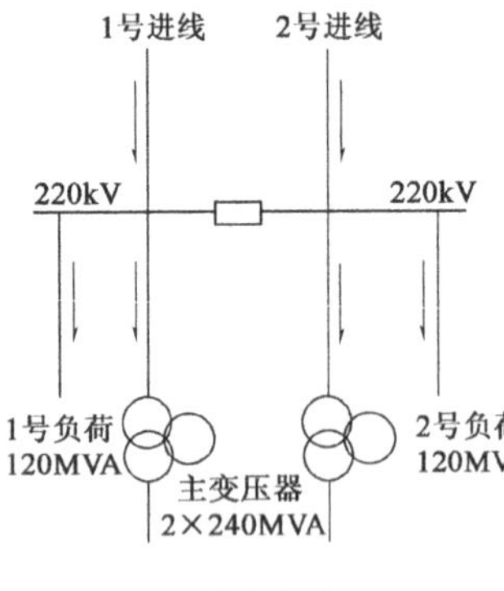

正常运行时

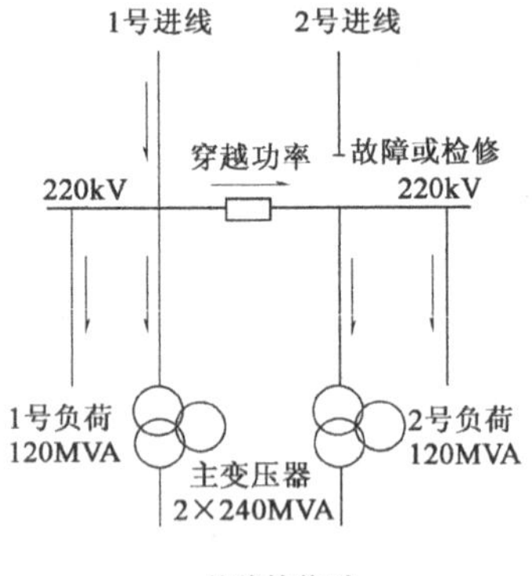

故障检修时

15.《电力工程电气设计手册 1 电气一次部分》P344 式（8-41）和式（8-42）。

短路时母线所受的最大弯矩：

$$M_d = \sqrt{(M_{sd} + M_{sf})^2 + (M_{Cz} + M_{Cj})^2} = \sqrt{(1400 + 200)^2 + (550 + 360)^2} = 1840.67N \cdot m$$

短路时母线所受的最大应力：$\sigma_d = 100\frac{M_d}{W} = 100 \times \frac{1840.67}{41.4} = 4446.09N/cm^2$

注：管形母线考查频率较多，特别是弯矩、应力、挠度及微风振动等问题，本小节请重点关注。

16.《电力工程电气设计手册 1 电气一次部分》P249 式（6-12）和《导体和电器选择设计规程》（DL/T 5222—2021）第 15 章条文说明式 14。

《继电保护和安全自动装置技术规程》（GB/T 14285—2006）第 4.9.1-a）条：220kV～500kV 电力网中，线路或电力设备的后备保护采用近后备方式。因此，220kV 母线主保护应视为有死区，建议选用后备保护时间计算。

短路电流热效应：$Q_d = I_k^2 t = 30^2 \times (2 + 0.04) = 1836\text{kA}^2$

电流互感器 5s 热稳定电流倍数：$K_r = \dfrac{\sqrt{\dfrac{Q_d}{t}}}{I_1} \times 10^3 = \dfrac{\sqrt{\dfrac{1836}{5}}}{2000} \times 10^3 = 9.58$

17.《电力工程电缆设计规范》（GB 50217—2018）附录 D。

根据表 D.0.1，温度校正系数$k_1 = 1.05$；根据表 D.0.6，敷设方式校正系数$k_2 = 0.65$；铝芯与铜芯电缆校正系数$k_3 = 1.29$。

出线回路计算电流（折算为铝芯）：$I_c = \dfrac{260}{k_1 k_2 k_3} = \dfrac{260}{1.05 \times 0.65 \times 1.29} = 295.31\text{A} < 320\text{A}$，选择 185mm^2 电缆。

注：本题隐藏了铜铝载流量的折算要求，考试时，很多考生在此处丢分，很可惜。

18.《电力工程电气设计手册 1 电气一次部分》P246 式（6-6）。

按题意条件，2 台 400kVA 的所用变压器应为 10/0.4kV，高压侧应为 10kV。

高压熔断器熔体额定电流：$I_{nR} = KI_{bgm} = 1.3 \times 1.05 \times \dfrac{400}{\sqrt{3} \times 10} = 31.5\text{A}$，选择 32A。

《导体和电器选择设计规程》（DL/T 5222—2021）第 17.0.5 条：高压熔断器熔管额定电流应大于或等于熔体额定电流，即熔体额定电流≥ 32A，选择 50A。

注：参考《电力工程电气设计手册 1 电气一次部分》P246 表 6-30，了解熔体和熔管额定电流匹配选择。

题 19～22 答案：**AABC**

19.《导体和电器选择设计规程》（DL/T 5222—2021）附录 B 式（B.2.1-5）、（B.2.1-8）。

降压变压器变比：$n_\varphi = \dfrac{U_N \times 10^3}{\sqrt{3} U_{N2}} = \dfrac{20 \times 10^3}{\sqrt{3} \times 220} = 52.486\Omega$

接地电阻值：$R_{N2} = \dfrac{U_N \times 10^3}{1.1 \times \sqrt{3} I_C n_\varphi^2} = \dfrac{20 \times 10^3}{1.1 \times \sqrt{3} \times 6 \times 52.486^2} = 0.635\Omega$

注：《电力工程电气设计手册 1 电气一次部分》P265 的公式与本题无直接对应条件，不建议采用。

20.《导体和电器选择设计规程》（DL/T 5222—2021）附录 B 式（B.2.1-9）。

接地变压器容量：$S_N = \dfrac{U_N}{\sqrt{3} K n_\varphi} I_2 = \dfrac{20}{\sqrt{3} \times 1.1 \times 52.486} \times \dfrac{220}{0.55} = 80\text{kVA}$

或$S_N = \dfrac{1}{K} U_2 I_2 = \dfrac{1}{1.1} \times 220 \times \dfrac{220}{0.55} = 80000\text{VA} = 80\text{kVA}$

21.《导体与电器选择设计规程》（DL/T 5222—2021）第 20.1.7 条及表 20.1.7。

3～20kV 相对地的额定电压和持续运行电压分别为$1.25U_{m\cdot g}$和$U_{m\cdot g}$，根据题干条件，最高运行电压为$1.05U_n$。

额定电压：$1.25U_{m\cdot g} = 1.25 \times 1.05 \times U_g = 1.25 \times 1.05 \times 20 = 26.25kV$

持续运行电压：$U_{m\cdot g} = 1.05 \times U_g = 21kV$

注：也可参考《交流电气装置的过电压保护和绝缘配合》（DL/T 620—1997）第 5.3.4 条表 3。《交流电气装置的过电压保护和绝缘配合设计规范》（GB/T 50064—2014）已无此相关数据。发电机最高运行电压$U_{m\cdot g}$，可参考规范《隐极同步发电机技术要求》（GB/T 7064—2008）第 4.6 条：发电机额定功率因数下，当电压偏差±5%，频率偏差±2%时，应该能够长期输出额定功率。

22.《电力工程电气设计手册 1 电气一次部分》P140 式（4-32）及表 4-15。

厂用分支离相分支母线的最小动稳定电流即发电机端出口处的短路冲击电流：

系统提供的冲击电流：$i_{ch1} = \sqrt{2}K_{ch}I'' = \sqrt{2} \times 1.8 \times 102 = 259.65kA$

发电机提供的冲击电流：$i_{ch2} = \sqrt{2}K_{ch}I'' = \sqrt{2} \times 1.9 \times 114 = 306.32kA$

总冲击电流：$i_{ch} = i_{ch1} + i_{ch2} = 259.65 + 306.32 = 565.97kA$

题 23～26 答案：**CCBA**

23.《220kV～1000kV 变电站站用电设计技术规程》（DL/T 5155—2016）第 4.1.1 条、第 4.1.2 条及附录 A。

负荷计算原则：连续运行及经常短时运行的设备应予计算，不经常短时及不经常断续运行的设备不予计算。

对照附录 A 可知：事故通风机（不经常连续）应计入，消防水泵、水喷雾装置（不经常短时）应不计入容量。

所有动力设备之和：$P_1 = 3 \times [3 \times (10 + 2 \times 5)] + 6 + 10 + 20 = 216kW$

所有电热设备之和：$P_2 = 0kW$

所有照明设备之和：$P_3 = 10kW$

新增变压器计算负荷：$S = K_1P_1 + P_2 + P_3 = 0.85 \times 216 + 10 = 193.6kVA$

注：事故风机不纳入计算为 176.6kVA，消防泵和水喷雾设备纳入计算为 219.1kVA，均不正确。另，不应考虑电动机起动系数，此为干扰项。

24. 根据题干数据，增容改造后，所用变压器的计算容量：$S = 520 + 193.6 = 713.6kVA$

注：此题计算结论过于简单，是否还有其他解法，可讨论。

25.《220kV～1000kV 变电站站用电设计技术规程》（DL/T 5155—2016）附录 D 式（D.0.2）。

$$I_g = 3n_1(I_b + n_2I_f) = 3 \times 3 \times \left(\frac{10}{\sqrt{3} \times 0.38 \times 0.8} + 2 \times \frac{5}{\sqrt{3} \times 0.38 \times 0.8}\right) = 341.85A$$

注：泵、风机的电动机功率因数均为 0.8，此为电气基本知识，本题未提供该数据。

26.《220kV～1000kV 变电站站用电设计技术规程》（DL/T 5155—2016）附录 C 式（C.1）和附录 E 表 E.0.3。

供电回路末端短路电流：

$$I'' = \frac{U}{\sqrt{3} \times \sqrt{(\sum R)^2 + (\sum X)^2}} = \frac{400}{\sqrt{3} \times \sqrt{(3+2)^2 + (10+1)^2}} = 19.11kA$$

变压器冷却装置的油泵和风扇供电后，为同时起动工作，应按成组自起动计算。

$$I_Z \geqslant 1.35 \times \sum I_Q = 1.35 \times 3 \times 3 \times 3 \times \left(\frac{10+2\times 5}{\sqrt{3}\times 0.38\times 0.85\times 1}\right) = 1303.06\text{A} = 1.303\text{kA}$$

注：按最大一台起动公式进行过电流脱扣器整定，一般为母线上的各种电机分属不同设备或为不同设备服务时。

题 27～30 答案：**CDCC**

27.《并联电容器装置设计规范》(GB 50227—2017) 第 4.1.1 条及条文说明。

选项 A 参考条文说明：为节约投资设置电容器组专用母线，专用母线的总回路断路器按能开断母线短路电流选择；分组回路开关不考虑开断母线短路电流，采用价格便宜的真空开关（10kV 采用接触器)，满足频繁投切要求。

选项 B 即图 4.1.1-3。

选项 C 参考“分组回路无保护开关，不满足要求”。

选项 D 即图 4.1.1-2。

28.《并联电容器装置设计规范》(GB 50227—2017) 第 3.0.3-3 条式 (3.0.3)。

3 次谐波的电容器容量：$Q_{cx3} = S_d\left(\frac{1}{n^2} - K\right) = 1672.2 \times \left(\frac{1}{3^2} - 5\%\right) = 102.19\text{Mvar}$

5 次谐波的电容器容量：$Q_{cx5} = S_d\left(\frac{1}{n^2} - K\right) = 1672.2 \times \left(\frac{1}{5^2} - 5\%\right) = -16.722\text{Mvar}$

计算结果均与分组容量 60Mvar 不符，因此，不会发生 3 次、5 次谐波谐振。

29.《电力工程电气设计手册 1 电气一次部分》P508 式 (9-23)。

最大并联台数：$M_m = \frac{259W_{\min}}{Q_{Ce}} + 1 = \frac{259\times 14}{417} + 1 = 9.70$，取 9 台。

按《并联电容器装置设计规范》(GB 50227—2017) 第 4.1.2-3 条校验：每个串联段的电容器并联总容量不应超过 3900kvar，则$N = \frac{3900}{417} = 9.35 > 9$，因此取 9 台满足要求。

30.《电力工程电气设计手册 1 电气一次部分》P505“断路器额定电流不应小于装置长期允许电流的 1.35 倍”。

专用母线总回路长期运行电流值：$I_Q = 1.35 \times \frac{3\times 10000}{\sqrt{3}\times 35} = 667.7\text{A}$

题 31～35 答案：**CBCCD**

31.《架空输电线路电气设计规程》(DL/T 5582—2020) 第 6.2.2、6.1.3 条。

采用爬电比距法，绝缘子片数：$n \geqslant \frac{\lambda U}{K_e L_{o1}} = \frac{\frac{4.0\times 550}{\sqrt{3}}}{0.9\times 55} = 25.66$，取 26 片，按 7.0.2 条校验，亦满足操作过电压及雷电过电压的要求。

注：最高电压值可参考《标准电压》(GB/T 156—2007) 第 4.5 条，另题干中条件为最高运行相电压。

32.《架空输电线路电气设计规程》(DL/T 5582—2020) 第 6.1.3-2、6.1.5、6.2.2、6.2.3 条。

采用爬电比距法，绝缘子片数：$n \geqslant \frac{\lambda U}{K_e L_{o1}} = \frac{\frac{4.0\times 550}{\sqrt{3}}}{0.9\times 63.5} = 22.23$，取 23 片；按 7.0.2 条校验，亦满足操

作过电压及雷电过电压的要求。

高海拔地区悬垂绝缘子串片数：$n_H = ne^{0.1215m_1(H-1000)/1000} = 23 \times e^{0.1215\times0.31\times2} = 24.80$，取25片。

33.《110kV～750kV架空输电线路设计规范》（GB 50545—2010）第7.0.7条及条文说明。

在重污染区，其爬电距离不应小于盘形绝缘子最小要求值的3/4，且不应小于2.8cm/kV。

相电压爬电比距值转线电压爬电比距值：$\lambda = 5.0 \div \sqrt{3} = 2.887\text{cm/kV}$

系统最高电压值转系统标称电压值：$\lambda = 2.887 \times 550 \div 500 = 3.1757\text{cm/kV} > 2.8\text{cm/kV}$

盘形绝缘子要求值的3/4：$L_1 = \frac{3}{4} \times \frac{\lambda U}{K_e} = \frac{3}{4} \times \frac{3.1757\times500}{0.9} = 1323\text{cm}$

复合绝缘子要求的最小爬电距离：$L_2 = 2.8 \times 500 = 1400\text{cm}$，取两者之较大者，为1400cm。

注：规范中的"其爬电距离……且不应小于2.8cm/kV"不是系统最高电压的爬电比距值，从字面上的意思应为实际爬电距离与系统标称电压的比值，因此，为了保证数据的可比性，需将爬电比距折算至标称电压下的数值。

按新规范《架空输电线路电气设计规程》（DL/T 5582—2020）第6.1.3-2、6.2.4条，本题无答案。

34.《架空输电线路电气设计规程》（DL/T 5582—2020）第6.1.3-2、6.2.2、6.2.3条。

采用爬电比距法，绝缘子片数：$n_1 \geqslant \frac{\lambda U}{K_e L_{01}} = \frac{\frac{4.0\times550}{\sqrt{3}}}{0.9\times55} = 25.66$，取26片。

塔高为100m，根据第7.0.3条，为满足操作过电压及雷电过电压的要求，则悬垂单串高度为：

$$h_x = (100-40) \div 10 \times 146 + 25 \times 155 = 4751\text{mm}$$

XWP-210绝缘子片数为：$n_2 = 4751 \div 170 = 27.95$，取28片。

取两者计算结果之大者，应为28片。

注：杆塔高度超过40m时，若要满足操作过电压和雷电过电压的要求，绝缘子串的结构高度需做相应的修正，此时需与爬电比距法对比后才能确定绝缘子片数量。

35.《架空输电线路电气设计规程》（DL/T 5582—2020）第6.2.2、6.2.3条。

塔高为90m，根据第7.0.3条，为满足操作过电压及雷电过电压的要求，因塔高需增加的绝缘子数量为：$(90-40) \times 146 = N \times 155$，则$N = 4.7$，取5片。

悬垂单串高度为：$h_x = (25+5) \times 155 = 4650\text{mm}$

绝缘子串雷电冲击放电电压：$U_{50\%} = 530 \times 4.65 + 35 = 2500\text{kV}$

《交流电气装置的过电压保护和绝缘配合设计规范》（GB/T 50064—2014）第6.2.2-4条：风偏后导线对杆塔空气间隙的正极性雷电冲击电压波50%放电电压，对750kV以下等级可选为现场污秽度等级a级下绝缘子串相应电压的0.85倍。

空气间隙雷电冲击放电电压：$U_{50\%} = 2500 \times 0.85 = 2125\text{kV}$

《高压输变电设备的绝缘配合》（GB 311.1—2012）附录B式（B.3）。

海拔修正系数：$K_a = e^{q\left(\frac{H-1000}{8150}\right)} = e^{1\times\left(\frac{2000-1000}{8150}\right)} = 1.13$

空气间隙雷电冲击放电电压高海拔修正：$U'_{50\%} = U_{50\%} \cdot K_a = 2125 \times 1.13 = 2402.4\text{kV}$

最小空气间隙：$S = 2402.4/552 = 4.35\text{kV}$

注：题目不严谨，未明确公式中L和S的准确含义，解答过程较繁琐，不建议深究。

题 36～40 答案：**DCAAB**

36.《电力工程高压送电线路设计手册》（第二版）P16 表 2-1-1、式（2-1-8）。

导线有效半径：$r_e = 0.81r = 0.81 \times \dfrac{30}{2} = 12.15\text{mm}$

相导线有效半径：$R_e = 1.349(r_e S^5)^{\frac{1}{6}} = 1.349 \times (12.15 \times 400^5)^{\frac{1}{6}} = 301.41\text{mm} = 0.30141\text{m}$

注：有效半径r_e与导线的材料和结构尺寸有关，钢芯铝绞线约为$0.81r$。

37.《电力工程高压送电线路设计手册》（第二版）P153 式（2-8-1）、式（2-8-3）。

地中电流等价深度：$D_0 = 660\sqrt{\dfrac{\rho}{f}} = 660 \times \sqrt{\dfrac{200}{50}} = 1320\text{m}$

“导线—地”回路自阻抗：

$$Z_m = \left(R + 0.05 + j0.145\lg\frac{D_0}{r_e}\right) = \frac{0.06}{6} + 0.05 + j0.145\lg\frac{1320}{0.3} = 0.06 + j0.528\Omega/\text{km}$$

注：R为导线的电阻，题干中给的是子导线交流电阻，因此导线的电阻R应取 6 根子导线并联电阻值。

38.《电力工程高压送电线路设计手册》（第二版）P16 式（2-1-3）、式（2-1-6）。

相导线几何均距：$d_m = \sqrt[3]{d_{ab}d_{bc}d_{ac}} = \sqrt[3]{7 \times 7 \times 7} = 7\text{m}$

单回路相分裂导线正序电抗：$X_1 = 0.0029f\lg\dfrac{d_m}{R_m} = 0.0029 \times 50\lg\dfrac{7}{0.3} = 0.198\Omega/\text{km}$

39.《电力工程高压送电线路设计手册》（第二版）P21 式（2-1-32）。

相导线几何均距：$d_m = \sqrt[3]{d_{ab}d_{bc}d_{ac}} = \sqrt[3]{7 \times 7 \times 7} = 7\text{m}$

线路的正序电纳：$B_{c1} = \dfrac{7.58 \times 10^{-6}}{\lg\dfrac{d_m}{R_m}} = \dfrac{7.58 \times 10^{-6}}{\lg\dfrac{7}{0.35}} = 5.826 \times 10^{-6}\text{S/km}$

注：区分等价半径与有效半径的含义和公式。

40.《电力工程高压送电线路设计手册》（第二版）P24 式（2-1-41）、式（2-1-42）。

线路波阻抗：$Z_n = \sqrt{\dfrac{X_1}{B_1}} = \sqrt{\dfrac{0.5}{5.0 \times 10^{-6}}} = 316.23\Omega$

线路自然功率：$P_n = \dfrac{U^2}{Z_n} = \dfrac{500^2}{316.23} = 790.56\text{MW}$

2014 年专业知识试题答案（上午卷）

1. **答案：** D

依据： 无准确条文，可参考《低压配电设计规范》（GB 50054—2011）的相关内容。

注：零线为旧名称，按现行规范为中性线。《低压配电设计规范》（GB 50054—2011）已移出考纲。

2. **答案：** B

依据：《火力发电厂与变电站设计防火规范》（GB 50229—2019）第 11.7.1-3 条。

3. **答案：** B

依据：《低压配电设计规范》（GB 50054—2011）第 4.2.3 条。

注：该规范已移出考纲。

4. **答案：** C

依据：《火力发电厂与变电站设计防火规范》（GB 50229—2019）第 6.8.4 条。

5. **答案：** B

依据：《大中型火力发电厂设计规范》（GB 50660—2011）第 21.1.2 条。

6. **答案：** D

依据：《大中型火力发电厂设计规范》（GB 50660—2011）第 21.5.2 条。

7. **答案：** D

依据：《发电厂和变电站照明设计技术规定》（DL/T 5390—2014）第 10.0.8 条。

8. **答案：** C

依据：《爆炸危险环境电力装置设计规范》（GB 50058—2014）第 5.3.5-2 条。

9. **答案：** B

依据：《高压配电装置设计技术规程》（DL/T 5352—2018）第 5.5.2 条、第 5.5.3 条。

10. **答案：** B

依据：《火力发电厂与变电站设计防火规范》（GB 50229—2019）第 11.1.5 条及表 11.1.5。

注：相邻两座建筑两面的外墙为非燃烧体且无门窗洞口、无外露的燃烧屋檐，其防火间距可按表 11.1.5 减少 25%。

11. **答案：** B

依据：《火灾自动报警系统设计规范》（GB 50116—2013）第 10.1.2 条、第 10.1.3 条、第 10.1.4 条。

12. **答案：** C

依据：《光伏发电站设计规范》（GB 50797—2012）第 6.5.2 条。

储能电池容量：$C_c = \dfrac{DFP_0}{UK_a} = \dfrac{15 \times 24 \times 1.05 \times 2}{0.8 \times 0.7} = 1350\text{MWh}$

注：该规范已移出考纲。

13. **答案：** B

依据：《导体和电器选择设计规程》(DL/T 5222—2021) 第 9.2.2 条和附录 A 式 (A.3.2-1),《电力工程电缆设计规范》(GB 50217—2018) 附录 E。

电缆热稳定：$S \geqslant \dfrac{\sqrt{Q}}{C} = \dfrac{I}{C}\sqrt{t}$，式中$t$为短路持续时间。

第 9.2.2 条：断路器的断流能力，以断路器实际开断时间（主保护动作时间+断路器分闸时间之和）的短路电流作为校验条件。

注：断路器开断时间实际为短路持续时间的一部分。

14. **答案：** C

依据：《电力设施抗震设计规范》(GB 50260—2013) 第 6.3.8-2 条。

破坏弯矩：$M_v \geqslant 1.67M_{tot} = 1.67 \times 1000 = 1670\text{N}\cdot\text{m}$，取答案 $2000\text{N}\cdot\text{m}$。

15. **答案：** B

依据：《导体和电器选择设计规程》(DL/T 5222—2021) 第 6.0.16-4 条。自耦变压器在调压范围大，第三绕组不允许波动范围大时，推荐采用中压侧线端调压，故选项 B 正确。

16. **答案：** B

依据：《导体和电器选择设计规程》(DL/T 5222—2021) 第 7.2.2 条。在中性点直接接地或经小阻抗接地的系统中选择断路器时，首相开断系数应取 1.3；在 110kV 及以下的中性点非直接接地的系统中，则首相开断系数应取 1.5。

17. **答案：** B

依据：《导体和电器选择设计规程》(DL/T 5222—2021) 第 11.0.14 条。

18. **答案：** B

依据：《导体和电器选择设计规程》(DL/T 5222—2021) 第 16.0.6 条。由此条可知只能选电磁式电压互感器，而不能选电容式电压互感器。

19. **答案：** A

依据：《导体和电器选择设计规程》(DL/T 5222—2021) 第 4.0.2 条表 4.0.3。

20. **答案：** C

依据：《导体和电器选择设计规程》(DL/T 5222—2021) 第 5.1.10 条及表 5.1.10。

21. **答案：** C

依据：《电力工程电缆设计规范》(GB 50217—2018) 第 3.1.1 条。

注：也可参考《导体和电器选择设计规定》(DL/T 5222—2021) 第 7.8.5 条。

22. **答案：** B

依据：《电力设施抗震设计规范》(GB 50260—2013) 第 6.1.1 条及条文说明。

注：条文说明中仅提供了 220kV 及以下电气设施的震例，并无明确规定，此题不严谨。

23. **答案：** C

依据：《高压配电装置设计技术规程》(DL/T 5352—2018) 第 3.0.2 条的最后一句。

24. **答案：** C

依据：《交流电气装置的过电压保护和绝缘配合设计规范》（GB/T 50064—2014）第 5.3.1-6 条。

25. **答案：** C

依据：《交流电气装置的接地设计规范》（GB/T 50065—2011）附录 E、第 4.3.5-2 条。

26. **答案：** D

依据：《火力发电厂、变电站二次接线设计技术规程》（DL/T 5136—2012）第 9.0.3 条。

27. **答案：** C

依据：《火力发电厂、变电站二次接线设计技术规程》（DL/T 5136—2012）第 16.2.6 条。

28. **答案：** A

依据：《继电保护和安全自动装置技术规程》（GB/T 14285—2006）第 6.7.2 条。

29. **答案：** B

依据：《继电保护和安全自动装置技术规程》（GB/T 14285—2006）第 4.3.2 条。

30. **答案：** C

依据：《继电保护和安全自动装置技术规程》（GB/T 14285—2006）第 4.11.4 条。

31. **答案：** C

依据：《电力工程直流系统设计技术规程》（DL/T 5044—2014）第 3.5.4 条。

32. **答案：** D

依据：《200kV～1000kV 变电站站用电设计技术规程》（DL/T 5155—2016）第 5.0.2～5.0.6 条。

33. **答案：** C

依据：《200kV～1000kV 变电站站用电设计技术规程》（DL/T 5155—2016）第 8.4.2 条、第 8.4.3 条。

34. **答案：** B

依据：《电力系统设计技术规程》（DL/T 5429—2009）第 5.2.3 条。

35. **答案：** D

依据：《架空输电线路电气设计规程》（DL/T 5582—2020）第 3.0.9 条。轻、中、重冰区的耐张段长度分别不宜大于 10km、5km 和 3km，且单导线线路不宜大于 5km，在高差或档距相差悬殊的山区或者重冰区等运行条件较差的地段，耐张段长度应适当缩短。220kV 单导线线路，耐张段长度不宜大于 5km；在轻冰区 220kV 分裂导线，耐张段长度不宜大于 10km，故选项 D 正确。

36. **答案：** C

依据：《架空输电线路电气设计规程》（DL/T 5582—2020）第 3.0.9 条文说明。耐张段长度由设计、运行、施工条件和施工方法确定，并吸收 2008 年冰灾运行经验。

37. **答案：** C

依据：《架空输电线路电气设计规程》（DL/T 5582—2020）第 5.1.3 条表 5.1.3-1。可知 500kV，2×36.2mm、4×21.6mm 时均可不验算电晕的导线最小直径，选项 D 项正确、选项 C 项错误。

38. **答案：** B

依据：《架空输电线路电气设计规程》（DL/T 5582—2020）第 5.1.8 条。钢芯铝绞线和钢芯铝合金绞线宜采用 70℃，大跨越宜采用 90℃；钢芯铝包钢绞线和铝包钢绞线可采用 80℃，大跨越可采用 100℃；镀锌钢绞线可采用 125℃。

39. **答案：** A

依据：《架空输电线路电气设计规程》（DL/T 5582—2020）第 5.1.10 条。钢芯铝绞线和钢芯铝合金绞线可采用 200℃；钢芯铝包钢绞线和铝包钢绞线可采用 300℃镀锌钢绞线可采用 400℃，故选项 A 正确。

40. **答案：** C

依据：《架空输电线路电气设计规程》（DL/T 5582—2020）第 9.1.1 条式（9.1.1-2）。

$$D_x = \sqrt{D_p^2 + \left(\frac{4}{3}D_z\right)^2} = \sqrt{4^2 + \left(\frac{4}{3} \times 5\right)^2} = 7.8\text{m}$$

注：酒杯塔导线为水平排列，猫头塔导线为三角排列。

……………………………………………………………………………………………………

41. **答案：** AC

依据：《火力发电厂与变电站设计防火规范》（GB 50229—2019）第 9.1.1 条、第 9.1.2 条。

42. **答案：** AB

依据：《火力发电厂与变电站设计防火规范》（GB 50229—2019）第 6.7.4 条。

43. **答案：** AD

依据：《35kV～110kV 变电站设计规范》（GB 50059—2011）第 4.5.5 条。

注：也可参考《火力发电厂与变电站设计防火规范》（GB 50229—2019）第 8.3 条相关内容。

44. **答案：** BCD

依据：《发电厂和变电所照明设计技术规定》（DL/T 5390—2014）第 10.0.3 条、第 10.0.4 条。

45. **答案：** BCD

依据：《电力系统电压和无功电力技术导则》（DL/T 1773—2017）第 10.3、10.7、4.4、5.1.3 条。

注：选项 BC 为旧规范内容，与新规范描述有出入。

46. **答案：** BCD

依据：《火力发电厂与变电站设计防火规范》（GB 50229—2019）第 6.7.6 条。

注：也可参考《高压配电装置设计技术规程》（DL/T 5352—2018）第 5.5.1 条。

47. **答案：** AB

依据：《爆炸危险环境电力装置设计规范》（GB 50058—2014）第 5.4.1-6 条。

48. **答案：** AD

依据：《电力工程电缆设计规范》（GB 50217—2018）第 7.0.2 条、第 7.0.6-3 条。

49. **答案：** BCD

依据：《火力发电厂与变电站设计防火规范》（GB 50229—2019）第11.5.25条。

50. **答案**：ABD

依据：《电力工程电气设计手册 1 电气一次部分》P51内桥形接线的适用范围。

51. **答案**：BCD

依据：无。可参阅基础考试教科书，非旋转电机类设备的正负序阻抗均相等。

52. **答案**：AC

依据：《电力工程电气设计手册 1 电气一次部分》P231表6-1。

53. **答案**：BCD

依据：《并联电容器装置设计规范》（GB 50227—2017）第3.0.3条。

54. **答案**：BCD

依据：《电力工程电缆设计规范》（GB 50217—2018）第3.4.4条。

55. **答案**：AC

依据：《导体和电器选择设计规程》（DL/T 5222—2021）P156表9。

56. **答案**：ABC

依据：《高压配电装置设计技术规程》（DL/T 5352—2018）第5.1.2条、第5.1.4条、第5.1.6条、第5.1.7条。

57. **答案**：BCD

依据：《高压配电装置设计规范》（DL/T 5352—2018）第5.4.4条。

58. **答案**：BD

依据：《交流电气装置的过电压保护和绝缘配合设计规范》（DL/T 50064—2014）第3.1.3条。

注：也可参考《交流电气装置的过电压保护和绝缘配合》（DL/T 620—1997）第3.1.2条。

59. **答案**：ABD

依据：《电力工程电气设计手册 1 电气一次部分》P906、P907接地电阻值内容，无准确对应条文。

60. **答案**：ABD

依据：《火力发电厂、变电站二次接线设计技术规程》（DL/T 5136—2012）第5.1.6条。

61. **答案**：BCD

依据：《继电保护和安全自动装置技术规程》（GB/T 14285—2006）第4.1.12.5条。

62. **答案**：ABCD

依据：《电力工程直流系统设计技术规程》（DL/T 5044—2014）第3.3.1条、第3.3.3-7条、第3.3.3-8条。

63. **答案**：ABD

依据：《大中型火力发电厂设计规范》（GB 50660—2011）第16.3.18条、《火力发电厂厂用电设计技术规定》（DL/T 5153—2014）第9.4.1条。

64. **答案**：ABC

依据：《发电厂和变电站照明设计技术规定》（DL/T 5390—2014）第 8.1.3-3 条、第 8.1.4 条。

65. **答案**：ABC

依据：《电力系统设计技术规程》（GB/T 5429—2009）第 3.0.6 条。

66. **答案**：BC

依据：《架空输电线路电气设计规程》（DL/T 5582—2020）第 3.0.9 条。轻、中、重冰区的耐张段长度分别不宜大于 10km、5km 和 3km，且单导线线路不宜大于 5km，在高差或档距相差悬殊的山区或者重冰区等运行条件较差的地段，耐张段长度应适当缩短。按该条文选项 A 应为“不宜”，选项 D，条文表明在某些情况下，耐张段长度可适当缩短，而不是延长。故只有选项 BC 正确。

67. **答案**：BCD

依据：《架空输电线路电气设计规程》（DL/T 5582—2020）第 3.0.11 条。有大跨越的输电线路，路径方案应结合大跨越的情况，通过综合技术经济比较确定，只有选项 A 正确，故选项 BCD 错误。

68. **答案**：BCD

依据：《架空输电线路电气设计规程》（DL/T 5582—2020）第 5.1.15 条。导线、地线在弧垂最低点的设计安全系数不应小于 2.5，悬挂点的设计安全系数不应小于 2.25。地线的设计安全系数不应小于导线的设计安全系数。依据该条文，对于选项 CD，应是“不小于”导线悬挂点的应力；应力和安全系数为两个概念，从而选项 B 错误。

69. **答案**：AD

依据：《架空输电线路电气设计规程》（DL/T 5582—2020）第 5.1.15、5.1.17 条。

70. **答案**：ABC

依据：《电力工程高压送电线路设计手册》（第二版）P184 有关极大档距和允许档距相关内容。

2014 年专业知识试题答案（下午卷）

1. **答案：** A

依据：《导体和电器选择设计规程》（DL/T 5222—2021）第 18.1.6 条，中性点位不应超过额定相电压的 15%。

注：本题选项 A 和 C 均有误。

2. **答案：** C

依据：《导体和电器选择设计规程》（DL/T 5222—2021）附录 A 第 A.2.5 条。制定运算曲线时，强励顶值倍数取 1.8 倍，励磁回路时间常数，汽轮发电机取 0.25s，水轮发电机取 0.02s，能够代表当前电力系统机组的状况，一般情况下，不必进行修正。当机组励磁方式特殊，其励磁顶值倍数大于 2.0 倍时，可用下式进行校正。

3. **答案：** C

依据：《导体和电器选择设计规程》（DL/T 5222—2021）附录 A 第 A.1 条。

4. **答案：** C

依据：《导体和电器选择设计技术规定》（DL/T 5222—2005）第 20.1.9 条及条文说明。

变压器中性点当采用棒形保护间隙时，可用直径为 12mm 的半圆头棒间隙水平布置。间隙距离可取下列数值：

220kV （250～350）mm；

110kV （90～110）mm。

注：新规《导体和电器选择设计规程》（DL/T 5222—2021）删除了棒形保护间隙相关规定。

5. **答案：** B

依据：《导体和电器选择设计规程》（DL/T 5222—2021）第 7.2.4 条。当短路电流的直流分量不超过断路器额定短路开断电流幅值的 20%时，额定开断电流仅由交流分量来表征。如果短路电流的直流分量超过 20%时，应与制造厂协商，并在技术协议中明确所要求的直流分量百分数。

6. **答案：** B

依据：《电力工程电气设计手册 1 电气一次部分》P56“一台半断路器接线的特点”。

7. **答案：** C

依据：《电流互感器和电压互感器选择及计算规程》（DL/T 866—2015）第 7.2.1-7 条，自耦变压器零序差动保护用电流互感器，其各侧变比应一致，可按变压器中压侧额定电流选择。

中压侧额定电流：$I_n = \frac{S}{\sqrt{3}U} = \frac{750}{\sqrt{3} \times 220} \times 10^3 = 1968\text{A}$，取 2000A。

8. **答案：** C

依据：《电力工程电缆设计规范》（GB 50217—2018）第 5.4.5 条。

9. **答案：** A

依据：《导体和电器选择设计规程》（DL/T 5222—2021）式（5.1.8）。

裸导体热稳定截面：$S \geqslant \frac{\sqrt{Q_d}}{C} = \frac{18 \times 10^3}{79} \times \sqrt{0.5} = 161\text{mm}^2$

注：与常规不同，导体工作温度为 90℃，但根据式（7.1.8），C值计算时已考虑，因此不必再做修正。

10. **答案：** A

依据：《高压配电装置设计技术规程》（DL/T 5352—2018）第 6.2.1 条、第 6.2.2 条。

11. **答案：** B

依据：《高压配电装置设计技术规程》（DL/T 5352—2018）第 5.1.2 条 A1 值。

12. **答案：** C

依据：《交流电气装置的过电压保护和绝缘配合设计规范》（DL/T 50064—2014）第 5.4.11-2 条。

地中距离：$S_e \geqslant 0.3R_i = 0.3 \times 20 = 6\text{m}$，且$S_e$不宜小于 3m。

注：《交流电气装置的过电压保护和绝缘配合》（DL/T 620—1997）第 7.1.11-b）条。

13. **答案：** D

依据：《电力工程高压送电电路设计手册》（第二版）P129 式（2-7-39）。

14. **答案：** B

依据：《交流电气装置的过电压保护和绝缘配合设计规范》（DL/T 50064—2014）第 4.1.2 条。

系统中的工频过电压一般由线路空载、接地故障和甩负荷等引起。

注：也可参考《交流电气装置的过电压保护和绝缘配合》（DL/T 620—1997）第 4.1.1-a）条。

15. **答案：** D

依据：《交流电气装置的接地设计规范》（GB/T 50065—2011）第 4.2.2-2 条。

接触电位差：$U_t = 50 + 0.05\rho_s C_s = 50 + 0.05 \times 200 = 60\text{V}$

跨步电位差：$U_s = 50 + 0.2\rho_s C_s = 50 + 0.2 \times 200 = 90\text{V}$

16. **答案：** B

依据：《交流电气装置的接地设计规范》（GB/T 50065—2011）第 4.4.5～4.4.7 条、第 4.4.9 条。

17. **答案：** B

依据：《交流电气装置的接地设计规范》（GB/T 50065—2011）第 4.3.7-6 条之第 1）、2）、5）款。

18. **答案：** D

依据：《火力发电厂、变电站二次接线设计技术规程》（DL/T 5136—2012）第 11.1.3 条。

19. **答案：** B

依据：《火力发电厂、变电站二次接线设计技术规程》（DL/T 5136—2012）第 5.1.9 条及其条文说明。

20. **答案：** D

依据：《继电保护和安全自动装置技术规程》（GB/T 14285—2006）第 4.2.4.3 条。

21. **答案：** A

依据：《电力系统调度自动化设计技术规程》（DL/T 5003—2005）第 4.2.1 条。

注：更新后规范中无相关描述。

22. **答案**：B

依据：《电力系统安全自动装置设计技术规定》（DL/T 5147—20011）第5.4.1条。

注：该规范已移出考纲。依据《电力系统安全自动装置设计规范》（GB 50703—2011）第3.5条相关描述与该题不适用。

23. **答案**：D

依据：《电力工程直流系统设计技术规程》（DL/T 5044—2014）第5.1.2-3条、第5.1.3条。

24. **答案**：D

依据：《电力工程直流系统设计技术规程》（DL/T 5044—2014）附录C第C.1.3条。

蓄电池个数：$n = 1.05U_n/U_f = 1.05 \times 220 \div 2.2 = 105$

放电终止电压：$U_m \geqslant 0.875U_n/n = 0.875 \times 220 \div 105 = 1.833\text{V}$

25. **答案**：B

依据：《电力工程直流系统设计技术规程》（DL/T 5044—2014）第6.7.2-1条及附录A第A.3.6条。

$$I_n \geqslant I_{1h} = 5.5I_{10} = 5.5 \times 200 \div 10 = 110\text{A}，取150\text{A}$$

26. **答案**：C

依据：《火力发电厂厂用电设计技术规定》（DL/T 5153—2014）条5.1.5条。

27. **答案**：B

依据：《火力发电厂厂用电设计技术规定》（DL/T 5153—2014）第7.1.6条。

注：也可参考《200kV～1000kV变电站站用电设计技术规程》（DL/T 5155—2016）第7.2.7条。

28. **答案**：B

依据：《火力发电厂厂用电设计技术规定》（DL/T 5153—2014）第6.5.2条。

注：操作电器为旧名称，新规范定义为功能性开关电器，可参考《低压配电设计规范》（GB 50054—2011）第3.1.9条，实际上针对低压配电装置，DL/T 5153—2002中很多定义是不准确的。

29. **答案**：C

依据：《导体和电器选择设计规程》（DL/T 5222—2021）第13.4.5条及条文说明。当出线电抗器未装设无时限继电保护装置，应按电抗器后发生短路，母线剩余电压不低于额定值的60%～70%校验。

30. **答案**：B

依据：《电力工程电气设计手册 1 电气一次部分》P1031相关内容，屋内配电装置的照明器不能安装在配电间隔和母线上方，装设顶灯应避开带电体。

31. **答案**：B

依据：《发电厂和变电站照明设计技术规定》（DL/T 5390—2014）第6.0.4条。

32. **答案**：B

依据：《电力系统电压和无功电力技术导则》（DL/T 1773—2017）第6.1条、第6.2条。

33. **答案**：C

依据：《电力工程高压送电线路设计手册》（第二版）P24 式（2-1-41）及式（2-1-42）。

$$P_n = \frac{U^2}{Z_n} = 500^2 \div \sqrt{\frac{0.262}{4.4 \times 10^{-6}}} = 1024.5\text{MW}$$

34. **答案**：D

依据：《架空输电线路电气设计规程》（DL/T 5582—2020）第 9.1.1 条。

由$D = k_i L_k + U/110 + 0.65\sqrt{f_m}$，可得$8 = 0.4 \times 3 + 220/110 + 0.65\sqrt{f_m}$，则$f_m = 54.53\text{m}$。

《电力工程高压送电线路设计手册》（第二版）P180 表 3-3-1，最大弧垂公式为：

$$f_m = \frac{\gamma l^2}{8\sigma_0} = Kl^2$$

可得$8.0 \times 10^{-5} \times l^2 = 54.53$，则$l = 825\text{m}$。

35. **答案**：B

依据：《架空输电线路电气设计规程》（DL/T 5582—2020）第 10.1.4 条。查表知，送电线路与一级弱电线路的交叉角应≥45°。

36. **答案**：B

依据：《电力工程高压送电线路设计手册》（第二版）P179 表 3-2-3。

覆冰时综合比载：$\gamma_7 = \sqrt{\gamma_3^2 + \gamma_5^2} = \sqrt{(\gamma_1 + \gamma_2)^2 + \gamma_5^2} = \sqrt{(30 + 25)^2 + 20^2} \times 10^{-3}$

$= 58.5 \times 10^{-3}\text{N/(m} \cdot \text{mm}^2)$

37. **答案**：C

依据：《电力工程高压送电线路设计手册》（第二版）P182 表 3-3-4。

$$l_r = \sqrt{\frac{400^3 + 500^3 + 550^3 + 450^3}{400 + 500 + 550 + 450}} = 484.8\text{m}$$

38. **答案**：A

依据：$15 \times \cos 30° = 15 \times 0.866 = 12.99\text{N/m}$

39. **答案**：D

依据：《电力工程高压送电线路设计手册》（第二版）P106 倒数第 4 行。

导线风偏角：$\eta = \arctan\left(\frac{\gamma_4}{\gamma_1}\right) = \arctan\left(\frac{26.52}{32.33}\right) = 39.36°$

40. **答案**：C

依据：《架空输电线路电气设计规程》（DL/T 5582—2020）表 5.2.1。查表知，档距不超过 500m 的非开阔地区、不采取防振措施时，镀锌钢绞线的平均运行张力上限为 18%TP。

注：只有当铝钢截面比不小于 4.29 时，才应符合表 5.0.13 的规定，且当有多年运行经验时，可不受该表的限制。

……………………………………………………………………………………………………

41. **答案**：BCD

依据：《电力工程电气设计手册 1 电气一次部分》P47～49“主接线内容”和 P56“一个半断路器接线内容”。

42. **答案：**ACD

依据：《导体和电器选择设计规程》（DL/T 5222—2021）第 A.2.2 条，A.1.2-1 条，A.1.2-4 条。

43. **答案：**ABD

依据：《导体和电器选择设计规程》（DL/T 5222—2021）第 7.2.12 条。断路器同极断口间的公称爬电比距之比一般取 1.15-1.3，因此选项 C 错误。其他选项均和条文一致。

44. **答案：**CD

依据：《导体与电器选择设计技术规定》（DL/T 5222—2005）第 16.0.4 条之条文说明表 16。

注：新规《导体和电器选择设计规程》（DL/T 5222—2021）中删除相关规定。

45. **答案：**BD

依据：《导体和电器选择设计规程》（DL/T 5222—2021）第 6.0.21 条。

46. **答案：**CD

依据：《导体和电器选择设计规程》（DL/T 5222—2021）第 8.0.14 条。

注：新版规范《导体和电器选择设计规程》（DL/T5222—2021）第 6.0.20 条修改后，无明确描述。

47. **答案：**AB

依据：《电力工程电缆设计规范》（GB 50217—2018）第 5.3.3 条。

48. **答案：**AC

依据：《高压配电装置设计技术规程》（DL/T 5352—2018）第 5.1.2 条。

49. **答案：**ABD

依据：《高压配电装置设计技术规程》（DL/T 5352—2018）第 2.1.2～2.1.4 条、第 2.1.13 条。

50. **答案：**BD

依据：《高压配电装置设计技术规程》（DL/T 5352—2018）第 5.2.4 条及条文说明、第 5.2.5 条、第 5.2.7 条。

51. **答案：**AB

依据：《交流电气装置的过电压保护和绝缘配合设计规范》（DL/T 50064—2014）第 5.4.10-2 条。

注：也可参考《交流电气装置的过电压保护和绝缘配合》（DL/T 620—1997）第 7.1.10 条。

52. **答案：**AC

依据：《交流电气装置的过电压保护和绝缘配合设计规范》（DL/T 50064—2014）第 6.4.3-1 条、第 6.4.4 条。

雷电冲击波残压：$U_{R1} = \bar{u_1}/1.4 = 1550 \div 1.4 = 1107\text{kV}$，取 1100kV。

操作冲击波残压：$U_{R2} = \bar{u_2}/1.15 = 1050 \div 1.15 = 913\text{kV}$，取 910kV。

注：也可参考《交流电气装置的过电压保护和绝缘配合》（DL/T 620—1997）第 10.4.3 条、第 10.4.4条。

53. **答案：**BC

依据：《交流电气装置的接地设计规范》（GB/T 50065—2011）第 4.5.2 条。

54. **答案：**ACD

依据：《交流电气装置的接地设计规范》（GB/T 50065—2011）第 4.5.1-1 条、《交流电气装置的过电压保护和绝缘配合设计规范》（DL/T 50064—2014）第 5.4.6 条、《交流电气装置的接地》（DL/T 621—1997）第 6.2.4 条。

注：也可参考《交流电气装置的过电压保护和绝缘配合》（DL/T 620—1997）第 7.1.6 条。

55. **答案：** AD

依据：《电力装置电测量仪表装置设计规范》（GB/T 50063—2017）第 3.3.7 条。

56. **答案：** ACD

依据：《火力发电厂、变电站二次接线设计技术规程》（DL/T 5136—2012）第 16.3.2 条、第 16.3.3 条、第 16.3.5 条。

57. **答案：** BD

依据：《继电保护和安全自动装置技术规程》（GB/T 14285—2006）第 4.7.3 条、第 4.7.4 条。

58. **答案：** BC

依据：《继电保护和安全自动装置技术规程》（GB/T 14285—2006）第 4.9.2.2 条、第 4.9.1-c）条、第 4.9.6.3 条、第 4.9.4.1 条。

59. **答案：** 无

依据：《电力工程直流电源系统设计技术规程》（DL/T 5044—2014）第 6.3.3-2 条，电缆允许电压降宜取直流电源系统标称电压的 0.5%～1%，选项 A 错。

选项 B，规范无对应条文。

第 6.3.6-1 条，直流柜与分电柜之间的距离确定电缆允许的电压降，宜取直流电源系统标称电压的 3%～5%，选项 C 错。

第 6.3.6-3 条，应保证直流柜与直流终端断路器之间允许总电压降不大于标称电压的 6.5%，选项 D 错。

本题是按照旧版规范出的题，按现行规范，本题无答案。

60. **答案：** AC

依据：《电力工程直流系统设计技术规程》（DL/T 5044—2014）第 3.4.2 条第 3.4.3 条。

61. **答案：** BC

依据：《200kV～1000kV 变电站站用电设计技术规程》（DL/T 5155—2016）第 3.4.2 条。

62. **答案：** ABC

依据：《火力发电厂厂用电设计技术规定》（DL/T 5153—2014）第 6.5.6 条。

63. **答案：** AC

依据：《火力发电厂厂用电设计技术规定》（DL/T 5153—2014）第 6.1.4～6.1.6 条。

64. **答案：** BD

依据：《发电厂和变电站照明设计技术规定》（DL/T 5390—2014）第 8.5.1 条。

65. **答案：** AD

依据：《电力系统安全稳定导则》（GB 38755—2019）第 3.2.4 条。

66. **答案**：AD

依据：《架空输电线路电气设计规程》（DL/T 5582—2020）第 9.2.1 条、表 9.2.1。正确的应为：110kV：0.5m；220kV：1.0m；330kV：1.5m；500kV：1.75m。故选项 A、D 正确。

67. **答案**：BC

依据：《架空输电线路电气设计规程》（DL/T 5582—2020）第 5.1.19 条、表 5.1.19。铝钢截面比 4.29～4.38 时，降 15℃；铝钢截面比 5.05～6.16 时，降 15℃-20℃。由表可知选项 BC 正确，AD 错误。

68. **答案**：AD

依据：《电力工程高压送电线路设计手册》（第二版）P184 式（3-3-12）。

注：h_1、h_2分别为杆塔两侧的悬挂点高差，当邻塔悬挂点低时取正号，反之取负号。

69. **答案**：ABD

依据：《110kV～750kV 架空输电线路设计规范》（GB 50545—2010）第 10.1.18 条。

注：该规范已移出考纲。

70. **答案**：AB

依据：《架空输电线路荷载规范》（DL/T 5551—2018）第 9.0.1 条，表 9.0.1。

2014 年案例分析试题答案（上午卷）

题 1～5 答案：**CADCC**

1.《导体和电器选择设计规程》（DL/T 5222—2021）第 3.0.15 条。

第 3.0.15 条：确定短路电流热效应计算时间，对电器宜采用后备保护动作时间加相应断路器的开断时间。

1）断路器 CB1 短路电流热效应，应按 110kV 1 号母线短路时，流过 CB1 的最大短路电流进行计算，断路器 CB1 电流由线路指向母线，动作时间为 2.5s，即$Q_1 = I_t^2 t = 4^2 \times (2.5 + 0.05) = 40.8\text{kA}^2\text{s}$。

2）断路器 CB2 短路电流热效应，分两种情况考虑：

（1）按 d2 点短路时，流过 CB2 的最大短路电流，即电源 3 提供的短路电流 4kA 进行计算，此时断路器 CB2 的电流方向为由母线指向线路，动作时间为 2s，即$Q_{21} = I_t^2 t = 4^2 \times (2.0 + 0.05) = 32.8\text{kA}^2\text{s}$。

（2）按 110kV 1 号母线短路时，流过 CB2 的最大短路电流，即电源 1 提供的短路电流 3kA 进行计算，此时断路器 CB2 的电流方向为由线路指向母线，动作时间为 2.5s，即$Q_{22} = I_t^2 t = 3^2 \times (2.5 + 0.05) = 22.95\text{kA}^2\text{s}$。

取两者之大值，即$Q_2 = 32.8\text{kA}^2\text{s}$。

注：校验断路器 CB1、CB2 的短路电流热效应时，应按最严重情况考虑，即电源 1 和电源 3 出口断路器拒动。

2.《导体与电器选择设计规程》（DL/T 5222—2021）第 3.0.6 条、第 3.0.15 条。

第 3.0.6 条：确定短路电流时，应按可能发生最大短路电流的正常运行方式，不应按仅在切换过程中可能并列运行的接线方式。

第 3.0.15 条：确定短路电流热效应计算时间，对导体（不包括电缆），宜采用主保护动作时间加相应断路器开断时间。主保护有死区时，可采用能对该死区起作用的后备保护动作时间。

主变配置的差动保护，差动保护无死区，因此采用其主保护动作加相应断路器开断时间，短路电流采用正常运行方式。

则软导线的短路电流热效应：$Q = I_t^2 t = (3+4)^2 \times (0.1 + 0.05) = 7.35\text{kA}^2\text{s}$

3.《导体和电器选择设计规程》（DL/T 5222—2021）第 13.4.3-1 条、第 14.1.1 条及条文说明之公式（1）。

第 13.4.3-1 条：普通限流电抗器的额定电流，主变压器或馈线回路按最大可能工作电流考虑。考虑变压器 1.3 倍过负荷能力，则：$I_e = 1.3 \times \frac{S}{\sqrt{3}U} = 1.3 \times \frac{31500}{\sqrt{3} \times 10} = 2364.25\text{A}$

第 14.1.1 条及条文说明之公式（1）：

$$X_K\% \geqslant \left(\frac{I_j}{I''} - X_{*j}\right)\frac{I_{nk}}{I_j} \times \frac{U_j}{U_{nk}} = \left(\frac{5.5}{20} - \frac{5.5}{30}\right) \times \frac{2364.25 \times 10^{-3}}{5.5} \times \frac{10.5}{10} = 0.0414 = 4.14\%$$

4.《导体和电器选择设计规程》（DL/T 5222—2021）第 12.0.9 条及表 12.0.9。

海拔超过 1000m 时，不同相导体之间的净距按每升高 100m 增大 1%进行修正，即：

$$S = 125 + 125 \times \left(\frac{2000 - 1000}{100} \times 1\%\right) = 137.5\text{mm}$$

注：不建议依据《高压配电装置设计技术规程》（DL/T 5352—2018）表5.1.4条及附录A进行修正，因附录A图A.0.1中无10kV对应曲线，无法准确计算数据。

5.《导体和电器选择设计规程》（DL/T 5222—2021）附录B式（B.2.2）、（B.2.2-2）。

电阻的额定电压：$U_R \geqslant 1.05 \times \frac{U_N}{\sqrt{3}} = 1.05 \times \frac{10}{\sqrt{3}} = 6.06\text{kV}$

电阻值：$R_N = \frac{U_N}{\sqrt{3}I_d} = \frac{10 \times 10^3}{\sqrt{3} \times 600} = 9.62\Omega$

题6～10答案：**CDCAA**

6.《交流电气装置的过电压保护和绝缘配合设计规范》（GB/T 50064—2014）第5.2.1条。

各算子：$h = h_1 = 30\text{m}$，$h_x = h_2 = 20\text{m}$，$P = 1$，$D = 30\text{m}$

由于$h > 0.5h_x$，可得：$r_x = (h - h_x)P = (30 - 20) \times 1 = 10\text{m}$

则：$D - D' = 10$

$D' = D - 10 = 30 - 10 = 20\text{m}$

通过避雷针顶点及保护范围上部边缘最低点的圆弧，弓高$f = \frac{D'}{7P} = \frac{20}{7\times1} = 2.857$

两针之间的保护范围上部边缘最低点高度：$h' = h_x - f = 20 - 2.857 = 17.143\text{m}$

注：也可参考《交流电气装置的过电压保护和绝缘配合》（DL/T 620—1997）第5.3.6条。

7.《交流电气装置的接地设计规范》（GB/T 50065—2011）附录A第A.0.2条。

$$R_h = \frac{\rho}{2\pi L}\left(\ln\frac{L^2}{hd} + A\right) = \frac{50}{2\pi \times 8}\left(\ln\frac{8^2}{0.8 \times 0.05/2} + 1\right) = 9.03\Omega$$

8.《交流电气装置的过电压保护和绝缘配合设计规范》（GB/T 50064—2014）第5.4.11-1条。

独立避雷针与配电装置带电部分之间的空气中距离：$S_a \geqslant 0.2R_i + 0.1\text{h} = 0.2 \times 10 + 0.1 \times 10 = 3\text{m}$

也可参考《交流电气装置的过电压保护和绝缘配合》（DL/T 620—1997）第7.1.11-a）条式（15）。此题不严谨，根据第5.4.11-1条，除上述要求外，S_a不宜小于5m，S_e不宜小于3m。

9.《交流电气装置的过电压保护和绝缘配合设计规范》（GB/T 50064—2014）第5.4.13-6条。

第5.4.13-6-3）条：架空进线采用双回路杆塔，确定MOA与变压器最大电气距离时，进线路数应计为一路，且在雷季中宜避免将其中一路断开。

本题220kV配电装置由3回架空出线，其中两回同塔架设，应按一回架空线考虑。

第5.4.13-6-1）条：MOA至主变压器间的最大距离可按表5.4.13-1确定，对其他电器的最大距离可相应增加35%。

$$S = 140 \times (1 + 35\%) = 189\text{m}$$

由于题干条件雷电冲击全波耐受电压为850kV，按表12注2的要求，应取括号内数据。

注：也可参考《交流电气装置的过电压保护和绝缘配合》（DL/T 620—1997）第7.3.4条及表12及小注。

10.《交流电气装置的过电压保护和绝缘配合设计规范》（GB/T 50064—2014）第3.2.2条、第4.1.1-3条。

第3.2.2条：工频过电压的$1.0\text{p.u.} = U_m/\sqrt{3}$。

第4.1.1-3条：220kV系统，工频过电压一般不大于1.3p.u.。

则：$1.3\text{p.u.} = 1.3 \times U_m/\sqrt{3} = 1.3 \times 252 \div \sqrt{3} = 189.14\text{kV}$

注：也可参考《交流电气装置的过电压保护和绝缘配合》（DL/T 620—1997）第 3.2.2 条、第 4.1.1 条。U_m为最高电压，可参考《标准电压》（GB/T 156—2007）第 4.3～4.5 条。

题 11～15 答案：**DAABD**

11.《高压配电装置设计技术规程》（DL/T 5352—2018）第 2.1.7 条、第 2.1.8 条。

第 2.1.7 条：66kV 及以上的配电装置，断路器两侧的隔离开关靠断路器侧，线路隔离开关靠线路侧，变压器进线开关的变压器侧，应配置接地开关。

图中线路隔离开关靠线路侧缺少接地开关，为错误一。

第 2.1.8 条：对屋外配电装置，为保证电气设备和母线的检修安全，每段母线上应装设接地开关或接地器。

图中母线缺少接地开关，为错误二。

《电力变压器选用导则》（GB/T 17468—2008）第 4.9 条。

第 4.9 条：尽量不选用全星形接法的变压器，如必须选用（除配电变压器外）应考虑设置单独的三角形接线的稳定绕组。

图中无稳定绕组，为错误三。

35kV 中性点采用低电阻接地方式，但图中无接地电阻，为错误四。

注：对题中一些迷惑信息澄清如下：

《电力工程电气设计手册 1 电气一次部分》P71“电压互感器的配置”第 4 条：当需要监视和检测线路侧有无电压时，出线侧的一相上应装设电压互感器。

《电力工程电气设计手册 1 电气一次部分》P72“避雷器的配置”第 14 条：110～220kV 线路侧一般不装设避雷器。

《高压配电装置设计技术规程》（DL/T 5352—2018）第 2.1.5 条：110～220kV 配电装置母线避雷器和电压互感器，宜合用一组隔离开关。

《交流电气装置的过电压保护和绝缘配合设计规范》（GB/T 50064—2014）第 5.4.13-6 条：金属氧化物避雷器与主变压器间的最大距离可参照表 5.4.13-1 确定，即 195m。

12.《电力工程电气设计手册 1 电气一次部分》P120 表 4-1 和表 4-2、式（4-10）及 P129 式（4-20）。

设$S_j = 100\text{MVA}$，$U_j = 230\text{kV}$，则$I_j = 0.251\text{kA}$。

系统电抗标幺值：$X_{*s} = \dfrac{S_j}{S''_d} = \dfrac{100}{5000} = 0.02$

线路电抗标幺值：$X_{*L} = X_L \dfrac{S_j}{U_j^2} = 0.417 \times 40 \times \dfrac{100}{230^2} = 0.0315$

变压器电抗标幺值：$X_{*T} = \dfrac{U_d\%}{100} \times \dfrac{S_j}{S_e} = 0.13 \times \dfrac{100}{80} = 0.1625$

三相短路电流标幺值：$I_{*k} = \dfrac{1}{X_{*\Sigma}} = \dfrac{1}{0.02 + 0.0315 + 0.1625} = 4.673$

35kV 母线最大三相短路电流有名值：$I_k = I_{*k} I_j = 4.673 \times 1.56 = 7.29\text{kA}$

13.《交流电气装置的过电压保护和绝缘配合设计规范》（GB/T 50064—2014）第 4.4.3 条。

持续运行电压：$U_m/\sqrt{3} = 252 \div \sqrt{3} = 145.5\text{kV}$

额定电压：$0.75U_m = 0.75 \times 252 = 189kV$

注：也可参考《交流电气装置的过电压保护和绝缘配合》（DL/T 620—1997）第 5.3.4 条及表 3。

14.《火力发电厂与变电站设计防火规范》（GB 50229—2019）第 6.7.8 条。

第 6.7.8 条：总事故油池的容量按其接入的最大一台设备确定，并设置油水分离装置。

则总事故贮油池容量为：$V = \frac{40}{0.84} = 47.62m^3$

注：参考 2008 年案例分析试题（上午卷）第 13 题，对比分析。

15.《高压配电装置设计技术规程》（DL/T 5352—2018）第 5.1.2 条及表 5.1.2-1、附录 A。

表 5.1.2-1 中不同相的带电部分之间（A_2值）距离为 2000，其A_1值为 1800。

根据附录 A 图 A.0.1，可查得海拔 3600m 的A_1值约为 2280mm。

附录 A 注解：A_2值可按图之比例递增，则$A_2 = 2000 \times \frac{2280}{1800} = 2533mm$。

注：参考 2008 年案例分析试题（上午卷）第 11 题，对比分析。依据规范，A_2值应按比例递增更为准确。

题 16～20 答案：**ACBDA**

16.《电力工程直流系统设计技术规程》（DL/T 5044—2014）第 4.1.1 条、第 4.2.5 条、第 4.2.6 条、第 6.7.2 条。

（1）第 4.1.1 条控制负荷：电气和热工的控制、信号、测量和继电保护、自动装置和监控系统负荷。

（2）根据表 4.2.5，控制负荷中的经常负荷如下：

电气控制、保护电源	15kW
热控控制经常电源	15kW
励磁控制	1kW
变压器冷却器控制	1kW

（3）根据表 4.2.6，负荷系数均取 0.6。

（4）110kV 蓄电池组正常负荷电流：

$$P_m = 15 \times 0.6 + 15 \times 0.6 + 1 \times 0.6 + 1 \times 0.6 = 19.2kW$$

$$I_m = 19.2 \div 110 = 0.1745kA = 174.5A$$

（5）第 6.7.2-3 条：直流母线分段开关可按全部负荷的 60%选择，即：

$$I_n = 0.6 \times 174.5 = 104.7A$$

17.《电力工程直流系统设计技术规程》（DL/T 5044—2014）第 6.5.2 条及附录 A。

第 6.5.2-2-3）条：直流电动机回路，可按电动机的额定电流选择。

附录 A 之第 A.3.2 条：$I_n \geqslant I_{nM} = \frac{P}{U} = \frac{22 \times 10^3}{220} = 100A$

注：汽机直流事故润滑油泵为直流动力负荷。

18.《电力工程直流系统设计技术规程》（DL/T 5044—2014）第 6.5.2 条及附录 A。

第 6.5.2-2-2）条：高压断路器电磁操动机构的合闸回路，可按 0.3 倍额定合闸电流选择，但直流断路器过载脱扣时间应大于断路器固有合闸时间。

附录 A 之第 A.3.3 条：$I_n \geqslant K_{c2}I_{c1} = 0.3 \times 25 = 7.5A$，取 10A。

过载脱扣时间：$t_n > 200ms$，取 250ms。

19.《电力工程直流系统设计技术规程》(DL/T 5044—2014) 附录 A，第 A.4.2 条。

(1) 按断路器额定电流倍数整定：$I_{DZ1} \geqslant K_n I_n = 10 \times 20 = 200A$

(2) 按下一级断路器短路瞬时保护（脱扣器）电流配合整定，采用限流直流断路器：

$$I_{DZ2} \geqslant K_{c2}I_{DZX}/K_{XL} = 4 \times 50 \div 0.75 = 266.67A$$

取两者较大值，即 266.67A。

(3) 根据断路器安装处短路电流，校验各级断路器的动作情况：

$K_L = I_{DK}/I_{DZ} = 5000 \div 266.67 = 18.75 > 1.25$，满足要求。

20.《电力工程直流系统设计技术规程》(DL/T 5044—2014) 第 4.1.1 条、附录 D 的第 D.1.1 条。

根据第 4.1.1 条和表 4.2.5，动力负荷中经常负荷仅为直流长明灯，则经常负荷电流为：

$$I_{js} = \frac{8000}{220} = 36.36A$$

根据附录 D 的第 D.1.1-3 条，满足均衡充电要求时，充电装置的额定电流为：

$$I_r = (1.0\sim1.25)I_{10} + I_{js} = (1.0\sim1.25) \times 1200 \div 10 + 36.36 = 156.36\sim186.36A，取 180A$$

题 21～25 答案：**DABBC**

21.《电力工程高压送电线路设计手册》(第二版) P16 式 (2-1-2)、式 (2-1-3)。

相导线间的几何均距：$d_m = \sqrt[3]{d_{ab}d_{bc}d_{ca}} = \sqrt[3]{7 \times 7 \times 14} = 8.82m$

线路正序电抗：

$$X_1 = 0.0029f\lg\frac{d_m}{r_e} = 0.0029 \times 50 \times \lg\frac{8.82}{0.81 \times 27.63 \times 10^{-3} \div 2} = 0.42\Omega/km$$

22.《电力工程高压送电线路设计手册》(第二版) P16 式 (2-1-7)、P21 式 (2-1-32)。

单回路单导线相分裂导线的等价半径：$R_m = (nrA^{n-1})^{\frac{1}{n}} = (rA^{1-1})^{\frac{1}{1}} = r$

线路正序电纳：$B_1 = \dfrac{7.58 \times 10^{-6}}{\lg\dfrac{d_m}{R_m}} = \dfrac{7.58 \times 10^{-6}}{\lg\dfrac{8.82}{27.63 \times 10^{-3} \div 2}} = 2.7 \times 10^{-6}S/km$

23.《电力工程高压送电线路设计手册》(第二版) P30 式 (2-2-2)。

临界电场强度最大值：

$$Z_n = 3.03m\left(1 + \frac{0.3}{\sqrt{r}}\right) = 3.03 \times 0.82 \times \left(1 + \frac{0.3}{\sqrt{27.63 \times 10^{-1} \div 2}}\right) = 3.12MV/m = 31.2kV/cm$$

24.《电力工程高压送电线路设计手册》(第二版) P24 式 (2-1-41)。

线路波阻抗：$Z_n = \sqrt{\dfrac{X_1}{b_1}} = \sqrt{\dfrac{0.4}{2.7 \times 10^{-6}}} = 384.9\Omega$

25.《电力系统设计手册》P180 式 (7-13)。

经济输送功率：$P = \sqrt{3}JSU_e\cos\varphi = \sqrt{3} \times 0.9 \times 399.79 \times 220 \times 0.95 = 130.25MW$

注：也可查阅《电力系统设计手册》P186 表 7-17 的数据，但计算结果为 127.3MW，略有偏差。

2014 年案例分析试题答案（下午卷）

题 1～4 答案：**BCCD**

1.《光伏发电站设计规范》（GB 50797—2012）第 6.6.2 条式（6.6.2）。

电站上网发电量：$E_P = H_A \times \frac{P_{AZ}}{E_s} \times K = 1584 \times \frac{40}{1} \times 0.7 = 44352\text{MWh}$

注：该规范已移出考纲。

2.《光伏发电工程电气设计规范》（NB/T 10128—2019）第 3.3.1 条，《光伏发电站设计规范》（GB 50797—2012）第 6.4.2 条式（6.4.2-1）。

光伏组件串的串联数：

$$N \leqslant \frac{V_{\text{dcmax}}}{V_{\text{oc}} \times [1 + (t - 25) \times K_v]} = \frac{900}{35.9 \times [1 + (-35 - 25) \times (-0.32\%)]} = 21$$

3.《光伏发电站接入电力系统技术规定》（GB/T 19964—2012）第 6.2.3 条。

第 6.2.3-a）条：容性无功容量能够补偿光伏发电站满发时站内汇集线路、主变压器的感性无功及光伏发电站送出线路的一半感性无功之和。

题干中要求不考虑汇集线路及逆变器的无功调节能力，则只需考虑主变压器和线路的感性无功负荷。

依据《电力工程电气设计手册 1 电气一次部分》P476 式（9-2），不计变压器空载电流，则$I_0 = 0\text{A}$。

主变压器感性无功：$Q_T = \left(\frac{U_d\% I_m^2}{100 I_e^2} + \frac{I_0\%}{100}\right) S_e = 10.5\% \times 1 \times 40 + 0 = 4.2\text{Mvar}$

线路感性无功：$Q_L = \frac{U^2}{X_L} = \frac{110^2}{0.3 \times 13} = 3103\text{kvar} = 3.1\text{Mvar}$

光伏发电站需要补充的容性无功总量：$Q = Q_T + \frac{Q_L}{2} = 4.2 + \frac{3.1}{2} = 5.75\text{Mvar}$

注：也可参考《光伏发电站设计规范》（GB 50797—2012）第 9.2.2-5 条，但需要注意的是，规范要求仅考虑主变压器的全部感性无功，而不包括分裂升压站的子变压器的感性无功。

4.《光伏发电站接入电力系统技术规定》（GB/T 19964—2012）。

第 8.3 条：对电力系统故障期间没有脱网的光伏发电站，其有功功率在故障清除后应快速恢复，自故障清除时刻开始，以至少 30%额定功率/秒的功率变化率恢复至正常发电状态。A 正确。

第 9.1 条及表 2：$1.1\text{p.u.} < U_T < 1.2\text{p.u.}$，应至少持续运行 10s（p.u.：光伏发电站并网点电压）。B 正确。

第 9.3 条及表 3：> 50.5Hz，立刻终止向电网线路送电。C 正确。

第 8.1 条及图 2：87kV，约为 0.76p.u.，光伏电站应至少保持不脱网连续运行约 1.7s。D 错误。

题 5～9 答案：**BACBB**

5.《电力工程电气设计手册 1 电气一次部分》P120～121 表 4-2、表 4-2 和表 4-4。

根据表 4-4 变压器阻抗等值电抗计算公式，等值电路图如图 1 所示。

$$U_{d1}\% = \frac{1}{2}(U_{d1\text{-}2}\% + U_{d1\text{-}3}\% - U_{d2\text{-}3}\%) = \frac{1}{2} \times (11.8 + 49.47 - 34.52) = 13.375$$

$$U_{d2}\% = \frac{1}{2}(U_{d1\text{-}2}\% + U_{d2\text{-}3}\% - U_{d1\text{-}3}\%) = \frac{1}{2}\times(11.8 + 34.52 - 49.47) = -1.575$$

$$U_{d3}\% = \frac{1}{2}(U_{d2\text{-}3}\% + U_{d1\text{-}3}\% - U_{d1\text{-}2}\%) = \frac{1}{2}\times(49.47 + 34.52 - 11.8) = 36.095$$

$S_j = 100\text{MVA}$，阻抗折算到标幺值，并作星—三角变换：

$$X_{*1} = \frac{U_d\%}{100}\times\frac{S_j}{S_e} = \frac{13.375}{100}\times\frac{100}{750} = 0.0178$$

$$X_{*2} = \frac{U_d\%}{100}\times\frac{S_j}{S_e} = \frac{-1.575}{100}\times\frac{100}{750} = -0.0021$$

$$X_{*3} = \frac{U_d\%}{100}\times\frac{S_j}{S_e} = \frac{36.095}{100}\times\frac{100}{750} = 0.0481$$

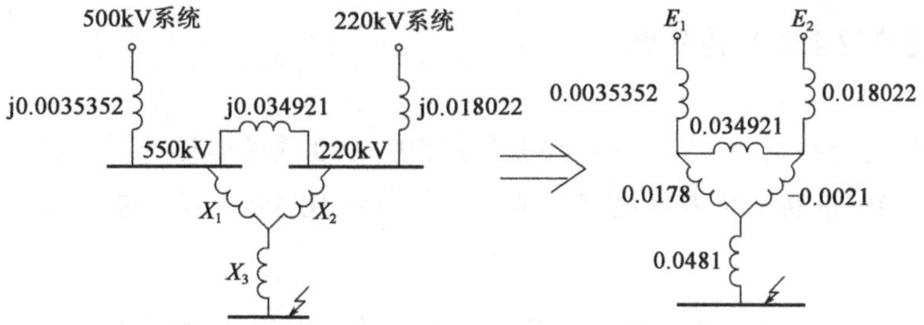

图 1

根据表 4-5 三角形变成等值星形，等值电路图如图 2 所示。

$$X_{*11} = \frac{0.034921\times 0.01783}{0.034921 + 0.01783 - 0.0021} = 0.0123$$

$$X_{*12} = \frac{0.034921\times(-0.0021)}{0.034921 + 0.01783 - 0.0021} = -0.001448$$

$$X_{*13} = \frac{0.01783\times(-0.0021)}{0.034921 + 0.01783 - 0.0021} = -0.00074$$

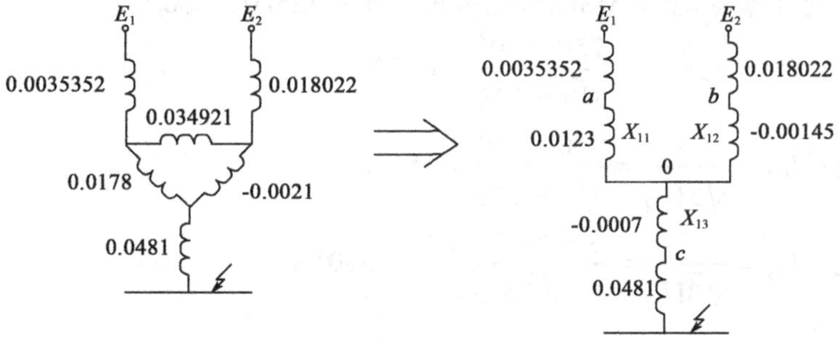

图 2

根据图 4-4 求分布系数示图及其相关公式，等值电路如图 3 所示：

$$X_{*\Sigma} = X_{*23} + (X_{*21} + X_{*22}) = (0.0158 /\!/ 0.01657) + 0.0474 = 0.055$$

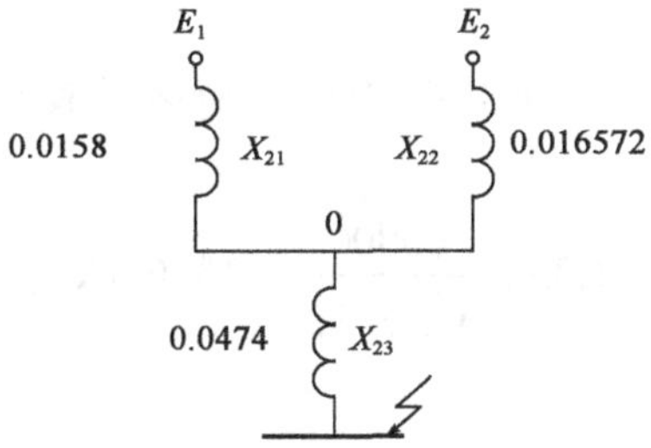

图 3

根据式（4-20）求得短路电流和三相短路容量为：

$$I_k=\frac{I_j}{X_{*\Sigma}}=\frac{1.56}{0.055}=28.11\text{kA}$$

$$S_k=\sqrt{3}I_K U_j=\sqrt{3}\times 28.11\times 37=1801.45\text{MVA}$$

《导体和电器选择设计技术规定》（DL/T 5222—2005）附录 F 第 F.7.1 条。

对于采用 5%～6%串联电抗器的电容装置：$\frac{Q_c}{S_d}=\frac{2\times 30}{1801.45}\times 100\%=3.33\%<5\%$，因此可不考虑电容器组对短路电流的影响。

注：本题计算过程过于繁琐，易出错，且因计算过程较长，结果数据与答案不完全对应。且题干中“以 250MVA 为基准”的表述疑似错误，按该基准折算，短路电流约为 10kA，与答案完全不对应。考场上，此类题目建议留至最后再分析。

6.《电力工程电气设计手册 1 电气一次部分》P159～160 式（4-73）图 4-22。

对于采用 12%～13%串联电抗器的电容器装置，若$\frac{Q_c}{S_d}<10\%$时，可不考虑并联电容器装置对短路的影响。

则：$\frac{Q_c}{S_d}=\frac{2\times 60}{1700}=0.0706=7.06\%<10\%$，因此不考虑并联电容器对短路电流的助增效应。

三相短路电流周期分量$t=0.1\text{s}$，$I_d=\frac{S_d}{\sqrt{3}U_j}=\frac{1700}{\sqrt{3}\times 37}=26.52\text{kA}$

注：若考虑并联电容器对短路电流的助增效应，查图 4-22，根据$K_c=\frac{Q_c}{S_d}=7.06\%$，$T_c=0.1\text{s}$，$t=0.1\text{s}$，查得$K_{tc}=1.01$，$I_d=1.01\times 26.52=26.79\text{kA}$，短路电流增量很小，且无此答案，可忽略。本题也可参考《导体和电器选择设计技术规定》（DL/T 5222—2005）附录 F 第 F.7 条的相关内容。

7. 根据变压器容量计算公式$S=\sqrt{3}UI$和已知电压比：$525/\sqrt{3}/230/\sqrt{3}\pm 2\times 2.5\%/35\text{kV}$，则：

高压侧额定电流：$I_{e1}=\frac{S}{\sqrt{3}U_{e1}}=\frac{750\times 10^3}{\sqrt{3}\times 525}=825\text{A}$

中压侧额定电流：$I_{e2}=\frac{S}{\sqrt{3}U_{e2}}=\frac{750\times 10^3}{\sqrt{3}\times 230}=1883\text{A}$

低压侧额定电流：$I_{e3}=\frac{S}{\sqrt{3}U_{e3}}=\frac{3\times 66.7\times 10^3}{\sqrt{3}\times 35}=3301\text{A}$

8.《并联电容器装置设计规范》（GB 50227—2017）第 4.1.2 条。

第 4.1.2-3 条：每个串联段的电容器并联总容量不应超过 3900kvar。

每个串联段并联的最大数量：$n\leqslant\frac{3900}{500}=7.8$，取 7 个。

允许的最大组合容量：$Q_c=500\times 7\times 2\times 3\times 2=42000\text{kvar}$

9.《电力工程电气设计手册 1 电气一次部分》P505“断路器额定电流不应小于装置长期允许电流的 1.35 倍”。

回路长期允许电流：$I_n=1.35I_c=1.35\times\frac{60000}{\sqrt{3}\times 35}=1336.5\text{A}$

题 10～13 答案：**ACAC**

10.《高压配电装置设计技术规程》（DL/T 5352—2018）第 5.1.2 条及表 5.1.4 条、附录 A 及注解。

200kV 系统屋外配电装置，A_1值为 1800mm，海拔 3600m，查附录 A，则A_1值修正为 2180mm。

附录 A，图 A.0.1 注解：A_2值可按本图之比例递增：$A_2 = (2180 \div 1800) \times 2000 = 2422.2\text{mm}$

其他各值按A_1的增量修正，即：$B_1 = (2180 - 1800) + 2550 = 2930\text{mm}$

$$C = (2180 - 1800) + 4300 = 4680\text{mm}$$

注：依据规范A_2值应按比例递增更为准确。

11.《电力工程电气设计手册 1 电气一次部分》P574 式（10-3）和式（10-6）。

最大感应电压：$U_{A_2} = I_{KC_1} X_{A_2C_1} = 36 \times 10^3 \times 1.8 \times 10^{-4} = 6.48\text{V/m}$

母线允许瞬时电磁感应电压：$U_{j0} = \frac{145}{\sqrt{t}} = \frac{145}{\sqrt{0.5}} = 205\text{V}$

两接地刀闸或接地器之间的距离：$L_{j2} = \frac{2U_{j0}}{U_{A_2}} = \frac{2 \times 205}{6.48} = 63.27\text{m}$

12.《交流电气装置的过电压保护和绝缘配合设计规范》(GB/T 50064—2014)第 5.2.1 条、第 5.2.2条。

各算子：$h = 35\text{m}$，$h_x = 15\text{m}$，$h_a = h - h_x = 35 - 15 = 20\text{m}$，$P = \dfrac{5.5}{\sqrt{35}} = 0.93$，$D = 60\text{m}$。

由$h_x < 0.5h$，则：$r_x = (1.5h - 2h_x)P = (1.5 \times 35 - 2 \times 15) \times 0.93 = 20.925\text{m}$。

$\dfrac{D}{h_a P} = \dfrac{60}{20 \times 0.93} = 3.226$，$\dfrac{h_x}{h} = \dfrac{15}{35} = 0.429$，则根据图 4-（a），可查得$\dfrac{b_x}{h_a P} = 0.8$。

则：$b_x = 0.8 \times h_a P = 0.8 \times 20 \times 0.93 = 14.88\text{m}$

注：也可参考《交流电气装置的过电压保护和绝缘配合》(DL/T 620—1997)第 5.2.1 条、第 5.2.2 条及相关公式。

13.《电力工程电气设计手册 1 电气一次部分》P386 导线的单位荷重式(8-59)、式(8-60)、式(8-62)。

a. 导线自重：$q_1 = 2.69\text{kgf/m}$

b. 导线冰重：$q_2 = 0.00283b(d + b) = 0.00283 \times 5 \times (5 + 38) = 0.608\text{kgf/m}$

c. 导线的自重及冰重：

$$q_3 = q_1 + q_2 = 2.69 + 0.608 = 3.298\text{kgf/m}$$

$$q_3 = q_1 + q_2 = 2.69 + 0.608 = 3.298\text{kgf/m}$$

d. 导线覆冰时所受风压：

$$q_5 = 0.075U_f^2(d + 2b) \times 10^{-3} = 0.075 \times 10^2 \times (38 + 2 \times 5) \times 10^{-3} = 0.36\text{kgf/m}$$

e. 导线覆冰时合成荷重：$q_7 = \sqrt{q_3^2 + q_5^2} = \sqrt{3.298^2 + 0.36^2} = 3.318\text{kgf/m}$

题 14～19 答案：**DCCBAB**

14.《导体与电器选择设计规程》(DL/T 5222—2021) 第 20.1.7 条。

发电机中性点为高阻接地，则：

避雷器 A1 额定电压：$U_{e1} = 1.25U_{m\cdot g} = 1.25 \times 1.05 \times 19 = 24.94\text{kV}$

避雷器 A2 额定电压：$U_{e2} = 1.38U_m = 1.38 \times 20 = 27.6\text{kV}$

注：可参考《交流电气装置的过电压保护和绝缘配合》(GB/T 50064—2014)第 3.1.3-4 条和表 4.4.3，但表中相关数据有所调整。

15.《电力工程电气设计手册 1 电气一次部分》P80 式（3-1）。

单相接地电容电流：$I_c = \sqrt{3}U_e\omega C \times 10^{-3} = \sqrt{3} \times 6 \times 2\pi \times 50 \times 1.46 \times 10^{-3} = 4.764A$

《火力发电厂厂用电设计技术规定》（DL/T 5153—2014）附录 C 式（C1）。

高电阻接地方式的电阻值：$R_N = \dfrac{U_e}{\sqrt{3}I_R} = \dfrac{6000}{\sqrt{3} \times 1.1 \times 4.76} = 661.6\Omega$

注：也可参考《导体和电器选择设计技术规定》（DL/T 5222—2005）第 18.2.5 条之式（18.2.5-2）。

16.《交流电气装置的过电压保护和绝缘配合设计规范》（GB/T 50064—2014）第 5.4.13-6 条。

题干已知：从I母线避雷器到 0 号高压备变的电气距离为 175m；由于镜像关系，I母线避雷器与 2 号主变的电气距离亦为 175m，而其与 1 号主变的电气距离为：$175 + 2 \times 13 = 201m$。

架空出线 3 回，$n-1$运行工况，即 2 回出线时，根据表 12 的要求，金属氧化物避雷器至主变压器的最大电气距离为 195m，因此仅 1 号主变压器距离不满足要求，需加装避雷器。

注：也可参考《交流电气装置的过电压保护和绝缘配合》（DL/T 620—1997）第 7.3.4 条及表 12。

17.《交流电气装置的过电压保护和绝缘配合设计规范》（GB/T 50064—2014）第 5.2.1 条、第 5.4.11-1条。

（1）各算子：$h = 35m$，$h_x = 15m$，$h_a = h - h_x = 35 - 15 = 20m$，$P = \frac{5.5}{\sqrt{35}} = 0.93$。

由$h_x < 0.5h$，则：$r_x = (1.5h - 2h_x)P = (1.5 \times 35 - 2 \times 15) \times 0.93 = 20.9m$。

根据勾股定理：$L = \sqrt{20.9^2 - 18^2} = 10.62$；与边相最大距离为$S = 10.62 - 4 = 6.62m$。

（2）独立避雷针与配电装置之间的空气中距离，应符合：

$$S_a \geqslant 0.2R_i + 0.1h = 0.2 \times 15 + 0.1 \times 14 = 4.4m$$

注：本题忽略了第 5.4.11-5 条中S_a不宜小于 5m 的要求。也可参考《交流电气装置的过电压保护和绝缘配合》（DL/T 620—1997）第 5.2.1 条及相关公式、第 7.1.11 条式（15）。

18.《交流电气装置的接地设计规范》（GB/T 50065—2011）附录 A 第 A.0.2 条。

$$R_h = \frac{\rho}{2\pi L}\left(\ln\frac{L^2}{hd} + A\right) = \frac{150}{2\pi \times (2 \times 12)}\left[\ln\frac{(2 \times 12)^2}{2 \times 0.1/2} + 0.89\right] = 9.5\Omega$$

注：与上午接地题目采用同一个公式，题目重复，在同一年度考试中较为少见。

19.《交流电气装置的接地设计规范》（GB/T 50065—2011）第 4.2.2 条式（4.2.2-3）。

6kV 接地装置的接触电位差：$U_t = 50 + 0.05\rho_s C_s = 50 + 0.05 \times 1000 \times 0.95 = 97.5V$

题 20～25 答案：**CDAACA**

20.《交流电气装置的过电压保护和绝缘配合设计规范》（GB/T 50064—2014）第 6.3.2-3 条。

$u_{s.s.s} \geqslant K_7 U_{s\cdot p} = 1.27 \times 618 = 784.86kV$，无风偏间隙时$K_6$取 1.27。

由题意：$\bar{u}_{s.s.s} = 317d$

$$d = \bar{u}_{s.s.s} \div 317 = 784.86 \div 317 = 2.476m$$

进行海拔修正：$d' = kd = 1.13 \times 2.476 = 2.80m$

21.《交流电气装置的过电压保护和绝缘配合设计规范》（GB/T 50064—2014）第 6.3.3-2 条。

$$u_{s.s.p.p} = K_{10} U_{s\cdot p} = 2.0 \times 618 = 1236kV$$

由题意：$\bar{u}_{s.p.s}=442d$

$$d=\bar{u}_{s.p.s}\div 442=1236\div 442=2.796m$$

进行海拔修正：$d'=kd=1.13\times 2.796=3.16m$

22.《交流电气装置的过电压保护和绝缘配合设计规范》(GB/T 50064—2014) 第 6.3.3-3 条。

第 6.3.3-3 条：变电站的雷电过电压相间空气间隙可取相对地空气间隙的 1.1 倍。

则相间最小空气间隙：$d=1.1\times 2.55=2.8m$

注：也可参考《交流电气装置的过电压保护和绝缘配合》(DL/T 620—1997) 第 10.3.3 条。

23.《高压配电装置设计技术规程》(DL/T 5352—2018) 第 5.1.2 条、表 5.1.2-1 条及其条文说明。

导体与构架之间即为带电部分至接地部分之间，其最小距离根据表 5.1.2-1，应为A_1值。

导体与地面之间即为无遮拦裸导体至地面之间，其最小距离根据表 5.1.2-1，应为C值。

根据条文说明，$C=A_1+2300+200=2700+2300+200=5200mm=5.2m$。

24.《高压配电装置设计技术规程》(DL/T 5352—2018) 第 5.1.2 条、表 5.1.2-1 条及其条文说明。

导体与构架之间即为带电部分至接地部分之间，其最小距离根据表 5.1.2-1，应为A_1值。

导体与设备外廓之间即为无遮拦带电部分至设备外廓之间，其最小距离根据表 8.1.1，应为B_1值。

根据条文说明，$B_1=A_1+750=2700+750=3450mm=3.45m$。

25.《电力工程电气设计手册 1 电气一次部分》P336 图 8-1 和式 (8-2)。

根据图 8-1，当最大负荷利用小时数$T=5000h$时，对应的经济电流密度$J=0.79$。

变压器回路持续供电电流：$I_g=1.05\times\dfrac{360\times 10^3}{\sqrt{3}\times 330}=661.33A$

经济截面：$S=\dfrac{I_g}{J}=\dfrac{661.33}{0.79}=837.12mm^2$，取 $2\times 400mm^2$。

注：当无合格规格的导体时，导体截面可小于经济电流密度的计算截面。由于题干没有明确电价，不建议参考《导体和电器选择设计技术规定》(DL/T 5222—2005) 附录 E 第 E.2.2 条相关内容解答。

题 26～30 答案：**CBCBC**

26.《大中型火力发电厂设计规范》(GB 50660—2011) 第 16.3.7-3 条及其条文说明。

第 16.3.7-3 条：采用专用备用（明备用）方式的低压厂用变压器的容量宜留有 10%的裕度。

第 16.3.7-3 条的条文说明：暗备用的变压器可以不考虑另留 10%的裕度。

则低压厂用工作变压器的计算负荷：$S=969.45+822.45-674.46=1117.44kVA$

注：互为备用即为暗备用。

27.《大中型火力发电厂设计规范》(GB 50660—2011) 第 16.3.7-3 条。

第 16.3.7-3 条：采用专用备用（明备用）方式的低压厂用变压器的容量宜留有 10%的裕度。

选 A、B 段的计算负荷较大者，即：$S\geqslant 1.1\times 969.45=1066.4kVA$，取 1250kVA。

28.《火力发电厂厂用电设计技术规定》(DL/T 5153—2014) 附录 N 表 N.1.4-2、附录 P 式 (P2)。

电缆单相短路电流：$I_d=I_{d(100)}\cdot\dfrac{100}{L}=2300\times\dfrac{100}{150}=1533A$

单台电动机回路断路器过电流脱扣器整定电流：$I_z \geqslant KI_Q = 1.35 \times 7 \times 110 = 1039.5A$

过电流脱扣器灵敏度：$K = \frac{I_d}{I_z} = \frac{1533}{1039.5} = 1.475$

注：本题原考查旧规范内容，新规范有关公式已删除，需查表解答，但表格中无电缆长度 150m 时的对应数据，因此本题重点掌握解题思路。

29.《电力工程电气设计手册 1 电气一次部分》P233 式（6-3）。

短路热稳定条件：$I_t^2 t \geqslant Q_{dt}$，其中$Q_{dt} = 2401kA^2s$，则：

选项 A：$I_t^2 t = 80^2 \times 1 = 6400kA^2s > Q_{dt}$，满足要求。

选项 B：$I_t^2 t = 63^2 \times 1 = 3969kA^2s > Q_{dt}$，满足要求。

选项 C：$I_t^2 t = 45^2 \times 1 = 2025kA^2s < Q_{dt}$，不满足要求。

选项 D：$I_t^2 t = 31.5^2 \times 2 = 1984.5kA^2s < Q_{dt}$，不满足要求。

根据经济性，最符合要求的为选项 B。

30. 参见下图，由于 220kV 母线采用单母线接线形式，A点相位一致；1 号与 5 号主变压器的接线组别相同，均为 YNd11，因此B点与C点的相位相同，为基准相位。

变压器时序组别定义：高压侧大写长针在前，低压侧小写短针在后，数字n为低压侧相对高压侧顺时针旋转$n \times 30°$。

1 号变压器侧：D点相对B点，相位顺时针旋转$2 \times 30°$；F点相对D点，相位顺时针旋转$11 \times 30°$；因此，F点相对B点，相位顺时针旋转$13 \times 30°$，即旋转$1 \times 30°$。

5 号变压器侧：E点相对C点，相位顺时针旋转$1 \times 30°$；E点与F点的相位一致，F点相对E点相位保持不变即可。

答案可选择 Dd0 或 Yyn0，由于题干中明确“一、二期工程低压厂用电系统采用中性点直接接地方式”，因此低压厂用变的接线组别应选 Yyn0。

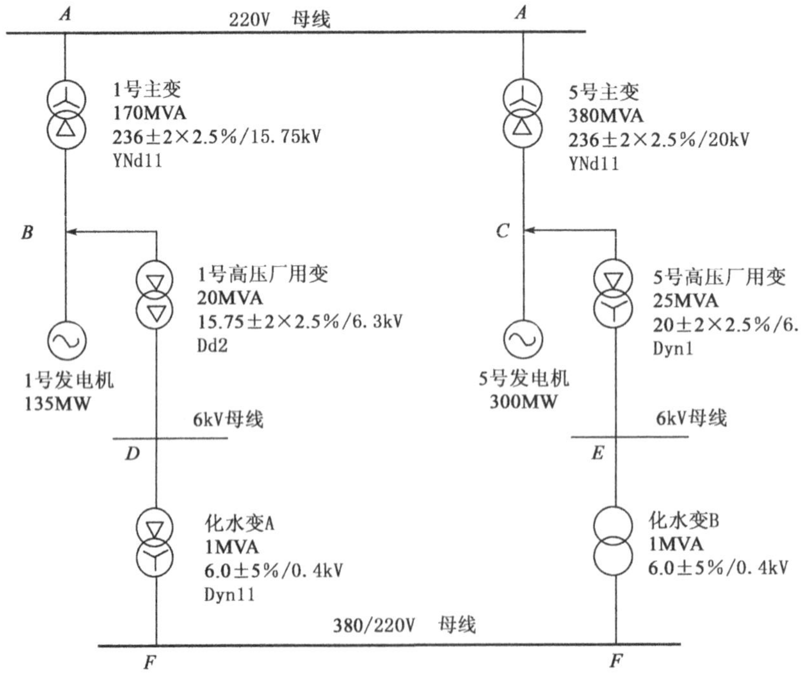

题 31～35 答案：**DBBAC**

31.《电力工程高压送电线路设计手册》（第二版）P179 表 3-3-1 相关公式。

（1）各计算因子：

电线比载：$\gamma=\gamma_1=\frac{9.81P_1}{A}=\frac{9.81\times1.511}{451.55}=0.0328\text{N/m}\cdot\text{mm}^2$

水平应力：$\sigma_0=\frac{F}{A}=\frac{26.87\times10^3}{451.55}=59.51\text{N/m}\cdot\text{mm}^2$

高差角正切值：$\tan\beta=\frac{h}{l}=\frac{110.5-25.1}{800}=0.10675$

（2）L_{OB}的水平距离：$L_{OB}=\frac{l}{2}-\frac{\sigma_0}{\gamma}\tan\beta=\frac{800}{2}-\frac{59.51}{0.0328}\times0.10675=206.33\text{m}$

32.《电力工程高压送电线路设计手册》（第二版）P179 表 3-3-1 相关公式。

最大弧垂公式：$f_m=\frac{\gamma l^2}{8\sigma_0}=\frac{0.0328\times800^2}{8\times59.51}=44.1\text{m}$

距离A点 500m，即距离B点 300m 的导线弧垂：

$$f_x=\frac{4x'}{l}\left(1-\frac{x'}{l}\right)f_m=\frac{4\times300}{800}\left(1-\frac{300}{800}\right)\times44.1=41.34\text{m}$$

注：题中悬挂点与公式图示相反。

33.《电力工程高压送电线路设计手册》（第二版）P602，2 杆塔定位高度关于呼称高的公式。

首先设两点杆塔呼称高为h，如图所示，根据相似三角形原理（三角形未画出），可计算h_{DE}：

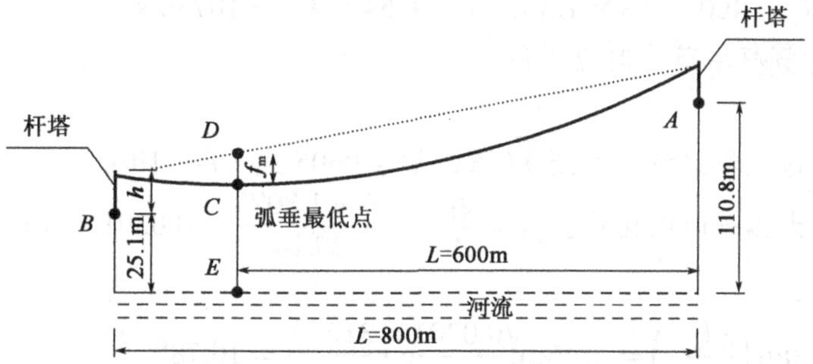

导线最小水平线间距离：$h_{DE}=25.1+h-\lambda+(110.8-25.1)\times\frac{800-600}{800}=25.1+h-2.5+21.425$

根据呼称高公式，h_{DE}需满足安全距离，则：$h_{DE}=35.2+3+33=25.1+h-2.5+21.425$

计算可知，杆塔呼称高：$h=27.175\text{m}$

注：呼称高公式中的δ，即考虑各种误差而采取的定位裕度，在各年考试中均未考虑。

34.《电力工程高压送电线路设计手册》（第二版）P179 表 3-3-1 相关公式。

A点（较高悬挂点）的悬垂角：

$$\theta_A=\arctan\left(\frac{\gamma l}{2\sigma_0}+\frac{h}{l}\right)=\arctan\left(\frac{0.0328\times800}{2\times59.51}+\frac{110.8-25.1}{800}\right)=18.12°$$

注：题中悬挂点与公式图示相反。

35.《电力工程高压送电线路设计手册》（第二版）P125 式（2-7-9）。

导线的平均高度：$h_{av}=h-\frac{2}{3}f=80-\frac{2}{3}\times48=48\text{m}$

注：此大题与 2010 年案例分析试题（下午卷）最后 5 题完全相同，仅答案选项调整了位置，重力

加速度微调为 9.81，但不影响计算结果，由此可见复习真题的重要性。

题 36～40 答案：**CBABD**

36.《电力工程高压送电线路设计手册》（第二版）P179 表 3-2-3。

单位重量：1307.50kg/km = 1.3075kg/m

自重力荷载：$g_1 = 9.8p_1 = 9.8 \times 1.3075 = 12.81\text{N/m}$

冰重力荷载：$g_2 = 9.8 \times 0.9\pi\delta(\delta + d) \times 10^{-3} = 9.8 \times 0.9 \times 3.14 \times 10 \times (10 + 26.82) \times 10^{-3} = 10.20\text{N/m}$

自重力加冰重力荷载：$g_3 = g_1 + g_2 = 12.81 + 10.20 = 23.01\text{N/m}$

自重力加冰重力比载：$\gamma_3 = \dfrac{g_3}{A} = \dfrac{23.01}{425.24} = 0.0541\text{N/(m}\cdot\text{mm}^2)$

37.《电力工程高压送电线路设计手册》（第二版）P179、P180 表 3-3-1。

最高气温下，电线垂直比载：$\gamma_1 = \dfrac{g_1}{A} = \dfrac{9.8 \times 1.3075}{425.24} = 0.0301\text{N/(m}\cdot\text{mm}^2)$

MZ 左侧：$l_1 = \dfrac{L_1}{2} + \dfrac{\sigma_0}{\gamma}\tan\beta = \dfrac{300}{2} + \dfrac{50}{0.0301} \times \dfrac{30}{300} = 316.1\text{m}$

MZ 右侧：$l_2 = \dfrac{L_2}{2} - \dfrac{\sigma_0}{\gamma}\tan\beta = \dfrac{250}{2} - \dfrac{50}{0.0301} \times \dfrac{10}{250} = 58.6\text{m}$

38.《电力工程高压送电线路设计手册》（第二版）P327 式（6-2-5）。

无冰工况下 MZ 塔的垂直荷载：

$G = L_v qn + G_1 + G_2 = 400 \times 9.8 \times 1.3075 \times 2 + 54 \times 9.8 = 10780\text{N}$

注：双分裂导线计算杆塔荷载时应乘以 2。

39.《电力工程高压送电线路设计手册》（第二版）P605 式（8-2-10）。

最高气温下导线最大弧垂时的比载：$\gamma_1 = \dfrac{g_1}{A} = \dfrac{9.8 \times 1.3075}{425.24} = 0.0301\text{N/(m}\cdot\text{mm}^2)$

引用 37 题计算结果：

MZ 左侧：$\theta_1 = \arctan\left(\dfrac{\gamma_c l_{xvc}}{\sigma_c}\right) = \arctan\left(\dfrac{0.0301 \times 316.1}{50}\right) = 10.78°$

MZ 右侧：$\theta_2 = \arctan\left(\dfrac{\gamma_c l_{xvc}}{\sigma_c}\right) = \arctan\left(\dfrac{0.0301 \times 58.6}{50}\right) = 2.02°$

导线的悬垂角：$\theta = \dfrac{1}{2}(\theta_1 + \theta_2) = \dfrac{1}{2} \times (10.78 + 2.02) = 6.4°$

40.《电力工程高压送电线路设计手册》（第二版）P179、P180 表 3-3-1。

最高气温工况下的垂直比载：$\gamma_1 = \dfrac{g_1}{A} = \dfrac{9.8 \times 1.3075}{425.24} = 0.0301\text{N/(m}\cdot\text{mm}^2)$

MZ 至 MT1 的最大弧垂：$f_m = \dfrac{\gamma l^2}{8\sigma_0} = \dfrac{0.0301 \times 300^2}{8 \times 50} = 6.77\text{m}$

MZ 悬挂点至弧垂最低点的垂直距离：$y_{OB} = f_m\left(1 + \dfrac{h}{4f_m}\right)^2 = 6.77 \times \left(1 + \dfrac{30}{4 \times 6.77}\right)^2 = 30.1\text{m}$

2016 年专业知识试题答案（上午卷）

1. **答案**：B

依据：《电力工程电气设计手册 1 电气一次部分》P1423“零序网络”。

若发电机或变压器的中性点是经过阻抗接地的，则必须将该阻抗增加 3 倍后再列入零序网络。

注：电力系统短路计算的基本概念。

2. **答案**：C

依据：《交流电气装置的接地设计规范》（GB/T 50065—2011）附录 E。

由第 E.0.3 条，接地故障的等效持续时间取值：$t_e \geqslant t_m + t_f + t_o = 0.01 + 0.8 + 0.06 = 0.87s$

钢质接地线的最小截面：$S_g \geqslant \dfrac{I_g}{C}\sqrt{t_e} = \dfrac{10 \times 10^3}{70} \times \sqrt{0.87} = 133.25mm^2$

其中，根据第 E.0.2 条，钢材的热稳定系数C值取 70。

3. **答案**：B

依据：《电力工程直流系统设计技术规程》（DL/T 5044—2014）第 7.1.1 条。

4. **答案**：D

依据：《电力工程直流系统设计技术规程》（DL/T 5044—2014）第 A.5 条，对比表 A.5-1 和表 A.5-2，可知从直流屏至用电侧末端允许的最大压降百分比为 5%＋1.5%＝6.5%。

5. **答案**：A

依据：《200kV～1000kV 变电站站用电设计技术规程》（DL/T 5155—2016）附录 D 第 D.0.1 条。

低压侧进线回路持续工作电流：$I_n = 1.05\dfrac{S_n}{\sqrt{3}U_n} = 1.05 \times \dfrac{400}{\sqrt{3} \times 0.4} = 606.2A$

注：也可参考《电力工程电气设计手册 1 电气一次部分》P232 表 6-3。

6. **答案**：C

依据：《水力发电厂厂用电设计规程》（NB/T 35044—2014）第 4.2.1 条。

7. **答案**：D

依据：《火力发电厂厂用电设计技术规定》（DL/T 5153—2014）附录 P 表 P.0.1RT_0 型熔断器配合级差表。

8. **答案**：A

依据：《发电厂和变电站照明设计技术规定》（DL/T 5390—2014）第 8.9.2 条。

9. **答案**：A

依据：《电力系统安全稳定导则》（GB 38755—2019）第 3.1.1 条。

10. **答案**：C

依据：《发电厂和变电站照明设计技术规定》（DL/T 5390—2014）第 10.0.3 条。

11. **答案**：C

依据：《火力发电厂与变电站设计防火规范》(GB 50229—2019)第11.1.1条、第11.1.5条及表11.1.5。

12. **答案：** B

依据：《电力工程电气设计手册 1 电气一次部分》P70 第三行“凡是自耦变压器，其中性点须要直接接地或经小阻抗接地”。

13. **答案：** B

依据：《电力工程电气设计手册 1 电气一次部分》P532“一、超高压并联电抗的作用”。

14. **答案：** C

依据：《电力工程电气设计手册 1 电气一次部分》P120“发电厂和变电所中可以采取的限流措施”。

注：变压器中性点加小阻抗仅对限制非对称短路（存在零序回路）电流有效。

15. **答案：** B

依据：《导体和电器选择设计规程》（DL/T 5222—2021）第7.2.2条。在中性点直接接地或经小阻抗接地的系统中选择断路器时，首相开断系数应取1.3；在110kV及以下的中性点非直接接地的系统中，则首相开断系数应取1.5。

16. **答案：** B

依据：《导体和电器选择设计规程》（DL/T 5222—2021）第3.0.15-1条。

17. **答案：** C

依据：《电力工程电缆设计规范》（GB 50217—2018）第5.2.2条。

18. **答案：** B

依据：《导体和电器选择设计规程》（DL/T 5222—2021）第4.2.4条文说明。

19. **答案：** A

依据：《电力工程电气设计手册 1 电气一次部分》P607“二、半高型配电装置”。

20. **答案：** D

依据：《高压配电装置设计技术规程》（DL/T 5352—2018）第6.1.5～6.1.8条。

21. **答案：** B

依据：《高压配电装置设计技术规程》（DL/T 5352—2018）第6.2.3条。

22. **答案：** B

依据：《交流电气装置的过电压保护和绝缘配合设计规范》（GB 50260—1996）第5.4.13-12-1条。

23. **答案：** C

依据：《交流电气装置的过电压保护和绝缘配合设计规范》（GB/T 50064—2014）第5.4.13条，第12款第1）分项和表5.4.13-2规定。首先确定母线和出线均需要加装避雷器，然后根据出线数量确定避雷器与变压器的最大距离。选项A和C所列数值，分别为母线上有2回出线和4回出线的情况。选项D属原则性错误，可以直接予以否定。故只有选项B符合要求。

注：也可参考《交流电气装置的过电压保护和绝缘配合》（DL/T 620—1997）第4.1.1-a）条,或者

参考《电力工程电气设计手册 1 电气一次部分》P866。

24. **答案：** A

依据：《交流电气装置的接地设计规范》（GB/T 50065—2011）第 4.3.4-1 条及表 4.3.4-1 注 1。

注：地下部分圆钢的直径、其分子、分母数据分别对应于架空线路和发电厂、变电站的接地网。

25. **答案：** C

依据：《继电保护和安全自动装置技术规程》（GB/T 14285—2006）第 5.2.1 条、第 5.2.2 条。

26. **答案：** B

依据：《火力发电厂、变电站二次接线设计技术规程》（DL/T 5136—2012）第 7.2.9-2 条。

注：也可参考《电力工程电气设计手册 2 电气二次部分》P92 电压互感器二次侧的熔断器或自动开关的选择。

27. **答案：** B

依据：《电力装置电测量仪表装置设计规范》（GB/T 50063—2017）第 8.2.3-2 条。

注：也可参考《火力发电厂、变电站二次接线设计技术规程》（DL/T 5136—2012）第 7.5.6 条。

28. **答案：** C

依据： 无。规范中未找到相关条文。

29. **答案：** D

依据：《电力装置的继电保护和自动装置设计规范》（GB/T 50062—2008）第 4.0.5 条。

注：原规范《电力装置的继电保护和自动装置设计规范》（GB 50062—2008）已经移出考纲。可以依据 GB/T 14285—2006 第 4.3.5.1 条，过电流保护宜用于降压变压器，选项 A 正确，D 错误。依据 4.3.5.2 条，复合电压启动的过电流保护或低电压闭锁的过电流保护宜用于升压变压器，系统联络变压器和过电流不符合灵敏性要求的降压变压器，选项 BC 均正确。

30. **答案：** A

依据：《继电保护和安全自动装置技术规程》（GB/T 14285—2006）第 4.1.1.2 条。

31. **答案：** D

依据：《发电厂和变电站照明设计技术规定》（DL/T 5390—2014）第 8.6.2-1-1 条。

卤钨灯回路：$I_{js1}=\dfrac{2\times 200}{220}=1.82\text{A}$

气体放电灯：$I_{js2}=\dfrac{2\times 150}{220\times 0.85}=1.60\text{A}$

线路计算电流：$I_{js}=\sqrt{(I_{js1}+0.85I_{js2})^2+(0.527I_{js2})^2}=3.29\text{A}$

32. **答案：** B

依据：《电力系统安全稳定导则》（DL/T 755—2001）第 4.5.2 条。

注：新规《电力系统安全稳定导则》（GB 38755—2019）无相关描述。

33. **答案：** A

依据：《爆炸危险环境电力装置设计规范》（GB 50058—2014）第 4.1.2 条及条文说明。

34. **答案**：B

依据：《电力设施抗震设计规范》（GB/T 50260—2013）第 6.2.7 条。

35. **答案**：B

依据：《电力系统设计技术规程》（GB/T 5429—2009）第 5.3.2 条。

36. **答案**：C

依据：《光伏发电工程电气设计规范》（NB/T 10128—2019）第 3.1.1 条。大、中型光伏发电工程的发电系统宜采用多级汇流、分散逆变、集中并网方式，分散逆变后宜就地升压。故选项 C 正确。

37. **答案**：D

依据：《架空输电线路电气设计规程》（DL/T 5582—2020）第 8.0.1、8.0.2 条。

最大使用荷载时绝缘子的最大使用荷载：$T_1=\dfrac{T_R}{K_1}=\dfrac{2\times 70}{2.7}=51.9\text{kN}$

最大使用荷载时金具的最大使用荷载：$T_2=\dfrac{T_R}{K_2}=\dfrac{2\times 70}{2.5}=56.0\text{kN}$

$T_1<T_2$，因此取值为绝缘子最大使用荷载。

38. **答案**：C

依据：《电力工程高压送电线路设计手册》（第二版）P605 式（8-2-9）。

自重力 + 冰重力比载：$\gamma_3=\dfrac{g_1+g_2}{A}=\dfrac{16.53+11.09}{A}=\dfrac{27.62}{A}\text{N/(m}\cdot\text{mm}^2)$

根据《架空输电线路电气设计规程》（DL/T 5582—2020）第 5.1.15 条，则$\dfrac{\sigma_p}{\sigma_m}=\dfrac{T_p/2.25\cdot A}{T_p/2.5\cdot A}=\dfrac{2.5}{2.25}$

悬挂点高差：$h=\text{sh}\left[\text{arcch}\left(\dfrac{\sigma_p}{\sigma_m}\right)-\dfrac{\gamma l}{2\sigma_m}\right]\times\dfrac{2\sigma_m}{\gamma}\text{sh}\dfrac{\gamma l}{2\sigma_m}$

$$=\text{sh}\left[\text{arcch}\left(\frac{2.5}{2.25}\right)-\frac{27.62\times 500/A}{2\times 48378/A}\right]\times\frac{2\times 48378/A}{27.62/A}\text{sh}\left(\frac{27.62\times 500/A}{2\times 48378/A}\right)$$

$=165.6\text{m}$

注：如悬挂点高差过大，应验算悬挂点应力。

39. **答案**：A

依据：《电力工程电气设计手册 1 电气一次部分》P701 式（附 10-23）及附表 10-1。

显然，跳线风偏角与导线风偏角之间存在由跳线悬挂点的刚性导致的阻尼系数β，且$\beta<1$，即跳线风偏角一般小于导线风偏角，而题干答案中只有相等的选项。也可参考《电力工程高压送电线路设计手册》（第二版）P109 有关跳线风偏角内容，近似与导线风偏角相等，因此本题只可近似选择相等的选项。

注：式（附 10-23）中q_4和q_1的单位不一致，相差一个重力加速度。

40. **答案**：C

依据：《电力工程高压送电线路设计手册》（第二版）P38～39。

5. 海拔高程对 RI 影响的修正值及式（2-3-13），选项 A 正确。

1. 距线路边线横向水平距离D处的 RI 电平及图 2-3-7，选项 B 正确。

3. 天气修正：雨天 RI 的增加量随频率的增加有减少的缺失，选项 C 错误。

注：P52“（7）把声压波按量值和相位相加求得交流声”，对比图 2-3-7，可知距边导线横向距离的正价，可听噪声变化较为复杂，而 RI 是简单的衰减关系，可判断选项 D 正确。

41. **答案：** BD

依据：《电力工程电气设计手册 1 电气一次部分》P120“发电厂和变电所中可以采取的限流措施”。

42. **答案：** AB

依据：《200kV～1000kV 变电站站用电设计技术规程》（DL/T 5155—2016）第 4.1.1 条。

43. **答案：** ABC

依据：《火力发电厂与变电站设计防火规范》（GB 50229—2019）第 7.1.8 条表 7.1.8。

注：题目若明确是集中控制楼或汽机房的电缆夹层或更为严谨些。

44. **答案：** ACD

依据：《导体和电器选择设计规程》（DL/T 5222—2021）第 5.1.1 条、第 5.1.2 条。

注：第 7.1.2 条注解：当在屋内使用时，可不校验日照、风速、污秽。

45. **答案：** BCD

依据：《火力发电厂、变电站二次接线设计技术规程》（DL/T 5136—2012）第 5.4.18-4 条。

46. **答案：** ACD

依据：《220kV～750kV 变电站设计技术规程》（DL/T 5218—2012）第 13.2.1～13.2.2 条。

47. **答案：** CD

依据：《交流电气装置的接地设计规范》（GB/T 50065—2011）第 7.1.2-2 条、第 7.1.3 条、第 7.1.4 条、第 7.2.11 条。

48. **答案：** AD

依据：《架空输电线路电气设计规程》（DL/T 5582—2020）第 8.0.1 条、表 8.0.1。在断线时盘型绝缘子机械强度的安全系数不应小于 1.8；在断联时盘型绝缘子机械强度的安全系数不应小于 1.5。

49. **答案：** ABC

依据：《交流电气装置的接地设计规范》（GB/T 50065—2011）第 4.3.2-1 条。

50. **答案：** ABC

依据：《水力发电厂厂用电设计规程》（NB/T 35044—2014）第 5.3.1 条、第 5.3.2 条、第 5.3.4 条。

51. **答案：** AC

依据：《220kV～750kV 变电站设计技术规程》（DL/T 5218—2012）第 5.2.4 条。

52. **答案：** ABC

依据：《高压配电装置设计技术规程》（DL/T 5352—2018）第 2.1.5 条。

53. **答案：** AB

依据：《继电保护和安全自动装置技术规程》（GB/T 14285—2006）第 4.2.17 条。

54. **答案：** ABC

依据：《火灾自动报警系统设计规范》（GB 50116—2013）第 4.1.1 条、第 4.1.4～4.1.6 条。

55. **答案**：ABC

依据：《交流电气装置的过电压保护和绝缘配合设计规范》（GB/T 50064—2014）第 5.4.13-2～5.4.13-4条。

56. **答案**：AC

依据：《架空输电线路电气设计规程》（DL/T 5582—2020）第 5.2.1 条、表 5.2.1。档距不超过 500m 的开阔地区，平均运行张力的上限小于拉断力的 16%以及档距不超过 500m 的非开阔地区，平均运行张力的上限小于拉断力的 18%时可不采取防振措施。

57. **答案**：ABC

依据：《电力工程直流系统设计技术规程》（DL/T 5044—2014）第 3.2.3 条。

58. **答案**：ACD

依据：《火力发电厂厂用电设计技术规定》（DL/T 5153—2014）第 3.10.5.2 条。低压厂用变压器，动力中心和电动机控制中心宜成对设置，建立双路电源通道，选项 A 正确；两台低压厂用变之间暗备用，依手动切换，选项 B 错误；成对的电动机控制中心，由对应的动力中心单电源供电，选项 C 正确；成对的电动机分别由对应的动力中心和电动机控制中心供电，选项 D 正确。

59. **答案**：ABD

依据：《电力变压器选用导则》（GB/T 17468—2019）第 4.3.1 条。

60. **答案**：ABD

依据：《高压配电装置设计技术规程》（DL/T 5352—2018）第 5.1.2 条。

61. **答案**：AB

依据：《发电厂和变电所照明设计技术规定》（DL/T 5390—2014）第 3.2.1 条、第 3.2.4 条。

注：应急照明改为备用照明更为贴切和准确。《35～220kV 无人值班变电所设计规范》（DL/T 5103—2012）第 4.15.1 条：变电站电气照明的设计，应符合现行行业标准《火力发电厂和变电站照明设计技术规定》DL/T 5390 的规定。

62. **答案**：ABD

依据：《光伏发电工程电气设计规范》（NB/T 10128—2019）第 3.2.2-8 条。逆变器应具备有功功率和无功功率连续调节能力，其调节范围、响应时间及速率应满足现行国家标准《光伏发电站接入电力系统技术规定》（GB/T 19964—2024）的有关规定。

依据第 3.2.2-9 条，在大、中型并网光伏发电站使用的逆变器应具有低电压穿越的能力，并符合现行国家标准《光伏发电站接入电力系统技术规定》（GB/T 19964—2024）的有关规定。

63. **答案**：AC

依据：《光伏发电站设计规范》（GB 50797—2012）第 9.2.4-1 条。

注：原答案《光伏发电站设计规范》（GB 50797—2012）已经移出考纲。

64. **答案**：ACD

依据：《电力工程直流系统设计技术规程》（DL/T 5044—2014）第 3.5.6 条。

65. **答案**：AC

依据：《发电厂和变电所照明设计技术规定》（DL/T 5390—2014）第8.2.1条。

66. **答案**：AD

依据：《导体和电器选择设计规程》（DL/T 5222—2021）第5.3.7条。

67. **答案**：BCD

依据：《交流电气装置的接地设计规范》（GB/T 50065—2011）第4.3.1-4条。

68. **答案**：AC

依据：《爆炸危险环境电力装置设计规范》（GB 50058—2014）第5.4.1-1条、第5.4.1-4条、第5.4.1-6条。

69. **答案**：ACD

依据：《交流电气装置的过电压保护和绝缘配合设计规范》（GB/T 50064—2014）第4.1.3-3条、第4.2.1-5条、第4.2.5条。

注：谐振过电压应根据其形成的不同原因采用不同的措施加以限制，参考第4.1.7～4.1.10条。

70. **答案**：BC

依据：《架空输电线路电气设计规程》（DL/T 5582—2020）表5.1.3-1。导线直径参数见《电力工程高压送电电路设计手册》（第二版）P770、P771，可查各类导线的直径如下：

1×JL/G1A-630/45	33.60mm
2×JL/G1A-630/45	33.60mm
3×JL/G1A-400/50	27.63mm
4×JL/G1A-300/40	23.94mm

2016 年专业知识试题答案（下午卷）

1. **答案：** C

依据：《220kV～750kV 变电站设计技术规程》（DL/T 5218—2012）第 5.1.2 条。

2. **答案：** C

依据：《风力发电场设计规范》（GB 51096—2015）第 7.1.2 条。

注：事故运行方式是在正常运行方式的基础上，综合考虑线路、变压器等设备的单一故障。

3. **答案：** D

依据：《电力工程电气设计手册 1 电气一次部分》P120“发电厂和变电所可以采取的限流措施”。

4. **答案：** D

依据：《电流互感器和电压互感器选择及计算规程》（DL/T 866—2015）第 5.2.4～5.2.6 条及其条文说明。

5. **答案：** B

依据：《导体和电器选择设计规程》（DL/T 5222—2021）第 17.0.2 条。高压熔断器尚应按下列使用环境条件校验：环境温度、最大风速、污秽等级、海拔高度、地震烈度。选项中环境温度、海拔高度和地震烈度按照规范均需校验。

6. **答案：** D

依据：《220kV～750kV 变电站设计技术规程》（DL/T 5218—2012）第 6.2.1 条。

7. **答案：** B

依据：《导体和电器选择设计规程》（DL/T 5222—2021）第 5.2.1 条。220kV 及以下软导体宜选用铜芯铝绞线；330kV 软导线宜选用空心扩径导线；500kV 软导线宜选用双分裂导线。

8. **答案：** B

依据：《火力发电厂、变电站二次接线设计技术规程》（DL/T 5136—2012）第 7.5.10 条。

9. **答案：** A

依据：《电力工程电气设计手册 1 电气一次部分》P380～382 图 8-32“分裂导线在第一张力作用下的形变状态”。

10. **答案：** C

依据：《高压配电装置设计技术规程》（DL/T 5352—2018）第 5.1.2 条及附录 B。

11. **答案：** B

依据：《高压配电装置设计技术规程》（DL/T 5352—2018）表 5.4.5。

12. **答案：** C

依据：《220kV～750kV 变电站设计技术规程》（DL/T 5218—2012）第 4.2.6 条注解 7。

13. **答案**：D

依据：《光伏发电站设计规范》（GB 50797—2012）第 6.17.5-4 条。

注：该规范已移出考纲。

14. **答案**：B

依据：《交流电气装置的接地设计规范》（GB/T 50065—2011）第 4.2.1 条。

注：避雷线工频分流系数与接地故障时分流系数无关。

15. **答案**：C

依据：《电力工程直流系统设计技术规程》（DL/T 5044—2014）附录 D“充电装置及整流模块选择”。

满足蓄电池均衡充电要求：

$$I_r = (1.0\sim1.25)I_{10} + I_{jc} = (1.0\sim1.25)\times 50 + 30 = 80\sim92.5\text{A}$$

基本模块数量：$n_1 = \dfrac{I_r}{I_{me}} = \dfrac{(80\sim92.5)}{10} = 8\sim9.25$ 个

附加模块数量：$n_2 = 2$个

总模块数量：$n = n_1 + n_2 = (8\sim9.25) + 2 = 10\sim11.25$个

16. **答案**：A

依据：《火力发电厂厂用电设计技术规定》（DL/T 5153—2014）第 3.1.3-2 条。

17. **答案**：A

依据：《电力工程直流系统设计技术规程》（DL/T 5044—2014）第 3.3.2 条、第 3.3.3-3 条、第 3.5.2-4条。

18. **答案**：C

依据：《交流电气装置的接地设计规范》（GB/T 50065—2011）第 4.3.6 条。

19. **答案**：D

依据：《交流电气装置的接地设计规范》（GB/T 50065—2011）第 4.4.5 条、附录 E。

最小接地线截面：$S_g \geqslant \dfrac{I_g}{C}\sqrt{t_e} = \dfrac{36\times10^3\times35\%}{70}\times\sqrt{0.7} = 150.60\text{mm}^2$

20. **答案**：A

依据：《火力发电厂、变电站二次接线设计技术规程》（DL/T 5136—2012）第 8.1.4 条。

注：可参考旧规范（DL/T 5136—2001）第 3.2 条缩写与代号，新规已无此内容。

21. **答案**：B

依据：《继电保护和安全自动装置技术规程》（GB/T 14285—2006）第 4.6.2-f）条。

22. **答案**：C

依据：《继电保护和安全自动装置技术规程》（GB/T 14285—2006）附录 A 第一行之备注。

23. **答案**：B

依据：《电力系统调度自动化设计技术规程》（DL/T 5003—2005）第 1.0.1 条、第 4.3.6 条。

注：该规范已移出考纲。

24. **答案**：D

依据：《电力工程直流系统设计技术规程》（DL/T 5044—2014）第 7.2.1 条、第 7.1.7 条、第 8.1.8 条、第 8.2.1 条。

25. **答案**：C

依据：《电力工程直流系统设计技术规程》（DL/T 5044—2014）第 3.6.3-1 条、第 3.6.2-3 条、第 3.6.5-2 条、第 3.6.5-3 条。

26. **答案**：D

依据：《电力工程直流系统设计技术规程》（DL/T 5044—2014）第 3.5.2-1 条、第 3.5.2-4 条、第 3.2.2 条、第 3.2.4 条、第 3.3.1-3 条。

27. **答案**：C

依据：《200kV～1000kV 变电站站用电设计技术规程》（DL/T 5155—2016）第 4.1.1 条、第 4.1.2 条、第 4.2.1 条。

$S \geqslant K_1 \times P_1 + P_2 + P_3 = 0.85 \times 300 + 100 + 60 = 415\text{kVA}$，选择容量为 500kVA。

28. **答案**：A

依据：《火力发电厂厂用电设计技术规定》（DL/T 5153—2014）第 9.2.2-1 条。

29. **答案**：A

依据：《330kV～750kV 变电站无功补偿装置设计技术规定》（DL/T 5014—2010）第 5.0.7 条及条文说明。

30. **答案**：A

依据：《交流电气装置的接地设计规范》（GB/T 50065—2011）第 4.2.1-2 条。

31. **答案**：A

依据：《交流电气装置的接地设计规范》（GB/T 50065—2011）第 4.2.2-1 条。

$$U_s = \frac{174 + 0.7\rho_s C_s}{\sqrt{t_s}} = \frac{174 + 0.7 \times 100 \times 0.96}{\sqrt{0.5}} = 341.1\text{V}$$

32. **答案**：A

依据：《导体和电器选择设计规程》（DL/T 5222—2021）附录 B 第 B.1.1 条。

33. **答案**：B

依据：《交流电气装置的过电压保护和绝缘配合设计规范》（GB/T 50064—2014）第 4.3.1 条。

34. **答案**：D

依据：《交流电气装置的过电压保护和绝缘配合设计规范》（GB/T 50064—2014）第 5.4.8 条。

35. **答案**：D

依据：《火力发电厂厂内通信设计技术规定》（DL/T 5041—2012）第 2.0.3 条、第 2.0.5 条、第 3.0.4 条、第 3.0.5 条。

注：该规范已移出考纲。

36. **答案：** D

依据：《光伏发电站接入电力系统技术规定》（GB/T 19964—2024）第 6.1.2 条。

37. **答案：** A

依据： 无对应条文。

38. **答案：** C

依据：《输电线路对电信线路危险和干扰影响防护设计规程》（DL/T 5033—2006）第 6.2.1 条。

39. **答案：** C

依据：《电力工程高压送电线路设计手册》（第二版）P179“表 3-2-3 无冰时综合比载”。

40. **答案：** D

依据： 所谓K_V为档距利用系数，也称最小垂直档距系数，为垂直档距与水平档距的比值。题干中，定位水平档距为 480m，则最小垂直档距为$l_{Vmin} = 480 \times 0.85 = 408 > 369 = l_V$，显然定位的垂直档距为负，即导线悬挂点受到上拉力，而非正常情况的下压力。一般可采取如下措施：①调整杆塔位置及高度以降低两悬挂点的高差；②降低超过允许值的杆塔所处的耐张段内的导线应力；③更换为耐张塔。

注：也可采取加挂重锤的方式平衡悬挂点上拉力，改善垂直档距，但若悬挂重锤需校验较高一侧直线塔悬挂点的应力，保证安全系数不小于 2.25，否则易造成断线或断联，但校验过程较之单选题目过于复杂，或非出题者原意。

……………………………………………………………………………………………………

41. **答案：** ACD

依据：《电力设施抗震设计规范》（GB/T 50260—2013）第 1.0.6 条。

42. **答案：** ABC

依据：《爆炸危险环境电力装置设计规范》（GB 50058—2014）第 4.2.2-1 条、第 4.2.4-1 条、第 4.2.3 条、第 4.2.5 条。

43. **答案：** ACD

依据：《光伏发电工程电气设计规范》（NB/T 10128—2019）第 3.1.5 条，接入同一个最大功率点跟踪（MPE 模块的光伏组件串，其工作电压、电缆压降、方阵朝向、安装倾角、阴影遮挡影响宜一致，故选项 A 错误。依据第 3.2.4-5 条，对于直接并联产生环流影响的集中式、集散式逆变器宜采用双分裂绕组升压变压器，其他类型逆变器可采用双绕组升压变压器，故选项 B 正确。

选项 C 和 D 依据旧规范《光伏发电站设计规范》（GB 50797—2012）的第 6.1.4 条、第 6.1.6 条，新规上没有相关描述。

44. **答案：** AC

依据：《导体和电器选择设计规程》（DL/T 5222—2021）第 A.1.1-3 条、第 A.1.1-5 条、第 A.1.1-7 条、第 A.1.2-2 条。

45. **答案：** AC

依据：《并联电容器装置设计规范》（GB/T 50227—2017）第 5.3.1 条及条文说明。

46. **答案：** AD

依据：《导体和电器选择设计规程》（DL/T 5222—2021）第 9.0.1 条，选项 A 正确；依据第 15.0.1 条，选项 D 正确；依据第 3.0.12 条，选项 C 错误；软导线不用校验动稳定，选项 B 错误。

47. **答案：** ACD

依据：《导体和电器选择设计规程》（DL/T 5222—2021）第 3.0.15 条。确定短路电流热效应计算的时间时，应符合下列规定：

（1）对除电缆以外的导体，宜采用主保护动作时间加断路器开断时间；主保护有死区时，可采用能对该死区起作用的后备保护动作时间，并采用该位置的短路电流值。

（2）对电器，宜采用后备保护动作时间加断路器的开断时间。

48. **答案：** CD

依据：《电力工程电缆设计规范》（GB 50217—2018）第 4.1.5 条。

49. **答案：** ABC

依据：《220kV～750kV 变电站设计技术规程》（DL/T 5218—2012）第 5.3.4 条。

50. **答案：** BCD

依据：《光伏发电工程电气设计规范》（NB/T 10128—2019）第 3.1.5 条。接入同一个最大功率点跟踪 MPE 模块的光伏组件串，其工作电压、电缆压降、方阵朝向、安装倾角、阴影遮挡影响宜一致。故选项 A 错误。

51. **答案：** ABC

依据：《并联电容器装置设计规范》（GB/T 50227—2017）第 4.2.8 条。

52. **答案：** AC

依据：《交流电气装置的接地设计规范》（GB/T 50065—2011）附录 D 综合分析确定，题干要求确定其系数，而非最大跨步电位差。

53. **答案：** AD

依据：《交流电气装置的接地设计规范》（GB/T 50065—2011）第 4.3.1 条、第 4.3.2-4 条、第 4.3.2-2 条、第 4.3.5-2 条。

54. **答案：** AB

依据：《交流电气装置的接地设计规范》（GB/T 50065—2011）第 4.3.1-3 条、第 4.5.1-1 条、《交流电气装置的接地设计规范》（GB/T 50065—2011）第 5.4.6-3 条、第 5.4.10-2 条。

55. **答案：** ACD

依据：《火力发电厂、变电所二次接线设计技术规程》（DL/T 5136—2012）第 3.2.5-5 条。

56. **答案：** ABD

依据：《火力发电厂、变电所二次接线设计技术规程》（DL/T 5136—2012）第 5.4.2-4 条、第 5.4.2-6 条、第 5.4.5 条、第 5.4.9 条。

57. **答案：** BCD

依据：《火力发电厂、变电所二次接线设计技术规程》（DL/T 5136—2012）第5.4.11-4条、第5.4.11-5条、第5.4.18-2条、第5.4.18-4条。

58. **答案**：ABC

依据：《继电保护和安全自动装置技术规程》（GB/T 14285—2006）第4.2.13条、第4.3.7.1条、第4.8.1条、第5.2.6-a条。

59. **答案**：BD

依据：《继电保护和安全自动装置技术规程》（GB/T 14285—2006）第4.2.13条、第4.3.12条。

注：汽轮发电机装设了过励磁保护可不再装设过电压保护。

60. **答案**：BC

依据：《电力系统安全稳定控制技术导则》（GB/T 26399—2011）第4.1.1条。

61. **答案**：BC

依据：《电力工程直流系统设计技术规程》（DL/T 5044—2014）第4.2.2条。

62. **答案**：ABC

依据：《200kV～1000kV变电站站用电设计技术规程》（DL/T 5155—2016）第3.1.2条。

63. **答案**：ACD

依据：《火力发电厂厂用电设计技术规定》（DL/T 5153—2024）第6.1.2条、第6.1.3条、第6.1.4条。应按可能发生最大短路电流的正常接线方式，不考虑在切换过程中短时并列的运行方式，故选项A正确，B错误；高压厂用电短路电流由厂用电源和电动机两部分供给，按相同的相角算数求和，选项C正确；应考虑高压厂用变压器短路组抗在制造上的负误差，选项D正确。

64. **答案**：BC

依据：《发电厂和变电所照明设计技术规定》（DL/T 5390—2014）第4.0.3条。

65. **答案**：AB

依据：《发电厂和变电所照明设计技术规定》（DL/T 5390—2014）第4.0.4条及条文说明。

66. **答案**：AC

依据：《火力发电厂厂内通信设计技术规定》（DL/T 5041—2012）第6.0.3条、第6.0.5条、第6.0.6条、第8.0.3条。

注：该规范已移出考纲。

67. **答案**：BCD

依据：《架空输电线路电气设计规程》（DL/T 5582—2020）表5.1.3-1。

68. **答案**：CD

依据：《架空输电线路电气设计规程》（DL/T 5582—2020）表5.1.19。选项A和B的降温值应该是15℃。

69. **答案**：AC

依据：《架空输电线路电气设计规程》（DL/T 5582—2020）P229 第 1 行，选项 A 正确；依据 P230，选项 B 错误；依据 P231 第 5 段，选项 C 正确；依据 P232 第 3 段，选项 D 错误。

注：上下导线间最小垂直线间距离是根据带电作业的要求确定。

70. **答案：** BC

依据：《电力系统安全稳定导则》（GB 38755—2019）第 4.2.3 条。

2016 年案例分析试题答案（上午卷）

题 1～6 答案：**DCDDDA**

1.《电力变压器　第 1 部分　总则》（GB 1094.1—2013）第 3.4.3 条、第 3.4.7 条。

第 3.4.3 条：绕组额定电压，对于三相绕组，是指线路端子间的电压。

第 3.4.7 条：额定电流，由变压器额定容量和额定电压推导出的流经绕组线路端子的电流。注 2：对于联结成三角形结法以形成三相组的单相变压器绕组，其额定电流表示为线电流除以$\sqrt{3}$。

《电力工程电气设计手册　1 电气一次部分》P232 表 6-3，则变压器回路持续工作电流：

$$I_{\mathrm{r}} = 1.05 \times \sqrt{3} \times \frac{S_{\mathrm{r}}}{U_{\mathrm{r}}} = 1.05 \times \sqrt{3} \times \frac{100 \times 10^3}{36} = 5051.76\mathrm{A}$$

《导体与电器选择设计规程》（DL/T 5222—2021）表 5.1.5，综合校正系数取 0.81，则管形母线载流量：

$$I_{\mathrm{g}} = \frac{I_{\mathrm{r}}}{0.81} = \frac{5051.76}{0.81} = 6236.74\mathrm{A}$$

《导体与电器选择设计规程》（DL/T 5222—2021）第 5.1.5 条及条文说明表 1，对应铝镁硅系（6063）管形母线型号为ϕ200/184（6674A）。

注：对于自耦连接的一对绕组，其低压绕组用 auto 或 a 表示。

2.《300kV～750kV 变电站无功补偿装置设计技术规定》（DL/T 5014—2010）第 7.1.3 条。

第 7.1.3 条：无功补偿装置总回路的电器和导体的长期允许电流，按下列原则取值：

- 不小于最终规模电容器组额定工作电流的 1.3 倍。
- 不小于最终规模电抗器总容量的额定电流的 1.1 倍。

按电容器选择时：$I_{\mathrm{g1}} = 1.3 \times \dfrac{4 \times 60}{\sqrt{3} \times 35} \times 10^3 = 5146.7\mathrm{A}$

按电抗器选择时：$I_{\mathrm{g2}} = 1.1 \times \dfrac{2 \times 60}{\sqrt{3} \times 35} \times 10^3 = 2177.4\mathrm{A}$

$I_{\mathrm{g1}} > I_{\mathrm{g2}}$，取较大者。

注：有关电容器回路导体的额定电流取值也可参考《并联电容器装置设计规范》（GB 50227—2017）第 5.8.2 条。

3.《并联电容器装置设计规范》（GB 50227—2017）第 5.2.2 条及条文说明。

轻负荷引起的电网电压升高，并联电容器装置投入电网后引起的母线电压升高值为：

$$\Delta U\% = \frac{\Delta U}{U_{\mathrm{s0}}} = \frac{Q}{S_{\mathrm{d}}} = \frac{-2 \times 60 \sim 3 \times 60}{2500} = -0.048 \sim 0.072 = -4.8\% \sim +7.2\%$$

注：《300kV～750kV 变电站无功补偿装置设计技术规定》（DL/T 5014—2010）附录 C.1。

4.《并联电容器装置设计规范》（GB 50227—2017）第 8.2.5 条及条文说明。

第 8.2.5 条：并联电容器组的绝缘水平应与电网绝缘水平相配合。电容器绝缘水平低于电网时，应将电容器安装在与电网绝缘水平相一致的绝缘框（台）架上，电容器的外壳应与框（台）架可靠连接，并应采取电位固定措施。

题干条件：电容器的最高运行电压为$U_C = 43 \div \sqrt{3} = 24.83\text{kV}$，电容器每桥臂 2 串，则电容器组额定极间电压为$U_{cj} = 24.83 \div 2 = 12.415\text{kV}$，支柱绝缘子应选用 20kV 级。

5.《电力工程电气设计手册 1 电气一次部分》P523 式（9-48）。

单台电容器容量为$Q = 500\text{kvar}$，数量$n = 3 \times 10 \times 4 = 120$台

电容器散发的热功率：$P_c = \sum_{j=1}^{j} Q_{cej} \tan\delta_j = 120 \times 500 \times 0.05 = 30\text{kV}$

电抗器分相设置，共 3 个，总容量为：$Q_L = 3 \times 1.3 \times 850 = 3315\text{kvar}$

电抗器散发的热功率：$P_L = 0.03Q_L = 0.03 \times 3315 = 99.45\text{kW}$

电容器室一组电容器的发热量：$P_\Sigma = P_C + P_L = 30 + 99.45 = 129.45\text{kW}$

6.《并联电容器装置设计规范》（GB 50227—2017）第 8.2.4 条及条文说明，以及图 b、图 c。

L_1：每相电容器框（台）架之间的通道宽度，参考图 4，$L_1 \geqslant 1000\text{mm}$

L_3：金属栏杆之间的通道宽度，参考图 5，$L_3 \geqslant 1200\text{mm}$

《高压配电装置设计技术规程》（DL/T 5352—2018）第 5.1.2 条及表 5.1.2-1。

L_2：带电部分至接地部分之间：$L_2 \geqslant 400\text{mm}$

题 7～10 答案：**BCAC**

7.《大中型火力发电厂设计规范》（GB 50660—2011）第 16.1.5 条及条文说明。

第 16.1.5 条：容量 125MW 级及以上的发电机与主变压器为单元连接时，主变压器的容量宜按发电机的最大连续容量扣除不能被高压厂用启动/备用变压器替代的高压厂用工作变压器计算负荷后进行选择。

条文说明："不能被高压厂用启动/备用变压器替代的高压厂用工作变压器计算负荷"，系指以估算厂用电率的原则和方法所确定的厂用电计算负荷。

主变压器容量：$S_T = \frac{P}{\cos\varphi} - S_g = \frac{330}{0.85} - 36.69 = 351.5\text{MVA}$，因此选 360MVA 变压器。

8.《导体与电器选择设计规程》（DL/T 5222—2021）附录 B 式（B.1.1）。

消弧线圈容量：$Q = KI_C\frac{U_N}{\sqrt{3}} = 1.35 \times 1.5 \times \frac{18}{\sqrt{3}} = 21.04\text{kVA}$

注：为便于运行调谐，宜选用容量"接近于"计算值的消弧线圈。

9.《交流电气装置的过电压保护和绝缘配合设计规范》（GB/T 50064—2014）第 6.4.4-1 条、第 6.4.4-2条。

电气设备内绝缘的雷电冲击耐压：$U_{1.p-1} \leqslant \frac{u_{e.l.i}}{k_{16}} = \frac{400}{1.25} = 320\text{kV}$

电气设备外绝缘的雷电冲击耐压：$U_{1.p-2} \leqslant \frac{u_{e.l.o}}{k_{17}} = \frac{400}{1.4} = 285.7\text{kV}$

满足两者要求之最大取值为 280kV。

注：残压是冲击电流通过避雷器时在阀片上产生的电压降。

10.《导体与电器选择设计规程》（DL/T 5222—2021）A.6 和表 5.1.9。

短路电流在导体和电器中引起的热效应包括周期分量和非周期分量两部分。

周期分量引起的热效应：$Q_z = I''^2 t = 40^2 \times 2 = 3200\text{kA}^2\text{s}$

非周期分量引起的热效应：$Q_f = I''^2T = 40^2 \times 0.05 = 80\text{kA}^2\text{s}$

总热效应：$Q = Q_z + Q_f = 3200 + 80 = 3280\text{kA}^2s$

母线截面：$S \geqslant \dfrac{\sqrt{Q_d}}{C} = \dfrac{\sqrt{3280}}{93} \times 10^3 = 615.82\text{mm}^2$，选择 650mm^2。

题 11～16 答案：**DBCCCD**

11.《大型发电机变压器继电保护整定计算导则》（DL/T 684—2012）第 4.5.3 条“转子表层负序过负荷保护”。

针对发电机的不对称过负荷、非全相运行以及外部不对称故障引起的负序过电流，其保护通常由定时限过负荷和反时限过电流两部分组成。

发电机额定一次电流：$I_{GN} = \dfrac{P_{GN}}{\sqrt{3}U_{GN}\cos\varphi} = \dfrac{1070 \times 10^3}{\sqrt{3} \times 27 \times 0.9} = 2542.24\text{A}$

负序定时限过负荷保护：$I_{2\cdot op} = \dfrac{K_{rel}I_{2\infty}I_{GN}}{K_r n_a} = \dfrac{1.2 \times 0.06 \times 2542.24}{0.9 \times 30000/5} = 0.0339\text{A}$

注：《大型发电机变压器继电保护整定计算导则》（DL/T 684—2012）为超纲规范，但本年度考试中多次使用，建议配置。

12.《大型发电机变压器继电保护整定计算导则》（DL/T 684—2012）第 4.8.3 条。

动作功率：$P_{op} = K_{rel}(P_1 + P_2) = 0.5 \times [2\%P_{gn} + (1 - 98.7\%)P_{gn}] = 1.65\%P_{gn}$

注：发电机对应效率，300MW 为 98.6%，600MW 为 98.7%，1000MW 的效率规范中没有明确，基本应比 98.7%稍高。也可参考《电力工程电气设计手册 2 电气二次部分》P681 式（29-160）。

13.《电力工程电气设计手册 1 电气一次部分》P872 变压器传递过电压的限制。

变压器的高压侧发生不对称接地故障、断路器非全相或不同期动作而出现零序电压时，将通过电容耦合传递至低压侧，其低压侧传递过电压为：

$$U_2 = U_2\frac{C_{12}}{C_{12} + 3C_0} = 0.6 \times \frac{500 \times 10^3}{\sqrt{3}} \times \frac{0.008}{0.008 + 3 \times 0.7} = 657.32\text{V}$$

《大型发电机变压器继电保护整定计算导则》（DL/T 684—2012）第 4.3.2 条。

第 4.3.2 条：基波零序过电压保护。

基波零序过电压保护定值可设低定值段和高定值段。

低定值段动作电压：$U_{0\cdot op} = K_{rel} \cdot U_{0\cdot max} = (1.2\sim1.3) \times 300 = 360\sim390\text{V} < U_2$，显然，低定值段不能满足要求。

高定值段动作电压应可靠躲过传递过电压，因此可取 700V。

14.《火力发电厂厂用电设计技术规程》（DL/T 5153—2014）第 8.6.1 条。

第 8.6.1-1 条：对于 2000kW 以下、中性点具有分相引线的电动机，当电流速断保护灵敏性不够时，也应装设纵联差动保护。保护瞬时动作于断路器跳闸。

第 8.6.1-2 条：对未装设纵联差动保护的或纵联差动保护仅保护电动机绕组而不包括电缆时，应装设电流速断保护。保护瞬时动作于断路器跳闸。

《电力工程电气设计手册 2 电气二次部分》P251 式（23-3）、式（23-4）“电流速断保护整定”。

动作电流：$I_{dz}=K_k\dfrac{I_Q}{n_{TA}}=2\times\dfrac{847.76}{200/1}=8.48A$

灵敏系数：$K_m=\dfrac{I_{d\cdot min}^{(2)}}{I_{dz}}=\dfrac{0.866\times 31000}{847.76}=31.7>2$

15.《电力工程电气设计手册 2 电气二次部分》P66～67 式（20-4）、式（20-5）、表 20-16。

电流互感器二次额定负载：$Z_2=K_{cj\cdot zk}Z_{cj}+K_{lx\cdot zk}Z_{lx}+Z_c=3\times 0.12+3\times 0.2+0=0.96\Omega$

二次额定容量：$S_{VA}=I_2^2Z_2=5^2\times 0.96=24VA$

《电力装置电测量仪表装置设计规范》（GB/T 50063—2017）第 7.1.7 条及表 7.1.7，电流互感器二次负荷范围为 25%～100%。即 24～96VA 之间，可选用 75VA。

16.《电力工程电气设计手册 1 电气一次部分》P121 表 4-2、P129 式（4-20）。

基准容量$S=1230MVA$，$U_j=525kV$，则$I_j=1230\div\left(525\times\sqrt{3}\right)=1.353kA$

升压变压器阻抗标幺值：$X_{*T}=\dfrac{U_d\%}{100}\times\dfrac{S_j}{S_e}=\dfrac{18}{100}\times\dfrac{1230}{1230}=0.18$

电源对短路点的等值电抗标幺值：$X_{*\Sigma}=X_{*d}+X_{*T}=0.18+0.177=0.357$

基于电源额定容量下的计算电抗：$X_{js}=X_{*\Sigma}\dfrac{S_G}{S_j}=0.357\times\dfrac{1070\div 0.9}{1230}=0.345$

查图 4-6 汽轮发电机运算曲线，对应发电机支路 0s 短路电流标幺值：$I_*=3.1$

发电机侧提供的短路电流周期分量起始值：$I_k''=I_*\cdot I_{js}=3.1\times\frac{1070\div 0.9}{\sqrt{3}\times 525}=4.05kA$，选择最近答案 D。

题 17～20 答案：**CBDC**

17.《电力工程直流系统设计技术规程》（DL/T 5044—2014）第 4.2.2-1 条、附录 A 之第 A.3.6 条、附录 E。

第 4.2.2-1 条：与电力系统连接的发电厂，厂用交流电源事故停电时间取 1h。

由第 A.3.6 条，铅酸蓄电池 1h 放电率：$I_{1h}=5.5I_{10}=5.5\times\dfrac{1600}{10}=880A$

由附录 E，蓄电池回路长期计算工作电流：$I_{ca1}=I_{d\cdot 1h}=880A$

由题干知，事故初期（1min）冲击放电电流：$I_{ca2}=I_{ch0}=747.41A$

$I_{ca1}>I_{ca2}$，则允许电压降计算取$I_{ca1}=880A$

由表 E.2-2 可知：$0.5\%U_n\leqslant\Delta U_p\leqslant 1\%U_n$，即$1.1\leqslant\Delta U_p\leqslant 2.2$，则由式（E.1.1-2）:

$$S_{cac}=\frac{\rho\cdot 2LI_{ca}}{\Delta U_p}=\frac{0.0184\times 2\times 50\times 880}{1.1\sim 2.2}=736\sim 1472mm^2\text{，最小截面取 }736mm^2$$

18.《电力工程直流系统设计技术规程》（DL/T 5044—2014）附录 D.1。

按题干条件，第三套充电装置专门为蓄电池补充充电用，应满足蓄电池一般充电要求，即充电时蓄电池脱开直流母线。

充电装置的额定电流：$I_r=1.0I_{10}\sim 1.25I_{10}=(1.0\sim 1.25)\times 160=160\sim 200A$

19.《电力工程直流系统设计技术规程》（DL/T 5044—2014）第 6.5.2-3 条、附录 A 第 A.4.2 条及附录 G。

（1）按电动机起动电流整定：$I_{st}=K_{st}I_n=6\times 55.3=331.8A$

63A（B 型）最小动作电流：$I_{zd1} = 63 \times 4 = 252A < 331.8A = I_{st}$，不满足要求。

63A（C 型）最小动作电流：$I_{zd2} = 63 \times 7 = 441A > 331.8A = I_{st}$，满足要求。

（2）按极限短路分断能力整定：

第 6.5.2-3 条：直流断路器的断流能力应满足安装地点直流电源系统最大预期短路电流的要求。

直流电动机铜芯电缆规格为 150m，70mm²，则电缆电阻为$r_c = \rho \frac{L}{S} = 0.0184 \times \frac{2\times150}{70} = 0.079\Omega$。

由式（G.1.1-2），预期短路电流：$I_k = \frac{U_n}{n(r_b + r_1) + r_c} = \frac{220}{0.016 + 0.079} = 2315.8A$

选用额定极限分段能力M为 10kA 即可满足要求。

20.《电力工程直流系统设计技术规程》(DL/T 5044—2014）附录 E。

附录 E 表 E.2-2 之注 2：环形网络供电的控制、保护和信号回路的电压降，应按直流柜至环形网络最远断开点的回路计算。按本题条件，应按从电源 1 至断开点b之间的距离计算，即 350m。

电压降应考虑最不利情况，即蓄电池出口端电压最低（事故放电终止电压），b点为断路器合闸最低允许电压（85%额定电压），则允许电压损失：$\Delta U_p = 103 \times 1.87 - 85\% U_n = 192.61 \times 187 = 5.61V$

由表 E.2-1，断路器合闸回路计算电流：$I_{ca} = I_{c1} = 3A$

$$S_{cac} = \frac{\rho \cdot 2LI_{ca}}{\Delta U_p} = \frac{0.0184 \times 2 \times 350 \times 3}{5.61} = 6.89mm^2$$

题 21～25 答案：**BCACA**

21.《电力工程高压送电线路设计手册》(第二版）P180“表 3-3-1 最大弧垂的平抛物线公式”。

最高气温下导线的最大弧垂：$f_m = \frac{\gamma l^2}{8\sigma_0} = \frac{13.21 \div A \times 900^2}{8 \times 20.3 \times 10^3 \div A} = 65.88m$

《110kV～750kV 架空输电线路设计规范》(GB 50454—2010）第 8.0.1 条、第 8.0.3 条。

水平线间距离：$D = k_i L_k + \frac{U}{110} + 0.65\sqrt{f_c} = 0.4 \times 2.7 + \frac{220}{110} + 0.65\sqrt{65.88} = 8.356m$

第 8.0.3 条：双回路及多回路杆塔不同回路的不同相导线间的水平或垂直距离，应按本规范第 8.0.1 条规定增加 0.5m。则修正的水平线间距距离：

$$D' = D + 0.5 = 8.356 + 0.5 = 8.856m$$

注：《110kV～750kV 架空输电线路设计规范》(GB50454—2010）第 13.0.1 条，可知最大弧垂计算垂直距离应根据导线运行温度 40℃情况或覆冰无风情况求得，并根据最大风情况或覆冰情况求得的最大风偏进行风偏校验。

22.《电力工程高压送电线路设计手册》(第二版）P605 式（8-2-10）及导线悬垂角内容。

垂直档距为 600m 一侧的悬垂角：$\theta_1 = \arctan\left(\frac{\gamma_c l_{xvc}}{\sigma_c}\right) = \arctan\left(\frac{13.21 \div A \times 600}{20.3 \times 10^3 \div A}\right) = 21.328°$

当导线在悬垂线夹出口处的悬垂角超过线夹悬垂角允许值时，可能使导线在线夹出口处受到损伤，则：

$$\frac{1}{2}(\theta_1 + \theta_2) \leqslant 23° \Rightarrow \frac{1}{2}(21.33° + \theta_2) \leqslant 23° \Rightarrow \theta_2 = 24.67°$$

则：$\theta_2 = \arctan\left(\frac{\gamma_c l_{xvc}}{\sigma_c}\right) = \arctan\left(\frac{13.21 \div A \times l_{xvc2}}{20.3 \times 10^3 \div A}\right) = 24.67°$

计算得到另一侧的垂直档距：$l_{xvc2} = 705.8m$

注：当超过线夹允许悬垂角时，可采用调整杆塔位置或杆塔高度，以减少一侧或两侧的悬垂角，或改用悬垂角较大的线夹，也可以用两个悬垂线夹组合在一起悬挂。

23.《电力工程高压送电线路设计手册》（第二版）P296 式（5-3-1）。

V 形绝缘子串夹角之半：$\alpha = \frac{100}{2} = 50°$

导线最大风荷载：$P_H = l_H W_4 = 500 \times 11.25 \times 2 = 11250N$

导线自重荷载：$W_v = l_v W_1 = l_v \times 13.21 \times 2 = 26.24 l_v$

导线最大风偏角：$\varphi = \arctan\left(\frac{P_H}{w_v}\right) = \arctan\left(\frac{11250}{26.42 l_v}\right) = 50°$

则：$l_v = 357.3m$

24.《电力工程高压送电线路设计手册》（第二版）P180 表 3-3-1 及附图。

高塔悬点处距离悬垂最低点的水平距离：

$$l_{OB} = \frac{l}{2} + \frac{\sigma_0}{\gamma}\tan\beta = \frac{400}{2} + \frac{92.6}{55.7 \times 10^{-3}} \times \frac{115}{400} = 677.96m$$

高塔悬点处应力：

$$\sigma_A = \sigma_0 + \frac{\gamma^2 l_{OA}^2}{2\sigma_0} = 92.6 + \frac{(55.7 \times 10^{-3})^2 \times 677.96^2}{2 \times 92.6} = 100.3N/mm^2$$

注：也可参考《电力工程高压送电线路设计手册》（第二版）P607 式（8-2-16）计算。

25.《电力工程高压送电线路设计手册》（第二版）P328 式（6-2-9）及图 6-2-2。

电线角度荷载（N）$P_\varphi = T_\varphi \sin(\alpha/2)$：对直线塔，电线角度荷载一般为零，但对悬垂转角塔、换位塔和耐张、转角杆塔，都需计算这个荷载。题干要求直线塔兼转角塔，塔头间隙主要决定于绝缘子串的摇摆角，因此需把角度荷载叠加至绝缘子串风偏角计算中。

由《电力工程高压送电线路设计手册》（第二版）P103 式（2-6-44），调整为：

$$\varphi = \arctan\left[\frac{P_1/2 + P l_H + 2T_\varphi \sin(\alpha/2)}{G_1/2 + W_1 l_v}\right]$$

题干要求不考虑绝缘子串影响，则$P_1 = 0$，$G_1 = 0$

$$\varphi = \arctan\left[\frac{P l_H + 2T_\varphi \sin(\alpha/2)}{W_1 l_v}\right] = 55°$$

$$\frac{300 \times 11.25 \times 2 + 2 \times 30 \times 10^3 \times 2\sin(\alpha/2)}{13.21 \times 2 \times 400} = 1.428$$

$$\alpha = 7.97°$$

2016 年案例分析试题答案（下午卷）

题 1～4 答案：**CCDA**

1.《电力系统安全稳定导则》（GB 38755—2019）第 2.3 条。

第 2.3 条 N-1 原则：正常运行方式下的电力系统中任一元件（如线路、发电机、变压器等）无障碍或因故障断开、电力系统应能保持稳定运行和正常供电，其他元件不过负荷，电压和频率均在允许范围内。

一般情况下，220kV 母线正常运行时，其电源与负荷应尽可能平衡，由于其中三条馈线负荷相同，可假定正常运行情况下 220kV 母线通流负荷值如下：

220kV 母线Ⅰ：$S_1 = 电源\ 1 = 负荷L_1 + 负荷L_2 + 变压器T_2 = 150 + 150 + 150 = 450\text{MVA}$

220kV 母线Ⅱ：$S_2 = 电源\ 2 = 负荷L_3 + 负荷L_4 + 变压器T_1 = 100 + 150 + 150 = 400\text{MVA}$

220kV 母线通流最大值：

$$I_g = \frac{L_1 + L_2 + L_3 + L_4 + T_1 + T_2}{\sqrt{3}U_e} = \frac{3 \times 150 + 100 + 2 \times 150 \times 65\%}{\sqrt{3} \times 220} \times 10^3 = 1955\text{A}$$

2.《导体与电器选择设计规程》（DL/T 5222—2021）第 13.4.3 条。

第 13.4.3 条：普通限流电抗器的额定电流应按主变压器或馈线回路的最大可能工作电流选择，即 2500A。

《电力工程电气设计手册 1 电气一次部分》P253 式（6-14）。

限流电抗器电抗百分值：

$$X_k\% \geqslant \left(\frac{I_j}{I''} - X_{*j}\right)\frac{I_{ek}}{U_{ek}} \cdot \frac{U_j}{I_j} \times 100\% = \left(\frac{5.5}{15} - \frac{5.5}{32}\right) \times \frac{2.5}{10} \times \frac{10.5}{5.5} \times 100\% = 9.3\%$$

3.《高压配电装置设计技术规程》（DL/T 5352—2018）。

第 2.1.8 条：每段母线上应装设接地开关或接地器。（错误 1，图中缺少接地开关）

《电力工程电气设计手册 1 电气一次部分》P72“避雷器的配置”第 1 条和第 14 条。第 1 条：配电装置的每组母线上，应装设避雷器，但进出线都装设避雷器时除外。第 14 条：110～220kV 线路侧一般不装设避雷器。（错误 2）

《电力工程电气设计手册 2 电气二次部分》P526～527“母线保护的配置原则”第 11 条。第 11 条：母线保护电流互感器的配置应和母线上其他元件（线路、变压器）保护用的电流互感器的配置相协调，防止出现无保护区。（错误 3，图中母联回路电流互感器在断路器一侧，存在保护死区，应配置在断路器与隔离开关之间）

《220kV～750kV 变电站设计技术规程》（DL/T 5218—2012）第 5.1.8 条：安装在出线上的避雷器、耦合电容器、电压互感器以及接在变压器引出线或中性点上的避雷器，不应装设隔离开关。（错误 4，图中电源进线 1、2 装设的电压互感器均设有隔离开关）

注：对其他信息澄清如下：

《高压配电装置设计技术规程》（DL/T 5352—2018）：

第 2.1.5 条：110kV～220kV 配电装置母线避雷器和电压互感器，宜合用一组隔离开关。（图中正

确，330kV 以上的内容不适用）

第 2.1.7 条：66kV 及以上的配电装置，断路器两侧的隔离开关靠断路器侧，线路隔离开关靠线路侧，变压器进线隔离开关靠变压器侧，应配置接地开关。（图中正确）

第 2.1.10 条：110kV 及以上配电装置的电压互感器配置，可以采用按母线配置的方式，也可以采用按回路配置的方式。（图中正确）

4.《电力工程电气设计手册 2 电气二次部分》P588 式（28-75）～式（28-77）。

（1）按躲过外部发生故障时的最大不平衡电流整定：

$$I_{DZ\cdot 1} = K_k \cdot I_{bp\cdot max} = 1.5 \times 0.1 \times 30 \times 10^3 = 4500A$$

（2）按躲过二次回路断线故障电流整定：

$$I_{DZ\cdot j} = K_k I_{fh\cdot max} = 1.5 \times 1955 = 2992.5A$$

起动元件和选择元件的动作电流选取较大的一个，即 4500A。

（3）整定后，需按系统最小运行方式下，校验母线发生故障时保护装置的灵敏度，要求起动元件和选择元件的最小灵敏度系数大于 2。

$$K_{lm} = \frac{I_{k2\cdot min}}{I_{DZ} n_A} = \frac{0.866 \times 18000}{4500} = 3.46$$

注：灵敏度校验采用最小运行方式下两相短路电流$I_{k2\cdot min}$相短路电流的 0.866 倍。

题 5～9 答案：**AA 无 CC**

5.《导体与电器选择设计规程》（DL/T 5222—2021）第 A.4.1 条。

短路点 k_1 位于发电厂升压变压器高压侧（220kV）母线处，根据表 F.4.1，$K_{ch} = 1.85$

短路冲击电流：$i_{ch} = \sqrt{2} K_{ch} I'' = \sqrt{2} \times 1.85 \times 28.7 = 75.08kA$

6.《电力工程电气设计手册 1 电气一次部分》P120～121 式（4-10）、P129 式（4-20）。

k_1 点发生单相短路时，由于负荷侧线路 L_1 和 L_2 的参数完全相同，因此负荷侧提供的短路电流应存在关系：$I_{fh} = I_{L11} + I_{L12} = 2I_{L11} = 2 \times 5.2 = 10.4kA$，忽略风电场机组，4 台发电机组提供的短路电流总和为$I_{k1} = I' - I_{fh} = 28.7 - 10.4 = 18.3kA$，等效短路网络如图，则

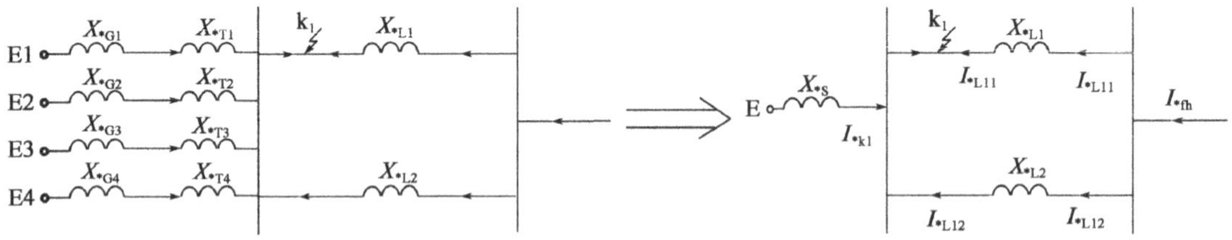

发电机侧等效系统电抗标幺值：$X_{*S} = \frac{S_j}{S''_d} = \frac{100}{\sqrt{3} \times 230 \times 18.3} = 0.0137$

线路电抗标幺值：$X_{*L1} = X_{*L2} = X\frac{S_j}{U_j^2} = 0.3 \times 40 \times \frac{100}{230^2} = 0.0227$

电源至k_2短路点等效电抗标幺值：$X_{*\Sigma} = X_{*S} + \frac{1}{2} X_{*L1} = 0.0137 + \frac{0.02268}{2} = 0.0251$

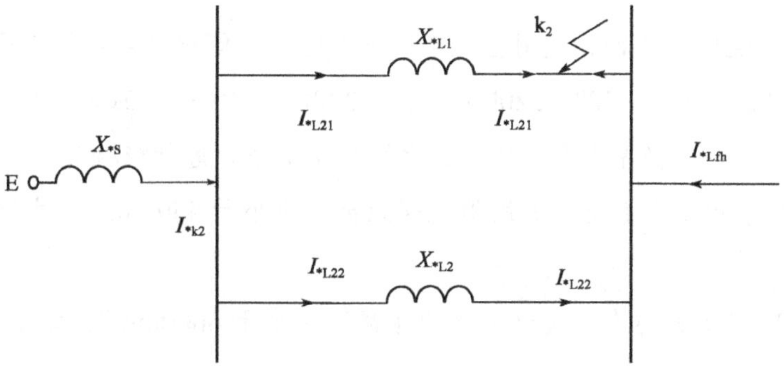

当 k_2 点短路时，等效短路网络如图，因此存在关系$I_{k2}=I_{L21}+I_{L22}=2I_{L21}=2I_{L22}$，通过断路器 DL_2 的短路电流为I_{L21}，则：

$$I_{L21}=\frac{1}{2}I_{k2}=\frac{1}{2}\times\frac{I_j}{X_{*\Sigma}}=\frac{1}{2}\times\frac{0.251}{0.0251}=5\text{kA}$$

7.《风电场接入电力系统技术规定 第 1 部分：陆上风电》（GB/T 19963.1—2021）第 9.2.6 条。

有功恢复变化率为：$\eta=20\%\times100=20\text{MW/s}$，更新后无答案。

8.《光伏发电站接入电力系统技术规定》（GB/T 19964—2012）第 6.1.2 条。

第 6.1.2 条：功率因数在超前 0.95～滞后 0.95 范围内可调。

《电力工程电气设计手册 1 电气一次部分》P232 表 6-3。

变压器回路持续工作电流：$I_g=1.05\times\frac{S_e}{\sqrt{3}U_e}=1.05\times\frac{40\div0.95}{\sqrt{3}\times35}=0.707\text{kA}=707\text{A}$

《电流互感器与电压互感器选择及计算规程》（DL/T 866—2015）第 4.2.2 条：测量用电流互感器额定一次电流应接近但不低于一次回路正常最大负荷电流。因此选择 800A。

9.《风电场接入电力系统技术规定 第 1 部分：陆上风电》（GB/T 19963.1—2021）第 9.2.1 条。

风电场低电压穿越要求如图所示：

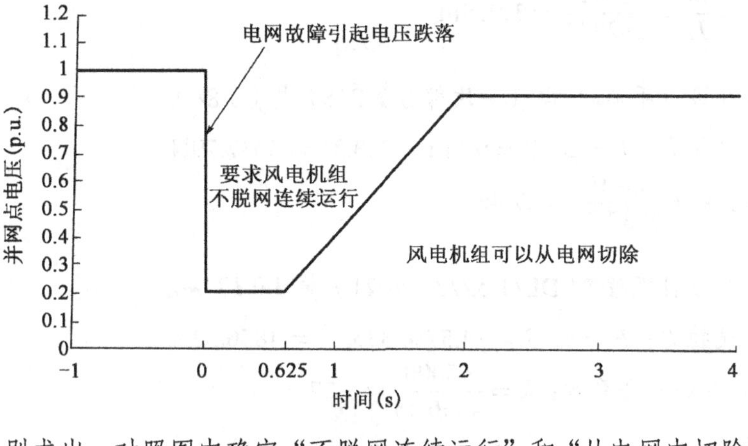

将并网点电压分别求出，对照图中确定“不脱网连续运行”和“从电网中切除”的时间节点，分析可知选项 C 正确。

题 10～15 答案：**CBAAAB**

10.《电力工程电气设计手册 1 电气一次部分》P579“2. 屋外配电装置部分”，P707 附表 10-4、附

表 10-5。

（1）P579“2. 屋外配电装置部，选用出现架构宽度时，应使出线对架构横梁垂直线的偏角 θ 不大于下列数值：35kV—5°；110kV—20°；220kV—10°；330kV—10°；500kV—10°。如出线偏角大于上列数值，则需采取出线悬挂点偏移等措施，并对其跳线的安全净距进行校验”。

（2）P707 附表 10-4“电流互感器与断路器之间距离不应小于 4500mm”，本题图中距离仅 4000mm，达不到最小安全净距。

（3）P707 附表 10-5“断路器与隔离开关之间距离不应小于 6000mm”，本题图中距离仅 4000mm，达不到最小安全净距。

（4）《交流电气装置的过电压保护和绝缘配合设计规范》（GB/T 50064—2014）第 5.4.8-1 条。

变压器门形架构上安装避雷针或避雷线应符合的要求之“1”：除大坝与厂房紧邻的水力发电厂外，当土壤电阻率大于 350Ω · m 时，在变压器门形架构上，不得装设避雷针、避雷线。

注：通常电流互感器装在断路器的出线侧，是对电流互感器的一种保护，有利于互感器和表计的更换与维护。但若线路或母线设置了差动保护，电流互感器安装位置在断路器前后会有一定区别。

11.《电力工程电气设计手册 1 电气一次部分》P572 式（10-1）。

贮油池面积：$S_1=(9+2)\times(5+2)=77\text{m}$

贮油池深度：$h\geqslant\dfrac{0.2G}{0.25\times0.9(S_1-S_2)}=\dfrac{0.2\times50}{0.25\times0.9\times(77-17)}=0.74\text{m}$

注：手册公式中的设备油重单位有误，应为 t（吨）。

12.《电力工程电气设计手册 1 电气一次部分》P388～389“求解导线状态方程”。

最高温度时，由式（8-89）：$\sigma_m^2(\sigma_m-A)=C_m$，$\sigma_m=\sqrt{\frac{42844}{1426.8}}=5.48\text{N/mm}^2$，然后采用内插法代入试算，可得$\sigma_m=5.469\text{N/mm}^2$

由式（8-88）：$\sigma=\dfrac{H}{S}\Rightarrow H_m=\sigma_m\cdot S=5.469\times333.31=1822.87\text{N}$

由式（8-83）：$f=\dfrac{M}{H}=\dfrac{3572}{1822.87}=1.959\text{m}$

13.《电力工程电气设计手册 1 电气一次部分》P389 式（8-88）。

最大荷载时的导线拉力：$F=\sigma\cdot S=9.114\times333.31=3037.79\text{N}$

导线的安全系数：$k=\dfrac{83410}{3037.79}=27.46$

14.《高压配电装置设计规程》（DL/T 5222—2021）第 3.0.17 条。

带电检修时的导线拉力：$F=\sigma\cdot S=14.57\times333.31=4856.33\text{N}$

悬式绝缘子 X-4-.-5 的安全系数：$k=\dfrac{45000}{4856.33}=9.27$

15.《电力工程电气设计手册 电气一次部分》P259 表 6-43。

1000m 及以下地区 220kV 绝缘子应选 14 片。由《高压配电装置设计规程》（DL/T 5222—2021）式 21.0.10 得，海拔 2800m 处绝缘子片数：

$N_H=N[1+0.1(H-1)]=14\times[1+0.1\times(2.8-1)]=16.52$，取 17 片。

题 16～21 答案：**CCBBBB**

16.《电力工程电气设计手册 1 电气一次部分》P80 式（3-1）。

当 L_3 的正中间发生单相接地故障时，各馈线的电容电流的流经方向如图所示，分析可知：流经零序电流互感器 LH_0 一次侧电流由 L_0 段电缆提供，流经零序电流互感器 LH_3 一次侧电流由除 L_3 段之外的其他电缆提供，流经短路点的电容电流由全部电缆提供，则：

$$I_{c0}=\sqrt{3}U_e\omega C\times10^{-3}=\sqrt{3}\times6.3\times2\pi\times50\times0.4\times3\times0.5\times10^{-3}=2.056\text{A}$$

$$I_{c3}=\sqrt{3}U_e\omega C\times10^{-3}=\sqrt{3}\times6.3\times2\pi\times50\times0.4\times(10-1)\times10^{-3}=12.335\text{A}$$

$$I_k=\sqrt{3}U_e\omega C\times10^{-3}=\sqrt{3}\times6.3\times2\pi\times50\times0.4\times10\times10^{-3}=13.71\text{A}$$

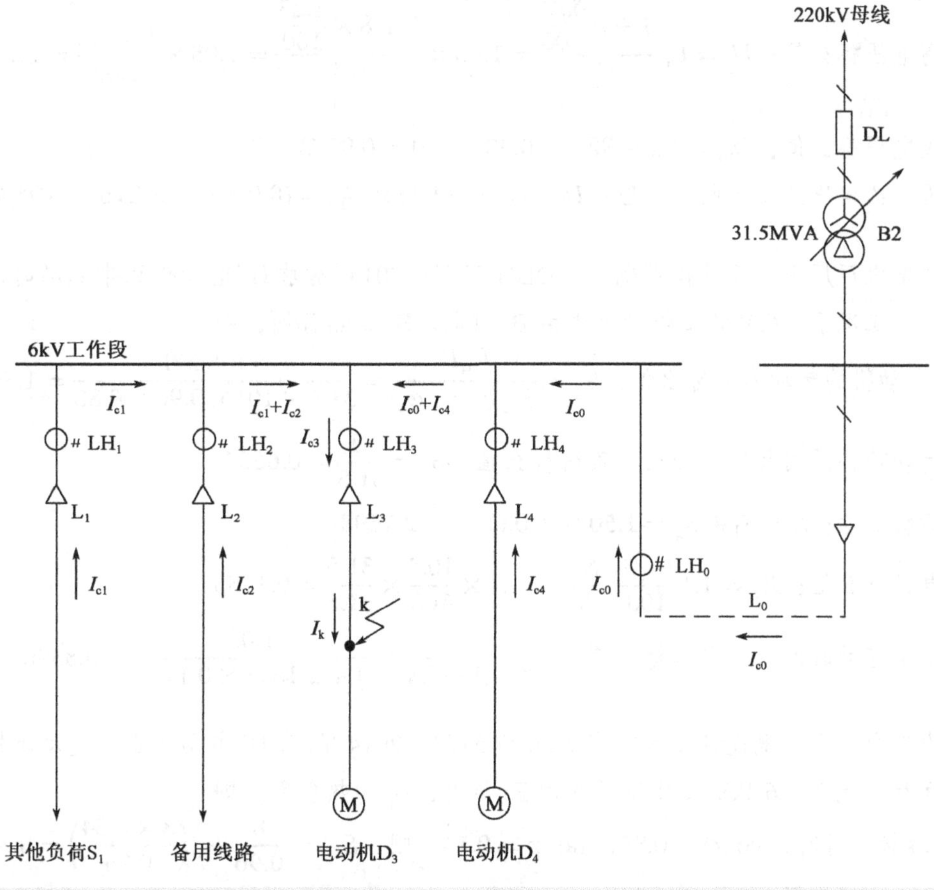

注：严格地说，所有的电容电流中还应包括 220kV/6kV 变配电设备的电容电流增量，但题干中未明确要求，建议忽略。

17. 依上题的图示，可判断零序电流互感器 LH_0～LH_1、LH_2、LH_4 的一次侧电流方向一致，而仅 LH_3 方向相反。

18.《火力发电厂厂用电设计技术规定》（DL/T 5153—2014）附录 G“厂用电电压调整计算”。

功率因数 $\cos\varphi=0.83$，对应 $\sin\varphi=0.558$

变压器电阻标幺值：$R_T=1.1\dfrac{P_t}{S_{2T}}=1.1\times\dfrac{0.18}{31.5}=0.0063$

变压器电抗标幺值：$X_T=1.1\dfrac{U_d\%}{100}\cdot\dfrac{S_{2T}}{S_T}=1.1\times\dfrac{18}{100}\times\dfrac{31.5}{31.5}=0.198$

负荷压降阻抗标幺值：$Z_\varphi=R_T\cos\varphi+X_T\sin\varphi=0.0063\times0.83+0.198\times0.558=0.1157$

厂用负荷标幺值：$S=\dfrac{S_e}{S_{2T}}=\dfrac{27.5}{31.5}=0.873$

（1）厂用母线的最低电压$U_{m\cdot min}=0.95$，厂用负荷最大，计算电源最低电压。

厂用母线电压标幺值：$U_0=U_{m\cdot min}+SZ_{\varphi}=0.95+0.873\times0.1157=1.051$

电源最低电压标幺值：$U_g=U_0\dfrac{1+n\dfrac{\delta_u\%}{100}}{U'_{2e}}=1.051\times\dfrac{1-8\times\dfrac{1.25}{100}}{\dfrac{6.3}{6.0}}=1.051\times\dfrac{1-0.1}{1.05}=0.9$

（2）厂用母线的最高电压$U_{m\cdot max}=1.05$、厂用负荷最小（为零），计算电源最高电压。

厂用母线电压标幺值：$U_0=U_{m\cdot max}+SZ_{\varphi}=1.05+0=1.05$

电源最高电压标幺值：$U_g=U_0\dfrac{1+n\dfrac{\delta_u\%}{100}}{U'_{2e}}=1.05\times\dfrac{1+8\times\dfrac{1.25}{100}}{\dfrac{6.3}{6.0}}=1.05\times\dfrac{1+0.1}{1.05}=1.1$

厂用母线电压标幺值：$U_m=U_0-SZ_{\varphi}=0.9372-0=0.9372$

（3）高压母线电压波动范围有名值：$U_G=(0.9\sim1.1)\times U_{1e}=(0.9\sim1.1)\times216=(194.4\sim237.6)\text{kV}$

19.《火力发电厂厂用电设计技术规定》（DL/T 5153—2014）附录H“电动机正常起动时的电压计算”。

在正常运行工况下，6.3kV工作段母线由B_1供电，B_2为热备用，则

D4起动电动机的起动容量标幺值：$S_q=\dfrac{K_qP_e}{S_{2T}\eta_d\cos\varphi_d}=\dfrac{5\times8000}{31.5\times10^3\times0.96\times0.88}=1.5031$

电动机起动前，厂用母线上的已有负荷标幺值：$S_1=\dfrac{21}{31.5}=0.6667$

合成负荷标幺值：$S=S_1+S_q=1.5031+0.6667=2.1698$

变压器电抗标幺值：$X_T=1.1\dfrac{U_d\%}{100}\cdot\dfrac{S_{2T}}{S_T}=1.1\times\dfrac{10.5}{100}\times\dfrac{31.5}{31.5}=0.1155$

电动机正常起动时的母线电压标幺值：$U_m=\dfrac{U_0}{1+SX}=\dfrac{1.05}{1+2.1698\times0.1155}=0.8396=83.96\%$

20.《火力发电厂厂用电设计技术规定》（DL/T 5153—2014）附录H“电动机正常起动时的电压计算”。

在正常运行工况下，6.3kV工作段母线由B_1供电，B_2为热备用，则

D4额定容量运行时，$\cos\varphi=0.88$，$\tan\varphi=0.54$，则：$S_{L4}=\dfrac{8}{0.96}+j\left(\dfrac{8\times0.54}{0.96}\right)=8.333+j4.5$

备用回路电容器容量：$S_{L2}=0-j2$

D4起动电动机的起动容量（备用回路电容器组在起动D4的同时投入，纳入计算）：

$$S'_q=K_qS_{L4}+S_{L2}=5\times(8.333+j4.5)-j2=41.665+j11.25=43.157\angle15.11^\circ$$

D4起动电动机的起动容量标幺值：$S_q=\dfrac{S'_q}{S_{2T}}=\dfrac{43.157}{31.5}=1.37$

D3额定参数下运行，$\cos\varphi=0.85$，$\tan\varphi=0.62$，则：$S_{L3}=\dfrac{5}{0.93}+j\left(\dfrac{5\times0.62}{0.93}\right)=5.376+j3.333$

电动机起动前，厂用母线上的已有负荷

$$S_1=S_g+S_{L2}=(12+j9)+(5.376+j3.333)=17.376+j12.333=21.31\angle35.366^\circ$$

厂用母线上的已有负荷标幺值：$S_1=\dfrac{21.31}{31.5}=0.6765$

合成负荷标幺值：$S=S_1+S_q=1.37+0.6765=2.047$

变压器电抗标幺值：$X_T=1.1\dfrac{U_d\%}{100}\cdot\dfrac{S_{2T}}{S_T}=1.1\times\dfrac{10.5}{100}\times\dfrac{31.5}{31.5}=0.1155$

电动机正常起动时的母线电压标幺值：$U_m = \dfrac{U_0}{1+SX} = \dfrac{1.05}{1+2.047\times0.1155} = 0.84925 = 84.925\%$

21.《电力工程电气设计手册 2 电气二次部分》P695“4.厂用高压变压器低压侧分支过电流保护”。

（1）按躲过本段母线所接电动机最大起动电流之和整定：

电动机 D3 的起动容量：$S_{D3} = 6\times\dfrac{5}{0.85\times0.93} = 37.95\text{MVA}$

电动机 D4 的起动容量：$S_{D4} = 5\times\dfrac{8}{0.88\times0.96} = 47.35\text{MVA}$

明备用接线：$K_{zq} = \dfrac{1}{\dfrac{U_d\%}{100}+\dfrac{W_e}{K_{qd}W_{d\Sigma}}} = \dfrac{1}{\dfrac{10.5}{100}+\dfrac{31.5}{37.95+47.35}} = 2.11$

低压侧过电流整定值：$I_{zd} = K_k\cdot K_{zq}\cdot I_d = 1.2\times2.11\times\dfrac{31.5}{\sqrt{3}\times6.3} = 7.3\text{kA}$

（2）由于 2MW 及以上的电动机回路均已装设完整的差动保护，不必校验其最大电动机速断保护配合。

（3）与接于本段母线的低压厂用变压器过电流保护配合整定：

$$I_{dz} = K_k(I'_{dz}+\Sigma I_{fh}) = 1.2\times\left(2.5\times\frac{2}{\sqrt{3}\times6.3}+\frac{31.5-2}{\sqrt{3}\times6.3}\right) = 1.2\times(458.2+2703.5) = 3.794\text{kA}$$

取大者，$I_{dz} = 7.3\text{kA}$

（4）灵敏系数：

$$I_{dz\cdot j} = \frac{K_{jx}\cdot I_{dz}}{n_L} = \frac{1\times7.3\times10^3}{4000/5} = 9.125\text{A}$$

$$K_{lm} = \frac{I_{d\cdot min}}{I_{dz\cdot j}} = \frac{0.866\times28\times10^3\div(4000\div5)}{9.125} = 3.32$$

题 22～27 答案：**BBDBAD**

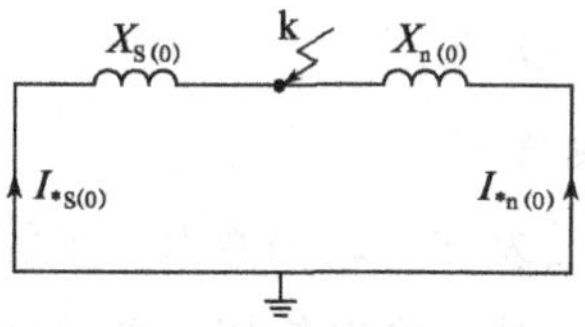

22.《交流电气装置的接地设计规范》（GB/T 50065—2011）附录 B。

发电厂发生单相接地短路时，零序网络如图所示，则发电厂单相接地时最大单相短路电流时，流经发电厂设备中性点电流：

$$I_{*n(0)} = I_{max}\frac{X_{S(0)}}{X_{S(0)}+X_{n(0)}} = 39\times\frac{0.02}{0.02+0.03} = 15.6\text{kA}$$

发电厂厂内短路时：$I_{g1} = (I_{max}-I_n)S_{f1} = (39-15.6)\times0.4 = 9.36\text{kA}$

发电厂厂外短路时：$I_{g2} = I_nS_{f2} = 15.6\times0.9 = 14.04\text{kA}$

两者取较大数值，入地对称电流：$I_g = 14.04\text{kA}$

查表 B.0.3，单路故障切除时间为 1s，等效时间常数 X/R 为 40，对应衰减系数$D_f = 1.0618$

最大接地故障不对称电流有效值：$I_G = D_fI_g = 1.0618\times14.04 = 14.91\text{kA}$

第 B.0.4 条在系统单相接地故障电流入地时，地电位的升高为：

$$V = I_G R = 14.91 \times 0.2 = 2.982\Omega$$

23.《交流电气装置的接地设计规范》（GB/T 50064—2011）第 6.3.2-3 条。

第 6.3.2-3 条：变电站导线对构架空气间隙应符合下列要求：相对地空气间隙的正极性操作冲击电压波 50%放电电压为：

$$u_{50\%} \geqslant k_7 U_{s \cdot p} = (1.1 \sim 1.27) \times 850 = (935 \sim 1079.5)\text{kV}$$

由$u_{50\%} = 785 d^{0.34} \Rightarrow d^{0.34} = \dfrac{935 \sim 1079.5}{785} \Rightarrow d = (1.67 \sim 2.55)\text{m}$

24.《隐极同步发电机技术要求》（GB/T 7064-2017）第 4.15.1 条、附录 C 表 C.2。

第 4.15.1 条：电机应能承受一定数量的稳态和瞬态负序电流。当三相负载不对称，且每相电流均不超过额定定子电流（I_N），其负序电流分量（I^2）与额定电流I_N之比（I^2/I_N）符合 GB 755 的规定时，应能连续运行，当发生不对称故障时，故障运行的和I^2/I_N^2时间t的乘积应符合 GB 755 的规定，详见表 C.2。

发电机功率 660MW，由表 C.2 可知，连续运行时的I^2/I_N值：

$$A = 0.08 - \frac{S_N - 350}{3 \times 10^4} = 0.08 - \frac{660 \div 0.9 - 350}{3 \times 10^4} = 0.067$$

25.《交流电气装置的接地设计规范》（GB/T 50065—2011）第 4.4.4 条。

第 4.4.4 条：具有发电机和旋转电机的系统，相对地 MOA 的额定电压，对应接地故障清除时间不大于 10s 时，不应低于旋转电机额定电压的 1.05 倍；接地故障清除时间大于 10s 时，不应低于旋转电机额定电压的 1.3 倍。

发电机出口 MOA 的额定电压：$U_{G \cdot n} \geqslant 1.05 \times 20 = 21\text{kV}$

26.《大型发电机变压器继电保护整定计算导则》（DL/T 684—2012）第 4.8.1 条及图 16“反时限过励磁保护动作整定曲线”（见下图）、第 5.8 条。

第 4.8.1 条：发电机定子铁芯过励磁保护。

发电机或变压器过励磁运行时，铁芯发热、漏磁增加，电流波形畸变，严重损害发电机或变压器安全。对于大容量机组，必须装设过励磁保护，整定值按发电机或变压器过励磁能力较低的要求整定。当发电机与主变压器之间有断路器时，应分别为发电机和变压器配置过励磁保护。

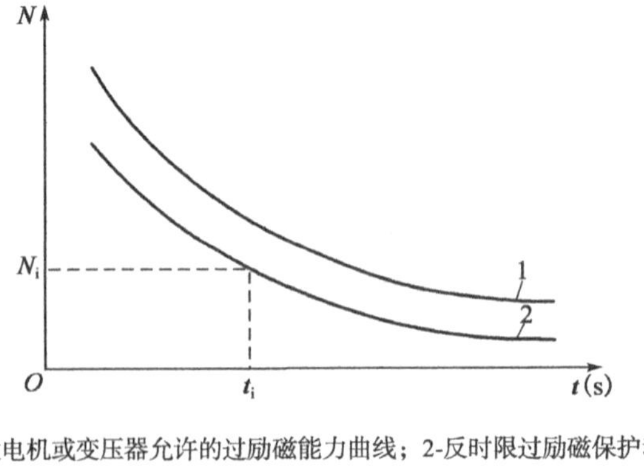

1-厂家提供的发电机或变压器允许的过励磁能力曲线；2-反时限过励磁保护动作整定曲线

过励磁反时限动作曲线 2 一般不易用一个数字表达式来精确表达，而是用分段式内插法来确定$N(t)$

的关系，拟合曲线 2 一般在曲线 2 上自由设定 8～10 个分点，原则是曲率大处，分点设的密一些。反时限过励磁保护定值整定过程中，宜考虑一定的裕度，可以从动作时间和动作定值上考虑裕度（两者取其一），从动作时间考虑时，可以考虑整定时间为曲线 1 时间的 60%～80%；从动作定值考虑时，可以考虑整定定值为曲线 1 的值除以 1.05，最小定值应与定时限低定值配合。

发电机与变压器共用一套过励磁保护装置，题目答案中 G 曲线、T 曲线完全一致，主要需要判断 L 曲线（励磁调节器 U/f 限值设定曲线）和 P 曲线（过励磁保护整定曲线）的关系。

注：题中坐标横纵轴与规范中不一致。

27.《交流电气装置的过电压保护和绝缘配合设计规范》（GB/T 50064—2014）第 4.4.3 条、第 6.4.4-2 条、附录 A。

（1）第 4.4.3 条及表 4.4.3 无间隙氧化物避雷器相地额定电压：$0.75U_m = 0.75 \times 550 = 412.5\text{kV}$，取 420kV。

（2）附录 A，第 A.0.2 条：所在地区海拔高度 2000m 及以下地区时，各种作用电压下外绝缘空气间隙的放电电压可按下式校正：

$$U(P_0) = \frac{U(P_H)}{k_a} = \frac{U(P_H)}{e^{m(H/8150)}} = \frac{1500}{e^{1\times(1800/8150)}} = 1202.74\text{kV}$$

其中，对于雷电冲击电压$m = 1$。

（3）第 6.4.4-2 条：变压器电气设备与雷电过电压的绝缘配合符合下列要求：电气设备外绝缘的雷电冲击耐压。即：$U_R \leqslant \frac{\overline{u}_1}{K_5} = \frac{1202.74}{1.4} = 859\text{kV}$，取 850kV。

设备外绝缘的雷电冲击耐压配合系数取 1.4。

（4）第 6.3.1-3 条之条文说明：避雷器雷电冲击保护水平，对 750kV、500kV 取标称雷电流 20kA、对 330kV 取标称雷电流 10kA 和对 220kV 及以下取标称雷电流 5kA 下的额定残压值。

题干中为明确上述条件之一，因此答案为 D。

注：Y20W-420/850 含义：Y 表示氧化锌避雷器；20 表示标称放电电流 20kA；W 表示无间隙；420 表示额定电压 420kV；850 表示标称放电电流下的最大残压 850kV。最高电压值可参考《标准电压》（GB/T 156—2007）第 4.5 条。

《电力工程电气设计手册 1 电气一次部分》P876～878“阀式避雷器参数选择”，内容与规范有所不同，建议以最新的国家规范为第一依据，以下内容供考生对比参考：

330kV 及以上避雷器的灭弧电压（又称避雷器的额定电压），应略高于安装地点的最大工频过电压：

$$U_{mi} \geqslant K_z U_g$$

避雷器的残压根据选定的设备绝缘全波雷电冲击耐压水平和规定绝缘配合系数确定：

$$U_{bc} \leqslant BIL/1.4$$

表 15-15 确定避雷器残压和标称放电电流和操作冲击电流值。

标称放电电流是冲击波形为 8/20s 放电电流的峰值，它根据雷电侵入波流经避雷器的放电电流幅值，对避雷器的类型分别进行等级划分。对于具有两种标称放电电流的避雷器，在雷电活动特别强烈的地区，耐雷水平达不到规定要求时，或与母线固定连接的线路仅有一条时，或 500kV 只有一组避雷器时，可考虑采用标称放电电流较大的避雷器。

题 28～30 答案：**DAD**

28.《大型发电机变压器继电保护整定计算导则》（DL/T 684—2012）第 5.9.1 条。

变压器电量保护动作应启动 220kV 及以上断路器失灵保护，变压器非电量保护跳闸不启动断路器失灵保护。

第 5.9.1-a）条：过电流判据应考虑最小运行方式下的各侧三相短路故障灵敏度，并尽量躲过变压器正常运行时的最大负荷电流。

（1）220kV 电源供电时，变压器二次侧正常运行时的最大负荷电流：

$$I_2=\frac{S_\Sigma}{\sqrt{3U_2}}=\frac{10\times20}{\sqrt{3\times110}}=1.05\text{kA}$$

躲过变压器正常运行时的最大负荷电流判据值：

$$I=\frac{K_{\rm rel}}{K_{\rm r}}T_{\rm e}=\frac{1.1}{0.9}\times1.05=1.283\text{kA}$$

（2）仅采用过电流判据时，过电流判据应考虑最小运行方式下的各侧短路故障灵敏度。

由《电力工程电气设计手册 1 电气一次部分》P121～122 表 4-3 和表 4-4。

a. 变压器各侧等值电抗有名值：

$$U_{\rm k1}\%=\frac{1}{2}\left(U_{\rm k(1-2)}\%+U_{\rm k(1-3)}\%-U_{\rm k(2-3)}\%\right)=\frac{1}{2}(13+23-8)=14$$

$$U_{\rm k2}\%=\frac{1}{2}\left(U_{\rm k(1-2)}\%+U_{\rm k(2-3)}\%-U_{\rm k(1-3)}\%\right)=\frac{1}{2}(13+8-23)=-1$$

$$U_{\rm k3}\%=\frac{1}{2}\left(U_{\rm k(2-3)}\%+U_{\rm k(3-1)}\%-U_{\rm k(1-2)}\%\right)=\frac{1}{2}(23+8-13)=9$$

b. 变压器电抗标幺值：

$$X_{*\rm T1}=\frac{U_{\rm k1}\%}{100}\times\frac{S_{\rm j}}{S_{\rm e}}=\frac{14}{100}\times\frac{100}{180}=0.078$$

$$X_{*\rm T2}=\frac{U_{\rm k2}\%}{100}\times\frac{S_{\rm j}}{S_{\rm e}}=\frac{-1}{100}\times\frac{100}{180}=-0.006$$

$$X_{*\rm T3}=\frac{U_{\rm k3}\%}{100}\times\frac{S_{\rm j}}{S_{\rm e}}=\frac{9}{100}\times\frac{100}{180}=0.05$$

c. 显然，由于 220kV 电源的系统阻抗远小于 110kV 电源的系统阻抗，因此最小电流三相短路电流发生在，最小运行方式下，110kV 电源供电时，如图所示（分列运行）：

➢ 短路模型 1（母联断路器 DL_1 断开，DL_2 闭合，或 DL_1 闭合，DL_2 断开）

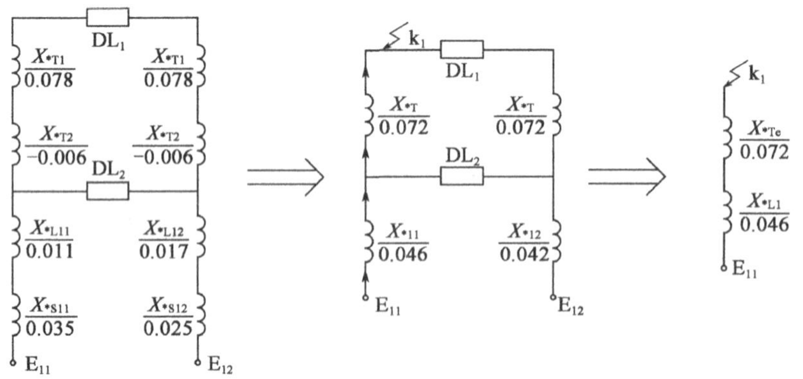

流过变压器二次侧三相短路电流：$I_{\rm k1}=\frac{I_{\rm j}}{X_{*\Sigma}}=\frac{100}{\sqrt{3}\times115}\times\frac{1}{0.072+0.046}=4.254\text{kA}$

➢ 短路模型 2（母联断路器 DL_1、DL_2 均闭合）

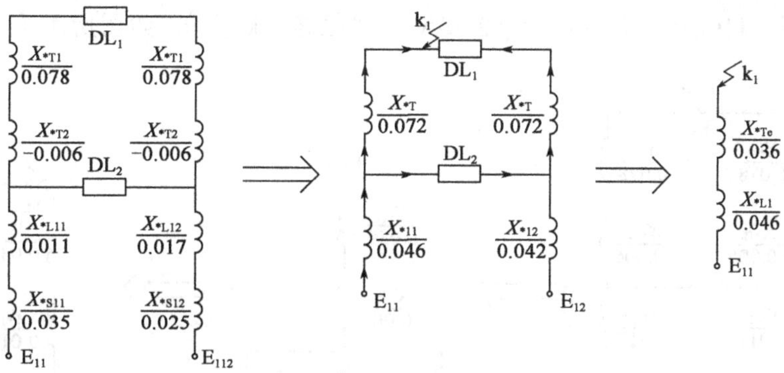

流过变压器二次侧三相短路电流：$T_{k2}=\dfrac{I_j}{X_{*\Sigma}}=\dfrac{100}{\sqrt{3}\times115}\times\dfrac{1}{0.036+0.46}\times\dfrac{1}{2}=3.06\text{kA}$

d. 取流过变压器较小的三相短路电流：$I_{k\cdot\min}=I_{k2}=3.06\text{kA}$

e. 灵敏度系数：$K_{sen}=\dfrac{I_{k\cdot\min}}{I}=\dfrac{3.06}{1.283}=2.39\text{A}$

注：规范中公式明确用最小运行方式下三相短路电流校验失灵保护灵敏度，因此未换算为两相短路数值。题目较难，欢迎反馈。

29.《电力工程电气设计手册 2 电气二次部分》P69 式（20-9）。

由《电力工程电气设计手册 1 电气一次部分》P478 表 9-4。

（1）变压器各侧等值短路电抗：

$$U_{k1}\%=\frac{1}{2}(U_{k(1-2)}\%+U_{k(1-3)}\%-U_{k(2-3)}\%)=\frac{1}{2}(13+23-8)=14$$

$$U_{k2}\%=\frac{1}{2}(U_{k(1-2)}\%+U_{k(2-3)}\%-U_{k(1-3)}\%)=\frac{1}{2}(13+8-23)=-1$$

$$U_{k3}\%=\frac{1}{2}(U_{k(2-3)}\%+U_{k(3-1)}\%-U_{k(1-2)}\%)=\frac{1}{2}(23+8-13)=9$$

（2）变压器电抗标幺值：

$$X_{*T1}=\frac{U_{k1}\%}{100}\times\frac{S_j}{S_e}=\frac{14}{100}\times\frac{100}{180}=0.078$$

$$X_{*T2}=\frac{U_{k2}\%}{100}\times\frac{S_j}{S_e}=\frac{-1}{100}\times\frac{100}{180}=-0.006$$

$$X_{*T3}=\frac{U_{k3}\%}{100}\times\frac{S_j}{S_e}=\frac{9}{100}\times\frac{100}{180}=0.05$$

最大运行方式下，220kV 电源供电时，110kV 母线短路（k_1 点），如图所示（母线并联运行）：

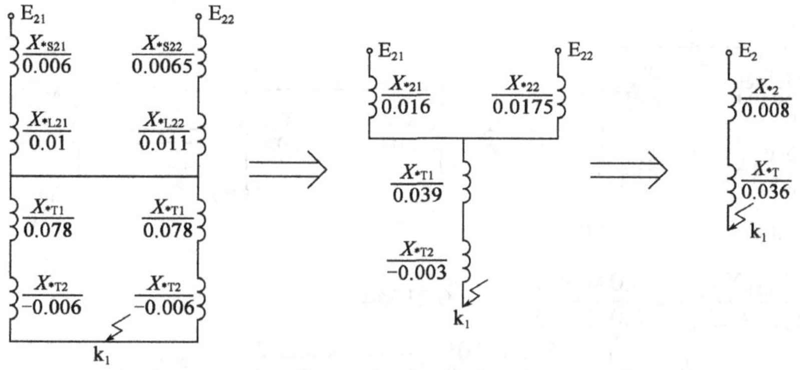

其中，$X_{*2}=\dfrac{X_{*21}X_{*22}}{X_{*21}+X_{*22}}=\dfrac{0.016\times0.0175}{0.016+0.0175}=0.008$

最大运行方式下，110kV 电源供电时，220kV 母线短路（k_2 点），如图所示（母线并联运行）：

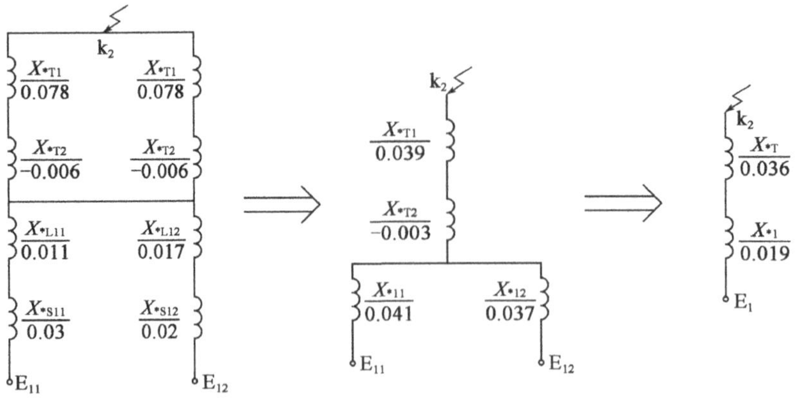

其中，$X_{*1}=\dfrac{X_{*11}X_{*12}}{X_{*11}+X_{*12}}=\dfrac{0.041\times0.037}{0.041+0.037}=0.019$

对比可知，k_1 点短路时，短路阻抗标幺值最小，110kV 侧会出现最大三相短路电流，则：

$$I_k=\frac{I_j}{X_{*\Sigma}}=\frac{100\times10^3}{\sqrt{3}\times115}\times\frac{1}{0.008+0.036}=11409\text{A}$$

主变 110kV 侧电流互感器一次电流计算倍数：

$$m_{js}=\frac{K_k I_{d\cdot max}}{I_e}=\frac{1.3\times(11409\div2)}{1200}=6.18$$

注：“外部”针对变压器差动保护，“外部”应理解为差动保护两 CT 之间以外的设备及线路，因此短路点选择在 CT 两侧的母线处。短路电流在两个变压器支路平均分配。此题答案数据给的过于接近，不利于工程计算选择。

30.《导体与电器选择设计规程》（DL/T 5222—2021）第 3.0.6、3.0.15 条、附录 A.6。

第 3.0.6 条：校验电器热稳定确定短路电流，应按可能发生最大短路电流的正常运行方式。

第 3.0.15 条：确定短路电流热效应计算时间，对电器宜采用后备保护动作时间加断路器的开断时间。

按题意，采用后备保护动作加相应断路器开断时间，短路电流采用正常运行方式，对比分析上题的短路阻抗，由于 220kV 电源供电时，110kV 出线短路，短路电流需流经变压器，阻抗较大，因此可确定当 110kV 电源供电，110kV 负荷出线三相短路电流最大（短路点可近似取 110kV 母线，k_3 点），短路阻抗如图所示，则

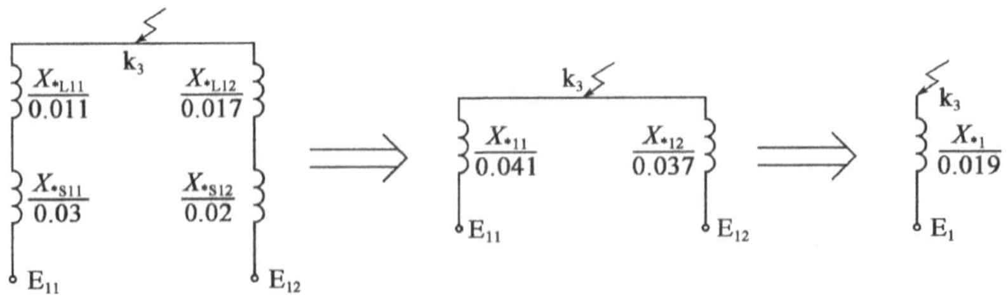

其中，$X_{*1}=\dfrac{X_{*11}X_{*12}}{X_{*11}+X_{*12}}=\dfrac{0.041\times0.037}{0.041+0.037}=0.01944$

$$I_k=\frac{I_j}{X_{*\Sigma}}=\frac{100\times10^3}{\sqrt{3}\times115}\times\frac{0.041\times0.037}{0.078}=25811.5\text{A}$$

短路周期分量热效应：$Q=I_k^2t=25.81^2\times1.58=1052.53\text{kA}^2\text{s}$

题 31～35 答案：**BCBBB**

31.《电力工程高压送电线路设计手册》（第二版）P24 式（2-1-41）、式（2-1-42）。

波阻抗：$Z_C=\sqrt{\frac{X_1}{b_1}}=\sqrt{\frac{0.36}{6\times10^{-6}}}=244.95\Omega$

自然功率：$P_n=\frac{U^2}{Z_c}=\frac{750^2}{244.95}=2296.4\text{MW}$

32.《架空输电线路电气设计规程》（DL/T 5582—2020）第 9.1.1-1、9.1.1-2、9.1.3 条。

导线水平线间距离：$D=k_iL_k+\frac{U}{110}+0.65\sqrt{f_c}=0.4\times8.8+\frac{750}{110}+0.65\times\sqrt{64}=15.538\text{m}$

导线垂直线间距离：$D_v=75\%D=0.75\times15.538=11.65\text{m}$

使用悬垂绝缘子串杆塔的最小垂直线间距离，750kV 对应为 12.5m > 11.65m，因此垂直距离最小为 12.5m。

双回路及多回路杆塔不同回路的不同相导线间的水平或垂直距离，应按本规范的规定增加 0.5m。

因此，导线横担之间的最小垂直距离为 12.5 + 0.5 = 13.0m。

33.《交流电气装置的过电压保护和绝缘配合设计规范》（GB/T 50064—2014）第 5.3.5-3 条。

第 5.3.5 条：多雷区、强雷区或地闪密度较高的地段，除改善接地装置、加强绝缘和选择适当的地线保护角外，可采取安装线路防雷用避雷器的措施来降低线路雷击跳闸率，并应符合下列要求：

3）线路避雷器在杆塔上的安装方式应符合下列要求：

（1）110kV、220kV 单回线路宜在 3 相绝缘子串旁安装；

（2）330kV～750kV 单回线路可在两边相绝缘子串旁安装；

（3）同塔双回线路宜在一回路线路绝缘子串旁安装。

34.《交流电气装置的过电压保护和绝缘配合设计规范》（GB/T 50064—2014）附录 D.1.5-4。

导线上工作电压瞬时值：$U_{ph}=\frac{\sqrt{2}U_n}{\sqrt{3}}\sin\omega t=\frac{\sqrt{2}\times750}{\sqrt{3}}\sin(2\times50\pi)t=612.37\sin100\pi t$

雷电为负极性时，绕击耐雷水平I_{min}：

$$I_{min}=\left|U_{-50\%}+\frac{2Z_0}{2Z_0+Z_C}U_{ph}\right|\frac{2Z_0+Z_C}{Z_0Z_C}=\left|-3600+\frac{2\times250}{2\times250+250}\times612.37\right|\times\frac{2\times250+250}{250\times250}=38.3\text{kA}$$

35.《交流电气装置的过电压保护和绝缘配合设计规范》（GB/T 50064—2014）附录 D 第 D.1.8 条、第 D.1.9 条。

750kV 系统为有效接地系统，则绝缘子串的平均运行电压梯度：

$$E=U_n/\left(\sqrt{3}l_i\right)=750\div\left(\sqrt{3}\times7.2\right)=60.14\text{kV/m}$$

建弧率：$\eta=(4.5E^{0.75}-14)\times10^{-2}=(4.5\times60.14^{0.75}-14)\times10^{-2}=0.832$

题 36～40 答案：**CDBAC**

36.《电力工程高压送电线路设计手册》（第二版）P174 表 3-1-14、表 3-1-15、P179 表 3-2-3。

单位重量：1307.50kg/km = 1.3075kg/m

自重力荷载：$g_1=9.8p_1=9.8\times1.3075=12.81\text{N/m}$

风速32m/s，大风工况下，风压不均匀系数$\alpha = 0.75$，体形系数$\mu_{sc} = 1.1$

无冰时风荷载：$g_4 = 0.625v^2 d\alpha\mu_{sc} \times 10^{-3} = 0.625 \times 32^2 \times 26.82 \times 0.75 \times 1.1 \times 10^{-3} = 14.16\text{N/m}$

无冰时综合荷载：$g_6 = \sqrt{g_1^2 + g_4^2} = \sqrt{12.81^2 + 14.16^2} = 19.09\text{N/m}$

无冰时综合比载：$\gamma_6 = \dfrac{g_6}{A} = \dfrac{19.09}{425.24} = 0.0449\text{N/(m} \cdot \text{mm}^2)$

37.《电力工程高压送电线路设计手册》（第二版）P183～184式（3-3-9）、式（3-3-12）。

水平档距：$l_H = \dfrac{L_1 + L_2}{2} = \dfrac{300 + 250}{2} = 275\text{m}$

最高温度时垂直档距：$l_v = l_{1v} + l_{2v} = 180 + 50 = 230\text{m}$

最高温度及最大风速时均不考虑覆冰，则电线的垂直比载：$\gamma_v = \frac{g_1}{A} = \frac{12.81}{425.24} = 0.0301\text{N/(m} \cdot \text{mm}^2)$

利用式（3-3-12），最高气温时的垂直档距确定综合高差系数：

$$l_v = l_H + \frac{\sigma_0}{\gamma_v}\alpha = 275 + \frac{50}{0.0301}\alpha = 230 \Rightarrow \alpha = -0.0271$$

最大风速时垂直档距：$l_v = l_H + \dfrac{\sigma_0}{\gamma_v}\alpha = 275 + \dfrac{70}{0.0301} \times (-0.0271) = 211.98\text{m}$

导线风偏角：$\eta = \arctan\left(\dfrac{F_4}{F_1}\right) = \arctan\left(\dfrac{\gamma_4 \times L_H}{\gamma_1 \times L_v}\right) = \arctan\left(\dfrac{14.16 \div 425.24 \times 275}{0.0301 \times 211.98}\right) = 55.13°$

注：导线风偏角$\eta = \arctan(\gamma_4/\gamma_1)$为近似值，忽略了不同高度杆塔垂直荷载的影响。

38.《架空输电线路电气设计规程》（DL/T 5582—2020）第9.1.1-1、9.1.1-2条。

导线水平线间距离：$D = k_i L_k + \dfrac{U}{110} + 0.65\sqrt{f_c} = 0.4 \times 3.2 + \dfrac{220}{110} + 0.65 \times \sqrt{14} = 5.71\text{m}$

导线垂直线间距离：$D_v = 75\%D = 0.75 \times 5.71 = 4.28\text{m}$

根据表8.0.1-2使用悬垂绝缘子串杆塔的最小垂直线间距离，220kV对应为5.5m > 4.28m，因此垂直距离最小为5.5m。

39.《架空输电线路电气设计规程》（DL/T 5582—2020）表10.2.5-2之注1。

邻档断线情况的计算条件：15℃、无风，则电线比载仅为自重力比载。

《电力工程高压送电线路设计手册》（第二版）P179～181表3-2-3和表3-3-1。

单位质量：1307.50kg/km = 1.3075kg/m

自重力比载：$g_1 = \dfrac{9.8p_1}{S} = \dfrac{9.8 \times 1.3075}{425.24} = 30.12 \times 10^{-3}\text{N/m}$

10kV线路正上方处线路弧垂：$f_x = \dfrac{\gamma x'(l - x')}{2\sigma_0} = \dfrac{30.12 \times 10^{-3} \times 50 \times (300 - 50)}{2 \times 35} = 5.38\text{m}$

根据三角形相似原理，MT1-MT档导线与被跨的10kV线路间的垂直距离：

$$\Delta H = h_1 + dh_1 \times \frac{D}{l_1} - f_x - h_2 = 18 + 30 \times \frac{50}{300} - 5.38 - 10 = 7.62\text{m}$$

40.《电力工程高压送电线路设计手册》（第二版）P601"定位弧垂模板的制作和使用"及图8-2-1。

式（8-2-1）：$f = Kl^2 + \frac{4}{3l^2}(Kl^2)^3$，由式可见，只要$K = \frac{\gamma_c}{\sigma_c}$相同，无论任何导线，其弧垂形状完全相同，因此可根据不同的K值以档距L为横坐标，弧垂f为纵坐标，采用与线路纵断面图相同的纵、横比例作出一组弧垂曲线，并刻制成透明的模板，为通用定位弧垂模板。

2017 年专业知识试题答案（上午卷）

1. **答案：**C

依据：《电力工程电缆设计标准》（GB 50217—2018）第 4.1.8 条。未采取有效防止人员任意接触金属层的安全措施时，不得大于 50V，其他情况不得大于 300V。

2. **答案：**A

依据：《爆炸危险环境电力装置设计规范》（GB 50058—2014）相关条文。

选项 A：第 3.2.1 条、表 5.2.2-1、表 5.2.2-2，表述错误。

选项 B：第 5.3.3 条，表述正确。

选项 C：第 3.2.5 条、表 5.4.1-2，表述正确。

选项 D：第 5.5.1-1 条，表述正确。

3. **答案：**C

依据：《输电线路对电信线路危险和干扰影响防护设计规程》（DL/T 5033—2006）第 7.1.1 条。改变线路路径、增加屏蔽、限制短路电流都是有效的防护措施。

4. **答案：**C

依据：《电能质量　公用电网谐波》（GB/T 14549—1993）第 5.1 条及表 2。

5. **答案：**A

依据：《火力发电厂与变电站设计防火规范》（GB 50229—2019）第 6.8.2 条。

6. **答案：**A

依据：《火力发电厂与变电站设计防火规范》（GB 50229—2019）第 7.13.8 条。

7. **答案：**A

依据：《220kV～750kV 变电站设计技术规程》（DL/T 5218—2012）第 5.1.2 条、第 5.1.8 条、5.1.12-2 条。

8. **答案：**B

依据：《电力工程电气设计手册　1　电气一次部分》P50～51“七、桥形接线”。

外桥接线适用于较小容量的发电厂变电所，变压器切换较频繁或线路较短，故障率较少的情况。此外，线路有穿越功率，也宜采用外桥形接线。

9. **答案：**A

依据：《电力工程电气设计手册　1　电气一次部分》P144“五、合成电流”。

10. **答案：**A

依据：《光伏发电工程电气设计规范》（NB/T 10128—2019）第 4.2.3-条，光伏发电工程容量大于 30MWp，宜采用 35kV 电压等级，故排除选项 CD。依据第 3.2.4-5 条及其条文说明，对于直接并联产生环流影响的集中式、集散式逆变器宜采用双分裂绕组升压变压器，对直接并联后不产生环流影响的逆变器可不选用双分裂绕组变压器限制环流。故本题宜选用双分裂变压器，选项 A 正确。

11. **答案**：B

依据：《电流互感器和电压互感器选择及计算规程》（DL/T 866—2015）第 7.2.1-5 条、第 6.2.1-4 条，额定一次电流宜按 100A 选择，故选项 AC 错误。依据第 7.1.5 条，220kV 系统宜采用 P 级电流互感器。

注：不可以 7.2.1-4 条作为依据，中性点零序 CT 与间隙 CT 为不同的 CT。

12. **答案**：D

依据：《电力工程电气设计手册 1 电气一次部分》P232 表 6-3“回路持续工作电流”。

13. **答案**：D

依据：《电力工程电缆设计规范》（GB 50217—2018）第 3.2.2-2 条。

14. **答案**：B

依据：《导体和电器选择设计规程》（DL/T 5222—2021）第 5.3.2 条。20kV 及以下回路的正常工作电流在 4000A 及以下时，宜选用矩形导体；在 4000～8000A 时，宜选用槽形导体；在 8000A 以上时，宜选用圆管形导体。110kV 及以上高压配电装置，当采用硬导体时，宜用铝合金管形导体。500kV 硬导体可采用单根大直径圆管或多根小直径圆管组成的分裂结构，固定方式可采用支持式或悬吊式。宜选择槽型导体。

回路持续工作电流：$I_g = 1.05 \times \dfrac{63000}{\sqrt{3} \times 6.3} = 6062.2\text{A}$

15. **答案**：D

依据：《电力工程电缆设计规范》（GB 50217—2018）第 5.3.2 条、第 5.3.3 条。

16. **答案**：B

依据：《火力发电厂与变电站设计防火标准》（GB 50229—2019）第 11.1.5 条表 11.1.5。主变压器和无功补偿装置的间距不宜小于 10m。

17. **答案**：C

依据：《高压配电装置设计技术规程》（DL/T 5352—2018）第 3.0.11 条。

18. **答案**：B

依据：《高压配电装置设计技术规程》（DL/T 5352—2018）第 5.3.2 条、第 5.3.3 条、第 5.3.5 条。

19. **答案**：B

依据：《绝缘配合 第 1 部分：定义、原则和规则》（GB 311.1—2012）第 6.10.4.1 条及表 4、附录 B。

由表 4，1000kV 系统的主变压器外绝缘额定雷电冲击耐受电压为 2250kV；由表 3，1000kV 系统的主变压器外绝缘额定操作冲击耐受电压为 1800kV，则根据附录 B 的式（B.3）及图 B.1“指数 q 与配合操作冲击耐受电压的关系”：

$$U_{H1} = k_a U_{01} = 2250 \times e^{1\times\left(\frac{1600-1000}{8150}\right)} = 2250 \times 1.076 = 2421\text{kV}$$
$$U_{H2} = k_a U_{02} = 1800 \times e^{0.5\times\left(\frac{1600-1000}{8150}\right)} = 1800 \times 1.037 = 1867\text{kV}$$

20. **答案**：C

依据：《交流电气装置的过电压保护和绝缘配合设计规范》（GB/T 50064—2014）第 3.2.2-2 条。

注：最高电压 U_m 取值参见《标准电压》（GB/T 156—2007）第 4.4 条。

21. **答案：** C

依据：《高压直流输电大地返回系统设计技术教程》（DL/T 5224—2014）第 4.1.2 条。

22. **答案：** B

依据：《交流电气装置的接地设计规范》（GB/T 50065—2011）第 3.2.1-1 条。

23. **答案：** C

依据：《火力发电厂、变电站二次接线设计技术规程》（DL/T 5136—2012）第 12.3.1 条、第 12.4.1 条。

24. **答案：** B

依据：《35～220kV 无人值班变电所设计规范》（DL/T 5103—2012）第 4.8.11 条、第 4.10.3 条、第 4.8.9 条。

注：该规范已移出考纲。

25. **答案：** B

依据：《220kV～750kV 变电站设计技术规程》（GB/T 5128—2012）第 6.4.5 条。

注：也可参考《220～500kV 变电站计算机监控系统设计技术规程》（DL/T 5149—2001）第 5.3.1-1 条作为补充。

26. **答案：** D

依据：《电力工程电气设计手册 2 电气二次部分》P606。

由于短路电流过大，在电流互感器或电抗互感器饱和时，差动继电器可能出现拒动，在继电器中加装了差动速断元件，其动作电流为额定电流的 8～15 倍。

27. **答案：** D

依据：《电力工程直流系统设计技术规程》（DL/T 5044—2014）第 4.1.1 条、第 4.1.2 条。

28. **答案：** D

依据：《电力工程直流系统设计技术规程》（DL/T 5044—2014）附录 C 式（C.1.1）、式（C.1.3）。

29. **答案：** C

依据：《火力发电厂厂用电设计技术规定》（DL/T 5153—2014）附录 N 第 N.2.2 条式（N.2.2）及表 N.2.2-2。

设 VLV_{22}-3 × 50mm^2 的单位长度（m）电阻为 R，则 VLV_{22}-3 × 150mm^2 的单位长度（m）电阻可近似为$R/3$，则由 PC 敷设至电动机出线端子的归算至规格 VLV_{22}-3 × 50mm^2 的等效长度为：

$$L=\left(150\times\frac{R}{3}+60\times R\right)/R=110\text{m}$$

由表 N.2.2-2 查的对应单相金属性短路电流为 1362A，再由式（N.2.2）计算得：

$$I_d^1=I_{d(100)}^1\cdot\frac{100}{L}=1362\times\frac{100}{110}=1238.2\text{A}$$

30. **答案：** D

依据：《火力发电厂厂用电设计技术规定》（DL/T 5153—2014）附录 C 第 C.0.2-1 条。

$$R_N=\frac{U_e}{\sqrt{3}\times I_R}=\frac{10\times10^3}{\sqrt{3}\times1.1\times200}=52.5\Omega$$

31. **答案：** D

依据：《电力工程电气设计手册 1 电气一次部分》P268～269“容量选择”。

低压厂用工作变压器的容量留有 10%左右的裕度。

$$S \geqslant \frac{(36/2) \times 90}{0.8} \times 1.1 = 2227.5\text{kVA}$$

32. **答案：** D

依据：《发电厂和变电所照明设计技术规定》（DL/T 5390—2014）第 8.6.2-1 条。

金属卤化物灯：$I_{js1} = \dfrac{P_{js1}}{U_{exg}\cos\varphi_1} = \dfrac{5 \times 200}{220 \times 0.85} = 5.35\text{A}$

LED 灯：$I_{js2} = \dfrac{P_{js2}}{U_{exg}\cos\varphi_2} = \dfrac{3 \times 100}{220 \times 0.9} = 1.515\text{A}$

线路计算电流：$I_{js} = \sqrt{(I_{js1}\cos\varphi_1 + I_{js2}\cos\varphi_2)^2 + (I_{js1}\sin\varphi_1 + I_{js2}\sin\varphi_2)^2}$

$= \sqrt{(5.35 \times 0.85 + 1.515 \times 0.9)^2 + (5.35 \times 0.527 + 1.515 \times 0.436)^2}$

$= 6.86\text{A}$

33. **答案：** B

依据：《发电厂和变电所照明设计技术规定》（DL/T 5390—2014）第 5.4.3-4 条及条文说明。

34. **答案：** A

依据：《架空输电线路电气设计规程》（DL/T 5582—2020）表 8.0.1，断联工况安全系数 K 取 1.5。选项 A 正确。

35. **答案：** A

依据：《电力工程电气设计手册 1 电气一次部分》P700“跳线相间距离的校验”。

跳线在无风时的弧垂要求大于跳线最低点对横梁下沿的距离且不小于最小电气距离A_1值。

A_1为最小弧垂值，即带电部分至接地部分之间的距离，因此答案为选项 A。

注：A_1参考《高压配电装置设计技术规程》（DL/T 5352—2018）第 5.1.2 条。

36. **答案：** C

依据：《电力工程高压送电线路设计手册》（第二版）P153 式（2-8-13）。

$$I_{a1} = \frac{P}{\sqrt{3}U\cos\varphi} = \frac{S}{\sqrt{3}U} = \frac{150 \times 10^3}{\sqrt{3} \times 220} = 394\text{A}$$

37. **答案：** B

依据： 正序阻抗 = 自阻抗 − 互阻抗，则：

$$X_1 = X_{AA} - \frac{X_{AB} + X_{AB} + X_{AC}}{3} = j0.696 - j\frac{0.298 + 0.298 + 0.256}{3} = j0.412$$

注：若不知道上述公式，可参考《电力工程高压送电线路设计手册》（第二版）P16 式（2-1-2），P152～153 式（2-8-1）、式（2-8-4），其中题干忽略导线电阻，因此相关公式忽略实部，直接利用虚部计算。

自电抗：$X_{AA} = X_{CC} = j0.145\lg\dfrac{D_0}{r_e} = j0.696 \Rightarrow \lg\dfrac{D_0}{r_e} = 4.8$

由于采用常规酒杯塔，设相线间距$d_{AB} = d_{BC} = d_e$，则：

互电抗 1：$X_{AB} = X_{BC} = j0.145\lg\dfrac{D_0}{d_e} = j0.298 \Rightarrow \dfrac{\lg D_0}{d_e} = 2.055$

互电抗 2：$X_{AC}=j0.145\lg\frac{D_0}{d'_e}=j0.298\Rightarrow\lg\frac{D_0}{d'_e}=1.7655$

综上，$r_e=\frac{D_0}{10^{4.8}}$，$d_{AB}=d_{BC}=\frac{D_0}{10^{2.055}}$，$d_{AC}=\frac{D_0}{10^{1.7655}}$，则：

相导线的几何均距：$d_m=\sqrt[3]{d_{AB}d_{BC}d_{AC}}=\sqrt[3]{\frac{D_0}{10^{2.055}}\times\frac{D_0}{10^{2.055}}\times\frac{D_0}{10^{1.7655}}}=0.011D_0$

正序电抗：$X_1=0.0029f\lg\frac{d_m}{r_e}=0.0029\times50\times\lg\frac{0.011D_0}{10^{-4.8}\cdot D_0}=j0.412$

38. **答案**：B

依据：《架空输电线路电气设计规程》（DL/T 5582—2020）P266 2）。

39. **答案**：B

依据：《电力系统设计技术规程》（DL/T 5429—2009）第 5.2.3 条。

总备用容量：$S_B=(15\%\sim20\%)\times2580=(387\sim516)\text{MW}$

事故备用容量：$S_{BY}=(8\%\sim10\%)\times2580=(206.4\sim258)\text{MW}<300\text{MW}$，取 300MW。

40. **答案**：D

依据：《光伏发电站接入电力系统技术规定》（GB/T 19964—2012）第 9.1 条及表 2“光伏发电站在不同并网点电压范围内的运行规定”；《光伏发电站无功补偿技术规范》（GB/T 29321—2012）第 9.2.4 条。

……………………………………………………………………………………………………

41. **答案**：CD

依据：《大中型火力发电厂设计规范》（GB 50660—2011）第 16.3.17 条。

42. **答案**：ACD

依据：《220kV～750kV 变电站设计技术规程》（DL/T 5218—2012）第 13.2.1 条、第 13.2.2 条、第 13.4.2 条、第 13.3.4-1 条。

43. **答案**：ABC

依据：《火灾自动报警系统设计规范》（GB 50116—2013）第 5.2.2 条、第 5.3.3 条、第 5.4.1 条。

44. **答案**：AD

依据：《220kV～750kV 变电站设计技术规程》（DL/T 5218—2012）第 5.1.1 条、第 5.1.5 条、第 5.1.6 条、第 5.1.8 条。

45. **答案**：BCD

依据：《导体和电器选择设计规程》（DL/T 5222—2021）第 7.2.4 条，选项 B 正确；依据第 15.0.1 条，电流互感器的选择与动稳定电流有关，选项 D 正确；依据第 9.0.1 条，隔离开关的选择与动稳定电流有关，选项 C 正确。

46. **答案**：BC

依据：《电力工程电气设计手册 1 电气一次部分》P120“发电厂和变电所中可以采取的限流措施”。

注：题干中要求限制 10kV 母线三相短路电流，而非线路三相短路电流，注意区分和取舍。

47. **答案**：BD

依据：《电力工程电气设计手册 2 电气二次部分》P71～72“超高压系统继电保护对电流互感器的特殊要求及对带气隙电流互感器的简介”。

TPY 级电流互感器可用于高压电网的继电保护。TPZ 及电流互感器用于需要消除剩磁和一次短路电流含直流分量的情况。例如大容量发电机的继电保护。（排除选项 A）

当失灵保护的电流起动元件接于和电流的电流互感器时，若其中任一电流互感器二次回路故障，则有可能引起故障时失灵电流起动元件的误判断。（排除选项 C）

48. **答案：** BCD

依据：《220kV～750kV 变电站设计技术规程》（DL/T 5218—2012）第 5.4.2 条、第 5.4.3 条。

49. **答案：** ABD

依据：《光伏发电工程电气设计规范》（NB/T 10128—2019）第 4.7.2 条，站用电系统应采用三相四线制，系统中性点直接接地，系统电压为 AC380/220V，选项 A 正确。依据第 4.7.3-2 条，220kV 及以下的升压站仅 1 回出线时，宜从升压站低压母线引接 1 回电源，从站外引接 1 回可靠电源，选项 BD 正确。依据第 4.10.2 条，照明电源宜引自站用电 380V 系统，选项 C 错误。

50. **答案：** ABC

依据：《电力工程电缆设计规范》（GB 50217—2018）第 3.7.4-3 条。

51. **答案：** AD

依据：《光伏发电站设计规范》（GB 50797—2012）第 7.2.1 条、第 7.2.4 条、第 8.8.3 条、第 8.8.4 条、第 14.1.6 条。

注：本题描述是针对旧规出的题目，新规《光伏发电工程电气设计规范》（NB/T 10128—2019）已删除相关内容。

52. **答案：** ABC

依据：《高压配电装置设计技术规程》（DL/T 5352—2018）第 6.3.4 条。

53. **答案：** BD

依据：《交流电气装置的过电压保护和绝缘配合》（DL/T 620—1997）第 4.2.7 条

注：《交流电气装置的过电压保护和绝缘配合设计规范》（GB/T 50064—2014）第 4.2.9 条中相关内容有所修正。

54. **答案：** BD

依据：《交流电气装置的过电压保护和绝缘配合设计规范》（GB/T 50064—2014）第 4.2.9 条。当采用真空断路器或采用截流值较高的少油断路器开断高压感应电动机时，宜在断路器与电动机之间装设旋转电机用 MOA 或能耗极低的 R-C 阻容吸收装置。故选项 BD 正确。

注：选项 C，地面转运站应不属于输煤系统的高建筑物，不建议选择。

55. **答案：** ACD

依据：《发电厂电力网络计算机监控系统设计技术规程》（DL/T 5226—2013）第 4.2.1~4.2.5 条。

56. **答案：** AB

依据：《35～220kV 无人值班变电所设计规范》（DL/T 5103—2012）第 4.10.3 条、第 4.8.14 条、第 4.7.2 条。

注：该规范已移出考纲。

57. **答案：** ABD

依据：《继电保护和安全自动装置技术规程》（GB/T 14285—2006）第 4.1.2.1～4.1.2.4 条。

58. **答案：** ABD

依据：《电力系统安全稳定控制技术导则》（GB/T 26399—2011）第 4.1.1 条。大扰动指系统元件短路、断路器切换等引起较大功率或阻抗变化的扰动，故选项 A、B、D 正确，C 错误。

59. **答案：** AB

依据：

《电力工程直流系统设计技术规程》（DL/T 5044—2014）	第 3.3.3-4 条：单机容量为 600MW 及以上机组的火力发电厂，每台机组应装设 3 组蓄电池中。 第 3.3.3-8 条：220kV～750kV 变电站应装设 2 组蓄电池	第 3.4.2-2 条：1 组蓄电池，宜配置 1～2 套充电装置。 第 3.4.3-2 条：2 组蓄电池，宜配置 2～3 套充电装置	第 3.5.1-1 条、第 3.5.1-2 条：1 组蓄电池配 1 套充电装置时，宜采用单母线接线；配 2 套充电装置时，宜采用单母线接线。 第 3.5.2-1 条：2 组蓄电池时，应采用两段单母线接线
场所及设备规格	蓄电池	充电装置	接线方式
发电机组： 2×660MW	动力负荷：1 组	1 套	单母线接线
		2 套	单母线分段接线
	控制负荷：2 组	2 套	两段单母线接线
		3 套	两段单母线接线
变电站：500kV，一个半断路器接线	2 组	2 套	两段单母线接线
		3 套	两段单母线接线

60. **答案：** BD

依据：《电力工程直流系统设计技术规程》（DL/T 5044—2014）第 3.2.3 条、第 3.2.4 条。

61. **答案：** ABC

依据：《火力发电厂厂用电设计技术规定》（DL/T 5153—2014）第 3.3.1 条。

62. **答案：** ACD

依据：《火力发电厂厂用电设计技术规定》（DL/T 5153—2014）第 8.4.2-1 条、第 8.4.4-1 条、第 8.6.1-1 条、第 8.9.2-1 条。

63. **答案：** BCD

依据：《水力发电厂厂用电设计规程》（NB/T 35044—2014）第 7.1.2～7.1.4 条及附录 F 第 F.2.3 条。

64. **答案：** BCD

依据：《发电厂和变电所照明设计技术规定》（DL/T 5390—2014）第 8.1.3-2 条、第 8.4.7 条、第 8.9.4 条。

65. **答案：** AD

依据：《火力发电厂厂内通信设计技术规定》（DL/T 5041—2012）第 6.0.3～6.0.5 条、第 8.0.3 条。

66. **答案**：AC

依据：《电力工程高压送电线路设计手册》（第二版）P183“水平档距和垂直档距定义”，则大风工况下：

垂直荷载：$F_V = ng_1 l_V = 2 \times 16.5 \times 550 = 18150\text{N}$

水平荷载：$F_H = ng_2 l_H = 2 \times 1.25 \times 11.3 \times 400 = 11300\text{N}$

67. **答案**：AC

依据：《架空输电线路电气设计规程》（DL/T 5582—2020）表 8.0.1。

68. **答案**：AB

依据：《架空输电线路电气设计规程》（DL/T 5582—2020）第 8.0.7 条，330kV 及以上线路的绝缘子串及金具应考虑均压和防电晕措施。

69. **答案**：BD

依据：《光伏发电站接入电力系统技术规定》（GB/T 19964—2012）第 8.1 条。

70. **答案**：AD

依据：《交流电气装置的接地设计规范》（GB/T 50065—2011）第 3.2.1 条。

2017 年专业知识试题答案（下午卷）

1. **答案：** C

依据：《交流电气装置的接地设计规范》（GB/T 50065—2011）第 3.2.1-10 条、第 3.2.1-15 条、第 3.2.2-4 条。

2. **答案：** C

依据：《交流电气装置的过电压保护和绝缘配合设计规范》（GB/T 50064—2014）第 4.4.3 条。

注：最高电压 U_m 取值参见《标准电压》（GB/T 156—2007）第 4.4 条。

3. **答案：** B

依据：《导体和电器选择设计规程》（DL/T 5222—2021）第 3.0.8-2 条或依据《火力发电厂厂用电设计技术规程》（DL/T 5153—2014）第 3.6.5 条，选项 A 正确。依据《导体和电器选择设计规程》（DL/T 5222—2021）第 3.0.13 条，选项 B 错误。按短路点不同，本工程的断路器须承受的短路电流为系统提供的短路电流或电动机，而无须同时承受两部分电流之和。故仅需按照较大的系统短路电流计算，不考虑电动机反馈电流，选项 C、D 错误。

注：50MW 发电机组发电机端额定电压参考《隐机同步发电机技术要求》（GB/T 7064—2008）第 5.2 条及表 4。

4. **答案：** B

依据： 一个半断路器接线（又称 3/2 接线）的两组母线间有三组断路器，每一串的三组断路器之间接入两回路进出线，中间断路器又称为联络断路器。一个半断路器接线方式正常运行时，两组母线和所有断路器都投入工作，形成多环路供电方式，任意一组断路器检修时进出线均不受影响，当一组母线故障或检修时所有回路仍可通过另一组母线继续运行，线路短路故障，即使断路器失灵拒动，除故障线路不能运行外，至多再增一个电气设备（或线路）被断开，均不致造成全站停电，因此运行灵活度和工作可靠性高。

5. **答案：** C

依据：《高压配电装置设计技术规程》（DL/T 5352—2018）第 5.1.2 条。

6. **答案：** B

依据：《电力系统安全稳定控制技术导则》（GB/T 26399-2011）第 5.1 条、第 5.2.2 条、第 5.4 条。

7. **答案：** D

依据：《建筑设计防火规范》（GB 50016—2014）第 8.3.8 条。

注：该规范已移出考纲。

8. **答案：** B

依据：《火力发电厂、变电站二次接线设计技术规程》（DL/T 5136—2012）第 3.2.7-4 条、第 3.2.7-5 条。

注：其他选项内容综合参考第 11.1 条、第 12.1 条和第 13.1 条。相关缩写 DCS：分布（集散）控制系统，NCS：电力网络计算机监控系统，ECMS：电气监控管理系统。

9. **答案**：D

依据：《电力工程直流系统设计技术规程》（DL/T 5044—2014）第 3.3.3-6 条、第 3.2.3-3 条。

10. **答案**：B

依据：《发电厂和变电所照明设计技术规定》（DL/T 5390—2014）第 5.3.3 条。

11. **答案**：C

依据：《交流电气装置的接地设计规范》（GB/T 50065—2011）第 4.4.5 条。

12. **答案**：C

依据：《交流电气装置的过电压保护和绝缘配合设计规范》（GB/T 50064—2014）第 6.3.3-3 条。

13. **答案**：C

依据：《电力工程电气设计手册 1 电气一次部分》P336 式（8-2）。

$$S_j = \frac{I_g}{j} = \frac{1.05 \times 180/\left(\sqrt{3} \times 220\right)}{1.18} \times 10^3 = 497\text{mm}^2$$

14. **答案**：C

依据：《电力变压器选用导则》（GB/T 17468—2018）第 6.1 条。

注：容量比为 0.5～2 的要求考查得并不严格，建议作为最后的校验项。

15. **答案**：B

依据：《导体和电器选择设计规程》（DL/T 5222—2021）第 12.0.5 条。

16. **答案**：D

依据：《电力工程直流系统设计技术规程》（DL/T 5044—2014）第 3.2.3-2 条、第 3.3.4 条。

17. **答案**：B

依据：《电流互感器和电压互感器选择及计算规程》（DL/T 866—2015）第 12.2.2 条。

18. **答案**：C

依据：《火力发电厂、变电站二次接线设计技术规程》（DL/T 5136—2012）第 5.1.6 条，选项 B、D 正确。依据《继电保护和安全自动装置技术规程》（GB/T 14285—2006）第 5.2.4-1 条、第 5.2.6 条，110kV 线路设三相重合闸，220kV 可采用单相重合闸，故选项 C 错误。

19. **答案**：C

依据：《水力发电厂厂用电设计规程》（NB/T 35044—2014）第 3.7 条“消防供电”。

20. **答案**：C

依据：《光伏发电站无功补偿技术规范》（GB/T 29321—2012）第 9.1 条、第 9.2.3 条、第 9.2.4 条。

注：该规范已移出考纲。

21. **答案**：C

依据：《交流电气装置的接地设计规范》（GB/T 50065—2011）附录 E。

$$S_g \geqslant \frac{I_g}{C}\sqrt{t_e} = \frac{10 \times 10^3}{70} \times \sqrt{2} = 202\text{mm}^2$$

22. **答案**：A

依据：《电力工程电气设计手册 1 电气一次部分》P218～219“2.运行方式及过负荷保护”。

23. **答案**：B

依据：《高压配电装置设计技术规程》（DL/T 5352—2018）第 5.4.5 条及表 5.4.5。

24. **答案**：B

依据：《电力工程电缆设计规范》（GB 50217—2018）第 3.2.2-1 条。

25. **答案**：C

依据：《火力发电厂厂用电设计技术规定》（DL/T 5153—2014）附录 H“电动机正常起动时的电压计算”。

起动电动机的起动容量标幺值：$S_q = \frac{K_q P_e}{S_{2T}\eta_d \cos\varphi_d} = \frac{6\times 6500}{25\times 10^3\times 0.95\times 0.8} = 2.05$

合成负荷标幺值：$S = S_l + S_q = 2.05 + 0.7 = 2.75$

变压器电抗标幺值：$X_T = 1.1\frac{U_d\%}{100}\cdot\frac{S_{2T}}{S_T} = 1.1\times\frac{16.5}{100}\times\frac{25}{50} = 0.09075$

电动机正常起动时的母线电压标幺值：$U_m = \frac{U_0}{1+SX} = \frac{1.05}{1+2.75\times 0.09075} = 0.8403 = 84.03\%$

26. **答案**：D

依据：《电力工程直流系统设计技术规程》（DL/T 5044—2014）第 6.3.3-2 条。

27. **答案**：D

依据：《200kV～1000kV 变电站站用电设计技术规程》（DL/T 5155—2016）第 7.2 条“站用变压器的布置”。

28. **答案**：D

依据：《火力发电厂、变电所二次接线设计技术规程》（DL/T 5136—2012）第 5.1.6 条及条文说明、第 5.1.10 条及第 5.1.11 条。

29. **答案**：B

依据：《火力发电厂厂用电设计技术规定》（DL/T 5153—2014）附录 H“电动机正常起动时的电压计算”。

起动电动机的起动容量标幺值：$S_q = \frac{K_q P_e}{S_{2T}\eta_d \cos\varphi_d} = \frac{7\times 185}{630\times 0.96\times 0.85} = 2.52$

合成负荷标幺值：$S = S_l + S_q = 2.52 + 0 = 2.52$

变压器电抗标幺值：$X_T = 1.1\frac{U_d\%}{100}\cdot\frac{S_{2T}}{S_T} = 1.1\times\frac{4}{100}\times\frac{630}{630} = 0.044$

电动机正常起动时的母线电压标幺值：$U_m = \frac{U_0}{1+SX} = \frac{1.05}{1+2.52\times 0.044} = 0.945$

电动机正常起动时的母线电压有名值：$U_M = 0.945\times 380 = 359.1\text{V}$

30. **答案**：C

依据：《电力工程电缆设计规范》（GB 50217—2018）第 4.1.17-2 条。

31. **答案：** B

依据：《火力发电厂、变电所二次接线设计技术规程》（DL/T 5136—2012）第 6.7.4～6.7.7 条及附录 D 表 D。

32. **答案：** A

依据： 基本概念。

33. **答案：** C

依据：《火力发电厂厂用电设计技术规定》（DL/T 5153—2014）第 3.4.1 条。

34. **答案：** C

依据：《交流电气装置的接地设计规范》（GB/T 50065—2011）（GB/T 50065—2011）附录 A 第 A.0.4 条。

35. **答案：** C

依据：《火力发电厂厂用电设计技术规定》（DL/T 5153—2014）第 6.3.3 条。

36. **答案：** C

依据：《火力发电厂与变电站设计防火规范》（GB 50229—2019）第 6.5.2-4 条、第 6.7.3 条、第 6.7.9 条、第 6.8.3-4 条。

37. **答案：** A

依据：《交流电气装置的过电压保护和绝缘配合设计规范》（GB/T 50064—2014）第 5.4.13-6 条及表 5.4.13-1。

38. **答案：** B

依据：《火力发电厂、变电所二次接线设计技术规程》（DL/T 5136—2012）第 5.4.18 条，《电力装置电测量仪表装置设计规范》（GB/T 50063—2017）第 8.2.4 条。

39. **答案：** C

依据：《电力工程直流系统设计技术规程》（DL/T 5044—2014）第 4.2.2-5 条、第 4.2.5 条及表 4.2.5。

40. **答案：** B

依据：《电力工程高压送电线路设计手册》（第二版）P172～174 式（3-1-11）、式（3-1-14）。

由 P172，风压高度变化系数 μ_z 为风速高度变化系数的平方数，即：$K_h^2 = \mu_z$

由式（3-1-14）：

$$g_H = 0.625\alpha\mu_{sc}(d_0 + 2\delta)\cdot(K_h v)^2 = W_0\alpha\mu_{sc}(d_0 + 2\delta)\mu_z = W_0\alpha\mu_{sc}d_0\mu_z$$

其中，覆冰厚度$\delta = 0, W_0 = \frac{v^2}{1600} = 0.625\times10^{-3}v^2$，引自《架空输电线路电气设计规程》（DL/T 5582—2020）第 9.3.1 条：

$$W = 2\alpha W_0\mu_z\mu_{sc}\beta_c dL_p\sin^2\theta = 2(\alpha W_0\mu_z\mu_{sc}d)\beta_c L_p\sin^2\theta = 2g_H\beta_c L_p\sin^2\theta$$
$$= 2\times0.4\times9.8\times1\times1.2\times500\times1 = 4704\text{N}$$

…………………………………………………………………………………………

41. **答案：** BC

依据：《交流电气装置的接地设计规范》（GB/T 50065—2011）第 8.2.2-3 条。

42. **答案：** BC

依据：《导体和电器选择设计规程》（DL/T 5222—2021）第 5.3.7 条。

43. **答案：** ACD

依据：《继电保护和安全自动装置技术规程》（GB/T 14285—2006）第 4.10.1 条。

44. **答案：** ABC

依据：《水力发电厂厂用电设计规程》（NB/T 35044—2014）第 5.3.1 条、第 5.3.2 条、第 5.3.4 条。

45. **答案：** ACD

依据：《220kV～750kV 变电站设计技术规程》（DL/T 5218—2012）第 5.1.6 条、第 5.1.8 条、第 5.2.3 条，选项 A、C、D 正确。依据第 5.1.7 条，6 回及以上时可采用双母线或双母线分段接线，选项 B 错误，宜采用应改为可采用。

46. **答案：** ABD

依据：《交流电气装置的过电压保护和绝缘配合设计规范》（GB/T 50064—2014）第 6.1.3 条。

47. **答案：** BC

依据：《发电厂和变电所照明设计技术规定》（DL/T 5390—2014）附录 B 第 B.0.2-1 条。

48. **答案：** ABD

依据：《电力工程高压送电线路设计手册》（第二版）P122～124，P132 表 2-7-7。

注：耐雷水平，即雷电对线路放电引起绝缘闪络时的雷电流临界值，称作线路的耐雷水平。

49. **答案：** ABD

依据：《架空输电线路电气设计规程》（DL/T 5582—2020）表 5.2.14。分裂导线档距不超过 500m 不需要防振措施，故选项 A、B 不需要；档距不超过 120m、平均运行张力不超过拉断力的 18%时不需要防振措施，故选项 D 不需要。

50. **答案：** ABC

依据：《导体和电器选择设计规程》（DL/T 5222—2021）第 5.5.10 条。

51. **答案：** BCD

依据：《导体和电器选择设计规程》（DL/T 5222—2021）附录 A 第 A.1.2-4 条，输电线路的电容略去不计。依据附录 A 第 A.1.2-1 条，不考虑短路点的电弧阻抗和变压器的励磁电流。

52. **答案：** ABD

依据：《220kV～750kV 变电站设计技术规程》（DL/T 5218—2012）第 5.1.2 条、第 5.1.3 条。

53. **答案：** BD

依据：《电力装置电测量仪表装置设计规范》（GB/T 50063—2017）第 7.1.4 条及条文说明、第 7.1.7 条。

54. **答案：** BC

依据：《火力发电厂、变电所二次接线设计技术规程》（DL/T 5136—2012）第 1.0.6 条及条文说明。

55. **答案：** CD

依据:《电力工程高压送电线路设计手册》（第二版）P292“（四）悬垂线夹悬垂角的检验”。

56. **答案:** CD

依据:《电力工程电气设计手册 1 电气一次部分》P700“跳线相间距离的校验”。

跳线在无风时的弧垂要求大于跳线最低点对横梁下沿的距离且不小于最小电气距离A_1值。

最大弧垂值即要求大于跳线最低点对横梁下沿的距离。最小弧垂即为A_1值。

注：A_1参考《高压配电装置设计技术规程》（DL/T 5352—2018）第5.1.2条。

57. **答案:** BD

依据:《交流电气装置的过电压保护和绝缘配合设计规范》（GB/T 50064—2014）第4.1.7-1条。

58. **答案:** ABD

依据:《导体和电器选择设计规程》（DL/T 5222—2021）第3.0.12条。

59. **答案:** ABC

依据:《高压配电装置设计技术规程》（DL/T 5352—2018）第5.3.9条。

60. **答案:** ACD

依据:《火力发电厂、变电所二次接线设计技术规程》（DL/T 5136—2012）第5.1.2条。

61. **答案:** AB

依据:《35～220kV无人值班变电所设计规范》（DL/T 5103—2012）第4.1.2条、第4.1.8条，《220kV～750kV变电站设计技术规程》（DL/T 5218—2012）第5.2.4条、《火力发电厂、变电所二次接线设计技术规程》（DL/T 5136—2012）第5.1.6条。

注：《35～220kV无人值班变电所设计规范》（DL/T 5103—2012）已移出考纲。

62. **答案:** ABC

依据:《电力工程电缆设计规范》（GB 50217—2018）第3.2.4条及条文说明。

63. **答案:** ABC

依据:《火力发电厂、变电所二次接线设计技术规程》（DL/T 5136—2012）第8.2.3条及条文说明。

64. **答案:** ABD

依据:《电力系统设计技术规程》（DL/T 5429—2009）第7～9条。

第7条：潮流及调相调压计算。第8条：电力系统稳定及短路电流计算。第9条：工频过电压及潜供电流计算。

65. **答案:** AD

依据:《高压配电装置设计技术规程》（DL/T 5352—2018）第6.2.1～6.2.3条。

66. **答案:** ACD

依据:《电力工程直流系统设计技术规程》（DL/T 5044—2014）第3.5.6条。

67. **答案:** BC

依据:《水电工程劳动安全与工业卫生设计规范》（NB 35074—2015）第4.1.5条、第4.2.4-3条、第4.3.2-3条、第4.3.3条。

注：该规范已移出考纲。

68. **答案**：ABD

依据：《220kV～750kV 变电站设计技术规程》（DL/T 5218—2012）第 4.1.2 条、第 4.2.3 条、第 4.2.4 条。

69. **答案**：ABD

依据：《电力工程直流系统设计技术规程》（DL/T 5044—2014）第 5.1.2 条、第 5.1.3 条。

70. **答案**：BCD

依据：《交流电气装置的过电压保护和绝缘配合设计规范》（GB/T 50064—2014）第 6.2.4 条及表 6.2.4-2。

2017 年案例分析试题答案（上午卷）

题 1～5 答案：**CCDDA**

1.《电力系统设计手册》P180 式（7-13）及表 7-7。

由表 7.7，风电场等效满负荷小时数为 2045h，钢芯铝绞线的经济电流密度取 $1.65A/mm^2$。

每回集电线路功率值：$P = 300/12 = 25MW$

集电线路的经济截面：$S = \dfrac{P}{\sqrt{3}JU_e\cos\varphi} = \dfrac{25000}{\sqrt{3}\times 1.65\times 35\times 0.95} = 263.1mm^2$，取 $240mm^2$。

注：参考《导体与电器选择设计规程》（DL/T 5222—2021）第 5.1.6 条：当无合适规格导体时，导体面积可按经济电流密度计算截面相邻下一档选取。

2.《电力工程电气设计手册 1 电气一次部分》P232 表 6-3。

按电容器选择时：$I_g = \dfrac{K_r S_{max}}{\sqrt{3}U_N} = \dfrac{0.8\times(1000+350)}{\sqrt{3}\times 220}\times 10^3 = 2834A$

《电力装置电测量仪表装置设计规范》（GB/T 50063—2017）第 7.1.4 条：测量用的电流互感器的额定一次电流应接近但不低于一次回路正常最大负荷电流。因此，取 3000A。

3.《风电场接入电力系统技术规定 第 1 部分：陆上风电》（GB/T 19963.1—2021）第 9.2.4 条。

风电场额定电流：$I_N = \dfrac{S_N}{\sqrt{3}U_N} = \dfrac{250}{220\times\sqrt{3}} = 656.08A$

风电场并网点电压标幺值：$I_T \geqslant 1.5\times(0.9-U_T)I_N = 1.5\times(0.9-0.2)\times 656.08 = 688.88A$

4.《风力发电厂设计规范》（GB 51096—2015）第 7.13.7-1 条：风力发电场内 35kV 架空线路应全线架设地线，且逐基接地，地线的保护角不宜大于 25°。

架空线路（有避雷线）的单相接地电容电流：

$$I_C = 3.3U_eL\times 10^{-3} = 3.3\times 35\times 76\times 10^{-3} = 8.78A < 10A$$

《交流电气装置的过电压保护和绝缘配合设计规范》（GB/T 50064—2014）第 3.1.3-1 条：35kV、66kV 系统，当单相接地故障电容电流不大于 10A 时，可采用中性点不接地方式；当大于 10A 又需再接地故障条件下运行时，应采用中性点谐振接地方式。

《风力发电厂设计规范》（GB 51096—2015）第 7.9.5-1 条：中性点不接地或经消弧线圈接地的汇集线路，宜装设两段式保护，同时配置小电流接地选线装置，可选择跳闸。

综上，与选项 D 相匹配。

注：风力发电场相关规范明确要求 35kV 线路应全线架设地线。不可依据《交流电气装置的过电压保护和绝缘配合设计规范》（GB/T 50064—2014）第 5.3.1-2 条的相关内容，即 35kV 及以下线路，不宜全线架设地线。

《风力发电厂设计规范》（GB 51096—2015）该规范已移出考纲。

5.《光伏发电站接入电力系统技术规定》（GB/T 19964—2012）第 6.2.4-a）条。

容性无功容量能够补充光伏发电站满发时汇集线路、主变压器的感性无功及光伏发电站送出线路的全部感性无功之和。

《电力工程电气设计手册 1 电气一次部分》P476 式（9-2）。

升压站主变压器无功损耗：$Q_{C1}=\left(\dfrac{U_d\%I_m^2}{100I_e^2}+\dfrac{I_d\%}{100}\right)S_e=\left(\dfrac{16}{100}+0\right)\times 150=24\text{Mvar}$

《电力系统设计手册》P319 式（10-39）。

35kV 集电线路感性无功：$Q_{C2}=3I^2X_{L1}=3\times\left(\dfrac{150}{\sqrt{3}\times 35}\right)^2\times 0.4\times 11\times 6=13.47\text{Mvar}$

35kV 集电线路感性无功：$Q_{C3}=3I^2X_{L2}=3\times\left(\dfrac{150}{\sqrt{3}\times 220}\right)^2\times 0.3\times 8=1.12\text{Mvar}$

动态容性无功补充容量：$Q_\Sigma=Q_{C1}+Q_{C2}+Q_{C3}=24+1.12+13.47=38.59\text{Mvar}$，$D_f=1.2125$

题 6～10 答案：**ACCBA**

6.《电力工程电气设计手册 1 电气一次部分》P121 表 4-1、表 4-2，P253 式（6-14）。

设短路基准容量$S_j=100\text{MVA}$，由表 4-1 查得：基准值为$U_j=115\text{kV}$，$I_j=0.502\text{kA}$；主变高压侧三相短路电流取断路器短路分断能力，为 40kA，则：

系统阻抗标幺值：$X_s=\dfrac{S_j}{S_S}=\dfrac{I_j}{I_S}=\dfrac{100/\sqrt{3}\times 115}{40}=0.01255$

变压器阻抗标幺值：$X_T=\dfrac{U_d\%}{100}\cdot\dfrac{S_j}{S_e}=\dfrac{10.5}{100}\times\dfrac{100}{63}=0.1667$

发电机阻抗标幺值：$X_G=\dfrac{X_d''\%}{100}\cdot\dfrac{S_j}{P_e/\cos\varphi}=\dfrac{17.33}{100}\times\dfrac{100}{50/0.8}=0.277$

高压厂用电母线前系统短路电抗标幺值：$X_\Sigma=(X_T+X_S)//X_G=(0.01255+0.1667)//0.277=0.1088$

安装限流电抗器后，高压厂用电母线短路电流水平为$I_z''=31.5\text{kA}$，其中包括电动机反馈电流$I_D''=6.2\text{kA}$和系统侧短路电流两部分，因此系统侧短路电流水平为$I_s''=31.5-6.2=25.3\text{kA}$

由表 4-1 查得：6kV 额定电压（厂用高压母线）时，各基准值为$U_j=6.3\text{kV}$，$I_j=9.16\text{kA}$，则电抗器的电抗百分值：

$$X_k\%\geqslant\left(\frac{I_j}{I''}-X_{*j}\right)\frac{I_{ek}}{U_{ek}}\times\frac{U_j}{I_j}\times 100\%=\left(\frac{9.16}{25.3}-0.1088\right)\times\frac{1.5}{6.3}\times\frac{6.3}{9.16}\times 100\%=4.15\%$$

由《导体和电器选择设计规程》（DL/T 5222—2021）第 13.4.3-1 条：普通限流电抗器的额定电流应按主变压器或馈线回路的最大可能工作电流选择，则：

厂用电最大可能工作电流：$I_g=\frac{S_e}{\sqrt{3}U_e}=\frac{13960}{\sqrt{3}\times 6.3}=1279.3\text{A}$，限流电抗器额定电流取 1500kA。

由《标准电压》（GB/T 156—2007）第 4.8 条及表 8“发电机额定电压”，可知发电机出口额定电压为 6.3kV，因此接于厂用电母线前端的限流电抗器额定电压应适用发电机出口额定电压，因此应选 6.3kV，而非 6.0kV。

7.《电力工程电气设计手册 1 电气一次部分》P80 式（3-1）、P262 相关内容。

发电机电压回路的电容电流应包括发电机、变压器和连接导体的电容电流，则：

$I_C=\sqrt{3}U_e\omega C_\Sigma\times 10^{-3}=\sqrt{3}\times 6.3\times 2\pi\times 50\times\left(0.22+0.0043+\dfrac{3.15}{3}\right)\times 10^{-3}=4.37\text{A}$

《导体和电器选择设计规程》（DL/T 5222—2021）第 18.3.4 条及附录 B 公式（B.2.1-9）。

单相接地变压器变比$n_\varphi=\dfrac{U_N\times 10^3}{\sqrt{3}U_{N2}}=\dfrac{6.3\times 10^3}{\sqrt{3}\times 220}=\dfrac{6.3}{\sqrt{3}}/0.22\text{kV}$

电阻电流值：$I_2 = I_R = KI_c = 1.1 \times 4.368 = 4.805A$

接地变压器额定容量：

$$S_N \geqslant \frac{1}{K}U_2I_2 = \frac{1}{1.6} \times \frac{6.3}{\sqrt{3}} \times 4.805 = 10.92\text{kVA}，取 12.5\text{kVA}$$

注：按新版规范无 5min 对应的过负荷系数，当年是依据《DL/T5222—2005》条文说明第 18.3.1 条表 18，过负荷系数取 1.6。

8.《导体与电器选择设计规程》（DL/T 5222—2021）第 3.0.3 条“选用电器的最高工作电压不应低于所在系统的系统最高电压”，由《标准电压》（GB/T 156—2007）第 4.3 条及表 3，可知设备最高电压为 7.2kV。

《电力工程电气设计手册 1 电气一次部分》P232 表 6-3。

发电机回路持续供电电流：$I_g = 1.05 \times \frac{P_e}{\sqrt{3}U_e \cos\varphi} = 1.05 \times \frac{50 \times 10^3}{\sqrt{3} \times 6.3 \times 0.8} = 6014A$，取 6300A。

（1）系统侧提供的短路冲击电流值

《电力工程电气设计手册 1 电气一次部分》P121 表 4-1、表 4-2。

设短路基准容量$S_j = 100MVA$，由表 4-1 查得：110kV 系统基准值为$U_j = 115kV$，$I_j = 0.502kA$；6kV 系统基准值为$U_j = 6.3kV$，$I_j = 9.16kA$。主变高压侧三相短路电流取断路器短路分断能力，为 40kA，则：

系统阻抗标幺值：$X_s = \frac{S_j}{S_S} = \frac{I_j}{I_S} = \frac{100/\sqrt{3} \times 115}{40} = 0.01255$

变压器阻抗标幺值：$X_T = \frac{U_d\%}{100} \cdot \frac{S_j}{S_e} = \frac{10.5}{100} \times \frac{100}{63} = 0.1667$

系统侧提供短路电流：$I_k = \frac{I_j}{X_\Sigma} = \frac{9.16}{0.01255 + 0.1667} = 51.1kA$

由《导体与电器选择设计技术规程》（DL/T 5222—2005）附录 F 表 F.4.1。

系统侧提供的冲击电流：$i_{ch1} = \sqrt{2}K_{ch}I_k = \sqrt{2} \times 1.8 \times 51.1 = 130.08kA$

（2）发电机侧提供的短路冲击电流值

《电力工程电气设计手册 1 电气一次部分》P131 式（4-21），P135 表 4-7。

设短路基准容量$S_j = 62.5MVA$

发电机阻抗标幺值：$X_G = \frac{X''_d\%}{100} \cdot \frac{S_j}{P_e/\cos\varphi} = \frac{17.33}{100} \times \frac{62.5}{50/0.8} = 0.1733$

采用插值法，发电机提供的短路电流标幺值：$I''_{*G} = 6.27$，则：

发电机提供的短路电流：$I''_G = I''_{*G}I_e = 6.27 \times \frac{P_e}{\sqrt{3}U_j \cos\varphi} = 6.27 \times \frac{50}{\sqrt{3} \times 6.3 \times 0.8} = 35.91kA$

发电机提供的冲击电流：$i_{ch2} = \sqrt{2}K_{ch}I_k = \sqrt{2} \times 1.9 \times 35.91 = 96.49kA$

峰值耐受电流应大于以上两项之较大者，即 160kA。

注：插值法计算，$I''_{*G} = 6.02 + (6.763 - 6.02) \times \frac{0.18-0.1733}{0.18-0.16} = 6.27$

9.《电流互感器与电压互感器选择及计算规程》（DL/T 866—2015）第 11.4.1 条、第 11.4.3 条。

第 11.4.1 条：电压互感器额定一次电压应由所用系统的标称电压确定。则：单相式电压互感器，一次额定电压选择 $6.3/\sqrt{3}$kV。

由第 11.4.3-2 条，主二次绕组连接成星形供三相系统相与地之间用的单相互感器，额定二次电压应为 $100/\sqrt{3}$V。

由第 11.4.3-3 条，发电机经高压阻接地，为非有效接地系统，其剩余绕组的额定二次电压为 100/3V，选项 B 正确。

10.《导体和电器选择设计规程》(DL/T 5222—2021) 第 18.3.4 条及条文说明，这样可在发生单相接地，中性点有 1.6 倍相电压的过渡电压时，不致使变压器饱和。

由此可见，发电机中性点在发生单相接地故障时，会产生基于 1.6 倍相电压的过电压值。则：

$$U_N \geqslant 1.6 \times \frac{6.3}{\sqrt{3}} = 5.82\text{kV}$$

只有选项 A 符合。

题 11～15 答案：**BDBCB**

11.《大中型火力发电厂设计规范》(GB 50660—2011) 第 16.1.5 条及条文说明。

第 16.1.5 条：容量 125MW 级及以上的发电机与主变压器为单元连接时，主变压器的容量宜按发电机的最大连续容量扣除不能被高压厂用启动/备用变压器替代的高压厂用工作变压器计算负荷后进行选择。

条文说明：当装设发电机断路器且不设置专用的高压厂用备用变压器，而由另一台机组的高压厂用工作变压器低压侧厂用工作母线引接本机组的高压事故停机电源时，由于该电源不具备检修备用电源的能力，则主变压器的容量即按发电机的最大连续容量扣除本机组的高压厂用工作变压器计算负荷确定。则：

主变压器容量：$S_T = \frac{P_m}{\cos\varphi} - S_C = \frac{350}{0.85} - 40 = 372\text{MVA}$

12.《电力工程电气设计手册 1 电气一次部分》P903“二、系统接地短路时在中性点引起的过电压”。

(1) 考虑系统失地（中性点不接地系统）

单相接地时，电网允许短时间运行，此中性点的稳态电压为相电压，则：

$$U_{bo1} = U_{xg} = \frac{U_m}{\sqrt{3}} = \frac{252}{\sqrt{3}} = 145.5\text{kV}$$

(2) 不考虑系统失地（中性点直接接地系统）

单相接地时，在中性点直接接地系统中，变压器中性点稳态电压决定于系统零序阻抗与正序阻抗的比值。则：

$$U_{bo2} = \frac{K_x}{1+K_X} U_{xg} = \frac{2.5}{1+2.5} \times \frac{252}{\sqrt{3}} = 80.8\text{kV}$$

(3)《交流电气装置的过电压保护和绝缘配合设计规范》(GB/T 50064—2014) 第 4.4.2 条。

电气装置保护用 MOA 的额定电压确定参数时应根据系统暂时过电压的幅值、持续时间和 MOA 的工频电压耐受时间特性。有效接地和低电阻接地系统，接地故障清除时间不大于 10s 时，MOA 的额定电压应按 $U_R \geqslant U_T$ 选取，则：

考虑系统失地时：$U_{R1} \geqslant U_{T1} = U_{bo1} = 145.5\text{kV}$

不考虑系统失地时：$U_{R2} \geqslant U_{T2} = U_{bo2} = 80.8\text{kV}$

注：最高电压值参考《标准电压》(GB/T 156—2007) 第 4.5 条。

13.《交流电气装置的过电压保护和绝缘配合设计规范》(GB/T 50064—2014) 第 6.4.4-2 条及附录 A。

由避雷器型号 Y10W-200/500，可知标称放电电流下的最大残压为 500kV，则：

电气设备外绝缘雷电冲击耐压：$u_{\mathrm{e.l.o}} \geqslant k_{17}U_{\mathrm{l.p}} = 1.4 \times 500 = 700\mathrm{kV}$

根据附录A进行海拔修正，则：$U_{\mathrm{H}} = k_{\mathrm{a}}U_0 = 700 \times e^{2000/8150} = 894.71\mathrm{kV}$

$$U_{\mathrm{H}} = U_0 e^{H/8150} = 700 \times e^{2000/8150} = 894.7\mathrm{kV}$$

注：Y10W-200/500 含义，Y-氧化锌避雷器；10-标称放电电流 10kA；W-无间隙；200-额定电压 200kV；500-标称放电电流下的最大残压 500kV。高海拔地区由于绝缘水平下降，在海拔 0m 处进行设备耐压试验时，需要提高试验电压才能满足高海拔地区的运行需求。

14.《交流电气装置的接地设计规范》（GB 50065—2011）第4.3.5-3条、附录B表B.0.3以及附录E。

查表B.0.3，衰减系数：$D_{\mathrm{f}} = 1.2125$

第B.0.1-3条，经接地网入地的最大不对称接地故障电流：$I_{\mathrm{G}} = D_{\mathrm{f}} \cdot I_{\mathrm{f}} = 1.2125 \times 30 = 30.375\mathrm{A}$

第E.0.2条：扁钢C值取70，由式（E.0.1），则：

接地导线最小截面：$S_{\mathrm{G}} \geqslant \frac{I_{\mathrm{G}}}{C}\sqrt{t_{\mathrm{e}}} = \frac{30.375}{70} \times \sqrt{0.2} = 232.4\mathrm{mm}^2$

第4.3.5-3条，接地极的最小截面：$S_{\mathrm{g}} \geqslant 0.75S_{\mathrm{G}} = 0.75 \times 232.4 = 174.3\mathrm{mm}^2$

15.《电流互感器与电压互感器及计算过程》（DL/T 866—2015）第11.2.2条，选项A错误。

《电力工程电气设计手册 1 电气一次部分》P139。

制定运算曲线时，励磁回路时间常数，汽轮发电机取0.25s，水轮发电机取0.02s。因此，发电机出口断路器和磁场断路器跳闸后，励磁电流衰减汽轮发电机时间常数较水轮发电机更大，因此其衰减较慢。选项B正确。

《继电保护和安全自动装置技术规程》（GB 14285—2006）第4.2.2条，或《电力装置的继电保护和自动装置设计规范》（GB/T 50062—2008）第3.0.2条，选项C错误。

《火力发电厂厂用电设计技术规定》（DL/T 5153—2014）第4.3.3条，或《大中型火力发电厂设计规范》（GB 50660—2011）第16.3.5-3条。选项D错误。

题16～20答案：**BADCD**

16.《电力工程直流电源系统设计技术规范》（DL/T 5044—2014）第4.1.2条、第4.2.6条、附录D。

经常负荷：智能装置、智能组件装置容量3kW（负荷系数取0.8）、控制保护装置容量3kW（负荷系数取0.6），则

经常负荷电流：$I_{\mathrm{jc}} = \frac{\Sigma P_{\mathrm{jc}}}{U_{\mathrm{n}}} = \frac{3 \times 0.8 + 3 \times 0.6}{220} \times 10^3 = 19.09\mathrm{A}$

充电装置满足蓄电池均衡充电且同时对直流负荷供电，则：

充电装置额定电流：$I_{\mathrm{r}} = (1.0 \sim 1.25)I_{10} + I_{\mathrm{jc}} = (1.0 \sim 1.25) \times \frac{300}{10} + 19.09 = 49.59 \sim 56.59\mathrm{A}$

17.《电力工程直流电源系统设计技术规范》（DL/T 5044—2014）第4.2.5条、第4.2.6条、附录C。

事故放电初期（1min）冲击负荷包括：

①智能装置、智能组件装置容量3kW（负荷系数取0.8）；

②控制保护装置容量3kW（负荷系数取0.6）；

③高压断路器跳闸13.2kW（负荷系数取0.6）；

④交流不间断电源装置容量10kW（负荷系数取0.6）；

⑤直流应急照明装置容量 2kW（负荷系数取 1.0）。

则 1min 冲击负荷电流：

$$I_{cho}=\frac{\sum P_{cho}}{U_n}=\frac{3\times0.8+3\times0.6+13.2\times0.6+10\times0.6+2\times1.0}{220}\times10^3=91.45A$$

附录 C 之表 C.3-3，1min 冲击负荷的容量换算系数K_{cho}为 1.18，则依据式（C.2.3-1）可知，满足 1min 冲击放电电流计算容量：

$$C_{cho}=K_{\kappa}\frac{I_{cho}}{K_{cho}}=1.4\times\frac{91.45}{1.18}=108.51Ah$$

18.《电力工程直流电源系统设计技术规范》（DL/T 5044—2014）附录 A.5 表 A.5-2。

分电柜馈线断路器的额定电流：$I_{S3}=K_bI_{S4}=10\times6=60A$

短路瞬时保护脱扣器的整定电流脱扣范围：$I_{DZ}=(4\sim7)I_n=(4\sim7)\times60=240\sim420A$

灵敏系数：$K_L=\frac{I_{DK}}{I_{DZ}}=\frac{1470}{420}=3.5$

19.《电力工程直流电源系统设计技术规范》（DL/T 5044—2014）附录 E 之第 E.1.1 条及条文说明。

第 E.1.1 条及条文说明：导体温度系数K，铜导体绝缘PVC ≤ 300mm² 取 115，则电缆达到极限温度的允许时间：

$$\sqrt{t}=k\times\frac{S}{I_d}=115\times\frac{70}{4600}=1.75\Rightarrow t=3.06s$$

20.《电力工程直流电源系统设计技术规范》（DL/T 5044—2014）第 3.2.4 条、第 3.4.3-1 条、第 6.3.4-1 条、第 6.5.1 条。

由第 3.2.4 条，事故放电末期，蓄电池出口端电压不小于 87.5%×220 = 192.5V。选项 A、选项 B 错误。

由第 3.4.3-1 条，2 组蓄电池，采用相控式充电装置时，宜配置 3 套充电装置。选项 C 错误。

由第 6.3.4-1 条，当蓄电池浮充电运行时，其允许压降不大于 15%×220 = 30V，再根据第 6.5.1 条，可知选项 D 正确。

题 21～25 答案：**CBCDA**

21.《电力工程高压送电线路设计手册》（第二版）P230 式（3-6-14）。

最小振动半波长：$\frac{\lambda_m}{2}=\frac{d}{400v_M}\sqrt{\frac{T_m}{m}}=\frac{26.8}{400\times5}\times\sqrt{\frac{82650}{4\times1.348}}=1.66m$

则，最小振动波长：$\lambda_m=2\times1.66=3.32m$

22.《电力工程高压送电线路设计手册》（第二版）P230 式（3-6-14）。

计算因子：$\mu=\frac{v_m}{v_M}\sqrt{\frac{T_m}{T_M}}=\frac{0.5}{5}\times\sqrt{\frac{82650}{112480}}=0.0857$，则第一只防振锤的安装位置距线夹出口的距离：

$$b_1=\frac{1}{1+\mu}\left(\frac{\lambda_m}{2}\right)=\frac{1}{1+0.0857}\times1.66=1.53m$$

23.《电力工程高压送电线路设计手册》（第二版）P220 式（3-6-5）。

最大振动角：$\alpha_M=60\arctan\left(\frac{2\pi A}{\lambda}\right)=60\arctan\left(\frac{2\pi\times15}{5000}\right)=32'$

24.《架空输电线路电气设计规程》（DL/T 5582—2020）表 5.2.1 注：4 分裂及以上导线采用阻尼间隔棒时，档距在 500m 及以下可不再采用其他防振措施。故不需安装防振锤。

《电力工程高压送电线路设计手册》（第二版）P228 表 3-6-9。

由地线直径 13mm，档距为 480m，每档每端需要安装防振锤 2 个，因此，在该档距内共需安装 4 个。

25.《架空输电线路电气设计规程》（DL/T 5582—2020）第 5.2.1 条。

导线最大次档距不宜大于 70 m，最大端次档距不宜大于 35m，间隔棒宜不等距、不对称布置。480−(2×35)=410m，410/70=5.86 个，取 6 个，即共分了 6 段次档距，安装 7 个阻尼间隔棒即可满足规范要求，但选项没有 7 个，所以向上选择 8 个。

2017 年案例分析试题答案（下午卷）

题 1～4 答案：**ABBA**

1.《电力工程电气设计手册 1 电气一次部分》P80 式（3-1）。

单相接地电容电流：$I_C = \sqrt{3}U_e\omega C = \sqrt{3} \times 6.3 \times 2\pi \times 50 \times 2.2 \times 10^{-3} = 7.54\text{A}$

《火力发电厂厂用电设计技术规定》（DL/T 5153—2014）附录 C 式（C.0.2）。

系统中性点的等效电阻：$R_N = \dfrac{U_e}{\sqrt{3}I_R} \leqslant \dfrac{U_e}{\sqrt{3} \times 1.1I_c} = \dfrac{6300}{\sqrt{3} \times 1.1 \times 7.54} = 438.5\Omega$

注：分裂变低压绕组之间仅有磁耦合，无电气连通，故单相接地电容电流仅考虑分裂变压器一侧绕组。

2.《导体和电器选择设计规程》（DL/T 5222—2021）第 3.0.13 条及条文说明。

第 3.0.13 条：校验开关设备开断能力时，短路开断电流计算时间宜采用开关设备的实际开断时间（主保护动作时间加断路器开断时间），则分断时间取主保护动作时间与固有分闸时间之和，即 $10 + 50 = 60\text{ms}$。

短路电流直流分量：$i_{fzt} = -\sqrt{2}I''e^{-\frac{\omega t}{T_a}} = -\sqrt{2} \times 135 \times e^{-\frac{100\pi \times 0.06}{50}} = -130.96\text{kA}$

分断能力直流分量百分数：$DC\% = \dfrac{130.96}{160\sqrt{2}} \times 100\% = 57.8\%$

3.《电力工程电气设计手册 1 电气一次部分》P232 表 6-3。

进线跨导线最大持续工作电流：$I_g = 1.05 \times \dfrac{780000}{\sqrt{3} \times 500} = 945.73\text{A}$

《导体和电器选择设计规程》（DL/T 5222—2021）表 5.1.5，综合校正系数$K = 0.83$。

《导体和电器选择设计技术规定》（DL/T 5222—2021）第 5.1.7 条、表 5.1.8，500 kV 可不进行电晕校验的最小导体型号为 2×LGKK-600 或 3×LGJ-500。

4.《导体和电器选择设计规程》（DL/T 5222—2021）第 18.4.4 条及条文说明式(15)。

按加速潜供电流选择中性点小电抗：$X_0 = \dfrac{X_L^2}{X_{12} - 3X_L} = \dfrac{2520^2}{15500 - 3 \times 2520} = 800\Omega$

注：也可参考《电力工程电气设计手册 1 电气一次部分》P536 式（9-53）进行计算。

题 5～8 答案：**DDCD**

5.《电力工程电气设计手册 1 电气一次部分》P574 式（10-2）。

$$U_{A_2} = I_g\left(X_{A_2C_1} - \frac{1}{2}X_{A_2A_1} - \frac{1}{2}X_{A_2B_1}\right) = 1500 \times \left(2 - \frac{1}{2} \times 1.6 - \frac{1}{2} \times 1.4\right) \times 10^{-4} = 0.075\text{V/m}$$

6.《继电保护和安全自动装置技术规程》（GB 14285—2006）第 4.8.1-2 条、《交流电气装置的接地设计规范》（GB 50065—2011）附录 E 第 E.0.3 条。

第 4.8.1-2 条：对双母线接线，为防止母线保护因检修退出失去保护，母线发生故障会危及系统稳定和使事故扩大时，宜装设两套母线保护。

第 E.0.3 条：配有两套速动主保护时，接地故障等效持续时间为：

$$t_e \geqslant t_m + t_f + t_o = 0.03 + 0.15 + 0.55 = 0.235\text{s}$$

《电力工程电气设计手册 1 电气一次部分》P574 式（10-6）。

母线瞬时电磁感应电压：$U_{jo} = \dfrac{145}{\sqrt{t}} = \dfrac{145}{\sqrt{0.235}} = 299\text{V}$

接地开关的间距：$l_{j2} = \dfrac{2U_{j0}}{U_{A2(K)}} = \dfrac{2\times 299}{4} = 149\text{m}$

7.《电力工程电气设计手册 1 电气一次部分》P700 式（附 10-8）～式（附 10-11）。

$$e = 2\left(\frac{l-l_1}{l_1}\right) + \frac{Q_i}{q_i}\left(\frac{l-l_1}{l_1}\right)^2 = 2\times\frac{2\times 2.75}{33-2\times 2.75} + \frac{31.3}{1.415}\times\left(\frac{2\times 2.75}{33-2\times 2.75}\right)^2 = 1.2848$$

$$E = \frac{e}{1+e} = \frac{1.2848}{1+1.2848} = 0.562$$

绝缘子串的弧垂：$f_1 = fE = 2\times 0.562 = 1.124\text{m}$

8.《高压配电装置设计技术规程》（DL/T 5352—2018）第 5.1.3 条及表 5.1.3-1。

表 5.1.3-1：最大工作电压和风偏（$v = 10\text{m/s}$）条件下，220kV 配电装置A_2'''取 900mm。

《电力工程电气设计手册 1 电气一次部分》P699 式（附 10-7）。

最小相间距离：$D_2''' \geqslant A_2''' + 2(f_1'''\sin\alpha_1''' + f_2'''\sin\alpha_2''') + d\cos\alpha_2''' + 2r = 900 + 2\times(1000\times\sin 30^\circ + 100\times\sin 50^\circ) + 0\times\cos 50^\circ + 25.2 = 3457.2\text{mm}$

题 9～13 答案：**BCBDB**

9.《火力发电厂厂用电设计技术规程》（DL/T 5153—2014）附录 L 式（L.0.2）～式（L.0.6）。

高压厂用变压器阻抗标幺值：$X_T = \dfrac{(1-5\%)\times 17.5}{100}\times\dfrac{100}{50} = 0.3325$

厂用电源短路电流起始有效值：$I_B'' = \dfrac{I_j}{X_X + X_T} = \dfrac{1}{0.035+0.3325}\times\dfrac{100}{\sqrt{3}\times 6.3} = 24.94\text{kA}$

分裂变压器低压绕组电动机反馈电流取较大一段，则：

电动机反馈短路电流：$I_D'' = K_{q.D}\dfrac{P_{e.D}}{\sqrt{3}U_{e.D}\eta_D\cos\varphi_D}\times 10^{-3} = 5.75\times\dfrac{21780}{\sqrt{3}\times 6\times 0.8}\times 10^{-3} = 15.06\text{kA}$

10.《火力发电厂厂用电设计技术规程》（DL/T 5153—2014）第 6.1.4 条、附录 L 式（L.0.1）。

高压厂用电系统的短路电流计算中应计及电动机的反馈电流对电器和导体的动、热稳定以及断路器开断电流的影响。

短路电流周期分量：$I'' = I_B'' + I_D'' = 24 + 15 = 39\text{kA}$，则额定短路开断电流取 40kA。

选用分裂变压器，机组容量 350MW，故厂用电源短路峰值系数K_{chB}取 1.85，电动机反馈峰值系数K_{chD}取 1.7。

短路冲击电流：$i_{ch.B} = \sqrt{2}(K_{ch.B}I_B'' + 1.1K_{ch.D}I_D'') = \sqrt{2}\times(1.85\times 24 + 1.1\times 1.7\times 15) = 102.46\text{kA}$，则动稳定电流选用 105kA。

11.《电力工程电缆设计规范》（GB 50217—2018）附录 A、附录 E。

由题意，电缆额定负荷电流与实际最大工作电流相同，可知，$\theta_p = \theta_H$；由附录 A 中表 A，$\theta_m = 250^\circ\text{C}$，$\theta_p = \theta_H = 90^\circ\text{C}$，另借用附录 E 之表 E.1.3-2，$K$值取 1.006，则：

$$C = \frac{1}{\eta}\sqrt{\frac{Jq}{\alpha K\rho}\ln\frac{1+\alpha(\theta_m - 20)}{1+\alpha(\theta_p - 20)}}$$
$$= \frac{1}{0.93} \times \sqrt{\frac{1\times 3.4}{0.00393\times 1.006\times 0.0184\times 10^{-4}}\ln\frac{1+0.00393\times(250-20)}{1+0.00393\times(90-20)}} = 14718.4$$

由附录E之表E.1.3-1的注解，半穿越电抗17.5%，则$T_b = 0.06$；中速断路器，则短路切除时间取0.15s，则：

$$Q = 0.21I^2 + 0.23II_d + 0.09I_d = 0.21\times 24^2 + 0.23\times 24\times 15 + 0.09\times 15^2$$
$$= 2.24\times 10^8 A^2s$$

则电缆热稳定最小截面：$S \geqslant \frac{\sqrt{Q}}{C}\times 10^2 = \frac{\sqrt{2.24\times 10^8}}{14718.4}\times 10^2 = 101.69mm^2$，取$120mm^2$。

12.《火力发电厂厂用电设计技术规程》(DL/T 5153—2014)。

第6.2.4-2条：高压熔断器的额定开断电流应于回路中最大预期短路电流周期分量有效值。选项A错误。

第8.6.1-1条：2000kW及以上的电动机应装设纵联差动保护。第8.1.1-1条：纵联差动保护的灵敏系数不宜低于1.5。选项B错误。

第8.8.3条：6kV～35kV厂用线路或厂用分支线路上的降压变压器保护，宜采用高压跌落式熔断器作为降压变压器的相间短路保护。选项C错误。

第5.2.1-1条：当高压厂用电压为6kV一级时，200kV以上的电动机可采用6kV，200kV以下的电动机宜采用380V，200kV左右的电动机可按工程的具体情况确定。选项D正确。

13.《火力发电厂厂用设计技术规程》(DL/T 5153—2014)附录P第P.0.3条、附录N表N.2.2-2。

断路器脱扣器整定电流：$I_Z > KI_Q = 2\times 520 = 1040A$

电动机端部最小短路电流：$I > 1.5I_Z = 1.5\times 1040 = 1560A$

附录N.2.2及表N.2.2-2，$YJLV_{22} - 13\times 70mm^2$电缆，2000kVA干式变压器，阻抗电压6%，则：

电缆长度为100m时的单相接地短路电流：$I^1_{d(100)} = 1630A$

回路允许的电缆最大长度：$L = I^{(1)}_{d(100)}\cdot\frac{100}{I^{(1)}_d} = 1630\times\frac{100}{1560} = 104.5m$

题14～17答案：**BDDB**

14.《电力工程直流电源系统设计技术规范》(DL/T 5044—2014)附录C第C.2.3条及表C.3-3。

查表C.3-3，5s换算系数1.27，1min换算系数1.18，29min换算系数0.764，30min换算系数0.755，59min换算系数0.548，60min换算系数0.52，则：

第一阶段计算容量：$C_{c1} = K_k\frac{I_1}{K_c} = 1.4\times\frac{511.04}{1.18} = 606.32Ah$

第二阶段计算容量：$C_{c2} = K_k\left(\frac{I_1}{K_{c1}} + \frac{I_2 - I_1}{K_{c2}}\right) = 1.4\times\left(\frac{511.04}{0.755} + \frac{361.21 - 511.04}{0.764}\right) = 673.07Ah$

第三阶段计算容量：

$$C_{c2} = K_k\left(\frac{I_1}{K_{c1}} + \frac{I_2 - I_1}{K_{c2}} + \frac{I_3 - I_2}{K_{c3}}\right)$$
$$= 1.4\times\left(\frac{511.04}{0.755} + \frac{361.21 - 511.04}{0.764} + \frac{118.79 - 361.21}{0.755}\right) = 543.58Ah$$

随机负荷容量：$C_r = \frac{I_r}{K_{cr}} = \frac{10}{1.27} = 7.87Ah$

与第二阶段叠加，即$673.07+7.87=680.94\text{Ah}$

15.《电力工程直流电源系统设计技术规范》（DL/T 5044—2014）第 6.2.3-2 条、附录 D。

由题干附图，直流系统未脱离母线均衡充电，因此按满足均衡充电要求确定充电装置的额定电流，则：

$$I_r=(1.0\sim1.25)I_{10}+I_{jc}=(1.0\sim1.25)\times\frac{800}{10}+49.77=129.77\sim149.77\text{A}$$

第 6.2.3-2 条：1 组蓄电池配置 2 套充电装置，应按额定电流选择高频开关电源基本模块，不宜设备用模块。则$n=\frac{I_r}{I_{me}}=\frac{149.77}{20}=7.49$，取 8 个。

16.《电力工程直流电源系统设计技术规范》（DL/T 5044—2014）第 6.3.2 条、附录 A、附录 E。

第 A.3.6-1 条：蓄电池 1h 放电率：$I_{d.1h}=5.5I_{10}=5.5\times800/10=440\text{A}$

由表 E.2-1，蓄电池回路长期工作计算电流：$I_{ca1}=I_{d.1h}=440\text{A}$

蓄电池回路短时工作计算电流：$I_{ca2}=I_{ch0}=511.04\text{A}$

取较大者$I_{ca}=I_{ca2}=511.04\text{A}$，则最小电缆截面：

$$S_{cac}=\frac{\rho\cdot2LI_{ca}}{\Delta U_p}=\frac{0.0184\times2\times20\times511.04}{220\times1\%}=171\text{mm}^2\text{，取 }185\text{mm}^2$$

第 6.3.2 条：蓄电池引出线为电缆时，电缆宜采用单芯电力电缆。

故，选用两根单芯电缆 2×（YJV-1，1×185）。

17.《电力工程直流电源系统设计技术规范》（DL/T 5044—2014）附录 G 式（G.1.1-2）。

$$I_k=\frac{U_n}{n(r_b+r_1)+r_c}=\frac{220}{103\times(0.195+0.0191)+2\times20\times0.08}=8.712\text{kA}$$

L 型直流断路器参数满足要求。

题 18～21 答案：**DBCA**

18.《导体和电器选择设计规程》（DL/T 5222—2021）附录 A。

主变进线回路 CT 的最大短路电流，取最大运行方式下，两电源同时供电的母线短路电流，则：

电源侧总等效电抗标幺值：$X_\Sigma=(X_{S21}+X_{L21})//(X_{S22}+X_{L22})$

$$=(0.006+0.011)//(0.007+0.012)=0.009$$

《电力工程电气设计手册 1 电气一次部分》P120 表 4-1 中基准电流$I_j=0.251\text{kA}$

最大运行方式的三相短路电流：$I''_k=\frac{I_j}{X_\Sigma}=\frac{0.251}{0.009}=27.89\text{kA}$

短路冲击电流：$i_{ch}=\sqrt{2}K_{ch}I''_k=\sqrt{2}\times1.8\times27.89=71.12\text{kA}$

《电流互感器与电压互感器及计算过程》（DL/T 866—2015）第 3.2.8 条。

CT 动稳定倍数：$K_d\geqslant\frac{i_{ch}}{\sqrt{2}I_{pr}}\times10^3=\frac{71.12}{\sqrt{2}\times600}\times10^3=83.82$

19.《交流电气装置的接地设计规范》（GB 50065—2011）第 4.2.2 条、附录 E 第 E.0.3 条。

配有两套速动主保护时，接地故障等效持续时间为：$t_e\geqslant t_m+t_f+t_o=0.06+0.52+0.06=0.64\text{s}$

跨步电压允许值：$U_s=\frac{174+0.7\rho_sC_s}{\sqrt{t_s}}=\frac{174+0.7\times100\times0.95}{\sqrt{0.64}}=300.63\text{V}$

20.《电力工程电气设计手册 2 电气二次部分》P576 表 28-18。

变压器阻抗有名值（归算到 110kV 侧）：$X_T = \frac{U_k\%}{100} \cdot \frac{U_e^2}{S_e} = \frac{13}{100} \times \frac{110^2}{31.5} = 49.94\Omega$

按躲 110kV 终端变压器低压侧母线故障整定，则：

一次动作阻抗$Z_{DZ1} \leqslant K_k Z_{L1} + K_B Z_B = 0.85 \times 0.31 \times 15 + 0.75 \times 49.94 = 41.41\Omega$

折算至相间距离保护二次阻抗整定值：$Z_2 = Z_{DZ1} \times \frac{n_T}{n_v} = 41.41 \times \frac{600/5}{110/0.1} = 4.52\Omega$

21.《继电保护和安全自动装置技术规程》（GB 14285—2006）。

第 4.1.15 条：对 220～500kV 断路器三相不一致，应尽量采用断路器本题的三相不一致保护，而不再另设置三相不一致保护。如断路器本身无三相不一致保护，则应为该断路器配置三相不一致保护。选项 A 错误。

第 4.6.1.3 条：110kV 线路的后备保护宜采用远后备方式。选项 B 正确。

第 4.6.2-c）条：线路主保护和后备保护的作用。

能够快速有选择性地切除线路故障的全线速动保护以及不带时限的线路I段保护都是线路的主保护。选项 C 正确。

每一套全线速动保护对全线路内发生的各种类型故障均有完整的保护功能，两套全线速动保护可以互为近后备保护。选项 D 正确。

题 22～26 答案：**BCDBA**

22.《并联电容器装置设计规范》（GB 50227—2017）。

第 4.1.2-1 条：在中性点非直接接地的电网中，星形接线电容器组的中性点不应接地。图中中性点接地，错误 1。

第 4.1.2-3 条：每个串联段的电容器并联总容量不应超过 3900kvar。图中并联容量为 4000kvar，错误 2。

23.《35kV～220kV 变电站无功补偿装置设计技术规定》（DL/T 5242—2010）第 7.5.2 条：用于并联电容器装置的开关电器的长期容性允许电流，应不小于电容器组额定电流的 1.3 倍。

《并联电容器装置设计规范》（GB 50227—2017）第 5.1.3 条：并联电容器装置总回路和分组回路的电器导体选择时，回路工作电流应按稳态过电流最大值确定。

本题中，并联电容器最大容量为 3×60Mvar，则：

电容器额定电流：$I_C = 1.3 \times \frac{3 \times 60}{\sqrt{3} \times 35} \times 10^3 = 3860\text{A}$

考虑站用变负荷电流：$I_g = 1.05 \times \frac{800}{\sqrt{3} \times 35} = 13.9\text{A}$

则，35kV 总断路器回路持续工作电流为：$I_\Sigma = 3860 + 13.9 = 3873.9\text{A}$

24.《电力工程电气设计手册 1 电气一次部分》P509 式（9-26）、式（9-27）。

电容器采用单星形桥差接线，每桥臂 7 并 2 串，则：

单台电容器额定电压为：$U_{CN} = \frac{24}{4} = 6\text{kV}$

单台电容器额定容抗为：$X_{Ce} = \frac{U_{CN}^2}{Q_C} = \frac{6^2}{0.334} = 107.78\Omega$

由两个桥臂容抗为并联，则电容器组一相的额定容抗和额定感抗分别为：

$$X_{\mathrm{C.p}}=\frac{1}{2}\cdot\frac{N}{M}\cdot X_{\mathrm{Ce}}=\frac{1}{2}\times\frac{4}{7}\times 107.78=30.8\Omega$$

$$X_{\mathrm{L.p}}=AX_{\mathrm{C.p}}=12\%\times 30.8=3.7\Omega$$

由串并联原理可知，n个电容并联，容抗值为其的$\frac{1}{n}$，则每个并联电容的桥臂额定电流为：$I_{\mathrm{Ce}}=K_1K_2\frac{Q_{\mathrm{C}}}{U_{\mathrm{CN}}}=2\times 7\times\frac{334}{6}=779.3\mathrm{A}$，由式（9-28），即为串联电抗器一相额定电流，则串联电抗器的三相额定容量为：

$$Q_{\mathrm{Lse}}=3Q_{\mathrm{Le}}=3I_{\mathrm{Le}}^2X_{\mathrm{Le}}\times 10^{-3}=779.3^2\times 3.7\times 10^{-3}=6741.1\mathrm{kvar}$$

25.《330kV～750kV 变电站无功补偿装置设计技术规定》（DL/T 5014—2010）第 7.5.3 条、附录 B。

第 7.5.3 条，电容器组的合闸涌流宜限制在电容器额定电流的 20 倍以内。依据附录 B，则合闸涌流峰值：

$$I_{\mathrm{ymax}}=\sqrt{2}I_{\mathrm{e}}\left(1+\sqrt{\frac{X_C}{X_L'}}\right)<20I_{\mathrm{e}}\Rightarrow X_L'>\frac{24.19}{\left(\frac{20}{\sqrt{2}}-1\right)^2}=0.14\Omega$$

其中$X_{\mathrm{C}}=\frac{U_{\mathrm{Ce}}^2}{Q_{\mathrm{e}}}=\frac{38.1^2}{60}=24.19\Omega$

串联电抗器电抗率：$A=\frac{X_{\mathrm{L}}}{X_{\mathrm{C}}}>\frac{0.14-0.05}{24.19}=0.37\%$，取 0.4%。

注：也可参考《并联电容器装置设计规范》（GB 50227—2017）第 5.5.3 条。

26.《330kV～750kV 变电站无功补偿装置设计技术规定》（DL/T 5014—2010）第 9.5.2 条。

第 9.5.2-1 条：限时速断保护动作值按最小运行方式下电容器组端部引线两相短路时灵敏系数为 2 整定。则：

速断保护一次动作电流为：$I_{\mathrm{dz1}}=\frac{I_{\mathrm{d.min}}^{(2)}}{K_{\mathrm{sen}}}=\frac{0.866\times 20}{2}=8.66\mathrm{kA}$

二次动作电流为：$I_{\mathrm{dz2}}=\frac{I_{\mathrm{dz1}}}{n_{\mathrm{T}}}=\frac{8.66\times 10^3}{1500/1}=5.8\mathrm{A}$

题 27～30 答案：**DBCA**

27.《电流互感器与电压互感器及计算过程》（DL/T 866—2015）第 2.1.8 条、第 2.1.9 条、第 6.2.1-1 条、第 10.2.3 条。

发电机最大连续出力时运行电流：$I_{\mathrm{g}}=1.05\times\frac{P_{\mathrm{N}}}{\sqrt{3}U_{\mathrm{N}}\cos\varphi}=1.05\times\frac{120\times 10^3}{\sqrt{3}\times 13.8\times 0.85}=6202\mathrm{A}$

则发电机出口 CT BA8 变比选择 8000/1A，中性点每相 2 个支路，流过中性点每相每个支路电流为 6202/2 = 3101A，因此中性点 CT BA3 的变比选择 4000/1A。

准确限值系数：$K_{\mathrm{alf}}>K\cdot K_{\mathrm{pcf}}=K\cdot\frac{I_{\mathrm{pcf}}}{I_{\mathrm{pr}}}=10\times\frac{19.6}{8}=24.5$，取 30 倍。

注：给定暂态系数和保护校验系数参考第 2.1.8～9 条。

28.《电流互感器与电压互感器及计算过程》（DL/T 866—2015）第 2.1.8 条、第 10.2.3 条。

CT 额定二次阻抗：$R_{\mathrm{b}}=\frac{20}{1^2}=20\Omega$

CT 额定二次极限感应电动势：$E_{\mathrm{al}}=KK_{\mathrm{alf}}I_{\mathrm{sr}}(R_{\mathrm{ct}}+R_{\mathrm{b}})=30\times 1\times(6+20)=780\mathrm{V}$

（1）按保护末端短路校验

保护校验系数：$K_{pcf}=\dfrac{I_{pcf}}{I_{pr}}=\dfrac{15000}{500}=30$

保护校验要求的二次感应电势：$E'_{al}=K_{alf}I_{sr}(R_{ct}+R'_b)=2\times30\times1\times(6+R'_b)\leqslant E_{al}=780V$

则允许接入的实际二次负载为：$R'_b\leqslant7\Omega$

（2）按保护装置出口处短路校验

保护校验系数：$K_{pcf}=\dfrac{I_{pcf}}{I_{pr}}=\dfrac{25\times1000}{500}=50$

保护校验要求的二次感应电势：$E'_{al}=K_{alf}I_{sr}(R_{ct}+R'_b)=50\times1\times(6+R'_b)\leqslant E_{al}=780V$

允许接入的实际二次负载为：$R'_b\leqslant9.6\Omega$

综上，取较小值，$R'_b=7.0\Omega$

29.《电流互感器与电压互感器及计算过程》(DL/T 866—2015）第 10.2.6-2 条。

连接导线的电阻：$R_l=\dfrac{L}{\gamma A}=\dfrac{200}{57\times2.5}=1.4\Omega$

由表 10.2.6，CT 采用三相星形接线，单相接地时，继电器电流线圈的阻抗换算系数$K_{rc}=1$，连接导线的阻抗换算系数$K_{lc}=2$，则 CT 实际二次负荷：

$$Z_b=\Sigma K_{rc}Z_r+K_{lc}R_l+R_c=1\times1+2\times1.4+0.1=3.9\Omega$$

30.《水轮发电机基本技术条件》(GB/T 7894—2009）表 8 序号 4 及其注 4。

水轮发电机额定励磁电压为 500V 及以下时，转子绕组试验电压应为 10 倍额定励磁电压（最低为 1500)，则为$437\times10=4370V$

由注解 1，交接试验电压为表中试验电压的 0.8 倍，即$4370\times0.8=3496V$

题 31～35 答案：**ABAAB**

31.《电力工程高压送电线路设计手册》(第二版）P184 式（3-3-12)、P187 “最大弧垂判别法”。

最大气温时：$\dfrac{\gamma_1}{\sigma_1}=\dfrac{g_1}{T_1}=\dfrac{4\times20.39}{33077}=2.53\times10^{-3}$

覆冰工况时：$\dfrac{\gamma_7}{\sigma_7}=\dfrac{g_7}{T_7}=\dfrac{4\times\sqrt{(20.39+12.14)^2+4.035^2}}{33077}=2.33\times10^{-3}$

由$\dfrac{\gamma_1}{\sigma_1}>\dfrac{\gamma_7}{\sigma_7}$，故最大弧垂发生在最高气温时。

最高气温时的垂直档距：$l_V=l_H+\dfrac{\sigma_0}{\gamma_V}\alpha\Rightarrow500=600+\dfrac{33077/S}{20.39/S}\alpha\Rightarrow\alpha=-0.061644$

大风工况时的垂直档距：$l_{V1}=l_H+\dfrac{\sigma_{01}}{\gamma_V}\alpha=600+\dfrac{47973/S}{20.39/S}\times(-0.061644)=454.96$

注：最高气温时与最大风速时的垂直比载相同。

32.《电力工程高压送电线路设计手册》(第二版）P327 式（6-2-5)、P329 式（6-2-10）及表 6-2-8。

（1）覆冰工况垂直荷载（导线的自重荷载加冰荷载，不考虑绝缘子串重量等附加荷载）

$$P_1=nl_V(g_1+g_2)=4\times600\times(20.39+12.14)=78072N$$

（2）大风、年均气温工况垂直荷载（自重荷载，不考虑绝缘子串重量等附加荷载）

$$l_{V1}=l_H+\frac{\sigma_{01}}{\gamma_V}\alpha\Rightarrow600=500+\frac{55961/S}{(20.39+12.14)/S}\alpha\Rightarrow\alpha=0.058129$$

$$l_{V2} = l_H + \frac{\sigma_{02}}{\gamma_V}\alpha = 500 + \frac{47973/S}{20.39/S} \times 0.058129 = 636.9\text{m}$$

$$P_2 = nl_{V2}g_1 = 4 \times 636.9 \times 20.39 = 51945\text{N}$$

（3）安装工况垂直荷载

被吊导线、绝缘子及金具的重量：$G = 600 \times 4 \times 20.39 = 48816\text{N}$，安装附加荷载 4000N，则：

$$G_\Sigma = 1.1G + G_a = 1.1 \times 48816 + 4000 = 57968\text{N}$$

综上，取较大者，则该塔一相的最大垂直荷载为 78072。

33.《电力工程高压送电线路设计手册》(第二版) P184 式 (3-3-12)。

覆冰工况垂直档距：$l_{V1} = l_{H1} + \frac{\sigma_0}{\gamma_V}\alpha \Rightarrow 600 = 600 + \frac{\sigma_0}{\gamma_V}\alpha \Rightarrow \alpha = 0$

则大风工况垂直档距为：$l_{V2} = l_{H2} = 600\text{m}$

故，两工况下的绝缘子串最大荷载分别为：

覆冰工况：$F_7 = n\sqrt{(g_3l_V)^2 + (g_3l_V)^2} = 4 \times \sqrt{(20.39 + 12.14)^2 + 4.035^2} \times 600 = 78670.3\text{N}$

大风工况：$F_6 = n\sqrt{(g_1l_V)^2 + (g_4l_V)^2} = 4 \times \sqrt{(20.39 + 26.32 \times 1.25)^2} \times 600 = 92894.6\text{N}$

综上，取较大者，即$F = 92894.6\text{N}$

由《架空输电线路电气设计规程》(DL/T 5582—2020) 第 8.0.1、8.0.2 条。

金具的破坏荷载：$T_R = KT = 2.5 \times 92894.6 \times 10^{-3} = 232.2\text{kN}$，故选择单联 300kN 绝缘子可满足使用要求。

34.《架空输电线路电气设计规程》(DL/T 5582—2020) 第 8.0.1、8.0.2 条。

导线最大设计张力为$T_{max} = 56500\text{N}$，采用双挂点双联形式，导线为 4 分裂，故每联绝缘子需承受两根导线的张力，则金具破坏荷载：

$$T_R = KT = 2.5 \times 2 \times 56500 = 282500 = 282.5\text{kN}$$

按断联工况下校核，则金具破坏荷载：$T_R' = KT = 1.5 \times 4 \times 56500 = 339000 = 339\text{kN}$

综上，选取 420kN。

35.《110kV～750kV 架空输电线路设计规范》(GB 50545—2010) 第 10.1.18 条及表 10.1.18-2。

由《电力工程高压送电线路设计手册》(第二版) P183 式 (3-3-10)，则水平档距：

$$l_H = \frac{l_1 + l_2}{2} = \frac{550 + 350}{2} = 450m$$

故由表 10.1.18-2，风压不均匀系数为$\alpha = 0.63$。

题 36～40 答案：**BBCBC**

36.《电力工程高压送电线路设计手册》(第二版) P103 式 (2-6-44)。

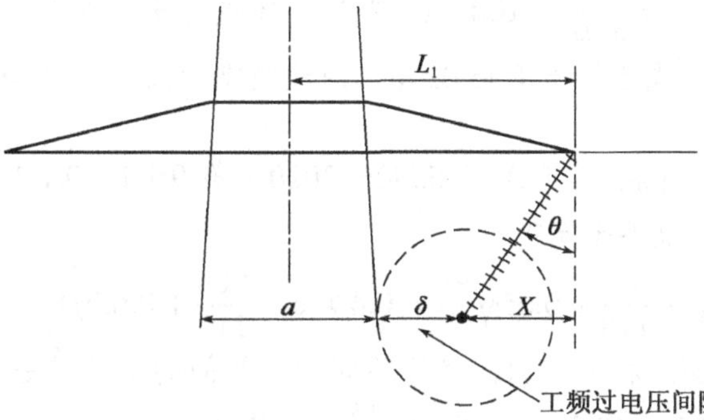

如图所示，设下相横担长度为L_1，则其包括：塔身宽度一半$\frac{a}{2}$、工频过电压间隙δ、绝缘子串风偏时下方水平长度X，则先确定绝缘子串风偏角如下：

采用单联悬垂绝缘子串时：$\theta_1 = \arctan\left(\frac{Pl_H}{G/2 + Wl_V}\right) = \arctan\left(\frac{600 \times 45}{1000/2 + 420 \times 59.2}\right) = 46.79°$

采用双联悬垂绝缘子串时：$\theta_2 = \arctan\left(\frac{Pl_H}{G/2 + Wl_V}\right) = \arctan\left(\frac{600 \times 45}{1800/2 + 420 \times 59.2}\right) = 46.34°$

显然，$X_1 = 5500 \times \sin 46.79° = 4008.67\text{mm} < X_2 = 6000 \times \sin 46.34° = 4340.69\text{mm}$，则取较大者，即

$$X = X_2 = 4340.69\text{mm} = 4.34\text{m}$$

《架空输电线路电气设计规程》(DL/T 5582—2020)表 6.2.5，工频电压下间隙(相地)为$\delta = 1.3\text{m}$，则：

$$L_1 = \frac{a}{2} + \delta + X = \frac{6}{2} + 1.3 + 4.34 = 8.64\text{m}$$

37.《电力工程高压送电线路设计手册》(第二版) P605 式 (8-2-10)“导线悬垂角计算”。

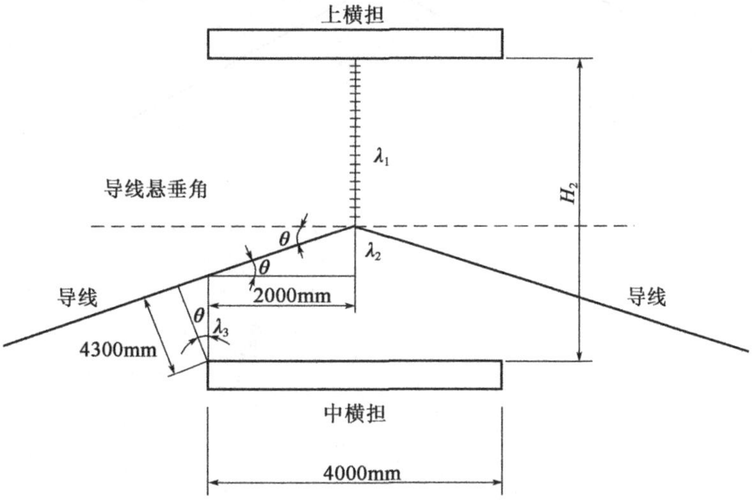

如图所示，设上、中横担间距为H_2，其包括：绝缘子长度λ_1、导线悬垂角作用下的导线与中横担的空气间隙λ_2和λ_3，则先确定导线悬垂角如下：

$$\theta = \arctan\left(\frac{\gamma l_V}{\sigma}\right) = \arctan\left(\frac{59.2 \times 800}{116800}\right) = 22.07°$$

根据角度确定以下两个计算因子：

$$\lambda_2 = \frac{4}{2} \times \tan 22.07° = 0.81\text{m}，\lambda_3 = \frac{4.3}{\cos 22.07°} = 4.64\text{m}$$

按双联绝缘子计算，则：$H_2 = \lambda_1 + \lambda_2 + \lambda_3 = 6 + 0.81 + 4.64 = 11.45\text{m}$

注：题目答案应近似直接引用 4.3m 进行计算，即$H_2 = \lambda_1 + \lambda_2 + \lambda_3 = 6 + 0.81 + 4.3 = 11.11\text{m}$。

38.《电力工程高压送电线路设计手册》(第二版) P186 式 (3-3-18)。

当 $S=0$ 时，控制档距：$l_C=\frac{h-1}{0.006}=1000\text{m}$，则导、地线悬挂点垂直距离$h=7\text{m}$

导线绝缘子串长 5.5m，地线绝缘子串长 0.5m，则地线支架高度：$H_3\geqslant 7-5.5+0.5=2.0\text{m}$

39.《架空输电线路电气设计规程》（DL/T 5582—2020）第 9.1.1、9.1.3 条。

按双联悬垂绝缘子工况，水平线间距为：

$$D=k_iL_k+\frac{U}{110}+0.65\sqrt{f_C}=0.4\times 6+\frac{500}{110}+0.65\sqrt{81}=12.8\text{m}$$

第 8.0.3 条：双回路及多回路杆塔不同回路的不同相导线间的水平或垂直距离，应按第 8.0.1 条的规定值增加 0.5m，故取$12.8+0.5=13.3\text{m}$，则$L_3=\frac{13.3}{2}=6.65\text{m}$

40.《架空输电线路电气设计规程》（DL/T 5582—2020）第 9.2.1 条。

10mm 覆冰时 500kV 线路中导线与地线的最小水平偏移为 1.75m，则如图所示：

$$S=\frac{1.75}{\cos\left(\frac{40°\sim 60°}{2}\right)}=1.86\sim 2.02\text{m}$$

取较大者，即为 2.02m。

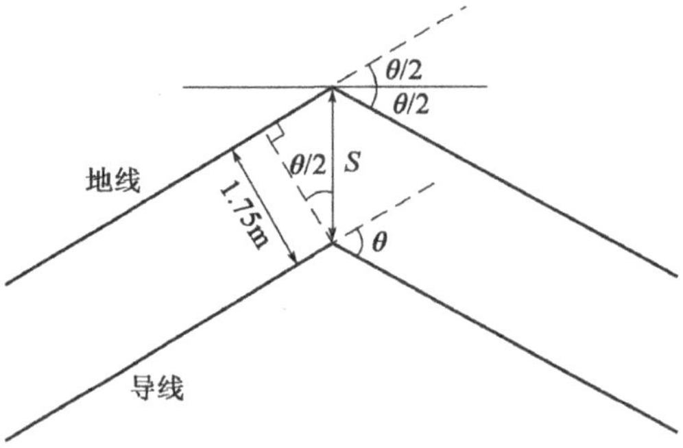

2018 年专业知识试题答案（上午卷）

1. **答案**：D

依据：《高压配电装置设计技术规程》（DL/T 5352—2018）第 2.1.11 条。

2. **答案**：D

依据：《风力发电场设计规范》（GB 51096—2015）第 7.1.1 条，选项 A 正确。依据第 7.1.2 条，选项 B 正确。依据第 7.1.1-3 条，选项 C 正确。依据第 7.1.2-4 条，电气主接线宜采用单母线接线或线路一变压器组接线，对于规模较大的风力发电场变电站与电网联接超过两回线路时，可采用单母线分段或双母线接线型式，选项 D 错误。

3. **答案**：A

依据：《电力工程电缆设计规范》（GB 50217—2018）第 3.2.2-1 条。

4. **答案**：C

依据：《导体和电器选择设计规程》（DL/T 5222—2021）第 5.3.2 条。

回路持续工作电流：$I_g = 1.05 \times \frac{63000}{\sqrt{3} \times 15} = 2546\text{A}$

5. **答案**：B

依据：《高压配电装置设计技术规程》（DL/T 5352—2018）第 5.4.2 条。

6. **答案**：D

依据：《交流电气装置的接地设计规范》（GB/T 50065—2011）第 4.2.2-4 条。

$$U_t = 50 + 0.2 \times 2000 \times 0.83 = 382\text{V}$$

7. **答案**：B

依据：《电流互感器和电压互感器选择及计算规程》（DL/T 866—2015）第 3.2.7-2 条。

8. **答案**：C

依据：《火力发电厂厂用电设计技术规程》（DL/T 5153—2014）第 3.3.1-2 条。

当由厂内交流电源供电时，交流母线的频率波动范围不宜超过 49～51Hz，即(49～51)/50 = 98%～102%。

9. **答案**：C

依据：《发电厂和变电站照明设计技术规定》（DL/T 5390—2014）第 4.0.4 条及条文说明。

10. **答案**：B

依据：《架空输电线路电气设计规程》（DL/T 5582—2020）表 8.0.1。金具强度的安全系数应符合下列规定：最大使用荷载情况下不应小于 2.5，70/2.5=28，故选项 B 正确。

11. **答案**：B

依据：《220kV～750kV 变电站设计技术规程》（DL/T 5218—2012）第 11.4.2 条。

12. **答案**：C

依据:《光伏发电工程电气设计规范》(NB/T 10128—2019)第 4.2.3-3 条，光伏发电工程容量大于 30MWp，宜采用 35kV 电压等级，单母线或单母线分段接线，故选项 A 正确。依据第 3.2.4-5 条，对于直接并联产生环流影响的集中式、集散式逆变器宜采用双分裂绕组升压变压器，其他类型逆变器可采用双绕组升压变压器，选项 B 正确。选项 C、D 的描述在旧规范《光伏发电站设计规范》（GB 50797—2012）的第 8.2.5 条、第 8.2.6 条中，新规已经删除相关条文。

13. **答案**：A

依据:《导体和电器选择设计规程》（DL/T 5222—2021）第 17.0.10-2 条，选项 D 正确。此题当时按《导体和电器选择设计技术规定》（DL/T 5222—2005）第 17.0.10-2 条，0.1s 对应的倍数为 10～20，选项 A 正确。

14. **答案**：B

依据:《高压配电装置设计技术规程》（DL/T 5352—2018）第 2.1.2 条。

15. **答案**：B

依据:《交流电气装置的过电压保护和绝缘配合设计规范》（GB/T 50064—2014）第 5.4.7-1 条。

16. **答案**：D

依据:《火电厂厂用电设计技术规程》（DL/T 5153—2014）第 9.1.3-2 条。

17. **答案**：C

依据:《厂用电继电保护整定计算导则》（DL/T 1502—2016）第 10.3.1 条、第 10.3.2 条、第 10.3.3-a）条。

18. **答案**：A

依据:《火力发电厂厂用电设计技术规程》（DL/T 5153—2014）第 4.3.3 条、第 4.3.4 条。

19. **答案**：D

依据:《发电厂和变电站照明设计技术规定》（DL/T 5390—2014）第 5.6.5-3 条、第 8.4.7 条、第 8.6.3 条、第 8.8.1 条。

20. **答案**：B

依据:《交流电气装置的过电压保护和绝缘配合设计规范》（GB/T 50064—2014）附录 A。

$$k_{\mathrm{a}} = e^{m(H/8150)} \Rightarrow H = 8150 \times \ln 1.45 = 3028\mathrm{m}$$

21. **答案**：B

依据:《高压配电装置设计技术规程》（DL/T 5352—2018）第 5.5.3 条。

22. **答案**：D

依据:《导体和电器选择设计技术规范》（DL/T 5222—2005）附录 F。

23. **答案**：C

依据:《电力设施抗震设计规范》（GB 50260—2013）第 5.0.3 条及表 5.0.3-1。

24. **答案**：D

依据:《高压配电装置设计技术规程》（DL/T 5352—2018）第 3.0.6 条。

25. **答案：** C

依据：《交流电气装置的过电压保护和绝缘配合设计规范》（GB/T 50064—2014）第 4.3.1 条。

26. **答案：** D

依据：《火电厂厂用电设计技术规程》（DL/T 5153—2014）第 9.1.4-1 条。

27. **答案：** B

依据：《电力工程直流电源系统设计技术规程》（DL/T 5044—2014）第 6.3.3 条。

28. **答案：** D

依据：《220kV～1000kV 变电站站用电设计技术规程》（DL/T 5155—2016）附录 A。

29. **答案：** D

依据：《并联电容器装置设计规范》（GB 50227—2017）第 6.2.4 条。

30. **答案：** B

依据：《架空输电线路电气设计规程》（DL/T 5582—2020）第 5.0.15 条。

$$T_{\max} \leqslant \frac{T_p}{K_c} = \frac{0.95 \times 105000}{2.25} = 44333.33\text{N}$$

31. **答案：** B

依据：《火力发电厂与变电站设计防火规范》（GB 50229—2019）第 11.1.5 条及表 11.1.5 注 2。

32. **答案：** B

依据：《导体和电器选择设计规程》（DL/T 5222—2021）附录 A 第 A.1.1-6 条或《电力工程电气设计手册电气一次部分》P119 第 4-1 节基本假定（5）。电力系统中所有电源都在额定负荷下运行，其中 50%负荷接在高压母线上，50%负荷接在系统侧。

33. **答案：** C

依据：《导体和电器选择设计规程》（DL/T 5222—2021）第 12.0.6 条。

34. **答案：** B

依据：《高压配电装置设计技术规程》（DL/T 5352—2018）第 5.4.7 条。

35. **答案：** B

依据：《交流电气装置的接地设计规范》（GB/T 50065—2014）第 4.5.2 条。

36. **答案：** C

依据：《火力发电厂、变电站二次接线设计技术规范》（DL/T 5136—2012）第 7.4.6-3 条、第 7.4.8 条及条文说明。

37. **答案：** B

依据：《电力工程直流电源系统设计技术规程》（DL/T 5044—2014）第 7.2.1 条、第 8.1.2 条、第 8.1.4 条、第 8.1.7 条、第 8.1.8 条。

38. **答案：** A

依据：《220kV～1000kV变电站站用电设计技术规程》（DL/T 5155—2016）第10.3.2条；《电力装置的电测量仪表装置设计规范》（GB/T 50063—2017）第4.2.1-6条。依据《光伏发电站设计规范》（GB 50797—2012）第2.1.23条，安装容量是光伏发电站中安装的光伏组件的标称功率之和，计量单位是峰瓦（Wp），依据第2.1.24条，峰瓦是光伏组件或光伏方阵在标准测试条件下，最大功率点的输出功率的单位，故选项A正确。

39. **答案：** D

依据：《光伏发电站接入电力系统技术规定》（GB/T 19964—2012）第4.2.2条，光伏发电站有功功率变化速率应不超过10%装机容量/min，故选项B正确。依据第3.1.4条，光伏组件串在当地昼间极端环境条件下的最大开路电压不应高于光伏发电站直流发电系统的系统电压，再依据第3.2.2-6条，逆变器直流侧电气主回路设备元件的额定电压不应低于直流发电系统的系统电压，故选项C正确。依据第8.1条，光伏发电站并网点电压跌至0时，光伏发电站应能不脱网连续运行0.15s，故选项D错误。

40. **答案：** B

依据：《架空输电线路荷载规范》（DL/T 5551-2018）表8.0.2-1。

$$T'_{\max}=0.95\times150500\times0.3\times2/2.5=34314\text{N}$$

……………………………………………………………………………………………………

41. **答案：** ABD

依据：《电力设施抗震设计规范》（GB 50260—2013）第6.7.2条、第6.7.4-1条、第6.7.7-1条。

42. **答案：** BD

依据：《电力工程电缆设计规范》（GB 50217—2018）第3.7.5条及表3.7.5。

43. **答案：** ACD

依据：《高压配电装置设计技术规程》（DL/T 5352—2018）第3.0.2条及条文说明。

44. **答案：** ABD

依据：《交流电气装置的接地设计规范》（GB/T 50065—2011）第4.3.3-1条、第4.3.3-2条、第4.3.3-4-2条。

45. **答案：** AC

依据：《电力工程直流电源系统设计技术规程》（DL/T 5044—2014）第6.5.2-1条、第6.5.2-2-3）条、第6.5.2-4条以及附录A第A.2.1条。

46. **答案：** CD

依据：《发电厂和变电站照明设计技术规定》（DL/T 5390—2014）第8.4.1-3条、第8.9.5条、第8.6.3条、第8.1.2-3条。

47. **答案：** AC

依据：《交流电气装置的过电压保护和绝缘配合设计规范》（GB/T 50064—2014）第5.3.1-2条、第5.3.1-4-1）条。

48. **答案：** ACD

依据：《架空输电线路电气设计规程》（DL/T 5582—2020）表10.2.5-2。

49. **答案：** ACD

依据：《火力发电厂厂用电设计技术规定》（DL/T 5153—2014）第 4.7.3 条及条文说明、第 4.7.5 条、第 4.7.6 条。

50. **答案：** AB

依据：《电力设施抗震设计规范》（GB 50260—2013）第 6.1.2 条、第 6.2.1-1 条。

51. **答案：** AB

依据：《交流电气装置的过电压保护和绝缘配合设计规范》（GB/T 50064—2014）第 4.1.11-4 条。

52. **答案：** AD

依据：《火力发电厂、变电站二次接线设计技术规程》（DL/T 5136—2012）第 5.4.9 条、第 5.4.18-4 条、第 8.1.12 条、第 10.2.15 条。

53. **答案：** ABD

依据：《电力工程直流电源系统设计技术规程》（DL/T 5044—2014）第 3.4.2 条、第 3.5.1 条。

54. **答案：** BCD

依据：《光伏发电站接入电力系统技术规定》（GB/T 19964—2012）图 2。并网点电压跌至 0.1pu，要求光伏发电站不脱网连续运行 0.15s<0.2s，选项 A 正确。并网点电压跌至 0.2pu，要求光伏发电站不脱网连续运行 0.625s>0.6s，选项 B 错误。并网点电压跌至 0.5pu，要求光伏发电站不脱网连续运行 1.214s>1s，选项 C 错误。并网点电压跌至 0.9pu，要求光伏发电站不脱网连续运行，选项 D 正确。

55. **答案：** ABC

依据： 未明确出处。

56. **答案：** AB

依据：《电力工程高压送电线路设计手册》（第二版）表 3-6-1。

57. **答案：** ACD

依据：《光伏发电工程电气设计规范》（NB/T 10128—2019）第 4.2.3-2 条，光伏发电工程容量大于 1MWp，且小于或等于 30MWp 时，宜采用 10～35kV 电压等级，单母线接线，故选项 A 错误，B 正确。依据第 4.8.1 条，光伏发电工程采用 110kV 及以上电压等级接入电力系统时，高压系统中性点接地方式应按接入系统要求确定，集电线路系统中性点宜采用电阻接地方式，故选项 C 错误。选项 D 在旧规范《光伏发电站设计规范》（GB 50797—2012）第 8.2.10 条中，110～220kV 线路电压互感器与耦合电容器、避雷器、主变压器引出线的避雷器不宜装设隔离开关，选项 D 错误。新规中没有相关描述。

58. **答案：** CD

依据：《导体和电器选择设计规程》（DL/T 5222—2021）第 5.3.9 条。在有可能发生不同沉陷和振动的场所，硬导体和电器连接处，应装设伸缩接头或采取防振措施。

59. **答案：** AB

依据：《交流电气装置的过电压保护和绝缘配合设计规范》（GB/T 50064—2014）第 4.2.1-5 条。

60. **答案：** ABD

依据:《火力发电厂、变电站二次接线设计技术规范》(DL/T 5136—2012）第 16.4.6-2 条、第 16.4.6-1 条、第 16.4.6-5 条、第 16.4.6-4 条。

61. **答案:** BD

依据:《火力发电厂厂用电设计技术规程》(DL/T 5153—2014）第 3.1.1 条、第 3.1.2-1 条、第 3.1.3 条。

62. **答案:** ACD

依据:《电力工程电缆设计规范》(GB 50217—2018）第 5.5.1 条、第 5.6.1 条。

63. **答案:** ABC

依据:《电力工程高压送电线路设计手册》(第二版）P220～221 相关内容。

64. **答案:** ACD

依据:《电力工程电气设计手册 1 电气一次部分》P119 第 4-1 节“二、一般规定”。

65. **答案:** BD

依据:《电力工程电缆设计规范》(GB 50217—2018）第 3.1.1 条、第 3.4.5 条。

66. **答案:** ABC

依据:《交流电气装置的接地设计规范》(GB/T 50065—2011）第 3.2.1 条。

67. **答案:** ABD

依据:《大型发电机变压器继电保护整定计算导则》(DL/T 684—2012）图 3。

68. **答案:** BD

依据:《220kV～1000kV 变电站站用电设计技术规程》(DL/T 5155—2016）第 2.0.4 条、第 3.6.1 条、第 3.6.2 条。

69. **答案:** ABC

依据:《电力工程高压送电线路设计手册》(第二版）P109。

70. **答案:** AC

依据:《架空输电线路电气设计规程》(DL/T 5582—2020）第 9.0.1 条及其条文说明。

2018 年专业知识试题答案（下午卷）

1. **答案**：C

依据：《爆炸危险环境电力装置设计规范》（GB 50058—2014）第 3.4.1 条及表 3.4.1 之注 2。

2. **答案**：B

依据：《交流电气装置的过电压保护和绝缘配合设计规范》（GB/T 50064—2014）第 5.4.13-12 条。

3. **答案**：B

依据：《220kV～750kV 电网继电保护装置运行整定规程》（DL 559—2018）第 5.5.7 条，选项 A 正确。依据第 5.7.1-c）条，330kV、500kV、750kV 线路，宜采用单相重合闸方式，选项 B 错误。依据第 6.1-b）条，选项 C 正确。依据第 7.2.4.3 条，选项 D 正确。

4. **答案**：B

依据：《交流电气装置的过电压保护和绝缘配合设计规范》（GB/T 50064—2014）附录 C（式 C.2.5）。

每相：$P = 1 - (1 - 0.002) \times 4 = 0.007976$，与杆塔相连接共 6 相；

杆塔：$P = 1 - (1 - 0.0.007976) \times 6 = 0.0469$。

5. **答案**：D

依据：《风力发电场设计规范》（GB 51096—2015）第 3.3.1 条式（3.3.1），风力发电场发电量跟切入风速有关。依据《光伏发电站设计规范》（GB 50797—2012）第 6.6.2 条式（6.6.2），光伏发电场发电量跟太阳能总辐射照量及集电线路损耗有关。

本题描述是针对旧规出的题目，在新规《光伏发电工程电气设计规范》（NB/T 10128—2019）中已经删除了相关内容。

6. **答案**：C

依据：《交流电气装置的过电压保护和绝缘配合设计规范》（GB/T 50064—2014）第 4.4.3 条及表 4.4.3。

$$U_c = \frac{U_m}{\sqrt{3}} = \frac{252}{\sqrt{3}} = 145.5\text{kV}，U_R = 0.75U_m = 0.75 \times 252 = 189\text{kV}$$

注：最高电压U_m取值参见《标准电压》（GB/T 156—2007）第 4.4 条。

7. **答案**：B

依据：《220kV～1000kV 变电站站用电设计技术规程》（DL/T 5155—2016）第 8.0.1 条。

8. **答案**：B

依据：《电力工程高压送电线路设计手册》（第二版）P228 表 3-6-9。

当外径$12\text{mm} \leqslant D \leqslant 22\text{mm}$时，每档每端防振锤个数为 2 个，每档两端防震锤为$2 \times 2 = 4$个。

9. **答案**：C

依据：《火灾自动报警系统设计规范》（GB 50116—2013）第 3.3.2-2 条。

10. **答案**：C

依据：《交流电气装置的接地设计规范》（GB/T 50065—2011）第 7.2.2 条。

11. **答案：** C

依据：《并联电容器装置设计规范》（GB 50227—2017）第 5.8.1 条。

电容器组的额定电流：$I_n = \frac{60 \times 10^3}{\sqrt{3} \times 24} = 1443.38\text{A}$

单星形双桥差接线：$M = 2 \times 6 = 12$

单台电容器电流：$I_{ce} = 1.5 \times \frac{I_n}{12} = 180.4\text{A}$

12. **答案：** D

依据：《风力发电场设计规范》（GB 51096—2015）第 7.1.1-2 条，选项 A 正确。依据第 7.1.3-2 条，选项 B 正确。依据第 7.1.2-5 条，选项 C 正确。依据第 7.1.4-2 条，采用电阻接地时，方才需迅速切除故障，选项 D 错误。

注：与新规《风电场工程电气设计规范》（NB/T 31026—2022）中描述不一致。

13. **答案：** B

依据： 基本概念。

14. **答案：** D

依据：《电力工程电缆设计规范》（GB 50217—2018）第 3.6.10 条及表 3.6.10。

15. **答案：** A

依据：《架空输电线路电气设计规程》（DL/T 5582—2020）表 5.2.1，与导地线防振相关。

16. **答案：** C

依据：《导体和电器选择设计技术规定》（DL/T 5222—2005）第 21.0.9 条、第 21.0.11 条、第 21.0.12 条。

查表 21.0.11，绝缘子片数为 13 片，海拔修正为：

$$N_H = N[1 + 0.1(H - 1)] = 13 \times [1 + 0.1 \times (3.8 - 1)] = 1.28\text{，取 2 片}$$

另考虑预留零值绝缘子 2 片，故设$13 + 2 + 2 = 17$片。

注：新规《导体和电器选择设计规程》（DL/T 5222—2021）已删除此表。

17. **答案：** D

依据：《火力发电厂、变电站二次接线设计技术规程》（DL/T 5136—2012）第 7.4.6-3 条、第 7.4.6-4 条、第 7.4.11 条、第 7.4.6-1 条。

18. **答案：** A

依据：《电力工程高压送电线路设计手册》（第二版）P328 式（6-2-9）。

$$L_{H1}P_1 = L_{H2}P_2 + (T_1 + T_2)\sin\frac{\alpha}{2} = L_{H2}P_2 + 2T\sin\frac{\alpha}{2}$$

$$480 \times 16 = L_{H2} \times 16 + 2 \times 49140 \times \sin(0.5°)$$

故$L_{H2} = 426\text{m}$。

19. **答案：** D

依据：《导体和电器选择设计规定》（DL/T 5222—2021）第 3.0.17 条、表 3.0.17，地震条件下适用荷载短期作用取系数 1.67。则绝缘子允许的最大地震弯矩为$2500/1.67 = 1497\text{N} \cdot \text{m}$。

20. **答案**：B

依据：《电力工程电缆设计规范》（GB 50217—2018）第 3.6.5 条及表 3.6.5。

21. **答案**：D

依据：《火力发电厂、变电站二次接线设计技术规程》（DL/T 5136—2012）第 5.1.7 条。

22. **答案**：A

依据：《架空输电线路电气设计规程》（DL/T 5582—2020），表 8.0.1。

23. **答案**：B

依据：《电力工程电缆设计规范》（GB 50217-2018）第 6.1.10 条。

$$i_{ch} = 1.8\sqrt{2} \times 13.965 = 35.544\text{kA}，设 S_j = 16\text{MVA}，I_j = \frac{16}{6.3 \times \sqrt{3}} = 1.466\text{kA}$$

$$I'' = \frac{I_j}{X_\Sigma} = \frac{1.466}{0.105} = 13.965\text{kA}$$

$$F \geqslant \frac{2.05 \times i^2 LK}{D} \times 10^{-7} = \frac{2.05 \times 35.544^2 \times 25 \times 2}{5} \times 10^{-7} = 2589.92\text{N}$$

24. **答案**：C

依据：《电力系统安全稳定控制技术导则》（GB/T 26399—2011）第 4.2.2-C 条、第 4.3.1 条、第 9.2.4 条、第 11.2.7 条。

25. **答案**：A

依据：《架空输电线路电气设计规程》（DL/T 5582—2020）表 12.2.1-1。

26. **答案**：A

依据：《高压配电装置设计技术规程》（DL/T 5352—2018）第 4.3.3 条。

27. **答案**：D

依据：《电力工程电缆设计规范》（GB 50217—2018）第 3.7.4-3 条；《火力发电厂、变电站二次接线设计技术规程》（DL/T 5136—2012）第 7.5.11 条、第 7.5.9 条。

注：选项 A 原考查旧规《电力工程电缆设计规范》（GB 50217—2007）第 3.6.1 条。

28. **答案**：C

依据：《电力工程高压送电线路设计手册》（第二版）P184 式（3-3-12）。

$$l_v = \frac{l_1 + l_2}{2} + \frac{\sigma_0}{\gamma_v}\left(\frac{h_1}{l_1} + \frac{h_2}{l_2}\right) = \frac{426 + 488}{2} + \frac{36515/S}{\sqrt{(21.10^2 - 13.64^2)/S}}\left(\frac{-28}{426} + \frac{-28}{488}\right) = 177.77\text{m}$$

$$G = 2 \times 177.77 \times \sqrt{21.10^2 - 13.64^2} = 5724\text{N}$$

29. **答案**：A

依据：《高压配电装置设计技术规程》（DL/T 5352—2018）第 5.1.2 条及表 5.1.2-2。

30. **答案**：B

依据：《火力发电厂厂用电设计技术规定》（DL/T 5153—2014）第 4.7.4 条、第 4.7.3 条及条文说明、第 4.7.6 条、第 4.7.5 条。

31. **答案**：D

依据：《交流电气装置的过电压保护和绝缘配合设计规范》（GB/T 50064—2014）第6.2.1-2条。

$$U_{l.i.s} \geqslant k_1 U_s = 1.27 \times 2 \times \frac{\sqrt{2}}{\sqrt{3}} \times 550 = 1140.6\text{kV}$$

32. **答案：** B

依据：《并联电容器装置设计规范》（GB 50227—2007）第5.8.2条。

$$U_l = 6 \times 4 \times \sqrt{3} = 41.57\text{V}$$

$$I = \frac{1.3S}{\sqrt{3}U_e} = \frac{1.3 \times (500 \times 3 \times 4 \times 4)}{\sqrt{3} \times 41.57} = 650\text{A}$$

33. **答案：** C

依据：《交流电气装置的过电压保护和绝缘配合设计规范》（GB/T 50064—2014）第5.2.1条式（5.2.1-3）。

$$h_X < 12 < 12.5 = 0.5h，r_X = (1.5h - 2h_X)P = (1.5 \times 25 - 2 \times 12) \times 1 = 13.5\text{m}$$

34. **答案：** C

依据：《电力工程电缆设计规范》（GB 50217—2018）第4.1.11条。

35. **答案：** B

依据：《交流电气装置的接地设计规范》（GB/T 50065—2011）附录E式（E.0.1）。

$$S_g \geqslant \frac{I_g}{C}\sqrt{t_e} = \frac{35 \times 10^3}{70} \times \sqrt{0.5} = 353\text{mm}^2 < 360\text{mm}^2 = (60 \times 6)\text{mm}^2$$

36. **答案：** C

依据：《电力工程直流电源系统设计技术规程》（DL/T 5044—2014）第3.3.3条。

37. **答案：** C

依据：《风电场接入电力系统技术规定 第1部分：陆上风电》（GB/T 19963.1-2021）第10.2条。

38. **答案：** A

依据：《发电厂和变电站照明设计技术规定》（DL/T 5390—2014）第5.1.8条。

39. **答案：** C

依据：《光伏发电站无功补偿技术规范》（GB/T 29321—2012）第7.2.3条。

注：该规范已移出考纲。

40. **答案：** C

依据：《电力工程高压送电线路设计手册》（第二版）P182式（3-3-4）。

$$l_{cr} = \sqrt{\frac{315^2 + 386^2 + 432^2 + 346^2 + 444^2 + 365^2 + 435^2 + 520^2 + 428^2}{315 + 386 + 432 + 346 + 444 + 365 + 435 + 520 + 428}} = 420\text{m}$$

……………………………………………………………………………………

41. **答案：** BCD

依据：《电力工程直流电源系统设计技术规程》（DL/T 5044—2014）第7.1.2条、第8.1.4条、第8.1.7条；《发电厂和变电站照明设计技术规定》（DL/T 5390—2014）表6.0.1-1。

42. **答案：**ABD

依据：《高压配电装置设计技术规程》（DL/T 5352—2018）第5.1.2条。

43. **答案：**ACD

依据：《继电保护和安全自动装置技术规程》（GB/T 14285—2006）第4.5.2.2条、第4.6.2-c条；《220kV～750kV电网继电保护装置运行整定规程》（DL/T 559—2007）第5.6.6条。

44. **答案：**ABC

依据：《电力工程直流电源系统设计技术规程》（DL/T 5044—2014）第3.5.2条、第6.5.2-4条、第6.3.8条。

45. **答案：**ACD

依据：《电力工程电气设计手册》（电气一次部分）P876，对不接地系统，35kV及以上，选项A、D中的额定电压不低于U_m；依据P877，对于330kV及以上系统，额定电压为1.05～1.1倍安装处的工频过电压。

46. **答案：**ABD

依据：《220kV～1000kV变电站站用电设计技术规程》（DL/T 5155—2016）第3.1.3条及条文说明。

47. **答案：**AB

依据：《电力工程电缆设计标准》（GB 50217—2018）第7.0.2-2-3）条，选项B正确。依据《火力发电厂与变电站设计防火标准》（GB50229—2019）第6.8.3条、第11.4.2条，选项A正确。

注：本题是按《火力发电厂与变电站设计防火标准》（GB 50229—2006）出的题目，新规与旧规11.3.1条不同，未提电缆接头处。

48. **答案：**ABD

依据：《交流电气装置的接地设计规范》（GB/T 50065—2011）第3.2.1条、第3.2.2-2条。

49. **答案：**BCD

依据：《并联电容器装置设计规范》（GB 50227—2017）第6.2.3条及条文说明。

50. **答案：**ABD

依据：《光伏发电站设计规范》（GB 50797—2012）第8.2.2条、第8.2.4条、第8.2.8条、第8.2.10条。

注：新规《光伏发电工程电气设计规范》（NB/T 10128—2019）无相关内容。

51. **答案：**BD

依据：《火力发电厂、变电站二次接线设计技术规程》（DL/T 5136—2012）第5.4.5条、第5.4.6条、第5.4.9条、第6.7.5条。

52. **答案：**ABC

依据：《电力工程高压送电线路设计手册》（第二版）P125式（2-7-11）、式（2-7-12）。

53. **答案：**ABC

依据：《导体和电器选择设计规程》（DL/T 5222—2021）第3.0.11条及条文说明。

54. **答案**：ABC

依据：《交流电气装置的过电压保护和绝缘配合设计规范》（GB/T 50064—2014）第 5.4.2 条。

55. **答案**：ABD

依据：《发电厂和变电站照明设计技术规定》（DL/T 5390—2014）第 5.1.1-7 条、第 5.6.2-3 条、第 8.8.2 条、第 8.7.2 条以及附表 A 之表 A。

56. **答案**：ABC

依据：《导体和电器选择设计规程》（DL/T 5222—2021）第 21.0.2 条、第 22.0.2 条及条文说明。

57. **答案**：ABC

依据：《火力发电厂厂用电设计技术规定》（DL/T 5153—2014）第 8.6.1 条。

58. **答案**：ABD

依据：《架空输电线路电气设计规程》（DL/T 5582—2020）第 9.0.1 条及条文说明。

59. **答案**：BCD

依据：《导体和电器选择设计技术规定》（DL/T 5222—2005）第 13.0.4 条及条文说明。

注：新规《导体和电器选择设计规程》（DL/T 5222—2021）第 12.0.4 条中无明确描述。

60. **答案**：AC

依据：《电力系统安全稳定导则》（GB 38755—2019）第 2.2 条、第 2.2.1.1 条、第 2.2.1.3 条、第 5.3.2条。

61. **答案**：BCD

依据：《电力设施抗震设计规范》（GB 50260—2013）第 1.0.6 条、第 6.1.1 条、第 6.5.2 条、第 6.5.4 条；《电力工程直流电源系统设计技术规程》（DL/T 5044—2014）第 8.1.5 条。

62. **答案**：AB

依据：《光伏发电站接入电力系统技术规定》（GB/T 19964—2012）第 7.1-1 条；《光伏发电站无功补偿技术规范》（GB/T 29321—2012）第 5.2.2 条、第 7.2.3 条、第 7.2.5 条。

63. **答案**：ABC

依据：《高压配电装置设计技术规程》（DL/T 5352—2018）第 5.5.3 条、第 5.5.4 条、第 5.5.6 条、第 5.5.7 条。

64. **答案**：ABC

依据：《电力工程高压送电线路设计手册》（第二版）P126～127 式（2-7-16）、式（2-7-23）。

65. **答案**：ABD

依据：《交流电气装置的过电压保护和绝缘配合设计规范》（GB/T 50064—2014）第 5.4.7-4 条、第 5.4.13-6 条、第 5.4.1-2 条、第 5.4.2-3 条。

66. **答案**：AC

依据：《电力工程高压送电线路设计手册》（第二版）P219“二电线微风振动的基本理论”。

67. **答案**：BC

依据：《发电厂电力网络计算机监控系统设计技术规程》（DL/T 5226—2013）第 5.8.1 条、第 8.1.1 条、第 8.3.2 条、第 8.2.2 条。

68. **答案：** AB

依据：《火力发电厂厂用电设计技术规定》（DL/T 5153—2014）第 3.7.1 条，《大中型火力发电厂设计规范》（GB 50660—2011）第 16.3.9 条。

69. **答案：** BD

依据：《风电场接入电力系统技术规定 第 1 部分：陆上风电》（GB/T 19963.1—2021）第 4.1.3 条、第 7.1.2 条，选项 B 错误。依据《风力发电场设计规范》（GB 51096—2015）第 5.3.1-2 条、第 6.2.8 条，选项 D 错误。

70. **答案：** ABD

依据：《架空输电线路电气设计规程》（DL/T 5582—2020）第 5.1.15 条，选项 A、B 错误，C 正确。依据第 5.1.17 条，选项 D 错误。

2018 年案例分析试题答案（上午卷）

题 1～5 答案：**DCBAA**

1.《220kV～750kV 变电站设计技术规程》（DL/T 5218—2012）第 5.1.6 条、第 5.1.7 条。

第 5.1.6 条：220kV 变电站中的 220kV 配电装置，当在系统中居重要地位、出线回路数为 4 回及以上时，宜采用双母线接线。

第 5.1.7 条：220kV 变电站中的 110kV、66kV 配电装置，当出线回路数在 6 回以下时，宜采用单母线或单母线分段接线，6 回及以上时，可采用双母线或双母线分段接线。35kV、10kV 配电装置宜采用单母线接线，并根据主变压器台数确定母线分段数量。

该 220kV 变电站中 220kV 出线 4 回，110kV 出线 10 回，35kV 出线 16 回，故 220kV 采用双母线接线，110kV 可采用双母线或双母线分段接线，35kV 采用单母线分段接线。

2.《220kV～750kV 变电站设计技术规程》（DL/T 5218—2012）第 5.2.1 条。

第 5.2.1 条：凡装有 2 台（组）及以上主变压器的变电站，其中 1 台（组）事故停运后，其余主变压器的容量应保证该站在全部负荷 70%时不过载，并在计及过负荷能力后的允许时间内，应保证用户的一级和二级负荷。

按全部负荷的 70%不过载：$S_T \geqslant 70\% \times \frac{\sum P}{\cos\varphi} = 70\% \times \frac{100+110+0}{0.95} = 154.7\text{MVA}$

按计及过负荷能力，保证一、二级负荷：

$$S_T \geqslant \frac{P_1 + P_2}{1.3 \times \cos\varphi} = 1.3 \times \frac{100 + 110}{1.3 \times 0.95} = 170\text{MVA}$$

故单台主变压器容量为 180MVA。

注：有关功率因数$\cos\varphi$的取值可参考《并联电容器装置设计规范》（GB 50227—2017）第 3.0.2 条及条文说明。

3.《导体和电器选择设计规程》（DL/T 5222—2021）第 15.0.1 条及条文说明公式（10）。

短路冲击电流：$i_{ch} = \sqrt{2}K_{ch}I'' = \sqrt{2} \times 1.8 \times 26 = 66.185\text{kA}$

《电流互感器与电压互感器选择及计算规程》（DL/T 866—2015）第 3.2.8 条。

动稳定倍数：$K_d \geqslant \frac{i_{ch}}{\sqrt{2}I_{pr}} \times 10^{-3} = \frac{66.185}{\sqrt{2} \times 4000} \times 10^3 = 11.7$

4.《导体和电器选择设计规程》（DL/T 5222—2021）附录 B 式（B.2.2-2）。

电阻器电阻：$R_N = \frac{U_N}{\sqrt{3}I_d} = \frac{35 \times 10^3}{\sqrt{3} \times 1200} = 16.8\Omega$

5.《并联电容器装置设计规范》（GB 50227—2017）第 4.1.2-3 条。

第 4.1.2-3 条：每个串联段的电容器并联总容量不应超过 3900kvar。

双星形接线中含有两个星形接线，每个星形接线均有三相，每相一个串联段，则每组电容器最大容量为：

$Q_d \leqslant 2 \times 3 \times 3900 = 23400\text{kvar}$，故仅选项 A 不满足要求。

题 6～9 答案：**BCDC**

6.《交流电气装置的过电压保护和绝缘配合设计规范》（GB/T 50064—2014）第 4.4.4 条

第 4.4.4 条：具有发电机和旋转电机的系统，相对地 MOA 的额定电压，对应接地故障清除时间不大于 10s 时，不应低于旋转电机额定电压的 1.05 倍；接地故障清除时间大于 10s 时，不应低于旋转电机额定电压的 1.3 倍。旋转电机用 MOA 的持续运行电压不宜低于 MOA 额定电压的 80%。旋转电机中性点用 MOA 的额定电压，不应低于相应相对地 MOA 额定电压的$1/\sqrt{3}$。

避雷器额定电压：$U_R \geqslant 1.05U_N = 1.05 \times 20 = 21\text{kV}$

避雷器持续运行电压：$U_c \geqslant 80\%U_R = 0.8 \times 21 = 16.8\text{kV}$

7.《电力工程电气设计手册 1 电气一次部分》P121 表 4-1、表 4-2，P253 式（6-14）。

短路基准容量$S_j = \frac{P_G}{\cos\varphi} = \frac{300}{0.8} = 353\text{MVA}$，由表 4-1 查得：基准值为$U_j = 230\text{kV}$，则$I_j = \frac{353}{\sqrt{3}\times 230} = 0.886\text{kA}$。

发电机阻抗标幺值：$X_{*G} = X''_d = 0.18$

由表 4-2，变压器阻抗标幺值：$X_T = \frac{U_d\%}{100} \cdot \frac{S_j}{S_e} = \frac{14}{100} \cdot \frac{62.5}{63} = 0.134$

单台发电机变压器组支路阻抗标幺值：$X_{*\sum} = X_{*T} + X_{*G} = 0.134 + 0.18 = 0.314$

查图得发电机支路 0s 三相短路电流标幺值：$I_{*kG} = 3.5$

发电机支路提供短路电流周期分量初始值：

$$I''_G = I_{*kG} \times I_j = 2 \times 3.5 \times 0.886 = 6.202\text{kA}$$

系统提供的短路电流周期分量初始值：$I''_S = \frac{I_j}{X_{*s}} = \frac{0.251}{0.00767} = 32.725\text{kA}$

发电厂高压侧母线短路时，冲击系数取 1.85，短路冲击电流为：

$$i_{ch} = \sqrt{2}K_{ch}(I''_G + I''_s) = \sqrt{2} \times 1.85 \times (6.202 + 32.725) = 101.8\text{kA}$$

8.《电力工程电气设计手册 1 电气一次部分》P232 表 6-3。

母线最大持续供电电流：$I_g = 1.05 \times \frac{S_e}{\sqrt{3}U_e} = 1.05 \times \frac{1000}{\sqrt{3}\times 220} \times 10^3 = 2755.5\text{A}$。

《导体与电器选择设计规程》（DL/T 5222—2021）第 5.1.5 条及条文说明，综合校正系数取 0.76，故管形母线载流量：

$$I_{js} \geqslant \frac{2755.5}{0.76} = 3625.677\text{kA}$$

查附录 D 表 D.2，故对应选择管形母线规格为$\phi150/36$。

9.《绝缘配合　第 1 部分：定义、原则和规则》（GB 311.1—2012）附录 B.3。

雷电冲击电压耐压和工频耐压电压海拔修正指数$q = 1$，海拔 3000m 修正，则：

雷电冲击电压耐压和耐受电压：$U'_w = K_a U_w = e^{q\frac{H-1000}{8150}} U_w = e^{1\times\frac{3000-1000}{8150}} \times 950 = 1214\text{kV}$

工频耐受电压：$U'_g = K_a U_g = e^{q\frac{H-1000}{8150}} U_g = e^{1\times\frac{3000-1000}{8150}} \times 395 = 505\text{kV}$

题 10～13 答案：**CCBA**

10.《交流电气装置的接地设计规范》（GB 50065—2011）附录 A.0.4。

接地电阻：$R \approx 0.5\frac{\rho}{\sqrt{S}} = 0.5 \times \frac{150}{\sqrt{54000}} = 0.32\Omega$

11.《交流电气装置的接地设计规范》（GB 50065—2011）第 4.2.2 条及附录 C.0.2。

表层衰减系数：$C_s = 1 - \frac{0.09\times(1-\rho/\rho_s)}{2\times h_s+0.09} = 1 - \frac{0.09\times(1-150/5000)}{2\times0.15+0.09} = 0.776$。

接触电压允许值：$U_t = \frac{174+0.17\rho_s C_s}{\sqrt{t_s}} = \frac{174+0.17\times5000\times0.776}{\sqrt{1}} = 837\text{V}$

跨步电压允许值：$U_s = \frac{174+0.7\rho_s C_s}{\sqrt{t_s}} = \frac{174+0.7\times5000\times0.776}{\sqrt{1}} = 2904\text{V}$

12.《电力工程电气设计手册 1 电气一次部分》P920 式（16-32）、式（16-33）。

依据题意，流过主变压器中性点的接地故障电流为电厂发电机提供的接地故障电流 15kA，故厂内短路时入地电流：

$$I = (I_{\max} - I_n)(1 - K_{f1}) = (50 - 15)\times(1 - 0.65) = 12.25\text{kA}$$

厂外短路时入地电流：$I = I_n(1 - K_{f2}) = 15\times(1 - 0.54) = 6.9\text{kA}$

经 750kV 配电装置接地网的入地电流取两种情况较大值，即 12.25kA。

13.《交流电气装置的接地设计规范》（GB 50065—2011）第 4.3.5-3 条及附录 E 第 E.0.3 条。

第 E.0.3 条：配有两套速动主保护时，接地故障等效持续时间为：

$$t_e \geqslant t_m + t_f + t_o = 0.1 + 0.3 + 0.06 = 0.46s$$

接地导线最小截面：$S_G \geqslant \frac{I_G}{C}\sqrt{t_e} = \frac{50\times10^3}{70}\times\sqrt{0.46} = 484.5\text{mm}^2$

依据第 4.3.5-3 条，接地极最小截面取接地线的 75%，故

$$S_g \geqslant 75\%\times484.5 = 363.3\text{mm}^2$$

题 14～18 答案：**DCCCA**

14.《电力工程直流电源系统设计技术规范》（DL/T 5044—2014）第 3.2.1-2 条及附录 C.1.1、C.1.3。

第 3.2.1-2 条：专供动力负荷的直流电源系统电压宜采用 220V，故

蓄电池个数：$n = 1.05\times\frac{U_n}{U_f} = 1.05\times\frac{220}{2.23} = 103.6$个，取 104 个

事故末期终止放电电压：$U_m = 0.875\frac{U_n}{n} = 0.875\times\frac{220}{104} = 1.85\text{V}$

15.《电力工程直流电源系统设计技术规范》（DL/T 5044—2014）第 4.2.5 条、第 4.2.6 条。

直流动力负荷事故放电初期 1min 放电电流为：

$$I = \frac{1+1.5+2\times30+2\times15+80\times0.5+2\times2\times11}{0.22} = 802.27\text{A}$$

注：事故放电初期 1min 负荷电流按电动机起动电流考虑，且不考虑负荷系数，可参考《电力工程直流系统设计手册》（第二版）相关内容。

16.《电力工程直流电源系统设计技术规范》（DL/T 5044—2014）第 4.2.5 条、第 4.2.6 条、附录 D。

经常负荷电流：$I_{jc} = \frac{\sum P_{jc}}{U_n} = \frac{1000}{220} = 4.55\text{A}$；

附录 D.1.1，充电装置额定电流：

$I_r = (1.0\sim1.25)I_{10} + I_{jc} = (1.0\sim1.25)\times\frac{1200}{10} + 4.55 = (124.55\sim154.55)\text{A}$，取较大值

附录 D.2.1，基本模块数量：$n_1 = \frac{I_r}{I_{me}} = \frac{154.55}{20} = 7.73$，取 8 个，故附加模块数量$n_2 = 2$个。

总模块数量：$n = n_1 + n_2 = 8 + 2 = 10$个

查表 D.1.3 可知，充电装置额定电流取 160A，该回路电流表的测量范围为 0～200A。

17.《电力工程直流电源系统设计技术规范》（DL/T 5044—2014）第 6.5.2-4 条、第 6.6.3-2-1 条、附录 A。

第 6.6.3-2-1 条：蓄电池出口回路熔断器应按事故停电时间的蓄电池放电率电流和直流母线上最大馈线直流断路器额定电流的 2 倍选择，两者取较大者。

附录 A.3.6，蓄电池 1h 放电率电流：$I_{d\cdot 1h} = 5.5I_{10} = 5.5 \times 1200/10 = 660A$；蓄电池出口回路熔断器额定电流：$I_r \geqslant I_{d\cdot 1h} = 660A$，取 800A。

第 6.5.2-4 条：直流电源系统应急联络断路器额定电流不应大于蓄电池出口熔断器额定电流的 50%，取$I_e = 50\% \times 800 = 400A$。

18.《电力工程直流电源系统设计技术规范》（DL/T 5044—2014）第 6.3.1 条、附录 E。

由表 E.2-1，直流电动机回路：$I_{ca2} = K_{stm}I_{nm} = 2 \times 136 = 272A$

由表 E.2-2，直流电动机回路允许电压降：$\Delta U_p \leqslant 5\%U_n$

最小电缆截面：

$$S_{cac} = \frac{\rho \cdot 2LI_{ca}}{\Delta U_p} = \frac{0.0184 \times 2 \times 150 \times 272}{5\% \times 220} = 136.5mm^2$$

由第 6.3.1 条，直流电源系统明敷电缆应选用耐火电缆或采取了规定的耐火防护措施的阻燃电缆，故选取 NH-YJV-0.6/1kV，$2 \times 150mm^2$。

题 19～20 答案：**CD**

19.《并联电容器装置设计规范》（GB 50227—2017）第 5.5.2 条。

第 5.5.2 条：当谐波为 5 次及以上时，电抗率宜取 5%；当谐波为 3 次及以上时，电抗率宜取 12%，亦可采用 5%与 12%两种电抗率混装方式，故电抗率取 12%。

串联电抗器的单相额定容量：

$$Q_{Le} = K\frac{Q_{Ce}}{3} = 12\% \times \frac{8000}{3} = 320kvar$$

20.《并联电容器装置设计规范》（GB 50227—2017）第 3.0.3-3 条。

三相短路容量：$S_d = \sqrt{3}U_jI''_k = \sqrt{3} \times 10.5 \times 20 = 363.73MVA$；

当电抗率为 12%时，$Q_{cx} = S_d\left(\frac{1}{n^2} - K\right) = 363.73 \times \left(\frac{1}{3^2} - 12\%\right) = -3.2Mvar$，可抑制 3 次谐波，不会发生谐振；

当电抗率为 5%时，$Q_{cx} = S_d\left(\frac{1}{n^2} - K\right) = 363.73 \times \left(\frac{1}{3^2} - 5\%\right) = 22.2Mvar$，会发生谐振。

题 21～25 答案：**CACBC**

21.《架空输电线路电气设计规程》（DL/T 5582—2020）第 5.1.15、5.1.16 条。

导线悬挂点最大张力：

$$T_{max} = \frac{T_P}{K_c} \Rightarrow T'_{max} = \frac{39483 \times 2.5}{2.25} = 43870N$$

22.《110kV～750kV 架空输电线路设计规范》（GB 50545—2010）第 10.1.18 条。

在大风（27m/s）条件下，计算杆塔的荷载时，风压不均匀系数$\alpha = 0.75$，计算塔头间隙时，风压不均匀系数$\alpha = 0.61$，故水平比载折算为塔头间隙时：

$$\gamma_4' = \frac{0.61}{0.75}\gamma_4 = \frac{0.61}{0.75} \times 26.45 \times 10^{-3} = 22.41 \times 10^{-3}(\mathrm{N/m \cdot mm^2})$$

根据《电力工程高压送电线路设计手册》（第二版）P106，导线风偏角：

$$\eta = \arctan\left(\frac{\gamma_4}{\gamma_1}\right) = \arctan\left(\frac{22.41}{31.72}\right) = 34.14°$$

23.《架空输电线路电气设计规程》（DL/T 5582—2020）第 4.0.18 条、《电力工程高压送电线路设计手册》（第二版）P103（式 2-6-44）。

由第 4.0.13 条，操作过电压工况下不考虑覆冰，垂直比载取自重比载γ_1。

导线垂直档距：

$$l_\mathrm{v} = l_\mathrm{H} + \frac{\sigma_0}{\gamma_\mathrm{v}} = 600 + \frac{24600}{1.349 \times 10} \times (-0.1) = 417.6\mathrm{m}$$

导线分裂数为 2，则绝缘子串风偏角：

$$\theta_1 = \arctan\left(\frac{P_\mathrm{I}/2 + Pl_\mathrm{H}}{G/2 + W_\mathrm{I} l_\mathrm{V}}\right) = \arctan\left(\frac{200/2 + 600 \times 4 \times 2}{1500/2 + 417.6 \times 1.349 \times 10 \times 2}\right) = 22.18°$$

24.《电力工程高压送电线路设计手册》（第二版）P179～180 表 3-3-1。

档距内导线长度：

$$L = l + \frac{h^2}{2l} + \frac{\gamma^2 l^3}{24\sigma_0^2} = 500 + \frac{50^2}{2 \times 500} + \frac{0.0317^2 \times 500^2}{24 \times 50^2} = 504.6\mathrm{m}$$

25.《电力工程高压送电线路设计手册》（第二版）P106，P179～180 表 3-2-3、表 3-3-1。

导线风偏角：

$$\eta = \arctan\left(\frac{\gamma_4}{\gamma_1}\right) = \arctan\left(\frac{11.25}{1.349 \times 10}\right) = 39.83°$$

大风工况下综合比载：

$$\gamma_6 = \sqrt{\gamma_1^2 + \gamma_4^2} = \sqrt{\left(\frac{11.25}{425.24}\right)^2 + (31.72 \times 10^{-3})^2} = 41.3 \times 10^{-3}(\mathrm{N/m \cdot mm^2})$$

距 Ga 塔 70m 处导线弧垂：

$$f_x' = \frac{\gamma x'(l - x')}{2\sigma_0} = \frac{0.0413 \times 70 \times (300 - 70)}{2 \times 31000/425.24} = 4.56\mathrm{m}$$

故导线在最大风偏情况下距建筑物的净空距离：

$$s = \sqrt{(24 - 9 - f_x' \cos\eta)^2 + (13 - 5.7 - f_x' \sin\eta)^2}$$
$$= \sqrt{(15 - 4.56 \times \cos 39.83)^2 + (7.3 - 4.56 \sin 39.83)^2} = 12.31\mathrm{m}$$

2018 年案例分析试题答案（下午卷）

题 1～3 答案：**BCB**

1.《电力工程电气设计手册 1 电气一次部分》P120 式（4-2）及表 4-1。

220kV 母线三相短路电流：$I''_{\Sigma} = \frac{S_j}{\sqrt{3}U_j} = \frac{16530}{\sqrt{3}\times 230} = 41.5\text{kA}$

L2 出线系统侧三相短路电流：$I''_{L2} = \frac{S_{j2}}{\sqrt{3}U_j} = \frac{2190}{\sqrt{3}\times 230} = 5.5\text{kA}$

L3 出线系统侧三相短路电流：$I''_{L3} = \frac{S_{j3}}{\sqrt{3}U_j} = \frac{1360}{\sqrt{3}\times 230} = 3.4\text{kA}$

L4 出线系统侧三相短路电流：$I''_{L4} = \frac{S_{j4}}{\sqrt{3}U_j} = \frac{395}{\sqrt{3}\times 230} = 1.0\text{kA}$

故增容改造后，各出线侧断路器最大短路电流为：

L1 出线侧：$I''_{L1} = I''_{\Sigma} = 41.5\text{kA} > 40\text{kA}$，需更换；

L2 出线侧：$I''_{\Sigma} - I''_{L2} = 41.5 - 5.5 = 36\text{kA} < 40\text{kA}$，不需更换；

L3 出线侧：$I''_{\Sigma} - I''_{L3} = 41.5 - 3.4 = 38.1\text{kA} < 40\text{kA}$，不需更换；

L4 出线侧：$I''_{\Sigma} - I''_{L4} = 41.5 - 1 = 40.5\text{kA} > 40\text{kA}$，需更换。

2.《电力工程电气设计手册 1 电气一次部分》P344 表 8-17。

发生短路时荷载组合条件为 50%最大风速，且不小于 15m/s，应考虑自重、引下线重和短路电动力。故需考虑垂直弯矩和水平弯矩两个因素，分别计算如下：

（1）垂直弯矩

参见 P345 表 8-19，单跨均布荷载最大弯矩系数 0.125，集中荷载最大弯矩系数 0.25；

母线自重产生的垂直弯矩：

$$M_{cj} = 0.125 q_1 l_{js}^2 \times 9.8 = 0.125 \times 4.08 \times (12-0.5)^2 \times 9.8 = 661.0\text{N}\cdot\text{m}$$

集中荷载（静触头＋金具）产生的垂直弯矩：

$$M_{cj} = 0.125 P l_{js} \times 9.8 = 0.25 \times 17 \times (12-0.5) \times 9.8 = 479.0\text{N}\cdot\text{m}$$

（2）水平弯矩（风压）

参见 P386 式（8-58），风速不均匀系数$\alpha_v = 1$，空气动力系数$K_v = 1.2$，内过电压风速 15m/s；

单位长度风压：$f_v = \alpha_v k_v D_1 \frac{v_{max}^2}{16} = 1 \times 1.2 \times 0.1 \times \frac{15^2}{16} = 1.6875\text{kg/m}$

风压产生的水平弯矩：

$$M_{sf} = 0.125 f_v l_{js}^2 \times 9.8 = 0.125 \times 1.6875 \times (12-0.5)^2 \times 9.8 = 273.4\text{N}\cdot\text{m}$$

（3）水平弯矩（短路电动力）

参见 P338 式（8-8），P343～344 最后一段，为了安全，在工程计算时管形母线$\beta = 0.58$，故三相短路时母线单位长度产生的最大电动力为：

$$f_d = \frac{F}{l} = 17.248 \frac{1}{\alpha} i_{ch}^2 \beta \times 10^{-2} = 17.248 \times \frac{1}{3} 58.5^2 \times 0.58 \times 10^{-2} = 11.645\text{kg/m}$$

短路电动力产生的水平弯矩为：

$$M_{sd} = 0.125 f_{sd} l_{js}^2 \times 9.8 = 0.125 \times 11.645 \times (12-0.5)^2 \times 9.8 = 1886.6\text{N}\cdot\text{m}$$

（4）母线最大弯矩及应力

参见 P344 式（8-41）、式（8-42），短路时管形母线承受的最大弯矩为：

$$M_d = \sqrt{(M_{sd}+M_{sf})^2+(M_{cz}+M_{cl})^2} = \sqrt{(1886.6+273.4)^2+(661.0+479.0)^2} = 2442.37\text{N}\cdot\text{m}$$

短路时管形母线承受的最大应力为：

$$\sigma_{max} = 100\frac{M_d}{W} = 100\times\frac{2442.37}{33.8} = 7226.0\text{N/cm}^2$$

依据《导体和电器选择设计规程》（DL/T 5222—2021）第 5.3.2、5.3.3 条，3A21（H18）型铝锰合金最大允许应力为$\sigma_P = 100\text{MPa} = 100\text{N/mm}^2 = 10000\text{N/cm}^2 > \sigma_{max}$，故满足要求。

3.《电力工程电气设计手册 1 电气一次部分》P120 表 4-1、表 4-2。

基准容量：$S_j = \frac{P_G}{\cos\varphi} = \frac{50}{0.8} = 62.5\text{MVA}$，则发电机阻抗标幺值为$X_{*G} = X''_d = 0.145$

变压器阻抗标幺值：$X_{*T} = \frac{U_d\%}{100}\cdot\frac{S_j}{S_e} = \frac{14}{100}\cdot\frac{62.5}{65} = 0.1346$

110kV 线路阻抗标幺值：$X_{*l} = X_l\cdot\frac{S_j}{U_j^2} = 0.4\times5\times\frac{62.5}{115^2} = 0.0095$

发电机支路总阻抗标幺值：

$$X_{*\sum} = X_{*G}+X_{*T}+X_{*l} = 0.145+0.1346+0.0095 = 0.289$$

查图 4-6，每台发电机支路 0s 短路电流标幺值：$I''_{*k3} = 3.5\text{kA}$

每台发电机提供的短路电流有名值：

$$I''_{k3} = I''_{*k3}\cdot\frac{P_e}{\sqrt{3}U_P\cos\varphi} = 3.5\times\frac{50}{\sqrt{3}\times115\times0.8} = 1.10\text{kA}$$

故两台发电机合计短路电流有名值：$2I''_{k3} = 2\times1.1 = 2.2\text{kA}$

题 4～7 答案：**CBCB**

4.《高压配电装置设计技术规程》（DL/T 5352—2018）第 5.1.2 条及表 5.1.2。

根据题干中已明确的 220kV 配电装置的最小安全净距（海拔修正后）$A_1 = 1850\text{mm}$，$A_2 = 2600\text{mm}$ 可知，带电导体至接地开关之间的最小安全净距L_2应不小于A_1值，即 1850mm，选项 A 正确；

设备运输时，其外廓至断路器带电部分之间的最小安全净距L_3应不小于B_1值，即$A_1+750 = 2600\text{mm}$，选项 B 正确；

断路器与隔离开关连接导线至地面之间的最小安全净距L_4应不小于C值，即$A_1+2300+200 = 4350\text{mm}$，选项 C 错误；

主变进线与Ⅱ组母线之间的最小安全净距L_5，按交叉不同时停电检修设备之间距离确定，应不小于B_1值，即为$A_1+750 = 2600\text{mm}$，选项 D 正确。

5.《电力工程电气设计手册　电气一次部分》P574 式（10-2）、式（10-5）、式（10-6）。

（1）按长期电磁感应电压计算

母线单位长度电磁感应电压：$U_{A2} = I_g X_{av} = 1500\times1.07\times10^{-4} = 0.2675\text{V/m}$

母线接地开关至母线端部距离：$l_{j1} = \frac{12}{U_{A2}} = \frac{12}{0.2675} = 44.9\text{m}$

（2）按最大三相短路电磁感应电压计算

母线单位长度电磁感应电压：$U_{A2(K)} = I_K X_{av} = 45000\times1.07\times10^{-4} = 4.815\text{V/m}$

母线接地开关至母线端部距离：$l_{j2} = \frac{2U_{j0}}{U_{A2(K)}} = \frac{205.06}{4.815} = 42.6\text{m}$

综合上述取较小值 42.6m。

6.《导体和电器选择设计规程》（DL/T 5222—2021）第 5.1.9 条。

依据第 7.1.8 条，铝绞线短路前导体的工作温度为 80℃，故热稳定系数$C = 85$；

不考虑非周期分量，短路电流热效应：

$$Q_t = Q_z + Q_f = I''^2 t + Q_f = 50^2 \times 0.5 + 0 = 1250kA^2s$$

热稳定最小截面：$S \geqslant \frac{\sqrt{Q_d}}{C} = \frac{\sqrt{1250}}{85} \times 10^3 = 426\text{mm}^2$

7.《电力工程电气设计手册 1 电气一次部分》P232 表 6-3、P377 图 8-30。

（1）主变压器进线规格

变压器回路持续工作电流：$I_g = 1.05 \times \frac{S}{\sqrt{3} \times U_e} = 1.05 \times \frac{370000}{\sqrt{3} \times 242} = 926.86\text{A}$

由图 8-30 可知，当机组最大运行小时数为 5000h 时，经济电流密度$j = 1.1$，故按经济电流密度选择截面：

$$S = \frac{I_g}{j} = \frac{926.86}{1.1} = 842.6\text{mm}^2$$

故可选择$2 \times$LGJ-400 或 LGJK-800。

（2）220kV 主母线规格

根据题干条件，母线载流量：$I'_g = \frac{I_g}{K} = \frac{2500}{0.9} = 2777.78\text{A}$

根据 P411～413 的附表 8-4 和附表 8-5 的数据可知：

$2 \times$LGJ-800 的载流量为$I_{z1} = 2 \times 1399 = 2798\text{A} > I'_g$，满足要求。

$2 \times$LGJK-800 的载流量为$I_{z2} = 2 \times 1150 = 2300\text{A} < I'_g$，不满足要求。

注：《导体和电器选择设计规程》（DL/T 5222—2021）第 5.1.6 条：当无合适规格导体时，导体截面积可按经济电流密度计算截面的相邻下一档选取。

题 8～10 答案：**CCD**

8.《火力发电厂厂用电设计技术规程》（DL/T 5153—2014）第 5.2.4 条。

第 5.2.4 条：当电动机用于 1000～4000m 的高海拔地区时，使用地点的环境最高温度随海拔高度递减并满足式（5.2.4）时，则电动机额定功率不变。

$$\frac{h - 1000}{100}\Delta Q - (40 - \theta) = \frac{2000 - 1000}{100} \times 90 \times 1\% - (40 - 30) = -1 < 0$$

满足条件，故电动机实际使用容量$P_s = P_e$。

9.《火力发电厂厂用电设计技术规程》（DL/T 5153—2014）附录 G。

高压厂用变压器电阻标幺值：$R_T = 1.1\frac{P_t}{S_{2T}} = 1.1 \times \frac{0.35}{47} = 0.0082$

高压厂用变压器电抗标幺值：$X_T = 1.1\frac{U_d\%}{100} \times \frac{S_{2T}}{S_T} = 1.1 \times \frac{18}{100} \times \frac{47}{80} = 0.1163$

负荷压降阻抗标幺值：

$$Z_\varphi = R_T \cos\varphi + X_T \sin\varphi = 0.0082 \times 0.8 + 0.1163 \times 0.6 = 0.0763$$

（1）厂用最大负荷运行

厂用负荷标幺值：$S_{max*} = \frac{43625}{47000} = 0.928$

变压器低压侧额定电压标幺值：$U_{2e*} = \frac{U_{2e}}{U_n} = \frac{10.5}{10} = 1.05$

电源电压标幺值：$U_{g*} = 1 - 2.5\% = 0.975$

低压侧空载电压标幺值：$U_{0*} = \frac{U_{g*}U_{2e*}}{1 + n\frac{\delta u\%}{100}} = \frac{0.975 \times 1.05}{1 + 0} = 1.024$

厂用母线电压标幺值：

$$U_{m\cdot min}=U_{0*}-S_{max*}Z_{\varphi}=1.024-0.928\times0.0763=0.953=95.3\%$$

（2）厂用最小负荷运行

厂用负荷标幺值：$S_{min*}=\frac{25877}{47000}=0.551$

变压器低压侧额定电压标幺值：$U_{2e*}=\frac{U_{2e}}{U_n}=\frac{10.5}{10}=1.05$

电源电压标幺值：$U_{g*}=1+2.5\%=1.025$

低压侧空载电压标幺值：$U_{0*}=\frac{U_{g*}U_{2e*}}{1+n\frac{\delta_u\%}{100}}=\frac{1.025\times1.05}{1+0}=1.08$

厂用母线电压标幺值：

$$U_{m\cdot max}=U_{0*}-S_{min*}Z_{\varphi}=1.08-0.551\times0.0763=1.038=103.8\%$$

10.《火力发电厂厂用电设计技术规程》（DL/T 5153—2014）附录 L 第 L.0.1 条。

高压厂用变压器阻抗标幺值：$X_T=\frac{(1-7.5\%)\times18}{100}\times\frac{100}{80}=0.2081$

系统阻抗标幺值：$X_S=\frac{S_j}{S''}=\frac{100}{12075}=0.0079$

厂用电源短路电流起始有效值：$I''_B=\frac{I_j}{X_S+X_T}=\frac{5.5}{0.0079+0.2081}=25.46\text{kA}$

电动机反馈短路电流：$I''_D=K_{qD}\frac{P_{eD}}{\sqrt{3}U_{eD}\eta_D\cos\varphi_D}\times10^{-3}=6\times\frac{35540}{\sqrt{3}\times10\times0.8}=15.39\text{kA}$

短路电流周期分量初始值：$I''=I''_B+I''_D=25.46+15.39=40.85\text{kA}$

题 11～14 答案：**DBDD**

11.《大中型火力发电厂设计规范》（GB 50660—2011）第 16.1.5 条。

第 16.1.5 条：容量为 125MW 及以上的发电机与主变压器为单元连接时，主变压器的容量宜按发电机的最大连续容量扣除不能被高压厂用启动/备用变压器替代的高压厂用工作变压器计算负荷后进行。

根据题干，起动/备用变压器容量与高压厂用变压器容量相同，故无需扣除，则主变压器连续输出容量最大值为：$S_{max}=\frac{P_{max}}{\cos\varphi}=\frac{135}{0.85}=159\text{MVA}$。

12.《导体和电器选择设计规程》（DL/T 5222—2021）附录 B 式（B.1.1）、第 B.1.3-2 条。

电容电流：$I_c=\frac{\sqrt{3}Q}{KU_N}=\frac{\sqrt{3}\times35}{0.8\times13.8}=5.49\text{A}$

脱谐度：$\nu=\frac{I_C-I_L}{I_C}=1-K=1-0.8=0.2$

忽略断路器本体对地电容，同时考虑本体两侧电容后，其电容电流为：

$$I'_c=I_c+\sqrt{3}U_e\omega C\times10^{-3}=5.49+\sqrt{3}\times13.8\times100\pi\times(0.12+0.08)\times10^{-3}=7\text{A}$$

脱谐度降低 5%后，则补偿系数：$K'=1-(20\%-5\%)=0.85$

消弧线圈容量：$Q'=K'I'_c\frac{U_N}{\sqrt{3}}=0.85\times7\times\frac{13.8}{\sqrt{3}}=47.35\text{kVA}$

13.《电力工程电气设计手册 1 电气一次部分》P338 式（8-8）。

短路冲击电流：$i_{ch}=\sqrt{2}K_{ch}I''=2\times1.9\times80=214.96\text{kA}$

三相短路的电动力：

$$F=17.248\frac{l}{\alpha}i_{ch}^2\beta\times10^{-2}=17.248\times\frac{80}{60}\times214.96^2\times1\times10^{-2}=10626.6\text{N}$$

注：《导体和电器选择设计规程》（DL/T 5222—2021）第 A.4.1 条，发电机端出口短路时，冲击系数$K_{ch}=1.9$。

14.《电力工程电缆设计规范》（GB 50217—2018）附录 C、附录 D。

由第 D.0.1 条及表 D.0.1 可知，环境温度校正系数$K_1 = 1$；

由第 D.0.6 条及表 D.0.6 可知，梯架敷设校正系数$K_2 = 0.8$；

依据附录 C.0.2，交联聚乙烯铝芯电缆，无钢铠护套在空气中的载流量，经修正为：

8 根$3 \times 120\text{mm}^2$：$I_1 = 8 \times 246 \times 1.29 \times 0.8 \times 1 = 2031.0\text{A}$

6 根$3 \times 150\text{mm}^2$：$I_2 = 6 \times 277 \times 1.29 \times 0.8 \times 1 = 1715.2\text{A}$

5 根$3 \times 185\text{mm}^2$：$I_3 = 5 \times 323 \times 1.29 \times 0.8 \times 1 = 1292\text{A}$

4 根$3 \times 240\text{mm}^2$：$I_4 = 4 \times 378 \times 1.29 \times 0.8 \times 1 = 1560.4\text{A}$

变压器 6.3kV 侧持续工作电流：$I_g = 1.05 \times \frac{S_e}{\sqrt{3}U_e} = 1.05 \times \frac{16000}{\sqrt{3} \times 6.3} = 1539.6\text{A}$

综合比较，选项 D 最为经济。

题 15～19 答案：**CBDBB**

15.《电力系统设计手册》P320 式（10-43）、式（10-44）：潮流计算内容。

发电机额定有功功率为$P_G = 300\text{MW}$，则额定无功功率：

$$Q_G = P_G \tan(\arccos 0.85) = 300 \times \tan(\arccos 0.85) = 185.9\text{Mkar}$$

厂高变自身损耗吸收有功功率：$P_c = 23.9 \times 0.87 = 20.79\text{MW}$

厂高变自身损耗吸收无功功率：

$$Q_C = S_C \sin(\arccos 0.87) = 23.9 \times \sin(\arccos 0.87) = 11.78\text{Mkar}$$

则通过变压器的总视在功率：

$$S = \sqrt{(300 - 20.79)^2 + (185.92 - 11.78)^2} = 329.06\text{MVA}$$

主变压器有功损耗：$\Delta P_T = \Delta P_0 + \beta^2 \Delta P_k = 0.213 + \left(\frac{329.06}{370}\right)^2 \times 1.01 = 1.011\text{MW}$

主变压器无功损耗：

$$\Delta Q_T = \left(\frac{I_0\%}{100} + \beta^2 \frac{U_d\%}{100}\right) S_e = \left[\frac{0.1}{100} + \left(\frac{329.06}{370}\right)^2 \times \frac{14}{100}\right] \times 370 = 41.31\text{Mvar}$$

主变高压侧测量的有功功率：$P = P_G - P_C - \Delta P_T = 300 - 20.79 - 1.011 = 278.20\text{MW}$

主变高压侧测量的无功功率：

$$Q = Q_G - Q_C - \Delta Q_T = 185.92 - 11.78 - 41.31 = 132.83\text{Mvar}$$

故主变高压侧测量的功率因数：$\cos\varphi = \frac{P}{\sqrt{P^2 + Q^2}} = \frac{278.20}{\sqrt{278.20^2 + 132.83^2}} = 0.902$

16.《交流电气装置的接地设计规范》（GB 50065—2011）第 4.3.5-3 条、附录 B、附录 E 第 E.0.3 条。

配有两套速动主保护时，接地故障等效持续时间为：

$$t_e \geqslant t_m + t_f + t_o = 0.1 + 0.6 + 0.05 = 0.75\text{s}$$

附表 B.0.3，故障切除时间为 0.75s，等效时间常数$\frac{X}{R} = 30$，衰减系数$D_f = 1.0618$

最大入地故障不对称电流：$I_G = D_f I_g = 12 \times 1.0618 = 12.7416\text{kA}$

接地线最小截面：$S \geqslant \frac{I_F}{C}\sqrt{t_e} = \frac{12.7416 \times 10^3}{70} \times \sqrt{0.75} = 157.6\text{mm}^2$

17.《交流电气装置的过电压保护和绝缘配合设计规范》（GB/T 50064—2014）第 4.4.3 条、第 6.3.1-3 条、第 6.4.4-2 条。

（1）第 4.4.3 条及表 4.4.3 无间隙氧化物避雷器相地额定电压：$0.75\text{U}_m = 0.75 \times 363 = 272.25\text{kV}$，取

280kV。

（2）第 6.3.1-3 条之条文说明：对于 750kV、500kV 取标称雷电流 20kA，对 330kV 取标称雷电流 10kA 和对 220kV 及以下取标称雷电流 5kA 下的额定残压值。

（3）第 6.4.4-2 条：变压器电气设备与雷电过电压的绝缘配合符合下列要求：电气设备外绝缘的雷电冲击耐压，即$U_R \leqslant \frac{\bar{u}_1}{K_5}=\frac{1000}{1.4}=714.3\text{kV}$，取 714kV。

故选项 B 正确。

注：（1）Y10W-300/698 含义：Y-氧化锌避雷器，10-标称放电电流 10kA，W-无间隙，300-额定电压 300kV，698-标称放电电流下的最大残压 698kV，另最高电压值可参考《标准电压》（GB/T 156—2007）第 4.5 条。

（2）《交流电气装置的过电压保护和绝缘配合设计规范》（GB/T 50064—2014）第 4.1.3 条，范围II系统的工频过电压应符合下列要求：

①线路断路器的变电所侧：1.3p.u.。

②线路断路器的线路侧：1.4p.u.。

（3）《电力工程电气设计手册 1 电气一次部分》P876～8780 阀式避雷器参数选择：

①330kV 及以上避雷器的灭弧电压（又称避雷器的额定电压），应略高于安装地点的最大工频过电压：$U_{mi} \geqslant K_z U_g$。

②避雷器的残压根据选定的设备绝缘全波雷电冲击耐压水平和规定绝缘配合系数确定：$U_{bc} \leqslant BIL/1.4$。

18.《大型发电机变压器继电保护整定计算导则》（DL/T 684—2012）第 4.5.3 条及附录 E。

发电机额定容量：$S_{GN}=\frac{P_{GN}}{\cos\varphi}=\frac{300}{0.85}=352.94\text{MVA}$

附录 E 表 E1，转子直接冷却的发电机功率$350\text{MVA}<S_{gn}\leqslant 900\text{MVA}$时，连续运行的$\frac{I_2}{I_{gn}}$最大值为：

$$\frac{I_2}{I_{gn}}=0.08-\frac{S_{gn}-350}{3\times10^4}=0.08-\frac{352.94-350}{3\times10^4}=0.08$$

发电机额定一次电流：$I_{GN}=\frac{P_{GN}}{\sqrt{3}U_{GN}\cos\varphi}=\frac{300\times10^3}{\sqrt{3}\times20\times0.85}=10188.53\text{A}$

定时限过负荷保护整定值：$I_{2.op}=\frac{K_{rel}I_{2\infty}I_{GN}}{k_r}=\frac{1.2\times0.08\times10188.53}{0.95}=1029.6\text{A}$

19.《电力工程电气设计手册 1 电气一次部分》P121 表 4-1、表 4-2。

设短路基准容量$S_j=100\text{MVA}$，$U_j=1.05\times20=21\text{kV}$，$I_j=2.75\text{kA}$，则：

系统阻抗标幺值：$X_s=\frac{S_j}{S_S}=\frac{100}{\sqrt{3}\times345\times40}=0.0042$

变压器阻抗标幺值：$X_T=\frac{U_d\%}{100}\cdot\frac{S_j}{S_e}=\frac{14}{100}\cdot\frac{100}{370}=0.0378$

发电机阻抗标幺值：$X_G=\frac{X''_d\%}{100}\cdot\frac{S_j}{P_e/\cos\varphi}=\frac{17.33}{100}\cdot\frac{100}{50/0.8}=0.277$

主变侧短路电流周期分量：$I''_T=\frac{I_j}{X_T+X_S}=\frac{2.75}{0.0042+0.0378}=65.48\text{kA}$

《导体和电器选择设计规程》（DL/T 5222—2021）第 A.3.1-2 条。

系统时间常数为 45ms，由$\frac{X_s}{R_s}=\omega t_s$，则系统电阻标幺值：

$$R_s=\frac{X_s}{\omega t_s}=\frac{0.0042}{100\pi\times0.045}=0.0003$$

主变时间常数为 120ms，由$\frac{X_T}{R_T}=\omega t_s$，则系统电阻标幺值：

$$R_T = \frac{X_T}{\omega t_s} = \frac{0.0378}{100\pi \times 0.12} = 0.001$$

系统侧综合时间常数：

$$T_a = \frac{X_\Sigma}{R_\Sigma}/\omega = \frac{0.0042 + 0.0378}{0.0003 + 0.001}/100\pi = 0.10284s = 102.84ms$$

故 60ms 主变侧短路电流非周期分量为：

$$i_{fz} = -\sqrt{2}I''_T e^{-\frac{\omega t}{T_a}} = -\sqrt{2} \times 68.73 \times e^{-\frac{60}{102.84}} = -54.24kA$$

题 20～23 答案：**BBAC**

20.《电流互感器与电压互感器及计算过程》(DL/T 866—2015) 第 10.1.1 条、第 10.1.2 条。

由表 10.1.2，发电机测量 CT 为三相星形接线，仪表接线的阻抗换算系数$K_{mc} = 1$；连接线的阻抗换算系数$K_{1c} = 1$。

五只变送器的阻抗：$Z_m = \frac{P_\Sigma}{I_{sr}^2} = \frac{5\times1}{5^2} = 0.2\Omega$

发电机出口 CT 至变送器的电缆电阻：$R = \rho\frac{L}{S} = 0.0184 \times \frac{150}{4} = 0.69\Omega$

测量 CT 的实际负载值：$Z_b = \sum K_{mc}Z_m + K_{lc}Z_l + C = 1 \times 0.2 + 1 \times 0.69 + 0.1 = 0.99\Omega$

折算为二次负载容量：$S_b = I_{sr}^2 Z_b = 5^2 \times 0.99 = 24.75VA$

测量 CT 的最大允许额定二次负载值：$S_{xu} \leqslant \frac{S_b}{25\%} = \frac{24.75}{25\%} = 99VA$

21.《火力发电厂厂用电设计技术规程》(DL/T 5153—2014)。

第 8.4.1 条：当单机容量为 100MW 级及以上机组的高压厂用工作变压器装设数字式保护时，除非电量保护外，保护应双重化配置，故选项 C、D 错误。

第 8.4.2-1 条：容量在 6.3MVA 及以上的高压厂用工作变压器应装设纵差保护，用于保护绕组内及引出线上的相间短路故障。保护瞬时动作于变压器各侧断路器跳闸。当变压器高压侧无断路器时，应动作于发电机变压器组总出口继电器，使各侧断路器及灭磁开关跳闸，故选项 A 错误。

第 8.4.2-4 条：过电流保护，用于保护变压器及相邻元件的相间短路故障，保护装于变压器的电源侧。当 1 台变压器供电给 2 个母线段时，保护装置带时限动作于各侧断路器跳闸。当变压器高压侧无断路器时，其跳闸范围应按本条第 1 款的规定。

第 8.4.2-6 条：低压侧分支差动保护，当变压器供电给 2 个分段，且变压器至分段母线间的电缆两端均装设断路器时，每分支应分别装设纵联差动保护。保护瞬时动作与本分支两侧断路器跳闸。

故选项 B 符合规范要求。

22.《电力装置电测量仪表装置设计规范》(GB/T 50063—2017) 附录 C 表 C.0.2-值及注解 2。

高压侧：计算机控制系统配置I及P、W；

低压侧：计算机控制系统及开关柜均配置I。

23.《厂用电继电保护整定计算导则设计规范》(DL/T 1502—2016) 第 4.4.1 条式 (38)。

设短路基准容量$S_j = 100MVA$，则：

系统阻抗标幺值：$X_s = \frac{S_j}{S_S} = \frac{100}{\sqrt{3}\times20\times120.28} = 0.024$

励磁变压器阻抗标幺值：$X_T = \frac{U_d\%}{100} \cdot \frac{S_j}{S_e} = \frac{7.45}{100} \cdot \frac{100}{3.5} = 2.129$

励磁变压器低压侧短路时，流过高压侧的最大短路电流：

$$I'' = \frac{I_j}{X_T + X_S} = \frac{1}{0.024 + 2.129} \times \frac{100}{\sqrt{3} \times 20} = 1.341\text{kA}$$

励磁变压器短路保护的二次整定值：$I_{op} = \frac{K_{rel} I_{k\cdot max}^{(3)}}{n_a} = \frac{1.3 \times 1341}{200/5} = 43.58\text{A}$

注：励磁变压器速断保护按躲过高压厂用变压器低压侧出口三相短路时流过保护的最大短路电流整定。短路计算中基准电压实应为 1.05 倍的额定电压，本题数据稍不严谨。

题 24～27 答案：**ABDB**

24.《并联电容器装置设计规范》（GB 50227—2017）。

第 3.0.2 条：变电站的电容器安装容量，应根据本地区电网无功规划和国家现行标准中有关规定后计算后确定，也可根据有关规定按变压器容量进行估算，①正确。

第 3.0.3-2 条：当分组电容器按各种容量组合运行时，应避开谐振容量，②错误，必须≠应该。

第 3.0.4 条：并联电容器装置宜装设在变压器的主要负荷侧。当不具备条件时，可装设在三绕组变压器的低压侧。本题补偿安装在低压侧，非主要负荷侧（中压侧）。且按题意 1 号主变压器容量：3×334MVA，故安装容量应取$3 \times 334 \times 20\%$，故③④错误。

25.《并联电容器装置设计规范》（GB 50227—2017）第 5.2.2 条及条文说明。

并联电容器额定电压：$U_{CN} = \frac{1.05 U_{SN}}{\sqrt{3} S(1-K)} = \frac{1.05 \times 35}{\sqrt{3} \times 4 \times (1-12\%)} = 6.03\text{kV}$

正常运行时电容器输出容量的变化范围：

$$\frac{Q_C}{Q_{CN}} = \left(\frac{U}{U_N}\right)^2 = (0.97 \sim 1.07)^2 = 94.1\% \sim 114.5\%$$

26.《并联电容器装置设计规范》（GB 50227—2017）第 5.1.3 条、第 5.5.5 条、第 5.8.2 条。

第 5.5.5 条：串联电抗器的额定电流应等于所连接的并联电容器组的额定电流，其允许过电流不应小于并联电容器组的最大过电流值。

串联电抗器的额定电流：$I_{Ln} = I_{Cn} = 2m \frac{q_e}{U_{Ce}/n} = 2 \times 5 \times \frac{500}{22/4} = 909.1\text{A}$

第 5.1.3 条：并联电容器装置总回路和分组回路的电器导体选择时，回路工作电流应按稳态过电流最大值确定。

第 5.8.2 条：并联电容器装置的分组回路，回路导体截面应按并联电容器组额定电流的 1.3 倍选择。

串联电抗器的允许过电流：$I_g = 1.3 I_{Ce} = 1.3 \times 909.1 = 1181.1\text{A}$

27.《330kV～750kV 变电站无功补偿装置设计技术规定》（DL/T 5014—2010）第 9.5.4 条。

第 9.5.4 条：并联电容器组应设置母线过电压保护，保护动作值按电容器额定电压的 1.1 倍整定，动作后带时限切除电容器组，故对应表格中电容器击穿元件百分数$\beta = 25\%$。

按最不利情况，25%的击穿元件均在同一个串联段内，故

桥臂输入电流：$I_{in} = \omega(7C_0 // 7C_0) \times 1.1 \times 2 \times U_{ce} = 7.7\omega C_0 U_{ce}$

桥臂输出电流：$I_{out} = \omega[7(1-25\%)C_0 // 7C_0] \times 1.1 \times 2 \times U_{ce} = 6.6\omega C_0 U_{ce}$

桥臂上的不平衡电流：

$$\Delta I_c = \frac{I_{in} - I_{out}}{2} = \frac{(7.7 - 6.6)}{2} \omega C_0 U_{ce} = 0.55 \frac{Q_{ce}}{U_{ce}} = 0.55 \times \frac{500}{5.5} = 50\text{A}$$

桥式差电流保护二次动作电流：$I_{dz} = \frac{\Delta I_c}{n k_{sen}} = \frac{50}{5 \times 1.5} = 6.67$

题 28～30 答案：**CAD**

28.《发电厂和变电所照明设计技术规定》(DL/T 5390—2014) 第 8.5.1 条、第 8.5.2 条。

照明设备负荷计算表

位置	灯具类型（功率 kW）	设备功率（kW）	同时系数k	损耗系数α	功率因数	计算负荷（kVA）
汽机房	金属卤化物灯（48 × 0.4）	19.2	0.8	0.2	0.85	21.68
	金属卤化物灯（160 × 0.175）	28			0.85	31.62
	荧光灯（150 × 2 × 0.036）	10.8			0.9	11.52
	荧光灯（30 × 0.32）	9.6			0.9	1.02
锅炉房	金属卤化物灯（360 × 0.175）	63			0.85	71.15
	荧光灯（20 × 0.032）	0.64			0.9	0.68
集控室	荧光灯（150 × 2 × 0.036）	10.8			0.9	11.52
	荧光灯（40 × 4 × 0.018）	2.88			0.9	3.07
煤仓间	金属卤化物灯（36 × 0.25）	9			0.85	10.16
主厂房	金属卤化物灯（8 × 0.4）	3.2			0.85	3.61
插座	插座（40）	40			0.85	47.06
合计						213.09

其中计算负荷$S_t \geqslant \sum\left[\frac{K_t P_z(1+\alpha)}{\cos\varphi}+\frac{P}{\cos\varphi}\right]$，故取 250kVA。

29.《发电厂和变电所照明设计技术规定》(DL/T 5390—2014) 第 5.1.4 条、第 7.0.4 条、第 10.0.8 条、第 10.0.10 条及附录 B。

由第 5.1.4 条可知，室形指数：

$$RI=\frac{L\times W}{h_{re}\times(L+W)}=\frac{130.6\times 28}{(27-12.6)\times(130.6+28)}=1.6$$

由第 10.0.8 条、第 10.0.10 条可知，照明功率密度限值为 7W/m²，修正系数为 0.82，由第 2.0.35 条的照明功率密度定义可知灯具数量为：

$$N\geqslant\frac{130.6\times 28\times 7\times 0.82}{400}=52.5\text{，取 53 个}$$

由第 7.0.4 条，照度维护系数为 0.7，再依据附录 B.0.1 及条文说明内容，计算可得汽机房运转层地面照度：

$$E_c=\frac{\Phi\times N\times CU\times K}{A}=\frac{35000\times 53\times 0.55\times 0.7}{130.6\times 28}=195.3\text{lx}$$

《建筑照明设计标准》(GB 50034—2013) 第 4.1.7 条，设计照度与照度标准值的偏差不应超过±10%，显然$E_c=195.3$lx 校验可满足 200lx 的偏差范围。

30.《发电厂和变电所照明设计技术规定》(DL/T 5390—2014) 第 8.1.2-3 条、第 8.6.2-2 条。

第 8.1.2-3 条：12～24V 的照明灯具端电压的偏移不宜低于其额定电压的 90%。

由第 8.6.2-2 条，电压损失$\Delta U_y\% \geqslant \Delta U\% = \frac{\sum P_{js}L}{CS}$，故回路导体的最大长度为：

$$L \leqslant \frac{CS\Delta U_y\%}{\sum P_{js}} = \frac{0.14 \times 10 \times (100-90)}{6 \times 0.06} = 38.88\text{mm}^2$$

题 31～35 答案：**DCDDB**

31.《架空输电线路电气设计规程》（DL/T 5582—2020）第 6.1.3-2、6.2.2 条。

绝缘子片数：$n \geqslant \frac{\lambda U}{K_e L_{01}} = \frac{4\times550/\sqrt{3}}{0.95\times45} = 29.7$，取 30 片。

注：架空送电线路绝缘子片数量应采用 GB 50545—2010 中的公式计算，选用标称电压及其爬电比距，且不再考虑增加零值绝缘子，题干要求按系统标称电压取最高运行相电压。变电站绝缘子的爬电比距参考《导体与电器选择设计技术规程》（DL/T 5222—2005）附录 C 表 C.2。

32.《架空输电线路电气设计规程》（DL/T 5582—2020）第 6.1.3-2、6.1.5 条。

绝缘子片数：$n \geqslant \frac{\lambda U}{K_e L_{01}} = \frac{4.5\times550/\sqrt{3}}{0.9\times55} = 28.9$，取 29 片。

海拔修正后的绝缘子片数：$n_H = ne^{0.1215m_1\frac{H-1000}{1000}} = 28.9 \times e^{0.1215\times0.4\times\frac{3000-1000}{1000}} = 31.9$，取 32 片。

33.《污秽条件下使用的高压绝缘子的选择和尺寸确定　第 1 部分：定义、信息和一般原则》（GB/T 26218.1—2010）第 3.1.5 条、第 3.1.6 条。

盘形绝缘子爬电距离：$L_p \geqslant \lambda_p U_{mg} = 5 \times \frac{550}{\sqrt{3}} = 1587.75\text{cm}$

根据《架空输电线路电气设计规程》（DL/T 5582—2020）第 6.2.4-2 条，故复合绝缘子爬电距离：$L_f \geqslant \frac{3}{4}L_p = \frac{3}{4} \times 1587.75 = 1191\text{cm}$，且不小于 4.5cm/kV；且$L_f' \geqslant \lambda_f U = 4.5 \times \frac{550}{\sqrt{3}} = 1428\text{cm}$，取答案中较大者即 1400cm。

34.《架空输电线路电气设计规程》（DL/T 5582—2020）第 6.1.3-2、6.2.2、6.2.3 条。

（1）按操作过电压及雷电过电压配合选择

500kV 线路悬式绝缘子串需 25 片结构高度 155mm 的绝缘子片；

结合绝缘子高度为 170mm，则绝缘子片数修正为：

$$n = \frac{155 \times 25 + 146 \times (100-40)/10}{170} = 27.9\text{，取 28 片}$$

（2）按爬电比距法选择

绝缘子片数：$n \geqslant \frac{\lambda U}{K_e L_{01}} = \frac{4\times550/\sqrt{3}}{1.0\times48} = 26.5$，取 27 片。

综上，取较大者 28 片。

35.《绝缘配合　第 1 部分：定义、原则和规则》（GB 311.1—2012）附录 B 式（B.2）。

工频间隙放电电压$U_{50\%}$海拔修正系数$K_a = e^{m\frac{h-1000}{8150}} = e^{1\times\frac{3000-1000}{8150}} = 1.278$

《交流电气装置的过电压保护和绝缘配合设计规范》（GB/T 50064—2014）第 6.2.4 条，500kV 输电线路带电部分与杆塔构件工频电压最小空气间隙为 1.3m，故根据题干提示，海拔修正后的最小空气间隙为：

$$d' = \frac{U'_{50\%}}{k} = \frac{K_a U'_{50\%}}{k} = K_a d = 1.278 \times 1.3 = 1.66\text{m}$$

题 36～40 答案：**ABACC**

36.《电力工程高压送电线路设计手册》（第二版）P184 式（3-3-12）。

最高气温工况下垂直比载取自重力荷载γ_1，则垂直档距为：

$$l_v=\frac{l_1+l_2}{2}+\frac{\sigma_0}{\gamma_1}\left(\frac{h_1}{l_1}+\frac{h_2}{l_2}\right)=\frac{500+600}{2}+\frac{25900/A}{16.18/A}\times\left(\frac{20}{500}-\frac{50}{600}\right)=481\mathrm{m}$$

其中A代表导线截面积。

37.《电力工程高压送电线路设计手册》（第二版）P184 式（3-3-12）、P327 式（6-2-5）。

覆冰工况下垂直比载取自重力+冰重力荷载$\gamma_3=\gamma_1+\gamma_2$，则垂直档距为：

$$l_v=\frac{l_1+l_2}{2}+\frac{\sigma_0}{\gamma_3}\left(\frac{h_1}{l_1}+\frac{h_2}{l_2}\right)=\frac{500+600}{2}+\frac{45300/A}{(16.18+11.12)/A}\times\left(\frac{20}{500}-\frac{50}{600}\right)=478.1\mathrm{m}$$

其中A代表导线截面积。

忽略绝缘子、金具、防震锤、重锤等产生的垂直荷载，导线产生的垂直荷载为：

$$G=Lvqn=478.1\times(16.18+11.12)\times4=52208\mathrm{N}$$

38.《架空输电线路电气设计规程》（DL/T 5582—2020）第 8.0.1、8.0.2、8.0.4 条。

第 8.0.1 条：金具强度的安全系数，最大使用荷载情况不应小于 2.5；且导线为 4 分裂导线，双联双挂点形式，则每一联的破坏荷载为：

$$T_R=\frac{KT}{2}=\frac{2.5\times45.3\times4}{2}=226.5\mathrm{kN}\text{，取 }240\mathrm{kN}$$

第 8.0.4 条：与横担连接的第一个金具应转动灵活且受力合理，其强度应高于串内其他金具强度，故横担挂点金具强度应较非挂点的其他金具提高一个等级，故取 300kN。

39.《电力工程高压送电线路设计手册》（第二版）P184 式（3-3-12），《架空输电线路电气设计规程》（DL/T 5582—2020）第 8.0.1、8.0.2 条。

覆冰工况下垂直比载取自重力+冰重力荷载$\gamma_3=\gamma_1+\gamma_2$，则垂直档距为：

$$l_v=\frac{l_1+l_2}{2}+\frac{\sigma_0}{\gamma_3}\left(\frac{h_1}{l_1}+\frac{h_2}{l_2}\right)=\frac{600+1000}{2}+\frac{45300/A}{(16.18+11.12)/A}\times\left(\frac{50}{600}-\frac{150}{1000}\right)=689.3\mathrm{m}$$

其中A代表导线截面积。

覆冰工况综合荷载：

$$F_7=\sqrt{(g_3L_v)^2+(g_5L_H)^2}=4\times\sqrt{[(16.18+11.12)\times689.3]^2+(3.76\times\frac{600+1000}{2})^2}=76229.3\mathrm{N}$$

第 8.0.1 条：金具强度的安全系数，最大使用荷载情况不应小于 2.5，则导线破坏荷载$T_R=KT=2.5\times76.23=190.6\mathrm{kN}$，故可选择单联 210kN 绝缘子串。

40.《电力工程高压送电线路设计手册》（第二版）P103 式（2-6-44），P183～184 式（3-3-10）、式（3-3-12）。

大风工况与最高气温工况时，垂直比载取自重力荷载γ_1，则垂直档距为：

$$l_v=\frac{l_1+l_2}{2}+\frac{\sigma_0}{\gamma_1}\left(\frac{h_1}{l_1}+\frac{h_2}{l_2}\right)=\frac{500+600}{2}+\frac{36000/A}{16.18/A}\times\left(\frac{20}{500}-\frac{50}{600}\right)=453.6\mathrm{m}$$

其中A代表导线截面积。

忽略绝缘子串影响，绝缘子风压$P_1=0$，绝缘子串自重$G_1=0$，故绝缘子串最大风偏角为：

$$\varphi=\arctan\left(\frac{P_I/2+Pl_H}{G_I/2+W_Il_v}\right)=\arctan\left(\frac{0+13.72\times550}{0+16.18\times453.6}\right)=45.8°$$

2019 年专业知识试题答案（上午卷）

1. **答案：** C

依据：《交流电气装置的过电压保护和绝缘配合设计规范》（GB/T 50064—2014）第 4.5.4.6-4 条。

2. **答案：** A

依据：《大中型火力发电厂设计规范》（GB 50660—2011）第 16.1.6-1 条。

$$S_{cy} = 159 \times 15\% = 23.85\text{MVA}$$

3. **答案：** A

依据： 无。

中性点非直接接地电力系统中发生单相接地短路时，非故障相电压升高到线电压，中性点电压升高到相电压。

4. **答案：** A

依据：《35kV～220kV 变电站无功补偿装置设计技术规定》（DL/T 5242—2010）第 7.3.5 条及条文说明。

5. **答案：** C

依据：《风电场工程 110kV～220kV 海上升压变电站设计规范》（NB/T 31115—2017）第 7.4.6 条。

6. **答案：** A

依据：《交流电气装置的接地设计规范》（GB/T 50065—2011）第 4.2.1 条、第 6.1.2 条。

$$R \leqslant \frac{2000}{I_G} = \frac{2000}{1000} = 2\Omega$$

7. **答案：** C

依据：《电流互感器和电压互感器选择及计算规程》（DL/T 866—2015）第 7.1.8 条。

8. **答案：** D

依据：《火力发电厂厂用电设计技术规程》（DL/T 5153—2014）附录 D 第 D.0.1 条。

9. **答案：** A

依据：《330kV～750kV 变电站无功补偿装置设计技术规定》（DL/T 5014—2010）第 7.4.6 条。

10. **答案：** D

依据：《架空输电线路电气设计规程》（DL/T 5582—2020）表 10.1.4。输电线路跨越弱电线路（不包括光缆和埋地电缆）时，输电线路与弱电线路的交叉角应符合表 13.0.7 的规定。

11. **答案：**

依据：《电能质量 公用电网谐波》（GB/T 14549—1993）表 2、附录 B 式（B1）。

查表可知，对应允许值为 20A，$I_h = \frac{S_{k1}}{S_{k2}} I_{hp} = \frac{300}{100} \times 20 = 60\text{A}$

12. **答案：** D

依据：《火力发电厂、变电站二次接线设计技术规程》（DL/T 5136—2012）第 5.4.20 条。

13. **答案：** C

依据：《导体和电器选择设计规程》（DL/T 5222—2021）附录 A 第 A.7.1 条。

14. **答案：** C

依据：《高压配电装置设计技术规程》（DL/T 5352—2018）第 2.2.2 条。

15. **答案：** C

依据：《交流电气装置的过电压保护和绝缘配合设计规范》（GB/T 50064—2014）第 4.2.1-4 条。

$$2.2\text{p. u.} = 2.2 \times \frac{\sqrt{2}}{\sqrt{3}} \times 363 = 651.97\text{kV}$$

16. **答案：** C

依据：《交流电气装置的接地设计规范》（GB/T 50065—2011）第 4.5.1-3 条。

17. **答案：** A

依据：《火力发电厂、变电站二次接线设计技术规程》（DL/T 5136—2012）第 4.1.18-1 条。

18. **答案：** C

依据：《风电场工程 110kV～220kV 海上升压变电站设计规范》（NB/T 31115—2017）第 5.5.1 条。

19. **答案：** C

依据：《架空输电线路电气设计规程》（DL/T 5582—2020）第 8.0.1 条。

$$\frac{160}{2.7} = 59.3\text{kN}$$

20. **答案：** C

依据：《电力工程高压送电线路设计手册》（第二版）P177 式（3-2-2）。

$$E = \frac{181000 + 10 \times 65000}{1 + 10} = 75545\text{N/mm}^2$$

21. **答案：** B

依据：《高压配电装置设计技术规程》（DL/T 5352—2018）第 5.5.1 条。

22. **答案：** B

依据：《水力发电厂机电设计规范》（NB/T 10878—2021）第 4.2.3 条。电气主接线应在全面技术经济比较的基础上确定。装机容量 750MW 及以上的水力发电厂还应对电气主接线可靠性进行评估。

23. **答案：** B

依据：《导体和电器选择设计技术规定》（DL/T 5222—2005）第 9.3.3 条。

注：新规《导体和电器选择设计规程》（DL/T 5222—2021）第 7.3.3 条的描述有较大变化。

24. **答案：** C

依据：《导体和电器选择设计规程》（DL/T 5222—2021）第 4.0.3 条。

25. **答案：** B

依据：《交流电气装置的过电压保护和绝缘配合设计规范》（GB/T 50064—2014）第 5.4.4-1 条。

26. **答案：** D

依据：《交流电气装置的接地设计规范》（GB 50065—2011）第4.3.4条、表4.3.4-2及注1。

27. **答案：** C

依据：《电力工程直流电源系统设计技术规程》（DL/T 5044—2014）第4.2.6条及表4.2.6。

28. **答案：** B

依据：《电力系统设计技术规程》（DL/T 5429—2009）第5.2.3条。

29. **答案：** A

依据：《电力工程电缆设计标准》（GB 50217—2018）第3.2.2-1条。

$$U=\frac{220}{\sqrt{3}}=127\text{kV}$$

30. **答案：** A

依据：《电力工程高压送电线路设计手册》（第二版）P184式（3-3-12）。

$$l_v=\frac{l_1+l_2}{2}+\frac{\sigma_0}{\gamma_v}\left(\frac{h_1}{l_1}+\frac{h_2}{l_2}\right)=\frac{400+400}{2}+\frac{48}{30.3\times10^{-3}}\left(\frac{40}{400}-\frac{50}{400}\right)=360\text{m}$$

31. **答案：** D

依据：《导体和电器选择设计规程》（DL/T 5222—2021）第3.0.14条。

32. **答案：** C

依据：《导体和电器选择设计规程》（DL/T 5222—2021）第3.0.9条。

33. **答案：** C

依据：《电力工程直流系统设计技术规程》（DL/T 5044—2014）第4.1.2-2条。

34. **答案：** B

依据：《高压配电装置设计技术规程》（DL/T 5352—2018）第5.1.2条及条文说明。

35. **答案：** D

依据：《交流电气装置的接地设计规范》（GB/T 50065—2014）第3.1.6条。

36. **答案：** C

依据：《电力装置的电测量仪表装置设计规范》（GB/T 50063—2017）第3.1.3条及表3.1.3。

37. **答案：** B

依据：《火力发电厂厂用电设计技术规程》（DL/T 5153—2014）第3.3.1-2条。

38. **答案：** A

依据：《电力系统设计技术规程》（DL/T 5429—2009）第5.3.2条。

39. **答案：** D

依据：《架空输电线路电气设计规程》(DL/T 5582—2020)第6.1.5条。

$$n_h=28\times e^{0.1215\times0.65\times(3000-1000)/1000}=32.8，取33片$$

40. **答案：** D

依据：《高压直流架空送电线路技术导则》（DL/T 436—2005）第5.1.3.4条。

注：该规范已移出考纲。

……………………………………………………………………………………………………

41. **答案**：ACD

依据：《爆炸危险环境电力装置设计规范》（GB 50058—2014）第 5.1.1 条。

42. **答案**：AB

依据：《大中型火力发电厂设计规范》（GB 50660—2011）第 16.1.2-3 条。

43. **答案**：AC

依据：《电力工程电缆设计规范》（GB 50217—2018）第 5.1.4-1 条、第 5.1.3-2 条、第 5.1.7 条、第 5.1.9 条。

44. **答案**：AB

依据：《交流电气装置的接地设计规范》（GB/T 50065—2011）第 3.2.1 条、第 3.2.2 条。

45. **答案**：BC

依据：《220kV～750kV 电网继电保护装置运行整定规程》（DL 559—2018）第 7.2.12 条。

46. **答案**：AC

依据：《架空输电线路电气设计规程》（DL/T 5582—2020）表 8.0.1。

47. **答案**：ACD

依据：《110kV～750kV 架空输电线路设计规范》（GB 50545—2010）第 7.0.13 条、第 7.0.14 条。

注：依据新规《架空输电线路电气设计规程》（DL/T 5582—2020）第 7.2.1、第 7.2.2 条，选项 A、B 正确，选项 C 在新规中无描述。

48. **答案**：BC

依据：《架空输电线路电气设计规程》（DL/T 5582—2020）第 5.1.14 条及条文说明。

49. **答案**：ABD

依据：《大中型火力发电厂设计规范》（GB 50660—2011）第 21.5.2 条及条文说明。

50. **答案**：ACD

依据：《水力发电厂机电设计规范》（DL/T 5186—2004）第 5.2.4 条。

51. **答案**：BCD

依据：《高压配电装置设计规范》（DL/T 5352—2018）第 2.1.5 条。

52. **答案**：CD

依据：《发电厂电力网络计算机监控系统设计技术规程》（DL/T 5226—2013）第 5.8.1 条、第 5.8.3 条、第 5.8.4 条。

53. **答案**：AB

依据：《发电厂和变电站照明设计技术规定》（DL/T 5390—2014）第 5.1.4 条及表 5.1.4。

查表 5.1.4，灯具最大允许距高比$\frac{L}{H}=0.8\sim1.5$，故$L=(0.8\sim1.5)\times3.5=(2.8\sim5.25)$m。

54. **答案**：AD

依据：《电力工程电缆设计标准》（GB 50217—2018）第 6.1.2 条及表 6.1.2。

55. **答案**：CD

依据：《架空输电线路电气设计规程》（DL/T 5582—2020）第 5.1.3 条及条文说明。导线的最小外径取决于两个条件：导线表面电场强度E不宜大于全面电晕电场强度 E_0 的 80%~85%；年平均电晕损失不宜大于线路电阻有功损失的 20%。故选项 C、D 正确。

56. **答案**：ABD

依据：《电力工程高压送电线路设计手册》（第二版）P223“判断振动强度的标准”。

57. **答案**：ABD

依据：《火力发电厂与变电所设计防火规范》（GB 50229—2019）第 6.8.1 条、第 10.6.3-1 条、第 11.4.7 条。

58. **答案**：AB

依据：《电力工程电气设计手册 1 电气一次部分》P119～120“三 限流措施”。

59. **答案**：BC

依据：《交流电气装置的过电压保护和绝缘配合设计规范》（GB/T 50064—2014）第 3.1.3 条及表 3.1.3。

60. **答案**：AB

依据：《电流互感器和电压互感器选择及计算规程》（DL/T 866—2015）第 12.2.1 条。

61. **答案**：ACD

依据：《35kV～220kV 变电站无功补偿装置设计技术规定》（DL/T 5242—2010）、《330～750kV 变电站无功补偿装置设计技术规定》（DL/T 5014—2010）。

选项 A：根据《35kV～220kV 变电站无功补偿装置设计技术规定》（DL/T 5242—2010）第 8.3.3 条、《330～750kV 变电站无功补偿装置设计技术规定》（DL/T 5014—2010）第 8.4.1 条“低位品字形”。

选项 B：根据《330kV～750kV 变电站无功补偿装置设计技术规定》（DL/T 5014—2010）第 8.4.2 条。

选项 C：根据《35kV～220kV 变电站无功补偿装置设计技术规定》（DL/T 5242—2010）第 8.3.5 条、《330～750kV 变电站无功补偿装置设计技术规定》（DL/T 5014—2010）第 8.4.3 条。

选项 D：根据《35kV～220kV 变电站无功补偿装置设计技术规定》（DL/T 5242—2010）第 8.3.5 条、《330～750kV 变电站无功补偿装置设计技术规定》（DL/T 5014—2010）第 8.4.3 条。

62. **答案**：AB

依据：《交流电气装置的过电压保护和绝缘配合设计规范》（GB/T 50064—2014）附录 D 式（D.1.8）。

63. **答案**：AB

依据：《架空输电线路电气设计规程》（DL/T 5582—2020）第 5.1.8 条及条文说明。控制导线允许载流量的主要依据是导线的最高允许温度，后者主要由导线经长期运行后的强度损失和连接金具的发热而定。

64. **答案：**ABD

依据：《±800kV 直流换流站设计规范》（GB 50789—2012）第 5.1.4 条、第 4.2.7-2 条。

注：该规范已移出考纲。

65. **答案：**AB

依据：《导体和电器选择设计规程》（DL/T 5222—2021）第 17.0.8 条。

66. **答案：**BC

依据：《火力发电厂、变电站二次接线设计技术规程》（DL/T 5136—2012）第 5.4.9 条。

67. **答案：**ABC

依据：《火力发电厂厂用电设计技术规程》（DL/T 5153—2014）第 9.3.1-1 条、第 9.3.2-1 条。

68. **答案：**BD

依据：《架空输电线路电气设计规程》（DL/T 5582—2020）第 4.0.12 条。

69. **答案：**ABD

依据：《架空输电线路电气设计规程》（DL/T 5582—2020）第 4.0.17 条、第 4.0.19 条，带电作业与雷电过电压气象条件不一致，故选项 A 错误。依据第 6.1.6 条，选项 B 错误，C 正确。依据第 4.0.19 条，带电作业工况的风速可采用 10m/s，故选项 D 错误。

70. **答案：**BCD

依据：《架空输电线路电气设计规程》（DL/T 5582—2020）第 8.0.11 条及条文说明、附录 H。

2019年专业知识试题答案（下午卷）

1. **答案：**A

依据：《电力工程电气设计手册 1 电气一次部分》P56“二、一台半断路器接线”。

2. **答案：**B

依据：《导体和电器选择设计规程》（DL/T 5222—2021）第7.3.6条。

3. **答案：**B

依据：《高压配电装置设计规程》（DL/T 5352—2018）第5.5.7条。

4. **答案：**C

依据：《风力发电场设计技术规范》（DL/T 5383—2007）第6.7.5条。

5. **答案：**A

依据：《交流电气装置的过电压保护和绝缘配合设计规范》（GB/T 50064—2014）第3.1.3-3条及表3.1.3。

6. **答案：**D

依据：《电力工程电气设计手册 1 电气一次部分》P69“电力网中性点接地方式”的相关内容。

7. **答案：**A

依据：《光伏发电站设计规范》（NB/T 10128—2019）第3.1.1条及条文说明。

8. **答案：**C

依据：《火力发电厂厂用电设计技术规定》（DL/T 5153—2014）第6.5.14条、第6.5.15条。

9. **答案：**B

依据：《隐极同步发电机技术要求》（GB/T 7064—2017）第4.4条、《导体和电器选择设计规程》（DL/T 5222—2021）第5.5.13条。

查表4可知，功率因数为0.8。

额定电流：$I_n = \frac{P}{\sqrt{3}U_n\cos\varphi} = \frac{30}{\sqrt{3}\times10.5\times0.8} = 2.062\text{kA} = 2062\text{A}$

10. **答案：**A

依据：《电力工程电缆设计规范》（GB 50217—2018）附录B式（B.0.1-1）。

回路持续工作电流：$I = \frac{1.05\times S}{\sqrt{3}U_n} = 0.6\times\frac{1.05\times75}{\sqrt{3}\times35} = 0.779\text{kA} = 779\text{A}$

导体经济截面面积：$S_j = \frac{I_g}{J} = \frac{779}{1.56} = 499.4\text{mm}^2$，因此选择标称截面面积为$2\times240\text{mm}^2$。

注：当采用经济电流密度选择电缆截面介于两标称截面之间，可视其接近程度，选择较接近一档截面。

11. **答案：**D

依据：《电力设施抗震设计规范》（GB 50260—2013）第6.2.1条。

12. **答案：**B

依据：《电力工程电缆设计标准》（GB 50217—2018）附录 D 第 D.0.2 条。

13. **答案**：B

依据：《电力工程直流系统设计技术规程》（DL/T 5044—2014）第 6.7.2-3 条。

14. **答案**：C

依据：《火力发电厂、变电所二次接线设计技术规程》（DL/T 5136—2012）第 3.2.2 条。

15. **答案**：B

依据：《火力发电厂厂用电设计技术规定》（DL/T 5153—2014）附录 P 表 P.0.3。

断路器整定电流：

$$I_z \geqslant 1.35(I_Q + \sum I_{qi}) = 1.35\left(\frac{6.5 \times 55}{\sqrt{3} \times 0.38 \times 0.8} + 620 - \frac{55}{\sqrt{3} \times 0.38 \times 0.8}\right) = 1194.5\text{A}$$

注：题干中未告知 MCC 进线处短路电流，否则还需校验其灵敏度。

16. **答案**：A

依据：《火力发电厂厂用电设计技术规定》（DL/T 5153—2014）第 3.7.5 条。

17. **答案**：B

依据：《火灾自动报警系统设计规范》（GB 50116—2013）第 3.1.6 条。

18. **答案**：B

依据：《爆炸危险环境电力装置设计规范》（GB 50058—2014）第 3.3.2 条。

19. **答案**：D

依据：《电能质量 供电电压偏差》（GB/T 12325—2008）第 4.1 条。35kV 及以上供电电压正、负偏差绝对值之和不超过标称电压的 10%。

注：该规范现已移出考纲。

20. **答案**：D

依据：《火力发电厂与变电站设计防火规范》（GB 50229—2019）第 6.8.5 条。

21. **答案**：A

依据：《光伏发电站设计规范》（GB 50797—2012）第 4.0.3-2 条。

注：该规范现已移出考纲。

22. **答案**：C

依据：《高压配电装置设计规程》（DL/T 5352—2018）第 3.0.11 条。

23. **答案**：C

依据：《火力发电厂和变电所照明设计技术规定》（DL/T 5390—2014）第 8.3.4 条。

24. **答案**：D

依据：《火灾自动报警系统设计规范》（GB 50116—2013）第 6.5.2 条。

25. **答案**：A

依据：《火力发电厂和变电所照明设计技术规定》（DL/T 5390—2007）第 10.0.3 条。

26. 答案：D

依据：《电力装置的电测量仪表装置设计规范》（GB/T 50063—2008）第 3.6.6 条。

27. 答案：B

依据：《电力工程直流系统设计技术规程》（DL/T 5044—2014）第 4.1.1-1 条。

28. 答案：A

依据：《继电保护和安全自动装置技术规程》（GB/T 14285—2006）第 4.3.7.5 条。

29. 答案：C

依据：《交流电气装置的接地设计规范》（GB/T 50065—2011）第 4.3.3-4 条。

30. 答案：D

依据：《火力发电厂与变电站设计防火规范》（GB 50229—2019）第 6.8.1 条。

31. 答案：B

依据：《火力发电厂与变电站设计防火规范》（GB 50229—2019）第 6.8.5 条。

32. 答案：A

依据：《火力发电厂和变电所照明设计技术规定》（DL/T 5390—2007）第 2.1.29～2.1.32 条。

33. 答案：C

依据：《高压配电装置设计技术规程》（DL/T 5153—2014）第 3.5.1 条。

34. 答案：A

依据：《低压配电设计规范》（GB 50054—2011）第 3.1.9 条、第 3.1.10 条。

注：该规范现已移出考纲。

35. 答案：D

依据：《交流电气装置的接地设计规范》（GB/T 50065—2011）第 8.3.1 条。

36. 答案：B

依据：《供配电系统设计规范》（GB 50052—2009）第 5.0.11 条。

注：该规范现已移出考纲。

37. 答案：B

依据：《电力系统设计技术规程》（DL/T 5429—2009）第 9.1.4 条。

38. 答案：C

依据：《电力系统安全稳定控制设计导则》（DL/T 723—2000）第 6.2.1 条“发电端的控制手段”。

注：该规范现已移出考纲。

39. 答案：D

依据：《架空输电线路电气设计规程》（DL/T 5582—2020）第 6.2.2 条，第 6.2.3 条。

第 6.6.2 条：全高超过 40m 有地线的杆塔，高度每增加 10m，应比表 7.0.2 增加 1 片相当于高度 146mm 的绝缘子。

$$n' = \frac{90-40}{10} \times \frac{146}{155} = 4.7 \text{ 片}$$

第 6.6.3 条：耐张绝缘子串的绝缘子片数应在表 7.0.2 的基础上增加，对 500kV 输电线路应增加 2 片。

$$n = 25 + 4.7 + 2 = 31.7 \text{ 片，取 32 片}$$

40. **答案**：D

依据：《架空输电线路电气设计规程》（DL/T 5582—2020）第 5.1.15 条。

---

41. **答案**：ABC

依据：《导体和电器选择设计规程》（DL/T 5222—2021）第 3.0.11 条及条文说明。

42. **答案**：ACD

依据：《电力设施抗震设计规范》（GB 50260—2013）第 5.0.2 条。

43. **答案**：BCD

依据：《导体和电器选择设计规程》（DL/T 5222—2021）第 7.3.6 条。

44. **答案**：BCD

依据：《光伏发电站接入电力系统设计规范》（GB/T 50866—2013）第 4.1.4 条。

注：该规范现已移出考纲。

45. **答案**：CD

依据：《电力工程高压送电线路设计手册》（第二版）P125 式（2-7-11）。

$$\lg P_\theta = \frac{\theta\sqrt{h}}{86} - 3.9 \Rightarrow \theta = \frac{3.9\times 86 + 86\lg P_\theta}{\sqrt{h}} \leqslant \frac{3.9\times 86 + 86\lg(0.0004)}{\sqrt{37}} = 7.10°$$

46. **答案**：ACD

依据：《电力系统设计技术规程》（DL/T 5429—2009）第 5.2.2 条。

47. **答案**：ABC

依据：《电力工程电气设计手册 1 电气一次部分》P380“次档距长度的确定”。

48. **答案**：BCD

依据：《导体和电器选择设计规程》（DL/T 5222—2021）第 11.0.4-3 条。

49. **答案**：BCD

依据：《高压配电装置设计技术规程》（DL/T 5352—2018）第 2.1.8 条。

50. **答案**：BC

依据：《火力发电厂厂用电设计技术规定》（DL/T 5153—2014）第 6.3.3 条。

51. **答案**：BCD

依据：《火力发电厂厂用电设计技术规定》（DL/T 5153—2014）第 3.6.3～3.6.5 条。

52. **答案**：AC

依据：《风电场接入电力系统技术规定 第 1 部分：陆上风电》（GB/T 19963.1—2021）第 7.1.1 条、第 7.1.2 条。

53. **答案**：BCD

依据：《火力发电厂与变电站设计防火规范》（GB 50229—2019）第 11.5.1 条注解。

54. **答案**：ABD

依据：《光伏发电站设计规范》（GB 50797—2012）第 5.4.4 条。

注：该规范现已移出考纲。

55. **答案**：ABC

依据：《电力工程电缆设计标准》（GB 50217—2018）第 7.0.2 条。

56. **答案**：ACD

依据：《火力发电厂和变电站照明设计技术规定》（DL/T 5390—2014）第 8.1.3 条、第 8.1.5 条。

57. **答案**：ABC

依据：《高压直流输电大地返回运行系统设计技术规定》（DL/T 5224—2014）第 4.1.4 条。

58. **答案**：AD

依据：《火力发电厂、变电站二次接线设计技术规程》（DL/T 5136—2012）第 3.2.5 条。

59. **答案**：AC

依据：《火力发电厂、变电站二次接线设计技术规程》（DL/T 5136—2012）第 7.2.9-2 条。

60. **答案**：BCD

依据：《电力系统安全稳定导则》（GB 38755—2019）第 5.3.1 条。

61. **答案**：ABD

依据：《继电保护和安全自动装置技术规程》（GB/T 14285—2006）第 4.2.5.1 条。

62. **答案**：BCD

依据：《风电场接入电力系统技术规定 第 1 部分：陆上风电》（GB/T 19963.1—2021）第 13.3.2 条。

63. **答案**：ABD

依据：《电力工程电气设计手册 1 电气一次部分》P70“发电机中性点接地方式”的相关内容。

64. **答案**：ABC

依据：《低压配电设计规范》（GB 50054—2011）第 3.1.4 条、第 3.1.11-1 条。

65. **答案**：ABC

依据：《交流电气装置的接地设计规范》（GB/T 50065—2011）第 3.1.1 条。

66. **答案**：AC

依据：《导体和电器选择设计规程》（DL/T 5222—2021）第 6.0.3 条和《电力变压器选用导则》（GB/T

17468—2019）第 3.2 条。

67. **答案：**AD

依据：《电力工程电气设计手册 1 电气一次部分》P71“三 电压互感器配置”的相关内容。

68. **答案：**AC

依据：《架空输电线路电气设计规程》（DL/T 5582—2020）第 10.1.3 条。

69. **答案：**ACD

依据：《架空输电线路电气设计规程》（DL/T 5582—2020）第 9.0.2 条。

70. **答案：**BC

依据：《架空输电线路电气设计规程》（DL/T 5582—2020）第 4.1.1-1 条。

2019 年案例分析试题答案（上午卷）

题 1～6 答案：**CACBBC**

1. 根据《电力系统设计手册》P320 式（10-46），忽略电阻与激磁电抗变压器，变压器空载电流$I_0\%=0$。当 DL3 断开时，变压器负载容量$S=P_e/\cos\varphi_e=20000/0.8=25000\text{kVA}$。

此时主变消耗的无功功率为：

$$\Delta Q=\frac{I_0\%}{100}S_N+\frac{U_k\%}{100}S_N\left(\frac{S}{S_N}\right)^2=0+\frac{12.5}{100}\times 25000\times\left(\frac{25000}{25000}\right)^2=3125\text{kVA}$$

发电机额定发出的无功功率为：

$$Q_G=P_e\tan\varphi_e=P_e\tan(\arccos 0.8)=20000\times 0.75=15000\text{kvar}$$

最终比值为：$\Delta Q/Q_G=3125/15000\times 100\%=20.8\%$

2.《电力工程电气设计手册 1 电气一次部分》P121 表 4-2、P129 式（4-20）、P131 式（4-21）、P135 表 4-7。

设$S_j=25\text{MVA}$

发电机电抗标幺值：$X_{d*}=\frac{U_d\%}{100}\cdot\frac{S_j}{P_e/\cos\theta}=8\times\frac{25}{20/0.8}=0.18$

变压器电抗标幺值：$X_{T*}=\frac{U_k\%}{100}\cdot\frac{S_j}{S_{nT}}=\frac{12.5}{100}\times\frac{25}{25}=0.125$

110kV 线路电抗标幺值：$X_{l*}=X\frac{S_j}{U_j^2}=0.4\times 10\times\frac{25}{115^2}=0.0076$

额定容量S_e下的计算电抗：

$$X_{js}=X_{\Sigma*}\frac{S_e}{S_j}=(0.18+0.125+0.0076)\times\frac{20/0.8}{25}=0.313$$

查表 4-7，取相邻的两个值使用插值法：$\frac{0.313-0.32}{0.3-0.32}=\frac{I''_*-3.368}{3.603-3.368}\Rightarrow I''_*=3.46$

短路电流周期分量起始有效值：$I''=I''_*I_e=I''_*\frac{P_e}{\sqrt{3}U_j\cos\varphi}=3.46\times\frac{20/0.8}{115/\sqrt{3}}=0.43\text{kA}$

3.《电力工程电气设计手册 1 电气一次部分》P120 表 4-1、P129 式（4-20）、P131 式（4-21）、P135 表 4-7。

系统侧提供的短路电流：设$S_j=100\text{MVA}$，$U_j=115\text{kV}$

系统电抗标幺值：$X_{s*}=\frac{S_j}{S_s}=\frac{100}{\sqrt{3}\times 115\times 16}=0.031$

变压器电抗标幺值：$X_{d*}=\frac{U_d\%}{100}\times\frac{S_j}{S_{nT}}=\frac{12.5}{100}\times\frac{100}{25}=0.5$

系统侧提供的短路电流（不考虑周期分量衰减）：$I_{k1}=\frac{I_j}{X_{\Sigma*}}=\frac{9.16}{0.031+0.5}=17.25\text{kA}$

发电机侧提供的短路电流：设$S_j=25\text{MVA}$

发电机电抗标幺值：$X_{d*}=\frac{X''_d\%}{100}\times\frac{S_j}{P_e/\cos\varphi}=\frac{18}{100}\times\frac{25}{20/0.8}=0.18$

查表 4-7，$t=0.1\text{s}$ 时，$I_*=4.697$。

发电机侧提供的短路电流（考虑周期分量衰减）：

$$I_{k2}=I_*I_e=4.697\times\frac{20/0.8}{6.3\times\sqrt{3}}=10.67\text{kA}$$

故总短路电流：$I_k=I_{k1}+I_{k2}=17.25+10.67=28.01\text{kA}$

4.《电力工程电气设计手册 1 电气一次部分》P131 式（4-21）、P135 表 4-7、P139 式（4-28）。

发电机侧提供的短路电流：设$S_j = 25\text{MVA}$

发电机计算电抗：$X_{js} = X''_d = 0.18$，查表 4-7 可知，$I_* = 6.02$。

短路电流：$I_k = I_* I_e = 6.02 \times \frac{20/0.8}{6.3\times\sqrt{3}} = 13.79\text{kA}$

60ms 时短路电流非周期分量：

$$i_{fst} = -\sqrt{2}I''_e e^{-\frac{\omega t}{T_a}} = -\sqrt{2} \times 13.79 \times e^{-\frac{314\times60\times10^{-3}}{100}} = 16.09\text{kA}$$

5.《电力工程电气设计手册 1 电气一次部分》P253 式（6-14）。

6.3kV 母线短路电流满足：$\frac{200}{\sqrt{3}\times6.3} = 18.33\text{kA} \leqslant I_k \leqslant 31.5\text{kA}$

电抗器电抗百分比最小值：

$$X_k\% \geqslant \left(\frac{I_j}{I''} - X_{*j}\right)\frac{I_{ek}}{U_{ek}} \cdot \frac{U_j}{I_j} \times 100\% = \left(\frac{1}{31.5} - \frac{1}{80}\right) \times \frac{0.8}{6.3} \times 6.3 \times 100\% = 1.54\%$$

电抗器电抗百分比最大值：

$$X_k\% \leqslant \left(\frac{I_j}{I''} - X_{*j}\right)\frac{I_{ek}}{U_{ek}} \cdot \frac{U_j}{I_j} \times 100\% = \left(\frac{1}{18.33} - \frac{1}{80}\right) \times \frac{0.8}{6.3} \times 6.3 \times 100\% = 3.36\%$$

故取$X_k\% = 3\%$

6.《电力工程电气设计手册 1 电气一次部分》P80 式（3-1）。

消弧线圈的电感电流：$I_L = \frac{U_{ph}}{\omega L} = \frac{6.3\times10^3/\sqrt{3}}{314\times1.5} = 7.72\text{A}$

参考《导体与电器选择设计技术规程》（DL/T 5222—2005）第 18.1.4 条式（18.1.4），由题意补偿系数$K = 1.2$，可得：$I_c = \frac{I_L}{K} = \frac{7.72}{1.2} = 6.43\text{A}$

GCB 并联对地电容电流：

$$I_c = \sqrt{3}U_e\omega C \times 10^{-3} = \sqrt{3} \times 6.3 \times 314 \times 150 \times 10^{-3} \times 10^{-3} = 0.51\text{A}$$

故其余部分的单相接地电容电流：$I'_c = 6.43 - 0.51 = 5.92\text{A}$

题 7～11 答案：**DBBD**

7.《高压配电装置设计规范》（DL/T 5352—2018）第 4.3.3 条、表 5.1.2-1。

第 4.3.3 条：单柱垂直开启式隔离开关在分闸状态下，动静触头间的最小电气距离不应小于配电装置的最小安全净距B_1值。

L_1为B_1值：$B_1 = A_1 + 750 = 2650 + 750 = 3400\text{mm}$

8.《电力工程电气设计手册 1 电气一次部分》P703 式（附 10-45）。

隔离开关支架高度：

$$H_z = H_m - H_g - f_m - r - \Delta h = 14 - 8.33 - 0.97 - 2 = 2.7\text{m} = 2700\text{mm}$$

9.《电力工程电气设计手册 1 电气一次部分》P699～704 式（附 10-1）、式（附 10-51）。

$$B_1 = A_1 + 750 = 2650 + 750 = 3400\text{mm}$$

忽略导线半径：$H_{c3} \geqslant H_m - f_{m3} + B1 + f_{c3} + r = 14 - 1.8 + 3.4 + 3 = 18.6\text{m}$

注：也可参考《高压配电装置设计规范》（DL/T 5352—2018）第 5.1.2 条表 5.1.2-1。

10.《电力工程电气设计手册 1 电气一次部分》P699 式（附 10-1）～式（附 10-7）、P702 式（附 10-34）～式（附 10-36）、P703 式（附 10-43）。

不考虑导线半径和风偏角对导线分裂间距的影响。

（1）大气过电压

相地距离：$D_1' = A_1' + f' + \frac{d}{2} = 2400 + 600 + \frac{400}{2} = 3200\text{mm}$

相间距离：$D_2' = A_2' + 2f' + d = 2600 + 2\times 600 + 400 = 4200\text{mm}$

（2）内部过电压

相地距离：$D_1' = A_1' + f' + \frac{d}{2} = 2500 + 900 + \frac{400}{2} = 3600\text{mm}$

相间距离：$D_2' = A_2' + 2f' + d = 2800 + 2\times 900 + 400 = 5000\text{mm}$

（3）最高工作电压

相地距离：$D_1' = A_1' + f' + \frac{d}{2} = 1100 + 1450 + \frac{400}{2} = 2750\text{mm}$

相间距离：$D_2' = A_2' + 2f' + d = 1700 + 2\times 1450 + 400 = 5000\text{mm}$

进出线门形构架的宽度（考虑架构柱直径 500mm）：

$$S = 2(D_1 + D_2) = 2\times(5000 + 3600) + 500 = 17700\text{mm} = 17.7\text{m}$$

注：也可参考《高压配电装置设计规范》（DL/T 5352—2018）第 5.1.2 条表 5.1.2-1。

11.《导体和电器选择设计技术规定》（DL/T 5222—2005）第 11.0.9 条及条文说明。

对一般隔离开关的开断电流为 $0.8I_n$（I_n为产品的额定电流），开合次数 100 次，故：

$$I_n' = 0.8\times 2500 = 2000\text{A}$$

题 12～15 答案：**BCAA**

注：《导体和电器选择设计技术规定》（DL/T 5222—2021）已删除相关内容。

12.《交流电气装置的过电压保护和绝缘配合设计规范》（GB/T 50064—2014）第 5.2.1 条式（5.2.1-3）。

计算因子：$h = 40\text{m}$，$h_x = 15\text{m}$，$P = \frac{5.5}{\sqrt{40}}$，故有$h_x < \frac{h}{2}$。

保护半径：$r_x = (1.5h - 2h_x)P = (1.5\times 40 - 2\times 15)\times\frac{5.5}{\sqrt{40}} = 26.09\text{m}$

13.《交流电气装置的过电压保护和绝缘配合设计规范》（GB/T 50064—2014）第 5.2.1 条式（5.2.1-2）、第 5.2.6 条式（5.2.6）。

2 号避雷针计算因子：$h = 40\text{m}$，$h_x = 30\text{m}$，$P = \frac{5.5}{\sqrt{40}}$，故有$h_x > \frac{h}{2}$。

保护半径：$r_x = (h - h_x)P = (40 - 30)\times\frac{5.5}{\sqrt{40}} = 8.7\text{m}$

2 号、5 号避雷针之间的距离：

$$D = \sqrt{(892.8 - 836.8)^2 + (557.58 - 535.2)^2} = 60.31\text{m}$$

5 号避雷针和等效 2 号避雷针之间的距离：$D' = D - r_x = 60.31 - 8.7 = 51.61\text{m}$

等效 2 号避雷针$h = 30\text{m}$，故$P = 1$，则圆弧的弓高：$f = \frac{D'}{7P} = \frac{51.61}{7\times 1} = 7.37\text{m}$。

2 号、5 号避雷针两针间的保护最低点高度h_0：$h_0 = h - f = 30 - 7.37 = 22.63\text{m}$

14.《交流电气装置的过电压保护和绝缘配合设计规范》（GB/T 50064—2014）第 3.2.2 条、第 4.2.6-1 条。

第 4.2.6-1 条：对 110kV 及 220kV 系统，开断空载架空线路宜采用重击穿概率极低的断路器，开断

电缆线路采用重击穿概率极低的断路器，过电压不宜大于 3.0p.u.，即

$$3.0\text{p.u.} = 3 \times \frac{\sqrt{2}}{\sqrt{3}} U_m = 3 \times \frac{\sqrt{2}}{\sqrt{3}} \times 252 = 617.27\text{kV}$$

其中，操作过电压的基准电压：$1.0\text{p.u.} = \frac{\sqrt{2}}{\sqrt{3}} U_m$，最高电压值$U_m$参考《标准电压》(GB/T 156—2017）第 3.4 条表 4。

15.《交流电气装置的过电压保护和绝缘配合设计规范》(GB/T 50064—2014）第 4.4.3 条表 4.4.3、第 6.4.4 条式（6.4.4-3）。

注 3：220kV 变压器中性点经接地电抗器接地，当接地电抗器的电抗与变压器或高压并联电抗器的零序电抗之比等于n时，则$k = \frac{3n}{1+3n} = \frac{3\times0.25}{1+3\times0.25} = 0.43$。

避雷器额定电压：$U_R = 0.35kU_m = 0.35 \times 0.43 \times 252 = 37.8\text{kV}$

避雷器雷电冲击保护水平：$U_{1.p} \leqslant \frac{u_{e.1.o}}{k_{17}} = \frac{185}{1.4} = 132.14\text{kV}$

注：Y1.5W-38/132 含义：Y 表示氧化锌避雷器，1.5 表示标称放电电流为 1.5kA，W 表示无间隙，38 表示额定电压为 38kV，132 表示标称放电电流下的最大残压为 132kV；最高电压值U_m可参考《标准电压》(GB/T 156—2007）第 4.5 条。

题 16～20 答案：**CDCBC**

16.《电力工程直流电源系统设计技术规范》(DL/T 5044—2014）第 4.2.5 条表 4.2.5、附录 D。

经常负荷电流：$I_{jc} = \frac{\sum P_{jc}}{U_n} = \frac{3.5\times0.8+3.0\times0.6+2.2\times0.8}{220} \times 103 = 28.91\text{A}$

根据附录 D.1.1，充电装置额定电流：

$$I_r = 1.25I_{10} + I_{jc} = 1.25 \times \frac{400}{10} + 28.91 = 78.91\text{A}$$

17.《电力工程直流电源系统设计技术规范》(DL/T 5044—2014）附录 D 式（D.1.1-5）。

根据附录 D.1.1，充电装置额定电流：$I_r = 1.25I_{10} + I_{jc} = 1.25 \times \frac{400}{10} + 20 = 70\text{A}$。

根据附录 D.2.1，基本模块数量：$n_1 = \frac{I_r}{I_{me}} = \frac{70}{10} = 7$个，故附加模块数量$n_2 = 2$个。

全站直流系统设 2 组蓄电池，总模块数量：$n = 2(n_1 + n_2) = 2 \times (7 + 2) = 18$个。

18.《电力工程直流电源系统设计技术规范》(DL/T 5044—2014）第 4.2.5 条表 4.2.5、附录 C。

事故放电电流：

$$I_{cho} = \frac{3.5 \times 0.8 + 3 \times 0.6 + 15 \times 0.6 + 2.1 + 2.2 \times 0.8}{220} \times 10^3 + (6 + 2 + 1) \times 3 \times 2 \times 0. = 111.76\text{A}$$

其中跳闸回路共考虑 9 台断路器（馈线 6 台、主变压器进线 2 台、母联 1 台）

由表 C.3-3，蓄电池的放电终止电压为 1.85V 时，容量换算系数：$K_{cho} = K_c = 1.24$。

蓄电池 10h 放电率计算容量：$C_{cho} = K_K \frac{I_{cho}}{K_{cho}} = 1.4 \times \frac{111.76}{1.24} = 126.18\text{Ah}$

19.《电力工程直流电源系统设计技术规范》(DL/T 5044—2014）附录 A 表 A.5-1、式（A.4.2-5）。

上级断路器要其下级断路器回路压降$\Delta U_{p2} = 4\%U_n$，下级直断路器（S_3）采用额定电流为 6A 的标准型 B 型脱扣器，则S_2为额定电流为 40A 的 C 型脱扣器。

计算其灵敏系数：$K_L = \frac{I_{DK}}{I_{DZ}} = \frac{2500}{15\times40} = 4.17$

20.《电力工程直流电源系统设计技术规范》（DL/T 5044—2014）第 6.3.6-3 条及附录 E。

第 6.3.6-3 条：保证直流柜与直流终端断路器之间允许总电压降不大于标称电压的 6.5%。

直流分电柜至终端回路的电压降：$\Delta U_{p3}=\frac{4.4}{220}=2\%$

直流柜至直流分电柜的电压降：$\Delta U_{p2}=6.5\%-2\%=4.5\%$

由附录 E 式（E.1.1-2）：$S_{cac}=\frac{\rho\cdot 2LI_{ca}}{\Delta U_p}=\frac{0.0184\times2\times90\times80}{4.5\%\times220}=26.76mm^2$，故取 $35mm^2$。

题 21～25 答案：**BBACB**

21.《电力工程高压送电线路设计手册》（第二版）P292 表 5-2-2、P769 表 11-2-1。

由表 11-2-1 可知，JL/G1A-630/45 的铝芯截面面积为 $623.45mm^2$，钢芯截面面积为 $43.1mm^2$。

铝钢截面比：$m=\frac{623.45}{43.1}=14.47$，由表 5-2-2 可知，导线拉断力百分数为 24%。

悬重线夹的握力：$T=24\%\times\frac{T_P}{0.95}=24\%\times\frac{57\times2.5}{0.95}=36kN$

22.《电力工程高压送电线路设计手册》（第二版）P176“二 线路正常运行情况下的气象组合”。

线路在正常运行中使电线及杆塔产生较大受力的气象条件，包括出现大风、覆冰及最低气温这三种因素，根据题意，考虑大风、覆冰两种工况，即：

（1）覆冰工况：$T_1=\sqrt{[(20.39+12.14)\times400]^2+(4.04\times500)^2}=13.17kN$

（2）大风工况：$T_2=\sqrt{(20.39\times400)^2+(22.11\times500)^2}=13.74kN$

取较大者，$T_{max}=13.74kN$。

根据《架空输电线路电气设计规程》（DL/T 5582—2020）第 8.0.1、8.0.2 条，导线悬垂线夹的机械强度：$T_p=KT_{max}=2.5\times13.74=34.35kN$。

23.《电力工程高压送电线路设计手册》（第二版）P294“三 对耐张线夹的要求”。

各类耐张线夹对导线或地线的握力，压缩型耐张线夹应不小于导线或地线计算拉断力的 95%，故耐张线夹的握力：$T_p\geqslant0.95\times\frac{57\times2.5}{0.95}=142.5kN$。

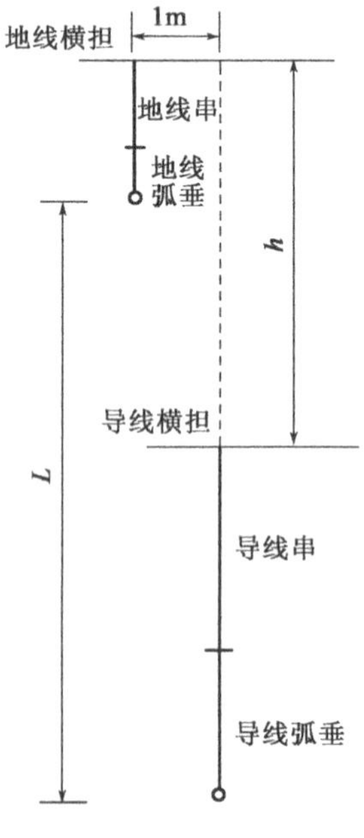

24.《架空输电线路荷载规范》（DL/T 5551—2018）第 8.0.1 条。

由题意，查表 10.1.7 可知，山地悬垂塔双分裂导线最大使用张力的百分比为 30%，故导线的纵向不平衡张力：$T=30\%\times2\times57=34.2kN$。

25.《架空输电线路电气设计规程》（DL/T 5582—2020）第 7.2.6 条，220kV 线路为范围Ⅰ输电线路。

档距中央导地线距离：$S\geqslant0.012L+1=0.012\times700+1=9.4m$

如图所示，档距中央导地线有如下关系：$S^2=L^2+1^2$

$$L=h+L_d+f_d-L_e-f_e=2.5+2.5-0.5+35-f_e=39.5-f_e$$

故$9.4^2=(39.5-f_e)^2+1$，求得$f_e=30.15m$。

2019 年案例分析试题答案（下午卷）

题 1～3 答案：**BCB**

1.《导体和电器选择设计规程》（DL/T 5222—2021）第 18.2.5 条附录 B 式（B.2.1-5）、（B.2.1-8）。

接地电阻值：$R_{N2}=\frac{U_N\times10^3}{1.1\times\sqrt{3}I_C\eta_\varphi^2}=\frac{20\times10^3}{1.1\times\sqrt{3}\times5\times\left(20\times10^3/220\sqrt{3}\right)^2}=0.76\Omega$

2. Y/d-11 接线三相变压器，B、C 两相短路。

设$\dot{I}_A$、$\dot{I}_B$、$\dot{I}_C$为星形侧各相电流，$\dot{I}_a$、$\dot{I}_b$、$\dot{I}_c$为三角形侧各相电流，如图所示。

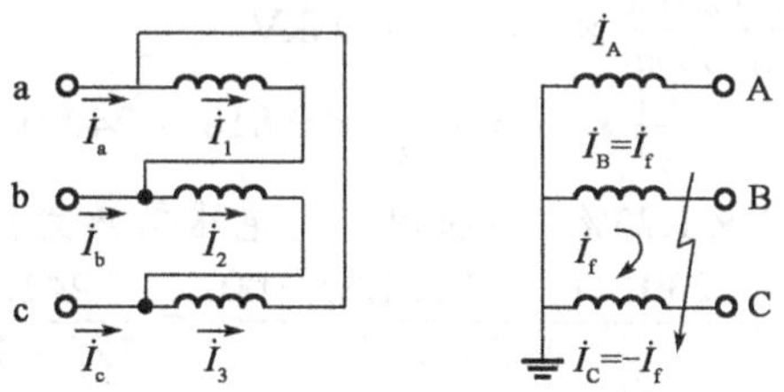

Y/△-11

由两相短路边界条件可知，$\dot{I}_A=0$，$\dot{I}_B=\dot{I}_f=100\angle0°\text{kA}$，$\dot{I}_C=-\dot{I}_f=-100=100\angle180°\text{kA}$，则高压侧各相短路电流周期分量分别为：

$$\dot{I}_a=\frac{\dot{I}_1-\dot{I}_3}{n_T}=\frac{\dot{I}_A-\dot{I}_C}{\sqrt{3}n_T}=\frac{0+100}{\sqrt{3}}\times\frac{1}{550/20}=2.1\text{kA}$$

$$\dot{I}_b=\frac{\dot{I}_2-\dot{I}_1}{n_T}=\frac{\dot{I}_B-\dot{I}_A}{\sqrt{3}n_T}=\frac{100-0}{\sqrt{3}}\times\frac{1}{550/20}=2.1\text{kA}$$

$$\dot{I}_c=\frac{\dot{I}_3-\dot{I}_2}{n_T}=\frac{\dot{I}_C-\dot{I}_B}{\sqrt{3}n_T}=\frac{-100-100}{\sqrt{3}}\times\frac{1}{550/20}=4.2\angle180°\text{kA}$$

3.《电流互感器和电压互感器选择及计算规程》（DL/T 866—2015）第 10.3.1 条式（10.3.1-6）、第 10.3.3 条式（10.3.3-3）。

电流互感器暂态面积系数：

$$K_{td}=\frac{\omega T_p T_s}{T_p-T_s}\left(e^{-\frac{t}{T_P}}-e^{-\frac{t}{T_S}}\right)+1=\frac{314\times0.2\times2}{0.2-2}\left(e^{-\frac{0.09}{0.2}}-e^{-\frac{0.09}{2}}\right)+1=23.2$$

电流互感器暂态误差：$\hat{\varepsilon}=\frac{K_{td}}{2\pi f\times T_s}\times100\%=\frac{23.2}{314\times2}\times100\%=3.69\%$

题 4～6 答案：**AAC**

4.《小型水电站机电设计手册　电气一次》P204 式（5-10）。

一相冷却器的台数：$N\geqslant\frac{1.15\times\text{变压器 }75°\text{C时总损耗}}{\text{选用的冷却器额定容量}}+1(\text{备用})=\frac{1.15\times840/3}{150}+1=3.1$台，故取 4 台。

因此每台冷却器含有 2 个油泵，一台（组）变压器的冷却器计算负荷为：

$$P=3\times4\times2\times1.6=38.4\text{kW}$$

5.《电力工程电气设计手册 1 电气一次部分》P219 例 1。

$W_1:W_2:W_3=U_1:U_2:U_3=550:230:18$，故可假定$W_1=550$匝，$W_2=230$匝，$W_3=18$匝。

调整前后的中压侧电压维持不变，其调整后的匝数比和电压比为：

$$\frac{W_1-\Delta W}{W_2-\Delta W}=\frac{530}{230}\Rightarrow \Delta W=-15.33\text{ 匝}$$

中压每抽头相应变化匝数：$k=230\times1.25\%=2.875$匝，则需调整的抽头档数为$\frac{-15.33}{2.875}=-5.33\approx-5$。

故分接头应放在$230+5\times1.25\%$上，选 A。

6.《电力工程电气设计手册 1 电气一次部分》P220～225 式（5-9），中性点接地问题（2）系统中性点接地的情况。

如图 5-9 所示，中压侧发生单相接地时，过电压倍数为$k=\frac{U_2}{U_1-U_2}$。

（1）当变压器中压绕组选用$+4\times1.25\%$分接头时，过电压倍数为：

$$k_1=\frac{U_2}{U_1-U_2}=\frac{230\times(1+4\times1.25/100)}{525-230}=\frac{241.5}{525-230}=0.818$$

高压侧电压为：$U_1=\frac{525+230\times4\times1.25/100}{230\times(1+4\times1.25/100)}\times U_2=510.95\text{kV}$

中性点对地电压升高值为：$U_{0a}=\frac{U_1}{\sqrt{3}}\times k_1=\frac{510.95}{\sqrt{3}}\times0.818=242\text{kV}$

（2）当变压器中压绕组选用$-4\times1.25\%$分接头时，过电压倍数为：

$$k_1=\frac{U_2}{U_1-U_2}=\frac{230\times(1-4\times1.25/100)}{525-230}=\frac{241.5}{525-230}=0.740$$

高压侧电压为：$U_1=\frac{525-230\times4\times1.25/100}{230\times(1-4\times1.25/100)}\times U_2=540.53\text{kV}$

中性点对地电压升高值为：$U_{0a}=\frac{U_1}{\sqrt{3}}\times k_1=\frac{540.53}{\sqrt{3}}\times0.740=231\text{kV}$

综上所述，中性点对地电压升高值最大为 242kV。

题 7～9 答案：**DAB**

7.《导体和电器选择设计规程》（DL/T 5222—2021）第 3.0.13 条及条文说明。

设备实际开断时间=主保护动作时间+断路器开断时间，即$t=0.03+0.05=0.08\text{s}$，校验时间略小于此时间，故按 0.07 查表，可知：

（1）当发电机出口断路器的发动机侧短路时，$I_{k1}=38.961+5.856=44.817\text{kA}$。

（2）当发电机出口断路器的主变侧短路时，$I_{k2}=26.37\text{kA}$。

第 5.0.8 条：用最大短路电流校验开关设备和高压熔断器的开断能力时，应选取使被校验开关设备和熔断器通过的最大短路电流的短路点。

故取其较大值，即$I_k=44.817\text{kA}$。

8.《三相交流系统短路电流计算　第 1 部分：电流计算》（GB/T 15544.1—2013）式（54）、式（102），《导体和电器选择设计技术规定》（DL/T 5222—2005）第 5.0.13 条。

短路电流峰值：$\dot{I}_p=k\sqrt{2}I''_k=1.9\times\sqrt{2}\times(38.961+37.281)=204.86\text{kA}$

短路电流周期分量热效应：

$$Q=I''^2_k(m+n)T_K=(38.961+37.281)^2\times(0.83+0.97)\times(0.035+0.05)=889.36\text{kA}^2\text{s}$$

其中短路电流热效应计算时间宜采用主保护动作时间加相应断路器开断时间。

注：该规范已移出考纲。

9.《厂用电继电保护整定计算导则》（DL/T 1502—2016）第 4.2.1 条式（22）、式（25）。

电动机启动电流整定值：

$$I_{op}=\frac{K_{rel}[I_E+(K_{st}-1)I_{M.N.max}]}{n_a}=1.2\times\left[\frac{10512}{\sqrt{3}\times 6.3}+(6.5-1)\times 200\right]/1500=1.65A$$

灵敏度系数：$K_{sen}=\frac{I_{k,min}^{(2)}}{I_{op}n_a}=\frac{0.866\times 17.728\times 10^3}{1500\times 1.65}=6.2$

题 10～13 答案：**BCDD**

10.《导体和电器选择设计规程》（DL/T 5222—2021）第 5.1.7 条。

计算因子：$m_1=0.9$，$m_2=0.85$，$K=0.96$，$n=1$，$r_0=\frac{150}{2}=75mm=7.5cm$

$$\delta=\frac{2.895p}{273+t}\times 10^{-3}=\frac{2.895\times 85}{273+25-0.005\times 1500}=0.847$$

$$K_0=1+\frac{r_0}{d}2(n-1)\sin\frac{\pi}{n}=1,\ r_d=r_0=7.5cm,\ a_{jj}=1.26a=1.26\times 400=504$$

电晕临界电压：$U_0=84m_1m_2K\delta^{\frac{2}{3}}\frac{nr_0}{K_0}\left(1+\frac{0.301}{\sqrt{r_0\delta}}\right)\lg\frac{a_{jj}}{r_d}$

$$=84\times 0.9\times 0.85\times 0.96\times 0.847^{\frac{2}{3}}\times 7.5\times\left(1+\frac{0.301}{\sqrt{7.5\times 0.847}}\right)\lg\frac{504}{7.5}$$

$$=847.25kV$$

11.《电力工程电气设计手册 1 电气一次部分》P338 式（8-8）。

计算因子：$l=(15-3)\times 100=1200cm$，$a=4\times 100=400cm$

短路冲击电流：$i_{ch}=\sqrt{2}K_{ch}I''=\sqrt{2}\times 1.85\times 40.7=106.48kA$

短路电动力：

$$F=17.428\frac{l}{a}i_{ch}^2\beta\times 10^{-2}=17.428\times\frac{12}{4}\times 106.48^2\times 0.58\times 10^{-2}=3402.91N$$

注：为了安全，工程计算一般取$\beta=0.58$。

12.《电力工程电缆设计规范》（GB 50217—2018）附录 E。

计算因子：$\eta=1$，$J=1$，$\alpha=0.00393$，$q=3.4$，$K=1.01$，$\rho=0.01724\times 10^{-4}$，$\theta_m=250°C$，$\theta_p=90°C$，则短路热稳定系数为：

$$C=\frac{1}{\eta}\sqrt{\frac{Jq}{\alpha K\rho}\ln\frac{1+\alpha(\theta_m-20)}{1+\alpha(\theta_p-20)}}\times 10^{-2}$$

$$=1\times\sqrt{\frac{3.4}{0.00393\times 1.01\times 0.01724\times 10^{-4}}\times\ln\frac{1+0.00393\times 230}{1+0.00393\times 70}}\times 10^{-2}=141.13$$

最小热稳定截面面积：$S\geqslant\frac{\sqrt{40.7^2\times(2+0.05)}\times 10^3}{141.13}=412.91mm^2$

13.《电力工程电缆设计规范》（GB 50217—2018）附录 F。

计算因子：$X_s=\left(2\omega\ln\frac{S}{r}\right)\times 10^{-4}=2\times 314\times\ln\frac{35+11.56}{5}\times 10^{-4}=0.14\Omega/km$

$$a=2\omega\ln 2\times 10^{-4}=2\times 314\times\ln 2\times 10^{-4}=0.0435\Omega/km$$

$$Y=X_s+a=0.1401+0.0435=0.1836\Omega/km$$

A、C 相正常感应电势为：

$$E_{SA}=E_{SC}=E_{SO}L=\frac{I}{2}\times\sqrt{3Y^2+(X_S-a)^2}L$$

$$=\frac{1000}{2}\times\sqrt{3\times 0.1836^2+(0.1401-0.0435)^2}\times 0.2=33.26V$$

B 相正常感应电势为：$E_{SB}=E_{SO}L=IX_SL=1000\times 0.1401\times 0.2=28.03V$

题 14～16 答案：**DAC**

14.《电力工程电气设计手册 1 电气一次部分》P903 式（附 15-31）、式（附 15-32）。

注意本题为发电厂变压器，实际上为终端变压器（起始端），因此变压器中性点暂态过电压：

$$U_{b0} = 2\gamma_0 \frac{1+2K_c}{3} U_{xg} = 2\times 1.5 \times \frac{1+2\times 0.545}{3} \times \frac{252}{\sqrt{3}} = 304.08\text{kV}$$

其中，$K_c = \frac{C_{ab}}{C_{ab}+C_0} = \frac{1.2}{1+1.2} = 0.545$

变压器中性点稳态过电压：$U_0 = \frac{K_x}{2+K_x} U_{xg} = \frac{2.5}{2+2.5} \times \frac{252}{\sqrt{3}} = 80.03\text{kV}$

15.《交流电气装置的过电压保护和绝缘配合设计规范》（GB/T 50064—2014）第 5.4.13-6 条表 5.4.13-1、附录 A。

由于设备是在位于海拔 500m 处制造厂通过的雷电冲击试验，该电站位于海拔 1800m 处，因此需要进行海拔修正，雷电冲击电压耐压海拔修正指数q取 1.0。

海拔修正系数：$K_a = e^{q\left(\frac{H-500}{8150}\right)} = e^{1\times\left(\frac{1800-500}{8150}\right)} = 1.103$

在该处断路器雷电耐受电压为$U_w = \frac{U}{K_a} = \frac{1000}{1.103} = 852.56\text{kV} < 850\text{kV}$

220kV 避雷器与断路器的电气距离：$L = 90 \times (1+35\%) = 121.5\text{m}$

16.《绝缘配合　第 2 部分：使用导则》（GB 311.2—2013）第 5.3.3.1 条，附录 G 第 G.2.1.1.3 条、第 G.2.1.3.1 条。

相对地 2%统计操作过电压为 2.5p.u.，故$U_{e2} = 2.5\text{p.u.} = 2.5 \times \frac{\sqrt{2}\times 252}{\sqrt{3}} = 514.4\text{kV}$。

其中，根据《交流电气装置的过电压保护和绝缘配合设计规范》（GB/T 50064—2014）第 3.2.2 条，操作过电压基准电压$1.0\text{p.u.} = \frac{\sqrt{2}U_m}{\sqrt{3}}$。

相对地：$\frac{U_{ps}}{U_{e2}} = \frac{420}{514.4} = 0.8165$，查图 6 确定配合因数$K_{cd} = 1.075$。

配合耐受电压：$U_{cw} = K_{cd}U_{rp} = 1.075 \times 420 = 451.5\text{kV}$

根据《绝缘配合　第 1 部分：定义、原则和规则》（GB 311.1—2012）附录 B 图 B.1，查得$q = 0.94$，再由式（B.2）可得：

设备外绝缘水平的海拔修正系数：$K_a = e^{0.94\times\frac{1500}{8150}} = 1.189$

根据第 G.2.1.3.1 条，对外绝缘的安全因数：$K_s = 1.05$。

相对地外绝缘缓波前过电压：$U_{rw} = U_{cw} \times K_s \times K_a = 451.5 \times 1.189 \times 1.05 = 563.7\text{kV}$

题 17～20 答案：**BBAC**

17.《交流电气装置的接地设计规范》（GB 50065—2011）附录 A 第 A.0.3 条。

各算子：$L_0 = 2\times(20+60) = 160$，$L = 160$，$S = 20\times 60 = 1200$，$h = 0.8$，$\rho = 150$，$d = 0.025$

$$\alpha_1 = \left(3\ln\frac{L_0}{\sqrt{S}} - 0.2\right)\frac{\sqrt{S}}{L_0} = \left(3\times\ln\frac{160}{\sqrt{1200}} - 0.2\right)\frac{\sqrt{1200}}{160} = 0.95$$

$$B = \frac{1}{1+4.6\cdot\frac{h}{\sqrt{S}}} = \frac{1}{1+4.6\times\frac{0.8}{\sqrt{1200}}} = 0.904$$

$$R_e = 0.213\frac{\rho}{\sqrt{S}}(1+B)+\frac{\rho}{2\pi L}\left(\ln\frac{S}{9hd}-5B\right)$$
$$=0.213\frac{150}{\sqrt{1200}}(1+0.904)+\frac{150}{2\pi\times160}\left(\ln\frac{1200}{9\times0.8\times0.025}-5\times0.904\right)=2.39$$
$$R_n=\alpha_1\cdot R_e=0.95\times2.39=2.27\Omega$$

18.《导体和电器选择设计规程》(DL/T 5222—2021) 附录 B 式 (B.2.2-2),《交流电气装置的接地设计规范》(GB 50065—2011) 第 4.2.1 条及式 (4.2.1)、第 6.1.2 条。

(1) 按厂用电中性点采用低电阻接地方式，计算其电阻值：$R_N=\frac{U_N}{\sqrt{3}I_d}\Rightarrow I_d=\frac{6300}{\sqrt{3}\times18.18}=200\Omega$。

(2) 按有效接地和低电阻接地系统要求，计算其电阻值：$R\leqslant\frac{2000}{I_c}=\frac{2000}{200}=10\Omega$。

(3) 第 6.1.2 条：低电阻接地系统的高压配电电气装置，其保护接地的接地电阻应符合式 (4.2.1-1) 的要求，且不应大于 4Ω。

综上，接地电阻值不应大于 4Ω。

19.《交流电气装置的接地设计规范》(GB/T 50065—2011) 第 4.2.2 条。

6～35kV 低电阻接地系统发生单相接地，发电厂、变电所接地装置的接触电位差和跨步电位差不应超过下列数值：

(1) 接触电位差：$U_t=\frac{174+0.17\rho_t C_s}{\sqrt{t_s}}=\frac{174+0.17\times150\times1}{\sqrt{1}}=199.5V$

(2) 跨步电位差：$U_s=\frac{174+0.7\rho_t C_s}{\sqrt{t}}=\frac{174+0.7\times150\times1}{\sqrt{1}}=279V$

20. 计算 6kV 系统两相接地短路电流

根据《火力发电厂厂用电设计技术规程》(DL/T 5153—2014) 附录 L.0.1，高压厂用变压器正负零序阻抗标幺值为：$X_T=\frac{(1-7.5\%)\times17}{100}\times\frac{100}{50}=0.3145$。

查《电力工程电气设计手册 1 电气一次部分》P190，6kV 电缆的电抗标幺值：$X_L=0.166\times2=0.332$。

忽略系统阻抗，需要注意的是双电源两回路电缆分为运行和备用，不同时运行，计算时不按并联考虑；按照最严重的情况下，两相接地短路电流可直接取两相短路电流。

短路电流为：

$$I^{(1,1)}=I^{(2)}=\frac{\sqrt{3}}{2}I''=\frac{\sqrt{3}}{2}\times\frac{I_j}{X_X+X_T+X_L}=\frac{\sqrt{3}}{2}\times\frac{1}{0+0.3145+0.332}\times\frac{100}{\sqrt{3}\times6.3}=14.175kA$$

(2) 计算主接地网的导体截面面积

根据《交流电气装置的接地设计规范》(GB/T 50065—2011) 附录 E.0.1、附录 E.0.2，镀锌扁钢的 C 值取 70，接地导体要求截面面积为：

$$S\geqslant\frac{I^{(1,1)}}{C}\sqrt{t_e}=\frac{14175}{70}\times\sqrt{1}=202.5mm^2$$

在不考虑腐蚀的情况下，水源地主接地网的导体要求截面面积取接地导体最小截面面积的 75%，即 $75\%\times202.5=151.875mm^2$；在考虑腐蚀的情况下，根据第 4.3.6 条条文说明，镀锌扁钢腐蚀速率取 0.05mm/年，接地网设计寿命为 30 年，则腐蚀厚度 $d=0.05\times30=1.5mm$。

$$S_{gg}=151.875\times\frac{6}{6-1.5}=202.5mm^2$$

题 21～23 答案：**ACB**

21.《厂用电继电保护整定计算导则》（DL/T 1502—2016）。

电流元件灵敏系数：

$$K_{\text{sen}}=\frac{I_{\text{k.min}}^{(2)}}{n_{\text{a}}I_{\text{op}}}=\frac{(33.95-10.72)\times 10^3\times(10.5/110)\times 0.866}{400\times 2}=2.4$$

22.《电流互感器和电压互感器选择及计算规程》（DL/T 866—2015）第 10.2.6 条式（10.2.6-2）。

电流互感器二次阻抗：$Z_{\text{b}}=\sum K_{\text{rc}}Z_{\text{r}}+K_{lc}R_l+R_{\text{c}}=K_{lc}R_l+R_{\text{c}}$

根据表 10.2.6，对于单相接线换算系数，$K_{lc}=2$。

连接导线电阻：$R_l=\frac{L}{\gamma\cdot A}=\frac{100}{57\times4}=0.44\Omega$

故除保护装置外，电流互感器二次阻抗：$Z_{\text{b}}=2\times0.44+0.1=0.98\Omega$。

电流互感器的二次负荷：$S_{\text{b}}=I^2Z_{\text{b}}+1=25\times0.98+1=25.50\text{VA}$

23. 根据《电力装置电测量仪表装置设计规范》（GB/T 50063—2017）附录 C.0.2 与第 4.1.10 条，高压启动/备用变压器高压侧需要测量三相电流与有功、无功，开关柜与低压侧分支需要测量单相电流。本题明确为发电电能关口计量点，应装设两套准确度相同的主、副电能表。

题 24～27 答案：**CBDA**

24.《并联电容器装置设计规范》（GB 50227—2017）第 5.2.2 条及条文说明、式（2）。

电容器额定电压：$U_{\text{CN}}=\frac{1.05\times U_{\text{SN}}}{\sqrt{3}S(1-K)}=\frac{1.05\times10}{\sqrt{3}\times1\times(1-0.12)}=6.89\text{kV}$

25.《3～110kV 电网继电保护装置运行整定规程》（DL/T 584—2017）表 7。

单台电容器内部元件先并联后串联，电容器回路设专用熔断器，则：

开口三角一次侧零序电压：$U_{\text{CH}}=\frac{3KU_{\text{NX}}}{3N(M-K)+2K}=\frac{3\times2\times6.35}{3\times1\times(8-2)+2\times2}=1.73\text{kV}$

开口三角电压二次整定值：$U_{\text{op}}=\frac{U_{\text{CH}}}{K_{\text{sen}}}=\frac{1.73\times10^3}{(6.35/0.1)\times1.5}=18.18\text{V}$

26.《并联电容器装置设计规范》（GB 50227—2017）第 4.1.2-3 条。

第 4.1.2-3 条：电容器并联总容量不应超过 3900kvar。

单个串联段最大并联台数：$M\leqslant\frac{3900}{417}=9.37$，取 9 台，则每台电容器的最大容量为：

$$Q=2\times3\times2\times9\times417=45036\text{kvar}=45.036\text{Mvar}$$

27.《330～500kV 变电所无功补偿装置设计技术规定》（DL/T 5014—2010）附录 B 式（B.5）。

合闸涌流峰值：$I_{\text{y,min}}=\frac{m-1}{m}\sqrt{\frac{2000Q_{\text{cd}}}{2\omega L}}=\frac{3}{4}\sqrt{\frac{2000\times40\times10^3}{2\times314\times16.5\times10^{-3}}}=1.70\text{kA}$

题 28～30 答案：**CBB**

28.《火力发电厂和变电站照明设计技术规定》（DL 5390—2014）第 8.1.2 条、第 8.1.3 条、第 8.6.2 条。

变压器每相电阻：

第 8.1.2-2 条：原理供电电源的小面积一般工作场所，照明灯具端电压的偏移不宜低于 90%，故电压损失$\Delta U\%=10\%$。

第 8.1.3 条：供锅炉本体、金属容器检修用携带式作业灯，其电压应为 12V。

电缆允许最小截面面积：$\Delta U\% = \frac{\sum M}{CS} \Rightarrow S = \frac{\sum P_{js}L}{\Delta U\% \cdot C} = \frac{60\times10^{-3}\times65}{10\times0.035} = 11.14\text{mm}^2$

其中，查表 8.6.2-1，$C = 0.035$。

29.《火力发电厂和变电站照明设计技术规定》(DL 5390—2014) 第 2.1.20 条、第 7.0.4 条及表 7.0.4、附录 B 式（B.0.1）。

配电室地面平均照度：$E_c = \frac{\Phi\times N\times CU\times K}{A} = \frac{3250\times3\times6\times0.7\times0.8}{6\times15} = 364\text{lx}$

其中，维护系数$K = 0.8$。

根据第 2.1.20 条，$E_{\min} = U_0 \times E_c = 0.6 \times 364 = 218.4\text{lx}$。

30.《电力工程电气设计手册 1 电气一次部分》P151～152 式（4-60)、式（4-68)。

变压器每相电阻：$R_b = \frac{P_d U_e^2}{S_e^2} \times 103 = \frac{3.39\times10^3\times0.4^2}{400^2} \times 103 = 3.39\text{m}\Omega$

变压器电阻电压百分值：$U_b\% = \frac{P_d}{10S_e} = \frac{3.39\times10^3}{10\times400} = 0.85$

变压器电抗电压百分值：$U_x\% = \sqrt{(U_d\%)^2 - (U_b\%)^2} = \sqrt{4^2 - 0.85^2} = 3.91$

变压器每相电抗：$X_D = \frac{10\times U_x^2\% U_e^2}{S_e} \times 10^3 = \frac{10\times3.91\times0.4^2}{400} \times 10^3 = 15.64\text{m}\Omega$

变压器短路电流周期分量起始有效值：

$$I_k = \frac{U}{\sqrt{3}\sqrt{R_\Sigma^2 + X_\Sigma^2}} = \frac{400}{\sqrt{3}\times\sqrt{3.39^2 + 15.64^2}} = 14.43\text{kA}$$

题 31～35 答案：**ADACD**

31.《架空输电线路电气设计规程》(DL/T 5582—2020) 第 8.0.1、8.0.2 条。

连接金具的每根子导线的综合荷载：$T = \frac{T_R}{K} = \frac{100/2}{2.5} = 20\text{kN}$

连接玻璃绝缘子（盘形）的每根子导线的综合荷载：$T = \frac{T_R}{K} = \frac{100/2}{2.7} = 18.52\text{kN}$

线夹允许的每根子导线的综合荷载：$T = \frac{T_R}{K} = \frac{45}{2.5} = 18\text{kN}$

综上，每根子导线最大综合荷载取 18kN。

《电力工程高压送电线路设计手册》(第二版) P296 式（5-3-1)。

最大风工况时导线综合荷载：

$$P = \sqrt{P_H^2 + W_V^2} = \sqrt{l_H^2 W_4^2 + l_V^2 W_1^2} \Rightarrow 18000 = \sqrt{550^2 \times 25^2 + l_V^2 \times 16.53^2}$$

求得：$l_V = 703\text{m}$。

32.《架空输电线路电气设计规程》(DL/T 5582—2020) 第 8.0.5 条。

第 6.0.8 条：输电线路悬垂 V 形串两肢之间夹角的一半可比最大风偏角小 5°～10°，则悬垂 V 形串时两肢绝缘子串之间的夹角为：$(60-10)\times2 = 100° < \alpha < (60-5)\times2 = 110°$，取 100°。

33.《电力工程高压送电线路设计手册》(第二版) P179 表 3-2-3，P183 式（3-3-9)、式（3-3-12)。

导线挂点高度相同，水平和垂直档距：$l_H = l_V = \frac{450+550}{2} = 550\text{m}$。

冰重力荷载：

$$g_2 = 9.8 \times 0.9\pi\delta(\delta + d) \times 10^{-3} = 9.8 \times 0.9\pi \times 10(10+30) \times 10^{-3} = 11.08\text{N/m}$$

导线垂直荷载：$P = g_3 l_V = (g_1 + g_2) l_V = (11.08 + 16.53) \times 2 \times 500 = 27.61\text{kN}$

34.《电力工程高压送电线路设计手册》(第二版) P179 表 3-2-3、P296 式（5-3-1）。

大风工况综合荷载：

$P = \sqrt{P_H^2 + W_V^2} = \sqrt{l_H^2 W_4^2 + l_V^2 W_1^2} = \sqrt{21.5^2 \times 850^2 + 16.53^2 \times 650^2} = 21199.5\text{N}$

覆冰工况综合荷载：

$P = \sqrt{P_H^2 + W_V^2} = \sqrt{l_H^2 W_4^2 + l_V^2 W_1^2} = \sqrt{3.85^2 \times 850^2 + (16.53 + 4.85)^2 \times 650^2} = 13861.2\text{N}$

综上，取较大者，大风工况下金具强度：$T_W \geqslant 21.1995 \times 2 \times 2.5 = 106\text{kN}$，取 120kN。

35.《电力工程高压送电线路设计手册》(第二版) P179 表 3-3-1。

最高气温时最大弧垂：

$$f_m = \frac{\gamma l^2}{8\sigma_0 \cos\beta} = \frac{16.53 \times 600^2}{8 \times 28000 \times \cos[\arctan(200/600)]} = 28.0\text{m}$$

题 36～40 答案：**ADCBB**

36.《电力工程高压送电线路设计手册》(第二版) P179 表 3-2-3。

覆冰时综合荷载：

$$\gamma_7 = \sqrt{\gamma_3^2 + \gamma_5^2} = \sqrt{(30.28 + 20.86)^2 + 6.92^2} \times 10^{-3} = 51.61 \times 10^{-3}\text{N/(m} \cdot \text{mm}^2)$$

37.《电力工程高压送电线路设计手册》(第二版) P179 表 3-3-1。

前侧悬挂点应力垂直分量：$\sigma_{Av} = \sqrt{\sigma_A^2 - \sigma_0^2} = \sqrt{56^2 - 50.98^2} = 23.17\text{N/m}^2$

前侧悬挂点应力垂直分量：$\sigma_{Bv} = \sqrt{\sigma_B^2 - \sigma_0^2} = \sqrt{54^2 - 50.98^2} = 17.81\text{N/m}^2$

每根子导线垂直荷载：$g_v = (\sigma_{AV} + \sigma_{BV}) \times S = (23.17 + 17.81) \times 531.37 = 21776\text{N}$

38.《电力工程高压送电线路设计手册》(第二版) P188“三 最大弧垂判别法”、P184 式（3-3-12）。

利用最大弧垂比较法：

$$\frac{\gamma_7}{\sigma_7} = \frac{51.61 \times 10^{-3}}{85.4} = 0.604 \times 10^{-3}，\frac{\gamma_1}{\sigma_1} = \frac{30.28 \times 10^{-3}}{47.98} = 0.631 \times 10^{-3}，故 \frac{\gamma_7}{\sigma_7} < \frac{\gamma_1}{\sigma_1}$$

则最大弧垂发生在最高气温时，杆塔的综合高差系数：

$$\alpha = \frac{l_V - l_H}{\sigma_0}\gamma_V = \frac{273 - 420}{47.98} \times 30.28 \times 10^{-3} = -0.0928$$

垂直档距：$l_V = l_H + \frac{\sigma_0}{\gamma_V}\alpha = 420 - 0.0928 \times \frac{63.82}{30.28 \times 10^{-3}} = 224.4\text{m}$

垂直荷载：$P_V = W_1 l_V = 4 \times 30.28 \times 10^{-3} \times 531.37 \times 224.4 = 14442.4\text{N}$

水平荷载：$P_H = P l_H = 4 \times 20.86 \times 10^{-3} \times 531.37 \times 420 = 18621.6\text{N}$

根据 P103 式（2-6-44），绝缘子串摇摆角：

$$\varphi = \arctan\left(\frac{P_I/2 + P l_H}{G_I/2 + W_1 l_v}\right) = \arctan\left(\frac{300/2 + 18621.6}{500/2 + 14442.4}\right) = 51.95°$$

39.《电力工程高压送电线路设计手册》(第二版) P106 倒数第四行。

导线风偏角：

$$\eta = \arctan\frac{\gamma_4}{\gamma_1} = \arctan\left(\frac{20.88}{30.28}\right) = 34.6°$$

40.《电力工程高压送电线路设计手册》（第二版）P230 式（3-6-14）。

防振锤距线夹出口距离：

$$b_1 = \frac{\frac{\lambda_m}{2} \times \frac{\lambda_M}{2}}{\frac{\lambda_m}{2} + \frac{\lambda_M}{2}} = \frac{1.558 \times 20.226}{1.558 + 20.226} = 1.45\text{m}$$

防振锤距线夹中心距离：

$$S = 1.45 + \frac{0.3}{2} = 1.6\text{m}$$

2020 年专业知识试题答案（上午卷）

1. **答案：**B

依据：《火力发电厂职业安全设计规程》（DL 5053—2012）第 6.5.2 条。

注：该规范已移出考纲。

2. **答案：**B

依据：《±800kV 直流换流站设计规范》（GB/T 50789—2012）第 4.2.3 条。

$$I \leqslant \frac{8000000}{800 \times 2} \times 10\% = 500\text{A}$$

3. **答案：**C

依据：《风电场接入电力系统技术规定》（GB/T 19963—2011）第 9.4 条。

并网点电压范围为：$220 \times (20\% \sim 90\%) = (44 \sim 198)\text{kV}$

4. **答案：**A

依据：《导体和电器选择设计规程》（DL/T 5222—2021）第 11.0.5-4 条、第 11.0.5-5 条、第 11.0.8 条。

5. **答案：**C

依据：《交流电气装置的过电压保护和绝缘配合设计规范》（GB/T 50064—2014）第 3.2.2 条。

6. **答案：**D

依据：《交流电气装置的接地设计规范》（GB/T 50065—2011）第 4.2.3-5 条。

7. **答案：**C

依据：《电流互感器与电压互感器选择及计算规程》（DL/T 866—2015）第 8.2.5 条。

8. **答案：**A

依据：《220kV～1000kV 变电站站用电设计技术规程》（DL/T 5155—2016）第 5.0.6 条。

9. **答案：**B

依据：《电力系统设计技术规程》（DL/T 5429—2009）第 5.2.2 条、第 5.2.3 条、第 5.4.2-2 条。

10. **答案：**C

依据：《电力工程高压送电线路设计手册》（第二版）P770 表 11-2-1、《架空输电线路电气设计规程》（DL/T 5582—2020）表 5.1.3-1。

11. **答案：**D

依据：《火力发电厂厂用电设计技术规程》（DL/T 5153—2014）第 4.7.5 条、第 4.7.6 条。

12. **答案：**C

依据：《±800kV 直流换流站设计规范》（GB/T 50789—2012）第 5.1.3 条。

注：该规范已移出考纲。

13. **答案：**C

依据：《导体和电器选择设计规程》（DL/T 5222—2021）附录A图A.2.3-1、式（A.2.1）。

14. **答案：** B

依据：《电力工程电缆设计规范》（GB 50217—2018）第3.7.2条、第3.7.4-1条、第3.7.4-3条、第3.7.5-4条。

15. **答案：** B

依据：《交流电气装置的过电压保护和绝缘配合设计规范》（GB/T 50064—2014）第4.1.1-3条。

16. **答案：** D

依据：《火力发电厂、变电所二次接线设计技术规程》（DL/T 5136—2012）第3.2.5-3条。

17. **答案：** C

依据：《电力系统安全稳定控制技术导则》（GB/T 26399—2011）第7.1.2.4条、第7.1.3.2条。

18. **答案：** D

依据：《220kV～1000kV变电站站用电设计技术规程》（DL/T 5155—2016）第6.3.10-1条、第6.3.10-4条、第6.3.10-6条、第6.3.10-7条。

19. **答案：** A

依据：《±800kV直流换流站设计规范》（GB/T 50789—2012）第4.2.2条、第4.2.4条、第4.2.7条。

注：该规范已移出考纲。

20. **答案：** D

依据：《电力工程电缆设计规范》（GB 50217—2018）附录A。

21. **答案：** C

依据：《电力工程电缆设计规范》（GB 50217—2018）第6.7.4条条文说明。

22. **答案：** C

依据：《220kV～500kV变电所设计技术规程》（DL/T 5218—2012）第5.1.7条。

23. **答案：** B

依据：《导体和电器选择设计规程》（DL/T 5222—2021）式（5.1.8）。

$$C = \sqrt{K \ln \frac{\tau + t_2}{\tau + t_1} \times 10^{-4}} = \sqrt{222 \times 10^6 \times \ln \frac{\tau + 200}{\tau + 120} \times 10^{-4}} = 66.3$$

24. **答案：** B

依据：《水力发电厂厂用电设计规程》（NB/T 35044—2014）表9.3.3。

25. **答案：** D

依据：《交流电气装置的接地设计规范》（GB/T 50065—2011）第4.3.1-3～4.3.1-5条、第4.3.2-4条。

26. **答案：** B

依据：《220kV～550kV变电所计算机监控系统设计技术规程》（DL/T 5149—2001）第6.5.1～6.5.4条。

注：新版《变电站监控系统设计规程》（DL/T 5149—2020）无相关规定。

27. **答案：** A

依据：《电力工程直流电源系统设计技术规程》（DL/T 5044—2014）第 4.2.5 条条文说明。

28. **答案：** C

依据：《发电厂和变电站照明设计技术规定》（DL/T 5390—2014）第 10.0.3 条。

29. **答案：** D

依据：《并联电容器装置设计规范》（GB 50227—2017）第 5.5.2 条。

30. **答案：** C

依据：《交流电气装置的过电压保护和绝缘配合设计规范》（GB/T 50064—2014）附录 C 式（C.2.5）。

$$P' \approx 1-(1-P_S)^N = 1-(1-0.1)^{21} = 0.89$$

31. **答案：** D

依据：《火灾自动报警系统设计规范》（GB 50116—2013）第 9.2.1 条、第 9.3.1 条、第 9.3.3 条。

32. **答案：** B

依据：《光伏发电站接入电力系统技术规定》（GB/T 19964—2012）第 8.3 条。

33. **答案：** C

依据：《导体和电器选择设计规程》（DL/T 5222—2021）第 21.0.4 条及条文说明式（24）。

$$F' = F \cdot \frac{H'}{H} = 68 \times \frac{2300+210}{2300} = 74.2\text{N/m}$$

34. **答案：** C

依据：《电力设备典型消防规程》（DL 5027—2015）第 10.3.6 条。

35. **答案：** A

依据：《交流电气装置的接地设计规范》（GB/T 50065—2011）第 4.3.7-6 条。

36. **答案：** B

依据：《电流互感器与电压互感器选择及计算规程》（DL/T 866—2015）第 2.1.2～第 2.1.5 条。

37. **答案：** B

依据：《电力工程直流电源系统设计技术规范》（DL/T 5044—2014）第 6.9.6-2 条。

38. **答案：** A

依据：《发电厂和变电站照明设计技术规定》（DL/T 5390—2014）第 8.6.2-11 条。

$$\sum M = \Delta U\% CS = (220-210) \div 220 \times 100 \times 11.7 \times 10 = 531.8\text{kW} \cdot \text{m}$$

39. **答案：** C

依据：《风电场工程电气设计规范》（NB/T 31026—2022）第 5.1.6 条。

40. **答案：** D

依据：《电力工程高压送电线路设计手册》（第二版）P177 有关弹性系数E的说明。

41. **答案**：ABD

依据：《风力发电场设计规范》（GB 51096—2015）第 11.2.1-3 条、第 11.2.2-2 条、第 11.2.3-3 条、第 11.2.4 条。

注：在《风电场工程电气设计规范》（NB/T 31026—2022）中相关条文已经删除。

42. **答案**：ACD

依据：《三相交流系统短路电流计算第 1 部分：电流计算》（GB/T 15544.1—2013）第 2.2 条。

注：该规范已移出考纲。

43. **答案**：AC

依据：《交流电气装置的过电压保护和绝缘配合设计规范》（GB/T 50064—2014）第 5.4.13-6 条、表 5.4.13-1。

MOA 至主变距离为 125m，至其他电器设备距离为$125 \times (1 + 0.35) = 168.75$m。

44. **答案**：ACD

依据：《交流电气装置的接地设计规范》（GB/T 50065—2011）第 4.3.7-2 条。

45. **答案**：BD

依据：《220kV～750kV 电网继电保护装置运行整定规程》（DL/T 559—2018）第 7.2.12 条。

46. **答案**：BD

依据：《发电厂和变电站照明设计技术规定》（DL/T 5390—2014）第 4.0.4 条与条文说明。

47. **答案**：AD

依据：《架空输电线路荷载规范》（DL/T 5551—2018）第 3.0.16 条。

48. **答案**：ABC

依据：《电力工程高压送电线路设计手册》（第二版）P227 护线条部分说明。

49. **答案**：ABC

依据：《±800kV 直流换流站设计规范》（GB/T 50789—2012）第 4.2.7-3 条、第 5.1.3-3 条、第 5.1.2-3 条、第 5.1.3-4 条。

注：该规范已移出考纲。

50. **答案**：ABD

依据：《风电场工程 110kV～220kV 海上升压变电站设计规范》（NB/T 31115—2017）第 5.3.3-2 条、第 5.4.4 条、第 5.8.6 条、第 6.7.2 条。

51. **答案**：BC

依据：《电力工程电气设计手册 1 电气一次部分》P879 自耦变避雷器说明，《交流电气装置的过电压保护和绝缘配合设计规范》（GB/T 50064—2014）第 5.4.13-9 条、第 5.4.13-11 条。

52. **答案**：ABC

依据：《电力装置电测量仪表装置设计规范》（GB/T 50063—2017）第 3.2.1 条。

53. **答案：** AB

依据：《电力工程直流电源系统设计技术规范》（DL/T 5044—2014）第 5.1.2-2 条、第 6.2.1-5 条、第 6.2.2 条，《火力发电厂、变电站二次接线设计技术规程》（DL/T 5136—2012）附录 A 表 A。

54. **答案：** ABC

依据：《光伏发电站接入电力系统技术规定》（GB/T 19964—2012）第 3.3 条、第 7.2 条、第 8.1 条、第 12.4.6 条。

55. **答案：** CD

依据：《电力工程高压送电线路设计手册》（第二版）P292 悬垂角部分。

56. **答案：** ABD

依据：《架空输电线路电气设计规程》（DL/T 5582—2020）表 10.2.5-2。

57. **答案：** ABD

依据：《高压配电装置设计技术规程》（DL/T 5352—2018）第 2.1.5 条、第 2.1.6 条。

58. **答案：** ACD

依据：《导体和电器选择设计规程》（DL/T 5222—2021）第 9.0.1 条、第 9.0.13 条、第 9.0.8 条、第 9.0.5 条。

59. **答案：** ABD

依据：《电力工程电气设计手册 1 电气一次部分》P865 表 15-8。

60. **答案：** CD

依据：《电力装置电测量仪表装置设计规范》（GB/T 50063—2017）第 6.0.5 条。

61. **答案：** AD

依据：《水力发电厂厂用电设计规程》（NB/T 35044—2014）第 8.2.15 条。

62. **答案：** ACD

依据：《并联电容器装置设计规范》（GB 50227—2017）第 5.3.1 条。

63. **答案：** ABD

依据：《架空输电线路电气设计规程》（DL/T 5582—2020）第 10.1.1-1 条。

64. **答案：** BC

依据：《光伏发电站接入电力系统技术规定》（GB/T 19964—2012）第 4.3.1 条、第 4.3.2 条。

65. **答案：** ABD

依据：《高压配电装置设计技术规程》（DL/T 5352—2018）表 5.1.3-1。

66. **答案：** ACD

依据：《交流电气装置的接地设计规范》（GB/T 50065—2011）第 3.1.1 条。

67. **答案：** BCD

依据：《电流互感器与电压互感器选择及计算规程》（DL/T 866—2015）第 8.2.1-3 条、第 8.2.6-4 条。

68. **答案：** BD

依据：《火力发电厂厂用电设计技术规程》（DL/T 5153—2014）第 4.5.3 条。

69. **答案：** ABD

依据：《光伏发电站接入电力系统技术规定》（GB/T 19964—2012）第 5.1 条、第 6.2.3 条、第 7.2.1 条、第 7.3 条。

70. **答案：** ABCD

依据：《电力工程高压送电线路设计手册》（第二版）P218 表 3-6-1。

2020 年专业知识试题答案（下午卷）

1. **答案：** C

依据：《火力发电厂与变电站设计防火标准》（DL/T 50229—2019）第 5.2.5 条。

2. **答案：** D

依据：《发电厂和变电站照明设计技术规定》（DL/T 5390—2014）第 10.0.4-3 条、表 6.0.1-3。

照明需求：$20\text{lx} \times 50\% = 10\text{lx}$。

3. **答案：** C

依据：《电力设备典型消防规程》（DL 5027—2015）第 10.6.2 条。

4. **答案：** C

依据：《±800kV 直流换流站设计规范》（GB/T 50789—2012）第 5.1.3-4 条。

注：该规范已移出考纲。

5. **答案：** C

依据：《风电场工程 110kV～220kV 海上升压变电站设计规范》（NB/T 31115—2017）第 5.1.3 条、第 5.2.2-2 条。

需要的变压器容量为$400 \times 60\% = 240\text{MVA}$。

6. **答案：** D

依据：《小型火力发电厂设计规范》（GB 50049—2011）第 17.2.7 条。

7. **答案：** B

依据：《电力工程电气设计手册 1 电气一次部分》P144。

8. **答案：** C

依据：《电力工程电气设计手册 1 电气一次部分》P119。

9. **答案：** B

依据：《导体和电器选择设计规程》（DL/T 5222—2021）第 5.5.5 条。当额定电流大于 2500A 时，宜采用铝外壳。

10. **答案：** D

依据：《导体和电器选择设计规程》（DL/T 5222—2021）第 13.4.3 条、第 13.4.5 条。

11. **答案：** C

依据：《高压配电装置设计技术规程》（DL/T 5352—2018）第 5.4.9 条。

12. **答案：** C

依据：《高压配电装置设计技术规程》（DL/T 5352—2018）第 5.1.2-2 条。

13. **答案：** B

依据：《电力设施抗震设计规范》（GB 50260—2013）第 6.1.1-3 条。

14. **答案：** B

依据：《水电工程劳动安全与工业卫生设计规范》（NB/T 35074—2015）第 5.5.3 条。

注：该规范已移出考纲。

15. **答案：** C

依据：《交流电气装置的过电压保护和绝缘配合设计规范》（GB/T 50064—2014）第 5.2.6 条。

$$h_2 = 30\text{m} > \frac{1}{2}h_1 = \frac{1}{2} \times 45 = 22.5\text{m}$$

等效距离$D' = D - (h_1 - h_2)P = 60 - (45 - 30) \times \frac{5.5}{\sqrt{45}} = 47.7\text{m}$

查《交流电气装置的过电压保护和绝缘配合设计规范》（GB/T 50064—2014）P18 图 5.2.2-2，可得：

$$\frac{h_\text{x}}{h} = \frac{12}{30} = 0.4，\ \frac{D}{h_\text{a}P} = \frac{47.7}{(30 - 12) \times 1} = 2.65$$

即$\frac{b_\text{x}}{h_\text{a}P} = 0.9$，解出$b_\text{x} = 16.2\text{m}$。

16. **答案：** C

依据：《交流电气装置的过电压保护和绝缘配合设计规范》（GB/T 50064—2014）第 5.3.3 条。

17. **答案：** C

依据：《交流电气装置的过电压保护和绝缘配合设计规范》（GB/T 50064—2014）式（5.2.5-1）。

$$h_o = 20 - 14/4 \times 1 = 16.5m$$

18. **答案：** B

依据：《交流电气装置的过电压保护和绝缘配合设计规范》（GB/T 50064—2014）第 5.6.5 条。

19. **答案：** C

依据：《交流电气装置的接地设计规范》（GB/T 50065—2011）第 4.3.5-2 条。

20. **答案：** A

依据：《交流电气装置的接地设计规范》（GB/T 50065—2011）第 4.3.1-2 条。

21. **答案：** A

依据：《交流电气装置的接地设计规范》（GB/T 50065—2011）第 4.3.1-4 条。

22. **答案：** B

依据：《继电保护和安全自动装置技术规程》（GB/T 14285—2006）附录 A。

23. **答案：** A

依据：《电力装置电测量仪表装置设计规范》（GB/T 50063—2017）第 3.1.1 条、第 3.4.3 条。

24. **答案：** C

依据：《电力装置电测量仪表装置设计规范》（GB/T 50063—2017）第 3.1.10 条。

最小量程为$1.3 \times 990 = 1287\text{A}$。

25. **答案：** C

依据：《电流互感器与电压互感器选择及计算规程》（DL/T 866—2015）第 8.2.1-3 条。

一次额定电流值$I_{pr} > 40\% \times 200 = 80A$，取 100/1A。

26. **答案：** B

依据：《电力系统调度自动化设计规程》（DL/T 5003—2017）附录 B.1.2-6-3）、B.10.3-2、B.10.1-3。

27. **答案：** D

依据：《大型发电机变压器继电保护整定计算导则》（DL/T 684—2012）第 4.1.7 条、第 4.8.3 条、第 4.8.6 条，《220kV～750kV 电网继电保护装置运行整定规程》（DL/T 559—2018）第 7.2.4 条。

28. **答案：** B

依据：《电力工程直流电源系统设计技术规范》（DL/T 5044—2014）第 5.1.3 条、第 5.1.4 条、第 6.5.2 条。

29. **答案：** A

依据：《火力发电厂厂用电设计技术规程》（DL/T 5153—2014）第 8.9.2 条。

30. **答案：** C

依据：《火力发电厂厂用电设计技术规程》（DL/T 5153—2014）第 3.1.2 条。

31. **答案：** C

依据：《火力发电厂厂用电设计技术规程》（DL/T 5153—2014）第 3.3.1-3 条、第 4.7.3 条、第 4.7.4 条。

32. **答案：** B

依据：《火力发电厂厂用电设计技术规程》（DL/T 5153—2014）第 8.5.2 条。

33. **答案：** D

依据：《发电厂和变电站照明设计技术规定》（DL/T 5390—2014）第 5.1.4 条。

$$\mathrm{RI} = \frac{6 \times 3.6}{(3.6 - 0.8) \times (6 + 3.6)} = 0.804$$

34. **答案：** B

依据：《电力工程高压送电线路设计手册》（第二版）P16 式（2-1-6），所有参数不发生变化，则正序电抗也不变。

35. **答案：** C

依据：《电力工程高压送电线路设计手册》（第二版）P22 式 2-1-32，所有参数不发生变化，则正序电纳也不变。

36. **答案：** D

依据：《架空输电线路电气设计规程》（DL/T 5582—2020）9.0.1 条。

$$D = 0.4 \times 3 + \frac{220}{110} + 0.65 \times \sqrt{49} + 0.5 = 8.25\mathrm{m}$$

37. **答案：** B

依据：《架空输电线路电气设计规程》（DL/T 5582—2020）第 10.2.1 条及条文说明。

38. **答案：** D

依据：《电力系统设计技术规程》（DL/T 5429—2009）第 6.2.4 条、第 6.2.5 条、第 6.2.7 条、第 6.2.8-1 条。

39. **答案：** D

依据：《并联电容器装置设计规范》（GB 50227—2017）图 4.2.1。

40. **答案：** B

依据：《光伏发电站接入电力系统技术规定》（GB/T 19964—2012）第 6.1.1 条、第 6.2.2 条、第 8.4 条、第 9.2.4 条。

……………………………………………………………………………………………………

41. **答案：** ACD

依据：《爆炸危险环境电力装置设计规范》（GB 50058—2014）第 5.3.3 条、第 5.3.5-1 条、第 5.4.1-3 条、第 5.4.3-8 条。

42. **答案：** AD

依据：《火力发电厂与变电站设计防火标准》（GB 50229—2019）第 6.8.1 条、第 6.8.4 条、第 6.8.9 条、第 6.8.11 条。

43. **答案：** BCD

依据：《±800kV 直流换流站设计规范》（GB/T 50789—2012）第 4.2.9-2 条。

注：该规范已移出考纲。

44. **答案：** ABD

依据：《大中型火力发电厂设计规范》（GB 50660—2011）第 16.2.11-4 条、第 16.2.12 条。

45. **答案：** AC

依据：《光伏发电站接入电力系统技术规定》（GB/T 19964—2012）第 9.1 条表 2、第 9.3 条表 3。

46. **答案：** CD

依据：《导体和电器选择设计规程》（DL/T 5222—2021）第 5.4.5 条，当母线通过短路电流时，外壳的感应电压应不超过 24V，故选项 A 错误。选项 C 依据《导体和电器选择设计技术规定》（DL/T 5222—2005）第 9.3.3 条，新规《导体和电器选择设计规程》（DL/T 5222—2021）第 7.3.3 条的描述有较大变化。依据《导体和电器选择设计规程》（DL/T 5222—2021）第 21.0.4 条，校验支柱绝缘子机械强度时，应将作用在母线截面重心上的母线短路电动力换算到绝缘子顶部，选项 D 错误。依据《并联电容器装置设计规范》（GB 50227—2017）第 5.3.1 条，对于 35kV 及以上并联电容器装置，宜选用 SF6 断路器或负荷开关，选项 B 正确。

47. **答案：** AC

依据：《电力工程电缆设计规范》（GB 50217—2018）第 4.1.11～4.1.13 条。

48. **答案：** CD

依据：《高压配电装置设计技术规程》（DL/T 5352—2018）表 5.5.6、第 5.4.6 条、第 5.5.1 条、第 5.5.4 条。

49. **答案：** BCD

依据：《电力设施抗震设计规范》（GB 50260—2013）第 6.5.2-1 条、第 6.5.2-2 条、第 6.5.3 条、第 6.5.4 条。

50. **答案：** ACD

依据：《高压配电装置设计技术规程》（DL/T 5352—2018）第 5.3.6 条。

51. **答案：** ABC

依据：《交流电气装置的过电压保护和绝缘配合设计规范》（GB/T 50064—2014）第 4.1 条、第 5.4.3 条。

52. **答案：** AB

依据：《交流电气装置的接地设计规范》（GB/T 50065—2011）第 3.2.1-9 条、第 3.2.2-4 条、第 4.2.1 条、第 4.3.1-1 条。

53. **答案：** ACD

依据：《交流电气装置的接地设计规范》（GB/T 50065—2011）第 4.1.1 条。

54. **答案：** ABD

依据：《火力发电厂、变电所二次接线设计技术规程》（DL/T 5136—2012）第 5.1.2 条、第 5.1.11 条。

55. **答案：** BCD

依据：《电力装置电测量仪表装置设计规范》（GB/T 50063—2017）第 3.7.1 条、第 3.7.2 条、第 3.7.4 条。

56. **答案：** CD

依据：《火力发电厂厂用电设计技术规程》（DL/T 5153—2014）第 3.4.1 条、第 8.1.6 条、第 8.1.7 条。

57. **答案：** ACD

依据：《220kV～750kV 电网继电保护装置运行整定规程》（DL/T 559—2018）第 3.1 条、第 3.2 条、第 5.2.3 条、第 7.1.2 条。

58. **答案：** CD

依据：《电力工程直流电源系统设计技术规范》（DL/T 5044—2014）第 6.3.1 条、第 6.3.2 条、第 6.3.7-2 条，《电力工程电缆设计规范》（GB 50217—2018）第 3.1.1-3 条。

59. **答案：** AC

依据：《220kV～1000kV 变电站站用电设计技术规程》（DL/T 5155—2016）第 9.0.3 条。

60. **答案：** BCD

依据：《火力发电厂厂用电设计技术规程》（DL/T 5153—2014）第 4.7.3～4.7.5 条、第 4.7.7 条。

61. **答案：** ACD

依据：《发电厂和变电站照明设计技术规定》（DL/T 5390—2014）第 5.5.6 条、第 8.2.5 条、第 8.7.2 条、第 8.8.2 条。

62. **答案：** ABD

依据：《电力系统电压和无功电力技术导则》（DL/T 1773—2017）第 6.2.4 条、第 6.5.3 条、第 7.5 条、第 10.5 条。

63. **答案：** ABC

依据：《并联电容器装置设计规范》（GB 50227—2017）第 5.2.1 条条文说明。

64. **答案：** BC

依据：《风电场接入电力系统技术规定》（GB/T 19963—2011）第 9.1 条图 1、表 2。

65. **答案：** AB

依据：《架空输电线路电气设计规程》（DL/T 5582—2020）第 8.0.7 条。

66. **答案：** ABD

依据：《电力工程电缆设计规范》（GB 50217—2018）第 4.1.16 条、第 4.1.17 条。

67. **答案：** AD

依据：《电力工程电缆设计规范》（GB 50217—2018）第 3.6.3 条、表 3.6.5。

68. **答案：** AC

依据：《架空输电线路电气设计规程》（DL/T 5582—2020）第 5.1.8 条。

69. **答案：** BCD

依据：《架空输电线路电气设计规程》（DL/T 5582—2020）8.0.1 条、《电力工程高压送电线路设计手册》（第二版）P292 表 5-2-2。

70. **答案：** AD

依据：《架空输电线路电气设计规程》（DL/T 5582—2020）第 6.2.4 条、《电力工程高压送电线路设计手册》（第二版）P79 污闪部分。

2020 年案例分析试题答案（上午卷）

题 1～4 答案：**BDBC**

1.《交流电气装置的过电压保护和绝缘配合设计规范》（GB/T 50064—2014）第 4.4.4 条。

本题题干明确接地故障时间为大于 10s，因此额定电压$U_R = 1.3U_N = 1.3 \times 20 = 26.0$kV，持续运行电压$U_C = 80\%U_R = 0.8 \times 26 = 20.8$kV。

2. 根据《交流电气装置的过电压保护和绝缘配合设计规范》（GB/T 50064—2014）第 6.3.1-3 条条文说明，避雷器雷电冲击保护水平对 220kV 及以下取标称雷电流 5kA，根据发电机电压，本题应该选择 5kA 避雷器，排除选项 A、B。

根据《隐极同步发电机技术要求》（GB/T 7064—2017）附录 C 表 C.1，工频试验电压峰值：

$$U_{\rm e.l.i} = \sqrt{2}(2U_N + 1) = \sqrt{2} \times (2 \times 20 + 1) = 57.98\text{kV}$$

本题中保护的是发电机内绝缘，且避雷器紧靠发电机，根据《交流电气装置的过电压保护和绝缘配合》（GB/T 50064—2014）式（6.4.4-1），残压为：

$$U''_{\rm l.p.} = \frac{U_{\rm e.l.i}}{k_{16}} = \frac{57.98}{1.25} = 46.4\text{kV}$$

注：发电机为内绝缘，且避雷器紧靠发电机。

3. 根据《交流电气装置的过电压保护和绝缘配合》（GB/T 50064—2014）表 5.4.13-1 及注解，标准绝缘水平为 950kV。题干中提示电厂每回 220kV 线路均能送出 2 台机组的输出功率，显然需要考虑 N-1 工况，按 1 回路查表得到：主变至 MOA 间的电气距离最大不大于 125m。

注：标准绝缘水平为 950kV，注意题干是主变，不需要额外增加 35%。

4. 根据《交流电气装置的过电压保护和绝缘配合设计规范》（GB/T 50064—2014）式（6.4.4-3），雷电冲击耐压：$u_{\rm e.1.o} \geqslant k_{17}U_{\rm 1.p} = 1.40 \times 520 = 728$kV。

根据《绝缘配合　第 1 部分：定义、原则和规则》（GB 311.1—2012）附录 B.3，雷电冲击系数$q = 1.0$。

$$U_H = u_{\rm e.1.o}e^{\frac{H-1000}{8150}} = 728 \times e^{\frac{2500-1000}{8150}} = 875.11\text{kV}$$

按标准绝缘系列取 950kV。

注：本题有争议，关于海拔修正是否采用式 B.1，此时结果为$U_H = U_{\rm e.1.o.}e^{\frac{H}{8150}} = 728 \times e^{\frac{2500}{8150}} = 989.35$kV，此时选 D。

题 5～7 答案：**BBC**

5. 根据《电力工程直流电源系统设计技术规范》（DL/T 5044—2014）第 4.2.1 条，每组蓄电池上应计入 100%控制负荷，特别注意本发电厂有保安电源，直流应急照明按 100%计入，动力负荷应当平均分配，UPS 每组只统计 10kW。

根据第 4.2.5 条、第 4.2.6 条计算各阶段电流，见下表。

序号	负荷名称	负荷容量P（kW）	设备电流I（A）	负荷系数	计算电流I_{js}（A）
1	控制和保护负荷	12.5	56.82	0.6	34.09

续上表

序号	负荷名称	负荷容量P（kW）	设备电流I（A）	负荷系数	计算电流I_{js}（A）
2	监控系统负荷	2	9.09	0.8	7.27
3	励磁控制负荷	1	4.55	0.6	2.73
4	高压断路器跳闸	14.31	65	0.6	39
5	高压断路器自投	0.55	2.5	1	2.5
6	直流应急照明	15	68.18	1	68.18
7	交流不间断电源（UPS）	10	45.45	0.5	22.73

计算各个阶段的放电电流

（1）$I_{30\min} = 34.09 + 7.27 + 2.73 + 39 + 2.5 + 68.18 + 22.73 = 176.5\text{A}$

（2）$I_{30\min} = I_{1h} = I_{2h} = 34.09 + 7.27 + 2.73 + 68.18 + 22.73 = 135\text{A}$

由于$I_{30\min} = I_{1h} = I_{2h}$，可以简化为1min与2h两阶段计算。

查《电力工程直流电源系统设计技术规范》（DL/T 5044—2014）附录C.2.3表C.3-5，1min换算系数为0.94，119min换算系数为0.292，2h换算系数为0.29。

第一阶段：$C_{c1} = K_k \frac{I_1}{K_c} = 1.4 \times \frac{176.5}{0.94} = 262.87\text{Ah}$

第二阶段：$C_{c2} = K_k \left(\frac{I_1}{K_{c1}} + \frac{I_2 - I_1}{K_{c2}}\right) = 1.4 \times \left(\frac{176.5}{0.29} + \frac{135-176.5}{0.292}\right) = 653.1\text{Ah}$

取700Ah满足要求。

6. 根据《电力工程直流电源系统设计技术规程》(DL/T 5044—2014)附录D.1.1，充电装置额定电流：

$$I_r = (1.0 \sim 1.25) I_{10} + I_{jc} = (1.0 \sim 1.25) \times \frac{900}{10} + 90 = (180 \sim 202.5)\text{A}$$

根据附录D.2.1，本题中2套蓄电池由3套充电装置充电，不需要考虑附加模块，$n = \frac{I_r}{I_{me}} = \frac{180 \sim 202.5}{25} = 7.2 \sim 8.1$，故取8块。

7. 根据《电力工程直流电源系统设计技术规范》（DL/T 5044—2014）第6.3.6-3条，直流柜与终端之间允许电压降不大于标称电压的6.5%，总允许电压降为$220 \times 6.5\% = 14.3\text{V}$。

根据附录E式（E.1.1-2），直流分电柜至直流终端负荷断路器A的电缆压降：

$$\Delta U_A = \frac{\rho \cdot 2LI_{ca}}{S_A} = \frac{0.0175 \times 2 \times 32 \times 10}{4} = 2.8\text{V}$$

分电柜至直流终端负荷断路器B电缆压降：

$$\Delta U_B = \frac{\rho \cdot 2LI_{ca}}{S_B} = \frac{0.0175 \times 2 \times 28 \times 10}{2.5} = 3.92\text{V}$$

取较大值3.92V，直流柜至分电柜允许压降取$14.3 - 3.92 = 10.38\text{V}$。

计算最小截面积：

$$S_{cac} = \frac{\rho \cdot 2LI_{ca}}{\Delta U_p} = \frac{0.0175 \times 2 \times 80 \times 160}{10.38} = 43.16\text{mm}^2$$

题8～10答案：**BAB**

8.《交流电气装置的接地设计规范》（GB/T 50065—2011）式（4.2.2-4）。

6kV接地装置的跨步电位差：$U_s = 50 + 0.2\rho_s C_s = 50 + 0.2 \times 1500 \times 0.9 = 320\text{V}$

$$U_s = \frac{174 + 0.7\rho_s C_s}{\sqrt{t_s}} = \frac{174 + 0.7 \times 1500 \times 0.9}{\sqrt{0.2}} = 2502\text{V}$$

注：此题存在争议。本题题干中明确接地故障持续时间为 0.2s，可以推断出 6kV 系统采用低电阻接地方式，应当按照式（4.2.2-2）计算跨步电压允许值

9.《交流电气装置的接地设计规范》(GB/T 50065—2011) 附录 B.0.1。

厂内短路时：$I_g = (I_{max} - I_n)S_{f1} = (35 - 8) \times 0.4 = 10.8\text{kA}$

厂外短路时：$I_g = I_n S_{f2} = 8 \times 0.8 = 6.4\text{kA}$

两者取较大的数值 10.8kA。

查附录表 B.0.3，切除故障时间$t = 0.5\text{s}$，等效X/R为 40，则可查$D_f = 1.1201$

根据条文说明式（12），$I_G = D_f I_g = 1.1201 \times 10.8 = 12.097\text{kA}$

根据附录 B.0.4 可知，$R \leqslant 2000/I_G = 2000/(12.097 \times 1000) = 0.17\Omega$

10.《交流电气装置的接地设计规范》(GB/T 50065—2011) 附录 D.0.3 式（D.0.3-1）、式（D.0.3-11）。

有效埋设长度：$L_m = L_C + L_R = 10000 + 50 = 10050\text{m}$

则跨步电压为：$U_m = \frac{\rho I_G K_m K_i}{L_M} = \frac{100 \times 15000 \times 1.2 \times 1.0}{10050} = 179.1\text{V}$

题 11～13 答案：**CBD**

11.《电力工程电气设计手册 1 电气一次部分》P129 式（4-20）、P143 式（4-38）、P144 式（4-40）～式（4-42）。三相短路电流：$I_{k3} = \frac{I_j}{X_{1\Sigma}} = \frac{0.251}{0.0063} = 39.84\text{kA}$

两相短路电流：$I_{k2} = mI_{k3} = \sqrt{3} \times \frac{I_j}{X_{1\Sigma} + X_{2\Sigma}} = \sqrt{3} \times \frac{0.251}{0.0063 + 0.0063} = 34.5\text{kA}$

单相短路电流：

$$I_{k1} = mI_{k1} = 3 \times \frac{I_j}{X_{1\Sigma} + X_{2\Sigma} + X_{0\Sigma}} = 3 \times \frac{0.251}{0.0063 + 0.0063 + 0.0056} = 41.37\text{kA}$$

两相接地短路电流：

$$I_{k11} = mI_{k1} = \sqrt{3} \times \sqrt{1 - \frac{X_{2\Sigma} X_{0\Sigma}}{(X_{2\Sigma} + X_{0\Sigma})^2}} \times \frac{I_j}{X_{1\Sigma +} \frac{X_{2\Sigma} X_{0\Sigma}}{X_{2\Sigma} + X_{0\Sigma}}}$$

$$= \sqrt{3} \times \sqrt{1 - \frac{0.0063 \times 0.0056}{(0.0063 + 0.0056)^2}} \times \frac{0.251}{0.0063 + \frac{0.0063 \times 0.0056}{0.0063 + 0.0056}} = 40.66\text{kA}$$

综合比较，单相短路电流最高。

12.《火力发电厂厂用电设计技术规程》(DL/T 5153—2014) 附录 L。

取基准容量$S_j = 100\text{MVA}$，对应的基准电流$I_j = 9.16\text{kA}$，注意题目中明确变压器制造误差为 5%。

系统阻抗标幺值为：$X_x = \frac{S_j}{S_d} = \frac{100}{3681 + 3621} = 0.0137$

变压器组抗标幺值为：$X_T = \frac{(1 - 0.05)U_d\%}{100} \times \frac{S_j}{S_{e.B}} = \frac{0.95 \times 16}{100} \times \frac{100}{50} = 0.304$

对应的短路电流为：

$$I'' = I''_B + I''_D = \frac{I_j}{X_X + X_T} + K_{qD} \frac{P_{cD}}{\sqrt{3} U_{cD} \eta_D \cos\varphi_D} \times 10^{-3}$$

$$= \frac{9.16}{0.304 + 0.0137} + 6 \times \frac{25000 \times 10^{-3}}{\sqrt{3} \times 6 \times 0.8} = 46.87\text{kA}$$

13.《电力工程电气设计手册 1 电气一次部分》P121 表 4-2。

基准容量$S_j = 600/0.9 = 666.7\text{MVA}$，计算发电机、变压器阻抗标幺值：

$$X_G = \frac{X_d''\%}{100} \times \frac{S_j}{P_e/\cos\varphi} = 0.2 \times \frac{666.7}{600/0.9} = 0.2$$

$$X_T = \frac{U_k\%}{100} \times \frac{S_j}{S_e} = 0.14 \times \frac{666.67}{670} = 0.1393$$

则系统计算电抗为$X_{js} = X_G + X_T = 0.2 + 0.1393 = 0.3393$

查《电力工程电气设计手册 1 电气一次部分》P135 表 4-7，有$I^* \approx 3.159$，所以发电机组提供的短路电流为：

$$I_{kG} = 2 \times 3.159 \times \frac{P_e/\cos\varphi}{\sqrt{3}U_p} = 2 \times 3.159 \times \frac{600/0.9}{\sqrt{3} \times 230} = 10.57\text{kA}$$

根据《电力工程电气设计手册 1 电气一次部分》P129 式（4-20），系统提供的短路电流为（此时取$S_j = 100\text{MVA}$，与第 11 题相同）：$I_{ks} = \frac{I_j}{X_{1\Sigma}} = \frac{0.251}{0.0063} = 39.84\text{kA}$

总短路电流为：$I_k = I_{ks} + I_{kG} = 39.84 + 10.57 = 50.41\text{kA}$

根据《导体和电器选择设计规程》（DL/T 5222—2021）附录 A，周期分量热效应：

$$Q_z = I_k^2 t = 50.41^2 \times (0.5 + 0.07) = 1448.47\text{kA}^2\text{s}$$

短路持续时间为 0.57s，非周期分量等效时间为$T = 0.1\text{s}$，非周期分量热效应：

$$Q_f = TI_k^2 = 0.1 \times 50.41^2 = 254.12\text{kA}^2\text{s}$$

最大三相短路热效应计算值为：$Q_t = Q_z + Q_f = 1448.47 + 254.12 = 1702.59\text{kA}^2\text{s}$

题 14～16 答案：**BAB**

14.《导体和电器选择设计规程》（DL/T 5222—2021）附录 A.6.3 及第 5.1.9、3.0.15 条。

变压器低压侧电路时，流过母线的短路电流为发电机提供的短路电流：$I_G'' = 51.28\text{kA}$

发电机出口短路时，流过母线的短路电流为系统与其他机组提供：$I_S'' = I_k'' - I_G'' = 97.24 - 51.28 = 45.96\text{kA}$

两者取较大数值 51.28kA。

周期分量热效应：$Q_z \approx I_G''t = 51.28^2 \times (0.06 + 0.05) = 289.26\text{kA}^2\text{s}$

查表 A.6.3，发电机出口非周期分量等效时间取$T = 0.2\text{s}$。

非周期分量热效应：$Q_f = TI_G^2 = 0.2 \times 51.28^2 = 525.93\text{kA}^2\text{s}$

槽形铝母线C值取 83，母线截面积：

$$S = \frac{\sqrt{Q_d}}{C} = \frac{\sqrt{Q_z + Q_f}}{C} = \frac{\sqrt{289.26 + 525.93}}{83} \times 10^3 = 344.0\text{mm}^2$$

15. 根据《电力工程电气设计手册 1 电气一次部分》P141 式（4-32）、表 4-15，发电机端冲击系数K_{ch}取 1.9。

$$i_{ch} = \sqrt{2}K_{ch}I'' = 1.2 \times 1.9 \times 51.28 = 137.79\text{kA}$$

根据《电力工程电气设计手册 1 电气一次部分》P231 表 8-3，$W_{y0} = 490\text{cm}^3$，不考虑振动影响，则振动系数$\beta = 1$。

由 P338 式（8-9），相间应力：

$$\sigma_{x\text{-}x} = 17.248 \times 10^{-3} \times \frac{l^2}{aW} i_{ch}^2 \beta = 17.248 \times 10^{-3} \times \frac{120^2}{90 \times 490} \times 137.79^2 \times 1 = 106.93\text{N/cm}^2$$

16.《电力工程电气设计手册 1 电气一次部分》P141 式（4-32）、表 4-15，P255 式（6-27）、表 6-40、表 6-41。

变压器低压侧电路短路时，流过母线的短路电流为发电机提供的短路电流：$I''_{G} = 51.28\text{kA}$

发电机出口短路时，流过母线的短路电流为系统与其他机组提供：$I''_{s} = I''_{k} - I''_{G} = 97.24 - 51.28 = 45.96\text{kA}$

两者取较大数值 51.28kA。

发电机出口短路冲击系数$K_{ch} = 1.9$，槽形［ ］150 及以上折算系数K_f取 1.45。

绝缘子承受电动力：

$$P = K_f F = K_f \times 1.76 \times 10^{-1} \times \frac{i_{ch}^2 l_p}{a} = K_f \times 1.76 \times 10^{-1} \times \frac{\left(\sqrt{2} K_{ch} I''_{G}\right)^2 l_p}{a} = 0.6 P_{xu}$$

代入数据，得：$1.45 \times 1.76 \times 10^{-1} \times \dfrac{(1.414 \times 1.9 \times 51.28)^2 l_p}{90} = 0.6 \times 20000$

解得绝缘子最大允许跨距$l_p = 222.9\text{cm}$。

题 17～20 答案：**CBBC**

17. 根据《风电场工程 110kV～220kV 海上升压变电站设计规范》（NB/T 31115—2017）第 7.6.2 条，电缆套管的内径宜为海缆外径的 1.5～2.0 倍，因此可以得到$d \geqslant 1.5 \times 240 = 360\text{mm}$。

18.《海上风电场交流海底电缆选型敷设技术导则》（NB/T 31117—2017）第 5.5.4-3 条。

$$L = 46600 \times [1 + (2\% \sim 3\%)] + 80 + 20 = (47632 \sim 48098)\text{m}$$

本题选择最短，应当选 B。

注：弯曲限制器不影响电缆设计长度，已经包含在海缆从海上升压站 J 形管入口引上至升压站内长度。

该规范已移出考纲。

19.《风电场工程 110kV～220kV 海上升压变电站设计规范》（NB/T 31115—2017）第 5.1.3 条、第 5.2.2-2 条。

按 2 台变压器设计时，满足满发要求$S_T > 300/2 = 150\text{MVA}$；满足 N-1 发出 60%功率要求，$S_T > 300 \times 0.6 = 180\text{MVA}$。

按 3 台变压器设计时，满足满发要求$S_T > 300/3 = 100\text{MVA}$；满足 N-1 发出 60%功率要求，$S_T > 300 \times 0.6/2 = 90\text{MVA}$。

故排除选项 A、C。

根据第 4.0.9 条，海上升压变电站电气设备布置应适应生产的要求，做到设备布局和空间利用紧凑、合理，因此应当尽量减少变压器台数。综上所述，选项 B 比较合理。

20.《风电场工程 110kV～220kV 海上升压变电站设计规范》（NB/T 31115—2017）第 4.0.12 条。

海上升压站底层甲板上表面高程：

$$T \geqslant H + \frac{2}{3} H_b + \Delta + H_1 = 5.56 + \frac{2}{3} \times 0.6 + 1.5 + 2 = 9.46\text{m}$$

题 21～25 答案：**CABCD**

21.《架空输电线路电气设计规程》（DL/T 5582—2020）第 6.2.5 条，大风工况下 220kV 线路允许间隙为 0.55m，因此悬垂单串最大风摇摆角最大允许值$\theta = \arcsin\frac{2.5-0.55}{2.8} = 44.14°$。

22.《架空输电线路电气设计规程》（DL/T 5582—2020）第 8.0.1、8.0.2 条。

导线最大运行张力：$T = T_N/K_C = 123000 \times 95\%/2.5 = 46740\text{N}$

允许使用应力：$\sigma_m = T/A = 46740/451.55 = 103.51\text{N/mm}^2$

最低温时线路比载：$\gamma_m = \gamma_1 = \frac{9.81p_1}{A} = \frac{1.511 \times 9.81}{451.55} = 0.0328\text{N/(m} \cdot \text{mm}^2)$

两种工况下最大允许应力相等，根据《电力工程高压送电线路设计手册》（第二版）P187 式（3-3-20），此时临界档距为：

$$l_{cr} = \sigma_m\sqrt{\frac{24\alpha(t_m - t_n)}{\gamma_m^2 - \gamma_n^2}} = 103.51 \times \sqrt{\frac{24 \times 19.3 \times 10^{-6} \times (20-5)}{0.056^2 - 0.328^2}} = 190.1\text{m}$$

23.《电力工程高压送电线路设计手册》（第二版）P184 式（3-3-12），$l_v = l_H + \frac{\sigma_0}{\gamma_v}\alpha$。

代入高温工况有$320 = 430 + \frac{55}{\gamma_v}\alpha$，代入大风工况有$l_v = 430 + \frac{85}{\gamma_v}\alpha$。联立两式有：

$$l_v = \frac{85}{55} \times (320 - 430) + 430 = 260\text{m}$$

24.《电力工程高压送电线路设计手册》（第二版）P183 式（3-3-10），水平档距$l_H = (l_1 + l_2)/2 = (500 + 300)/2 = 400\text{m}$。

查《110～750kV 架空输电线路设计技术规程》（GB 50545—2010）表 10.1.18-2，可得$\alpha = 0.65$。

注：该题删除：依据《架空输电线路电气设计规程》（DL/T 5582—2020）P247 倒数第二段条文说明：由于 GB 50545—2010 校验用α在工程设计中主要用于实际排位条件下的风偏校验，并非在塔头设计时使用，并且在小档距时与设计用α的差别也比较大，考虑到本标准已有档距折减系数α_L，因此本标准风偏设计不再考虑 GB 50545—2010 风偏校验的因素。

25.《电力工程高压送电线路设计手册》（第二版）P181 表 3-3-1。

$$\theta = \arctan\left(\frac{\gamma l}{2\sigma_0} + \frac{h}{l}\right) = \arctan\left(\frac{1.511 \times \frac{9.81}{451.55} \times 1050}{2 \times 55} + \frac{155}{1050}\right) = 24.75°$$

2020 年案例分析试题答案（下午卷）

题 1～4 答案：**BBCC**

1.《电力系统设计手册》P322 式（10-53），注意题干问的是最小值。

调相机年空载损耗：

$$\Delta A = 0.4\Delta P_e T_{max} = 0.4\times(1\%\sim1.5\%)Q_c T_{max} = 0.4\times(0.01\sim0.015)\times600\times8300$$
$$=(19920\sim29880)\text{MWh}$$

2.《导体和电器选择设计规程》（DL/T 5222—2021）附录 A.2。

取$S_j = 100\text{MVA}$，对应的$I_j = 0.11\text{kA}$，注意本题明确不考虑非周期分量和励磁因素，因此不需要查表。

发电机与变压器阻抗标幺值为：

$$X_{*G} = \frac{X''_d\%}{100}\times\frac{S_j}{P_e/\cos\varphi} = \frac{9.73}{100}\times\frac{100}{300} = 0.0324$$
$$X_{*T} = \frac{U_k\%}{100}\times\frac{S_j}{S_e} = \frac{14}{100}\times\frac{100}{360} = 0.0389$$

单个发电机提供的短路电流为：

$$I''_G = \frac{I_j}{X_{*G}+X_{*T}} = \frac{0.11}{0.0324+0.0389} = 1.54\text{kA}$$

系统提供短路电流为：$I''_S = I''_k - 2\times I''_G = 43 - 2\times1.54 = 39.92\text{kA}$

3.《电力工程电气设计手册 1 电气一次部分》P232 表 6-3。母线联络回路的计算工作电流 1 个最大电源元件的计算电流，由题目可知每个元件容量均为 1000MVA，因此母线联络回路最大持续电流为：

$$I_g = 1.05\frac{S_e}{\sqrt{3}U_e} = 1.05\times\frac{1000\times10^3}{\sqrt{3}\times220} = 2755.5\text{A}$$

根据《导体和电器选择设计规程》（DL/T 5222—2021）第 7.2.1 条，断路器额定电流应大于 2755.5A，故选择 3150A 断路器。

4.《330kV～750kV 变电站无功补偿装置设计技术规定》（DL/T 5014—2010）第 5.0.3 条及条文说明。

站内需要配置的低压电抗器容量为：

$$Q = \frac{l}{2}q_c - Q_{高抗} = \frac{390\times1.18}{2} - 120 = 110.1\text{Mvar}$$

取2×60Mvar 满足补偿要求。

题 5～8 答案：**DDDB**

5. 根据《小型火力发电厂设计规范》（GB 50049—2011）第 17.1.2 条，当发电机与主变压器为单元连接时，该变压器的容量宜按发电机的最大连续容量扣除高压厂用工作变压器计算负荷与高压厂用备用变压器可能替代的高压厂用工作变压器计算负荷的差值进行选择。

本站设专用备用变，需要考虑由专用备用变供给全部厂用电的工况，此时发电机发出的功率全部由主变送出，黑体字部分表示的差值可能为 0。因此主变容量为：

$$S \geqslant \frac{P_{max}}{\cos\varphi} - 0 = \frac{60.3}{0.8} = 63.875\text{MVA}$$

主变可以取 63MVA。

注：本题中为 50MW 小型发电机，不能根据《大中型火力发电厂设计规范》（GB 50660—2011）计算。

6.《导体和电器选择设计规程》（DL/T 5222—2021）附录 A.3。

（1）首先最大对称短路开断电流计算值

取$S_j = P_e/\cos\varphi = 50/0.8 = 62.5\text{MVA}$，则：

$$I_j = P_g/\left(\sqrt{3}\cos\varphi \cdot U_j\right) = 50/1.732 \times 0.8 \times 6.3 = 5.727\text{kA}$$

对于发电机出口短路$X_{js} = X''_d = 0.12 < 3$需要查询运算曲线。

当$t = 0.01 + 0.05 = 0.06\text{s}$时，查询运算曲线可知$I^* = 7.19$。

此时$I''_{G(0.06s)} = I^* I_j = 7.19 \times 5.727 = 41.18\text{kA}$

此时其他机组，系统与电抗器的反馈电流为：

$$I''_\Sigma = I''_S + 2I''_D = 54.9 + 3.2 \times 0.8 \times 2 = 60.02\text{kA} \geqslant I''_{G(0.06s)}$$

因此断路器最大开断电流取 60.02kA。

（2）计算最大直流分量百分数

①对于发电机侧，首先计算发电机 0s 时短路电流大小。当$t = 0\text{s}$时，查询运算曲线可知$I^* = 8.96$，此时$I''_{G(0s)} = I^* I_j = 8.96 \times 5.727 = 51.32\text{kA}$。

0.06s 时短路直流分量为：

$$i_{fz(0.06s)} = -\sqrt{2}I''_{G(0s)}e^{-\frac{\omega t}{T_a}} = -\sqrt{2} \times 51.32 \times e^{-\frac{0.06}{0.31}} = -59.81\text{kA}$$

短路电流百分数为：

$$DC\% = \frac{-i_{fz(0.06s)}}{\sqrt{2}I''_{G(0.06s)}} = \frac{59.81}{41.18 \times \sqrt{2}} \times 100\% = 102.7\%$$

②对于系统侧：

0.06s 时系统提供的直流分量为：

$$i_{fz.s} = -\sqrt{2}I''_{0s}e^{-\frac{\omega t}{T_a}} = -\sqrt{2} \times 54.9 \times e^{-\frac{100\pi \times 0.06}{65}} = -58.1\text{kA}$$

0.06s 时电抗器提供的直流分量为：

$$i_{fz.D} = -\sqrt{2}I''_{0s}e^{-\frac{\omega t}{T_a}} = -\sqrt{2} \times 2 \times 3.2 \times e^{-\frac{100\pi \times 0.06}{15}} = -2.58\text{kA}$$

短路电流百分数为：

$$DC\% = \frac{-i_{fz.S} - i_{fz.D}}{\sqrt{2}I''_\Sigma} = \frac{58.1 + 2.58}{\sqrt{2} \times 60.02} \times 100\% = 71.5\% < 102.7\%$$

因此，最大直流分量百分比取 102.7%。

7. 根据《电力工程电气设计手册 1 电气一次部分》P80 式（3-1），计算电容电流为：

$$I_C = \sqrt{3}U_e\omega C \times 10^{-3} = \sqrt{3} \times 6.3 \times 314 \times (0.14 + 2 \times 50 \times 10^{-3} + 10 \times 10^{-3} + 0.75) \times 10^{-3} = 3.426\text{A}$$

根据《导体和电器选择设计规程》（DL/T 5222—2021）附录 B 式（B.1.1），中性点的消弧线圈的补偿容量为：

$$Q = KI_c\frac{U_N}{\sqrt{3}} = 1.35 \times 3.43 \times \frac{6.3}{\sqrt{3}} = 16.8\text{kVA}$$

8.《火力发电厂厂用电设计技术规程》（DL/T 5153—2014）附录 J.0.1、附录 H.0.1，《导体和电器选择设计技术规定》（DL/T 5222—2005）附录 F.2、附录 F.4，《电力工程电气设计手册 1 电气一次部分》P253 式（6-14）。

（1）从限制短路电流考虑

取$S_j = P_e/\cos\varphi = 50/0.8 = 62.5\text{MVA}$

发电机计算电抗$X_{js} = X''_d = 0.12 < 3$

对于发电机出口短路，需要查询运算曲线。当$t = 0\text{s}$时，查询运算曲线可知$I^* = 8.96\text{kA}$。

发电机出口短路电流：$I''_G = I^* \times \frac{P_e/\cos\varphi}{\sqrt{3}U_N} = 8.96 \times \frac{50}{\sqrt{3}\times 6.3\times 0.8} = 51.32\text{kA}$

电动机反馈电流初始值：

$$I''_D = K_{qD}\frac{P_{eD}}{\sqrt{3}U_{eD}\eta_D\cos\varphi_D}\times 10^{-3} = 5\times\frac{8210}{\sqrt{3}\times 6\times 0.8}\times 10^{-3} = 4.938\text{kA}$$

安装电抗器前，厂用变母线的短路电流为$I'' = I''_G + I''_S = 51.32 + 54.9 = 106.22\text{kA}$，流过电抗器短路电流目标值为$31.5 - 4.938 = 26.562\text{kA}$。

限流电抗器电抗百分值：

$$X_k\% \geqslant \left(\frac{I_j}{I''} - X_{*j}\right)\frac{I_{ek}}{U_{ek}}\cdot\frac{U_j}{I_j}\times 100\% = \left(\frac{1}{26.562} - \frac{1}{106.22}\right)\times\frac{1.5\times 6.3}{6}\times 100\% = 4.45\%$$

（2）从电动机自启动时保持 6kV 母线角度考虑

本题为 50MW 小机组，应按慢速切换考虑，取自启动电流倍数$K_g = 5$。

取基准容量：$S_j = \sqrt{3}U_eI_e = \sqrt{3}\times 6\times 1500 = 15588.46\text{kVA}$

自启动容量标幺值：$S_{qz} = \frac{K_{qz}\sum P_e}{S_j\eta_d\cos\varphi_d} = \frac{5\times 8210}{15588.46\times 0.8} = 3.292$

成组自启动，启动前为空载，因此母线电压最低标幺值$U_m = \frac{U_0}{1+SX} = \frac{1}{1+(0+3.292)X} \gg 70\%$，解得$X < 0.13$；即限流电抗器电抗百分值$X_k\% < 13$。

（3）按最大一台电动机启动电压选择

取基准容量：$S_j = \sqrt{3}U_eI_e = \sqrt{3}\times 6\times 1500 = 15588.46\text{kVA}$

电动机启动前，厂用母线上的已有负荷标幺值：

$$S_k = \frac{S_{max} - \frac{P_{max}}{\eta_d\cos\varphi_d}}{S_j} = \frac{10500 - 2800/0.8}{15588.46} = 0.449$$

启动容量标幺值：$S_{qz} = \frac{K_qP_c}{S_k\eta_d\cos\varphi_d} = \frac{5\times 2800}{15588.46\times 0.8} = 1.123$

合成负荷标幺值：$S = S_1 + S_{qz} = 0.449 + 1.123 = 1.572$

一台最大电压母线电压最低标幺值$U_m = \frac{U_0}{1+SX} = \frac{1}{1+1.572X} > 80\%$，解得$X < 0.159$，即限流电抗器电抗百分值$X_k\% < 15.9$。

综上所述，选择 5%电抗器满足要求。

题 9～12 答案：**CCBA**

9.《导体和电器选择设计规程》（DL/T 5222—2021）P248 式 27，《污秽条件下使用的高压绝缘子的选择和尺寸确定 第 1 部分：定义、信息和一般原则》（GB/T 26218.1—2010）第 8.3 条及附录 I。

查附录 I，Ⅲ级污秽区爬电比距$\lambda = 2.5\text{cm/kV}$。

绝缘子数量：$m \geqslant \frac{\lambda U_m}{K_el_0} = \frac{2.5\times 252}{1\times 45} = 14$ 片

海拔修正后绝缘子数量：

$$n_H = N[1 + 0.1(H - 1)] = 14 \times [1 + 0.1 \times (1.7 - 1)] = 14.98 \text{片}$$

故取 15 片。

考虑两片零值绝缘子 2 片，绝缘子应该选 17 片。

故隔离开关静触头中心线距构架边缘距离D_1最小值为：

$$D_1 = 435 + (460 + 17 \times 160) \times \cos 16° = 3492\text{mm}$$

10.《高压配电装置设计规范》（DL/T 5352—2018）表 5.1.2-1 及附录 A.0.1。

当海拔为 1700m 时，$B_1' = A_1' + 750 = 1940 + 750 = 2690\text{mm}$

查《电力工程电气设计手册 1 电气一次部分》附表 8-4，LGJ-50/35 导线外径为 30mm。

根据 P704 式（附 10-51），可以推导出弧垂计算最大允许值为：

$$f_{c3} \leqslant H_{c3} - H_m + f_{m3} - B_1' - r_1 - r = 15 - 10.5 + 0.9 - 2.69 - 0.015 - 0.015 = 2.68\text{m}$$

11.《电力工程电气设计手册 1 电气一次部分》P574 式（10-2）～式（10-7）。

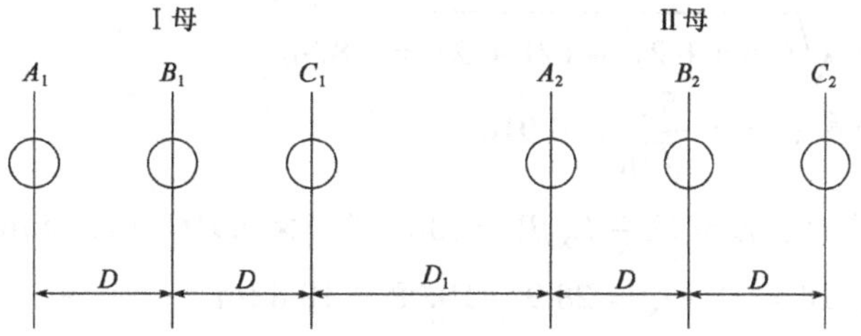

根据主变间隔断面图，可以得到$D = 4\text{m}$，$D_1 = 1.5 + 2 + 3.5 = 7\text{m}$。

计算A_2对于相邻母线的单位长度互感抗：

$$X_{A2C1} = 0.628 \times 10^{-4} \times \left(\ln\frac{2l}{D_1} - 1\right) = 0.628 \times 10^{-4} \times \left(\ln\frac{2 \times 170}{7} - 1\right) = 1.81 \times 10^{-4}\Omega/\text{m}$$

$$X_{A2B1} = 0.628 \times 10^{-4} \times \left(\ln\frac{2l}{D_1 + D} - 1\right) = 0.628 \times 10^{-4} \times \left(\ln\frac{2 \times 170}{11} - 1\right) = 1.53 \times 110^{-4}\Omega/\text{m}$$

$$X_{A2A1} = 0.628 \times 10^{-4} \times \left(\ln\frac{2l}{D_1 + 2D} - 1\right) = 0.628 \times 10^{-4} \times \left(\ln\frac{2 \times 170}{14} - 1\right) = 1.33 \times 10^{-4}\Omega/\text{m}$$

三相短路时最大单位长度感应电压：

$$U_{A2} = I_{k3}\left(X_{A2C1} - \frac{1}{2}X_{A2A1} - \frac{1}{2}X_{A2B1}\right) = 38 \times \left(1.81 - \frac{1.53}{2} - \frac{1.33}{2}\right) \times 10^{-4} \times 10^3 = 1.44\text{V/m}$$

单相短路时最大单位长度感应电压：

$$U_{A2}' = I_k X_{A2C1} = 35 \times 1.81 \times 10^{-4} \times 10^3 = 6.34\text{V/m}$$

取较大的数值，即单相短路时最大单位长度感应电压 6.34V/m。

短路时母线允许产生的感应电压为：$U_{j0} = 145/\sqrt{t} = 145/\sqrt{0.12} = 418.58\text{V}$

因此，$l_{j2} = \frac{2U_{jo}}{U_{A2(K)}'} = \frac{2 \times 418.58}{6.34} = 132\text{m}$。

12.《大型发电机变压器继电保护整定计算导则》（DL/T 684—2012）第 5.5.4.2 条。

变压器高压侧装设了阻抗保护，正方向指向变压器时，正向阻抗的整定值：

$$Z_{Fop.I} = K_{rel}Z_t = K_{rel} \times \frac{U_k\%}{100} \times \frac{U_e^2}{S_e} = 0.7 \times 0.14 \times \frac{230^2}{420} = 12.34\Omega$$

反方向阻抗整定原则为按正方向阻抗的 3%～5%整定，即：

$$Z_{Bop.I} = (3\% \sim 5\%)Z_{Fop.I} = (0.37 \sim 0.617)\Omega$$

题 13～15 答案：**BCB**

13.《交流电气装置的过电压保护和绝缘配合》（GB/T 50064—2014）第 5.2.1 条、第 5.2.2 条、第 5.2.7 条。

被保护物的高度：$h_x = \frac{11}{36}h = 0.306h < 0.5h$

1 号、2 号独立比雷政高度影响系数：$P = \frac{5.5}{\sqrt{36}} = 0.916$

两针之间的距离为：$D = \sqrt{28.5^2 + 47.5^2} = 55.394\text{m}$

计算得 $\frac{D}{h_aP} = \frac{55.349}{(36-11)\times 0.916} = 2.42$，查图 5.2.2-2 可知，$\frac{b_x}{h_aP} = 0.98$，得到：

$$b_x = 0.98h_aP = 0.98\times(36-11)\times\frac{5.5}{\sqrt{36}} = 22.5\text{m}$$

峡谷地区属于山地，保护宽度要乘以 0.75，即$b_x' = 0.75\times 22.5 = 16.9\text{m}$。

14.《交流电气装置的过电压保护和绝缘配合》（GB/T 50064—2014）第 5.2.1 条、第 5.2.2 条、第 5.2.7 条。

两支避雷针间距：$D = \sqrt{(15.5+2)^2 + (21+2)^2} = 28.9\text{m}$

2 号避雷针高度影响系数：$P_1 = \frac{5.5}{\sqrt{36}} = 0.916$

高针在低针处保护范围为：$r_x = (h - h_x)P_1 = (36-25)\times 0.916 = 10.08\text{m}$

两个避雷针等效间距：$D' = D - r_x = 28.9 - 10.08 = 18.82\text{m}$

3 号避雷针高度为 25m，高度影响系数$P_2 = 1$，山地坡地圆弧弓高：

$$f = \frac{D'}{5P_2} = \frac{18.82}{5\times 1} = 3.76\text{m}$$

注：请特别注意山地避雷器保护范围计算与平原地区的区别。

15.《导体和电器选择设计规程》（DL/T 5222—2021）附录 A.4，《电力工程电气设计手册 1 电气一次部分》P338 式（8-8）、P344 表 8-16、P352 表 8-20。

发电厂高压侧$K_{ch} = 1.85$，短路冲击电流为$i_{ch} = \sqrt{2}K_{ch}I'' = \sqrt{2}\times 1.85\times(5+1.5) = 17.01\text{kA}$。

管形母线二阶自振频率为 3Hz 时，连续跨数为 2，对应的一阶自振频率为$3/1.563 = 1.919\text{Hz}$。

一阶自振频率$< 2\text{Hz}$，则振动系数$\beta = 0.47$。

母线受到的总电动力为：

$$F = 17.248\frac{l}{a}i_{ch}^2\beta = 17.248\times\frac{8-0.5}{1.5}\times 17.01^2\times 0.47\times 10^{-2} = 117.3\text{N}$$

单位长度母线所受应力为：$F' = \frac{F}{l} = \frac{117.3}{8-0.5} = 15.64\text{N/m}$

题 16～19 答案：**BDBC**

16.《火力发电厂厂用电设计技术规程》（DL/T 5153—2014）附录 F.0.1。

首先列出负荷计算表，见下表。

序号	负荷类别	电动机或馈线容量（kVA）	台数或回路数	运行方式	换算系数	同时率	计算负荷（kVA）
1	低压电动机	200	1	经常、连续	0.8	1	160
2	低压电动机	150	2	经常、连续（同时运行）	0.8	1	240
3	低压电动机	150	1	经常、短时	0.8	0.5	60

续上表

序号	负荷类别	电动机或馈线容量（kVA）	台数或回路数	运行方式	换算系数	同时率	计算负荷（kVA）
4	低压电动机	30	1	不经常、连续（机组运行时）	0.8	1	24
5	低压电动机	150	1	不经常、短时	0	0	0
6	低压电动机	50	2	经常、连续（同时运行）	0.8	1	80
7	低压电动机	150	1	经常、断续	0.8	0.5	60
8	电子设备	80	2	经常、连续（互为备用）	0.9	0.5	72
9	加热器	60	1	经常、连续	1	1	60

变压器计算负荷为：$S_{js}=160+240+60+24+80+60+72+60=756\text{kVA}$

17.《火力发电厂厂用电设计技术规程》（DL/T 5153—2014）附录 M.0.1。

变压器阻抗有名值：$X_T=\frac{U_k\%}{100}\times\frac{U_e^2}{S_e}=\frac{6}{100}\times\frac{0.4^2}{1.25}=7.68\text{m}\Omega$

不考虑电阻影响，则系统侧短路电流为：$I''_B=\frac{U}{\sqrt{3}X_T}=\frac{400}{\sqrt{3}\times 7.68}=30.07\text{kA}$

电动机反馈电流：$I''_D=3.7\times10^{-3}\times\frac{P_e}{\sqrt{3}\times U_e}=3.7\times10^{-3}\times\frac{1250}{\sqrt{3}\times 0.4}=6.67\text{kA}$

短路电流为：$I''=I''_B+I''_D=30.07+6.67=36.74\text{kA}$

18.《火力发电厂厂用电设计技术规程》（DL/T 5153—2014）附录 G.0.1、附录 H。

电动机启动之前负荷标幺值为：$S_1=S/S_{2T}=700/1250=0.56$

电动机的启动容量标幺值：$S_q=\frac{K_qP_e}{S_{2T}\eta_d\cos\varphi_d}=\frac{7\times250}{1250\times0.8}=1.75$

合成负荷标幺值：$S=S_1+S_q=0.56+1.75=2.31$

变压器阻抗标幺值：$X_T=1.1\times\frac{U_1\%}{100}\times\frac{S_{21}}{S_T}=1.1\times\frac{6}{100}\times\frac{1250}{1250}=0.066$

题干中明确为无励磁调压变压器，空载母线电压为$U_0=1.05$，母线启动标幺值为：

$$U_m=\frac{U_0}{1+SX}=\frac{1.05}{1+2.31\times0.066}=0.91$$

19. 根据《导体和电器选择设计规程》（DL/T 5222—2021）附录 A.6，不考虑短路电流衰减，周期分量短路热效应为$Q_z\approx I''^2t=(21+31)^2\times0.5=1352\text{kA}^2\text{s}$

发电机出口短路，短路持续时间为 0.5s 时，非周期分量等效时间为$T=0.2\text{s}$。

$$Q_f=TI''^2=0.2\times(21+31)^2=540.8\text{kA}^2\text{s}$$

断路器承受的热效应为$Q_t=Q_z+Q_f=1352+540.8=1892.8\text{kA}^2\text{s}$

根据《电力工程电气设计手册 1 电气一次部分》P233 式（6-3）、《电流互感器和电压互感器选择及计算规程》（DL/T 866—2015）第 3.2.7-1 条，短路持续时间取 1s，电流互感器热稳定电流$I>\sqrt{\frac{Q_d}{t}}=\sqrt{\frac{1892.8}{1}}=43.51\text{kA}$，取 50kA 符合要求。

题 20～22 答案：**BBB**

20.《厂用电继电保护整定计算导则》（DL/T 1502—2016）第 7.3 条 b 款。

（1）按躲过电动机自启动电流计算：$I_{op1}=K_{rel}K_{ast}I_e=1.3\times5\times59.6/75=5.165\text{A}$。

（2）按躲过区外出口短路时最大电动机反馈电流计算：$I_{op1}=K_{rel}K_{fb}I_e=1.3\times6\times59.6/75=$

6.198A。

综上所述，可以取$I_{op1} = 6.198A$。

21. 根据《火力发电厂厂用电设计技术规程》（DL/T 5153—2014）附录B表B可知，磨煤机为I类负荷。

根据《厂用电继电保护整定计算导则》（DL/T 1502—2016）第7.9条e款，磨煤机电动机的低电压保护整定值为$U_{op} = (45\%\sim50\%)U_N = (45\%\sim50\%) \times 100 = (45\sim50)V$，动作时间为9～10s。

22.《厂用电继电保护整定计算导则》（DL/T 1502—2016）第7.3条e款。

有大电流闭锁跳闸出口功能时，其整定值为：

$$I_{art} = \frac{I_{brk}}{K_{rel}n_a} = \frac{4000}{(1.3-1.5)\times 75} = (35.6\sim41.03)A$$

可取38.01A。

题23～27答案：**ABCCA**

23.《大型发电机变压器继电保护整定计算导则》（DL/T 684—2012）第5.1.4.3条。

以主变压器高压侧为基准侧，二次额定电流：$I_e = \frac{S}{\sqrt{3}U_N n_a} = \frac{180000}{\sqrt{3}\times230\times600} = 0.753A$

5P型电压互感器比误差$K_{er} = 0.01\times2$，变压器调压引起的误差$\Delta U = 1.25\%\times8 = 0.1$，电力互感器未完全匹配产生的误差$\Delta m = 0.05$。

最小动作电流为：

$$I_{op,min} = K_{rel}(K_{er} + \Delta U + \Delta m)I_e = 1.5\times(0.02+0.1+0.05)\times0.753 = 0.19A$$

24.《3kV～110kV电网继电保护装置运行整定规程》（DL/T 584—2017）第7.2.3.12条表3。

变压器阻抗有名值$X_T = \frac{U_d\%}{100}\times\frac{U_e^2}{S_e} = \frac{17}{100}\times\frac{110^2}{50} = 41.14\Omega$，变压器阻抗可靠系数$K_{KT}\leqslant0.7$，线路阻抗$Z_1 = 18\times0.4 = 7.2\Omega$，可以得到：

一次阻抗动作值$Z_{op''}\leqslant K_k Z_1 + K_{kTT}Z'_T = 0.8\times7.2+0.7\times41.14 = 34.558\Omega$

二次阻抗动作值$Z_2 = Z_{op}\times\frac{n_T}{n_v} = 34.558\times\frac{600/1}{110/0.1} = 18.85\Omega$

25. 根据《电力装置电测量仪表装置设计规范》（GB/T 50063—2017）第8.2.3-2条，电能计量装置的二次回路电压降不应大于额定二次电压的0.2%，即$\Delta U = 0.002\times100/\sqrt{3}$。

根据《电力工程电气设计手册 2 电气二次部分》P103式（20-45），三相星形接线$K_{lx.zk} = 1$。

根据二次电压降公式得出：$\Delta U = \sqrt{3}K_{lx.zk}\times\frac{P}{U_{x\text{-}x}}\times\frac{L}{\gamma S}$

因此，$S\geqslant\frac{\sqrt{3}K_{lx.2k}\times\frac{P}{U_{x\text{-}x}}\times\frac{L}{\gamma}}{\Delta U} = \frac{\sqrt{3}\times1\times\frac{40}{100}\times\frac{100}{57}}{0.002\times100/\sqrt{3}} = 10.53mm^2$

26.《电流互感器和电压互感器选择及计算规程》（DL/T 866—2015）式（10.1.1）、表10.1.2。

按照题意，六线连接即为表中的单相接线，则仪表阻抗换算系数$K_{mc} = 1$，连接线阻抗换算系数$K_{lc} = 2$。

测量CT的实际负载：$Z_b = \Sigma K_{mc}Z_m + K_{lc}Z_1 + R_c = 1\times0.4+2\times\frac{200}{57\times4}+0.1 = 2.25\Omega$

27. 根据《电流互感器和电压互感器选择及计算规程》（DL/T 866—2015）第2.1.8条、式（10.2.3-2）。

保护校验系数为：$K_{pcf}=\dfrac{I_{pcf}}{I_{pr}}=\dfrac{37500}{1250}=30$

保护校验时的二次感应电动势为：

$$E'_{al}=KK_{pcf}I_{sr}(R_{ct}+R'_{b})=2\times30\times1\times(7+8)=900V$$

题 28～30 答案：**BCB**

28.《电力工程电气设计手册 1 电气一次部分》P476 式（9-2）。

$$Q_{CB\cdot m}=\left[\frac{U_d(\%)I_m^2}{100I_e^2}+\frac{I_0(\%)}{100}\right]S_e=\left(\frac{17}{100}\times0.8^2+\frac{0.4}{100}\right)\times50=5.64Mvar$$

29.《并联电容器装置设计规范》（GB 50227—2017）第 5.8.2 条及条文说明，《电力工程电缆设计标准》（GB 50217—2018）附录 C.0.3、附录 D。

电容器额定电流：$I_{ce}=\dfrac{Q_c/3}{U_{ph}}=\dfrac{6012/3}{11/\sqrt{3}}=315.55A$

并联电容器装置的分组回路，回路导体截面应按并联电容器组额定电流的 1.3 倍选择。

电缆回路持续电流：$I_g=1.3I_{ce}=1.3\times315.55=410.2A$

选择电缆时，温度矫正系数为 1，铜铝转换系数 1.29，则电缆载流量为：

$$I_z=\frac{I_g}{1.29}=\frac{410.2}{1.29}=318A$$

电缆型号为 ZR-YJV，为无铠装电缆，查附录 C.0.3 可知$3\times185mm^2$电缆载流量为 324A，满足要求。

30.《3kV～110kV 电网继电保护装置运行整定规程》（DL/T 584—2017）第 7.2.18.9 条表 7。

计算如下：

（1）因故障切除的同一并联段中的电容器台数：

$$M=\frac{Q}{3NQ_{ce}}=10,\ N=1$$

$$K=\frac{3MN(K_v-1)}{K_v(3N-2)}=\frac{3\times10\times(1.15-1)}{1.15\times(3\times1-2)}=3.91\text{ 台}$$

故K取 4 台。

（2）开口三角零序电压（二次）：

$$U_{CH}=\frac{3KU_{NX}}{3N(M-K)+2K}=\frac{3\times4\times100}{3\times1\times(10-4)+2\times4}=\frac{1200}{26}=46.15V$$

（3）三角电压二次整定值：$U_{op}=U_{CH}/K_{se}=46.15/1.5=30.77V$

题 31～35 答案：**CADBC**

31.《电力工程高压送电线路设计手册》（第二版）P183 式（3-3-10），《110kV～750kV 架空输电线路设计规范》（GB 50545—2010）第 10.1.18 条、表 10.1.18-1、表 10.1.22。

水平档距：$l_p=(l_1+l_2)/2=(500+600)/2=550m$

风压不均匀系数α取 0.75，风压高度系数μ_z取 1.25，体形系数μ_{SC}取 1.1，杆塔风荷载调整系数β_c取 1.2，覆冰增大系数B取 1，$W_0=v^2/1600$，则一相导线产生的最大水平荷载为：

$$\begin{aligned}W_x&=n\cdot\alpha\cdot W_0\cdot\mu_z\cdot\mu_{SC}\cdot\beta_c\cdot d\cdot L_p\cdot B\cdot\sin^2\theta\\&=4\times0.75\times\frac{30^2}{1600}\times1.25\times1.1\times1.2\times0.02763\times550\times1\times1\\&=42.313kN\end{aligned}$$

32. 根据《电力工程高压送电线路设计手册》（第二版）P188（三）最大弧垂判别法，首先判别最大弧垂发生工况：

$$\frac{\gamma_7}{\sigma_7}=\frac{0.05648}{103.8486}=0.554\times10^{-3},\quad \frac{\gamma_1}{\sigma_1}=\frac{0.03282}{58.9459}=0.557\times10^{-3},\quad \frac{\gamma_7}{\sigma_7}<\frac{\gamma_1}{\sigma_1}$$

最大垂弧出现在最高温工况。

根据手册 P184 式（3-3-12），垂直档距为：

$$l_v=\frac{l_1+l_2}{2}+\frac{\sigma_0}{\gamma_v}\left(\frac{h_1}{l_1}+\frac{h_2}{l_2}\right)=\frac{600+450}{2}+\frac{58.9459}{0.03282}\times\left(\frac{21}{600}-\frac{30}{450}\right)=468\text{m}$$

33.《电力工程高压送电线路设计手册》（第二版）表 3-3-1、《架空输电线路电气设计规程》（DL/T 5582—2020）第 8.0.1、8.0.2 条。

（1）正常工况

导线最大张力发生在覆冰工况：$T_{\max}=103.8468\times451.55=46892\text{N}$

此时最低点到较高的悬挂电距离为：

$$l_{OB}=\frac{l}{2}+\frac{\sigma_0}{\gamma}\times\tan\beta=\frac{800}{2}+\frac{103.8468}{0.05648}\times\frac{60}{800}=538\text{m}$$

较高悬挂电点单根导线张力为：

$$T_g=\left(\sigma_0+\frac{\gamma^2\times l_0^2B}{2\sigma_0}\right)\times S=\left(103.8468+\frac{0.05648^2\times538^2}{2\times103.8468}\right)\times451.55=48899\text{N}$$

正常工况下，金具的安全系数为 2.5，则金具的强度为：

$$T_R\geqslant2.5\times4\times48.899/2=244.50\text{kN}$$

（2）断联工况条件下

最低点到较高的悬挂电距离为：$l_{OB}=\frac{l}{2}+\frac{\sigma_0}{\gamma}\times\tan\beta=\frac{800}{2}+\frac{64.5067}{0.03282}\times\frac{60}{800}=547\text{m}$

较高悬挂电点单根导线张力为：

$$T_g=\left(\sigma_0+\frac{\gamma^2\times l_0^2B}{2\sigma_0}\right)\times S=\left(64.5067+\frac{0.03282^2\times547^2}{2\times64.5067}\right)\times451.55=30256\text{N}$$

断联工况，安全系数取 1.5，$T_R=1.5\times4\times30256=181.5\text{kN}$。

综上所述，取 300kN 金具强度等级可行。

34. 根据《电力工程高压送电线路设计手册》（第二版）P179 表 3-3-1、P188（三）最大弧垂判别法，首先判别最大弧垂发生工况：

$$\frac{\gamma_7}{\sigma_7}=\frac{0.05648}{103.8486}=0.544\times10^{-3},\quad \frac{\gamma_1}{\sigma_1}=\frac{0.03282}{58.9459}=0.557\times10^{-3},\quad \frac{\gamma_7}{\sigma_7}<\frac{\gamma_1}{\sigma_1}$$

最大垂弧出现在最高温工况。此时线路最大弧垂：

$$f=\frac{\gamma}{8\sigma_0}l^2=\frac{0.03282}{8\times58.9459}\times600^2=25.055\text{m}$$

根据《架空输电线路电气设计规程》（DL/T 5582—2020）第 9.1.1 条，水平线间距：

$$D=k_iL_k+\frac{U}{110}+0.65\sqrt{f_c}=0.4\times5+\frac{500}{110}+0.65\times\sqrt{25.055}=9.8\text{m}$$

35.《电力工程高压送电线路设计手册》（第二版）P179 表 3-2-3、P188（三）最大弧垂判别法。

首先判别最大弧垂发生工况：

$$\frac{\gamma_7}{\sigma_7}=\frac{0.05648}{103.8468}=0.528\times10^{-3},\quad \frac{\gamma_1}{\sigma_1}=\frac{0.03282}{58.9459}=0.557\times10^{-3},\quad \frac{\gamma_7}{\sigma_7}<\frac{\gamma_1}{\sigma_1}$$

最大垂弧出现在最高温时。显然，高温时最大弧垂会大于覆冰的垂直弧垂，所以最恶劣工况应在高温时。

距离 5 号塔 120m 处垂弧：

$$f_x = \frac{\gamma x'(l-x')}{2\sigma_0} = \frac{0.03282 \times 120 \times (800-120)}{2 \times 58.9459} = 22.72\text{m}$$

5 号塔为直线塔，导线悬挂点 A 高程需要扣除绝缘子串长：$H_A = 290 + 30 - 5 = 315\text{m}$

6 号塔为耐张塔，导线悬挂点 B 高程不需要扣除绝缘子串长：$H_B = 350 + 25 = 375\text{m}$

根据相似三角形可知，$H_0 = (375 - 315) \times 120/800 = 9\text{m}$

最小垂直距离为：$S = H_A + H_0 - f_x - 290 = 315 + 9 - 22.72 - 290 = 11.28\text{m}$

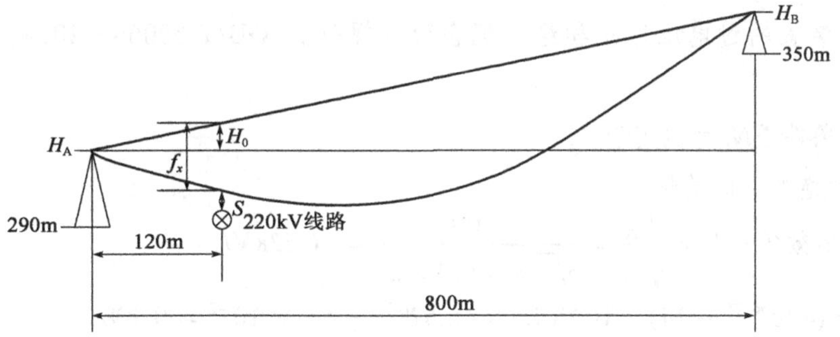

题 36～40 答案：**CDCCB**

36.《架空输电线路电气设计规程》(DL/T 5582—2020) 第 6.1.3-2、6.2.2、6.2.3 条。

（1）操作过电压与雷电过电压。考虑本题杆塔高度超过 40m，需要额外增加绝缘子，此时绝缘子片数为：

$$n \geqslant \frac{155 \times 25 + 146 \times \frac{85-40}{10}}{170} = 26.7 \text{ 片}$$

（2）按爬电比距法选择

$$n \geqslant \frac{\lambda U}{K_e L_{01}} = \frac{34.7 \times 550/\sqrt{3}}{0.94 \times 455} = 25.8 \text{ 片}$$

综上所述，应当取 27 片绝缘子。

37.《架空输电线路电气设计规程》(DL/T 5582—2020) 第 6.2.4、6.1.3 条。

首先根据复合绝缘子计算盘形绝缘子爬电距离。假设符合绝缘子爬电距离为 2.8cm/kV，则其长度 $L = 2.8 \times 500 = 1400\text{cm} < 1470\text{cm}$，则可以推断出复合绝缘子是根据盘形绝缘子最小值 3/4 计算出的。由此可以反推出盘形绝缘子爬电比距为$L/0.75$。

根据第 7.0.5 条，可以算出盘形绝缘子数量：

$$n \geqslant \frac{L/0.75}{K_e \times L_1} = \frac{14700/0.75}{620 \times 0.935} = 33.8\text{，故取 34 片}$$

38. 根据《架空输电线路电气设计规程》(DL/T 5582—2020) 第 4.0.18 条、表 9.3.1-1，线路处于 B 类区域，对应高度的风压高度系数$\mu_z = 1.25$。

根据《电力工程高压电线路设计手册》(第二版) P172 关于风压高度变化系数与风速高度变化系数的说明，此处风速高度系数$K_h = \sqrt{\mu_z} = \sqrt{1.25} = 1.12$。

操作过电压情况校验间隙时，风速为$v = 0.5 \times 30 \times 1.12 = 16.8\text{m/s}$，该风速大于 15m/s，因此取 17m/s 符合要求。

39.《交流电气装置的过电压保护和绝缘配合》（GB/T 50064—2014）第 D.1.5-5 条。

因已知条件明确耐雷水平为最大值，故公式括号中同号，则有：

$$I_{\min} = \left(U_{-50\%} + \frac{2Z_0}{2Z_0 + Z_c} U_{ph}\right)\frac{2Z_0 + Z_c}{Z_0 Z_c}$$

代入数据得到：$18.4 = \left(U_{-50\%} + \frac{2 \times 600}{2 \times 600 + 400} \times 500 \times \frac{\sqrt{2}}{\sqrt{3}}\right) \times \frac{2 \times 600 + 400}{600 \times 400}$

解得：$U_{-50\%} = 2453.8\text{kV}$

根据题目已知条件，可以得到绝缘子串数量$n \geqslant \frac{U_{-50\%}}{531H} = \frac{2453.8}{531 \times 0.155} = 29.8$片，故取 30 片。

40.《交流电气装置的过电压保护和绝缘配合设计规范》（GB/T 50064—2014）附录 D.1.7～附录 D.1.9。

首先明确不同条件下N_L为恒定值。

（1）计算 28 片绝缘子时的情况。

平均电压梯度有效值：$E = \frac{U_n}{\sqrt{3}l_i} = \frac{500}{\sqrt{3} \times 0.155 \times 28} = 66.52\text{kV/m}$

建弧率：$\eta_{28} = (4.5E^{0.75} - 14) \times 10^{-2}(4.5 \times 66.52^{0.75} - 14) \times 10^{-2} = 0.908$

（2）计算 32 片绝缘子时的情况

平均电压梯度有效值$E = \frac{U_n}{\sqrt{3}l_i} = \frac{500}{\sqrt{3} \times 0.155 \times 34} = 58.2\text{kV/m}$

建弧率：$\eta_{32} = (4.5E^{0.75} - 14) \times 10^{-2}(4.5 \times 58.2^{0.75} - 14) \times 10^{-2} = 0.808$

根据假设 3，32 片绝缘子串时绕击闪络率为：

$$gP_1 + P_{sf(32)} = \left(1 - \frac{4}{28}\right)\left[gP_1 + P_{sf(28)}\right] = \frac{6}{7}\left[gP_1 + P_{sf(28)}\right]$$

根据提示有：

$$N_{32} = N_L\eta_{32}\left[gP_1 + P_{sf(32)}\right] = \frac{\eta_{32}\left[gP_1 + P_{sf(32)}\right]}{\eta_{28}\left[gP_1 + P_{sf(28)}\right]}N_L\eta_{28}\left[gP_1 + P_{sf(28)}\right]$$

$$= \frac{\eta_{32}\left[gP_1 + P_{sf(32)}\right]}{\eta_{28}\left[gP_1 + P_{sf(28)}\right]}N_{28} = \frac{0.808}{0.908} \times \frac{6}{7} \times 0.1200 = 0.915 \text{ 次/(100km} \cdot \text{a)}$$

2021 年专业知识试题答案（下午卷）

1. **答案：** D

依据：《交流电气装置的接地设计规范》（GB/T 50065—2011）第 7.2.10 条及附录 H。

2. **答案：** B

依据：《小型火力发电厂设计规范》（GB 50049—2011）第 17.2.1-2 条。

3. **答案：** B

依据：《绝缘配合　第 1 部分：定义、原则和规则》（GB 311.1—2012）第 3.3.1 条。

$$K_{\mathrm{T}} = 1 + 0.0033(T - 40) = 1 + 0.0033 \times (50 - 40) = 1.033$$

$$U = K_{\mathrm{T}} \times 95 = 98\mathrm{kV}$$

4. **答案：** C

依据：《高压配电装置设计规范》（DL/T 5352—2018）第 3.0.6 条。

5. **答案：** B

依据：《交流电气装置的过电压保护和绝缘配合设计规范》（GB/T 50064—2014）第 6.1.3-2 条、第 6.1.5 条、第 6.1.4-2 条。

6. **答案：** B

依据：《交流电气装置的接地设计规范》（GB/T 50065—2011）第 4.3.6 条。

7. **答案：** D

依据：《电力系统调度自动化设计规程》（DL/T 5003—2017）附录 B.1.3.1。

8. **答案：** B

依据：《电力工程直流电源系统设计技术规程》（DL/T 5044—2014）附录 G、式（G.1.1-1）。

$$I_{\mathrm{bk}} = \frac{U_{\mathrm{n}}}{n(r_{\mathrm{b}} + r_1)} = \frac{220 \times 1000}{11.3} = 19.46\mathrm{kA}$$

9. **答案：** B

依据：《发电厂和变电站照明设计技术规定》（DL/T 5390—2014）表 9.0.9。

10. **答案：** A

依据：《架空输电线路电气设计规程》（DL/T 5582—2020）第 4.0.18 条。

11. **答案：** B

依据：《火力发电厂厂用电设计技术规定》（DL/T 5153—2014）第 5.1.1 条。

12. **答案：** B

依据：《火力发电厂厂用电设计技术规定》（DL/T 5153—2014）附录 M。

查表 M.0.3-2，短路电流$I_{\mathrm{B}} = 21.1\mathrm{kA}$，$I''_{\mathrm{D}} = 3.7 \times 10^{-3} \times \frac{0.75}{0.6} \times \frac{1000}{\sqrt{3} \times 0.4} = 6.68\mathrm{kA}$

$$I'' = I''_{\mathrm{B}} + I''_{\mathrm{D}} = 21.1 + 6.68 = 27.78\mathrm{kA}$$

13. **答案：** D

依据：《电力工程直流电源系统设计技术规程》（DL/T 5044—2014）第 7.2.1 条。

14. **答案：** A

依据：《交流电气装置的接地设计规范》（GB/T 50065—2011）第 3.1.3 条、第 3.2.2-2 条、第 3.2.2-4 条。

15. **答案：** D

依据：《火力发电厂与变电站设计防火规范》（GB 50229—2019）第 11.1.9 条、第 11.3.2 条、第 11.7.1-1 条、第 11.7.1-3 条。

16. **答案：** D

依据：《火力发电厂厂用电设计技术规定》（DL/T 5153—2014）第 4.7.3～4.7.5 条、第 4.7.7 条。

17. **答案：** B

依据：《35kV～220kV 变电站无功补偿装置设计技术规定》（DL/T 5242—2010）第 7.2.2-2 条。

单只电容器能承受的电压为：$38 \times 1.1 \div \sqrt{3} \div 4 = 6.03\text{kV}$

18. **答案：** D

依据：《架空输电线路电气设计规程》（DL/T 5582—2020）第 9.3.1 条。

$$16000 \times (\sin 60°)^2 = 12000\text{N}$$

19. **答案：** C0

依据：《电力设备典型消防规程》（DL 5027—2015）表 10.7.8。

20. **答案：** D

依据：《导体和电器选择设计规程》（DL/T 5222—2021）附录 A 第 A.3.1 条。

$$T_\text{a} = \frac{X_\Sigma}{R_\Sigma} = 25，\ i_\text{jzt} = i_\text{jz0} e^{-\frac{\omega t}{T_\text{a}}} = -\sqrt{2} \times 20 e^{-\frac{314 \times 0.1}{25}} = -8.055\text{kA}$$

21. **答案：** C

依据：《导体和电器选择设计规程》（DL/T 5222—2021）第 4.0.3 条。

22. **答案：** B

依据：《交流电气装置的过电压保护和绝缘配合设计规范》（GB/T 50064—2014）第 3.3.3 条、第 4.1.4 条。

23. **答案：** B

依据：《火力发电厂、变电站二次接线设计技术规程》（DL/T 5136—2012）第 9.0.4 条。

24. **答案：** C

依据：《220kV～1000kV 变电站站用电设计技术规程》（DL/T 5155—2016）第 3.3.1 条、第 3.3.2 条、第 3.3.7 条。

25. **答案：** D

依据：《电力工程高压送电线路设计手册》（第二版）P605。

26. **答案：** C

依据：《光伏发电工程电气设计规范》（NB/T 10128—2019）第 4.2.3-3 条。

27. **答案：** C

依据：《电流互感器和电压互感器选择及计算规程》（DL/T 866—2015）第 11.4.3-3 条。

28. **答案：** C

依据：《火力发电厂、变电站二次接线设计技术规程》（DL/T 5136—2012）第 2.0.11 条、第 2.0.12 条，《继电保护和安全自动装置技术规程》（GB/T 14285—2006）第 4.2.8.2 条、第 4.3.2 条，《火力发电厂厂用电设计技术规定》（DL/T 5153—2014）表 3.4.1。

29. **答案：** B

依据：《电力系统设计技术规程》（DL/T 5429—2009）第 6.3.2～6.3.4 条。

30. **答案：** B

依据：《电力工程高压送电线路设计手册》（第二版）P125 式（2-7-12）。

由 $\lg P'_\theta = \dfrac{10\times\sqrt{40}}{86} - 3.35 = -2.614$，得到 $P'_\theta = 10^{-2.614} = 0.00243 = 0.243\%$

31. **答案：** B

依据：《风电场工程 110kV～220kV 海上升压变电站设计规范》（NB/T 31115—2017）第 5.2.2-2 条。

32. **答案：** D

依据：《交流电气装置的过电压保护和绝缘配合设计规范》（GB/T 50064—2014）表 6.4.6-3。

$$U = (400-185)\times K_a = 215\times e^{\frac{1600-1000}{8150}} = 231\text{kV}$$

33. **答案：** B

依据：《电力工程直流电源系统设计技术规程》（DL/T 5044—2014）第 3.6.5-2 条。

34. **答案：** B

依据：《交流电气装置的过电压保护和绝缘配合设计规范》（GB/T 50064—2014）第 5.4.2-4 条。

35. **答案：** C

依据：《电力系统设计手册》P184。

36. **答案：** B

依据：《电力工程高压送电线路设计手册》（第二版）P35、《架空输电线路电气设计规程》（DL/T 5582—2020）第 5.1.4 条及条文说明。

37. **答案：** C

依据：《导体和电器选择设计规定》（DL/T 5222—2021）第 7.2.12-3 条。

38. **答案：** C

依据：《风电场工程 110kV～220kV 海上升压变电站设计规范》（NB/T 31115—2017）第 5.8.5 条。

39. **答案：** B

依据：《火力发电厂、变电站二次接线设计技术规程》（DL/T 5136—2012）第 4.5.2-3 条。

40. **答案：** D

依据：《330kV～750kV 变电站无功补偿装置设计技术规定》（DL/T 5014—2010）第 9.6.1 条、第 9.6.3 条、第 9.6.6 条。

……………………………………………………………………………………………

41. **答案：** ABD

依据：《光伏发电站设计规范》（GB 50797—2012）第 4.0.10 条、第 4.0.12 条、第 12.2.1 条、第 12.2.3 条。

42. **答案：** BC

依据：《高压配电装置设计规范》（DL/T 5352—2018）第 2.1.6 条。

43. **答案：** AC

依据：《导体和电器选择设计规程》（DL/T 5222—2021）第 7.2.6 条、第 7.2.9 条。

44. **答案：** ABD

依据：《风电场工程 110kV～220kV 海上升压变电站设计规范》（NB/T 31115—2017）第 5.8.2 条～第 5.8.6 条。

45. **答案：** BCD

依据：《交流电气装置的过电压和绝缘配合设计规范》（GB/T 50064—2014）第 5.4.6 条。

46. **答案：** ACD

依据：《交流电气装置的接地设计规范》（GB/T 50065—2011）第 8.2.2～8.2.4 条。

47. **答案：** ABD

依据：《电力装置的电测量仪表装置设计规范》（GB/T 50063—2017）第 4.2.2 条。

48. **答案：** AC

依据：《电力系统调度自动化设计规程》（DL/T 5003—2017）第 5.1.2 条及条文说明。

49. **答案：** AB

依据：《火力发电厂厂用电设计技术规定》（DL/T 5153—2014）第 3.6.2 条、第 3.6.3 条、第 3.6.5 条。

50. **答案：** BCD

依据：《并联电容器装置设计规范》（GB 50227—2017）第 4.1.1 条、第 4.2.1 条。

51. **答案：** BCD

依据：《电力系统安全自动装置设计技术规定》（DL/T 5147—2001）第 4.7 条。

52. **答案：** AD

依据：《电力工程设计手册》“20 架空输电线路设计”（超纲）P302 式（5-16）。

53. **答案：** BD

依据：《电力工程高压送电线路设计手册》P198、P202，《110kV～750kV 架空输电线路设计技术规程》（GB/T 50545—2010）第 10.1.9 条。

54. **答案：**ABD

依据：《风电场工程 110kV～220kV 海上升压变电站设计规范》（NB/T 31115—2017）第 5.2.1 条。

55. **答案：**BCD

依据：《电力工程电气设计手册 1 电气一次部分》P141“关于不旋转原件负序电抗的说明”。

56. **答案：**ACD

依据：《导体和电器选择设计规程》（DL/T 5222—2021）第 5.4.5 条、第 5.4.8 条。

57. **答案：**BCD

依据：《电力工程电缆设计标准》（GB 50217—2018）第 3.5.2 条。

58. **答案：**AC

依据：《高压配电装置设计规范》（DL/T 5352—2018）表 5.1.2-1。

59. **答案：**AB

依据：《交流电气装置的过电压保护和绝缘配合设计规范》（GB/T 50064—2014）第 5.4.6-3 条、第 5.4.7-1 条、第 5.4.8-1 条、第 5.4.9-2 条。

60. **答案：**CD

依据：《交流电气装置的接地设计规范》（GB/T 50065—2011）第 4.3.3 条。

61. **答案：**AD

依据：《火力发电厂、变电所二次接线设计技术规程》（DL/T 5136—2012）第 7.4.1 条、第 7.4.2 条、第 7.4.4 条、第 7.4.6 条。

62. **答案：**ABD

依据：《电力工程高压送电线路设计手册》（第二版）P30“关于大气条件的影响的说明”。

63. **答案：**BCD

依据：《继电保护和安全自动装置技术规程》（GB/T 14285—2006）第 5.2.1 条、第 5.2.2 条。

64. **答案：**ABD

依据：《电力工程直流电源系统设计技术规程》（DL/T 5044—2014）第 5.1.2-2 条、第 6.2.1 条、第 6.2.2 条，《火力发电厂、变电站二次接线设计技术规程》（DL/T 5136—2012）附录 A。

65. **答案：**AC

依据：《交流电气装置的过电压保护和绝缘配合设计规范》（GB/T 50064—2014）第 5.3.4 条。

66. **答案：**AC

依据：《火力发电厂厂用电设计技术规定》（DL/T 5153—2014）第 7.2.1 条、第 7.2.7～7.2.9 条。

67. **答案：**AB

依据：《架空输电线路电气设计规程》（DL/T 5582—2020）第 4.0.2 条。

68. **答案：**AC

依据：《发电厂和变电站照明设计技术规定》（DL/T 5390—2014）第 5.1.9-2 条。

69. **答案：** AB

依据：《电力系统安全稳定导则》（GB 38755—2019）第 4.2.1～4.2.3 条。

70. **答案：** BCD

依据：《电力工程电缆设计标准》（GB 50217—2018）第 3.3.1～3.3.3 条、第 3.3.5 条。

2021 年案例分析试题答案（上午卷）

题 1～3 答案：**DBA**

1. 根据《大中型火力发电厂设计规范》（GB 50660—2011）第 16.2.11-2 条，当电厂装机台数较多，但出线回路数较少时，可采用 4/3 断路器接线。

该电厂 6 台燃煤发电机组，以 3 回 500kV 长距离线路接入，属于装机台数较多，但出线回路数较少时，可采用 4/3 断路器接线。

2. 根据《导体和电器选择规程》（DL/T 5222—2021）第 18.3.4 条，本题变压器额定电压应当取发电机额定电压 20kV，此时接地变压器额定电压比：$N = 20/0.22 = 90.91$。

根据《电力工程电气设计手册 1 电气一次部分》P265 式（6-47）、式（6-49），发电机回路中其他设备每相对地电容，包括封闭母线、主变压器、厂用变压器以及发电机断路器的附加电容，由此可得二次侧电阻的电阻值：

$$R \leqslant \frac{1}{N^2 \times 3\omega \times (C_{0f} + C_t)} \times 10^6$$
$$= \frac{1}{90.91^2 \times 3 \times 100\pi \times [0.24 + (100 + 50 + 140) \times 10^{-3}]} \times 10^6 = 0.24\Omega$$

本题明确过负荷系数$K = 1.6$，则接地变压器额定容量为：

$$S \geqslant \frac{U_2^2}{3KR} = \frac{220^2}{3 \times 1.6 \times 0.24} \times 10^{-3} = 42\text{kVA}$$

3. 根据《330kV～750kV 变电站无功补偿装置设计技术规定》（DL/T 5014—2010）第 5.0.7 条与条文说明，按就地平衡原则，变电站装设电抗器的最大补偿容量，一般为其所接线路充电功率的 1/2。

因此单相电抗器的额定容量：$Q \geqslant \frac{1}{3} \times \frac{1}{2} \times 70\% \times 280 \times 1.18 = 38.6\text{Mvar}$，取 40Mvar。

注：这里是单相电抗器，每条线路需要设置 3 台，所以除以 3。

题 4～7 答案：**BDDB**

4. 根据《电力工程直流电源系统设计技术规范》（DL/T 5044—2014）第 4.2.5 条、第 4.2.6 条，经常负荷包括直流长明灯 1.5kW、电气控制保护 15kW、汽机控制系统（DEH）5kW，负荷系数分别为 1.0、0.6 与 0.6。则经常负荷电流：

$$I_{jc} = \frac{\sum KP}{U_n} = \frac{1.5 \times 1.0 + 15 \times 0.6 + 5 \times 0.6}{0.22} = 61.36\text{A}$$

5. 根据《电力工程直流电源系统设计技术规范》（DL/T 5044—2014）附录 G.1。

由蓄电池组出口短路电流$I_{bk} = \frac{U_n}{n(r_b+r_1)}$与直流母线上的短路电流$I_k = \frac{U_n}{n(r_b+r_1)+r_c}$，推导得到蓄电池连接电缆总电阻：

$$r_c = \frac{U_n}{I_k} - \frac{U_n}{I_{bk}} = \frac{220}{18} - \frac{220}{22} = 2.222\text{m}\Omega$$

根据电阻计算公式$r_c = \rho\frac{2L}{S}$，则电缆截面面积：

$$S = \rho\frac{2L}{r_c} = 17.24 \times \frac{2 \times 50}{2.222} = 775.88\text{mm}^2$$

注：这里需要考虑来回总阻值，所以长度乘以2。

6. 根据《电力工程直流电源系统设计技术规范》（DL/T 5044—2014）附录E，直流电动机回路允许电压降$\Delta U_p \leqslant 5\% U_n$，考虑到题目中给出了电动机启动电流倍数，因此电缆截面按照电动机启动设计。

根据表E.2-1，直流电动机回路$I_{ca2} = K_{stm} I_{nm} = 2 \times 45/0.22 = 409.09\text{A}$。

根据式（E.1.1-2），最小电缆截面面积$S_{cac} = \dfrac{\rho \cdot 2LI_{ca2}}{\Delta U_p} = \dfrac{0.0184 \times 2 \times 80 \times 409.09}{5\% \times 220} = 109.5\text{mm}^2$

本题明确电缆敷设系数为1，因此可以选截面面积为120mm²的电缆。

7. 根据《电力工程直流电源系统设计技术规范》（DL/T 5044—2014）附录A.3.4、表A.5-1，该断路器额定电流应当取以下两者的较大值：

（1）按保护屏负荷总额定容量计算：$I_n \geqslant K_c I_{c\Sigma} = 0.8 \times 8/0.22 = 29.09\text{A}$。

（2）按照上下级保护配合计算：

①终端断路器宜选用B型脱扣器，额定电流$I_n \geqslant 1.2/0.22 = 5.45\text{A}$，取6A。

②按与保护屏上的馈线开关上下级配合计算：$I_n \geqslant 6 \times 6 = 36\text{A}$。

综上，取40A较为合理。

题8～10答案：**DBC**

8. 根据《电力工程电气设计手册 1 电气一次部分》P121表4-2及P122表4-4。

（1）高压：$X_1 = \dfrac{1}{2}\left(\dfrac{U_{1\text{-}2}\%}{100} + \dfrac{U_{1\text{-}3}\%}{100} - \dfrac{U_{2\text{-}3}\%}{100}\right)\dfrac{S_j}{S_c} = \dfrac{1}{2} \times \left(\dfrac{14}{100} + \dfrac{35}{100} - \dfrac{20}{100}\right) \times \dfrac{100}{240} = 0.0604$

（2）中压：$X_2 = \dfrac{1}{2}\left(\dfrac{U_{1\text{-}2}\%}{100} + \dfrac{U_{2\text{-}3}\%}{100} - \dfrac{U_{1\text{-}3}\%}{100}\right)\dfrac{S_j}{S_e} = \dfrac{1}{2} \times \left(\dfrac{14}{100} + \dfrac{20}{100} - \dfrac{35}{100}\right) \times \dfrac{100}{240} = -0.00208$

（3）低压：$X_3 = \dfrac{1}{2}\left(\dfrac{U_{1\text{-}3}\%}{100} + \dfrac{U_{2\text{-}3}\%}{100} - \dfrac{U_{1\text{-}2}\%}{100}\right)\dfrac{S_j}{S_e} = \dfrac{1}{2} \times \left(\dfrac{35}{100} + \dfrac{20}{100} - \dfrac{14}{100}\right) \times \dfrac{100}{240} = 0.0854$

9. 根据《电力工程电气设计手册 1 电气一次部分》P232表6-3，母线联络回路最大持续电流取1个最大电源元件的计算电流，母线最大电流可能为负荷元件的有2台主变压器和220kV出线，变压器元件的容量为240MVA，总容量为480MVA，220kV出线容量为穿越功率900MVA。按极限最大运行方式下，1个最大电源元件可带全部负荷元件容量，则其总容量为母线最大穿越功率900MVA。此时母线联络回路容量为900MVA，最大持续电流为：$I_g = \frac{S_{max}}{\sqrt{3}U_N} = \frac{900 \times 10^3}{\sqrt{3} \times 220} = 2362\text{A}$。

根据《导体和电器选择设计规定》（DL/T 5222—2021）第3.0.6条、附录A.5，校验导体和电器动稳定、热稳定以及电器开断电流所用的短路电流，应按系统最大运行方式下可能流经被校验导体和电器的最大短路电流，本题需要校验不同短路条件下短路电流的大小。

由于零序阻抗标幺值小于正序阻抗标幺值，故最大短路故障类型为单相接地短路或两相接地短路。

单相短路电流为：

$$I^{(1)} = mI_{d1}^{(1)} = m\frac{I_j}{X_{1*} + X_{2*} + X_{0*}} = 3 \times \frac{0.251}{0.0065 + 0.0065 + 0.0058} = 40.1\text{kA}$$

两相短路电流为：

$$I_d^{(1,1)} = mI_{d1}^{(1,1)} = \frac{mI_j}{X_{1*} + \dfrac{X_{2*}X_{0*}}{X_{2*} + X_{0*}}} = \frac{1.5 \times 0.251}{0.0065 + \dfrac{0.0065 \times 0.0058}{0.0065 + 0.0058}} = 39.4\text{kA}$$

其中短路电流系数为：

$$m=\sqrt{3}\times\sqrt{1-\frac{X_{2*}X_{0*}}{(X_{2*}+X_{0*})^2}}=\sqrt{3}\times\sqrt{1-\frac{0.0065\times0.0058}{(0.0065+0.0058)^2}}=1.5$$

取两者较大值 40.1kA。

10. 根据《导体和电器选择设计规程》(DL/T 5222—2021) 第 3.0.6 条、附录 A.2、A.4，校验导体和电器动稳定、热稳定以及电器开断电流所用的短路电流，应按系统最大运行方式下可能流经被校验导体和电器的最大短路电流。

正常的最大运行方式需要考虑 2 台主变压器高、中压侧母线均并列运行，此时短路电流最大。

企业 110kV 侧断路器短路时，回路总阻抗值为系统阻抗、企业供电线路与两台变压器高中压绕组阻抗并联值之和。

每台变压器高、中压绕组阻抗之和标幺值为：

$$X_{T*}=\frac{U_{1\text{-}2}\%}{100}\times\frac{S_j}{S_e}=\frac{14}{100}\times\frac{100}{240}=0.058$$

企业供电线路阻抗标幺值为：

$$X_{L*}=X_L\frac{S_j}{U_j^2}=0.4\times15\times\frac{100}{115^2}=0.045$$

当企业 110kV 侧断路器短路时，最大三相短路电流为：

$$I''_{k3}=\frac{I_j}{X_{\Sigma*}}=\frac{I_j}{X_{S*}+\frac{X_{T*}}{2}+X_{L*}}=\frac{0.502}{0.0065+\frac{0.058}{2}+0.045}=6.236\text{kA}$$

变电站冲击系数取 1.8，则$i_{ch}=\sqrt{2}K_{ch}I''_{k3}=\sqrt{2}\times1.8\times6.236=15.87\text{kA}$。

题 11～13 答案：**BBC**

11. 根据《大型发电机变压器继电保护整定计算导则》(DL/T 684—2012) 第 5.1.4.1 条表 2。

主变压器高压侧二次额定电流：$I_{eh}=\frac{S_N}{\sqrt{3}U_{Nh}}/\frac{I_{h1n}}{I_{h2n}}=\frac{180\times10^3}{\sqrt{3}\times230}/\frac{600}{1}=0.7531\text{A}$

高压侧为基准侧，其平衡系数$K_h=1$。

主变压器低压侧二次额定电流：$I_{el}=\frac{S_N}{\sqrt{3}U_{Nl}}/\frac{I_{l1n}}{I_{l2n}}=\frac{180\times10^3}{\sqrt{3}\times10.5}/\frac{10000}{1}=0.9898\text{A}$

根据表格注解 3，高、低压侧的平衡系数和二次额定电流满足$K_hI_{eh}=K_lI_{el}$，可以推导得到低压侧平衡系数$K_l=\frac{K_hI_{eh}}{I_{el}}=\frac{1\times0.7531}{0.9898}=0.76$。

12. 根据《电力工程电气设计手册 1 电气一次部分》P121 表 4-2，归算到高压侧 110kV，变压器阻抗有名值$Z_T=\frac{U_d\%}{100}\times\frac{U_c^2}{S_e}=\frac{17}{100}\times\frac{110^2}{50}=41.14\Omega$，线路阻抗$Z_1=18\times0.4=7.2\Omega$。

根据《3kV～110kV 电网继电保护装置运行整定规程》(DL/T 584—2017) 第 7.2.3.12 条表 3，可得一次动作阻抗公式：

$$Z_{op1}\leqslant K_kZ_1+K_{kT}Z_T=0.8\times7.2+0.7\times41.14=34.558\Omega$$

并将其折算为二次阻抗整定值$Z_2=Z_{opl}\times\frac{n_T}{n_v}=34.558\times\frac{600/1}{110/0.1}=18.85\Omega$。

13. 根据《电流互感器和电压互感器选择及计算规程》(DL/T 866—2015) 第 10.2.6 条，三相星形接线，继电器线圈的阻抗换算系数K_{rc}为 1，连接导线的阻抗换算系数K_{lc}为 2，则每相二次负荷阻抗值$Z_b=\sum K_{rc}Z_r+K_{lc}R_l+R_c$应当小于每相允许负荷$Z_{max}$。

推导可得最大允许连接导线电阻为：

$$R_l \leqslant \frac{Z_{\max} - \sum K_{rc} Z_r - R_c}{K_{lc}} = \frac{2 - 1 \times 0.5 - 0}{2} = 0.75\Omega$$

反推求得电缆最小截面面积为：$A = \frac{L}{\gamma R_1} \geqslant \frac{210}{57 \times 0.75} = 4.91\text{mm}^2$。

题 14～16 答案：**BAC**

14. 根据《电力工程电气设计手册 1 电气一次部分》P262 式（6-37），第一步求得发电机组定子电容：

$$C_{0f} = \frac{2.5KS_{ef}\omega}{\sqrt{3}(1 + 0.08U_{ef})} \times 10^{-9} = \frac{2.5 \times 0.0187 \times \frac{30}{0.8} \times 2\pi \times 50}{\sqrt{3} \times (1 + 0.08 \times 10.5)} \times 10^{-9} = 322.59 \times 10^{-9}\text{F}$$

为求得发电机出口单相接地故障时的接地电容电流，需要考虑发电机组定子电容、主变低压侧单相对地电容、高厂变高压侧单相对地电容、发电机出口连接导体的单相对地电容。

综上所述，接地电容电流为：

$$I_C = \sqrt{3}\omega C_{0\Sigma} U_{ef} \times 10^3 = \sqrt{3} \times 2\pi \times 50 \times (322.59 + 8 + 7.5 + 0.9) \times 10^{-9} \times 10.5 \times 10^3 = 1.94\text{A}$$

15. 根据《导体和电器选择设计规程》（DL/T 5222—2021）附录 B 式（B.1.1）、（B.1.3-1），代入数据直接可以得到中性点位移电压。

脱谐度：$\upsilon = \frac{I_C - I_L}{I_C} = 1 - \frac{I_L}{I_C} = 1 - K = 30\%$

补偿系数：$K = 1 - 30\% = 0.7$

消弧线圈容量：$Q = KI_c\frac{U_N}{\sqrt{3}} = 0.7 \times 10 \times \frac{10.5}{\sqrt{3}} = 42.44\text{kVA}$

中性点位移电压：

$$U_0 = \frac{U_{bd}}{\sqrt{d^2 + \upsilon^2}} = \frac{0.8\% U_N/\sqrt{3}}{\sqrt{d^2 + \upsilon^2}} = \frac{0.8\% \times 10.5/\sqrt{3}}{\sqrt{0.04^2 + 0.3^2}} = 0.16\text{kV}$$

16. 根据《电力工程电气设计手册 1 电气一次部分》P121 表 4-2、P903 式（附 15-32）。

发电机阻抗标幺值：$X_{*G} = \frac{X''_d\%}{100} \times \frac{S_j}{P_e/\cos\varphi} = \frac{15.53}{100} \times \frac{100}{56/0.8} = 0.2219$

升压变阻抗标幺值：$X_{*T} = \frac{U_d\%}{100} \times \frac{S_j}{S_e} = \frac{10.5}{100} \times \frac{100}{75} = 0.14$

启备变阻抗标幺值：$X_{*TQ} = \frac{U_d\%}{100} \times \frac{S_j}{S_c} = \frac{14}{100} \times \frac{100}{16} = 0.875$

根据电路图，正序综合阻抗考虑两台发电机组支路和系统支路并联。

正序综合阻抗标幺值：

$$X_1 = \frac{1}{2}(X_{*G} + X_{*T}) /\!/ X_{s1} = \frac{1}{2}(0.2219 + 0.14) /\!/ 0.0412 = 0.0336$$

根据电路图，零序综合阻抗需要考虑高备变支路、一台主变支路（低压侧△接线，不用计算发电机零序阻抗，另一台主变高压侧中性点不接地，不考虑）和系统支路并联。

零序综合阻抗标幺值：$X_0 = X_{*T} /\!/ X_{*TQ} /\!/ X_{s0} = 0.14 /\!/ 0.875 /\!/ 0.0698 = 0.0442$

计算得到稳态过电压：

$$U_{b0} = \frac{K_x}{2 + K_x} U_{xg} = \frac{X_0/X_1}{2 + X_0/X_1} U_{xg} = \frac{0.0442/0.0336}{2 + 0.0442/0.0336} U_{xg} = 0.40 U_{xg}$$

题 17～20 答案：**BDAD**

17. 根据《电力工程电气设计手册 1 电气一次部分》P225，半穿越电抗$U_{k1\text{-}2'} = U_{k1} + U_{k2'} = 26\%$，

全穿越电抗$U_{k1\text{-}2}=U_{k1}+\frac{1}{2}U_{k2'}=14\%$，推导得到高压绕组短路阻抗$U_{k1}=2\%$，低压绕组短路阻抗$U_{k2'}=12\%$。

根据《电力系统设计手册》P320 式（10-47）、式（10-48），每台主变无功损耗：

$$\Delta Q_T=\frac{U_{k1}\%}{100}\times\frac{S_1^2}{S_N}+\frac{U_{k2'}\%}{100}\times\frac{S_{2'}^2}{S_N}+\frac{U_{k2''}\%}{100}\times\frac{S_2^2}{S_N}+\frac{I_0\%}{100}S_N$$

$$=\frac{2}{100}\times\frac{\left(\frac{30\times6.7}{0.95}\right)^2}{240}+2\times\frac{24}{100}\times\frac{\left(\frac{15\times6.7}{0.95}\right)^2}{240}+\frac{0.3}{100}\times240=26.83\text{Mvar}$$

两台主变合计：$2\times26.83=53.66\text{Mvar}$。

18. 根据《风电场接入电力系统技术规定 第 1 部分：陆上风电》（GB/T 19963.1—2021）第 7.2.2 条，直接接入公共电网的风电场，其配置的感性无功容量能够补偿风电场自身的容性充电无功功率及风电场送出线路的一半充电无功功率。注意本题 35kV 集电线与 220kV 海底电缆为变电站内部线路，220kV 架空线路为送出线路。

（1）内部线路充电功率。

①35kV 集电线路容性无功功率：

$$Q_{35}=\omega C_\Sigma U^2=100\pi\times(0.217\times65+0.181\times20+0.146\times24+0.124\times58)\times35^2=10.9\text{Mvar}$$

②220kV 海底电缆容性充电无功功率：

$$Q_{220}=\omega C_\Sigma U^2=100\pi\times2\times25\times0.124\times220^2\times10^{-6}=94.27\text{Mvar}$$

（2）送出线路充电功率。

220kV 架空线路充电功率$Q_{220\text{-}2}=0.19\times2\times20=7.6\text{Mvar}$

需要配置的感性无功补偿装置容量：

$$Q_{35}+Q_{220}+Q_{220\text{-}2}/2=10.9+94.27+7.6/2=108.9\text{Mvar}$$

19. 根据《风电场接入电力系统技术规定 第 1 部分：陆上风电》（GB/T 19963.1—2021）第 7.2.2 条：

（1）满载时，风电场全部充电功率为 125Mvar，风电场感性无功损耗为 100Mvar，考虑最恶劣情况，将 2 台高抗全部投入运行，发出$2\times35=70\text{Mvar}$无功，此时 SVG 需要发出$(100+70-125)/2=22.5\text{Mvar}$容性无功。

（2）空载时，风电场全部充电功率为 125Mvar，扣除感性无功损耗 5Mvar，其中高抗补偿$2\times35=70\text{Mvar}$，剩余部分需要 SVG 发出感性无功补偿，故每套 SVG 的容量宜取$(125-5-2\times35)/2=25\text{Mvar}$。

综上所述，两者取大，SVG 容量取 25Mvar 较为合适。

20. 根据《并联电容器装置设计规范》（GB 50227—2017）第 5.1.3 条、第 5.8.2 条，并联电容器装置总回路和分组回路的电器导体选择时，回路工作电流应按稳态过电流最大值确定且并联电容器装置的分组回路，回路导体截面应按并联电容器组额定电流的 1.3 倍选择。

电缆回路持续电流：

$$I_g=1.3I_N=1.3\times\frac{S_N}{\sqrt{3}U_N}=1.3\times\frac{20\times10^3}{\sqrt{3}\times35}=428.9\text{A}$$

由于电抗器为分相布置，电缆宜选用单芯电缆，排除选项 A、C。

根据题干，敷设系数取 1，按载流量，宜选择$3\times$(YJV-35-1-$\times$-240)，该截面面积也大于电缆热稳定截面面积 120mm^2。

题 21～25 答案：**ABCDC**

21. 根据《电力工程电缆设计标准》(GB 50217—2018) 第 2.0.12 条，电缆蛇形敷设是指按定量参数要求减小电缆轴向热应力或有助自由伸缩量增大而使电缆呈蛇形的敷设方式。

22. 根据《电力工程电缆设计标准》(GB 50217—2018) 式 (6.1.10-1)、《导体和电器选择设计规程》(DL/T 5222—2021) 附录 A.4。

本题为变电站，冲击系数K_{ch}取 1.8，通过电缆回路的最大短路电流峰值：

$$i=\sqrt{2}K_{ch}I''=\sqrt{2}\times 1.8\times 40=101.823\text{kA}$$

固定电缆用的夹具抗张强度应大于最大短路电动力，即：

$$F=\frac{2.05i^2Lk}{D}\times 10^{-7}\leqslant F_m$$

电缆支架间距：$L\leqslant\frac{F_mD}{2.05i^2k}\times 10^7=\frac{30000\times 0.3}{2.05\times 101823^2\times 3.0}\times 10^7=1.41\text{m}$

23. 根据《电力工程电缆设计标准》(GB 50217—2018) 附录 E.1.1。

短路条件变更前，电缆导体截面面积：$S\geqslant\frac{\sqrt{Q}}{C}=\frac{\sqrt{I_{k1}^2t}}{C}$

由此推导得到$C=\frac{I_{k1}\sqrt{t}}{S}=\frac{40000\times\sqrt{1}}{280}=142.857$

短路条件变更后，电缆导体截面面积：

$$S'\geqslant\frac{\sqrt{Q'}}{C}=\frac{I_{k2}\sqrt{t'}}{C}=\frac{50000\times\sqrt{1.5}}{142.857}=428.66\text{mm}^2$$

24. 根据《电力工程电缆设计标准》(GB 50217—2018) 附录 F，三根单芯电缆经电缆沟敷设，三相电缆水平等间距敷设，即直线排列。

计算中间辅助变量：

$$X_s=\left(2\omega\ln\frac{S}{r}\right)\times 10^{-4}=\left(2\times 100\pi\times\ln\frac{0.3}{0.1}\right)\times 10^{-4}=0.1126\Omega/\text{km}$$

$$a=(2\omega\ln 2)\times 10^{-4}=(2\times 100\pi\times\ln 2)\times 10^{-4}=0.0436\Omega/\text{km}$$

$$Y=X_s+a=0.1126+0.0436=0.1562\Omega/\text{km}$$

边相（A、C 相）电缆单位长度的正常感应电势：

$$E_{so}=\frac{I}{2}\sqrt{3Y^2+(X_s-a)^2}=\frac{450}{2}\times\sqrt{3\times 0.1562^2+(0.1126-0.0436)^2}=62.82\text{V/km}$$

电缆正常感应电压：$E_s=LE_{so}=0.65\times 62.82=40.83\text{V}$

25. 根据《电力工程电缆设计标准》(GB 50217—2018) 附录 A、附录 D.0.2，交联聚乙烯铜芯电缆最高允许温度取 90℃。

环境温度为 30℃下载流量：

$$I_z'=\sqrt{\frac{\theta_m-\theta_2}{\theta_m-\theta_1}}I_z=\sqrt{\frac{90-30}{90-40}}\times 534=585\text{A}$$

2021 年案例分析试题答案（下午卷）

题 1～3 答案：**BCB**

1. 根据《抽水蓄能电站设计规范》（NB/T 10072—2018）第 8.3.2-1 条，蓄能电厂主变压器额定容量应根据发电工况输出的额定容量（或最大发电容量）或电动工况输入的额定容量，以及相连接的厂用电变压器、启动变压器、励磁变压器等所消耗的容量总和确定。

按发电机工况计算为发电机输出额定容量，注意此时厂用变为外来引入电源，不计入。

$$S_{\max}=\frac{P_{\max}}{\cos\varphi}-S=\frac{300}{0.9}-3\times1=330.3\text{MVA}$$

按电动机工况计算流过主变最大视在功率，需要考虑加上励磁变压器3×1MvA、静止变频启动装置启动输入变压器额定容量 28MVA、高压厂用电变压器容量 6.3MVA，即：

$$S_{\max}=\frac{P_{\max}}{\cos\omega}+Q=\frac{325}{0.98}+3\times1+28+6.3=368.93\text{MVA}$$

综合两种工况取 369MVA。

2. 根据《电力系统设计手册》P229 表 8-6，查得线路充电功率为 1.18Mvar/km。

根据 P234 式（8-3），高压并联电抗器容量：

$$Q_1=lq_cB=(80+120)\times1.18\times60\%=141.6\text{MVA}$$

注：手册中明确补偿度不应小于 0.9，但是为高低压并联电抗器总容量，本题只计算高压电抗器，所以补偿度取 0.6 是合理的。

3. 根据《电能质量　公用电网谐波》（GB/T 14549—1993）第 5.1 条表 2，当基准短路容量为 100MVA 时，10kV 侧公共连接点允许注入的 5 次谐波电流值为 20A。

根据附录 B 式（B1），10kV 侧母线允许注入 5 次谐波电流值折算为：

$$I_h=\frac{S_{k1}}{S_{k2}}I_{hp}=\frac{120}{100}\times20=24\text{A}$$

根据附录式（C6）、表 C2，计算光伏电站允许注入公共连接点 5 次谐波电流时候相位迭加系数α取 1.2，10kV 母线的供电设备容量为 50MVA，光伏电站并网容量为 5MVA，谐波电流折算为：

$$I_{hi}=I_h\left(\frac{S_i}{S_t}\right)^{\frac{1}{\alpha}}=24\times\left(\frac{5}{50}\right)^{\frac{1}{1.2}}=3.52\text{A}$$

题 4～6 答案：**CCA**

4. 根据《高压配电装置设计技术规范》（DL/T 5352—2018）表 5.1.2-1、附录 A.0.1，图中a、b为主变压器套管上下端与封闭母线外壳之间的距离，其允许的最小值均为 220J 系统A_1值 1800mm，海拔高度 1800m 处A_1值修正为 1960mm。

注：本题给出的 500mm 为干扰条件，如果按照勾股定理计算，应当是$a\geqslant1960$mm，$b\geqslant\sqrt{1960^2+500^2}=2023$mm，而题目中无对应选项。

5. 根据《电力工程电气设计手册 1 电气一次部分》P708 式（附 10-55）、图 10-19，两相短路的暂态正序短路电流有效值为 15kA，则两相短路电流有效值为$I''_{(2)}=15\sqrt{3}$kA。

短路电流电动力$p=\dfrac{2.04I''^2_{(2)}10^{-1}}{d}=\dfrac{2.04\times\left(15\sqrt{3}\right)^2\times10^{-1}}{4}=34.43\text{N/m}$

发电机变压器组回路$t=t_e+0.05=0.06+0.05=0.11\text{s}$

$\dfrac{p}{q}=\dfrac{34.43}{2.06}\approx16.7$，$\dfrac{\sqrt{f}}{t}=\dfrac{\sqrt{1.75}}{0.11}\approx12$，查图可得摇摆角约为 28.0°。

6. 根据《电力工程电气设计手册 1 电气一次部分》P574 式（10-2）、式（10-5），假定II母检修，I母运行时发生三相短路，首先 A2 相对 C1 相单位长度的互感抗为：

$$X_{A_2C_1}=0.628\times10^{-4}\left(\ln\frac{2l}{D_1}-1\right)=0.628\times10^{-4}\times\left(\ln\frac{2\times100}{6}-1\right)=1.574\times10^{-4}\Omega/\text{m}$$

A2 相对 A1 相单位长度的互感抗为：

$$X_{A_2A_1}=0.628\times10^{-4}\left(\ln\frac{2l}{D_1+2D}-1\right)=0.628\times10^{-4}\times\left(\ln\frac{2\times100}{6+2\times4}-1\right)=1.042\times10^{-4}\Omega/\text{m}$$

A2 相对 B1 相单位长度的互感抗为：

$$X_{A_2B_1}=0.628\times10^{-4}\left(\ln\frac{2l}{D_1+D}-1\right)=0.628\times10^{-4}\times\left(\ln\frac{2\times100}{6+4}-1\right)=1.253\times10^{-4}\Omega/\text{m}$$

接着考虑流过母线的最大短路电流：220kV 母线三相短路电流为 36kA，其中单台发电机提供的短路电流为 5kA，可以推导得到系统侧提供的短路电流为$36-2\times5=26\text{kA}$，当一台机组进线间隔三相短路时，另一台停电检修，流过机组进线间隔根据短路点的大小可以为系统侧电流 26kA 或者机组侧 5kA，两者取大为 26kA。

因此最大单位长度电磁感应电压：

$$U_{A_2}=I_{k3}\left(X_{A_2C_1}-\frac{1}{2}X_{A_2A_1}-\frac{1}{2}X_{A_2B_1}\right)$$
$$=26000\times\left(1.574-\frac{1}{2}\times1.042-\frac{1}{2}\times1.253\right)\times10^{-4}=1.11\text{V/m}$$

题 7～9 答案：**BCD**

7. 根据《电力工程电气设计手册 1 电气一次部分》P386 式（8-62），覆冰时单位长度导线风荷载：

$$q_5=0.075v_f^2(d+2b)\times10^{-3}=0.075\times10^2\times(26.82+2\times15)\times10^{-3}=0.426\text{kgf/m}$$

查 P424 附表 8-8，XP-7 绝缘子单片高度为 146mm，耐张绝缘子串$8\times$XP-7长度为$8\times146=1168\text{mm}$。门架中心之间导线长度需要扣除绝缘子串及连接金具长度，因此$L=12-2\times(1.168+0.19)=9.284\text{m}$。

代入公式可得，该导线在覆冰状态下所承受的风压力为：$Q_5=q_5L_g=0.426\times9.284=3.955\text{kgf}$，转换单位后为 38.75N。

8. 根据《电力工程电气设计手册 1 电气一次部分》P386 式（8-59）、式（8-60）、式（8-64）：

导线冰重：$q_2=0.00283b(d+b)=0.00283\times15\times(26.82+15)=1.775\text{kgf/m}$

导线自重加冰重：$q_3=q_1+q_2=1.349+1.775=3.124\text{kgf/m}$

合成荷重：$q_7=\sqrt{q_3^2+q_5^2}=\sqrt{3.124^2+0.426^2}=3.153\text{kgf/m}$，转换单位后为 30.90N/m。

9. 根据《电力工程电气设计手册 1 电气一次部分》P387 式（8-67）、式（8-70）：

查 P424 附表 8-8，XP-7 绝缘子单片质量 4.0kg，QP-7 球头挂环质量 0.27kg，Z-10 挂板质量 0.87kg，Ws-7 碗头挂板质量 0.97kg，因此绝缘子串自重为$Q_{1i}=8\times4.0+0.27+0.87+0.97=34.11\text{kgf}$。

查 P425 附表 8-9，8 片条件下绝缘子串冰重：$Q_{2i}=14.8\text{kgf}$

绝缘子串自重加冰重：$Q_{3i}=Q_{1i}+Q_{2i}=34.11+14.8=48.91\text{kgf}$

查 P386 表 8-35，15mm 覆冰时，单片 XP-7 绝缘子受风面积 0.029m^2，连接金具受风面积 0.0142m^2，最大覆冰时绝缘子串风荷载：

$$Q_{5i}=0.0375K_{ff}(nA_i+A_0)v_f^2=0.0375\times1.1\times(8\times0.029+0.0142)\times10^2=1.016\text{kgf}$$

最大覆冰时绝缘子串合成荷载：$Q_{7i}=\sqrt{Q_{3i}^2+Q_{5i}^2}=\sqrt{48.91^2+1.016^2}=48.92\text{kgf}$，转换单位后为 479.42N。

题 10～12 答案：**CBC**

10. 根据《小型火力发电厂设计规范》（GB 50049—2011）第 17.3.11 条，高压厂用电系统应采用单母线接线。

当锅炉容量为 410t/h 级时，每台锅炉每一级高压厂用电压不应少于两段母线。该热电厂每台锅炉需要 2 段厂用电母线供电，4 台锅炉合计设置 8 段母线，高压厂用工作电源采用限流电抗器从主变低压侧引接，每两段母线需要设置 1 台电抗器，合计需要 4 台电抗器。

11. 根据《火力发电厂厂用电设计技术规程》（DL/T 5153—2014）第 4.5.1 条、附录 F0.1、附录 G.0.1、附录 H。

电抗器额定容量：$S_k=\sqrt{3}U_kI_k=\sqrt{3}\times10.5\times1000=18186.53\text{kVA}$

电动机的启动容量标幺值：$S_q=\dfrac{K_qP_e}{S_k\eta_d\cos\varphi_d}=\dfrac{6.5\times3800}{18186.53\times0.97\times0.89}=1.573$

电动给水泵电动机换算系数K取 1.0，计算负荷：$1.0\times3800=3800\text{kVA}$。

合成负荷标幺值：$S=S_1+S_q=\dfrac{12800-3800}{18186.53}+1.573=2.068$

最大容量的电动机正常启动时，厂用母线的电压不应低于额定电压的 80%。

启动母线电压标幺值：$U_m=\dfrac{U_0}{1+SX}\geqslant U_{min}=80\%$

推导得到电抗器百分电抗值：$X\leqslant\dfrac{\dfrac{U_0}{U_{min}}-1}{S}=\dfrac{\dfrac{1}{0.8}-1}{2.068}=12.09\%$

由于电压调整计算时基准电压为$U_j=10\text{kV}$，与电抗器额定电压不相等，因此电抗百分数值必须折算，按照 10.5kV 基准电压折算电抗百分值为$X'=\frac{U_j^2}{U_N^2}X\leqslant\frac{10^2}{10.5^2}\times12.09\%=10.97\%$，取 11%。

注：对于不同基准值条件下标幺值的计算公式为$Z_2=\frac{U_1^2S_2}{U_2^2S_1}Z_1$。

12. 根据《火力发电厂厂用电设计技术规程》（DL/T 5153—2014）附录 N.2 式（N.2.1），低压短路电流使用查图法，首先各供电回路电缆统一折算到 YJLV-1-3 × 70 + 1 × 35mm²。

折算后总长度：$L_c=L_1+L_2\dfrac{S_1\rho_2}{S_2\rho_1}=56+20\times\dfrac{70\times0.0184}{10\times0.031}=139.1\text{m}$。

查图 N.1.5-4 可知，电动机接线端子处三相短路电流约为 3000A。

题 13～15 答案：**CAC**

13. 根据《交流电气装置的过电压保护和绝缘配合设计规范》（GB/T 50064—2014）第 4.1.6 条，发电机容量为：$S=P_e/\cos\varphi=600/0.9=666.67\text{MVA}$，本题基准值取发电机容量$S_j=666.67\text{MVA}$。

发电机同步电抗标幺值：$X_{*G}=215\%=2.15$

升压变电抗标幺值：$X_{*T}=\frac{U_d\%}{100}\times\frac{S_j}{S_e}=\frac{14}{100}\times\frac{666.67}{670}=0.139$

发电机系统等值电抗标幺值：$X_{*d}=X_{*G}+X_{*T}=2.15+0.139=2.289$

线路充电功率：$Q_c=1.18\times290=342.2\text{Mvar}$

校核自励磁谐振：$Q_cX_{*d}=342.2\times2.289=783.3\text{Mvar}>666.67\text{Mvar}$，因此会发生自励磁谐振。

需要安装的电抗器容量：$Q_L>\frac{783.3-666.67}{2.289}=50.95\text{Mvar}$，向上取 70Mvar。

注：为了避免自励磁谐振，需要安装的电抗器容量需要向上取，满足自励磁谐振校核，才能避免谐振。

14. 根据《交流电气装置的过电压保护和绝缘配合设计规范》（GB/T 50064—2014）第 6.4.3 条、第 6.4.4 条，GIS 相对地绝缘与 VFTO 的绝缘配合应符合下式的要求：

$$U_{\text{GIS.l.i}}\geqslant k_{14}U_{\text{tw.p}}=1.15\times1157\approx1330\text{kV}$$

断路器同极断口间内绝缘的相对地雷电冲击耐压$U_{\text{e.1.c.i}}$应当满足$U_{\text{e.1.c.i}}\geqslant U_{\text{e.l.i}}+k_m\frac{\sqrt{2}U_m}{\sqrt{3}}$，其中电气设备内绝缘的雷电冲击耐压应当满足$U_{\text{e.l.i}}\geqslant k_{16}U_{\text{l.p}}$，注意本题为内绝缘，且 MOA 紧靠设备，$k_{16}$取 1.25，最终可以得到：

$$U_{\text{e.1.c.i}}\geqslant U_{\text{e.l.i}}+k_m\frac{\sqrt{2}U_m}{\sqrt{3}}=k_{16}U_{\text{l.p}}+k_m\frac{\sqrt{2}U_m}{\sqrt{3}}=1.25\times1006+0.7\times\frac{\sqrt{2}\times550}{\sqrt{3}}$$
$$=(1257+315)\text{kV}$$

注：注意审题，题目中明确为内绝缘。

15. 根据《交流电气装置的接地设计规范》（GB/T 50065—2011）附录 C.0.2，当误差取 5%时，可以用简易公式计算表层衰减系数：

$$C_s=1-\frac{0.09\times\left(1-\frac{\rho}{\rho_s}\right)}{2\times h_s+0.09}=1-\frac{0.09\times\left(1-\frac{50}{250}\right)}{2\times0.3+0.09}=0.896$$

根据附录 E.0.3，本题配有两套主保护，接地故障等效持续时间：

$$t_e\geqslant t_m+t_f+t_o=0.02+0.25+0.06=0.33\text{s}$$

根据第 4.2.2-1 条，接触电位差允许值：$U_t=\frac{174+0.17\times250\times0.896}{\sqrt{0.33}}=369.2\text{V}$。

根据第 4.4.3 条，GIS 设备到金属因感应产生的最大电压差为$U'_{\text{tomax}}=20\text{V}$，则该接地网设计时的最大接触电网差：

$$U_{\text{tmax}}<\sqrt{U_t^2-(U'_{\text{tomax}})^2}=\sqrt{369.2^2-20^2}=368.7\text{V}$$

题 16～18 答案：**BBB**

16. 根据《交流电气装置的接地设计规范》（GB/T 50065—2011）附录 D.0.3-1、附录 D.0.3-2：

接地网x方向导体数：$n_1=300/5+1=61$

接地网y方向导体数：$n_2=200/5+1=41$

矩形接地网一个方向的平行导体数：$n=\sqrt{n_1n_2}=\sqrt{61\times41}=50$

几何校正系数：

$$K_S=\frac{1}{\pi}\left(\frac{1}{2h}+\frac{1}{D+h}+\frac{1-0.5^{n-2}}{D}\right)=\frac{1}{\pi}\times\left(\frac{1}{2\times0.8}+\frac{1}{5+0.8}+\frac{1-0.5^{50-2}}{5}\right)=0.318$$

接地网不规则校正系数：$K_i=0.644+0.148n=0.644+0.148\times50=8.044$

水平接地网导体的总长度：$L_c=61\times200+41\times300=24500m$

埋入地中的接地系统导体有效长度：

$$L_s=0.75L_c+0.85L_R=0.75\times24500+0.85\times0=18375m$$

最大跨步电位差：$U_s=\frac{\rho I_G K_s K_i}{L_s}=\frac{200\times25000\times0.318\times8.044}{18375}=696.05V$

注：与 2020 年案例分析（上午卷）第 10 题相对比，本题计算的是最大跨步电压，注意正确应用公式，不能混淆。

17. 根据《交流电气装置的过电压保护和绝缘配合设计规范》（GB/T 50064—2014）第 5.2.6 条，本题采用倒推法，首先根据两针间保护范围上部边缘最低点高度确定等效避雷针与较低避雷针的距离。

两针间保护范围上部边缘最低点高度：$h_0=h_2-f=h_2-\frac{D'}{7P_2}$，其中高度影响系数按照较低针$h_2=40m$确定，$P_2=\frac{5.5}{\sqrt{40}}=0.87$。

推导得到，等效针与较低避雷针间距离：

$$D'=7P_2(h_2-h_0)\leqslant7\times0.87\times(40-24)=97.4m$$

接着计算较高针与等效针之间距离，即较高避雷针的保护半径。首先计算高度影响系数：$P_1=\frac{5.5}{\sqrt{47}}=0.8$，由于$h_2=40m>0.5h_1$，保护半径为$(h_1-h_2)P_1=(47-40)\times0.8=5.6m$。

推导得到，两针间距离：$D\leqslant97.4+5.6=103m$。

18. 根据《交流电气装置的接地设计规范》（GB/T 50065—2011）附录 E，题干中明确变电站有两套主保护，故接地故障等效持续时间：$t_e\geqslant t_m+t_f+t_o=0.09+0.5+0.05=0.64s$，镀锌钢材$C$值取 70，则接地线最小截面面积：

$$S_g\geqslant\frac{I_F}{C}\sqrt{t_e}=\frac{45000}{70}\times\sqrt{0.64}=514.3mm^2$$

根据第 4.3.5 条第 3 款，开关站主接地网接地导体的最小截面面积取接地线最小截面面积的 75%，即$S\geqslant75\%S_g=75\%\times514.3=385.7mm^2$，本题明确不用考虑腐蚀，故不需要计算余量。

题 19～21 答案：**CDB**

19. 根据《电力工程直流电源系统设计技术规范》（DL/T 5044—2014）附录 C.1，按浮充电运行要求，蓄电池个数：$n=1.05U_n/U_f=1.05\times110/2.24=51.6$个，取 52 个。

接着校验均衡充电与故末期终止放电电压要求。按均衡充电要求，单个电池均衡充电电压为$U_j=1.1U_n/n=1.1\times110/52=2.33V$，符合要求。

按事故末期终止放电电压要求，单个事故末期终止放电电压为$0.875U_n/n=0.875\times110/52=1.83V<U_m=1.85V$，满足要求。

20. 根据《电力工程直流电源系统设计技术规范》（DL/T 5044—2014）。

（1）分析负荷分配情况

根据第 4.2.1 条，控制和保护负荷、监控系统负荷、高压断路器跳闸、高压断路器自投每组负荷应按全部控制负荷统计。本题题干明确为变电站，因此直流应急照明可按 100%统计；交流不间断电源

（UPS）宜平均分配在 2 组蓄电池上。

（2）计算各阶段负荷电流

根据第 4.2.5 条、第 4.2.6 条，各阶段负荷统计见下表。

序号	负荷名称	负荷容量（kW）	负荷系数	计算电流（A）	1min 放电电流（A）	120min 放电电流（A）
1	控制和保护负荷	10	0.6	54.55	54.55	54.55
2	监控系统负荷	3	0.8	21.82	21.82	21.82
3	高压断路器跳闸	9	0.6	49.09	49.09	0
4	高压断路器自投	0.5	1	4.55	4.55	0
5	直流应急照明	5	1	45.45	45.45	45.45
6	交流不间断电源（UPS）	7.5	0.6	40.91	40.91	40.91
放电电流合计					$I_1 = 216.37$	$I_4 = 162.73$

（3）计算蓄电池容量

根据附录 C.2.3，第二、三、四阶段计算电流相同，可以归并计算。查表 C.3-5，蓄电池 1min 换算系数为 1.06，119min 换算系数为 0.31，2h 换算系数为 0.313。

第一阶段：$C_{c1} = K_k \frac{I_1}{K_c} = 1.4 \times \frac{216.37}{1.06} = 285.77\text{Ah}$

第二～四阶段：

$$C_{c2} = K_k\left(\frac{I_1}{K_{c1}} + \frac{I_2 - I_1}{K_{c2}}\right) = 1.4 \times \left(\frac{216.37}{0.31} + \frac{162.73 - 216.37}{0.313}\right) = 737.23\text{Ah}$$

取较大者，宜选择 800Ah。

21. 根据《电力工程直流电源系统设计技术规范》（DL/T 5044—2014）附录 A.3.5、表 A.5-2，直流分电柜电源回路断路器额定电流应按直流分电柜上全部用电回路的计算电流之和选择，按下列要求选择，并选取大值。

（1）首先根据保护屏负荷总额定容量计算：$I_n \geqslant K_c(I_{cc} + I_{cp} + I_{cs}) = 0.8 \times (6.5 + 4 + 2) = 10\text{A}$。

（2）上一级直流母线馈线断路器额定电流应大于直流分电柜馈线断路器的额定电流，电流级差宜符合选择性规定，本题可以采用查表法，首先计算 L3 总压降$I_n R/U_n \times 100\% = 10 \times 0.16/110 \times 100\% = 1.45\%$。

查表 A.5-2，终端断路器选用标准型断路器，且最大分支额定电流为 4A，此时上级断路器宜选用 32A。

综上所述，断路器取 32A。

题 22～24 答案：**CCD**

22. 依据《220kV～750kV 电网继电保护装置运行整定规程》（DL/T 559—2018）第 7.2.9 条，首先分析最小短路电流，在最小运行方式下，电源S_1系统阻抗标幺值为 0.006，电源S_2系统阻抗标幺值为 0.008，故当电源S_1停运时，电源S_2最小运行方式下，220kV 母线短路电流最小。

220kV 母线三相短路电流：

$$I_k^{(3)} = \frac{I_j}{X_\Sigma} = \frac{I_j}{X_{s2} + X_{L2}} = \frac{0.251}{0.008 + 0.01} = 13.94\text{kA}$$

灵敏系数：

$$k_{sen} = \frac{I_k^{(2)}}{I_{op}} = \frac{\frac{\sqrt{3}}{2} \times 13.94}{3.5} = 3.45$$

23. 根据《电力工程电气设计手册 2 电气二次部分》P103 式（20-45），对于三相星形接线，接线系数取$K_{lx \cdot zk} = 1$。

根据电压降公式$\Delta U = \sqrt{3}K_{lx \cdot zk} \times \frac{P}{U_{21}} \times \frac{L}{\gamma S}$，推导得到计量回路电缆截面面积$S \geqslant \frac{\sqrt{3}K_{lx \cdot zk} \times \frac{P}{U_{21}} \times \frac{L}{\gamma}}{\Delta U_{max}}$。

根据《电力装置电测量仪表装置设计规范》（GB/T 50063—2017）第 8.3.2-2 条，$\Delta U_{max} = 0.2\%U_N$，最终可以得到：

$$S \geqslant \frac{\sqrt{3} \times 1 \times \frac{40}{100} \times \frac{100}{57}}{0.2\% \times \frac{100}{\sqrt{3}}} = 10.53\text{mm}^2$$

24. 根据《电力工程电缆设计标准》（GB 50217—2018）第 3.6.8 条第 2 款、第 5 款关于短路点与短路时间的选取规定，本题电缆较长且有中间接头，因此短路点取第一个中间接头，此时三相短路电流为 15.8kA。

本题为电缆类型为低压厂用变压器进线回路电缆，且题目中明确为直馈线，短路时间取主保护时间与断路器开断时间之和，即$t = 0.04 + 0.1 = 0.14\text{s}$。

综上所述，短路电流热效应：$Q = I^2 t = 15.8^2 \times 0.14 = 34.95\text{kA}^2\text{s}$。

题 25～27 答案：**BDD**

25. 根据《厂用电继电保护整定计算导则》（DL/T 1502—2016）第 5.2.1 条式（52），低压厂用变压器电流速断保护动作电流I_{op}应按以下方法进行计算，并取较大值。

（1）按躲过变压器低压侧出口三相短路时流过保护的最大短路电流整定：

根据《导体和电器选择设计技术规定》（DL/T 5222—2005）附录 F 计算低压侧出口三相短路电流，取基准容量$S_j = 10\text{MVA}$，变压器阻抗标幺值：

$$X_{*T} = \frac{U_k\%}{100} \times \frac{S_j}{S_e} = \frac{10}{100} \times \frac{10}{2} = 0.5$$

10kV 系统阻抗标幺值：$X_{*s} = \frac{S_j}{\sqrt{3}U_j I_s''} = \frac{10}{\sqrt{3} \times 10.5 \times 40} = 0.01375$

低压侧出口三相短路：$I_{k3}'' = \frac{I_j}{X_{*\Sigma}} = \frac{I_j}{X_{*s} + X_{*T}} = \frac{1}{0.01375 + 0.5} \times \frac{10}{\sqrt{3} \times 0.4} = 28.095\text{kA}$

流过高压侧保护 CT 的一次最大短路电流：$I_k^{(3)} = \frac{28095}{10.5/0.4} = 1070.3\text{A}$

二次整定值：$I_{op} = \frac{K_{rel}I_k^{(3)}}{n_a} = \frac{1.3 \times 1070.3}{200/1} = 6.96\text{A}$

（2）按躲过变压器励磁涌流整定：

$$I_{op} = \frac{KI_E}{n_a} = K\frac{S_N}{\sqrt{3}U_N n_a} = 12 \times \frac{2000}{\sqrt{3} \times 10.5 \times 200/1} = 6.6\text{A}$$

综上所述，取两者较大值 6.96A。

26. 根据《电流互感器和电压互感器选择及计算规程》（DL/T 866—2015）第 10.2.6 条表 10.2.6，单项接地且电流互感器采用三相星形接线，继电器电流线圈的阻抗换算系数K_{rc}取 1，连接导线的阻抗换算系数K_{lc}取 2。

连接导线的电阻：$R_1 = \frac{L}{\gamma A} = \frac{200}{57 \times 4} = 0.877\Omega$

此时实际二次负荷：$Z_b = \sum K_r Z_r + K_{lc} R_1 + R_c = 1 \times 1 + 2 \times 0.877 + 0.05 = 2.8\Omega$

当二次额定电流选 1A 时，实际二次负载$S_b = I^2 Z_b = 1^2 \times 2.8 = 2.8VA$。

当二次额定电流选 5A 时，实际二次负载$S_b = I^2 Z_b = 5^2 \times 2.8 = 70VA$。

27. 根据《厂用电继电保护整定计算导则》（DL/T 1502—2016）第 7.3 条式（115）～式（117）。

电动机额定电流二次值：

$$I_e = \frac{I_E}{n_a} = \frac{P_N}{\sqrt{3} U_N \eta \cos\varphi \, n_a} = \frac{630}{\sqrt{3} \times 10 \times 0.87 \times 0.95 \times 100/5} = 2.2A$$

动作电流高定值按躲过电动机最大启动电流整定：

$$I_{op.h} = K_{rel} K_{st} I_e = 1.5 \times 7 \times 2.2 = 23.1A$$

动作电流低定值可按如下两种方法计算，并取较大值：

（1）按躲过电动机自启动电流计算：$I_{op.l} = K_{re} K_{ast} I_e = 1.3 \times 5 \times 2.2 = 14.3A$。

（2）按躲过区外出口短路时最大电动机反馈电流计算：$I_{op.l} = K_{rel} K_{fb} I_e = 1.3 \times 6 \times 2.2 = 17.16A$。

因此，动作电流低定值取较大值 17.16A。

题 28～30 答案：**CCB**

28. 根据《发电厂和变电站照明设计技术规定》（DL/T 5390—2014）第 8.5.1 条式（8.5.1-2）、表 8.5.1。

A 照明箱：$P_{jsA} = \sum[K_x P_z (1+a) + P_s] = 0.9 \times (6 \times 6 \times 0.1 + 3 \times 24 \times 0.028) \times 1.2 + 3 \times 1 = 9.07kW$

B 照明箱：$P_{jsB} = \sum[K_x P_z (1+a) + P_s] = 0.9 \times (6 \times 6 \times 0.08 + 3 \times 24 \times 0.028) \times 1.2 + 2 \times 1 = 7.29kW$

该照明干线的计算负荷：$P_{js} = P_{jsA} + P_{jsB} = 9.07 + 7.29 = 16.36kW$

29. 根据《发电厂和变电站照明设计技术规定》（DL/T 5390—2014）第 2.1.36 条，可得到本题中高压钠灯属于气体放电灯。

根据第 8.5.1 条式（8.5.1-1），高压钠灯计算负荷：

$$P_{js1} = P_z(1+a) = 24 \times 100 \times (1+0.2) = 2880W$$

无极灯计算负荷：$P_{js2} = P_z(1+a) = 36 \times 80 \times (1+0.2) = 3456W$

根据第 8.6.2 条式（8.6.2-5），可以计算出高压钠灯计算电流：

$$I_{js1} = \frac{P_{js1}}{\sqrt{3} U_{ex} \cos\Phi_1} = \frac{2880}{\sqrt{3} \times 380 \times 0.85} = 5.14A$$

无极灯计算电流：$I_{js2} = \frac{P_{js2}}{\sqrt{3} U_{ex} \cos\Phi_2} = \frac{3446}{\sqrt{3} \times 380 \times 0.9} = 5.83A$

根据式（8.6.2-6），代入对应数据，计算两种光源条件下线路的计算电流：

$$I_{js} = \sqrt{(I_{js1}\cos\Phi_1 + I_{js2}\cos\Phi_2)^2 + (I_{js1}\sin\Phi_1 + I_{js2}\sin\Phi_2)^2}$$
$$= \sqrt{(5.14 \times 0.85 + 5.83 \times 0.9)^2 + (5.14 \times 0.527 + 5.83 \times 0.436)^2} = 10.97A$$

30. 根据《发电厂和变电站照明设计技术规定》（DL/T 5390—2014）第 7.0.4 条，注意本题需要查询维护系数。材料库属于一般环境，查表 7.0.4 可得维护系数K取 0.7。

根据附录 B.0.1，工作面的平均照度：$E_c = \dfrac{\Phi \times N \times CU \times K}{A}$

推导得到，光源的光通量：$\Phi = \dfrac{E_c \times A}{N \times CU \times K} = \dfrac{200 \times 12 \times 25}{10 \times 0.5 \times 0.7} = 17143\text{lm}$，取 17000lm。

题 31～35 答案：**DBDBB**

31. 根据《架空输电线路电气设计规程》（DL/T 5582—2020）第 6.1.3-2、6.2.2、6.2.3 条。

（1）按操作过电压及雷电过电压配合选择

本题杆塔高度 100m，显然需要增加对应绝缘子以保证绝缘。当悬垂绝缘子高度为 170mm 时，绝缘子片数：

$$n = \frac{155 \times 25 + 146 \times \dfrac{100 - 40}{10}}{170} = 27.95\text{ 片，取 28 片}$$

（2）按照爬电比距法选择

题目已知最高运行相电压下爬电比距按 37.2kV/mm 考虑，对应电压U应取最高运行相电压 $550/\sqrt{3}$V。绝缘子片数：

$$n \geqslant \frac{\lambda U}{K_e L_{01}} = \frac{37.2 \times 550/\sqrt{3}}{0.95 \times 480} = 25.9\text{ 片，取 26 片}$$

综合以上两项，绝缘子片数应取较大者 28 片。

32. 根据《电力工程高压送电线路设计手册》（第二版）P130 式（2-7-40）、式（2-7-41）、式（2-7-45）。

雷击杆塔顶部时耐雷水平的雷电流概率：$P_1 = 10^{-\frac{i_0}{88}} = 10^{-\frac{175}{88}} = 0.0103$

平原线路击杆率g取 1/6，一般高度的线路的跳闸率：

$$n = N\eta[gP_1 + P_\theta P_2 + (1 - g)P_3]$$

由于本题只考虑反击跳闸率，即不考虑绕击率，推导得到建弧率：

$$\eta = \frac{n}{N\eta[gP_1 + P_\theta P_2 + (1 - g)P_3]} = \frac{0.2}{1.25 \times 100 \times (0.0103/6 + 0 + 0)} = 0.932$$

根据建弧率计算公式：$\eta = (4.5E^{0.75} - 14) \times 10^{-2}$，推导得到平均电压梯度有效值：

$$E = \left(\frac{100\eta + 14}{4.5}\right)^{4/3} = \left(\frac{100 \times 0.932 + 14}{4.5}\right)^{4/3} = 68.55\text{kV/m}$$

根据平均电压梯度有效值计算公式：$E = \frac{U_n}{\sqrt{3} l_i}$，推导得到绝缘子闪络距离：

$$l_i = \frac{U_n}{\sqrt{3}E} = \frac{500}{\sqrt{3} \times 68.55} = 4.2\text{m}$$

33. 根据《架空输电线路电气设计规程》（DL/T 5582—2020）第 6.2.4、6.1.3 条，假设复合绝缘子爬电距离取 4.5cm/kV，此时复合绝缘子长度为$4.5 \times \frac{500}{\sqrt{3}} = 1428\text{cm} = 14280\text{mm} < 15000\text{mm}$，已经满足条件，按此推断，复合绝缘子爬电距离 14700mm 是根据盘形绝缘子最小要求值的 3/4 计算得出。推导得出盘形绝缘子爬电距离最小要求值：$L_p = \frac{4}{3} L_{fh} = \frac{4}{3} \times 15000 = 20000\text{mm}$。

计算绝缘子串片数：

$$n \geqslant \frac{\lambda U}{K_e L} = \frac{L_p}{K_e L} = \frac{20000}{0.9 \times 635} = 35\text{ 片}$$

34. 本题采用反推法，首先通过间隙计算出海拔修正系数，接着反推设备海拔高度。

（1）计算海拔修正系数

根据《交流电气装置的过电压保护和绝缘配合设计规范》（GB/T 50064—2014）表 6.2.4-2，500kV 输电线路带电部分与杆塔构件工频电压最小空气间隙 1000m 及以下时为 1.3m。

根据题干提示，工频间隙放电电压与最小空气间隙成正比，设 1000m 处发电电压为$U_{50\%}$，实际放电电压为$U'_{50\%}$，海拔修正后最小空气间隙：

$$d' = \frac{U'_{50\%}}{k} = \frac{K_a U_{50\%}}{k} = K_a d = 1.3K_a = 1.95 - 0.3 = 1.65\text{m}$$

按此推导，海拔修正系数$K_a = 1.65/1.3 = 1.269$。

（2）反推海拔高度

根据《绝缘配合　第 1 部分：定义、原则和规则》（GB 311.1—2012）附录 B 式（B.2）。

根据海拔修正系数公式：$K_a = e^{q\frac{H-1000}{8150}}$，本题为工频耐压，$q = 1$。

故本题海拔为：$H = \frac{8150\ln K_a}{q} + 1000 \leqslant \frac{8150\ln 1.269}{1.0} + 1000 = 2942\text{m}$，取 2900m 满足要求。

35. 根据《交流电气装置的过电压保护和绝缘配合设计规范》（GB/T 50064—2014）第 6.2.2 条第 4 款，风偏后线路导线对杆塔空气间隙的正极性雷电冲击电压波 50%放电电压，可选为绝缘子串相应电压的 0.85 倍。

绝缘子串雷电冲击放电电压：$U_{50\%} = 530 \times L + 35 = 530 \times 4.48 + 35 = 2409.4\text{kV}$

空气间隙雷电冲击放电电压：$U'_{50\%} = 0.85U_{50\%} = 0.85 \times 2409.4 = 2047.99\text{kV}$

最小空气间隙：$S = U'_{50\%}/552 = 2047.99/552 = 3.71\text{m}$

题 36～40 答案：**BCCBD**

36. 根据《电力工程高压送电线路设计手册》（第二版）P179 表 3-2-3。

综合比载：$\gamma_6 = \sqrt{\gamma_1^2 + \gamma_4^2} = \sqrt{31.1^2 + 23.3^2} = 38.9 \times 10^{-3}\text{N/(m}\cdot\text{mm}^2)$。

37. 根据《电力工程高压送电线路设计手册》（第二版）P179 表 3-3-1，在最高气温时，计算弧垂最低点到悬挂点的水平距离时，按自重比载计算，取$\gamma = \gamma_1 = 31.1 \times 10^{-3}\text{N/(m}\cdot\text{mm}^2)$。

最大弧垂点L_1在档距中央处，弧垂最低点与悬挂点的距离为$L_2 = \frac{L}{2} + \frac{\sigma_0}{\gamma_1}\tan\beta$。

$$\Delta L = L_2 - L_1 = \frac{L}{2} + \frac{\sigma_0}{\gamma_1}\tan\beta - \frac{L}{2} = \frac{\sigma_0}{\gamma_1}\tan\beta = \frac{49.7}{31.1 \times 10^{-3}} \times \frac{70}{650} = 172.1\text{m}$$

38. 根据《电力工程高压送电线路设计手册》（第二版）P179 表 3-3-1，在年平均气温条件下，导、地线均按自重力比载取值：导线自重力比载$\gamma_1 = 31.1 \times 10^{-3}\text{N/(m}\cdot\text{mm}^2)$，地线自重力比载$\gamma'_1 = 78.8 \times 10^{-3}\text{N/(m}\cdot\text{mm}^2)$。

根据线长公式：$L = l + \frac{h^2}{2l} + \frac{\gamma^2 l^3}{24\sigma_0^2}$，可以推导出地线长度：

$$L' = l + \frac{h^2}{2l} + \frac{\gamma_1'^2 l^3}{24\sigma_0'^2} = l + \frac{h^2}{2l} + \frac{\gamma_1^2 l^3}{24\sigma_0^2} + \left(\frac{\gamma_1'^2 l^3}{24\sigma_0^2} - \frac{\gamma_1^2 l^3}{24\sigma_0'^2}\right) = L + \left(\frac{\gamma_1'^2 l^3}{24\sigma_0^2} - \frac{\gamma_1^2 l^3}{24\sigma_0'^2}\right)$$

$$= 505 + \left(\frac{0.078^2 \times 500^3}{24 \times 182.5^2} - \frac{0.0311^2 \times 500^3}{24 \times 53.5^2}\right) = 504.2\text{m}$$

39. 根据《电力工程高压送电线路设计手册》（第二版）表 3-3-1 与附图。

直线塔前后两侧的悬垂角：$\theta_1 = \arccos\frac{\sigma_0}{\sigma_1} = \arccos\frac{49.7}{56} = 27.44°$

$$\theta_2 = \arccos\frac{\sigma_0}{\sigma_2} = \arccos\frac{49.7}{54} = 23.02°$$

40. 根据《电力工程高压送电线路设计手册》（第二版）P184 式（3-3-12）:

在最低气温条件下，导线垂直档距：$l_V = \frac{G_1}{g_1} = \frac{G_1}{\gamma_1 A} = \frac{15000}{0.0311 \times 425.4} = 1133.8\text{m}$

由此可以反推出高差系数：$a = \frac{\gamma_1}{\sigma_1}(l_V - l_H) = (1133.8 - 800) \times \frac{0.0311}{60.5} = 0.1716$

由此可以得到地线垂直档距：$l'_V = l_H + \frac{\sigma'_1}{\gamma'_1} a = 800 + \frac{202.7}{0.078} \times 0.1716 = 1246\text{m}$

杆塔上单根地线的垂直荷重：$G'_1 = l'_V g'_1 = l'_V \gamma'_1 A' = 1246 \times 100.88 \times 0.078 = 9804\text{N}$

2022 年专业知识试题答案（上午卷）

1. **答案：** B

依据：《大中型火力发电厂设计规范》（GB 50660—2011）第 16.3.3、16.3.9、16.3.17、16.10.4 条。

2. **答案：** C

依据：《水力发电厂机电设计规范》（NB/T 10878—2021）第 4.2.6 条。

3. **答案：** D

依据：《电力工程电气设计手册 1 电气一次部分》P140 式（4-32）。

冲击系数：$K_{\mathrm{ch}}=1+e^{-\frac{2\pi ft}{T_z}}=1+e^{-\frac{2\pi\times60\times\frac{1}{2\times60}}{40}}=1.924$

发电机提供的冲击电流：$i_{\mathrm{ch}}=\sqrt{2}K_{\mathrm{ch}}I''=\sqrt{2}\times1.924\times45=122.47\mathrm{kA}$

4. **答案：** D

依据：《导体和电器选择设计规程》（DL/T 5222—2021）第 4.0.2、4.0.10 条。

5. **答案：** B

依据：《导体和电器选择设计规程》（DL/T 5222—2021）第 4.0.3 条。

6. **答案：** A

依据：《交流电气装置的接地设计规范》（GB/T 50065—2011）第 4.3.3 条。

7. **答案：** C

依据：《电力系统安全稳定导则》（GB 38755—2019）第 2.3 条、附录 A。

8. **答案：** C

依据：《发电厂和变电站照明设计技术规定》（DL/T 5390—2014）第 8.8.3 条。

9. **答案：** C

依据：《光伏发电工程电气设计规范》（NB/T 10128—2019）第 3.2.3 条。

10. **答案：** B

依据：《架空输电线路电气设计规程》（DL/T 5582—2020）式（6.1.3-2）。

220kV 线路悬垂单串绝缘子数量：$n_{220}\geqslant\frac{\lambda U}{K_eL}=\frac{220\lambda}{K_eL}=13.8$片

采用同样绝缘子时，500kV 架空线悬垂单串绝缘子数量：

$$n_{500}\geqslant\frac{\lambda U}{K_eL}=\frac{500\lambda}{K_eL}=n_{220}\times\frac{500}{220}=13.8\times\frac{500}{220}=31.4\text{ 片，取 32 片}$$

11. **答案：** C

依据：《火力发电厂厂用电设计技术规程》（DL/T 5153—2014）第 3.3.1、3.6.1 条。

12. **答案：** C

依据：《大中型火力发电厂设计规范》（GB 50660—2011）第 16.2.8 条。

13. **答案：** C

依据：《隐极同步发电机技术要求》（GB/T 7064—2017）附录 C 表 C.1。

$$U_W = 2U_N + 4000 = 2 \times 510 + 4000 = 5020V$$

14. **答案：** D

依据：《电力工程电缆设计标准》（GB 50217—2018）第 3.3.2 条。

15. **答案：** B

依据：《交流电气装置的过电压保护和绝缘配合设计规范》（GB/T 50064—2014）第 5.2.7 条。

16. **答案：** C

依据：《风电场工程电气设计规范》（NB/T 31026—2022）第 5.10.3、5.10.8、5.10.3、5.10.2-2 条。

17. **答案：** B

依据：《电力工程直流电源系统设计技术规范》（DL/T 5044—2014）第 3.1.7、3.2.2、3.2.3、3.2.4、6.3.3 条。

18. **答案：** B

依据：《供配电系统设计规范》（GB 50052—2009）第 3.0.9、4.0.2、4.0.5、4.0.9 条。

注：该规范已移出考纲。

19. **答案：** C

依据：《架空输电线路电气设计规程》（DL/T 5582—2020）第 8.0.1 条。

正常时，每联绝缘子强度：35000 × 1.1 × 2.7=103.95kN

断联时，每联绝缘子强度：28000 × 1.1 × 2 × 1.5=92.4kN

取两者较大值 103.95kN。

20. **答案：** B

依据：《架空输电线路电气设计规程》（DL/T 5582—2020）第 5.1.15 条。

最大张力为：$T_{max} \leqslant \frac{T_p}{K} = \frac{2.5 \times 39900}{225} = 44333N$

21. **答案：** C

依据：《电力设备典型消防规程》（DL 5027—2015）第 10.3.1、10.3.8、10.5.14、10.6.1 条。

22. **答案：** D

依据：《风电场接入电力系统技术规定　第 1 部分：陆上风电》（GB/T 19963.1—2021）第 6.1 条。

23. **答案：** B

依据：《导体和电器选择设计规定》（DL/T 5222—2021）第 7.2.2 条。

24. **答案：** C

依据：《高压配电装置设计技术规范》（DL/T 5352—2018）第 6.1.1 条。

25. **答案：** C

依据：《交流电气装置的过电压保护和绝缘配合设计规范》（GB/T 50064—2014）第 5.4.2 条。

26. **答案：** A

依据：《火力发电厂厂用电设计技术规程》（DL/T 5153—2014）第 9.3.1 条。

27. **答案：** C

依据：《火力发电厂厂用电设计技术规程》（DL/T 5153—2014）附录 B 表 B。

28. **答案：** C

依据：《电力系统设计技术规程》（DL/T 5429—2009）第 6.3.3～6.3.5 条、第 6.4.4 条。

29. **答案：** A

依据：《架空输电线路电气设计规程》（DL/T 5582—2020）第 4.0.25 条。

30. **答案：** D

依据：《架空输电线路电气设计规程》（DL/T 5582—2020）第 4.0.18 条、表 9.3.1-1。

31. **答案：** C

依据：《光伏发电工程电气设计规范》（NB/T 10128—2019）第 4.8.1 条。

32. **答案：** C

依据：《水力发电厂机电设计规范》（NB/T 10878—2021）第 4.2.11 条。

33. **答案：** C

依据：《导体和电器选择设计规程》（DL/T 5222—2021）第 13.2.3 条。

34. **答案：** C

依据：《高压配电装置设计技术规范》（DL/T 5352—2018）第 2.2.4 条。

35. **答案：** B

依据：《交流电气装置的过电压保护和绝缘配合设计规范》（GB/T 50064—2014）第 3.2.3、4.1.3 条。

36. **答案：** A

依据：《电力装置的电测量仪表装置设计规范》（GB/T 50063—2017）第 8.2.3 条。

37. **答案：** D

依据：《光伏发电工程电气设计规范》（NB/T 10128—2019）第 4.7.5、4.7.7-1 条，选项 C 正确，D 错误。

注：选项 A、B 分别来源于《光伏发电站设计规范》（GB 50797—2012）第 8.3.3、8.3.4 条，在新规中已经没有与之相同的描述。

38. **答案：** D

依据：《并联电容器装置设计规范》（GB 50227—2017）第 5.8.1 条。

电容器额定电压：$U = \frac{40/\sqrt{3}}{4} = 5.77\text{kV}$

额定电流：$I = \frac{q}{U} = \frac{500}{5.77} = 86.66\text{A}$

连接线长期允许电流：$I_z \geqslant 1.5I = 1.5 \times 86.66 = 130\text{A}$

39. **答案：** C

依据：《电力工程电缆设计标准》（GB 50217—2018）第 6.1.3、6.1.9 条。

40. **答案：** B

依据：《电力工程高压送电线路设计手册》（第二版）P108 式（2-6-49）。

耐张绝缘子串重力：$G_V = 800 \times 9.80665 = 7845.32\text{N}$

单位长度的自重力：$g_1 = 4 \times 1.688 \times 9.80665 = 66.2145\text{N/m}$

每相导线水平张力：$T = 4 \times 30000 = 120000\text{N}$

导线倾斜角：$\theta = \arctan\left(\frac{G_V+2g_1 l}{2T} + \frac{h}{l}\right) = \arctan\left(\frac{7845.32+2\times66.2145\times400}{2\times120000} + \frac{0}{400}\right) = 14.22°$

………………………………………………………………………………………………

41. **答案：** BCD

依据：《220kV～750kV 变电站设计技术规程》（DL/T 5218—2012）第 12.2.4 条。

42. **答案：** AC

依据：《火力发电厂厂用电设计技术规程》（DL/T 5153—2014）附录 L.0.1、附录 M.0.1。

43. **答案：** CD

依据：《电力设施抗震设计规范》（GB 50260—2013）第 6.5.2 条，《高压配电装置设计技术规范》（DL/T 5352—2018）第 5.2.7、5.2.8 条。

44. **答案：** AD

依据：《交流电气装置的接地设计规范》（GB/T 50065—2011）第 7.1.2、7.1.3、7.1.4 条。

45. **答案：** BC

依据：《继电保护和安全自动装置技术规程》（GB/T 14285—2006）第 4.4.1.2、4.4.1.3 条。

46. **答案：** AD

依据：《发电厂和变电站照明设计技术规定）（DL/T 5390—2014）第 8.4.1、8.4.5、8.4.7 条。

47. **答案：** ABD

依据：《电力工程高压送电线路设计手册》（第二版）P291 表 5-2-1。

48. **答案：** ABD

依据：《架空输电线路电气设计规程》（DL/T 5582—2020）第 9.1.1 条及条文说明。

49. **答案：** AC

依据：《风电场工程 110kV～220kV 海上升压变电站设计规范》（NB/T 31115—2017）第 5.1.2、5.1.4、5.1.5、5.2.2 条。

50. **答案：** BD

依据：《隐极同步发电机技术要求》（GB/T 7064—2017）第 4.2.2 条。

51. **答案：** AC

依据：《水力发电厂机电设计规范》（NB/T 10878—2021）第 8.2.10 条。

52. **答案：** ABD

依据：《交流电气装置的接地设计规范》（GB/T 50065—2011）第4.3.6条。

53. **答案：**BD

依据：《地区电网调度自动化设计规程》（DL/T 5002—2021）第4.6.1、4.6.3、5.4.1条。

54. **答案：**BD

依据：《电力系统安全稳定导则》（GB 38755—2019）第2.2.1、2.5、2.7、4.2.1条。

55. **答案：**ABC

依据：《电力工程高压送电线路设计手册》（第二版）P293、P294。

56. **答案：**ABC

依据：《架空输电线路电气设计规程》（DL/T 5582—2020）第5.3.1条及条文说明。

57. **答案：**ACD

依据：《风力发电场设计规范》（GB 51096—2015）第7.1.2、7.1.3条。

58. **答案：**ABC

依据：《电力工程电气设计手册 1 电气一次部分》P226。

59. **答案：**CD

依据：《交流电气装置的过电压保护和绝缘配合设计规范》（GB/T 50064—2014）第5.4.6、5.4.7、5.4.8、5.4.9条。

60. **答案：**ACD

依据：《大中型火力发电厂设计规范》（GB 50660—2011）第16.4.9、16.4.11、16.4.12条。

61. **答案：**ABD

依据：《电力工程直流电源系统设计技术规范》（DL/T 5044—2014）第6.2.1、6.2.3、6.2.5条，《火力发电厂、变电站二次接线设计技术规程》（DL/T 5136—2012）附录A。

62. **答案：**AD

依据：《330kV～750kV变电站无功补偿装置设计技术规定》（DL/T 5014—2010）第7.8.2条。

63. **答案：**CD

依据：《电力工程电缆设计标准》（GB 50217—2018）第5.5.2、5.6.3条。

64. **答案：**ABC

依据：《水力发电厂机电设计规范》（DL/T 5186—2004）第5.2.3条。

65. **答案：**BCD

依据：《电力工程电缆设计标准》（GB 50217—2018）第3.4.7、3.4.8条。

66. **答案：**AD

依据：《电力工程电气设计手册 1 电气一次部分》P845。

67. **答案：**AB

依据：《电力装置的电测量仪表装置设计规范》（GB/T 50063—2017）表 C.0.3-1。

68. **答案：** ABD

依据：《火力发电厂厂用电设计技术规程》（DL/T 5153—2014）第 6.2.4 条。

69. **答案：** ABC

依据：《光伏发电工程电气设计规范》（NB/T 10128—2019）第 3.1.5 条。

70. **答案：** ABD

依据：《导体和电器选择设计规程》（DL/T 5222—2021）第 17.0.8～17.0.11、17.0.14 条。

2022 年专业知识试题答案（下午卷）

1. **答案：**C

依据：《爆炸危险环境电力装置设计规范》（GB 50058—2014）第 5.5.1、5.5.3、5.5.4 条。

2. **答案：**B

依据：《水轮发电机基本技术条件》（GB/T 7894—2009）第 6.2.1.3 条。

3. **答案：**C

依据：《导体和电器选择设计规程》（DL/T 5222—2021）第 7.2.2 条。

4. **答案：**A

依据：《交流电气装置的过电压保护和绝缘配合设计规范》（GB/T 50064—2014）第 3.2.3、4.1.1 条。

5. **答案：**D

依据：《交流电气装置的接地设计规范》（GB/T 50065—2011）第 4.3.2 条、表 4.3.4-1。

6. **答案：**A

依据：《电力工程电缆设计标准》（GB 50217—2018）第 3.7.6～3.7.8 条。

7. **答案：**C

依据：《电力系统设计手册》P27 式（2-8）、式（2-9）。

日平均负荷$P_p = \gamma P_{max} = 0.8 \times 440 = 352MW$

日最小负荷$P_{min} = \beta P_{max} = 0.58 \times 440 = 255.2MW$

所以腰荷范围为 255.2～352MW。

8. **答案：**A

依据：《架空输电线路电气设计规程》（DL/T 5582—2020）表 6.2.2。

9. **答案：**C

依据：《发电厂和变电站照明设计技术规定》（DL/T 5390—2014）第 10.0.4 条。

10. **答案：**D

依据：《火力发电厂厂用电设计技术规程》（DL/T 5153—2014）第 6.3.5 条。

11. **答案：**D

依据：《导体和电器选择设计规程》（DL/T 5222—2021）第 4.0.5 条。也可依据《高压配电装置设计规范》（DL/T 5352—2018）第 3.0.6 条。

12. **答案：**C

依据：《交流电气装置的过电压保护和绝缘配合设计规范》（GB/T 50064—2014）第 3.2.2、4.1.1 条。

13. **答案：**B

依据：《火力发电厂、变电所二次接线设计技术规程》（DL/T 5136—2012）第 6.7.1 条。

14. **答案：** C

依据：《电力工程直流电源系统设计技术规范》（DL/T 5044—2014）第 6.9.6 条。

15. **答案：** A

依据：《并联电容器装置设计规范》（GB 50227—2017）第 8.1.2 条。

16. **答案：** B

依据：《电力工程高压送电线路设计手册》（第二版）P184 式（3-3-12）。

由最高气温时垂直档距：$l_{V1} = l_H + \frac{\sigma_0}{\gamma_V}a = l_H + \frac{T_0}{g_1}a$，求得$\frac{g_1}{a} = 520$。

可以得到最大风速时垂直档距：$l_{V2} = l_H + \frac{\sigma_0}{\gamma_V}a = l_H + \frac{T_0}{g_1}a = 400 + 40000 \times \frac{1}{520} = 477\text{m}$

17. **答案：** B

依据：《火灾自动报警系统设计规范》（GB 50116—2013）第 11.1.1、11.1.3、11.2.3、11.2.5 条。

18. **答案：** B

依据：《导体和电器选择设计规程》（DL/T 5222—2021）第 3.0.15-2 条。

19. **答案：** C

依据：《高压配电装置设计技术规范》（DL/T 5352—2018）第 5.4.9 条。

20. **答案：** C

依据：《交流电气装置的过电压保护和绝缘配合设计规范》（GB/T 50064—2014）第 3.2.2、4.1.1 条。

21. **答案：** A

依据：《火力发电厂、变电所二次接线设计技术规程》（DL/T 5136—2012）第 7.2.9 条。

22. **答案：** B

依据：《火力发电厂厂用电设计技术规程》（DL/T 5153—2014）第 8.9.2 条。

23. **答案：** A

依据：《330kV～750kV 变电站无功补偿装置设计技术规定》（DL/T 5014—2010）第 9.5.2 条。

24. **答案：** D

依据：《架空输电线路荷载规范》（DL/T 5551—2018）第 8.0.2 条。

每相导线断线张力：$T = 30\% nT_{\max} = 30\% \times 2 \times 84.82 \times 674 = 34301\text{N}$

25. **答案：** B

依据：《35kV～220kV 城市地下变电站设计规程》（DL/T 5216—2017）第 4.1.2～4.1.6 条。

26. **答案：** C

依据：《隐极同步发电机技术要求》（GB/T 7064—2017）第 4.14.2 条。

27. **答案：** B

依据：《火力发电厂与变电站设计防火标准》（GB 50229—2019）第 6.7.4 条。

28. **答案：** B

依据：《交流电气装置的接地设计规范》（GB/T 50065—2011）第 4.2.1 条。

保护接地的接地电阻：$R \leqslant 120/I_g = 120/6.5 = 18.5\Omega$

29. **答案**：A

依据：《电力系统调度自动化设计规程》（DL/T 5003—2017）第 4.6.2、4.6.3 条。

30. **答案**：C

依据：《220kV～1000kV 变电站站用电设计技术规程》（DL/T 5155—2016）第 3.1.2、3.4.1、3.4.2、3.5.3 条。

31. **答案**：D

依据：《光伏发电站设计规范》（GB 50797—2012）第 6.2.1、6.4.3 条。

32. **答案**：C

依据：《110kV～750kV 架空输电线路设计规范》（GB 50545—2010）第 10.1.18 条、《电力工程高压送电线路设计手册》（第二版）P109。

$$\eta = \arctan\frac{\gamma_4'}{\gamma_1} = \arctan\frac{\gamma_4}{0.61\gamma_1} = \arctan\frac{26.52}{0.61 \times 32.33} = 53.36°$$

注：依据新规《架空输电线路电气设计规程》（DL/T 5582—2020），未告知档距，此题无解。若用《电力工程高压送电线路设计手册》（第二版）作答，涉及到风压高度变换，手册中表 3-1-11 系数为 0.895，故基准高度处风速为 27/0.895 = 30.17m/s，风偏计算时风压不均匀系数为 0.61，可知跳线计算时风荷载为 0.02652/0.61=0.04348，风偏角为 tg-1(0.04348/0.03233) = 53.37°，这样也能得出答案。但因根据最新建筑结构规范，线路手册中的风压高度系数已经错误，应当按照新规执行，即《架空输电线路电气设计规程》（DL/T 5582—2020）中的高度变换系数，本题作删除处理。

33. **答案**：B

依据：《220kV～750kV 变电站设计技术规程》（DL/T 5218—2012）第 5.1.6 条。

34. **答案**：B

依据：《导体和电器选择设计规程》（DL/T 5222—2021）表 20.1.7。

35. **答案**：D

依据：《高压配电装置设计技术规范》（DL/T 5352—2018）第 5.4.5 条。

36. **答案**：B

依据：《交流电气装置的过电压保护和绝缘配合设计规范》（GB/T 50064—2014）第 5.4.7 条。

37. **答案**：D

依据：《继电保护和安全自动装置技术规程》（GB/T 14285—2006）第 4.2.3.5 条。

38. **答案**：B

依据：《发电厂和变电站照明设计技术规定》（DL/T 5390—2014）第 8.7.3 条。

39. **答案**：C

依据：《架空输电线路电气设计规程》（DL/T 5582—2020）第 8.0.1 条。

最大使用荷载$T = T_R/K_I = 120/2.7 = 44.4\text{kN}$

40. **答案：** B

依据：《输电线路对电信线路危险和干扰影响防护设计规程》（DL/T 5033—2006）第 7.1.1 条。

....

41. **答案：** ABD

依据：《风力发电场设计规范》（GB 51096—2015）第 11.2.1、11.2.2 条，《光伏发电站设计规范》（GB 50797—2012）第 4.0.12 条。

42. **答案：** ABC

依据：《导体和电器选择设计规程》（DL/T 5222—2021）附录 A 表 A.3.3-1。

43. **答案：** ACD

依据：《水力发电厂机电设计规范》（DL/T 5186—2004）第 7.4.6 条。

44. **答案：** BCD

依据：《火力发电厂、变电所二次接线设计技术规程》（DL/T 5136—2012）第 10.1.3 条。

45. **答案：** AD

依据：《火力发电厂厂用电设计技术规程》（DL/T 5153—2014）第 8.2.2、8.2.3 条，《电流互感器和电压互感器选择及计算规程》（DL/T 866—2015）第 9.1.8 条。

46. **答案：** ABC

依据：《光伏发电站无功补偿技术规范》（GB/T 29321—2012）第 8.4.1、8.4.2 条。

注：该规范已移出考纲。

47. **答案：** AD

依据：《火力发电厂与变电站设计防火标准》（GB 50229—2019）第 11.1.2、11.1.7、11.1.8、11.2.5 条。

48. **答案：** ABD

依据：《导体和电器选择设计规程》（DL/T 5222—2021）第 5.4.10 条。

49. **答案：** ABC

依据：《交流电气装置的过电压保护和绝缘配合设计规范》（GB/T 50064—2014）第 6.4.1、6.4.3、6.4.4 条。

50. **答案：** BD

依据：《光伏发电站设计规范》（GB 50797—2012）第 6.1.2、9.2.2、9.2.3、9.2.4 条，《电能质量 公用电网谐波》（GB/T 14549—1993）表 1。

注：新旧规范差别较大，此题删除。

51. **答案：** BCD

依据：《220kV～1000kV 变电站站用电设计技术规程》（DL/T 5155—2016）第 6.3.2、6.3.6、6.3.10 条。

52. **答案：** ABD

依据：《电力工程电缆设计标准》（GB 50217—2018）第 6.2.4 条。

53. **答案**：BD

依据：《交流电气装置的过电压保护和绝缘配合设计规范》（GB/T 50064—2014）第3.1.1、3.1.3、3.1.6条。

54. **答案**：BD

依据：《导体和电器选择设计规程》（DL/T 5222—2021）第18.1.5、18.1.7-2、18.1.7-5条。

55. **答案**：BD

依据：《交流电气装置的过电压保护和绝缘配合设计规范》（GB/T 50064—2014）第4.2.9条。

56. **答案**：AB

依据：《继电保护和安全自动装置技术规程》（GB/T 14285—2006）第4.8.1、4.8.2条。

57. **答案**：ABD

依据：《发电厂和变电站照明设计技术规定》（DL/T 5390—2014）第4.0.4条与对应条文说明。

58. **答案**：BCD

依据：《电力工程高压送电线路设计手册》（第二版）P114。

59. **答案**：AC

依据：《大中型火力发电厂设计规范》（GB 50660—2011）第16.2.3、16.2.5、16.2.6条。

60. **答案**：BD

依据：《电力工程电缆设计标准》（GB 50217—2018）第3.5.3条。

61. **答案**：ABD

依据：《电力工程电缆设计标准》（GB 50217—2018）第4.1.10、4.1.11、4.1.12条。

62. **答案**：BD

依据：《220kV～750kV电网继电保护装置运行整定规程》（DL/T 559—2018）第7.2.6.1、7.2.9.1条，《大型发电机变压器继电保护整定计算导则》（DL/T 684—2012）第5.1.4.3条。

63. **答案**：ABC

依据：《电力系统电压和无功电力技术导则》（DL/T 1773—2017）第5.2.1、5.2.2、5.2.3、5.2.5条。

64. **答案**：AC

依据：《架空输电线路电气设计规程》（DL/T 5582—2020）第3.0.9条及条文说明。

65. **答案**：BD

依据：《光伏发电站接入电力系统技术规定》（GB/T 19964—2012）第6.2.4条。

66. **答案**：ACD

依据：《高压配电装置设计技术规范》（DL/T 5352—2018）第2.1.5、2.1.6、2.2.2条。

67. **答案**：BD

依据：《水力发电厂接地设计技术导则》（NB/T 35050—2015）第5.1.1、5.1.2、5.3.2条。

68. **答案**：CD

依据：《电力工程直流电源系统设计技术规范》（DL/T 5044—2014）第 6.3.1、6.3.3、6.3.8 条，《火力发电厂、变电站二次接线设计技术规程》（DL/T5136—2012）第 7.5.2、7.5.17 条。

69. **答案：** CD

依据：《35kV～220kV 变电站无功补偿装置设计技术规定》（DL/T 5242—2010）第 10.1.7 条。

70. **答案：** ABD

依据：《电力工程高压送电线路设计手册》（第二版）P118。

2022 年案例分析试题答案（上午卷）

题 1～4 答案：**ADCB**

1. 依据《导体和电器选择设计规程》（DL/T 5222—2021）第 18.1.5 条、附录 B 式（B.1.1），装在电网的变压器中性点的消弧线圈，对于采用单元连接的发电机中性点的消弧线圈，为了限制电容耦合传递过电压以及频率变动等对发电机中性点位移电压的影响，宜采用欠补偿方式。

题干明确发电机为单元接线，按欠补偿计算，计算电容电流时，发电机电容电流需要考虑：①每相定子绕组对地电容 0.18μF；②离相封闭母线、主变压器低压线圈及高厂变高压线圈单相接地电容电流 0.07A。

发电机定子电容电流：

$$I_g = \sqrt{3}U_e\omega C_g \times 10^{-3} = \sqrt{3} \times 20 \times 100\pi \times 0.18 \times 10^{-3} = 1.96\text{A}$$

消弧线圈容量：$Q = KI_C\frac{U_N}{\sqrt{3}} = 0.8 \times (1.96 + 0.07) \times \frac{20}{\sqrt{3}} = 18.75\text{kVA}$

2. 依据《电力工程电气设计手册 1 电气一次部分》P232 表 6-3，流过桥回路的最大功率为一台升压变压器最大视在功率与穿越功率之和，问题变为流过升压变压器最大功率。由于高压启备变与高厂变同容量，需要考虑其中 1 台高厂变检修时，由高压启备变替代高厂变运行的运行工况，此时一台升压变压器最大视在功率为发电机最大连续输出容量。

桥接回路电流：$I_g = \frac{S_T + S_{Tran}}{\sqrt{3}U_N} = \frac{(340/0.85+200)\times 10^3}{\sqrt{3}\times 220} = 1574.6\text{A}$

3. 依据《交流电气装置的过电压保护和绝缘配合设计规范》（GB/T 50064—2014）第 4.4.3 条。

本题主变压器中性点通过隔离开关直接接地，隔离开关打开时通过间隙并联避雷器接地，存在失地可能。

避雷器持续运行电压：$U_{ch} = 0.46U_m = 0.46 \times 252 \approx 116\text{kV}$

避雷器额定电压：$U_R = 0.58U_m = 0.58 \times 252 \approx 146\text{kV}$

4. 依据《电力系统设计手册》第 10 章第 4 节。

发电机额定工况运行时，发电机以额定功率、额定功率因数运行时，有功$P_G = 330\text{MW}$，无功$Q_G = P_G\tan(\arccos 0.85) = 330 \times \tan(\arccos 0.85) = 204.5\text{Mvar}$。

考虑厂用电有功与无功，则流过主变功率为：$S_{max} = \sqrt{(330-20)^2 + (204.5-13)^2} = 364.4\text{MVA}$。

接着计算变压器无功损耗$\Delta Q_T = \left(\frac{U_d(\%)I_m^2}{100I_e^2} + \frac{I_0(\%)}{100}\right)S_e$，其中$\frac{I_m}{I_e} = \frac{S_{max}}{S_e} = \frac{364.4}{390} = 0.934$，最终可得$\Delta Q_T = \left(\frac{14}{100} \times 0.934^2 + \frac{0.8}{100}\right) \times 390 = 50.8\text{Mvar}$。

扣除损耗，主变高压侧送出的无功功率为：

$$Q = Q_G - Q_C - \Delta Q_T = 204.5 - 13 - 50.8 = 140.7\text{Mvar}$$

题 5～7 答案：**CBC**

5. 依据《光伏发电工程电气设计规范》（NB/T10128—2019）第 3.3.1 条，《光伏发电站设计规范》（GB 50797—2012）第 6.4.2 条，该变电站为地面光伏，只需要校验公式（1）。

电池串联数：$N \leqslant \frac{V_{dc\max}}{V_{oc}\times[1+(t-25)\times K_v]} = \frac{1500}{49.5\times[1+(0-25)\times(-0.284\%)]} \approx 28$块

故取 28 块。

6. 依据《光伏发电站设计规范》(GB 50797—2012)。

根据第 6.2.3 条：光伏发电系统按安装容量可分为下列三种系统：

（1）小型光伏发电系统：安装容量小于或等于 1MWp。

（2）中型光伏发电系统：安装容量大于 1MWp 和小于或等于 30MWp。

（3）大型光伏发电系统：安装容量大于 30MWp。

本站光伏组件总容量：$540 \times 37440 = 20.22$MWp，本题属于中型系统。

根据第 6.3.5 条：用于并网光伏发电系统的逆变器性能应符合接入公用电网相关技术要求的规定，并具有有功功率和无功功率连续可调功能。用于大、中型光伏发电站的逆变器还应具有低电压穿越功能。本题为中型系统，选项 A 正确。

根据第 9.2.3 条：直接接入公用电网的光伏发电站应在并网点装设电能质量在线监测装置；接入用户侧电网的光伏发电站的电能质量监测装置应设置在关口计量点。大、中型光伏发电站电能质量数据应能够远程传送到电力调度部分，小型光伏发电站应能储存一年以上的电能质量数据，必要时可供电网企业调用。选项 B 对应的是小型光伏电站，错误。

根据第 8.7.8 条：大型光伏发电站站内应配置统一的同步时钟设备，对站控层各工作站及间隔层各测控单元等有关设备的时钟进行校正，中型光伏发电站可采用网络方式与电网对时。选项 C 符合中型电站的规定，正确。

根据第 9.3.4 条：大、中型光伏发电站的公用电网继电保护装置应保障公用电网在发生故障时可切除光伏发电站，光伏发电站可不设置防孤岛保护。本题光伏电站直接接入公网，可以不设置孤岛保护，选项 D 正确。

注：该规范已移除考纲。

7. 依据《光伏发电站接入电力系统技术规定》(GB/T 19964—2012) 第 6.2.3 条，接入 110kV (66kV) 及以上电压等级公用电网的光伏发电站，其配置的容性无功容量应能够补偿光伏发电站满发时站内汇集线路、主变压器的全部感性无功及光伏发电站送出线路的一半感性无功之和；其配置的感性无功容量能够补偿光伏发电站站内全部充电无功功率及光伏发电站送出线路的一半充电无功功率之和。

容性无功容量：$30 + 10 + 30/2 = 55$Mvar。

感性无功容量：$40 + 24/2 = 52$Mvar。

题 8～11 答案：**BBAC**

8. 依据《导体和电器选择设计规程》(DL/T 5222—2021) 附录 A.2.1、A.2.2。

取基准容量$S_{\mathrm{j}} = 100\mathrm{MVA}$，则系统阻抗$X_{*\mathrm{S}} = \dfrac{S_{\mathrm{j}}}{S''_{\mathrm{s}}} = \dfrac{S_{\mathrm{j}}}{\sqrt{3}U_{\mathrm{j}}I''_{\mathrm{s}}} = \dfrac{100}{\sqrt{3}\times 37\times 20} = 0.078$

主变阻抗：$X_{*\mathrm{T}} = \dfrac{U_{\mathrm{d}}\%}{100} \times \dfrac{S_{\mathrm{j}}}{S_{\mathrm{e}}} = \dfrac{10.5}{100} \times \dfrac{100}{44} = 0.239$

系统侧提供的短路电流周期分量：$I'' = \dfrac{I_{\mathrm{j}}}{X_*} = \dfrac{I_{\mathrm{j}}}{X_{*\mathrm{T}} + X_{*\mathrm{S}}} = \dfrac{5.5}{0.078 + 0.239} = 17.35\mathrm{kA}$

9. 依据《导体和电器选择设计规程》(DL/T 5222—2021) 第 5.1.3 条、第 5.5.3 条，对持续工作电流较大且位置特别狭窄的发电机出线端部或污秽对铝有较严重腐蚀的场所宜选铜导体。本题为发电机端部，选铜导体。

中小容量的发电机引出线可选用共箱隔相式封闭母线以提高发电机回路的可靠性。因此可以确定本题封闭母线指的是共箱封闭铜母线。查附录 E 图 E.6，根据$T = 5500\text{h}$查得经济电流密度大约为$j = 0.96\text{A/mm}^2$。

本题题干明确了不考虑扣除厂用电负荷，故应按机组最大连续输出功率为 38.5MW 计算发电机回路电流：$I_g = \frac{P_{\max}}{\sqrt{3}U_N\cos\varphi} = \frac{38.5\times10^3}{\sqrt{3}\times10.5\times0.85} = 2490.5\text{A}$。

根据式（E.1-1），最终得到经济电流截面积：$S_j = \frac{I_g}{j} = \frac{2490.5}{0.96} = 2594.3\text{mm}^2$

导体截面积可按经济电流密度的下一档选取，故宜选择 2400mm²。

10. 依据《电力工程电缆设计标准》（GB 50217—2018）第 3.6.8 条第 2 款、第 5 款，短路点应选取在通过电缆回路最大短路电流可能发生处。

本题为电抗器至高压厂用段连接电缆，高压厂用电母线短路时，流过电缆的电流为母线短路电流扣除电动机反馈电流，即：$I_k = 30 - 5 = 25\text{kA}$。

短路电流的作用时间应取保护动作时间与断路器开断时间之和。对电动机、低压变压器等直馈线，保护动作时间应取主保护时间；对其他情况，宜取后备保护时间。

本题属于其他情况，短路电流时间为后备保护时间与断路器开断时间之和$t = 2 + 0.1 = 2.1\text{s}$。

根据附录 E.1，短路电流热效应为$Q = I^2t = 25^2\times2.1 = 1312.5\text{kA}^2\text{s}$。

电缆截面积$S \geqslant \frac{\sqrt{Q}}{C} = \frac{\sqrt{1312.5}}{150}\times10^3 = 241.52\text{mm}^2$

11. 依据《导体和电器选择设计规程》（DL/T 5222—2021）A.4.1，这种情况下冲击系数为：

$$K_{\text{chG}} = 1 + e^{-\frac{\omega t}{T_a}} = 1 + e^{-\frac{100\pi\times0.01}{70}} = 1.956$$

此时发电机提供的冲击电流为：$i_{\text{chG}} = \sqrt{2}K_{\text{chG}}I''_G = \sqrt{2}\times1.956\times11.84 = 32.75\text{kA}$

题 12～16 答案：**CBBCC**

12. 依据《电力工程直流电源系统设计技术规范》（DL/T 5044—2014）第 4.2.5 条、第 4.2.6 条，分别计算经常负荷电流、事故放电 1min 负荷电流与冲击负荷电流。

（1）经常负荷电流I_{jc}

本题中经常负荷包括 8 回 GIS 每个间隔控制、保护负荷为 20A，网络继电器室屏柜 60 面每面负荷为 2A，负荷系数均取 0.6，$I_{jc} = 20\times8\times0.6 + 60\times2\times0.6 = 168\text{A}$。

（2）事故放电 1min 负荷电流$I_{1\min}$

事故放电 1min 负荷包括经常负荷电流 168A、跳闸线圈电流以及 UPS 装置冗余配置负荷电流。

依据《电力工程直流电源系统设计技术规范》（DL/T 5044—2014）第 4.2.1-2 条，装设 2 组动力和控制合并供电蓄电池组时，每组负荷应按全部控制负荷统计，动力负荷宜平均分配在 2 组蓄电池上。UPS 作为动力负荷，需要平均分配到 2 组蓄电池上，2 套 UPS 只计入 1 套。

依据《高压配电装置设计技术规范》（DL/T 5352—2018）第 2.1.5 条，330kV 及以上电压等级配电装置进、出线和母线上装设的避雷器及进、出线电压互感器不应装设隔离开关，母线电压互感器不宜装设隔离开关。

本工程 500kV 升压站有 2 回出线、3 回进线、1 回母联和 2 回母线设备，依据规定，母线设备如避雷器、电压互感器等不装设断路器，不需要考虑。因此本题回路按照 6 回路计算。

依据《火力发电厂、变电站二次接线设计技术规程》（DL/T 5136—2012）第 5.1.5 条，保护双重化配置的设备，220kV 及以上断路器应配置两组跳闸线圈。具有两组独立跳闸系统的断路器应由两组蓄电池的直流电源分别供电。本题跳闸线圈数量应当按照$2\times6=12$考虑，负荷系数取 0.6，因此有$I_{1\min}=168+12\times15\times0.6+\frac{10\times0.5}{0.11}=321.45\text{A}$。

（3）冲击负荷电流I_r

依据《电力工程直流电源系统设计技术规范》（DL/T 5044—2014）第 4.2.4 条，事故停电时间内，恢复供电的高压断路器合闸电流应按断路器合闸电流最大的一台统计。本题为 1 台装置合闸电流 12A，负荷系数取 0.1，因此$I_r=12\times1\times1.0=12\text{A}$。

13. 依据《电力工程直流电源系统设计技术规范》（DL/T 5044—2014）第 3.5.2 条与第 3.5.2 条条文说明，本题中直流系统连接两组母线的联络开关设备可隔离开关，也可选用直流断路器，排除选项 C。

根据第 6.7.2-3 条，直流母线分段开关可按全部负荷的 60%选择。隔离开关额定电流$I_n\geqslant400\times60\%=240\text{A}$，排除选项 A。

根据第 6.5.2-4 条，直流电源系统应急联络断路器额定电流不应大于蓄电池出口熔断器额定电流的 50%。断路器额定电流应当小于I_n，$630\times50\%=315\text{A}$，排除选项 D。

因此选 B。

14. 依据《电力工程直流电源系统设计技术规范》（DL/T 5044—2014）附录 D.1.1、D.2.1，充电装置额定电流为：$I_r=(1.0\sim1.25)I_{10}+I_{jc}=(1.0\sim1.25)\times600/10+150=210\sim225\text{A}$，本题为 2 组蓄电池 3 组充电装置，不需要考虑冗余，无附加模块。

模块数量：$n=I_r/I_{me}=(210\sim225)/30=(7\sim7.5)$个，取 7 个。

15. 依据《电力工程直流电源系统设计技术规范》（DL/T 5044—2014）附录 E 式（E.1.1-2）、表 E.2-1，本题要求直流屏至电动机的电缆最小截面按事故初期从蓄电池组至电动机的电缆电压降ΔU_p不大于 6%，因此直流屏至电动机的电缆压降ΔU_{p2}可以由事故初期从蓄电池组至直流屏的电缆压降ΔU_{p1}反推得到，最终可以得到对应的电缆截面积。

事故初期从蓄电池组至直流屏的电缆压降：

$$\Delta U_{p1}=\frac{\rho\cdot2LI_{c2}}{S_1}=\frac{0.0184\times2\times30\times2200}{1480}=1.64\text{V}$$

直流屏至电动机的电缆压降：

$$\Delta U_{p2}=6\%U_n-\Delta U_{p1}=6\%\times220-1.64=11.56\text{V}$$

电缆最小计算截面积：$S_{cac}\geqslant\frac{\rho\cdot2LI_{ca2}}{\Delta U_{p2}}$

其中事故初期电动机回路计算电流I_{ca2}为：

$$I_{ca2}=K_{sm}I_{nm}=K_{st}\frac{P_{nm}}{U_{nm}\eta_{nm}}=4.6\times\frac{36}{0.22\times0.86}=875.26\text{A}$$

最终可以得到：$S_{cac}\geqslant\frac{0.0184\times2\times200\times875.26}{11.56}=557.26\text{mm}^2$

16. 依据《电力工程直流电源系统设计技术规范》（DL/T 5044—2014）附录 A.3.2，直流电动机回路断路器额定电流最小为 90A。

本题假设电动机回路断路器短路分断能力和保护灵敏度都符合要求，查图得，5s 动作时间，脱扣器动作电流倍数为 6～12 倍，电动机启动电流不应引起脱扣器误动作，应小于脱扣器最小动作电流 6 倍。

根据题意，电动机额定电流 90A，启动电流倍数 7 倍，则电动机启动电流：

$$I_{\mathrm{stm}} = K_{\mathrm{stm}} I_{\mathrm{nm}} = 7 \times 90 = 630\mathrm{A}$$

断路器动作电流为：$I_{\mathrm{n}} > 630/6 = 105\mathrm{A}$，最小取 125A。

题 17～20 答案：**BCBC**

17. 依据《电流互感器和电压互感器选择及计算规程》（DL/T 866—2015）第 3.2.4 条条文说明图 3，本题电流互感器满匝接线为（S_1～S_3），即满匝，故变比应取 1250/1A。

依据《大型发电机变压器继电保护整定计算导则》（DL/T 684—2012）第 5.5.1 条式（114）：

$$I_{\mathrm{op}} = \frac{K_{\mathrm{rel}}}{K_{\mathrm{r}}} I_{\mathrm{e}} = \frac{K_{\mathrm{rel}}}{K_{\mathrm{r}}} \times \frac{S_{\mathrm{N}}}{\sqrt{3} U_{\mathrm{N}} n_{\mathrm{a}}} = \frac{1.3}{0.85} \times \frac{180 \times 10^3}{\sqrt{3} \times 220 \times 1250/1} = 0.58\mathrm{A}$$

18. 依据《大型发电机变压器继电保护整定计算导则》（DL/T 684—2012）第 5.5.1 条式（119），灵敏系数需要先求出后备保护区末端两相金属短路时流过保护的最小短路电流，对本题，求得小方式主变低压侧两相短路电流。

小方式运行方式即电源S_1检修，进线电源S_2运行。

运算基准为$S_{\mathrm{j}} = 100\mathrm{MVA}$，$U_{\mathrm{j}} = 230\mathrm{kV}$，63kV

变压器阻抗标幺值为$X_{\mathrm{t}} = \frac{U_{\mathrm{d}}\%}{100} \times \frac{S_{\mathrm{j}}}{S_{\mathrm{N}}} = \frac{14}{100} \times \frac{100}{180} = 0.0778$

主变压器低压侧短路时，系统侧提供的两相短路电流为：

$$I_{\mathrm{k}}^{(2)} = \frac{\sqrt{3}}{2} I_{\mathrm{k}}^{(3)} = \frac{\sqrt{3}}{2} \times \frac{1}{X_{\mathrm{s}} + X_{\mathrm{t}}} \times \frac{S_{\mathrm{j}}}{\sqrt{3} U_{\mathrm{j}}} = \frac{\sqrt{3}}{2} \times \frac{1}{0.015 + 0.0778} \times \frac{100}{\sqrt{3} \times 63} = 8.552\mathrm{kA}$$

主变压器连接组别为 YNd 接线，低压侧两相短路时，流过保护安装处（主变高压侧）短路电流还需要考虑变压器变比和折算系数$\frac{2}{\sqrt{3}}$，因此流过的短路电流（一次值）为：

$$I_{\mathrm{k,min}} = \frac{2}{\sqrt{3}} \times \frac{I_{\mathrm{k,min}}^{(2)}}{n_{\mathrm{t}}} = \frac{2}{\sqrt{3}} \times \frac{8.552}{230/63} = 2.705\mathrm{kA}$$

灵敏系数为：$K_{\mathrm{sen}} = \frac{I_{\mathrm{k,min}}^{(2)}}{I_{\mathrm{op}} n_{\mathrm{a}}} = \frac{2.705}{1.1} = 2.46$

19. 依据《电流互感器和电压互感器选择及计算规程》（DL/T 866—2015）式（10.1.1）与表 10.1.2，该 CT 为两相星形接线，零线回路中无负荷电阻，仪表的阻抗换算系数$K_{\mathrm{mc}} = 1$，连接线的阻抗换算系数$K_{lc} = \sqrt{3}$。

每相装置负荷阻抗：$Z_{\mathrm{m}} = 2 \times 0.5 = 1\Omega$

二次电缆电阻：$R = \frac{L}{\gamma S} = \frac{150}{57 \times 2.5} = 1.053\Omega$

测量 CT 的实际负载值：

$$Z_{\mathrm{b}} = \sum K_{\mathrm{mc}} Z_{\mathrm{m}} + K_{lc} Z_1 + R_{\mathrm{c}} = 1 \times 1 + \sqrt{3} \times 1.053 + 0.1 = 2.92\Omega$$

20. 本题思路为首先计算最大短路电流，再计算一次电流计算倍数。

（1）计算负荷出线 1 最大短路电流

考虑最大运行方式，母线为并列运行，进线电源S_1和进线电源S_2均接入。接着考虑最大短路电流点，即 220kV 出线 1 末端终端变电站高压侧短路时，流过保护安装处三相短路电流最大。

取基准$S_{\mathrm{j}} = 100\mathrm{MVA}$，$U_{\mathrm{j}} = 230\mathrm{kV}$，220kV 出线 1 阻抗标幺值为：

$$X_L = X_1 \times L \times \frac{S_j}{U_j^2} = 0.4 \times 18 \times \frac{100}{230^2} = 0.01361$$

总阻抗标幺值：$X_\Sigma = \frac{X_1X_2}{X_1+X_2} + X_L = \frac{0.01\times0.015}{0.01+0.015} + 0.01361 = 0.01961$

流过保护安装处三相短路电流：$I_k'' = \frac{I_j}{X_\Sigma} = \frac{0.251}{0.01961} = 12.80\text{kA}$

（2）计算保护校验用的一次电流计算倍数

依据《电力工程电气设计手册 2 电气二次部分》P70式（20-15）：

$$m_{js} = \frac{K_k I_{d\cdot max}}{I_e} = \frac{2 \times 12.80}{1.25} = 20.48$$

其中$K_k = 2$（不带速饱和变流器）。

题21～25答案：**ACCBC**

21. 依据《电力工程高压送电线路设计手册》（第二版）P26表2-1-8、P27图2-1-11，导线水平线间距离$D = 10\text{m}$，导线平均对地高度$H = 14\text{m}$，与表2-1-8中基准单回路线路的参数相同，因此不需要查图2-1-12与图2-1-13进行换算。

分导线外径为33.9mm，4分裂导线，边相导线表面最大电场强度$E = 1.36\text{MV/m}$，中相导线表面最大电场强度$E = 1.48\text{MV/m}$。

22. 依据：《电力工程高压送电线路设计手册》（第二版）P179表3-2-3、表3-3-1。

自重力比载：$\gamma_1 = g_1/A = 9.807 \times 2078.4 \times 10^{-3}/672.81 = 0.0303\text{N/(m}\cdot\text{mm}^2)$

按平抛物线计算最大弧垂，最大弧垂工况为最高气温条件，查表得应力$\sigma_0 = 48.31\text{N/mm}^2$，可以得到最大弧垂：$f_m = \frac{\gamma l^2}{8\sigma_0} = \frac{0.0303\times800^2}{8\times48.31} = 50.18\text{m}$。

依据《架空输电线路电气设计规程》（DL/T 5582—2020）第9.1.1条，I串$k_i = 0.4$，根据式（8.0.1-1），水平线间距：

$$D = k_i L_k + \frac{U}{110} + 0.65\sqrt{f_C} = 0.4 \times 5.7 + \frac{500}{110} + 0.65\sqrt{50.18} = 11.4\text{m}$$

23. 依据《交流电气装置的过电压保护和绝缘配合设计规范》（GB/T 50064—2014）第5.3.1-4，杆塔处地线对边导线的保护角应符合下列要求：500～750kV线路的保护角不宜大于10°。

根据第2.0.10条，保护角是指地线对导线的保护角指杆塔处，不考虑风偏，地线对水平面的垂线和地线与导线或分裂导线最外侧子导线连线之间的夹角，保护角如下图所示（尺寸单位：m）。

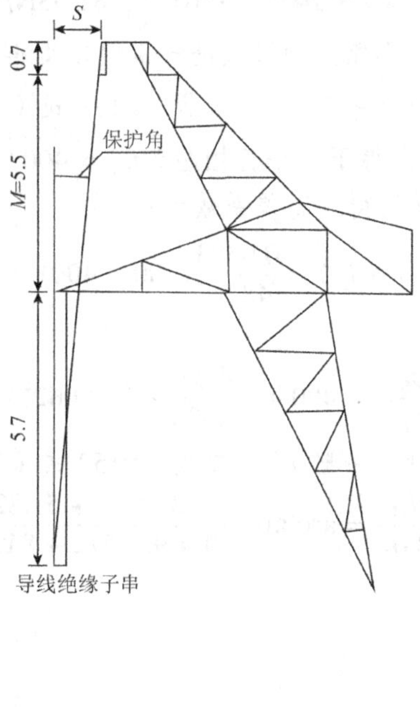

导线和地线垂直间距：$h = M - L_1 + L_2 = 5.5 - 0.7 + 5.7 = 10.5\text{m}$

两者间水平间距最大值为：$S \leqslant h\tan\theta = 10.5 \times \tan 10 = 1.85\text{m}$

则地线间水平距离为：$N \geqslant 2(D - S) = 2 \times (11 - 1.85) = 18.3\text{m}$

24. 依据《电力工程高压送电线路设计手册》（第二版）P179 表 3-2-3、P186 式（3-3-17）：

年平均气温气象条件下，导线比载为：

$$\gamma_c = g_d/A_c = gp_d/A_c = 9.807 \times 2078.4 \times 10^{-3}/672.81 = 0.0303\text{N}/(\text{m}\cdot\text{mm}^2)$$

地线自重力比载：$\gamma_g = g_g/A_g = gp_g/A_g = 9.807 \times 773.2 \times 10^{-3}/148.07 = 0.0512\text{N}/(\text{m}\cdot\text{mm}^2)$

可以求得地线弧垂最低点水平应力：

$$\sigma_g = \frac{\gamma_g}{\dfrac{\gamma_c}{\sigma_c} - \dfrac{8\left[\sqrt{(K_v l_x + A)^2 - s^2} - h\right]}{l_x^2}} = \frac{0.0512}{\dfrac{0.0303}{53.02} - \dfrac{8 \times \left[\sqrt{(0.012 \times 1000 + 1)^2 - 2^2} - 10.5\right]}{1000^2}} = 92.7\text{N/mm}^2$$

注：本题出题不严谨，K_v取值有争议，本题按照《电力工程高压送电线路设计手册》（第二版）书上公式，实际上规范已经发生修订。

依据《交流电气装置的过电压保护和绝缘配合设计规范》（GB/T 50064—2014）第 5.3.1-8 条：

（1）范围Ⅰ的输电线路，15℃无风时档距中央导线与地线间的最小距离宜按下式计算：$S_1 = 0.012l + 1$。

（2）范围Ⅱ的输电线路，15℃无风时档距中央导线与地线间的最小距离宜按下式计算：$S_1 = 0.015l + 1$。

本题为 500kV 输电线路，依据第 3.2.3 条，应当为范围Ⅱ，此时K_v应当取 0.015，代入公式得到：

$$\sigma_g = \frac{\gamma_g}{\dfrac{\gamma_c}{\sigma_c} - \dfrac{8\left[\sqrt{(K_v l_x + A)^2 - s^2} - h\right]}{l_x^2}} = \frac{0.0512}{\dfrac{0.0303}{53.02} - \dfrac{8 \times \left[\sqrt{(0.015 \times 1000 + 1)^2 - 2^2} - 10.5\right]}{1000^2}} = 96.9\text{N/mm}^2$$

因此，本题无正确答案。

25. 依据《110kV～750kV 架空输电线路设计规范》（GB 50545—2010）第 10.1.18 条、第 10.1.22 条。

大风工况下每相导线单位风荷载：$P = \alpha \cdot \mu_z \cdot \mu_{sc} \cdot dV^2/1600$

其中，高度风压高度变化系数$\mu_z = 1.25$，风压不均匀系数在设计阶段取$\alpha = 0.61$，导线外径$d = 4 \times 0.0339\text{m}$，体形系数$\mu_{sc} = 1.1$，其他系数均为 1。

可以得到：$P = 0.61 \times 1.25 \times 1.1 \times 4 \times 0.0339 \times 27^2/1600 \times 10^3 = 51.82\text{N/m}$

导线单位自重荷载：$W_1 = 4 \times 9.807 \times 2078.4 \times 10^{-3} = 81.53\text{N/m}$

接着计算大风工况下垂直档距，思路是通过最高气温时垂直档距与高差系数推算得到。

依据《电力工程高发送电线路设计手册》（第二版）P183 式（3-3-10）：

水平档距$l_H = 400\text{m}$，最高气温条件下，垂直档距为$l_{v1} = 400 \times 0.75 = 300\text{m}$。

根据两者关系$l_{v1} = l_H + \frac{\sigma_1}{\gamma_1}a$，反推得到高差系数为：

$$a = \frac{\gamma_1}{\sigma_1}(l_{v1} - l_H) = \frac{0.0303}{48.31}(300 - 400) = -0.0627$$

计算大风工况下垂直档距：

$$l_{v2} = l_H + \frac{\sigma_6}{\gamma_1}a = 400 + \frac{74.37}{0.0303} \times (-0.0627) = 246.06\text{m}$$

依据《电力工程高发送电线路设计手册》（第二版）P152 式（3-245），绝缘子串风偏角为：

$$\varphi = \arctan\frac{P_I/2 + Pl_H}{G_I/2 + W_1 l_v} = \arctan\frac{2000/2 + 51.82 \times 400}{200 \times 9.807/2 + 81.53 \times 246.06} = 45.9°$$

2022 年案例分析试题答案（下午卷）

题 1～3 答案：**BCD**

1. 依据《导体和电器选择设计规程》（DL/T 5222—2021）附录 A.5，单相短路条件下合成阻抗为：

$$X_* = X_1 + X_2 + X_0 = 0.0051 + 0.0051 + 0.0098 = 0.02$$

单向接地短路电流为：

$$I^{(1)} = mI_{d1}^{(1)} = m\frac{I_j}{X_0} = m\frac{S_j}{X_* \times \sqrt{3} \times U_j} = 3 \times \frac{100}{0.02 \times \sqrt{3} \times 236} = 37.65\text{kA}$$

2. 依据《电力工程电气设计手册 1 电气一次部分》第四章，可以计算变压器三侧等值阻抗如下：

$$X_{T1} = \frac{1}{2}\left(\frac{U_{K1\text{-}2}\%}{100} + \frac{U_{K1\text{-}3}\%}{100} - \frac{U_{K2\text{-}3}\%}{100}\right) \times \frac{S_j}{S_e} = \frac{1}{2} \times \left(\frac{14}{100} + \frac{54}{100} - \frac{38}{100}\right) \times \frac{100}{180} = 0.0833$$

$$X_{T2} = \frac{1}{2}\left(\frac{U_{K1\text{-}2}\%}{100} + \frac{U_{K2\text{-}3}\%}{100} - \frac{U_{K1\text{-}3}\%}{100}\right) \times \frac{S_j}{S_e} = \frac{1}{2} \times \left(\frac{14}{100} + \frac{38}{100} - \frac{54}{100}\right) \times \frac{100}{180} = -0.00555$$

$$X_{T3} = \frac{1}{2}\left(\frac{U_{K1\text{-}3}\%}{100} + \frac{U_{K2\text{-}3}\%}{100} - \frac{U_{K1\text{-}2}\%}{100}\right) \times \frac{S_j}{S_e} = \frac{1}{2} \times \left(\frac{54}{100} + \frac{38}{100} - \frac{14}{100}\right) \times \frac{100}{180} = 0.2167$$

绘制简单电路图，如下图所示。

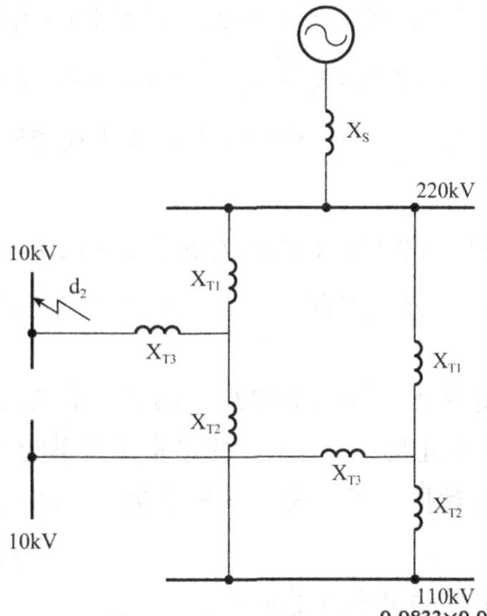

计算系统短路电抗：$X_* = X_{T1} + X_{T3}//X + X_S = 0.2167 + \frac{0.0833 \times 0.0722}{0.0833 + 0.0722} + 0.0051 = 0.2605$

其中，$X = X_{T1} + 2X_{T2} = 0.0833 - 2 \times 0.00555 = 0.0722$。

最终可知，三相短路电流为$I'' = \frac{I_j}{X_{*\Sigma}} = \frac{1}{0.2605} \times \frac{100}{\sqrt{3} \times 10.5} = 21.11\text{kA}$

3. 依据《导体和电器选择设计规程》（DL/T 5222—2021）第 13.4.3-1 条，普通限流电抗器用于主变压器回路时，额定电流应按变压器回路的最大可能工作电流选择。本题可以选择的电抗器为 3000A 或者 4000A。

首先计算两种电抗器对应的电压百分数，根据《电力工程电气设计手册 1 电气一次部分》P253 式（6-14）：

（1）当电抗器为 3000A 时，电抗百分数为：

$$X_L\% \geqslant \left(\frac{I_B}{I''} - X_{*B}\right)\frac{I_{NL}}{U_{NL}}\frac{U_B}{I_B} \times 100\% = \left(\frac{5.5}{16} - \frac{5.5}{25}\right) \times \frac{3}{10.5} \times \frac{10.5}{5.5} \times 100\% = 6.75\%$$

可以取 8%。

（2）当电抗器为 4000A 时，电抗百分数为：

$$X_L\% \geqslant \left(\frac{I_B}{I''}-X_{*B}\right)\frac{I_{NL}}{U_{NL}}\frac{U_B}{I_B}\times 100\% = \left(\frac{5.5}{16}-\frac{5.5}{25}\right)\times\frac{4}{10.5}\times\frac{10.5}{5.5}\times 100\% = 9\%$$

可以取 10%。

接着比较两者电压损失，根据《电力工程电气设计手册 1 电气一次部分》P253 式（6-16）：

（1）当电抗器为 3000A 时，校验电压损失：

$$\Delta U\% \geqslant X_{NL}\%\frac{I_w}{I_N}\sin\varphi = 8\%\times\frac{2900}{3000}\times 0.6 = 4.64\%$$

（2）当电抗器为 4000A 时，校验电压损失：

$$\Delta U\% \geqslant X_{NL}\%\frac{I_w}{I_N}\sin\varphi = 10\%\times\frac{2900}{4000}\times 0.6 = 4.35\%$$

经比较可知，选择 4000A 电压损失较小，最终选择 10%、4000A 的电抗器。

题 4～6 答案：**ACC**

4. 依据《导体和电器选择设计规程》（DL/T 5222—2021）附录 A.4.1，短路点在发电厂升压站高压侧母线，则$K_{ch}=1.85$。

此时母线短路冲击电流$i_{ch}=\sqrt{2}K_{ch}I''=\sqrt{2}\times 1.85\times 47=122.966\text{kA}$

依据《电力工程电气设计手册 1　电气一次部分》P338 式（8-8）、P345 表 8-19，三相短路电动力为：

$$F = 17.248\frac{l}{a}i_{ch}^2\beta\times 10^{-2} = 17.248\times\frac{13-1.2}{3}\times 122.966^2\times 0.58\times 10^{-2} = 5949.73\text{N}$$

母线每两跨设一个伸缩接头，可知均布荷载最大弯矩系数 0.125。

短路电动力产生的水平弯矩：

$$M_{sd} = 0.125Pl_{js} = 0.125\times 5949.73\times(13-1.2) = 8775.85\text{N}\cdot\text{m}$$

注：支撑架处母线不会弯折，计算弯矩和挠度时，不应当计入支撑架长度。

5. 依据《导体和电器选择设计规程》（DL/T 5222—2021）第 5.1.9、3.0.15、5.1.4 条、表 5.1.9。

本题题干已明确，主保护不存在死区，根据规定短路电流计算时间宜采用主保护动作时间加相应断路器开断时间。短路电流应当取各种情况下最大值，题干明确单相短路电流 48.5kA，比三相短路电流 47kA 更大，应按最大值计算。

不考虑周期分量衰减，周期分量短路电流热效应：

$$Q_z \approx I''^2 t = 48.5^2\times(0.04+0.06) = 235.225\text{kA}^2\cdot\text{s}$$

查表 5.1.9，发电厂升压站高压侧母线非周期分量等效时间取 0.08s。

计算出非周期分量热效应：$Q_f = TI''^2 = 0.08\times 48.5^2 = 188.18\text{kA}^2\cdot\text{s}$

合计短路电流的热效应：$Q_t = Q_z + Q_f = 235.225 + 188.18 = 423.205\text{kA}^2\cdot\text{s}$

则最小热稳定截面积：$S\geqslant\frac{\sqrt{Q_d}}{C}=\frac{\sqrt{423.205}}{83}\times 10^3 = 247.91\text{mm}^2$，其中$C$值取铝镁硅系 6063、$\phi$170/154 管形导体对应值 83。

6. 依据《电力工程电气设计手册 1 电气一次部分》P574 式（10-2）、式（10-3）、式（10-6）、式（10-7）。

本题按照单相短路校验，即母线Ⅰ中 C_1 相发生单相短路时，母线Ⅱ A_2 相距离母线Ⅰ中 C_1 相最近，按照该感应电压校验。

母线Ⅱ A_2 相对母线Ⅰ C_1 相单位长度的互感抗为：

$$X_{A_2C_1} = 0.628 \times 10^{-4}\left(\ln\frac{2l}{D_1} - 1\right) = 0.628 \times 10^{-4} \times \left(\ln\frac{2\times160}{4.2} - 1\right) = 2.093 \times 10^{-4}\Omega/\text{m}$$

其中，D_1为母线II A_2相至母线I中 C_1相的距离，$D_1 = 10.2 - 2 \times 3 = 4.2\text{m}$。

接着计算单位长度感应电压：$U_{A_2(K_1)} = I_{KC_1}X_{A_2C_1} = 48.5 \times 10^3 \times 2.093 \times 10^{-4} = 10.15\text{V/m}$

允许的母线瞬时感应电磁感应电压：$U_{jo} = \frac{145}{\sqrt{t}} = \frac{145}{\sqrt{0.125}} = 410.12\text{V}$

母线上二组接地刀闸之间的允许最大间距：$l_{j2} = \frac{2U_{jo}}{U_{A_2(K)}} = \frac{2\times410.12}{10.15} = 80.8\text{m}$

接地开关或接地器至母线端部的允许最大距离：$l'_{j2} = \frac{U_{jo}}{U_{A_2(K)}} = \frac{410.12}{10.15} = 40.4\text{m}$

本题中明确考虑刀闸安装，显然，根据题干要求，刀闸必须安装在支撑处，不能安装在其他位置。

母线支撑跨距为 13m，支撑点数量$N = 160/13 + 1 = 13.3$个，取 13 个，$12 \times 13 = 156\text{m}$。考虑母线两端伸出母线支柱绝缘子长度相同，则母线两端伸出各$(160 - 156)/2 = 2\text{m}$，可以推导得到 13 个支撑点位置及与母线端部距离如下图所示。

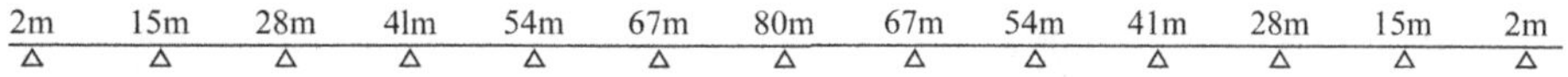

根据支撑点位置排列情况，刀闸不能安装在 41m 处，距离端部最大允许距离 40.4m，应当安装在 28m 处，两侧 28m 处支撑点之间距离$160 - 2 \times 28 = 104\text{m}$，超过刀闸间大允许距离 80.8m，需要额外再设置一组刀闸，总共需要 3 组。

题 7～10 答案：**ADAC**

7. 依据《水力发电厂机电设计规范》（NB/T 10878—2021）第 4.5.1、4.5.4 条，主变压器额定容量应与所连接的水轮发电机额定容量相匹配；如机组设置了最大容量，则应与机组最大容量相匹配。

水轮发电机组按 10%设置了最大容量，即机组最大容量取额定功率的 1.1 倍：

$$S_{max} = (1 + 10\%) \times P_N = (1 + 10\%) \times 700 = 770\text{MVA}$$

根据系统要求功率因数为 1 时，发出额定容量有功，此时变压器容量为：

$$S_2 \geqslant P_N/\cos\varphi = 700/0.9 = 777.7\text{MVA}$$

因此选择单相变压器组$3 \times 260\text{MVA}$或整体三相变压器 770MVA 可满足要求。

根据第 4.5.4 条，主变压器应优先采用三相式。如运输条件和布置场地均受限制时，宜选用三相组合式变压器；如运输条件受限制但布置场地不受限制时，可选用单相变压器组。

水电厂进厂交通公路及沿线桥涵按公路I级，汽-40 设计，挂-250 校核。900MVA 三相变压器的参考总质量为 500t，超过了运输能力 250t，因此只能选用$3 \times 260\text{MVA}$方案。

8. 依据《小型水电站机电设计手册　电气一次》P178 式（4-42）、式（4-44）。

磁极对数：$p = \frac{60f}{n} = \frac{60\times50}{107.1} = 28$

极距：$\tau = K_1\sqrt[4]{\frac{S_n}{2p}} = 8.5 \times \sqrt[4]{\frac{700000/0.9}{2\times28}} = 92.28\text{cm}$

定子铁芯内径：$D_i = \frac{2p\tau}{\pi} = \frac{2\times28\times92.28}{\pi} = 1644.9\text{cm}$

9. 依据《电力工程电气设计手册 1 电气一次部分》P262，发电机电压回路的电容电流应包括发电机、变压器和连接导体的电容电流，当回路装有直配线或电容器时，尚应计及这部分电容电流。

本题给出了 20%的比例用于计算发电机引出线回路（含主变低压侧）每相对地电容值，电容电流为：

$$I_c = \sqrt{3}\omega C_\Sigma U_{ef} \times 10^{-3} = \sqrt{3} \times 100\pi \times (1 + 20\%) \times 1.76 \times 20 \times 10^{-3} = 22.98\text{A}$$

依据《导体和电器选择设计规程》（DL/T 5222—2021）附录 B 式（B.2.1-5），单相变压器二次侧接地电阻值：

$$R_{N2}=\frac{U_N\times10^3}{1.1\times\sqrt{3}I_c n_o^2}=\frac{20\times10^3}{1.1\times\sqrt{3}\times22.98\times105^2}=0.415\Omega$$

10. 依据《水力发电厂厂用电设计规程》（NB/T 35044—2014）附录 C.1.1。

本题题干明确为大型水电厂，自用电综合系数K_z取 0.76，公用电综合系数K_g取 0.77。

当全部机组运行时，主厂房桥机、机组检修水泵不启动，供用电负荷应扣除这部分负荷，此时厂用电最大计算负荷：

$$S_{js1}=K_z\sum P_z+K_g\sum P_g=0.76\times9\times784.77+0.77\times(14674.05-2400-112)=14732.61\text{kVA}$$

当八台机组运行、一台机组检修时，不需要扣除负荷，此时厂用电最大计算负荷：

$$S_{js2}=K_z\sum P_z+K_g\sum P_g=0.76\times8\times784.77+0.77\times14674.05=16070.42\text{kVA}$$

最终结果取两者较大值16070.42kVA。

题 11～14 答案：**ACDD**

11. 依据《火力发电厂厂用电设计技术规程》（DL/T 5153—2014）附录 G。

变压器电阻标幺值：$R_T=1.1\frac{P_t}{S_{2T}}=1.1\times\frac{140}{10000}=0.0154$

变压器电抗标幺值：$X_T=1.1\frac{U_d\%}{100}\times\frac{S_{2T}}{S_T}=1.1\times\frac{7.5}{100}\times\frac{10}{10}=0.0825$

最大负荷时，功率因数为 0.8，可以得到$\cos\varphi=0.8$，$\sin\varphi=0.6$，得到负荷压降标幺值：

$$Z_\varphi=R_T\cos\varphi+X_T\sin\varphi=0.0154\times0.8+0.0825\times0.6=0.0619$$

发电机停运时，厂用负荷标幺值：$S=5736\text{kVA}/10000\text{kVA}=0.5736$

变压器低压侧额定电压标幺值：$U'_{2e}=\frac{U_{2e}}{U_i}=\frac{10.5}{10}=1.05$

35kV 系统电压最低的不利情况下，电源电压标幺值：$U_g=\frac{U_G}{U_{1e}}=\frac{34.23}{38.5}=0.889$

按电源电压最低，负荷最大，母线电压标幺值为最低允许值 0.95，可以得到有关分接头不等式：

$$U_m=U_0-SZ_\varphi=\frac{U_gU'_{2e}}{1+n\frac{\delta_u\%}{100}}-SZ_\varphi=\frac{0.889\times1.05}{1+n\frac{2.5}{100}}-0.5736\times0.0619\geqslant0.95$$

得到$n\leqslant-2.11$，分接头取-3。

12. 依据《电力工程电气设计手册 1 电气一次部分》P80 式（3-1），10kV 系统的单相接地电容电流应考虑发电机回路接地电容电流、主变回路接地电容电流、10kV 厂用电系统接地电容电流，由于低压厂用变隔离，可以不考虑低压 400V 厂用电系统接地电容电流。

10kV 厂用电系统电缆电容值为：$0.22\times0.7=0.154\mu\text{F}$

厂用电系统电容按求得的电缆电容值乘以 1.25，即为全厂用电系统总的电容近似值（包括厂用变压器绕组、电动机以及配电装置等其他电气设备的电容）：$0.154\times1.25=0.1925\mu\text{F}$。

最终可以得到系统总电容为：$C=0.1925+0.28\times(0.1+0.2)\times4=0.5285\mu\text{F}$

计算 10kV 厂用电系统接地电流：

$$I_c=\sqrt{3}U_e\omega C\times10^{-3}=\sqrt{3}\times10\times100\pi\times0.5285\times10^{-3}=2.88\text{A}$$

再加上发电机回路接地电容电流、主变回路接地电容电流，总单相接地电流：

$$I_{C\Sigma}=2.88+0.46+0.20=3.54\text{A}$$

13. 依据《导体和电器选择设计规程》（DL/T 5222—2021）第 18.1.5 条、附录 B 式（B.1.3-1）。

本题明确发电机有电缆直配线，应采用过补偿方式，补偿系数取 1.35。

消弧线圈容量：$Q = KI_c \frac{U_N}{\sqrt{3}} = 1.35 \times 8.4 \times \frac{10.5}{\sqrt{3}} = 68.75\text{kVA}$

中性点位移电压：$U_0 = \frac{U_{bd}}{\sqrt{d^2+v^2}} = \frac{0.8\% \times 10.5/\sqrt{3}}{\sqrt{0.04^2+0.1^2}} = 0.45\text{kV}$

14. 依据《火力发电厂、变电站二次接线设计技术规程》（DL/T 5136—2012）第 7.1.4 条。

本题没有提到串接电阻，则防跳继电器额定电压取控制回路电压直流 220V。

额定电流：$I_N \leqslant 50\% \times 250/220 = 0.57\text{A}$，考虑灵敏度要求，选择 0.5A 较为合适。

题 15～18 答案：**BCCD**

15. 依据《导体和电器的选择设计规程》（DL/T 5222—2021）附录 A.7.1，下列情况可不考虑并联电容器组对短路电流的影响：①计算t_s周期分量有效值，当$M = \frac{X_s}{X_L} < 0.7$时；②对于采用 5%～6%串联电抗器的电容器装置$\frac{Q_c}{S_d} < 5\%$；③对于采用 12%～13%串联电抗器的电容器装置$\frac{Q_c}{S_d} < 10\%$时。

考虑到系统拓展性，本题应按远景短路电流 35kA 计算，电容器组的总容量与安装点的母线短路容量之比：$\frac{Q_c}{S_d} = \frac{180}{\sqrt{3} \times 37 \times 34} \times 100\% = 8.26\%$

可以得到 $5\% < \frac{Q_c}{S_d} < 10\%$，因此电容器配置 6%串抗率时需考虑助增，配置 12%串抗率时不需考虑助增。

16. 依据《330kV～750kV 变电站无功补偿装置设计技术规定》（DL/T 5014—2010）第 5.0.8 条、附录 C.1。

根据式（C.1），可以得到稳态电压升高（或降低）值：$\Delta U \approx U_{zM} \frac{Q_c}{S_d} \leqslant 2.5\% U_{zM}$

经推导得出最大分组容量：$Q_c \leqslant 2.5\% S_d = 2.5\% \frac{S_j}{X_*} = 2.5\% \times \frac{100}{0.05} = 50\text{Mvar}$

17. 依据《330kV～750kV 变电站无功补偿装置设计技术规定》（DL/T 5014—2010）附录 A.1。

基波串联谐振的电容器组容量：

$$Q_{cx} = S_d\left(\frac{1}{n^2} - A\right) = 2400 \times (1 - 6\%) = 2256\text{Mvar} > 3 \times 60\text{Mvar}$$

不会发生基波谐振。

3 次谐波串联谐振的电容器组容量：

$$Q_{cx} = S_d\left(\frac{1}{n^2} - A\right) = 2400 \times \left(\frac{1}{3^2} - 6\%\right) = 122.7\text{Mvar} < 3 \times 60\text{Mvar}$$

有发生 3 次谐波串联谐振的可能性。

18. 依据《3kV～110kV 电网继电保护装置运行整定规程》（DL/T 584—2017）第 7.2.18.4 条，对于低电压保护，低电压定值应能在电容器所接母线失压后可靠动作，而在母线电压恢复正常后可靠返回。如该母线作为备用电源自动投入装置的工作电源，则低电压定值还应高于备用电源自动投入装置的低电压元件定值，一般整定为 0.2 倍～0.5 倍额定电压。保护的动作时间应与本侧出线后备保护时间配合。

本工程 2 组电容器均跳闸，题干明确了按相电压计算，定值为：

$$U_{op} = (0.2\sim0.5)U_{ph} = (0.2\sim0.5) \times \frac{100}{\sqrt{3}} = (11.55\sim28.87)\text{V}$$

注：本题不同标准存在矛盾。依据《330kV～750kV 变电站无功补偿装置设计技术规定》（DL/T 5014—2010）第 9.5.5 条，并联电容器组应设置母线失压保护。当母线电压降到额定值的 60%时，失压保护动作后带时限切除全部失压的电容器组。按第 9.5.5 条计算，定值为$U_{dz} = 0.6U_{ph} = 0.6 \times \frac{100}{\sqrt{3}} = 34.64\text{V}$，应当选 C。

该条与同标准附录D.4矛盾，按照附录计算定值，应当为$U_{dz} = 0.5U_{ph} = 28.87V$。考虑同一标准前后矛盾，故采用28.87V作为答案。

题19～22答案：**DBCC**

19. 依据《高压配电装置设计规范》（DL/T 5352—2018）第5.1.2条及条文说明。

根据图5.1.2-3，确定L_1应当为B_1值，L_2应当为A_2值。海拔修正前，$A_1 = 1800mm$，$A_2 = 2000mm$，$B_1 = A_1 + 750mm$。

根据附录A.0.1，按1850m海拔修正后，$A_1' = 1980mm$。

$$L_1 = B_1' = A_1' + 750 = 1980 + 750 = 2730mm$$

$$L_2 = A_2' = A_2 \times A_1'/A_1 = 2000 \times 1980/1800 = 2200mm$$

20. 依据《高压配电装置设计规范》（DL/T 5352—2018）附录A.0.1，按1850m海拔修正后，$A_1' = 1980mm$。

可以得到海拔修正后配电装置无遮栏裸导体至地面之间的距离为：

$$C' = A_1' + 2300 + 200 = 1980 + 2300 + 200 = 4480mm = 4.48m$$

根据《电力工程电气设计手册 1 电气一次部分》P703附图10-5及式（附10-46），可以得到母线隔离开关端子以下的引下线弧垂：

$$f_0 \leqslant H_z + H_g - C = 2.5 + 2.8 - 4.48 = 0.82m = 820mm$$

21. 依据《电力工程电气设计手册 1 电气一次部分》P701式（附10-20）～式（附10-27）、附表10-1。

本题按照最大工作电压计算，海拔1000m以下220kV跳线在无风时的垂直弧垂应取$f_T' = A_1 = 1800mm$。

最大设计风速为30m/s，阻尼系数β取0.64，导线风偏角：

$$\alpha_0 = \beta \arctan\frac{0.1q_4}{q_1} = 0.64 \times \arctan\frac{0.1 \times 2.906 \times 9.8}{3.712} = 24°$$

跳线的摇摆弧垂：$f_{TY} = \frac{f_T' + b - f_j}{\cos\alpha_0} = \frac{180 + 20 - 65}{\cos 24°} = 147.78cm$

考虑施工误差及留有一定富裕度后，得到跳线的最大摇摆弧垂的推荐值：

$$f_{TY}' = 1.1 f_{TY} = 1.1 \times 147.78 = 162.55cm \approx 1.63m$$

22. 依据《电力工程电气设计手册 1 电气一次部分》P386式（8-59）、式（8-60）、式（8-62）。

单根冰重：$q_2 = 0.00283b(d + b) = 0.00283 \times 5 \times (38.4 + 5) = 0.614kgf/m$

单根自重加冰重：$q_3 = q_1 + q_2 = 2.69 + 0.614 = 3.304kgf/m$

覆冰时单根风荷载：$q_5 = 0.075v_f^2(d + 2b) \times 10^{-3} = 0.075 \times 10^2 \times (38.4 + 2 \times 5) \times 10^{-3} = 0.363kgf/m$

单根合成荷重：$q_7 = \sqrt{q_3^2 + q_5^2} = \sqrt{3.304^2 + 0.363^2} = 3.324kgf/m$

总合成荷重：$q_\Sigma = nq_7g = 2 \times 3.324 \times 9.8 = 65.15N/m$

题23～26答案：**CADD**

23. 依据《交流电气装置的过电压保护和绝缘配合设计规范》（GB/T 50064—2014）第5.2.1条。

避雷针高度$h = 25m < 30m$，高度影响系数$P = 1.0$。

被保护物辅助用房一高：$h_{x1} = 10m < 0.5h$，按式（5.2.1-3）计算。

避雷针对被保护物辅助用房一高度的保护半径：

$$r_{x1} = (1.5h - 2h_{x1})P = (1.5 \times 25 - 2 \times 10) \times 1.0 = 17.5\text{m} > 10\text{m}$$

能实现辅助用房一直击雷保护。

被保护物辅助用房二高：$h_{x2} = 12.5\text{m} \geqslant 0.5h$，按式（5.2.1-2）计算校核。

避雷针对被保护物辅助用房二高度的保护半径：

$$r_{x2} = (h - h_{x2})P = (25 - 12.5) \times 1.0 = 12.5\text{m} < 15\text{m}$$

不能实现辅助用房一直击雷保护。

24. 依据《交流电气装置的接地设计规范》（GB/T 50065—2011）附录 D.0.3。

接地网x方向根数：$n_1 = 100/10 + 1 = 11$，同理y方向上$n_2 = 11$。

本题采用简单估计，矩形接地网等效根数：$n = \sqrt{n_1 n_2} = 11$

接地网不规则校正系数：$K_i = 0.644 + 0.148n = 0.644 + 0.148 \times 11 = 2.27$

网孔电压：$U_m = \frac{\rho I_G K_m K_i}{L_M} = \frac{500 \times 12000 \times 1.2 \times 2.27}{3000} = 5448\text{V}$

25. 依据《交流电气装置的接地设计规范》（GB/T 50065—2011）附录 D.0.3 式（D.0.3-13）、式（D.0.3-14）。

水平接地网导体总长度：$L_c = 11 \times 2 \times 100 = 2200\text{m}$

所有垂直接地极有效长度：$L_R = 2.5 \times 200 = 500\text{m}$

接地系统导体有效长度：$L_s = 0.75L_c + 0.85L_R = 0.75 \times 2200 + 0.85 \times 500 = 2075\text{m}$

最大跨步电位差：$U_s = \frac{\rho I_G K_s K_i}{I} = \frac{500 \times 10000 \times 0.22 \times 3.2}{2075} = 1696.4\text{V}$

26. 依据《交流电气装置的接地设计规范》（GB/T 50065—2011）附录 B 与条文说明。

站内发生接地故障时，入地对称电流：$I_g = (I_{max} - I_n)S_{f1} = (40 - 20) \times 0.5 = 10\text{kA}$

站外本站附近发生接地故障时，入地对称电流：$I_g = I_n S_{f2} = 20 \times 0.4 = 8\text{kA}$

取两者较大值，最大入地对称电流为 10kA。

根据表 B.0.3，接地故障持续时间为 0.4s，当$X/R = 30$时，衰减系数$D_f = 1.113$。

根据条文说明公式（12），可以计算出入地不对称电流：$I_G = D_f I_g = 1.113 \times 10 = 11.13\text{kA}$

地电位升高：$V = I_G R = 11.13 \times 0.5 = 5.57\text{kV}$

题 27～30 答案：**ACBB**

27. 依据《3kV～110kV 电网继电保护装置运行整定规程》（DL/T 584—2017）第 7.2.21.8 条表 6。

线路的零序电流II段保护定值按躲过最长一条集电线路电容电流整定，可靠系数取 1.5。

由此可以计算出零序电流II段保护定值：$I_{opII} = K'_K I_C / n_a = 1.5 \times 20/200 = 0.15\text{A}$

灵敏系数：$k_{sen} = \frac{I^{(1)}_{D\min}}{I_{op} n_a} = \frac{155}{0.15 \times 200/1} = 5.17$

其中，$I^{(1)}_{D\min}$为最小短路电流，即线路经过渡电阻接地故障时的电流，取 155A。

28. 依据《电流互感器和电压互感器选择及计算规程》（DL/T 866—2015）第 10.2.6 条。

电流互感器变比为 600/5A，保护装置及故障录波装置交流电流负载均为 1VA，将其折算为等效电阻$Z_r = (1 + 1)/5^2 = 0.08\Omega$。

导线的电阻：$R_1 = \frac{L}{\gamma A} = \frac{100}{57 \times 4} = 0.439\Omega$

三相星形接线，三相短路时负载阻抗换算系数$K_{rc} = 1$，连接线的阻抗换算系数$K_{lc} = 1$。

实际二次负荷：$Z_b = \Sigma K_{rc}Z_r + K_{lc}R_1 + R_c = 0.08 + 1 \times 0.439 + 0.1 = 0.619\Omega$

折算容量为$S_b = I^2Z_b = 5^2 \times 0.619 = 15.48\text{VA}$

29. 依据《电力装置的电测量仪表装置设计规范》（GB/T 50063—2017）第 8.2.3 条，计量装置的二次回路允许电压降不应大于额定二次电压的 0.2%。

依据《电力工程电气设计手册 2 电气二次部分》P103 式（20-45），回路电压降：

$$\Delta U = \sqrt{3}K_{l\cdot z} \times \frac{P}{U_{21}} \times \frac{L}{\gamma S}$$

三相星形接线，接线系数取$K_{l\cdot z} = 1$，二次侧线电压为 100V，母线电压按照互感器二次侧所接计量电能表按线电压取值，应按线电压代入计算，反推得到电缆截面积：

$$S = \frac{\sqrt{3}K_{l\cdot z} \times \frac{P}{U_{21}} \times \frac{L}{\gamma}}{\Delta U} = \frac{\sqrt{3} \times 1 \times \frac{2}{100} \times \frac{250}{57}}{0.2\% \times 100} = 0.76\text{mm}^2$$

依据《电力装置的电测量仪表装置设计规范》（GB/T 50063—2017）第 8.1.5 条，电流互感器二次电流回路的电缆芯线截面积的选择，应按电流互感器的额定二次负荷计算确定，对计量回路电缆芯线截面积不应小于 4mm²，本题应当选择 4mm²。

30. 依据《3kV～110kV 电网继电保护装置运行整定规程》（DL/T 584—2017）第 7.2.13.5 条，低电阻接地系统必须且只能有一个中性点接地，当接地变压器或中性点电阻失去时，供电变压器的同级断路器必须同时断开。选项 A 错误。

根据第 7.2.13.7 条，接地变压器中性点上装设零序电流保护，作为接地变压器和母线单相接地故障的主保护和系统各元件的总后备保护。接地变压器电源侧装设三相式的电流速断、过电流保护，作为接地变压器内部相间故障的主保护和后备保护。选项 B 正确，选项 D 错误。

根据第 7.2.13.9 条，接地变压器零序电流保护整定，跳闸方式整定如下：接地变压器接于变电站相应的母线上，零序电流保护动作 1 时限跳母联或分段断路器并闭锁备用电源自动投入装置；2 时限跳接地变压器和供电变压器的同侧断路器。本题接地变压器接在 35kV 母线上，选项 C 不符合规定，错误。

题 31～35 答案：**CBCDA**

31. 依据《交流电气装置的过电压保护和绝缘配合设计规范》（GB/T 50064—2014）第 6.2.2-2，持续运行电压下风偏后线路导线对杆塔空气间隙的工频 50%放电压$u_{L\sim}$应符合式（6.2.2-1）的要求，代入公式可得工频 50%放电电压：

$$u_{L\sim} = k_2\sqrt{2}U_m/\sqrt{3} = 1.13 \times \sqrt{2} \times 550/\sqrt{3} = 507.5\text{kV}$$

32. 依据《交流电气装置的过电压保护和绝缘配合设计规范》（GB/T 50064—2014）附录 D.1.1、D.1.8、D.1.9：

雷击线路时耐雷水平的雷电流概率：$P_2 = 10^{-\frac{i_0}{88}} = 10^{-\frac{24}{88}} = 0.5337$

平均电压梯度有效值：$E = \frac{U_n}{\sqrt{3}l_i} = \frac{500}{\sqrt{3}\times 4.5} = 64.15\text{kV/m}$

建弧率：$\eta = (4.5E^{0.75} - 14) \times 10^{-2} = (4.5 \times 64.15^{0.75} - 14) \times 10^{-2} = 0.88$

根据《电力工程高压送电线路设计手册》（第二版）P125 式（2-7-11）、P130 式（2-7-45）：

绕击跳闸率：$n = N\eta[gP_1 + P_\theta P_2 + (1-g)P_3]$，本题不考虑直击雷，可以假设$P_1 = 0$，$P_3 = 0$。

推导可得，线路绕击率：

$$P_\theta = n/(N\eta P_2) = 0.015/(75 \times 0.88 \times 0.5337) = 4.258 \times 10^{-4}$$

根据绕击率与保护角的关系，并考虑线路处于平原，可得$\lg P_\theta = \frac{\theta\sqrt{h}}{86} - 3.9$。

推导出保护角为：

$$\theta = \frac{86(\lg P_\theta + 3.9)}{\sqrt{h}} = \frac{86 \times [\lg(4.258 \times 10^{-4}) + 3.9]}{\sqrt{39}} = 7.29°$$

33. 依据《架空输电线路电气设计规程》（DL/T 5582—2020）第 6.1.5 条，绝缘子片数海拔修正指数公式也适用于复合绝缘子公称爬电距离修正。

海拔修正后，爬电距离较海拔高度 1000m 时的取值增加了 8%，指数修正系数$e^{0.1215m_1\frac{H-1000}{1000}} = 1 + 8\% = 1.08$。

反推出海拔高度为：

$$H = 1000 \times \frac{\ln 1.08}{0.1215m_1} + 1000 = 1000 \times \frac{\ln 1.08}{0.1215 \times 0.42} + 1000 = 2508\text{m}$$

34.（1）按操作过电压配合

依据《架空输电线路电气设计规程》（DL/T 5582—2020）第 6.2.2 条，在海拔 1000m 以下地区，操作过电压及雷电过电压要求的悬垂绝缘子串的绝缘子最少片数，应符合表 6.2.2 的规定。耐张绝缘子串的绝缘子片数应在表 6.2.2 的基础上增加，对 110～330kV 输电线路应增加 1 片，对 500kV 输电线路应增加 2 片，对 750kV 输电线路不需增加片数。

每联所需要的片数：$n_1 = 25 + 2 = 27$片

（2）按雷电过电压配合

根据第 6.2.3 条，全高超过 40m 有地线的杆塔，高度每增加 10m，应比表 7.0.2 增加 1 片相当于高度为 146mm 的绝缘子。

已知绝缘子串高度为 155mm，则需要的片数为$n_2 = 25 + \frac{146 \times \frac{70-40}{10}}{155} = 27.8$片，取 28 片。

（3）按照爬电比距法选择

根据第 6.1.3-2 条，本题已知统一爬电比距不小于40mm/kV，注意同意爬电比距对应的为相电压$550/\sqrt{3}$kV，代入计算可得绝缘子片数：$n_3 \geqslant \frac{\lambda U}{K_e L_{01}} = \frac{40 \times 550/\sqrt{3}}{0.9 \times 550} = 25.7$片，取 26 片。

综上所述，取 28 片。

35. 依据《交流电气装置的过电压保护和绝缘配合设计规范》（GB/T 50064—2014）附录 D.1.5。

导线上工作电压瞬时值：$U_{ph} = \frac{\sqrt{2}U_N}{\sqrt{3}} \sin \omega t = \frac{\sqrt{2} \times 550}{\sqrt{3}} \sin 100\pi t = 449.07 \sin 100\pi t(\text{kV})$

绝缘子串负极性 50%闪络电压绝对值为 2400kV；导线上工作电压与雷电流极性相反且为最高工作电压峰值，绕击耐雷水平最小。

雷电为负极性时，最小绕击耐雷水平：

$$I_{min} = \left(|U_{-50\%}| + \frac{2Z_0}{2Z_0 + Z_c} U_{ph}\right) \frac{2Z_0 + Z_c}{Z_0 Z_c} = \left[2400 + \frac{2 \times 400}{2 \times 400 + 250} \times (-449.07)\right] \times \frac{2 \times 400 + 250}{400 \times 250}$$
$$= 21.6\text{kA}$$

题 36～40 答案：**CDCAB**

36. 依据《110kV～750kV 架空输电线路设计规范》（GB 50545—2010）第 10.1.18 条、第 10.1.22 条及条文说明。

根据题意，求导线单位风荷载是指子导线单位风荷载，不需考虑分裂根数。

$$W = \alpha \cdot \mu_z \cdot \mu_{sc} \cdot dV^2/1600$$

其中 20m 高度风压高度变化系数$\mu_z = 1.000\left(\frac{h}{10}\right)^{0.32} = 1.000 \times \left(\frac{20}{10}\right)^{0.32} = 1.248$

本题为设计阶段，风压不均匀系数$\alpha = 0.61$，导线外径$d = 33.8\text{mm}$，体形系数$\mu_{sc} = 1.1$，其他系数均取 1.0。

代入得到$W = 0.61 \times 1.248 \times 1.1 \times 0.0338 \times 30^2/1600 \times 10^3 = 15.92\text{N/m}$

37. 依据《架空输电线路荷载规范》(DL/T 5551—2018）第 9.0.1 条。

依据题意，本题仅考虑导线重量和悬垂绝缘子串重量，且需要考虑动力系数 1.1。

在安装工况下，最大垂直荷载：

$$\sum G = 2 \times 1.1 \times G + G_a = 2 \times 1.1 \times (2.0792 \times 9.80665 \times 4 \times 600 + 60 \times 9.80665) + 4000 = 112953.6\text{N}$$

38. 依据《电力工程高压送电线路设计手册》(第二版）P327 式（6-2-6）。

耐张塔两侧导线张力：$T_1 = T_2 = 68.37 \times 674 \times 4 = 184325.52\text{N}$

不平衡张力：$\Delta T = T_1 \cos\alpha_1 - T_2 \cos\alpha_2 = 184325.52 \times (\cos 20° - \cos 40°) = 32007.8\text{N}$

39. 依据《电力工程高压送电线路设计手册》(第二版）P179 表 3-3-1。

高差角：$\beta = \arctan\frac{h}{l} = \arctan\frac{180}{500} = 19.8°$

在大风工况下，电线最低点到悬挂点（高点）水平距离：

$$l_{OB} = \frac{l}{2} + \frac{\sigma_0}{\gamma}\sin\beta = \frac{500}{2} + \frac{68.37}{28.27/674} \times \sin 19.8° = 802.16\text{m}$$

悬挂点应力：$\sigma_B = \sqrt{\sigma_0^2 + \frac{\gamma^2 l_{OB}^2}{\cos^2\beta}} = \sqrt{68.37^2 + \frac{(28.27/674)^2 \times 802.16^2}{\cos^2 19.8°}} = 77.16\text{N/mm}^2$

在覆冰工况下，电线最低点到悬挂点（高点）电线间水平距离：

$$l_{OB} = \frac{l}{2} + \frac{\sigma_0}{\gamma}\sin\beta = \frac{500}{2} + \frac{82.37}{32.78/674} \times \sin 19.8° = 823.7\text{m}$$

悬挂点应力：$\sigma_B = \sqrt{\sigma_0^2 + \frac{\gamma^2 l_{OB}^2}{\cos^2\beta}} = \sqrt{82.37^2 + \frac{(32.78/674)^2 \times 823.7^2}{\cos^2 19.8°}} = 92.72\text{N/mm}^2$

两者比较，最大应力取92.72N/mm^2。

40. 本题属于几何计算。

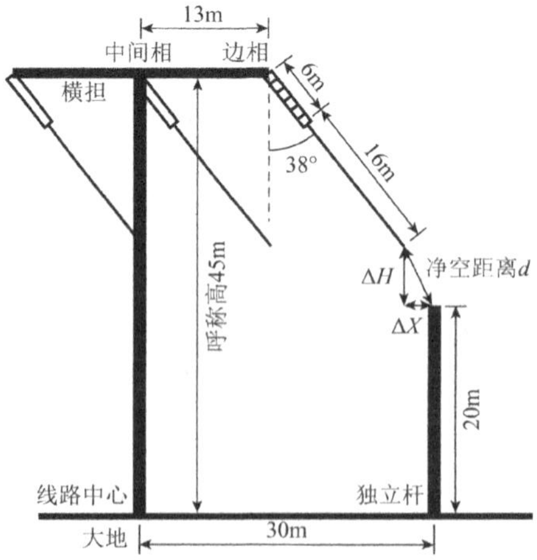

导线在最大风偏情况下距独立电线杆高差：$\Delta H = 45 - 20 - (16 + 6)\cos 38° = 7.66\text{m}$

横向水平距离：$\Delta X = 30 - 13 - (16 + 6)\sin 38° = 3.46\text{m}$

最大风偏情况下净空距离：$d = \sqrt{\Delta H^2 + \Delta X^2} = \sqrt{7.66^2 + 3.46^2} = 8.41\text{m}$

2022 年补考案例分析试题答案（上午卷）

题 1～4 答案：**ABBC**

1. 首先计算发电机回路电容电流：

$$I_C = \sqrt{3}U_N\omega C \times 10^{-3} = \sqrt{3} \times 20 \times 100\pi \times 0.5 \times 10^{-3} = 5.44\text{A}$$

依据《导体和电器选择设计规程》（DL/T 5222—2021）第 18.1.4 条、第 18.1.5 条及附录 B.1，本题发电机明确采用单元接线，按欠补偿计算消弧线圈容量。

消弧线圈容量：

$$Q = KI_C\frac{U_N}{\sqrt{3}} = 0.7 \times 5.44 \times \frac{20}{\sqrt{3}} = 43.97\text{kVA}$$

2. 题干已明确，不考虑周期分量衰减。

依据《导体和电器选择设计规程》（DL/T 5222—2021）附录 A.6，周期分量短路电流热效应按简化计算：

$$Q_z = I'^2 t = 35^2 \times 2 = 2450\text{kA}^2\text{s}$$

发电厂升高电压母线，应考虑非周期分量的影响，短路持续时间为 2s，非周期分量等效时间取 0.1s。

非周期分量短路电流热效应：

$$Q_f = TI'^2 = 0.1 \times 35^2 = 122.5\text{kA}^2\text{s}$$

最大三相短路电流热效应计算值：

$$Q_t = Q_z + Q_f = 2450 + 122.5 = 2572.5\text{kA}^2\text{s}$$

3. 依据《电力工程电气设计手册 1 电气一次部分》P232 表 6-3。

系统最大运行方式时，当一回线路故障，另一回线路需承担 2 台发电机变压器组的潮流送出，此时总功率为 2×340MVA，系统的穿越功率潮流由于线路故障无法输送，启备变一般为负荷，不需要考虑倒送，此时非故障回路的计算工作电流：

$$I_s = 2 \times 1.05 \times \frac{S_N}{\sqrt{3}U_N} = 2 \times 1.05 \times \frac{340 \times 10^3}{\sqrt{3} \times 242} = 1703.42\text{A}$$

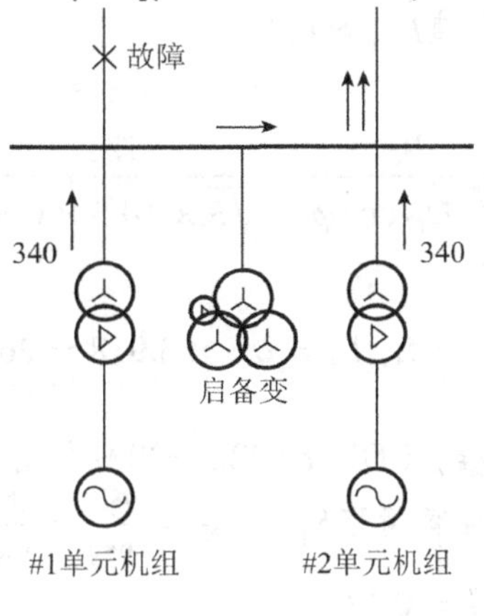

4. 依据《电力工程电气设计手册 1 电气一次部分》P232 表 6-3。

变压器进线回路持续电流：

$$I_s = 1.05 \times \frac{S_e}{\sqrt{3}U_e} = 1.05 \times \frac{340 \times 10^3}{\sqrt{3} \times 236} = 873.39\text{A}$$

依据《导体和电器选择设计技术规定》(DL/T 5222—2005）附录 E 图 E.6、式（E.1-1）及第 7.1.6条。

依据附录 E 图 E.6，发电厂、铝绞线，对应曲线 6，$T = 5000\text{h}$，查得$j = 0.46\text{A/mm}^2$。

依据式（E.1-1），经济计算截面：

$$S_j = \frac{I_s}{j} = \frac{873.39}{0.46} = 1898.67\text{mm}^2$$

依据第 7.1.6 条，当无合适规格导体时，导体面积可按经济电流密度计算截面的相邻下一档选取，故宜选择 $2 \times 900\text{mm}^2$。

注：按照现行规范 DL/T 5222—2021，本题无答案。

题 5～8 答案：**BBCC**

5. 依据《小型火力发电厂设计规范》(GB 50049—2011）第 17.2.4 条条文说明、第 17.2.7 条、第 17.2.2条。

依据第 17.2.4 条条文说明，有发电机直配线的发电厂，当每段母线上发电机容量为 24MW 及以上时，需在发电机电压母线分段上和直配线上安装电抗器来限制短路电流。本题发电机容量超过 24MW，选项 A 接线不符合要求，缺乏限流电抗器，排除。

依据第 17.2.7 条，发电机与双绕组变压器为单元接线时，对供热式机组可在发电机与变压器之间装设断路器。选项 C 发电机与变压器之间未装设断路器，不符合要求。

依据第 17.2.2 条，若接入电力系统发电厂的机组容量与电力系统不匹配且技术经济合理时，可将两台发电机与一台变压器（双绕组变压器或分裂绕组变压器）做扩大单元连接，也可将两组发电机双绕组变压器组共用一台高压侧断路器做联合单元连接。此时在发电机与主变压器之间应装设发电机断路器或负荷开关。选项 D 共用一台高压侧断路器但未装设发电机断路器或负荷开关，不符合要求。

6. 依据《导体和电器选择设计规程》(DL/T 5222—2021）附录 A.2.3、图 A.2.3-1。依据附录 A.2.3，基准容量取：

$$S_j = S_N = \frac{P_N}{\cos\varphi} = \frac{57}{0.8} = 71.25\text{MVA}$$

发电机支路阻抗标幺值：$X_{js} = X''_d = 0.13$

查图 A.2.3-1，0.06s 短路电流标幺值$I_{*zt} \approx 6.8$

发电机额定电流：

$$I_N = \frac{P_N}{\sqrt{3}U_N \cos\varphi} = \frac{57}{\sqrt{3} \times 10.5 \times 0.8} = 3.918\text{kA}$$

发电机提供的三相短路电流：

$$I_a = I_{*zt} I_N = 6.8 \times 3.918 = 26.64\text{kA}$$

7. 依据《导体和电器选择设计规程》(DL/T 5222—2021）附录 A.2.3、附录 A.3.1、图 A.2.3-1。

依据附录 A.2.3、附录 A.3.1，基准容量取$S_j = S_N = \frac{P_N}{\cos\varphi} = \frac{57}{0.8} = 71.25\text{MVA}$

发电机支路阻抗标幺值：$X_{js} = X''_d = 0.13$

查图 A.2.3-1，0 s 短路电流标幺值$I''_* \approx 8.3$。

发电机提供的三相短路电流初始值：

$$I''=I''_*I_N=8.3\times3.92\approx32.5\text{kA}$$

60ms 非周期分量绝对值：

$$|i_{fzt}|=\left|-\sqrt{2}I''e^{-\frac{\omega t}{T_a}}\right|=\sqrt{2}I''e^{-\frac{\omega t}{T_a}}=\sqrt{2}\times32.5\times e^{-\frac{100\pi\times0.06}{70}}\approx35.1\text{kA}$$

8. 依据《电力工程电气设计手册 1 电气一次部分》P232 表 6-3。

发电机持续工作电流：

$$I_g=1.05\times\frac{P_N}{\sqrt{3}U_N\cos\varphi}=1.05\times\frac{57\times10^3}{\sqrt{3}\times10.5\times0.8}=4113.74\text{A}$$

依据《导体和电器选择设计规程》（DL/T 5222—2021）第 5.1.5 条表 5.1.5 及条文说明表 8。查表 5.1.5，35℃时屋内矩形导体载流量综合校正系数为 0.88。

矩形导体的载流量$I_z\geqslant\frac{I_g}{K}=\frac{4113.74}{0.88}=4675\text{A}$，查条文说明表 8，矩形铝母线 125×6.3 四条竖放载流量$I_2=4700\text{A}$，其他不符合要求。

题 9～12 答案：**CBDA**

9. 依据《交流电气装置的过电压保护和绝缘配合设计规范》（GB/T 50064—2014）第 4.1.6 条。

取基本容量为发电机容量：

$$S_j=S=\frac{P_N}{\cos\varphi}=\frac{600}{0.9}=666.67\text{MVA}$$

以发电机容量为基准，发电机同步电抗标幺值：

$$X_{*G}=2.15$$

变压器标幺值：

$$X_{*T}=\frac{U_d\%}{100}\times\frac{S_j}{S_e}=\frac{14}{100}\times\frac{666.67}{670}=0.139$$

发电机系统等值电抗标幺值：

$$X_{*d}=X_{*G}+X_{*T}=2.15+0.139=2.289$$

线路充电功率：

$$Q_c=1.18\times290=342.2\text{Mvar}$$

校核自励磁谐振：$Q_CX_{*d}=342.2\times2.289=783.3\text{Mvar}>666.67\text{Mvar}$，会发生自励磁谐振。

需要的电抗器容量：$Q_L>\frac{783.3-666.67}{2.289}=50.95\text{Mvar}$，向上取 70Mvar

10. 依据《交流电气装置的过电压保护和绝缘配合设计规范》（GB/T 50064—2014）第 4.4.4 条，具有发电机和旋转电机的系统，相对地 MOA 的额定电压，对应接地故障清除时间不大于 10s 时，不应低于旋转电机额定电压的 1.05 倍；接地故障清除时间大于 10s 时，不应低于旋转电机额定电压的 1.3 倍。旋转电机用 MOA 的持续运行电压不宜低于 MOA 额定电压的 80%。

本题故障时的保护动作时间为 5s，小于 10s。

MOA 额定电压$U_R\geqslant1.05U_N=1.05\times20=21\text{kV}$，取22kV。

MOA 持续运行电压$U_c\geqslant80\%U_R=80\%\times22\approx17.6\text{kV}$，取18kV。

11. 依据《交流电气装置的过电压保护和绝缘配合设计规范》（GB/T 50064—2014）第 6.4.3 条、第 6.4.4 条。

与陡波冲击残压配合，对地绝缘的耐压水平：

$$U_{\mathrm{GIS.l.i}} \geqslant k_{14}U_{\mathrm{tw.p}} = 1.15 \times 1157 \approx 1330\mathrm{kV}$$

断路器同极断口间内绝缘的相对地雷电冲击耐受电压与避雷器的雷电冲击电流残压配合，属于紧靠设备，配合系数取 1.25。耐受电压：

$$U_{\mathrm{e.l.c.i}} \geqslant U_{\mathrm{e.l.i}} + k_{\mathrm{m}}\frac{\sqrt{2}U_{\mathrm{m}}}{\sqrt{3}} = k_{16}U_{l.\mathrm{p}} + k_{\mathrm{m}}\frac{\sqrt{2}U_{\mathrm{m}}}{\sqrt{3}} = 1.25 \times 1006 + 0.7 \times \frac{\sqrt{2} \times 550}{\sqrt{3}} = (1257 + 315)\mathrm{kV}$$

12. 依据《交流电气装置的接地设计规范》（GB/T 50065—2011）附录 C.0.2、附录 E.0.3、第 4.2.2 条、第 4.4.3 条。

依据附录 C.0.2，表层衰减系数：

$$C_{\mathrm{s}} = 1 - \frac{0.09 \times \left(1 - \dfrac{\rho}{\rho_{\mathrm{s}}}\right)}{2 \times h_{\mathrm{s}} + 0.09} = 1 - \frac{0.09 \times \left(1 - \dfrac{50}{250}\right)}{2 \times 0.3 + 0.09} = 0.896$$

依据附录 E.0.3，接地故障等效持续时间：

$$t_{\mathrm{e}} \geqslant t_{\mathrm{m}} + t_{\mathrm{f}} + t_{\mathrm{o}} = 0.02 + 0.25 + 0.06 = 0.33\mathrm{s}$$

依据第 4.2.2 条，接触电位差允许值：

$$U_{\mathrm{t}} = \frac{174 + 0.17 \times 250 \times 0.896}{\sqrt{0.33}} = 369.2\mathrm{V}$$

依据第 4.4.3 条，该接地网设计时的最大接触电网差：

$$U_{\mathrm{tmax}} < \sqrt{U_{\mathrm{t}}^2 - (U'_{\mathrm{tomax}})^2} = \sqrt{369.2^2 - 20^2} = 368.7\mathrm{V}$$

题 13～17 答案：**BBDCD**

13. 依据《电力工程直流电源系统设计技术规程》（DL/T 5044—2014）第 6.1.2 条、附录 C.1.1、附录 C.1.3。

依据第 6.1.2 条，蓄电池浮充电压应根据厂家推荐值选取，当无产品资料时，可按下列规定选取：2 阀控式密封铅酸蓄电池的单体浮充电压值宜取 2.23～2.27V。

题目明确，单体蓄电池浮充电压选取最小值，$U_{\mathrm{f}} = 2.23\mathrm{V}$。

依据附录 C.1.1 蓄电池个数$n \geqslant 1.05U_{\mathrm{n}}/U_{\mathrm{f}} = 1.05 \times 110/2.23 = 51.79$个，取 52 个。

依据附录 C.1.3 事故放电末期终止电压：

$$U_{\mathrm{m}} \geqslant 0.875U_{\mathrm{n}}/n = 0.875 \times 110/52 = 1.85\mathrm{V}$$

14. 依据《电力工程直流电源系统设计技术规程》（DL/T 5044—2014）第 4.1.1 条、第 4.2.5 条、第 4.2.6 条、附录 C.2.3。

按以下步骤计算：

（1）确定负荷分类

依据第 4.1.1 条，直流负荷按功能可分为控制负荷和动力负荷，并应符合下列规定：

控制负荷包括下列负荷：①电气控制、信号、测量负荷；②热工控制、信号、测量负荷；③继电保护、自动装置和监控系统负荷。

动力负荷包括下列负荷：①各类直流电动机；②高压断路器电磁操动合闸机构；③交流不间断电源装置；④DC/DC 变换装置；⑤直流应急照明负荷；⑥热工动力负荷。

其中，发变组断路器控制、保护，厂用 6kV 断路器控制、保护，厂用 380V 断路器控制、保护，热控控制负荷，6kV 厂用低电压跳闸，400V 厂用低电压跳闸，厂用电源恢复对高压厂用断路器合闸，变压器冷却器控制电源为控制负荷，由 110V 直流电源供电，其余为动力负荷。

厂用电源恢复对高压厂用断路器合闸为随机负荷，本题不需考虑。

（2）计算负荷放电电流

依据第 4.2.5 条、第 4.2.6 条，各阶段负荷统计见下表。

序号	负荷名称	负荷容量（kW）	设备电流（A）	负荷系数	计算电流（A）	事故停电时间	
						1min	1～30min
1	发变组断路器控制、保护	2	18.18	0.6	10.91	10.91	10.91
2	厂用 6kV 断路器控制、保护	10	90.91	0.6	54.55	54.55	54.55
3	厂用 380V 断路器控制、保护	6	54.55	0.6	32.73	32.73	32.73
4	电气 ECMS 监控系统	5	45.45	0.6	36.36	36.36	36.36
5	热控控制负荷	11	100	0.6	60	60	60
6	6kV 厂用低电压跳闸	7	63.64	0.6	38.18	38.18	
7	400V 厂用低电压跳闸	3	27.27	0.6	16.36	16.36	
8	变压器冷却器控制电源	2	18.18	0.6	10.91	10.91	10.91
各阶段放电电流合计						$I_1=260\text{A}$	$I_2=205.46\text{A}$

（3）计算蓄电池容量

依据附录 C.2.3，阀控式密封铅酸蓄电池（胶体），蓄电池放电终止电压为 1.85V，查表 C.3-5，第一阶段 1min 换算系数为 1.24，第二阶段全部时间 30min 换算系数为 0.78，第二阶段扣除第一阶段时间后 29min 换算系数为 0.8。

第一阶段：$C_{c1}=K_k\dfrac{I_1}{K_c}=1.4\times\dfrac{260}{1.24}=293.55\text{Ah}$

第二阶段：$C_{c2}=K_k\left(\dfrac{I_1}{K_{c1}}+\dfrac{I_2-I_1}{K_{c2}}\right)=1.4\times\left(\dfrac{260}{0.78}+\dfrac{205.46-260}{0.8}\right)=371.22\text{Ah}$

15. 依据《电力工程直流电源系统设计技术规程》（DL/T 5044—2014）附录 E 表 E.2-2、表 E.2-1、式（E.1.1-2）。

依据附录 E 表 E.2-2，电缆最小允许压降：

$$\Delta U_p=3\%U_n=3\%\times220=6.6\text{V}$$

依据附录 E 表 E.2-1，UPS 回路计算电流：

$$I_{ca2}=\frac{I_{U_n}}{\eta}=\frac{P_{U_n}}{U_n\eta}=\frac{60}{0.22\times0.91}=299.7\text{A}$$

依据式（E.1.1-2），电缆计算截面积：

$$S_{cac}\geqslant\frac{\rho\cdot2LI_{ca}}{\Delta U_p}=\frac{0.0184\times2\times30\times299.7}{6.6}=50.13\text{mm}^2$$

16. 依据《电力工程直流电源系统设计技术规程》（DL/T 5044—2014）附录 A.4.2，正负极均选用 $3\times(1\times150\text{mm}^2)$电缆为三根单芯并联，电阻值取1/3，考虑回路电缆总电阻应乘以 2 倍，总电阻：

$$\sum r_j=\rho\frac{2L_1/3}{S}=0.0184\times\frac{2\times30/3}{150}=2.453\times10^{-3}\Omega=2.453\text{m}\Omega$$

短路电流：

$$I_{\text{DK}}=\frac{U_{\text{n}}}{n(r_{\text{b}}+r_1)+\Sigma r_j+\Sigma r_K}=\frac{220}{103\times0.17+2.453+0}=11.02\text{kA}$$

17. 依据《电力工程直流电源系统设计技术规程》（DL/T 5044—2014）附录 A.3.6、附录 F 表 F.1。

依据附录 A.3.6，按蓄电池的 1h 放电率电流选择：

$$I_{\text{n}}\geqslant I_{\text{d.1h}}=5.5I_{10}=5.5\times\frac{1000}{10}=550\text{A}$$

按保护动作选择性条件，应大于直流馈线中断路器额定电流最大的一台来选择：

$$I_{\text{n}}>K_{\text{c4}}I_{\text{n.max}}=2\times350=700\text{A}$$

按照标准系列选 800A。

查附录 F 表 F.1，蓄电池组容量为 1000Ah，蓄电池组电流测量范围应取±800A。

题 18～20 答案：**ACA**

18. 依据《风电场工程电气设计规范》（NB/T31026—2022）第 5.3.1 条，风力发电场机组变电单元变压器的容量应按风力发电机组的额定视在功率选取，变压器容量：

$$S_{\text{T}}\geqslant S_{\text{F}}=P_{\text{N}}/\cos\varphi=2000/0.95=2105\text{kVA}=2.105\text{MVA}$$

根据题目选项，取 2.15MVA。

19. 依据《交流电气装置的过电压保护和绝缘配合设计规范》（GB/T 50064—2014）表 6.4.6-1，海拔 1000m 以下，主变高压套管相间的雷电冲击耐受电压需达到 950kV。

依据《绝缘配合　第 1 部分：定义、原则和规则》（GB/T 311.1—2012）附录 B.3，雷电冲击电压耐压海拔修正指数q取 1.0。

该主变安装在海拔 1800m 处，主变压器出厂前进行电气外缘试验时，需要根据海拔修正系数修正主变高压套管相间的雷电冲击试验电压。

海拔修正系数：

$$K_{\text{a}}=e^{\frac{H-1000}{8150}}=e^{\frac{1500-1000}{8150}}\approx1.1$$

雷电冲击试验电压：

$$U_{\text{H}}\geqslant U_0K_{\text{a}}=950\times1.1=1045\text{kV}$$

20. 依据《电力工程电气设计手册 1 电气一次部分》P261 式（6-33），单回路架空线路（有架空地线）单相接地电容电流：

$$I_{\text{c1}}=3.3U_{\text{e}}L\times10^{-3}=3.3\times35\times30\times10^{-3}=3.465\text{A}$$

同杆双回线路的电容电流为同长度单回路的 1.3～1.6 倍，同杆双回线路最大电容电流：

$$I_{\text{c2max}}=1.6I_{\text{c1}}=1.6\times3.465=5.544\text{A}$$

全部集电线路的最大电容电流：$I_{\text{cmax}}=I_{\text{c1}}+I_{\text{c2max}}=3.465+5.544=9.009\text{A}$

题 21～25 答案：**ABBAC**

21. 依据《电力工程高压送电线路设计手册》（第二版）P16 表 2-1-1、式（2-1-3）、式（2-1-6）、式（2-19），钢芯铝绞线子导线的有效半径：

$$r_e = 0.81r = 0.81d_0/2 = 0.81 \times 0.03/2 = 0.01215\text{m}$$

分裂导线的有效半径：$R_e = \sqrt[n]{nr_eA^{n-1}} = \sqrt[4]{4 \times 0.01215 \times 0.354^{4-1}} = 0.2155\text{m}$

相导线的几何均距：$d_m = \sqrt[3]{d_{ab}d_{1x}d_{ca}} = \sqrt[3]{11.5 \times 11.5 \times 23} = 14.489\text{m}$

每相的正序电抗值：$X_1 = 0.0029f\lg\dfrac{d_m}{R_e} = 0.0029 \times 50 \times \lg\dfrac{14.489}{0.2155} = 0.265\Omega/\text{km}$

22. 依据《交流电气装置的过电压保护和绝缘配合设计规范》（GB/T 50064—2014）第 2.0.10 条，保护角是指地线对导线的保护角指杆塔处，不考虑风偏，地线对水平面的垂线和地线与导线或分裂导线最外侧子导线连线之间的夹角。

题干明确了不考虑导线分裂间距保护角正切值$\tan\theta = S/\Delta h$。

导线和地线水平间距：$S = (23 - 19.5)/2 = 1.75\text{m}$

导线和地线垂直高差：$\Delta h = 43 - 36 + 5.5 - 0.5 = 12\text{m}$

保护角：$\theta = \arctan(S/\Delta h) = \arctan(1.75/12) = 8.30°$

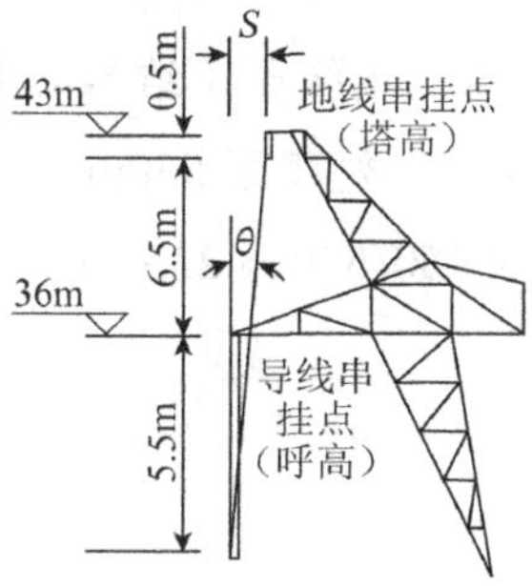

23. 依据《电力工程高压送电线路设计手册》（第二版）P186 式（3-3-18），题干明确了不考虑导地线水平偏移，取$s = 0$，A值取 1，k_v取 0.012，控制档距：

$$l_c = \frac{2(h-A)}{k_v} = \frac{2 \times (h-1)}{0.012} = 1300\text{m}$$

反推得到导地线悬挂点垂直距离：$h = 0.006 \times 1300 + 1 = 8.8\text{m}$

导线绝缘子串长 5.5m，地线绝缘子串长 0.5m，反推出地线支架高度：

$$H \geqslant 8.8 - 5.5 + 0.5 = 3.8\text{m}$$

24. 依据《架空输电线路电气设计规程》（DL/T 5582—2020）第 7.2.6、7.2.8 条，大跨越是指线路跨越通航江河、湖泊或海峡等，因档距较大（在 1000m 以上）或杆塔较高（在 100m 以上），导线选型或杆塔设计需特殊考虑，且发生故障时严重影响航运或修复特别困难的耐张段。

按 900m 档距考虑时，不属于一般跨越档；按 1100m 档距考虑时，属于大跨越档，需要区别计算校核。

依据《电力工程高压送电线路设计手册》（第二版）P119 式（2-6-61）、式（2-6-63），按 900m 档距考虑时，档距中央导、地线间的最小距离为：

$$s = 0.012l + 1 = 0.012 \times 900 + 1 = 11.8\text{m}$$

按 1100m 档距考虑时，当按雷击线路档距中央避雷线来选定导线与地线间的距离时，按式（2-6-61）

计算距离往往过大。此时，应按避免发生反击的公式（2-6-63）进行计算，并取两公式计算数值的较小值。档距中央导、地线间的最小距离：

$$s_1 = 0.012l + 1 = 0.012 \times 1100 + 1 = 14.2\text{m}$$

$$s_2 = 0.1I = 0.1 \times 125 = 12.5\text{m}$$

取较小值 12.5m。

25. 依据《架空输电线路电气设计规程》（DL/T 5582—2020）第 6.1.3-2、6.2.2、6.2.3 条。

500kV 输电线路需要结构高度 155mm 绝缘子 25 片，低于题干已知用污耐压法需选用 28 片的要求，故可不再考虑操作过电压要求。

（1）按雷电过电压配合选择

全高超过 40m 有地线的杆塔，高度每增加 10m，应比表 7.0.2 增加 1 片相当于高度为 146mm 的绝缘子。

绝缘子高度为 195mm 时，绝缘子片数：

$$n_1 = \frac{25 \times 155 + 146 \times \dfrac{60-40}{10}}{195} = 21.4\text{ 片，取 22 片}$$

（2）按照工频过电压要求选择

已知用污耐压法需选用 28 片 160kN 盘式绝缘子（结构高度 155mm、有效爬距 450mm）。

按此折算，300kN（结构高度 195mm、有效爬距 550mm）的绝缘子片数：

$$n_2 \geqslant 28 \times 450/550 = 22.9\text{ 片，取 23 片}$$

最终可知绝缘子片数取 23 片。

2022 年补考案例分析试题答案（下午卷）

题 1～5 答案：**DCBDB**

1. 依据《高压配电装置设计规范》（DL/T 5352—2018）第 5.1.2 条及附录 A.0.1，查表 5.1.2-1，海拔修正前 220kV 配电装置安全距离$A_1 = 1800\text{mm}$，$A_2 = 2000\text{mm}$。

接着进行海拔修正，查图 A.0.1，按 3200m 海拔修正后$A_1' \approx 2.2\text{m} = 2200\text{mm}$。根据比例计算$A_2' = A_2 \times A_1'/A_1 = 2000 \times 2200/1800 = 2444\text{mm}$。

GIS 出线套管之间（套管中心线）最小净距按不同相的带电部分之间最小安全距离A_2'考虑，并应考虑三相引出线端接板宽 100mm，即$2444 + 100 = 2544\text{mm}$。

2. 依据《电流互感器和电压互感器选择及计算规程》（DL/T 866—2015）第 3.4.1 条、第 3.4.6 条、附录表 B.3。

依据第 3.4.1 条，电流互感器类型、二次绕组数量和准确级应满足继电保护、自动装置和测量仪表的要求。

依据第 3.4.6 条，双重化的两套保护应使用不同二次绕组，每套保护的主保护和后备保护应共用一个二次绕组。

参考附录表 B.3，可以得到该出线间隔至少需要：220kV 母线保护用 2 组，220kV 出线保护用 2 组，故障录波用 1 组，测量用 1 组，计量用 1 组，合计 7 组。

3. 根据《电力系统设计手册》P320 式（10-44），该风电场满容额定出力时，总视在功率：

$$S = P = 100 \times 2000 = 200000\text{kVA} = 200\text{MVA}$$

考虑到两台主变压器运行方式为高压侧并列运行、低压侧分列运行，则可以算出两台主变压器总无功消耗：

$$\Delta Q_{\text{T}} = \frac{U_{\text{k}}\%S^2}{100nS_{\text{e}}} \times \frac{U^2}{U_{\text{e}}^2} + n\frac{I_0\%}{100}S_{\text{e}}\frac{U^2}{U_{\text{e}}^2} = \frac{14 \times 200^2}{100 \times 2 \times 110} \times 1 + 2 \times \frac{0.5}{100} \times 110 = 26.55\text{Mvar}$$

4. 依据《交流电气装置的接地设计规范》（GB/T 50065—2011）附录 B.0.1、附表 B.0.3、条文说明公式（12）、式（4.2.1-1）。

依据附录 B.0.1、附表 B.0.3，站内单相接地时最大入地电流站内短路时，入地对称电流：

$$I_{\text{g}} = (I_{\max} - I_{\text{n}})S_{\text{n}} = (6 - 1) \times 0.5 = 2.5\text{kA}$$

站外短路时，入地对称电流：

$$I_{\text{g}} = I_{\text{n}}S_{\text{n}} = 1 \times 0.9 = 0.9\text{kA}$$

取较大者，$I_{\text{g}} = 2.5\text{kA}$

依据条文说明公式（12），最大入地不对称电流：

$$I_{\text{G}} = D_i I_{\text{g}} = 1.3 \times 2.5 = 3.25\text{kA}$$

依据式（4.2.1-1）保护接地电阻允许值：

$$R \leqslant 2000/I_{\text{G}} = 2000/3250 \approx 0.615\Omega$$

5. 依据《电能质量　公用电网谐波》（GB/T 14549—1993）第1条、第5.1条、第5.2条、附录B、附录C。

本题为220kV公用电网，可以参照公用电网110kV执行。

首先计算公共连接点7次谐波电流总允许值。

根据表2，110kV以基准短路容量为750MVA时，允许注入的7次谐波电流值为6.8A。表2注解：220kV基准短路容量取2000MVA。即220kV以基准短路容量为2000MVA时，允许注入的7次谐波电流值为6.8A。

依据附录B式（B1），该升压站公共连接点的最小短路容量是3340MVA，实际允许注入7次谐波电流值折算为：

$$I_{\mathrm{h}} = \frac{S_{\mathrm{k1}}}{S_{\mathrm{k2}}} I_{\mathrm{hp}} = \frac{3340}{2000} \times 6.8 = 11.356\mathrm{A}$$

接着计算该风电场注入公共连接点7次谐波电流允许值。

依据第5.2条，需要通过附录C计算谐波电流。

依据附录C3式（C6），查表C2，7次谐波相位叠加系数α取1.4。公共连接点的供电设备容量是2000MVA。该风电场的协议容量是200MVA，该风电场允许注入公共连接点7次谐波电流折算为：

$$I_{\mathrm{bi}} = I_{\mathrm{h}} \left(\frac{S_{\mathrm{i}}}{S_{\mathrm{t}}}\right)^{\frac{1}{a}} = 11.356 \times \left(\frac{200}{2000}\right)^{\frac{1}{1.4}} = 2.19\mathrm{A}$$

题6～10答案：**BBCB**缺

6. 依据《火力发电厂厂用电设计技术规程》（DL/T 5153—2014）第4.3.3条、附录G.0.1、附录H。

起动母线电压标幺值：

$$U_{\mathrm{m}} = \frac{U_0}{1 + SX}$$

变压器阻抗标幺值：

$$X = X_{\mathrm{T}} = 1.1 \frac{U_{\mathrm{d}}\%}{100} \times \frac{S_{2\mathrm{T}}}{S_{\mathrm{T}}} = 1.1 \times \frac{16.8}{100} \times \frac{25}{40} = 0.1155$$

引风机的起动容量标幺值：

$$S_{\mathrm{q}} = \frac{K_{\mathrm{q}} P_{\mathrm{e}}}{S_{2\pi} \eta_{\mathrm{d}} \cos\varphi_{\mathrm{d}}} = \frac{6 \times 3000}{25000 \times 0.96 \times 0.86} = 0.872$$

合成负荷标幺值：

$$S = S_1 + S_{\mathrm{q}} = 12000/25000 + 0.872 = 1.352$$

根据第4.3.3条，当未装设发电机断路器或负荷开关时，为了提高单元机组的运行可靠性，发电机出口引接的高压厂用工作变压器不应采用有载调压变压器。

已知变压器电压比为20/6.3 − 6.3kV，为无调压变压器，厂用母线空载电压标幺值：

$$U_0 = 6.3/6 = 1.05$$

代入X、S、U_0，可得$U_{\mathrm{m}} = \frac{U_0}{1+SX} = \frac{1.05}{1+1.352\times0.1155} = 0.908$

7. 依据《电力工程电气设计手册 2 电气二次部分》P215式（23-3）、式（23-4），电动机起动电流：

$$I_{\mathrm{qd}} = \frac{K_{\mathrm{q}} P_{\mathrm{e}}}{\sqrt{3} U_{\mathrm{e}} \eta \cos\varphi} = \frac{8 \times 3000}{\sqrt{3} \times 6 \times 0.96 \times 0.83} = 2898.3\mathrm{A}$$

一次动作电流：$I_{\mathrm{dz}} = K_{\mathrm{k}} I_{\mathrm{qd}} = 1.6 \times 2898.3 = 4637.4\mathrm{A} = 4.6374\mathrm{kA}$

计算灵敏系数，首先需要计算短路电流。最小两相短路电流应按被保护单独投入运行，无其他电动机反馈电流，短路电流仅由系统侧提供，且不计高压厂用变压器阻抗负误差，此时短路电流最小。

依据《火力发电厂厂用电设计技术规程》（DL/T 5153—2014）附录 L.0.1，高压厂用变压器阻抗标幺值：

$$X_T=\frac{16.8}{100}\times\frac{100}{40}=0.42$$

系统阻抗标幺值：$X_x=\frac{S_j}{S^{\circ}}=\frac{100}{\infty}=0$

厂用电源短路电流起始有效值：$I''_B=\frac{I_j}{X_x+X_T}=\frac{9.16}{0+0.42}=21.8095\text{kA}$

电动机入口最小两相短路电流一次值：$I^{(2)}_{k\,min}=\frac{\sqrt{3}}{2}\times21.8095=18.8876\text{kA}$

综上可知灵敏系数：$K_m=\frac{I^{(2)}_{dime}}{I_{de}}=\frac{18.8876}{4.6374}=4.073$

8. 依据《火力发电厂厂用电设计技术规程》（DL/T 5153—2014）第 3.4.1 条，单相接地电容电流 ≤ 7A 时，可采用高电阻接地方式，也可采用不接地，动作于信号；电容电流 > 7A 且 ≤ 10A 时，可采用低电阻接地，动作于跳闸，也可采用不接地，动作于信号；单相接地电容电流 > 10A 时，可采用低电阻接地方式，动作于跳闸。

因此本题需要求得电容电流。依据《电力工程电气设计手册 1 电气一次部分》P80 式（3-1），考虑厂用电系统其他电气设备的电容值，厂用电系统总电容取变压器绕组电容的 1.25 倍，电容按照$2\times1.25=2.5\mu F$计算，单相接地电容电流：

$$I_c=\sqrt{3}U_e2\pi fC\times10^{-3}=\sqrt{3}\times6.3\times2\pi\times50\times2.5\times10^{-3}=8.57\text{A}$$

综合分析，可知选项 C 合理。

9. 依据《火力发电厂厂用电设计技术规程》（DL/T 5153—2014）附录 L.0.1，高压厂用变压器阻抗标幺值：

$$X_T=\frac{(1-7.5\%)\times16.8}{100}\times\frac{100}{40}=0.3885$$

系统阻抗标幺值：$X_x=\frac{S_j}{S''}=\frac{100}{\infty}=0$

厂用电源短路电流：$I^*_B=\frac{I_j}{X_x+X_T}=\frac{9.16}{0+0.3885}=23.578\text{kA}$

其他电动机反馈电流：

$$I^n_D=K_{q\cdot D}\frac{P_{e\cdot D}}{\sqrt{3}U_{e\cdot D}\eta_D\cos\varphi_D}\times10^{-3}=6\times\frac{18000-3000}{\sqrt{3}\times6\times0.8}\times10^{-3}=10.825\text{kA}$$

短路电流热效应计算时间：$t=t_b+t_{fd}=0.07+0.08=0.15\text{s}$

三相短路电流热效应值：

$$Q_1=0.210(I^*_B)^2+0.23I^*_BI^*_D+0.09(I^*_D)^2$$
$$=0.210\times23.578^2+0.23\times23.578\times10.825+0.09\times10.825^2=185.993\text{kA}^2\cdot\text{s}$$

依据《电力工程电缆设计标准》（GB 50217—2018）附录 E.1.1，供电电缆最小截面：

$$S\geqslant\frac{\sqrt{Q_t}}{C}\times10^3=\frac{\sqrt{113.939}}{106}\times10^3=128.66\text{mm}^2$$

10. 缺

题 11～15 答案：**CCCBA**

11. 依据《小型水电站机电设计手册　电气一次》P753、P755 图 16-7，河水电阻率ρ_s与河床电阻率

ρ_0比值为 46：460 = 1：10，水深为 20m，接地网面积为 7500m²，查图可得接地电阻系数$K_s \approx 0.4$。

坝区水下接地网电阻：$R_w = K_s\frac{\rho_s}{40} = 0.4 \times \frac{46}{40} = 0.46\Omega$

12. 依据《交流电气装置的接地设计规范》(GB/T 50065—2011) 第 5.1.7 条、附录 F.0.4、第 5.1.9 条。

依据第 5.1.7 条，水平接地体冲击接地电阻：

$$R'_{hi} = \alpha R_h = 0.4 \times 15 = 6\Omega$$

单根垂直接地极冲击接地电阻：

$$R_{vi} = \alpha R_v = 0.4 \times 40 = 16\Omega$$

依据附录 F.0.4，1 根水平接地极连接 3 根垂直接地极，$\frac{D}{l} = \frac{6}{3} = 2$，冲击利用系数$\eta_i$取 0.7。

依据第 5.1.9 条，接地装置冲击接地电阻：

$$R = \frac{\frac{R_{ri}}{n} \times R'_{hi}}{\frac{R_i}{n} + R'_{hi}} \times \frac{1}{\eta_i} = \frac{\frac{16}{3} \times 6}{\frac{16}{3} + 6} \times \frac{1}{0.7} = 4.034\Omega$$

13. 依据《小型水电站机电设计手册　电气一次》P757 式（16-13），人工接地坑的接地电阻：

$$R_x = \frac{\rho_y}{2\pi l}\ln\frac{4l}{d_1} + \frac{\rho_z}{2\pi l}\ln\frac{d_1}{d} = \frac{300}{2\pi \times 3}\ln\frac{4 \times 3}{1} + \frac{5}{2\pi \times 3}\ln\frac{1}{0.025} = 40.548\Omega$$

14. 依据《交流电气装置的接地设计规范》(GB/T 50065—2011) 附录 E.0.3、附录 B.0.3、条文说明式（17）、附录 E.0.2、附录 E.0.1、第 4.3.5 条第 3 款。

依据附录 E.0.3，500kV 配电装置的继电保护配置有 2 套速动主保护，接地故障等效持续时间：

$$t_e \geqslant t_m + t_f + t_o = 0.03 + 0.32 + 0.05 = 0.4\text{s}$$

依据附录 B.0.3，X/R为 30，故障时延$t_f = t_e = 0.4\text{s}$，衰减系数$D_f = 1.113$。

依据条文说明式（17），流过接地线的最大接地故障不对称电流：

$$I_F = D_f I_F = 1.113 \times 30.5 = 33.9465\text{kA}$$

依据附录 E.0.2，锤锌钢材C值取 70。

依据附录 E 0.1，接地线最小截面：

$$S_z \geqslant \frac{I_F}{C}\sqrt{t_e} = \frac{33946.5}{70} \times \sqrt{0.4} = 306.709\text{mm}^2$$

根据第 4.3.5 条第 3 款，在不考虑腐蚀的情况下，开关站主接地网接地导体的最小截面取接地线最小截面的 75%，即$75\% \times 306.709 = 230.032\text{mm}^2$。

考虑腐蚀厚度，腐蚀总厚度为$0.04 \times 50 = 2\text{mm}$，初期设计时扁钢厚度和宽度均应加大 2mm。

题干已知镀锌扁钢厚度 6mm，即镀锌扁钢宽度$b \geqslant 230.032/(6-2) = 57.508\text{mm}$，可知实际规格选型时可选$60 \times 6$镀锌扁钢。

15. 依据《大型发电机变压器继电保护整定计算导则》(DL/T 684—2012) 第 4.5.2 条 a) 款：励磁绕组过负荷定时限工作电流按正常运行的额定励磁电流下能可靠返回的条件整定。当保护配置在交流侧时，其工作时限和动作电流的整定计算同（4.5.1-a），额定励磁电流I_{fdN}应变换至交流侧的有效值I，对于三相全桥整流的情况，$I_\sim = 0.816 I_{fdN}$。

考虑变压器额定变比n_a和TA变比n_t后，额定励磁二次电流：

$$I_{fdn}=\frac{I_{\sim}}{n_a n_t}=\frac{0.816\times1676}{\frac{200}{5}\times\frac{15.75}{0.75}}=1.628\text{A}$$

定时限动作电流：$I_{op}=K_{rel}\frac{I_{fdn}}{K_r}=1.05\times\frac{1.628}{0.95}=1.8\text{A}$

题 16～20 答案：**BCBCB**

16. 依据《220kV～1000kV 变电站站用电设计技术规程》（DL/T 5155—2016）附录 A、第 4.2.1 条、第 3.1.5 条。

依据附录 A，对于站用电负荷进行统计，见下表。

序号	负荷名称	额定容量（kW）	运行方式	负荷归类
1	变压器强油风冷装置	30	经常、连续	动力负荷P_1
2	变压器有载调压装置	5	经常、断续	动力负荷P_1
3	配电装置动力电源	80	经常、连续	动力负荷P_1
4	检修电源	50	不经常短时	不计入
5	充电装置	50	不经常、连续	动力负荷P_1
6	UPS 电源	15	经常、连续	动力负荷P_1
7	通风机、事故通风机	20	经常或不经常、连续	动力负荷P_1
8	通信电源	30	经常、连续	动力负荷P_1
9	监控系统	40	经常、连续	动力负荷P_1
10	变压器水喷雾装置	100	不经常短时	不计入
11	雨水泵	30	不经常短时	不计入
12	配电装置加热	40	经常、连续	电热负荷P_2
13	空调	40	经市、连续	电热负荷P_2
14	户外照明	30	经常、连续	照明负荷P_3
15	户内照明	30	经常、连续	照明负荷P_3

依据第 4.2.1 条，根据统计结果，得到站用电负荷$S\geqslant K_1\cdot P_1+P_2+P_3=0.85\times(30+5+80+50+15+20+30+40)+40+40+30+30=369.5\text{kVA}$，取 370kVA。

依据第 3.1.5 条，站用变压器计算容量$S_c\geqslant 370\text{kVA}$，取合理数值 400kVA。

17. 依据《220kV～1000kV 变电站站用电设计技术规程》（DL/T 5155—2016）附录 C.0.1、附录 C.0.2。

依据附录 C.0.1，三相短路电流周期分量的起始值可按下式计算：

$$I''=\frac{U}{\sqrt{3}\times\sqrt{(\sum R)^2+(\sum X)^2}}=\frac{400}{\sqrt{3}\times\sqrt{8^2+24^2}}=9.13\text{kA}$$

依据附录 C.0.2，$\frac{X}{R}=\frac{24}{5}=3$，查图可知$k_{ch}=1.35$

相短路冲击电流值：$i_{cb}=\sqrt{2}\times k_{cb}\times I''=\sqrt{2}\times1.35\times9.13=17.43\text{kA}$

18. 依据《220kV～1000kV 变电站站用电设计技术规程》（DL/T 5155—2016）附录 D.0.4，本题显然

AB 相负荷小于 C 相，C 相照明装置容量：

$$P_m = 5 \times 15 \times 40 = 3000\text{W} = 3\text{kW}$$

查表 D.0.4，有补偿电容器的气体放电灯（电感镇流），$\cos\varphi$取 0.9，ΔP取 20%。代入公式计算持续工作电流：

$$I_s = \frac{3 \times P_m \times (1 + \Delta P)}{\sqrt{3} \times U_e \times \cos\varphi} = \frac{3 \times 3 \times (1 + 20\%)}{\sqrt{3} \times 0.38 \times 0.9} = 18.2\text{A}$$

19. 依据《220kV～1000kV 变电站站用电设计技术规程》（DL/T 5155—2016）附录 E.0.4，对 RTO 型熔断器，电动机回路熔件选择系数$a_1 = 2.5$。

本题只需要考虑单台电机，熔断器熔件的额定电流：

$$I_e \geqslant \frac{I_Q}{a_1} = \frac{K_Q I_N}{a_1} = \frac{5 \times 6}{2.5} = 12\text{A}$$

20. 依据《220kV～1000kV 变电站站用电设计技术规程》（DL/T 5155—2016）第 7.3.1 条、第 7.3.4 条、第 7.3.5 条条文说明。

依据第 7.3.1 条，站用配电屏室的操作、维护通道尺寸应符合表 7.3.1 的要求。

依据第 7.3.4 条，成排布置的配电屏，其长度超过 6m 时，屏后的通道应设两个出口，并宜布置在通道的两端，当两个出口之间的距离超过 15m 时，其间尚应增加出口。

依据第 7.3.5 条条文说明，《低压配电设计规范》（GB 50054—2011）第 4.2.6 条为强制性条文规定：配电室通道上方深带电体距地面的高度不应低于 2.5m；当低于 2.5m 时，应设置不低于现行国家标准《外壳防护等级（IP 代码）》（GB 4208—2017）规定的 IPXXB 级或 IP2X 级的遮栏或外护物，遮栏或外护物底距地面的高度不应低于 2.2m。

选项 A：配电屏总长度$16200\text{mm} = 16.2\text{m} > 15\text{m}$，屏后的通道仅设两个出口，不符合要求。

选项 B：配电屏总长度$6 \times 800 = 4800\text{mm} = 4.8\text{m} < 6\text{m}$，屏后通道设一个出口可以满足要求。

选项 C、D：矩形铝母线为裸带电体，距地面的高度为$2400\text{mm} = 2.4\text{m} < 2.5\text{m}$，不符合要求。

选项 D：查表 7.3.1，双排面对面布置时且为抽屉式时，规范要求最小尺寸为 2m，屏前通道尺寸$1900\text{mm} = 1.9\text{m} < 2\text{m}$，不符合要求。

综上所述，选项 B 符合要求。

题 21～25 答案：**CBDAC**

21. 依据《电力工程电气设计手册 1 电气一次部分》P232 表 6-3，《电力工程电气设计手册 2 电气二次部分》P586 式（28-62）、P587 式（28-64）。

本题应考虑主电源 S_1 失电时 110kV 分段断路器自动投入运行。主电源 S_2 带 4 台主变压器负荷和线路 L_3 负荷的运行方式，4 台主变按主变最大负载率 60%考虑。

最大负荷电流：$I_{fh} = \frac{S_{max}}{\sqrt{3}U_N} = \frac{4 \times 50 \times 60\% \times 10^3 + 80000}{\sqrt{3} \times 110} = 1049.73\text{A}$

低定值一次电流值：$I_{DZ(1I_x)} = \frac{K_{k1} I_{tm\,max}}{K_B} = \frac{1.2}{0.85} \times 1049.73 = 1481.97\text{A}$

高定值一次电流值：$I_{DZ(2I_x)} = K_{k2} I_{DZ(I_2)} = 2.5 \times 1481.97 = 3704.93\text{A}$，取 3705A。

22. 依据《3kV～110kV 电网继电保护装置运行整定规程》（DL/T 584—2017）第 5.4.1 条，线路 L_2 纵联保护为主保护，其灵敏系数应按线路 L_2 末端最小两相短路电流计算。

基准电流：$I_j=\frac{S_j}{\sqrt{3}U_j}=\frac{100}{\sqrt{3}\times115}=0.502\text{kA}$

主电源 S_2 侧阻抗标幺值：$X_{S2}=\frac{I_j}{I_{S2}^*}=\frac{0.502}{16}=0.0314$

线路 L_2 末端最小两相短路电流：

$$I_{\text{Dmin}}^{(2)}=\frac{\sqrt{3}}{2}I_{\text{Dmin}}^{(3)}=\frac{\sqrt{3}}{2}\times\frac{I_j}{X_{S2}+X_{L2}}=\frac{\sqrt{3}}{2}\times\frac{0.502}{0.0314+0.018}=8.8\text{kA}$$

灵敏系数：$K_{\text{sen}}=\frac{I_{\text{Dmin}}^{(2)}}{I_{\text{op}}}=\frac{8800}{4000}=2.2$

23. 依据《3kV～110kV 电网继电保护装置运行整定规程》（DL/T 584—2017）第 5.4.1 条，线路 L_1 采用电流保护作为线路相间故障后备保护，本设备的后备保护属于近后备保护，因此保护灵敏度采用的短路电流应按线路 L_1 末端最小两相短路电流校验。

基准电流：$I_j=\frac{S_j}{\sqrt{3}U_j}=\frac{100}{\sqrt{3}\times115}=0.502\text{kA}$

主电源 S_1 侧系统阻抗标幺值：$X_{S1}=\frac{I_j}{I_a^*}=\frac{0.502}{21}=0.0239$

线路 L_1 末端最小两相短路电流：

$$I_{\text{Dmin}}^{(2)}=\frac{\sqrt{3}}{2}I_{\text{Dmin}}^{(3)}=\frac{\sqrt{3}}{2}\times\frac{I_j}{X_{S1}+X_{L1}}=\frac{\sqrt{3}}{2}\times\frac{0.502}{0.0239+0.04}=6.803\text{kA}$$

24. 依据《3kV～110kV 电网继电保护装置运行整定规程》（DL/T 584—2017）第 7.2.11.11 条表 4，按本线路末端故障灵敏度整定，需要先求得线路 L_3 末端最小两相短路电流，即故障回路阻抗标幺值最大值。显然单独电源供电阻抗标幺值比较大。

主电源 S_1 供电时抗标幺值：

$$X_{\Sigma1}=X_{S1}+X_{L1}+X_{L3}=0.0239+0.04+0.014=0.0779$$

主电源 S_2 供电时阻抗标幺值：

$$X_{\Sigma2}=X_{S2}+X_{L2}+X_{L3}=0.0314+0.018+0.014=0.0634$$

求取最小短路电流去较大值：$X_{\Sigma1}=0.0779$

基准电流：$I_j=\frac{S_j}{\sqrt{3}U_j}=\frac{100}{\sqrt{3}\times115}=0.502\text{kA}$

线路 L_3 末端最小两相短路电流：

$$I_{\text{Dmin}}^{(2)}=\frac{\sqrt{3}}{2}I_{\text{Dmin}}^{(3)}=\frac{\sqrt{3}}{2}\times\frac{I_j}{X_{\Sigma1}}=\frac{\sqrt{3}}{2}\times\frac{0.502}{0.0779}=5.58\text{kA}$$

保护动作值（一次电流值）：$I_{\text{op}}\leqslant\frac{I_{\text{Dmin}}^{(2)}}{K_{\text{sen}}}=\frac{5.58}{1.5}=3.72\text{kA}$

25. 依据《3kV～110kV 电网继电保护装置运行整定规程》（DL/T 584—2017）第 7.2.14.1 条 a）款、第 7.2.14.4 条。

依据第 7.2.14.1 条 a）款，对于两侧或三侧电源的变压器，为简化配合关系，缩短动作时间，过电流保护可带方向，方向宜指向各侧母线，同时，在各电源侧以不带方向的长延时过电流保护作为总后备保护。

选项 A、D 保护不正确。

依据第 7.2.14.4 条，多侧电源变压器方向过电流保护宜指向本侧母线，各电源侧过电流保护作为总后备，其定值按下述原则整定：

a）方向过电流保护作为本侧母线的后备保护，其电流定值按保证本侧母线有灵敏度整定，时间定值应与出线保护相应段配合，动作后，跳本侧断路器；在变压器并列运行时，也可先跳本侧母联断路器，再跳本侧断路器。

b）主电源侧的过电流保护作为变压器、其他侧母线、出线的后备保护，电流定值按躲本侧负荷电流整定，时间定值应与出线保护最长动作时间配合，动作后，跳三侧断路器。

c）小电源侧的过电流保护作为本侧母线和出线的后备保护，电流定值按躲本侧负荷电流整定，时间定值应与出线保护最长动作时间配合，动作后，跳三侧断路器。在其他侧母线故障时，如该过电流保护没有灵敏度，应由小电源侧并网线路的保护装置切除故障。

显然选项 B 配置过于简单，不符合 b）与 c）的要求，选项 C 正确。

题 26～30 答案：**CBCBB**

26. 依据《330kV～750k 变电站无功补偿装置设计技术规定》（DL/T 5014—2010）第 5.0.7 条及条文说明、第 5.0.11 条文说明。

并联电容器组和低压并联电抗器组的补偿容量，宜分别为主变压器容量的 30%以下。由此可知单台主变电抗器容量为$Q_N < 30\%S_T = 30\% \times 1000 = 300\text{Mvar}$。

按就地平衡原则，变电站装设电抗器的最大补偿容量，一般为其所接线路充电功率的 1/2。由此可以计算：

$$Q_{远景} = 480 \times 1.18/2 = 283.2\text{Mvar}$$

$$Q_{本期} = 270 \times 1.18/2 = 159.3\text{Mvar}$$

为方便设备的运行维护，330kV、500kV、750kV 电压等级变电站安装有 2 台及以上变压器时，每台变压器配置的无功补偿容量应基本一致。

选项 A 量配置过大，排除。

选项 B 远景使用了 5 台 60MVA 电抗器，无法装设在 4 台变压器下面，且本期容量为 120MVA，配置不足。

选项 D 远景与本期容量均小于推荐值，排除。

采用排除法选 C。

27. 依据《330kV～750kV 变电站无功补偿装置设计技术规定》（DL/T 5014—2010）附录 C.1，母线电压降低值：

$$\Delta U \approx U_{zM}\frac{Q_C}{S_C} = U_m \times \frac{Q_C}{\sqrt{3}U_j I_K^*} = 37.5 \times \frac{60}{\sqrt{3} \times 37 \times 18.5} = 1.898\text{kV}$$

28. 依据《330kV～750kV 变电站无功补偿装置设计技术规定》（DL/T 5014—2010）第 7.1.3 条，无功补偿装置总回路的电器和导体的长期允许电流，按下列原则选取：

1. 不小于最终规模电容器组额定工作电流的 1.3 倍；

2. 不小于最终规模电抗器总容量的额定电流的 1.1 倍。

并联电容器最大容量为 3 × 60Mvar，电抗器最大容量为 2 × 60Mvar。

按电容器选择：$I_{gC} = 1.3 \times \frac{3 \times 60}{\sqrt{3} \times 35} \times 10^3 = 3860\text{A}$

按电抗器选择：$I_{gL} = 1.1 \times \frac{2 \times 60}{\sqrt{3} \times 35} \times 10^3 = 2177.4\text{A}$

取大 35kV 母线长期允许电流$I_g = 3860A$，选 4000A 满足要求。

29. 依据《电力工程电气设计手册 1 电气一次部分》P232 表 6-3，母线联络回路最大持续电流取 1 个最大电源元件的计算电流，该变电站的电源元件主变压器，容量均为 1000MVA，除主变回路外 220kV 侧无其他电源接入。母线联络回路最大持续电流取其中一台主变的 220kV 侧计算电流：

$$I_g = 1.05 \times \frac{S_N}{\sqrt{3}U_N} = 1.05 \times \frac{1000 \times 10^3}{\sqrt{3} \times 220} = 2755.5A$$

依据《导体和电器选择设计规程》（DL/T 5222—2021）第 7.2.1 条，断路器额定电流应大于运行中可能出现的任何负荷电流。选项 B 合理。

30. 依据《并联电容器装置设计规范》（GB 50227—2017）第 5.2.2 条及条文说明式（2），单台电容器的额定电压：

$$U_{CN} = \frac{1.05U_{SN}}{\sqrt{3}S(1-K)} = \frac{1.05 \times 35}{\sqrt{3} \times 2 \times (1-12\%)} = 12.06kV$$

题 31～35 答案：**CCBBB**

31. 依据《架空输电线路电气设计规程》（DL/T 5582—2020）第 6.1.3-2、6.2.2 条。

依据第 6.1.3-2 条，污秽地区按爬电比距法计算绝缘子片数，统一爬电比距按 3.46cm/kV 考虑，对应电压U应按最高运行相电压$550/\sqrt{3}$代入计算。采用爬电比距法计算绝缘子片数为：

$$n_1 \geqslant \frac{\lambda U}{K_e L_{01}} = \frac{3.46 \times 550/\sqrt{3}}{0.8 \times 55} = 24.97 \text{ 片，取 25 片}$$

依据第 6.2.2 条，500kV 线路悬式绝缘子串需要 25 片结构高度为 155mm 的绝缘子片，折算需要片数为：

$$n_2 \geqslant \frac{25 \times 155}{170} = 22.79 \text{ 片，取 23 片}$$

两者综合比较，需要绝缘子 25 片。

32. 依据《架空输电线路电气设计规程》（DL/T 5582—2020）第 6.1.3-2、6.1.5、6.2.2 条。

依据第 6.1.3-2 条，污秽地区按爬电比距法计算绝缘子片数，统一爬电比距按 3.46cm/kV 考虑，对应电压 U 应按最高运行相电压$550/\sqrt{3}$代入计算。采用爬电比距法计算绝缘子片数为：

$$n_1 \geqslant \frac{\lambda U}{K_\varepsilon L_{01}} = \frac{3.8 \times 550/\sqrt{3}}{0.85 \times 55} = 25.81 \text{ 片}$$

依据第 6.2.2 条，500kV 线路悬式绝缘子串需要 25 片结构高度为 155mm 的绝缘子片，按高度折算片数为：

$$n_2 \geqslant \frac{25 \times 155}{170} = 22.79 \text{ 片}$$

综合比较两项条件，取$n \geqslant 25.81$片。

依据第 6.1.5 条进行海拔修正，所经地区海拔 3000m，海拔修正后，绳缘子片数：

$$n_H = ne^{0.1215m\frac{H-1000}{1000}} = 25.81 \times e^{0.1215 \times 0.38 \times \frac{1000-1000}{1000}} = 28.3 \text{ 片，取 29 片}$$

33. 依据《架空输电线路电气设计规程》（DL/T 5582—2020）第 6.2.4 条。

原则一：$L_1 \geqslant \frac{3}{4}\lambda U_{ph-e} = \frac{3}{4} \times 3.2 \times 500 = 1200cm$

原则二：$L_2 \geqslant 4.5U_{ph-e} = 4.5 \times 500/\sqrt{3} = 1428cm$

取L为 1430cm。

34. 依据《架空输电线路电气设计规程》（DL/T 5582—2020）第 6.1.3-2、6.2.2 条。

依据第 6.1.3-2 条，爬电比距法计算绝缘子片数：

$$n_1 \geqslant \frac{\lambda U}{K_c L_{01}} = \frac{2.0 \times 500}{0.95 \times 56} = 18.8\text{片}$$

依据第 6.2.2 条，500kV 线路悬式绝缘子串需要 25 片结构高度为 155mm 的绝缘子片，折算需要片数为：

$$n_2 \geqslant \frac{25 \times 155}{195} = 19.9\text{片}$$

两者取较大数字并取整得到 20 片。

500kV 耐张串相比悬垂串增加零值绝缘子 2 片，故每联应采用 22 片。

35. 1000m 海拔时操作冲击 50%放电电压：

$$U_{50\%} = \frac{4400}{1+8/D} = \frac{4400}{1+8/3} = 1200\text{kV}$$

依据《绝缘配合　第 1 部分：定义、原则和规则》（GB/T 311.1—2012）附录 B 式（B.2），3000m 海拔时操作冲击 50%放电电压：

$$U'_{50\%} = K_a U_{50\%} = e^{m\frac{H-1000}{8150}} U_{50\%} = e^{0.7\times\frac{3000-1000}{8150}} \times 1200 = 1424.899\text{kV}$$

根据放电电压公式可知：

$$D' = \frac{8}{\frac{4400}{U'_{50\%}} - 1} = \frac{8}{\frac{4400}{1424.899} - 1} = 3.83\text{m}$$

题 36～40 答案：**BCAAC**

36. 依据《架空输电线路荷载规范》（DL/T 5551—2018）第 8.0.2 条、表 8.0.2-1。10mm 及以下冰区导、地线断线张力（或分裂导线纵向不平衡张力）的取值应符合表 10.1.7 规定的导、地线最大使用张力的百分数，垂直冰荷载取 100%设计覆冰荷载。

查表 8.0.2-1：耐张塔分裂导线纵向不平衡张力取导线最大使用张力 70%。对直线耐张塔，导线最大使用张力作用在杆塔上荷载全部为纵向荷载；对耐张转角塔，导线最大使用张力作用在杆塔上，荷载分解为纵向荷载和横向水平荷载。

依据《电力工程高压送电线路设计手册》（第二版）P327 式（6-2-7），考虑转角后，一相导线产生纵向荷转：

$$\Delta T = (T_1 - T_2)\cos\frac{\alpha}{2} = 4 \times 4000 \times 70\% \times \cos\frac{30°}{2} = 108184\text{N}$$

37. 根据题意，覆冰时导线张力未知，导线最大使用张力 40000N 有可能是最低气温、最大覆冰或最大风速工况下的导线张力，而年平均气温工况下的导线张力可通过计算拉断力求得，其他工况下的导线张力需要通过状态方程推导验证。

依据《电力工程高压送电线路设计手册》（第二版）P179 表 3-2-3、P182 式（3-3-1）计算如下。

自重力荷载：$g_1 = 9.8 \times p_1 = 9.8 \times 1.349 = 13.22\text{N/m}$

自重力比载：$\gamma_1 = \frac{g_1}{A} = \frac{13.22}{425.24} = 0.0311\text{N/m}\cdot\text{mm}^2$

冰重力荷载：

$$g_2 = 9.8 \times 0.9\pi\delta(\delta + d) \times 10^{-3} = 9.8 \times 0.9\pi \times 10 \times (10 + 26.82) \times 10^{-3} = 10.2\text{N/m}$$

覆冰时垂直荷载：$g_3 = g_1 + g_2 = 13.22 + 10.2 = 23.42\text{N/m}$

覆冰时风荷载：

$$g_5 = 0.625v^2(d + 2\delta)\alpha\mu_{sc} \times 10^{-3} = 0.625 \times 10^2 \times (26.82 + 2 \times 10) \times 1 \times 1.2 \times 10^{-3} = 3.51\text{N/m}$$

覆冰时综合比载：$\gamma_7 = \frac{g_7}{A} = \frac{\sqrt{g_3^2 + g_5^2}}{A} = \frac{\sqrt{23.42^2 + 3.51^2}}{425.24} = 0.0557\text{N/m} \cdot \text{mm}^2$

年平均气温时导线应力：$\sigma_m = \frac{T_m}{A} = \frac{105264 \times 95\%}{4.0 \times 425.24} = 58.79\text{N/m}$

代入状态方程$\sigma_m - \frac{\gamma_m^2 l^2 E}{24\sigma_m^2} = \sigma - \frac{\gamma^2 l^2 E}{24\sigma^2} - \alpha E(t_m - t)$，并化简：

$$58.79 - \frac{0.0311^2 \times 400^2 \times 65000}{24 \times 58.79^2} = \sigma - \frac{0.0557^2 \times 400^2 \times 65000}{24\sigma^2} - 20.5 \times 10^{-6} \times 65000 \times [15 - (-5)]$$

解方程得到：

导线应力：$\sigma = 99.6264\text{N/mm}^2$

张力：$T = \sigma A = 99.6264 \times 425.24 = 42365\text{N} > 40000\text{N}$

故覆冰工况为气象控制条件，张力取导线最大使用张力 40000N。

依据《电力工程高压送电线路设计手册》（第二版）P328 式（6-2-9），覆冰时一相导线张力产生水平荷载：

$$P_1 = nT_1 \sin\frac{\alpha}{2} = 4 \times 40000 \times \sin\frac{30°}{2} = 41411\text{N}$$

38. 依据《架空输电线路荷载规范》（DL/T 5551—2018）第 8.0.3 条。

10mm 冰区不均匀覆冰情况的导、地线不平衡张力的取值应符合表 10.1.8 规定的导、地线最大使用张力的百分数。

查表 10.1.8，耐张塔分裂导线纵向不平衡张力取导线最大使用张力 30%。对直线耐张塔，导线最大使用张力作用在杆塔上，荷载全部为纵向荷载；对耐张转角塔，导线最大使用张力作用在杆塔上，荷载分解为纵向荷载和横向水平荷载；

依据《电力工程高压送电线路设计手册》（第二版）P327 式（6-2-7），考虑转角后，一相导线产生纵向荷载：

$$\Delta T = (T_1 - T_2)\cos\frac{\alpha}{2} = 4 \times 4000 \times 30\% \times \cos\frac{30°}{2} = 46364\text{N}$$

39. 依据《架空输电线路荷载规范》（DL/T 5551—2018）第 7.0.2 条：垂直冰荷载按 75%设计覆冰荷载计算。且气象条件按 5℃、10m/s 风速的气象条件计算。

自重力荷载：$g_1 = 9.8 \times p_1 = 9.8 \times 1.349 = 13.22\text{N/m}$

覆冰时冰垂直荷载：$g_2 = 9.8 \times \pi\delta(\delta + d) \times 10^{-3} = 9.8 \times 0.9\pi \times 10 \times (10 + 26.82) \times 10^{-3} = 10.2\text{N/m}$

不均匀覆冰时垂直荷载：$g_3 = g_1 + 75\%g_2 = 13.22 + 75\% \times 10.2 = 20.87\text{N/m}$

垂直荷重：$W = ng_3 l_V = 4 \times 20.87 \times 500 = 41740\text{N}$

40. 方法一：依据《架空输电线路荷载规范》（DL/T 5551—2018）第 6.1.1-1 条及条文说明、公式（19）、表 5、表 6。

$$W_0 = \frac{v_0^2}{1.6} = \frac{27^2}{1.6} = 455.6\ (\text{N/m}^2)$$

$$\mu_z^B = 1.0\left(\frac{z}{10}\right)^{0.30} = 1.0 \times \left(\frac{33}{10}\right)^{0.30}$$

查条文说明表 5 得$\beta_c = 1.43$

查表 6 得$\alpha_L = 0.750$

$$W_x = \beta_c \cdot \alpha_L \cdot W_0 \cdot \mu_z \cdot \mu_{sc} \cdot d \cdot L_p \cdot B_1 \cdot \sin^2\theta$$

$$= 1.43 \times 0.75 \times 455.6 \times \left(\frac{33}{10}\right)^{0.30} \times 1.0 \times (4 \times 26.82) \times 10^{-3} \times 400 \times 1 \times 1$$

$$= 29999(\text{N})$$

方法二：

依据 DL/T 5551—2018 第 6.1.1 条：

导地线平均高z处的湍流强度：$I_z = I_{10} \cdot \left(\frac{z}{10}\right)^{-\alpha} = 0.14 \times \left(\frac{33}{10}\right)^{-0.15} = 0.117$；

导地线风荷载折减系数：$\gamma_c = 0.9$；

导地线阵风系数：$\beta_c = \gamma_c(1 + 2g \cdot I_z) = 0.9 \times (1 + 2 \times 2.5 \times 0.117) = 1.4267$；

导地线风荷载脉动折减系数，ε_c取 0.8；

档距折减系数：$\alpha_L = \frac{1 + 2g \cdot \varepsilon_c \cdot I_z \cdot \delta_L}{1 + 5I_z} = \frac{1 + 2 \times 2.5 \times 0.8 \times 0.117 \times 0.4}{1 + 5 \times 0.117} = 0.749$；

基准风压：$W_0 = v_0^2/1600 = 27^2/1600 = 0.4556$（kN/m^2）；

风压高度变化系数：$\mu_z = 1.000\left(\frac{h}{10}\right)^{0.30} = 1.000\left(\frac{33}{10}\right)^{0.30} = 1.431$；

导线外径$d = 26.82\text{mm} > 17\text{mm}$，导地线体型系数$\mu_{sc} = 1.0$，

对无冰情况，导地线覆冰风荷载增大系数$B_1 = 1.0$；

每相水平荷载：$W_x = \beta_c \cdot \alpha_L \cdot W_0 \cdot \mu_z \cdot \mu_{sc} \cdot d \cdot L_p \cdot B_1 \cdot \sin^2\theta$

$= 1.4267 \times 0.749 \times 0.4556 \times 1.431 \times 1.0 \times 4 \times 26.82 \times 400 \times 1.0 \times \sin^2 90° = 29896\text{N}$。

注：两种方法的结果略有差异。

2023 年专业知识试题答案（上午卷）

1. **答案：** C

依据：《高压配电装置设计规范》（DL/T 5352—2018）第 2.1.11 条。

2. **答案：** B

依据：《火力发电厂厂用电设计规程》（DL/T 5153—2014）第 3.3.1 条。

3. **答案：** B

依据：《导体和电器选择设计规程》（DL/T 5222—2021）第 3.0.5 条。

4. **答案：** C

依据：《火力发电厂、交变站二次接线设计技术规程》（DL/T 5136—2012）第 16.2.6 条。

5. **答案：** C

依据：《电力工程直流电源系统设计技术规程》（DL/T 5044—2014）第 6.5.2 条。

6. **答案：** C

依据：《电力系统电压和无功电力技术导则》（DL/T 1773—2017）第 5.2.5 条。

7. **答案：** B

依据：《电力工程高压送电线路设计手册》（第二版）P294。

8. **答案：** D

依据：《交流电气装置的接地设计规范》（GB/T 50065—2011）第 5.1.6 条。计算雷电保护接地装置所采用的土壤电阻率时，应取雷季中最大值。土壤电阻率：

$$\rho = \rho_0 \varphi = 1500 \times (1.25 \sim 1.45) = 1875 \sim 2175\Omega \cdot \mathrm{m}$$

9. **答案：** B

依据：《220kV～750kV 变电站设计技术规程》（DL/T 5218—2012）第 11.2.3、11.4.2、11.4.3 条。

10. **答案：** D

依据：《大中型火力发电厂设计规范》（GB 50660—2011）第 16.2.13 条。

11. **答案：** B

依据：《导体和电器选择设计规程》（DL/T 5222—2021）第 5.3.6 条。

12. **答案：** B

依据：《电力装置电测量仪表装置设计规范》（GB/T 50063—2017）第 8.2.3 条。

13. **答案：** C

依据：《220kV～1000kV 变电站站用电设计技术规程》（DL/T 5155—2016）附录 D.0.1。对有载调压站用变压器，应按实际最低分接电压进行计算。低压侧回路工作电流为：

$$I_g = \frac{S_c}{\sqrt{3} \times U_{\min}} = \frac{800}{\sqrt{3} \times (1 - 4 \times 2.5\%) \times 0.38} = 1350.5\mathrm{A}$$

14. **答案：** A

依据：《35kV～220kV 变电站无功补偿装置设计技术规定》（DL/T 5242—2010）第 9.5.7 条。

15. **答案：** D

依据：《架空输电线路电气设计规程》（DL/T 5582—2020）第 5.1.19 条。

16. **答案：** B

依据：《电力工程高压送电线路设计手册》（第二版）P30 式（2-2-2）。电晕临界场强为：

$$E_{m0} = 3.03m\left(1 + \frac{0.3}{\sqrt{r}}\right) = 3.03 \times 0.82 \times \left(1 + \frac{0.3}{\sqrt{\frac{2.682}{2}}}\right) = 3.13\text{MV/m}$$

17. **答案：** D

依据：《火灾自动报警系统设计规范》（GB 50116—2013）第 9.3.1、9.3.2、9.3.3、9.2.1 条。

18. **答案：** C

依据：《导体和电器选择设计规程》（DL/T 5222—2021）附录 A.6.2。

19. **答案：** C

依据：《火力发电厂厂用电设计技术规程》（DL/T 5153—2014）第 7.1.6 条。

20. **答案：** D

依据：《变电站监控系统设计规程》（DL/T 5149—2020）第 4.3.2、4.3.4、4.3.4 条条文说明。

21. **答案：** C

依据：《火力发电厂厂用电设计技术规程》（DL/T 5153—2014）表 F.0.1 和第 4.7.3、4.7.4、4.7.5 条。

22. **答案：** C

依据：《光伏发电站接入电力系统技术规定》（GB/T 19964—2012）第 6.1.1、6.2.3、6.2.4、5.2.5 条。

23. **答案：** B

依据：《架空输电线路电气设计规程》（DL/T 5582—2020）第 8.0.9、8.0.7、8.0.6、8.0.4 条。

24. **答案：** B

依据：《架空输电线路荷载规范》（DL/T 5551—2018）第 6.1.1 条条文说明表 5、表 6.1.1-2，导线平均高z处的湍流强度：

$$I_z = I_{10} \cdot \left(\frac{z}{10}\right)^{-\alpha} = 0.14 \times \left(\frac{20}{10}\right)^{-0.15} = 0.1262$$

档距折减系数：

$$\alpha_L = \frac{1 + 2g \cdot \varepsilon_c \cdot I_z \cdot \delta_L}{1 + 5I_z} = \frac{1 + 2 \times 2.5 \times 0.8 \times 0.1262 \times 0.36}{1 + 5 \times 0.1262} = 0.725$$

25. **答案：** C

依据：《220kV～750kV 变电站设计技术规程》（DL/T 5218—2012）第 5.1.2、5.1.8 条。

26. **答案：** D

依据：《导体和电器选择设计规程》（DL/T 5222—2021）第 7.2.2、7.2.4、7.2.3、7.2.17 条。

27. **答案**：A

依据：《交流电气装置的过电压保护和绝缘配合设计规范》（GB/T 50064—2014）第 4.2.9 条。

28. **答案**：B

依据：《电力系统安全自动装置设计规范》（GB/T 50703—2011）第 4.1.1 条。

29. **答案**：B

依据：《发电厂和变电站照明设计技术规定》（DL/T 5390—2014）第 6.0.4 条。

30. **答案**：B

依据：《风电场工程 110kV～220kV 海上升压变电站设计规范》（NB/T31115—2017）第 5.2.2 条。

31. **答案**：B

依据：《城市电力电缆线路设计技术规定》（DL/T 5221—2016）第 4.1.5 条。

32. **答案**：D

依据：《架空输电线路电气设计规程》（DL/T 5582—2020）第 3.0.10 条。

33. **答案**：C

依据：《大中型火力发电厂设计规范》（GB 50660—2011）第 16.2.5 条。

34. **答案**：A

依据：《导体和电器选择设计规程》（DL/T 5222—2021）第 5.8.10 条。

35. **答案**：B

依据：《交流电气装置的接地设计规范》（GB/T 50065—2011）附录 A.0.2。接地电阻：

$$R_{\mathrm{h}} = \frac{\rho}{2\pi L}\left(\ln\frac{L^2}{hd}+A\right) = \frac{300}{2\pi\times 200}\left(\ln\frac{200^2}{0.8\times 0.012}+0\right) = 3.64\Omega$$

36. **答案**：B

依据：《电力工程直流电源系统设计技术规程》（DL/T 5044—2014）第 7.2.1、7.2.2、8.2.2 条。

37. **答案**：D

依据：《风电场接入电力系统技术规定　第 1 部分：陆上风电》（GB/T 19963.1—2021）第 6.1 节。

38. **答案**：B

依据：《风电场工程 110kV～220kV 海上升压变电站设计规范》（NB/T 31115—2017）第 5.2.2 条第 2 款。

39. **答案**：B

依据：《交流电气装置的过电压保护和绝缘配合设计规范》（GB/T 50064—2014）第 6.1.3、6.1.5、6.1.2 条。

40. **答案**：B

依据：《架空输电线路电气设计规程》（DL/T 5582—2020）第 5.1.5 条。

…………………………………………………………………………………………

41. **答案：** ACD

依据：《爆炸危险环境电力装置设计规范》（GB 50058—2014）第5.3.3、5.4.1、5.4.3条。

42. **答案：** BC

依据：《导体和电器选择设计规程》（DL/T 5222—2021）第5.1.8条。

43. **答案：** AD

依据：《导体和电器选择设计规程》（DL/T 5222—2021）第18.1.7条。

44. **答案：** BC

依据：《电力系统技术导则》（GB/T 38969—2020）第12.1节。

45. **答案：** ACD

依据：《330kV～750kV变电站无功补偿装置设计技术规定》（DL/T 5014—2010）第7.5.6条。

46. **答案：** ABD

依据：《海上风电场交流海底电缆选型敷设技术导则》（NB/T 31117—2017）第4.2.1条。

注：该规范已移出考纲。

47. **答案：** ABD

依据：《电力设备典型消防规程》（DL 5027—2015）第10.6.2条。

48. **答案：** BD

依据：《高压配电装置设计规范》（DL/T 5352—2018）第3.0.6条。

49. **答案：** BC

依据：《交流电力装置的接地设计规范》（GB/T 50065—2011）第2.0.29、2.0.30、2.0.32、2.0.33条。

50. **答案：** AB

依据：《电力工程直流电源系统设计技术规程》（DL/T 5044—2014）第3.6.2、3.6.3条。

51. **答案：** BCD

依据：《风电场工程电气设计规范》（NB/T 31026—2022）第7.1.4、3.1.1条。

52. **答案：** ACD

依据：《交流电气装置的过电压保护和绝缘配合设计规范》（GB/T 50064—2014）第5.3.1条。

53. **答案：** CD

依据：《电力工程电气设计手册 1 电气一次部分》P226。

54. **答案：** BCD

依据：《抽水蓄能电站设计规范》（NB/T 10072—2018）第8.3.3条。

55. **答案：** AB

依据：《火力发电厂、变电站二次接线设计技术规程》（DL/T 5136—2012）第5.3.2、5.3.3条。

依据：《发电厂电力网络计算机监控系统设计技术规程》（DL/T 5226—2013）第2.0.6、2.0.7、6.1.1、6.1.2条。

56. **答案：** AD

依据：《火力发电厂厂用电设计技术规程》（DL/T 5153—2014）第 3.10.5 附录 B。

57. **答案：** BC

依据：《光伏发电站设计规范》（GB 50797—2012）第 6.9.2、6.9.3 条。

注：在新规《光伏发电工程电气设计规范》（NB/T 10128—2019）中已经删除相关内容。

58. **答案：** BC

依据：《架空输电线路电气设计规程》（DL/T 5582—2020）第 5.1.5、5.1.6 条。

59. **答案：** ABD

依据：《大中型火力发电厂设计规范》（GB 50660—2011）第 16.2.8 条。

60. **答案：** AC

依据：《电力工程电缆设计标准》（GB 50217—2018）第 5.3.2、5.3.3、5.3.5、3.4.3 条。

61. **答案：** BD

依据：《电力装置电测量仪表装置设计规范》（GB/T 50063—2017）表 3.1.3。

62. **答案：** ABC

依据：《电力工程直流电源系统设计技术规程》（DL/T 5044—2014）第 4.2.2 条。

63. **答案：** ABD

依据：《架空输电线路电气设计规程》（DL/T 5582—2020）第 5.1.3 条。

64. **答案：** ABD

依据：《架空输电线路荷载规范》（DL/T 5551—2018）第 4.2.12、4.2.14 条。

65. **答案：** CD

依据：《水力发电厂机电设计规范》（NB/T 10878—2021）第 4.2.11 条。

66. **答案：** BC

依据：《高压配电装置设计规范》（DL/T 5352—2018）第 3.0.2、5.2.4、3.0.1、5.2.5 条。

67. **答案：** BD

依据：《继电保护和安全自动装置技术规程》（GB/T 14285—2006）第 4.2.2 条。

68. **答案：** BD

依据：《电力系统电压和无功电力技术导则》（DL/T 1773—2017）第 10.2、10.3、10.5 条及 4.4 节。

69. **答案：** AC

依据：《架空输电线路电气设计规程》（DL/T 5582—2020）第 8.0.4 条。

70. **答案：** AB

依据：《架空输电线路电气设计规程》（DL/T 5582—2020）第 10.2.4、10.2.4 条条文说明。

2023 年专业知识试题答案（下午卷）

1. **答案：** C

依据：《发电厂和变电站照明设计技术规定》（DL/T 5390—2014）第 8.1.3、8.1.2 条，灯头供电电压取$24\times90\%=21.6\text{V}$。

2. **答案：** C

依据：《导体和电器选择设计规程》（DL/T 5222—2021）第 3.0.6 条。

3. **答案：** B

依据：《火力发电厂与变电站设计防火标准》（GB 50229—2019）第 6.7.8 条。

4. **答案：** D

依据：《电力装置电测量仪表装置设计规范》（GB/T 50063—2017）第 8.2.3、8.2.5、8.2.4 条。

5. 缺

6. **答案：** D

依据：《电力系统安全稳定导则》（GB 38755—2019）第 3.2.5.3、3.2.5.7、3.2.5.4、3.2.5.1 条。

7. **答案：** A

依据：《高压直流输电大地返回系统设计技术规范》（DL/T 5224—2014）第 7.0.6、7.0.5、7.0.4、7.0.7 条。

8. **答案：** D

依据：《架空输电线路电气设计规程》（DL/T 5582—2020）第 7.4.2 条。

9. **答案：** C

依据：《发电厂和变电站照明设计技术规定》（DL/T 5390—2014）第 6.0.1 条第 3 款、第 10.0.4 条。

10. **答案：** B

依据：《电力变压器选用导则》（GB/T 17468—2019）第 4.6.1 条。

11. **答案：** C

依据：《高压配电装置设计规范》（DL/T 5352—2018）第 5.1.5 条。

12. **答案：** C

依据：《火力发电厂、变电站二次接线设计技术规程》（DL/T 5136—2012）第 4.3.2 条。

13. **答案：** D

依据：《电力工程直流电源系统设计技术规程》（DL/T 5044—2014）第 6.3.6 条。

14. **答案：** C

依据：《并联电容器装置设计规范》（GB 50227—2017）第 6.1.3、6.1.4、6.1.9 条。

15. **答案**：D

依据：《架空输电线路电气设计规程》（DL/T 5582—2020）第 8.0.1、8.0.2 条，复合绝缘子最大使用荷载安全系数取 3.0，绝缘子强度$T_R = T \times K_I = 144kN$，选择 160kN。

16. **答案**：A

依据：《架空输电线路电气设计规程》（DL/T 5582—2020）表 5.1.14。

17. **答案**：B

依据：《高压配电装置设计规范》（DL/T 5352—2018）第 5.5.3 条。

18. **答案**：B

依据：《抽水蓄能电站设计规范》（NB/T 10072—2018）第 8.3.1 条。

19. **答案**：A

依据：《风电场工程 110kV～220kV 海上升压变电站设计规范》（NB/T 31115—2017）第 5.8.5 条。

20. **答案**：D

依据：《继电保护和安全自动装置技术规程》（GB/T 14285—2006）第 4.2.16 条。

21. **答案**：D

依据：《火力发电厂厂用电设计技术规程》（DL/T 5153—2014）第 6.5.2 条。

22. **答案**：C

依据：《并联电容器装置设计规范》（GB 50227—2017）第 5.5.2、5.8.2 条。

23. **答案**：C

依据：《架空输电线路电气设计规程》（DL/T 5582—2020）第 8.0.1、8.0.2 条，连接金具断联时的机械强度安全系数取 1.5，金具断联时的荷载不应超过：

$$T = \frac{T_R}{K_I} = \frac{210}{1.5} = 140kN$$

24. **答案**：C

依据：《架空输电线路荷载规范》（DL/T 5551—2018）第 8.0.2 条，根据已知条件可知每相导线产生的纵向不平衡张力为：

$$T_\Delta = 20\% n T_{max} = 20\% \times 4 \times 84.82 \times 674 = 45735N$$

25. **答案**：D

依据：《大中型火力发电厂设计规范》（GB 50660—2011）第 16.2.3、16.2.5、16.2.6 条。

26. **答案**：C

依据：《电力工程电缆设计标准》（GB 50217—2018）第 3.6.10 条。

27. **答案**：B

依据：《交流电气装置的过电压保护和绝缘配合设计规范》（GB/T 50064—2014）第 5.4.6-4 条。

28. **答案**：D

依据：《电力系统安全稳定导则》（GB 38755—2019）第 4.2.1 条。

29. **答案**：A

依据：《火力发电厂厂用电设计技术规程》（DL/T 5153—2014）第 8.6.2 条条文说明。

30. **答案**：C

依据：《光伏发电站设计规范》（GB 50797—2012）第 8.1.3 条。

31. **答案**：B

依据：《电力工程电缆设计标准》（GB 50217—2018）第 5.4.6、5.5、5.9.3、5.6.7 条。

32. **答案**：C

依据：《电力工程高压送电线路设计手册》（第二版）P30 式（2-2-2）。

电晕临界场强$E_{\mathrm{mo}}=3.03m\left(1+\frac{0.3}{\sqrt{r}}\right)=3.03\times0.9\times\left(1+\frac{0.3}{\sqrt{3.22/2}}\right)=3.374\mathrm{MV/m}=33.74\mathrm{kV/cm}$

33. **答案**：C

依据：《三相交流系统短路电流计算　第 1 部分：电流计算》（GB/T 15544.1—2023）第 3.6 节。

注：该规范已移出考纲。

34. **答案**：B

依据：《导体和电器选择设计规程》（DL/T 5222—2021）第 5.4.5 条。

35. **答案**：C

依据：《交流电气装置的过电压保护和绝缘配合设计规范》（GB/T 50064—2014）第 5.4.2 条。

36. **答案**：D

依据：《电力系统调度自动化设计规程》（DL/T 5003—2017）第 4.2.5 条第 5 款。

37. **答案**：B

依据：《火力发电厂厂内通信设计技术规定》（DL/T 5041—2012）第 2.0.3 条。

注：该规范已移出考纲。

38. **答案**：C

依据：《光伏发电站设计规范》（GB 50797—2012）第 6.5.2 条。

平均负荷容量$P_0=A_{\mathrm{n}}/T=1.314\times10^6/(24\times365)=150\mathrm{kW}$

储能电池的容量$C_{\mathrm{c}}=\frac{DFP_0}{UK_{\mathrm{a}}}=\frac{3\times24\times1.05\times150}{0.8\times0.8}=17719\mathrm{kW\cdot h}$

注：该规范已移出考纲且新规无相关内容。

39. **答案**：A

依据：《交流电气装置的过电压保护和绝缘配合设计规范》（GB/T 50064—2014）第 6.2.1～6.2.2 条、第 6.1.3 条。

40. **答案**：A

依据：《电力工程高压送电线路设计手册》（第二版）P50 式（2-4-5），可听噪声预计值为：

$$p=20\lg\frac{p}{2\times10^{-5}}=20\lg\frac{0.0068}{2\times10^{-5}}=50.6\mathrm{dB}（\mathrm{A}）$$

41. **答案**：ABD

依据：《风力发电场设计规范》（GB 51096—2015）第 11.2.3、11.2.2、11.2.4 条。

42. **答案**：ACD

依据：《导体和电器选择设计规程》（DL/T 5222—2021）第 5.3.5 条。

43. **答案**：CD

依据：《导体和电器选择设计规程》（DL/T 5222—2021）第 18.1.4～18.1.6 条和附录 B.1.2。

44. **答案**：ABD

依据：《电力工程直流电源系统设计技术规程》（DL/T 5044—2014）第 6.2.3 条。

45. **答案**：AD

依据：《电力系统技术导则》（GB/T 38969—2020）第 10.1.5、10.2.1 条，《330kV～750kV 变电站无功补偿装置设计技术规定》（DL/T 5014—2010）第 5.0.2 条，《电力工程电气设计手册 1 电气一次部分》P536。

46. **答案**：BC

依据：《高压直流输电大地返回系统设计技术规范》（DL/T 5224—2014）第 10.2.11、10.2.4、10.2.7、10.1.1 条。

47. **答案**：ABD

依据：《高压配电装置设计规范》（DL/T 5352—2018）第 2.1.5、2.1.6 条。

48. **答案**：ACD

依据：《电力工程电缆设计标准》（GB 50217—2018）第 4.1.11、4.1.12、4.1.16 条。

49. **答案**：AC

依据：《交流电气装置的过电压保护和绝缘配合设计规范》（GB/T 50064—2014）第 5.4.7、5.4.6、5.4.4 条。

50. **答案**：ABD

依据：《220kV～1000kV 变电站站用电设计技术规程》（DL/T 5155—2016）第 3.1.1～3.1.4 条。

51. **答案**：AB

依据：《光伏发电站接入电力系统技术规定》（GB/T 19964—2012）第 8.1 条及图 2。

52. **答案**：ABD

依据：《架空输电线路电气设计规程》（DL/T 5582—2020）第 9.2.3、9.2.4 条。

53. **答案**：CD

依据：《火力发电厂厂用电设计技术规程》（DL/T 5153—2014）第 4.3.4 条。

54. **答案**：BD

依据：《导体和电器选择设计规程》（DL/T 5222—2021）第 3.0.15 条。

55. **答案**：AD

依据：《电力装置电测量仪表装置设计规范》（GB/T 50063—2017）第 8.1.5、8.2.5 条。

56. **答案**：ABD

依据：《火力发电厂厂用电设计技术规程》（DL/T 5153—2014）第 6.3.3、6.3.5 条。

57. **答案**：ABC

依据：《架空输电线路电气设计规程》（DL/T 5582—2020）第 5.1.8 条。

58. **答案**：ABD

依据：《架空输电线路电气设计规程》（DL/T 5582—2020）附录 C、附录 D。

59. **答案**：BD

依据：《抽水蓄能电站设计规范》（NB/T 10072—2018）第 8.1.6 条。

60. **答案**：ABC

依据：《高压配电装置设计规范》（DL/T 5352—2018）第 2.1.2 条。

61. **答案**：CD

依据：《电力装置电测量仪表装置设计规范》（GB/T 50063—2017）第 3.1.2 条、附录 C.0.11、第 5.3.5 条，《220kV～1000kV 变电站站用电设计技术规程》（DL/T 5155—2016）第 10.3.2 条。

62. **答案**：ABD

依据：《发电厂和变电站照明设计技术规定》（DL/T 5390—2014）第 8.2.3 条。

63. **答案**：BD

依据：《架空输电线路电气设计规程》（DL/T 5582—2020）第 5.1.9 条。

64. **答案**：BCD

依据：《架空输电线路电气设计规程》（DL/T 5582—2020）第 9.3.1 条。

65. **答案**：BCD

依据：《三相交流系统短路电流计算　第 1 部分：电流计算》（GB/T 15544.1—2023）第 5.2 节。

66. **答案**：BD

依据：《交流电气装置的过电压保护和绝缘配合设计规范》（GB/T 50064—2014）第 4.2.2 条。

67. **答案**：BD

依据：《电力系统调度自动化设计规程》（DL/T 5003—2017）第 4.2.5 条第 4 款。

68. **答案**：ACD

依据：《电力系统设计技术规程》（DL/T 5429—2009）第 5.3.1、5.3.2、5.3.4、5.3.3 条。

69. **答案**：AB

依据：《交流电气装置的过电压保护和绝缘配合设计规范》（GB/T 50064—2014）第 5.3.1 条。

70. **答案**：BD

依据：《导体和电器选择设计规程》（DL/T 5222—2021）附录 A.1.2。

2023 年案例分析试题答案（上午卷）

题 1～5 答案：**CBAAC**

1. 依据《光伏发电工程电气设计规范》（NB/T 10128—2019）第 3.3.1 条，场址极端最低气温−15℃为环境温度，该工作条件下光伏组件的极限低温为 5℃。

电池串联数：

$$N \leqslant \frac{V_{\text{dcmax}}}{V_{\text{oc}} \times [1+(t-25) \times K_{\text{v}}]} = \frac{1000}{49.6 \times \left[1+(5-25) \times (-0.275\%)\right]} = 19.11$$

每个光伏组件串呈 2 行排布，光伏板数量为偶数，取 18。

因此可知每个光伏支架组件安装容量为：

$$18 \times 540 = 9720\text{Wp} = 9.72\text{kWp}$$

2. 依据《光伏发电工程电气设计规范》（NB/T 10128—2019）第 3.2.2 条第 7 款、第 2.0.5 条。依据第 3.2.2 条第 7 款，本题需要考虑海拔修正，1 个 500kW 逆变器，实际功率为：

$$P' = P \times \left(1-0.36\% \times \frac{H-1000}{100}\right) = 500 \times \left(1-0.36\% \times \frac{3000-1000}{100}\right) = 464\text{kW}$$

依据第 2.0.5 条，题干明确容配比为 1.3，按容配比计算 1 个光伏方阵最大计算容量：

$$464 \times 1.3 < 603.2\text{kW}$$

单个光伏组件串的安装容量：

$$19 \times 540 = 10260\text{Wp} = 10.26\text{kWp}$$

1 个光伏方阵需要配置的光伏组件串最大数量：

$$\text{M} < 603.2/10.26 = 58.79\ \text{串，取}\ 58\ \text{串}$$

1 个光伏方阵安装容量：

$$58 \times 10.26 = 595.08\text{kWp}$$

3. 依据《光伏发电工程电气设计规范》（NB/T 10128—2019）第 3.2.4 条及条文说明。题干明确逆变器已采取限制并联环流措施，从经济性角度考虑，宜选用双绕组变压器，容量为：

$$S_{\text{T}} \geqslant P_{\text{N}}/1.1 = 4 \times 500/1.1 = 1818.2\text{kV，选 2000kVA}$$

4. 解答过程：

（1）计算主变压器容量

依据《光伏发电工程电气设计规范》（NB/T 10128—2019）第 4.3.1 条条文说明，本题升压站主变压器容量：

$$S_{\text{T}} = P_{\text{N}} = 200 \times 500 = 100000\text{kVA} = 100\text{MVA}$$

选项 A 符合要求。

（2）校核 35kV 断路器开断能力

直流侧光伏总短路电流：

$$12600\text{A} \times 13.86 = 174.636\text{kA}$$

本题假设交流侧短路电流与直流侧短路电流数值一致，即 174.636kA，忽略其他影响，光伏电站提供 35kV 每线短路电流：

$$I''_{kG}=\frac{I_{kG}}{n_t}=\frac{174.636}{37/0.4}=1.89\text{kA}$$

结合光伏发电站规划安装容量连续扩建，远期按 2 台主变压器考虑。

每台变压器阻抗标幺值：

$$X_t=\frac{U_d\%}{100}\times\frac{S_j}{S_t}=\frac{10.5}{100}\times\frac{100}{100}=0.105$$

系统阻抗标幺值：

$$X_{*S}=\frac{S_j}{S_s}=\frac{100}{5000}=0.02$$

回路阻抗标幺值：

$$X_{*\Sigma}=X_{*S}+X_t/2=0.02+0.105/2=0.0725$$

系统侧 35kV 短路电流：

$$I''_{ks}=\frac{I_j}{X_{*\Sigma}}=\frac{1.56}{0.0725}=21.52\text{kA}$$

35kV 母线合计最大短路电流：

$$I''_k=21.52+1.89=23.41\text{kA}$$

因此可以选用常规真空断路器开关柜。

5. 依据《光伏发电站接入电力系统技术规定》（GB/T 19964—2012）第 6.2.3 条：a）容性无功容量能够补偿光伏发电站满发时站内汇集线路、主变压器的感性无功及光伏发电站送出线路的一半感性无功之和；b）感性无功容量能够补偿光伏发电站自身的容性充电无功功率及光伏发电站送出线路的一半充电无功功率之和。

（1）感性无功损耗与容性无功容量

依据《电力系统设计手册》P319 式（10-39）、P320 式（10-46）。

就地升压变总无功损耗：

$$Q_1=\left(\frac{U_d(\%)I_m^2}{100I_e^2}+\frac{I_0(\%)}{100}\right)S_e\times n=\left(\frac{7}{100}+\frac{0.6}{100}\right)\times 5\times 20=7.6\text{Mvar}$$

满负荷输出功率按逆变器额定容量考虑：

$$S_{max}=500\text{kVA}\times 10\times 20=100\text{MVA}$$

110kV并网线路无功损耗：

$$Q_2=3I_L^2X_L=3\times\left(\frac{S_{max}}{\sqrt{3}U_N}\right)^2\omega L=3\times\left(\frac{100}{\sqrt{3}\times 110}\right)^2\times 100\pi\times 0.4\times 10^{-3}\times 2=2.077\text{Mvar}$$

主变压器感性无功损耗：

$$Q_3=15\text{Mvar}$$

35kV 电缆集电线路总感性无功损耗：

$$Q_4=0.65\text{Mvar}$$

合计感性无功损耗：

$$Q_\Sigma=Q_1+Q_3+Q_4+\frac{Q_2}{2}=7.6+0.65+15+\frac{2.077}{2}=24.29\text{Mvar}$$

（2）容性充电功率与感性无功容量

110kV 容性充电功率：

$$Q_1 = \omega CU^2 = 100\pi \times 0.016 \times 10^{-6} \times 20 \times 110^2 = 1.216\text{Mvar}$$

35kV 电缆集电线路总容性充电功率：

$$Q_2 = 1.24\text{Mvar}$$

合计容性充电功率：

$$Q_\Sigma = Q_2 + \frac{Q_1}{2} = 1.24 + \frac{1.216}{2} = 1.848\text{Mvar}$$

题 6～9 答案：**AAAB**

6. 依据题意，储能工况下从电网受电驱动空气压缩机运行，由发电工况下空气透平驱动发电机发电送至电网，储能工况和发电工况不同时运行，不考虑变频器驱动的电动机提供短路电流和 10kV 站用段提供电动机反馈电流。储能工况下流过断路器 QF5 的最大短路电流由电网系统和 LP 压缩机电机提供：发电工况下断路器 QF3 断开，不需要考虑。

依据《导体和电器选择设计规程》(DL/T 5222—2021）第 3.0.13 条、附录 A.2，在校验开关设备开断能力时，短路开断电流计算时间宜采用开关设备的实际开断时间。

基准容量取：

$$S_j = \frac{P_g}{\cos\varphi} = \frac{30}{0.9} = 33.33\text{MVA}$$

发电机阻抗标幺值 0.25。

查图 A.2.3-1，LP 压缩机电机提供0.1s短路电流标幺值$I_{*zt} \approx 3.6$，该电机提供0.1s短路电流：

$$I_{zt} = I_{*zt}I_N = I_{*zt}\frac{P_N}{\sqrt{3}U_p\cos\varphi} = 3.6 \times \frac{30}{\sqrt{3} \times 10.5 \times 0.9} = 6.6\text{kA}$$

电网系统提供的短路电流为 24kA，且不随时间衰减。考虑断路器两侧短路情况校验，综合取较大值 24kA。

7. 依据《导体和电器选择设计规程》(DL/T 5222—2021）第 3.0.13 条第 2 款、附录 A.2。校核断路器时，短路点宜选在电抗器之后。

储能工况电抗器前系统侧支路总短路电流：$I''_s = 25 + 20 = 45\text{kA}$

发电工况电抗器前系统侧支路总短路电流：$I''_s = 25 + 30 = 55\text{kA}$

取最大运行工况，$I''_s = 55\text{kA}$。

基准容量取$S_j = 100\text{MVA}$，系统阻抗标幺值：

$$X_s = \frac{S_j}{\sqrt{3}U_jI''_s} = \frac{100}{\sqrt{3} \times 10.5 \times 55} = 0.1$$

电抗器阻抗标幺值：

$$X_{*k} = \frac{X_k\%}{100} \times \frac{U_e}{\sqrt{3}I_e} \times \frac{S_j}{U_j^2} = \frac{4}{100} \times \frac{10}{\sqrt{3} \times 1} \times \frac{100}{10.5^2} = 0.2095$$

电源到短路点的合成阻抗标幺值：

$$X_* = X_{*S} + X_{*k} = 0.1 + 0.2095 = 0.3095$$

流过电抗器短路电流：

$$I'' = \frac{I_j}{X_{js}} = \frac{5.5}{0.3095} = 17.77\text{kA}$$

8. 依据《导体和电器选择设计规程》(DL/T 5222—2021）第 3.0.13 条第 2 款、附录 A.4，对带电抗器的 3kV～10kV 出线和厂用分支回路，校验母线与母线隔离开关之间隔板前的引线和套管，因此校验支柱绝缘子的机械强度按主变低压侧（发电机端）短路电流 50kA 考虑。

冲击系数K_{ch}取 1.9，短路冲击电流：

$$i_{ch}=\sqrt{2}K_{ch}I''=\sqrt{2}\times1.9\times50=134.35\text{kA}$$

依据《电力工程电气设计手册 1 电气一次部分》P256 式（6-27)、表 6-40、表 6-41。

支柱绝缘子着力点：

$$H=H+12+h/2=170+12+10/2=187\text{mm}$$

折算系数：

$$K_f=H'/H=187/170=1.1$$

绝缘子承受的电动力：

$$P=K_fF=K_f\times1.76\times10^{-1}\times\frac{i_{ch}^2l_p}{a}\leqslant0.6P_{xu}$$

反推可知，支柱绝缘子的最大允许跨距：

$$l_p\leqslant1.10\text{m}$$

9. 依据《导体和电器选择设计规程》(DL/T 5222—2021）第 7.3.6 条、附录 A.3 及第 7.2.4 条及条文说明。

在校核发电机断路器开断能力时，应分别校核系统源和发电机源在主弧触头分离时对称短路电流值、非对称短路电流值及非对称短路电流的直流分量值；在校核系统源对称短路电流时，应考虑厂用高压电动机的影响。本题为不对称电流，无须考虑高压电动机的影响。

发电机回路的短路电流直流分量：

$$i_{fzt1}=-\sqrt{2}I''e^{-\frac{wt}{T_a}}=-\sqrt{2}\times30\times e^{-\frac{100\pi\times0.07}{80}}=-32.23\text{kA}$$

系统回路的短路电流直流分量：

$$i_{fzt2}=-\sqrt{2}I''e^{-\frac{wt}{T_a}}=-\sqrt{2}\times25\times e^{-\frac{100\pi\times0.07}{25}}=-14.67\text{kA}$$

按照较大的计算校核：

分断能力直流分量百分数：$DC\%=\frac{32.23}{50\sqrt{2}}\times100\%=45.58\%$，至少为50%。

题 10～12 答案：**DCC**

10. 依据《电力工程电气设计手册 1 电气一次部分》P708 式（附 10-55)、图 10-19。

短路电流电动力：

$$p=\frac{1.53I''^2_{(3)}10^{-1}}{d}=\frac{1.53\times40^2\times10^{-1}}{4.25}=57.6\text{N/m}$$

$p/q=57.6/4.962\approx11.6$，$\sqrt{f}/t=\sqrt{2}/0.157\approx9$，查附图可知$b/f\approx0.43$。

最大位移为：

$$b\approx0.43f=0.43\times2=0.86\text{m}$$

11. 依据《高压配电装置设计规范》(DL/T 5352—2018）第 5.1.2 条及附录 A.0.1。

查表 5.1.2-1，海拔修正前，220kV 配电装置$A_1=1800\text{mm}$。

查表 A.0.1-1，经过 1400m 海拔修正后，$A_1'=1.88\text{m}=1880\text{mm}$。

$$B_2' = A_1' + 70 + 30 = 1880 + 70 + 30 = 1980\text{mm}$$

根据表格说明，网状遮拦中心线与进线避雷器中心线之间的水平距离D应考虑进线避雷器的半径和网状遮拦厚度一半，即：

$$D = B_2' + 320/2 + 100/2 = 1980 + 320/2 + 100/2 = 2190\text{mm}$$

12. 变电站有 2 回主变压器进线、1 回高压启备变进线以及 3 回 220kV 线路出线，无备用间隔，双母线接线，设母联断路器，考虑 PT 后，合计 8 个间隔，架空进出线间隔宽度 14m，母线长度$l = 8 \times 14 = 112\text{m}$。

依据《电力工程电气设计手册 1 电气一次部分》P574 式（10-2）、式（10-5）。

Ⅱ母检修，Ⅰ母运行，Ⅱ母A_2相对Ⅰ母C_1相单位长度的互感抗为：

$$X_{A_2C_1} = 0.628 \times 10^{-4}\left(\ln\frac{2l}{D_1} - 1\right) = 0.628 \times 10^{-4} \times \left(\ln\frac{2 \times 112}{4.5} - 1\right) = 1.826 \times 10^{-4}\Omega/\text{m}$$

Ⅱ母 A_2 相对Ⅰ母A_1相单位长度的互感抗为：

$$X_{A_2A_1} = 0.628 \times 10^{-4}\left(\ln\frac{2l}{D_1 + 2D} - 1\right) = 0.628 \times 10^{-4} \times \left(\ln\frac{2 \times 112}{4.5 + 2 \times 3} - 1\right) = 1.294 \times 10^{-4}\Omega/\text{m}$$

Ⅱ母A_2相对Ⅰ母B_1相单位长度的互感抗为：

$$X_{A_2B_1} = 0.628 \times 10^{-4}\left(\ln\frac{2l}{D_1 + D} - 1\right) = 0.628 \times 10^{-4} \times \left(\ln\frac{2 \times 112}{4.5 + 3} - 1\right) = 1.505 \times 10^{-4}\Omega/\text{m}$$

最大电磁感应电压：

$$\begin{aligned} U_{A_2} &= I_{k3}\left(X_{A_2C_1} - \frac{1}{2}X_{A_2A_1} - \frac{1}{2}X_{A_2B_1}\right) = 1100 \times \left(1.826 - \frac{1}{2} \times 1.294 - \frac{1}{2} \times 1.505\right) \times 10^{-4} \\ &= 0.0469\text{V/m} \end{aligned}$$

题 13～16 答案：**ADBC**

13. 依据《电力工程电气设计手册 1 电气一次部分》P878 式（15-44）、式（15-45）。

由已知条件可知，0.5～3kA 间伏安特性满足线性关系：

$$\frac{3 - I_{bc}}{3 - 0.5} = \frac{780 - U_{bc}}{780 - 700}$$

同时满足下列关系式：

$$I_{bc} = \frac{U_c - U_{bc}}{Z} = \frac{2.3\text{p.u.} - U_{bc}}{Z} = \frac{2.3 \times \sqrt{\frac{2}{3}} \times 550 - U_{bc}}{260} = \frac{1032.87 - U_{bc}}{260}$$

联立方程，求得$I_{bc} = 1.195\text{kA}$，$U_{bc} = 722.23\text{kV}$。

避雷器实际操作冲击电流持续时间：$t = 2l/c = 2 \times 60/0.3 = 400\mu\text{s} < 2\text{ms}$

长时方波通流容量幅值$I_{bf} \geqslant I_{bc} \times t/2000 = 1.195 \times 400/2000 = 0.239\text{kA} = 239\text{A}$，取250A。

14. 依据《交流电气装置的过电压保护和绝缘配合设计规范》（GB/T 50064—2014）式（6.4.4-1）、表 4.4.3，500kV 及 220kV 侧避雷器设在自耦变围栏内，自耦变高压侧和中压侧均按避雷器紧靠设备考虑，雷电冲击保护水平：

$$U_{lp} \leqslant \frac{U_{eli}}{k_{16}} = \frac{850}{1.25} = 680\text{kV}$$

220kV侧避雷器额定电压：$U_{eM} \geqslant 0.75U_m = 0.75 \times 252 = 189\text{kV}$，取190kV或195kV。

依据《电力工程电气设计手册 1 电气一次部分》P879 式（15-50），自耦变高压侧进波时，中压侧不能先动作，以免中压侧避雷器通流容量不足而损坏，由此可知，220kV 侧避雷器额定电压：

$$U_{eM} \geqslant U_{eH}/N = \frac{444}{525/230} = 194.5\text{kV}$$

综合以上因素，应选择 Y10W-195/680。

15. 依据《交流电气装置的过电压保护和绝缘配合设计规范》（GB/T 50064—2014）第 5.2.1 条。

（1）按被保护物 1 计算

地面高差为 3000mm = 3m，根据题意，避雷针高度 10～13.4m，避雷针总高度$h \leqslant 30\text{m}$，高度影响系数$P = 1$，需要保护的设备高度$h_x = 4000\text{mm} = 4\text{m} < 0.5h$；避雷针在 4m 水平面上的保护范围$r_x = (1.5h - 2h_x)P \geqslant 12\text{m}$。

避雷针总高度：

$$h \geqslant \frac{r_x/P + 2h_x}{1.5} = \frac{12/1 + 2 \times 4}{1.5} = 13.33\text{m}$$

扣除高差3m后取10.4m，可以满足要求。

（2）按被保护物 2 计算

避雷针总高度$h \leqslant 30\text{m}$，高度影响系数$P = 1$，需要保护的设备高度$h_x = 4000\text{mm} = 4\text{m} < 0.5h$，推导得到：

$$h \geqslant \frac{r_x/P + 2h_x}{1.5} = \frac{6/1 + 2 \times 4}{1.5} = 9.33\text{m}$$

取 9.4m 可以满足要求。

根据以上两项，避雷针高度取 10.4m 可以满足要求。

16. 依据《绝缘配合　第 2 部分：使用导则》（GB/T 311.2—2013）第 5.3.3 条第 1 款和第 6.1、6.3.5 条，相对地外绝缘缓波前过电压的要求耐受电压应按代表性过电压的设定值乘以确定性配合因数求得。

预期相对地 2%统计操作过电压为：

$$U_{e2} = 2.7\text{p.u.} = 2.7 \times \frac{\sqrt{2} \times 252}{\sqrt{3}} = 555.54\text{kV}$$

电压比值$\frac{U_{ps}}{U_{e2}} = \frac{454}{555.54} = 0.817$，查图 6 曲线 a，确定性配合因数$K_{cd} \approx 1.075$。

相对地外绝缘缓波前过电压的要求耐受电压：

$$U_{cw} = K_{cd}U_{ps} = 1.075 \times 454 = 488.05\text{kV}$$

在相应的运行环境下，需要考虑两个因数，一个是海拔修正系数K_a，另一个是安全因数K_s。

外绝缘推荐的安全因数K_5取 1.05。

依据《绝缘配合　第 1 部分：定义、原则和规则》（GB/T 311.1—2012）附录 B.2，按$U_{CW} = 488.05\text{kV}$，查曲线 a，可知q值取 0.92。

海拔 1000m 处要求耐受电压：

$$U'_{cw} = K_aK_sU_{cw} = e^{q\frac{H-1000}{8150}}K_sU_{cw} = e^{0.92\times\frac{2000-1000}{8150}} \times 1.05 \times 488.05 = 573.7\text{kV}$$

题 17～20 答案：**CBCD**

17. 依据《220kV～750kV 电网继电保护装置运行整定规程》（DL/T 559—2018）第 7.2.9.1 条，本题差电流启动元件定值按可靠躲过区外故障最大不平衡电流整定。外部发生故障时，流过计算元件电流互感器的最大短路电流$I_{D.max}$，其数值接近 220kV 母线的最大三相短路电流。最大运行方式应考虑电源 S_1 和 S_2 同时投入运行。

最大三相短路电流：

$$I_{\mathrm{Dmax}}^{(3)}=\frac{I_{\mathrm{j}}}{X_{\mathrm{I}}//X_{\mathrm{II}}}=\frac{0.251}{\dfrac{0.01\times 0.014}{0.01+0.014}}=43.03\mathrm{kA}$$

差电流启动元件定值：

$$I_{\mathrm{DZ}}=K_{\mathrm{k}}(F_{\mathrm{i}}+F_{\mathrm{i}}')I_{\mathrm{DL\cdot max}}=1.5\times(0.1+0.05)\times 43.03\times\frac{1000}{2}/2300=3.87\mathrm{A}$$

18. 依据《220kV～750kV 电网继电保护装置运行整定规程》（DL/T 559—2018）第 7.2.9.1 条，差电流启动元件定值，按连接母线的最小故障类型校验灵敏度，应保证母线短路故障在母联断路器跳闸前后有足够灵敏度，灵敏系数不小于 1.5。

最小故障类型按电源 S_1 故障或检修，电源 S_2 运行，母线两相短路考虑。

最小两相短路电流：

$$I_{\mathrm{D\,min}}^{(2)}=\frac{\sqrt{3}}{2}\times\frac{I_{\mathrm{j}}}{X_{\mathrm{II}}}=\frac{\sqrt{3}}{2}\times\frac{0.251}{0.014}=15.5266\mathrm{kA}$$

灵敏系数：

$$k_{\mathrm{sen}}=\frac{I_{\mathrm{D\cdot min}}}{I_{\mathrm{DZ}}}=\frac{15526.6}{3.15\times 2500}=1.97$$

19. 依据《电流互感器和电压互感器选择及计算规程》（DL/T 866—2015）第 10.2.6 条，连接导线的电阻：

$$R_l=\frac{L}{\gamma A}=\frac{180}{57\times 4}=1.263\Omega$$

主变间隙零序电流保护用电流互感器采用单相星形接线，最大阻抗换算系数$K_{\mathrm{rc}}=1$，连接线的阻抗换算系数$K_{l\mathrm{c}}=2$。

实际二次负荷：

$$Z_{\mathrm{b}}=\Sigma K_{\mathrm{rc}}Z_{\mathrm{r}}+K_{l\mathrm{c}}R_l+R_{\mathrm{c}}=1\times 0.5+2\times 1.263+0.1=3.13\Omega$$

20. 依据《3kV～110kV 电网继电保护装置运行整定规程》（DL/T 584—2017）第 7.2.3.12 条表 3，按本线路末端故障有足够灵敏系数整定：灵敏系数宜取最大值 1.5。

线路阻抗：

$$Z_1=16\times 0.31=4.96\Omega$$

相间距离II段阻抗值：

$$Z_{\mathrm{opII}}=K_{\mathrm{sen}}Z_1=1.5\times 4.96=7.44\Omega$$

折算为二次阻抗整定值：

$$Z_2=Z_{\mathrm{opII}}\times\frac{n_{\mathrm{T}}}{n_{\mathrm{v}}}=7.44\times\frac{1200/1}{110/0.1}=8.12\Omega$$

题 21～25 答案：**DDDDC**

21. 依据《架空输电线路荷载规范》（DL/T 5551—2018）第 6.1.1 条及条文说明表 5、表 6。

查表 5，导地线阵风系数$\beta_{\mathrm{c}}=1.468$；查表 6，档距折减系数$\alpha_{\mathrm{L}}=0.737$。

基准风压：

$$W_0=v_0^2/1600=30^2/1600=0.5625\mathrm{kN/m^2}$$

风压高度变化系数$\mu_z = 1.23$；导线外径$d = 33.8\text{mm} > 17\text{mm}$；导地线体形系数$\mu_c = 1.0$；对无冰情况，导地线覆冰风荷载增大系数$B_1 = 1.0$。

代入数据可知：

$$W_x = \beta_C \cdot \alpha_L \cdot W_0 \cdot \mu_z \cdot \mu_{sc} \cdot d \cdot L_P \cdot B_1 \cdot \sin^2\theta$$
$$= 1.468 \times 0.737 \times 0.5625 \times 1.23 \times 1.0 \times 4 \times 0.0338 \times 400 \times 1.0 \times \sin^2 90° = 40.52\text{kN}$$

22. 依据《架空输电线路电气设计规程》（DL/T 5582—2020）第 6.2.2、6.2.3、6.1.3、6.1.5 条。

依据第 6.2.2 条，500kV 输电线路悬垂绝缘子串需要结构高度 155mm 绝缘子 25 片。耐张绝缘子串的绝缘子片数应在表 6.2.2 的基础上增加，500kV 线路增加 2 片。

依据第 6.2.3 条，110～500kV 输电线路，全高超过 40m 有地线的杆塔，高度每增加 10m，应比表 6.2.2 增加 1 片相当于高度为 146mm 的绝缘子。

由上面两条可知绝缘子高度为 195mm 时，绝缘子片数：

$$n_1 = \frac{(25+2) \times 155 + 146 \times (90-40)/10}{195} = 25.2$$

依据第 6.1.3 条，按爬电比距法计算绝缘子片数：

$$n_2 \geqslant \frac{\lambda U_{phe}}{K_e L_{01}} = \frac{55 \times 550/\sqrt{3}}{0.94 \times 600} = 30.97$$

依据第 6.1.5 条，海拔修正后：

$$n_H = ne^{m_1(H-1000)/8150} = 30.97 \times e^{0.38 \times \frac{2000-1000}{8150}} = 32.4\text{，取 33 片}$$

23. 依据《架空输电线路电气设计规程》（DL/T 5582—2020）第 6.2.4 条，线路采用复合绝缘子时，应符合下列规定：2-d 级及以上污区，复合绝缘子的爬电距离不应小于盘形绝缘子最小要求值的 3/4，且 110～750kV 线路复合绝缘子的统一爬电比距不小于 45mm/kV，1000kV 线路爬电距离应根据污秽闪络试验结果确定。

相间复合绝缘间隔棒的爬电距离，取相对地复合绝缘子爬电距离的$\sqrt{3}$倍。

复合绝缘子爬电比距：

$$\lambda_{\text{复合}} \geqslant \frac{3}{4}\lambda = \frac{3}{4} \times 55 = 41.25\text{mm/kV，且} \geqslant 45\text{mm/kV}$$

相间复合绝缘间隔棒的爬电距离：

$$L_{\text{相间}} = \sqrt{3} L_{\text{复合}} = \sqrt{3}\lambda_{\text{复合}} U_{\text{ph-e}} \geqslant \sqrt{3} \times 45 \times \frac{550}{\sqrt{3}} = 24750\text{mm}$$

24. 依据《交流电气装置的过电压保护和绝缘配合设计规范》（GB/T 50064—2014）第 3.2.2、6.2.3 条及附录 A.0.2。

依据第 3.2.2 条，操作过电压的基准电压（1.0p.u.）应为$\sqrt{2}U_m/\sqrt{3}$。

依据第 6.2.3 条，输电线路采用 V 型绝缘子串时，V 型串每一分支的绝缘子片数应符合相应环境污秽分级条件下耐受持续运行电压的要求。导线对杆塔的空气间隙应符合下列要求：2 操作过电压间隙的正极性操作冲击电压波 50%放电电压应按本规范式（6.2.2-2）确定，k_3可取 1.27。

根据式（6.2.2-2）：

$$u_{l.s.s} \geqslant k_3 U_s = k_3 \times 2.0 \times \sqrt{2}U_m/\sqrt{3} = 1.27 \times 2.0 \times \sqrt{2} \times 550/\sqrt{3} = 1140.646\text{kV}$$

依据附录 A.0.2，海拔修正后：

$$u'_{l.s.s} = k_a u_{l.s.s} = e^{mH/8150} u_{l.s.s} = e^{0.6 \times 2000/8150} \times 1140.646 = 1322\text{kV}$$

25. 依据《架空输电线路电气设计规程》(DL/T 5582—2020) 第6.2.2、6.2.3条，500kV输电线路悬垂绝缘子串需要结构高度155mm绝缘子25片。110～500kV输电线路，全高超过40m有地线的杆塔，高度每增加10m应比表6.2.2增加1片相当于高度为146mm的绝缘子。

绝缘子高度为155mm时，绝缘子片数：

$$n = 25 + \frac{146 \times (100 - 40)/10}{155} = 30.65 \text{片}$$

绝缘子串雷电冲击放电电压：

$$U_{50\%} = 530 \times L + 35 = 530 \times 31 \times 0.155 + 35 = 2581.65\text{kV}$$

依据《交流电气装置的过电压保护和绝缘配合设计规范》(GB/T 50064—2014) 第6.2.2条，风偏后导线对杆塔空气间隙的正极性雷电冲击电压50%放电电压，750kV以下等级可选为现场污秽度等级a级下绝缘子串相应电压的0.85倍，对750kV线路可为0.8倍，其他现场污秽度等级间隙也可按此配合。

空气间隙雷电冲击放电电压：

$$U'_{50\%} = 0.85U_{50\%} = 0.85 \times 2581.65 = 2194.4\text{kV}$$

雷电过电压要求的最小空气间隙按最小放电电压取：

$$S = \frac{U'_{50\%}}{552} = 3.98$$

2023 年案例分析试题答案（下午卷）

题 1～3 答案：**CAC**

1. 依据《电力系统电压和无功电力技术导则》（DL/T 1773—2017）第 6.7～6.9 条。根据式（1），电网的最大自然无功：

$$Q_{\mathrm{D}} = KP_{\mathrm{D}} = 1.15 \times 450 = 517.5\mathrm{Mvar}$$

本电网发电机的无功功率：

$$Q_{\mathrm{G}} = \sqrt{\left(\frac{P_{\mathrm{G}}}{\cos\varphi_{\mathrm{G}}}\right)^2 - P_{\mathrm{G}}^2} = \sqrt{\left(\frac{2 \times 125}{0.85}\right)^2 - (2 \times 125)^2} = 154.936\mathrm{Mvar}$$

主网和邻网输入的无功功率：

$$Q_{\mathrm{R}} = \sqrt{\left(\frac{P_{\mathrm{R}}}{\cos\varphi_{\mathrm{R}}}\right)^2 - P_{\mathrm{R}}^2} = \sqrt{\left(\frac{250}{0.95}\right)^2 - 250^2} = 82.171\mathrm{Mvar}$$

根据式（2），忽略充电功率，容性无功设备总容量：

$$Q_{\mathrm{C}} = 1.15Q_{\mathrm{D}} - Q_{\mathrm{G}} - Q_{\mathrm{R}} - Q_{\mathrm{L}} = 1.15 \times 517.5 - 154.936 - 82.171 - 0 = 358.018\mathrm{Mvar}$$

根据式（3），可求得补偿度：

$$W_{\mathrm{B}} = \frac{Q_{\mathrm{C}}}{P_{\mathrm{D}}} = \frac{358.018}{450} = 0.796$$

2. 根据题目条件，新能源全天向园区供电电力保持不变，为保证全天不出现新能源弃电现象，最小负荷时刻两台机组按最小技术出力向园区提供电力，系统 A 按园区负荷曲线送电，输送功率按负荷率折算。

依据《电力系统设计手册》P27 式（2-9），日最小负荷率β是日最小负荷与同日最大负荷之比。

园区最大负荷日最小负荷：

$$P_{\min} = \beta P_{\max} = 0.7 \times 450 = 315\mathrm{MW}$$

最小负荷时刻系统 A 输送功率：

$$P_{\min\mathrm{A}} = 0.7 \times 250 = 175\mathrm{MW}$$

两台机组最小技术出力：

$$P_{\mathrm{Gmin}} = 2 \times 125 \times 0.4 = 100\mathrm{MW}$$

新能源提供电力：

$$P^* \leqslant P_{\min} - P_{\min\mathrm{A}} - P_{\mathrm{Gmin}} = 315 - 175 - 100 = 40\mathrm{MW}$$

3. 依据《电力系统设计手册》P22 式（2-4）、P31 式（2-15）。

园区全年需用电量：

$$A_{\mathrm{n}} = P_{\mathrm{nmax}} \times T_{\max} = 450 \times 6000 = 2.7 \times 10^6\mathrm{MWh} = 2.7 \times 10^9\mathrm{kWh}$$

系统 A 向园区年送电量：

$$A_{\mathrm{n1}} = 12.5 \times 10^8\mathrm{kWh}$$

风电机组全年发电量：

$$A_{\mathrm{n2}} = P_{\mathrm{n2}} \times T_{\max2} = 100 \times 2300 = 2.3 \times 10^5\mathrm{MWh} = 2.3 \times 10^8\mathrm{kWh}$$

燃煤电厂需要发出量：

$$A_{n3}=A_n-A_{n1}-A_{n2}=(27-12.5-2.3)\times 10^8\text{kWh}=12.2\times 10^8\text{kWh}$$

燃煤机组的年发电利用小时数：

$$T_{\max3}=A_{n3}/P_{n3}=\frac{12.2\times 10^5}{(2\times 125)}=4880\text{h}$$

题 4～6 答案：**CCA**

4. 依据《导体和电器选择设计规程》（DL/T 5222—2021）附录 F.2、附录 F.5，基准容量取$S_j=100$MVA；35kV 单母线分段接线，分段运行；35kV 每段母线最大三相短路电流 18kA。

短路电流时回路电抗标幺值：

$$X_*=\frac{S_j}{\sqrt{3}U_jI''_k}=\frac{100}{\sqrt{3}\times 37\times 18}=0.08669$$

变压器电抗标幺值：

$$X_{*t}=\frac{U_d\%}{100}\times\frac{S_j}{S_e}=\frac{12}{100}\times\frac{100}{150}=0.08$$

220kV 系统正序、负序阻抗标幺值：

$$X_{1\Sigma}=X_{2\Sigma}=X_*-X_{*t}=0.08669-0.08=0.00669$$

220kV 母线系统零序等值电抗：

$$X_{0\Sigma}=2.8X_{1\Sigma}=2.8\times 0.00669=0.01873$$

两相接地短路电抗标幺值：

$$X_*=X_{1\Sigma}+\frac{X_{2\Sigma}X_{0\Sigma}}{X_{2\Sigma}+X_{0\Sigma}}=0.00669+\frac{0.00669\times 0.01873}{0.00669+0.01873}=0.01162$$

正序短路电流：

$$I_{d1}^{(1,1)}=\frac{I_j}{X_*}=\frac{0.251}{0.01162}=21.604\text{kA}$$

两相接地短路系数：

$$m=\sqrt{3}\sqrt{1-\frac{X_{2\Sigma}X_{0\Sigma}}{(X_{2\Sigma}+X_{0\Sigma})^2}}=\sqrt{3}\sqrt{1-\frac{0.00669\times 0.01873}{(0.00669+0.01873)^2}}=1.555$$

两相接地短路电流：

$$I_d^{(1,1)}=mI_{d1}^{(1,1)}=1.555\times 21.604=33.596\text{kA}$$

5. 依据《导体和电器选择设计规程》（DL/T 5222—2021）附录 A.2，基准容量取 $S_j=100$MVA，变电站 35kV 母线三相短路时，系统电源视为 S_1，热电厂两台机组发电机变压器单元提供到电厂 35kV 母线的三相短路电流视为 S_2。变电站 35kV 母线分段运行，热电厂 35kV 母线合环运行。

系统电源 S_1 支路电抗标幺值：$x_1=0.0067$

热电厂电源 S_2 电抗标幺值：

$$x_2=\frac{S_j}{\sqrt{3}U_jI''_{ks2}}=\frac{100}{\sqrt{3}\times 37\times 2\times 1.33}=0.5866$$

变压器电抗标幺值：$x_3=x_5=0.08$

线路电抗标幺值：$x_4=x_6=0.05$

等效电路图如下图所示：

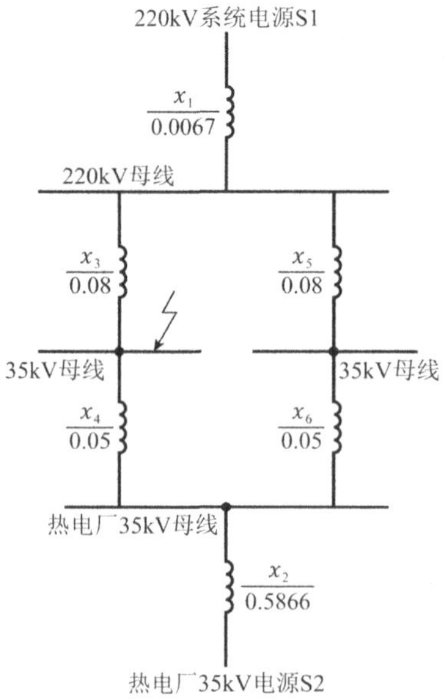

对电路进行化简：

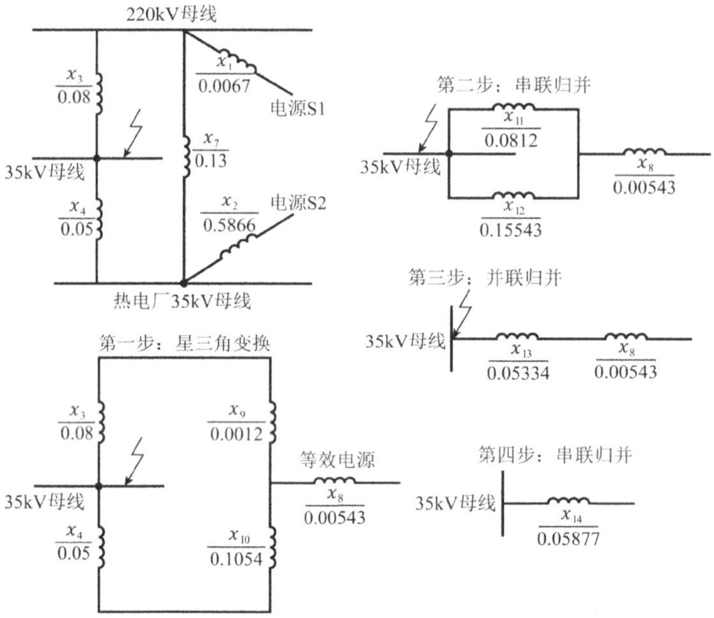

$$x_7 = x_5 + x_6 = 0.08 + 0.05 = 0.13$$

$$x_8 = \frac{x_1 x_2}{x_1 + x_2 + x_7} = \frac{0.0067 \times 0.5866}{0.0067 + 0.5866 + 0.13} = 0.00543$$

$$x_9 = \frac{x_1 x_7}{x_1 + x_2 + x_7} = \frac{0.0067 \times 0.13}{0.0067 + 0.5866 + 0.13} = 0.0012$$

$$x_{10} = \frac{x_2 x_7}{x_1 + x_2 + x_7} = \frac{0.5866 \times 0.13}{0.0067 + 0.5866 + 0.13} = 0.1054$$

$$x_{11} = x_3 + x_9 = 0.08 + 0.0012 = 0.0812$$

$$x_{12} = x_4 + x_{10} = 0.05 + 0.1054 = 0.1554$$

$$x_{13} = \frac{x_{11} x_{12}}{x_{11} + x_{12}} = \frac{0.0812 \times 0.1554}{0.0812 + 0.1554} = 0.05334$$

35kV 母线最大三相短路电流：

$$I''_{k3} = \frac{I_j}{X_*} = \frac{1.56}{0.05877} = 26.55\text{kA}$$

6. 依据《电力系统设计手册》P184 式（7-15）、P185 式（7-16）。

线路自然输送功率：

$$P_\lambda = \frac{U_e^2}{Z_\lambda} = \frac{220^2}{380} = 127.37\Omega$$

估算线路的输电能力：

$$P = P_\lambda \frac{\sin\delta_y}{\sin\lambda} = 127.37 \times \frac{\sin 25°}{\sin(280 \times 6°/100)} = 186.2\text{MW}$$

题 7～9 答案：**DBC**

7. 依据《火力发电厂厂用电设计技术规程》（DL/T 5153—2014）附录 G，首先求变压器参数。

电阻标幺值：

$$R_T = 1.1\frac{P_t}{S_{2T}} = 1.1 \times \frac{175}{27000} = 0.00713$$

电抗标幺值：

$$X_T = 1.1\frac{U_d\%}{100} \times \frac{S_{2T}}{S_T} = 1.1 \times \frac{16.5}{100} \times \frac{27}{45} = 0.1089$$

负荷压降标幺值：

$$Z_\varphi = R_T\cos\varphi + X_T\sin\varphi = 0.00713 \times 0.8 + 0.1089 \times 0.6 = 0.071$$

由已知条件可知，变压器连接于电压较稳定电源上，可取最低电源电压标幺值 0.975kV，最高电源 1.025。

变压器低压侧额定电压（标幺值）：

$$U'_{2e} = \frac{U_{2e}}{U_i} = \frac{6.3}{6} = 1.05$$

按电源电压最低、厂用负荷最大，计算厂用母线的最低电压 $U_{m,min}$。

变压器低压侧的空载电压最小值（标幺值）：

$$U_{0,min} = \frac{U_g U'_{2e}}{1 + n\frac{\delta_u\%}{100}} = \frac{0.975 \times 1.05}{1 - 1 \times \frac{2.5}{100}} = 1.05$$

按最大一段计算厂用负荷最大值标幺值：

$$S_{max} = \frac{26721}{27000} = 0.9897$$

6kV 厂用母线的最低电压标幺值：

$$U_{m,min} = U_{0,min} - S_{max}Z_\varphi = 1.05 - 0.9897 \times 0.071 = 0.9797$$

按电源电压最高、厂用负荷最小，计算厂用母线的最高电压 $U_{m,max}$。

变压器低压侧的空载电压最大值（标幺值）：

$$U_{0,max} = \frac{U_g U'_{2e}}{1 + n\frac{\delta_u\%}{100}} = \frac{1.025 \times 1.05}{1 - 1 \times \frac{2.5}{100}} = 1.1038$$

按最小一段 60% 计算厂用负荷最小值标幺值：

$$S_{min} = \frac{26362 \times 60\%}{27000} = 0.5858$$

6kV 厂用母线的最高电压标幺值：

$$U_{m,max} = U_{0,min} - S_{min}Z_\varphi = 1.1038 - 0.5858 \times 0.071 = 1.0622$$

8. 依据《火力发电厂厂用电设计技术规程》（DL/T 5153—2014）附录 G.0.1、附录 H。

变压器电抗标幺值：

$$X_T = 1.1\frac{U_d\%}{100} \times \frac{S_{2T}}{S_T} = 1.1 \times \frac{16.5}{100} \times \frac{27}{45} = 0.1089$$

引风机的起动容量标幺值：

$$S_q = \frac{K_q P_c}{S_{27}\eta_d \cos\varphi_d} = \frac{6 \times 3600}{27000 \times 0.95 \times 0.87} = 0.9679$$

厂用母线上的已有负荷：

$$S_1 = \frac{26800 - 0.85 \times 3600}{27000} = 0.8793$$

合成负荷：$S = S_1 + S_q = 0.8793 + 0.9679 = 1.8472$

变压器电压比$20 \pm 2 \times 2.5\%/6.3 - 6.3\text{kV}$为无励磁调压，厂用母线空载电压标幺值$U_0 = 1.05$。

起动母线电压标幺值：

$$U_m = \frac{U_0}{1 + SX} = \frac{1.05}{1 + 1.8472 \times 0.1089} = 0.8742$$

9. 查《火力发电厂厂用电设计技术规程》(DL/T 5153—2014）附录 B、第 4.6.1 条、附录 J.0.1、附录 G.0.1。

依据附录 B，凝结水泵、磨煤机、脱硫吸收塔浆液循环泵为 I 类电动机，输煤系统高压电动机为II类电动机。

依据第 4.6.1 条，为了保证 I 类电动机的自起动，应对成组电动机自起动时的厂用母线电压进行校验。

依据附录 J.0.1、附录 G.0.1，备用电源为快速切换，自起动电流倍数K_{qz}取 2.5。

参加自起动的电动机额定功率总和：

起动容量标幺值：

$$\Sigma P_e = 16230 - 1400 - 500 - 800 = 13530\text{kW}$$

起动容量标幺值：

$$S_{qz} = \frac{K_{qz}\Sigma P_e}{S_{2T}\eta_d \cos\varphi_d} = \frac{2.5 \times 13530}{27000 \times 0.8} = 1.566$$

合成负荷标幺值：

$$S = S_1 + S_{qz} = 0 + 1.566 = 1.566$$

变压器电抗标幺值：

$$X_T = 1.1\frac{U_d\%}{100} \times \frac{S_{2T}}{S_T} = 1.1 \times \frac{21}{100} \times \frac{27}{45} = 0.1386$$

额定电压为有载调压$230 \pm 8 \times 1.25\%/6.3 - 6.3\text{kV}$，厂用母线空载电压标幺值$U_0 = 1.1$。

母线最低电压标幺值：

$$U_m = \frac{U_0}{1 + SX} = \frac{1.1}{1 + 1.566 \times 0.1386} = 0.9038$$

题 10～12 答案：**ADB**

10. 查《导体和电器选择设计规程》(DL/T 5222—2021)表 5.1.5，环境温度为 40℃，海拔高度 2000m，环境综合校正系数$K_z = 0.79$；查表 7，LGKK-900 载流量为 1493A，次导线截面$S = 991.23\text{mm}^2$，次导线外径 49mm。

依据《电力工程电气设计手册 1 电气一次部分》P379 式（8-55）~式（8-57）。

系数：

$$Z = 4\pi\lambda\frac{s}{\rho + 1} = 4\pi \times 3.7 \times 10^{-4} \times \frac{991.23}{\rho + 1} = 2.56$$

邻近效应系数：

$$B=\left\{1-\left[1+\left(1+\frac{1}{4}Z^2\right)+\frac{10}{20+Z^2}\right]\times\frac{Z^2d_0}{(16+Z^2)d^2}\right\}^{-\frac{1}{2}}$$

$$=\left\{1-\left[1+\left(1+\frac{1}{4}\times 2.56^2\right)+\frac{10}{20+2.56^2}\right]\times\frac{2.56^2\times 4.9}{(16+2.56^2)\times 40}\right\}^{-\frac{1}{2}}=1.041$$

实际载流量：

$$I=nI_{\mathrm{xu}}\frac{1}{\sqrt{B}}=2\times 0.79\times 1493\times\frac{1}{\sqrt{1.041}}=2312.2\mathrm{A}$$

11. 依据《导体和电器选择设计规程》（DL/T 5222—2021）第5.1.7条及条文说明表7，查得导线参数。

次导线半径：$r_0=49/2=24.5\mathrm{mm}=2.45\mathrm{cm}$

分裂导线等效半径：$r_{\mathrm{d}}=\sqrt{r_0d}=\sqrt{2.45\times 40}=9.9\mathrm{cm}$

依据《电力工程电气设计手册 1 电气一次部分》P379式（8-53）、式（8-54）。

导线电容的平均值：

$$C=1.07\times\frac{0.024}{\lg\frac{1.26D}{r_{\mathrm{d}}}}=1.07\times\frac{0.024}{\lg\frac{1.26\times 800}{9.9}}=0.0128\mu\mathrm{F/km}$$

B相导线的最大表面场强：

$$E=\frac{18CU_{\mathrm{m}}k}{nr_0\sqrt{3}}=\frac{18\times 0.0128\times 550\times 1.05}{2\times 2.45\times\sqrt{3}}=15.67$$

12. 查《导体和电器选择设计规程》（DL/T 5222—2021）第5.1.5条条文说明表7得导线参数：次导线直径$2r_0=49\mathrm{mm}=4.9\mathrm{cm}$；分裂间距$d=400\mathrm{mm}=0.4\mathrm{m}$；弹性模量$E=59900\mathrm{N/mm^2}$；次导线截面$S=991.23\mathrm{mm^2}$。

依据《电力工程电气设计手册 1 电气一次部分》P381算例：

次导线变形位移：$f=\frac{d-2r_{\mathrm{d}}}{2}=\frac{0.4-0.049}{2}=0.1755\mathrm{m}$

变形后弧长：$l_{\mathrm{AB}}=l_0+\frac{8}{3}\frac{f^2}{l_0}=10+\frac{8}{3}\times\frac{0.1755^2}{10}=10.0082134\mathrm{m}$

伸长率：$\varepsilon=\frac{l_{\mathrm{AB}}-l_0}{l_0}=\frac{10.0082134-10}{10}=0.00082134$

伸长变形后的导线附加张力：$F_{\mathrm{E}}=ES\varepsilon=59900\times 991.23\times 0.00082134=48766.8\mathrm{N}$

题13～16答案：**CCBD**

13. 依据《导体和电器选择设计规程》（DL/T 5222—2021）第21.0.8条及条文说明式（27），耐张绝缘子串绝缘子片数量：

$$m\geqslant\frac{\lambda U_{\mathrm{m}}}{K_{\mathrm{e}}L_0}+m_0=\frac{43.3\times 252/\sqrt{3}}{0.95\times 480}+2=15.8\text{，取16片}$$

注意：这里选择悬式绝缘子应考虑绝缘子的老化，每串绝缘子要预留的零值绝缘子为：35～220kV，耐张串2片、悬垂串1片；330kV及以上，耐张串2～3片、悬垂片1～2片。

14. 解答过程：

（1）按载流量计算选择

依据《并联电容器装置设计规范》（GB 50227—2017）第5.1.3、5.8.2条。

母线回路电流：

$$I_g = 1.3I_C = 1.3\frac{Q_C}{\sqrt{3}U_N} = 1.3\times\frac{3\times 60000}{\sqrt{3}\times 35} = 3860\text{A}$$

依据《导体和电器选择设计规程》（DL/T 5222—2021）第4.0.3、5.1.5条及条文说明表1，35kV管形母线为户外裸导体，环境温度取最热月平均最高气温+30℃，导体最高允许温度80℃，载流量环境修正系数$K_z = 0.94$。

因此可知要求的载流量：

$$I_z \geqslant I_g/K_z = 3860/0.94 = 4106.4\text{A}$$

排除选项A、B。

（2）按热稳定计算选择

依据《导体和电器选择设计规程》（DL/T 5222—2021）第3.0.15条、附录A.6。

确定短路电流热效应计算的时间时，对除电缆以外的导体，宜采用主保护动作时间加断路器开断时间。

热效应的计算时间$t = 0.06 + 0.02 = 0.08\text{s}$，非周期分量等效时间$T$取0.05s。

短路电流的热效应：$Q_t = Q_z + Q_f = 30.5^2\times(0.08+0.05) = 120.9325\text{kA}^2$

铝镁硅系母线工作温度80℃，C值取83，母线截面：

$$S \geqslant \frac{\sqrt{Q_d}}{C} = \frac{\sqrt{120932500}}{85} = 129.4\text{mm}^2$$

查表（1）：ϕ150/136截面为3145mm^2，可以满足要求。

15. 解答过程：

（1）确定短路时荷载组合条件

依据《电力工程电气设计手册 1 电气一次部分》P344表8-17，短路时荷载组合条件为50%最大风速，且不小于15m/s，应考虑自重、引下线重和短路电动力。

（2）计算母线自重和集中荷载产生的垂直弯矩

依据《电力工程电气设计手册 1 电气一次部分》P345表8-19，两跨均布荷载最大弯矩系数0.125，集中荷载最大弯矩系数0.188。

计算跨距：$l_{js} = 11.5 - 0.9 = 10.6\text{m}$

母线自重产生的垂直弯矩：

$$M_{cz} = 0.125q_1 l_{js}^2\times 9.8 = 0.125\times 106.94\times 10.6^2 = 1501.97\text{N}\cdot\text{m}$$

集中荷载（静触头＋金具）产生的垂直弯矩：

$$M_{cj} = 0.188Pl_{js}\times 9.8 = 0.188\times 10\times 10.6\times 9.8 = 195.29\text{N}\cdot\text{m}$$

（3）计算风压产生的水平弯矩

依据《电力工程电气设计手册 1 电气一次部分》P385式（8-58），取风速不均匀系数$\alpha_f = 1$，空气动力系数$k_d = 1.2$，内过电压风速为15m/s，受风面积取外径。

单位长度风压：

$$f_v = a_f k_d D_1\frac{v_f^2}{16} = 1\times 1.2\times 0.17\times\frac{15^2}{16} = 2.869\text{kg/m}$$

风压产生的水平弯矩：

$$M'_{sf} = 0.125 f_v l_{js}^2\times 9.8 = 0.125\times 2.869\times 10.6^2\times 9.8 = 394.858\text{N}\cdot\text{m}$$

（4）计算短路电动力产生的水平弯矩

依据《电力工程电气设计手册 1 电气一次部分》P338 式（8-8），单位长度母线产生的最大电动力：

$$f_{\mathrm{d}}=\frac{F}{l}=17.248\frac{1}{a}i_{\mathrm{d}}^{2}\beta\times10^{-2}=17.248\times\frac{1}{1.5}\times78.5^{2}\times0.58\times10^{-2}=410.974\mathrm{N/m}$$

根据《电力工程电气设计手册 1 电气一次部分》P350，β一般取 0.58。

短路电动力产生的水平弯矩：

$$M_{\mathrm{sd}}=0.125\times f_{\mathrm{d}}l_{\mathrm{js}}^{2}=0.125\times410.974\times10.6^{2}=5772.136\mathrm{N\cdot m}$$

（5）计算母线所承受的最大应力

依据《电力工程电气设计手册 1 电气一次部分》P344 式（8-41）、式（8-42），短路时管母线所承受的最大弯矩：

$$M_{\mathrm{d}}=\sqrt{(M_{\mathrm{sd}}+M_{\mathrm{d}}')^{2}+(M_{\mathrm{ct}}+M_{\mathrm{cL}})^{2}}=\sqrt{(5772.136+394.858)^{2}+(1501.97+195.29)^{2}}=6396.3\mathrm{N\cdot m}$$

管母线所承受的应力：

$$\sigma_{\mathrm{d}}=100\frac{M_{\mathrm{d}}}{W}=100\times\frac{6396.3}{158}=4048.3\mathrm{N/cm^{2}}$$

16. 依据《并联电容器装置设计规范》（GB 50227—2017）第 5.1.3、5.8.2 条，电容器组母线回路电流：

$$I_{\mathrm{g}}=1.3I_{\mathrm{C}}=\frac{1.3Q_{\mathrm{c}}}{\sqrt{3}U_{\mathrm{N}}}=\frac{1.3\times60000}{\sqrt{3}\times35}=1286.7\mathrm{A}$$

依据《导体和电器选择设计规程》（DL/T 5222—2021）第 9.0.5、9.0.4 条及附录 A.7.3 条。

隔离开关的额定电流应满足运行中可能出现的任何负载电流。宜选择 1600A，排除选项 A、B。

题干中短路电流值仅为系统提供值，还应考虑电容器组助增效应。

流过其中 1 组电容器回路 35kV 隔离开关的短路电流，应考虑另外两组电容器组的助增，串联电抗率为 5%，则

$$\frac{Q_{\mathrm{C}}}{S_{\mathrm{d}}}=\frac{Q_{\mathrm{C}}}{\sqrt{3}I''U_{\mathrm{j}}}=\frac{2\times60}{\sqrt{3}\times30.5\times37}\times100\%=6.14\%>5\%$$

应考虑电容器组助增效应。

查图 A.7.3-1，横坐标 6.1%，T_{c}为 0.05s，查图中曲线，对应助增校正系数$K_{\mathrm{chc}}=1.03$。

短路冲击电流：$i_{\mathrm{ch}}=K_{\mathrm{chc}}i_{\mathrm{chs}}=1.03\times78.5=80.855\mathrm{kA}$，宜选择 100kA，选 D。

题 17～19 答案：**CDD**

17. 依据《水力发电厂接地设计技术导则》（NB/T 35050—2015）附录 A.0.3，河水电阻率ρ_1为与河床电阻率ρ_2比值为$\rho_2/\rho_1=1900/38=50$，水深$H=10\mathrm{m}$，接地网面积$S=40000\mathrm{m}^2$，$\sqrt{S}=200$，查图 A.0.3-4 可知，接地电阻系数$K_{\mathrm{s}}\approx1.2$。

坝区水下接地网电阻：

$$R=K_{\mathrm{s}}\frac{\rho_{\mathrm{s}}}{40}=1.2\times\frac{38}{40}=1.14\Omega$$

18. 依据《水力发电厂接地设计技术导则》（NB/T 35050—2015）第 6.1.4 条、附录 A.0.4。

土壤电阻率计算值：

$$\rho_{\mathrm{a}}=\frac{\rho_1\rho_2}{\frac{H}{l}(\rho_2-\rho_1)+\rho_1}=\frac{5000\times100}{\frac{5}{80}\times(100-5000)+5000}=106.52\Omega\cdot\mathrm{m}$$

单个接地深井接地电阻：

$$R=\frac{\rho_{\mathrm{a}}}{2\pi l}\left(\ln\frac{4l}{d}+C\right)=\frac{106.52}{2\pi\times80}\left(\ln\frac{4\times80}{0.08}+1\right)=1.97\Omega$$

多重互连接地系统，将各接地电极电阻按并联计算，接地深井相互影响系数按 0.85 考虑。
总并联接地电阻：

$$R_{\Sigma}=\frac{R}{nK}=\frac{1.97}{3\times0.85}=0.773\Omega$$

19. 依据《水力发电厂接地设计技术导则》（NB/T 35050—2015）第 7.3.3、7.3.4 条。
沿长方向布置的导体根数：$n_1=20+1=21$
沿宽方向布置的导体根数：$n_2=5+1=6$
接地网面积：$S=L_1\times L_2=200\times5=100\text{m}^2$
接地网网孔数：$m=(n_1-1)(n_2-1)=20\times5=100$
均压带埋深影响系数：$K_{\text{jh}}=0.257-0.095\sqrt[5]{\text{h}}=0.257-0.095\times\sqrt[5]{0.8}=0.166$
均压带根数对接触电位的影响系数：

$$K_{\text{jn}}=0.021+0.217\sqrt{n_2/n_1}-0.132n_2/n_1=0.021+0.217\sqrt{6/21}-0.132\times6/21=0.099$$

均压带导体直径对接触电位的影响系数：

$$K_{\text{jd}}=0.401+0.658/\sqrt[6]{\text{d}}=0.401+0.658/\sqrt[6]{0.0155}=1.719$$

接地网面积对接触电位的影响系数：

$$K_{\text{js}}=0.054+0.410\sqrt[8]{\text{S}}=0.054+0.410\times\sqrt[8]{200\times50}=1.351$$

接地网网孔数影响系数：

$$K_{\text{jm}}=2.837+240.021/\sqrt[3]{\text{m}^2}=2.837+240.021/\sqrt[3]{100^2}=13.978$$

接地网形状对接触电位的影响系数：

$$K_{\text{jm}}=0.168+0.002L_2/L_1=0.168+0.002\times50/200=0.1685$$

接触系数：

$$K_{\text{j}}=K_{\text{jh}}K_{\text{jn}}K_{\text{jd}}K_{\text{js}}K_{\text{jm}}K_{\text{jL}}=0.166\times0.099\times1.719\times1.351\times13.978\times0.1685=0.09$$

最大接触电位差：$E_{\text{jm}}=K_{\text{j}}E_{\text{w}}=0.09\times5000=450\text{V}$

题 20～23 答案：**CBCA**
20. 依据《电力工程直流电源系统设计技术规程》（DL/T 5044—2014）附录 D.1.1、D.2.1。
系数采用最大值，充电装置额定电流：

$$I_{\text{r}}=1.25I_{10}+I_{\text{jc}}=1.25\times1000/10+50.9=175.9\text{A}$$

两组蓄电池配置 3 套充电装置，不需要考虑附加模块。
额定电流 20A 的电源模块数量$n=I_{\text{r}}/I_{\text{me}}=175.9/20=8.8$，排除选项 A。
额定电流 25A 的电源模块数量$n=I_{\text{I}}/I_{\text{me}}=175.9/25=7.04$，排除选项 B。
额定电流 30A 的电源模块数量$n=I_{\text{r}}/I_{\text{me}}=175.9/30=5.86$，选项 C 符合要求。
额定电流 50A 的电源模块数量$n=I_{\text{r}}/I_{\text{me}}=175.9/50=3.52$，排除选项 D。
综合比较四个选项，只有选项 C 符合要求。

21. 查《电力工程直流电源系统设计技术规程》（DL/T 5044—2014）表 C.3-3、附录 C.2.3-1。
终止电压 1.87V 的贫液电池，5s 换算系数K_{cr}为 1.27，1min 换算系数K_{cho}为 1.18。
随机负荷计算容量：

$$C_r = \frac{I_r}{K_{cr}} = \frac{12}{1.27} = 9.45\text{Ah}$$

事故放电初期冲击负荷计算容量：

$$C_{cho} = K_k \frac{I_{cho}}{K_{cho}} = 1.4 \times \frac{756.4}{1.18} = 897.42\text{Ah}$$

22. 依据《电力工程直流电源系统设计技术规程》（DL/T 5044—2014）附录 C.2.3、表 C.3-3。

1min 为第 1 阶段，放电电流$I_1 = 756.4\text{A}$；

1～30min 为第 2 阶段，放电电流$I_2 = 458.2\text{A}$；

30～60min 为第 3 阶段，放电电流$I_3 = 271.6\text{A}$。

查表 C.3-3，终止电压1.87V的贫液电池换算系数$K_{c1} = 0.52$，$K_{c2} = 0.548$，$K_{c3} = 0.755$。

第三阶段计算容量：

$$C_{c3} = K_k\left(\frac{I_1}{K_{c1}} + \frac{I_2 - I_1}{K_{c2}} + \frac{I_3 - I_2}{K_{c3}}\right) = 1.4 \times \left(\frac{756.4}{0.52} + \frac{458.2 - 756.4}{0.548} + \frac{271.6 - 458.2}{0.755}\right) = 928.63\text{Ah}$$

叠加随机负荷计算容量，蓄电池计算容量：

$$C = C_{c3} + C_r = 928.63 + 9.45 = 938.08\text{Ah}$$

23. 依据《电力工程直流电源系统设计技术规程》（DL/T 5044—2014）附录 A.6、G.1。需要注意的是，直流短路回路电阻计算正负极一来一回统一考虑 2 倍。

蓄电池至直流柜连接电缆 L_1 电阻：$r_{c1} = 0.124 \times 2 \times 20/3 = 1.653\text{m}\Omega$

直流柜至分电柜连接电缆 L_2 电阻：$r_{c2} = 0.124 \times 2 \times 50 = 12.4\text{m}\Omega$

250A 塑壳断路器电阻：$r_{g1} = 0.3 \times 2 = 0.6\text{m}\Omega$

16A 微型断路器电阻：$r_{g2} = 6.2 \times 2 = 12.4\text{m}\Omega$

直流母线上的短路电流：

$$I_k = \frac{U_n}{n(r_b + r_1) + r_c + r_g} = \frac{220}{103 \times 0.15 + 1.653 + 12.4 + 0.6 + 12.4} = 5.18\text{kA}$$

题 24～26 答案：**CAC**

24. 依据《大型发电机变压器继电保护整定计算导则》（DL/T 684—2012）第 4.5.1 条式（38）、式（39）及图 6。

反时限保护特性动作时的最小延时t_{min}按反时限动作特性的上限电流标幺值$I_{*op,max}$计算。反时限跳闸特性的上限电流$I_{op,max}$按机端金属性三相短路的条件整定，即$I_{*op,max} = \frac{I_{GN}}{X''_d}$。

可知纵轴次暂态电抗取饱和值 0.18，其中基准电流为发电电动机额定电流I_{GN}。

上限电流标幺值：

$$I_{*op,max} = \frac{I_{op,max}}{I_{GN}} = \frac{I_{GN}}{X''_d I_{GN}} = \frac{1}{X''_d} = \frac{1}{0.18} = 5.5556$$

定子反时限部分动作最小延时：

$$t_{min} = \frac{K_{tc}}{I^2_{*op,max} - K^2_{sr}} = \frac{145}{5.5556^2 - 1.02^2} = 4.86\text{s}$$

25. 依据《大型发电机变压器继电保护整定计算导则》（DL/T 684—2012）第 4.8.6 条、式（86）～式（88）。

以发电机容量$S_N = P_N / \cos\varphi = 300/0.9 = 333.33\text{MVA}$为基准容量。

发电机次暂态电抗标幺值取不饱和值：$X_g = X''_d = 0.21$

变压器阻抗标幺值：

$$X_t = \frac{U_d\%}{100} \times \frac{S_j}{S_t} = \frac{14}{100} \times \frac{333.33}{360} = 0.1296$$

发电机额定电流：

$$I_{GN} = \frac{P_N}{\sqrt{3}U_N \cos\varphi} = \frac{300}{\sqrt{3} \times 18 \times 0.9} = 10.692\text{kA}$$

过流元件动作值：

$$I_{op} = K_{rel}\frac{I_{GN}}{(X_{s,max} + X''_d + X_t)n_a} = 0.5 \times \frac{10692}{(0.16 + 0.21 + 0.1296) \times 15000/1} = 0.71\text{A}$$

动作圆半径：

$$Z_{op} = \frac{K_{rel}U_N}{\sqrt{3} \times 0.3I_{GN}} \cdot \frac{n_a}{n_v} = \frac{0.8 \times 18}{\sqrt{3} \times 0.3 \times 10692} \times \frac{15000/1}{18/0.1} = 0.216\Omega$$

动作电阻值：

$$R_{op} = 0.85Z_{op} = 0.85 \times 0.216 = 0.184\Omega$$

26. 依据《大型发电机变压器继电保护整定计算导则》（DL/T 684—2012）第 5.1.4.1 条表 2。

主变压器高压侧二次额定电流：

$$I_{eh} = \frac{S_N}{\sqrt{3}U_{Nh}} / \frac{I_{h1n}}{I_{h2n}} = \frac{360 \times 10^3}{\sqrt{3} \times 525} / \frac{1500}{1} = 0.264\text{A}$$

高压侧为基准侧，其平衡系数：$K_h = 1$

主变压器低压侧二次额定电流：

$$I_{el} = \frac{S_N}{\sqrt{3}U_{Nl}} / \frac{I_{l1n}}{I_{l2n}} = \frac{360 \times 10^3}{\sqrt{3} \times 18} / \frac{15000}{1} = 0.77\text{A}$$

高、低压侧的平衡系数和二次额定电流满足$K_h I_{eh} = K_l I_{el}$，可知：

$$K_l = \frac{K_h I_{eh}}{I_{el}} = \frac{1 \times 0.264}{0.77} = 0.343$$

题 27～30 答案：**BACA**

27. 依据《330kV～750kV 变电站无功补偿装置设计技术规定》（DL/T 5014—2010）第 5.0.3、5.0.11 条条文说明。

330kV 及以上电压等级线路的充电功率应基本上予以补偿。

本题 35kV 侧配置的低压电抗器容量：

$$Q_L = Q_C - Q_H = 380 - 150 = 230\text{Mvar}$$

为方便设备的运行维护，330kV、500kV、750kV 电压等级变电站安装有两台及以上变压器时，每台变压器配置的无功补偿容量应基本一致。

本题 35kV 侧配置的电抗器数量和容量宜为 4 组 60Mvar，分配两台变压器每个两台。

28. 依据《并联电容器装置设计规范》（GB 50227—2017）第 5.2.2 条条文说明式（1），电压升高值 ：

$$\Delta U = U_{s0}\frac{Q}{S_d} = 35 \times \frac{60}{1700} = 1.24\text{kV}$$

29. 依据《并联电容器装置设计规范》（GB 50227—2017）第 3.0.3、5.5.2 条。

当谐波为 5 次及以上时，电抗率宜取 5%；当谐波为 3 次及以上时，电抗率宜取 12%，亦可采用 5%与 12%两种电抗率混装方式。

根据题意，主要是为避免产生 3 次及以上谐波谐振，电抗率宜取 12%，亦可采用 5%与 12%两种电抗率混装。排除选项 B。

12%电抗率谐振容量：

$$Q_{12\%}=S_{\mathrm{d}}\left(\frac{1}{n^2}-K\right)=2000\times\left(\frac{1}{3^2}-12\%\right)=-17.78\mathrm{Mvar}$$

5%电抗率谐振容量：

$$Q_{5\%}=S_{\mathrm{d}}\left(\frac{1}{n^2}-K\right)=2000\times\left(\frac{1}{3^2}-5\%\right)=122.22\mathrm{Mvar}$$

投入 3 组 5%电容器组时总容量 $3\times60=180\mathrm{Mvar}>122.22\mathrm{Mvar}$，不宜选用，排除选项 A。

投入 2 组 5%电容器组时总容量 $2\times60=120\mathrm{Mvar}\approx122.22\mathrm{Mvar}$，不宜选用，排除选项 D。投入 1 组 5%电容器组时容量 $60\mathrm{Mvar}<122.22\mathrm{Mvar}$，不会发生谐振，选项 C 正确。

30. 依据《并联电容器装置设计规范》（GB 50227—2017）第 5.2.2 条及条文说明式（2）。

电抗率为 12%时，单个电容器额定电压：

$$U_{\mathrm{CN}}=\frac{1.05U_{\mathrm{SN}}}{\sqrt{3}S(1-K)}=\frac{1.05\times35}{\sqrt{3}\times2\times(1-12\%)}=12.06\mathrm{kV}$$

电抗率为 5%时，单个电容器额定电压：

$$U_{\mathrm{CN}}=\frac{1.05U_{\mathrm{SN}}}{\sqrt{3}S(1-K)}=\frac{1.05\times35}{\sqrt{3}\times2\times(1-5\%)}=11.17\mathrm{kV}$$

从可供选择的标准序列中选择 12kV、11kV。

题 31～35 答案：**ACDAB**

31. 依据《架空输电线路电气设计规程》（DL/T 5582—2020）第 5.1.8 条、附录 G。

允许温度平均温升：

$$\theta=80-\theta_{\mathrm{a}}=80-35=45°\mathrm{C}$$

导线辐射散热功率：

$$\begin{aligned}W_{\mathrm{R}}&=\pi DE_1\sigma\left[(\theta+\theta_{\mathrm{a}}+273)^4-(\theta_{\mathrm{a}}+273)^4\right]\\&=\pi\times0.03\times0.9\times5.67\times10^{-8}\times\left[(80+273)^4-(35+273)^4\right]=31.397\mathrm{W/m}\end{aligned}$$

导线表面空气层的传热系数：

$$\lambda_{\mathrm{f}}=2.42\times10^{-2}+7(\theta_{\mathrm{a}}+\theta/2)\times10^{-5}=2.42\times10^{-2}+7(35+45/2)\times10^{-5}=0.028225\mathrm{W/(m\cdot°C)}$$

导线表面空气层的运动黏度：

$$\begin{aligned}\upsilon&=1.32\times10^{-5}+9.6(\theta_{\mathrm{a}}+\theta/2)\times10^{-8}=1.32\times10^{-5}+9.6\times(35+45/2)\times10^{-8}\\&=1.872\times10^{-5}\mathrm{m/s}\end{aligned}$$

雷诺数：

$$\mathrm{Re}=VD/\upsilon=0.5\times0.3/1.872\times10^{-5}=801.282$$

导线对流散热功率：

$$W_{\mathrm{F}}=0.57\pi\lambda_{\mathrm{f}}\theta\mathrm{Re}^{0.485}=0.57\pi\times0.028225\times45\times801.282^{0.485}=58.238\mathrm{W/m}$$

导线日照吸热功率：

$$W_S = \alpha_S J_S D = 0.9 \times 1000 \times 0.03 = 27\text{W/m}$$

导线允许载流量：

$$I = \sqrt{\frac{W_R + W_F - W_S}{R_t'}} = \sqrt{\frac{31.397 + 58.238 - 27}{0.07405 \times 10^{-3}}} = 919.7\text{A}$$

32. 依据《电力工程高压送电线路设计手册》(第二版)P21 式(2-1-32)，P24 式(2-1-45)、式(2-1-46)。

线路平均电容：

$$C_1 = b_{c1}/\omega = 4.1 \times 10^{-6}/(2\pi \times 50) = 1.3057 \times 10^{-8}\text{F/km} = 13.057\text{pF/km}$$

分裂导线单根平均电场强度有效值：

$$\overline{E} = 0.001039\frac{C_1 U_L}{nr} = 0.001039 \times \frac{13.057 \times 525}{4 \times \frac{3}{2}} = 1.187\text{MV/m}$$

分裂导线圆周表面最大电场强度有效值：

$$\overline{E}\left[1 + 2(n-1)\frac{r}{S}\sin\frac{\pi}{n}\right] = 1.187 \times \left[1 + 2 \times (4-1) \times \frac{30/2}{450}\sin\frac{\pi}{4}\right] = 1.35\text{MV/m}$$

33. 依据《架空输电线路电气设计规程》(DL/T 5582—2020）附录 D.0.1，分别求出三相导线直线距离D处的无线电干扰场强。

近边相导线到参考点P处的直线距离：

$$L_t = \sqrt{x_t^2 + h_t^2} = \sqrt{20^2 + 12^2} = 23.324\text{m}$$

近边相导线直线距离D_t处的无线电干扰场强：

$$E_t = 3.5g_{max} + 12r_t - 33\lg\frac{L_t}{20} - 30 = 3.5 \times 13.2 + 12 \times \frac{3}{2} - 33\lg\frac{23.324}{20} - 30 = 32\text{dB}(\mu\text{V/m})$$

中相导线到参考点P处的直线距离：

$$L_t = \sqrt{x_t^2 + h_t^2} = \sqrt{(20+12)^2 + 12^2} = 34.176\text{m}$$

中相导线直线距离D_t处的无线电干扰场强：

$$E_t = 3.5g_{max} + 12r_t - 33\lg\frac{L_t}{20} - 30 = 3.5 \times 14.5 + 12 \times \frac{3}{2} - 33\lg\frac{34.176}{20} - 30$$
$$= 31.071\text{dB}(\mu\text{V/m})$$

远边相导线到参考点P处的直线距离：

$$L_t = \sqrt{x_t^2 + h_t^2} = \sqrt{(20 + 2 \times 12)^2 + 12^2} = 45.607\text{m}$$

远边相导线直线距离D_t处的无线电干扰场强：

$$E_t = 3.5g_{max} + 12r_t - 33\lg\frac{L_i}{20} - 30 = 3.5 \times 13.2 + 12 \times \frac{3}{2} - 33\lg\frac{45.607}{20} - 30$$
$$= 22.386\text{dB}(\mu\text{V/m})$$

近边相和中相较大，综合无线电干扰场强：

$$E = \frac{32 + 31.071}{2} + 1.5 = 33.034\text{dB}(\mu\text{V/m})$$

34. 依据《电力工程高压送电线路设计手册》(第二版）P32 式（2-2-4)、式（2-2-5)。

临界降雨强度：

$$J_1 = 0.2j^2 r = 0.2 \times 0.9^2 \times 3/2 = 0.243\text{mm/h}$$

平均降雨强度：

$$J_{av} = 1350/1250 = 1.08\text{mm/h}$$

雨天修正系数：

$$k_2 = 1 - J_1/J_{av} = 1 - 0.243/1.08 = 0.775$$

好天气计算小时数：

$$t_1 = t_1' + (1 - k_1)t_4' + (1 - k_2)t_3' = 7350 + (1 - 0.12) \times 100 + (1 - 0.775) \times 1250 = 7719\text{h}$$

35. 依据《电力工程高压送电线路设计手册》（第二版）P152 式（2-8-1）、式（2-8-3）。

导线有效半径：

$$r_e = 0.81r = 0.81 \times \frac{0.03}{2} = 0.01215\text{m}$$

地中电流的等价深度：

$$D_e = 660\sqrt{\frac{\rho_e}{f}} = 660 \times \sqrt{\frac{1500}{50}} = 3614.97\text{m}$$

4 分裂钢芯铝绞线，单位长度电阻需要按照 4 根并联考虑，导地线回路的自阻抗：

$$Z_{ii} = r_a + 0.05 + j0.145\lg\frac{D_e}{R_e} = \frac{0.0609}{4} + 0.05 + j0.145 \times \lg\frac{3614.97}{0.015} = 0.065 + j0.79\Omega/\text{km}$$

题 36～40 答案：**CACDD**

36. 依据《架空输电线路电气设计规程》（DL/T 5582—2020）第 9.3.1 条及条文说明，

查表 90，导地线阵风系数$\beta_c = 0.963$；查表 88，档距折减系数$\alpha_l = 0.705$。

基准风压：

$$W_0 = v_0^2/1600 = 27^2/1600 = 0.4556\text{kN/m}^2$$

风压高度变化系数$\mu_z = 1.39$；导线外径$d = 33.6\text{mm} > 17\text{mm}$，导地线体形系数$\mu_{sc} = 1.0$。对无冰情况，导地线覆冰风荷载增大系数$B_1 = 1.0$。

风荷载：

$$\begin{aligned} W_X &= \beta_C \cdot \alpha_L \cdot W_0 \cdot \mu_z \cdot \mu_{sc} \cdot d \cdot L_p \cdot B_1 \cdot \sin^2\theta \\ &= 0.963 \times 0.705 \times 0.4556 \times 1.39 \times 1.0 \times 33.6 \times 500 \times 1.0 \times \sin^2 90° = 7225.5\text{N} \end{aligned}$$

依据《电力工程高压送电线路设计手册》（第二版）P103 式（2-6-44），绝缘子串风偏角：

$$\varphi = \arctan\frac{P_1/2 + PL_H}{G_1/2 + W_1L_v} = \arctan\frac{0 + 7225.5}{0 + 2.06 \times 9.80665 \times 400} = 41.80°$$

37. 依据《电力工程高压送电线路设计手册》（第二版）P180 表 3-3-1、P188（三）最大弧垂判别法。

最高气温时，$\frac{\gamma_1}{\sigma_1} = \frac{0.03031}{56.24} = 5.4 \times 10^{-4}$

覆冰工况时，$\frac{\gamma_7}{\sigma_7} = \frac{0.0487}{95.14} = 5.1 \times 10^{-4}$

故最大弧垂发生在最高气温时。

高差角：$\beta = \arctan\frac{h}{l} = \arctan\frac{60}{600} = 5.71°$

弧垂最低点至导线低悬挂点的水平距离：

$$l_{OA} = \frac{l}{2} - \frac{\sigma_0}{\gamma}\sin\beta = \frac{600}{2} - \frac{56.24}{0.03031} \times \sin 5.71° = 115.4\text{m}$$

38. 依据《电力工程高压送电线路设计手册》（第二版）P180 表 3-3-1，高差为 0 时，弧垂最低点至导线悬挂点的水平距离：$l_{OA} = l_{OB} = l/2 = 1000/2 = 500\text{m}$

覆冰工况弧垂最低点应力最大，$\sigma_0 = 95.14\text{N/mm}^2$

导线悬挂点的最大应力：

$$\sigma_A = \sigma_B = \sqrt{\sigma_0^2 + \frac{\gamma^2 l_{OA}^2}{\cos^2\beta}} = \sqrt{95.14^2 + \frac{0.0487^2 \times 500^2}{\cos^2 0°}} = 98.2\text{N/mm}^2$$

39. 依据《电力工程高压送电线路设计手册》（第二版）P180 表 3-3-1，$\frac{\gamma}{\sigma}$越大，对应悬垂角也越大。

最高气温时，$\frac{\gamma_1}{\sigma_1} = \frac{0.03031}{56.24} = 5.4 \times 10^{-4}$

覆冰工况时，$\frac{\gamma_7}{\sigma_7} = \frac{0.0487}{95.14} = 5.1 \times 10^{-4}$

可知最大悬垂角发生在最高气温时。

高差角：$\beta = \arctan\frac{h}{l} = \arctan\frac{200}{500} = 21.8°$

较高侧导线悬挂点的悬垂角：

$$\theta_B = \arctan\left(\frac{\gamma l}{2\sigma_0 \cos\beta} + \frac{h}{l}\right) = \arctan\left(\frac{0.03031 \times 500}{2 \times 56.24 \times \cos 21.8°} + \frac{200}{500}\right) = 28.6°$$

40. 依据《架空输电线路电气设计规程》（DL/T 5582—2020）第 10.1.1 条，导线与地面、建筑物、树木、铁路、公路、河流、管道、索道及各种架空线路的距离应符合下列规定：1 垂直距离应根据导线运行温度 40℃（若导线按照允许温度 80℃设计时，导线运行温度取 50℃）情况或覆冰无风情况求得的最大弧垂计算。

依据《电力工程高压送电线路设计手册》（第二版）P180 表 3-3-1、P188（三）最大弧垂判别法。

最高气温时，$\frac{\gamma_1}{\sigma_1} = \frac{0.03031}{56.24} = 5.4 \times 10^{-4}$

覆冰工况时，$\frac{\gamma_7}{\sigma_7} = \frac{0.0487}{95.14} = 5.1 \times 10^{-4}$

故最大弧垂发生在最高气温时。

高差角：$\beta = \arctan\frac{h}{l} = \arctan\frac{50}{350} = 8.13°$

最高气温时跨越点处弧垂：

$$f_x' = \frac{\gamma x'(l - x')}{2\sigma_0 \cos\beta} = \frac{0.03031 \times 200 \times (350 - 200)}{2 \times 56.24 \times \cos 8.13°} = 8.166\text{m}$$

以A 0m 为基准点，B塔高$H_1 = 50\text{m}$，跨越点C处 35kV 线路地线高程$H_2 = 10\text{m}$。根据相似三角形原理计算，如下图所示。

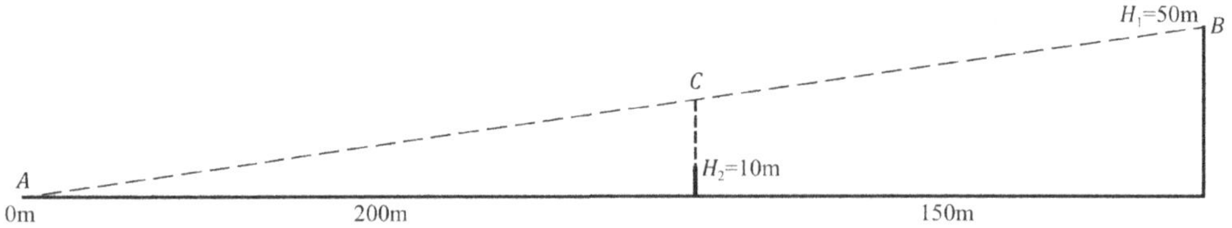

跨越点C处 500kV 线路导线高程：

$$H_3 = \frac{x'}{l}H_1 - f_x' = \frac{200}{350} \times 50 - 8.166 = 20.4\text{m}$$

跨越点处 500kV 线路导线距 35kV 线路地线最小垂直距离：

$$s = H_3 - H_2 = 20.4 - 10 = 10.4\text{m}$$

2024 年专业知识试题答案（上午卷）

1. **答案：** C

依据：《爆炸危险环境电力装置设计规范》（GB 50058—2014）附录 C。

2. **答案：** C

依据：《抽水蓄能电站设计规范》（NB/T 10072—2018）第 8.4.1 条。

3. **答案：** C

依据：《导体和电器选择设计规程》（DL/T 5222—2021）第 5.1.10 条。

4. **答案：** D

依据：《交流电气装置的接地设计规范》（GB/T 50065—2011）第 4.3.1 条。

5. **答案：** B

依据：《电力工程直流电源系统设计技术规程》（DL/T 5044—2014）第 3.5.6 条、第 3.4.3 条、第 3.5.4 条、第 5.1.2 条。

6. **答案：** C

依据：《电力系统电压和无功电力技术导则》（DL/T 1773—2017）第 6.6 条。

7. **答案：** D

依据：《架空输电线路电气设计规程》（DL/T 5582—2020）第 8.0.10 条。

8. **答案：** B

依据：《交流电气装置的接地设计规范》（GB/T 50065—2011）第 5.1.6 条。计算雷电保护接地装置采用的土壤电阻率ρ应取雷季中的最大值。

$$\rho = \rho_0 \varphi = 1500 \times (1.25 \sim 1.45) = 1875 \sim 2175 \Omega \cdot \mathrm{m}$$

9. **答案：** C

依据：《电能质量　公用电网谐波》（GB/T 14549—1993）第 4 条表 1。

10. **答案：** B

依据：《导体和电器选择设计规程》（DL/T 5222—2021）第 3.0.12 条。

11. **答案：** D

依据：《绝缘配合　第 1 部分：定义、原则和规则》（GB 311.1—2012）第 6.9 条表 3，750kV 设备最高运行线电压取 800kV。

《电力工程电气设计手册 1 电气一次部分》P354 式（8-48），圆球的最小半径：

$$r_{\min} = \frac{U_{\mathrm{xg}}}{E_{\max}} = \frac{800/\sqrt{3}}{20} = 23\mathrm{cm} = 230\mathrm{mm}$$

12. **答案：** A

依据：《电力工程电缆设计标准》（GB 50217—2018）第 3.7.6～第 3.7.8 条。

13. **答案：** D

依据：《火力发电厂厂用电设计技术规程》（DL/T 5153—2014）第3.5.1条及《小型火力发电厂设计规范》（GB 50049—2011）第17.3.11条。

14. **答案：** B

依据：《并联电容器装置设计规范》（GB 50227—2017）第5.2.2条条文说明式（1），母线电压升高值：$\Delta U = U_{\mathrm{so}}\frac{Q}{S_{\mathrm{d}}} = 35 \times \frac{2\times 20}{1500} = 0.93\mathrm{kV}$

15. **答案：** D

依据：《电力工程电缆设计标准》（GB 50217—2018）表3.6.5。

16. **答案：** B

依据：《电力工程高压送电线路设计手册》（第二版）P16式（2-1-3）、P20式（2-1-32）。

正三角形排列时，相导线的几何均距$d_{\mathrm{m}} = \sqrt[3]{d_{\mathrm{ab}}d_{\mathrm{bc}}d_{\mathrm{ca}}} = \sqrt[3]{6.5\times 6.5\times 6.5} = 6.5\mathrm{m}$

单根钢芯铝绞线，等价半径直接取直径一半，$r = \frac{23.9}{2} = 11.95\mathrm{mm} = 0.01195\mathrm{m}$

单位长度正序电纳：$b_{\mathrm{c1}} = \frac{7.58\times 10^{-6}}{\lg\frac{d_{\mathrm{m}}}{r}} = \frac{7.58\times 10^{-6}}{\lg\frac{6.5}{0.01195}} = 2.77\times 10^{-6}$

17. **答案：** C

依据：《高压配电装置设计规范》（DL/T 5352—2018）第6.1.1条。

18. **答案：** C

依据：《导体和电器选择设计规程》（DL/T 5222—2021）第3.0.11条。

19. **答案：** C

依据：《高压配电装置设计规范》（DL/T 5352—2018）第5.1.6条表5.1.2-1。

20. **答案：** C

依据：《火力发电厂、变电站二次接线设计技术规程》（DL/T 5136—2012）第5.4.18条。

21. **答案：** D

依据：《火力发电厂厂用电设计技术规程》（DL/T 5153—2014）第6.1.7条。

22. **答案：** D

依据：《并联电容器装置设计规范》（GB 50227—2017）第6.1.8条。

23. **答案：** C

依据：《电力工程电缆设计标准》（GB 50217—2018）表5.5.2。

24. **答案：** D

依据：《交流架空输电线路对电信线路危险和干扰影响防护设计规程》（DL/T 5033—2023）第3.0.1条。

25. **答案：** A

依据：《小型火力发电厂设计规范》（GB 50049—2011）第17.2.4条条文说明。

26. **答案：** C

依据：《导体和电器选择设计规程》（DL/T 5222—2021）第 4.0.15 条。

27. **答案：** A

依据：《交流电气装置的过电压保护和绝缘配合设计规范》（GB/T 50064—2014）第 5.3.1-2 条。

28. **答案：** B

依据：《电力系统安全自动装置设计规范》（GB/T 50703—2011）第 4.1.1 条、第 4.1.2 条、第 4.2.2 条、第 4.3.2 条。

29. **答案：** D

依据：《水力发电厂照明设计规范》（NB/T 35008—2023）第 7.1.3 条。

30. **答案：** C

依据：《风电场工程电气设计规范》（NB/T 31026—2022）第 5.3.2 条、第 5.3.3 条。

31. **答案：** C

依据：《交流电气装置的过电压保护和绝缘配合设计规范》（GB/T 50064—2014）第 6.2.1 条式（6.2.1）：

操作过电压基准值：$p.u.=\frac{\sqrt{2}}{\sqrt{3}}U_{\mathrm{m}}=\frac{\sqrt{2}}{\sqrt{3}}\times 800=653.2\mathrm{kV}$

放电电压：$u_{\mathrm{l.i.s}}=k_1U_{\mathrm{s}}=1.27\times 1.8\times 653.2=1493\mathrm{kV}$

32. **答案：** C

依据：《架空输电线路电气设计规程》（DL/T 5582—2020）第 5.1.11 条。

33. **答案：** B

依据：《低压配电设计规范》（GB/T 50054—2011）第 3.1.3 条。

34. **答案：** D

依据：《220kV～1000kV 变电站站用电设计技术规程》（DL/T 5155—2016）第 6.5.1 条。

35. **答案：** B

依据：《交流电气装置的过电压保护和绝缘配合设计规范》（GB/T 50064—2014）第 4.2.1-4 条。

36. **答案：** B

依据：《继电保护和安全自动装置技术规程》（GB/T 14285—2023）第 5.6.2.1 条、第 5.6.2.4 条。

37. **答案：** C

依据：《电能质量　公用电网谐波》（GB/T 14549—1993）附录 D。

38. **答案：** D

依据：《风电场工程 110kV～220kV 海上升压变电站设计规范》（NB/T 31115—2017）第 5.1.5 条。

39. **答案：** B

依据：《架空输电线路电气设计规程》（DL/T 5582—2020）第 7.3.3 条。

40. **答案：** A

依据：《架空输电线路电气设计规程》（DL/T 5582—2020）第 10.2.3 条。

……

41. **答案：** AD

依据：《火力发电厂、变电站二次接线设计技术规程》（DL/T 5136—2012）第 5.1.5 条、第 5.1.9 条、第 5.1.11 条、第 6.5.6-4 条。

42. **答案：** BC

依据：《电力变压器选用导则》（GB/T 17468—2019）第 6.1 条。

43. **答案：** AD

依据：《导体和电器选择设计规程》（DL/T 5222—2021）第 5.1.4 条。

44. **答案：** AC

依据：《电力工程直流电源系统设计技术规程》（DL/T 5044—2014）第 8.1.2 条、第 8.1.3 条、第 8.1.4 条、第 8.1.8 条。

45. **答案：** ACD

依据：《电力系统安全稳定导则》（GB 38755—2019）第 5.9 条。

46. **答案：** ABC

依据：《电力系统设计手册》P182 式（7-14）。按容许发热条件的持续极限输送容量的计算，导线持续容许电流：

$$I_{\max}=\frac{P_{\max}/\cos\varphi}{\sqrt{3}U_{\mathrm{e}}}=\frac{\frac{550}{0.95}}{\sqrt{3}\times 330}\times 10^{3}=1012.9\mathrm{A}$$

ABC 均满足

47. **答案：** ACD

依据：《电力设备典型消防规程》（DL 5027—2015）第 10.3.6 条。

48. **答案：** ACD

依据：《大中型火力发电厂设计规范》（GB 50660—2011）第 3.2.3 条、第 16.1.4 条、第 16.1.5 条。

49. **答案：** ABD

依据：《绝缘配合　第 2 部分：使用导则》（GB/T 311.2—2013）第 4.3.4.2 条。

50. **答案：** ACD

依据：《大中型火力发电厂设计规范》（GB 50660—2011）第 16.3.17 条及《电力工程直流电源系统设计技术规程》（DL/T 5044—2014）第 4.2.1 条、第 4.2.2 条、第 4.2.4 条、第 4.2.5 条。

51. **答案：** ABD

依据：《电力设施抗震设计规范》（GB 50260—2013）第 6.5.3 条。

52. **答案：** AD

依据：《架空输电线路电气设计规程》（DL/T 5582—2020）第 4.0.20 条、附录 H.0.1、H.0.3、H.0.4。

53. **答案：** ACD

依据：《电力系统电压和无功电力技术导则》（DL/T 1773—2017）第 8.3 条、第 8.5 条、第 8.6 条及《大中型火力发电厂设计规范》（GB 50660—2011）第 3.2.3 条。

54. **答案：** ABD

依据：《导体和电器选择设计规程》（DL/T 5222—2021）第 5.2.2 条。

55. **答案：** AD

依据：《风电场工程 110kV～220kV 海上升压变电站设计规范》（NB/T 31115—2017）第 5.3.3。

56. **答案：** BCD

依据：《火力发电厂厂用电设计技术规程》（DL/T 5153—2014）第 3.10.1-4 条、3.10.5-2 条、3.10.9 条、3.10.10 条。

57. **答案：** ABD

依据：《架空输电线路电气设计规程》（DL/T 5582—2020）第 8.0.5 条及条文说明、第 8.0.6 条。

58. **答案：** CD

依据：《架空输电线路电气设计规程》（DL/T 5582—2020）第 9.2.1 条及条文说明。

59. **答案：** ACD

依据：《大中型火力发电厂设计规范》（GB 50660—2011）第 16.2.8 条、第 16.3.6 条、第 16.3.5 条。

60. **答案：** AB

依据：《电力工程电缆设计标准》（GB 50217—2018）第 4.1.11、第 4.1.12、第 4.1.16 条。

61. **答案：** AB

依据：《火力发电厂、变电站二次接线设计技术规程》（DL/T 5136—2012）第 6.2.1-1 条、第 6.6.1 条、第 6.6.3 条。

62. **答案：** AC

依据：《发电厂和变电站照明设计技术规定》（DL/T 5390—2014）第 5.2.2 条、第 5.3.1 条、第 5.3.5 条、第 5.3.6 条。

63. **答案：** CD

依据：《电力工程电缆设计标准》（GB 50217—2018）第 4.1.16 条。

64. **答案：** AB

依据：《架空输电线路电气设计规程》（DL/T 5582—2020）表 5.1.19。

65. **答案：** AB

依据：《导体和电器选择设计规程》（DL/T 5222—2021）附录 A.1.1。

66. **答案：** ACD

依据：《高压配电装置设计规范》（DL/T 5352—2018）第 5.2.5 条～第 5.2.6 条、第 5.3.9 条。

67. **答案：** BCD

依据：《继电保护和安全自动装置技术规程》（GB/T 14285—2023）第 5.3.1.2 条、第 5.3.1.3 条、第 5.3.7.4、第 5.6.1.3 条。

68. **答案：** CD

依据：《发电厂和变电站照明设计技术规定》（DL/T 5390—2014）第 3.1.2 条、第 3.1.3 条。

69. **答案：** AD

依据：《交流电气装置的过电压保护和绝缘配合设计规范》（GB/T 50064—2014）第 5.3.1 条。

70. **答案：** ACD

依据：《架空输电线路电气设计规程》（DL/T 5582—2020）第 9.5.1 条。

2024 年专业知识试题答案（下午卷）

1. **答案：**C

依据：《爆炸危险环境电力装置设计规范》（GB 50058—2014）第 5.4.1 条。

2. **答案：**A

依据：《电力工程电气设计手册 1 电气一次部分》P144。

3. **答案：**C

依据：《高压配电装置设计规范》（DL/T 5352—2018）第 5.4.1 条、第 5.4.2 条、第 5.4.6 条及表 5.4.4。

4. **答案：**B

依据：《交流电气装置的接地设计规范》（GB/T 50065—2011）第 4.2.1 条及附录 B。

5. **答案：**D

依据：《电力工程直流电源系统设计技术规程》（DL/T 5044—2014）第 6.5.2-4 条。

6. **答案：**B

依据：《330kV～750kV 变电站无功补偿装置设计技术规定》（DL/T 5014—2010）第 5.0.4 条。

7. **答案：**D

依据：《架空输电线路电气设计规程》（DL/T 5582—2020）第 4.0.24 条。

8. **答案：**B

依据：《交流电气装置的接地设计规范》（GB/T 50065—2011）表 5.1.3 及第 5.1.5 条。

9. **答案：**A

依据：《火力发电厂厂用电设计技术规程》（DL/T 5153—2014）第 3.3.1 条。

10. **答案：**A

依据：《导体和电器选择设计规程》（DL/T 5222—2021）第 4.0.5 条。

11. **答案：**A

依据：《高压配电装置设计规范》（DL/T 5352—2018）第 5.5.3 条、第 5.5.4 条。

12. **答案：**D

依据：《火力发电厂、变电站二次接线设计技术规程》（DL/T 5136—2012）第 4.2.3 条。

13. **答案：**B

依据：《火力发电厂厂用电设计技术规程》（DL/T 5153—2014）附录 D.0.3。

14. **答案：**C

依据：《并联电容器装置设计规范》（GB 50227—2017）第 5.4.2 条。

15. **答案：**A

依据：《电力工程高压送电线路设计手册》（第 2 版）P292 表 5-2-2。

16. **答案：** C

依据：《架空输电线路电气设计规程》（DL/T 5582—2020）第 5.1.11 条、第 5.1.12 条、第 5.1.10 条、第 5.1.13 条。

17. **答案：** C

依据：《火力发电厂与变电站设计防火标准》（GB 50229—2019）第 6.8.4 条。

18. **答案：** C

依据：《导体和电器选择设计规程》（DL/T 5222—2021）第 7.3.10 条。

19. **答案：** D

依据：《交流电气装置的过电压保护和绝缘配合设计规范》（GB/T 50064—2014）表 4.4.3。

20. **答案：** A

依据：《电力系统安全自动装置设计规范》（GB/T 50703—2011）表 3.5.1。

21. **答案：** C

依据：《发电厂和变电站照明设计技术规定》（DL/T 5390—2014）第 9.0.4 条。

22. **答案：** B

依据：《35kV～220kV 变电站无功补偿装置设计技术规定》（DL/T 5242—2010）第 6.1.5 条。

23. **答案：** C

依据：《电力工程电缆设计标准》（GB 50217—2018）第 4.1.13 条条文说明表 4。

24. **答案：** B

依据：《架空输电线路电气设计规程》（DL/T 5582—2020）第 9.2.4 条。

25. **答案：** C

依据：《大中型火力发电厂设计规范》（GB 50660—2011）第 16.2.11 条。

26. **答案：** A

依据：《电力工程电缆设计标准》（GB 50217—2018）第 3.3.4 条、第 3.3.6 条、第 3.3.7 条、第 3.4.8 条。

27. **答案：** C

依据：《交流电气装置的接地设计规范》（GB/T 50065—2011）第 4.3.1-3 条、第 4.3.3 条、第 4.4.5 条。

28. **答案：** C

依据：《继电保护和安全自动装置技术规程》（GB/T 14285—2023）第 5.2.1.4.2 条。

29. **答案：** A

依据：《发电厂和变电站照明设计技术规定》（DL/T 5390—2014）第 5.4.3 条。

30. **答案：** B

依据：《风电场工程电气设计规范》（NB/T 31026—2022）第 5.1.4 条。

31. **答案：** B

依据：《架空输电线路电气设计规程》（DL/T 5582—2020）第 6.1.3 条式（6.1.3-2）。

最少绝缘子片数：$n_1 \geqslant \frac{\lambda U_{\text{ph-e}}}{K_e L_{01}} = \frac{50.4\times550/\sqrt{3}}{0.9\times550} = 32.3$ 片

32. **答案：** D

依据：《架空输电线路荷载规范》（DL/T 5551—2018）第 6.1.1 条、第 6.3.1 条。

基准风压：$W_0 \geqslant \frac{V_0^2}{1.6} = \frac{27^2}{1.6} = 455.625\text{N/m}^2$

绝缘子串风荷载的标准值：$W_\text{I} = n \cdot \lambda_\text{I} \cdot W_0 \cdot \mu_z \cdot \mu_{\text{S1}} \cdot B_3 \cdot A_1$

本题丘陵地形为 B 类区，耐张串水平布置，平均高度直接取挂点高度 30m，风压高度变化系数$\mu_z = 1.39$；绝缘子串采用水平布置，垂直风向绝缘子联数$n = 1$；三联串，顺风向绝缘子串风荷载屏蔽折减系数$\lambda_I = 2.0$；绝缘子串体型系数$\mu_{\text{S1}} = 1.0$；最大风速时无覆冰，绝缘子串覆冰风荷载增大系数$B_3 = 1.0$

带入数据$W_\text{I} = 1 \times 2.0 \times 455.625 \times 1.39 \times 1.0 \times 1.0 \times 1.25 = 1583\text{N}$

33. **答案：** D

依据：《小型火力发电厂设计规范》（GB 50049—2011）第 17.2.6 条、第 17.2.10 条。

34. **答案：** C

依据：《导体和电器选择设计规程》（DL/T 5222—2021）第 5.6.3 条。

35. **答案：** C

依据：《交流电气装置的接地设计规范》（GB/T 50065—2011）第 5.1.3 条表 5.1.3。

36. **答案：** C

依据：《电力工程直流电源系统设计技术规程》（DL/T 5044—2014）第 7.2.3 条。

37. **答案：** A

依据：《电力系统安全稳定导则》（GB 38755—2019）第 2.2.1.1 条、第 2.2.1.2 条、第 2.2.1.3.1 条。

38. **答案：** D

依据：《高压直流输电大地返回系统设计技术规范》（DL/T 5224—2014）第 6.0.4 条。

39. **答案：** C

依据：《架空输电线路电气设计规程》（DL/T 5582—2020）表 7.2.3、表 7.3.1。

40. **答案：** A

依据：《架空输电线路电气设计规程》（DL/T 5582—2020）表 10.2.5-1、表 10.2.5-2。

………………………………………………………………………………

41. **答案：** AC

依据：《风电场工程电气设计规范》（NB/T 31026—2022）第 6.2.9 条。

42. **答案：** AB

依据：《导体和电器选择设计规程》（DL/T 5222—2021）第 11.0.5 条、11.0.9 条。

43. **答案：** ACD

依据：《交流电气装置的接地设计规范》（GB/T 50065—2011）第 4.3.6 条。

44. **答案：** ABC

依据：《电力工程直流电源系统设计技术规程》（DL/T 5044—2014）第 5.1.2-1 条、第 5.1.3 条、第 6.5.2 条、第 6.6.2 条。

45. **答案：** ACD

依据：《330kV～750kV 变电站无功补偿装置设计技术规定》（DL/T 5014—2010）第 5.0.8 条。

46. **答案：** BC

依据：《架空输电线路电气设计规程》（DL/T 5582—2020）第 6.1.3 条、第 6.1.4 条、第 6.2.4-3 条。

47. **答案：** BC

依据：《水力发电厂机电设计规范》（NB/T 10878—2021）第 4.2.3 条～第 4.2.6 条。

48. **答案：** AB

依据：《导体和电器选择设计规程》（DL/T 5222—2021）第 5.1.4 条。

49. **答案：** BD

依据：《火力发电厂、变电站二次接线设计技术规程》（DL/T 5136—2012）第 5.1.11 条、7.1.4 条。

50. **答案：** BC

依据：《火力发电厂厂用电设计技术规程》（DL/T 5153—2014）第 8.2.2 条、第 8.2.3-2 条、第 8.4.2 条。

51. **答案：** AC

依据：《330kV～750kV 变电站无功补偿装置设计技术规定》（DL/T 5014—2010）第 6.2.1 条。

52. **答案：** BD

依据：《架空输电线路电气设计规程》（DL/T 5582—2020）第 3.0.5 条、第 3.0.8 条、第 3.0.9 条与条文说明。

53. **答案：** AC

依据：《导体和电器选择设计规程》（DL/T 5222—2021）附录 A.7.1。

54. **答案：** BC

依据：《电力设施抗震设计规范》（GB 50260—2013）第 6.1.1 条。

55. **答案：** BCD

依据：《电流互感器和电压互感器选择及计算规程》（DL/T 866—2015）第 7.2.6 条、第 7.2.9-2 条。

56. **答案：** AC

依据：《火力发电厂厂用电设计技术规程》（DL/T 5153—2014）第 5.1.2 条、第 5.1.4 条、第 5.1.6 条、第 5.2.1 条。

57. **答案：** AD

依据：《光伏发电工程电气设计规范》（NB/T 10128—2019）第 5.9.1 条、第 5.9.2 条。

58. **答案：** ABD

依据：《电力工程高压送电线路设计手册》（第二版）P184 式（3-3-12）。垂直档距计算公式$l_v=\frac{l_1+l_2}{2}+\frac{\sigma_0}{\gamma_v}\left(\frac{h_1}{l_1}+\frac{h_2}{l_2}\right)=\frac{l_1+l_2}{2}+\frac{T_0}{g_1}\left(\frac{h_1}{l_1}+\frac{h_2}{l_2}\right)$，从公式可知，垂直档距与高差、电线张力、两侧档距有关。

59. **答案：** BCD

依据：《导体和电器选择设计规程》（DL/T 5222—2021）第 12.0.10 条。

60. **答案：** AD

依据：《交流电气装置的过电压保护和绝缘配合设计规范》（GB/T 50064—2014）第 6.1.3、6.1.4 条。

61. **答案：** CD

依据：《3kV～110kV 电网继电保护装置运行整定规程》（DL/T 584—2017）第 5.3.2 条。

62. **答案：** AD

依据：《发电厂和变电站照明设计技术规定》（DL/T 5390—2014）第 8.1.3 条、第 8.1.4 条、第 5.6.4 条、第 8.4.1 条、第 8.4.8 条。

63. **答案：** BD

依据：《电力工程高压送电线路设计手册》（第二版）P292。

64. **答案：** CD

依据：《电力工程高压送电线路设计手册》（第二版）P179 表 3-3-1。

电线最低点到悬挂点较低侧水平距离：$l_{OA}=\frac{l}{2}-\frac{\sigma_0}{\gamma}\tan\beta$

较高侧水平距离$l_{OB}=\frac{l}{2}+\frac{\sigma_0}{\gamma}\tan\beta$

较低侧悬挂点应力：$\sigma_A=\sigma_0+\frac{\gamma^2 l_{OA}^2}{2\sigma_0}$

较高侧悬挂点应力：$\sigma_A=\sigma_0+\frac{\gamma^2 l_{OB}^2}{2\sigma_0}$

悬挂点允许应力一定，档距越大，允许导线两侧悬挂点高差越小，选项 A 错误；

悬挂点允许应力一定，导线两侧悬挂点高差越大，允许档距越大，选项 B 错误；

其他条件不变时，导线两侧悬挂点高差增加，高侧悬挂点应力增加，选项 C 正确；

其他条件不变时，导线张力降低，高侧悬挂点应力降低，选项 D 正确。

65. **答案：** CD

依据：《220kV～750kV 变电站设计技术规程》（DL/T 5218—2012）第 5.1.8 条。

66. **答案：** AD

依据：《交流电气装置的过电压保护和绝缘配合设计规范》（GB/T 50064—2014）第 5.4.6 条。

67. **答案：** BD

依据：《电力系统安全稳定导则》（GB 38755—2019）第 4.2.3 条。

68. **答案：** ABD

依据：《电力系统设计技术规程》（DL/T 5429—2009）第 4.0.2 条、第 4.0.3 条。

69. **答案：** ACD

依据：《城市电力电缆线路设计技术规定》（DL/T 5221—2016）表 4.1.4 及第 4.5.6 条、第 4.5.8 条、第 4.5.5 条。

70. **答案：** AC

依据：《架空输电线路电气设计规程》（DL/T 5582—2020）表 4.0.7。

2024 年案例分析试题答案（上午卷）

题 1～5 答案：**CDAAB**

1. 依据《小型火力发电厂设计规范》（GB 50049—2011）第 17.2.2 条：若接入电力系统发电厂的机组容量与电力系统不匹配且技术经济合理时，可将两台发电机与一台变压器（双组变压器或分裂绕组变压器）做扩大单元连接，也可将两组发电机双绕组变压器组共用一台高压侧断路器进行联合单元连接。此时，在发电机与主变压器之间应装设发电机断路器或负荷开关。

该电厂的 4 台机组都是 50MW 的小机组，通常使用 110kV 及以下的电压等级进行并网。本题并网电压等级达到 220kV，这就意味着机组容量与电力系统不匹配。在这种情况下，可以考虑采用扩大单元或联合单元的方式来连接。

综合考虑后选项 C 较为经济。

2. 依据《小型火力发电厂设计规范》（GB 50049—2011）第 17.3.7 条：高压厂用备用变压器（电抗器）或启动/备用变压器的容量不应小于最大一台（组）高压厂用工作变压器（电抗器）的容量。第 17.1.2 条：当发电机与主变压器为单元连接时，该变压器的容量宜按发电机的最大连续容量扣除高压厂用工作变压器计算负荷与高压厂用备用变压器可能替代的高压厂用工作变压器计算负荷的差值进行选择。第 17.1.2 条条文说明："扣除高压厂用工作变压器计算负荷与高压厂用备用变压器可能替代的高压厂用工作变压器计算负荷的差值进行选择"，系指以估算厂用电率的原则和方法所确定的厂用电计算负荷。计算方法是考虑到高压厂用备用变压器可能作为高压厂用工作变压器的检修备用，因此主变压器的容量选择应考虑这种运行工况。

本题题干明确给出了以下 2 个条件：

（1）发电机出口装设有断路器且每台机组的高压厂用计算负荷为 9MVA。

（2）全厂四台机组共用一台高压备用变压器，该备用变压器的电源引自 220kV 升压站母线，备用变压器的容量不得小于 9MVA，以确保它能够完全替代任意一台高压厂用工作变压器。

考虑最极端情况，单台机组所有厂用电被备用变供应，此时厂用变功率为 0。综上所述，主变的计算容量不应小于：

$$S_1 = \frac{P_{\max}}{\cos\varphi} - S_{\Delta} = \frac{55}{0.8} - 0 = 68.75$$

3. 依据《交流电气装置的过电压保护和绝缘配合设计规范》（GB/T 50064—2014）第 3.1.3-3 条：对于发电机额定电压 6.3kV 及以上的系统，当发电机内部发生单相接地故障不要求瞬时切机时，采用中性点不接地方式时，发电机单相接地故障电容电流最高允许值应按表 3.1.3 确定；当大于该值时，应采用中性点谐振接地方式，消弧装置可装在厂用变压器中性点上或发电机中性点上。通过查询查表 3.1.3 可知 50MW 机组最高允许值为 4A。

根据《电力工程电气设计手册 1 电气一次部分》P262：发电机电压回路的电容电流应包括发电机、变压器和连接导体的电容电流。当回路装有直配线或电容器时，尚应计及这部分电容电流。

下面计算电容电流，电容电流来源如下：

（1）发电机出口绝缘管形母线电容为$850 \times 20 \times 10^{-6} = 0.017\mu F$；

（2）主变压器低压绕组每相对地电容为 13.5nF，换算成 0.0135μF；

（3）每相定子绕组对地电容为 0.25μF；

（4）高压厂用电系统电容电流为 2.5A。

综合考虑以上四条，依据《电力工程电气设计手册 1 电气一次部分》P80 式（3-1），可以得出总电容电流：$I_C = \sqrt{3}U_e\omega C_\Sigma \times 10^{-3} = \sqrt{3} \times 6.3 \times 100\pi \times (0.25 + 0.0135 + 0.017) \times 10^{-3} + 2.5 = 3.46A < 4A$，宜选择中性点不接地方式。

4. 依据《导体和电器选择设计规程》（DL/T 5222—2021）第 18.1.4 条、第 18.1.5 条、第 18.1.6 条及附录 B.1：对于采用单元连接的发电机中性点的消弧线圈，为了限制电容耦合传递过电压以及频率变动等对发电机中性点位移电压的影响，宜采用欠补偿方式。

本题明确机组采用单元连接，采用欠补偿方式。

脱谐度为：

$$\upsilon = \frac{I_C - I_L}{I_C} = 1 - \frac{I_L}{I_C} = 1 - K = 1 - 0.8 = 20\%$$

消弧线圈容量为：

$$Q = KI_C\frac{U_N}{\sqrt{3}} = 0.8 \times 7.6 \times \frac{6.3}{\sqrt{3}} = 22.11\text{kVA}$$

5. 依据《火力发电厂厂用电设计技术规程》（DL/T 5153—2014）附录 G.0.1、G.0.2。

（1）首先计算变压器、负荷相关基础数据。

根据设计原则，有载调压变压器，在选择分接开关时，应满足以下要求：

- 调压范围应选择 20%（从正分接到负分接）。
- 调压装置的级电压不应过大，可以选择 1.25%。
- 额定分接位置应位于调压范围的中间。

因此可知变压器的额定变比为：

$$U_{1e} \pm 8 \times 1.25/6.3\text{kV}$$

变压器电阻标幺值为：

$$R_T = 1.1\frac{P_T}{S_{2T}} = 1.1 \times \frac{66}{16000} = 0.00454$$

变压器电抗标幺值为：

$$X_T = 1.1\frac{U_d\%}{100} \times \frac{S_{2T}}{S_T} = 1.1 \times \frac{10.5}{100} \times \frac{16}{16} = 0.1155$$

负荷压降标幺值为：

$$Z_\varphi = R_T\cos\varphi + X_T\sin\varphi = 0.00454 \times 0.8 + 0.1155 \times 0.6 = 0.072932$$

变压器低压侧额定电压（标幺值）为：

$$U'_{2e} = \frac{U_{2e}}{U_i} = \frac{6.3}{6} = 1.05$$

电源电压最低值（标幺值）为：

$$U'_{Gmin} = \frac{U_{Gmin}}{U_{1e}} = \frac{206}{U_{1e}}$$

电源电压最高值（标幺值）为：

$$U'_{Gmax} = \frac{U_{Gmax}}{U_{1e}} = \frac{248}{U_{1e}}$$

厂用负荷最大值标幺值为：

$$S_{\max}=\frac{15500}{16000}=0.969$$

高压备用变压器高压侧额定电压为：

$$U_{1e}\leqslant 225.6\text{kV}$$

（2）接着计算电源电压最高值、厂用负荷最小值：

高压备用变压器调整到最高分接头$n=8$位置，计算厂用母线的最高电压：

$$U'_{\text{mmax}}\leqslant 1.05$$

变压器低压侧的空载电压最大值（标幺值）为：

$$U'_{\text{0max}}=\frac{U'_{\text{Gmax}}U'_{2e}}{1+n\dfrac{\delta u}{100}}=\frac{\dfrac{248}{U_{1e}}\times 1.05}{1+8\times\dfrac{1.25}{100}}=\frac{236.73}{U_{1e}}$$

厂用母线的最高电压标幺值为：

$$U'_{\text{mmax}}=U'_{\text{0max}}-S_{\min}Z_{\phi}=\frac{236.73}{U_{1e}}-0\leqslant 1.05$$

（3）最后计算电源电压最低值、厂用负荷最大值：

高压备用变压器调整到最低分接头$n=-8$位置，计算校核厂用母线的最低电压：

$$U'_{\text{mmin}}\geqslant 0.95$$

变压器低压侧的空载电压最小值（标幺值）为：

$$U'_{\text{0min}}=\frac{U'_{\text{Gmax}}U'_{2e}}{1+n\dfrac{\delta u}{100}}=\frac{\dfrac{206}{U_{1e}}\times 1.05}{1-8\times\dfrac{1.25}{100}}=\frac{240.33}{U_{1e}}$$

厂用母线的最低电压标幺值为：

$$U'_{\text{mmin}}=U'_{\text{0min}}-S_{\max}Z_{\phi}=\frac{240.33}{U_{1e}}-0.969\times 0.073\geqslant 0.95$$

根据以上情况可知：高压备用变压器高压侧额定电压：$U_{1e}\geqslant 225.5\text{kV}$，可选择227kV或230kV；选择227kV时额定变比为$227\pm 8\times 1.25/6.3\text{kV}$，高压侧分接头范围为204.3～249.7kV；

选择230kV时额定变比为$230\pm 8\times 1.25/6.3\text{kV}$，高压侧分接头范围为207～253kV；220kV母线电压波动范围为206～248kV，综合比较宜选择227kV。

题6～8答案：**CCB**

6. 依据《电力工程电气设计手册 1 电气一次部分》P232表6-3：最终规模发电容量为300MW，扣除4%站用电。

最大送出容量为：

$$S_{\max}=P_{\max}(1-e\%)/\cos\varphi=300\times(1-4\%)/0.95=303.16\text{MVA}$$

最大持续工作电流为：

$$I_g=\frac{S_{\max}}{\sqrt{3}U_e}=\frac{303.16}{\sqrt{3}\times 220}\times 10^3=795.6\text{A}$$

依据《电力工程电气设计手册 1 电气一次部分》P336表8-6：平均海拔约为300m，户外设备运行环境温度为35℃，综合校正系数K取0.89。

载流量至少需要：

$$I_z\geqslant I_g/K=795.6/0.89=893.9\text{A}$$

依据《电力工程电气设计手册 1 电气一次部分》P412 表 8-4：户外设备考虑日照影响，最高允许温度按 80℃，LGJ-500 载流量至少为 1016A，可以满足要求。

7. 依据《风电场工程电气设计规范》（NB/T 31026—2022）第 5.7.3 条：对于直接接入公共电网的风电场，其配置的容性无功容量应能够补偿风电场满发时场内汇集线路、主变压器的感性无功及风电场送出线路的一半感性无功之和；其配置的感性无功容量应能够补偿风电场自身的容性充电无功功率及风电场送出线路的一半充电无功功率。因此，我们必须同时考虑感性与容性无功。

（a）空载时考虑感性无功，此时应当扣除升压变和 30 台箱变的感性无功损耗，需要配置的感性无功容量为：

$$Q_L = 7229 - 630 - 30 \times 24.75 + 2186/2 = 6949.5\text{kvar} = 6.95\text{Mvar}$$

（b）满发时考虑容性无功，此时应扣除 220kV 送出线路和场内 35kV 集电线路充电无功功率，需要配置的容性无功容量为：

$$Q_c = 1430.9 - 7229 + 30 \times 409.75 + 21630 + (1802 - 2186)/2 = 27932.4\text{kvar} = 27.93\text{Mvar}$$

两者取较大数值，动态无功补偿装置容量至少为 ±28Mvar。

8. 依据《电力工程电气设计手册 1 电气一次部分》P262 式（6-34），计算电缆线路的电容电流：

$$I_C = 0.1U_eL = 0.1 \times 35 \times 150 = 525\text{A}$$

考虑附加数值后，$I_{C\Sigma} = (1 + 13\%)I_C = 593.25\text{A}$

依据《导体和电器选择设计规程》（DL/T 5222—2021）附录 B.2.2 式（B.2.2-3）、式（B.2.2-4），接地电阻消耗功率为：

$$P_R = \frac{U_N}{\sqrt{3}} \times I_d = \frac{U_N}{\sqrt{3}} \times KI_{C\Sigma}$$

可以得到 Z 形接线接地变容量为：

$$S_{SN} \geqslant \frac{P_R}{K_b} = \frac{U_N}{\sqrt{3}} \times \frac{KI_{C\Sigma}}{K_b} = \frac{35}{\sqrt{3}} \times \frac{(1 \sim 2) \times 593.25}{10.5} = 1141.7 \sim 2283.4\text{kVA}$$

因此，1600kVA 满足需求。

题 9～12 答案：**BBBD**

9. 依据《电力工程直流电源系统设计技术规程》（DL/T 5044—2014）附录 D.1.1：充电时，充电装置脱开直流母线对一组蓄电池进行均衡充电，不需要考虑经常负荷。因此充电装置额定电流为：

$$I_r = (1.0 \sim 1.25)I_{10} = (1.0 \sim 1.25) \times 1200/10 = (120.00 \sim 150.00)\text{A}$$

10. 依据《电力工程直流电源系统设计技术规程》（DL/T 5044—2014）附录 D.2.1，题目已经明确 2 组蓄电池配置 3 套充电装置，因此不需要考虑附加模块。

电源模块数量为：

$$n = I_r/I_{me} = 145/30 = 4.83$$

取 5 个

11. 依据《电力工程直流电源系统设计技术规程》（DL/T 5044—2014）第 6.4.1 条。

铅酸蓄电池试验放电装置额定电流：

$I_n = (1.10 \sim 1.30)I_{10} = (132 \sim 156)\text{A}$，选择范围内的 150A 经济合理。

12. 依据《电力工程直流电源系统设计技术规程》（DL/T 5044—2014）附录 C.1.3、附录 C.2.3-1，单体蓄电池放电末期终止电压为：

$$U_m \geqslant 0.875\frac{U_n}{n} = 0.875 \times \frac{220}{103} = 1.87\text{V}$$

查表 C.3.5 可知，1min 冲击负荷的容量换算系数K_{cho}为 0.94。因此可知满足 1min 冲击放电电流计算容量为：

$$C_{cho} = K_k\frac{I_{cho}}{K_{cho}} = 1.4 \times \frac{410.22}{0.94} = 611\text{Ah}$$

题 13～16 答案：**BBCB**

13. 依据《电流互感器和电压互感器选择及计算规程》（DL/T 866—2015），查表 10.1.2，采用三相星形接线方式时，仪表接线的阻抗换算系数$K_{mc} = 1$，连接线的阻抗换算系数$K_{lc} = 1$。

将仪表单相负荷换算为电阻值：

$$Z_m = \frac{0.5}{1^2} = 0.5\Omega$$

计算二次电缆电阻：

$$Z_1 = R = \frac{L}{\gamma S} = \frac{160}{57 \times 4} = 0.702\Omega$$

综上可以计算出二次负荷计算值：

$$Z_b = \sum K_{mc}Z_m + K_{lc}Z_1 + R_c = 1 \times 0.5 + 1 \times 0.702 + 0.1 = 1.3\Omega$$

14. 依据：《大型发电机变压器继电保护整定计算导则》（DL/T 684—2012）第 4.2.1 条式（24）、式（25）。

（1）计算发电机额定一次电流：

$$I_{GN} = \frac{P_{GN}}{\sqrt{3}U_{GN}\cos\varphi} = \frac{320 \times 10^3}{\sqrt{3} \times 18 \times 0.9} = 11404.45\text{A}$$

（2）计算保护动作电流：

$$I_{op} = \frac{K_{rel}I_{GN}}{K_r n_a} = \frac{1.3 \times 11404.45}{0.95 \times 15000/1} = 1.04\text{A}$$

（3）计算灵敏系数：

按主变压器高压侧母线两相短路电流的条件校验，流过保护安装处（发电机端）的短路电流由发电机提供，下面计算短路电流：

取基准容量为发电机容量：

$$S_j = P_{GN}/\cos\varphi = 320/0.9\text{MVA}$$

变压器阻抗标幺值为：

$$X_t = \frac{U_d\%}{100} \times \frac{S_j}{S_i} = \frac{14}{100} \times \frac{320/0.9}{360} = 0.138$$

高压侧母线两相短路，流过保护安装处（发电机端）最小两相短路电流为：

$$I_{k,min}^{(2)} = \frac{\sqrt{3}}{2}I_{k,min}^{(3)} = \frac{\sqrt{3}}{2}\frac{1}{X_d'' + X_t}\frac{S_j}{\sqrt{3}U_N} = \frac{\sqrt{3}}{2} \times \frac{1}{0.165 + 0.138} \times \frac{320/0.9}{\sqrt{3} \times 18} = 32.595\text{kA}$$

综上可知灵敏系数为：

$$K_{sen} = \frac{I_{k,min}^{(2)}}{I_{op}n_a} = \frac{32595}{1.04 \times 15000/1} = 2.1$$

补充说明：本题存在争议，因主变压器接线组别为YNd11，高三侧母线两相短路，实际流过保护安装处最小两相短路电流还需要考虑变压器的折算系数$\frac{2}{\sqrt{3}}$，此时最小两相短路电流为：

$$I_{\mathrm{k,min}}^{(2)}=\frac{2}{\sqrt{3}}\times\frac{\sqrt{3}}{2}\frac{1}{X_{\mathrm{d}}'+X_{\mathrm{t}}}\frac{S_{\mathrm{t}}}{\sqrt{3}U_{\mathrm{N}}}=\frac{1}{0.165+0.138}\times\frac{320/0.9}{\sqrt{3}\times18}=37.637\mathrm{kA}$$

按此计算本题无对应答案。

15. 依据《大型发电机变压器继电保护整定计算导则》（DL/T 684—2012）第4.1.2.3条，需要计算差动回路最大不平衡电流首先得计算最大短路电流。

机端保护区外三相短路时通过发电机的最大三相短路电流为：

$$I_{\mathrm{K,max}}^{(3)}=\frac{1}{X_{\mathrm{d}}''}\frac{S_{\mathrm{B}}}{\sqrt{3}U_{\mathrm{N}}}=\frac{1}{0.165}\times\frac{320/0.9}{\sqrt{3}\times18}=69.118\mathrm{kA}$$

对于TPY型电流互感器，非周期分量系数取1，差动回路最大不平衡电流为：

$$I_{\mathrm{ubb,max}}=\left(K_{\mathrm{ap}}K_{\mathrm{cc}}K_{\mathrm{er}}+\Delta m\right)\frac{I_{\mathrm{k,max}}^{(3)}}{n_{\mathrm{a}}}=(1\times0.5\times0.1+0.02)\times\frac{69118}{15000/1}=0.32\mathrm{A}$$

16. 依据《大型发电机变压器继电保护整定计算导则》（DL/T 684—2012）第5.1.4.1条表2、第5.1.4.3条式（96）。

计算基准侧高压侧二次电流：

$$I_{\mathrm{e}}=\frac{S_{\mathrm{N}}}{\sqrt{3}U_{\mathrm{N}}n_{\mathrm{a}}}=\frac{360\times10^{3}}{\sqrt{3}\times525\times600/1}=0.66\mathrm{A}$$

保护用电流互感器均为TPY型，因此可知电流互感器的比误差$K_{\mathrm{er}}=0.01\times2=0.02$；

变压器调压引起的误差ΔU取调压范围中偏离额定值的最大值（百分值）$\pm2\times2.5\%=\pm0.05$；

则最小动作电流为：

$$I_{\mathrm{op\cdot min}}=K_{\mathrm{rel}}(K_{\mathrm{er}}+\Delta U+\Delta m)I_{\mathrm{e}}=1.5\times(0.02+0.05+0.05)\times0.66=0.12\mathrm{A}$$

题17～20答案：**BBCB**

17. 依据《电力工程电气设计手册 1 电气一次部分》P232表6-3：母联回路最大持续电流应取值为1个最大电源元件的计算电流。

在这种情况下，由于变电站远离发电厂，220kV出线无电源并网，不需要考虑穿越功率，且220kV侧除了主变回路外没有其他电源接入，母联考虑由一条母线供应另一条母线的情况，此时一个变压器功率由母联供应。

母联回路最大持续电流应取其中一台主变220kV侧的计算电流，即：

$$I_{\mathrm{g}}=1.05\times\frac{S_{\mathrm{N}}}{\sqrt{3}U_{\mathrm{N}}}=1.05\times\frac{3\times334\times10^{3}}{\sqrt{3}\times220}=2761\mathrm{A}$$

依据《电流互感器和电压互感器选择及计算规程》（DL/T 866—2015）第3.2.2条：电流互感器额定一次电流应根据其所属一次设备额定电流或最大工作电流选择，额定一次电流的标准值为10A、12.5A、15A、20A、25A、30A、40A、50A、60A、75A以及它们的十进位倍数或小数。取3000A符合要求。

依据《电流互感器和电压互感器选择及计算规程》（DL/T 866—2015）第3.2.8条，变电站远离发电厂，短路冲击电流为：

$$i_{ch}=\sqrt{2}K_{ch}I''=\sqrt{2}\times1.8\times46.5=118.37\text{kA}$$

综合可知动稳定倍数为：

$$K_d\geqslant\frac{i_{ch}}{\sqrt{2}I_{pr}}\times10^3=\frac{118.37}{\sqrt{2}\times3000}\times10^3=27.9$$

18. 依据《电力工程电缆设计标准》（GB 50217—2018）第 3.6.8-5 条：电力电缆校验热稳定时，短路电流的作用时间应取保护动作时间与断路器开断时间之和。对电动机、低压变压器等直馈线，保护动作时间应取主保护时间。本题融冰换流变压器回路视为直馈线，保护动作时间应取主保护时间 20ms。

依据附录 E.1.3，短路电流的热效应为：

$$Q_t=I^2t=40^2\times(0.02+0.05)=112\text{kA}^2\text{s}$$

依据式（E.1.1-1），电缆热稳定截面积为：

$$S\geqslant\frac{\sqrt{Q_t}}{C}=\frac{\sqrt{112\times10^3}}{141}=75.1\text{mm}^2$$

19. 依据《电力工程电气设计手册 1 电气一次部分》P338 式（8-8），管形母线β值取 0.58，单跨母线三相短路的电动力为：

$$F=17.248\frac{l}{a}i_{ch}^2\beta\times10^{-2}=17.248\times\frac{13}{3.5}\times125^2\times0.58\times10^{-2}=5805.8\text{N}$$

依据《导体和电器选择设计规程》（DL/T 5222—2021）第 21.0.4 条及条文说明，将作用在母线上的电动力对绝缘子产生的弯矩，按弯矩相等等效到支柱绝缘子顶部的受力，即需要将母线上的电动力产生的弯矩等效转换到支柱绝缘子顶部的受力。

$$F'=F\frac{H'}{H}=F\frac{H+\frac{h}{2}+b}{H}=5805.8\times\frac{2300+260}{2300}=6462\text{N}$$

补充说明：管形母线支撑金具高度为 260mm（金具底部至管形母线中心的距离）已经包含金具尺寸和管形母线半径

20. 依据《电力工程电气设计手册 1 电气一次部分》P232 表 6-3，单根电缆最大持续工作电流为：

$$I_g=\frac{1}{2}\times1.2\times\frac{S_e}{\sqrt{3}U_e}=\frac{1}{2}\times1.2\times\frac{65\times10^3}{\sqrt{3}\times35}=643.3\text{A}$$

依据《电力工程电缆设计标准》（GB 50217—2018）附录 F 表 F.0.2，两回电缆采用水平等距同相序直线敷设，X_s为：

$$X_s=\left(2\omega\ln\frac{S}{r}\right)\times10^{-4}=\left(2\times100\pi\times\ln\frac{72}{60/2}\right)\times10^{-4}=0.055\Omega/\text{km}$$

$$a=(2\omega\ln2)\times10^{-4}=(2\times100\pi\times\ln2)\times10^{-4}=0.0436\Omega/\text{km}$$

B 相电缆金属套感应电压为：

$$E_S=LE_{SO}=LI\left(X_S+\frac{a}{2}\right)=0.18\times643.3\times\left(0.055+\frac{0.0436}{2}\right)=8.89\text{V}$$

题 21～25 答案：**ABCAD**

21. 依据《交流电气装置的过电压保护和绝缘配合设计规范》（GB/T 50064—2014）附录 D.1.5，导线上最高工作电压瞬时值为：

$$U_{ph}=\frac{\sqrt{2}U_m}{\sqrt{3}}\sin\omega t=\frac{\sqrt{2}\times550}{\sqrt{3}}\sin100\pi t=449.07\sin100\pi t\ \text{kV}$$

导线上工作电压与雷电流极性相反且为最高工作电压峰值 449.07kV 时，绕击耐雷水平最小。根据绝缘子串雷电冲击放电电压为 3106kV，计算出雷电力负极性时最小绕击耐雷水平：

$$I_{\min}=\left(\left|U_{-50\%}\right|+\frac{2Z_0}{Z_{0+Z_C}}U_{\mathrm{ph}}\right)\frac{2Z_{0+Z_C}}{Z_0Z_C}=\left[3106+\frac{2\times1000}{2\times1000+400}\times(-449.07)\right]\times\frac{2\times1000+400}{1000\times400}=16.4\mathrm{kA}$$

22. 依据《交流电气装置的接地设计规范》（GB/T 50065—2011）附录 F.0.1，接地体长度 $L=4(l_1+l_2)=4\times(15+20)=140\mathrm{m}$，直径 $d=12\mathrm{mm}=0.012\mathrm{m}$，$A_t$ 取 1.76。

可以得到工频接地电阻：

$$R=\frac{\rho}{2\pi L}\left(\ln\frac{L^2}{hd}+A_t\right)=\frac{1000}{2\pi\times140}\times\left(\ln\frac{140^2}{0.8\times0.012}+1.76\right)=18.5\Omega$$

23. 依据《架空输电线路电气设计规程》（DL/T 5582—2020）第 9.3.1 条，考虑 4 分裂，每相导线风荷载为：

$$W_x=\beta_C\cdot a_L\cdot W_0\cdot\mu_z\cdot\mu_{sc}\cdot d\cdot L_p\cdot B_1\cdot\sin^2\theta$$

其中：基准风压 $W_0=v_0^2/1600=27^2/1600=0.4556\mathrm{kN/m^2}$；30m 高度风压高度变化系数 $\mu_z=1.39$；导线外径 $d=33.8\mathrm{mm}>17\mathrm{mm}$；导地线体型系数 $\mu_{sc}=1.0$；对无冰情况，导地线覆冰风荷载增大系数 $B_1=1.0$。

最终计算出：

$$W_x=0.963\times0.723\times0.4556\times1.39\times1.0\times4\times33.8\times500\times1.0\times\sin^2 90°=29806.4\mathrm{N}$$

大风工况下垂直档距：$L_v=500\times0.65=325\mathrm{m}$

每相导线自重力荷载：$W_1=4\times2.0784\times9.80665\times325=26496.8\mathrm{N}$

依据《电力工程高压送电线路设计手册》（第二版）P103 式（2-6-44），绝缘子串风偏角为：

$$\varphi=\arctan\frac{P_I/2+PL_H}{G_I/2+W_1L_V}=\arctan\frac{2000/2+29806.4}{250\times9.80665/2+26496.8}=48.0°$$

24. 依据：《电力工程高压送电线路设计手册》（第二版）P108 式（2-6-49）。

耐张绝缘子串重力：$G_v=650\times9.80665=6374.3\mathrm{N}$

每相导线单位长度的自重力：$g_1=4\times2.0784\times9.80665=81.53\mathrm{N/m}$

每相导线水平张力：$T=4\times43.54\times672.81=117176.6\mathrm{N}$

可知倾斜角：

$$\theta=\arctan\frac{0.5G_v+W_v}{T}=\arctan\frac{0.5\times6374.3+81.53\times(-100)}{117176.6}=-2.4°$$

25. 依据《架空输电线路电气设计规程》（DL/T 5582—2020）附录 E.0.1，根据条件进行计算。

导线等效半径为：

$$d_{eq}=0.58n^{0.48}d=0.58\times4^{0.48}\times33.8=38.14\mathrm{mm}$$

A、C 相导线表面电位梯度为：

$$E_A=E_C=1.21\mathrm{MV/m}=12.1\mathrm{kV/cm}$$

B 相导线表面电位梯度：

$$E_B=1.32\mathrm{MV/m}=13.2\mathrm{kV/cm}$$

A、C 相导线的声功率级为：

$$PWL(A) = PWL(C) = -164.6 + 120\lg E_A + 55\lg d_{cq} = -164.6 + 120\lg 12.1 + 55\lg 38.14 = 52.31dB(A)$$

B 相导线的声功率级为：

$$PWL(B) = -164.6 + 120\lg E_B + 55\lg d_{eq} = -164.6 + 120\lg 13.2 + 55\lg 38.14 = 56.84dB(A)$$

假设测点位于 A 相外 20m，测点至 A 相导线的距离为：

$$R_A = \sqrt{(13-2)^2 + 20^2} = 22.83m$$

测点至 B 相导线的距离为：

$$R_B = \sqrt{(13-2)^2 + (20+11)^2} = 32.89m$$

测点至 C 相导线的距离为：

$$R_C = \sqrt{(13-2)^2 + (20+2\times 11)^2} = 43.42m$$

输电线路的可听噪声用 A 计权声级来表示：

$$SLA = 10\lg \sum_{i=1}^{z} \lg^{-1}\left[\frac{PWL(i) - 11.4\lg R_i - 5.8}{10}\right]$$

为了方便，将部分数值分开计算，对于 ABC 三相分别计算$\lg^{-1}\left[\frac{PWL(i)-11.4\lg R_i-5.8}{10}\right]$，即：

$$\lg^{-1}\frac{PWL(A) - 11.4\lg R_A - 5.8}{10} = \frac{52.31 - 11.4\lg 22.83 - 5.8}{10} = 1258.93$$

$$\lg^{-1}\frac{PWL(B) - 11.4\lg R_B - 5.8}{10} = \frac{56.84 - 11.4\lg 32.89 - 5.8}{10} = 2371.37$$

$$\lg^{-1}\frac{PWL(C) - 11.4\lg R_C - 5.8}{10} = \frac{52.31 - 11.4\lg 43.42 - 5.8}{10} = 608.14$$

可听噪声：$SLA = 10\lg(1258.93 + 2371.37 + 608.14) = 36.3dB(A)$。

2024 年案例分析试题答案（下午卷）

题 1～4 答案：**BCCB**

1. 依据《风电场接入电力系统技术规定　第 1 部分：陆上风电》（GB/T 19963.1—2021）第 3.20 条，可以得到风电场短路比为：

$$K=\frac{S_{\mathrm{d}}}{P_{\mathrm{N}}}=\frac{\sqrt{3}U_{\mathrm{j}}I''}{P_{\mathrm{N}}}=\frac{\sqrt{3}\times 230\times 2.5}{250}=3.98$$

2. 依据《风电场接入电力系统技术规定　第 1 部分：陆上风电》（GB/T 19963.1—2021）第 3.2 条：风电场并网点是指陆上风电场升压站高压侧母线或节点。

依据题意分析，风电场送出线路中间点出现三相短路时，将系统视为电源 S1，风电场视为电源 S2，通过并联这两个支路的阻抗，可以计算出总阻抗的标称值，从而得到总短路电流。

并网点短路时，220kV 系统等值正序电抗标幺值 0.0502 已经包含了 220kV 系统等值正序电抗标幺值和送出线路全长的阻抗标幺值，即$x_{*\mathrm{s}}+x_{*\mathrm{L}}=0.0502$。

依据《导体和电器选择设计规程》（DL/T 5222—2021）附录 A.2，220kV 系统支路阻抗标幺值为：

$$x_1=x_{*\mathrm{s}}+\frac{1}{2}x_{*\mathrm{L}}=0.0502-x_{*\mathrm{L}}+\frac{1}{2}x_{*\mathrm{L}}=0.0502-\frac{1}{2}\times 50\times 0.0007751=0.0308$$

风电路支路阻抗标幺值为：

$$x_2=x_{*\mathrm{F}}+\frac{1}{2}x_{*\mathrm{L}}=\frac{S_{\mathrm{j}}}{\sqrt{3}U_{\mathrm{j}}I''_{\mathrm{F}}}+\frac{1}{2}x_{*\mathrm{L}}=\frac{100}{\sqrt{3}\times 230\times 2.5}+\frac{1}{2}\times 50\times 0.0007751=0.1198$$

两个支路并联阻抗标幺值为：

$$x_{\Sigma}=x_1//x_2=\frac{x_1x_2}{x_1+x_2}=\frac{0.0696\times 0.1198}{0.0696+0.1198}=0.0245$$

总短路电流为：

$$I''_{\mathrm{K}}=\frac{I_{\mathrm{j}}}{x_{\Sigma}}=\frac{S_{\mathrm{j}}}{\sqrt{3}U_{\mathrm{j}}x_{\Sigma}}=\frac{100}{\sqrt{3}\times 230\times 0.0245}=10.2\mathrm{kA}$$

3. 依据《导体和电器选择设计规程》（DL/T 5222—2021）附录 A.2、A.5，正序阻抗标幺值为：

$$X_1=\frac{S_{\mathrm{j}}}{\sqrt{3}U_{\mathrm{j}}I''_{\mathrm{k3}}}=\frac{100}{\sqrt{3}\times 230\times 10}=0.0251$$

单相短路电流为：

$$I_{\mathrm{d}}^{(1)}=mI_{\mathrm{d1}}^{(1)}=m\frac{I_{\mathrm{j}}}{X_1+X_2+X_0}=m\frac{1}{X_1+X_2+X_0}\times\frac{S_{\mathrm{j}}}{\sqrt{3}U_{\mathrm{j}}}=3\times\frac{1}{2\times 0.0251+X_0}\times\frac{100}{\sqrt{3}\times 230}=6.2\mathrm{kA}$$

零序等值电抗标幺值为：

$$X_0=0.071$$

4. 依据《电力系统设计手册》P31 式（2-15），风电场年发电量为：

$$A_{\mathrm{F}}=TP_{\mathrm{nmax}}=2900\times 250=725000\mathrm{MWh}\text{（考虑弃电率）}$$

依据《抽水蓄能电站设计规范》（NB/T 10072—2018）第 2.0.3 条：循环效率是指抽水蓄能电站发电量与抽水电量之间的比值。

风电场弃电率为 20%，弃电电量通过抽水蓄能机组循环利用，利用效率 0.75，即丢弃的电力重新送出 75%。总送出电量为：

$$A_S = (1 - 20\% + 20\% \times 0.75) \times 725000 = 688750\text{MWh}$$

题 5～8 答案：**BDAC**

5. 依据：《高压配电装置设计规范》（DL/T 5352—2018）第 5.1.2 条及附录 A.0.1 表 A.0.1，计算对应布置净距。

依据题干，海拔为 3000m，330kV 配电装置$A_1' = 3.45\text{m} = 3450\text{mm}$，选项 A 正确。

A_2'的修正值按比例求得：

$$A_2' = A_2 \frac{A_1'}{A_1} = 2800 \times \frac{3450}{2500} = 3864\text{mm}$$

选项 B 错误。

C的修正值$C' = A_1' + 2300 + 200 = 3450 + 2300 + 200 = 5950\text{mm}$，选项 D 正确。

D的修正值$D' = A_1' + 1800 + 200 = 3450 + 1800 + 200 = 5450\text{mm}$，选项 C 正确。

6. 依据《高压配电装置设计规范》（DL/T 5352—2018）第 5.1.2 条及附录 A.0.1，按 3000m 海拔修正后：

$$B_1' = A_1' + 750 = 3450 + 750 = 4200\text{mm}$$

依据《电力工程电气设计手册 1 电气一次部分》P704 页附图 10-7 及式（附 10-50），进出线构架上人检修耐张线夹时，下层进出线检修人员作业安全区域与上层导线交叉跨越处最小安全净距应满足B_1值，故需要满足以下关系式：

$$(H_c - f_{c2} - r_2) - (H_m - f_{m2} + HR_2) = B_1'$$

可以推出：

$$\begin{aligned} H_c &\geqslant (H_m - f_{m2} + HR_2) + (f_{c2} + r_2) + B_1' \\ &= (24000 - 1000 + 1000) + (1400 + 50/2) + 4200 = 29625\text{mm} \end{aligned}$$

7. 将均压环视为带电体，均压环外沿与上方导线之间的距离按交叉的不同时停电的最小距离设计，即B_1值。依据《高压配电装置设计规范》（DL/T 5352—2018）第 5.1.2 条及附录 A.0.1，按 3000m 海拔修正后：

$$B_1' = 4200\text{mm}$$

依据《电力工程电气设计手册 1 电气一次部分》P704 式（附 10-51），均压环外沿与上方导线下沿之间安全净距不小于B_1'值，故需要满足以下关系式：

$$(H_m - f_{max} - r_2) - (H - 3400) \geqslant B_1'$$

反推出：

$$f_{max} \leqslant (H_m - r_2) - (H - 3400) - B_1' = (24000 - 50/2) - (20000 - 3400) - 4200 = 3175\text{mm}$$

8. 依据《高压配电装置设计规范》（DL/T 5352—2018）表 5.1.3-1，330kV 配电装置，外过电压A_2'取 2600mm，内过电压A_2''取 2800mm，最大工作电压A_2'''取 1700mm，三种工况下海拔修正系数均取 1.2。

依据《电力工程电气设计手册 1 电气一次部分》P699 式（附 10-5）、式（附 10-6）、式（附 10-7）：

（1）外过电压

$$D_2' = A_2' + 2(f_1' \sin\alpha_1' + f2' \sin\alpha_2') + d\cos\alpha_2' + 2r$$
$$= 1.2 \times 2.6 + 2 \times (0.723 \times \sin 4.369° + 0.477 \times \sin 12.603°) + 0.4 \times \cos 12.603° + 0.0384$$
$$= 3.867\text{m}$$

（2）内过电压

$$D_2'' = A_2'' + 2(f_1'' \sin\alpha_1'' + f2'' \sin\alpha_2'') + d\cos\alpha_2'' + 2r$$
$$= 1.2 \times 2.8 + 2 \times (0.718 \times \sin 6.279° + 0.482 \times \sin 17.846°) + 0.4 \times \cos 17.846° + 0.0384$$
$$= 4.232\text{m}$$

（3）最大工作电压

$$D_2''' = A_2''' + 2(f_1''' \sin\alpha_1''' + f2''' \sin\alpha_2''') + d\cos\alpha_2''' + 2r$$
$$= 1.2 \times 1.7 + 2 \times (0.679 \times \sin 16.994° + 0.521 \times \sin 41.806°) + 0.4 \times \cos 41.806° + 0.0384$$
$$= 3.468\text{m}$$

因此，出线的最小相间距离为 4.232m。

题 9～11 答案：**CCB**

9. 依据《火力发电厂厂用电设计技术规程》（DL/T 5153—2014）附录 L.0.1，高厂变高压侧系统电抗为：

$$X_X = \frac{S_j}{S_X} = \frac{100}{12230} = 0.0082$$

不计高厂变短路阻抗误差，高厂变电抗为：

$$X_T = \frac{X_{1-2}\%}{100} \times \frac{S_j}{S_{eB}} = \frac{19}{100} \times \frac{100}{85} = 0.2235$$

10kV 高压厂用母线 A 段、B 段之间无电联系，因此只计入较大一段电动机额定功率之和，电动机反馈电流周期分量为：

$$I_D'' = K_{q.D} \frac{P_{e.D}}{\sqrt{3} U_{e.D} \eta_D \cos\varphi_D} = 6 \times \frac{33200}{\sqrt{3} \times 10 \times 0.8} \times 10^{-3} = 14.38\text{kA}$$

系统侧短路电流周期分量为：

$$I_B'' = \frac{I_j}{X_X + X_T} = \frac{5.5}{0.0082 + 0.2235} = 23.74\text{kA}$$

由此可知最大短路电流冲击值为：

$$i_{ch.B} = \sqrt{2}(K_{ch.B} I_B'' + 1.1 K_{ch.D} I_D'') = \sqrt{2} \times (1.85 \times 23.74 + 1.1 \times 1.7 \times 14.38) = 100.14\text{kA}$$

因此，高压开关柜峰值耐受电流应不小于100kA。

10. 依据：《发电厂和变电站照明设计技术规定》（DL/T 5390—2014）第 8.5.1 条式（8.5.1-3）、表 8.5.1、第 8.6.2 条式（8.6.2-5）。

首先判断是否为三相不平衡分布：

A 相分支回路灯具数量：9 + 22 + 13 + 9 + 8 = 61。

B 相分支回路灯具数量：5 + 16 + 14 + 8 + 16 = 59。

C 相分支回路灯具数量：25 + 12 + 15 + 10 + 18 = 80。

C 相分支回路灯具数量明显多于 A、B 相分支回路，属于三相不均匀分布。查表 8.5.1 可知主厂房的照明装置需要系数$K_x = 0.9$。

不均匀分布计算负荷为：

$$P_{js} = \sum[K_x \times 3P_{zd}(1 + a) + P_s] = 0.9 \times 3 \times 80 \times 50(1 + 0.2) + 0 = 12960\text{kW}$$

LED 灯计算电流为：

$$I_{js}=\frac{P_{js}}{\sqrt{3}U_{ex}\cos\Phi}=\frac{12960}{\sqrt{3}\times 380\times 0.9}=21.9\text{A}$$

因此，照明配电箱进线电源的工作电流为 21.9A。

11. 照明灯具数量需要满足照明功率密度最高限值和最低照度要求，功率密度值限制最大数量，最低照度限制照明灯具最小数量，本题按照照度标准计算最小数量即可。

依据《发电厂和变电站照明设计技术规定》（DL/T 5390—2014）附录 B.0.1 及条文说明算例，每个 LED 灯具光通量为 23750lm，灯具利用系数为 0.55，查表 7.0.4，汽机房每年擦洗 2 次，照度维护系数取 0.7，查表 6.0.1-1 可知汽机房运转层照度标准值为 200lx。

计算灯具数量：

$$N\geqslant\frac{E_cA}{\Phi CUK}=\frac{200\times 195.5\times 32.0}{23750\times 0.55\times 0.7}=136.8\text{ 盏}$$

因此，灯具数量宜不少于 136 盏。

注：按照明功率密度限值计算最多数量，依据《发电厂和变电站照明设计技术规定》（DL/T 5390—2014）第 10.0.8 条：汽机房运转层照明功率密度值现行值 7.0W/m^2，对应室形指数 1.0，需要计算实际室形指数确定是否需要修正。第 5.1.4 条：室形指数：

$$\text{RI}=\frac{L\times W}{h_{re}\times(L+W)}=\frac{195.5\times 32.0}{(35.2-17.0)\times(195.5+32.0)}=1.51$$

根据第 10.0.10 条：当房间或场所设计计算的室形指数与给出的室形指数不一致时，应对照明功率密度限制进行修正，相应的照明功率密度限值修正系数取 0.82。

计算最大数量：

$$N\leqslant\frac{L\times W\times K_R\times \text{LPD}}{P}=\frac{195.5\times 32.0\times 0.82\times 7.0}{250}=143.6\text{ 盏}$$

因此，灯具数量宜不多于 144 盏。

题 12～15 答案：**CCCC**

12. 依据《交流电气装置的过电压保护和绝缘配合设计规范》（GB/T 50064—2014）表 4.4.3，主变高压侧避雷器额定电压为：

$$0.75U_m=0.75\times 550=412.5\text{kV}$$

中性点避雷器额定电压为：

$$0.35kU_m=0.35\times\frac{3n}{1+3n}\times U_m=0.35\times\frac{3\times 0.2}{1+3\times 0.2}\times 550=72.2\text{kV}$$

13. 依据《交流电气装置的过电压保护和绝缘配合设计规范》（GB/T 50064—2014）第 5.4.13 条第 6 款、表 5.4.13-1 注解 2：括号内的数值对应的雷电冲击全波耐受电压为 850kV，该站应按括号内取值；220kV 共 4 回架空出线，其中有两回同塔架设，按 3 回考虑，主变压器与避雷器最大电气距离为 170m，其他电气设备，应再增大 35%。220kV 避雷器与断路器的电气距离取 $170\times(1+35\%)=229.5\text{m}$。

14. 依据《交流电气装置的过电压保护和绝缘配合设计规范》（GB/T 50064—2014）第 6.4.3 条式（6.4.3.1）、式（6.4.3.2），断路器同极断口间内绝缘的操作冲击耐受电压为：

$$U_{e.s.i}\geqslant k_{13}U_{s.p.}=1.15\times 907=1043\text{kV}$$

$$U_{\text{e.s.c.i}} \geqslant U_{\text{e.s.i}} + k_{\text{m}}\frac{\sqrt{2}U_{\text{m}}}{\sqrt{3}} = 1043 + 1 \times \frac{\sqrt{2} \times 550}{\sqrt{3}} = 1043\text{kV} + 450\text{kV}$$

依据第 6.4.4 条式（6.4.4-3）、式（6.4.4-4），隔离开关同极断口间外绝缘的雷电冲击耐受电压为：

$$U_{\text{e.l.o}} \geqslant k_{17}U_{\text{l.p}} = 1.4 \times 1050 = 1470\text{kV}$$

$$U_{\text{e.l.c.o}} \geqslant U_{\text{e.l.o}} + k_{m}\frac{\sqrt{2}U_{\text{m}}}{\sqrt{3}} = 1470 + 0.7 \times \frac{\sqrt{2} \times 550}{\sqrt{3}} = 1470\text{kV} + 315\text{kV}$$

15. 依据：《交流电气装置的过电压保护和绝缘配合设计规范》（GB/T 50064—2014）第 5.2.1 条、第 5.2.7 条。

（1）计算等效针间距离

等效针间距离高度影响系数按较高避雷针高度确定。避雷针$h_1 = 50\text{m} > 30\text{m}$，高度影响系数$P_1 = \frac{5.5}{\sqrt{50}} = 0.7778$，较低避雷针高度$h_2 = 28\text{m} > 0.5h_1 = 0.5 \times 50 = 25\text{m}$，较高避雷针在 28m 高的保护半径$r_x = h_aP_1 = (h_1 - h_2)P_1 = (50 - 28) \times 0.7778 = 17.11\text{m}$，等效针间距离$D' = D - r_x = 50 - 17.11 = 32.89\text{m}$。

（2）计算联合保护范围上部边缘最低点高度

圆弧弓高高度影响系数按较低避雷针高度确定。较低避雷针高度$h_2 = 28\text{m} \leqslant 30\text{m}$，高度影响系数$P_2 = 1$，圆弧弓高$f = \frac{D'}{5P_2} = \frac{32.89}{5\times1} = 6.58\text{m}$，上部边缘最低点高度$h'_{\text{O}} = h_2 - f = 28 - 6.58 = 21.42\text{m}$。

题 16～19 答案：**ACCD**

16. 依据《交流电气装置的过电压保护和绝缘配合设计规范》（GB/T 50064—2014）第 5.4.3 条：露天布置的 GIS 的外壳可不装设直击雷保护装置，外壳应接地。避雷针只需要考虑 GIS 出线套管与避雷器连接的钢芯铝绞线，高度 8m。

依据第 5.2.1 条，避雷针高$h = 20\text{m} \leqslant 30\text{m}$，高度影响系数$P = 1$，被保护物高度$h_x = 8\text{m} < 0.5h = 0.5 \times 20 = 10\text{m}$，避雷针对被保护物高度的保护半径$r_x = (1.5h - 2h_x)P = (1.5 \times 20 - 2 \times 8) \times 1 = 14\text{m}$。

17. 依据：《交流电气装置的接地设计规范》（GB/T 50065—2011）附录 C.0.2、第 4.2.2 条。

本题计算精度要求不高，表层衰减系数按估算公式计算：

$$C_{\text{s}} = 1 - \frac{0.09 \times \left(1 - \frac{\rho}{\rho_{\text{s}}}\right)}{2 \times h_{\text{s}} + 0.09} = 1 - \frac{0.09 \times \left(1 - \frac{250}{5000}\right)}{2 \times 0.5 + 0.09} = 0.922$$

10kV 采用消弧线圈接地系统，发生单相接地故障后，不迅速切除故障，因此可以按第 2 款公式计算：

接触电位差允许值为：

$$U_{\text{t}} = 50 + 0.05\rho_{\text{s}}C_{\text{s}} = 50 + 0.05 \times 5000 \times 0.922 = 280\text{V}$$

跨步电位差允许值为：

$$U_{\text{s}} = 50 + 0.2\rho_{\text{s}}C_{\text{s}} = 50 + 0.2 \times 5000 \times 0.922 = 970\text{V}$$

18. 依据《交流电气装置的接地设计规范》（GB/T 50065—2011）附录 E 表 E.0.2-1：校验接地导体（线）热稳定用的电流，三相同体设备单相接地故障电流 32kA，需考虑衰减系数。

依据 B.0.3 条文说明式（17），单相接地故障不对称电流为：

$$I_{\text{F}} = D_{\text{f}}I_{\text{f}} = 1.15 \times 32 = 36.8\text{kA}$$

依据附录 B.0.1，站内发生接地故障时，入地对称电流为：

$$I_g = (I_{max} - I_n)S_{f1} = (32 - 20) \times 0.5 = 6\text{kA}$$

站外本站附近发生接地故障时，入地对称电流为：

$$I_g = I_n S_{f2} = 20 \times 0.5 = 10\text{kA}$$

因此，最大入地对称电流取较大者 10kA。

依据 B.0.3 条文说明公式（12），最大入地不对称电流为：

$$I_G = D_f I_g = 1.15 \times 10 = 11.5\text{kA}$$

19. 依据《交流电气装置的接地设计规范》（GB/T 50065—2011）附录 A.0.4 式（A.0.4-3），接地电阻为：

$$R \approx 0.5\frac{\rho}{\sqrt{S}} = 0.5 \times \frac{120}{\sqrt{110 \times 110}} = 0.55\Omega$$

依据附录 B.0.3 及对应的条文说明、表 B.0.3，接地故障持续时为 0.3s，X/R =40，衰减系数$D_f =$ 1.192。

依据附录 B.0.2 对应的条文说明公式（12），最大入地不对称电流为：

$$I_G = D_f I_g = 1.192 \times 7 = 8.344\text{kA}$$

地电位升高值为：

$$V = I_G R = 8.344 \times 0.55 = 4.59\text{kV}$$

依据第 4.2.1 条，地电位升高 4590V > 2000V，需采取措施。当接地电阻不符合（4.2.1-1）的要求时，可通过技术经济比较，适当增大接地电阻。满足第 4.3.3 条的规定时，接地网地电位升高可提高至 5kV。选项 D 正确。

题 20～23 答案：**BDCC**

20. 依据：《电力工程直流电源系统设计技术规程》（DL/T 5044—2014）第 4.2.5 条、第 4.2.6 条。经常负荷包括热工控制负荷 7kW，负荷系数 0.6；发变组控制、保护负荷 5kW，负荷系数 0.6；厂用开关柜保护、控制负荷 6kW，负荷系数 0.6；计算机监控系统负荷 4kW，负荷系数 0.8；直流长明灯负荷 1kW，负荷系数 1.0。

经常负荷电流为：

$$I_{jc} = \frac{\sum KP}{U_n} = \frac{7 \times 0.6 + 5 \times 0.6 + 6 \times 0.6 + 4 \times 0.8 + 1 \times 1.0}{220} \times 10^3 = 68.18\text{A}$$

21. 依据《电力工程直流电源系统设计技术规程》（DL/T 5044—2014）附录 A.3.6，按蓄电池的 1h 放电率电流选择：

$$I_n \geqslant I_{d.1h} = 5.5I_{10} = 5.5 \times \frac{1200}{10} = 660\text{A}$$

按保护动作选择性条件，应大于直流馈线中断路器额定电流最大的一台来选择，配合系数取大值 3.0，$I_n \geqslant K_{c4} I_{n.max} = 3 \times 250 = 750\text{A}$，取 800A 满足要求。

22. 依据：《电力工程直流电源系统设计技术规程》（DL/T 5044—2014）附录 D 表 D.1.3、附录 F 表 F.1。蓄电池容量为 1200Ah，电流测量范围为 ±800A，充电装置的额定电流为 $4 \times 40 = 160\text{A}$，充电装置电流测量范围为 0～200A。

23. 依据：《电力工程直流电源系统设计技术规程》（DL/T 5044—2014）附录 E。

（1）按电缆载流量选择

载流量满足电动机额定电流要求：

$$I_{pc} \geqslant I_{ca1} = I_{nm} = 20 \times 10^{-3}/220 = 90.91\text{A}$$

查题干表格，选截面积25mm²电缆可以满足要求。

（2）按电缆电压降选择

依据表 E.2-2，直流电动机回路（计算电流取I_{ca2}）：

$$\Delta U_p \leqslant 5\%U_n = 5\% \times 220 = 11\text{V}$$

依据表 E.2-1，计算电流取电动机启动电流：

$$I_{ca2} = I_{stm} = K_{stm}I_{nm} = 2 \times 90.91 = 181.82\text{A}$$

依据式（E.1.1-2），计算截面积：

$$S_{cac} \geqslant \frac{\rho \cdot 2LI_{ca}}{\Delta U_p} = \frac{0.0184 \times 2 \times (50+15) \times 181.82}{11} = 39.54\text{mm}^2$$

因此，选截面积50mm²电缆可以满足要求。

题 24～26 答案：**BBC**

24. 依据《电力系统设计手册》P234 式（8-3），电抗器容量为：

$$Q_{kb} = \frac{l}{2}q_cB = \frac{1}{2} \times (1.18 \times 4 \times 40 + 18.2 \times 2 \times 10) \times 0.95 = 262.6\text{Mvar}$$

25. 依据《并联电容器装置设计规范》（GB 50227—2017）第 5.2.2 条及条文说明式（2），电容器额定电压为：

$$U_{CN} = \frac{1.05U_{SN}}{\sqrt{3}S(1-K)} = \frac{1.05 \times 35}{\sqrt{3} \times 4 \times (1-12\%)} = 6.03\text{kV}$$

26. 依据《并联电容器装置设计规范》（GB 50227—2017）第 5.5.2 条，当谐波为 3 次及以上时，电抗率宜取 12%，亦可采用 5%与 12%两种电抗率混装方式。选项 B 电抗率不满足要求。

依据《电力系统设计手册》P244 式（8-4），投切一组补偿设备引起所接母线电压的变动值不宜超过额定电压的 2.5%，对 500(330)kV 变电所按中压侧（考虑低压侧无负荷）母线电压变动值不超过 2.5%。电容器或电抗器分组容量：$Q_{fz} \leqslant 2.5\%S_d = 2.5\% \times 2000 = 50\text{Mvar}$，每组 45Mvar 能满足要求，60Mvar 不满足要求。选项 C 满足要求，选项 A、D 不满足要求。

题 27～30 答案：**CCCB**

27. 依据《并联电容器装置设计规范》（GB 50227—2017）第 5.8.1 条，单台电容器至母线或熔断器的连接线长期允许电流不宜小于单台电容器额定电流的 1.5 倍。

单台电容器与母线之间连接线长期允许电流为：

$$I_1 = 1.5I_e = 1.5\frac{q}{U_e} = 1.5 \times \frac{334}{5.5/\sqrt{3}} = 157.8\text{A}$$

依据第 5.8.2 条，并联电容器组装置的分组回路，回路导体截面应按并联电容器组额定电流的 1.3 倍选择，并联电容器组的汇流母线和均压线导线截面应与分组回路的导体截面相同。每相 4 并 2 串，并联电容器组额定电流取单台电容器额定电流 4 倍。汇流母线截面的长期允许电流为：

$$I_{\mathrm{all}} = 1.3I_{\mathrm{e}} = 1.3\frac{Q_{\mathrm{e}}}{U_{\mathrm{e}}} = 1.3 \times 4 \times \frac{334}{5.5/\sqrt{3}} = 547\mathrm{A}$$

28. 依据《电力工程电气设计手册 1 电气一次部分》P510：中接法需要承受系统的短路电流，短时耐受电流 25kA/4s，峰值耐受电流 63kA。后接法不承受系统短路电流，仅考虑合闸涌流，其动、热稳定电流，对于铁芯电抗器，取 20 倍的并联电容器额定电流，即：

$$20I_{\mathrm{e}} = 20\frac{Q_{\mathrm{e}}}{U_{\mathrm{e}}} = 20 \times 4 \times \frac{334}{5.5/\sqrt{3}} \times 10^{-3} = 8.4\mathrm{kA}$$

因此，中接法、后接法串抗的峰值耐受电流分别为 63kA、8.4kA。

29. 依据：《3kV～110kV 电网继电保护装置运行整定规程》（DL/T 584—2017）第 7.2.18.3 条及表 7。

过电压保护定值应按被保护电容器端电压不超过 1.1 倍电容器额定电压的原则整定：

$$U_{\mathrm{op}} = K_{\mathrm{v}}\left(1 - \frac{X_{\mathrm{L}}}{X_{\mathrm{C}}}\right)U_{\mathrm{sen}} = 1.1 \times (1 - 6\%) \times 5.5 \times 2 = 11.37\mathrm{kV}$$

二次整定值为：

$$U_{\mathrm{op2}} = \frac{U_{\mathrm{op}}}{n_{\mathrm{v}}} = \frac{11.37 \times 10^3}{\frac{10}{\sqrt{3}}/\frac{0.1}{\sqrt{3}}} = 114\mathrm{V}$$

母线电压未达到定值 11.37kV，保护不动作

30. 依据：《3kV～110kV 电网继电保护装置运行整定规程》（DL/T 584—2017）第 7.2.18.1 条及表 7。

显然限时间速断保护定值大于过电流保护，首先按限时间速断保护计算定值与灵敏度。该保护当电容器端部引出线发生故障时，灵敏系数不应小于 2。

每相 4 并 2 串，并联电容器组额定电流取单台电容器额定电流 4 倍。可靠系数取下限，保护一次定值为：

$$I_{\mathrm{op1}} = K_{\mathrm{k}}I_{\mathrm{sen}} = K_{\mathrm{k}} \times 4 \times \frac{q}{U_{\mathrm{c}}} = 3 \times 4 \times \frac{334}{5.5/\sqrt{3}} = 1262.2\mathrm{A}$$

引接电缆末端与电容器组连接处发生 A、B 相间金属性短路，两相短路电流近似等于 10kV 侧母线两相短路电流，此时灵敏系数为：

$$K_{\mathrm{sen}} = \frac{I''_{\mathrm{k2}}}{I_{\mathrm{op1}}} = \frac{\frac{\sqrt{3}}{2}I''_{\mathrm{k3}}}{I_{\mathrm{op1}}} = \frac{\frac{\sqrt{3}}{2} \times 24000}{1262.2} = 16.5 > 2$$，可以判断限时速断保护动作

题 31～35 答案：**CCDCC**

31. 依据：《电力工程高压送电线路设计手册》（第二版）P24 式（2-1-41），波阻抗为：

$$Z_{\mathrm{n}} = \sqrt{\frac{X_1}{b_1}} = \sqrt{\frac{0.255}{4.36 \times 10^{-6}}} = 241.84\Omega$$

自然功率为：

$$P_{\mathrm{n}} = \frac{U^2}{Z_{\mathrm{n}}} = \frac{500^2}{241.84} = 1033.74\mathrm{MW}$$

依据《电力系统设计手册》P180 式（7-13），导线截面仅考虑 4 分裂铝截面 489mm^2 部分，钢截面仅作承重考虑。输送自然功率时的电流密度为：

$$J=\frac{P}{\sqrt{3}U_{\mathrm{e}}\cos\varphi S}=\frac{1033.74\times10^3}{\sqrt{3}\times500\times0.95\times4\times489}=0.64\mathrm{A/mm^2}$$

32. 依据《架空输电线路电气设计规程》（DL/T 5582—2020）第 6.1.3 条式（6.1.3-2），依据耐受电压计算绝缘子片数：

$$n_1\geqslant\frac{\lambda U_{\mathrm{ph-e}}}{K_{\mathrm{e}}L_{01}}=\frac{36\times550/\sqrt{3}}{0.95\times450}=26.74\text{ 片}$$

依据第 6.2.2 条，500kV 线路悬式绝缘子串需要 25 片结构高度为 155mm 的绝缘子片，即$n_2\geqslant25$片。

综合比较两项条件，取$n\geqslant26.74$片。

依据第 6.1.5 条，海拔 3000m 需要进行海拔修正：

$$n_{\mathrm{H}}=ne^{m_1(H-1000)/8150}=26.74\times e^{0.38\times\frac{3000-1000}{8150}}=29.35\text{ 片}$$

因此，最终取 30 片。

33. 依据《架空输电线路电气设计规程》（DL/T 5582—2020）第 6.1.3 条，d 级污秽区盘形绝缘子爬电距离最小要求值为：

$$L_{盘}=\lambda U_{\mathrm{ph-e}}=nK_{\mathrm{e}}L_{01}=37\times0.95\times450=15818\mathrm{mm}$$

依据第 6.2.4 条，线路采用复合绝缘子时，应符合下列规定：

（1）c 级及以下污区，复合绝缘子的爬电距离不宜小于盘形绝缘子；

（2）d 级及以上污区，复合绝缘子的爬电距离不应小于盘型绝缘子最小要求值的 3/4，且 110～750kV 线路复合绝缘子的统一爬电比距不小于 45mm/kV，1000kV 线路爬电距离应依据污秽闪络试验结果确定。

题干明确了爬电距离有效系数所有污区均为 1，因此复合绝缘子爬电距离最小值$L_{复合}\geqslant\frac{L_{盘}}{K_{\mathrm{e}}}=\frac{15818}{1}=15818\mathrm{mm}$，且$L_{复合}\geqslant\frac{\lambda U_{\mathrm{ph-e}}}{K_{\mathrm{e}}}=\frac{45}{1}\times\frac{550}{\sqrt{3}}=14289\mathrm{mm}$，取较大者 15818mm。

34. 海拔 2000m 绝缘子串雷电冲击放电电压为：

$$U_{50\%}=530\times L+35=530\times4.96+35=2663.8\mathrm{kV}$$

依据《交流电气装置的过电压保护和绝缘配合设计规范》（GB/T 50064—2014）第 6.2.2 条：风偏后导线对杆塔空气间隙的正极性雷电冲击电压为 50%放电电压，750kV 以下等级可选为现场污秽度等级 a 级下绝缘子串相应电压的 0.85 倍。

海拔 2000m 空气间隙雷电冲击放电电压为：

$$U'_{50\%}=0.85U_{50\%}=0.85\times2663.8=2264.23\mathrm{kV}$$

雷电过电压要求的最小空气间隙按最小放电电压取：

$$D=U'_{50\%}/555=2264.23/555=4.08\mathrm{m}$$

35. 依据《架空输电线路电气设计规程》（DL/T 5582—2020）第 8.0.1 条、第 8.0.2 条：双联 U160BP/155D 绝缘子 I 型串，每一联的破坏荷载为 160kN；盘形绝缘子最大使用荷载时安全系数为 2.7，双联绝缘子串最大使用荷载$T=T_{\mathrm{R}}/K_1=2\times160/2.7=118.519\mathrm{kN}$。

依据《电力工程高压送电线路设计手册》（第二版）P179 表 3-2-3，覆冰工况下每相导线综合荷载应不大于双联绝缘子串最大使用荷载，即$4\times\sqrt{(g_3L_{\mathrm{v}})^2+(g_5L_{\mathrm{h}})^2}\leqslant118519\mathrm{N}$，其中覆冰工况下垂直单位荷载$g_3 = g_1 + g_2 = 16.554 + 11.091 = 27.645\text{N/m}$，水平荷载$g_5 = 3.75\text{N/m}$，反推出允许的最大垂直档距$L_v \leqslant 1065\text{m}$。

题36～40答案：**CDCBA**

36. 依据《架空输电线路电气设计规程》(DL/T 5582—2020)第9.3.1条表9.3.1-2，张力计算用风荷载折减系数为：

$$\gamma_c = \frac{1}{5.97 + e^{(33.2-1.2v_0)}} + 0.83 = \frac{1}{5.97 + e^{(33.2-1.2\times27)}} + 0.83 = 0.71$$

37. 依据《电力工程高压送电线路设计手册》(第二版)P179表3-3-1。

自重力比载为：

$$\gamma_1 = 2.0792 \times 9.80665/674 = 0.0302\text{N/(m}\cdot\text{mm}^2)$$

放松前档距中央弧垂为：

$$f_m = \frac{\gamma_1 l^2}{8\sigma_0} = \frac{0.0302 \times 400^2}{8\sigma_0} = 10\text{m}$$

反推出放松前导线应力为：

$$\sigma_0 = 60.46\text{N/m}^2$$

放松前档内线长为：

$$L = l + \frac{h^2}{2l} + \frac{\gamma^2 l^3}{24\sigma_0^2} = 400 + 0 + \frac{0.0302^2 \times 400^3}{24 \times 60.46^2} = 400.67\text{m}$$

放松后档内线长为：

$$L' = 400.67 + 0.5 = l + \frac{h^2}{2l} + \frac{\gamma^2 l^3}{24\sigma_0^2} = 400 + 0 + \frac{0.0302^2 \times 400^3}{24 \times \sigma_0'^2}$$

由此求得放松后导线应力为：

$$\sigma_0' = 45.6\text{N/m}^2$$

放松后档距中央弧垂为：

$$f_m' = \frac{\gamma_1 l^2}{8\sigma_0'} = \frac{0.0302 \times 400^2}{8 \times 45.6} = 13.25\text{m}$$

38. 如解图所示，高差引起的高度落差按相似三角形比例求得：

$$h_1 = 2.5 \times \frac{120}{400} = 0.75\text{m}$$

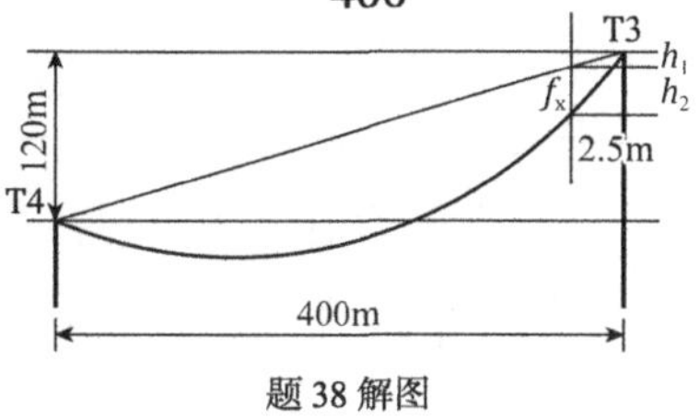

题38解图

依据《电力工程高压送电线路设计手册》(第二版)P179表3-3-1，T3塔塔身出口处弧垂为：

$$f_x' = \frac{\gamma x'(l - x')}{2\sigma_0 \cos\beta} = \frac{\gamma x'(l - x')}{2\sigma_0 \cos\left(\arctan\frac{h}{l}\right)} = \frac{0.0302 \times 2.5 \times (400 - 2.5)}{2 \times 48 \times \cos\left(\arctan\frac{120}{400}\right)} = 0.33\text{m}$$

T3塔塔身出口处与导线悬挂点的垂直距离为：

$$\Delta h = h_1 + h_2 = 0.75 + 0.33 = 1.08\text{m}$$

39. 依据：《电力工程高压送电线路设计手册》（第二版）P184 式（3-3-12）、P604 式（8-2-7）。

T7 塔加高前 T6 塔大号侧垂直档距为：

$$l_{v2}=\frac{l_2}{2}+\frac{\sigma_0}{\gamma_v}\times\frac{h_2}{l_2}$$

T7 塔加高后 T6 塔大号侧垂直档距为：

$$l'_{v2}=\frac{l_2}{2}+\frac{\sigma_0}{\gamma_v}\times\frac{h'_2}{l_2}$$

加高前后垂直档距减小值为：

$$\Delta l_{v2}=l'_{v2}-l_{v2}=\frac{\sigma_0}{\gamma_v}\times\frac{\Delta h_2}{l_2}=\frac{72}{0.0302}\times\frac{3}{400}=17.88\text{m}$$

每相导线自重荷载为：

$$P_c=2\times2.0792\times9.80665=40.78\text{N/m}$$

需要加挂的重锤数量为：

$$N\geqslant\frac{\Delta l_{v2}\times P_c}{W_G}=\frac{17.88\times40.78}{15\times9.80665}=4.96\text{ 片}$$

因此，至少需加装 5 片重锤片。

注：式（14-7）中$\frac{TP_c}{T_cP_1}$为换算系数，原因是定位时在最大弧垂时进行，需要换算，本题中 17.88m 已经是最大风速工况下的垂直档距。

40. 依据《架空输电线路电气设计规程》（DL/T 5582—2020）第 4.0.17 条：雷电过电压工况的气温宜采用 15℃，当基本风速折算到导线平均高度处的风速值大于或等于 35m/s 时，雷电过电压工况的风速宜取 15m/s，否则取 10m/s；校验导线与地线之间的距离时，风速应采用无风，覆冰厚度应采用无冰。

依据第 9.3.1 条及条文说明、式（5-4），导线平均高度 15m 处的风速值为：

$$v=v_0\sqrt{1.000\left(\frac{Z}{10}\right)^{0.30}}=27\times\sqrt{1.000\left(\frac{15}{10}\right)^{0.30}}=28.69\text{m/s}$$

风速不超过 35m/s，当雷电过电压工况的风速宜取 10m/s，考虑 2 分裂后，每相单位风荷载为：

$$W_X=\beta_C\cdot\alpha_L\cdot W_0\cdot\mu_z\cdot\mu_{sc}\cdot d\cdot L_p\cdot B_1\cdot\sin^2\theta$$

其中基准风压：$W_0=\frac{v_0^2}{1600}=\frac{10^2}{1600}=0.0625\text{kN/m}^2$，风压高度变化系数$\mu_z=1$；导线外径$d=33.8\text{mm}>17\text{mm}$；导地线体型系数$\mu_{sc}=1$；对无冰情况，导地线覆冰风荷载增大系数$B_1=1$。

因此，$W_X=1\times1\times0.0625\times1\times1\times2\times33.8\times1\times\sin^2 90°=4.23\text{N/m}$。